EBS 중학

뉴런

| 과학 1 |

개념책

| 기획 및 개발 |
오창호

| 집필 및 검토 |
강충호(경일중) 유민희(영서중) 이유진(동덕여중) 허은수(강동중)

| 검토 |
공영주(일산동고) 류버들(부흥고) 류선희(인천여고) 박권태(건대사대부중) 양정은(양천중) 오현선(서울고) 이재호(가재울고) 정미진(신현중) 한혜영(상원중)
박재영(프리랜서) 안성경(프리랜서) 유정선(프리랜서)

교재 정답지, 정오표 서비스 및 내용 문의 EBS 중학사이트 → 교재학습자료 → 교재 메뉴

+ **수학 전문가 100여 명의 노하우**로 만든
수학 특화 시리즈

+ **연산 ε ▸ 개념 α ▸ 유형 β ▸ 고난도 Σ** 의
단계별 영역 구성

+ **난이도별, 유형별 선택**으로
사용자 맞춤형 학습

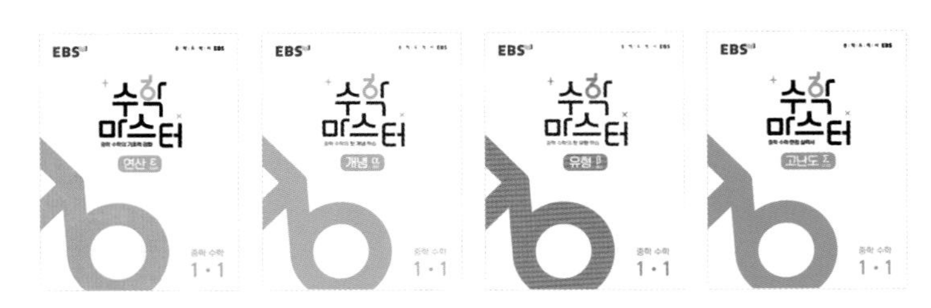

연산 ε(6책) | **개념 α**(6책) | **유형 β**(6책) | **고난도 Σ**(6책)

EBS 중학

뉴런

| 과학 1 |

개념책

이 책의 구성과 특징

개념책

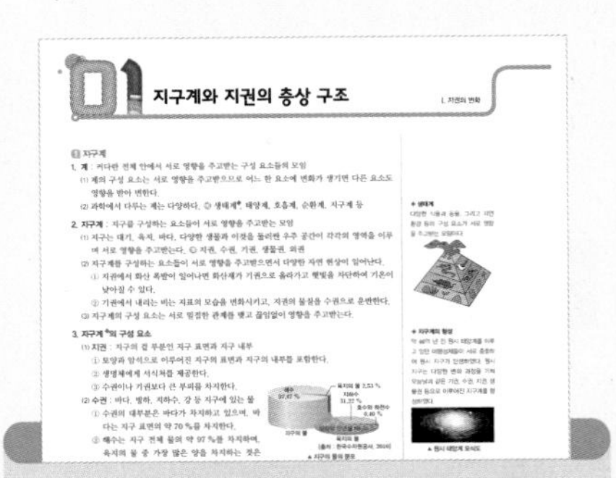

학습 내용 정리
꼭 알아두어야 할 교과서의 주요 개념을 정리하였습니다.

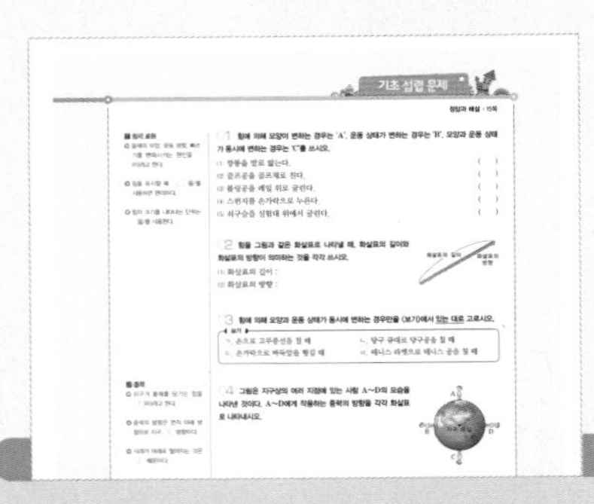

기초 섭렵 문제
학습 내용과 관련된 기본 개념과 원리를 문제를 풀면서 확인할 수 있습니다.

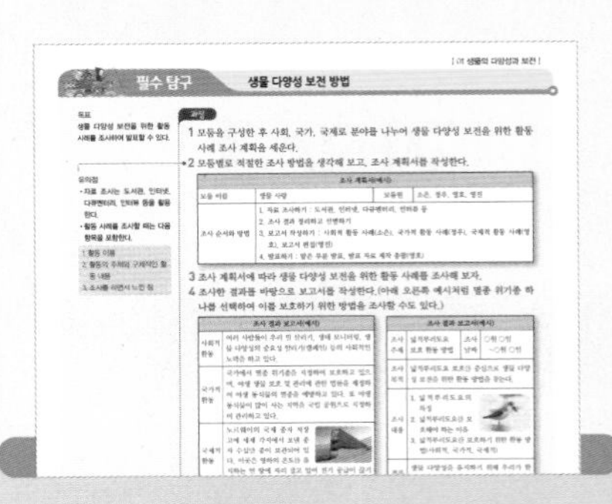

필수 탐구
교과서 필수 탐구의 과정과 결과를 한눈에 확인할 수 있습니다.

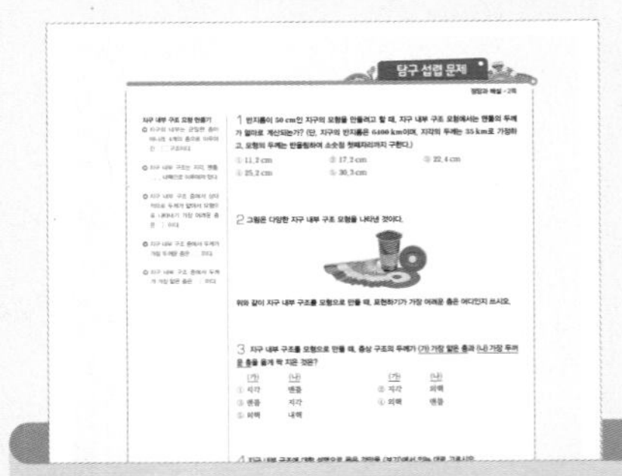

탐구 섭렵 문제
문제를 통해 탐구와 관련된 개념을 정리할 수 있습니다.

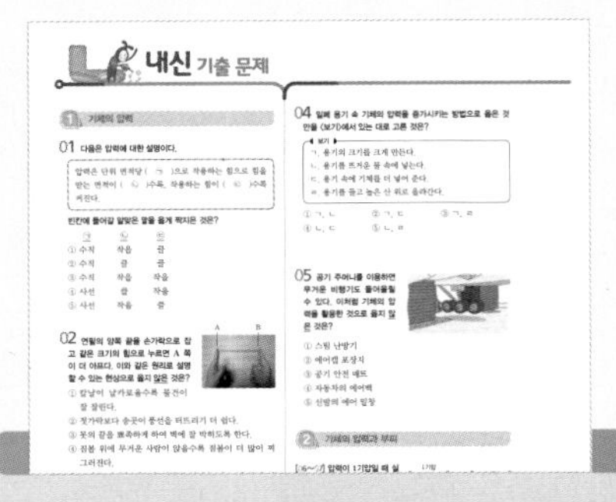

내신 기출 문제
반드시 알아야 할 내용으로 구성하여 기본 실력을 탄탄하게 합니다.

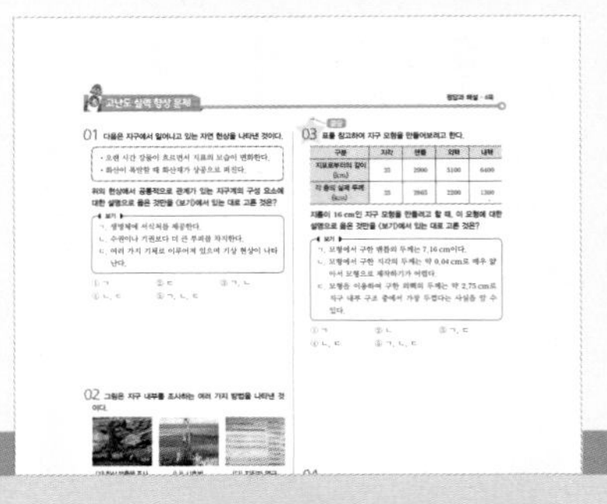

고난도 실력 향상 문제
어려운 고난도 문제를 통해 과학적 사고력을 높일 수 있습니다.

서논술형 유형 연습
유형 연습을 통해 서논술형을 다잡을 수 있습니다.

Contents 이 책의 차례

개념책

교재 및 강의 내용에 대한 문의는 EBS 홈페이지(mid.ebs.co.kr)의 Q&A 서비스를 활용하시기 바랍니다.

I

지권의 변화

지구계와 지권의 층상 구조

1 지구계

1. 계 : 커다란 전체 안에서 서로 영향을 주고받는 구성 요소들의 모임

(1) 계의 구성 요소는 서로 영향을 주고받으므로 어느 한 요소에 변화가 생기면 다른 요소도 영향을 받아 변한다.

(2) 과학에서 다루는 계는 다양하다. 예 생태계+, 태양계, 호흡계, 순환계, 지구계 등

2. 지구계 : 지구를 구성하는 요소들이 서로 영향을 주고받는 모임

(1) 지구는 대기, 육지, 바다, 다양한 생물과 이것을 둘러싼 우주 공간이 각각의 영역을 이루며 서로 영향을 주고받는다. 예 지권, 수권, 기권, 생물권, 외권

(2) 지구계를 구성하는 요소들이 서로 영향을 주고받으면서 다양한 자연 현상이 일어난다.

① 지권에서 화산 폭발이 일어나면 화산재가 기권으로 올라가고 햇빛을 차단하여 기온이 낮아질 수 있다.

② 기권에서 내리는 비는 지표의 모습을 변화시키고, 지권의 물질을 수권으로 운반한다.

(3) 지구계의 구성 요소는 서로 밀접한 관계를 맺고 끊임없이 영향을 주고받는다.

3. 지구계+의 구성 요소

(1) **지권** : 지구의 겉 부분인 지구 표면과 지구 내부

① 토양과 암석으로 이루어진 지구의 표면과 지구의 내부를 포함한다.

② 생명체에게 서식처를 제공한다.

③ 수권이나 기권보다 큰 부피를 차지한다.

(2) **수권** : 바다, 빙하, 지하수, 강 등 지구에 있는 물

① 수권의 대부분은 바다가 차지하고 있으며, 바다는 지구 표면의 약 70 %를 차지한다.

② 해수는 지구 전체 물의 약 97 %를 차지하며, 육지의 물 중 가장 많은 양을 차지하는 것은 빙하이다.

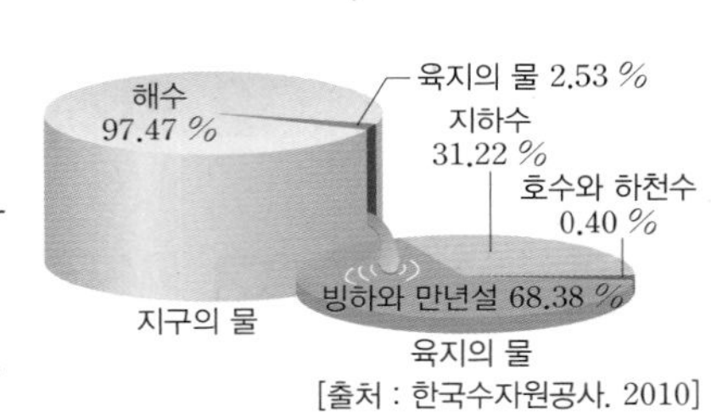

[출처 : 한국수자원공사, 2010]

▲ 지구의 물의 분포

(3) **기권+** : 지구를 둘러싸고 있는 대기

① 지구 표면을 둘러싸고 있는 공기의 층으로, 기권 또는 대기권이라고 한다.

② 지표면으로부터 약 1000 km 높이까지의 대기층이다.

③ 여러 가지 기체로 이루어져 있으며 기상 현상이 나타난다.

(4) **생물권** : 지구에 살고 있는 모든 생물

① 사람을 비롯하여 지구에 사는 모든 생명체가 포함된다.

② 지권, 수권, 기권에 걸쳐 넓게 분포한다.

(5) **외권+** : 기권의 바깥 영역인 우주 공간

① 지구를 둘러싸고 있는 기권의 바깥 영역으로, 태양과 달 등의 천체를 포함한다.

② 태양은 지구의 환경과 생물에 많은 영향을 주며, 태양 에너지는 지구계의 가장 중요한 에너지원이다.

+ 생태계
다양한 식물과 동물, 그리고 자연 환경 등의 구성 요소가 서로 영향을 주고받는 모임이다.

+ 지구계의 형성
약 46억 년 전 원시 태양계를 이루고 있던 미행성체들이 서로 충돌하여 원시 지구가 탄생하였다. 원시 지구는 다양한 변화 과정을 거쳐 오늘날과 같은 기권, 수권, 지권, 생물권 등으로 이루어진 지구계를 형성하였다.

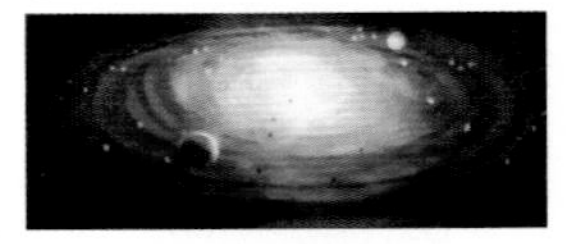

▲ 원시 태양계 모식도

+ 기권을 구성하는 기체 조성비

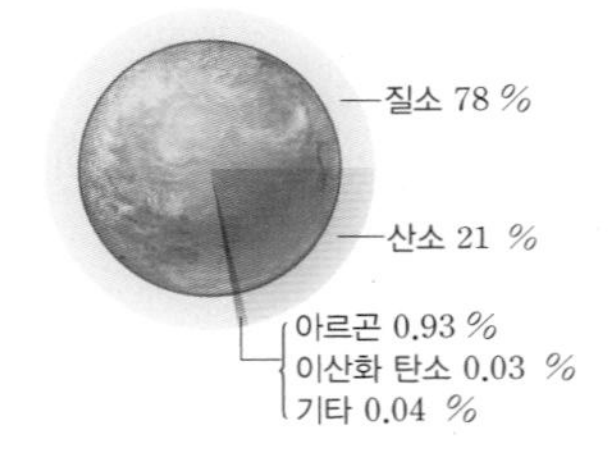

+ 외권
운석이 지표로 떨어지고, 지구와 에너지 교환이 일어나므로 외권도 지구계의 구성 요소에 포함된다.

정답과 해설 • 2쪽

1 지구계

- □는 커다란 전체 안에서 서로 영향을 주고받는 구성 요소들의 모임이다.
- 지구를 구성하는 요소들이 서로 영향을 주고받는 모임을 □□□라고 한다.
- □□에는 지구의 겉 부분인 지구 표면과 지구 내부가 모두 포함된다.
- 바다, 빙하, 지하수, 강 등 지구에 있는 물은 모두 □□이다.
- □□은 지구를 둘러싼 대기를 뜻하며 대기권이라고도 한다.
- □□□은 지구에 살고 있는 모든 생물이 포함된다.
- 기권 바깥 영역인 우주 공간을 □□이라고 한다.

01 계에 대한 설명으로 옳은 것은 ○표, 옳지 않은 것은 ×표를 하시오.

(1) 서로 영향을 주고받는 구성 요소들의 모임이다. ( )
(2) 과학에서 다루는 계에는 태양계와 지구계만 있다. ( )
(3) 생태계는 다양한 생물들의 모임일 뿐 환경과는 서로 영향을 주고받지 않는다. ( )
(4) 계 안에서는 항상 크고 작은 변화가 일어난다. ( )

02 다음 〈보기〉 중 수권에 해당하는 것만을 있는 대로 골라 기호를 쓰시오.

보기

ㄱ. 해수　ㄴ. 빙하　ㄷ. 대기　ㄹ. 식물
ㅁ. 암석　ㅂ. 지하수　ㅅ. 태양　ㅇ. 유성

03 다음에서 설명하고 있는 지구계의 구성 요소는 무엇인지 쓰시오.

(1) 지구 표면과 지구 내부로 이루어져 있다. ( )
(2) 지구 표면의 약 70 %를 차지하고 있다. ( )
(3) 기권의 바깥 영역인 우주 공간이다. ( )
(4) 사람을 비롯한 지구에 살고 있는 모든 생명체가 포함된다. ( )
(5) 지구를 둘러싸고 있는 대기이다. ( )

04 기권에 대한 설명으로 옳은 것은 ○표, 옳지 않은 것은 ×표를 하시오.

(1) 바다, 강, 지하수, 빙하 등 지구에 있는 물이다. ( )
(2) 한 가지 기체로 이루어져 있다. ( )
(3) 지표면으로부터 약 1000 km 높이까지 분포하고 있다. ( )
(4) 토양과 암석으로 이루어져 있다. ( )

05 다음에서 설명하고 있는 자연 현상에서 서로 영향을 주고받는 지구계의 구성 요소를 모두 쓰시오.

구름에서 비가 내리면 지표의 모습을 변화시키고, 깎아낸 물질을 바다로 운반한다.

지구계와 지권의 층상 구조

② 지구 내부 조사 방법

1. 물체 내부 조사 방법

직접적인 방법	간접적인 방법
물체의 내부를 직접 들여다보거나 잘라보기	• 초음파나 X선을 이용하여 내부 조사하기 • 자기 공명 영상(MRI)✚ 장치를 이용하여 내부 조사하기

2. 지구 내부 조사 방법

직접적인 방법	간접적인 방법
• 직접 땅속을 파고 조사하기✚ • 화산이 분출할 때 나오는 물질 조사하기	지구 내부를 통과한 후 지표에 도달한 지진파를 분석하기

3. 지진과 지진파

(1) **지진** : 지구 내부에서 암석이 힘을 받아 끊어질 때 생긴 진동이 지표로 전달되는 현상

(2) **지진파** : 지진이 발생할 때 전달되는 진동

① 지구 내부에서 지진이 발생하면 지진파는 모든 방향으로 전달되고, 물질에 따라 전달되는 빠르기가 다르다.

② 지구 내부를 통과하여 지표에 도달하는 지진파를 연구하면 지구 내부의 구조를 알아낼 수 있다.

(3) **지진파 분석** : 지구 내부를 가장 효과적으로 알 수 있는 방법

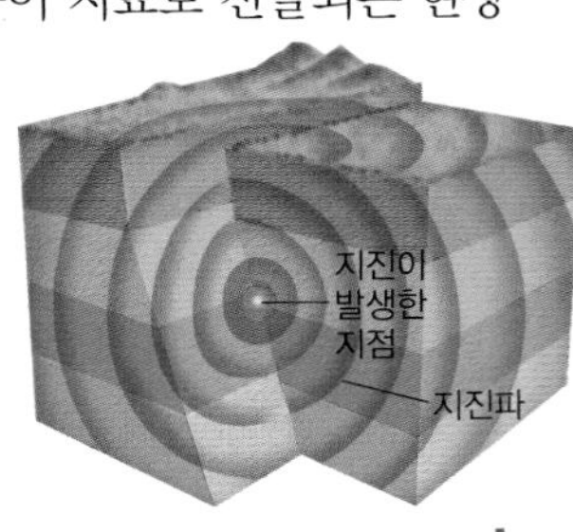

▲ 지진파가 전달되는 모습✚

③ 지권의 층상 구조

1. **지구 내부 구조를 알아내는 방법** : 지진파를 분석하면 지구 내부 구조를 간접적으로 알 수 있다.

2. **지권의 층상 구조✚** : 지권은 지각, 맨틀, 외핵, 내핵이라는 4개의 층으로 된 층상 구조를 이루고 있다.

(1) **지각** : 지권의 가장 바깥쪽에 있는 층으로 대륙 지각과 해양 지각으로 구분한다.

① 대륙 지각 : 평균 두께는 약 35 km, 주로 화강암질 암석으로 구성

② 해양 지각 : 평균 두께는 약 5 km, 주로 현무암질 암석으로 구성

③ 지각은 여러 가지 암석으로 이루어져 있다.

(2) **맨틀** : 지각 아래에서부터 약 2900 km까지의 층

① 지구 전체 부피의 약 80 %를 차지한다.

② 지각보다 무거운 물질로 이루어져 있다.

(3) **외핵** : 맨틀 아래에서부터 약 5100 km까지의 층

① 액체 상태로 추정된다.

② 주로 철과 니켈로 이루어져 있다.

(4) **내핵** : 외핵 아래에서부터 지구 중심까지의 층

① 고체 상태로 추정된다.

② 무거운 철과 니켈로 이루어져 있다.

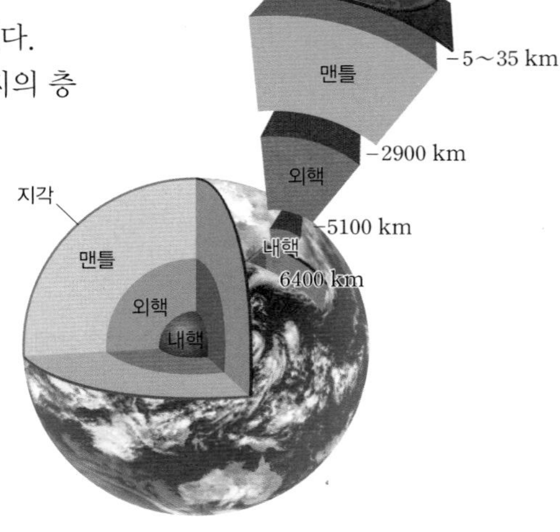

▲ 지권의 층상 구조

✚ **자기 공명 영상(MRI)**
자기장을 이용하여 사람의 몸속을 촬영하는 장치이다.

✚ **시추법**
지층의 구조와 상태 등을 조사하기 위하여 땅속 깊이 구멍을 뚫는 방법이다. 지금까지 가장 깊이 파 내려간 깊이는 러시아 콜라 반도에서 기록한 약 12 km이다.

✚ **지진파의 전파**
지진파는 지구 내부를 통과하여 전파되므로 지구 내부 구조를 간접적으로 알아낼 수 있다.

✚ **지권의 층상 구조 특징**

층상 구조	상태	구성
지각	고체	화강암질 암석, 현무암질 암석
맨틀	고체	감람암질 암석
외핵	액체	철, 니켈
내핵	고체	철, 니켈

✚ **층상 구조의 경계면**
지권의 층상 구조에서 각 층의 경계면은 발견자의 이름으로 명명되었다. 지각과 맨틀의 경계면은 모호로비치치 불연속면(모호면), 맨틀과 외핵의 경계면은 구텐베르크면, 외핵과 내핵의 경계면은 레만면이라고 한다.

정답과 해설 • 2쪽

2 지구 내부 조사 방법

- □□□은 직접 땅속을 파서 지구 내부를 조사하는 방법이다.
- 지진이 발생할 때 전달되는 파동을 □□□라고 한다.
- 지구 내부를 통과하여 지표에 도달하는 지진파를 연구하여 □□ □□ 구조를 알아낼 수 있다.

06 물체의 내부를 간접적으로 조사하는 방법에 해당하는 것만을 〈보기〉에서 있는 대로 고르시오.

보기
ㄱ. 상자 열어 내부 보기
ㄴ. 공항 검색대에서 X선으로 가방 검사하기
ㄷ. 초음파로 신체 내부 상태 확인하기
ㄹ. 수박을 잘라서 내부 확인하기

07 다음은 지구의 내부를 조사하는 방법을 나타낸 것이다. 직접적인 조사 방법에는 '직', 간접적인 조사 방법에는 '간'이라고 쓰시오.

(1) 화산이 폭발할 때 분출되는 물질을 조사한다. ( )
(2) 지구 내부를 통과하여 지표에 도달한 지진파를 분석한다. ( )
(3) 장비를 이용하여 땅속을 직접 파면서 조사한다. ( )

08 지진과 지진파에 대한 설명으로 옳은 것은 ○표, 옳지 <u>않은</u> 것은 ×표를 하시오.

(1) 지진파는 지진이 발생할 때 전달되는 파동이다. ( )
(2) 지진이 발생하면 지진파는 한 방향으로만 전파된다. ( )
(3) 물질에 따라 지진파가 전달되는 빠르기가 다르다. ( )
(4) 지구 내부를 가장 효과적으로 알 수 있는 방법은 지진파를 연구하는 것이다. ( )

3 지권의 층상 구조

- 지권은 □개의 층으로 된 층상 구조를 이루고 있다.
- □□은 지권의 가장 바깥쪽에 있는 층이다.
- 지구 전체 부피의 약 80 %를 차지하는 층은 □□이다.
- □□과 □□은 무거운 철과 니켈로 이루어져 있다.

09 다음에서 설명하고 있는 지권의 층상 구조는 어느 층인지 쓰시오.

(1) 주로 화강암질 암석과 현무암질 암석으로 되어 있다. ( )
(2) 지각 아래에서부터 깊이 약 2900 km까지의 층이다. ( )
(3) 액체 상태로 추정되는 층이다. ( )
(4) 무거운 철과 니켈로 되어 있으며 고체 상태로 추정되는 층이다. ( )

10 지권의 층상 구조에 대한 설명으로 옳은 것은 ○표, 옳지 <u>않은</u> 것은 ×표를 하시오.

(1) 지구 내부는 3개의 층으로 이루어진 층상 구조이다. ( )
(2) 내핵은 지구 전체 부피의 대부분을 차지한다. ( )
(3) 지구 내부는 모두 고체 상태로 추정할 수 있다. ( )

필수 탐구 지구 내부 구조 모형 만들기

목표
지권을 구성하는 각 층의 두께를 계산하고, 지권의 층상 구조를 지구 내부 구조 모형으로 설명할 수 있다.

과정

1 반지름이 32 cm인 지구 모형을 만들려고 한다. 반지름이 32 cm인 원을 모둠의 수로 등분하여 한 모둠에서 만들 부채꼴의 중심각 크기를 계산한다.

예를 들어 모둠의 수가 6모둠이라면 360°를 6등분한 60°를 중심각으로한 부채꼴을 그린다.

2 각 층의 실제 두께와 모형에서의 두께를 각각 계산하여 표에 기록해 본다. (단, 지각의 두께는 대륙 지각의 두께인 35 km로 가정하고, 모형의 두께는 소수 첫째 자리까지 구한다.)

모형의 두께는 실제 두께와 지구 반지름 사이의 비례식을 이용하여 구한다. 예를 들어 지각의 두께를 구한다면
6400 km : 32 cm = 35 km : x
x ≒ 0.2 cm로 구할 수 있다.

구분	지표로부터의 깊이(km)	실제 두께(km)	모형의 두께(cm)
지각	35		
맨틀	2900		
외핵	5100		
내핵	6400		

3 모둠별로 과정 1에서 계산한 중심각을 이용하여 A3 용지에 부채꼴 모양을 그리고, 과정 2에서 계산한 값을 이용하여 각 층의 경계면을 표시한다.

4 부채꼴 모양으로 그린 지구 내부 구조 모형을 가위로 자른 후, 각 층의 구간에 맞추어 서로 다른 색으로 칠한다.

5 모둠별로 만든 지구 내부 구조 모형을 이어 붙여서 하나의 지구를 완성해 본다.

결과

1 모둠의 수에 따라 부채꼴의 중심각이 달라진다.

2

구해진 모형의 두께는 소수 둘째 자리에서 반올림하여 구한다.

구분	지표로부터의 깊이(km)	실제 두께(km)	모형의 두께(cm)
지각	35	35	0.2
맨틀	2900	2865	14.3
외핵	5100	2200	11
내핵	6400	1300	6.5

정리

1 지구 내부 구조 중에서 상대적으로 두께가 얇아서 모형으로 나타내기 어려운 층은 지각이다.

2 지구 내부 구조 모형 중에서 가장 두꺼운 층은 맨틀이다.

3 지구 내부는 4개의 층으로 이루어진 층상 구조이다.

정답과 해설 • 2쪽

지구 내부 구조 모형 만들기

- 지구의 내부는 균일한 층이 아니라, 4개의 층으로 이루어진 □□ 구조이다.
- 지구 내부 구조는 지각, 맨틀, □□, 내핵으로 이루어져 있다.
- 지구 내부 구조 중에서 상대적으로 두께가 얇아서 모형으로 나타내기 가장 어려운 층은 □□이다.
- 지구 내부 구조 중에서 두께가 가장 두꺼운 층은 □□이다.
- 지구 내부 구조 중에서 두께가 가장 얇은 층은 □□이다.

1 반지름이 50 cm인 지구의 모형을 만들려고 할 때, 지구 내부 구조 모형에서는 맨틀의 두께가 얼마로 계산되는가? (단, 지구의 반지름은 6400 km이며, 지각의 두께는 35 km로 가정하고, 모형의 두께는 반올림하여 소수 첫째 자리까지 구한다.)

① 11.2 cm ② 17.2 cm ③ 22.4 cm
④ 25.2 cm ⑤ 30.3 cm

2 그림은 다양한 지구 내부 구조 모형을 나타낸 것이다.

위와 같이 지구 내부 구조를 모형으로 만들 때, 표현하기가 가장 어려운 층은 어디인지 쓰시오.

3 지구 내부 구조를 모형으로 만들 때, 층상 구조의 두께가 (가) 가장 얇은 층과 (나) 가장 두꺼운 층을 옳게 짝 지은 것은?

	(가)	(나)
①	지각	맨틀
②	지각	외핵
③	맨틀	지각
④	외핵	맨틀
⑤	외핵	내핵

4 지구 내부 구조에 대한 설명으로 옳은 것만을 〈보기〉에서 있는 대로 고르시오.

보기

ㄱ. 지구 내부는 4개의 층으로 구분되어 있다.
ㄴ. 지구 내부 구조 중에서 가장 두꺼운 층은 외핵이다.
ㄷ. 너무 두꺼워서 모형으로 표현하기 어려운 층은 내핵이다.

5 지권의 층상 구조의 두께를 옳게 비교한 것은?

① 지각 > 맨틀 > 외핵 > 내핵
② 지각 > 내핵 > 외핵 > 맨틀
③ 맨틀 > 지각 > 내핵 > 외핵
④ 맨틀 > 외핵 > 내핵 > 지각
⑤ 외핵 > 맨틀 > 내핵 > 지각

내신 기출 문제

1 지구계

01 계에 대한 설명으로 옳은 것만을 〈보기〉에서 있는 대로 고른 것은?

보기
ㄱ. 과학에서 다루는 계는 태양계만 있다.
ㄴ. 서로 영향을 주고받는 구성 요소들의 모임이다.
ㄷ. 구성 요소 중 하나에 변화가 생기면 다른 요소도 영향을 받아 변한다.

① ㄱ ② ㄴ ③ ㄱ, ㄷ
④ ㄴ, ㄷ ⑤ ㄱ, ㄴ, ㄷ

중요
02 지구계에 대한 설명으로 옳지 않은 것은?
① 지구계는 과학에서 다루는 계에 속하지 못한다.
② 지구를 구성하는 요소들이 서로 영향을 주고받는 모임이다.
③ 대기, 육지, 바다, 생물, 우주 공간이 모두 지구계에 포함된다.
④ 지구계의 구성 요소는 서로 밀접한 관계를 이뤄 끊임없이 영향을 주고받는다.
⑤ 지구계 구성 요소 간의 상호 작용 과정에서 다양한 자연 현상이 일어난다.

03 지구계의 구성 요소에 대한 설명으로 옳은 것만을 〈보기〉에서 있는 대로 고른 것은?

보기
ㄱ. 태양, 달 등의 천체는 외권에 포함된다.
ㄴ. 수권의 대부분은 빙하가 차지하고 있다.
ㄷ. 지권은 지구의 겉 부분인 지각만을 의미한다.
ㄹ. 생물권은 지권, 수권, 기권에 걸쳐 넓게 분포하고 있다.

① ㄱ, ㄹ ② ㄴ, ㄷ ③ ㄷ, ㄹ
④ ㄱ, ㄴ, ㄹ ⑤ ㄴ, ㄷ, ㄹ

04 다음에서 설명하고 있는 지구계의 구성 요소는?

• 지구 표면을 둘러싸고 있는 대기이다.
• 질소, 산소, 아르곤, 이산화 탄소 등의 다양한 기체로 이루어져 있다.

① 지권 ② 기권 ③ 수권
④ 외권 ⑤ 생물권

05 지구계의 구성 요소인 지권에 대한 설명으로 옳지 않은 것은?
① 지구 내부도 포함한 영역이다.
② 생명체에게 서식처를 제공한다.
③ 비나 눈 등의 기상 현상이 일어난다.
④ 수권이나 기권보다 큰 부피를 차지한다.
⑤ 지구의 겉 부분을 구성하는 암석과 토양이 포함된다.

중요
06 지구계의 구성 요소와 그 요소에 속하는 것끼리 옳게 짝 지은 것은?
① 기권 − 지각 ② 지권 − 빙하
③ 수권 − 지하수 ④ 외권 − 구름
⑤ 생물권 − 태양

07 그림은 우주에 있는 태양의 모습을 나타낸 것이다.

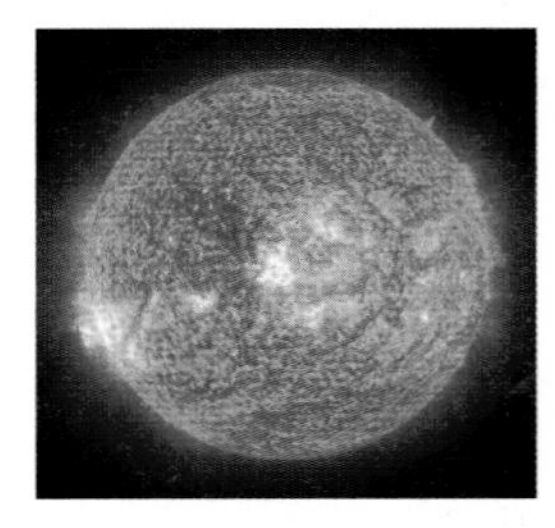

태양은 지구계의 구성 요소 중에서 어디에 속하는가?
① 지권 ② 기권 ③ 생물권
④ 수권 ⑤ 외권

중요

08 다음은 지구계의 구성 요소를 설명한 것이다.

(가) 지구 표면의 약 70 %를 차지한다.
(나) 지표면으로부터 약 1000 km 높이까지 분포한다.
(다) 지구의 환경에 영향을 주는 태양 에너지를 포함한다.

각각의 구성 요소가 옳게 짝 지어진 것은?

	(가)	(나)	(다)
①	외권	생물권	수권
②	지권	외권	기권
③	수권	기권	외권
④	기권	수권	생물권
⑤	생물권	지권	지권

09 수권에 해당하는 것만을 〈보기〉에서 있는 대로 고른 것은?

보기
ㄱ. 태양　ㄴ. 해수　ㄷ. 사람　ㄹ. 빙하
ㅁ. 암석　ㅂ. 토양　ㅅ. 지하수　ㅇ. 달

① ㄱ, ㅂ, ㅇ　② ㄴ, ㄹ, ㅅ
③ ㄷ, ㅁ, ㅇ　④ ㄱ, ㄴ, ㅅ, ㅇ
⑤ ㄷ, ㄹ, ㅂ, ㅅ

10 다음은 지구계의 구성 요소 중 하나에 관한 설명이다.

• 지구에 분포하고 있는 모든 물이다.
• (㉠)가 전체 물의 약 97 %를 차지한다.
• 육지의 물의 대부분은 (㉡)로 존재한다.

㉠, ㉡에 들어갈 말을 옳게 짝 지은 것은?

	㉠	㉡		㉠	㉡
①	해수	빙하	②	해수	지하수
③	강물	빙하	④	빙하	지하수
⑤	지하수	빙하			

11 생물권에 대한 설명으로 옳은 것만을 〈보기〉에서 있는 대로 고른 것은?

보기
ㄱ. 여러 가지 기체로 이루어져 있다.
ㄴ. 생물권은 살아 있는 동물만 해당된다.
ㄷ. 땅, 바다, 하늘 등의 다양한 영역에 넓게 분포한다.

① ㄱ　② ㄴ　③ ㄷ
④ ㄴ, ㄷ　⑤ ㄱ, ㄴ, ㄷ

12 다음에서 설명하고 있는 지구계의 구성 요소에 속하는 것은?

• 우주 공간 전체가 포함된다.
• 생물이 광합성을 할 때 이용하는 태양 빛도 포함된다.
• 지구를 둘러싸고 있는 기권의 바깥 영역이다.

① 달　② 사람　③ 빙하
④ 지하수　⑤ 토양

중요

13 다음은 지구계에서 일어나는 어떤 자연 현상을 설명한 것이다.

그림과 같이 큰 화산 폭발이 일어나면 많은 양의 화산재가 상공으로 올라가고 햇빛을 가려 지구의 기온을 떨어뜨린다.

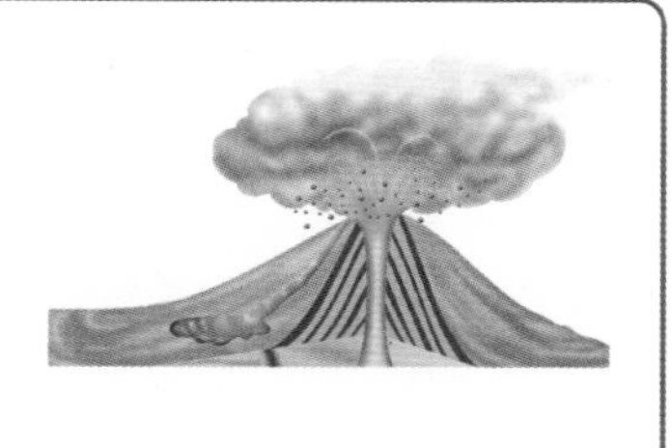

이 현상과 관련이 있는 지구계의 구성 요소를 옳게 나열한 것은?

① 기권, 지권, 외권
② 기권, 수권, 외권
③ 기권, 지권, 생물권
④ 수권, 지권, 생물권
⑤ 생물권, 지권, 외권

14 지구계의 변화에 대한 설명으로 옳은 것만을 〈보기〉에서 있는 대로 고른 것은?

〈보기〉
ㄱ. 지구계에서는 항상 크고 작은 변화가 일어난다.
ㄴ. 지구계의 어느 한 요소에서 일어난 변화는 다른 요소에는 영향을 주지 않는다.
ㄷ. 지구계의 구성 요소는 끊임없이 서로 영향을 주고받으면서 변화해 왔다.

① ㄱ ② ㄴ ③ ㄱ, ㄷ
④ ㄴ, ㄷ ⑤ ㄱ, ㄴ, ㄷ

2 지구 내부 조사 방법

15 물체의 내부를 조사하는 여러 가지 방법 중에서 직접적으로 조사하는 방법에 해당하는 것만을 〈보기〉에서 있는 대로 고른 것은?

〈보기〉
ㄱ. 수박을 잘라서 잘 익었는지를 확인한다.
ㄴ. 초음파를 이용하여 태아의 모습을 확인한다.
ㄷ. X선 촬영을 하여 몸속의 상태를 살펴본다.

① ㄱ ② ㄴ ③ ㄱ, ㄷ
④ ㄴ, ㄷ ⑤ ㄱ, ㄴ, ㄷ

중요
16 지구 내부를 조사하는 방법 중에서 전체 구조를 알아볼 수 있는 가장 효과적인 방법은?

① 땅을 직접 파서 내부를 조사한다.
② 우주에서 떨어진 운석을 연구한다.
③ 지구 내부를 통과하는 지진파를 조사한다.
④ 우주 탐사선을 이용하여 지구 사진을 찍는다.
⑤ 화산이 폭발할 때 나오는 화산 분출물을 조사한다.

17 지진파를 분석하여 지구 내부를 알아보는 방법과 같은 원리로 물체의 내부를 알아보는 방법만을 〈보기〉에서 있는 대로 고른 것은?

〈보기〉
ㄱ. 상자의 뚜껑을 열어 내부를 직접 확인한다.
ㄴ. 엄마 뱃속의 태아를 관찰하기 위해 초음파를 이용한다.
ㄷ. 공항 검색대에서 X선을 이용하여 가방 내부를 검사한다.

① ㄱ ② ㄴ ③ ㄱ, ㄷ
④ ㄴ, ㄷ ⑤ ㄱ, ㄴ, ㄷ

중요
18 지구 내부를 조사하는 여러 가지 방법에 대한 설명으로 옳지 않은 것은?

① 직접적인 조사 방법에는 땅에 직접 구멍을 파는 방법이 있다.
② 직접 땅을 파면서 내부를 조사하는 방법에는 한계가 있다.
③ 지구 내부를 통과하는 지진파를 연구하는 것은 간접적인 조사 방법이다.
④ 지구 내부의 전체 구조를 조사하는 효과적인 방법은 운석을 연구하는 것이다.
⑤ 화산이 폭발할 때 나오는 화산 분출물을 조사하는 방법은 직접적인 조사 방법이다.

중요
19 지구 내부를 알아보기 위한 여러 가지 방법들 중에서 직접적인 방법만을 〈보기〉에서 있는 대로 고른 것은?

〈보기〉
ㄱ. 운석 연구 ㄴ. 지진파 연구
ㄷ. 화산 분출물 조사 ㄹ. 직접 땅을 파서 조사하기

① ㄱ, ㄹ ② ㄴ, ㄷ ③ ㄷ, ㄹ
④ ㄱ, ㄴ, ㄹ ⑤ ㄴ, ㄷ, ㄹ

20 다음에서 설명하고 있는 지구 내부 조사 방법을 무엇이라고 하는지 쓰시오.

지층의 구조나 상태 등을 조사하기 위해서 직접 땅속에 구멍을 파는 방법이다. 지금까지 가장 깊이 파 내려간 깊이는 약 12 km이다.

21 지진파에 대한 설명으로 옳은 것만을 〈보기〉에서 있는 대로 고른 것은?

보기
ㄱ. 지진파는 물질에 따라 전달되는 빠르기가 다르다.
ㄴ. 지진파를 조사하면 지구 내부를 가장 효과적으로 알 수 있다.
ㄷ. 지진파는 지구 내부에서 지진이 발생할 때 한쪽 방향으로만 전파된다.

① ㄱ ② ㄷ ③ ㄱ, ㄴ
④ ㄴ, ㄷ ⑤ ㄱ, ㄴ, ㄷ

3 지권의 층상 구조

22 그림은 지권의 층상 구조를 나타낸 것이다.

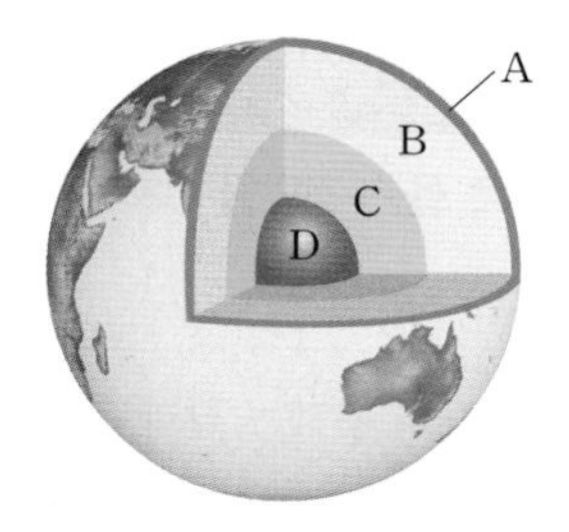

A~D의 명칭이 옳게 짝 지어진 것은?
① A－외핵 ② A－내핵
③ B－맨틀 ④ C－지각
⑤ D－외핵

중요
23 지구 내부 구조에 대한 설명으로 옳지 않은 것은?
① 지각은 지구의 가장 바깥쪽에 있는 층이다.
② 대륙 지각과 해양 지각의 평균 두께가 서로 다르다.
③ 외핵과 내핵은 무거운 철과 니켈 등으로 이루어져 있다.
④ 맨틀은 지각을 이루는 암석과는 다른 종류의 암석으로 이루어져 있다.
⑤ 지진파 연구를 통해 지구 내부에 4개의 경계면이 있다는 사실을 알아냈다.

24 그림은 지표 근처의 지구 내부 구조의 단면을 나타낸 것이다.

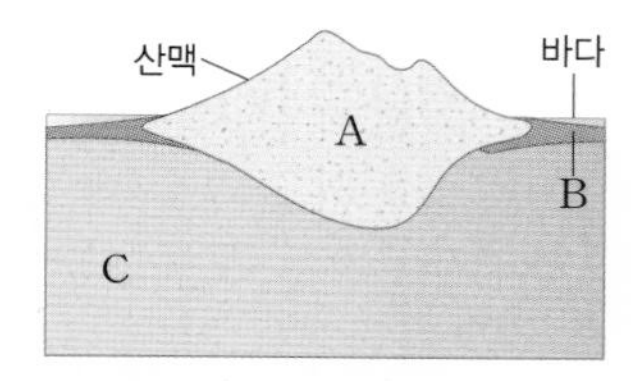

이에 대한 설명으로 옳지 않은 것은?
① A는 화강암질 암석으로 이루어져 있다.
② A는 대륙 지각으로 평균 두께가 약 35 km이다.
③ B는 현무암질 암석으로 이루어져 있다.
④ B는 해양 지각으로 평균 두께가 약 5 km이다.
⑤ C는 외핵으로 맨틀과는 다른 종류의 암석으로 이루어져 있다.

25 다음에서 설명하고 있는 지구 내부의 층을 옳게 짝 지은 것은?

(가) 지구 전체 부피의 약 80 %를 차지한다.
(나) 철과 니켈로 이루어져 있고, 액체 상태로 추정된다.

	(가)	(나)
①	지각	내핵
②	맨틀	외핵
③	맨틀	지각
④	외핵	맨틀
⑤	내핵	외핵

01 다음은 지구에서 일어나고 있는 자연 현상을 나타낸 것이다.

- 오랜 시간 강물이 흐르면서 지표의 모습이 변화한다.
- 화산이 폭발할 때 화산재가 상공으로 퍼진다.

위의 현상에서 공통적으로 관계가 있는 지구계의 구성 요소에 대한 설명으로 옳은 것만을 〈보기〉에서 있는 대로 고른 것은?

보기
ㄱ. 생명체에 서식처를 제공한다.
ㄴ. 수권이나 기권보다 더 큰 부피를 차지한다.
ㄷ. 여러 가지 기체로 이루어져 있으며 기상 현상이 나타난다.

① ㄱ ② ㄷ ③ ㄱ, ㄴ
④ ㄴ, ㄷ ⑤ ㄱ, ㄴ, ㄷ

02 그림은 지구 내부를 조사하는 여러 가지 방법을 나타낸 것이다.

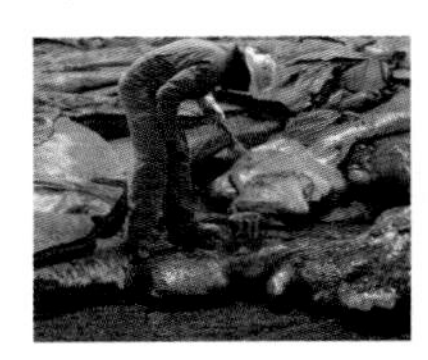
(가) 화산 분출물 조사

(나) 시추법

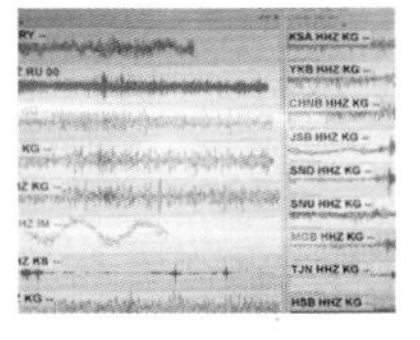
(다) 지진파 연구

(가)~(다)에 대한 설명으로 옳은 것만을 〈보기〉에서 있는 대로 고른 것은?

보기
ㄱ. (가)는 내핵의 물질까지 알아낼 수 있다.
ㄴ. (가)와 (나)는 직접적인 조사 방법이고, (다)는 간접적인 조사 방법이다.
ㄷ. 지구 내부의 가장 깊은 곳의 정보를 얻을 수 있는 방법은 (나)이다.
ㄹ. 지구 내부 전체의 구조를 알아내기에 효과적인 방법은 (다)이다.

① ㄱ, ㄷ ② ㄴ, ㄹ ③ ㄷ, ㄹ
④ ㄱ, ㄴ, ㄹ ⑤ ㄴ, ㄷ, ㄹ

중요
03 표를 참고하여 지구 모형을 만들어보려고 한다.

구분	지각	맨틀	외핵	내핵
지표로부터의 깊이 (km)	35	2900	5100	6400
각 층의 실제 두께 (km)	35	2865	2200	1300

지름이 16 cm인 지구 모형을 만들려고 할 때, 이 모형에 대한 설명으로 옳은 것만을 〈보기〉에서 있는 대로 고른 것은?

보기
ㄱ. 모형에서 구한 맨틀의 두께는 약 7.16 cm이다.
ㄴ. 모형에서 구한 지각의 두께는 약 0.04 cm로 매우 얇아서 모형으로 제작하기가 어렵다.
ㄷ. 모형을 이용하여 구한 외핵의 두께는 2.75 cm로 지구 내부 구조 중에서 가장 두껍다는 사실을 알 수 있다.

① ㄱ ② ㄴ ③ ㄱ, ㄷ
④ ㄴ, ㄷ ⑤ ㄱ, ㄴ, ㄷ

04 그림은 대륙 지각과 해양 지각의 단면 일부를 나타낸 것이다.

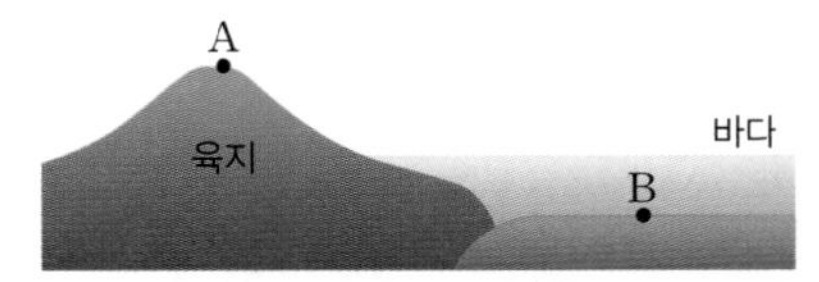

이에 대한 설명으로 옳은 것만을 〈보기〉에서 있는 대로 고른 것은?

보기
ㄱ. A와 B의 지각의 두께는 같다.
ㄴ. 모호로비치치 불연속면의 깊이는 A가 B보다 깊다.
ㄷ. A를 구성하는 암석과 B를 구성하는 암석은 다르다.

① ㄱ ② ㄷ ③ ㄱ, ㄴ
④ ㄴ, ㄷ ⑤ ㄱ, ㄴ, ㄷ

예제

01 지구에서는 낮에 파란 하늘을 볼 수 있지만, 달에서는 그림과 같이 낮에도 하늘이 까맣게 보인다.

이와 같이 차이가 나는 까닭을 지구계의 구성 요소와 관련지어 서술하시오.

Tip 지구에서 낮에 파란 하늘을 볼 수 있는 것은 지구의 대기가 햇빛 중에서 파란 빛을 산란하기 때문이다.

Key Word 지구, 기권, 달

[설명] 지구에는 대기가 있고, 달에는 대기가 없다는 사실을 지구계의 구성 요소와 관련지어 설명하면 된다.

[모범 답안] 지구계에는 대기로 이루어진 기권이 있으나 달에는 대기가 없어 기권이 없기 때문이다.

02 그림은 지권의 층상 구조를 나타낸 것이다.

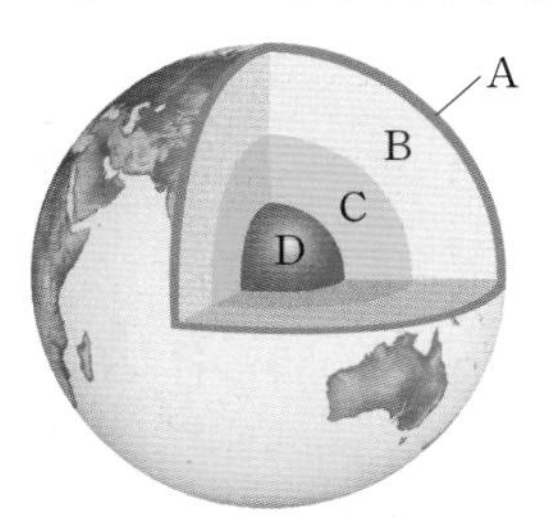

A~D 중에서 액체로 추정되는 층의 명칭을 쓰고, 위와 같은 지구 내부 구조를 알아낸 방법은 무엇인지 서술하시오.

Tip 지진파는 물질에 따라 전달되는 빠르기가 다르다.

Key Word 지진파, 액체, 외핵

[설명] 지진이 발생했을 때 지진파는 모든 방향으로 퍼진다. 지구 내부를 통과하는 지진파를 분석하면 지구 내부의 구조를 간접적으로 알아낼 수 있다.

[모범 답안] 외핵, 지구 내부를 통과하여 지표에 도달하는 지진파를 분석하여 알아내었다.

실전 연습

01 그림은 지권에서 발생한 화산 활동으로 화산재가 분출되는 모습을 나타낸 것이다.

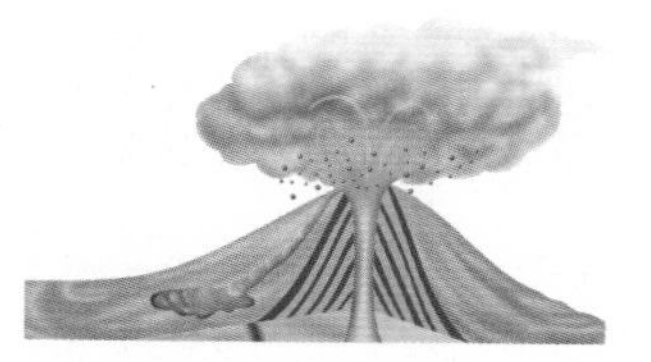

지권에서 일어난 이러한 변화는 지구계의 다른 구성 요소에도 변화를 준다. 화산 활동으로 화산재가 분출되면서 기권이나 생물권에서 일어나는 변화를 서술하시오.

Tip 화산재가 하늘에 퍼지면 햇빛을 가린다.

Key Word 화산재, 햇빛, 광합성, 기온

02 그림은 지구 내부 구조를 연구하는 다양한 방법을 나타낸 것이다.

(가) 시추법

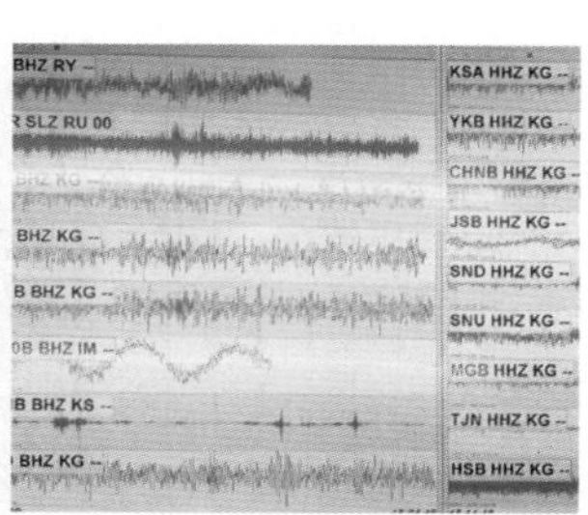

(나) 지진파 연구

(1) (가), (나) 방법을 직접적인 연구 방법과 간접적인 연구 방법으로 구분하시오.

(2) (가), (나) 방법의 장점을 각각 서술하시오.

Tip 직접적인 연구 방법은 지구 내부를 정확하게 알 수 있지만, 전체 내부 구조를 알아내는 데에는 한계가 있다.

Key Word 직접, 간접, 시추법, 지진파, 전체 내부 구조, 한계

암석의 순환

1 화성암

1. **암석의 종류** : 암석은 생성 과정에 따라 화성암, 퇴적암, 변성암으로 구분한다.

화성암	마그마✚가 지하 깊은 곳이나 지표로 흘러나와 식어서 굳어져 만들어진 암석
퇴적암	퇴적물이 쌓여서 오랫동안 다져지고 굳어져 만들어진 암석
변성암	암석이 높은 열과 압력을 받아 변성되어 만들어진 암석

2. **화성암**

(1) **생성 과정** : 깊은 땅속에서 온도가 높아 암석이 녹으면 마그마가 생성된다. ➡ 마그마가 지하 깊은 곳에서 서서히 식거나 지표로 흘러나와 식으면 굳어져 화성암이 된다.

(2) **마그마가 식는 속도와 광물✚ 결정의 크기**

① 화산암 : 지표로 흘러나온 마그마가 빠르게 식으면서 결정이 매우 작은 암석이 생긴다.

② 심성암 : 지하 깊은 곳에 있는 마그마가 천천히 식으면서 결정이 큰 암석이 생긴다.

(3) **화성암의 분류** : 화성암은 광물 결정의 크기와 암석의 색✚에 따라 분류한다.

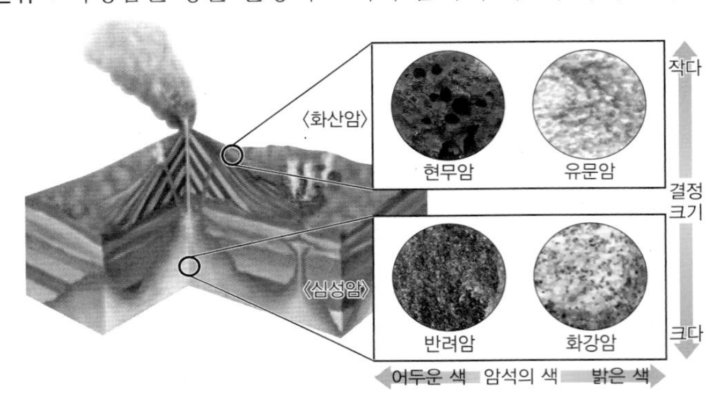

2 퇴적암

1. **퇴적암의 생성 과정**

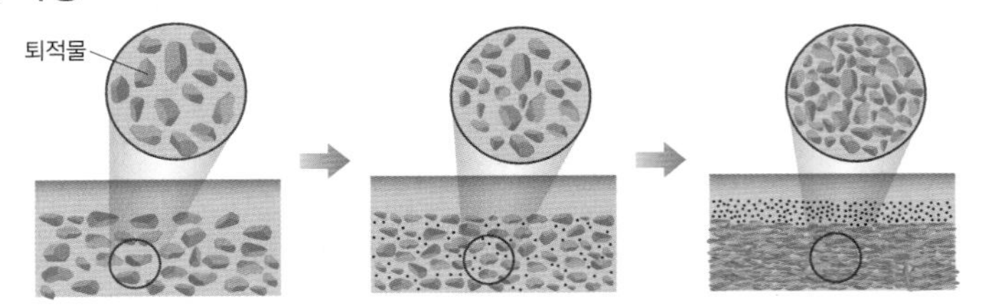

▲ 퇴적물이 쌓인다. ▲ 퇴적물이 다져진다. ▲ 광물 성분이 퇴적물을 붙인다.

2. **퇴적암의 종류** : 퇴적물의 크기와 종류에 따라 분류한다.

구분	퇴적물의 크기에 따라✚			퇴적물의 종류에 따라		
퇴적물	자갈	모래	진흙	석회 물질	화산재	소금
퇴적암	역암	사암	셰일✚(이암)	석회암✚	응회암	암염

3. **퇴적암의 특징** : 층리와 화석이 나타난다.

(1) **층리** : 알갱이의 크기나 색이 다른 퇴적물이 번갈아 쌓여 만들어진 평행한 줄무늬

(2) **화석** : 과거에 살았던 생물의 유해나 흔적

✚ 마그마
지구 내부의 높은 온도에서 암석이 녹아 만들어진 고온의 액체

✚ 광물
암석을 구성하는 작은 알갱이이다.

✚ 암석의 색
밝은 색 광물인 석영, 장석을 많이 포함한 암석은 색이 밝고, 어두운 색 광물인 휘석, 각섬석, 감람석을 많이 포함한 암석은 색이 어둡다.

✚ 퇴적암의 생성 장소
퇴적물의 크기가 작을수록 해안에서 먼 곳까지 운반된다. 따라서 해안 근처에서는 크기가 큰 자갈이 쌓여 역암이 되고, 먼 곳에서는 크기가 작은 진흙이 쌓여 셰일이 된다.

✚ 셰일
진흙이 굳어져서 생긴 퇴적암을 이암이라고 한다. 이러한 이암 중에서 특히 한 방향으로 무늬가 있고 잘 쪼개지는 성질을 가지고 있는 것을 셰일이라고 부른다.

✚ 석회암
물에 녹아 있던 석회 물질이나 조개껍데기, 산호와 같이 석회 물질로 이루어진 생물의 유해가 쌓여서 굳어진 암석이다.

정답과 해설 • 5쪽

1 화성암

- □□□은 마그마가 식어서 굳어진 암석이다.
- 마그마가 지표 부근에서 빠르게 식으면 암석을 이루는 광물 결정의 크기는 □□.
- 화성암은 결정의 크기와 암석의 □에 따라 분류할 수 있다.

01 **화성암에 대한 설명으로 옳은 것은 ○표, 옳지 않은 것은 ×표를 하시오.**

(1) 마그마의 냉각 속도가 빠를수록 화성암을 이루는 광물 결정의 크기는 작다. ( )

(2) 지표 부근에서 마그마가 식어서 굳어져 생성된 화성암은 모두 색이 어둡다. ( )

(3) 마그마가 지하 깊은 곳에서 식어서 굳어져 생성된 화성암을 이루는 광물 결정의 크기는 작다. ( )

(4) 밝은 색 화성암은 모두 지하 깊은 곳에서만 생성된다. ( )

02 **〈보기〉에 나오는 화성암을 기준에 맞게 분류하시오.**

보기

ㄱ. 현무암　　ㄴ. 화강암　　ㄷ. 반려암　　ㄹ. 유문암

(1) 암석을 이루는 광물의 결정이 큰 암석의 기호를 쓰시오. ( )

(2) 암석을 이루는 광물의 결정이 작거나 없는 암석의 기호를 쓰시오. ( )

(3) 어두운 색 화성암의 기호를 쓰시오. ( )

(4) 밝은 색 화성암의 기호를 쓰시오. ( )

2 퇴적암

- 퇴적물이 다져지고 굳어져서 생성된 암석을 □□□이라고 한다.
- □□은 진흙이 쌓여서 단단하게 굳어진 퇴적암이다.
- □□은 과거에 살았던 생물의 유해나 흔적이다.
- 퇴적암에 나타나는 줄무늬를 □□라고 한다.

03 **다음의 퇴적물이 굳어져서 생성되는 퇴적암의 이름을 쓰시오.**

(1) 석회 물질 ( )　　(2) 자갈 ( )

(3) 화산재 ( )　　(4) 진흙 ( )

(5) 모래 ( )　　(6) 소금 ( )

04 **퇴적암에 대한 설명으로 옳은 것은 ○표, 옳지 않은 것은 ×표를 하시오.**

(1) 바다나 호수 바닥에 퇴적물이 쌓여서 굳어질 때 만들어진다. ( )

(2) 해안가에서 멀어질수록 크기가 큰 퇴적물이 쌓인다. ( )

(3) 석회암은 물에 녹아 있던 석회 물질이나 조개껍데기 등의 석회 물질이 쌓이고 굳어진 암석이다. ( )

05 **다음에서 설명하고 있는 퇴적암의 특징은 무엇인지 쓰시오.**

알갱이의 크기나 색이 다른 퇴적물이 번갈아 쌓이면서 평행한 줄무늬가 나타난다.

암석의 순환

3 변성암

1. 생성 과정

구분	암석이 높은 열과 압력을 동시에 받을 때	암석이 높은 열을 받을 때
생성 작용	암석이 지하 깊은 곳으로 들어가 높은 열과 압력을 동시에 받으면 암석의 구조와 성질 등이 변하여 변성암이 된다.	암석의 틈으로 마그마가 뚫고 들어오면 원래 암석의 구조와 성질 등이 변하여 변성암이 생성된다.
	변성암	변성암 화성암 (마그마)
예	• 화강암(화성암) → 편마암(변성암) • 셰일✚(퇴적암) → 편암(변성암) → 편마암(변성암)	• 사암(퇴적암) → 규암(변성암) • 석회암(퇴적암) → 대리암(변성암)

✚ **셰일의 변성 작용**
암석이 열과 압력을 동시에 받아 변성암이 생성될 때, 같은 암석이라도 열과 압력을 받는 정도에 따라 다양한 종류의 변성암이 만들어진다. 셰일은 높은 열과 압력을 받으면 편암이 되고, 더 높은 열과 압력을 받으면 편마암이 된다. 반면, 셰일이 높은 열에 의해 변성 작용을 받으면 혼펠스가 된다.

2. 변성암의 종류

변성 전 암석	화강암	셰일	사암	석회암
변성암	편마암	편암, 편마암✚	규암	대리암

✚ **편마암**
엽리가 발달되어 있고, 밝은 색과 어두운 색이 반복되는 줄무늬가 있어서 정원을 꾸미는 정원석으로 이용된다.

3. 변성암의 특징

(1) **엽리✚** : 암석이 열과 압력을 동시에 받을 때 암석 속의 알갱이가 압력 방향에 수직으로 배열되면서 만들어진 줄무늬

(2) **재결정** : 변성 작용이 일어나는 과정에서 암석을 이루는 알갱이가 커지거나 새로운 알갱이가 만들어짐

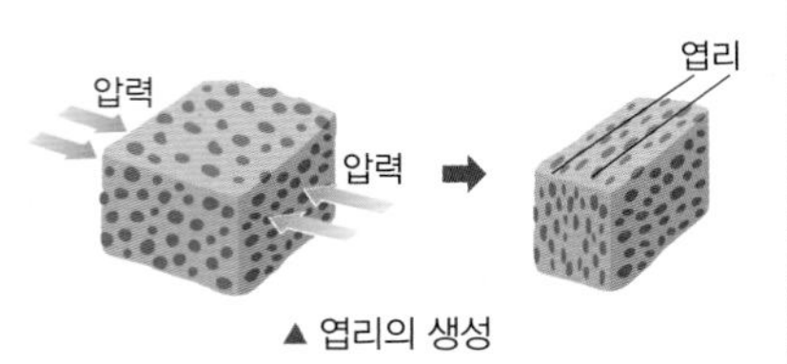

▲ 엽리의 생성

✚ **엽리의 생성 원리**
원통형의 작은 고무찰흙을 여러 개 만든 후, 큰 고무찰흙 사이 사이에 넣고, 그림과 같이 수평한 곳에서 손바닥으로 세게 누른다. 이때 작은 고무찰흙은 힘을 가한 방향과 수직을 이루면서 옆으로 퍼지는 것을 볼 수 있다. 이것은 암석을 이루는 광물이 압력 방향에 수직으로 배열되면서 만들어지는 엽리가 형성되는 원리와 같다.

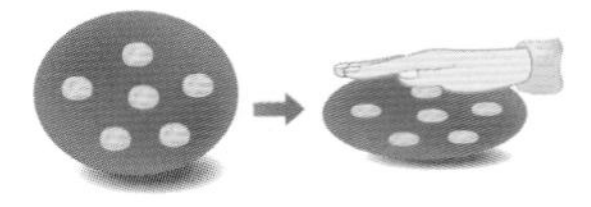

4 암석의 순환

암석은 생성된 후 주변 환경이 달라지면 새로운 환경의 영향을 받아 끊임없이 다른 암석으로 변한다.

지표의 암석이 부서지고 깎여서 퇴적물이 됨
⬇
퇴적물이 다져지고 굳어져서 퇴적암이 됨
⬇
암석이 지하 깊은 곳에서 열과 압력을 받아 변성암이 됨
⬇
더 높은 열과 압력을 받아 녹으면 마그마가 됨
⬇
마그마가 식어 굳어지면 화성암이 됨
⬇
화성암이 다시 부서지고 깎여서 퇴적물이 됨

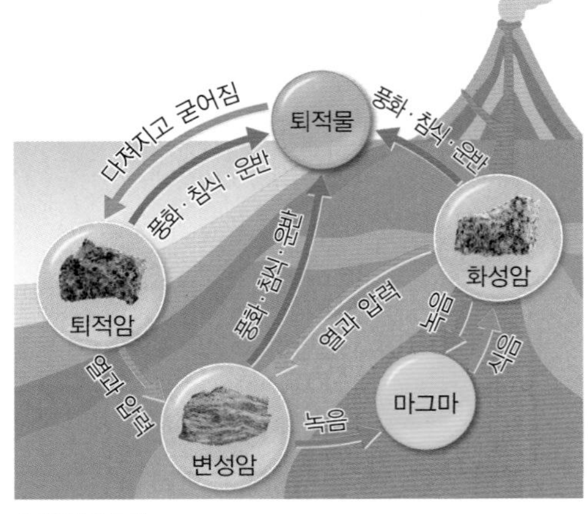

▲ 암석의 순환

3 변성암

- 암석이 높은 열과 압력을 받아 성질이 변하면서 생성된 새로운 암석을 □□□이라고 한다.
- 사암이 높은 열을 받으면 변성하여 □□이 된다.
- □□는 변성암이 생성될 때 만들어지는 줄무늬이다.
- 변성 작용이 일어나는 과정에서 암석을 이루는 알갱이가 커지거나 새로운 알갱이가 만들어지는 것을 □□□이라고 한다.

4 암석의 순환

- 암석은 생성된 후 주변 □□이 달라지면 그 영향을 받아 다른 암석으로 변한다.
- 마그마가 식어서 □□□이 만들어지고, 화성암이 풍화, 침식되면 퇴적물이 되었다가 퇴적물이 쌓여 굳어지면 □□□이 되며, 이 암석이 지하 깊은 곳에서 높은 열과 압력을 받으면 □□□이 생성되고, 더 높은 열과 압력을 받으면 마그마가 된다. 이와 같이 암석은 □□한다.

06 변성암에 대한 설명으로 옳은 것은 ○표, 옳지 않은 것은 ×표를 하시오.

(1) 암석이 높은 열과 압력을 받아서 암석의 구조와 성질 등이 변하면서 생성된다. (　　)

(2) 암석이 높은 열만 받을 때는 변성암이 생성되지 않는다. (　　)

(3) 변성 작용을 받기 전의 암석과 받은 후의 암석은 구조와 성질이 다른 암석이다. (　　)

07 다음은 변성 작용을 받기 전의 암석을 나타낸 것이다. 이 암석이 변성을 받은 후에 생성되는 변성암의 이름을 쓰시오.

(1) 사암 (　　　　)　　(2) 석회암 (　　　　)

(3) 화강암 (　　　　)　　(4) 셰일 (　　　　), (　　　　)

08 다음에서 설명하고 있는 변성암의 특징은 무엇인지 쓰시오.

> 암석이 높은 열과 압력을 받아 변성 작용이 일어나는 과정에서 암석을 이루는 알갱이가 커지거나 새로운 알갱이가 만들어진다.

09 그림과 같이 암석이 변성되는 과정에서 압력을 받을 때, 압력에 수직인 방향으로 광물이 눌리면서 나타나는 줄무늬(A)를 무엇이라고 하는지 쓰시오.

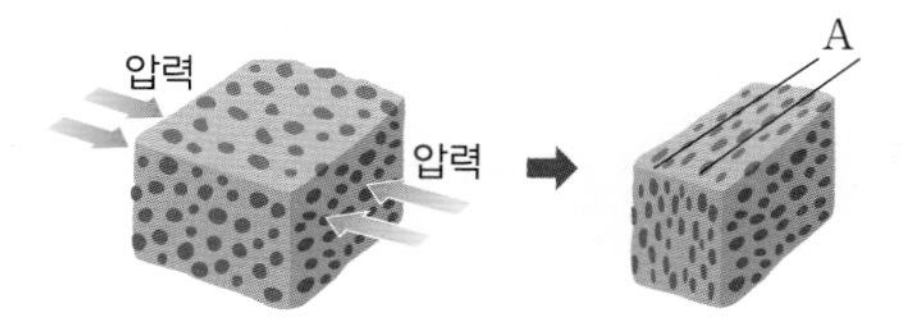

10 다음의 설명에서 빈칸에 들어갈 알맞은 말을 쓰시오.

> 암석은 주변 환경이 달라지면 다른 암석으로 변한다. 이와 같이 풍화 작용이나 지각 변동 등이 일어나 암석이 끊임없이 다른 암석으로 변하는 과정을 암석의 (　　　)이라고 한다.

필수 탐구 암석 분류하기

목표
여러 가지 암석의 특징을 관찰하여, 암석을 화성암, 퇴적암, 변성암으로 분류할 수 있다.

과정

1 암석 표본(화강암, 현무암, 역암, 사암, 편마암, 대리암)을 준비하고, (가)~(바)라고 쓴 붙임딱지를 붙인다.

2 암석 표본 (가)~(바)를 돋보기를 이용하여, 암석 색깔과 광물 결정의 크기, 퇴적물의 종류, 줄무늬 등의 특징을 관찰해 보자.

3 암석 표본 (가)~(바)에 묽은 염산을 떨어뜨리고 나타나는 반응을 관찰해 보자.

묽은 염산을 사용할 때는 보안경, 실험복, 면장갑 등을 꼭 착용하고, 피부나 옷에 닿지 않도록 주의하고, 피부에 닿았을 때는 즉시 물로 씻어낸다.

결과

암석 표본	특징	묽은 염산을 떨어뜨렸을 때
(가)	암석의 색이 밝고, 암석을 이루는 알갱이의 크기가 크며, 밝은 색에 검은 반점이 있고 단단하다.	반응 없음
(나)	암석의 색이 어둡고 암석을 이루는 알갱이의 크기가 작고, 표면에 구멍이 있다.	반응 없음
(다)	매우 거칠고 울퉁불퉁하며 자갈이 드러나 있다.	반응 없음
(라)	표면이 까칠까칠하고, 알갱이의 크기가 모래 알갱이 정도이다.	반응 없음
(마)	줄무늬가 뚜렷하고 어두운 색과 밝은 색이 교대로 나타난다.	반응 없음
(바)	표면의 무늬가 곱고 밝은 색을 띤다.	기체가 발생함

변성암의 줄무늬와 퇴적암의 줄무늬를 구별한다.

정리

1 (가)~(바)의 암석은 그 생성 과정에 따라 다음과 같이 구분할 수 있다.

구분	화성암	퇴적암	변성암
암석 기호	(가), (나)	(다), (라)	(마), (바)
암석 이름	화강암, 현무암	역암, 사암	편마암, 대리암

2 화성암은 암석을 이루는 알갱이의 크기와 암석의 색깔을 이용하여 분류하고, 퇴적암은 퇴적물의 크기와 종류에 따라 분류하고, 변성암은 줄무늬인 엽리와 염산 반응으로 분류할 수 있다.

정답과 해설 • 5쪽

암석 분류하기

- □□□은 지구 내부에서 생성된 마그마가 지표 근처나 지하에서 식어 굳어진 암석이다.
- 퇴적물이 오랜 시간 동안 단단하게 굳어져서 생성된 암석은 □□□이다.
- 원래의 암석이 높은 열과 압력을 받아 성질이 변하면서 생성된 암석을 □□□이라고 한다.
- 편마암에 나타나는 □□는 생성 당시의 압력 방향에 수직을 이루는 방향으로 나타나는 줄무늬이다.
- 묽은 염산을 떨어뜨리면 기체가 발생하는 변성암은 □□□이다.

1 다음에서 설명하고 있는 특징을 가진 암석만을 〈보기〉에서 있는 대로 골라 기호를 쓰시오.

보기

ㄱ. 편마암　　ㄴ. 사암　　ㄷ. 역암
ㄹ. 현무암　　ㅁ. 화강암　　ㅂ. 대리암

(1) 마그마가 지표 근처나 지하에서 식어서 굳어지면서 형성된 암석은?
(2) 퇴적물이 굳어지면서 단단해진 암석은?
(3) 암석이 변성 작용을 받아 생긴 새로운 암석은?

2 퇴적암끼리 옳게 짝 지어진 것은?

① 화강암, 현무암　② 현무암, 역암　③ 편마암, 화강암
④ 역암, 사암　⑤ 대리암, 편마암

3 암석과 그 특징이 옳게 연결된 것은?

① 역암－암석을 이루는 알갱이가 거의 눈에 보이지 않을 만큼 곱다.
② 사암－매우 거칠고 울퉁불퉁하며 자갈이 드러나 있다.
③ 편마암－표면의 무늬가 곱고 밝은 색을 띤다.
④ 화강암－표면이 까칠까칠하고, 알갱이의 크기가 모래 알갱이 정도이다.
⑤ 현무암－암석의 색이 어둡고 암석을 이루는 알갱이의 크기가 작고, 표면에 구멍이 있다.

4 다음에서 설명하고 있는 특징을 가진 암석은?

어두운 색과 밝은 색의 줄무늬가 교대로 뚜렷이 나타난다.

① 화강암　② 현무암　③ 편마암
④ 사암　⑤ 대리암

5 묽은 염산을 떨어뜨리면 기체가 발생하는 암석은?

① 화강암　② 현무암　③ 편마암
④ 사암　⑤ 대리암

내신 기출 문제

1 화성암

01 암석을 아래와 같이 분류한 기준은 무엇인가?

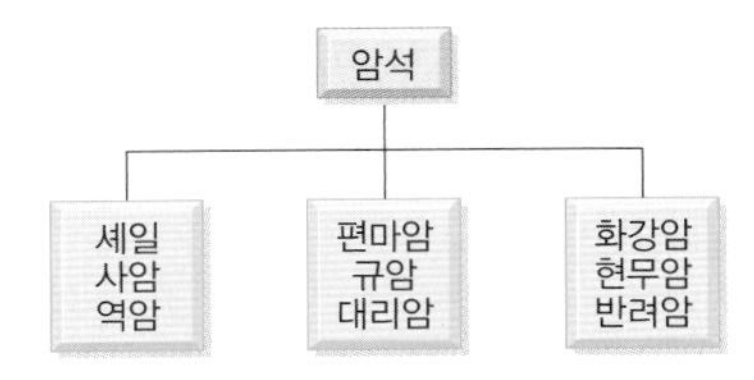

① 암석이 만들어지는 과정에 따라서
② 암석의 크기가 큰지 작은지에 따라서
③ 암석의 색이 밝은지 어두운지에 따라서
④ 암석에 줄무늬가 있는지 없는지에 따라서
⑤ 암석을 이루는 광물 결정의 크기에 따라서

[02~03] 그림은 화성암이 생성되는 장소를 나타낸 것이다. 물음에 답하시오.

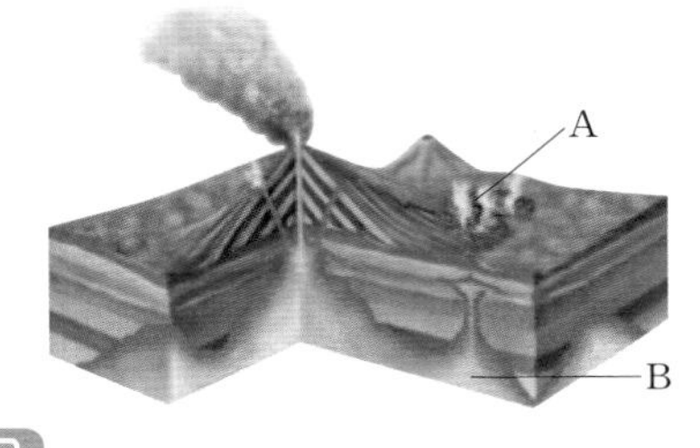

중요
02 위 그림에 대한 설명으로 옳지 않은 것은?

① A에서는 어두운 색의 화성암만 생성된다.
② A에서는 광물 결정이 작은 화산암이 생성된다.
③ B에서는 마그마의 냉각 속도가 느리다.
④ B에서는 광물 결정이 큰 심성암이 생성된다.
⑤ A, B는 마그마나 용암이 굳어서 만들어진 암석이다.

03 A에서 만들어진 화성암만을 〈보기〉에서 있는 대로 고른 것은?

보기
ㄱ. 현무암　　ㄴ. 반려암
ㄷ. 화강암　　ㄹ. 유문암

① ㄱ, ㄴ　② ㄱ, ㄷ　③ ㄱ, ㄹ
④ ㄴ, ㄷ　⑤ ㄴ, ㄹ

04 암석의 색이 어두운 화성암끼리 옳게 짝 지어진 것은?

① 현무암, 유문암　② 현무암, 화강암
③ 현무암, 반려암　④ 화강암, 유문암
⑤ 반려암, 화강암

중요
05 그림은 화성암을 광물 결정의 크기와 어두운 색 광물의 함량을 기준으로 분류한 것이다.

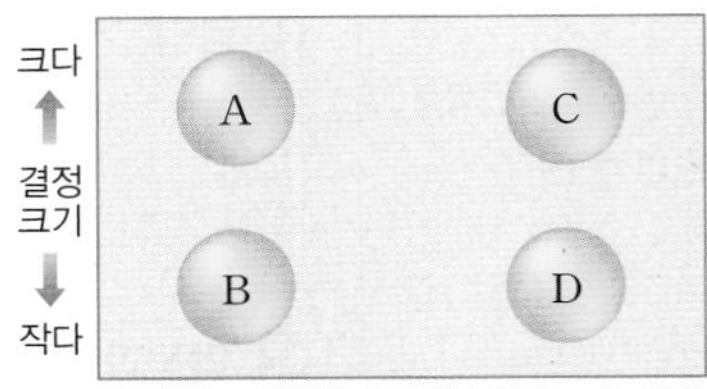

A~D에 해당하는 화성암을 옳게 연결한 것은?

① A-현무암　② A-반려암
③ B-화강암　④ C-유문암
⑤ D-현무암

06 그림은 화성암을 두 집단으로 분류한 것이다.

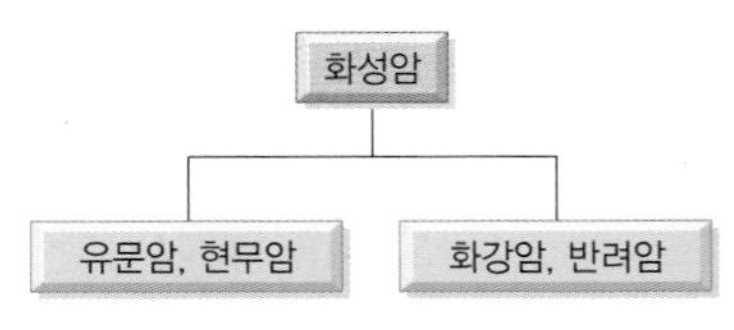

화성암을 위와 같이 분류한 기준은?

① 어두운 색 광물의 함량에 따라
② 암석의 색이 밝은지 어두운지에 따라
③ 암석에 줄무늬가 있는지 없는지에 따라
④ 암석을 이루는 광물 결정이 큰지 작은지에 따라
⑤ 암석을 구성하는 광물의 종류가 많은지 적은지에 따라

07 화성암에 대한 설명으로 옳은 것만을 〈보기〉에서 있는 대로 고른 것은?

보기
ㄱ. 화강암은 색이 밝고, 결정이 크다.
ㄴ. 마그마가 지하 깊은 곳에서 식으면 결정이 작다.
ㄷ. 반려암은 화산암이며 어두운 색 광물을 많이 포함하고 있다.
ㄹ. 화성암의 분류 기준은 암석의 색과 광물 결정의 크기이다.

① ㄱ, ㄹ ② ㄴ, ㄷ ③ ㄷ, ㄹ
④ ㄱ, ㄴ, ㄷ ⑤ ㄴ, ㄷ, ㄹ

중요
08 현무암과 반려암의 공통점을 〈보기〉에서 있는 대로 고른 것은?

보기
ㄱ. 모두 화산암이다.
ㄴ. 어두운 색 광물을 많이 포함하고 있다.
ㄷ. 암석을 구성하는 광물 결정의 크기가 크다.
ㄹ. 마그마가 서서히 냉각되어 생성된 화성암이다.

① ㄱ ② ㄴ ③ ㄴ, ㄷ
④ ㄷ, ㄹ ⑤ ㄴ, ㄷ, ㄹ

중요
09 다음에서 설명하는 암석이 옳게 짝 지어진 것은?

(가) 마그마가 빠르게 식어서 굳어 결정이 거의 없고 밝은 색을 띠는 화성암이다.
(나) 암석을 구성하는 광물의 결정이 크고, 밝은 색을 띠는 화성암이다.

	(가)	(나)		(가)	(나)
①	화강암	유문암	②	화강암	반려암
③	유문암	화강암	④	유문암	반려암
⑤	반려암	현무암			

[10~11] 그림은 대표적인 두 화성암의 사진이다. 물음에 답하시오.

(가)

(나)

10 (가), (나) 암석의 이름이 옳게 짝 지어진 것은?

	(가)	(나)		(가)	(나)
①	유문암	화강암	②	반려암	현무암
③	화강암	반려암	④	화강암	현무암
⑤	현무암	유문암			

11 두 암석에 대한 설명으로 옳은 것은?

① (가)는 마그마가 빠르게 식어서 굳어진 암석이다.
② (나)는 마그마가 천천히 식어서 굳어진 암석이다.
③ (가)는 (나)보다 어두운 색 광물을 더 많이 포함한다.
④ (나)는 (가)보다 더 깊은 곳에서 생성되었다.
⑤ 암석을 이루는 광물 결정의 크기는 (가)가 (나)보다 더 크다.

12 그림은 제주도의 돌하르방 사진이다.

돌하르방은 색깔이 어둡고 결정이 작은 화성암으로 만들어졌다. 이 화성암은 무엇인가?

① 반려암 ② 유문암 ③ 화강암
④ 현무암 ⑤ 대리암

내신 기출 문제

2 퇴적암

13 퇴적암에 대한 설명으로 옳은 것만을 〈보기〉에서 있는 대로 고른 것은?

보기
ㄱ. 높은 열과 압력을 받아 생성되었다.
ㄴ. 압력 방향으로 눌린 줄무늬가 나타난다.
ㄷ. 퇴적물의 크기나 종류에 따라 퇴적암을 분류할 수 있다.
ㄹ. 퇴적암 속에서 발견되는 화석을 통해 과거 생물에 관해 알 수 있다.

① ㄱ, ㄹ ② ㄴ, ㄷ ③ ㄷ, ㄹ
④ ㄱ, ㄴ, ㄷ ⑤ ㄴ, ㄷ, ㄹ

14 다음은 도현이가 마이산을 견학하고 오면서 쓴 관찰일지의 일부이다.

마이산을 멀리서 보니 두 개의 큰 산봉우리가 눈에 띄었다. 산을 직접 오르다 보니, 산에 있는 바위에는 크고 작은 자갈들이 콕콕 박혀 있었다.

▲ 진안 마이산

마이산을 이루는 주된 암석은?

① 셰일 ② 사암 ③ 역암
④ 석회암 ⑤ 응회암

15 다음에서 설명하는 특징을 가지는 암석끼리 옳게 짝 지은 것은?

- 생물의 유해나 흔적이 발견된다.
- 퇴적물이 여러 층 쌓여서 만들어진 줄무늬가 나타난다.

① 셰일, 화강암 ② 사암, 편마암
③ 반려암, 석회암 ④ 암염, 대리암
⑤ 셰일, 석회암

중요
16 표는 퇴적물의 종류에 따라 생성되는 퇴적암을 나타낸 것이다.

퇴적물의 종류	모래	화산재	진흙
퇴적암	A	응회암	B

A, B에 들어갈 알맞은 퇴적암이 옳게 짝 지어진 것은?

	A	B		A	B
①	역암	셰일	②	사암	셰일
③	사암	석회암	④	석회암	역암
⑤	셰일	사암			

17 다음은 퇴적암의 생성 과정을 순서 없이 설명한 것이다.

(가) 오랜 시간이 지나면서 더 단단해지면서 퇴적암이 생성된다.
(나) 퇴적물이 운반되어 바다나 호수 바닥에 쌓인다.
(다) 아래쪽 퇴적물은 위쪽에 쌓인 퇴적물의 무게로 눌리고, 퇴적물 사이에 들어간 광물질이 퇴적물을 붙여 준다.

퇴적암이 생성되는 순서대로 옳게 나열한 것은?

① (가)－(나)－(다) ② (가)－(다)－(나)
③ (나)－(가)－(다) ④ (나)－(다)－(가)
⑤ (다)－(가)－(나)

18 다음은 어느 암석의 특징을 설명한 것이다.

- 석회 물질이나 산호, 조개껍데기와 같은 생물의 유해가 쌓여 굳어진 것이다.
- 암석 속에서 조개 화석이 발견되었다.
- 암석을 구성하는 물질의 종류와 색깔, 크기 변화에 따른 줄무늬가 나타난다.

이 암석의 분류와 암석의 이름이 옳게 짝 지어진 것은?

① 퇴적암－석회암 ② 퇴적암－셰일
③ 화성암－석회암 ④ 화성암－현무암
⑤ 변성암－편마암

3 변성암

19 다음 설명에서 밑줄 친 암석에 대한 설명으로 옳은 것은?

> 암석이 지하 깊은 곳으로 들어가서 높은 열과 압력을 동시에 받으면 암석의 구조와 성질이 변하여 <u>새로운 암석</u>이 생성된다.

① 층리가 나타난다.
② 어두운 색의 암석이 생성된다.
③ 퇴적물이 다져져서 생성된 암석이다.
④ 생물의 유해나 흔적인 화석이 발견된다.
⑤ 편암, 편마암도 같은 생성 과정으로 만들어진다.

중요
20 표는 원래의 암석에서 변성암이 생성되는 과정을 나타낸 것이다.

원래의 암석	낮다 ⟵ 온도 · 압력 ⟶ 높다
셰일	⟶ 편암 ⟶ (A)
(B)	⟶ 규암
석회암	⟶ (C)

A~C에 들어갈 암석을 옳게 짝 지은 것은?

	A	B	C
①	편마암	사암	대리암
②	편마암	셰일	대리암
③	대리암	사암	편마암
④	대리암	역암	편마암
⑤	각섬암	셰일	대리암

21 다음에서 설명하는 암석은?

> • 높은 열과 압력을 받아 생성된다.
> • 화강암이나 셰일이 변성 작용을 받아 생성된다.
> • 표면에 나타나는 뚜렷한 가로줄 무늬로 인해 정원을 장식하는 데에 이용된다.

① 규암 ② 편암 ③ 대리암
④ 편마암 ⑤ 각섬암

22 생성 원인이 나머지와 다른 암석은?

① 셰일 ② 규암 ③ 편마암
④ 편암 ⑤ 대리암

중요
23 그림은 마그마가 퇴적암 속을 뚫고 들어간 지층의 모습을 나타낸 것이다.

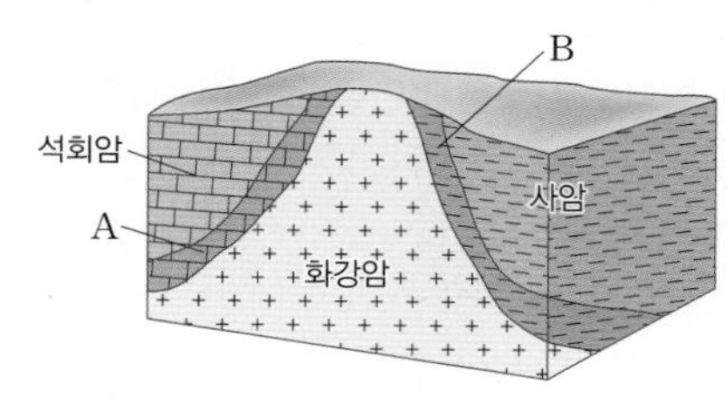

이에 대한 설명으로 옳은 것만을 <보기>에서 있는 대로 고른 것은?

> 보기
> ㄱ. A에서는 대리암이 발견된다.
> ㄴ. B에서는 편암이 발견된다.
> ㄷ. A와 B에서는 기존의 암석이 높은 열을 받아 새로운 암석이 된다.

① ㄱ ② ㄴ ③ ㄱ, ㄷ
④ ㄴ, ㄷ ⑤ ㄱ, ㄴ, ㄷ

4 암석의 순환

중요
24 그림은 암석의 생성 과정을 나타낸 것이다.

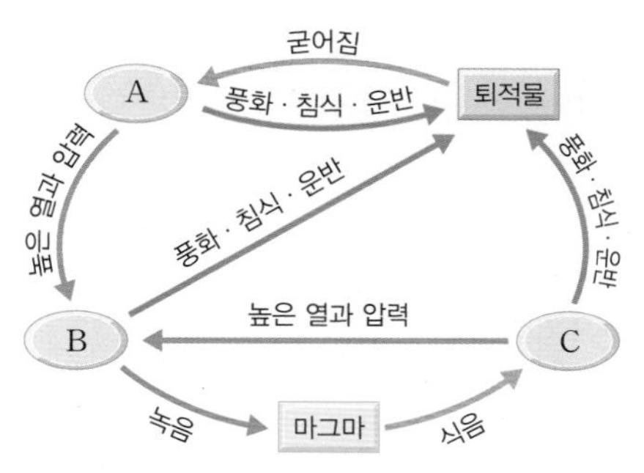

A~C에 들어갈 알맞은 명칭을 쓰시오.

고난도 실력 향상 문제

01 그림 (가)는 화성암이 만들어지는 장소이고, (나)는 암석의 색과 결정의 크기에 따라 화성암을 분류한 것이다.

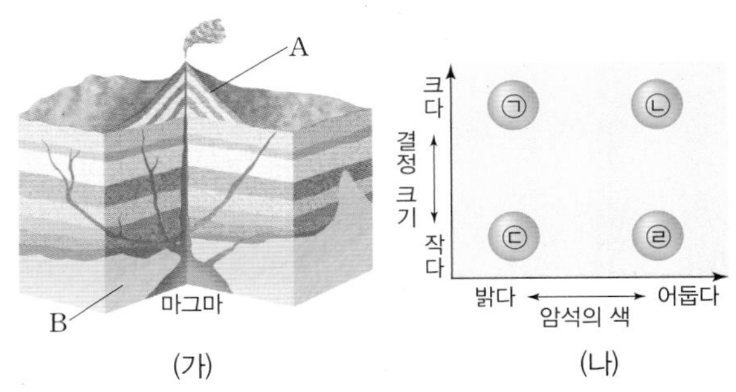

이에 대한 설명으로 옳은 것만을 〈보기〉에서 있는 대로 고른 것은?

보기

ㄱ. A 지역에서는 ㉢과 ㉣이 생성된다.
ㄴ. B 지역에서는 ㉡과 ㉣이 생성된다.
ㄷ. ㉠은 B 지역에서 생성된 밝은 색 암석이다.
ㄹ. ㉣은 어두운 색 광물을 많이 포함하고 있고, 마그마가 천천히 냉각될 때 생성된 암석이다.

① ㄱ, ㄷ ② ㄴ, ㄷ ③ ㄷ, ㄹ
④ ㄱ, ㄴ, ㄷ ⑤ ㄴ, ㄷ, ㄹ

02 그림은 퇴적암이 생성되는 장소를 나타낸 것이다.

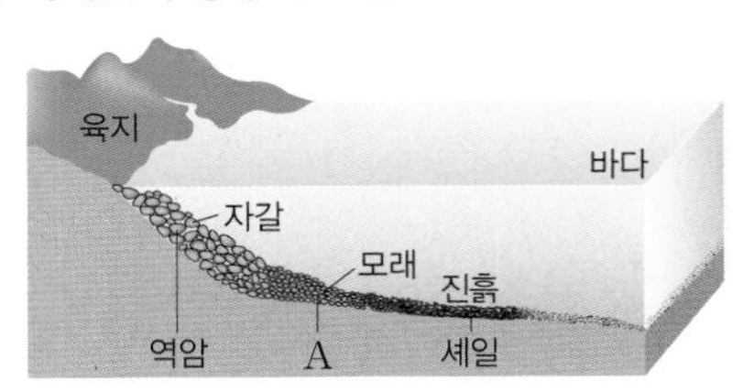

이에 대한 설명으로 옳은 것만을 〈보기〉에서 있는 대로 고른 것은?

보기

ㄱ. A에서는 사암이 생성된다.
ㄴ. 해수면의 높이가 점점 낮아지면 A에서도 역암이 발견될 수 있다.
ㄷ. A에서도 셰일이 발견되려면 해수면의 높이는 점점 낮아져야 한다.

① ㄱ ② ㄷ ③ ㄱ, ㄴ
④ ㄴ, ㄷ ⑤ ㄱ, ㄴ, ㄷ

중요

03 다음의 5가지의 암석을 조사하여 그 특징을 아래와 같이 기록하였다.

역암, 편마암, 화강암, 사암, 현무암

암석	특징
A	줄무늬가 뚜렷하고 어두운 색과 밝은 색이 교대로 나타난다.
B	표면이 까칠까칠하고, 알갱이의 크기가 모래 알갱이 정도이다.
C	밝은 색이고, 암석을 이루는 알갱이의 크기가 크며, 밝은 색에 검은 반점이 있고 단단하다.
D	표면이 거칠고 울퉁불퉁하며 자갈이 많이 박혀 있다.
E	어두운 색이며, 암석을 이루는 알갱이의 크기가 작고, 표면에 구멍이 있다.

위의 결과에 대한 설명으로 옳은 것은?

① A는 높은 열과 압력을 받아 생성된 변성암으로 층리가 나타난다.
② B는 모래가 퇴적되어 굳어져서 생성된 역암이다.
③ C는 마그마가 지하 깊은 곳에서 서서히 냉각되어 굳어진 심성암이다.
④ D는 퇴적물이 생성되는 당시에 화산 활동이 있었음을 알려준다.
⑤ E는 어두운 색 광물보다 밝은 색 광물의 양이 더 많은 퇴적암이다.

04 그림은 암석의 순환 과정을 나타낸 것이다.

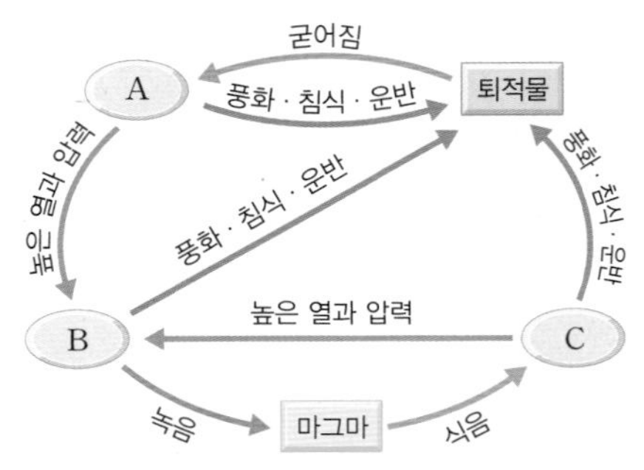

이에 대한 설명으로 옳은 것만을 〈보기〉에서 있는 대로 고르시오.

보기

ㄱ. A에서는 화석이나 층리가 발견될 수 있다.
ㄴ. 엽리나 재결정은 B에서 나타난다.
ㄷ. C의 암석에는 사암, 대리암 등이 있다.

예제

01 그림은 화성암이 만들어지는 장소를 나타낸 것이다.

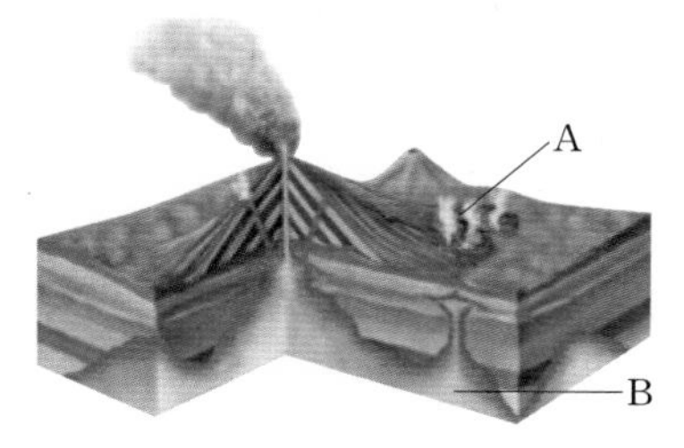

A와 B에서 생성되는 화성암의 특징을 비교하여 서술하시오.

Tip 화성암은 생성 장소에 따라 마그마의 냉각 속도가 달라지면서 암석을 이루는 광물 결정의 크기가 달라진다.

Key Word 마그마, 냉각 속도, 광물 결정의 크기

[설명] 마그마가 지표 부근에서 빠르게 냉각되어 굳은 화성암의 결정은 작고, 마그마가 지하 깊은 곳에서 천천히 냉각되어 굳은 화성암의 결정은 크다.

[모범 답안] A는 지표 부근으로 화성암을 이루는 광물 결정의 크기가 작고, B는 지하 깊은 곳으로 화성암을 이루는 광물 결정의 크기가 크다.

02 그림은 퇴적암이 생성되는 장소를 나타낸 것이다.

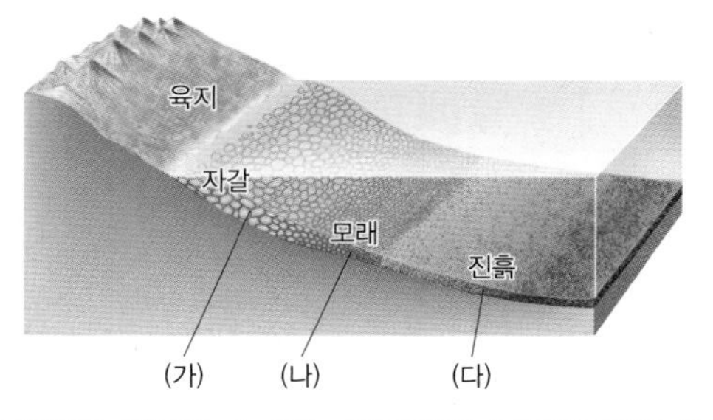

(가)~(다)에서 생성될 수 있는 퇴적암의 이름을 각각 쓰고, 해안에서 멀어질수록 퇴적암에는 어떤 특징이 나타나는지 서술하시오.

Tip 해안에서 멀어질수록 퇴적물의 크기는 작아진다.

Key Word 자갈, 모래, 진흙, 퇴적물의 크기

[설명] 해안 가까운 곳은 자갈이, 해안에서 멀어질수록 모래, 진흙이 쌓인다.

[모범 답안] (가) 역암, (나) 사암, (다) 셰일(이암), 자갈과 같은 무거운 알갱이는 해안가에 퇴적되고, 모래, 진흙처럼 알갱이가 가벼울수록 해안에서 먼 곳에 퇴적된다. 따라서 해안가에는 역암이, 해안에서 멀어질수록 사암, 셰일(이암)이 생성된다.

실전 연습

01 그림 (가)는 화강암이고, (나)는 화성암의 생성 장소를 나타낸 것이다.

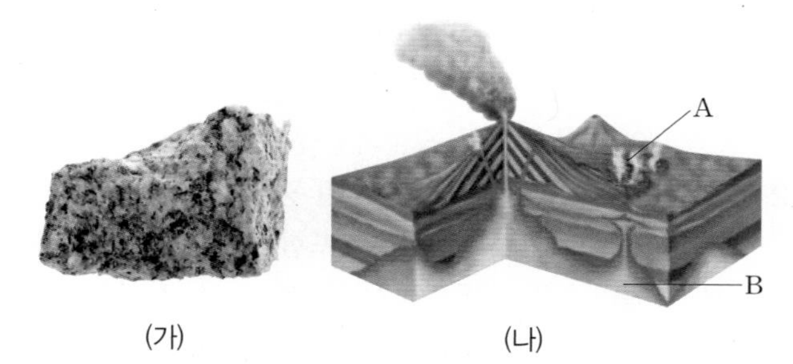

(가)와 같은 화강암이 생성되는 장소를 (나)의 A, B에서 찾아 쓰고, 그 까닭을 서술하시오.

Tip 화강암은 심성암이며, 마그마가 서서히 냉각되어 굳어진 암석이다.

Key Word 화강암, 광물 결정, 마그마, 냉각 속도, 냉각 장소

02 그림은 어느 지층에서 발견된 여러 가지 암석을 나타낸 것이다.

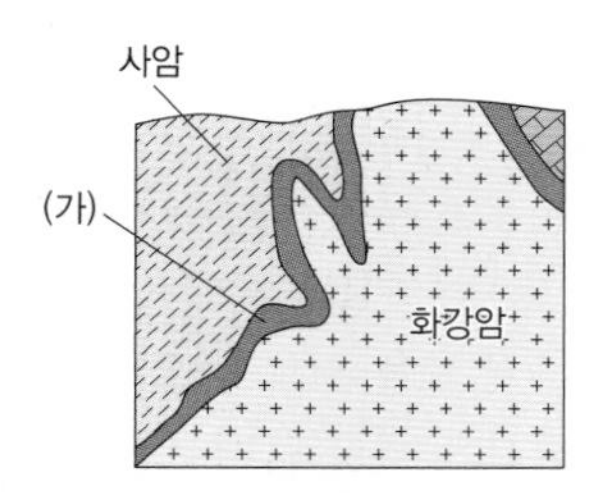

(가)에서 발견될 수 있는 변성암의 이름을 쓰고, (가)의 암석이 생성되기까지의 과정을 서술하시오.

Tip 화강암은 마그마가 식어서 굳어진 암석이다.

Key Word 변성 작용, 마그마, 화강암

광물과 토양

1 광물

1. **광물** : 암석을 구성하는 각각의 작은 알갱이
   (1) 암석은 한 가지 광물로 이루어진 것도 있지만, 대부분 여러 종류의 광물로 이루어져 있다.
   (2) 지금까지 지구에서 발견된 광물은 약 5000여 종으로 매우 다양하다.
   (3) 각각의 광물은 다른 광물과 구별되는 고유한 성질이 있어, 이를 이용하여 구별할 수 있다.
2. **조암 광물⁺** : 암석을 이루는 주된 광물
   (1) 모든 광물이 암석에 골고루 포함되어 있지 않고, 많이 발견되는 광물은 20여 종이다.
   (2) **대표적인 조암 광물** : 장석, 석영, 휘석, 각섬석, 흑운모, 감람석
   (3) 조암 광물 중에서 가장 많은 것은 장석, 그 다음으로 많은 것은 석영이다.
3. **조암 광물의 색⁺**

구분	밝은 색 조암 광물		어두운 색 조암 광물			
광물	장석	석영	휘석	각섬석	흑운모	감람석
색	흰색, 분홍색	무색 투명	녹색, 검은색	녹갈색	검은색	황록색

+ 조암 광물의 부피비

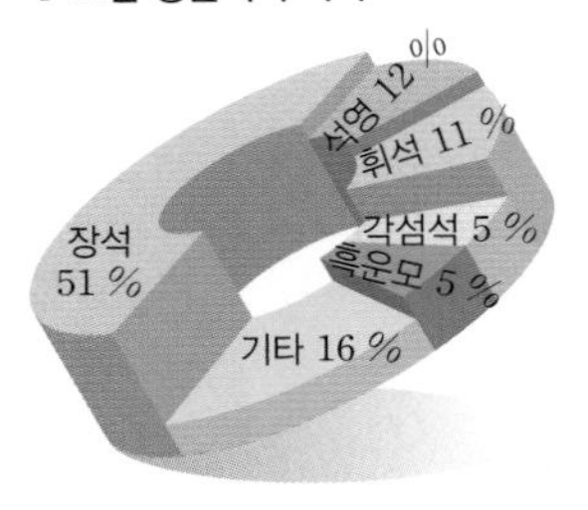

+ 조암 광물의 색
광물에 포함된 원소의 종류에 따라 광물의 색이 달라진다. 철과 마그네슘 같은 금속 원소를 많이 포함할수록 광물의 색은 어둡다.

2 광물의 특성

1. **색** : 광물의 겉보기 색

광물	석영	방해석	장석	흑운모	각섬석
색	무색, 흰색	무색, 흰색	흰색, 분홍색	검은색	녹갈색

2. **조흔색⁺** : 광물을 조흔판⁺에 긁었을 때 나타나는 광물 가루의 색

광물	금	황철석	황동석
색	노란색		
조흔색	노란색	검은색	녹흑색

광물	흑운모	적철석	자철석
색	검은색		
조흔색	흰색	붉은색	검은색

3. **굳기** : 광물의 단단한 정도
   (1) 굳기가 다른 광물을 서로 긁으면, 덜 단단한 광물에 흠집이 생긴다.
   (2) 석영과 방해석을 서로 긁어보면, 방해석이 긁혀 흠집이 생긴다.
   ➡ 석영이 방해석보다 더 단단한 광물이다.
4. **자성** : 자석처럼 쇠붙이를 끌어당기는 성질 예 자철석
5. **염산 반응⁺** : 묽은 염산과 반응하여 기체(거품)가 발생하는 성질 예 방해석

▲ 자철석 – 자성

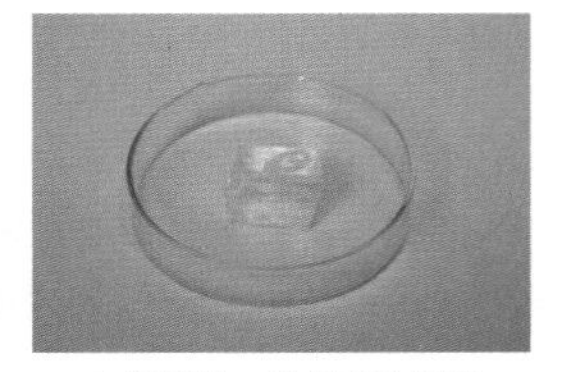
▲ 방해석 – 염산과의 반응

+ 조흔색
다른 광물이라도 불순물이 섞이면 같은 색을 띠는 경우가 있다. 이처럼 색으로 구별하기 어려운 경우 조흔색을 비교하여 구별할 수 있다.

+ 조흔판
유약을 칠하지 않고 한 번만 구워진 초벌구이 도자기 판으로, 색이 희고 표면이 거칠기 때문에 광물을 긁어 조흔색을 확인하기 쉽다.

+ 염산 반응
방해석의 주성분인 탄산 칼슘이 염산과 반응하여 이산화 탄소 기체가 발생한다.

정답과 해설 • 7쪽

1 광물

- 암석을 이루는 각각의 알갱이를 □□이라고 한다.
- □□ □□은 암석을 이루는 주된 광물이다.
- □□은 조암 광물 중에서 가장 많은 부피비를 차지한다.

01 **조암 광물에 대한 설명으로 옳은 것은 ○표, 옳지 않은 것은 ×표를 하시오.**

(1) 암석을 이루는 주된 광물이다. ( )
(2) 대표적인 조암 광물 중에서 석영이 가장 많은 부피비를 차지한다. ( )
(3) 어두운 색 조암 광물이 많이 모인 암석의 색은 밝다. ( )

02 **노란색을 띠는 세 개의 광물 (1)~(3)을 조흔판에 대고 그었을 때 나타나는 광물 가루의 색을 각각 쓰시오.**

(1) 황철석 : ( ) (2) 금 : ( ) (3) 황동석 : ( )

03 **조암 광물 중에서 어두운 색을 띠는 광물만을 〈보기〉에서 있는 대로 고르시오.**

보기

ㄱ. 휘석	ㄴ. 장석	ㄷ. 감람석
ㄹ. 석영	ㅁ. 흑운모	ㅂ. 각섬석

2 광물의 특성

- 광물을 조흔판에 대고 긁었을 때 나타나는 광물 가루의 색을 □□□이라고 한다.
- □□는 광물의 단단하고 무른 정도를 나타낸다.
- 광물 중에는 자석처럼 쇠붙이를 끌어당기는 성질인 □□을 가진 광물도 있다.
- □□□은 묽은 염산과 반응하여 기체를 발생시키는 광물이다.

04 **광물을 구별하기 위한 실험 방법으로 옳은 것은 ○표, 옳지 않은 것은 ×표를 하시오.**

(1) 메스실린더를 이용하여 부피를 측정한다. ( )
(2) 조흔판에 대고 긁어 광물 가루의 색을 확인한다. ( )
(3) 윗접시저울에 올려놓고 질량을 측정한다. ( )
(4) 광물끼리 서로 긁어보아 어떤 광물에 흠집이 생기는지 확인한다. ( )
(5) 묽은 염산을 떨어뜨려 어떤 반응이 나타나는지 확인한다. ( )

05 **그림과 같이 작은 쇠붙이를 가까이 대면 달라붙는 광물은 무엇인지 쓰시오.**

03 광물과 토양

3 풍화

1. **풍화**✚ : 지표의 암석이 오랜 시간에 걸쳐 잘게 부서지거나 분해되어 자갈이나 모래, 흙 등으로 변하는 현상
   (1) **풍화를 일으키는 주요 원인** : 물, 공기, 생물 등
   (2) 지표는 다양한 풍화를 받아 끊임없이 변하고 있다.
2. **여러 가지 풍화**
   (1) **물이 어는 작용**✚**에 의한 풍화** : 암석 틈 사이로 스며든 물이 오랜 시간 동안 얼었다 녹았다를 반복하는 과정에서 암석이 부서진다.
   (2) **식물 뿌리에 의한 풍화** : 식물이 암석의 틈에 뿌리를 내려 뿌리가 자라면서 틈이 점점 벌어져 암석이 부서진다.

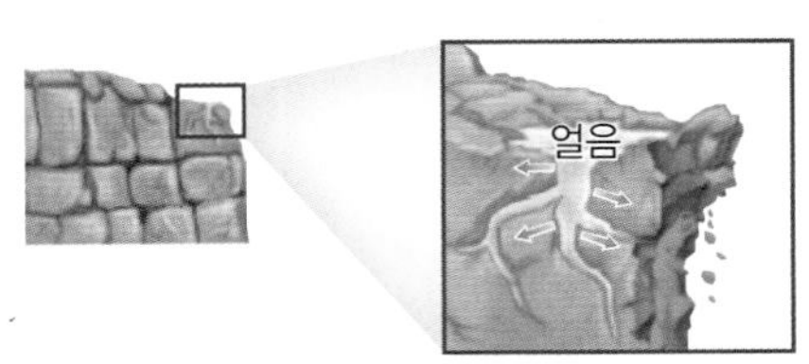
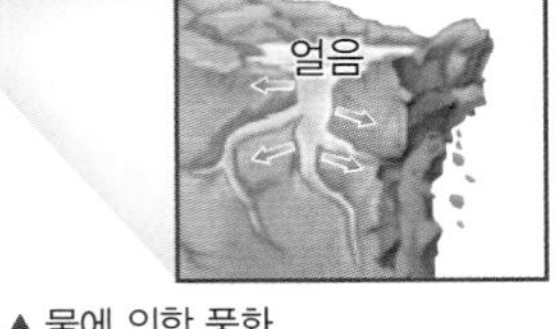

▲ 물에 의한 풍화

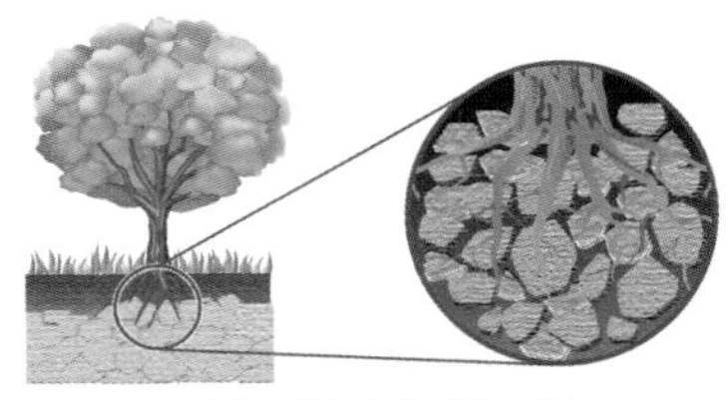

▲ 식물의 뿌리에 의한 풍화

   (3) **지하수에 의한 풍화** : 석회암 지대를 흐르는 지하수는 암석을 녹여 석회 동굴✚과 같은 지형을 만든다.
   (4) **산소에 의한 풍화** : 공기 중에 노출되어 있는 철이 녹스는 것처럼 암석의 표면이 공기 중의 산소에 의해 약화되어 암석이 부서진다.
   (5) **이끼에 의한 풍화** : 암석 표면에서 자라는 이끼가 여러 가지 성분을 배출하여 암석을 녹인다.

4 토양

1. **토양** : 암석이 오랜 시간 동안 풍화를 받아 잘게 부셔져서 생성된 흙으로, 토양은 단순한 암석 부스러기가 아니다. ➡ 나뭇잎이나 동식물이 썩어서 만들어진 물질을 포함하고 있어, 식물이 자라는 데 중요한 역할✚을 한다.
2. **토양의 생성 과정** : 암석(D)이 풍화되어 잘게 부서진다. → 작은 돌 조각과 모래 등으로 이루어진 층이 된다(C). → C층이 풍화되어 토양이 된다(A). → 지표 부근의 토양에서 빗물에 녹은 물질과 진흙이 아래로 스며들어 쌓인다(B).

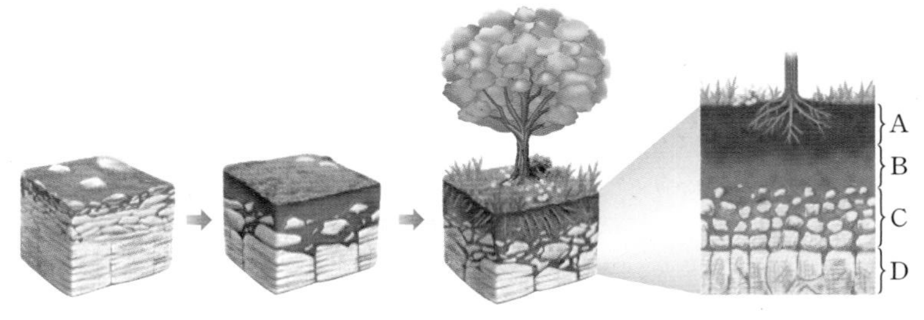

▲ 토양의 생성 과정

- 비옥한 토양이 만들어지거나 한 번 훼손된 토양을 원래 상태로 되돌리는 데에는 매우 오랜 시간이 걸린다. ➡ 토양의 유실과 오염을 방지하고 토양을 보존·관리해야 한다.

✚ 풍화와 표면적
암석이 풍화를 받을수록 표면적은 증가하고, 암석의 표면적이 증가할수록 풍화는 더욱 빠르게 일어난다.

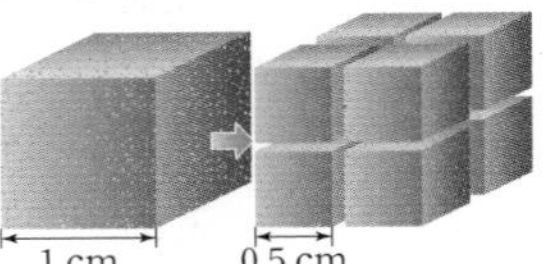

✚ 물이 어는 작용
암석의 틈에 들어간 물이 얼게 되면 부피가 9 % 정도 늘어나게 되며, 이때 얼음은 마치 쐐기와 같은 작용을 하여 암석의 틈을 더욱 벌린다. 이러한 과정이 반복되면 암석은 잘게 부서진다.

✚ 석회 동굴
석회암으로 이루어진 석회암 지대에 지하수가 스며들어 석회암이 녹아서 만들어진 동굴이다.

✚ 토양의 역할
토양은 인간을 포함한 생물에게 삶의 터전을 제공하고 농작물에 영양분을 공급해주는 등 생명 현상의 근원이 되는 중요한 자원이다.

3 풍화

- □□는 지표의 암석이 오랜 시간에 걸쳐 작게 부서지고 분해되는 현상이다.
- 풍화의 주된 요인으로는 □, □□, 생물 등이 있다.
- 석회암 지대를 흐르는 □□□는 암석을 녹여 석회 동굴을 만든다.
- 철이 녹스는 것처럼, 암석의 표면이 공기 중의 □□에 의해 약화되어 부서진다.

06 풍화에 대한 설명으로 옳은 것은 ○표, 옳지 <u>않은</u> 것은 ×표를 하시오.

(1) 자갈이나 모래가 빠른 시간 안에 굳어서 단단한 암석이 되는 현상이다. (　　)

(2) 풍화를 일으키는 주된 원인은 물, 공기이다. (　　)

(3) 지표는 다양한 풍화를 받아 끊임없이 변하고 있다. (　　)

(4) 풍화가 계속 될수록 암석은 부서져 모래, 흙 등으로 변한다. (　　)

07 오랜 시간 뒤에 풍화가 일어나면 ○표, 풍화가 일어나지 <u>않으면</u> ×표를 하시오.

(1) 암석의 표면이 공기 중에 드러나 있다. (　　)

(2) 지하수가 석회암 지대를 흐르고 있다. (　　)

(3) 암석의 표면을 이끼가 덮고 있다. (　　)

(4) 암석 틈 사이로 물이 스며들었다. (　　)

08 다음은 풍화가 일어나는 과정을 설명하고 있다. 빈칸에 들어갈 알맞은 말을 쓰시오.

식물이 암석의 틈에 (　　　　)를 내려, 이것이 자라면서 틈이 점점 벌어져 암석이 부서진다.

4 토양

- □□은 암석이 오랜 시간 동안 풍화를 받아 잘게 부져서서 생성된 흙이다.
- 토양은 단순한 암석 부스러기가 아니라 □□이 자라는 데 중요한 역할을 한다.

09 토양에 대한 설명으로 옳은 것은 ○표, 옳지 <u>않은</u> 것은 ×표를 하시오.

(1) 토양은 암석이 오랜 시간 동안 풍화를 받아 작게 부서진 흙이다. (　　)

(2) 토양은 식물이 자랄 수 있는 물질이 포함되어 있다. (　　)

(3) 훼손된 토양이라도 빠른 시간 안에 원래의 상태로 되돌릴 수 있다. (　　)

(4) 인간을 포함한 다양한 생물에게 삶의 터전을 제공한다. (　　)

10 그림은 성숙한 토양의 단면을 나타낸 것이다.

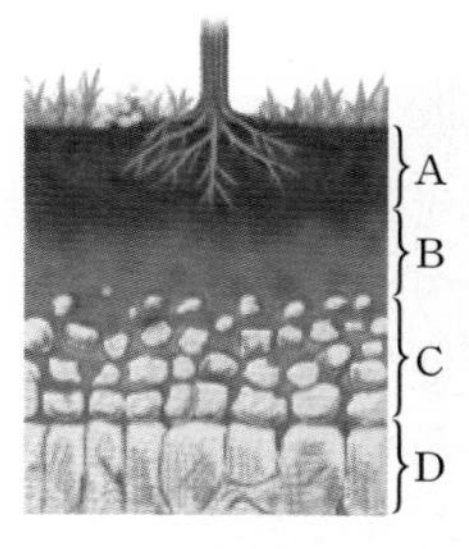

A~D 중에서 가장 마지막에 생성되는 층의 기호를 쓰시오.

필수 탐구 광물의 특성 관찰하기

목표
광물의 특성을 관찰하고, 그 특성을 이용하여 광물을 구별할 수 있다.

과정

1 광물(석영, 방해석, 자철석, 황동석, 황철석)의 색을 관찰한다.
2 광물을 조흔판에 그었을 때 나타나는 조흔색을 관찰한다.
3 석영과 방해석을 서로 긁어보고, 어떤 광물에 흠집이 생기는지 관찰한다.
4 광물에 클립을 대었을 때 나타나는 반응을 관찰한다.
5 광물에 묽은 염산을 떨어뜨린 후, 나타나는 반응을 관찰한다.

석영은 조흔판보다 더 단단하여 조흔판에 긁히지 않는다.

묽은 염산을 사용할 때는 보안경, 실험복, 면장갑 등을 꼭 착용하고, 피부나 옷에 닿지 않도록 주의하고, 피부에 닿았을 때는 즉시 물로 씻어낸다.

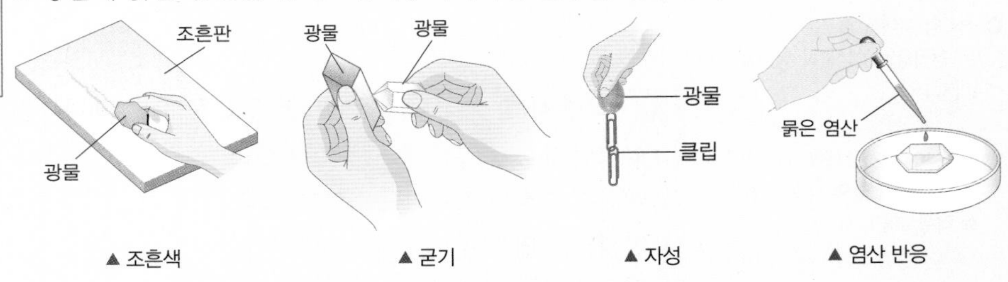

▲ 조흔색 ▲ 굳기 ▲ 자성 ▲ 염산 반응

결과

광물	석영	방해석	자철석	황동석	황철석
색	무색 투명	무색 투명	검은색	노란색	노란색
조흔색	나타나지 않음	흰색	검은색	녹흑색	검은색
흠집	생기지 않음	생김	–	–	–
클립	붙지 않음	붙지 않음	달라붙음	붙지 않음	붙지 않음
염산 반응	없음	기체 발생	없음	없음	없음

석영과 방해석의 굳기만 비교한다.

정리

1 노란색인 황동석과 황철석은 조흔색이 녹흑색, 검은색으로 다르므로 조흔색을 이용하여 쉽게 구별할 수 있다.
2 방해석보다 석영이 더 단단하다. ➡ 굳기 : 석영 > 방해석
3 자철석은 자성이 있으므로 클립을 가까이 대면 달라붙는다.
4 방해석은 묽은 염산을 떨어뜨리면 기체가 발생한다.
5 광물을 구별할 수 있는 특성에는 색, 조흔색, 굳기, 자성, 염산 반응 등이 있다.

탐구 섭렵 문제

정답과 해설 • 8쪽

광물의 특성 관찰하기

- 광물을 조흔판에 대고 긁었을 때 나타나는 광물 가루의 색을 □□□이라고 한다.
- □□□은 겉보기 색은 노란색이지만, 조흔판에 대고 긁어 보면 검은색의 조흔색을 볼 수 있다.
- 석영과 방해석을 서로 긁으면 □□□에 흠집이 생긴다.
- □□□에 클립을 가까이 대면 달라붙는다.
- □□□에 묽은 염산을 떨어뜨리면 기체가 발생한다.

1 광물을 구별할 수 있는 방법으로 옳지 않은 것은?

① 색을 관찰한다.
② 조흔판에 대고 긁어본다.
③ 묽은 염산을 떨어뜨려 본다.
④ 광물끼리 서로 긁어본다.
⑤ 메스실린더를 이용하여 부피를 측정해 본다.

2 황동석과 황철석은 모두 노란색을 띤다. 이 두 광물을 쉽게 구별하기 위한 방법으로 가장 적당한 방법은?

① 두 광물의 색을 관찰한다.
② 두 광물끼리 서로 긁어본다.
③ 두 광물에 클립을 가까이 대어 본다.
④ 두 광물에 묽은 염산을 떨어뜨려 본다.
⑤ 두 광물을 조흔판에 대고 긁어 조흔색을 확인한다.

3 그림은 석영과 방해석을 서로 긁어보는 실험을 나타낸 것이다.

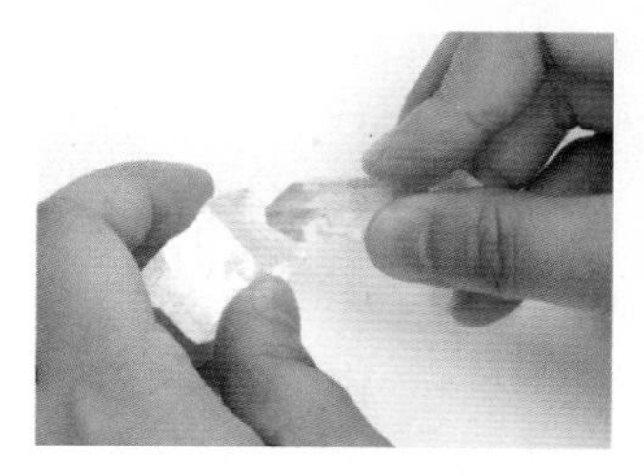

위 실험은 광물의 어떤 특성을 비교한 것인가?

① 굳기 ② 색 ③ 조흔색
④ 자성 ⑤ 염산 반응

4 그림과 같이 클립을 가까이 대었을 때, 클립이 달라붙는 광물은 무엇인지 쓰시오.

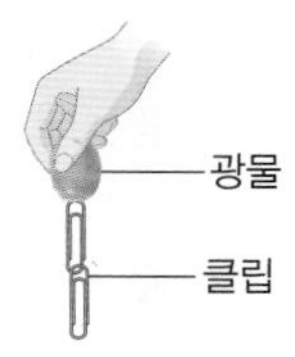

5 묽은 염산을 떨어뜨리면 기체가 발생하는 광물은?

① 황철석 ② 석영 ③ 방해석 ④ 자철석 ⑤ 황동석

1 광물

01 광물에 대한 설명으로 옳은 것만을 〈보기〉에서 있는 대로 고른 것은?

보기
ㄱ. 암석을 이루는 각각의 작은 알갱이이다.
ㄴ. 각 광물은 다른 광물과 구별되는 특성이 있다.
ㄷ. 지금까지 지구에서 발견된 광물은 약 20여 종이다.

① ㄱ ② ㄷ ③ ㄱ, ㄴ
④ ㄴ, ㄷ ⑤ ㄱ, ㄴ, ㄷ

중요
02 그림은 조암 광물의 부피비를 나타낸 것이다.

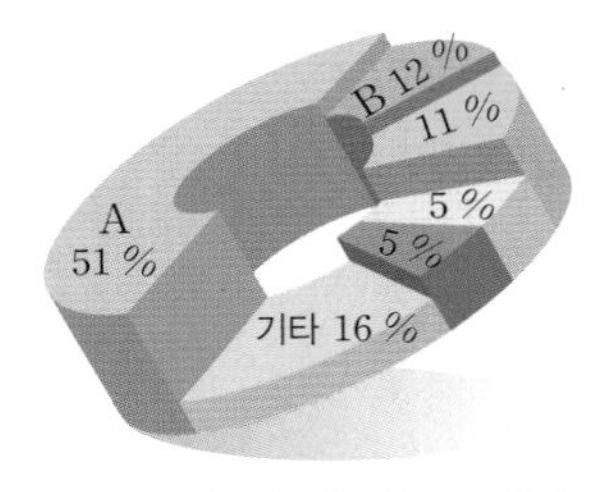

A, B에 해당하는 광물을 옳게 짝 지은 것은?

	A	B		A	B
①	석영	장석	②	장석	석영
③	석영	휘석	④	휘석	장석
⑤	휘석	흑운모			

03 조암 광물에 대한 설명으로 옳은 것만을 〈보기〉에서 있는 대로 고른 것은?

보기
ㄱ. 암석을 이루는 주된 광물이다.
ㄴ. 밝은 색 조암 광물을 많이 포함한 암석은 색이 어둡다.
ㄷ. 대표적인 조암 광물에는 석영, 장석, 흑운모, 각섬석, 휘석, 감람석 등이 있다.

① ㄱ ② ㄴ ③ ㄱ, ㄷ
④ ㄴ, ㄷ ⑤ ㄱ, ㄴ, ㄷ

중요
04 표는 조암 광물을 (가), (나)로 분류한 것이다.

(가)	휘석, 각섬석, 흑운모, 감람석
(나)	장석, 석영

이에 대한 설명으로 옳은 것만을 〈보기〉에서 있는 대로 고른 것은?

보기
ㄱ. (가)와 (나)로 분류한 기준은 조암 광물의 크기이다.
ㄴ. 전체 조암 광물 중에서 (나)의 광물은 많은 부피비를 차지한다.
ㄷ. 조암 광물의 색이 어두운지 밝은지를 기준으로 (가)와 (나)로 분류하였다.

① ㄱ ② ㄷ ③ ㄱ, ㄴ
④ ㄴ, ㄷ ⑤ ㄱ, ㄴ, ㄷ

05 다음 설명에서 A와 B에 해당하는 광물끼리 옳게 짝 지은 것은?

화강암이나 유문암은 (A)와(과) 같은 광물을 많이 포함하고 있어 밝은 색을 띠고, 반려암이나 현무암은 (B)와(과) 같은 광물을 많이 포함하고 있어 어두운 색을 띤다.

	A	B		A	B
①	장석	각섬석	②	장석	석영
③	각섬석	흑운모	④	휘석	장석
⑤	감람석	휘석			

2 광물의 특성

06 광물을 구별할 수 있는 특성이 될 수 없는 것은?

① 질량
② 겉보기 색
③ 광물 가루의 색
④ 묽은 염산과의 반응
⑤ 단단하고 무른 정도

07 색으로는 서로 구분하기 어려운 광물끼리 옳게 짝 지은 것은?

① 석영, 황철석 ② 장석, 자철석
③ 황동석, 장석 ④ 황철석, 적철석
⑤ 자철석, 적철석

08 광물의 굳기에 대한 설명으로 옳은 것만을 〈보기〉에서 있는 대로 고른 것은?

보기
ㄱ. 광물의 단단하고 무른 정도를 뜻한다.
ㄴ. 광물마다 다르므로 광물을 구별하는 특성이 된다.
ㄷ. 굳기가 다른 두 광물을 서로 긁으면 단단한 광물이 덜 단단한 광물에 흠집을 낸다.

① ㄱ ② ㄷ ③ ㄱ, ㄴ
④ ㄴ, ㄷ ⑤ ㄱ, ㄴ, ㄷ

중요
09 다음은 방해석, 인회석, 정장석의 굳기를 비교한 것이다.

정장석 > 인회석 > 방해석

이에 대한 설명으로 옳은 것만을 〈보기〉에서 있는 대로 고른 것은?

보기
ㄱ. 방해석으로 정장석을 긁으면 정장석이 긁힌다.
ㄴ. 인회석으로 방해석을 긁으면 방해석이 긁힌다.
ㄷ. 정장석과 인회석끼리 긁으면 인회석에 흠집이 생긴다.

① ㄱ ② ㄷ ③ ㄱ, ㄴ
④ ㄴ, ㄷ ⑤ ㄱ, ㄴ, ㄷ

중요
10 색이 같은 황철석, 금, 황동석을 쉽게 구별할 수 있는 방법은?

①
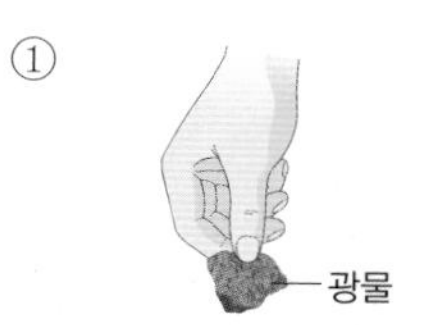

②
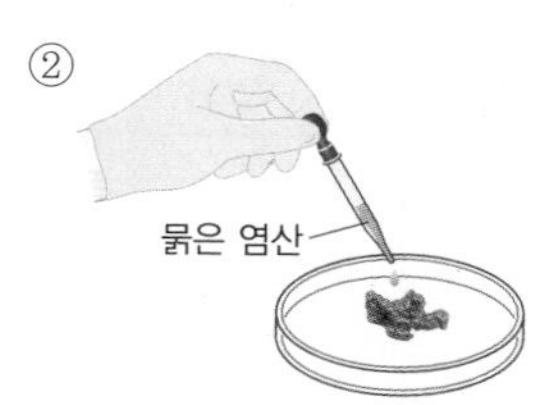

③
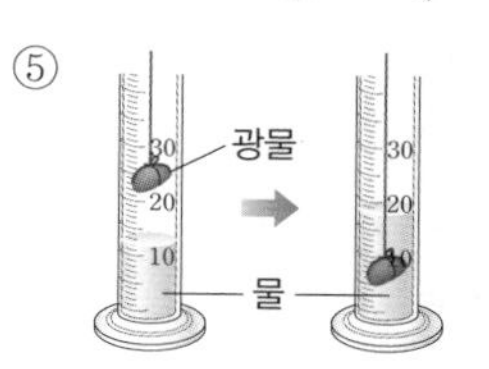

④

⑤

11 각 광물의 조흔색이 옳게 연결된 것만을 〈보기〉에서 있는 대로 고른 것은?

보기
ㄱ. 자철석 – 주황색 ㄴ. 황철석 – 검은색
ㄷ. 황동석 – 노란색 ㄹ. 적철석 – 붉은색
ㅁ. 흑운모 – 흰색 ㅂ. 금 – 녹흑색

① ㄱ, ㄴ, ㄷ ② ㄴ, ㄹ, ㅁ
③ ㄷ, ㄹ, ㅂ ④ ㄴ, ㄷ, ㄹ, ㅂ
⑤ ㄱ, ㄷ, ㄹ, ㅂ

중요
12 다음과 같은 특징을 지닌 광물은?

- 석영과 서로 긁어보면 이 광물에 흠집이 생긴다.
- 묽은 염산을 떨어뜨리면 반응하여 기체가 발생한다.

① 방해석 ② 장석 ③ 흑운모
④ 각섬석 ⑤ 휘석

13 표는 어떤 광물의 특성을 나타낸 것이다.

특성	자성	색	조흔색	염산 반응
광물	있음	검은색	검은색	없음

이 광물은 무엇인가?

① 석영 ② 방해석 ③ 자철석
④ 흑운모 ⑤ 장석

중요
14 그림에서와 같이 방해석과 석영을 서로 긁어보았을 때, 긁히는 광물과 두 광물의 굳기를 옳게 짝 지은 것은?

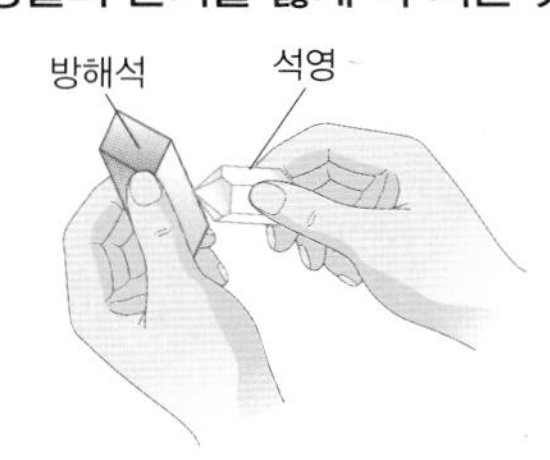

① 방해석, 두 광물의 굳기는 같다.
② 석영, 방해석이 석영보다 단단하다.
③ 석영, 석영이 방해석보다 단단하다.
④ 방해석, 방해석이 석영보다 단단하다.
⑤ 방해석, 석영이 방해석보다 단단하다.

중요
15 광물을 구별할 수 있는 방법을 〈보기〉에서 있는 대로 고른 것은?

보기
ㄱ. 광물의 색을 관찰한다.
ㄴ. 광물끼리 서로 긁어본다.
ㄷ. 질량과 크기를 측정한다.
ㄹ. 묽은 염산을 떨어뜨려 본다.
ㅁ. 클립과 같은 작은 쇠붙이를 가까이 대어 본다.
ㅂ. 조흔판에 대고 긁어 가루의 색을 관찰한다.

① ㄱ, ㄴ, ㄹ ② ㄴ, ㄹ, ㅁ, ㅂ
③ ㄷ, ㄹ, ㅁ, ㅂ ④ ㄴ, ㄷ, ㄹ, ㅁ, ㅂ
⑤ ㄱ, ㄴ, ㄹ, ㅁ, ㅂ

중요
16 다음은 광물의 굳기를 비교한 실험이다.

(가) A로 B를 긁었더니 A가 긁혔다.
(나) B로 C를 긁었더니 C에 흠집이 생겼다.
(다) C와 D를 서로 긁었더니 D가 긁혔다.
(라) C로 A를 긁었더니 C의 가루가 A에 묻었다.

광물 A~D의 굳기를 부등호로 나타내시오.

3 풍화

17 풍화에 대한 설명으로 옳은 것만을 〈보기〉에서 있는 대로 고른 것은?

보기
ㄱ. 물과 공기가 주된 원인이다.
ㄴ. 오랜 시간에 걸쳐 서서히 일어난다.
ㄷ. 암석으로부터 토양이 형성되는 과정이다.
ㄹ. 지표는 다양한 풍화를 짧은 시간 동안 받아 일시적으로만 변하고 있다.

① ㄱ, ㄷ ② ㄷ, ㄹ ③ ㄱ, ㄴ, ㄷ
④ ㄴ, ㄷ, ㄹ ⑤ ㄱ, ㄴ, ㄷ, ㄹ

중요
18 풍화가 일어나게 하는 원인으로 옳지 않은 것은?

① 암석의 표면이 공기 중의 아르곤에 의해 약화된다.
② 지하수가 석회암 지대에 스며들면 석회암을 녹인다.
③ 암석의 표면에서 자라는 이끼가 내놓는 여러 성분이 암석을 녹인다.
④ 식물이 암석의 틈에 뿌리를 내리면 뿌리가 자라면서 틈이 점점 벌어진다.
⑤ 암석의 틈 사이로 스며든 물이 얼면 부피가 늘어나 암석의 틈이 넓어진다.

19 다음은 풍화 작용에 대한 설명이다. 빈칸에 들어갈 알맞은 말은?

> 철이 녹스는 것처럼 공기 중의 (   )에 의해 암석의 표면이 약화되어 암석이 부서지기도 한다.

① 수소 ② 산소 ③ 질소
④ 아르곤 ⑤ 수증기

20 그림은 지하수가 석회암 지대에 스며들어 석회암을 녹여서 만든 석회 동굴의 모습이다.

위와 같은 석회 동굴을 만들 수 있었던 것은 지하수 속에 녹아 있는 어떤 기체 때문인지 쓰시오.

4 토양

[21~23] 그림은 성숙한 토양의 단면을 나타낸 것이다. 물음에 답하시오.

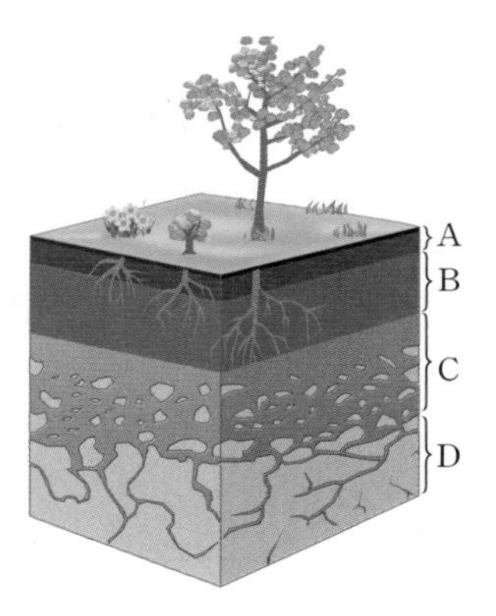

21 위의 토양이 생성되는 순서대로 옳게 나열한 것은?

① A−B−C−D ② A−B−D−C
③ B−D−C−A ④ D−C−A−B
⑤ D−C−B−A

중요
22 이 토양에 대한 설명으로 옳지 않은 것은?

① A층은 식물이 자랄 수 있는 토양층이다.
② 성숙한 토양에서는 B층을 볼 수 없다.
③ B층은 A층이 생성된 이후에 생성된다.
④ C층은 작은 돌 조각, 모래 등으로 이루어져 있다.
⑤ D층이 지표에 드러나게 되면 윗부분부터 풍화 작용을 받는다.

23 A~D 중에서 다음 설명에 해당하는 층의 기호가 옳게 짝 지어진 것은?

> (가) 작은 돌 조각이나 모래 등이 풍화되어서 만들어진 부드러운 토양이다.
> (나) 토양 속으로 스며든 물에 녹은 물질과 진흙이 표층 아래쪽으로 이동하여 형성된 새로운 토양층이다.

	(가)	(나)		(가)	(나)
①	A	B	②	B	A
③	B	C	④	C	B
⑤	C	D			

24 토양에 대한 설명으로 옳은 것만을 〈보기〉에서 있는 대로 고른 것은?

> 보기
> ㄱ. 토양은 인간을 포함한 생물에게 삶의 터전을 제공하고 있다.
> ㄴ. 토양은 식물이 자라는 데 필요한 영양 물질을 포함하고 있다.
> ㄷ. 성숙한 토양이 만들어지려면 수백 년 이상의 오랜 시간이 걸린다.
> ㄹ. 토양은 암석이 오랫동안 풍화를 받으면서 만들어진 단순한 암석 부스러기만을 뜻한다.

① ㄱ, ㄴ ② ㄷ, ㄹ ③ ㄱ, ㄴ, ㄷ
④ ㄴ, ㄷ, ㄹ ⑤ ㄱ, ㄴ, ㄷ, ㄹ

01 소영이와 도현이는 다음에 주어진 광물을 각각 구별해야 한다.

소영	도현
적철석, 자철석	방해석, 석영

소영이와 도현이가 광물을 구별하기 위해 이용하기 적합한 광물의 특성을 〈보기〉에서 있는 대로 고른 것은?

보기
ㄱ. 색을 관찰한다.
ㄴ. 광물끼리 서로 긁어본다.
ㄷ. 묽은 염산을 떨어뜨려 반응을 관찰한다.
ㄹ. 클립과 같은 작은 쇠붙이를 가까이 대어 본다.
ㅁ. 조흔판에 대고 긁어 광물 가루의 색을 관찰한다.

	소영	도현		소영	도현
①	ㄱ, ㄴ	ㄷ, ㅁ	②	ㄴ, ㄷ	ㄹ, ㅁ
③	ㄷ, ㄹ	ㄴ, ㅁ	④	ㄷ, ㅁ	ㄱ, ㄴ
⑤	ㄹ, ㅁ	ㄴ, ㄷ			

중요
02 그림은 여러 가지 광물을 분류하는 과정을 나타낸 것이다.

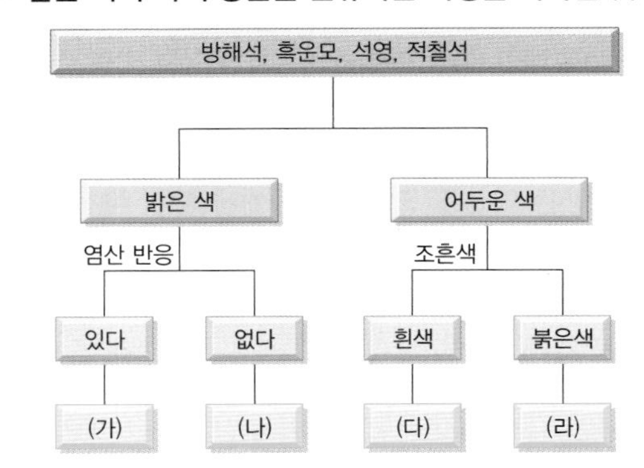

(가)~(라)에 들어갈 광물의 이름을 옳게 짝 지은 것은?

① (가)－석영
② (가)－방해석
③ (나)－방해석
④ (다)－적철석
⑤ (라)－흑운모

중요
03 표는 광물 A~D의 특성을 나타낸 것이다.

광물의 특성	A	B	C	D
색	검은색	무색	무색	노란색
조흔색	흰색	흰색	흰색	검은색
굳기	가장 무름	가장 단단함	두 번째로 단단함	세 번째로 단단함
자성	없음	없음	없음	없음
염산 반응	반응 없음	반응 없음	기체 발생	반응 없음

각각의 광물을 구별하는 실험을 할 때, 생략해도 되는 과정은 무엇인가?

① 돋보기로 색을 관찰한다.
② 조흔판에 긁어 조흔색을 확인한다.
③ 작은 쇠못을 광물 가까이에 대어 본다.
④ 광물끼리 서로 긁어 어떤 광물이 긁히는지 관찰한다.
⑤ 묽은 염산을 떨어뜨려 어떤 반응이 일어나는지 관찰한다.

04 암석의 순환 과정 중에서 토양이 생성되는 과정과 관련이 있는 것만을 그림에서 있는 대로 고르면?

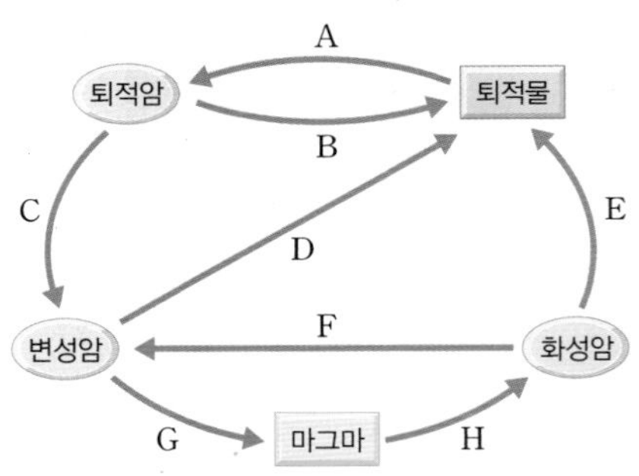

① A, C, H
② B, D, E
③ C, G, H
④ A, D, F, H
⑤ B, C, E, F

예제

01 노란색인 세 광물을 쉽게 구별할 수 있는 광물의 특성과 실험 방법을 서술하시오.

금	황동석	황철석

Tip 색이 같은 광물은 조흔색으로 구분한다.

Key Word 조흔색, 조흔판

[설명] 세 광물의 색은 노란색으로 같지만, 광물 가루의 색은 각각 다르므로 구별할 수 있다.

[모범 답안] 조흔색, 세 광물의 색은 모두 노란색이지만, 조흔판에 대고 긁어보면 금은 노란색, 황동석은 녹흑색, 황철석은 검은색으로 각각 조흔색이 달라 구별할 수 있다.

02 표는 광물 A, B의 특성을 나타낸 것이다.

특성	색	조흔색	자성	염산 반응
광물 A	검은색	검은색	없음	있음
광물 B	검은색	흰색	없음	없음

두 광물을 구별하기 위해 적합한 방법을 서술하시오.

Tip 두 광물의 서로 다른 특성은 조흔색과 염산 반응이다.

Key Word 조흔색, 염산 반응

[설명] 두 광물의 색과 자성은 같은 성질을 띠므로, 이 특성을 이용하여 구별하기 어렵지만, 조흔색과 염산 반응은 다르므로 이 특성을 이용하면 두 광물을 구별할 수 있다.

[모범 답안] 조흔색을 확인하기 위하여 두 광물을 조흔판에 대고 긁어보아서 조흔색을 찾아 구별하거나, 묽은 염산을 떨어뜨리면 반응하는 광물과 반응하지 않는 광물로 구별할 수 있다.

실전 연습

01 그림과 같이 자철석과 적철석은 둘 다 검은색이므로 육안으로는 바로 구별하기가 어렵다.

자철석

적철석

두 광물을 구분하기 위해서는 어떤 특성을 이용해야 하며, 그 방법을 무엇인지 2가지 이상 서술하시오.

Tip 자철석과 적철석의 조흔색이 다르며, 자철석은 자성이 있다.

Key Word 조흔색, 자성, 쇠붙이

02 그림은 조암 광물을 구별하기 위한 과정을 나타낸 것이다.

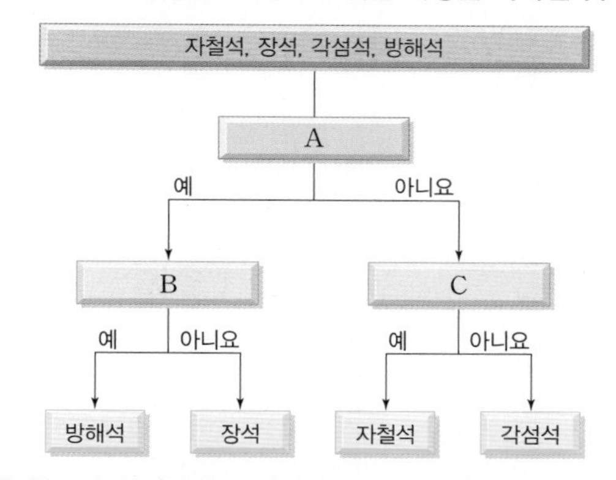

A~C에는 어떤 질문이 들어가야 하는지 서술하시오.

Tip 암석의 색이 밝은지 어두운지를 관찰하고, 염산 반응이나 자성을 관찰한다.

Key Word 어두운 색, 밝은 색, 염산 반응, 자성

04 지권의 운동

1 대륙 이동설

1. **대륙 이동설** : 과거에 하나로 모여 있던 거대한 대륙이 여러 대륙으로 갈라지고 이동하여 오늘날과 같은 대륙 분포를 이루었다는 학설
   (1) 1912년에 베게너✚가 주장한 학설로, 과거에 하나로 붙어있던 거대한 대륙을 판게아✚라고 불렀다.

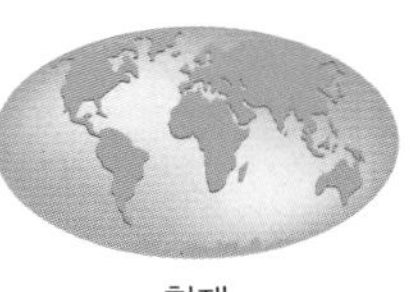

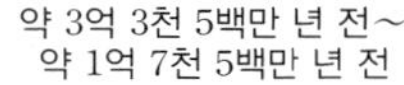
약 3억 3천 5백만 년 전~ 약 1억 7천 5백만 년 전　　약 1억 5천만 년 전　　약 6천 5백만 년 전　　현재

   (2) 베게너의 대륙 이동설은 발표 당시에는 다른 과학자들의 지지를 얻지 못하였다.
   ➡ 거대한 대륙을 움직이는 힘의 근원을 설명하지 못하였기 때문이다.
   (3) 시간이 지난 후, 대륙 이동의 원동력이 밝혀지면서 오늘날 대부분의 과학자는 대륙이 끊임없이 이동한다는 사실을 받아들이게 되었다.
   (4) 대륙은 지금도 계속 이동하고 있으며, 먼 미래에는 현재와는 전혀 다른 대륙 분포를 이루게 될 것이다.

2. 대륙 이동의 증거

해안선 모양의 일치	같은 종류의 고생물 화석 발견
현재 떨어져 있는 남아메리카 대륙의 동해안과 아프리카 대륙 서해안의 해안선 모양이 거의 일치함	같은 종류의 고생물 화석✚이 현재 떨어져 있는 여러 대륙에서 발견됨
아프리카, 남아메리카	아프리카, 남아메리카, 글로소프테리스, 남극, 오스트레일리아, 메소사우루스
빙하의 흔적과 분포 일치	**연속적인 지질 구조**
현재 떨어져 있는 여러 대륙에 남아 있는 빙하의 이동 흔적과 분포가 일치함	현재 떨어져 있는 북아메리카와 유럽 산맥의 지질 구조✚가 연결됨
남극	산맥, 산맥

✚ 베게너(1880~1930년)
기상학자였으나 지질학에 관심이 많았던 그는 1915년에 대륙 이동설을 정리하여 '대륙과 해양의 기원'이라는 책을 출간하였다.

✚ 판게아
'모든 땅'을 뜻하는 그리스어에서 유래되었으며, 베게너가 과거에 한 덩어리였던 커다란 대륙에 붙인 이름이다. 판게아는 오랜 시간이 흐르면서 점차 분리되어 약 1억 8천만 년 전에는 남쪽의 곤드와나와 북쪽의 로라시아로 나뉘었고, 현재는 7개의 대륙으로 나뉘게 되었다.

✚ 고생물 화석
글로소프테리스는 고생대 말에 살았던 고사리 종류의 식물이고, 메소사우루스는 강어귀와 같은 민물에 살았던 파충류로 '중간 크기의 도마뱀'이라는 뜻이다.

▲ 글로소프테리스 화석

▲ 메소사우루스 화석

✚ 지질 구조의 연속성
북아메리카의 애팔래치아 산맥과 스코틀랜드의 칼레도니아 산맥의 지질 구조가 서로 연결된다.

정답과 해설 • 10쪽

1 대륙 이동설

- 과거에 하나였던 거대한 원시 대륙을 □□□라고 한다.
- □□ □□□은 과거에 하나로 모여 있던 거대한 대륙이 여러 대륙으로 갈라지고 이동하여 현재의 대륙 분포를 이루었다는 학설이다.
- 남아메리카 대륙의 동해안과 □□□□ 대륙 서해안의 해안선 모양이 일치하는 것도 대륙이 이동했다는 증거 중 하나이다.
- □□ 종류의 생물 화석이 현재 떨어져 있는 대륙에서 발견된다는 것도 대륙 이동의 증거 중 하나이다.
- 대륙 이동의 증거로 현재 기온이 높은 지역에서도 □□의 흔적이 발견된다.

01 그림은 대륙 이동의 과정을 순서 없이 나열한 것이다.

(가)

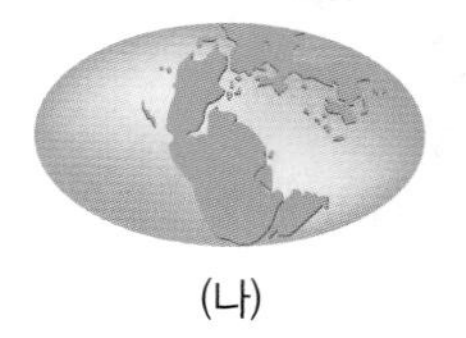
(나)

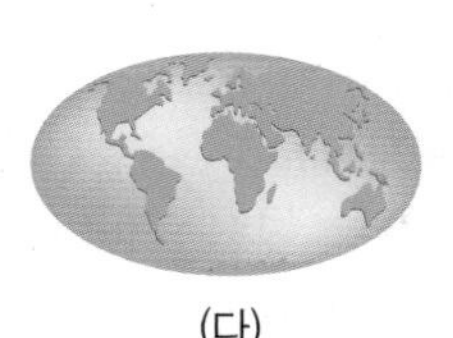
(다)

대륙이 이동하는 과정을 과거부터 현재에 이르기까지 순서대로 나열하시오.

02 대륙 이동설에 대한 설명으로 옳은 것은 ○표, 옳지 않은 것은 ×표를 하시오.

(1) 1912년에 베게너가 주장한 학설이다. ( )
(2) 베게너는 거대한 대륙을 이동시키는 힘의 근원을 정확하게 설명하였다. ( )
(3) 발표 당시에는 인정받지 못했지만, 오늘날 대부분의 과학자는 대륙이 이동한다는 사실을 받아들이게 되었다. ( )
(4) 베게너는 대륙이 이동한다는 한 가지 증거만을 제시하였다. ( )

03 다음에서 설명하고 있는 것은 무엇인지 쓰시오.

> '모든 땅'이라는 그리스어에서 유래하였으며, 과거에 한 덩어리였던 커다란 대륙에 붙여진 이름이다.

04 다음은 대륙 이동의 증거가 된다면 ○표, 증거가 되지 않는다면 ×표를 하시오.

(1) 현재 떨어져 있는 여러 대륙에 남아 있는 빙하의 흔적과 분포가 일치한다. ( )
(2) 다른 종류의 고생물 화석이 현재 떨어져 있는 대륙에서 발견된다. ( )
(3) 떨어져 있는 북아메리카와 유럽 산맥의 지질 구조가 연결된다. ( )
(4) 지구 온난화로 빙하가 점점 줄어들고 있다. ( )

05 다음은 대륙 이동설과 관련된 설명이다. 빈칸에 들어갈 알맞은 말을 쓰시오.

> 베게너는 (㉠) 동해안과 (㉡) 서해안의 해안선 모양이 거의 일치한다는 사실로부터 두 대륙이 원래 한 덩어리였다고 생각하였고, 이를 뒷받침할 수 있는 여러 증거들을 조사하였다.

지권의 운동

❷ 지진대와 화산대

1. 지진과 화산 활동

(1) **지진** : 지구 내부에서 일어나는 급격한 변동으로 땅이 흔들리거나 갈라지는 현상

① **지진의 발생 원인** : 대부분의 지진은 암석이 오랫동안 큰 힘을 받아서 끊어질 때 발생하며, 화산이 폭발하거나 마그마가 이동할 때도 발생한다.

② **지진의 세기**✚ : 규모 또는 진도로 나타낸다.

규모	• 지진이 발생한 지점에서 방출된 에너지의 양을 나타낸 것 • 보통 아라비아 숫자로 소수 첫째 자리까지 표기한다. 예 규모 4.3, 규모 5.8 • 숫자가 클수록 강한 지진이다.
진도✚	• 지진에 의해 어떤 지역에서 땅이 흔들린 정도나 피해 정도를 나타낸 것 • 보통 로마자로 표기한다. 예 진도 Ⅲ, 진도 Ⅶ • 지진이 발생한 지점으로부터 가까울수록 진도가 커지고, 멀어질수록 진도는 작아지는 경향이 있다.

(2) **화산 활동** : 지하에서 생성된 마그마가 지각의 약한 틈을 뚫고 지표로 분출하는 현상

① 화산 활동이 일어날 때는 용암, 화산 가스, 크고 작은 고체 물질 등이 지표로 분출된다.✚

② 화산 활동으로 만들어진 산을 화산이라 하고, 화산 활동이 일어날 때는 지진이 발생하기도 한다.

2. 지진대와 화산대✚ : 전 세계에 고르게 분포하지 않고 특정한 지역에 띠 모양으로 분포한다.

지진대	화산대
지진이 자주 발생하는 지역	화산 활동이 자주 일어나는 지역
• 지진 발생 지역	▲ 화산 활동 지역

❸ 판의 경계

1. 판✚ : 지각과 맨틀의 윗부분을 포함한 단단한 암석층

(1) 여러 개의 크고 작은 조각으로 나뉘어 있다.

(2) 판은 끊임없이 움직이며, 각 판이 움직이는 속도나 방향은 제각기 다르다.

(3) 판의 움직임에 따라 갈라져 서로 멀어지기도 하고, 부딪치거나 스치기도 한다.

▲ 판의 분포와 경계

2. 판의 경계

(1) 지진이나 화산 활동과 같은 지각 변동은 주로 판의 경계 부근에서 일어난다.

(2) 지진대와 화산대는 판의 경계와 거의 일치한다.

✚ **지진의 세기**
지진이 발생하면 규모는 일정하지만 지진이 발생한 지점으로부터의 거리, 지층의 강하고 약한 정도, 건물의 상태에 따라 진도는 다르게 나타난다.

✚ **진도**
지진의 진도는 국가별로 다르며, 우리나라는 12단계로 나누어 판단한다.

단계	영향
진도 Ⅱ	건물 위층에 있는 일부의 사람만 진동을 느낌
진도 Ⅴ	거의 모든 사람이 진동을 느끼며, 그릇과 창문이 깨지기도 함
진도 Ⅹ	대부분의 건물이 부서지거나 무너지고, 지표면이 심하게 갈라짐
진도 Ⅻ	물체가 공중으로 튀어 오르고 땅이 출렁거림

✚ **화산 분출물**

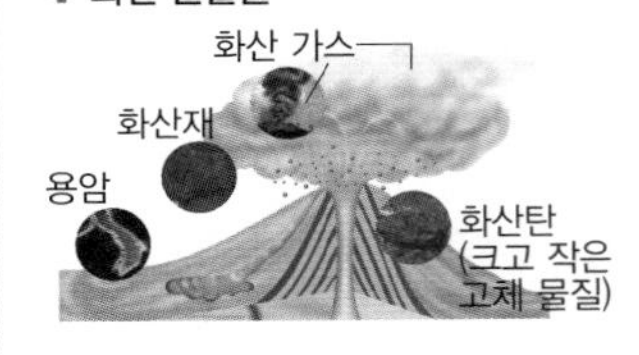

✚ **환태평양 지진대와 화산대**
전 세계에서 지진과 화산 활동이 가장 활발한 지역이다. 태평양을 둘러싸고 있는 대륙의 가장자리와 섬 등을 따라 고리 모양으로 분포하고 있어, 이 지역을 불의 고리라고 한다.

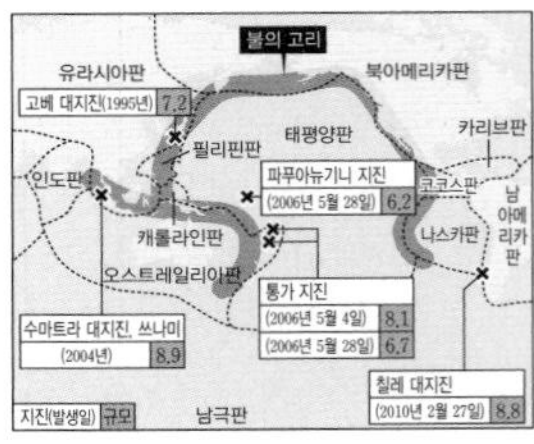

✚ **판**

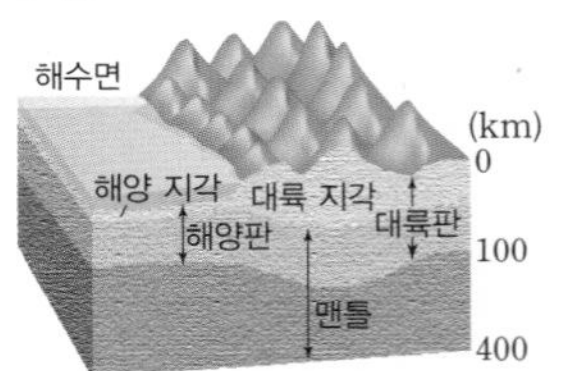

정답과 해설 • 10쪽

2 지진대와 화산대

- □□은 지구 내부의 지각 변동으로 땅이 흔들리거나 갈라지는 현상이다.
- 지진의 세기는 □□ 또는 □□로 나타낸다.
- 마그마가 지각의 약한 틈을 뚫고 지표로 분출하는 현상을 □□ □□이라고 한다.
- 지진이 자주 발생하는 지역을 □□□라고 한다.
- 화산 활동이 자주 일어나는 지역을 □□□라고 한다.

06 지진에 대한 설명으로 옳은 것만을 〈보기〉에서 있는 대로 고르시오.

보기
ㄱ. 지구 내부의 지각 변동으로 땅이 흔들리거나 갈라지는 현상이다.
ㄴ. 대부분의 지진은 화산이 폭발할 때 발생한다.
ㄷ. 지진은 전 세계의 모든 지역에서 골고루 발생한다.
ㄹ. 지하에서 마그마가 지표로 분출하는 현상이다.

07 지진의 세기에 대한 설명이다. 규모에 관한 설명은 "규", 진도에 관한 설명은 "진"이라고 쓰시오.

(1) 보통 로마자로 표기한다. ( )
(2) 지진이 발생한 지점에서 방출된 에너지의 양을 나타낸 것이다. ( )
(3) 지진에 의해 어떤 지역에서 땅이 흔들린 정도나 피해 정도를 나타낸 것이다. ( )
(4) 보통 아라비아 숫자로 소수 첫째 자리까지 표기한다. ( )
(5) 지진이 발생한 지점으로부터 멀어질수록 작아지는 경향이 있다. ( )

08 지진대와 화산대에 대한 설명으로 옳은 것은 ○표, 옳지 <u>않은</u> 것은 ×표를 하시오.

(1) 지진대와 화산대는 서로 완전히 다른 곳에 분포한다. ( )
(2) 지진이 자주 발생하는 곳은 지진대이다. ( )
(3) 화산대는 화산 활동이 자주 일어나는 지역이다. ( )
(4) 지진대는 특정한 지역에 띠 모양으로 분포한다. ( )
(5) 화산대는 전 세계에 골고루 분포한다. ( )

3 판의 경계

- □은 지각과 맨틀의 윗부분을 포함한 암석층이다.
- □□ □□에서는 지진이나 화산 활동과 같은 지각 변동이 자주 일어난다.
- 지진대와 화산대는 □□ □□와 거의 일치한다.

09 다음에서 설명하고 있는 것은 무엇인지 쓰시오.

지각과 맨틀의 윗부분을 포함한 단단한 암석층으로, 그림과 같이 대륙 지각이 포함되어 있는 곳은 두껍고, 해양 지각이 포함되어 있는 곳은 얇다.

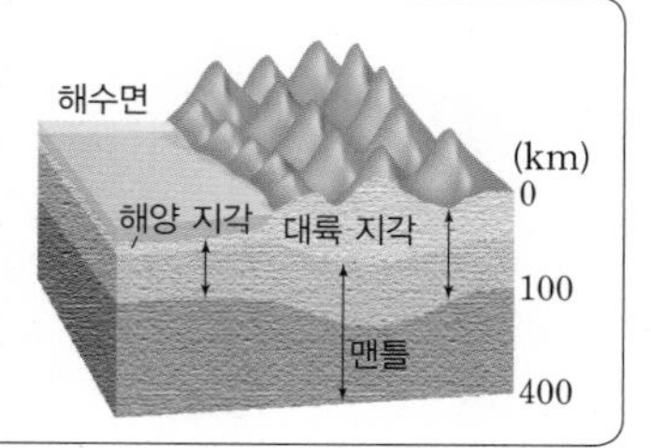

10 판의 경계에 대한 설명으로 옳은 것은 ○표, 옳지 <u>않은</u> 것은 ×표를 하시오.

(1) 판의 경계에서는 지진이나 화산 활동과 같은 지각 변동이 거의 일어나지 않는다. ( )
(2) 판의 움직임에 따라 판이 갈라져 서로 멀어지기도 하고 부딪치거나 스치기도 한다. ( )
(3) 지진대와 화산대는 판의 경계와 거의 일치한다. ( )

필수 탐구 화산대와 지진대 조사하기

목표
화산대와 지진대의 분포를 알고, 주로 판의 경계에 분포함을 설명할 수 있다.

투명 필름을 지도 위에 올려놓고 표시할 때, 지도의 네 모서리 부분도 함께 표시하면 과정 3에서 두 지역을 겹쳐서 비교할 때 편리하다.

과정 1

1 전 세계의 화산 활동 지역을 나타낸 지도 위에 투명 필름을 놓고, 빨간색 유성펜을 이용하여 화산 활동이 일어난 지역을 표시한다.
2 전 세계의 지진 발생 지역을 나타낸 지도 위에 다른 투명 필름을 놓고, 파란색 유성펜을 이용하여 지진이 발생한 지역을 표시한다.
3 과정 1과 2에서 표시한 투명 필름을 겹쳐보고, 화산 활동 지역과 지진 발생 지역을 비교한다.

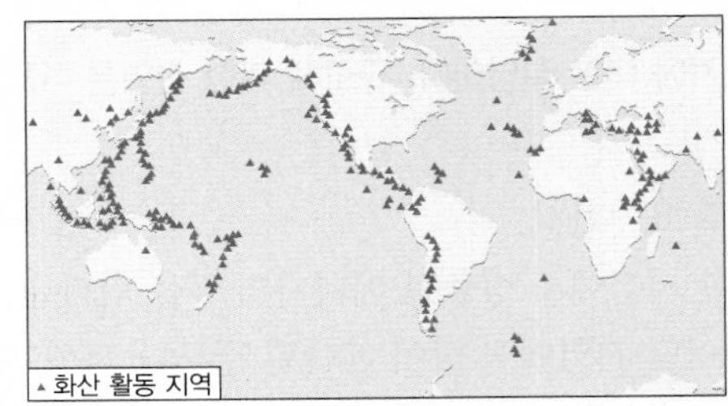
▲ 화산 활동 지역

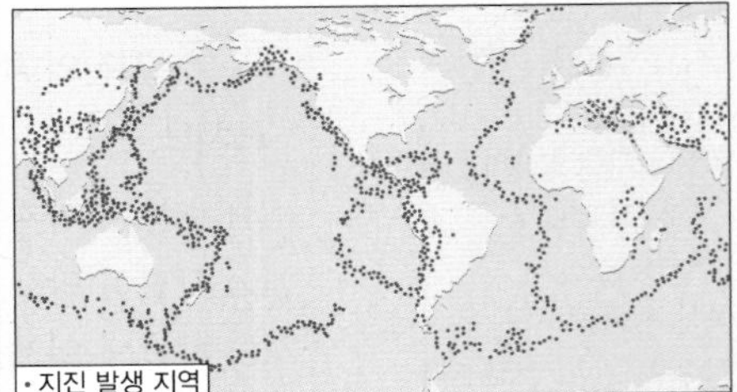
• 지진 발생 지역

과정 2

기상청 누리집의 홈페이지는 (http://www.kma.go.kr/weather/ earthquake_volcano/internationallist.jsp)이며, 지진 자료는 표의 형태로 제시되어 있으므로 표를 해석하는 능력이 필요하다.

1 기상청 누리집에서 최근 1년 동안 전 세계에서 규모 5.0 이상의 지진이 발생한 곳을 조사하고, 판의 경계와 어떤 관련이 있는지 알아보자.
2 최근 20년 동안 활동한 화산의 분포를 인터넷 검색을 통해 조사하고, 판의 경계와 어떤 관계가 있는지 알아보자.

결과

1 지진이 발생하는 지역과 화산 활동이 일어난 지역은 거의 비슷하게 분포한다.
2 표는 여러 대륙과 해양에서 발생하는 지진의 횟수 자료를 분석한 결과이다.

대륙과 해양	지역	부등호	지역	판의 경계 부근
북아메리카	서쪽	>	동쪽	서쪽
남아메리카	서쪽	>	동쪽	서쪽
태평양	가장자리	>	중앙	가장자리
대서양	중앙	>	가장자리	중앙

3 지진과 화산 활동이 주로 일어나는 지역은 주로 비슷하게 분포하며, 판의 경계에서 자주 발생한다.

정리

1 화산대와 지진대는 비슷하게 분포하며, 주로 판의 경계 부근에서 일어난다.
2 판의 경계에서는 판이 갈라져서 서로 멀어지기도 하고, 부딪치거나 스치면서 지진과 화산 활동과 같은 지각 변동이 자주 일어난다.

탐구 섭렵 문제

정답과 해설 • 10쪽

화산대와 지진대 조사하기

- □□은 지구 내부에서 일어나는 급격한 변동으로 땅이 갈라지거나 흔들리는 현상이다.
- □□ □□은 지하에서 생성된 마그마가 지각의 약한 틈을 뚫고 지표로 분출하는 현상이다.
- 지진이 자주 발생하는 지역을 □□□라고 한다.
- 화산 활동이 활발한 지역을 □□□라고 한다.
- □□ □□에서는 지진이나 화산 활동과 같은 지각 변동이 자주 일어난다.

1 **지진과 화산 활동에 대한 설명으로 옳은 것만을 〈보기〉에서 있는 대로 고르시오.**

보기

ㄱ. 지진이 발생한 곳에서는 항상 화산 활동이 일어난다.
ㄴ. 화산 활동은 마그마가 지표로 분출하는 현상이다.
ㄷ. 지진이 발생하는 지역은 전 세계에 고르게 분포되어 있다.
ㄹ. 화산 활동은 전 세계 모든 곳에서 활발하게 일어난다.

2 **화산대에 대한 설명으로 옳은 것만을 〈보기〉에서 있는 대로 고르시오.**

보기

ㄱ. 화산 활동이 잘 일어나지 않는 지역을 뜻한다.
ㄴ. 특정한 지역에 띠 모양으로 분포한다.
ㄷ. 지진대와는 전혀 다른 곳에 분포한다.

3 **화산대와 지진대에 대한 설명으로 옳지 <u>않은</u> 것은?**

① 화산대는 판의 중앙에 주로 분포한다.
② 지진대와 화산대의 분포는 거의 일치한다.
③ 지진대는 특정한 지역에 띠 모양으로 분포한다.
④ 판의 경계에서는 지진과 화산 활동이 자주 발생한다.
⑤ 화산 활동 지역은 지진이 발생한 지역과 거의 일치한다.

4 **표는 여러 대륙과 해양에서 발생하는 지진의 횟수 자료를 분석한 결과이다.**

대륙과 해양	지역	부등호	지역	판의 경계 부근
북아메리카	서쪽	>	동쪽	서쪽
남아메리카	서쪽	>	동쪽	서쪽
태평양	중앙	<	가장자리	가장자리
대서양	중앙	>	가장자리	중앙

이에 대한 설명으로 옳은 것은?

① 북아메리카 동쪽 지역이 서쪽 지역보다 지진이 더 많이 발생한다.
② 남아메리카 서쪽 지역보다 동쪽 지역에서 지진이 더 많이 발생한다.
③ 태평양의 중앙은 판의 경계 부근에 위치한다.
④ 태평양의 중앙보다 가장자리에서 지진이 더 많이 발생한다.
⑤ 대서양의 가장자리는 판의 경계 부근에 위치한다.

5 **다음 설명의 빈칸에 들어갈 알맞은 말을 쓰시오.**

전 세계의 화산대와 지진대는 판이 갈라져서 서로 멀어지기도 하고, 부딪치거나 스치기도 하는 판의 (　　　)에 주로 분포한다.

1 대륙 이동설

01 다음은 어떤 학설을 설명하는 글이다.

과거에 하나였던 거대한 대륙이 점점 갈라지고 이동하여 지금과 같은 대륙 분포를 이루었다는 학설이다.

이 학설에 대한 설명으로 옳지 <u>않은</u> 것은?

① 1912년에 베게너가 주장하였다.
② 다양한 증거들이 대륙 이동설을 뒷받침해 주고 있다.
③ 과거에 하나였던 거대한 대륙을 판게아라고 부른다.
④ 대륙 이동설에 따르면 대서양은 과거보다 넓어졌다.
⑤ 베게너는 발표 당시에 대륙을 이동시키는 원동력을 설명하였다.

중요
02 독일의 과학자 베게너가 주장한 대륙 이동설에 대한 증거로 적합한 것만을 〈보기〉에서 있는 대로 고른 것은?

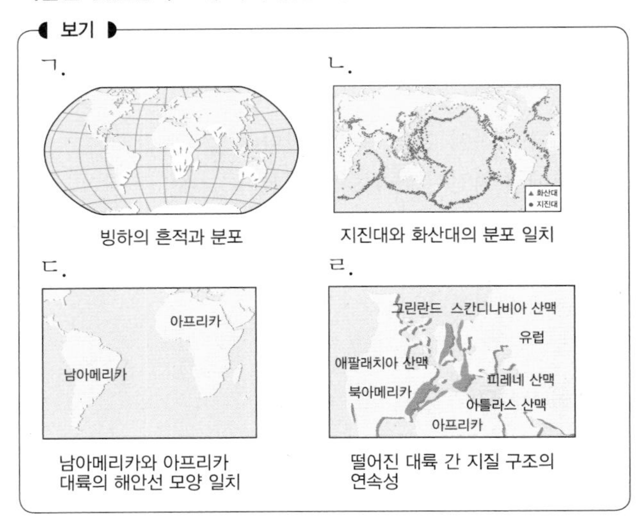

① ㄱ, ㄴ ② ㄴ, ㄷ ③ ㄷ, ㄹ
④ ㄱ, ㄷ, ㄹ ⑤ ㄴ, ㄷ, ㄹ

중요
03 그림은 대서양을 사이에 둔 아프리카와 남아메리카 대륙에서 같은 종류의 동물 화석이 분포함을 나타낸 것이다.

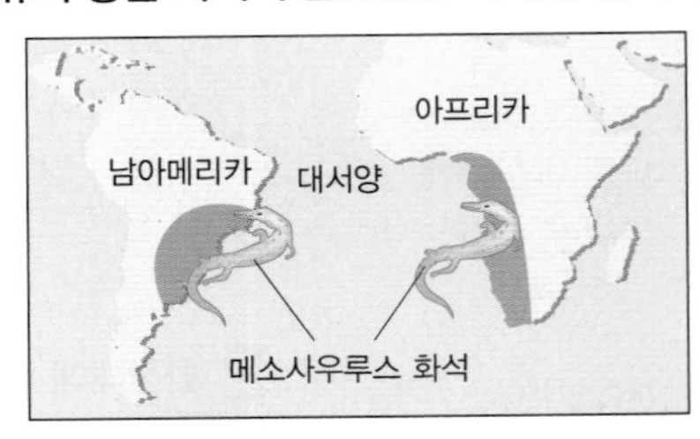

서로 멀리 떨어진 대륙에서 같은 종류의 동물 화석이 발견된 원인으로 옳은 것은?

① 과거에는 대륙이 하나로 붙어있었다.
② 과거에는 이 동물이 모든 지역에서 살았다.
③ 이 동물은 우연히 두 대륙에서 살게 되었다.
④ 과거에 이 동물은 어느 환경에서나 잘 적응해서 살았다.
⑤ 과거에 이 동물은 바다를 헤엄쳐서 다른 대륙으로 이동하였다.

04 대륙 이동설에 대한 설명으로 옳은 것만을 〈보기〉에서 있는 대로 고른 것은?

보기

ㄱ. 약 3억 년 전에는 하나의 커다란 대륙으로 모여 있었다.
ㄴ. 베게너가 대륙 이동설을 뒷받침하는 여러 가지 증거를 제시하였다.
ㄷ. 화산 활동이나 지진이 발생하는 지역이 거의 일치하는 것도 대륙 이동의 증거이다.

① ㄱ ② ㄷ ③ ㄱ, ㄴ
④ ㄴ, ㄷ ⑤ ㄱ, ㄴ, ㄷ

05 남아메리카 대륙의 (가) 지층 속에서 희귀한 식물 화석이 발견되었다.

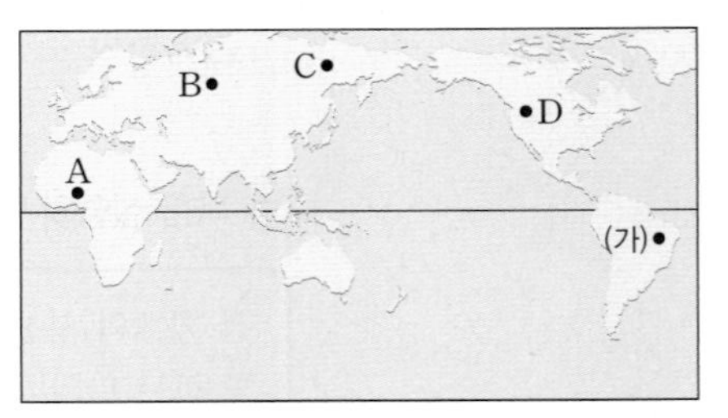

다른 대륙에서도 이 식물 화석이 발견될 가능성이 큰 곳은 어디일지 예상하여, A~D 중 그 기호를 쓰시오.

06 그림은 글로소프테리스 화석이 발견되는 지역을 나타낸 것이다.

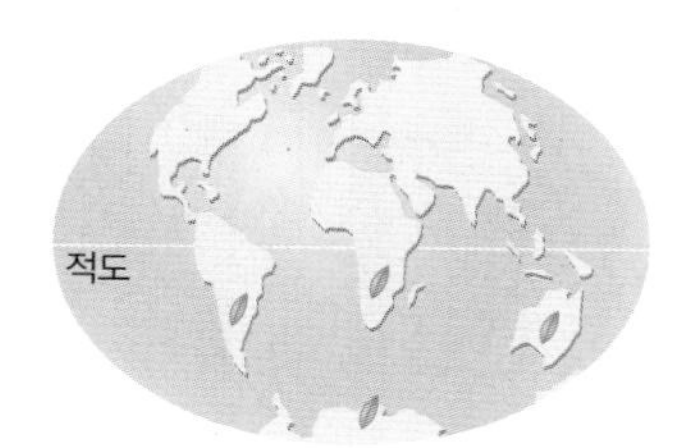

글로소프테리스 화석이 발견된 지역

서로 멀리 떨어진 대륙에서 같은 글로소프테리스 화석이 분포한다는 사실을 통해서 설명할 수 있는 것은?

① 생물의 이동 ② 생명의 신비
③ 대륙의 이동 ④ 식물의 번식
⑤ 식물의 번성

중요
07 베게너가 제시한 대륙 이동의 증거로 옳지 않은 것은?

① 떨어져 있는 북아메리카와 유럽 산맥의 지질 구조가 연결된다.
② 전 세계의 화산대와 지진대는 좁은 지역을 따라 띠 모양으로 분포한다.
③ 떨어져 있는 여러 대륙에 남아 있는 빙하의 이동 흔적과 분포가 일치한다.
④ 떨어져 있는 남아메리카 동해안과 아프리카 서해안의 해안선 모양이 거의 일치한다.
⑤ 같은 종류의 고생물 화석이 현재 떨어져 있는 여러 대륙에서 발견된다.

08 다음 빈칸에 들어갈 알맞은 말을 쓰시오.

베게너가 대륙 이동설을 발표한 당시에는 (   )을 설명하지 못하여 대부분의 과학자들에게 인정받지 못했다.

중요
09 그림은 전 세계에서 발견되는 빙하의 흔적을 나타낸 것이다.

현재 기온이 높은 적도 지방에서도 빙하의 흔적이 발견되는 까닭으로 옳은 것만을 〈보기〉에서 있는 대로 고른 것은?

보기
ㄱ. 과거에는 지구 전체가 빙하로 덮여 있었기 때문이다.
ㄴ. 과거에는 적도 지방의 기온이 가장 낮았기 때문이다.
ㄷ. 과거에 추운 지역에 있던 대륙이 적도 쪽으로 이동했기 때문이다.

① ㄱ ② ㄷ ③ ㄱ, ㄴ
④ ㄴ, ㄷ ⑤ ㄱ, ㄴ, ㄷ

2 지진대와 화산대

10 지진에 대한 설명으로 옳지 않은 것은?

① 땅이 흔들리거나 갈라지는 현상이다.
② 화산이 폭발할 때에도 지진이 발생한다.
③ 지진은 전 세계의 모든 지역에서 고르게 발생한다.
④ 지구 내부에서 일어나는 급격한 변동으로 발생한다.
⑤ 지층의 암석이 오랫동안 큰 힘을 받아서 끊어질 때 주로 발생한다.

11 지진의 세기를 나타낸 것으로, 규모가 가장 큰 지진은?

① 규모 1.3 ② 규모 3.5 ③ 규모 4.4
④ 규모 5.6 ⑤ 규모 7.1

12 지진의 세기에 대한 설명으로 옳은 것만을 <보기>에서 있는 대로 고른 것은?

보기
ㄱ. 지진의 세기는 진도와 규모로 나타낸다.
ㄴ. 지진 규모의 숫자가 클수록 약한 지진이다.
ㄷ. 규모는 로마자로, 진도는 아라비아 숫자로 표기한다.
ㄹ. 지진이 발생하면 규모는 거리에 상관없이 일정하지만, 진도는 거리에 따라 다르게 나타난다.

① ㄱ, ㄹ ② ㄴ, ㄷ ③ ㄷ, ㄹ
④ ㄱ, ㄴ, ㄷ ⑤ ㄴ, ㄷ, ㄹ

13 다음은 지진의 세기에 대한 설명이다. ㉠~㉣에 들어갈 말을 쓰시오.

- (㉠)는 거리에 상관없이 일정한 값을 가진다.
- (㉡)는 지진이 발생한 지점에서 방출된 에너지의 양을 나타낸 것이다.
- (㉢)는 지진에 의해 어떤 지역에서 땅이 흔들린 정도나 피해 정도를 나타낸 것이다.
- (㉣)는 지진이 발생한 지점으로부터의 거리, 지층의 강한 정도, 건물의 상태에 따라 달라질 수 있다.

중요
14 화산 활동에 대한 설명으로 옳지 않은 것은?
① 화산 활동의 크기는 진도와 규모로 나타낸다.
② 화산 활동으로 만들어진 산을 화산이라고 한다.
③ 화산 활동이 일어날 때는 지진이 함께 발생하기도 한다.
④ 화산 활동이 일어날 때는 용암, 화산 가스 등이 분출된다.
⑤ 마그마가 지각의 약한 틈을 뚫고 지표로 분출하는 현상이다.

[15~17] 그림은 세계 지도에 지진과 화산 활동이 자주 발생하는 지역을 나타낸 것이다. 물음에 답하시오.

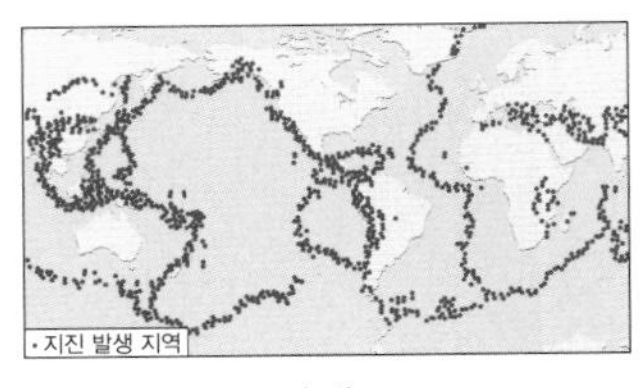

(가)

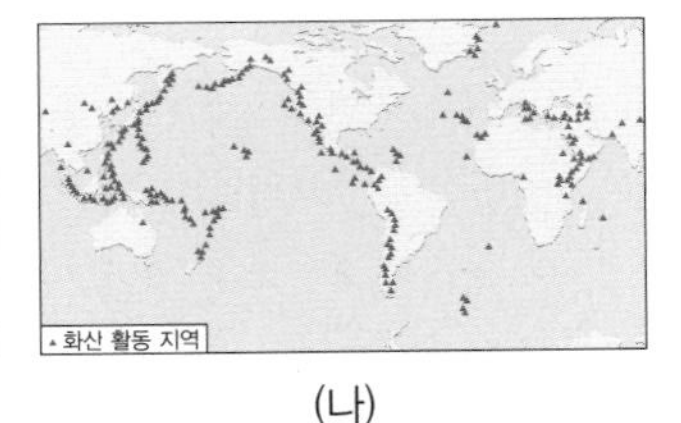

(나)

15 그림 (가)와 같이 지진이 자주 발생하는 지역과 (나)와 같이 화산 활동이 자주 일어나는 지역을 각각 무엇이라고 하는지 쓰시오.

중요
16 위 그림에 대한 설명으로 옳은 것만을 <보기>에서 있는 대로 고른 것은?

보기
ㄱ. 지진이나 화산 활동은 전 세계에서 골고루 발생한다.
ㄴ. 화산 활동이 일어난 곳과 지진이 발생한 곳은 밀접한 관계가 있다.
ㄷ. 지진이 자주 발생하는 지역과 화산 활동이 자주 일어나는 지역은 거의 일치한다.

① ㄱ ② ㄷ ③ ㄱ, ㄴ
④ ㄴ, ㄷ ⑤ ㄱ, ㄴ, ㄷ

17 위 그림을 통해 다음 설명의 빈칸에 들어갈 말로 옳은 것은?

전 세계에서 지진과 화산 활동이 가장 활발한 곳은 (　　　)의 가장자리로, 전 세계에서 발생하는 지진과 화산 활동의 약 70 % 이상이 이 지역에서 발생하고 있다.

① 대서양 ② 인도양 ③ 태평양
④ 북극해 ⑤ 남극해

18 지진이 자주 발생하는 지역에 대한 설명으로 옳은 것만을 〈보기〉에서 있는 대로 고른 것은?

보기
ㄱ. 특정한 지역에 띠 모양으로 분포한다.
ㄴ. 주로 대륙의 한가운데에서 발생한다.
ㄷ. 화산 활동이 일어나는 지역과 거의 일치한다.

① ㄱ ② ㄴ ③ ㄱ, ㄷ
④ ㄴ, ㄷ ⑤ ㄱ, ㄴ, ㄷ

3 판의 경계

19 그림과 같이 지각과 맨틀 상부의 일부를 포함하고 있는 두께 약 100 km의 단단한 암석층(A)을 무엇이라고 하는지 쓰시오.

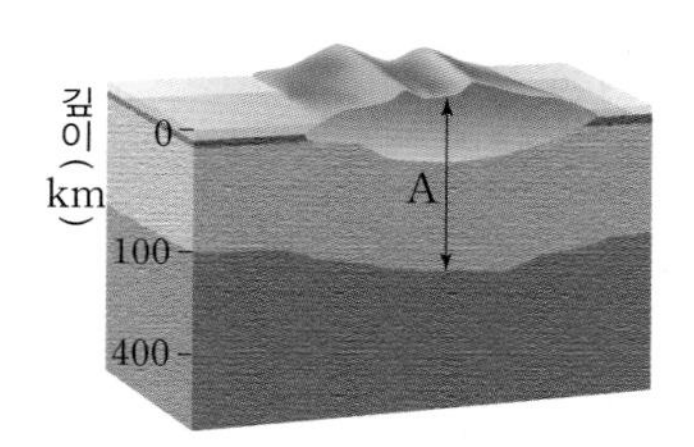

중요
20 그림은 전 세계의 판의 분포를 나타낸 것이다.

이에 대한 설명으로 옳은 것만을 〈보기〉에서 있는 대로 고른 것은?

보기
ㄱ. 판은 여러 개의 크고 작은 조각으로 이루어져 있다.
ㄴ. 판은 끊임없이 같은 방향과 같은 속도로 움직인다.
ㄷ. 판의 경계에서는 여러 가지 지각 변동이 일어난다.

① ㄱ ② ㄴ ③ ㄱ, ㄷ
④ ㄴ, ㄷ ⑤ ㄱ, ㄴ, ㄷ

[21~22] 그림 (가)는 전 세계의 화산대와 지진대를, (나)는 판의 경계를 나타낸 것이다. 물음에 답하시오.

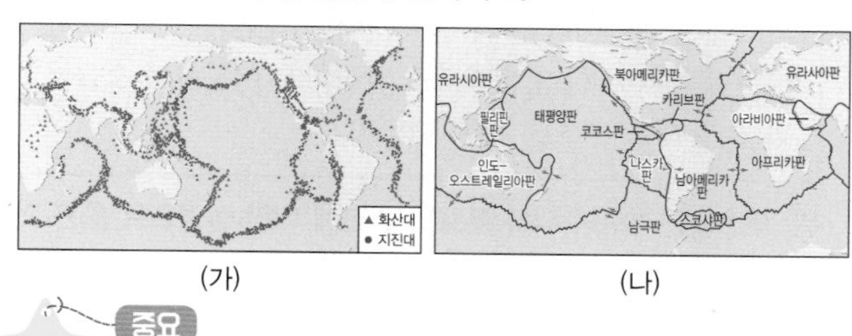

(가) (나)

중요
21 위 그림에 대한 설명으로 옳은 것만을 〈보기〉에서 있는 대로 고른 것은?

보기
ㄱ. 화산대는 판의 경계에 주로 분포한다.
ㄴ. 판의 경계는 지진대의 분포 모습과 거의 일치한다.
ㄷ. 지진대와 화산대는 전 세계에 고르게 분포한다.

① ㄱ ② ㄷ ③ ㄱ, ㄴ
④ ㄴ, ㄷ ⑤ ㄱ, ㄴ, ㄷ

22 위 그림에서와 같이 화산대와 지진대의 분포가 거의 일치하는 까닭은?

① 화산이 폭발할 때 용암이 흘러나오기 때문이다.
② 지하에서 마그마가 이동할 때 지진이 발생하기 때문이다.
③ 지진이 발생하면 화산 활동이 반드시 일어나기 때문이다.
④ 판의 중앙에서 지진과 화산 활동이 많이 발생하기 때문이다.
⑤ 지진이나 화산 활동과 같은 지각 변동은 판의 경계에서 주로 일어나기 때문이다.

23 그림은 전 세계의 지진대와 화산대, 판의 경계를 나타낸 것이다.

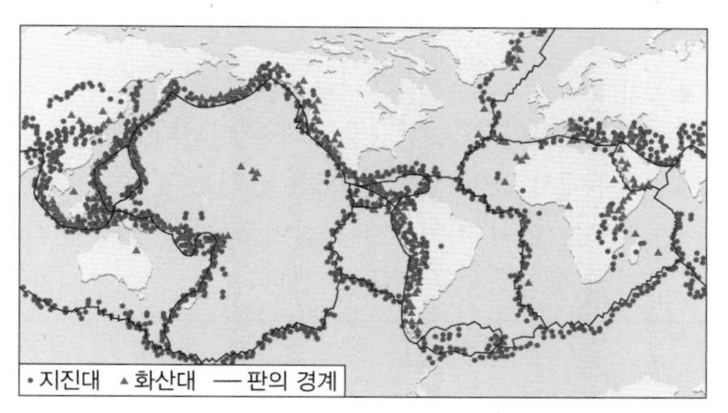

화산대와 지진대는 주로 어떤 곳에 위치하는지 쓰시오.

정답과 해설 • 12쪽

01 다음은 베게너가 주장한 대륙 이동설이다.

> 과거에는 판게아라는 하나의 거대한 대륙이 있었고, 하나였던 대륙이 여러 대륙으로 갈라지고 이동하여 오늘날과 같은 대륙 분포를 이루게 되었다.

위 학설에 근거하여 대륙 분포의 변화에 대한 설명으로 옳은 것만을 〈보기〉에서 있는 대로 고른 것은?

보기

ㄱ. 대륙 이동이 계속된다면 먼 미래의 대륙 분포는 현재와 다를 것이다.

ㄴ. 남아메리카 대륙과 아프리카 대륙이 멀리 떨어지면서 태평양이 만들어졌다.

ㄷ. 인도 대륙은 남극 대륙에서 떨어져 나와서 유라시아 대륙과 충돌하였다.

① ㄱ ② ㄴ ③ ㄱ, ㄷ
④ ㄴ, ㄷ ⑤ ㄱ, ㄴ, ㄷ

중요

02 그림은 우리나라 경주에서 규모 5.8의 지진이 발생하였을 때, 이 지진으로 인하여 서울과 부산에서 발생한 피해를 나타낸 것이다.

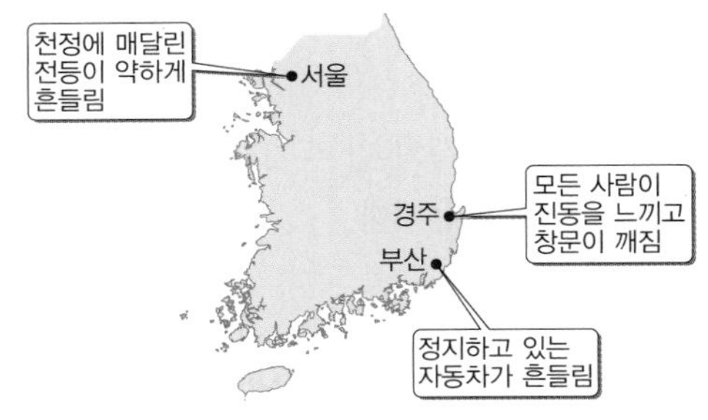

이에 대한 설명으로 옳은 것만을 〈보기〉에서 있는 대로 고른 것은?

보기

ㄱ. 서울에서의 진도가 가장 작게 나타난다.

ㄴ. 경주에서 멀어질수록 진도는 커지는 경향이 있다.

ㄷ. 진도는 어떤 지역에서 사람이 느끼는 정도나 건물의 피해 정도를 기준으로 나타낸다.

① ㄱ ② ㄴ ③ ㄱ, ㄷ
④ ㄴ, ㄷ ⑤ ㄱ, ㄴ, ㄷ

중요

03 그림은 전 세계의 지진대와 화산대, 판의 경계를 나타낸 것이다.

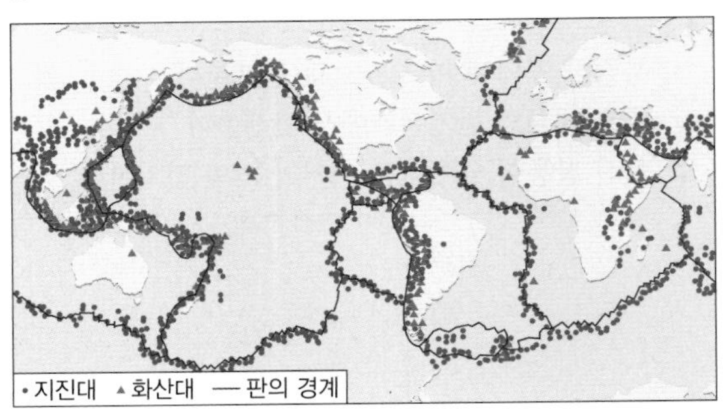

이에 대한 설명으로 옳은 것만을 〈보기〉에서 있는 대로 고른 것은?

보기

ㄱ. 환태평양 지진대와 화산대는 대서양의 가장자리이다.

ㄴ. 알프스－히말라야 지진대와 화산대는 태평양의 한가운데에 위치하고 있다.

ㄷ. 지진대와 화산대가 거의 일치하는 까닭은 판의 경계 부근에서 화산 활동과 지진이 발생하기 때문이다.

① ㄱ ② ㄷ ③ ㄱ, ㄴ
④ ㄴ, ㄷ ⑤ ㄱ, ㄴ, ㄷ

04 그림은 우리나라 주변의 판의 분포와 지진과 화산 활동이 일어나는 곳의 분포를 나타낸 것이다.

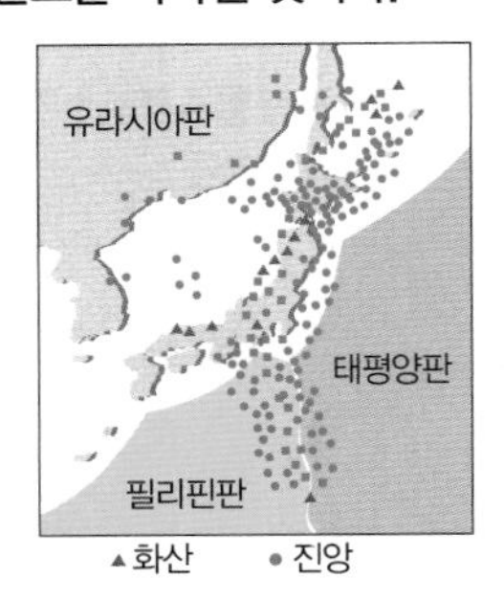

이에 대한 설명으로 옳은 것만을 〈보기〉에서 있는 대로 고른 것은?

보기

ㄱ. 우리나라는 판의 안쪽에 위치하고 있다.

ㄴ. 일본은 여러 개의 판이 만나는 경계에 위치하고 있다.

ㄷ. 우리나라는 지진의 안전지대이므로 지진에 대한 대책을 세울 필요가 없다.

① ㄱ ② ㄷ ③ ㄱ, ㄴ
④ ㄴ, ㄷ ⑤ ㄱ, ㄴ, ㄷ

예제

01 그림은 과거 빙하의 흔적과 분포를 나타낸 것이다.

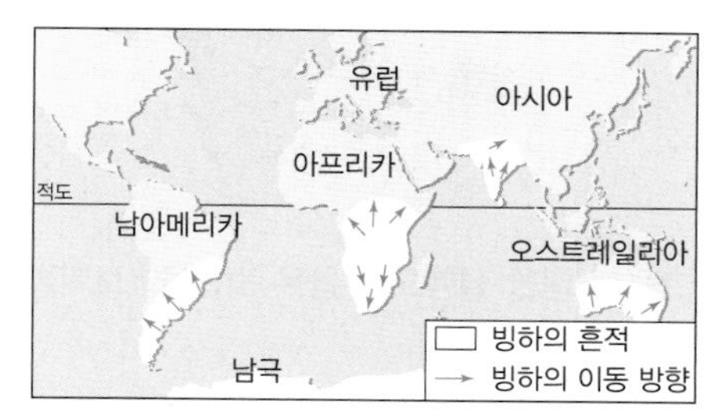

아프리카와 같은 기온이 높은 지방에서도 빙하의 흔적이 발견되는 까닭은 무엇인지 서술하시오.

Tip 대륙이 이동하면서 적도 쪽으로 이동하였다.

Key Word 빙하, 대륙 이동

[설명] 현재 아프리카 지역은 적도 쪽에 위치하고 있어 기온이 매우 높아서 빙하가 존재할 수 없지만, 과거에는 빙하가 형성되는 추운 지역에 있었다.

[모범 답안] 과거에 빙하가 형성되었던 지역이 대륙의 이동으로 적도 쪽으로 이동했기 때문이다.

02 그림은 전 세계의 화산대와 지진대의 분포를 나타낸 것이다.

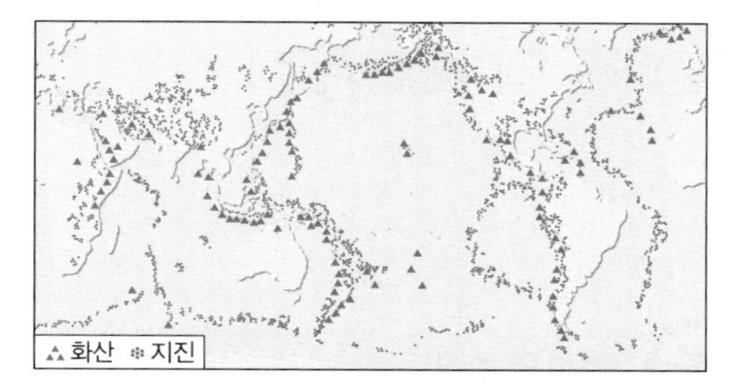

화산대와 지진대의 분포 특징을 설명하고, 이와 같은 분포를 가진 까닭을 서술하시오.

Tip 화산대와 지진대는 특정한 지역에 띠 모양으로 분포한다.

Key Word 화산대, 지진대, 띠 모양, 판의 경계

[설명] 화산대와 지진대는 거의 비슷한 분포를 보인다.

[모범 답안] 화산대와 지진대는 좁은 띠 모양으로 분포하고, 거의 일치한다. 그 까닭은 판의 경계에서는 지진과 화산 활동 등의 지각 변동이 활발하게 일어나므로 지진대와 화산대가 판의 경계에 위치하고 있기 때문이다.

실전 연습

01 그림은 약 3억 3천 5백만 년 전부터 현재까지의 대륙 분포를 나타낸 것이다.

이 학설의 명칭은 무엇인지 쓰고, 이 학설을 뒷받침할 수 있는 증거들을 2가지 이상 서술하시오.

Tip 과거에 한 덩어리였던 대륙은 서서히 분리·이동하여 현재와 같은 분포를 이루었다.

Key Word 대륙 이동, 화석, 산맥, 해안선 모양

02 그림은 우리나라 주변의 판의 분포와 진앙과 화산의 분포를 나타낸 것이다.

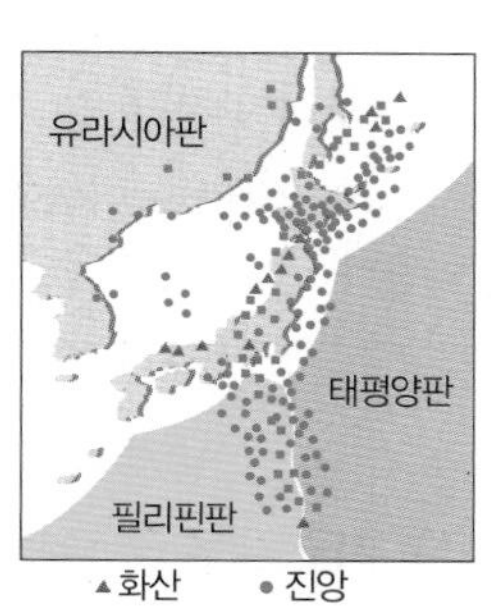

우리나라는 일본과 가깝지만, 일본과는 달리 큰 지진의 피해가 적은 편이다. 그 까닭을 구체적으로 서술하시오.

Tip 판의 경계에 가까울수록 지진과 화산 활동이 활발하다.

Key Word 판의 경계, 판의 안쪽, 우리나라, 일본

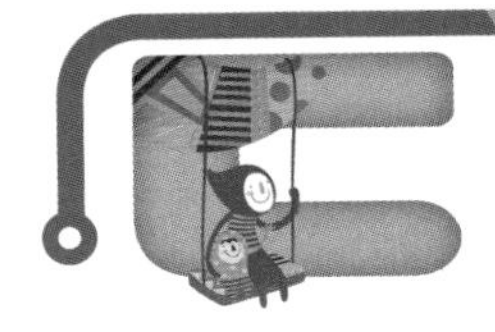

대단원 마무리

01 지구계와 지권의 층상 구조

01 계에 대한 설명으로 옳은 것은?

① 구성 요소가 하나인 경우도 계라고 한다.
② 우리 몸 안의 소화계, 순환계는 과학에서 다루는 계가 아니다.
③ 계를 구성하는 요소들은 서로 영향을 주지 않고 독립적으로만 존재한다.
④ 과학에서 다루는 계인 지구계의 구성 요소는 5개의 영역으로 구성되어 있다.
⑤ 다양한 생물과 자연 환경 등의 구성 요소가 상호 작용하는 모임을 태양계라고 한다.

02 지구계의 구성 요소와 그 특징에 대한 설명으로 옳지 않은 것은?

① 기권－지구를 둘러싸고 있는 대기
② 수권－바다, 강, 지하수 등 지구에 있는 물
③ 지권－토양과 암석으로 이루어진 지각과 지구 내부
④ 생물권－지구에 살고 있는 모든 생물
⑤ 외권－태양과 달 등의 천체와 기권을 포함한 우주 영역

03 다음에서 설명하고 있는 지구계의 구성 요소는 무엇인지 쓰시오.

- 여러 가지 기체로 이루어져 있다.
- 지표면으로부터 약 1000 km 높이까지 퍼져 있다.
- 기상 현상이 나타난다.

04 그림은 지표면 근처 지구 내부 구조의 단면을 나타낸 것이다. A～C의 명칭을 쓰시오.

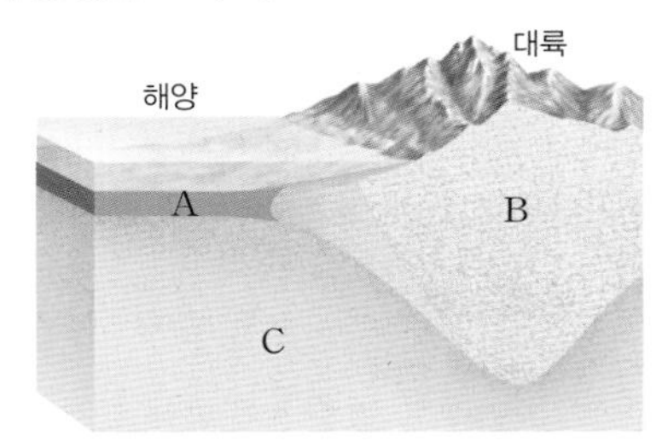

[05～06] 그림은 지권의 층상 구조를 나타낸 것이다. 물음에 답하시오.

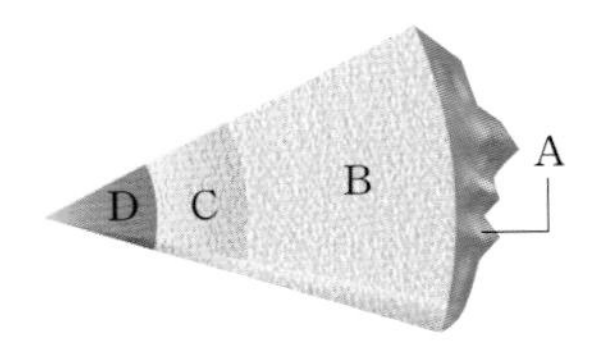

05 위 그림에 대한 설명으로 옳은 것만을 〈보기〉에서 있는 대로 고른 것은?

보기
ㄱ. 지권의 층상 구조는 지진파의 연구를 통해서 알아내었다.
ㄴ. A와 B는 서로 다른 종류의 물질로 이루어져 있다.
ㄷ. C와 D는 거의 같은 물질로 이루어져 있다.

① ㄱ　② ㄷ　③ ㄱ, ㄴ
④ ㄴ, ㄷ　⑤ ㄱ, ㄴ, ㄷ

06 A～D에 대한 설명으로 옳지 않은 것은?

① A는 대륙 지각과 해양 지각으로 구분된다.
② A와 B의 경계면을 모호로비치치 불연속면이라고 한다.
③ B는 지구 전체 부피의 약 80 %를 차지한다.
④ C는 B를 이루는 물질보다 무거운 물질로 되어 있고, 고체 상태로 추정된다.
⑤ D는 무거운 철과 니켈로 구성되어 있다.

02 암석의 순환

07 마그마가 지하 깊은 곳에서 식어서 굳어진 암석만을 〈보기〉에서 있는 대로 고른 것은?

보기
ㄱ. 대리암　ㄴ. 현무암　ㄷ. 화강암
ㄹ. 편마암　ㅁ. 반려암　ㅂ. 유문암

① ㄱ, ㄴ　② ㄴ, ㅂ　③ ㄷ, ㅁ
④ ㄴ, ㄷ, ㅁ　⑤ ㄷ, ㅁ, ㅂ

[08~09] 그림은 화성암이 생성되는 장소를 나타낸 것이다. 물음에 답하시오.

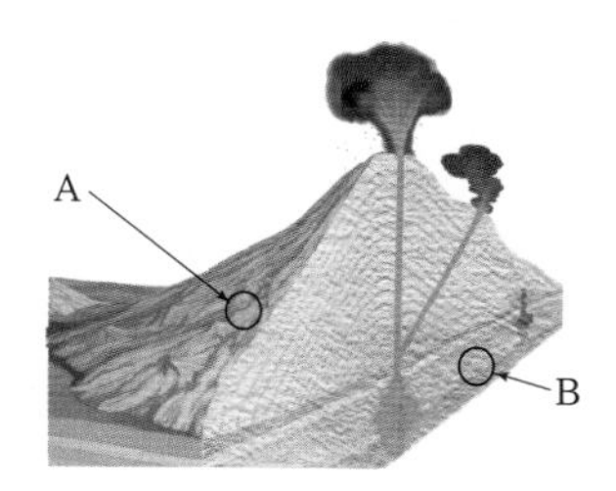

08 A와 B에서 각각 산출되는 어두운 색 화성암을 옳게 짝 지은 것은?

	A	B		A	B
①	현무암	화강암	②	현무암	반려암
③	반려암	현무암	④	반려암	화강암
⑤	유문암	반려암			

09 여러 화성암 중에서 B에서 산출되는 암석을 찾아내기 위한 방법으로 옳은 것은?

① 암석의 색이 밝은 것을 찾는다.
② 결정의 크기가 큰 암석을 찾는다.
③ 암석의 표면에 줄무늬가 있는 것을 찾는다.
④ 어두운 색 광물을 많이 포함한 암석을 찾는다.
⑤ 암석을 이루는 광물 결정이 작거나 거의 없는 암석을 찾는다.

[10~11] 그림은 화성암을 분류한 것이다. 물음에 답하시오.

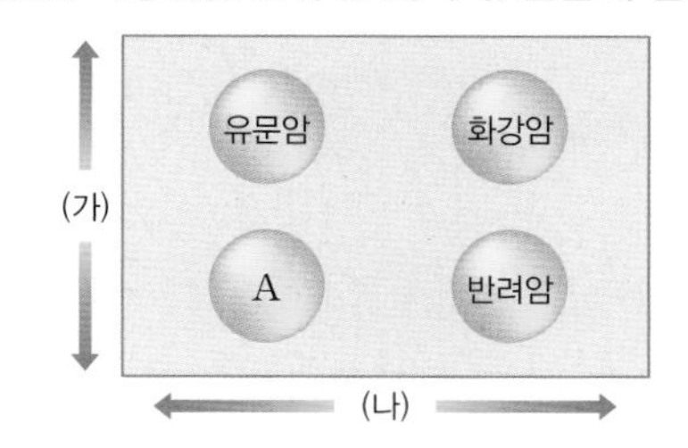

10 A에 들어갈 화성암의 이름은 무엇인지 쓰시오.

11 이 그림과 같이 화성암을 분류한 기준 (가)와 (나)를 옳게 짝 지은 것은?

	(가)	(나)
①	색의 밝고 어두운 정도	결정의 크기
②	색의 밝고 어두운 정도	암석의 부피
③	암석의 질량	결정의 크기
④	암석의 부피	결정의 크기
⑤	결정의 크기	색의 밝고 어두운 정도

12 퇴적암에 대한 설명으로 옳지 않은 것은?

① 모래가 쌓여서 굳어지면 사암이 된다.
② 역암에는 자갈이 많이 포함되어 있다.
③ 셰일은 진흙이 굳어져서 생성된 퇴적암이다.
④ 평행한 줄무늬가 나타나기도 하는데, 이를 엽리라고 한다.
⑤ 석회암은 석회 성분이나 산호, 조개껍데기와 같은 생물의 유해가 쌓여서 굳어진 암석이다.

13 그림은 층리와 화석 사진이다.

▲ 층리

▲ 화석

위의 특징을 가지는 암석을 〈보기〉에서 있는 대로 고른 것은?

〈보기〉
ㄱ. 사암　ㄴ. 화강암　ㄷ. 편마암
ㄹ. 셰일　ㅁ. 석회암　ㅂ. 대리암

① ㄱ, ㄹ, ㅁ　② ㄴ, ㄹ, ㅂ　③ ㄷ, ㅁ, ㅂ
④ ㄴ, ㄷ, ㅁ, ㅂ　⑤ ㄷ, ㄹ, ㅁ, ㅂ

14 원래의 암석과 변성암을 옳게 연결한 것만을 〈보기〉에서 있는 대로 고른 것은?

〈보기〉
ㄱ. 셰일－규암
ㄴ. 석회암－대리암
ㄷ. 사암－편암
ㄹ. 화강암－편마암

① ㄱ, ㄷ ② ㄴ, ㄹ ③ ㄷ, ㄹ
④ ㄱ, ㄴ, ㄷ ⑤ ㄴ, ㄷ, ㄹ

중요
15 그림은 암석의 순환 과정을 나타낸 것이다.

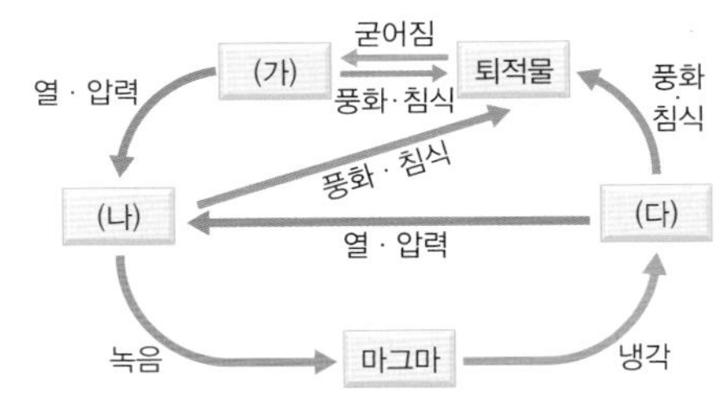

(가)~(다)에 해당하는 암석의 예를 옳게 짝 지은 것은?

	(가)	(나)	(다)
①	사암	편마암	현무암
②	셰일	화강암	편암
③	편암	석회암	유문암
④	화강암	사암	편마암
⑤	대리암	반려암	석회암

03 광물과 토양

16 광물을 구별하기 위한 실험으로 옳은 것만을 〈보기〉에서 있는 대로 고른 것은?

〈보기〉
ㄱ. 광물을 조흔판에 대고 긁어본다.
ㄴ. 광물에 묽은 염산을 떨어뜨려 본다.
ㄷ. 윗접시저울을 이용하여 광물의 질량을 측정한다.
ㄹ. 두 광물끼리 서로 긁어 보아 단단한 정도를 비교한다.

① ㄱ, ㄷ ② ㄴ, ㄹ ③ ㄷ, ㄹ
④ ㄱ, ㄴ, ㄹ ⑤ ㄴ, ㄷ, ㄹ

17 다음 설명에 해당하는 광물끼리 옳게 짝 지은 것은?

(가) 광물 가까이에 가져간 클립이 광물에 달라붙었다.
(나) 광물에 묽은 염산을 떨어뜨렸더니 기체가 발생하였다.

	(가)	(나)		(가)	(나)
①	자철석	방해석	②	자철석	석영
③	석영	방해석	④	석영	자철석
⑤	방해석	석영			

18 그림은 성숙한 토양의 단면을 나타낸 것이다.

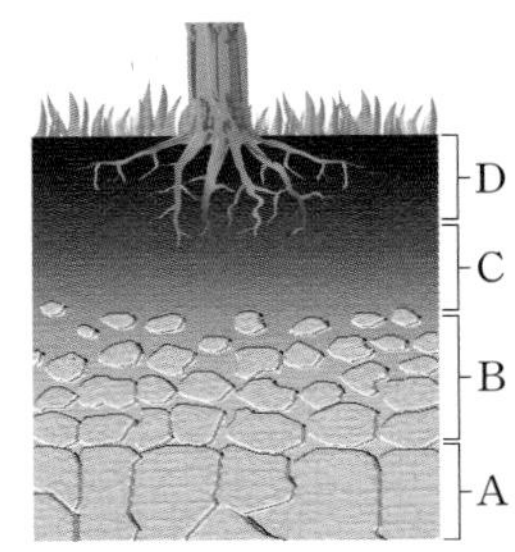

A~D에서 토양의 생성 과정에서 가장 처음 생성된 층과 가장 나중에 생성된 층을 순서대로 연결한 것은?

① A, C ② B, C ③ B, D
④ C, D ⑤ D, A

04 지권의 운동

19 그림은 전 세계의 지진대와 화산대, 판의 경계를 나타낸 것이다.

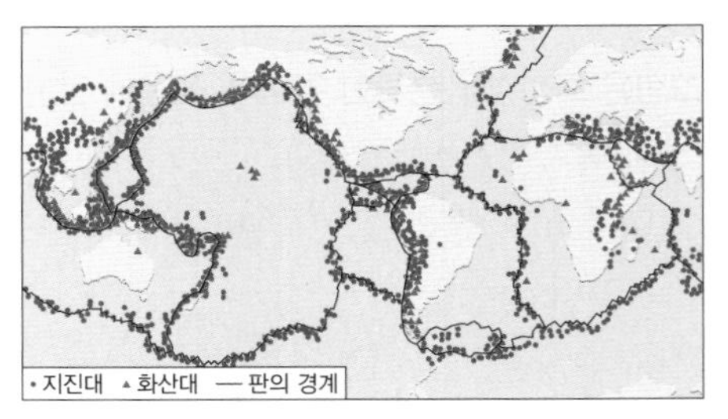

지진대와 화산대는 주로 어떤 곳에 분포하는가?

① 판의 중앙 ② 판의 경계 ③ 대륙의 가운데
④ 해양의 가운데 ⑤ 판의 표면

대단원 서논술형 문제

정답과 해설 • 14쪽

01 그림은 지구 내부를 조사하는 다양한 방법을 나타낸 것이다.

(가)

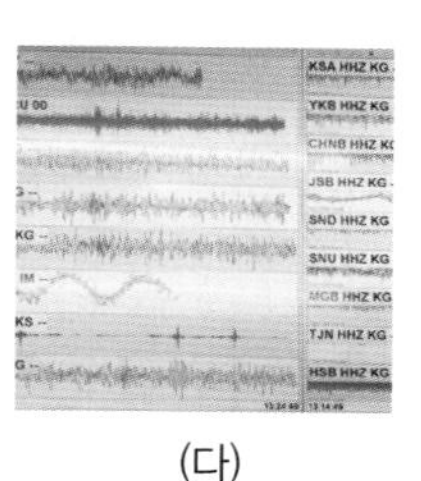

(나)

(다)

지구 내부 연구에 가장 효과적인 방법을 찾아 기호를 쓰고, 그 까닭을 다른 방법과 비교하여 서술하시오.

Tip 지구 내부 구조를 전체적으로 알아내는 효과적인 방법은 간접적인 방법이다.

Key Word 지구 내부 전체 구조, 연구의 한계, 시추법, 지진파

02 그림은 화성암이 생성되는 장소를 나타낸 것이다.

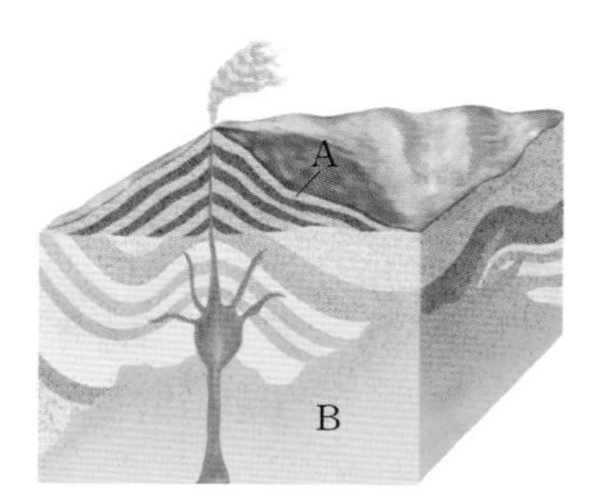

A와 B에서 생성되는 화성암의 차이점을 그 생성 과정과 관련지어 서술하시오.

Tip 마그마의 냉각 속도는 화성암의 결정의 크기를 달라지게 한다.

Key Word 화산암, 심성암, 결정 크기, 냉각 속도

03 그림은 화성암을 분류한 것이다. 이처럼 분류한 기준을 쓰고, 이러한 차이가 나는 까닭은 무엇인지 구체적으로 서술하시오.

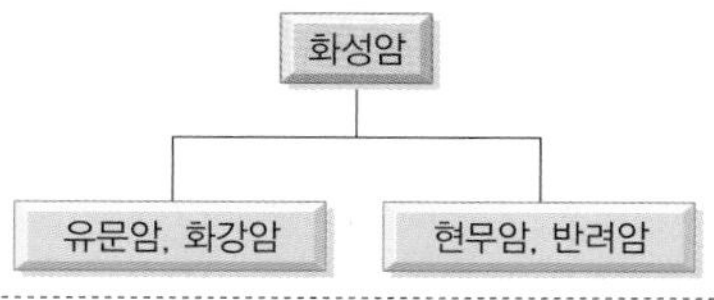

Tip 화성암은 암석의 색과 결정의 크기에 따라 분류한다.

Key Word 암석의 색, 화성암, 어두운 색 광물

04 그림은 편마암을 돋보기로 관찰하여 스케치한 것이다.

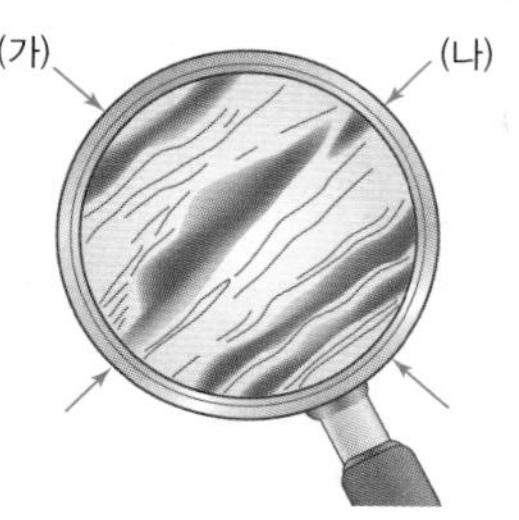

(가)와 (나) 중에서 생성 당시의 압력 방향을 선택하고 그렇게 판단한 까닭을 서술하시오.

Tip 엽리는 압력 방향에 수직인 방향으로 생성된다.

Key Word 엽리, 압력, 편마암

05 표는 광물을 (가)와 (나) 두 그룹으로 분류한 것이다.

(가)	휘석, 각섬석, 감람석
(나)	장석, 석영

이와 같이 분류한 기준을 구체적으로 서술하시오.

Tip 석영과 장석은 밝은 색이고, 휘석, 각섬석, 감람석은 어두운 색이다.

Key Word 광물의 색

06 그림은 지진대와 화산대, 판의 경계를 나타낸 것이다.

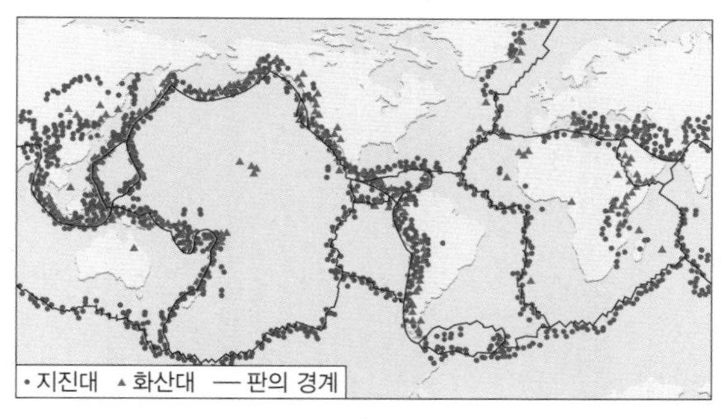

지진대와 화산대의 분포 특징을 3가지 이상 서술하시오.

Tip 지진대와 화산대는 고르게 분포하지 않고, 특정한 지역에 분포한다.

Key Word 지진대, 화산대, 판의 경계

Ⅱ

여러 가지 힘

01 중력과 탄성력

02 마찰력과 부력

중력과 탄성력

1 힘의 표현

1. **힘** : 물체의 모양이나 운동 상태(운동 방향, 빠르기)를 변하게 하는 원인
   (1) 힘의 효과

모양의 변화	운동 상태의 변화	모양과 운동 상태의 변화✚
밀가루 반죽을 잡아당기면 모양이 변한다.	당구공을 당구 큐대로 치면 공의 빠르기가 변한다.	야구공을 방망이로 치면 공의 모양이 찌그러지면서 운동 방향과 빠르기가 동시에 변한다.

   (2) **힘의 표현** : 힘을 표시할 때 화살표를 사용하면 편리하다.
      ① 힘의 방향 : 화살표가 가리키는 방향
      ② 힘의 크기 : 화살표의 길이로 나타내며, 힘의 크기가 클수록 화살표의 길이가 길다.

힘의 크기 / 힘의 방향

2. **힘의 단위** : 힘의 크기를 나타내는 단위로 N(뉴턴)✚을 사용한다.

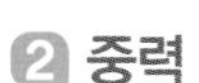

2 중력

1. **중력✚** : 지구가 물체를 당기는 힘
   (1) 중력의 방향 : 연직 아래 방향✚, 즉 지구 중심 방향
   (2) 중력의 작용
      ① 무거운 물체일수록 작용하는 중력의 크기가 크다. ➡ 중력의 크기는 물체의 질량에 비례한다.
      ② 지표면에 있는 물체뿐만 아니라 공중에 떠 있는 물체에도 작용한다.
      ③ 지구에서 멀리 떨어진 달에도 지구의 중력이 작용한다.

2. **중력에 의한 현상**

	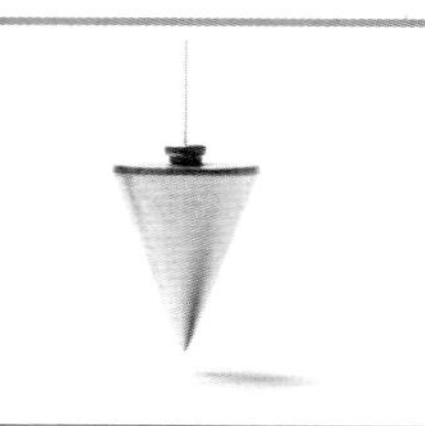		
고드름이 아래로 자란다.	실에 매달린 추가 아래를 향한다.	사과가 아래로 떨어진다.	폭포에서 물이 아래로 떨어진다.

3. **중력의 이용**
   (1) 중력을 이용하는 놀이 기구나 스포츠 : 롤러코스터, 번지점프, 다이빙 등
   (2) 중력을 거스르는 능력을 겨루는 스포츠 : 역도, 높이뛰기, 멀리뛰기 등

✚ **모양과 운동 상태의 변화**
- 테니스 공을 라켓으로 치면 공이 찌그러지면서 날아간다.
- 고무풍선을 손으로 치면 고무풍선이 찌그러지면서 날아간다.
- 골프채로 골프공을 치면 공이 찌그러지면서 날아간다.

✚ **N(뉴턴)의 유래**
힘의 단위인 N(뉴턴)은 영국의 물리학자인 뉴턴(Newton, Sir Isaac; 1642~1727)의 이름에서 유래하였다.

✚ **연직 아래 방향**
추를 실에 매달아 늘어뜨렸을 때 실이 나타내는 방향

✚ **진공 상태인 곳에서는 중력이 작용하지 않을까?**
진공은 공기가 없다는 뜻일 뿐 중력과는 관계가 없다. 따라서 진공 상태인 지구 주변의 우주에서도 지구의 중력이 작용한다.

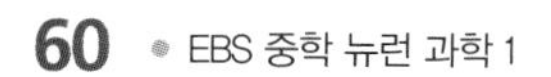

정답과 해설 • 15쪽

1 힘의 표현
- 물체의 모양, 운동 방향, 빠르기를 변화시키는 원인을 □이라고 한다.
- 힘을 표시할 때 □□□를 사용하면 편리하다.
- 힘의 크기를 나타내는 단위는 □을 사용한다.

01 힘에 의해 모양이 변하는 경우는 'A', 운동 상태가 변하는 경우는 'B', 모양과 운동 상태가 동시에 변하는 경우는 'C'를 쓰시오.

(1) 깡통을 발로 밟는다. ( )
(2) 골프공을 골프채로 친다. ( )
(3) 볼링공을 레일 위로 굴린다. ( )
(4) 스펀지를 손가락으로 누른다. ( )
(5) 쇠구슬을 실험대 위에서 굴린다. ( )

02 힘을 그림과 같은 화살표로 나타낼 때, 화살표의 길이와 화살표의 방향이 의미하는 것을 각각 쓰시오.

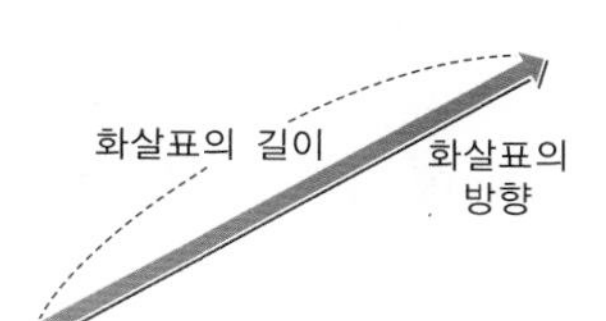

(1) 화살표의 길이 :
(2) 화살표의 방향 :

03 힘에 의해 모양과 운동 상태가 동시에 변하는 경우만을 〈보기〉에서 있는 대로 고르시오.

보기
ㄱ. 손으로 고무풍선을 칠 때
ㄴ. 당구 큐대로 당구공을 칠 때
ㄷ. 손가락으로 바둑알을 튕길 때
ㄹ. 테니스 라켓으로 테니스 공을 칠 때

2 중력
- 지구가 물체를 당기는 힘을 □□이라고 한다.
- 중력의 방향은 연직 아래 방향으로 지구 □□ 방향이다.
- 사과가 아래로 떨어지는 것은 □□ 때문이다.

04 그림은 지구상의 여러 지점에 있는 사람 A~D의 모습을 나타낸 것이다. A~D에게 작용하는 중력의 방향을 각각 화살표로 나타내시오.

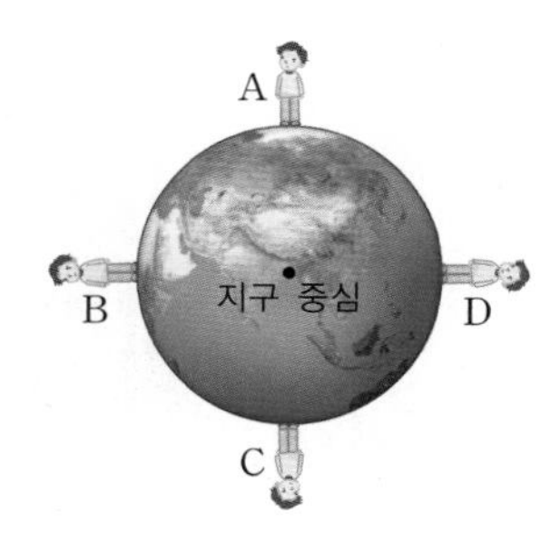

05 중력에 대한 설명으로 옳은 것은 ○표, 옳지 않은 것은 ×표를 하시오.

(1) 모든 물체에 같은 크기로 작용한다. ( )
(2) 공중에 떠 있는 물체에도 작용한다. ( )
(3) 중력을 느끼지 못하는 경우도 있다. ( )
(4) 달과 같은 다른 천체에서는 작용하지 않는다. ( )

06 중력에 의해 나타나는 현상만을 〈보기〉에서 있는 대로 고르시오.

보기
ㄱ. 사과가 아래로 떨어진다.
ㄴ. 고드름이 아래로 자란다.
ㄷ. 철가루가 자석에 끌려온다.
ㄹ. 나침반으로 방향을 알 수 있다.

중력과 탄성력

3 무게와 질량

1. **무게** : 물체에 작용하는 중력의 크기
   (1) **단위** : 힘의 단위와 같은 N(뉴턴)을 사용한다.
   (2) **측정 도구** : 용수철저울이나 체중계, 가정용저울을 사용한다.
   (3) **장소에 따른 물체의 무게** : 무게는 물체에 작용하는 중력의 크기이므로 중력이 달라지면 무게도 달라진다.
2. **질량** : 물체가 가진 고유한 양
   (1) **단위** : kg(킬로그램)✚, g(그램)
   (2) **측정 도구** : 윗접시저울이나 양팔저울을 사용한다.
   (3) **장소에 따른 물체의 질량** : 질량은 물체의 고유한 양이므로 장소에 따라 변하지 않는다.
3. **무게와 질량의 관계**
   (1) 지구 표면에서 질량이 1 kg인 물체의 무게는 약 9.8 N이다.
   (2) 같은 장소에서 측정한 물체의 무게는 질량에 비례한다.
4. **지구와 달에서의 무게와 질량**
   (1) **무게** : 달에서의 중력은 지구에서의 중력의 약 $\frac{1}{6}$이다. ➡ 달에서 측정한 물체의 무게는 지구에서의 약 $\frac{1}{6}$이다.
   (2) **질량** : 달에서 측정한 물체의 질량은 지구에서 측정한 질량과 같다.✚

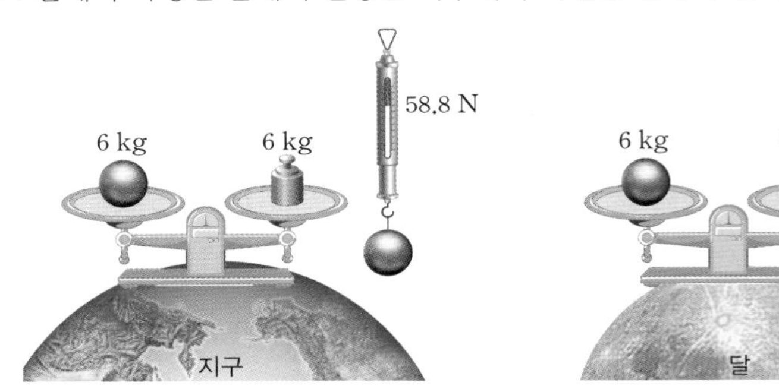

✚ 킬로그램원기
질량 1 kg의 표준이 되는 물체였다.

✚ kg과 g의 관계
k(킬로)는 1000을 뜻하므로 1 kg은 1000 g과 같다.

✚ 지구와 달에서의 질량
지구에서 질량이 6 kg인 추와 균형을 이루는 물체를 달에 가져가면 추와 물체의 무게가 각각 지구에서의 $\frac{1}{6}$이 되므로 물체는 여전히 추와 균형을 이룬다.

4 용수철을 이용한 무게 측정

1. **용수철에 매단 추의 무게와 용수철이 늘어난 길이** : 용수철에 매단 추의 무게가 2배, 3배, …로 증가하면 용수철이 늘어난 길이도 2배, 3배, …로 증가한다. ➡ 용수철이 늘어난 길이는 용수철에 매단 추의 무게에 비례한다.
2. **물체의 무게 측정** : 용수철저울이나 체중계, 가정용저울✚ 등은 용수철이 용수철에 매단 물체의 무게에 비례하여 늘어나는 성질을 이용하여 물체의 무게를 측정한다.

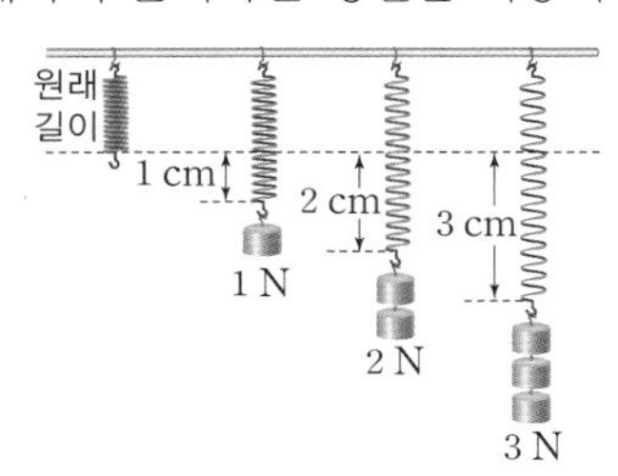

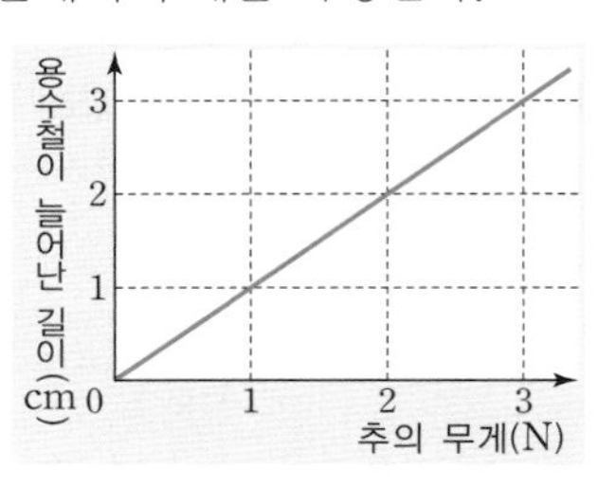

✚ 가정용저울을 이용한 무게 측정

접시 위에 물체를 올려놓으면 용수철이 늘어나면서 바늘이 돌아간다. 접시 위에 올려놓은 물체의 무게가 무거울수록 용수철이 더 많이 늘어나고 바늘이 더 많이 돌아간다.

정답과 해설 • 15쪽

3 무게와 질량

- 물체에 작용하는 중력의 크기를 □□라고 하며, 단위는 □을 사용한다.
- 물체의 고유한 양을 □□이라고 하며, 단위는 □□이나 □을 사용한다.
- 무게는 □□□저울이나 가정용저울로 측정하고, 질량은 □□□저울이나 양팔저울로 측정한다.

07 **무게에 대한 설명은 'A', 질량에 대한 설명은 'B'를 쓰시오.**

(1) 용수철저울로 측정하며 단위는 N을 사용한다. ( )

(2) 윗접시저울로 측정하며 단위는 kg을 사용한다. ( )

(3) 물체의 고유한 양으로, 장소에 관계없이 일정하다. ( )

(4) 달에서는 지구에서의 약 $\frac{1}{6}$ 정도의 값을 가진다. ( )

(5) 물체에 작용하는 중력의 크기로 장소에 따라 달라진다. ( )

08 **지구에서 질량이 1 kg인 물체의 무게는 약 9.8 N이고, 달에서의 중력은 지구 중력의 $\frac{1}{6}$ 정도이다.**

(1) 지구에서 질량이 10 kg인 물체의 무게는 몇 N인지 쓰시오.

(2) 지구에서 무게가 60 N인 물체의 무게를 달에서 측정하면 몇 N인지 쓰시오.

09 **물음에 답하시오.**

(1) 지구에서 질량이 30 kg인 물체의 달에서의 질량은 몇 kg인지 쓰시오.

(2) 달에서 질량이 30 kg인 물체의 지구에서의 질량은 몇 kg인지 쓰시오.

4 용수철을 이용한 무게 측정

- 용수철이 늘어난 길이는 용수철에 매단 추의 무게에 □□한다.
- □□□저울이나 체중계, 가정용저울 등은 물체의 무게를 측정한다.

10 **그림은 용수철에 매단 추의 무게에 따른 용수철이 늘어난 길이를 나타낸 것이다. 이에 대한 설명으로 옳은 것은 ○표, 옳지 않은 것은 ×표를 하시오.**

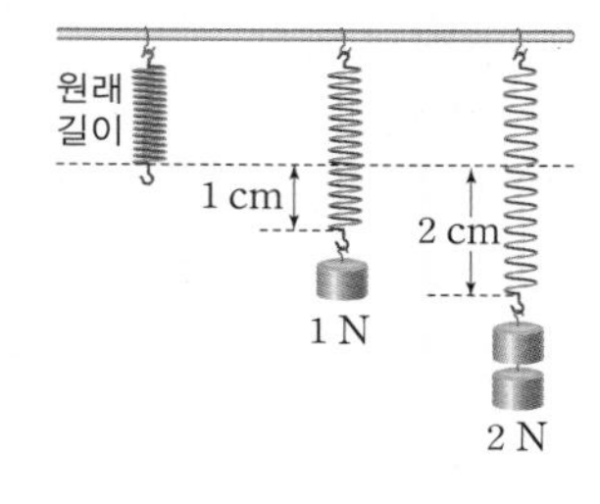

(1) 용수철을 이용하면 물체의 무게를 측정할 수 있다. ( )

(2) 무게가 3 N인 추를 매달면 용수철은 6 cm 늘어난다. ( )

(3) 추의 무게가 2배이면 용수철이 늘어난 길이도 2배이다. ( )

11 **그림은 용수철에 매단 추의 무게와 용수철이 늘어난 길이의 관계를 그래프로 나타낸 것이다.**

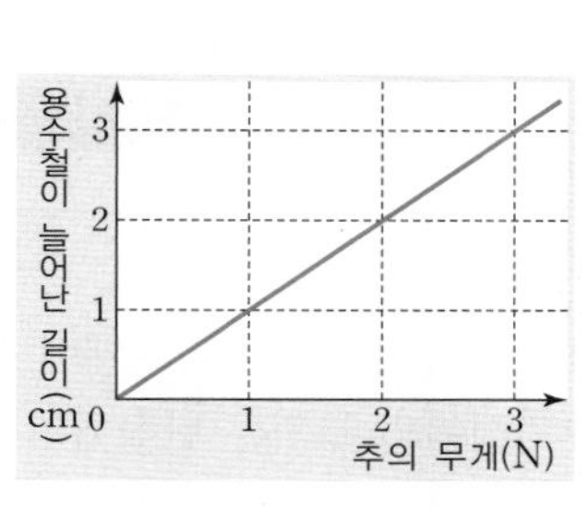

(1) 추의 무게와 용수철이 늘어난 길이는 어떤 관계가 있는지 쓰시오.

(2) 무게가 3 N인 추를 매달았을 때 용수철이 늘어난 길이는 몇 cm인지 쓰시오.

(3) 용수철이 5 cm 늘어났다면 용수철에 매단 추의 무게는 몇 N인지 쓰시오.

중력과 탄성력

5 탄성과 탄성력

1. **탄성+** : 힘을 받아 변형된 물체가 원래의 모습으로 되돌아가려는 성질
2. **탄성체** : 탄성을 가진 물체 예 용수철, 고무줄, 태엽 등+

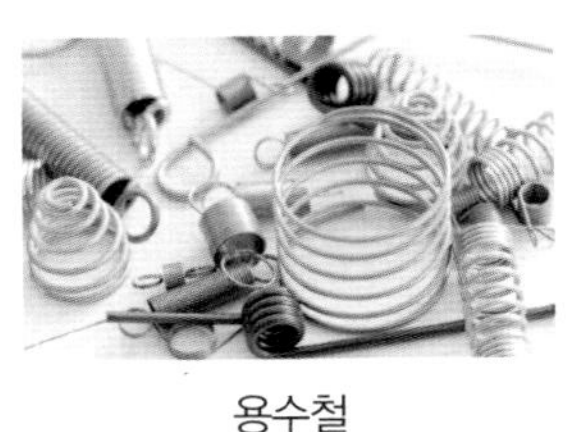
용수철

고무줄

태엽

3. **탄성력** : 물체가 변형되었을 때 원래의 모습으로 되돌아가려는 힘
4. **탄성력의 이용**

자전거 안장	트램펄린	장대높이뛰기	구름판
자전거 안장은 용수철의 탄성력을 이용하여 충격을 흡수한다.	트램펄린에서 사람이 그물망과 용수철의 탄성력을 이용하여 튀어오른다.	장대높이뛰기 선수는 장대의 탄성력을 이용하여 높이 뛰어오른다.	체조 선수는 구름판의 탄성력을 이용하여 높이 뛰어오를 수 있다.

6 탄성력의 특징

1. **탄성력의 방향**
   (1) 탄성체에 작용하는 힘의 방향과 반대 방향으로 작용한다.
   (2) 탄성체를 변형시켰을 때 탄성체가 원래 모양으로 되돌아가려는 방향으로 작용한다.
   (3) 용수철을 손으로 밀거나 당길 때 탄성력의 방향은 손이 용수철에 작용하는 힘의 방향과 반대 방향으로 작용한다.

용수철을 밀었을 때 탄성력의 방향	용수철을 잡아당겼을 때 탄성력의 방향
용수철의 원래 길이 미는 힘 미는 힘 탄성력 탄성력	용수철의 원래 길이 당기는 힘 당기는 힘 탄성력 탄성력

2. **탄성력의 크기**
   (1) 탄성력의 크기는 탄성체에 작용한 힘의 크기와 같다.
   (2) 탄성력의 크기는 탄성체의 변형 정도가 클수록 커진다.+ ➡ 탄성력의 크기는 탄성체의 변형 정도에 비례한다.
   (3) 활을 쏠 때 활시위를 큰 힘으로 당겨 활시위가 크게 변형될수록 화살에 작용하는 탄성력이 커지므로 화살이 멀리 날아간다.

+ 탄성 한계
물체에 작용하는 힘의 크기가 어느 한계 이상이 되면 작용한 힘이 없어져도 물체가 원래의 상태로 되돌아가지 못한다. 이때 물체가 원래의 모양으로 되돌아갈 수 있는 한계를 탄성 한계라고 한다.

+ 탄성체의 종류
- 용수철 : 누름 용수철은 누를 때 줄어들고, 당김 용수철은 당길 때 늘어나지만 힘이 작용하지 않으면 원래 길이로 되돌아온다.
- 고무줄 : 고무줄을 당기면 길이가 늘어나고 당긴 손을 놓으면 원래 길이로 되돌아간다.
- 태엽 : 태엽을 감으면 태엽의 크기가 줄어들지만 힘이 작용하지 않으면 원래 크기로 되돌아온다.

+ 운동 기구의 탄성력
라텍스 밴드로 운동할 때 밴드를 많이 늘일수록 탄성력이 커져 큰 힘을 가해야 한다.

정답과 해설 • 15쪽

5 탄성과 탄성력

- 힘을 받아 변형된 물체가 원래의 모습으로 되돌아가려는 성질을 □□이라고 한다.
- 물체가 변형되었을 때 원래의 모습으로 되돌아가려는 힘을 □□□이라고 한다.

6 탄성력의 특징

- 탄성력은 탄성체에 작용하는 힘의 방향과 □□ 방향으로 작용한다.
- 탄성력의 크기는 탄성체에 작용한 힘의 크기와 □□.
- 탄성력의 크기는 탄성체의 변형 정도에 □□한다.

12 탄성체에 해당하는 것만을 〈보기〉에서 있는 대로 고르시오.

보기		
ㄱ. 태엽	ㄴ. 진흙	ㄷ. 유리
ㄹ. 누름 용수철	ㅁ. 고무줄	ㅂ. 당김 용수철

13 탄성력을 이용한 예로 옳은 것은 ○표, 옳지 않은 것은 ×표를 하시오.

(1) 태엽을 이용하여 장난감을 움직이게 한다. ( )
(2) 놀이공원에서 자이로드롭이 아래로 떨어진다. ( )
(3) 수력 발전은 떨어지는 물을 이용하여 발전을 한다. ( )
(4) 자전거 안장은 용수철을 이용하여 충격을 흡수한다. ( )
(5) 장대높이뛰기 선수는 장대를 이용하여 높이 뛰어오른다. ( )

14 그림 (가)는 용수철을 양쪽에서 미는 경우를 나타낸 것이고, 그림 (나)는 용수철을 양쪽에서 당기는 경우를 나타낸 것이다. (가)와 (나)에서 각각의 손에 작용하는 탄성력의 방향을 화살표로 표시하시오.

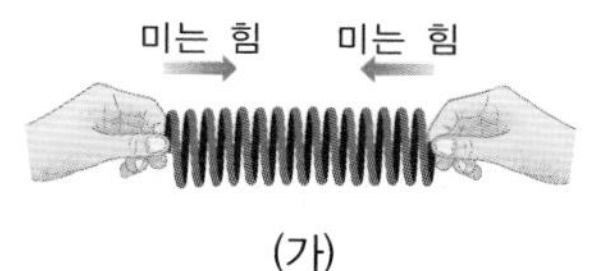

(가) (나)

15 탄성력에 대한 설명으로 옳은 것은 ○표, 옳지 않은 것은 ×표를 하시오.

(1) 탄성력의 크기는 탄성체의 변형 정도에 비례한다. ( )
(2) 탄성력의 크기는 탄성체에 작용한 힘의 크기와 같다. ( )
(3) 탄성체에 작용하는 힘의 방향과 반대 방향으로 작용한다. ( )
(4) 용수철을 늘일 때나 줄일 때 양손에 작용하는 탄성력의 방향은 같다. ( )

16 탄성력을 이용한 것만을 〈보기〉에서 있는 대로 고르시오.

보기		
ㄱ. 양궁	ㄴ. 나침반	ㄷ. 튜브
ㄹ. 머리끈	ㅁ. 장대높이뛰기	ㅂ. 트램펄린

필수 탐구 용수철을 이용하여 물체의 무게 측정하기

목표
용수철을 이용하여 물체의 무게를 측정하는 원리를 이해하고, 이를 통해 물체의 무게를 측정할 수 있다.

과정

1 스탠드에 용수철과 자를 설치하고, 용수철 끝부분에 접착제로 이쑤시개를 붙인다.
2 이쑤시개가 가리키는 위치와 자의 눈금 '0'을 일치시킨다.
3 질량이 100 g인 추 1개를 용수철에 매달고 용수철이 늘어난 길이를 측정한다.
4 용수철에 매단 추의 개수를 2개, 3개, 4개, 5개, … 로 증가시키면서 각각 용수철이 늘어난 길이를 측정한다.
5 무게를 모르는 물체를 용수철에 매단 다음, 용수철이 늘어난 길이를 측정한다.

용수철에 매단 물체가 완전히 멈추었을 때 용수철이 늘어난 길이를 측정한다.

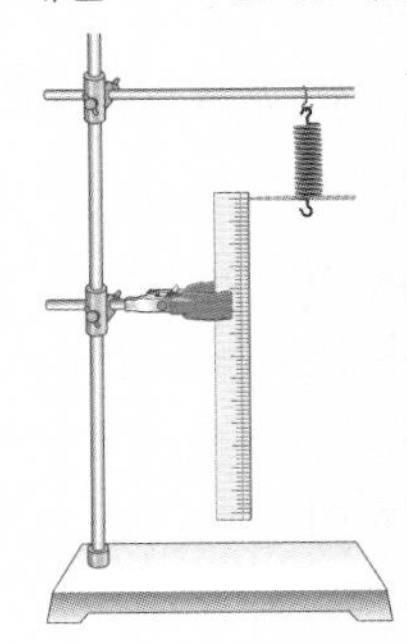
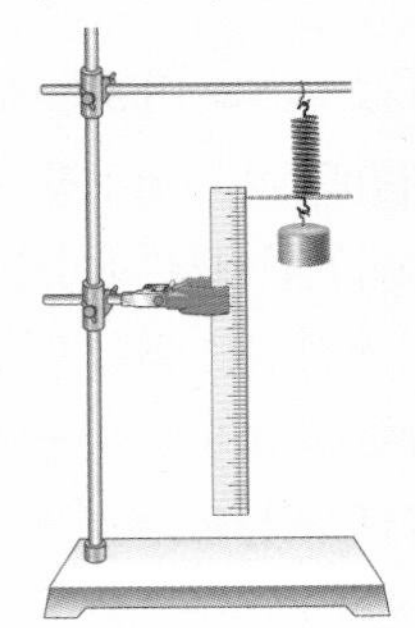
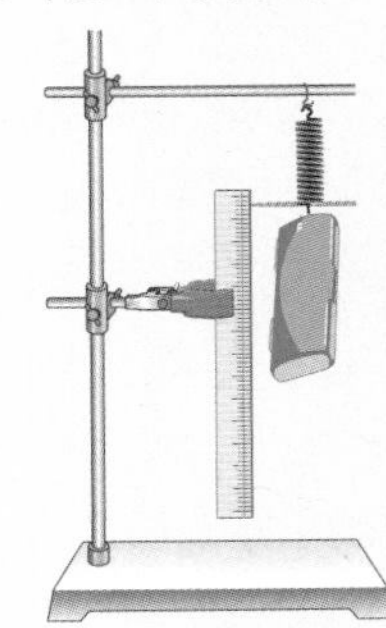

결과

1 과정 3, 4에서 측정한 결과 및 추의 무게에 따라 용수철이 늘어난 길이를 그래프로 나타내면 다음과 같다. (단, 질량이 100 g인 추의 무게는 약 0.98 N이다.)

추의 개수(개)	0	1	2	3	4	5
추의 무게(N)	0	0.98	1.96	2.94	3.92	4.90
용수철이 늘어난 길이(cm)	0	0.90	2.20	3.30	4.30	5.45

용수철이 늘어난 길이(cm)
추의 무게(N)

2 과정 5의 결과는 다음과 같다.
- 필통을 매달았을 때 용수철이 늘어난 길이 : 1.80 cm
- 풀을 매달았을 때 용수철이 늘어난 길이 : 0.70 cm

정리

1 용수철에 매단 추의 무게가 일정하게 증가할수록 용수철이 늘어난 길이도 일정하게 증가한다. 즉, 용수철이 늘어난 길이는 용수철에 매단 추의 무게에 비례한다.
2 용수철이 늘어난 길이는 용수철에 매단 물체의 무게에 비례하므로, 용수철에 물체를 매달았을 때 용수철이 늘어난 길이를 측정하면 비례식을 이용하여 물체의 무게를 알 수 있다.
- 0.90 cm : 0.98 N = 1.80 cm : 필통의 무게에서 필통의 무게는 1.96 N이다.
- 0.90 cm : 0.98 N = 0.70 cm : 풀의 무게에서 풀의 무게는 0.76 N이다.

무게가 0.98 N인 추 1개를 매달았을 때 용수철이 0.90 cm 늘어났으므로 이를 이용하여 비례식을 세운다.

정답과 해설 • 16쪽

용수철을 이용하여 물체의 무게 측정하기

- 용수철에 매단 추의 무게가 일정하게 증가할수록 용수철이 늘어난 □□도 일정하게 증가한다.
- 용수철이 늘어난 길이는 용수철에 매단 추의 무게에 □□한다.
- 용수철에 물체를 매달았을 때 용수철이 늘어난 길이를 측정하면 비례식을 이용하여 물체의 □□를 알 수 있다.

[1～2] 표는 용수철에 매단 추의 무게와 용수철이 늘어난 길이 사이의 관계를 나타낸 것이다. 물음에 답하시오.

추의 무게(N)	0	0.98	1.96	2.94	3.92	4.90
용수철이 늘어난 길이(cm)	0	1.0	2.0	3.0	4.0	5.0

1 용수철에 책을 매달았더니 용수철이 늘어난 길이가 8.0 cm가 되었다. 용수철에 매단 책의 무게는?

① 5.88 N ② 6.86 N ③ 7.84 N
④ 8.82 N ⑤ 9.8 N

2 용수철에 무게가 11.76 N인 물체를 매달았을 때, 용수철이 늘어나는 길이는?

① 7.0 cm ② 8.0 cm ③ 9.0 cm
④ 11.0 cm ⑤ 12.0 cm

3 용수철에 물체를 매달면 용수철이 늘어난다. 용수철을 이용하여 물체의 무게를 측정할 수 있는 까닭을 서술하시오.

4 그림은 추의 무게와 용수철이 늘어난 길이와의 관계를 나타낸 것이다. 이 용수철에 무게가 6 N인 추를 매달면 용수철이 늘어난 길이는 몇 cm인지 쓰시오.

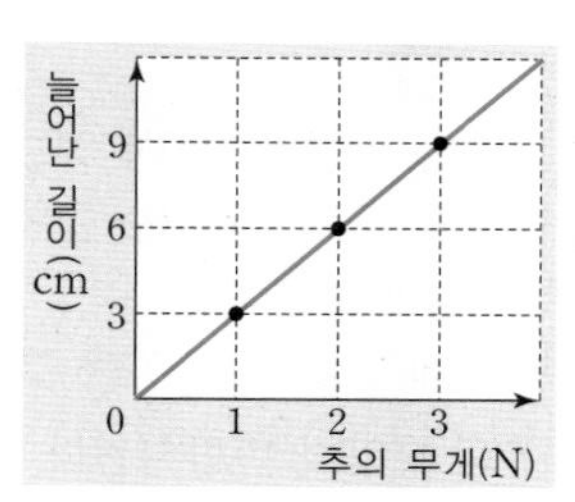

5 그림과 같이 길이가 10 cm인 용수철에 무게가 20 N인 물체를 매달았더니 용수철의 전체 길이가 16 cm가 되었다. 이 용수철에 무게가 30 N인 물체를 매달면 용수철의 전체 길이는 몇 cm가 되는가?

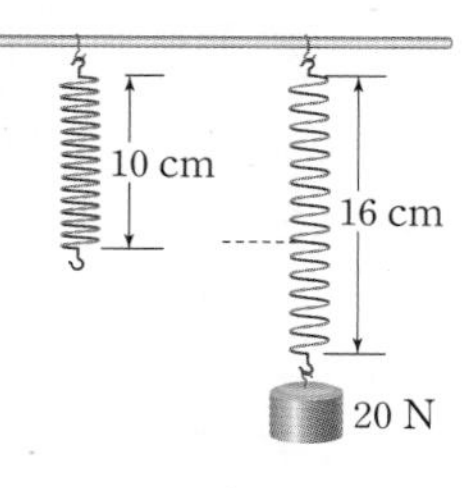

① 9 cm ② 10 cm
③ 17 cm ④ 19 cm
⑤ 21 cm

내신 기출 문제

1 힘의 표현

01 밑줄 친 '힘'이 과학에서 말하는 힘을 의미하는 경우는?

① 아는 것이 힘이다.
② 친구가 힘이 없어 보인다.
③ 힘을 주어 상자를 들어 올렸다.
④ 친구의 위로는 큰 힘이 되었다.
⑤ 피곤해서 수업을 듣기가 힘들었다.

02 그림은 손가락으로 고무풍선을 누르는 모습을 나타낸 것이다. 힘의 효과가 이와 같은 경우는?

① 밀가루 반죽을 늘인다.
② 고무줄을 멀리 던진다.
③ 테니스공을 라켓으로 친다.
④ 쇠구슬을 실험대에서 굴린다.
⑤ 공중에서 고무풍선을 손으로 친다.

중요

03 그림은 사람이 정지해 있는 공을 찰 때 발이 공에 작용하는 힘을 화살표로 나타낸 것이다. 이 힘에 대한 설명으로 옳은 것은?

① 공의 모양만 변화시킨다.
② 공의 빠르기는 변하지 않는다.
③ 화살표의 방향이 힘의 방향이다.
④ 힘의 크기를 나타내는 단위는 kg이다.
⑤ 화살표의 길이가 길수록 공에 작용하는 힘이 작다.

04 1 cm 길이의 화살표가 2 N의 힘을 나타낸다면, 그림과 같은 화살표가 나타내는 힘의 크기는 몇 N인지 쓰시오.

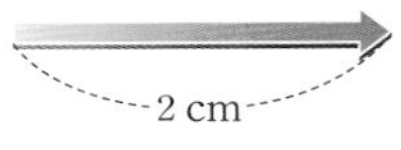

2 중력

중요

05 그림과 같이 지구상의 ㉠ 지점에서 공을 놓았더니 공이 B 방향으로 떨어졌다. ㉡과 ㉢ 지점에서 공을 놓았다면 공은 어느 방향으로 떨어지는지 옳게 짝 지은 것은?

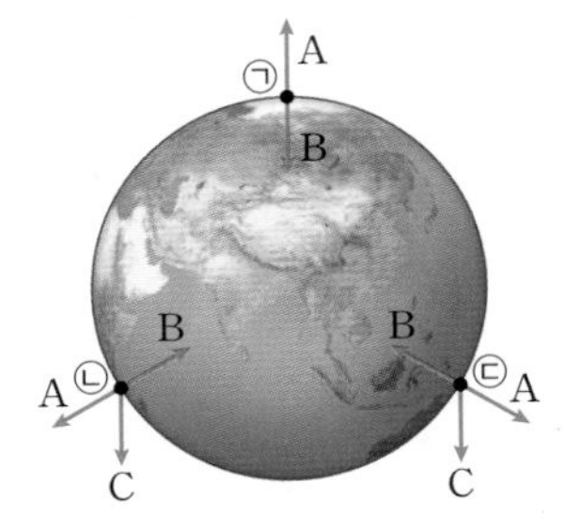

	㉡	㉢		㉡	㉢
①	A	A	②	A	C
③	B	A	④	B	B
⑤	C	C			

06 중력과 관련된 현상이나 중력을 이용하는 경우만을 〈보기〉에서 있는 대로 고르시오.

보기
ㄱ. 얼음이 녹아 물이 된다.
ㄴ. 수돗물이 아래로 흐른다.
ㄷ. 놀이기구가 아래로 떨어진다.
ㄹ. 범퍼 카의 옆면을 고무로 만든다.
ㅁ. 고드름이 아래쪽으로 얼어붙는다.

07 중력에 대한 설명으로 옳은 것만을 〈보기〉에서 있는 대로 고른 것은?

보기
ㄱ. 같은 물체에 작용하는 중력의 크기는 지구에서보다 달에서 더 크다.
ㄴ. 같은 장소에서 질량이 큰 물체가 작은 물체보다 더 큰 중력을 받는다.
ㄷ. 물체에 작용하는 중력의 크기로 물체의 무겁고 가벼운 정도를 비교할 수 있다.

① ㄷ ② ㄱ, ㄴ ③ ㄱ, ㄷ
④ ㄴ, ㄷ ⑤ ㄱ, ㄴ, ㄷ

3 무게와 질량

중요

08 그림과 같이 지구에서 몸무게가 588 N, 질량이 60 kg인 우주인이 달에 갔을 때, 달에서 이 우주인의 몸무게와 질량을 옳게 짝 지은 것은? (단, 달의 중력은 지구의 $\frac{1}{6}$이다.)

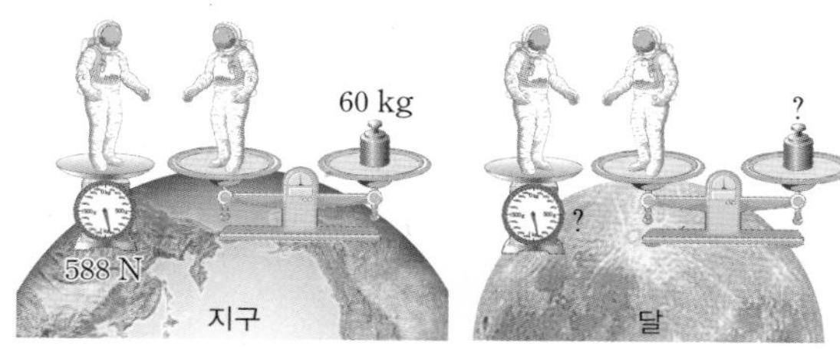

	몸무게	질량
①	98 N	10 kg
②	98 N	60 kg
③	98 N	360 kg
④	588 N	10 kg
⑤	588 N	60 kg

09 그림과 같이 지구에서 윗접시저울의 왼쪽에 사과를 올려놓고 오른쪽에 질량이 50 g인 추 6개를 올려놓았더니, 윗접시저울이 균형을 이루었다.

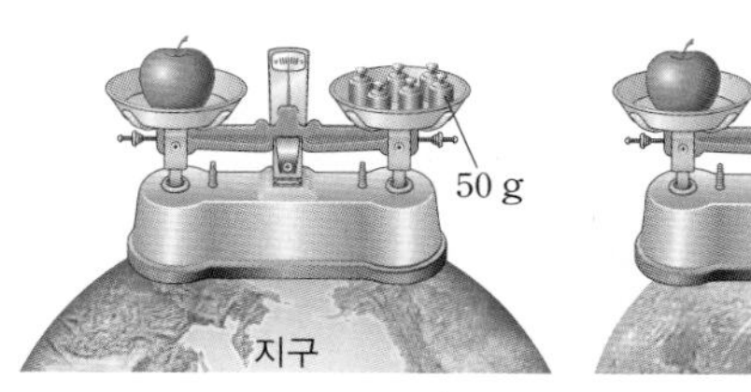

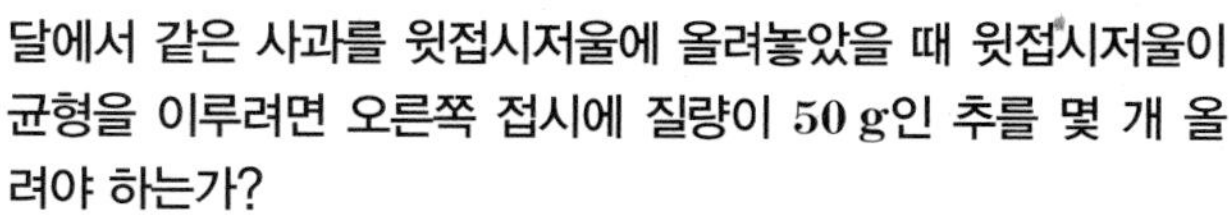

달에서 같은 사과를 윗접시저울에 올려놓았을 때 윗접시저울이 균형을 이루려면 오른쪽 접시에 질량이 50 g인 추를 몇 개 올려야 하는가?

① 1개 ② 2개 ③ 3개
④ 6개 ⑤ 36개

10 달에서 측정했을 때 무게가 98 N인 물체의 질량을 지구에서 측정하면 몇 kg인가? (단, 지구에서 질량이 1 kg인 물체의 무게는 9.8 N이다.)

① 5 kg ② 9.8 kg ③ 10 kg
④ 30 kg ⑤ 60 kg

11 그림과 같이 지구에서 무게가 294 N인 물체가 있다.
이 물체의 지구에서의 질량과 달에서의 무게를 옳게 짝 지은 것은? (단, 지구에서 질량이 1 kg인 물체의 무게는 9.8 N이다.)

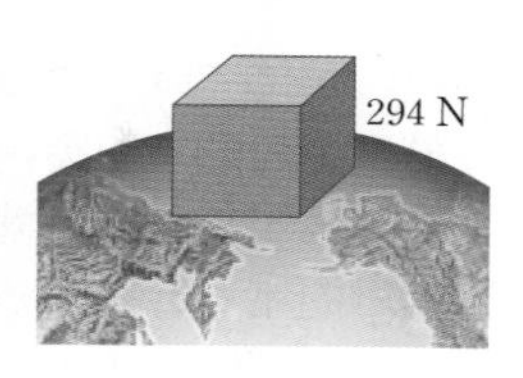

	지구에서의 질량	달에서의 무게
①	5 kg	49 N
②	5 kg	98 N
③	30 kg	49 N
④	30 kg	98 N
⑤	180 kg	49 N

12 민수는 지구 표면에서 질량이 최대 24 kg인 물체를 들어 올릴 수 있다. 민수가 달에 가서 물체를 든다면 최대 몇 kg까지 들 수 있는가?

① 4 kg ② 12 kg ③ 24 kg
④ 48 kg ⑤ 144 kg

4 용수철을 이용한 무게 측정

13 용수철에 무게가 같은 추를 1개, 2개, 3개, … 매달면서 용수철이 늘어난 길이를 측정하였다. 측정 결과를 그래프로 나타낼 때 가장 적절한 것은?

①
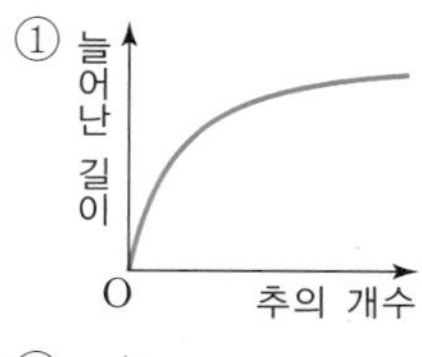

②
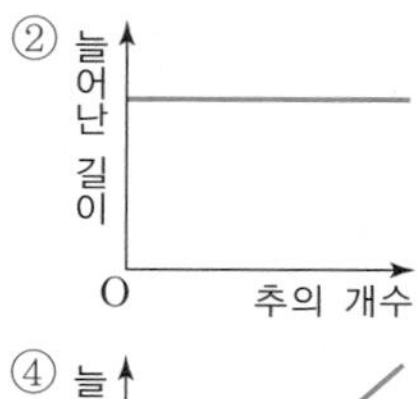

③
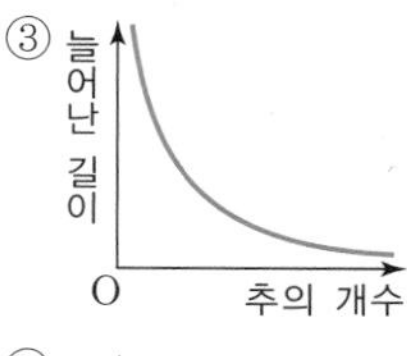

④
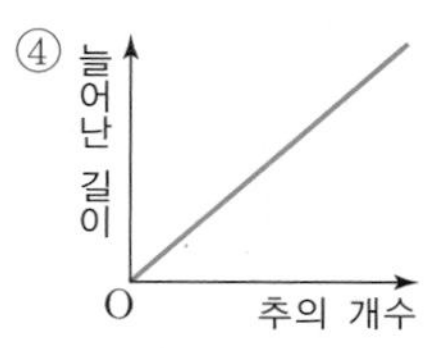

⑤
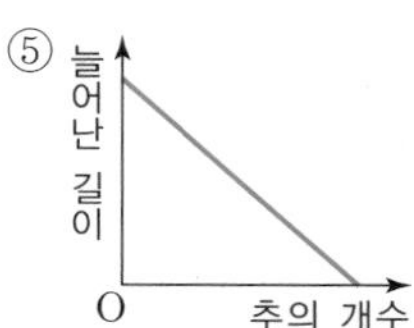

중요

14 그림과 같이 용수철에 무게가 10 N인 물체를 매달았더니 용수철이 2 cm 늘어났다. 이 용수철에 어떤 물체를 매달았을 때 용수철의 전체 길이가 18 cm가 되었다면 용수철에 매단 물체의 무게는? (단, 용수철의 처음 길이는 12 cm이다.)

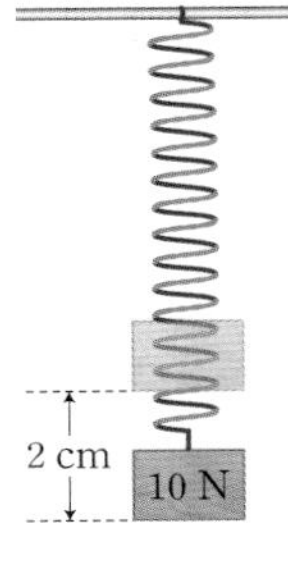

① 10 N ② 20 N
③ 30 N ④ 40 N
⑤ 50 N

[15~16] 그림은 용수철에 매단 물체의 무게와 용수철이 늘어난 길이의 관계를 나타낸 것이다. 물음에 답하시오. (단, 용수철의 처음 길이는 10 cm이다.)

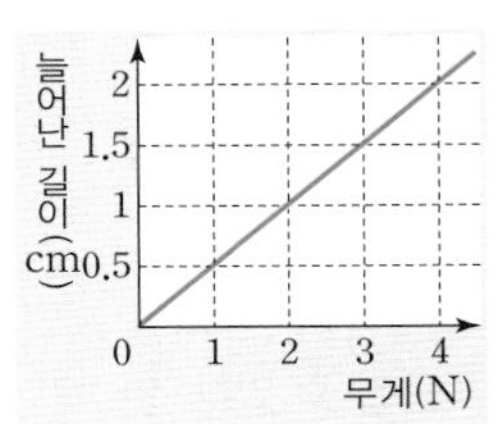

중요

15 용수철에 어떤 물체를 매달았을 때 용수철의 전체 길이가 12 cm가 되었다면, 용수철에 매단 물체의 무게는 몇 N인지 쓰시오.

16 용수철에 무게가 9 N인 물체를 매달면 용수철은 몇 cm 늘어나는가?

① 1.5 cm ② 2.0 cm ③ 3.0 cm
④ 4.5 cm ⑤ 5.5 cm

17 그림과 같이 원래 길이가 8 cm인 용수철에 무게가 각각 2 N, 6 N인 물체를 매달았더니 용수철의 길이가 각각 12 cm, 20 cm가 되었다.

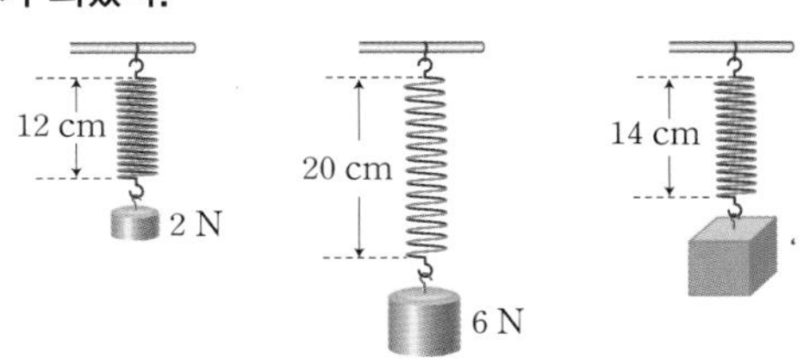

이 용수철에 어떤 물체를 매달았을 때 용수철의 길이가 14 cm가 되었다면 용수철에 매단 물체의 무게는?

① 3 N ② 3.5 N ③ 4 N
④ 4.5 N ⑤ 5 N

5 탄성과 탄성력

18 그림과 같은 키보드 자판을 눌렀다가 놓으면 원래의 위치로 되돌아간다.
자판을 원래의 위치로 되돌아가게 하는 힘은?

① 부력 ② 중력
③ 마찰력 ④ 탄성력
⑤ 자기력

19 그림은 머리카락을 한곳에 모으는 데 사용하는 머리끈이다.
머리끈에 사용된 힘과 같은 종류의 힘을 사용한 경우는?

① 양궁 ② 미끄럼틀
③ 애드벌룬 ④ 자이로드롭
⑤ 롤러코스터

중요

20 그림 (가)와 (나)에서 공통적으로 이용되는 힘에 대한 설명으로 옳은 것은?

(가)

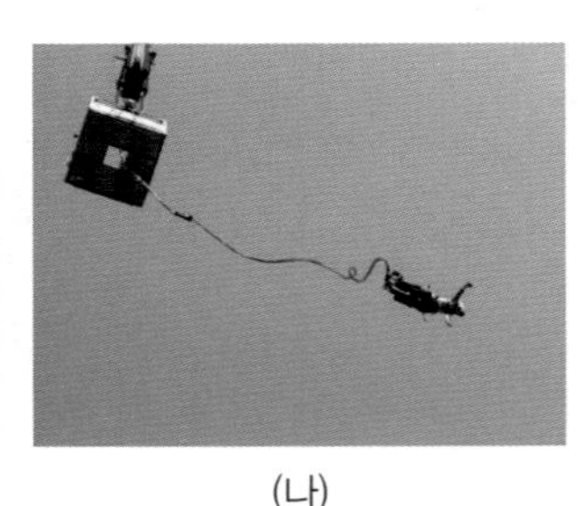

(나)

① 부피가 클수록 크다.
② 변형이 클수록 크다.
③ 무게가 무거울수록 크다.
④ 접촉면이 거칠수록 크다.
⑤ 항상 지구 중심 방향으로 작용한다.

6 탄성력의 특징

중요

21 그림 (가)는 용수철의 한쪽 끝을 고정시키고 다른 쪽을 밀어 압축시킨 경우를 나타낸 것이고, 그림 (나)는 잡아당긴 경우를 나타낸 것이다.

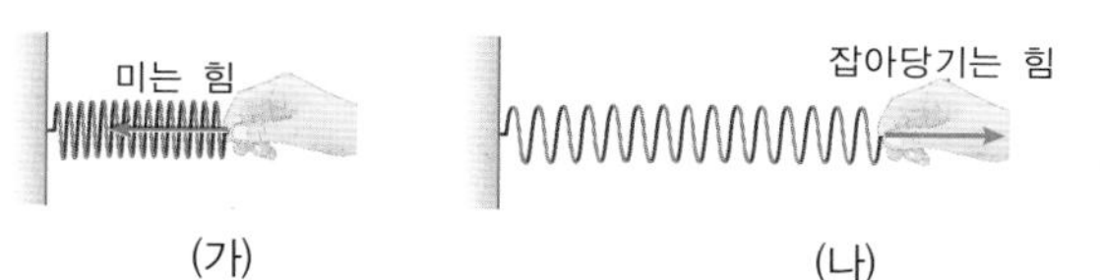

(가) (나)

용수철의 탄성력이 작용하는 방향을 옳게 짝 지은 것은?

	(가)	(나)		(가)	(나)
①	왼쪽	오른쪽	②	오른쪽	왼쪽
③	왼쪽	왼쪽	④	오른쪽	오른쪽
⑤	위쪽	아래쪽			

22 탄성과 탄성력에 대한 설명으로 옳은 것만을 〈보기〉에서 있는 대로 고른 것은?

보기
ㄱ. 탄성력의 크기는 물체가 변형된 정도에 비례한다.
ㄴ. 탄성력의 방향은 물체가 변형된 방향과 반대 방향이다.
ㄷ. 탄성은 변형된 물체가 원래 모양으로 되돌아가려는 성질이다.

① ㄱ ② ㄱ, ㄴ ③ ㄱ, ㄷ
④ ㄴ, ㄷ ⑤ ㄱ, ㄴ, ㄷ

23 그림과 같이 5 N의 힘으로 용수철 인형을 눌렀더니 인형이 아래로 내려갔다.
이때 인형에 작용하는 탄성력의 방향과 탄성력의 크기를 옳게 짝 지은 것은?

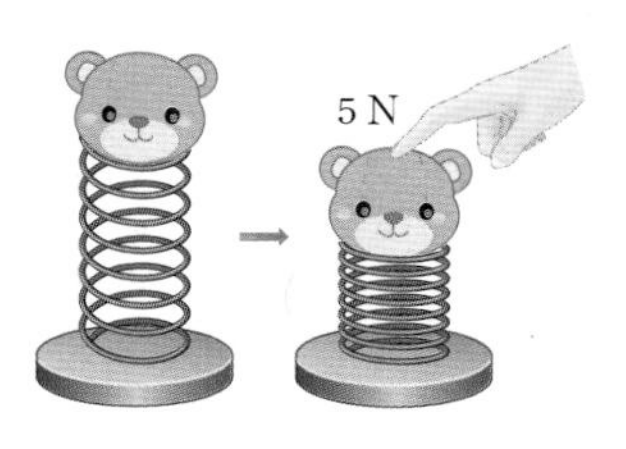

	탄성력의 방향	탄성력의 크기
①	위쪽	5 N
②	위쪽	10 N
③	위쪽	15 N
④	아래쪽	5 N
⑤	아래쪽	10 N

중요

24 그림 (가)는 용수철의 길이를 줄인 모습이고, 그림 (나)는 용수철의 길이를 늘인 모습이다.

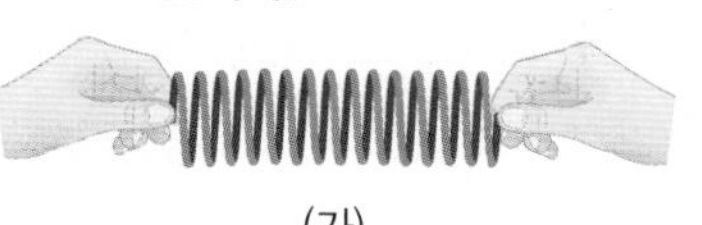
(가)

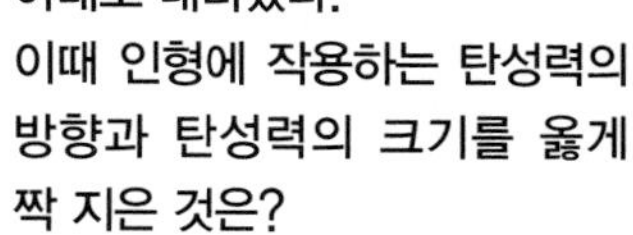
(나)

이에 대한 설명으로 옳은 것만을 〈보기〉에서 있는 대로 고른 것은?

보기
ㄱ. (가)와 (나)에서 탄성력의 방향은 반대이다.
ㄴ. (가)에서 탄성력의 크기는 (나)에서보다 크다.
ㄷ. (나)에서 탄성력의 크기는 (가)에서보다 크다.

① ㄱ ② ㄴ ③ ㄷ
④ ㄱ, ㄴ ⑤ ㄱ, ㄷ

25 서로 다른 용수철에 질량이 다른 추를 매달았더니 다음과 같이 용수철이 늘어났다. 용수철의 탄성력이 가장 큰 것은?

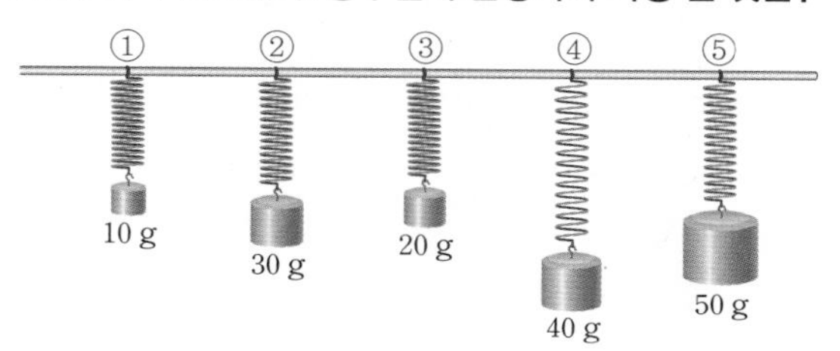

26 그림 (가)와 (나)는 집게로 얇은 종이 뭉치로 집을 때와 두꺼운 종이 뭉치를 집을 때를 나타낸 것이다.

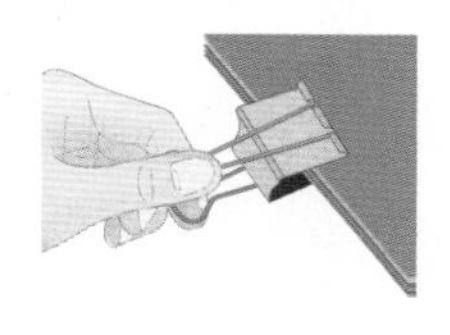
(가)

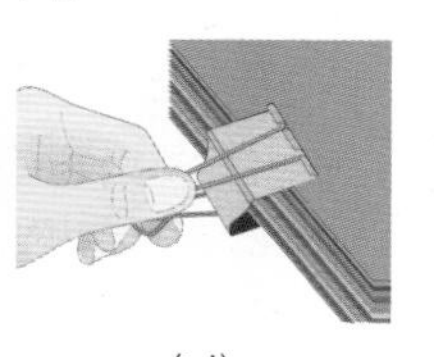
(나)

이때 작용하는 탄성력에 대한 설명으로 옳은 것은?

① 집게의 변형이 클수록 탄성력이 크다.
② 종이 표면이 거칠수록 탄성력이 크다.
③ (가)에서가 (나)에서보다 탄성력이 크다.
④ (가)에서와 (나)에서 탄성력의 방향은 다르다.
⑤ 탄성력은 운동 방향과 반대 방향으로 작용한다.

01 그림은 비스듬히 던져 올린 공이 운동하는 모습이다.

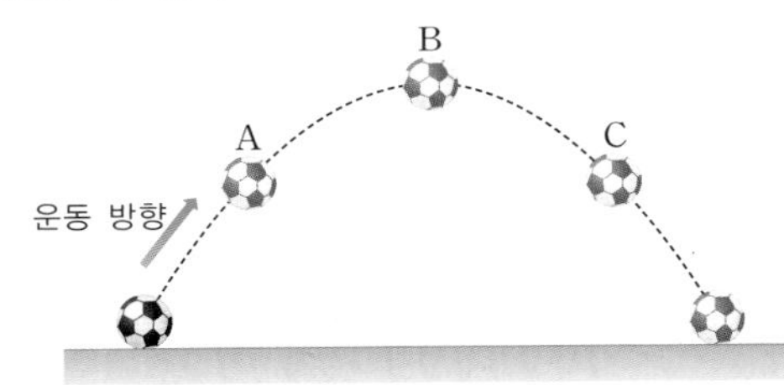

A~C 지점에서 공에 작용하는 중력의 방향을 옳게 짝 지은 것은?

	A	B	C		A	B	C
①	→	→	→	②	↗	→	↘
③	↑	↑	↑	④	↓	↓	↓
⑤	↑	→	↓				

02 그림과 같이 우주정거장에서 쇠공과 고무공을 동시에 입으로 불었더니 고무공이 더 먼 거리를 이동하였다.

이를 통해 알 수 있는 것은? (단, 두 공의 크기와 모양은 같다.)

① 쇠공과 고무공의 질량은 같다.
② 쇠공의 질량이 고무공보다 크다.
③ 쇠공의 무게가 고무공의 무게보다 작다.
④ 쇠공의 무게가 고무공의 무게보다 크다.
⑤ 쇠공과 고무공에는 같은 크기의 중력이 작용한다.

03 그림과 같이 화성에서 질량이 60 kg, 무게가 222 N인 우주인이 지구로 돌아왔다.

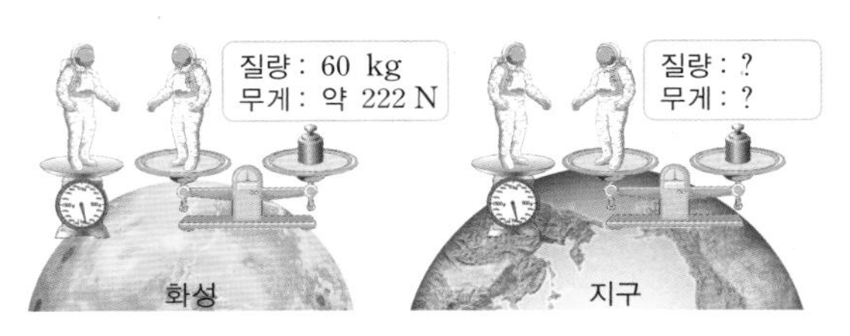

지구에서 이 우주인의 질량과 무게를 옳게 짝 지은 것은? (단, 지구에서 질량이 1 kg인 물체의 무게는 9.8 N이다.)

	질량	무게		질량	무게
①	15 kg	147 N	②	15 kg	222 N
③	60 kg	222 N	④	60 kg	588 N
⑤	60 kg	알 수 없다.			

04 그림은 놀이터에 있는 용수철 시소의 모습을 나타낸 것이다. 사람이 시소에 타지 않으면 양쪽이 균형을 이루며, A, B는 동일한 용수철이다.

시소가 오른쪽으로 기울어졌을 때 용수철 A, B에 작용하는 탄성력의 방향을 옳게 짝 지은 것은?

	A	B		A	B
①	위	위	②	위	아래
③	아래	위	④	아래	아래
⑤	왼쪽	오른쪽			

05 지구에서 무게가 10 N인 물체를 매달면 2 cm가 늘어나는 용수철이 있다.
이 용수철에 무게가 60 N인 물체를 매단 후 달에 가면 용수철이 늘어나는 길이는 몇 cm가 되는가?

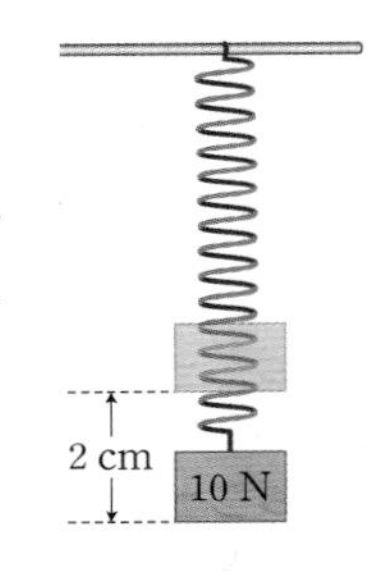

① 1 cm ② 2 cm
③ 3 cm ④ 6 cm
⑤ 12 cm

06 그림은 용수철에 추를 매달았을 때 추의 무게와 용수철이 늘어난 길이 사이의 관계를 나타낸 것이다.

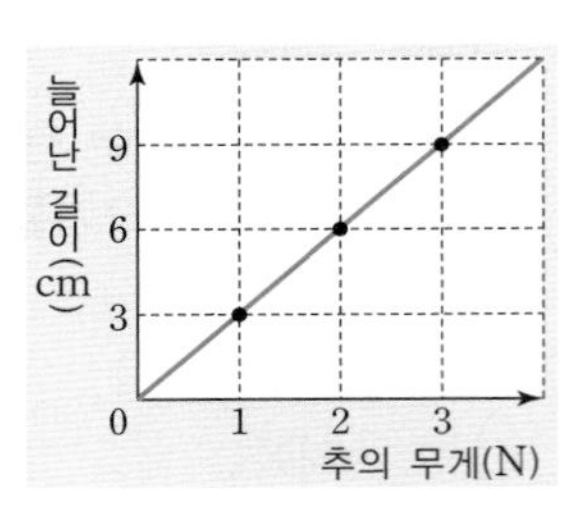

이 용수철의 처음 길이가 20 cm이고, 어떤 물체를 매달았을 때 길이가 35 cm라면 용수철에 매단 물체의 무게는?

① 5 N ② 6 N ③ 7 N
④ 8 N ⑤ 9 N

서논술형 유형 연습

정답과 해설 • 18쪽

예제

01 **그림과 같이 탐사선이 텅 빈 우주에서 일정한 빠르기로 한 방향으로 날아가고 있다.**
이때 탐사선에 힘이 작용하는지를 힘의 정의와 관련지어 서술하시오.

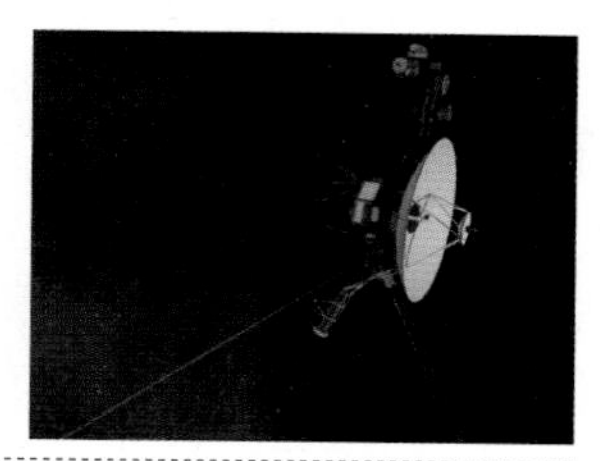

Tip 힘은 물체의 모양이나 운동 상태를 변화시키는 원인이다.

Key Word 모양, 운동 상태, 힘

[설명] 우주를 일정한 빠르기로 한 방향으로 운동하는 탐사선의 경우 모양이나 운동 상태의 변화가 없다라는 사실을 알고 있으면 해결할 수 있다.

[모범 답안] 탐사선의 모양이나 운동 상태가 변하지 않으므로 탐사선에는 힘이 작용하지 않는다.

02 **그림과 같은 놀이 기구를 타면 사람은 놀이 기구가 아래로 떨어질 때 잠깐 동안 무중력 상태를 느낄 수 있다.**
무중력 상태일 때 놀이 기구에 탄 사람의 질량과 무게는 어떻게 될지 서술하시오.

Tip 질량은 물체의 고유한 양이며, 무게는 물체에 작용하는 중력의 크기이다.

Key Word 질량, 무게, 무중력 상태

[설명] 질량은 물체의 고유한 양이며, 무게는 물체에 작용하는 중력의 크기라는 사실을 알고 있으면 해결할 수 있다.

[모범 답안] 질량은 변하지 않지만 무게는 0이 된다.

03 **그림은 고무로 만든 운동 기구의 한쪽을 발에 끼워 고정하고, 다른 쪽을 손으로 잡아당기는 모습이다.**
운동 기구를 늘어난 상태로 잡고 있기 어려운 까닭을 서술하시오.

Tip 물체를 변형시키면 변형을 방해하는 방향으로 탄성력이 작용한다. 이때 탄성력의 크기는 변형이 클수록 커진다.

Key Word 운동 기구, 탄성력, 탄성

[설명] 고무를 늘이면 원래의 모양으로 되돌아가려는 탄성력이 작용한다. 이때 탄성력의 방향은 작용한 힘과 반대 방향이라는 것을 알고 있으면 해결할 수 있다.

[모범 답안] 늘어난 운동 기구에는 원래의 모양으로 되돌아가려는 방향(작용한 힘과 반대 방향)으로 탄성력이 작용하기 때문이다.

실전 연습

01 **그림과 같이 장난감을 매단 용수철저울과 질량 0.5 kg인 추를 양팔저울에 매달았더니 균형을 이루었다.**
이 양팔저울을 달에 가져가면 장난감을 매단 용수철저울의 눈금이 어떻게 변할지 까닭과 함께 서술하시오. 또, 양팔저울은 달에서도 균형을 이루는지 까닭과 함께 서술하시오.

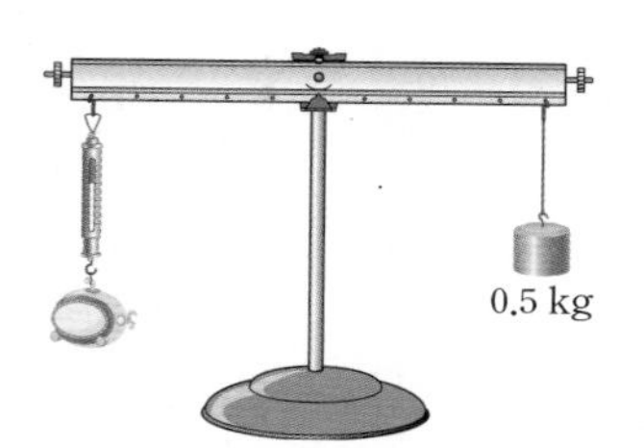

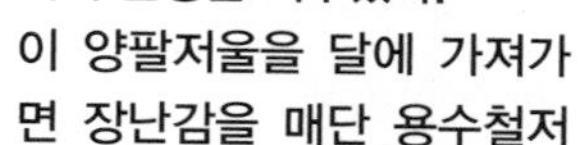

Tip 용수철저울은 무게를 측정하며, 양팔저울은 질량을 측정한다. 무게는 장소에 따라 변하지만 질량은 장소에 관계없이 일정하다.

Key Word 무게, 질량, 용수철저울, 양팔저울

02 **그림과 같이 무게가 1 N인 추를 용수철에 매달았을 때, 매단 추의 개수와 용수철이 늘어난 길이가 표와 같았다.**

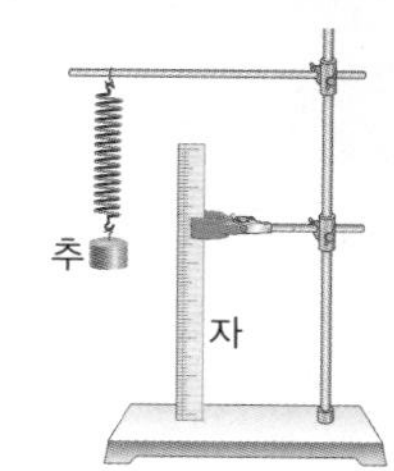

추의 개수(개)	용수철이 늘어난 길이(cm)
1	2
2	4
3	6
4	8

(1) **용수철에 매달린 추의 개수를 증가시키면 용수철이 늘어난 길이는 어떻게 되는지 쓰고, 이로부터 알 수 있는 사실을 서술하시오.**

Tip 용수철에 추를 매달면 용수철이 늘어난다. 이때 용수철이 늘어난 길이는 매단 추의 개수에 따라 일정하게 증가한다.

Key Word 용수철, 늘어난 길이, 추의 개수

(2) **용수철에 어떤 물체를 매달았더니 용수철이 15 cm 늘어났다. 이 물체의 무게를 식과 함께 구하시오.**

Tip 추 1개, 즉 무게가 1 N인 추를 매달면 용수철이 2 cm 늘어나므로 이를 기준으로 비례식을 세우면 용수철이 늘어난 길이로 물체의 무게를 구할 수 있다.

Key Word 용수철, 물체의 무게, 용수철이 늘어난 길이

마찰력과 부력

1 마찰력

1. **마찰력** : 두 물체의 접촉면 사이에서 물체의 운동을 방해하는 힘
2. **마찰력의 방향** : 물체의 운동을 방해하는 방향으로 작용한다.
   (1) **물체가 정지해 있는 경우** : 물체에 작용하는 힘의 방향과 반대 방향으로 작용한다. 물체에 힘을 작용해도 물체가 계속 정지해 있는 것은 물체에 작용하는 힘과 마찰력의 크기가 같기 때문이다.
   (2) **물체가 운동하는 경우** : 물체의 운동 방향과 반대 방향으로 작용한다.

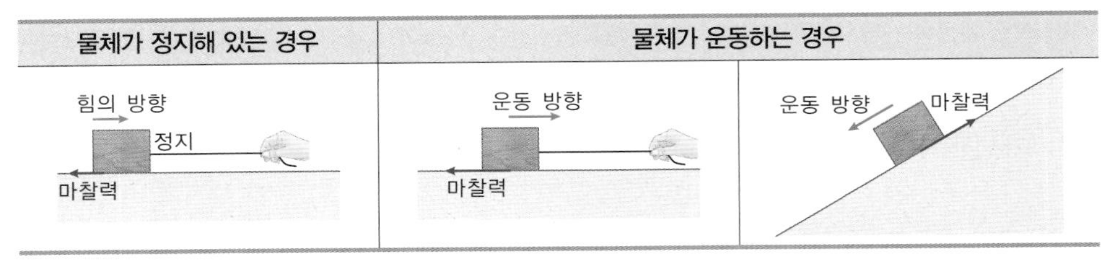

3. 마찰력의 이용

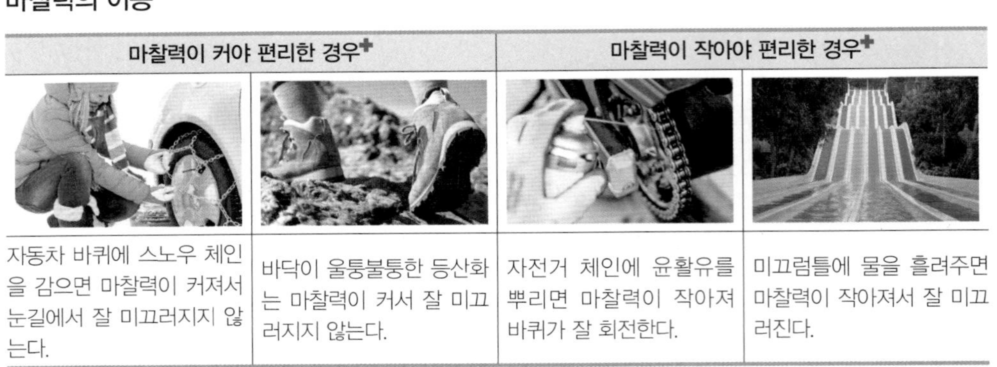

마찰력이 커야 편리한 경우✚		마찰력이 작아야 편리한 경우✚	
자동차 바퀴에 스노우 체인을 감으면 마찰력이 커져서 눈길에서 잘 미끄러지지 않는다.	바닥이 울퉁불퉁한 등산화는 마찰력이 커서 잘 미끄러지지 않는다.	자전거 체인에 윤활유를 뿌리면 마찰력이 작아져 바퀴가 잘 회전한다.	미끄럼틀에 물을 흘려주면 마찰력이 작아져서 잘 미끄러진다.

✚ 마찰력이 커야 편리한 경우
손으로 잡는 부분에 고무를 덧대어서 필기구가 손에서 미끄러지는 것을 방지한다.

✚ 마찰력이 작아야 편리한 경우
스키 바닥에 왁스를 바르면 마찰력이 작아져 스키가 잘 미끄러진다.

2 마찰력의 크기

1. **마찰력의 크기 비교✚** : 빗면 위에 물체를 올려놓고 빗면을 서서히 들어 올리면서 빗면 위의 물체가 미끄러지는 각도를 측정해 마찰력의 크기를 비교할 수 있다.
   (1) 빗면을 들어 올릴 때 물체가 바로 미끄러지지 않는 것은 마찰력 때문이다.
   (2) 빗면의 기울기가 커질수록 물체에 작용하는 마찰력도 커진다.
   (3) 물체가 미끄러지는 순간의 빗면의 기울기가 클수록 마찰력이 크다.

각도기

2. **마찰력의 크기에 영향을 미치는 요인✚** : 마찰력의 크기는 접촉면의 거칠기와 물체의 무게에 따라 달라진다.
   (1) **접촉면의 거칠기** : 접촉면이 거칠수록 마찰력이 크다.
   (2) **물체의 무게** : 물체의 무게가 무거울수록 마찰력이 크다.

✚ 마찰력의 크기 비교
빗면에 붙이는 물질을 달리하면 접촉면의 거칠기와 마찰력의 크기 관계를 알 수 있다.

✚ 접촉면의 넓이와 마찰력의 크기
접촉면의 넓이는 마찰력의 크기에 영향을 미치지 않는다.

정답과 해설 • 19쪽

1 마찰력

- 두 물체의 접촉면 사이에서 물체의 운동을 방해하는 힘을 □□□이라고 한다.
- 마찰력은 물체가 운동하는 방향과 □□ 방향으로 작용한다.
- 자동차 바퀴에 스노우 체인을 감으면 마찰력이 □져서 눈길에서 잘 미끄러지지 않는다.

01 **마찰력 대한 설명으로 옳은 것은 ○표, 옳지 않은 것은 ×표를 하시오.**

(1) 마찰력은 물체의 운동을 방해하는 힘이다. ( )

(2) 일상생활에서 마찰력은 항상 작아야 좋다. ( )

(3) 마찰력은 물체의 운동 방향과 같은 방향으로 작용한다. ( )

(4) 물체가 움직이지 않는 경우는 마찰력이 작용하지 않는다. ( )

02 **그림 (가)는 물체가 수평면에서 운동하는 모습을 나타낸 것이며, 그림 (나)는 물체가 빗면을 따라 미끄러지는 모습을 나타낸 것이다. (가)와 (나)에서 물체에 작용하는 마찰력의 방향을 화살표로 나타내시오.**

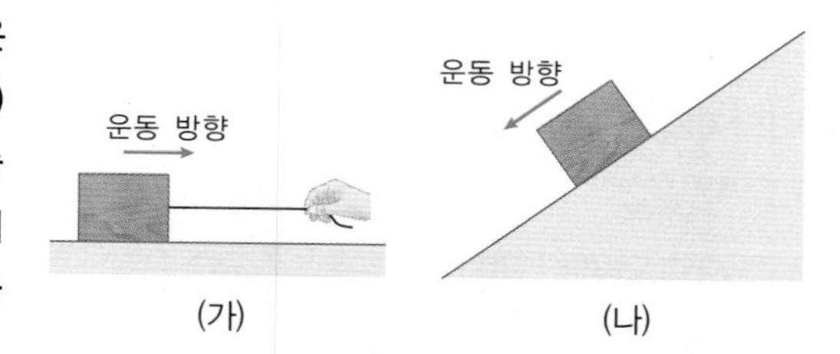

03 **일상생활에서 마찰력을 크게 하는 경우는 'A', 마찰력을 작게 하는 경우는 'B'로 표시하시오.**

(1) 눈길에 모래를 뿌린다. ( )

(2) 스키 표면에 왁스를 바른다. ( )

(3) 운동화 바닥을 울퉁불퉁하게 만든다. ( )

(4) 기계의 회전 부분에 베어링을 넣는다. ( )

2 마찰력의 크기

- 빗면 위에 물체를 놓고 빗면을 서서히 들어 올릴 때, 물체가 미끄러지는 순간의 빗면의 □□□가 클수록 마찰력이 큰 것이다.
- 접촉면이 □□수록 마찰력이 크다.
- 물체의 무게가 □□울수록 마찰력이 크다.

04 **그림은 빗면을 서서히 들어 올리면서 마찰력의 크기를 비교하기 위한 장치이다. 이에 대한 설명으로 옳은 것은 ○표, 옳지 않은 것은 ×표를 하시오.**

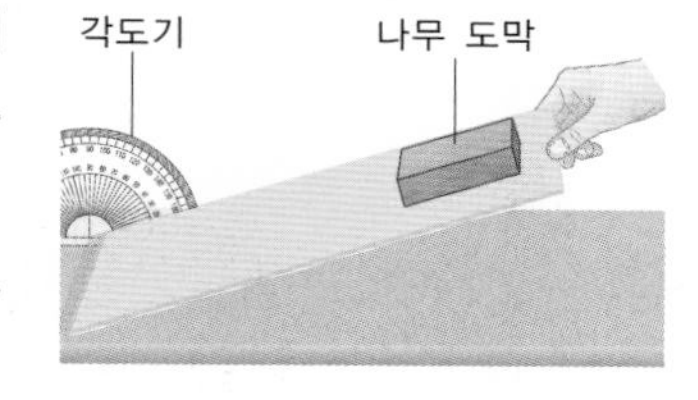

(1) 빗면의 기울기가 커질수록 나무 도막에 작용하는 마찰력도 커진다. ( )

(2) 빗면을 기울일 때 나무 도막이 바로 미끄러지지 않는 것은 마찰력 때문이다. ( )

(3) 나무 도막이 미끄러지는 순간의 빗면의 기울기가 클수록 마찰력이 큰 것이다. ( )

05 **마찰력의 크기에 영향을 주는 요인과 관계있는 것만을 <보기>에서 있는 대로 고르시오.**

보기		
ㄱ. 물체의 무게	ㄴ. 접촉면의 넓이	ㄷ. 물체의 빠르기
ㄹ. 물체의 운동 방향	ㅁ. 접촉면의 거칠기	ㅂ. 물체에 작용하는 힘의 종류

02 마찰력과 부력

3 부력

1. **부력**✚ : 액체가 물체를 밀어 올리는 힘
   (1) **부력의 방향** : 물체에 작용하는 중력과 반대 방향으로 작용한다.
   (2) **기체 속에서의 부력** : 부력은 물과 같은 액체 속에서만 작용하는 것이 아니라 공기와 같은 기체 속에서도 작용한다.

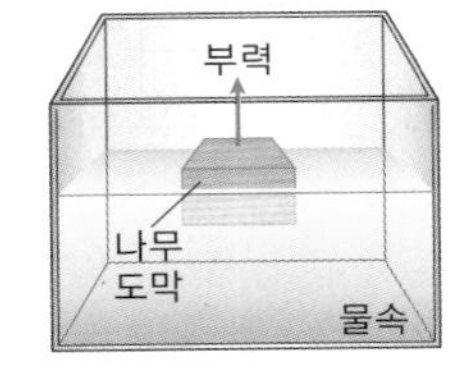

예 헬륨 풍선이 위로 올라가는 것은 공기가 풍선에 위쪽으로 부력을 작용하기 때문이다.

2. **부력의 이용**

튜브	화물선	비행선	열기구
튜브 안에 공기가 들어 있어 사람이 물에 뜨는 데 도움을 준다.	화물을 가득 실은 무거운 화물선은 부력을 받아 물 위에 뜬다.	비행선은 공기의 부력을 받아 위로 떠오른다.	열기구에 작용하는 부력을 크게 하면 열기구가 위로 떠오른다.

✚ **부력은 떠 있는 물체에만 작용할까?**
부력은 액체나 기체 속에 가라앉아 있는 물체에도 작용한다. 예를 들어 욕조에 몸을 담그면 두 팔로 몸을 쉽게 들어 올릴 수 있을 만큼 몸이 가볍게 느껴진다. 이는 물속에서 몸에 부력이 작용하기 때문이다.

4 부력의 크기

1. **물에 잠긴 물체에 작용하는 부력의 크기** : 공기 중과 물속에서의 물체의 무게를 측정하여 부력을 구할 수 있다.

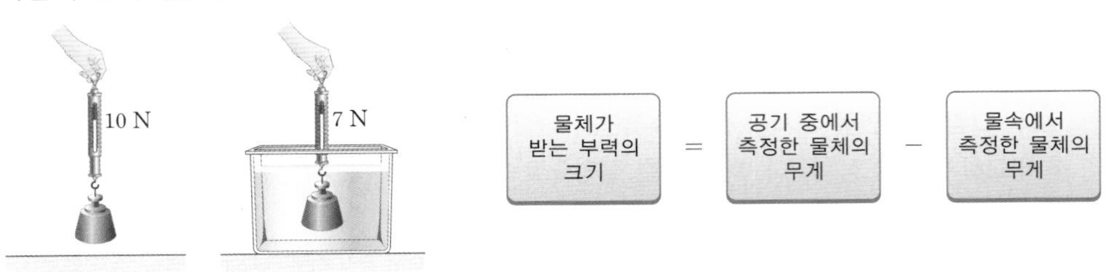

➡ 물에 잠긴 물체에 작용하는 부력의 크기＝용수철저울의 감소한 눈금

예 공기 중에서 측정한 무게가 10 N, 물속에서 측정한 무게가 7 N이므로 이 물체에 작용하는 부력의 크기는 10 N－7 N＝3 N이다.

2. **물에 잠긴 물체의 부피와 부력의 크기**
   (1) 물체가 물에 절반 정도 잠겼을 때보다 완전히 잠겼을 때 부력이 더 크다.

물에 절반 잠겼을 때 부력의 크기＜물에 완전히 잠겼을 때 부력의 크기

   (2) 물에 잠긴 물체의 부피가 클수록 부력이 더 크게 작용한다.
   ① 알루미늄 포일을 뭉쳐서 물에 넣으면 가라앉지만, 배 모양으로 만들어서 물에 넣으면 물 위에 뜬다.
   ② 화물을 가득 실은 배는 빈 배보다 물에 더 많이 잠기므로 부력이 더 크게 작용한다.✚

✚ **화물선에 작용하는 부력**
화물을 싣지 않는 배는 물속에 잠긴 배의 부피가 작지만 화물을 가득 실은 배는 물속에 잠긴 배의 부피가 크므로 부력이 더 크게 작용한다.

▲ 화물을 싣지 않은 배

▲ 화물을 가득 실은 배

3 부력
- 액체가 물체를 밀어 올리는 힘을 □□이라고 한다.
- 부력은 물체에 작용하는 중력과 □□ 방향으로 작용한다.
- 부력은 물과 같은 액체 속에서만 작용하는 것이 아니라 공기와 같은 □□ 속에서도 작용한다.

4 부력의 크기
- 물에 잠긴 물체에 작용하는 부력의 크기는 용수철저울의 □□□ 눈금과 같다.
- 물에 잠긴 물체의 □□가 클수록 부력이 더 크게 작용한다.

06 부력에 대한 설명으로 옳은 것은 ○표, 옳지 않은 것은 ×표를 하시오.

(1) 부력은 항상 위쪽 방향으로 작용한다. ( )
(2) 부력은 물과 같은 액체에서만 작용한다. ( )
(3) 부력과 중력은 같은 방향으로 작용한다. ( )
(4) 헬륨 풍선이 위로 올라가는 것은 부력 때문이다. ( )

07 그림 (가)는 물위에 떠 있는 나무 도막을 나타낸 것이고, 그림 (나)는 공기 중에 떠 있는 헬륨 풍선을 나타낸 것이다. (가)와 (나)에서 나무 도막과 풍선에 작용하는 중력과 부력의 방향을 각각 화살표로 표시하시오.

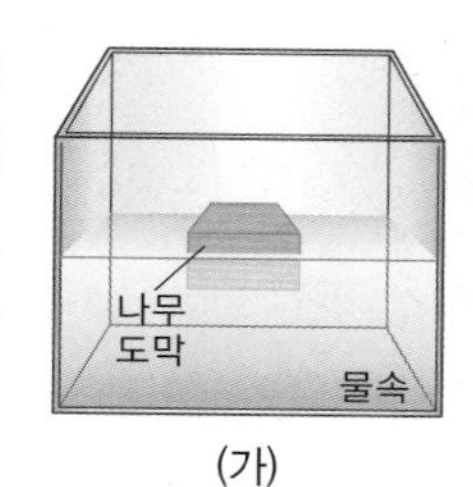

(가)

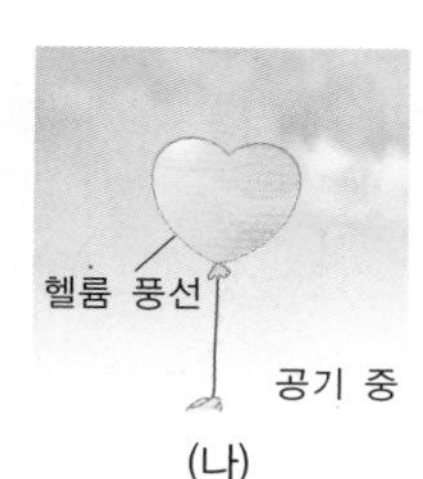

(나)

08 부력을 이용한 예로 옳은 것은 ○표, 옳지 않은 것은 ×표를 하시오.

(1) 수영장에서는 미끄럼틀에 물을 뿌린다. ( )
(2) 화물을 가득 실은 무거운 화물선이 물 위에 뜬다. ( )
(3) 튜브 안에 공기가 들어 있어 사람이 물 위에 뜨는 데 도움을 준다. ( )
(4) 열기구 속에 뜨거운 공기를 채워 부피를 크게 하면 열기구가 떠오른다. ( )
(5) 자전거 안장 밑에 설치된 용수철을 이용하여 지면에서 발생한 충격을 흡수한다. ( )

09 그림 (가)~(다)는 추를 용수철에 매달아 물속에 넣는 모습을 나타낸 것이다.

(가)

(나)

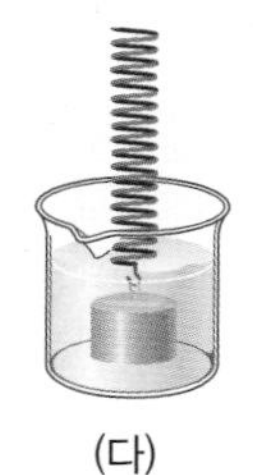
(다)

(1) 용수철이 늘어난 길이가 큰 순서대로 쓰시오.
(2) 추에 작용하는 부력의 크기가 큰 순서대로 쓰시오.

10 부력을 이용한 예로 옳은 것만을 〈보기〉에서 있는 대로 고르시오.

보기

ㄱ. 부표	ㄴ. 집게	ㄷ. 풍등
ㄹ. 열기구	ㅁ. 베어링	ㅂ. 튜브

필수 탐구 빗면의 기울기를 이용하여 물체의 마찰력 비교하기

목표
빗면의 기울기를 이용하여 물체가 미끄러지는 순간 물체에 작용하는 마찰력의 크기를 비교할 수 있다.

과정

1 재질과 무게가 같은 나무 도막 3개의 바닥 면에 양면테이프로 비닐, 종이, 사포를 각각 붙인다.

2 빗면 위에 비닐을 붙인 나무 도막을 올려놓고, 빗면의 기울기를 증가시키면서 나무 도막이 미끄러지는 순간 빗면과 수평면 사이의 각도를 3회 측정한다.

3 빗면 위에 종이를 붙인 나무 도막을 올려놓고, 과정 2를 반복한다.

4 빗면 위에 사포를 붙인 나무 도막을 올려놓고, 과정 2를 반복한다.

나무 도막이 미끄러지기 시작하는 기울기에 가까워지면 빗면의 기울기를 조금씩 증가시킨다.

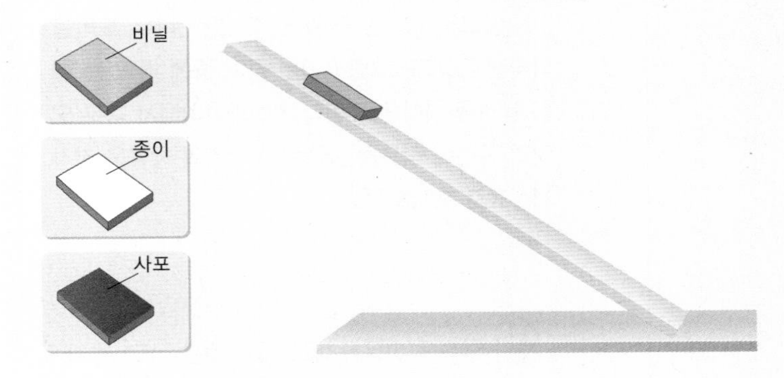

결과

과정 2~4에서 나무 도막이 미끄러지는 순간 빗면과 수평면 사이의 각도

구분	비닐	종이	사포
1회	18°	21°	38°
2회	17°	20°	37°
3회	17°	20°	33°
평균	17°	20°	36°

나무 도막이 미끄러지는 순간 빗면과 수평면 사이의 각도를 3회 측정하여 평균값을 구하는 까닭은 정확한 측정값을 얻기 위해서이다.

정리

1 빗면을 기울여도 나무 도막이 바로 미끄러지지 않는 것은 나무 도막에 마찰력이 작용하고 있기 때문이다.

2 나무 도막이 미끄러지는 순간 빗면의 기울기가 클수록 나무 도막에 작용하는 마찰력의 크기가 크다.

3 나무 도막에 작용하는 마찰력의 크기는 사포>종이>비닐 순이므로 나무 도막에 작용하는 마찰력의 크기는 접촉면이 거칠수록 크다는 것을 알 수 있다.

정답과 해설 • 19쪽

빗면의 기울기를 이용하여 물체의 마찰력 비교하기

- 빗면 위에 나무 도막을 올려놓고 빗면을 기울여도 나무 도막이 바로 미끄러지지 않는 것은 나무 도막에 □□□이 작용하기 때문이다.
- 빗면 위의 나무 도막이 미끄러지는 순간의 기울기가 클수록 마찰력이 □□.
- 마찰력의 크기는 접촉면이 거칠수록 □□.

1 그림과 같이 빗면 위에 나무 도막을 올려놓고 빗면을 서서히 들어 올리면서 나무 도막에 작용하는 마찰력의 크기를 비교하려고 한다. 마찰력의 크기를 비교하기 위해 측정해야 하는 값으로 옳은 것은?

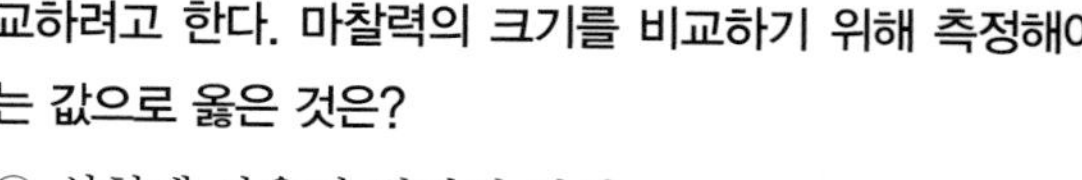
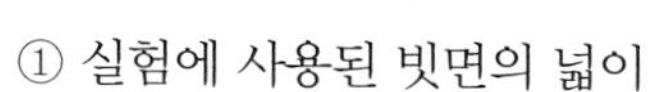

① 실험에 사용된 빗면의 넓이
② 빗면에서 나무 도막을 놓는 위치
③ 나무 도막이 빗면을 따라 이동하는 거리
④ 나무 도막이 빗면을 따라 움직이는 빠르기
⑤ 나무 도막이 움직이는 순간 빗면의 기울기

2 그림과 같이 손가락으로 물체를 밀었지만, 빗면 위에서 물체가 정지해 있다. 이때 빗면 위의 물체에 작용하는 마찰력의 방향은? (단, 물체가 빗면을 따라 미끄러져 내려오는 힘보다 손으로 밀어 올리는 힘이 더 크다.)

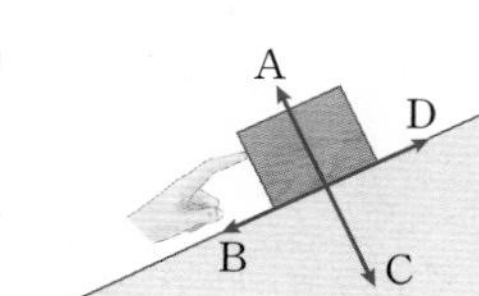

① A ② B
③ C ④ D
⑤ 작용하지 않는다.

[3~4] 그림과 같이 장치하고 빗면을 서서히 들어 올리면서 나무 도막이 움직이는 순간의 기울기를 측정하였다. 이때 빗면과 접촉하는 나무 도막에 붙이는 물질을 다르게 하였다. 물음에 답하시오.

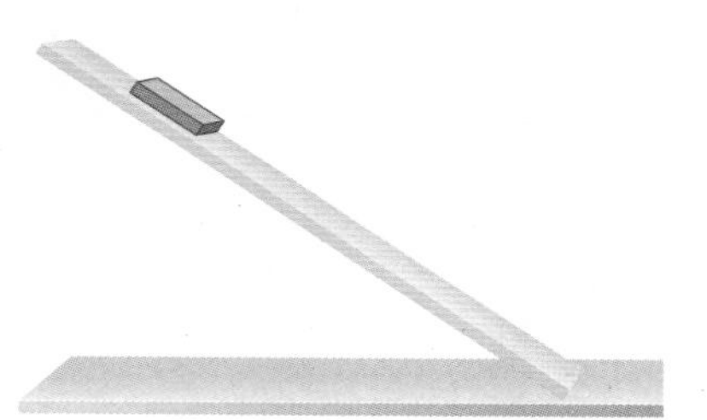

3 나무 도막에 붙인 물질에 따라 나무 도막이 움직이는 순간의 기울기가 다음과 같았다.

> 사포 > 종이 > 비닐

나무 도막이 받는 마찰력의 크기를 옳게 비교한 것은?

① 사포 > 종이 > 비닐 ② 사포 > 비닐 > 종이 ③ 종이 > 사포 > 비닐
④ 비닐 > 사포 > 종이 ⑤ 비닐 > 종이 > 사포

4 위 실험의 결과로부터 마찰력의 크기와 접촉면의 거칠기에 대해 알 수 있는 사실을 서술하시오.

필수 탐구 액체 속에서 물체의 부력 측정하기

목표
용수철저울을 사용하여 물속에 있는 물체에 작용하는 부력의 크기를 측정할 수 있다.

과정

1 용수철저울에 추를 매달고 그림 (가)와 같이 추가 물에 잠기기 전 추의 무게를 측정하고 기록한다.

2 용수철저울에 매달린 추가 그림 (나)와 같이 물에 절반 정도 잠기게 하고 용수철저울의 눈금을 측정하고 기록한다.

3 용수철저울에 매달린 추가 그림 (다)와 같이 물에 완전히 잠기게 하고 용수철저울의 눈금을 측정하고 기록한다.

추의 중간 부분에 사인펜으로 중심선을 그어 두면 추를 물속에 넣을 때 편리하다.

4 (나)와 (다)에서 (가)에 비해 감소한 용수철저울의 눈금을 구하여 기록한다.

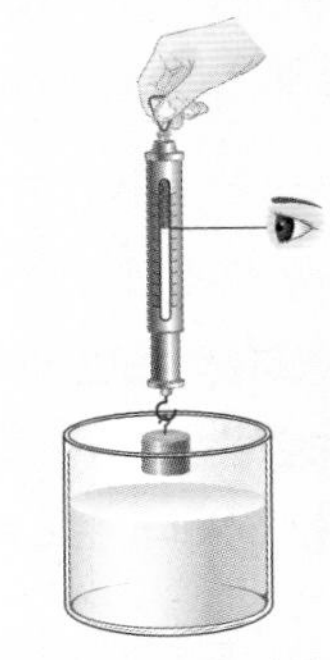
(가) 추가 물에 잠기기 전

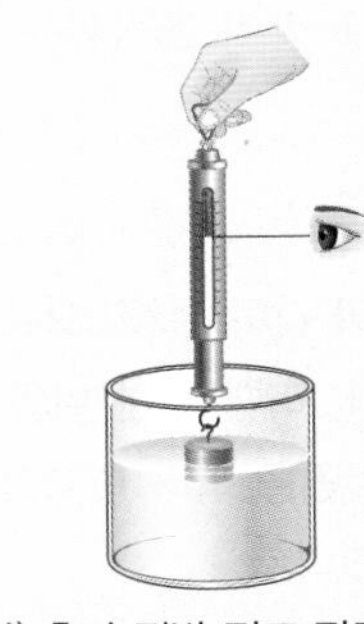
(나) 추가 절반 정도 잠겼을 때

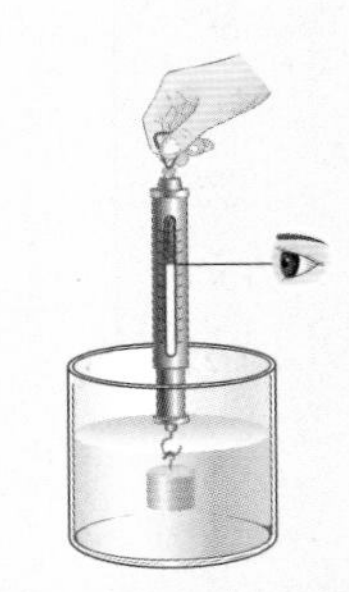
(다) 추가 완전히 잠겼을 때

결과

1 과정 1~3에서 용수철저울로 측정한 추의 무게

구분	공기 중에서의 무게(N)	반만 잠겼을 때의 무게(N)	완전히 잠겼을 때의 무게(N)
1회	0.98	0.91	0.87
2회	0.97	0.92	0.85
3회	0.98	0.93	0.86
평균	0.98	0.92	0.86

2 추가 절반만 물에 잠겼을 때 용수철저울의 감소한 눈금 : 0.98 N−0.92 N=0.06 N

3 추가 완전히 물에 잠겼을 때 용수철저울의 감소한 눈금 : 0.98 N−0.86 N=0.12 N

정리

1 추가 물에 잠기면 추에 부력이 작용하여 용수철저울의 눈금이 감소한다.

2 부력의 크기는 용수철저울의 눈금이 감소한 정도와 같으므로, 공기 중에서 측정한 추의 무게에서 물속에서 측정한 추의 무게를 뺀 값과 같다.
➡ 부력의 크기=공기 중에서 용수철저울의 눈금−물속에서 용수철저울의 눈금

3 추가 물속에 절반 정도 잠겼을 때보다 완전히 잠겼을 때 부력이 더 크므로 물에 잠긴 추의 부피가 클수록 부력이 더 크게 작용한다.

정답과 해설 • 20쪽

액체 속에서 물체의 부력 측정하기

- 물체가 물속에 잠기면 물체에 □□이 작용한다.
- 물속에 있는 물체에는 물체를 위로 밀어 올리는 방향, 즉 중력과 □□ 방향으로 부력이 작용한다.
- 물속에 잠긴 물체에 작용하는 부력의 크기는 공기 중에서 측정한 물체의 무게와 물속에서 측정한 물체의 무게의 □와 같다.
- 물에 잠긴 물체의 □□가 클수록 부력이 더 크게 작용한다.

1 부력에 대한 설명으로 옳지 않은 것은?

① 물속에서 받는 힘이다.
② 기체 속에서도 작용한다.
③ 열기구, 튜브 등에 이용된다.
④ 물체의 운동을 방해하는 힘이다.
⑤ 중력과 반대 방향으로 작용한다.

2 그림과 같이 무게가 20 N인 추를 용수철저울에 매달아 물에 잠기게 하였더니 저울의 눈금이 14 N을 가리켰다. 이때 추에 작용하는 부력의 크기는?

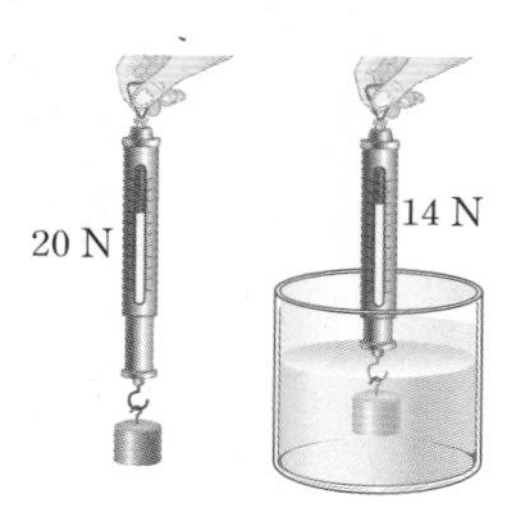

① 3 N　② 5 N　③ 6 N
④ 7 N　⑤ 14 N

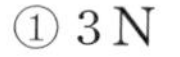

3 그림과 같이 용수철저울에 추를 매단 다음 추를 물속에 천천히 잠기게 하였다. 이때 용수철저울의 눈금 변화를 옳게 설명한 것은?

① 용수철저울의 눈금은 변화가 없다.
② 용수철저울의 눈금은 점점 감소한다.
③ 용수철저울의 눈금은 점점 증가한다.
④ 용수철저울의 눈금은 감소하다가 증가한다.
⑤ 용수철저울의 눈금은 증가하다가 감소한다.

4 그림과 같이 추를 물속에 절반만 잠기게 한 경우와 전부 잠기게 한 경우 용수철저울의 눈금이 다르게 나타났다. 이 사실로부터 알 수 있는 것을 서술하시오.

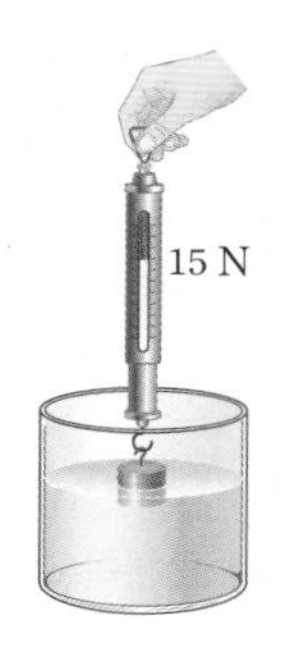

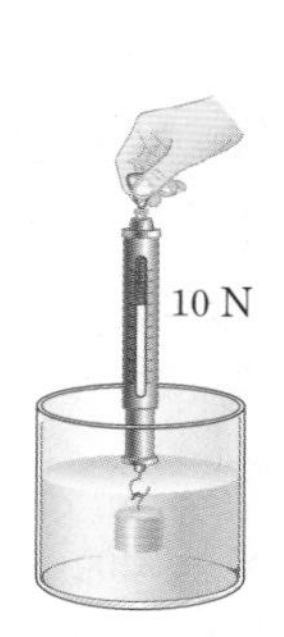

5 물에 잠긴 물체에 작용하는 부력의 크기에 직접적으로 영향을 주는 요인만을 〈보기〉에서 있는 대로 고르시오.

보기

ㄱ. 물체의 질량　ㄴ. 물체의 무게
ㄷ. 물체의 부피　ㄹ. 물체의 재질

내신 기출 문제

1 마찰력

01 다음과 같은 현상을 설명할 수 있는 힘의 종류는?

보기
- 굴러가던 공이 정지한다.
- 투수가 공을 던지기 전에 손에 송진 가루를 바른다.
- 물에 젖은 도로에서는 자동차가 잘 정지하지 못한다.

① 중력 ② 탄성력 ③ 마찰력
④ 부력 ⑤ 자기력

02 그림은 책 2권의 책장을 1장씩 서로 겹치게 한 후 서로 반대 방향으로 당기고 있는 모습이다. 책이 잘 분리되지 않게 하는 힘과 관계있는 것은?

① 변형을 방해하는 힘이다.
② 운동을 방해하는 힘이다.
③ 지구 중심 방향으로 작용한다.
④ 변형이 클수록 커지는 힘이다.
⑤ 물체를 아래로 당기는 힘이다.

중요

03 그림은 상자에 줄을 묶어 오른쪽으로 끌어당겨서 운동시키고 있는 모습을 나타낸 것이다.

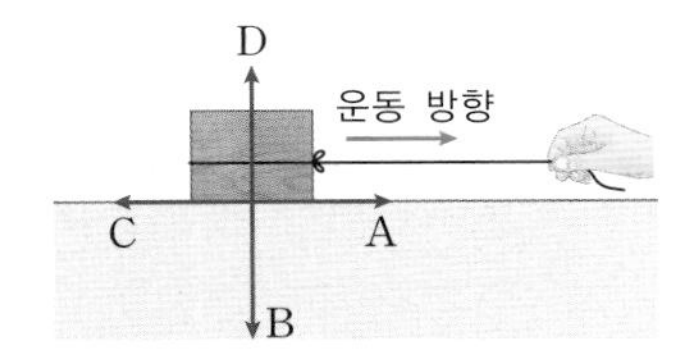

상자에 작용하는 마찰력의 방향은?

① A ② B ③ C
④ D ⑤ 작용하지 않음

04 그림은 미끄럼틀을 타고 내려오는 아이의 모습이다. 아이에게 작용하는 마찰력의 방향은?

D A C B

① A ② B
③ C ④ D
⑤ 마찰력은 작용하지 않는다.

05 일상생활에서 편리하도록 마찰력을 크게 한 예를 〈보기〉에서 있는 대로 고른 것은?

보기
ㄱ. 볼펜 손잡이를 고무로 만든다.
ㄴ. 자전거 체인에 윤활유를 바른다.
ㄷ. 수영장의 물미끄럼틀에 물을 뿌린다.
ㄹ. 눈이 온 날 자동차 바퀴에 스노우 체인을 감는다.

① ㄱ, ㄴ ② ㄱ, ㄹ ③ ㄴ, ㄷ
④ ㄴ, ㄹ ⑤ ㄷ, ㄹ

2 마찰력의 크기

06 그림 (가)와 (나)는 같은 물체를 각각 대리석 위에서 밀 때와 잔디 위에서 밀 때를 나타낸 것이다. (나)의 경우가 (가)보다 물체를 밀 때 더 큰 힘이 든다.

(가)

(나)

이 사실로부터 알 수 있는 것으로 가장 적절한 것은?

① 마찰력에 의해 물체의 무게가 생긴다.
② 마찰력은 물체가 무거울수록 크게 작용한다.
③ 마찰력은 접촉면이 거칠수록 크게 작용한다.
④ 마찰력은 물체의 변형이 클수록 크게 작용한다.
⑤ 마찰력은 물체의 운동 방향과 반대 방향으로 작용한다.

07 그림과 같이 동일한 나무 도막을 실험대 위에서 끄는 경우와 사포 위에서 끄는 경우 마찰력의 크기가 다르다.

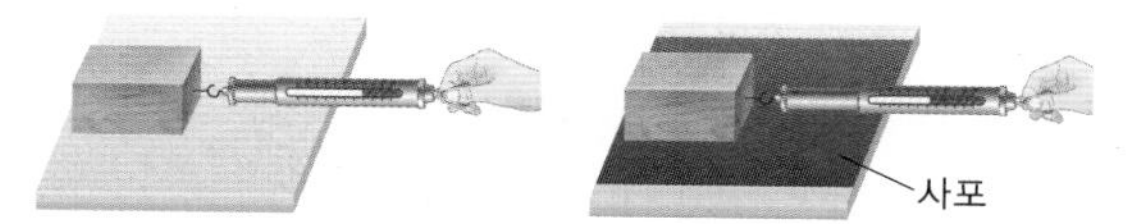

이러한 원리로 설명할 수 있는 현상이 아닌 것은?

① 등산화 바닥을 울퉁불퉁하게 만든다.
② 운동 선수가 손에 송진 가루를 바른다.
③ 아기 양말에 고무로 만든 무늬를 붙인다.
④ 작은 승용차보다 큰 화물차를 밀기가 어렵다.
⑤ 볼링화의 경우 두 신발의 바닥면의 성질이 다르다.

[08~10] 그림 (가)~(라)와 같이 각각 아크릴 판, 유리판, 도화지, 사포 위에 나무 도막을 올려놓고, 빗면을 서서히 들어 올리면서 나무 도막이 미끄러지는 순간 빗면의 각도를 측정하는 실험을 하였다.

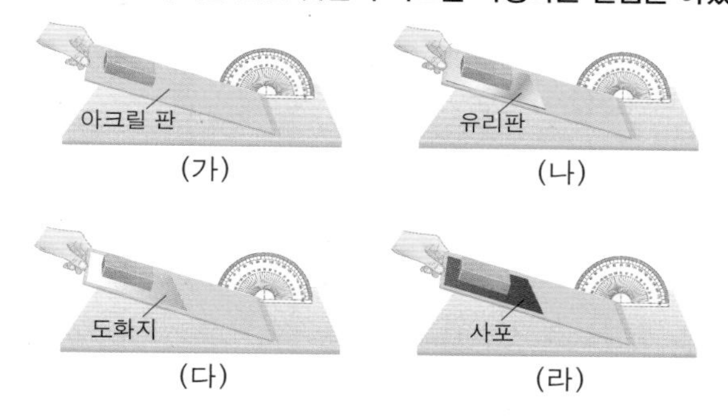

08 위 실험에서 나무 도막이 미끄러지는 순간 빗면의 각도를 측정하여 비교할 수 있는 것은 무엇인지 쓰시오.

중요
09 위 실험을 통해 알아보고자 하는 것으로 가장 적절한 것은?

① 빗면에서 마찰력의 방향
② 물체의 무게에 따른 마찰력의 크기
③ 접촉면의 넓이에 따른 마찰력의 크기
④ 빗면의 기울기에 따른 마찰력의 크기
⑤ 접촉면의 거칠기에 따른 마찰력의 크기

중요
10 위 실험의 결과 나무 도막이 미끄러지는 순간 빗면의 각도를 비교하였더니 (라)>(다)>(가)>(나)였다. 마찰력의 크기가 가장 큰 경우는?

① (가) ② (나) ③ (다)
④ (라) ⑤ 모두 같다.

11 그림과 같이 무게가 30 N인 물체에 10 N의 힘을 주어 오른쪽으로 끌어당겼지만 물체는 움직이지 않았다.

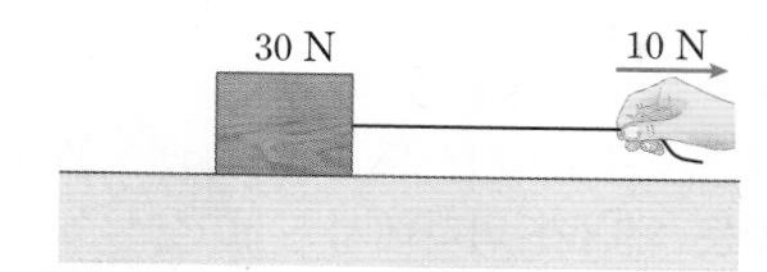

이때 물체에 작용한 마찰력의 크기와 방향은?

① 10 N, 왼쪽 방향
② 10 N, 오른쪽 방향
③ 20 N, 왼쪽 방향
④ 20 N, 오른쪽 방향
⑤ 30 N, 오른쪽 방향

12 그림 (가)~(다)와 같이 부드러운 사포와 거친 사포 위에서 나무 도막의 개수를 다르게 하면서 용수철저울로 서서히 끌어당겨 나무 도막이 움직이기 시작할 때 용수철저울의 눈금을 측정하였다.

용수철저울에 나타난 힘의 크기를 옳게 비교한 것은?

① (가)>(나)>(다) ② (가)>(다)>(나)
③ (나)>(가)>(다) ④ (다)>(가)>(나)
⑤ (다)>(나)>(가)

중요
13 그림 (가)는 나무 도막 1개를, 그림 (나)는 나무 도막 2개를 동일한 나무판 위에서 용수철저울로 끄는 경우이다.

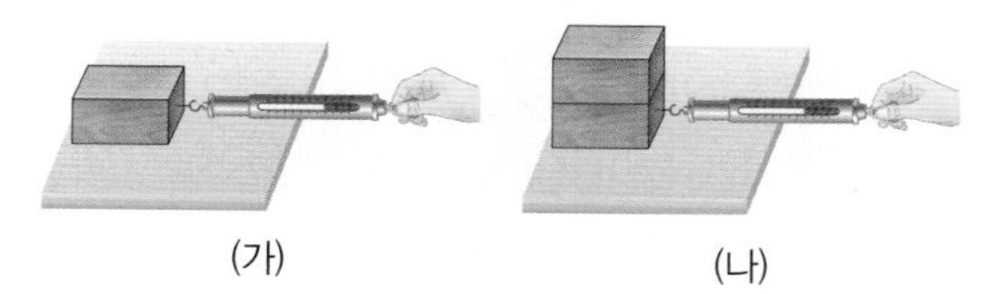

나무 도막이 움직이는 순간 (나)가 (가)보다 용수철저울의 눈금이 더 크게 나타나는 까닭을 옳게 설명한 것은?

① 마찰력의 방향이 달라졌기 때문에
② 무게가 커져 탄성력이 커졌기 때문에
③ 무게가 커져 마찰력이 커졌기 때문에
④ 접촉면이 거칠어져 탄성력이 커졌기 때문에
⑤ 접촉면이 거칠어져 마찰력이 커졌기 때문에

3 부력

14 그림은 해녀가 물질을 할 때 사용하는 테왁이라고 하는 도구이다. 테왁은 해녀가 바다에서 몸을 의지하거나 헤엄쳐 이동할 때 사용한다.
테왁이 이용하는 힘은?

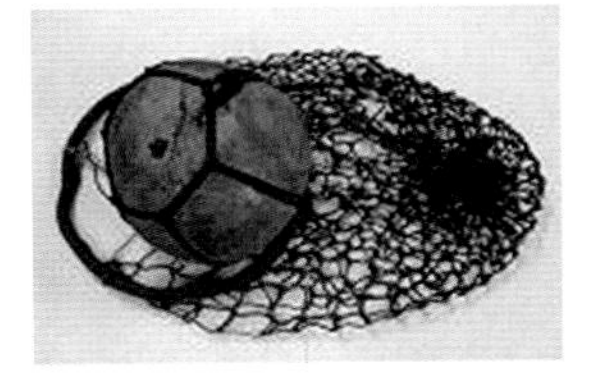

① 중력 ② 마찰력 ③ 탄성력
④ 부력 ⑤ 자기력

15 부력을 이용하는 경우나 부력에 의해 나타나는 현상으로 옳은 것은?

① 수직추를 사용하여 벽돌을 쌓는다.
② 머리끈을 이용하여 머리카락을 묶는다.
③ 활시위를 당겨 화살을 멀리 날려 보낸다.
④ 장대를 이용하여 높은 바를 뛰어 넘는다.
⑤ 물속에서 무거운 돌을 쉽게 들어 올릴 수 있다.

16 그림과 같이 물이 가득 든 수조에 고무공을 넣은 후 손으로 잡고 있다가 손을 놓았다.

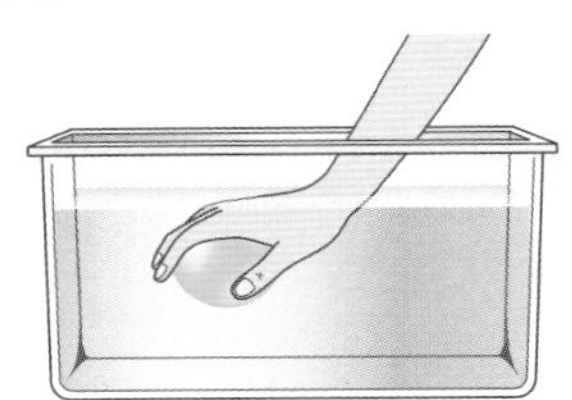

이때 공의 움직임을 옳게 설명한 것은?

① 부력 때문에 공이 위로 떠오른다.
② 탄성력에 의해 공이 위로 떠오른다.
③ 중력 때문에 공이 아래로 가라앉는다.
④ 힘이 작용하지 않아 공은 움직이지 않는다.
⑤ 부력과 중력이 동시에 작용하므로 가라앉고 뜨고를 반복한다.

17 부력이 작용하는 경우를 <보기>에서 있는 대로 고른 것은?

보기
ㄱ. 강물 속에 가라앉아 있는 돌
ㄴ. 우주 공간을 유영하는 우주인
ㄷ. 실에 매달려 공중에 떠 있는 풍선

① ㄱ ② ㄱ, ㄴ ③ ㄱ, ㄷ
④ ㄴ, ㄷ ⑤ ㄱ, ㄴ, ㄷ

4 부력의 크기

중요
18 그림과 같이 무게가 20 N인 추를 용수철저울에 매달아 물에 잠기게 하였더니 저울의 눈금이 12 N을 가리켰다.
이에 대한 설명으로 옳은 것만을 <보기>에서 있는 대로 고른 것은?

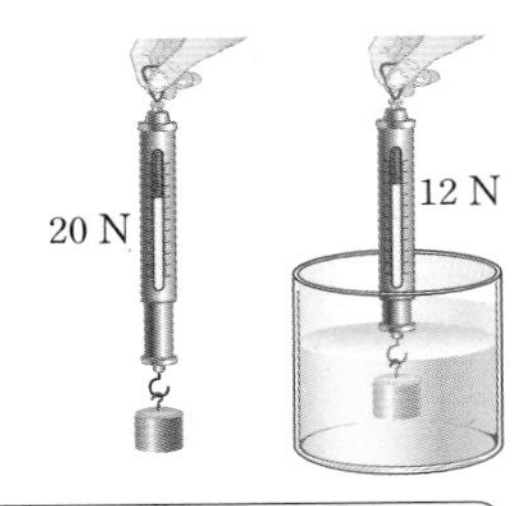

보기
ㄱ. 추에는 부력이 위 방향으로 작용한다.
ㄴ. 추에 작용하는 부력의 크기는 12 N이다.
ㄷ. 추에는 부력과 중력이 같은 방향으로 작용한다.

① ㄱ ② ㄴ ③ ㄷ
④ ㄱ, ㄴ ⑤ ㄴ, ㄷ

19 그림과 같이 3개의 금속 추를 용수철저울에 매단 후, 용수철저울을 점점 아래로 내려 추를 하나씩 물에 잠기게 하였다.
이때 용수철저울의 눈금 변화를 옳게 설명한 것은?

① 변화가 없다.
② 점점 감소한다.
③ 점점 증가한다.
④ 증가하다가 감소한다.
⑤ 감소하다가 증가한다.

20 그림과 같이 무게가 20 N인 부표가 물 위에 떠서 정지해 있다.

부표에 작용하는 부력의 방향과 크기를 각각 쓰시오.

21 그림과 같이 무게가 10 N인 나무 도막이 물 위에 떠 있다. 나무 도막의 절반이 물속에 잠겨 있다면 나무 도막에 작용하는 부력의 크기는?

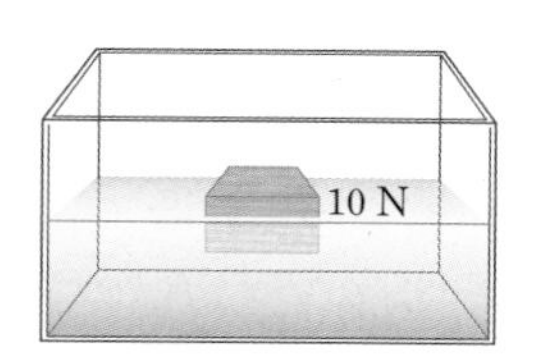

① 2 N　② 2.5 N　③ 5 N　④ 10 N　⑤ 20 N

22 그림 (가)와 같이 왕관과 금덩어리의 무게가 같아 수평을 이룬 저울을 그림 (나)와 같이 물속에 넣었더니 저울이 금덩어리 쪽으로 기울었다.

(가)　(나)

이에 대한 설명으로 옳은 것만을 〈보기〉에서 있는 대로 고른 것은?

보기
ㄱ. 왕관이 금덩어리보다 부피가 크다.
ㄴ. 왕관과 금덩어리에 작용하는 부력의 방향이 다르다.
ㄷ. 왕관이 받는 부력이 금덩어리가 받는 부력보다 크다.

① ㄷ　② ㄱ, ㄴ　③ ㄱ, ㄷ　④ ㄴ, ㄷ　⑤ ㄱ, ㄴ, ㄷ

[23~24] 나무 도막을 물에 넣었더니 그림 (가)와 같이 나무 도막이 반만 물에 잠긴 상태로 떠올랐다. 또, 그림 (나)와 같이 나무 도막 위에 장식품을 올려놓았더니 나무 도막의 $\frac{3}{4}$만큼 물에 잠겼다. 물음에 답하시오.

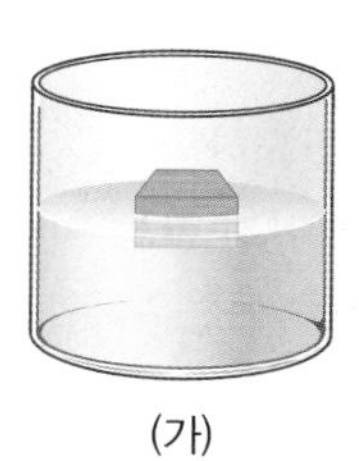

(가)　(나)

23 (가)에서 나무 도막에 작용하는 힘 사이의 관계를 옳게 나타낸 것은?

① 부력=중력　② 부력>중력　③ 중력>부력　④ 부력=마찰력　⑤ 부력>마찰력

24 이에 대한 설명으로 옳은 것은?

① (가)에서가 (나)에서보다 부력이 크다.
② (나)에서는 중력이 부력보다 크다.
③ (나)에서 부력은 아래 방향으로 작용한다.
④ 물에 잠긴 부피에 관계없이 부력의 크기는 같다.
⑤ 나무 도막이 물속에 완전히 잠기면 부력이 더 커진다.

중요
25 그림과 같이 화물선에 짐을 가득 실으면 배가 물에 잠기는 부피도 커진다.

이때 화물선에 작용하는 중력과 부력의 변화를 옳게 설명한 것은?

① 중력과 부력 모두 감소한다.
② 중력과 부력이 모두 증가한다.
③ 중력은 증가하지만 부력은 감소한다.
④ 중력은 증가하지만 부력은 변화 없다.
⑤ 중력은 변화 없지만 부력은 증가한다.

고난도 실력 향상 문제

01 그림과 같이 무게가 6 N인 물체를 수평면에서 용수철저울로 3 N의 힘으로 끌어당겼으나, 물체가 움직이지 않았다.

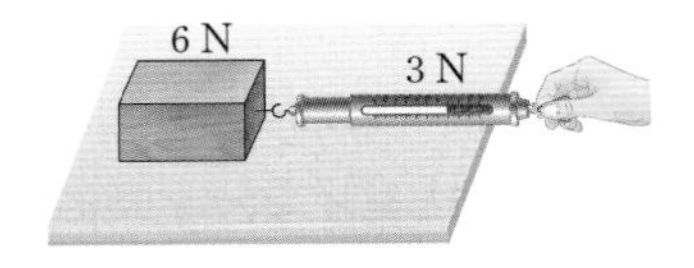

이에 대한 설명으로 옳은 것은?

① 물체를 움직이려면 6 N의 힘이 필요하다.
② 마찰력이 3 N이므로 물체가 움직이지 않는 것이다.
③ 물체에 6 N 이상의 힘을 가해야 물체를 움직일 수 있다.
④ 물체가 움직이지 않으므로 마찰력은 작용하지 않는 것이다.
⑤ 물체를 세워서 끌면 더 작은 힘으로 물체를 움직일 수 있다.

02 그림과 같이 용수철에 매달린 나무 도막을 잡아당겨 화살표 방향으로 이동시키고 있다. 이때 나무 도막에 작용하는 탄성력과 마찰력의 방향을 옳게 짝 지은 것은?

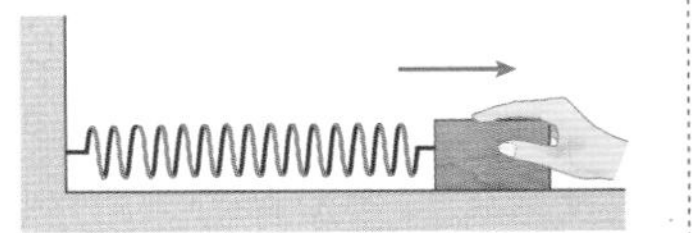

	탄성력의 방향	마찰력의 방향
①	←	←
②	←	→
③	→	←
④	→	→
⑤	→	↓

03 그림과 같이 부피는 같고 무게가 다른 물체 A와 B가 물속에 잠겨 있다. 물체 A는 물속에 떠 있고, B는 바닥에 가라앉아 있다.

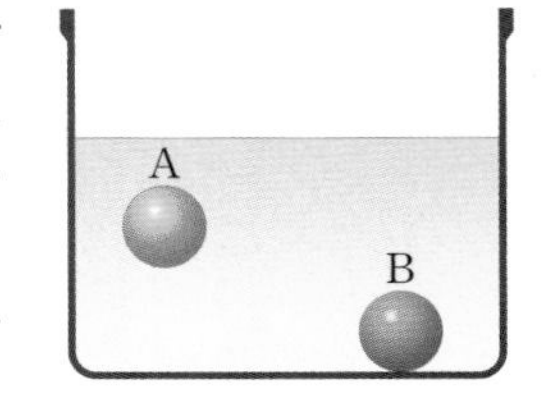

물체 A와 B에 작용하는 부력과 중력의 크기를 옳게 비교한 것은?

	부력의 크기	중력의 크기
①	A > B	A > B
②	A < B	A < B
③	A = B	A = B
④	A = B	A > B
⑤	A = B	A < B

04 그림과 같이 부피가 같은 두 물체 A, B를 막대의 중심에서 같은 거리만큼 떨어진 곳에 매달았더니 물체 A와 B가 수평을 이루었다. 물체 A는 물이 들어 있는 비커 속에, 물체 B는 소금물이 들어 있는 비커 속에 완전히 잠기게 넣었다.

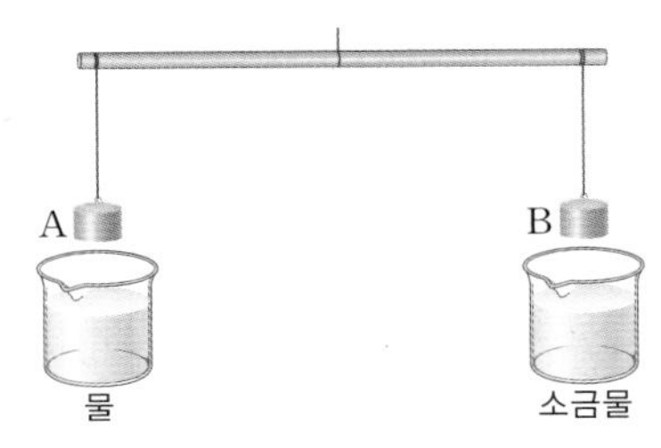

이때 (가) 양팔저울이 기울어지는 방향과 (나) 물체에 작용하는 부력의 크기를 옳게 비교한 것은?

	(가)	(나)
①	A	A > B
②	B	A < B
③	A	A < B
④	B	A > B
⑤	기울어지지 않는다.	A = B

05 그림과 같이 물이 담긴 수조에 부피가 같은 두 물체 A와 B를 넣었더니, A는 물속에 떠 있고 B는 물에 반쯤 잠긴 상태로 있었다.

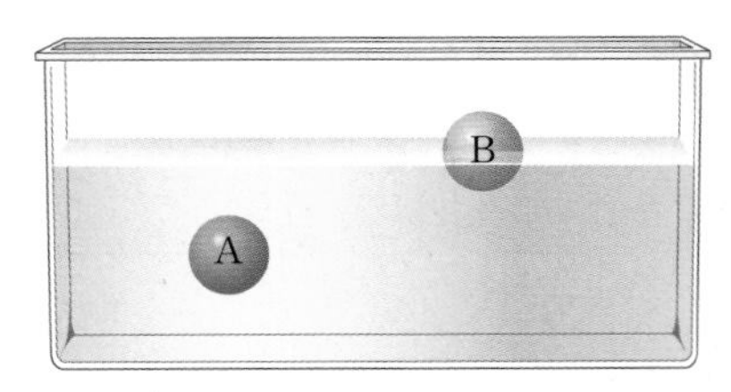

이에 대한 설명으로 옳은 것은?

① A, B가 받는 중력의 크기는 같다.
② A에서는 부력이 중력보다 더 크다.
③ B에서는 부력이 중력보다 더 크다.
④ A가 받는 부력이 B가 받는 부력보다 크다.
⑤ A에서 부력은 아래 방향, B에서 부력은 위 방향으로 작용한다.

서논술형 유형 연습

정답과 해설 • 22쪽

예제

01 다음은 여러 물질의 마찰력을 알아보기 위한 실험이다.

[실험 과정]

(가) 정육면체 나무 도막의 서로 다른 면에 사포와 플라스틱판을 붙인다.

(나) 나무 도막, 사포, 플라스틱 면을 각각 아래로 하여 빗면 위에 올려놓고, 빗면을 천천히 들어 올리면서 나무 도막이 미끄러져 내려가기 시작하는 각도를 측정한다.

[실험 결과]

재질	거친 정도	각도
나무	거친 편이다.	25.0°
사포	매우 거칠다.	40.5°
플라스틱	매끄럽다.	17.5°

위 실험의 결과로부터 알 수 있는 마찰력의 특징과 그 까닭을 서술하시오.

Tip 마찰력은 접촉면의 성질에 따라 달라지며, 빗면에서 물체가 미끄러져 내려가기 시작하는 각도가 클수록 마찰력이 큰 것이다.

Key Word 마찰력, 거칠기, 마찰력의 크기, 빗면

[설명] 실험에서 변화시킨 요인은 접촉면의 거칠기이고, 물체가 미끄러져 내려가기 시작하는 빗면의 각도가 클수록 마찰력의 크기도 크다는 사실을 알고 있으면 해결할 수 있다.

[모범 답안] 물체의 접촉면이 거칠수록 마찰력의 크기도 크다. 접촉면이 거칠수록 물체가 미끄러져 내려가기 시작하는 각도가 커지기 때문이다.

02 그림과 같이 부피는 같고 무게가 다른 물체 A와 B가 물속에 잠겨 있다. 물체 A는 물속에 떠 있고, B는 바닥에 가라앉아 있다.
A와 B에 작용하는 부력의 크기를 비교하고, 그 까닭을 서술하시오.

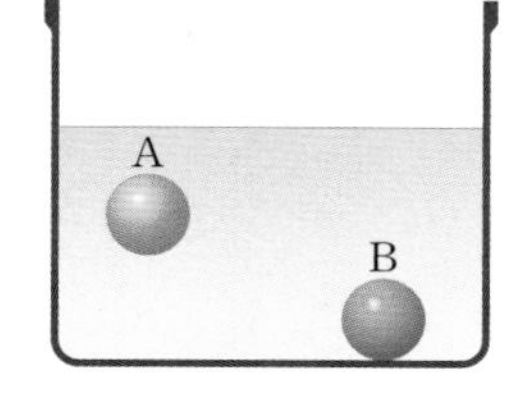

Tip 부력은 물속에 잠긴 물체의 부피가 클수록 크다.

Key Word 부력, 부력의 크기

[설명] 부력의 크기는 물체가 물속에 잠긴 부피에 따라 달라진다는 사실을 알고 있으면 해결할 수 있다.

[모범 답안] A=B, A와 B가 물속에 잠긴 부피가 같으므로 A와 B가 받는 부력의 크기도 같다.

실전 연습

01 컬링은 빙판에서 스톤을 멀리 떨어진 원안에 넣어 점수를 내는 게임이다. 그림 (가)는 컬링 선수가 스톤과 함께 앞으로 미끄러져 가는 모습이며, 그림 (나)는 선수가 착용한 컬링 경기용 신발 바닥의 모습이다.

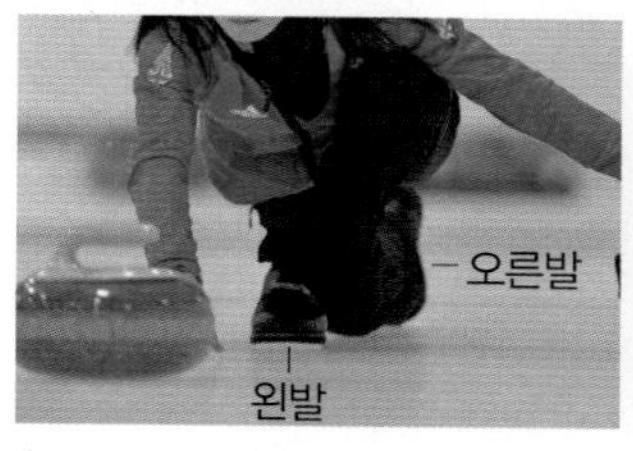

(가)

(나)

(1) 그림 (나)의 신발에서 어느 쪽의 바닥이 더 매끄러운 재질인지 쓰고, 그 까닭을 서술하시오.

(2) 컬링 선수가 미끄러져 나가다가 정지하려면 어떻게 해야 하는지 그림 (나)의 신발 바닥의 재질과 관련지어 서술하시오.

Tip 접촉면의 재질에 따라 마찰력의 크기가 달라진다. 접촉면이 거칠면 마찰력이 크고, 접촉면이 매끄러우면 마찰력이 작다.

Key Word 마찰력, 접촉면의 거칠기

(1)

(2)

02 그림과 같이 물이 담긴 수조에 부피가 같은 두 물체 A와 B를 넣었더니, A는 물속에 떠 있고 B는 물에 반쯤 잠긴 상태로 있었다.

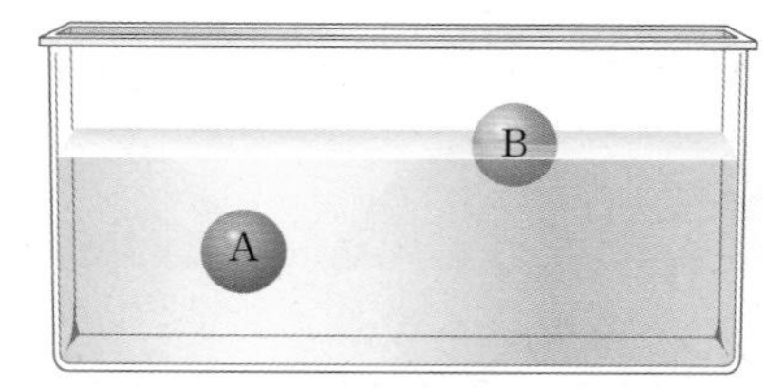

A와 B가 받는 부력의 크기를 비교하여 서술하시오.

Tip 부력은 위 방향으로 작용하며, 물에서 물체가 받는 부력의 크기는 물체가 물에 잠긴 부피가 클수록 크다.

Key Word 부력, 부력의 크기, 물

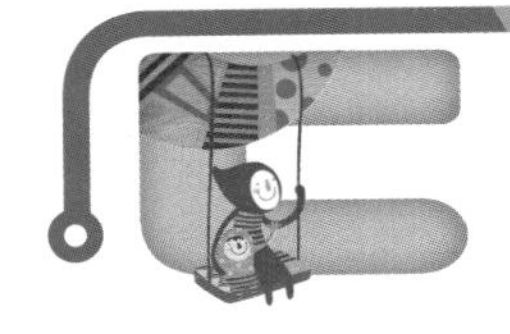

대단원 마무리

01 중력과 탄성력

01 그림은 테니스 공을 라켓으로 치는 모습이다.
힘의 효과가 이와 같은 경우는?

① 깡통을 발로 밟는다.
② 골프공을 골프채로 친다.
③ 야구공을 글러브로 잡는다.
④ 스펀지를 손가락으로 누른다.
⑤ 실험대 위에서 실험용 수레를 굴린다.

02 그림과 같이 지표면 위의 두 지점 (가), (나)에 물체가 놓여 있을 때, 물체가 떨어지는 방향을 찾아 각각 기호로 쓰시오.

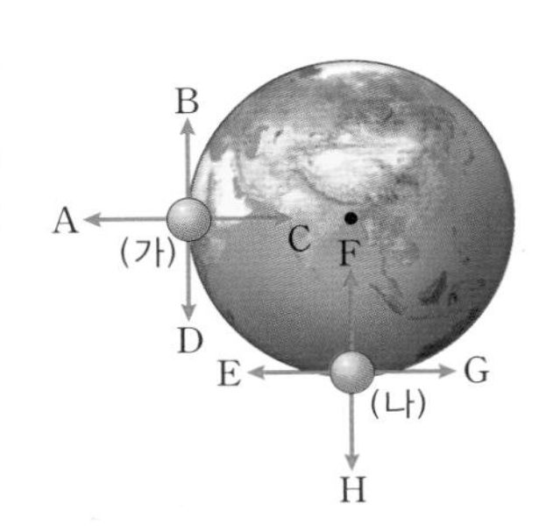

03 그림 (가)는 지구에서 무게가 294 N인 물체 A를 나타낸 것이고, 그림 (나)는 달에서 무게가 294 N인 물체 B를 나타낸 것이다.

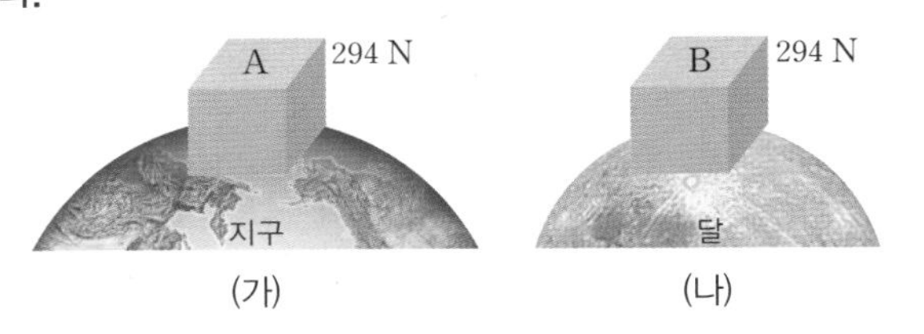

(가) (나)

이에 대한 설명으로 옳은 것은? (단, 지구에서 질량이 1 kg인 물체의 무게는 9.8 N이다.)

① A와 B의 질량은 같다.
② A의 질량은 60 kg이다.
③ A를 달에 가져가면 무게가 49 N이다.
④ B를 지구에 가져가면 무게가 98 N이다.
⑤ A에 작용하는 중력의 크기는 30 N이다.

04 그림과 같이 리듬 체조 선수가 공을 높이 던졌다가 다시 받았다.
공이 올라갈 때와 내려올 때 작용한 힘의 종류를 옳게 짝 지은 것은?

	올라갈 때	내려올 때
①	중력	중력
②	중력	탄성력
③	탄성력	중력
④	탄성력	탄성력
⑤	힘을 받지 않는다.	중력

05 무게와 질량에 대한 설명으로 옳은 것은?

① 질량은 장소에 따라 측정값이 변한다.
② 질량의 단위로는 N(뉴턴)을 사용한다.
③ 물체의 질량이 클수록 물체의 무게는 작아진다.
④ 물체에 작용하는 중력의 크기를 무게라고 한다.
⑤ 질량은 용수철저울이나 가정용저울로 측정한다.

06 그림 (가)는 용수철에 매단 물체의 무게와 용수철이 늘어난 길이의 관계를 나타낸 것이다. 그림 (나)는 (가)의 용수철에 어떤 물체를 매달았을 때 용수철이 늘어난 모습을 나타낸 것이다.

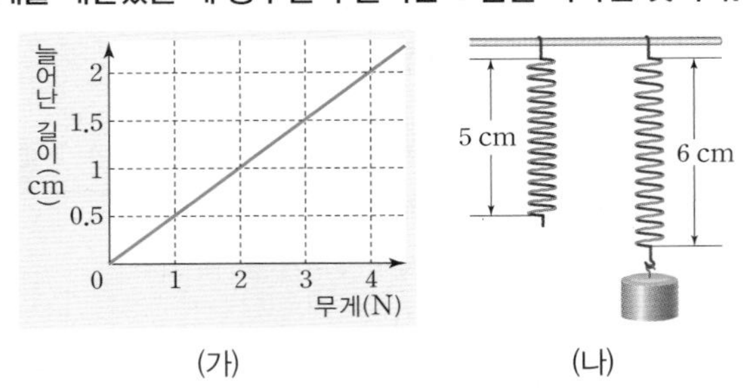

(가) (나)

(나)에서 용수철에 매단 물체의 무게는?

① 0.5 N ② 1.0 N ③ 2.0 N
④ 2.5 N ⑤ 4.0 N

07 탄성력에 대한 설명으로 옳은 것만을 〈보기〉에서 있는 대로 고른 것은?

보기
ㄱ. 장대높이뛰기는 탄성력을 이용한 예이다.
ㄴ. 용수철이 많이 늘어날수록 탄성력이 작아진다.
ㄷ. 변형된 물체가 원래 모양으로 되돌아가려는 힘이다.
ㄹ. 탄성력은 탄성체가 변형된 방향과 같은 방향으로 작용한다.

① ㄱ, ㄷ ② ㄱ, ㄹ ③ ㄴ, ㄷ
④ ㄴ, ㄹ ⑤ ㄷ, ㄹ

08 그림과 같이 왼쪽을 고정시킨 용수철을 오른쪽으로 5 N의 힘을 주어 잡아당겼다.

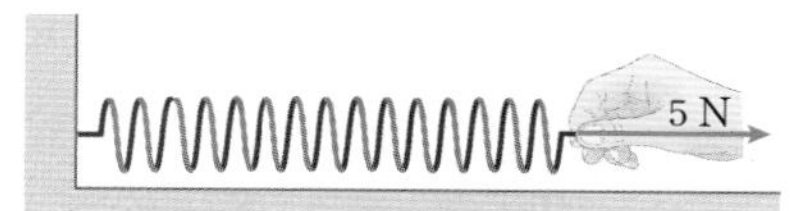

이때 손에 작용하는 탄성력의 크기와 방향을 옳게 짝 지은 것은?

	크기	방향		크기	방향
①	5 N	오른쪽	②	5 N	왼쪽
③	10 N	오른쪽	④	10 N	왼쪽
⑤	15 N	오른쪽			

09 그림 (가)와 (나)는 같은 용수철을 양쪽에서 잡아당겨 용수철의 길이를 늘인 모습이다.

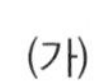
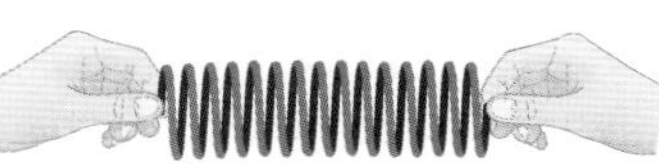
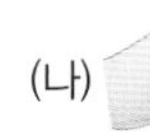

(나)가 (가)보다 용수철을 더 많이 늘렸을 때, 이에 대한 설명으로 옳은 것만을 〈보기〉에서 있는 대로 고른 것은?

보기
ㄱ. (가)와 (나)에서 탄성력의 크기는 같다.
ㄴ. (가)와 (나)에서 탄성력의 방향은 같다.
ㄷ. 탄성력의 크기는 (나)에서가 (가)에서보다 크다.

① ㄱ ② ㄴ ③ ㄷ
④ ㄱ, ㄴ ⑤ ㄴ, ㄷ

02 마찰력과 부력

10 그림은 물체가 수평면에서 미끄러지다가 정지하는 모습을 나타낸 것이다.

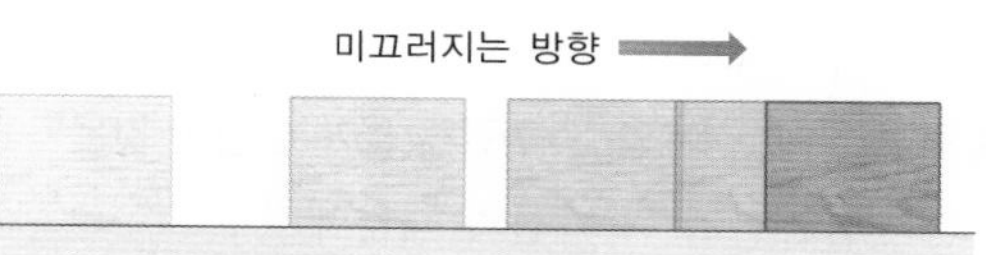

물체가 미끄러지는 동안 물체에 작용하는 마찰력의 방향은?

① → ② ← ③ ↑
④ ↓ ⑤ ↙

11 일상생활에서 편리하도록 마찰력의 크기를 작게 한 예를 〈보기〉에서 있는 대로 고른 것은?

보기
ㄱ. 빙판길에 모래를 뿌린다.
ㄴ. 스키 바닥에 왁스를 바른다.
ㄷ. 등산화 바닥을 울퉁불퉁하게 만든다.
ㄹ. 기계의 회전 부분에 베어링을 사용한다.

① ㄱ, ㄴ ② ㄱ, ㄷ ③ ㄱ, ㄹ
④ ㄴ, ㄷ ⑤ ㄴ, ㄹ

12 다음은 어떤 힘의 특징을 설명한 것이다.

- 두 물체의 접촉면 사이에서 물체의 운동을 방해하는 원인이 된다.
- 물체가 운동하는 방향과 반대 방향으로 작용한다.

이 힘과 관계있는 것은?

① 접촉면이 거칠수록 크다.
② 물체의 변형이 클수록 크다.
③ 물속에 있는 물체가 받는 힘이다.
④ 서로 다른 극 사이에는 끌어당긴다.
⑤ 항상 지구 중심 방향으로 작용한다.

13 그림 (가)는 나무 도막 1개를 책상 면에서, 그림 (나)는 나무 도막 1개를 사포 위에서 용수철저울로 끄는 경우이다.

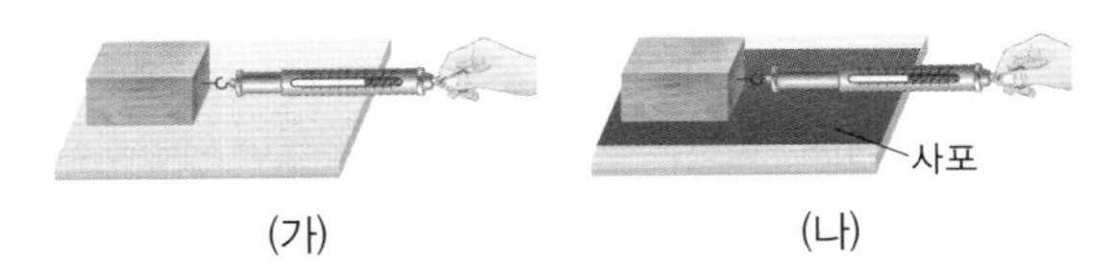

마찰력이 더 큰 경우와 그 까닭을 옳게 설명한 것은?

① (가), 접촉면이 더 거칠기 때문에
② (나), 접촉면이 더 거칠기 때문에
③ (가), 무게가 더 무겁기 때문에
④ (나), 무게가 더 무겁기 때문에
⑤ (나), 마찰력의 방향이 달라졌기 때문에

[14~15] 그림과 같이 무게가 같고 바닥 재질이 다른 신발 A, B, C를 나무판 위에 올려놓고 나무판을 점점 들어 올렸더니 C, A, B 순으로 미끄러졌다. 물음에 답하시오.

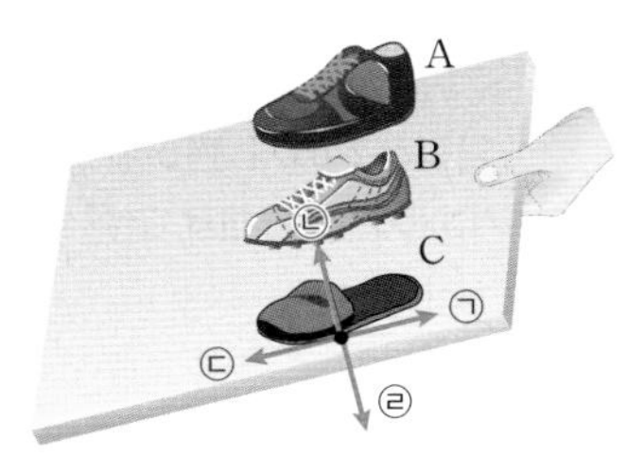

14 이에 대한 설명으로 옳은 것만을 〈보기〉에서 있는 대로 고른 것은?

〈보기〉
ㄱ. 마찰력이 가장 큰 신발은 C이다.
ㄴ. 신발 바닥이 가장 거친 것은 B이다.
ㄷ. 신발 바닥의 재질에 따라 마찰력의 크기가 다르다.

① ㄱ ② ㄴ ③ ㄷ
④ ㄱ, ㄷ ⑤ ㄴ, ㄷ

15 위 실험에서 신발 C가 빗면 위에 정지해 있을 때와 빗면을 따라 미끄러질 때 신발에 작용하는 마찰력의 방향을 옳게 짝 지은 것은?

	정지해 있을 때	미끄러질 때
①	㉠	㉠
②	㉠	㉢
③	㉣	㉡
④	작용하지 않음	㉠
⑤	작용하지 않음	㉢

16 그림과 같이 물이 담긴 수조에 부피가 같은 두 물체 A와 B를 넣었더니, A는 물속에 떠 있고 B는 물에 반쯤 잠긴 상태로 있었다.

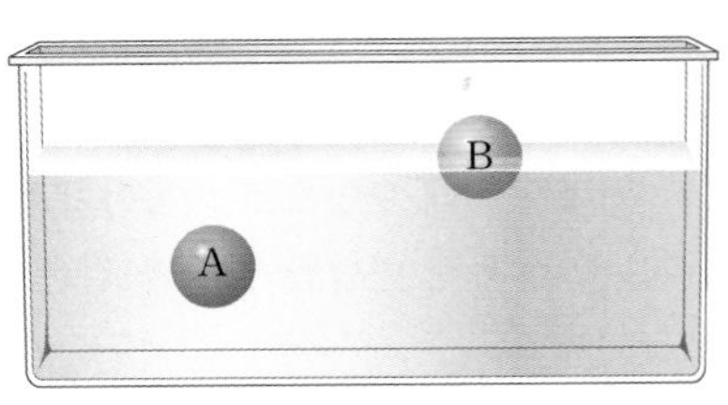

A, B에 작용하는 중력과 부력에 대한 설명으로 옳은 것만을 〈보기〉에서 있는 대로 고른 것은?

〈보기〉
ㄱ. A에는 부력이 작용하지 않는다.
ㄴ. B에는 부력과 중력이 서로 반대 방향으로 작용한다.
ㄷ. 물체에 작용하는 부력의 크기는 A가 B보다 크다.

① ㄱ ② ㄱ, ㄴ ③ ㄱ, ㄷ
④ ㄴ, ㄷ ⑤ ㄱ, ㄴ, ㄷ

17 그림과 같이 무게가 5 N인 추를 물속에 넣었더니 용수철저울의 눈금이 3 N을 가리켰다.

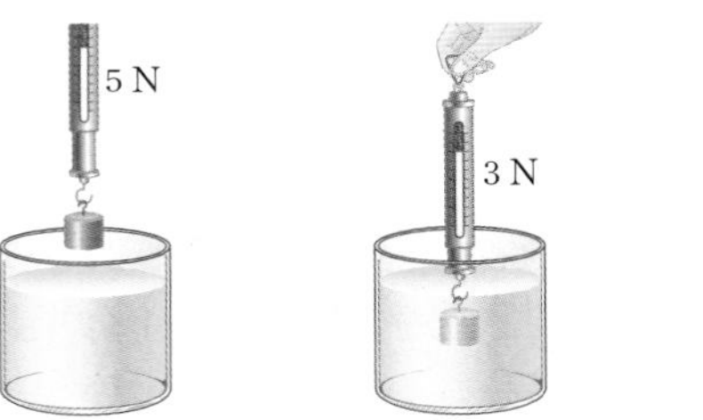

이 추와 같은 추를 하나 더 매달아 추 2개를 모두 물에 잠기게 하면 용수철저울의 눈금은 몇 N을 가리키는지 쓰시오.

18 여러 가지 힘의 크기에 대한 설명으로 옳지 않은 것은?

① 접촉면에 따라 마찰력의 크기는 달라진다.
② 물체에 작용하는 중력의 크기를 무게라고 한다.
③ 용수철을 많이 늘일수록 탄성력의 크기가 커진다.
④ 물에 잠긴 부피에 관계없이 부력의 크기는 일정하다.
⑤ 용수철저울은 용수철의 탄성력을 이용하여 무게를 측정하는 도구이다.

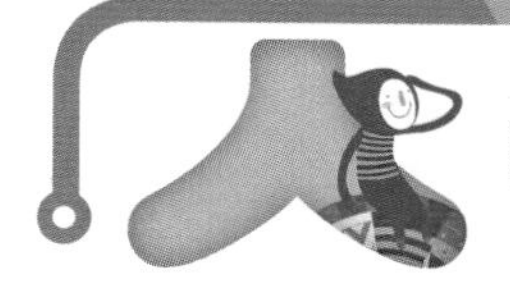

대단원 서논술형 문제

정답과 해설 • 23쪽

01 그림과 같이 화성에 체육관을 지은 후 체육관에서 사람이 활동할 수 있게 만들었다. 이 체육관에서 멀리뛰기 경기를 하면 지구에서의 기록과 비교했을 때 어떻게 달라질지 중력과 관련지어 서술하시오.

Tip 화성에서의 중력은 지구에서의 중력보다 작다. 따라서 화성에서는 지구에서보다 더 높이 뛰어 오를 수 있다.

Key Word 중력, 화성, 멀리뛰기

02 그림과 같은 자전거에는 탄성력과 마찰력을 이용하는 여러 장치가 있다.

자전거 장치 중 탄성력과 마찰력을 이용한 것은 무엇이 있는지 한 가지씩 골라 각각 서술하시오.

Tip 자전거 안장은 용수철을 이용하고, 타이어는 고무로 되어 있으며, 타이어 표면은 울퉁불퉁하다. 또한 브레이크는 속력을 줄여 주며, 손잡이는 잘 미끄러지지 않게 만들어야 한다.

Key Word 탄성력, 마찰력, 자전거

03 그림과 같이 고무찰흙을 뭉쳐서 물속에 넣었더니 고무찰흙이 물속에 가라앉았다. 고무찰흙을 물 위에 띄울 수 있는 방법을 까닭과 함께 서술하시오.

Tip 같은 물체라도 물에 잠긴 부피가 커지면 부력이 커진다. 철로 만든 배가 물에 뜨는 것도 같은 원리이다.

Key Word 부력, 부력의 크기, 고무찰흙

04 그림과 같이 바닥에 놓인 상자를 오른쪽으로 힘을 작용하여 밀었으나 상자가 움직이지 않았다. 이에 대한 학생들의 대화가 다음과 같을 때 잘못 말한 학생을 고르고, 틀린 부분을 옳게 고쳐 쓰시오.

- 가연 : 마찰력의 방향은 사람이 미는 방향과 반대인 왼쪽 방향이야.
- 미진 : 상자가 가벼워지면 마찰력이 작아져서 쉽게 밀 수 있어.
- 진우 : 미는 힘보다 마찰력의 크기가 크기 때문에 상자가 움직이지 않는 것이야.

Tip 상자를 밀었으나 상자가 움직이지 않았다면 상자에 마찰력이 작용하고 있기 때문이다.

Key Word 마찰력, 정지한 물체에 작용하는 마찰력

05 다음은 배의 구조에 대한 설명이다.

배는 화물을 너무 많이 실어도 가라앉아서 위험하고, 화물을 싣지 않아 배가 수면 위로 너무 올라와도 기울어질 수 있어 위험하다. 따라서 배가 물에 잠기는 정도를 배의 빈 곳에 물을 채워 조절하는데, 이 물을 평형수라고 한다.

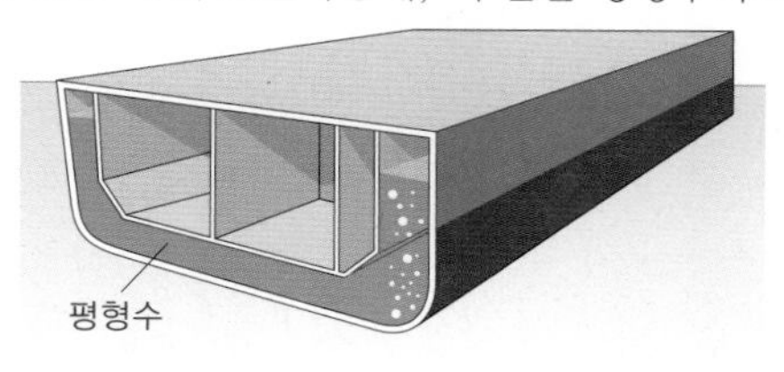

배에 같은 양의 짐이 실려 있을 때 평형수를 빼내면 배에 작용하는 부력의 크기는 어떻게 될지 서술하시오.

Tip 무게가 커진다는 것은 중력이 커진다는 것이다. 또한 배가 물에 잠긴 부피가 클수록 배에 작용하는 부력의 크기는 커진다.

Key Word 부력, 부력의 크기, 평형수

생물의 다양성

생물의 다양성과 보전

1 생물 다양성

1. **생물 다양성+** : 여러 생태계에서 얼마나 다양한 종류의 생물이 살고 있는지 나타낸 것
지구에는 숲, 초원, 사막, 습지, 갯벌, 호수, 바다 등 여러 종류의 생태계+가 있으며, 각 생태계에는 다양한 생물이 살고 있다.+

▲ 숲

▲ 초원

▲ 사막

▲ 바다

(1) **생태계의 다양한 정도** : 빛, 물, 온도, 토양 등 생태계를 이루는 환경이 다르면 그 속에서 사는 생물의 종류도 다르다. ➡ 생태계가 다양할수록 지구 전체의 생물 다양성은 높아진다.
(2) **생물 종류의 다양한 정도** : 한 지역에 살고 있는 생물 종류가 많으면 생물 다양성이 높다.
(3) **같은 종류에 속하는 생물의 특성이 다양한 정도** : 같은 종류의 생물에서 생김새와 특성이 다양하면 생물 다양성이 높다.

2 환경과 생물 다양성

변이와 환경에 적응하는 과정을 통해 생물 다양성이 높아진다.

1. **변이** : 같은 종류의 생물 사이에서 나타나는 생김새나 특성의 차이

얼룩말의 줄무늬 색깔과 간격이 조금씩 다르다.	바지락의 껍데기 무늬가 조금씩 다르다.	달팽이의 껍데기 무늬와 색깔이 조금씩 다르다.	무당벌레의 겉 날개 무늬와 색깔이 조금씩 다르다.

2. **환경과 생물 다양성의 관계+** : 같은 종류였던 생물들이 서로 다른 환경에 적응하는 과정에서 각각의 환경에 유리한 변이를 가진 생물만이 살아남아 자손에게 그 특성을 전달한다. ➡ 서로 멀리 떨어져 교류하지 못하는 상태에서 오랜 시간이 지나면, 같은 종류의 생물들 간에 차이가 커져서 서로 다른 생김새와 특성을 지닌 무리로 나누어질 수 있다.
예 • 여우의 생김새가 환경에 따라 다양하다.➡ 추운 지역에 사는 북극여우는 몸의 말단 부위(주둥이, 귀, 꼬리 등)가 작고 몸집이 커서 열의 손실을 줄일 수 있다. 더운 지역에 사는 사막여우는 귀가 크고 몸집이 작아 열을 방출하기 쉽다. 이는 동물이 온도에 적응한 예이다.
• 잎사마귀와 난초사마귀는 생김새가 독특한데, 화려한 꽃이 있는 환경에서는 난초사마귀가 살아가는 데 유리하다.

▲ 북극여우

▲ 사막여우

▲ 잎사마귀

▲ 난초사마귀

+ 생물 다양성
• 생태계 다양성 : 생태계의 다양한 정도를 나타낸다. 강수량, 온도, 토양과 같은 환경이 다른 지역이 많을수록 생태계 다양성은 높아진다.
• 종 다양성 : 일정한 지역에 사는 생물종의 다양성을 의미한다.
• 유전적 다양성 : 같은 종류의 생물이 유전적으로 얼마나 다른지를 나타낸다.

+ 생태계
생물이 환경 및 다른 생물들과 관계를 맺으며 하나의 계를 이루는 것

+ 다양한 생태계의 생물

초원	얼룩말, 기린, 사자 등
열대 우림	곤충, 새, 악어, 원숭이 등
남극	펭귄, 물개 등
사막	낙타, 전갈 등
갯벌	게, 바지락, 갯지렁이, 갈대 등

• 열대 우림은 일 년 내내 기온이 높고 비가 많이 내려 울창한 밀림을 이루며, 그 속에서 다양한 생물이 살고 있어 생물 다양성이 매우 높다.
• 갯벌은 육지와 바다의 두 생태계를 이어주는 지역으로 생물 다양성이 매우 높다.

+ 환경과 생물 다양성의 관계
사막처럼 건조한 환경에 서식하는 선인장은 잎이 가시 형태를 하고 있어 수분 증발을 최소한으로 줄일 수 있다.

▲ 선인장

정답과 해설 • 24쪽

1 생물 다양성

- 여러 생태계에서 얼마나 다양한 종류의 생물이 살고 있는지 나타낸 것을 □□ □□□이라고 한다.
- 한 지역에 살고 있는 생물의 □□가 많으면 생물 다양성이 높다.
- 같은 종류의 생물에서 생김새와 특성이 □□하면 생물 다양성이 높다.

2 환경과 생물 다양성

- 변이와 □□에 적응하는 과정을 통해 생물 다양성이 높아진다.
- 같은 종류의 생물 사이에서 나타나는 생김새나 특성의 차이를 □□라고 한다.

01 그림은 지구의 여러 생태계에 살고 있는 다양한 생물을 나타낸 것이다.

초원

남극

바다

생태계와 살고 있는 생물의 종류를 옳게 연결하시오.

(1) 초원 • • ㉠ 고래
(2) 남극 • • ㉡ 펭귄
(3) 바다 • • ㉢ 얼룩말

02 생태계의 종류에 따라 살고 있는 생물의 종류가 다른 이유는 생태계를 이루는 무엇이 다르기 때문인지 쓰시오.

03 다음 설명에 해당하는 용어를 쓰시오.

작은 연못에서부터 지구 생태계에 이르기까지 여러 생태계에서 얼마나 다양한 종류의 생물이 살고 있는지를 나타낸 것이다.

04 생물 다양성에 대한 설명으로 옳은 것은 ○표, 옳지 않은 것은 ×표를 하시오.

(1) 한 지역에 살고 있는 생물의 종류가 많으면 생물 다양성이 높다. ( )
(2) 생태계가 다양할수록 지구 전체의 생물 다양성은 높아진다. ( )
(3) 벼를 심은 논은 갯벌보다 생물 다양성이 높다. ( )
(4) 같은 종류의 생물에서 생김새와 특성이 달라도 생물 다양성에 영향을 주지 않는다. ( )

05 변이와 관계있는 것을 〈보기〉에서 있는 대로 고르시오.

보기
ㄱ. 식물 세포는 세포벽이 있다.
ㄴ. 코스모스의 꽃잎 색깔은 여러 가지이다.
ㄷ. 바지락의 껍데기 무늬가 조금씩 다르다.
ㄹ. 얼룩말의 줄무늬 색깔과 간격이 조금씩 다르다.
ㅁ. 아마존 열대 우림 속에 곤충, 새, 원숭이 등 다양한 생물이 살고 있다.

생물의 다양성과 보전

3 생물 다양성의 중요성

1. 생태계 평형 유지

(1) **생태계 평형** : 생태계를 이루는 생물의 종류와 수가 크게 변하지 않고 안정된 상태를 유지하는 것

(2) 생물 다양성이 높을수록 먹이 사슬✚이 복잡하고, 멸종✚ 위험이 줄어 생태계 평형이 잘 유지된다.

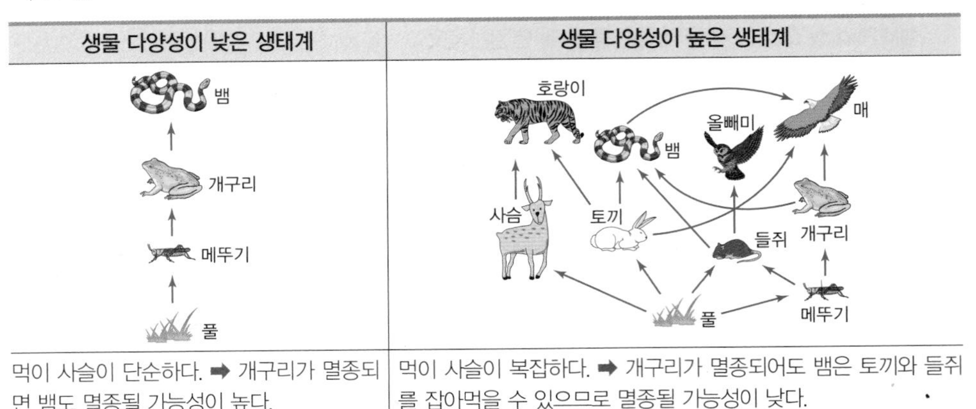

생물 다양성이 낮은 생태계	생물 다양성이 높은 생태계
먹이 사슬이 단순하다. ➡ 개구리가 멸종되면 뱀도 멸종될 가능성이 높다.	먹이 사슬이 복잡하다. ➡ 개구리가 멸종되어도 뱀은 토끼와 들쥐를 잡아먹을 수 있으므로 멸종될 가능성이 낮다.

2. 생물 자원으로 활용 : 생물 다양성은 인간의 삶을 풍요롭게 해 준다.

(1) 인간은 다양한 생물로부터 살아가는 데 필수적인 생물 자원✚(식량, 섬유, 건축 목재, 의약품 등)을 얻는다.

(2) 다양한 생태계는 깨끗한 공기와 물, 휴식과 안정을 제공하고 여가 활동을 위한 공간이 된다.

4 생물 다양성의 보전

1. 생물 다양성의 위기 : 멸종 위기종✚이 증가하고 많은 생물이 멸종되는 주요 원인은 인간의 활동과 밀접한 관련이 있다.

(1) 농경지 확장, 도시 개발, 환경 파괴에 의해서 서식지✚가 파괴되고, 철도나 도로의 건설로 인해 대규모 서식지가 소규모로 나누어진다.

(2) 특정 동식물을 지나치게 많이 잡거나 채집하여 야생 동식물이 급격히 줄어든다.

(3) 외래종(외래 생물)✚이 무분별하게 유입되어 고유종(고유 생물)의 생존을 위협한다.

예 외래종: 가시박, 미국자리공, 뉴트리아, 큰입우럭, 블루길, 황소개구리 등

▲ 가시박

▲ 뉴트리아

(4) 환경 오염과 기후 변화✚로 서식지의 환경이 변하여 생물이 피해를 입는다.

2. 생물 다양성 감소 원인에 따른 대책

원인	서식지 파괴	불법 포획, 과도한 포획	외래종 유입	환경 오염과 기후 변화
대책	지나친 개발 자제, 서식지 보전, 보호 구역 지정, 생태 통로 설치	법률 강화, 멸종 위기 생물 지정 및 멸종 위기종 복원 사업	무분별한 유입 방지, 꾸준한 감시와 퇴치 활동	쓰레기 배출량 줄이기, 환경 정화 시설 설치, 화석 연료 사용 줄이기

이외에 생물 다양성 보전을 위한 국가적 활동으로 종자 은행✚ 운영, 국제적 활동으로 생물 다양성 협약(국제적으로 생물 다양성을 보전하기 위한 협약)이 있다.

✚ **먹이 사슬**
생태계를 구성하는 생물 사이의 먹고 먹히는 순서가 사슬처럼 연결된 것이다. 먹이 사슬이 얽혀 복잡한 그물 모양(먹이 그물)을 이룰수록 생태계는 안정적으로 유지된다.

✚ **멸종**
생태계에서 특정 생물종이 사라지는 것

✚ **생물 자원**

벼(식량)

목화(섬유)

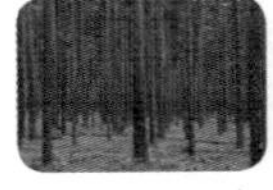
나무(건축 목재)

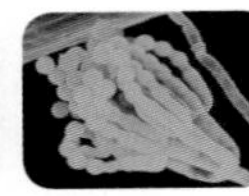
푸른곰팡이(의약품 : 항생제 원료)

✚ **멸종 위기종**
과거에는 번성했지만 오늘날 개체 수가 많이 줄어 멸종 위기에 처해 있는 생물종 예 반달가슴곰, 수원청개구리, 두루미, 장수하늘소, 나도풍란 등

✚ **서식지**
생물이 살고 있는 곳으로 숲, 땅, 연못, 강, 바다 등으로 다양하다. 도로 건설로 동물의 서식지가 나누어진 곳에는 생태 통로를 설치하여 동물이 안전하게 이동하도록 한다.

✚ **외래종(외래 생물)**
원래 살고 있던 지역을 벗어나 새로운 지역으로 들어가 자리를 잡고 사는 생물

✚ **기후 변화**
화석 연료의 사용 증가에 따라 지구의 평균 기온이 올라가는 지구 온난화와 같은 기후 변화가 일어나고 있다.

✚ **종자 은행**
종자 은행은 우리나라 고유의 우수한 종자를 보관하고 배양하여 보급하는 역할을 한다. 예 국립 수목원의 종자 은행

정답과 해설 • 24쪽

3 생물 다양성의 중요성

- □□ □□□이 높으면 먹이 사슬이 복잡하여 생태계가 안정적으로 유지될 수 있다.
- 인간은 다양한 □□로부터 살아가는 데 필수적인 자원을 얻는다.

06 그림은 서로 다른 생태계 (가)와 (나)의 먹이 사슬을 나타낸 것이다.

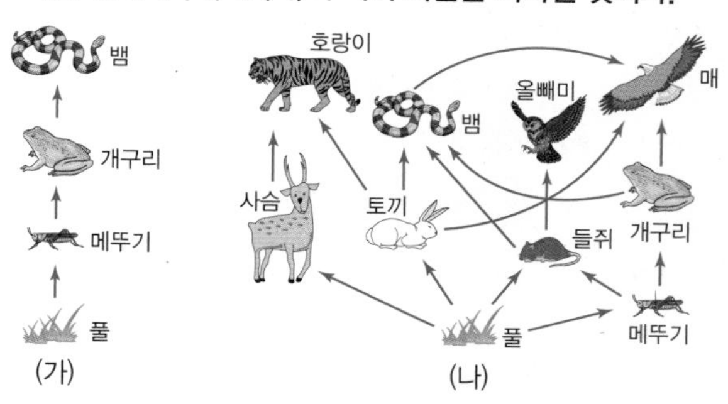

(1) (가)와 (나) 중 생물 다양성이 낮은 생태계를 쓰시오.

(2) (가)와 (나) 중 더 안정적으로 유지될 수 있는 생태계를 쓰시오.

07 생물 자원으로부터 얻은 천연 물질을 활용하는 사례로 옳은 것만을 〈보기〉에서 있는 대로 고르시오.

보기

ㄱ. 누에고치에서 건축 목재를 얻는다.
ㄴ. 푸른곰팡이로부터 항생제를 얻는다.
ㄷ. 목화는 인간의 식량 공급원이 되어 왔다.

4 생물 다양성의 보전

- 도로 건설로 동물의 서식지가 나누어진 곳에는 □□ □□를 설치하여 동물이 안전하게 이동하도록 한다.
- 종자 은행은 생물 다양성을 보전하기 위한 □□□ 활동이다.
- 생물 다양성 협약은 □□□으로 생물 다양성을 보전하기 위한 협약이다.

08 생물 다양성의 위기에 대한 설명으로 옳은 것은 ○표, 옳지 않은 것은 ×표를 하시오.

(1) 환경 오염과 기후 변화가 일어나도 생물종의 수는 보존된다. ( )

(2) 서식지가 파괴되면 그 서식지에서 살아가는 생물종의 수가 감소한다. ( )

(3) 외래종을 들여오면 그 지역에 살던 고유종이 살아가는 데 어려움을 겪을 수 있다. ( )

09 외래종에 해당하는 것만을 〈보기〉에서 있는 대로 고르시오.

보기

ㄱ. 가시박　ㄴ. 두루미　ㄷ. 뉴트리아
ㄹ. 나도풍란　ㅁ. 수원청개구리

10 생물 다양성 보전을 위한 대책으로 적절한 것만을 〈보기〉에서 있는 대로 고르시오.

보기

ㄱ. 무분별한 개발　ㄴ. 종자 은행 운영
ㄷ. 생태 통로 설치　ㄹ. 멸종 위기 생물 지정
ㅁ. 특정 동식물을 많이 잡고 채집하기

필수 탐구 생물 다양성 보전 방법

목표
생물 다양성 보전을 위한 활동 사례를 조사하여 발표할 수 있다.

유의점
- 자료 조사는 도서관, 인터넷, 다큐멘터리, 인터뷰 등을 활용한다.
- 활동 사례를 조사할 때는 다음 항목을 포함한다.

1. 활동 이름
2. 활동의 주체와 구체적인 활동 내용
3. 조사를 하면서 느낀 점

과정

1 모둠을 구성한 후 사회, 국가, 국제로 분야를 나누어 생물 다양성 보전을 위한 활동 사례 조사 계획을 세운다.

2 모둠별로 적절한 조사 방법을 생각해 보고, 조사 계획서를 작성한다.

조사 계획서(예시)			
모둠 이름	생물 사랑	모둠원	소은, 정우, 영호, 영진
조사 순서와 방법	1. 자료 조사하기 : 도서관, 인터넷, 다큐멘터리, 인터뷰 등 2. 조사 결과 정리하고 선별하기 3. 보고서 작성하기 : 사회적 활동 사례(소은), 국가적 활동 사례(정우), 국제적 활동 사례(영호), 보고서 편집(영진) 4. 발표하기 : 맡은 부분 발표, 발표 자료 제작 총괄(영호)		

3 조사 계획서에 따라 생물 다양성 보전을 위한 활동 사례를 조사해 보자.

4 조사한 결과를 바탕으로 보고서를 작성한다.(아래 오른쪽 예시처럼 멸종 위기종 하나를 선택하여 이를 보호하기 위한 방법을 조사할 수도 있다.)

조사 결과 보고서(예시)	
사회적 활동	여러 사람들이 우리 밀 살리기, 생태 모니터링, 생물 다양성의 중요성 알리기(캠페인) 등의 사회적인 노력을 하고 있다.
국가적 활동	국가에서 멸종 위기종을 지정하여 보호하고 있으며, 야생 생물 보호 및 관리에 관한 법률을 제정하여 야생 동식물의 멸종을 예방하고 있다. 또 야생 동식물이 많이 사는 지역을 국립 공원으로 지정하여 관리하고 있다.
국제적 활동	노르웨이의 국제 종자 저장고에 세계 각지에서 보낸 종자 수십만 종이 보관되어 있다. 이곳은 영하의 온도를 유지하는 언 땅에 자리 잡고 있어 전기 공급이 끊기더라도 오랫동안 종자를 냉동 보관할 수 있다.

조사 결과 보고서(예시)			
조사 주제	넓적부리도요 보호 활동 방법	조사 날짜	○월 ○일 ~○월 ○일
조사 목적	넓적부리도요 보호를 중심으로 생물 다양성 보전을 위한 활동 방법을 찾는다.		
조사 내용	1. 넓적부리도요의 특징 2. 넓적부리도요를 보호해야 하는 이유 3. 넓적부리도요를 보호하기 위한 활동 방법(사회적, 국가적, 국제적)		
결론	생물 다양성을 유지하기 위해 우리가 할 수 있는 활동을 찾아 실천해야 한다.		

결과

1 모둠별로 조사한 내용을 발표한다.

2 다른 모둠의 발표를 듣고 조사한 활동 이외의 새로운 활동 방법을 제안한다.

발표 내용에 대해 서로의 생각을 이야기하는 시간에 적극적으로 참여한다.

정리

모둠별로 발표한 내용을 정리한다.

발표 내용 정리	
(1) 생물 다양성 보전을 위한 활동 방법을 사회적, 국가적, 국제적 활동으로 구분하여 써 보자.	
사회적 활동 방법	우리 밀 살리기, 생태 모니터링, 생물 다양성의 중요성 알리기(캠페인)
국가적 활동 방법	멸종 위기종 지정 및 보호, 야생 생물 보호 및 관리에 관한 법률 제정, 국립 공원 지정 및 관리, 멸종 위기종 복원 사업, 종자 은행(농촌 진흥청의 농업 유전자원 센터, 국립 수목원, 국립 백두대간 수목원)
국제적 활동 방법	생물 다양성 협약(국제 협약), 노르웨이 국제 종자 저장고
(2) 새롭게 제안한 활동 방법을 써 보자.	생태 통로 설치(서식지 연결), 보호 구역 설정

정답과 해설 • 25쪽

생물 다양성 보전 방법

- 생물 다양성의 중요성을 알리는 캠페인은 생물 다양성을 보전하기 위한 □□□ 활동이다.
- 국가에서 야생 생물 보호 및 관리에 관한 법률을 제정하여 야생 동식물의 □□을 예방하고 있다.
- 우리나라 고유 식물의 종자는 □□ □□을 만들어 관리하고 있다.
- 생물 다양성을 보전하기 위한 국제 협약의 대표적인 예로 □□ □□□ 협약이 있다.

1 그림은 넓적부리도요와 두루미를 나타낸 것이다.
넓적부리도요나 두루미와 같이 오늘날 개체 수가 많이 줄어 멸종 위기에 처해 있는 생물종을 무엇이라고 하는지 쓰시오.

넓적부리도요

두루미

2 생물의 다양성 보전을 위한 방안으로 옳은 것만을 〈보기〉에서 있는 대로 고르시오.

보기
ㄱ. 농경지를 확장하고 도시를 개발한다.
ㄴ. 숲을 없애고 도로와 철도를 건설한다.
ㄷ. 고유 식물의 종자를 보관하는 종자 은행을 운영한다.
ㄹ. 야생 동식물이 많이 사는 지역을 국립 공원으로 지정하여 관리한다.

3 다음 학생들이 생물 다양성 보전을 위해 활동한 사례 중 활동 방법이 적절하지 않은 것은?

① 민희 : 생물 다양성 보전에 관한 포스터를 만든다.
② 태민 : 생물 다양성 보전을 위한 실천 서약서를 만든다.
③ 준수 : 국립 생물 자원관에서 우리나라의 생물 자원을 조사한다.
④ 상윤 : 멸종 위기종인 수원청개구리를 보호하기 위한 학생 토론회를 개최한다.
⑤ 소영 : 나라마다 살고 있는 생물의 종류가 같기 때문에 생물 다양성 보전을 위한 국제적 활동은 조사하지 않는다.

4 그림은 노르웨이의 국제 종자 저장고의 모습을 나타낸 것이다.
이에 대한 설명으로 옳은 것만을 〈보기〉에서 있는 대로 고르시오.

보기
ㄱ. 세계 각지에서 보낸 종자가 보관되어 있다.
ㄴ. 생물 다양성 보전을 위한 국제적 활동 사례이다.
ㄷ. 국제 종자 저장고가 있으므로 우리나라에서 종자 은행을 만들어 관리할 필요가 없다.
ㄹ. 영하의 온도를 유지하는 언 땅에 자리 잡고 있어 전기 공급이 끊기더라도 종자를 오랫동안 냉동 보관할 수 있다.

5 다음 설명의 빈칸에 공통으로 들어갈 알맞은 용어를 쓰시오.

- 어떤 생물이 멸종하여 (   )이 줄어들면 다른 생물도 영향을 받아 생태계 평형이 파괴될 수 있으므로 이를 보전하기 위해 노력해야 한다.
- (   )을 보전하기 위해서는 지나친 개발을 멈추고 생물의 서식지를 확보해야 한다.

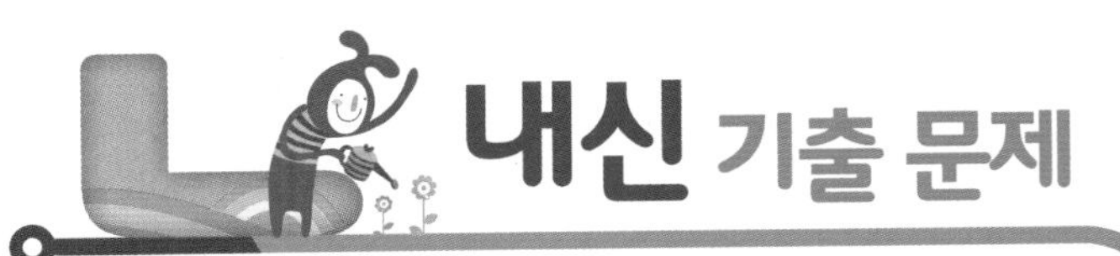

내신 기출 문제

1 생물 다양성

01 지구에 있는 생태계의 종류에 해당하는 것만을 〈보기〉에서 있는 대로 고른 것은?

〈보기〉
ㄱ. 갯벌　ㄴ. 빛　ㄷ. 바다
ㄹ. 온도　ㅁ. 사막

① ㄱ, ㄴ　② ㄷ, ㄹ　③ ㄱ, ㄷ, ㅁ
④ ㄴ, ㄷ, ㄹ　⑤ ㄷ, ㄹ, ㅁ

02 다음은 생물의 다양성에 대해 설명한 것이다.

현재 지구에는 수많은 종의 생물이 사는 것으로 밝혀졌으며, 새로운 종의 생물이 계속 발견된다. 이는 생물의 다양성 중 생물 (　　)가 다양하다는 의미이다.

빈칸에 들어갈 알맞은 말을 쓰시오.

중요
03 그림은 지역 (가)와 (나)에서 살고 있는 생물의 종류와 수를 조사한 것이다.

(가)

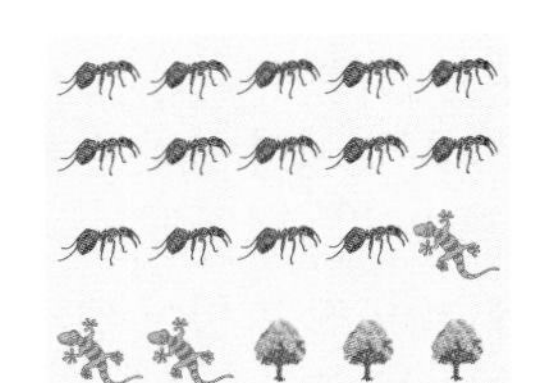
(나)

이에 대한 설명으로 옳은 것만을 〈보기〉에서 있는 대로 고른 것은?

〈보기〉
ㄱ. (가)는 (나)보다 생물 다양성이 더 높다.
ㄴ. (나)는 (가)보다 생물의 수가 더 많다.
ㄷ. 생물의 종류가 많고 생물이 고르게 분포할수록 생물 다양성이 높다.

① ㄱ　② ㄴ　③ ㄱ, ㄴ
④ ㄱ, ㄷ　⑤ ㄴ, ㄷ

04 생물 다양성에 대한 설명으로 옳지 않은 것은?

① 생물이 멸종하면 생물 다양성이 낮아진다.
② 생태계가 다양할수록 생물 다양성이 높아진다.
③ 생물 다양성이 높을수록 생태계는 안정적으로 유지된다.
④ 생태계의 종류에 따라 그곳에 서식하는 생물의 종류도 다르다.
⑤ 같은 종류에 속하는 생물의 특성이 서로 다른 것은 생물 다양성과 관계없다.

05 그림은 여러 생태계의 모습을 나타낸 것이다.

(가) 습지(우포늪)

(나) 논

(다) 갯벌

이에 대한 설명으로 옳은 것만을 〈보기〉에서 있는 대로 고른 것은?

〈보기〉
ㄱ. (가)에는 식물만 살고 있다.
ㄴ. (다)는 (나)보다 생물 다양성이 높다.
ㄷ. 생태계의 종류에 따라 살고 있는 생물의 종류와 수가 다르다.

① ㄱ　② ㄴ　③ ㄱ, ㄴ
④ ㄱ, ㄷ　⑤ ㄴ, ㄷ

2 환경과 생물 다양성

중요
06 그림은 무당벌레, 바지락, 얼룩말끼리 각각 서로 조금씩 다른 것을 나타낸 것이다.

무당벌레

바지락

얼룩말

이처럼 같은 종류의 생물 사이에서 나타나는 생김새나 특성의 차이를 무엇이라고 하는지 쓰시오.

07 그림은 크고 단단한 부리를 가진 새 종류가 나타난 과정이다.

부리의 모양과 크기에 조금씩 다른 변이가 있는 한 종류의 새가 있다. | 새의 일부가 크고 딱딱한 씨앗이 많은 섬에 살게 되었다. | 씨앗을 깰 수 있는 크고 단단한 부리를 가진 새가 살아남았다. | 오랜 시간이 지나면서 크고 단단한 부리를 가진 새로운 종류의 새가 되었다.

이에 대한 설명으로 옳은 것만을 〈보기〉에서 있는 대로 고른 것은?

보기

ㄱ. 부리의 모양과 크기에 대한 변이는 자손에게 전달되지 않는다.

ㄴ. 크고 딱딱한 씨앗이 많은 섬에서는 크고 단단한 부리를 가진 새가 다른 새보다 살아남기에 유리하다.

ㄷ. 한 종류였던 새들이 변화한 환경에 적응하면서 원래의 새와 특성이 다른 새가 되는 과정을 나타낸 것이다.

① ㄱ ② ㄱ, ㄴ ③ ㄱ, ㄷ
④ ㄴ, ㄷ ⑤ ㄱ, ㄴ, ㄷ

08 그림은 사는 곳이 서로 다른 두 종류의 여우를 나타낸 것이다.

(가)

(나)

이에 대한 설명으로 옳은 것은?

① (가)는 주로 열대 우림에 살고 있다.
② (가)는 (나)보다 몸집이 작은 경향이 있다.
③ (나)는 주로 북극에 살고 있다.
④ (나)는 열 방출량을 줄이기 위해 귀와 꼬리가 작다.
⑤ 서로 다른 환경에 적응하여 생물 다양성이 높아진 예에 해당한다.

09 변이의 예로 가장 적절한 것은?

① 곤충은 다리가 6개이다.
② 식물 세포는 세포벽이 있다.
③ 새의 알은 단단한 껍데기에 둘러싸여 있다.
④ 달팽이의 껍데기 무늬와 색깔이 조금씩 다르다.
⑤ 초원에 얼룩말, 기린, 사자 등 다양한 생물이 살고 있다.

3 생물 다양성의 중요성

10 그림은 서로 다른 생태계 (가)와 (나)의 먹이 사슬을 나타낸 것이다.

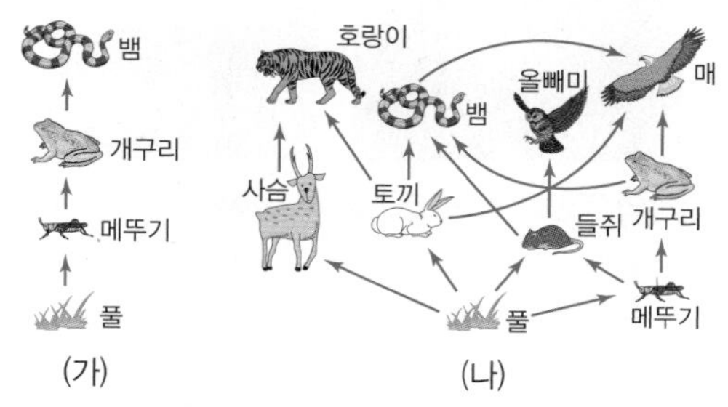

이에 대한 설명으로 옳은 것은?

① (가)는 (나)보다 생물 다양성이 높다.
② (가)는 (나)보다 생태계 평형 유지에 유리하다.
③ (나)에서 개구리가 사라진다면 뱀은 멸종할 것이다.
④ (나)는 (가)보다 생태계를 안정적으로 유지할 수 있다.
⑤ (가)에서 메뚜기가 사라져도 (가)의 생태계 평형은 유지된다.

11 생물과 그 생물이 제공하는 자원의 연결이 옳지 <u>않은</u> 것은?

① 밀 – 의복 ② 벼 – 식량
③ 목화 – 의복 ④ 소나무 – 건축 재료
⑤ 푸른곰팡이 – 의약품

12 생물 다양성을 보전해야 하는 이유로 옳지 <u>않은</u> 것은?

① 식량과 의복 재료를 얻을 수 있기 때문이다.
② 깨끗한 공기와 물을 얻을 수 있기 때문이다.
③ 생태계를 안정적으로 유지할 수 있기 때문이다.
④ 의약품과 집 지을 재료를 얻을 수 있기 때문이다.
⑤ 사람에게 유용한 생물만 남겨 둘 수 있기 때문이다.

4 생물 다양성의 보전

13 생물 다양성이 감소되는 원인으로 볼 수 없는 것은?

① 숲을 없애고 공장을 건설한다.
② 갯벌을 없애고 농경지를 만든다.
③ 고유종을 잡아먹는 외래종을 들여온다.
④ 바다에서 불법으로 잡은 고래를 판매한다.
⑤ 생물의 서식지를 보전하고, 보호 구역을 지정한다.

14 그림은 생태 통로를 나타낸 것이다.

생태 통로의 역할로 옳은 것만을 〈보기〉에서 있는 대로 고른 것은?

보기
ㄱ. 생물 다양성을 보전할 수 있다.
ㄴ. 도로에 건설되어 동물의 서식지를 훼손한다.
ㄷ. 야생 동물이 지나다닐 수 있는 길이 되어 준다.
ㄹ. 나누어진 서식지를 연결하여 서식지의 연속성을 유지한다.

① ㄱ, ㄴ ② ㄱ, ㄷ ③ ㄷ, ㄹ
④ ㄱ, ㄷ, ㄹ ⑤ ㄴ, ㄷ, ㄹ

15 생물 다양성을 보전하기 위한 국가적 활동에 해당하는 것은?

① 우리 밀 살리기
② 가정에서 쓰레기 줄이기
③ 국립 공원을 지정하고 관리하기
④ 지역의 하천에서 환경 정화 활동하기
⑤ 생물 다양성 협약을 채택하여 실천하기

16 생물 다양성 감소의 원인과 대책을 옳게 짝 지은 것은?

	원인	대책
①	환경 오염	멸종 위기 생물 지정
②	불법 포획	환경 정화 시설 설치
③	기후 변화	외래종의 무분별한 유입 방지
④	외래종 유입	보호 구역 지정
⑤	서식지 파괴	지나친 개발 자제

17 생물 다양성의 위기에 대한 설명으로 옳은 것만을 〈보기〉에서 있는 대로 고른 것은?

보기
ㄱ. 외래종을 들여오면 원래 그 지역에 살고 있는 생물의 생존을 위협할 수 있다.
ㄴ. 서식지 면적이 감소하면 그 서식지에서 살아가는 생물종의 수도 감소한다.
ㄷ. 과도한 쓰레기 배출로 환경이 오염되어도 생물 다양성에 영향을 주지 않는다.
ㄹ. 열대 우림은 생물 다양성이 높으므로 서식지가 파괴되어도 생물종의 수는 보존된다.

① ㄱ, ㄴ ② ㄱ, ㄷ ③ ㄱ, ㄹ
④ ㄴ, ㄷ ⑤ ㄴ, ㄹ

중요

18 생물 다양성을 보전하는 방안으로 옳은 것만을 〈보기〉에서 있는 대로 고른 것은?

보기
ㄱ. 화석 연료를 더 많이 사용한다.
ㄴ. 고유 식물의 종자를 보관하는 종자 은행을 운영한다.
ㄷ. 동물을 불법으로 잡는 것을 금지하는 법률을 폐지한다.
ㄹ. 반달가슴곰을 보호하여 번식시킨 후 다시 야생으로 돌려보낸다.

① ㄱ, ㄴ ② ㄱ, ㄷ ③ ㄱ, ㄹ
④ ㄴ, ㄷ ⑤ ㄴ, ㄹ

19 그림은 멸종 위기종의 하나인 황새를 나타낸 것이다.
황새를 보호하고 자연으로 돌려보내는 활동이 필요한 이유로 옳은 것만을 〈보기〉에서 있는 대로 고른 것은?

보기
ㄱ. 멸종이 일어나면 생물 다양성이 감소하기 때문이다.
ㄴ. 생물 다양성이 감소하면 생태계가 파괴될 수 있기 때문이다.
ㄷ. 멸종 위기종이 증가하는 것은 인간의 활동과 관련이 없기 때문이다.

① ㄱ ② ㄴ ③ ㄱ, ㄴ
④ ㄴ, ㄷ ⑤ ㄱ, ㄴ, ㄷ

정답과 해설 • 26쪽

01 다음은 바나나의 종에 대한 설명이다.

> 현재 우리가 먹는 바나나는 캐번디시(*Cavendish*)라는 종으로 과거에 식용으로 알려진 종이 아니었다. 과거에 많이 재배되었던 그로 미셸(*Gros Michel*)이라는 종의 바나나는 곰팡이 때문에 생긴 전염병으로 거의 멸종되었다. 그래서 맛은 덜하지만 질병에 강한 캐번디시(*Cavendish*)가 대체 종으로 선택된 것이다. 만약 그로 미셸(*Gros Michel*)이 바나나마다 특성이 달랐고, 그중에 곰팡이 전염병에 강한 것이 있었다면 이 바나나는 멸종되지 않았을 것이다.

이에 대한 설명으로 가장 적절한 것은?

① 생물 다양성은 지역에 따라 차이가 난다.
② 생태계에 따라 살고 있는 생물의 종류가 다르다.
③ 생태계가 다양할수록 지구의 생물 다양성은 높아진다.
④ 같은 종류의 생물이 환경에 적응하는 과정을 통해 생물 다양성이 높아진다.
⑤ 같은 종류에 속하는 생물의 특성이 다양하면 전염병에도 살아남는 생물이 있어 멸종할 위험이 낮다.

02 그림은 여러 가지 외래종을 나타낸 것이다.

가시박

뉴트리아

큰입우럭

이 생물들에 대한 설명으로 옳지 <u>않은</u> 것은?

① 먹이 사슬에 변화를 일으킨다.
② 생태계 평형을 파괴할 수 있다.
③ 천적이 없으므로 과도하게 번식한다.
④ 예전부터 살고 있던 생물의 먹이가 되어 생물 다양성을 크게 증가시킨다.
⑤ 원래 살고 있던 지역을 벗어나 새로운 지역으로 들어가 자리를 잡고 사는 생물이다.

정답과 해설 • 27쪽

예제

01 그림은 생태계 (가)와 (나)의 먹이 사슬을 나타낸 것이다.

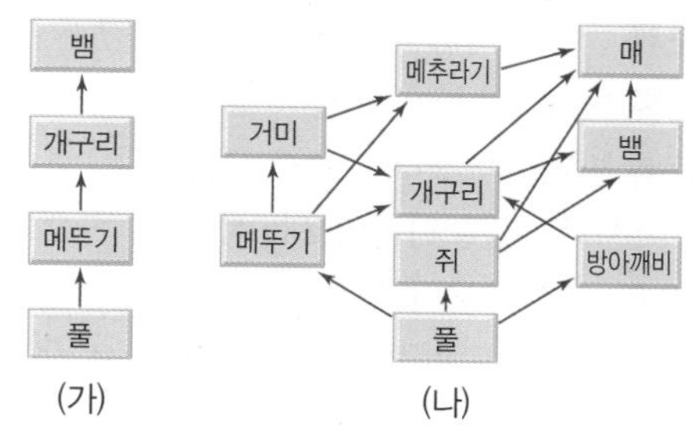

(1) (가)에서 개구리가 사라지면 뱀과 메뚜기의 개체 수가 어떻게 변할지 서술하시오.

(2) (가)와 (나) 중에서 생물 다양성이 높은 것의 기호를 쓰고, 그 이유를 다음 용어를 사용하여 서술하시오.

> 생물, 종류, 먹이 사슬

Tip (가)는 먹이 사슬이 단순하고, (나)는 먹이 사슬이 복잡하다.
Key Word 개체 수, 생물, 종류, 먹이 사슬

[설명] (나)에서는 한 생물이 멸종되어도 이를 먹이로 하는 생물은 다른 생물을 먹을 수 있어 개체 수에 급격한 변화가 없을 것이다.
[모범 답안] (1) 뱀은 개체 수가 감소하여 멸종될 가능성이 높고, 메뚜기는 개체 수가 급격히 증가할 것이다.
(2) (나), (나)는 (가)보다 서식하는 생물의 종류가 더 많고, 먹이 사슬이 복잡하기 때문이다.

실전 연습

02 그림은 어떤 해양 생태계의 모습을 나타낸 것이다. 이 생태계에서는 거대한 다시마의 일종인 자이언트 켈프로 이루어진 해조 숲을 터전으로 수많은 해양 생물이 살고 있다.

사람이 해달을 집중적으로 사냥할 때 일어나는 해달, 성게, 자이언트 켈프의 개체 수 변화를 서술하시오. (해달은 성게를 먹이로 하며, 성게는 자이언트 켈프를 먹이로 한다.)

Tip 해달은 성게의 개체 수를 조절하여 수많은 해양 생물의 서식지인 해조 숲(자이언트 켈프)이 유지되도록 한다.
Key Word 개체 수, 먹이

02 생물의 분류

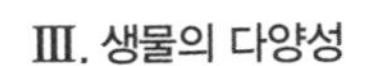

1 생물 분류의 목적과 방법

1. **생물 분류** : 여러 가지 특징을 기준으로 생물을 무리 지어 나누는 것
2. **생물 분류 목적** : 생물 사이의 가깝고 먼 관계를 파악하고, 생물을 조사·연구하기 위해서이다.
3. **생물 분류 방법**
   (1) 인위 분류✚ : 생물의 쓰임새, 서식지, 식성 등 인간의 편의에 따라 분류하는 방법이다.
   (2) 자연 분류✚ : 생물의 생김새, 속 구조, 한살이, 번식 방법, 호흡 방법 등 생물이 가진 고유한 특징을 기준으로 분류하는 방법이다. ➡ 생물 사이의 가깝고 먼 관계를 판단할 수 있다.

▲ 인위 분류와 자연 분류

   (3) 생물 사이의 관계✚ : 생물을 분류할 때 두 생물이 얼마나 가깝고 먼지를 나타내는 것이다.
   예 상어는 아가미로 호흡하고 고래와 사람은 폐로 호흡하므로 고래와 사람이 고래와 상어보다 더 가까운 관계에 있다.

▲ 상어(아가미 호흡)

▲ 고래(폐호흡)

▲ 사람(폐호흡)

2 생물 분류 체계

1. **종✚** : 생물 분류의 가장 기본이 되는 단위로, 자연 상태에서 번식 능력이 있는 자손을 낳을 수 있는 생물 무리이다.
2. **생물 분류 체계✚** : 생물을 분류하는 여러 단계로, 생물을 가장 작은 범주인 종에서부터 점차 큰 범주로 묶어 나타낸 것이다.
   (1) 분류 단계 : 종<속<과<목<강<문<계
   (2) 종이 가장 작은 단계이고, 계가 가장 큰 단계이다.

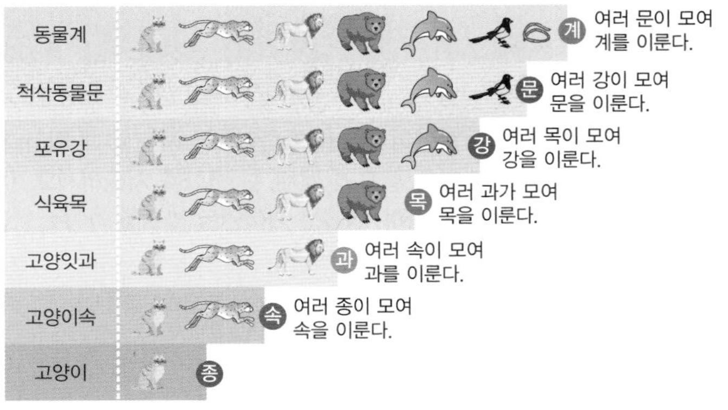

▲ 생물(고양이)의 분류 단계

✚ **인위 분류**
인간의 이용 목적이나 편의를 기준으로 분류하기 때문에 분류하는 사람에 따라 결과가 달라질 수 있다.

✚ **자연 분류**
생물의 형태, 구조, 유전적 특징 등 생물의 고유한 특징을 기준으로 분류하는 방법이다.

✚ **척추**
동물의 몸을 지지하는 기다란 뼈 구조물이다.

✚ **포자**
홀씨라고도 하며 일부 식물(고사리, 이끼)과 버섯, 곰팡이가 포자로 번식한다. 포자는 단단한 막에 둘러싸여 쉽게 건조되지 않으며, 습한 곳에서 싹이 나와 새로운 개체로 자란다.

✚ **생물 사이의 관계**
일반적으로 두 생물 사이에 공통점이 많을수록 가까운 관계에 있다.

✚ **종**
생김새가 비슷한 생물이어도 같은 종이 아닐 수 있다.
- 노새 : 암말과 수탕나귀 사이에서 태어난 노새는 번식 능력이 없어 자손을 낳지 못하므로 말과 당나귀는 다른 종이다.

- 라이거 : 수사자와 암호랑이 사이에서 태어난 라이거도 번식 능력이 없어 자손을 낳지 못하므로 사자와 호랑이도 다른 종이다.

✚ **생물 분류 체계**
계에서 종으로 갈수록 생물이 더 세부적으로 나누어진다.

1 생물 분류의 목적과 방법

- 여러 가지 특징을 기준으로 생물을 무리 지어 나누는 것을 □□ □□라고 한다.
- 생물을 번식 방법을 기준으로 나누는 것은 생물이 가진 □□한 특징을 기준으로 분류하는 방법이다.
- 생물을 분류하는 과정에서 각 생물의 고유한 특징을 비교하면 생물 사이의 가깝고 먼 □□를 알 수 있다.

2 생물 분류 체계

- 생물 분류의 가장 기본이 되는 단위는 □이다.
- 생물 분류 체계는 □→□→□→목→강→□→계의 단계로 이루어진다.

01 생물을 분류하는 기준으로 이용되는 생물이 가진 고유한 특징에 해당하는 것만을 〈보기〉에서 있는 대로 고르시오.

〈보기〉
ㄱ. 호흡 방법　　ㄴ. 번식 방법　　ㄷ. 생물의 생김새
ㄹ. 생물의 쓰임새　　ㅁ. 생물의 속 구조

02 그림은 상어, 고래, 사람을 나타낸 것이다.

상어

고래

사람

(1) 이 동물 중 호흡 방법이 같은 것 2가지를 쓰시오.
(2) 상어와 사람 중 고래와 더 가까운 관계에 있는 동물을 쓰시오.

03 다음 설명에 해당하는 용어를 쓰시오.

> 자연 상태에서 번식 능력이 있는 자손을 낳을 수 있는 생물 무리이다.

04 생물 분류 체계에 대한 설명으로 옳은 것은 ○표, 옳지 <u>않은</u> 것은 ×표를 하시오.

(1) 생물을 분류하는 기본 단위는 강이다. (　　)
(2) 계에서 종으로 갈수록 생물이 더 세부적으로 나누어진다. (　　)
(3) 종<속<과<목<강<문<계의 단계로 이루어진다. (　　)

05 같은 종끼리 연결된 것만을 〈보기〉에서 있는 대로 고르시오.

〈보기〉
ㄱ. 말－당나귀　　ㄴ. 사자－호랑이　　ㄷ. 라이거－사자
ㄹ. 풍산개－진돗개　　ㅁ. 삽살개－제주개

02 생물의 분류

3 생물 분류

1. **계 수준의 생물 분류 기준** : 핵(핵막)의 유무, 세포벽의 유무, 세포 수(단세포 생물인지 다세포 생물인지), 광합성의 여부(엽록체의 유무), 기관✚의 발달 정도 등

2. **생물의 분류(5계)**✚ : 원핵생물계, 원생생물계, 균계, 식물계, 동물계의 5계로 분류한다.

   (1) **원핵생물계** : 핵막이 없어서 핵이 뚜렷이 구분되지 않으며, 대부분 단세포 생물이다. 세포벽이 있어서 세포 내부를 보호한다.
   예 대장균, 헬리코박터 파일로리균, 폐렴균, 젖산균 등

   (2) **원생생물계** : 핵막으로 둘러싸인 뚜렷한 핵이 있으며, 균계, 식물계, 동물계 중 어디에도 속하지 않는 생물을 모아 놓은 무리이다. 대부분 물속에서 생활하며 기관이 발달하지 않았다. 먹이를 섭취하는 종류와 광합성을 하는 종류(김, 미역, 다시마, 파래 등)가 있고, 단세포 생물 또는 다세포 생물이다.
   예 • 단세포 생물 : 짚신벌레, 아메바 등 • 다세포 생물 : 김, 미역, 다시마, 파래 등

   (3) **균계** : 핵막으로 둘러싸인 뚜렷한 핵이 있으며, 세포벽이 있고 광합성을 못 한다. 몸이 균사✚로 이루어져 있으며, 운동성이 없다.
   예 • 단세포 생물 : 효모 • 다세포 생물 : 버섯, 곰팡이 등

   (4) **식물계** : 핵막으로 둘러싸인 뚜렷한 핵이 있으며, 세포벽이 있고 다세포 생물이다. 엽록체가 있어 광합성을 하여 스스로 영양분을 만든다. 운동성이 없고, 포자나 종자로 번식한다.
   예 • 포자로 번식하는 식물 : 우산이끼, 고사리 등 • 종자(씨)로 번식하는 식물 : 소나무, 은행나무, 벼, 옥수수, 진달래, 감나무 등

   (5) **동물계** : 핵막으로 둘러싸인 뚜렷한 핵이 있으며, 세포벽이 없고 다세포 생물이다. 광합성을 못 하고 먹이를 섭취하여 몸 안에서 영양분을 소화·흡수하며, 대부분 운동 기관이 있어 이동할 수 있다. 예 • 척추가 없는 동물 : 해파리, 지렁이, 조개, 달팽이, 거미, 나비, 불가사리 등 • 척추가 있는 동물 : 붕어, 개구리, 악어, 오리, 원숭이 등

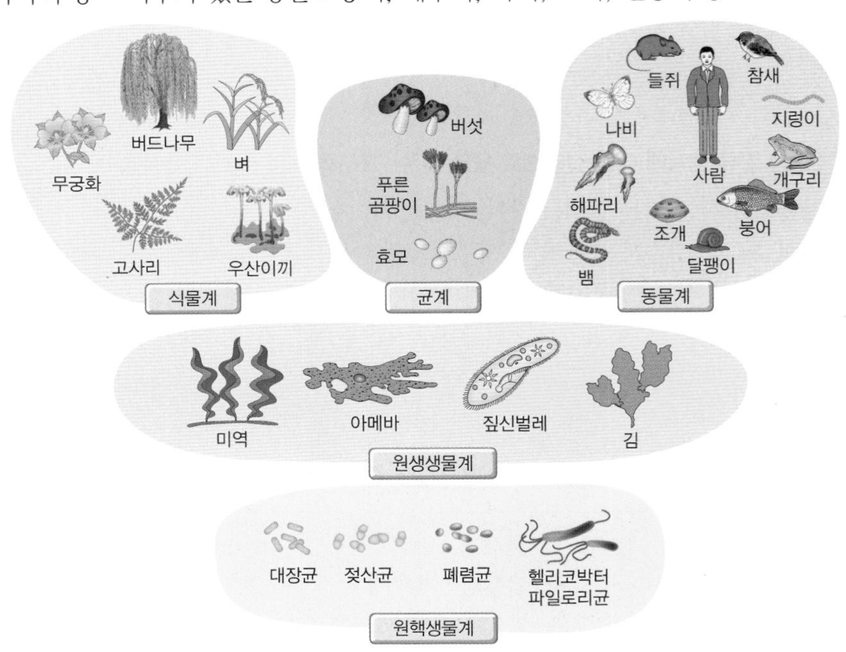

▲ 생물의 5계 분류 체계 : 원핵생물계, 원생생물계, 균계, 식물계, 동물계

✚ **기관**
일정한 모양과 기능을 나타내는 생물체의 부분이다. 식물의 기관에는 뿌리, 줄기, 잎, 꽃, 열매가 있고, 동물의 기관에는 소장, 심장, 폐, 뇌, 콩팥 등이 있다.

✚ **5계 생물의 예**

• 원핵생물계

대장균

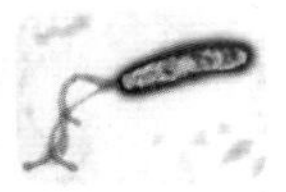
헬리코박터 파일로리균

• 원생생물계

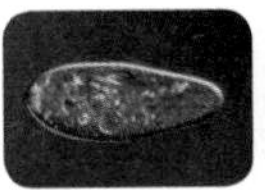
짚신벌레

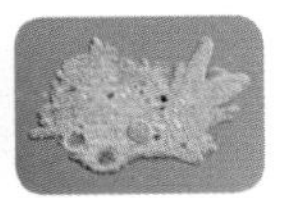
아메바

미역

다시마

• 균계

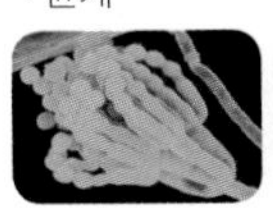
푸른곰팡이

송이버섯

• 식물계

우산이끼

고사리

은행나무

진달래

• 동물계

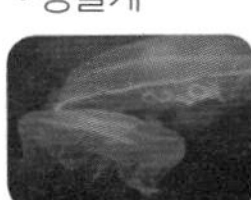
해파리

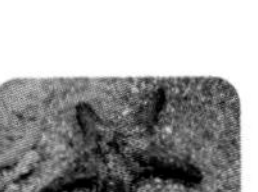

불가사리

개구리

원숭이

✚ **균사**
버섯이나 곰팡이의 몸을 이루고 있는 가는 실 모양의 구조

정답과 해설 • 27쪽

3 생물 분류

- 원핵생물계에 속하는 생물은 □□이 없는 세포로 이루어져 있다.
- □□□□계는 핵막으로 둘러싸인 뚜렷한 핵이 있으며, 균계, 식물계, 동물계 중 어디에도 속하지 않는 생물을 모아 놓은 무리이다.
- 버섯과 곰팡이는 □계에 속한다.
- □□계에 속하는 생물은 엽록체가 있어 광합성을 하여 스스로 영양분을 만든다.
- 나비, 개구리, 원숭이는 □□계에 속하며, 대부분 □□ 기관이 있어 이동할 수 있다.

06 **원생생물계에 대한 설명으로 옳은 것은 ○표, 옳지 않은 것은 ×표를 하시오.**

(1) 세포 안에 핵막이 있어서 핵이 뚜렷이 구분된다. ( )

(2) 김, 미역은 원생생물계에 속하는 다세포 생물이다. ( )

(3) 아메바, 짚신벌레는 원생생물계에 속하며, 광합성을 할 수 있다. ( )

07 **그림은 여러 가지 생물을 몇 가지 기준에 따라 분류한 것이다.**

(1) (가)와 (나)로 분류하는 기준을 쓰시오.

(2) (다)와 (라)로 분류하는 기준을 쓰시오.

(3) (가) 생물이 속하는 계를 쓰시오.

08 **다음 각 생물과 생물이 속한 계를 옳게 연결하시오.**

(1) 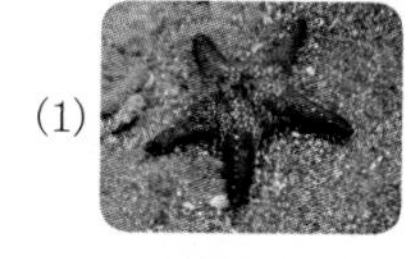 불가사리 • • ㉠ 원생생물계

(2) 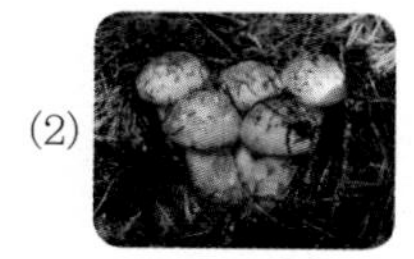 송이버섯 • • ㉡ 동물계

(3) 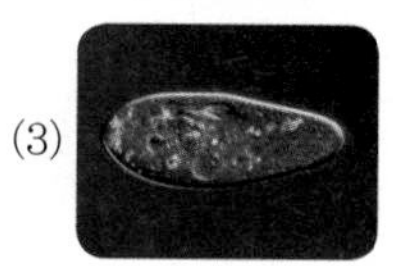 짚신벌레 • • ㉢ 균계

(4) 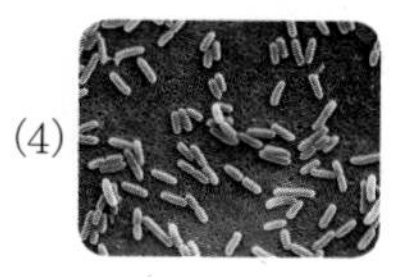 대장균 • • ㉣ 원핵생물계

09 **식물계의 특징으로 옳은 것만을 〈보기〉에서 있는 대로 고르시오.**

보기

ㄱ. 세포벽이 없다.

ㄴ. 우산이끼, 고사리가 속해 있다.

ㄷ. 세포 안에 핵막으로 둘러싸인 뚜렷한 핵이 있다.

ㄹ. 엽록체가 있어 광합성을 하여 스스로 영양분을 만든다.

10 **생물을 계 수준에서 분류할 때 해파리와 호랑이는 모두 어느 계에 속하는지 쓰시오.**

필수 탐구 여러 가지 생물의 분류

목표
우리 주변의 다양한 생물을 계 수준에서 분류하고, 각 계의 특징을 설명할 수 있다.

유의점
1. 생물 카드를 만들 때 모둠원끼리 서로 생물이 겹치지 않도록 한다.
2. 생물 카드의 특징에는 그 생물이 속하는 계의 특징이 포함되도록 한다.
3. 생물의 특징은 인터넷이나 백과사전 등을 활용하여 조사한다.

과정

1 모둠을 구성하고 각자 주변의 생물 중 다섯 가지를 선택한 후, 그림 (가)와 같이 생물의 사진(또는 그림), 이름, 특징이 들어간 5장의 생물 카드를 완성한다.
2 모둠별로 완성된 생물 카드를 모두 모은 후, 생물의 특징에 따라 계 수준에서 분류한다.
3 그림 (나)(생물의 5계 분류 체계)를 참고하여 전지에 생물의 계를 구분하는 그림을 자유롭게 그린 후, 각 계에 해당하는 부위에 과정 **2**에서 분류한 생물 카드를 붙인다.

(가)

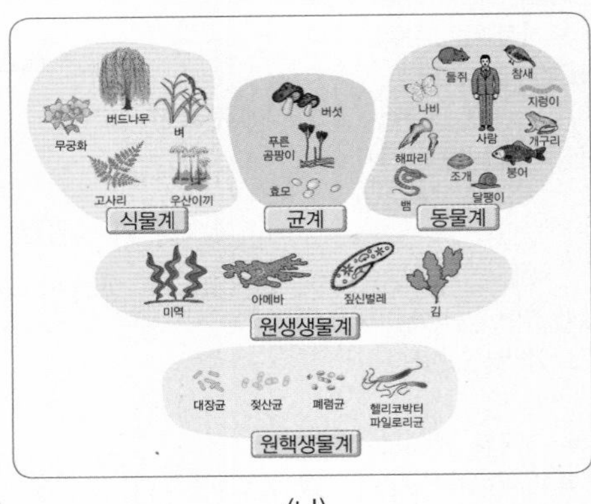

(나)

결과

1 모둠별로 완성된 생물 분류 그림을 보면서 각 계의 특징과 그 계에 속하는 생물을 발표한다.
2 다른 모둠이 발표한 내용을 평가해 보자.

평가 항목	우수	보통	미흡
생물의 계를 구분하는 그림을 창의적으로 표현하였는가?			
생물 카드에 적힌 생물들을 각 계의 특징에 맞게 분류하여 붙였는가?			
각 계의 특징과 그 계에 속하는 생물을 이해하기 쉽게 설명하였는가?			

정리

각 모둠의 발표 내용을 참고하여 표를 완성한다.(단, ⊠ 표시된 곳은 채우지 않는다.)

구분	핵막으로 둘러싸인 뚜렷한 핵	세포벽	광합성	운동성	세포 수	생물 이름
원핵생물계	없다	있다	⊠	⊠	단세포	대장균, 폐렴균, 젖산균, 헬리코박터 파일로리균
원생생물계	있다	⊠	⊠	⊠	단세포, 다세포	아메바, 짚신벌레, 유글레나, 미역, 김, 다시마
균계	있다	있다	못 한다	없다	대부분 다세포	효모, 버섯, 곰팡이
식물계	있다	있다	한다	없다	다세포	우산이끼, 고사리, 벼, 무궁화, 소나무, 버드나무
동물계	있다	없다	못 한다	대부분 있다	다세포	해파리, 조개, 달팽이, 나비, 붕어, 개구리, 뱀, 참새, 사람

정답과 해설 • 27쪽

여러 가지 생물의 분류

- 원핵생물계에 속하는 생물은 핵막이 없어서 □이 뚜렷이 구분되지 않는다.
- 아메바, 짚신벌레는 □□□□계에 속한다.
- 효모, 버섯, 곰팡이는 □계에 속한다.
- □□계는 세포벽이 있으며, 엽록체가 있어 □□□을 하여 스스로 영양분을 만든다.
- 달팽이, 붕어, 참새는 □□계에 속한다.

1 그림은 두 가지 생물의 모습을 나타낸 것이다. 이 생물들이 속하는 계를 쓰시오.

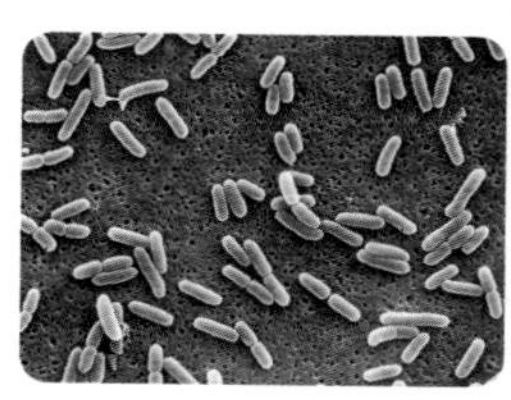
대장균

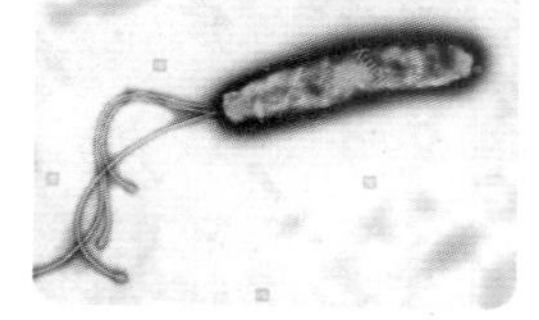
헬리코박터 파일로리균

2 생물을 계 수준으로 분류할 때 미역과 김은 어느 계에 속하는지 쓰시오.

3 그림은 여러 가지 생물을 (가)와 (나) 두 무리로 분류한 것이다. (가)와 (나)의 분류 기준을 쓰시오.

표고버섯

원숭이

(가)

우산이끼

고사리

은행나무

(나)

4 표는 생물 5계의 특징을 비교한 것이다.

구분	핵막으로 둘러싸인 뚜렷한 (㉠)	(㉡)	운동성	광합성
원핵생물계	없다	있다		
원생생물계	있다			
균계	있다	있다	없다	못 한다
식물계	있다	있다	없다	한다
(㉢)	있다	없다	대부분 있다	못 한다

(1) ㉠과 ㉡에 해당하는 용어를 각각 쓰시오.

(2) 생물 5계 중 ㉢에 해당하는 계를 쓰시오.

5 그림은 생물 분류를 하기 위해 만든 생물 카드이다. 카드의 빈칸에 들어갈 알맞은 용어를 쓰시오.

생물 사진

생물 이름 장미

특징

1. 핵막으로 둘러싸인 뚜렷한 핵이 있다.
2. 엽록체가 있어 (   )을 한다.
3. 줄기에 가시가 있다.

내신 기출 문제

1 생물 분류의 목적과 방법

01 다음 설명에 해당하는 것은?

> 특정한 기준에 따라 생물을 무리로 묶어 나누는 것

① 종　② 속　③ 생태계
④ 생물 분류　⑤ 생물 다양성

중요
02 생물 분류에 대한 설명으로 옳지 않은 것은?
① 생물을 분류할 때 기준에 따라 분류 결과가 달라진다.
② 두 생물 사이에 공통점이 많을수록 가까운 관계에 있다.
③ 여러 가지 특징을 기준으로 생물을 무리 지어 나누는 것이다.
④ 생물 사이의 공통점과 차이점을 찾아 차이점이 많은 것끼리 묶어 무리를 만든다.
⑤ 생물의 분류 과정에서 각 생물의 고유한 특징을 비교하면 생물 사이의 가깝고 먼 관계를 알 수 있다.

03 다음은 주변에서 관찰되는 여러 가지 생물이다.

> 소나무, 민들레, 송이버섯, 고사리, 벼, 광대버섯

기준을 세워 이 생물들을 분류할 때, 사람에 따라 분류 결과가 달라지는 기준은?
① 한살이　② 호흡 방법
③ 번식 방법　④ 생물의 생김새
⑤ 생물의 쓰임새

04 생물의 고유한 특징을 기준으로 비교하였을 때 다음 중 펭귄과 가장 가까운 관계에 있는 생물은?
① 물개　② 타조　③ 여우
④ 돌고래　⑤ 북극곰

2 생물 분류 체계

중요
05 다음 설명에 해당하는 분류 단위는?

> • 생물을 분류하는 가장 작은 단위
> • 자연 상태에서 번식 능력이 있는 자손을 낳을 수 있는 생물 무리

① 종　② 속　③ 과
④ 목　⑤ 강

06 그림은 고양이의 분류 단계를 나타낸 것이다.

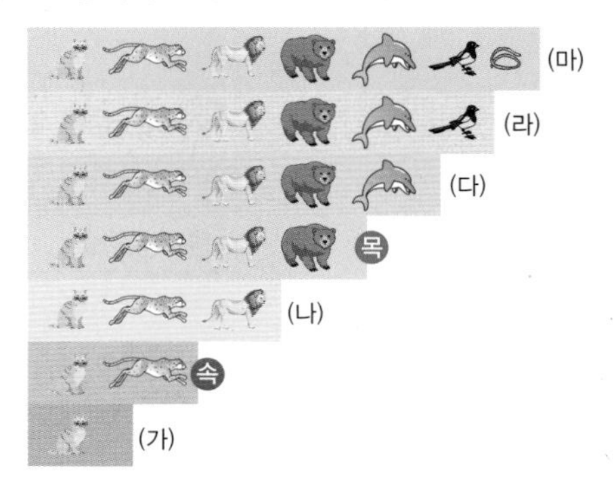

(가)~(마)에 해당하는 분류 단계를 쓰시오.

07 생물 분류 체계에 대한 설명으로 옳은 것은?
① 과는 목보다 상위 분류 단계이다.
② 문은 강보다 하위 분류 단계이다.
③ 비슷한 종을 묶어서 속으로 분류한다.
④ 생물을 분류하는 가장 큰 단위는 과이다.
⑤ 계는 생물을 분류하는 가장 작은 단위이다.

3 생물 분류

[08~09] 표는 5가지 생물의 특징을 비교한 것이다.

종류	A	B	세포 수
대장균	없다	못 한다	단세포
아메바	있다	못 한다	단세포
푸른곰팡이	있다	못 한다	다세포
은행나무	있다	한다	다세포
기린	있다	못 한다	다세포

중요

08 A, B에 해당하는 것을 옳게 짝 지은 것은?

	A	B
①	핵막	세포벽
②	핵막	광합성
③	핵막	세포막
④	광합성	핵막
⑤	광합성	세포벽

09 표의 생물에 대한 설명으로 옳은 것은?

① 아메바는 다세포 생물이다.
② 푸른곰팡이는 원핵생물계에 속한다.
③ 기린은 스스로 양분을 합성할 수 있다.
④ 대장균과 은행나무는 모두 단세포 생물이다.
⑤ 광합성 여부는 균계와 식물계를 구분하는 기준이 된다.

10 그림은 5계 분류 체계 중 같은 계에 속하는 생물을 나타낸 것이다.

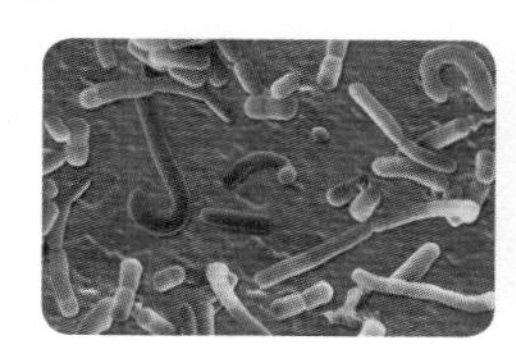
젖산균

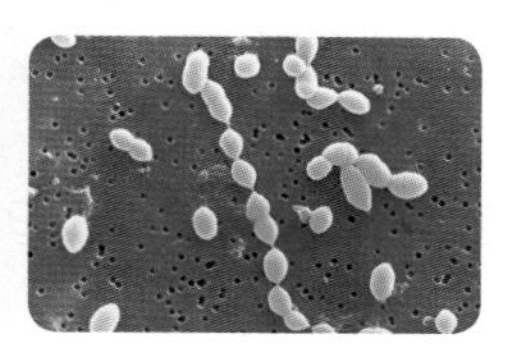
폐렴균

이 생물들이 속하는 계는?

① 균계 ② 식물계 ③ 동물계
④ 원핵생물계 ⑤ 원생생물계

11 그림은 5종류의 생물을 나타낸 것이다.

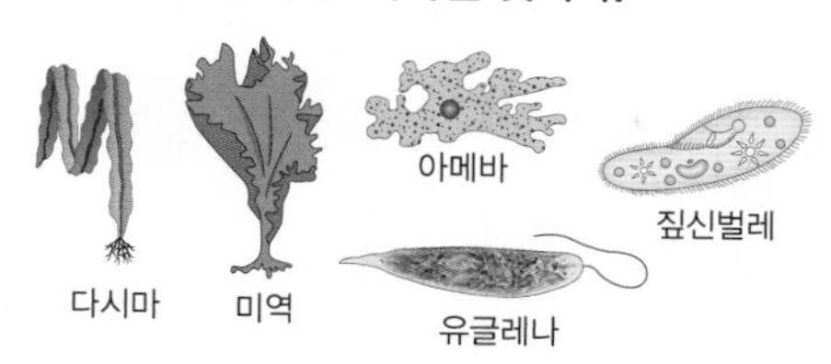

이 생물들의 공통적인 특징으로 옳은 것은?

① 엽록체가 있다.
② 다세포 생물이다.
③ 뿌리, 줄기, 잎과 같은 기관이 발달해 있다.
④ 먹이를 섭취하여 영양분을 소화한 후 흡수한다.
⑤ 핵막으로 구분된 뚜렷한 핵이 있는 세포로 이루어져 있다.

[12~13] 그림은 생물의 5계 분류 체계를 나타낸 것이다.

12 원핵생물계와 나머지 생물계를 구분하는 기준으로 옳은 것은?

① 광합성을 하는가?
② 단세포 생물인가?
③ 기관이 발달하였는가?
④ 몸이 균사로 되어 있는가?
⑤ 핵막으로 둘러싸인 뚜렷한 핵이 있는가?

13 A에 대한 설명으로 옳은 것은?

① 세포벽이 있다.
② 모두 단세포 생물이다.
③ 광합성을 하여 스스로 영양분을 만든다.
④ 핵막으로 둘러싸인 뚜렷한 핵이 없는 세포로 구성되어 있다.
⑤ 이동이나 먹이 섭취의 기능을 하는 다양한 기관이 발달해 있다.

14 균계에 속하는 생물끼리 옳게 짝 지은 것은?

① 버섯, 곰팡이 ② 버섯, 고사리
③ 효모, 다시마 ④ 효모, 아메바
⑤ 곰팡이, 해파리

내신 기출 문제

15 균계와 식물계의 공통점을 〈보기〉에서 있는 대로 고른 것은?

보기
ㄱ. 엽록체가 있다.
ㄴ. 세포벽이 있다.
ㄷ. 핵막으로 둘러싸인 뚜렷한 핵이 있다.
ㄹ. 몸이 실 같이 생긴 균사로 이루어져 있다.

① ㄱ, ㄴ ② ㄱ, ㄷ ③ ㄴ, ㄷ
④ ㄴ, ㄹ ⑤ ㄴ, ㄷ, ㄹ

16 5계 분류 체계에서 각 계에 속하는 생물의 예를 옳게 짝 지은 것은?

① 균계 – 미역 ② 식물계 – 다시마
③ 동물계 – 불가사리 ④ 원생생물계 – 우산이끼
⑤ 원핵생물계 – 아메바

17 그림은 생물 (가)~(마)를 제시된 분류 기준에 따라 분류하는 과정을 나타낸 것이다.

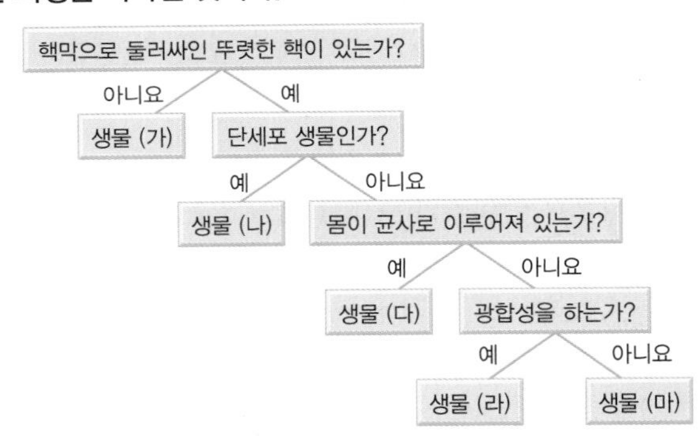

(가)~(마)에 해당하는 생물을 옳게 짝 지은 것은?

① (가) – 나비 ② (나) – 아메바 ③ (다) – 고사리
④ (라) – 대장균 ⑤ (마) – 곰팡이

18 원생생물계에 속하며 광합성을 하는 생물을 〈보기〉에서 있는 대로 고른 것은?

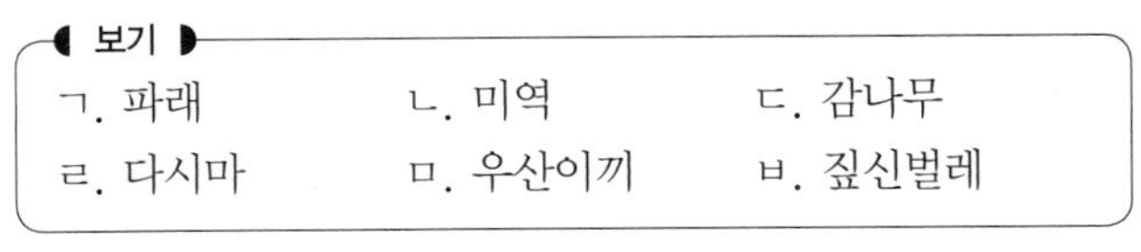
보기
ㄱ. 파래 ㄴ. 미역 ㄷ. 감나무
ㄹ. 다시마 ㅁ. 우산이끼 ㅂ. 짚신벌레

① ㄱ, ㄴ, ㄷ ② ㄱ, ㄴ, ㄹ ③ ㄴ, ㄷ, ㄹ
④ ㄴ, ㄹ, ㅂ ⑤ ㄷ, ㅁ, ㅂ

19 핵막이 없어서 핵이 뚜렷하게 구분되지 않는 생물이 속하는 계는?

① 균계 ② 식물계 ③ 동물계
④ 원생생물계 ⑤ 원핵생물계

중요
20 그림은 여러 가지 생물을 몇 가지 기준에 따라 분류한 것이다.

이에 대한 설명으로 옳은 것은?

① (가)는 다세포 생물이다.
② (나)는 몸이 실 같이 생긴 균사로 이루어져 있다.
③ (다)는 모두 기관이 발달하지 않았다.
④ 광합성 여부는 (다)와 (라)로 분류하는 기준이 될 수 있다.
⑤ (라)는 핵막이 없어서 뚜렷하게 구분되는 핵이 없는 세포로 이루어져 있다.

21 그림은 3종류의 생물을 나타낸 것이다.

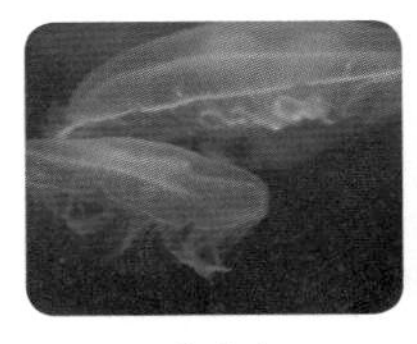
해파리

개구리

원숭이

이 생물들의 공통적인 특징으로 옳은 것은?

① 세포벽이 있다.
② 단세포 생물이다.
③ 광합성을 못 한다.
④ 뿌리, 줄기, 잎이 발달해 있다.
⑤ 세포 안에 핵막이 없어서 핵이 뚜렷이 구분되지 않는다.

고난도 실력 향상 문제

정답과 해설 • 29쪽

01 그림은 같은 과에 속하는 5종의 곤충 모습을 나타낸 것이다.

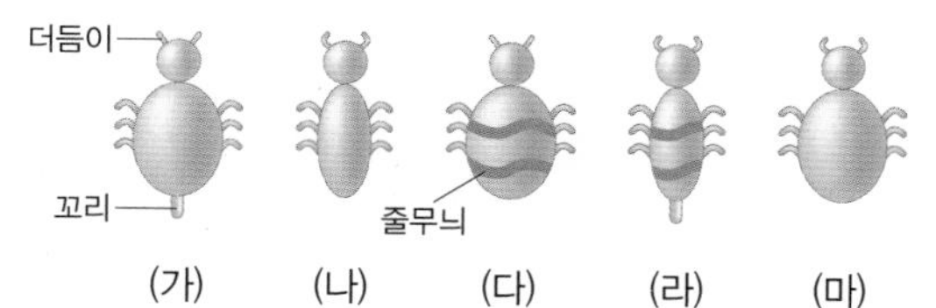

이에 대한 설명으로 옳지 않은 것은?

① 5종의 생물은 서로 같은 목에 속한다.
② 5종을 분류하는 기준에 더듬이의 모양이 포함된다.
③ 5종의 생물은 서로 교배해서 생식 능력이 있는 자손을 낳을 수 있다.
④ 꼬리의 유무를 기준으로 (가), (라)와 (나), (다), (마)로 분류할 수 있다.
⑤ 몸통 줄무늬의 유무를 기준으로 (가), (나), (마)와 (다), (라)로 분류할 수 있다.

02 표는 늑대, 호랑이, 여우, 개의 분류 단계를 나타낸 것이다.

분류 단계	늑대	호랑이	여우	개
계	동물계	동물계	동물계	동물계
문	척삭동물문	척삭동물문	척삭동물문	척삭동물문
강	포유강	포유강	포유강	포유강
목	식육목	식육목	식육목	식육목
과	개과	고양잇과	개과	개과
속	개속	표범속	여우속	개속
종	늑대	호랑이	여우	개

이에 대한 설명으로 옳은 것은?

① 분류의 기본 단위는 계이다.
② 늑대와 호랑이는 같은 과에 속한다.
③ 개과와 고양잇과는 다른 목에 속한다.
④ 개는 여우보다 늑대와 더 먼 관계에 있다.
⑤ 생물이 가진 고유한 특성을 기준으로 분류한 것이다.

03 폐렴균, 송이버섯, 소나무의 공통점으로 옳은 것은?

① 세포벽이 있다.
② 광합성을 한다.
③ 단세포 생물이다.
④ 운동 기관이 있어 이동할 수 있다.
⑤ 핵막으로 둘러싸인 뚜렷한 핵이 있다.

서논술형 유형 연습

정답과 해설 • 29쪽

예제

01 다음은 몇 가지 생물을 (가)와 (나) 두 무리로 분류한 것이다.

> (가) 솔이끼, 고사리, 벼, 민들레
> (나) 젖산균, 아메바, 송이버섯, 지렁이

(가)와 (나)로 분류한 기준을 서술하시오.

Tip (가) 솔이끼, 고사리, 벼, 민들레는 모두 식물계에 속한다.
Key Word 광합성

[설명] (가)는 식물계로 엽록체가 있어 광합성을 할 수 있다.
[모범 답안] 광합성 여부(엽록체 유무)이다. 즉, (가)는 광합성을 할 수 있으며, (나)는 광합성을 할 수 없다. 또는 (가)는 엽록체가 있고, (나)는 엽록체가 없다.

실전 연습

02 그림은 5종류의 생물 (가)~(마)를 어떤 기준에 따라 두 무리로 분류한 것이다.

(다) 은행나무 (라) 송이버섯 (마) 잠자리 (나) 아메바

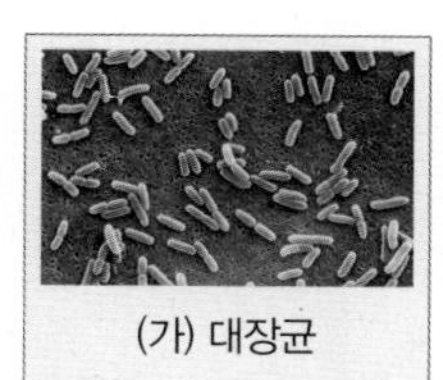
(가) 대장균

(가)와 나머지 생물 (나)~(마)를 분류한 기준을 서술하시오.

Tip 핵막이 없어서 핵이 뚜렷하게 구분되지 않는 세포로 이루어진 생물 무리를 원핵생물계라고 하며, 원핵생물계에 속하는 생물의 예에는 대장균, 젖산균, 폐렴균 등이 있다.
Key Word 핵(핵막)

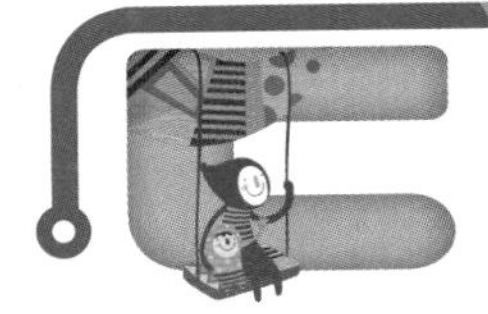

대단원 마무리

01 생물의 다양성과 보전

01 생물 다양성에 대한 설명으로 옳은 것은?

① 생물이 멸종하면 생물 다양성이 높아진다.
② 생태계가 다양할수록 생물 다양성이 낮다.
③ 생물 다양성은 지역에 따라 차이가 나지 않는다.
④ 한 종류의 생물만 사는 지역은 생물 다양성이 낮다.
⑤ 생물 다양성이 낮을수록 생태계는 안정적으로 유지될 수 있다.

02 다음은 갯벌과 하천 생태계에 살고 있는 생물을 모두 조사한 결과이다.

- 갯벌 : 방게, 농게, 맛조개, 바지락, 낙지, 말뚝망둥어, 꽃갯지렁이, 별불가사리, 큰뒷부리도요, 갈대, 칠면초
- 하천 : 잉어, 각시붕어, 줄납자루, 쉬리, 감돌고기

갯벌과 하천 두 생태계에 대한 설명으로 옳지 않은 것은?

① 갯벌과 하천 생태계를 이루는 환경이 서로 다르다.
② 갯벌은 육지와 바다 두 생태계를 이어주는 지역이다.
③ 갯벌과 하천 생태계에 사는 생물의 종류가 서로 같다.
④ 갯벌 생태계는 많은 종류의 생물이 살고 있으므로 생물 다양성이 높다.
⑤ 하천의 생물 다양성이 높으면 하천 생태계는 안정적으로 유지될 수 있다.

03 변이에 대한 설명으로 옳은 것은?

① 생물 다양성과 관계없다.
② 생물의 생존에 영향을 줄 수 있다.
③ 다른 종류의 생물 사이에서만 나타난다.
④ 변이가 다양한 생물 집단은 멸종할 가능성이 크다.
⑤ 주어진 환경에서 살아남기 유리한 변이를 가진 생물은 자손에게 그 특성을 전달할 수 없다.

04 그림은 사는 곳이 다른 세 종류의 여우를 나타낸 것이다.

북극여우

붉은여우

사막여우

이와 같이 여우의 생김새가 다른 이유를 환경과 연관 지어 옳게 설명한 것만을 〈보기〉에서 있는 대로 고른 것은?

보기
ㄱ. 같은 종류의 생물들이라도 서로 다른 환경에서 살아갈 때 각각의 환경에 적합한 생물이 살아남을 수 있다.
ㄴ. 환경에 적합한 생물은 자신이 가진 특성을 자손에게 전달한다.
ㄷ. 서로 다른 환경에 적응하는 과정에서 같은 종류의 생물들 간에 차이가 커져서 생물 다양성이 낮아진다.

① ㄱ ② ㄴ ③ ㄱ, ㄴ
④ ㄱ, ㄷ ⑤ ㄴ, ㄷ

05 그림은 서로 다른 생태계 (가)와 (나)의 먹이 사슬을 나타낸 것이다.

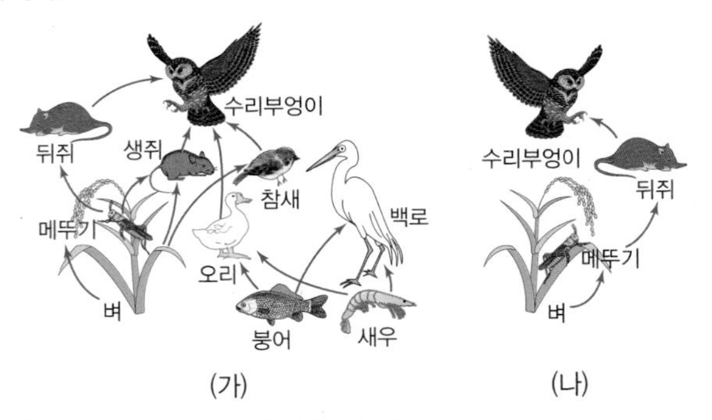

이에 대한 설명으로 옳지 않은 것은?

① (가)는 생물 다양성이 (나)보다 높다.
② (가)는 먹이 사슬이 (나)보다 복잡하다.
③ (가)는 (나)보다 생태계가 안정적으로 유지된다.
④ (나)는 (가)보다 생물 다양성이 높아서 생물이 멸종될 위험이 높다.
⑤ (나)에서 뒤쥐가 멸종되면 수리부엉이도 멸종될 가능성이 높다.

06 생태계 평형에 대한 설명으로 옳은 것만을 〈보기〉에서 있는 대로 고른 것은?

보기
ㄱ. 생태계 평형은 먹이 사슬이 단순할수록 잘 유지된다.
ㄴ. 생물 다양성은 생태계 평형을 유지하는 데 중요한 역할을 한다.
ㄷ. 생태계를 이루는 생물의 종류와 수가 크게 변하지 않고 안정된 상태를 유지하는 것을 생태계 평형이라고 한다.

① ㄱ ② ㄴ ③ ㄱ, ㄴ
④ ㄱ, ㄷ ⑤ ㄴ, ㄷ

07 생물 다양성을 보전해야 하는 이유로 옳지 않은 것은?
① 생물은 식량을 제공하기 때문이다.
② 생물은 의복 재료를 제공하기 때문이다.
③ 생물은 의약품이나 산업용 재료를 제공하기 때문이다.
④ 자원으로 이용되는 생물만 남겨 둘 수 있기 때문이다.
⑤ 다양한 생물로 이루어진 생태계는 휴식과 여가 활동을 위한 공간이 되기 때문이다.

08 우리나라 고유종의 다양성을 보전하는 방안으로 가장 적절한 것은?
① 값이 비싼 농작물만 재배한다.
② 갯벌을 없애고 농경지로 만든다.
③ 고유종을 잡아먹는 외래종을 들여온다.
④ 이산화 탄소 발생량이 많은 제품을 사용한다.
⑤ 고유 식물의 종자는 종자 은행을 만들어 관리한다.

09 생물의 다양성을 보전하는 방안으로 옳은 것만을 〈보기〉에서 있는 대로 고른 것은?

보기
ㄱ. 숲을 없애고 공장을 건설한다.
ㄴ. 상아를 얻기 위해 코끼리를 집단으로 사냥한다.
ㄷ. 생물의 서식지를 보전하고, 보호 구역을 지정한다.
ㄹ. 개체 수가 줄어 사라질 위기에 처한 생물을 멸종 위기종으로 지정하여 보호한다.

① ㄱ, ㄴ ② ㄱ, ㄷ ③ ㄱ, ㄹ
④ ㄴ, ㄷ ⑤ ㄷ, ㄹ

02 생물의 분류

10 생물 고유의 특징을 기준으로 주변의 생물을 분류하려고 한다. 이때 분류 기준으로 적절하지 않은 것은?
① 서식지 ② 생김새 ③ 속 구조
④ 번식 방법 ⑤ 유전적 특징

11 생물 분류에 대한 설명으로 옳은 것만을 〈보기〉에서 있는 대로 고른 것은?

보기
ㄱ. 생물을 분류할 때 기준에 따라 분류 결과가 달라진다.
ㄴ. 두 생물 사이에 공통점이 적을수록 가까운 관계에 있다.
ㄷ. 생물 사이의 공통점과 차이점을 찾아 차이점이 많은 것끼리 묶어 무리를 만든다.
ㄹ. 생물 분류 과정에서 각 생물의 고유한 특징을 비교하면 생물 사이의 가깝고 먼 관계를 알 수 있다.

① ㄱ, ㄴ ② ㄱ, ㄷ ③ ㄱ, ㄹ
④ ㄴ, ㄷ ⑤ ㄷ, ㄹ

12 다음은 생물의 분류 단계를 순서 없이 나열한 것이다.

문, 과, 속, 강, 계, 종, 목

분류 단계가 가장 작은 것부터 순서대로 나열하시오.

13 그림은 대장균과 젖산균을 나타낸 것이다.

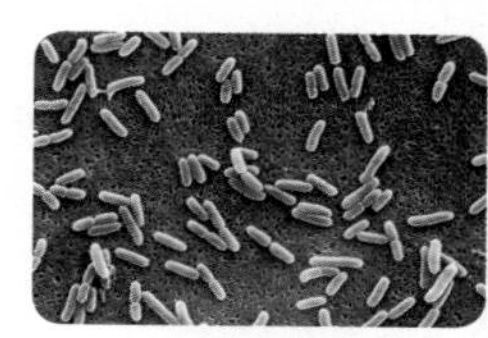
대장균

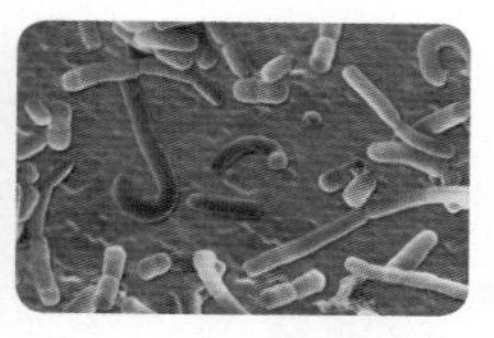
젖산균

이 생물들이 속하는 계의 특징으로 옳은 것은?
① 핵막이 없어서 핵이 뚜렷이 구분되지 않는다.
② 몸이 실 같은 균사로 이루어진 다세포 생물이다.
③ 엽록체가 있어 광합성을 하여 스스로 영양분을 만든다.
④ 다세포 생물이고, 대부분 운동 기관이 있어 이동할 수 있다.
⑤ 기관이 발달하지 않았고, 먹이를 섭취하는 종류와 광합성을 하는 종류가 있다.

14 5계의 이름과 그 특징을 연결한 것으로 옳지 <u>않은</u> 것은?

① 동물계 – 세포벽이 있고, 운동성은 없다.
② 식물계 – 광합성을 하여 스스로 영양분을 만든다.
③ 원생생물계 – 핵막으로 둘러싸인 뚜렷한 핵이 있는 세포로 이루어져 있다.
④ 균계 – 광합성을 못 하고, 죽은 생물을 분해하여 양분을 얻는다.
⑤ 원핵생물계 – 핵막이 없어서 핵이 뚜렷이 구분되지 않는 세포로 이루어져 있다.

15 그림은 생물의 5계 분류 체계를 나타낸 것이다. 이에 대한 설명으로 옳은 것은?

식물계 / 균계 / 동물계 / 원생생물계 / 원핵생물계

① 동물계의 생물은 다세포 생물이다.
② 균계의 생물은 광합성을 할 수 있다.
③ 소나무, 버섯, 이끼는 모두 식물계에 속한다.
④ 원생생물계의 생물은 모두 단세포 생물이다.
⑤ 원핵생물계의 생물은 핵막으로 둘러싸인 뚜렷한 핵이 있다.

16 그림은 몇 가지 생물을 (가)와 (나) 두 무리로 분류한 것이다.

(가)		(나)	
고사리	코스모스	잠자리	개

(가)와 (나)로 분류하는 기준으로 옳은 것은?

① 척추 유무
② 균사 유무
③ 핵막 유무
④ 광합성 여부
⑤ 몸을 구성하는 세포 수 차이

17 그림은 3종류의 생물을 나타낸 것이다.

버섯

효모

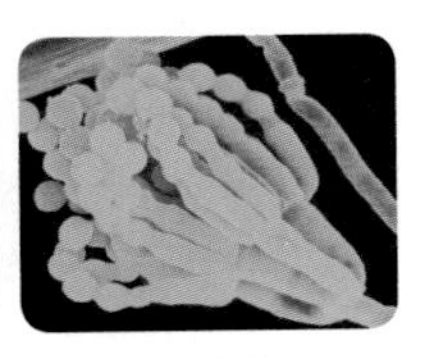
곰팡이

이 생물들의 공통적인 특징으로 옳은 것은?

① 다세포 생물이다.
② 광합성을 할 수 있다.
③ 운동 기관을 이용해 움직인다.
④ 핵막으로 둘러싸인 뚜렷한 핵이 있다.
⑤ 뿌리, 줄기, 잎과 같은 기관이 발달해 있다.

18 다음은 5계 분류 체계 중 어느 계에 대한 설명이다.

> 핵막으로 둘러싸인 뚜렷한 핵이 있는 세포로 이루어진 생물 중 식물계, 균계, 동물계에 속하지 않는 생물을 모아 놓은 무리이며, 기관이 발달하지 않았다.

이 계에 속하는 생물은?

① 효모
② 폐렴균
③ 아메바
④ 고사리
⑤ 호랑이

19 그림은 몇 가지 생물을 나타낸 것이다.

우산이끼

감나무

소나무

이 생물들의 공통점으로 옳은 것은?

① 세포벽이 없다.
② 종자로 번식한다.
③ 운동 기관으로 이동한다.
④ 몸이 균사로 이루어져 있다.
⑤ 엽록체가 있어 광합성을 한다.

대단원 서논술형 문제

정답과 해설 • 31쪽

01 그림은 잎사마귀와 난초사마귀를 나타낸 것이다.
사마귀가 잎사마귀, 난초사마귀와 같이 다양한 종류로 되는 과정을 다음 용어를 사용하여 서술하시오.

잎사마귀

난초사마귀

변이, 환경, 적응

Tip 변이는 생물의 생존에 영향을 주며, 생물이 각각 다른 환경에 적응하는 과정에서 서로 다른 특성을 가진 생물이 나타나는 원인이 된다.
Key Word 변이, 환경, 적응

02 그림은 멸종 위기종인 장수하늘소와 노랑부리백로를 나타낸 것이다.
이 생물들을 보호하고 자연으로 돌려보내는 활동이 필요한 이유를 다음 용어를 사용하여 서술하시오.

장수하늘소

노랑부리백로

멸종, 생물 다양성, 생태계 평형

Tip 멸종이 일어나면 생물 다양성이 감소한다.
Key Word 멸종, 생물 다양성, 생태계 평형

03 다음은 조스(Zorse)의 특징을 설명한 것이다.

조스(Zorse)는 암컷 말과 수컷 얼룩말 사이에서 태어난 동물이다. 전체적으로 말을 닮았지만, 다리와 등 부위에 얼룩말처럼 줄무늬가 있다. 조스는 새끼를 낳지 못한다.

조스

말과 얼룩말은 같은 종인지 다른 종인지 쓰고, 그렇게 생각한 이유를 조스(Zorse)의 특징과 연관 지어 서술하시오.

Tip 종이란 자연 상태에서 번식 능력이 있는 자손을 낳을 수 있는 생물 무리를 의미한다.
Key Word 종, 번식(생식)

04 다음은 한 학생이 해변에서 발견한 생물의 특징을 기록한 것이다.

폭풍우가 몰아치고 난 후, 바다에 나가보았다. 평소에 보기 힘들었던 신기한 생물이 파도에 실려 해변으로 밀려와 있었다. 슬쩍 막대기로 건드려 보았더니 검고 물컹물컹한 몸을 천천히 뒤틀며 꿈틀대는 것이었다. 몸 빛깔은 흑갈색 바탕에 회백색의 얼룩 무늬가 있고, 생물마다 다소 변이가 있었다. 머리에 두 쌍의 뿔이 있는데 자극을 감지하는 데 사용하고 있었다. 눈은 뿔의 밑동에 있었다. 이 생물은 복부의 근육질 발을 파동치듯 움직여 미끄러지듯 기어갔다. 또한, 녹조류나 갈조류 등의 해초를 먹는 특징이 있었다.

이 생물이 어느 계에 속하는지 쓰고, 그 근거를 두 가지만 서술하시오.

Tip 동물은 먹이를 섭취하여 영양분을 얻으며, 대부분 운동 기관이 있어 이동할 수 있다.
Key Word 동물계, 먹이, 이동(운동)

05 다음은 파리지옥의 특징을 설명한 것이다.

- 잎 세포를 현미경으로 관찰하면 엽록체와 세포벽을 볼 수 있다.
- 냄새로 곤충을 유인하여 곤충이 잎에 닿으면 잎을 닫아 곤충을 분해하여 영양분을 흡수한다.
- 오랜 기간 곤충이 없으면 자라지 못해도 살 수 있지만, 햇빛을 차단하면 금방 죽는다.

파리지옥

파리지옥은 식물계와 동물계 중 어느 계에 속하는지 쓰고, 그 근거를 두 가지만 서술하시오.

Tip 식물은 광합성을 할 수 있으며, 세포벽이 있다.
Key Word 식물계, 광합성(엽록체), 세포벽

IV

기체의 성질

입자의 운동

1 확산

1. **확산** : 물질을 이루는 입자들이 스스로 운동하여 사방으로 퍼져 나가는 현상
2. **확산과 입자의 운동**✚
   (1) **확산의 입자 모형** : 물에 색소를 떨어뜨리면 색소 입자들이 스스로 움직이며 물 입자들과 섞여 물 전체로 고르게 퍼져 나간다.
   (2) **확산의 방향** : 입자들은 모든 방향으로 자유롭게 움직이므로 모든 방향으로 고르게 확산이 일어난다.

색소 입자 물 입자

3. **확산이 잘 일어나는 조건**
   (1) **온도와 확산** : 온도가 높을수록 입자의 운동이 활발해져 확산이 빨라진다.
   (2) **물질의 상태와 확산** : 입자 운동을 방해하는 요인이 적을수록 확산이 빠르다. 물질이 퍼져 나가는 공간이 진공일 때 확산이 가장 빠르고 기체, 액체 순으로 느려진다.
4. **확산의 예**
   (1) 빵집 주변에서는 빵 냄새✚를 맡을 수 있다.
   (2) 꽃향기가 멀리 떨어진 곳까지 퍼져 나간다.
   (3) 마약 탐지견이 냄새로 짐 속의 마약을 찾아낸다.
   (4) 냉면에 식초를 넣고 저어주지 않아도 냉면 전체에서 신맛이 난다.

✚ **입자의 운동**
물질을 이루는 입자들이 끊임없이 스스로 움직이는 현상으로 물질의 온도가 높을수록 활발하다.

✚ **냄새를 맡는 원리**
냄새를 내는 물질의 입자가 스스로 운동하여(확산하여) 코 안쪽 점막의 후각세포를 자극하면 그 정보가 뇌에 전달되어 냄새를 느끼게 된다.

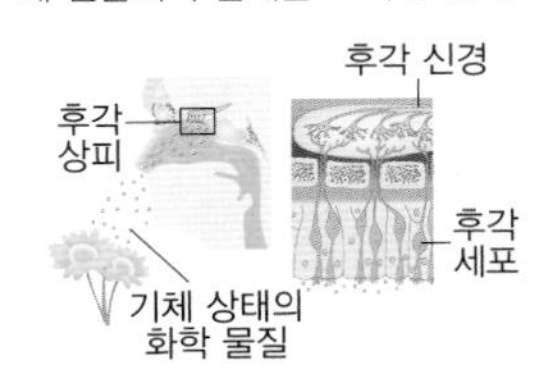

2 증발

1. **증발** : 액체 표면에서 입자가 스스로 운동하여 액체로부터 떨어져 나와 기체가 되는 현상

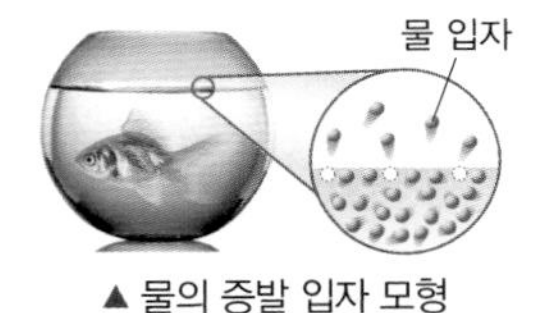

▲ 물의 증발 입자 모형

2. **증발이 잘 일어나는 조건**

조건		예
온도	높을수록	뜨거운 바람으로 머리카락을 말리면 더 빨리 마른다.
습도✚	낮을수록	건조한 날에 빨래가 더 잘 마른다.
바람	강할수록	선풍기의 바람을 쐬면 땀이 더 빨리 마른다.
표면적	넓을수록	젖은 우산은 접어둘 때보다 펴둘 때 더 빨리 마른다.

3. **증발의 예**
   (1) 빨래가 마른다.
   (2) 물감✚으로 그린 그림이 마른다.
   (3) 풀잎에 맺힌 이슬이 낮이 되면 사라진다.
   (4) 어항의 물이 시간이 지나면 점점 줄어든다.
   (5) 염전에 바닷물을 가두고 물을 증발시켜 소금을 얻는다.

✚ **습도**
공기 중 수증기가 들어 있는 정도를 나타내는 것으로 습도가 낮을수록 건조하다.

✚ **물감과 증발**
물감과 물을 섞어 수채화를 그린 뒤 가만히 두면 물은 증발하고 물감 속 색소 성분만 종이 위에 남는다.

정답과 해설 • 32쪽

1 확산
- 물질을 이루는 입자들이 스스로 운동하여 사방으로 퍼져 나가는 현상을 □□이라고 한다.
- 확산은 물질을 이루는 입자가 스스로 □□하기 때문에 일어난다.
- 확산은 물질이 퍼져 나가는 공간이 □□일 때 가장 빠르다.

01 확산에 대한 설명으로 옳은 것은 ○표, 옳지 않은 것은 ×표를 하시오.

(1) 확산은 바람이 불 때만 일어난다. ( )
(2) 확산은 중력의 방향으로 일어난다. ( )
(3) 확산은 온도가 높을수록 빠르게 일어난다. ( )
(4) 확산은 입자가 스스로 움직이고 있다는 증거이다. ( )
(5) 물에 넣어 둔 차 티백에서 차가 우러나와 퍼지는 것은 확산의 예이다. ( )

02 집기병 (가)와 (나)에 온도가 다른 암모니아수를 각각 100mL씩 넣고 구멍 뚫린 마개로 막은 뒤 그림과 같이 페놀프탈레인 용액이 담긴 시험관의 입구를 셀로판 종이로 막아 연결하였다. 10초 후의 모습이 오른쪽 그림과 같았다. 다음 물음에 답하시오.

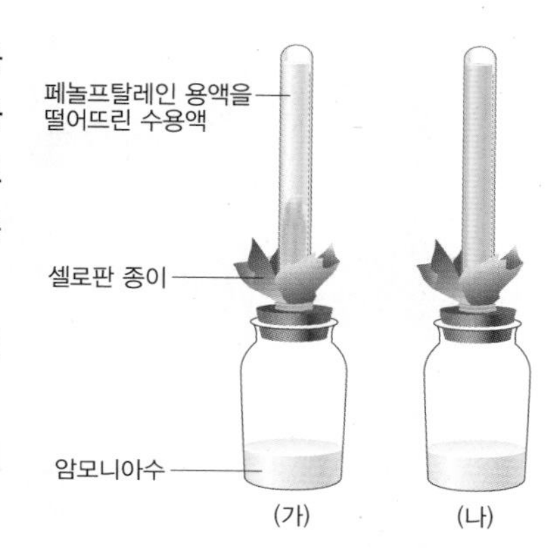

(1) 온도가 더 높은 암모니아수가 들어 있는 집기병의 기호를 쓰시오.

(2) 암모니아 입자가 더 빨리 운동하는 집기병의 기호를 쓰시오.

2 증발
- □□은 액체 표면에서 입자가 스스로 운동하여 액체로부터 떨어져 나와 기체가 되는 현상이다.
- □□가 높을수록 입자의 운동이 활발해져 증발도 더 빠르게 일어난다.

03 다음은 증발이 잘 일어나는 조건에 대한 설명이다. 빈칸에 들어갈 알맞은 말을 쓰시오.

> 증발은 온도가 (㉠)수록, 습도가 (㉡)수록, 바람이 (㉢) 불수록, 표면적이 (㉣)수록 빠르게 일어난다.

04 〈보기〉 중 증발의 예를 있는 대로 고르시오.

보기
ㄱ. 꽃향기가 멀리 퍼져 나간다.
ㄴ. 물감으로 그린 그림이 마른다.
ㄷ. 빨랫줄에 널어둔 빨래가 마른다.
ㄹ. 풀잎에 맺힌 이슬이 낮이 되면 사라진다.
ㅁ. 마약 탐지견이 냄새로 짐 속의 마약을 찾는다.
ㅂ. 운동장에 고인 물이 점점 줄어든다.

필수 탐구 1 아세톤의 증발 관찰

목표
아세톤의 증발 현상을 관찰할 수 있다.

과정

1 전자저울 위에 거름종이를 올려놓고 영점을 조정한다.
2 스포이트로 거름종이에 아세톤을 10방울 정도 떨어뜨린 후 저울의 눈금과 거름종이의 변화를 관찰한다.

결과

1 저울의 눈금이 점점 감소한다.
2 거름종이에 떨어뜨린 아세톤 자국이 점점 줄어든다.

정리

1 거름종이에 떨어뜨린 아세톤 입자는 스스로 운동하여 액체의 표면에서 떨어져 나와 기체가 되어 공기 중으로 퍼져 나간다.
2 액체 표면의 입자들이 스스로 운동하여 기체로 되는 현상을 증발이라고 한다.

필수 탐구 2 암모니아의 확산 관찰

목표
암모니아의 확산 현상을 관찰할 수 있다.

과정

1 유리관 안에 물에 적신 붉은색 리트머스 종이를 띄엄띄엄 넣는다.
2 유리관의 오른쪽에 암모니아수를 묻힌 솜을 넣고 고무마개로 양쪽을 재빨리 막는다.
3 유리관 안에 넣어 둔 붉은색 리트머스 종이의 변화를 관찰한다.

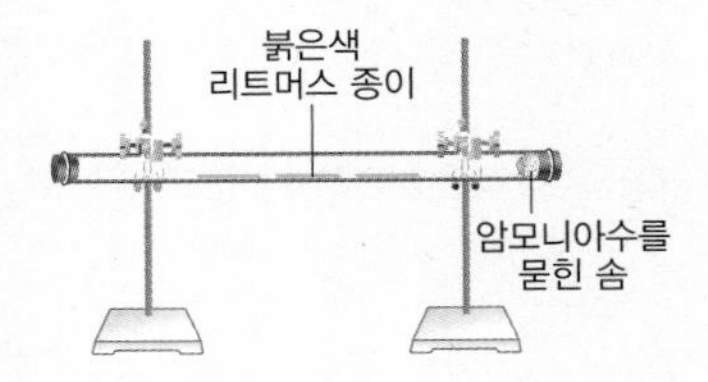

유의점
리트머스 종이를 물에 적셔야 암모니아 기체의 확산에 따른 리트머스 종이의 색 변화를 잘 관찰할 수 있다.

결과

붉은색 리트머스 종이가 오른쪽에서부터 왼쪽으로 점차적으로 푸르게 변해 간다.

정리

1 물질을 이루는 입자들이 끊임없이 움직여서 다른 물질 사이로 퍼져 나가는 현상을 확산이라고 한다.
2 암모니아수를 묻힌 솜으로부터 암모니아 입자들이 스스로 움직여서 유리관 속을 퍼져 나간다.

정답과 해설 • 32쪽

1 아세톤의 증발 관찰

- 저울 위에 아세톤을 떨어뜨린 뒤 시간이 지날수록 저울의 눈금이 □□한다.
- 아세톤 입자는 스스로 운동하여 액체의 표면에서 떨어져 나와 □□ 상태가 되어 공기 중으로 퍼져 나간다.
- 액체 표면의 입자들이 스스로 운동하여 기체로 되는 현상을 □□이라고 한다.

1 아세톤의 증발에 대한 설명으로 옳은 것은?

① 바람에 의해 일어나는 현상이다.
② 온도가 높을수록 더 빠르게 일어난다.
③ 아세톤 입자가 사라져 없어지는 현상이다.
④ 아세톤 입자의 운동을 눈으로 관찰할 수 있다.
⑤ 아세톤 입자가 스스로 운동하여 고체가 되는 현상이다.

2 윗접시 저울의 양쪽에 거름종이를 올리고 수평을 맞춘 뒤 오른쪽 거름종이에 아세톤 10방울을 떨어뜨렸다. 저울의 움직임에 대해 설명한 다음 내용의 빈칸에 들어갈 알맞은 말을 쓰시오.

> 아세톤을 떨어뜨리면 저울이 (㉠)쪽으로 기울었다가 시간이 지날수록 점점 (㉡)이 된다.

2 암모니아의 확산 관찰

- □□은 물질을 이루는 입자들이 끊임없이 움직여서 다른 물질 사이로 퍼져 나가는 현상이다.
- 암모니아는 붉은색 리트머스 종이를 □□색으로 변하게 한다.
- 암모니아 입자들은 스스로 □□하여 유리관 속을 퍼져 나간다.

3 시험관에 암모니아수 5 mL를 넣고 오른쪽 그림과 같이 페놀프탈레인 용액을 묻힌 솜을 끼운 유리막대가 달린 뚜껑으로 덮었다. 이 실험에 대한 설명으로 옳은 것만을 〈보기〉에서 있는 대로 고른 것은?

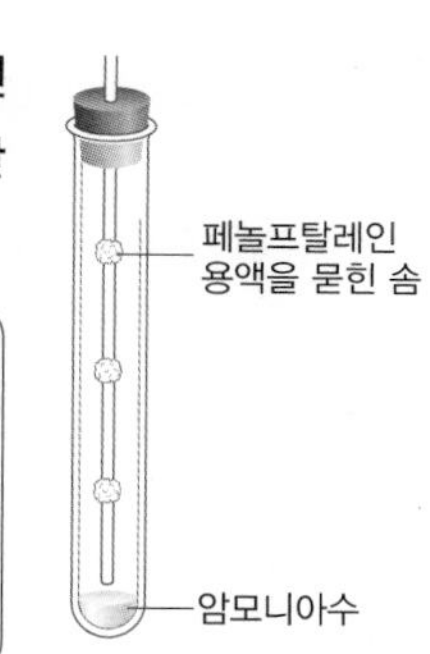

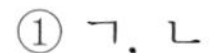

> **보기**
> ㄱ. 암모니아 입자는 모든 방향으로 운동한다.
> ㄴ. 솜이 위에서부터 아래로 점점 붉게 변한다.
> ㄷ. 솜이 붉게 변했다가 다시 하얗게 돌아온다.
> ㄹ. 암모니아 입자가 스스로 운동하여 시험관 속을 퍼져 나간다.

① ㄱ, ㄴ　② ㄱ, ㄷ　③ ㄱ, ㄹ
④ ㄴ, ㄷ　⑤ ㄴ, ㄹ

4 암모니아의 확산과 같은 원리로 설명할 수 있는 현상이 아닌 것은?

① 꽃향기가 멀리 퍼져 나간다.
② 염전에 바닷물을 가두어 소금을 얻는다.
③ 물에 잉크를 떨어뜨리면 잉크가 퍼져 나간다.
④ 마약 탐지견이 냄새로 짐 속의 마약을 찾아낸다.
⑤ 냉면에 식초를 넣고 저어주지 않아도 냉면 전체에서 신맛이 난다.

내신 기출 문제

1 확산

중요

01 확산에 대한 설명으로 옳은 것만을 〈보기〉에서 있는 대로 고른 것은?

보기
ㄱ. 액체의 표면에서 일어나는 현상이다.
ㄴ. 물질의 입자가 스스로 운동한다는 증거이다.
ㄷ. 진공 중에서는 일어나지 않는다.
ㄹ. 물질의 입자가 모든 방향으로 고르게 퍼져 나간다.

① ㄱ, ㄴ ② ㄱ, ㄹ ③ ㄴ, ㄷ
④ ㄴ, ㄹ ⑤ ㄷ, ㄹ

02 페트리 접시에 페놀프탈레인 용액을 그림과 같이 떨어뜨리고 가운데 진한 암모니아수를 떨어뜨린 뒤 뚜껑을 닫고 변화를 관찰하였다. 이에 대한 설명으로 옳은 것은?

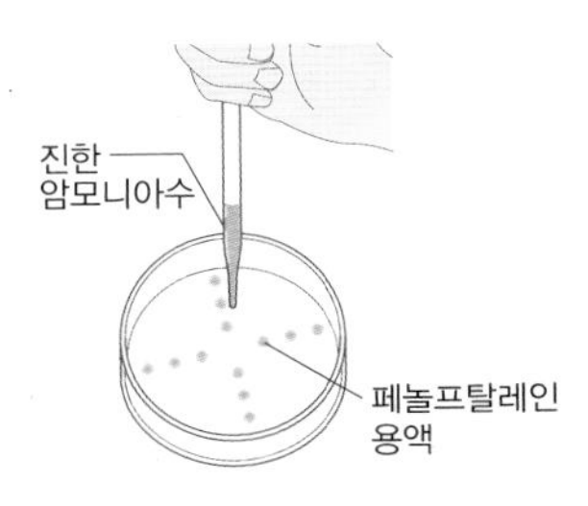

① 페놀프탈레인 용액이 동시에 모두 붉게 변한다.
② 페놀프탈레인 용액이 규칙성 없이 일부만 붉게 변한다.
③ 페놀프탈레인 용액이 바깥에서부터 안쪽으로 서서히 붉게 변한다.
④ 페놀프탈레인 용액이 안쪽에서부터 바깥쪽으로 서서히 붉게 변한다.
⑤ 페놀프탈레인 용액이 안쪽에서부터 붉게 변했다가 다시 투명하게 돌아온다.

중요

03 확산의 예로 옳지 않은 것은?

① 물에 떨어뜨린 수성 잉크가 퍼져 나간다.
② 빵집 주변에서 빵 냄새를 맡을 수 있다.
③ 물에 구슬을 떨어뜨리면 물결이 퍼져 나간다.
④ 냉면에 식초를 넣으면 국물 전체에 퍼져 나간다.
⑤ 향수병을 열어놓으면 향이 주변으로 퍼져 나간다.

04 그림과 같이 유리병에 잉크를 탄 물을 가득 넣고 그 위에 같은 온도의 물이 가득 들어 있는 유리병의 입구를 종이로 막아 거꾸로 세웠다. 종이를 뺐을 때 생기는 현상에 대한 설명으로 옳은 것은?

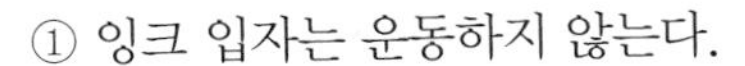

① 잉크 입자는 운동하지 않는다.
② 모든 잉크 입자는 위쪽으로 운동한다.
③ 잉크가 위쪽과 아래쪽에 모두 골고루 퍼진다.
④ 잉크가 물보다 가벼워 모두 위쪽으로 떠오른다.
⑤ 잉크가 물보다 무거워 그대로 아래쪽에 가라앉아 있는다.

[05~06] 비커 (가)와 (나)에 온도가 다른 물을 각각 200 mL씩 넣고 같은 양의 잉크를 떨어뜨렸다. 10초 뒤의 모습이 그림과 같을 때 다음 물음에 답하시오.

(가)

(나)

05 이에 대한 설명으로 옳은 것은?

① 물의 온도는 (가)>(나)이다.
② 물 입자의 빠르기는 (가)=(나)이다.
③ 잉크 입자의 빠르기는 (가)<(나)이다.
④ (가)의 잉크는 전부 바닥으로 가라앉는다.
⑤ 잉크의 색에 따른 확산을 비교하는 실험이다.

06 위 실험과 관계 있는 예로 옳은 것만을 〈보기〉에서 있는 대로 고른 것은?

보기
ㄱ. 건조한 날 빨래가 더 빨리 마른다.
ㄴ. 바람 부는 날 땀이 더 빨리 마른다.
ㄷ. 더운 날 음식 냄새가 더 빨리 퍼진다.
ㄹ. 차 티백을 뜨거운 물에 넣어두었을 때 더 빨리 우러난다.

① ㄱ, ㄴ ② ㄱ, ㄹ ③ ㄴ, ㄷ
④ ㄴ, ㄹ ⑤ ㄷ, ㄹ

07 다음 중 확산이 가장 빨리 일어나는 조건은?

	온도	퍼져 나가는 공간
①	10°C	공기 중
②	10°C	진공 중
③	50°C	물 속
④	50°C	공기 중
⑤	50°C	진공 중

08 액체 브로민을 병 속에 넣으면 오른쪽 그림과 같이 확산한다. 이에 대한 설명으로 옳지 않은 것은?

① 브로민 입자는 모든 방향으로 운동한다.
② 온도가 높으면 더 빠른 속도로 확산한다.
③ 병 속 공기 입자는 제자리에서 진동 운동한다.
④ 브로민 입자는 스스로 운동하여 공기 입자 사이로 퍼져 나간다.
⑤ 시간이 지나면 브로민 입자는 병 속 모든 공간에 고르게 퍼져 있는다.

09 두 그림에서 공통적으로 이용한 원리와 같은 원리로 설명할 수 있는 현상만을 〈보기〉에서 있는 대로 고른 것은?

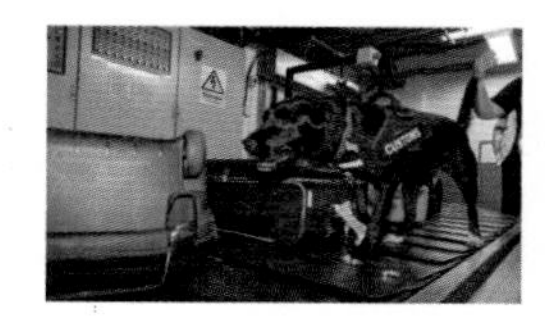

◀ 보기 ▶
ㄱ. 향수를 뿌린다.
ㄴ. 염전에서 소금을 얻는다.
ㄷ. 고추, 옥수수 등을 말려서 보관한다.
ㄹ. 빵집 주변에서 빵 냄새를 맡을 수 있다.

① ㄱ, ㄴ　② ㄱ, ㄹ　③ ㄴ, ㄷ　④ ㄴ, ㄹ　⑤ ㄷ, ㄹ

2 증발

10 다음은 증발에 대한 설명이다. 빈칸에 들어갈 말을 옳게 짝지은 것은?

> 증발은 액체의 (㉠)에서 물질의 입자가 스스로 운동하여 (㉡)로 떨어져 나오는 현상이다.

	㉠	㉡
①	표면	기체
②	표면	고체
③	내부	기체
④	내부	고체
⑤	전체	기체

11 윗접시저울 양쪽에 거름종이를 올리고 수평을 맞춘 뒤 오른쪽 거름종이에 아세톤 10방울을 떨어뜨렸다. 이에 대한 설명으로 옳은 것만을 〈보기〉에서 있는 대로 고른 것은?

◀ 보기 ▶
ㄱ. 아세톤 입자는 스스로 운동한다.
ㄴ. 아세톤 입자는 점점 사라져 없어진다.
ㄷ. 저울이 계속 오른쪽으로 기울어진다.
ㄹ. 저울이 오른쪽으로 기울었다가 점점 수평이 된다.

① ㄱ, ㄴ　② ㄱ, ㄹ　③ ㄴ, ㄷ　④ ㄴ, ㄹ　⑤ ㄷ, ㄹ

12 어항의 물은 시간이 지나면 점점 줄어든다. 이와 관련 있는 현상으로 옳지 않은 것은?

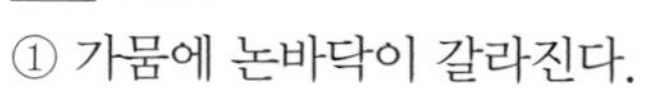

① 가뭄에 논바닥이 갈라진다.
② 물감으로 그린 그림이 마른다.
③ 운동장에 고인 물이 점점 줄어든다.
④ 차 티백을 물에 넣어 차를 우려낸다.
⑤ 풀잎에 맺힌 이슬이 낮이 되면 사라진다.

중요

13 전자저울 위에 거름종이를 올리고 아세톤을 떨어뜨린 후 일정 시간 동안 나타나는 변화를 관찰하였다. 저울의 눈금 변화와 그 이유를 옳게 짝 지은 것은?

	눈금 변화	이유
①	감소	아세톤 입자가 작아져서
②	감소	아세톤 입자가 기체가 되어서
③	감소	아세톤 입자가 거름종이에 흡수되어서
④	증가	아세톤 입자의 수가 늘어나서
⑤	증가	아세톤 입자의 크기가 커져서

14 빨래가 잘 마르는 경우만을 〈보기〉에서 있는 대로 고른 것은?

보기
ㄱ. 바람이 강하게 불 때
ㄴ. 햇빛이 강하게 비출 때
ㄷ. 주변의 온도가 높을 때
ㄹ. 공기의 습도가 높을 때
ㅁ. 빨래를 뭉쳐두었을 때

① ㄱ, ㄴ, ㄷ ② ㄱ, ㄷ, ㄹ ③ ㄴ, ㄷ, ㄹ
④ ㄴ, ㄷ, ㅁ ⑤ ㄷ, ㄹ, ㅁ

15 젖은 우산은 접어두었을 때보다 펴두었을 때 더 빨리 마른다.

이와 같은 원리로 설명할 수 있는 현상은?
① 물보다 에탄올이 더 빨리 증발한다.
② 건조한 날 어항 속 물이 더 빨리 줄어든다.
③ 헤어 드라이어를 이용해 머리를 말리면 더 빨리 마른다.
④ 접시에 담긴 물이 컵에 담긴 물보다 더 빨리 마른다.
⑤ 손톱에 메니큐어를 바른 뒤 입으로 바람을 불면 더 빨리 마른다.

16 같은 양의 물을 (가)~(라)와 같은 조건에 두었을 때 증발이 가장 빨리 일어나는 것부터 차례대로 쓰시오.

10℃ 물
(가)

30℃ 물
(나)

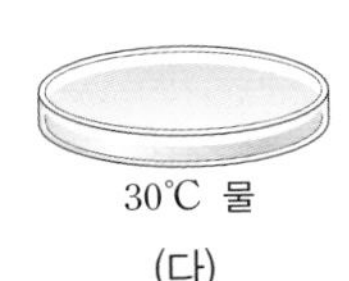
30℃ 물
(다)

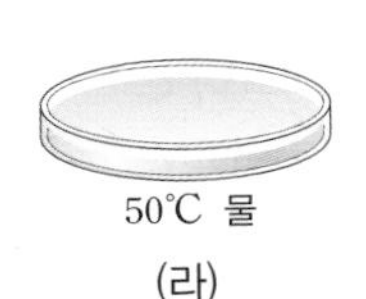
50℃ 물
(라)

17 떡을 보관할 때 떡이 굳어지지 않도록 하기 위해서 랩 포장을 한다. 이와 관련 있는 현상으로 옳지 않은 것은?

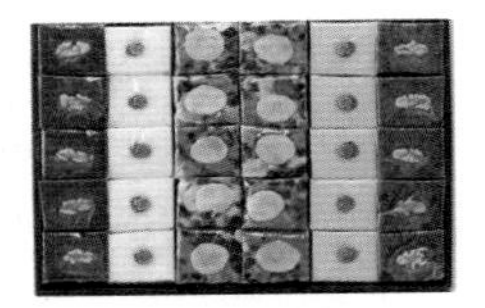

① 가뭄에 논바닥이 갈라진다.
② 새벽에 낀 안개가 낮이 되면 사라진다.
③ 염전에 바닷물을 가두어 소금을 얻는다.
④ 화장실에 방향제를 두어 좋은 냄새를 낸다.
⑤ 화장실에서 건조기를 이용하여 젖은 손을 말린다.

18 향수병 뚜껑을 열어두었을 때 나타나는 두 현상이다.

(가) 향수의 양이 점점 줄어든다.
(나) 향기가 방 안에 퍼진다.

각 현상과 관련된 예를 바르게 연결한 것은?
① (가) : 꽃향기가 멀리 퍼진다.
② (가) : 물감으로 그린 그림이 마른다.
③ (가) : 모기향을 피워 모기를 쫓아낸다.
④ (나) : 오징어를 말려서 보관한다.
⑤ (나) : 종소리가 멀리까지 퍼진다.

19 표는 9월 1일부터 5일까지의 일기 예보이다. 빨래를 말리기에 가장 좋은 날을 고르시오.

날짜(월/일)	9/1	9/2	9/3	9/4	9/5
온도(℃)	20	20	25	25	15
습도(g/m³)	17	10	20	7	7
바람	중	강	강	강	약

고난도 실력 향상 문제

정답과 해설 • 33쪽

01 유리관 양 끝을 각각 진한 암모니아수와 진한 염산을 묻힌 솜으로 동시에 막았더니 잠시 후 그림과 같이 흰 연기의 띠가 생겼다.

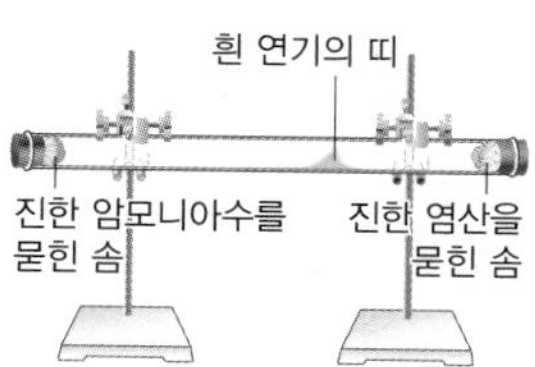

이에 대한 설명으로 옳은 것만을 〈보기〉에서 있는 대로 고른 것은?

보기
ㄱ. 암모니아 입자와 염화 수소 입자는 모든 방향으로 운동한다.
ㄴ. 암모니아 입자보다 염화 수소 입자가 더 빠르게 운동한다.
ㄷ. 유리관을 진공 상태로 만들면 흰 연기의 띠가 더 빠르게 생긴다.
ㄹ. 유리관을 가열하면 흰 연기의 띠가 유리관의 가운데에 생긴다.

① ㄱ, ㄷ ② ㄱ, ㄹ ③ ㄴ, ㄷ
④ ㄱ, ㄷ, ㄹ ⑤ ㄴ, ㄷ, ㄹ

02 윗접시저울 양쪽에 거름종이를 올린 뒤 오른쪽과 왼쪽에 같은 질량의 물과 아세톤을 각각 떨어뜨리고 영점을 맞췄다.

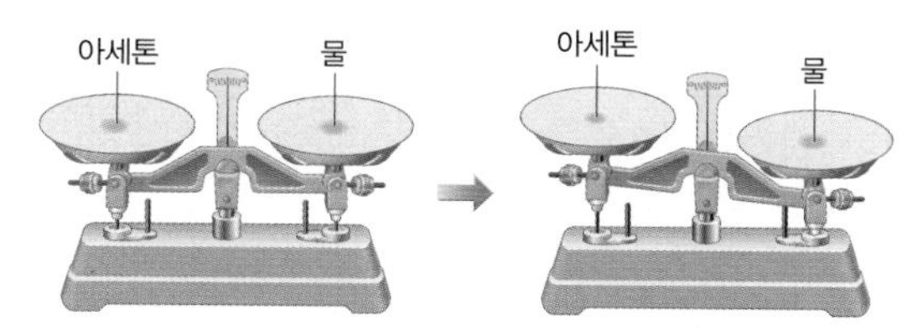

이후 시간이 지날수록 저울이 조금씩 물 쪽으로 기울어졌다. 이에 대한 설명으로 옳은 것은?

① 물의 양이 점점 늘어난다.
② 아세톤과 물의 증발 속도는 같다.
③ 아세톤 입자가 물 입자보다 더 빠르게 기체가 된다.
④ 아세톤 입자의 질량이 점차 감소한다.
⑤ 시간이 오래 지나도 저울은 계속 오른쪽으로 기울어져 있을 것이다.

서논술형 유형 연습

정답과 해설 • 33쪽

예제

01 마약 탐지견은 냄새로 짐 속 마약을 찾는다. 그 원리를 간단히 서술하시오.

Tip 마약 입자가 탐지견의 코에 도달하면 마약 탐지견은 마약 냄새를 맡을 수 있다.
Key Word 입자, 운동, 확산

[설명] 마약 입자는 스스로 운동하여 공간으로 퍼져 나갈 수 있다. 탐지견의 코는 민감하므로 소량의 마약 입자만 공기 중으로 확산되어 나와도 냄새를 맡아 마약을 찾아낼 수 있다.
[모범 답안] 마약 입자가 스스로 운동하여 공기 중으로 확산되어 나오면 마약 탐지견이 냄새를 맡는다.

실전 연습

01 암모니아와 만나면 푸르게 변하는 pH 종이를 페트리 접시에 오른쪽 그림과 같이 붙이고 가운데에 암모니아수를 떨어뜨린 뒤 뚜껑을 덮었다. 이 후 관찰되는 변화를 서술하시오.

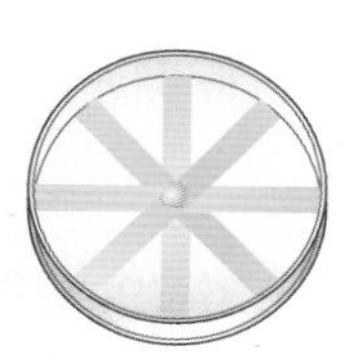

Tip 암모니아 입자는 스스로 운동하여 공간에 고르게 퍼져 나간다.
Key Word 방향, pH 종이, 푸르게

02 물에 푹 젖은 이불을 빨랫줄에 널어서 말렸을 때 이불의 무게가 어떻게 변하는지 쓰고 그 이유를 서술하시오.

Tip 젖은 이불에 있는 물 입자는 스스로 끊임없이 운동한다.
Key Word 입자, 운동, 증발

02 기체의 압력과 온도에 따른 부피

1 기체의 압력

1. 압력✚ : 단위 면적당 수직으로 작용하는 힘

$$압력(N/m^2)=\frac{수직으로\ 작용하는\ 힘(N)}{힘을\ 받는\ 면의\ 넓이(m^2)}$$

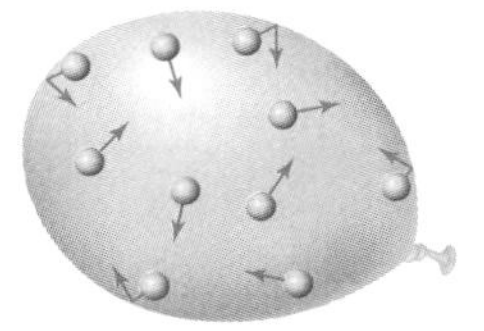

▲ 풍선 속 기체의 압력

2. 기체의 압력

(1) **기체의 압력** : 기체 입자가 운동하면서 주위에 충돌하여 가하는 힘

(2) **기체 압력의 크기✚** : 일정 시간 동안 단위 면적에 기체 입자가 충돌하는 횟수가 많을수록 크다.

(3) **기체 압력의 방향** : 기체 분자는 모든 방향으로 운동하므로 기체의 압력은 모든 방향에 같은 크기로 작용한다.

(4) **기체 압력의 활용**

① 공기 주머니를 이용하여 자동차나 비행기를 들어올린다.

② 높은 곳에서 떨어지는 사람을 보호하기 위해 공기를 넣은 안전 매트를 사용한다.

▲ 안전 매트의 사용

✚ **압력의 크기**
힘을 받는 면적이 작을수록, 수직으로 작용하는 힘이 클수록 크다.

✚ **기체의 압력이 커지는 경우**
- 부피와 온도가 일정할 때 → 기체 입자가 많을수록
- 입자 수와 온도가 일정할 때 → 용기의 부피가 작을수록
- 입자 수와 부피가 일정할 때 → 온도가 높을수록

2 기체의 압력과 부피

1. 보일 법칙✚ : 온도가 일정할 때 일정량의 기체의 부피는 압력에 반비례한다.

(1) 일정한 온도에서 기체에 가해지는 압력이 2배, 3배로 늘어나면 기체의 부피는 $\frac{1}{2}$, $\frac{1}{3}$로 줄어든다.

(2) 일정한 온도에서 기체의 압력과 부피를 곱한 값은 일정하다.

$$P(압력) \times V(부피) = 일정$$

압력(기압)	$\frac{1}{4}$	$\frac{1}{3}$	$\frac{1}{2}$	1	2	3	4
부피(L)	48	36	24	12	6	4	3
압력×부피	12	12	12	12	12	12	12
기체 입자의 운동	충돌 횟수↓ 입자 사이 거리↑			⟷			충돌 횟수↑ 입자 사이 거리↓

1기압 2기압 4기압
부피(L) 12 9 6 3 0
1 2 3 4 5 압력(기압)

▲ 압력에 따른 기체의 부피 변화

✚ **보일 법칙과 기체 입자**
온도가 일정할 때 기체의 압력과 부피가 변하면

함께 변하는 것
• 기체 입자 사이의 거리 • 기체 입자의 충돌 횟수
변하지 않는 것
• 기체 입자의 수 • 기체 입자의 크기 • 기체 입자의 운동 속도

2. 생활 속 보일 법칙

(1) 헬륨 풍선이 하늘 높이 올라갈수록✚ 크기가 점점 커진다.

(2) 잠수부가 내뱉는 공기 방울이 수면으로 올라갈수록 점점 커진다.

(3) 감압 용기에 풍선을 넣고 공기를 빼내면 풍선이 부풀어 오른다.

(4) 높은 산 위에 올라가거나 비행기를 타고 높이 올라가면 과자 봉지가 부풀어 오른다.

✚ **해발 고도와 기압**
높이 올라갈수록 공기의 양이 적어져서 기압이 낮아진다.

정답과 해설 • 34쪽

1 기체의 압력

- 단위 면적당 수직으로 작용하는 힘을 □□이라고 한다.
- 기체의 압력은 기체 입자가 운동하면서 주위에 □□하여 생긴다.

01 물이 든 플라스크에 의해 스펀지에 작용하는 압력이 큰 순서대로 쓰시오.

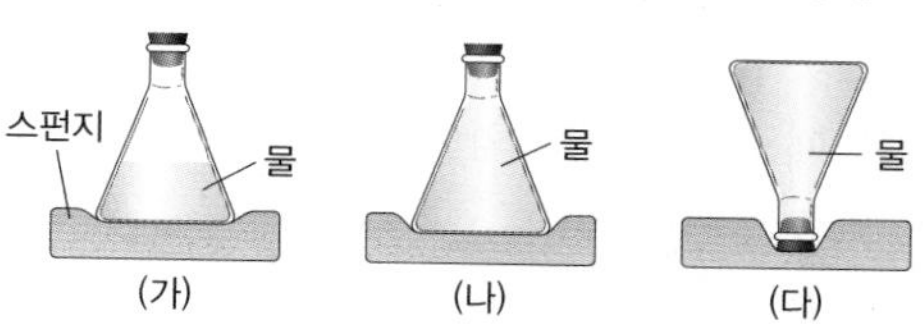

02 기체의 압력에 대한 설명으로 옳은 것은 ○표, 옳지 않은 것은 ×표를 하시오.

(1) 기체 입자의 충돌에 의해 생긴다. ( )
(2) 모든 방향에 같은 크기로 작용한다. ( )
(3) 단위 면적당 기체 입자의 충돌 횟수가 많을수록 크다. ( )
(4) 기체 입자의 수와 온도가 일정할 때 부피가 작을수록 압력도 작다. ( )
(5) 기체가 들어 있는 밀폐 용기를 가열하면 용기 내부의 압력이 작아진다. ( )

2 기체의 압력과 부피

- 온도가 일정할 때 일정량의 기체의 부피는 압력에 □□□한다.
- 일정한 온도에서 기체의 □□과 □□를 곱한 값은 일정하다.
- 온도가 일정할 때 압력이 증가하면 기체의 부피가 감소하는 것을 □□ 법칙이라고 한다.

03 일정한 온도에서 기체가 들어 있는 주사기의 끝을 막고 피스톤을 누를 때 증가하는 것만을 <보기>에서 있는 대로 고르시오.

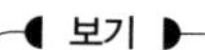

보기

ㄱ. 기체의 부피　　ㄴ. 기체의 압력
ㄷ. 기체 입자의 수　　ㄹ. 기체 입자 사이의 거리
ㅁ. 기체 입자의 운동 속도　　ㅂ. 기체 입자의 충돌 횟수

04 그래프는 온도가 일정할 때 압력에 따른 기체의 부피를 나타낸 것이다. (가)와 (나)에 알맞은 값을 쓰시오.

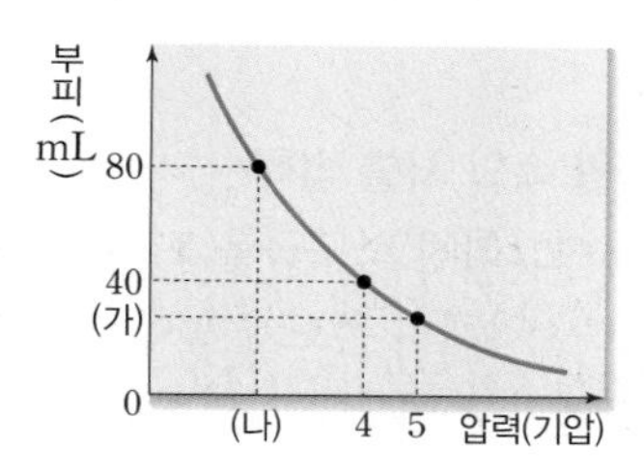

05 다음 상황에서 풍선의 부피 변화를 각각 쓰시오.

(1) 풍선을 들고 높은 산 위에 올라갔을 때
(2) 풍선을 들고 깊은 물 속으로 잠수했을 때

기체의 압력과 온도에 따른 부피

3 기체의 온도와 부피

1. 샤를 법칙✚ : 압력이 일정할 때 기체의 종류와 관계없이 일정량의 기체의 부피는 온도에 비례한다.

(1) 기체의 온도가 높아지면 부피도 일정한 비율로 증가한다.

(2) 기체의 온도가 낮아지면 부피도 일정한 비율로 감소한다.

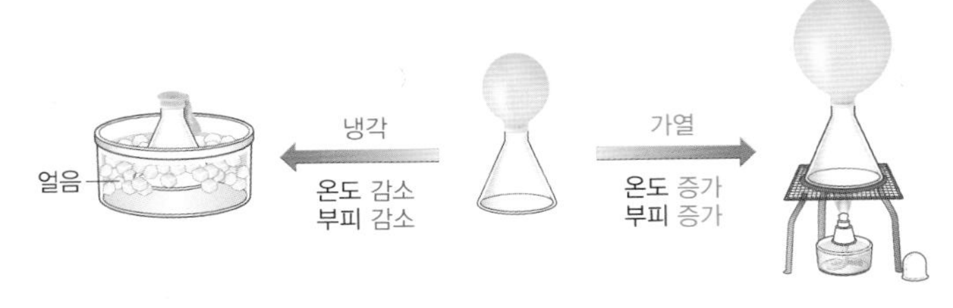

2. 온도에 따른 기체의 부피 변화와 입자 운동

(1) 온도가 높아지면 기체 입자의 운동 속도✚가 증가하여 기체의 부피가 증가한다.

일정량 기체의 온도 증가 → 기체 입자의 운동 속도 증가 → 기체 입자의 충돌 수, 충돌 세기 증가 → 기체의 부피 증가

(2) 온도가 낮아지면 기체 분자의 운동 속도가 느려져 기체의 부피가 감소한다.

일정량 기체의 온도 감소 → 기체 입자의 운동 속도 감소 → 기체 입자의 충돌 수, 충돌 세기 감소 → 기체의 부피 감소

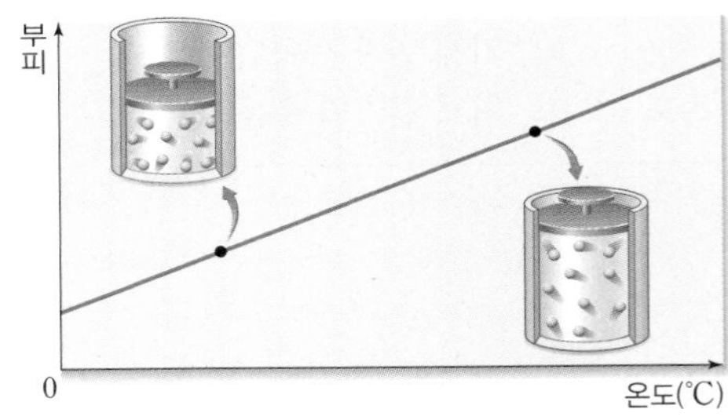

▲ 온도에 따른 기체의 부피 변화 그래프

3. 생활 속의 샤를 법칙

(1) 찌그러진 탁구공을 뜨거운 물에 넣으면 펴진다.
→ 기체의 온도가 높아지면서 기체의 부피가 증가하기 때문이다.

(2) 열기구 내부를 가열하면 열기구가 떠오른다.
→ 열기구 안쪽에 있는 기체 분자의 운동이 빨라져 기체의 부피가 증가하면서 열기구가 주변의 공기보다 가벼워져 떠오른다.

▲ 열기구

(3) 피펫✚을 손으로 감싸쥐어 끝에 남아 있는 액체를 빼낸다.
→ 체온에 의해 피펫 안의 공기가 가열되어 부피가 증가하므로 남아 있는 액체를 밀어낸다.

(4) 두 개의 컵이 포개져서 잘 빠지지 않을 때 아래쪽 컵의 밑 부분을 따뜻한 물에 넣어 두면 쉽게 빠진다.
→ 컵 사이에 있는 공기의 부피가 늘어나면서 컵을 밀어내기 때문이다.

✚ 샤를 법칙과 기체 입자
압력이 일정할 때 기체의 온도와 부피가 변하면

함께 변하는 것
• 기체 입자 사이의 거리 • 기체 입자의 충돌 횟수 • 기체 입자의 운동 속도
변하지 않는 것
• 기체 입자의 수 • 기체 입자의 크기

✚ 기체 입자의 운동 속도와 부피 변화
외부 압력이 일정할 때 기체 입자의 운동 속도가 증가하면 충돌 수와 충돌 세기가 증가하면서 기체의 압력(내부 압력)이 증가하게 된다.

온도↑→분자 운동 속도↑ →충돌 수↑→내부 압력↑

압력 평형이 깨지면 내부 압력이 외부 압력과 다시 같아질 때까지 내부 압력에 의해 부피가 증가하게 된다.

부피↑→충돌 수↓→내부 압력↓(외부 압력과 같아질 때까지)

✚ 피펫
액체를 옮길 때 사용하는 실험 도구로 샤를 법칙을 활용하여 끝에 남아 있는 액체를 빼낼 수 있다.

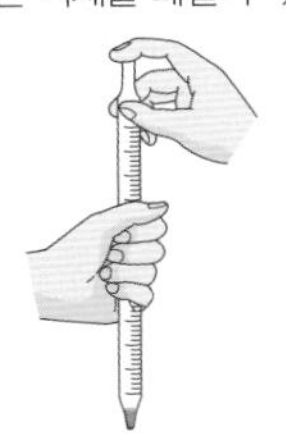

정답과 해설 • 34쪽

3 기체의 온도와 부피

- 압력이 일정할 때 일정량의 기체의 부피는 온도에 □□한다.
- 일정한 압력에서 기체의 온도가 증가할 때 기체의 부피도 일정한 비율로 증가하는 것을 □□ 법칙이라고 한다.
- 기체의 온도가 증가하면 기체 입자의 운동 속도는 □□한다.

06 **온도와 기체의 부피에 대한 설명으로 옳은 것은 ○표, 옳지 않은 것은 ×표를 하시오.**

(1) 압력이 일정할 때 온도와 기체의 부피는 반비례한다. ( )

(2) 온도가 높아지면 기체 입자의 운동 속도는 느려진다. ( )

(3) 밀폐 용기 속 기체를 가열하면 기체 입자의 충돌 횟수가 증가한다. ( )

(4) 압력이 일정할 때 온도가 높아져도 기체 입자 사이의 거리는 일정하다. ( )

(5) 압력이 일정할 때 온도가 낮아지면 기체의 부피는 일정한 비율로 감소한다. ( )

07 **그림은 일정한 압력에서 같은 양의 기체를 실린더에 넣고 온도를 서로 다르게 한 것이다. 실린더 A~C 중 온도가 가장 높은 것부터 순서대로 쓰시오.**

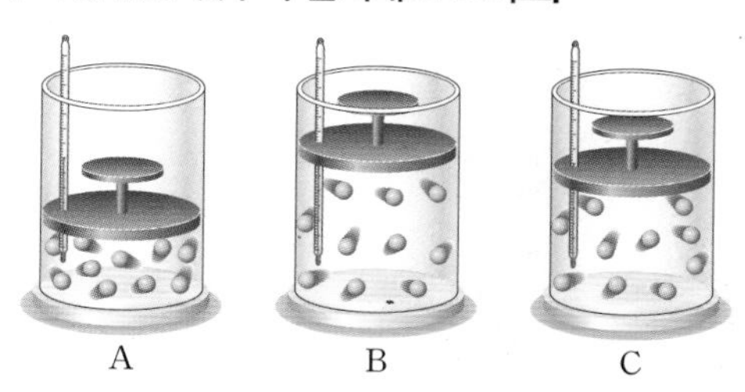

08 **실온의 플라스크에 그림과 같이 잉크 방울이 들어 있는 유리관을 연결하고 플라스크를 두 손으로 감싸쥐었을 때 잉크 방울의 이동 방향을 쓰시오.**

09 **다음은 찌그러진 탁구공을 가열하면 다시 펴지는 이유에 대한 설명이다. 빈칸에 들어갈 알맞은 말을 고르시오.**

탁구공을 가열하면 탁구공 속 기체 입자들의 운동 속도가 (㉠ 증가/감소)하여 탁구공 벽면에 부딪히는 충돌 횟수와 세기가 (㉡ 증가/감소)하면서 기체의 부피가 (㉢ 커/작아)지게 된다.

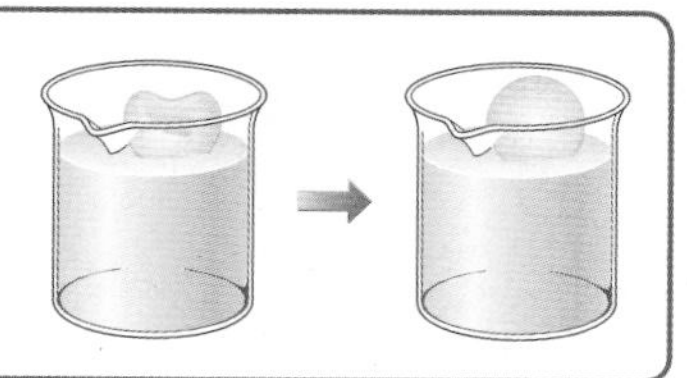

10 **샤를 법칙과 관계 있는 현상만을 ⟨보기⟩에서 있는 대로 고르시오.**

보기

ㄱ. 빈 페트병의 마개를 막아 냉동실에 넣으면 찌그러진다.
ㄴ. 헬륨 풍선이 하늘 높이 올라가면서 점점 커지다 터졌다.
ㄷ. 피펫을 손으로 감싸쥐어 끝에 남아 있는 잉크 방울을 빼냈다.
ㄹ. 바다 속에서 내뿜은 공기 방울이 수면으로 올라올수록 점점 커졌다.
ㅁ. 병의 입구에 동전을 올려놓고 병을 손으로 감싸쥐고 있었더니 동전이 움직였다.

필수 탐구 1 압력에 따른 기체의 부피 변화

목표
일정한 온도에서 기체의 압력과 부피 사이의 관계를 설명할 수 있다.

과정

1 주사기의 피스톤을 60 mL 눈금에 맞춘 뒤 주사기 끝에 압력계를 연결하고 0에 와 있는지 확인한다.
[주의] 공기 중에서는 1기압의 대기압이 작용하는데 이때 압력계의 눈금은 0을 가리키고 있다. 따라서 실제 기체의 압력은 압력계의 눈금에 1을 더해야 한다.

실험하는 동안 주사기 내부 공기의 온도가 일정하게 유지되도록 한다.

2 피스톤을 천천히 누르면서 압력계의 눈금이 0.5씩 증가할 때마다 주사기의 눈금을 읽어 표에 기록한다.

피스톤을 누를 때 공기가 새어나가지 않도록 주의한다.

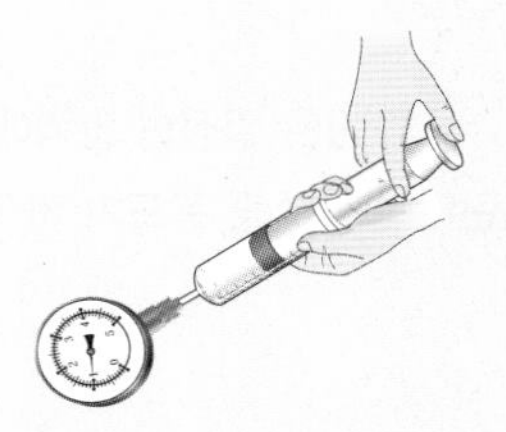

결과

1 주사기 안 기체의 압력과 부피, 압력×부피의 값은 다음과 같다.

압력계의 눈금	0.0	0.5	1	1.5	2.0	3.0
공기의 압력(기압)	1.0	1.5	2.0	2.5	3.0	4.0
공기의 부피(mL)	60	40	30	24	20	15
압력×부피	60	60	60	60	60	60

2 압력이 커지면 기체의 부피는 감소하고, 압력이 작아지면 기체의 부피는 증가한다.

압력×부피의 값이 일정하다.

정리

1 온도가 일정할 때 일정량의 기체의 부피는 압력에 반비례한다.

2 기체의 압력이 2배, 3배로 늘어나면 기체의 부피는 $\frac{1}{2}$, $\frac{1}{3}$로 줄어든다.

3 기체의 압력과 부피를 곱한 값은 일정하다.

$$P(\text{압력}) \times V(\text{부피}) = \text{일정}$$

탐구 섭렵 문제

정답과 해설 • 34쪽

1 압력에 따른 기체의 부피 변화

- 온도가 일정할 때 기체의 부피는 압력에 □□□한다.
- 온도가 일정할 때 일정량의 기체의 압력이 증가하면 부피는 □□한다.
- 주사기의 입구를 막고 피스톤을 당기면 주사기 속 기체의 압력이 □□한다.
- 온도가 일정할 때 기체의 압력과 부피를 곱한 값은 □□하다.
- 일정한 온도에서 기체의 압력이 2배, 3배로 증가하면 기체의 부피는 □, □로 줄어든다.

[1～2] 그림과 같이 주사기의 입구에 압력계를 연결하고 피스톤을 누르면서 기체의 압력과 부피를 측정하였다. 다음 물음에 답하시오.

1 기체의 압력이 1기압일 때 주사기의 눈금은 30 mL였다. 주사기의 피스톤을 60 mL까지 잡아당기면 기체의 압력은 몇 기압이 되는지 쓰시오.

2 피스톤을 누를 때에 대한 설명으로 옳은 것은?

① 압력계의 눈금이 감소한다.
② 주사기 안 기체 입자의 크기가 작아진다.
③ 주사기 안 기체 입자 사이의 거리가 멀어진다.
④ 주사기 안 기체 입자의 충돌 횟수가 증가한다.
⑤ 주사기 안 기체 입자의 운동 속도가 증가한다.

3 그래프는 온도가 일정할 때 기체의 압력과 부피의 관계를 나타낸 것이다. (가)에 알맞은 부피 값을 쓰시오.

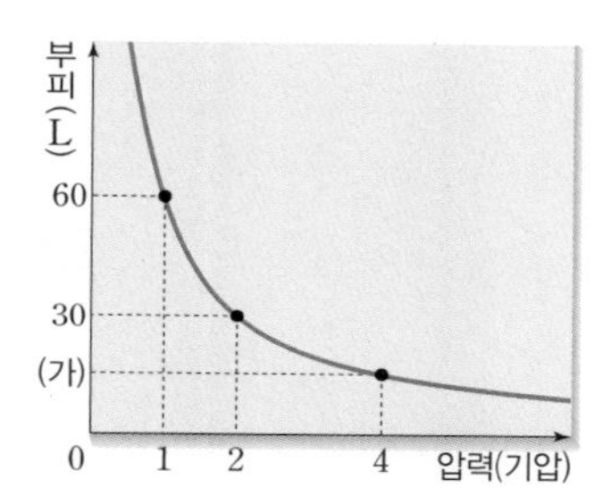

[4～5] 그림은 온도가 일정할 때 압력에 따른 기체의 부피 변화를 나타낸 것이다. 다음 물음에 답하시오.

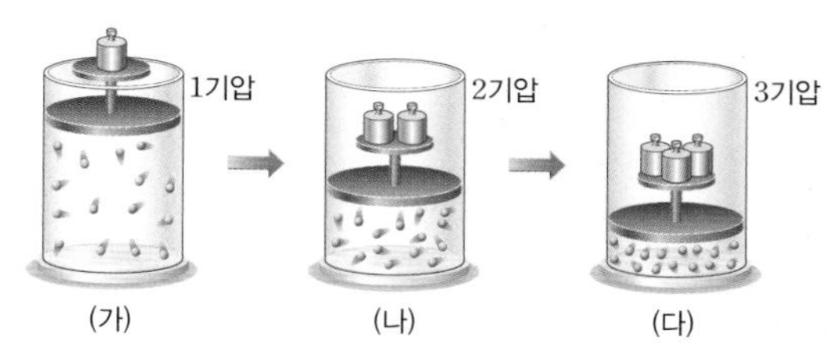

4 (가)～(다)의 통 속 기체에 대한 비교로 옳은 것만을 〈보기〉에서 있는 대로 고르시오.

보기
ㄱ. 기체의 압력 : (가)<(나)<(다)
ㄴ. 기체 입자의 수 : (가)=(나)=(다)
ㄷ. 기체 입자의 충돌 횟수 : (다)<(나)<(가)
ㄹ. 기체 입자 사이의 거리 : (가)<(나)<(다)
ㅁ. 기체 입자의 운동 속도 : (가)=(나)=(다)

5 (가)의 부피가 12 L일 때 (다)의 부피를 쓰시오.

필수 탐구 2 온도에 따른 기체의 부피 변화

목표
압력이 일정할 때 기체의 온도와 부피 사이의 관계를 설명할 수 있다.

과정

1 10 mL 시약병에 눈금이 있는 유리관을 0점을 맞추어 연결한다.
2 실리콘 튜브로 공기가 새어나가지 않도록 막는다.
3 70°C 물이 담긴 비커에 시약병을 넣고 온도계를 장치한다.
4 유리관에 스포이트로 잉크 한 방울을 넣는다.
5 온도가 60°C가 되면 유리관 속 잉크 방울의 높이를 읽어 유리관의 눈금을 기록한다.
6 온도가 5°C 낮아질 때마다 유리관의 눈금을 읽어 기록한다.

눈금을 읽을 때 잉크의 아래쪽 선에 맞추어 읽는다.

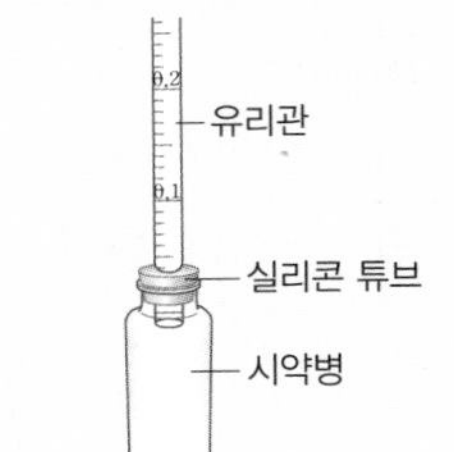

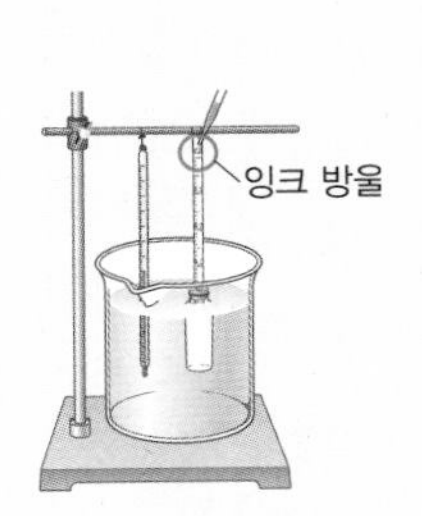

결과

1 온도에 따른 유리관의 눈금과 기체의 부피는 다음과 같다.

온도(°C)	60	55	50	45	40	35	30	25	20	15
유리관의 눈금(mL)	2.20	2.01	1.83	1.65	1.47	1.28	1.10	0.92	0.73	0.55
기체의 부피(mL)	12.20	12.01	11.83	11.65	11.47	11.28	11.10	10.92	10.73	10.55

유리관 속 기체의 부피에 시약병 속 기체의 부피 10 mL를 더한 것이 전체 기체의 부피이다.

2 온도가 낮아질수록 기체의 부피는 감소한다.
3 실험 결과를 그래프로 나타내면 다음과 같다.

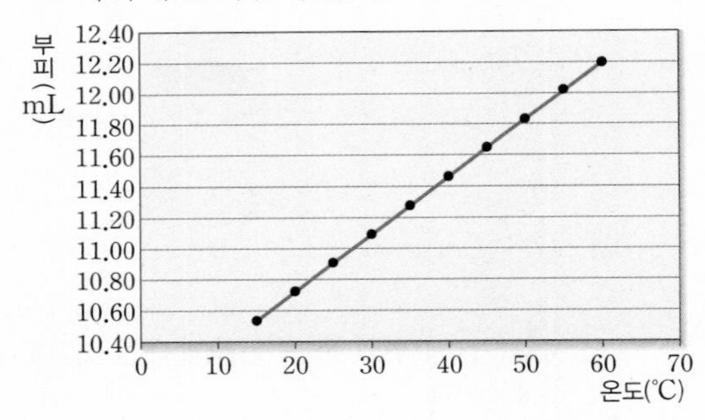

정리

1 일정한 압력에서 기체의 온도를 높이면 부피가 늘어나고, 온도를 낮추면 부피가 줄어든다.
2 일정한 압력에서 기체의 종류와 관계없이 기체의 온도를 높이면 기체의 부피가 일정한 비율로 늘어난다.

정답과 해설 • 34쪽

2 온도에 따른 기체의 부피 변화

- 일정한 압력에서 기체의 부피는 온도에 □□한다.
- 일정한 압력에서 일정량의 기체의 온도를 높여 주면 기체의 부피가 □□□ □□로 증가한다.
- 압력이 일정할 때 기체를 냉각시키면 기체의 부피가 □□한다.
- 기체의 온도가 증가하면 기체 입자의 운동이 □□진다.
- 밀폐 용기 속의 공기를 가열하면 공기 입자들의 충돌 횟수가 □□한다.

6 실온에서 시약병에 유리관을 연결한 뒤 잉크를 한 방울 떨어뜨렸다. 시약병을 얼음물에 넣어 냉각시켰을 때 잉크의 움직임을 쓰시오.

7 그래프는 압력이 일정할 때 기체의 온도와 부피 사이의 관계를 나타낸 것이다. 다음 물음에 답하시오.

(1) A와 B 중 기체 입자의 운동 속도가 더 빠른 것을 쓰시오.
(2) A와 B 중 기체 입자의 충돌 세기가 더 강한 것을 쓰시오.

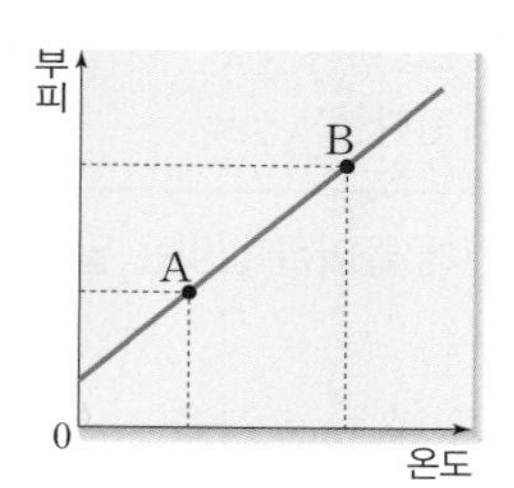

8 다음은 기체의 온도와 부피에 대한 실험 설명이다. 빈칸에 들어갈 알맞은 말을 쓰시오.

> 페트병의 입구에 고무풍선을 씌운 뒤 뜨거운 바람으로 페트병을 가열하였더니 고무풍선의 크기가 점점 (㉠)졌다. 이 페트병을 차가운 물에 넣어 냉각시켰더니 고무풍선의 크기가 점점 (㉡)졌다.

[9~10] 피스톤이 주사기의 가운데에 오도록 하고 주사기 끝을 고무마개로 막아 공기가 새어 나가지 않도록 한 뒤 뜨거운 물에 넣었다. 다음 물음에 답하시오.

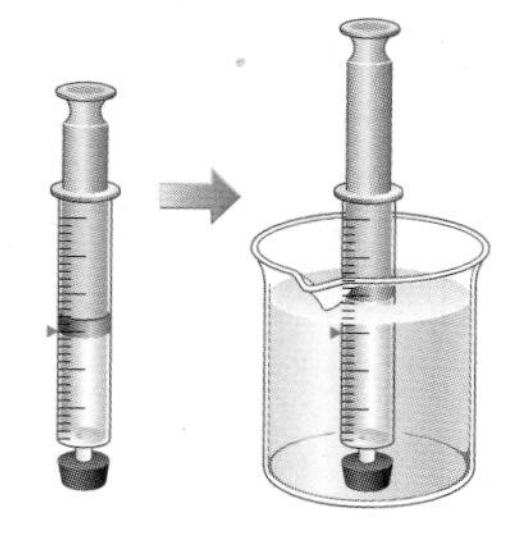

9 뜨거운 물에 넣었을 때 증가하는 것만을 〈보기〉에서 있는 대로 고르시오.

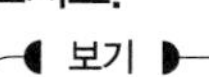
보기

ㄱ. 기체의 부피　　ㄴ. 기체의 온도
ㄷ. 기체 입자의 수　　ㄹ. 기체 입자의 크기
ㅁ. 기체 입자 사이의 거리　　ㅂ. 기체 입자의 운동 속도

10 이 실험으로 설명할 수 있는 현상은?

① 하늘 높이 올라간 풍선의 크기가 점점 커진다.
② 높은 산 위에 올라가면 과자 봉지가 부푼다.
③ 풍선에 공기를 많이 불어 넣으면 풍선이 커진다.
④ 여름에 자동차 속에 놓아둔 과자 봉지가 부푼다.
⑤ 감압 용기에 풍선을 넣고 공기를 빼내면 풍선이 부푼다.

내신 기출 문제

1 기체의 압력

01 다음은 압력에 대한 설명이다.

> 압력은 단위 면적당 (㉠)으로 작용하는 힘으로 힘을 받는 면적이 (㉡)수록, 작용하는 힘이 (㉢)수록 커진다.

빈칸에 들어갈 알맞은 말을 옳게 짝 지은 것은?

	㉠	㉡	㉢
①	수직	작을	클
②	수직	클	클
③	수직	작을	작을
④	사선	클	작을
⑤	사선	작을	클

02 연필의 양쪽 끝을 손가락으로 잡고 같은 크기의 힘으로 누르면 A 쪽이 더 아프다. 이와 같은 원리로 설명할 수 있는 현상으로 옳지 않은 것은?

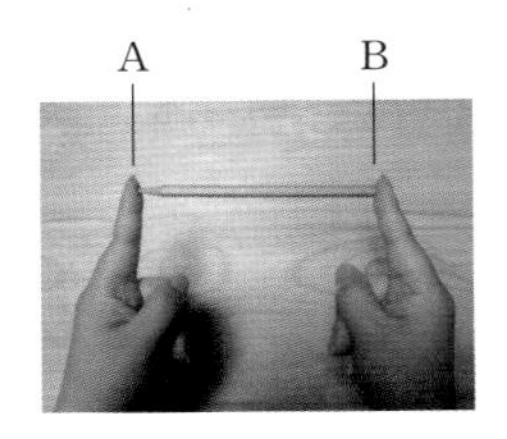

① 칼날이 날카로울수록 물건이 잘 잘린다.
② 젓가락보다 송곳이 풍선을 터뜨리기 더 쉽다.
③ 못의 끝을 뾰족하게 하여 벽에 잘 박히도록 한다.
④ 짐볼 위에 무거운 사람이 앉을수록 짐볼이 더 많이 찌그러진다.
⑤ 스키를 신었을 때보다 신발을 신었을 때 눈에 발이 더 깊게 빠진다.

중요

03 풍선 속 기체의 압력에 대한 설명으로 옳지 않은 것은?

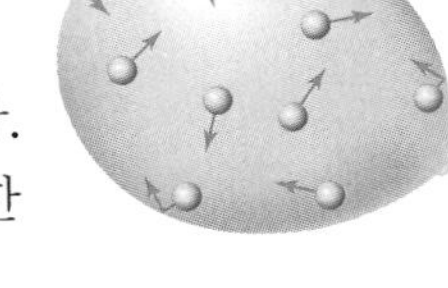

① 기체 입자의 충돌에 의해 생긴다.
② 모든 방향에 같은 크기로 작용한다.
③ 기체 입자의 충돌 횟수에 반비례한다.
④ 풍선 속 기체 입자의 단위 면적당 충돌 횟수가 많을수록 풍선 속 기체의 압력이 커진다.
⑤ 풍선 속 기체 입자의 수가 많아지면 기체 입자가 풍선의 벽면에 더 많이 충돌하면서 풍선의 크기가 커진다.

04 밀폐 용기 속 기체의 압력을 증가시키는 방법으로 옳은 것만을 〈보기〉에서 있는 대로 고른 것은?

> **보기**
> ㄱ. 용기의 크기를 크게 만든다.
> ㄴ. 용기를 뜨거운 물 속에 넣는다.
> ㄷ. 용기 속에 기체를 더 넣어 준다.
> ㄹ. 용기를 들고 높은 산 위로 올라간다.

① ㄱ, ㄴ ② ㄱ, ㄷ ③ ㄱ, ㄹ
④ ㄴ, ㄷ ⑤ ㄴ, ㄹ

05 공기 주머니를 이용하면 무거운 비행기도 들어올릴 수 있다. 이처럼 기체의 압력을 활용한 것으로 옳지 않은 것은?

① 스팀 난방기
② 에어캡 포장지
③ 공기 안전 매트
④ 자동차의 에어백
⑤ 신발의 에어 밑창

2 기체의 압력과 부피

[06~07] 압력이 1기압일 때 실린더 속 기체의 부피가 12 L였다. 다음 물음에 답하시오.

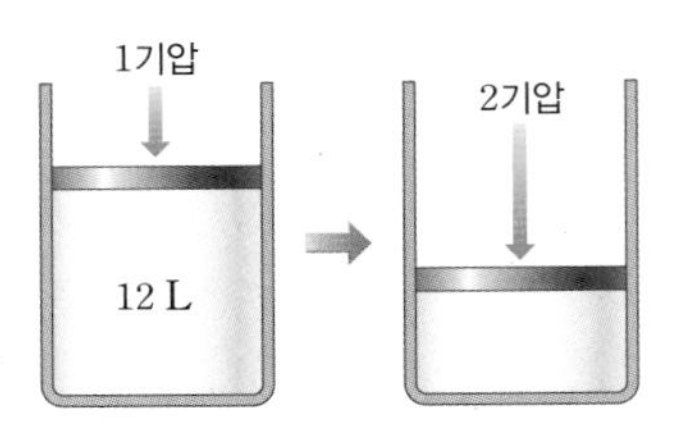

06 압력이 2기압이 되었을 때 기체의 부피를 쓰시오.

07 압력을 2기압으로 증가시켰을 때 감소하는 것은?

① 기체의 압력
② 기체 입자의 수
③ 기체 입자 사이의 거리
④ 기체 입자의 운동 속도
⑤ 기체 입자의 충돌 횟수

08 그래프는 온도가 일정할 때 기체의 압력에 따른 부피 변화를 나타낸 것이다. 이에 대한 설명으로 옳은 것은?

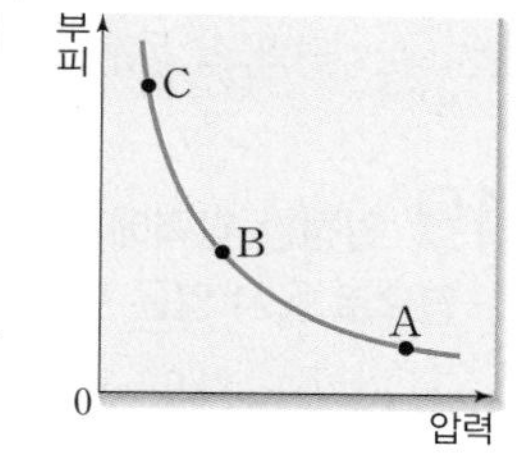

① 기체의 압력과 부피는 비례한다.
② A → B로 갈수록 기체의 압력이 커진다.
③ B → C로 갈수록 기체 입자 사이의 거리가 멀어진다.
④ A, B, C 점에서 압력과 부피를 곱한 값은 모두 다르다.
⑤ 단위 면적당 기체 입자의 충돌 횟수는 A<B<C이다.

중요
09 다음은 온도가 일정할 때 압력에 따른 기체의 부피 변화를 기록한 것이다. 빈칸에 들어갈 알맞은 숫자를 쓰시오.

압력(기압)	$\frac{1}{4}$	$\frac{1}{2}$	1	2	㉢
부피(L)	16	㉠	4	㉡	1

10 주사기의 입구를 막고 피스톤을 잡아당겼다. 이때 증가하는 것과 감소하는 것을 옳게 짝 지은 것은?

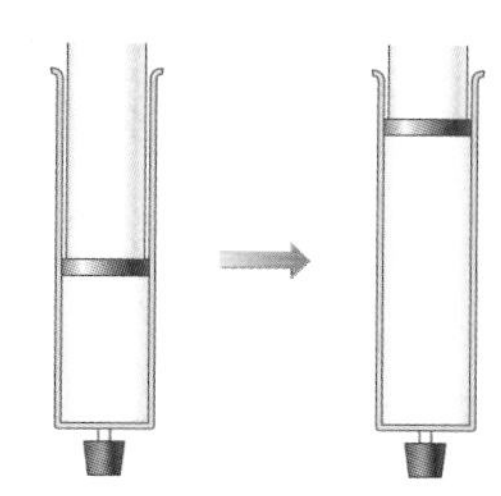

	증가	감소
①	기체의 압력	기체의 부피
②	기체의 부피	기체 입자의 수
③	기체의 압력	기체 입자 사이의 거리
④	기체 입자 사이의 거리	기체 입자의 충돌 횟수
⑤	기체 입자의 운동 속도	기체 입자의 충돌 횟수

11 10°C, 2기압에서 부피가 30 L인 공기가 있다. 10°C, 3기압에서 이 기체의 부피는?

① 10 L ② 20 L ③ 30 L
④ 40 L ⑤ 60 L

12 감압 용기에 부푼 고무풍선을 넣고 펌프로 공기를 빼내었다. 이에 대한 설명으로 옳지 않은 것은?

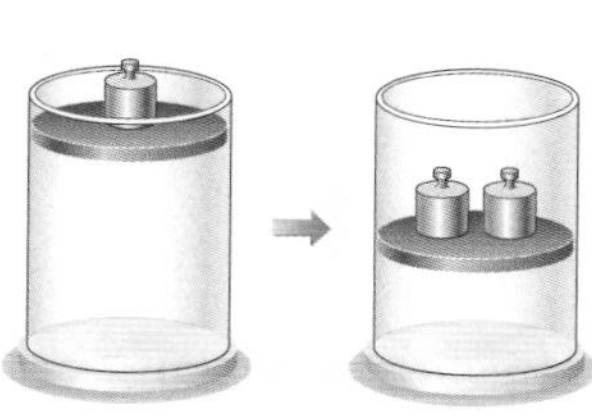

① 풍선이 부풀어 오른다.
② 풍선 속 기체의 압력이 감소한다.
③ 풍선 속 기체 입자 사이의 거리가 멀어진다.
④ 감압 용기 속 기체 입자의 수가 줄어든다.
⑤ 감압 용기 속 기체 입자의 운동 속도가 증가한다.

13 실린더 위에 올린 추의 개수를 늘렸더니 실린더 속 기체의 부피가 줄어들었다. 이와 같은 원리로 설명할 수 있는 현상은?

① 냉동실에 마개를 막은 빈 페트병을 넣으면 찌그러진다.
② 찌그러진 탁구공을 뜨거운 물에 넣으면 펴진다.
③ 액체 질소에 풍선을 넣으면 풍선이 쪼그라든다.
④ 비행기가 착륙할 때 과자 봉지의 크기가 점점 작아진다.
⑤ 고속도로를 달린 타이어 바퀴가 탱탱하게 부풀어 있다.

14 보일은 한쪽 끝이 막힌 J자관을 만들어 일정한 온도에서 수은을 넣으면서 기체의 압력과 부피의 관계를 조사하였다.

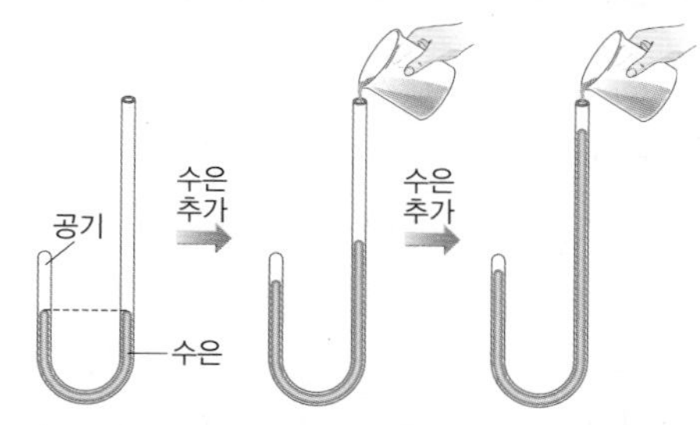

이 실험에 대한 설명으로 옳은 것만을 〈보기〉에서 있는 대로 고르시오.

〈보기〉
ㄱ. 수은의 양과 관계없이 공기 입자의 수는 일정하다.
ㄴ. 수은 기둥의 높이와 J자관 속 공기의 부피는 비례한다.
ㄷ. 수은을 추가하면 J자관 속 공기 입자의 운동 속도는 감소한다.
ㄹ. 수은을 추가하면 J자관 속 공기에 가해지는 압력이 증가한다.

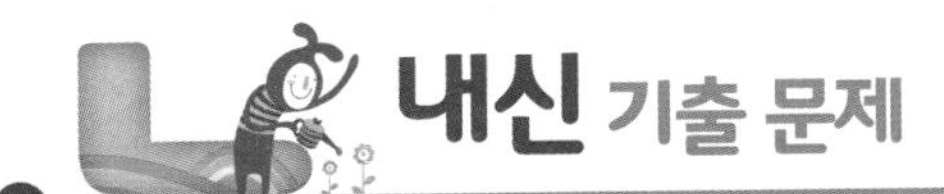

내신 기출 문제

중요

15 하늘 위로 올라간 헬륨 풍선은 점점 부풀어 오른다. 이와 같은 원리로 설명할 수 있는 현상으로 옳지 않은 것은?

① 뜨거운 운동장에 마개를 막고 놓아둔 페트병이 부풀어 오른다.
② 비행기를 타고 높은 하늘로 올라가면 귀가 먹먹해진다.
③ 높은 산 위에 가지고 올라간 과자 봉지가 부풀어 오른다.
④ 잠수부가 내뱉은 공기 방울이 수면으로 올라올수록 점점 커진다.
⑤ 감압 용기에 마시멜로우를 넣고 공기를 빼내면 마시멜로우가 부풀어 오른다.

16 그래프는 일정한 온도에서 기체의 압력과 부피의 관계를 나타낸 것이다. (가)에 알맞은 부피의 값을 쓰시오.

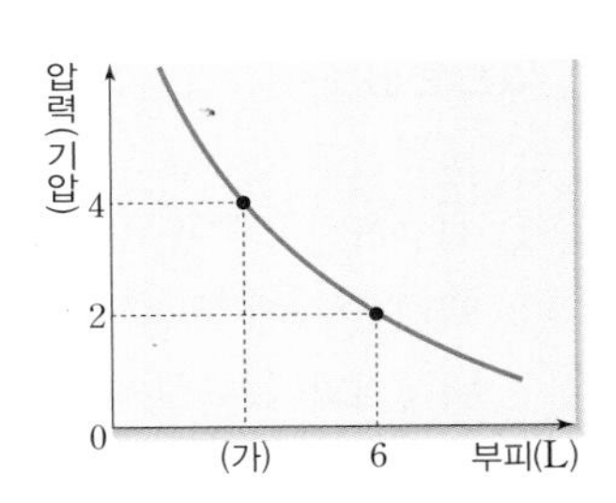

[17~18] 그림은 일정한 온도에서 주사기의 끝에 압력계를 연결하고 기체의 압력과 부피를 측정하는 것이다. 다음 물음에 답하시오.

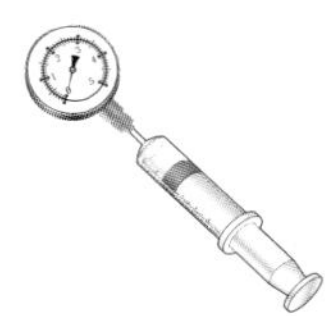

17 이에 대한 설명으로 옳은 것은?

① 피스톤을 누르면 기체의 압력이 감소한다.
② 피스톤을 당기면 압력계의 눈금이 증가한다.
③ 피스톤을 누르면 기체 입자 사이의 거리가 증가한다.
④ 피스톤을 당기면 기체 입자의 충돌 횟수가 감소한다.
⑤ 피스톤을 당기면 기체 입자의 운동 속도가 증가한다.

18 표는 피스톤을 누르면서 기체의 부피 변화에 따른 압력 변화를 관찰한 결과이다. 빈칸에 들어갈 알맞은 압력을 쓰시오.

부피(mL)	90	45	30	(다)
압력(기압)	1	(가)	(나)	6

3 기체의 온도와 부피

19 일정한 압력에서 온도가 증가할 때 기체의 변화에 대한 설명으로 옳지 않은 것은?

① 기체 입자의 운동이 활발해진다.
② 온도와 기체의 부피는 비례한다.
③ 기체 입자 사이의 거리가 증가한다.
④ 기체 입자 사이의 충돌이 약해진다.
⑤ 기체의 부피가 일정한 비율로 증가한다.

중요

20 그림은 같은 압력에서 같은 양의 기체를 실린더 안에 넣고 온도를 다르게 했을 때를 나타낸 것이다. 용기 안 기체에 대한 설명으로 옳은 것은?

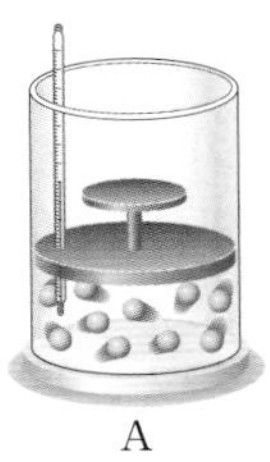
A

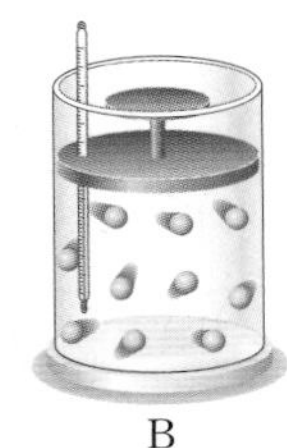
B

① 기체의 온도는 A가 더 높다.
② 기체의 압력은 B가 더 크다.
③ 기체 입자의 수는 A<B이다.
④ 기체 입자의 빠르기는 A<B이다.
⑤ 기체 입자 사이의 평균 거리는 서로 같다.

21 공기가 든 주사기의 끝을 고무마개로 막고 물이 든 비커에 넣은 뒤 가열하였다.
이에 대한 설명으로 옳은 것만을 〈보기〉에서 있는 대로 고른 것은?

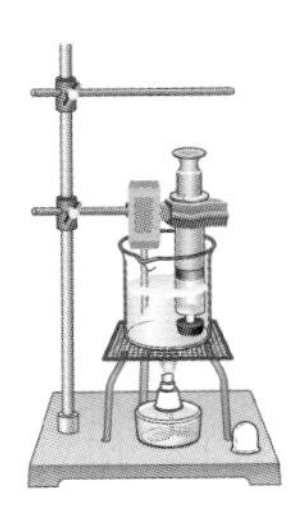

보기

ㄱ. 피스톤이 점점 위로 올라온다.
ㄴ. 기체 입자의 운동이 점점 느려진다.
ㄷ. 기체 입자 사이의 거리가 점점 멀어진다.
ㄹ. 기체의 부피가 처음에는 빠르게 증가하다가 점점 느리게 증가한다.

① ㄱ, ㄴ ② ㄱ, ㄷ ③ ㄱ, ㄹ
④ ㄴ, ㄷ ⑤ ㄴ, ㄹ

중요

22 압력이 일정할 때 온도와 기체의 부피 사이의 관계를 나타낸 그래프로 옳은 것은?

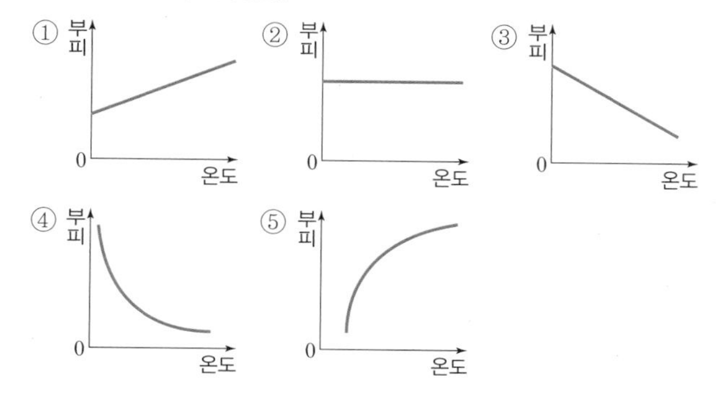

23 그림과 같이 컵 위에 풍선을 올려놓고 컵을 얼음물에 넣어 냉각시켰다. 이에 대한 설명으로 옳은 것은?

① 풍선이 들썩거리며 움직인다.
② 컵 속 기체의 부피는 일정하다.
③ 풍선 속 기체의 부피가 증가한다.
④ 풍선이 컵 안으로 조금씩 빨려 들어온다.
⑤ 컵을 꺼내서 뒤집으면 풍선이 쉽게 떨어진다.

24 (가), (나) 두 삼각 플라스크의 입구에 풍선을 씌운 뒤 (가)는 가열하고 (나)는 얼음물에 넣어 냉각시켰다.

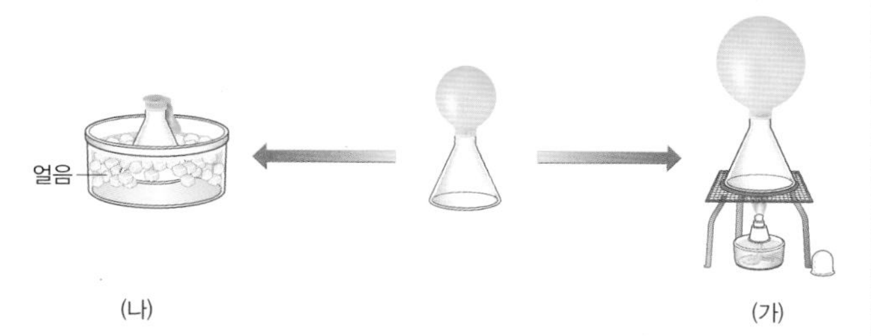

플라스크 (가)와 (나) 내부 기체의 상태를 바르게 비교한 것은?

① 기체의 압력 : (가)<(나)
② 기체의 부피 : (가)<(나)
③ 기체 입자의 크기 : (나)<(가)
④ 기체 입자의 빠르기 : (나)<(가)
⑤ 기체 입자 사이의 거리 : (가)=(나)

주관식

25 그림은 시약병에 유리관을 연결한 뒤 스포이트를 이용해 유리관에 잉크를 한 방울 떨어뜨린 것이다. 시약병을 뜨거운 물에 넣었을 때 잉크 방울의 움직임을 쓰시오.

중요

26 고속도로를 빠르게 달린 뒤 자동차의 바퀴를 보면 팽팽하게 부풀어 있다. 이와 같은 원리로 설명할 수 있는 현상을 〈보기〉에서 있는 대로 고른 것은?

보기

ㄱ. 찌그러진 공을 뜨거운 물에 넣으면 펴진다.
ㄴ. 풍선을 들고 산을 오르면 풍선이 점점 커진다.
ㄷ. 비행기를 타고 하늘로 올라가면 과자 봉지가 부푼다.
ㄹ. 피펫의 끝을 막고 중간을 손으로 감싸면 피펫 끝에 남아 있는 액체 방울이 밀려나온다.
ㅁ. 차가운 병의 입구에 동전을 올려놓고 손으로 병을 잡고 있으면 병 위의 동전이 달그락거리며 움직인다.

① ㄱ, ㄷ, ㄹ　② ㄱ, ㄹ, ㅁ　③ ㄴ, ㄷ, ㄹ
④ ㄴ, ㄹ, ㅁ　⑤ ㄷ, ㄹ, ㅁ

27 공기가 든 주사기의 입구를 막았다. 그림과 같이 주사기 속 기체의 부피를 증가시키는 방법으로 옳지 않은 것은?

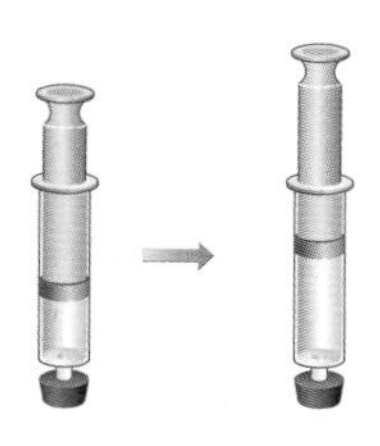

① 높은 산 위로 올라간다.
② 주사기를 얼음물에 넣는다.
③ 비행기를 타고 하늘 높이 올라간다.
④ 주사기를 뜨거운 바람으로 가열한다.
⑤ 주사기를 뜨거운 물 속에 담근다.

중요

01 하늘 높이 올라가는 헬륨 풍선과 열기구 속에서 공통적으로 일어나는 변화만을 〈보기〉에서 있는 대로 고른 것은?

보기

ㄱ. 기체의 압력이 감소한다.
ㄴ. 기체 입자의 수가 감소한다.
ㄷ. 기체 입자의 운동이 활발해진다.
ㄹ. 기체 입자의 충돌 세기가 약해진다.
ㅁ. 기체 입자 사이의 거리가 멀어진다.

① ㄱ, ㄴ ② ㄱ, ㅁ ③ ㄴ, ㄹ
④ ㄱ, ㄷ, ㅁ ⑤ ㄴ, ㄷ, ㄹ

02 그래프는 온도가 일정할 때 압력에 따른 기체의 부피를 나타낸 것이다. (가), (나), (다)에 들어갈 값의 조합으로 옳은 것은?

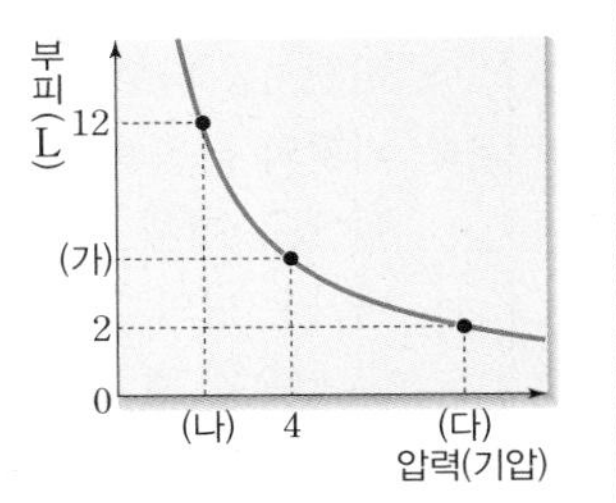

	(가)	(나)	(다)
①	4	1	8
②	4	2	8
③	6	1	6
④	6	2	6
⑤	6	2	12

03 다음 현상들이 일어나는 공통적인 원인으로 옳은 것은?

(가) 뜨거운 물에 풍선을 넣으면 점점 부풀어 오른다.
(나) 겨울보다 여름에 어항 속 물이 더 빨리 줄어든다.
(다) 차가운 물보다 뜨거운 물에서 잉크가 더 빨리 퍼진다.

① 온도와 기체의 부피는 비례한다.
② 압력과 기체의 부피는 반비례한다.
③ 입자는 스스로 운동하여 공간 속을 퍼져 나간다.
④ 온도가 높으면 물질을 이루는 입자의 운동이 빨라진다.
⑤ 부피가 같을 때 온도가 높을수록 기체의 압력이 커진다.

04 다음은 오줌싸개 인형의 사용 방법이다.

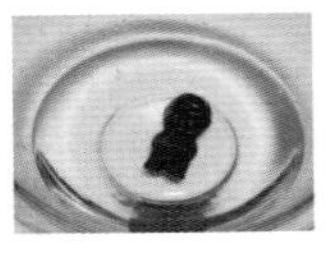

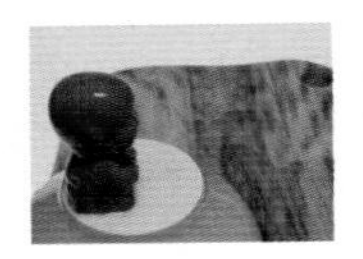

(가) 뜨거운 물에 오줌싸개 인형을 넣는다.
(나) 잠시 후 뜨거운 물에서 인형을 꺼내서 찬물에 넣는다.
(다) 인형을 찬물에서 꺼낸 뒤 인형의 머리에 뜨거운 물을 붓는다.

각 단계에서 일어나는 변화에 대한 설명으로 옳지 않은 것은?

① (가) 단계에서 인형 속 기체의 부피가 증가한다.
② (가) 단계에서 인형 속으로 물이 빨려들어간다.
③ (나) 단계에서 인형 속 기체의 부피가 감소한다.
④ (다) 단계에서 인형 속 기체 입자의 운동이 활발해진다.
⑤ 각 단계에서 사용하는 물의 온도 차이가 클수록 오줌이 더 세게 나간다.

05 과자 봉지를 높은 산 위에 가지고 올라가면 부풀어 오른다. 다음은 높이에 따른 온도 변화와 기압 변화를 나타낸 표이다.

해발 고도(m)	압력(기압)	온도(°C)
0	1	15
500	0.94	11.8
1000	0.89	8.5
1500	0.83	5.3
2000	0.78	2.0

표를 참고하여 과자 봉지 속 기체의 변화에 대한 설명으로 옳은 것만을 〈보기〉에서 있는 대로 고르시오.

보기

ㄱ. 기체의 압력이 증가한다.
ㄴ. 기체 입자의 운동 속도가 빨라진다.
ㄷ. 기체 입자 사이의 거리가 멀어진다.
ㄹ. 기체 입자의 충돌 세기가 약해진다.

서논술형 유형 연습

정답과 해설 • 37쪽

예제

01 그림과 같은 펌프식 용기는 뚜껑을 누르면 용기 내 내용물이 밖으로 나오게 된다.

그 원리를 용기 내 공기의 부피, 압력 변화와 관련하여 간단히 서술하시오.

Tip 기체의 부피와 압력은 반비례 관계이다.

Key Word 부피, 압력

[설명] 뚜껑을 누르면 용기 내부의 공기의 부피가 순간적으로 줄어들면서 공기의 압력이 커지게 된다. 그 압력에 의해서 용기 속 내용물이 밖으로 밀려 나간다.

[모범 답안] 뚜껑을 누르면 용기 속 공기의 부피가 감소하면서 압력이 증가하여 용기 속 내용물을 밀어 낸다.

02 페트리 접시 위의 물에 잠긴 동전은 뜨겁게 가열한 컵을 접시 위에 거꾸로 세워 컵 안으로 물을 빨려 들어가게 해 손에 물을 적시지 않고 꺼낼 수 있다.

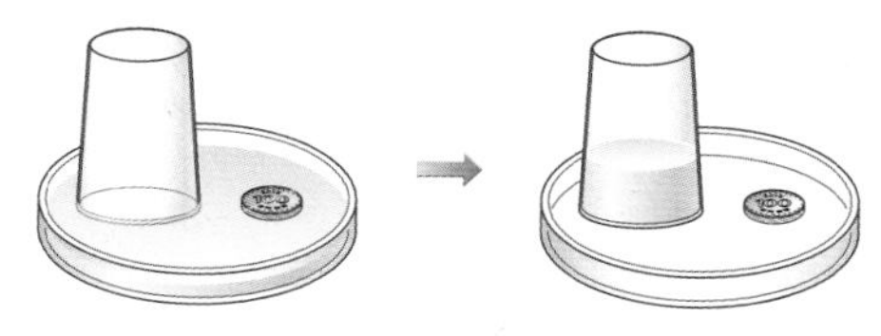

컵 안으로 물이 빨려 들어가는 이유를 컵 안의 기체의 부피 변화와 관련하여 간단히 서술하시오.

Tip 기체의 온도와 부피는 비례한다.

Key Word 온도, 기체의 부피

[설명] 시간이 지나면 뜨겁게 가열한 컵 속 공기가 식으면서 컵 속 기체의 온도가 낮아진다. 기체의 온도가 낮아지면 기체의 부피가 줄어든다.

[모범 답안] 컵 속 공기의 온도가 낮아지면서 컵 속 기체의 부피가 감소하여 그 공간으로 물이 빨려 들어온다.

실전 연습

01 다음은 빨대 잠수부 장난감에 대한 설명이다.

(1) 빨대에 그림과 같이 고무 찰흙 장식을 단다.
(2) 물이 든 페트병에 (1)에서 만든 빨대 잠수부를 넣는다.
(3) 페트병을 세게 손으로 누르면 빨대 잠수부가 가라앉는다.

빨대 잠수부가 가라앉는 원리를 빨대 속 기체의 부피와 압력 변화와 관련하여 간단히 서술하시오.

Tip 빨대 속으로 물이 들어가면 빨대의 무게가 증가하면서 빨대 잠수부가 가라앉는다.

Key Word 부피, 압력

02 그릇끼리 서로 끼어서 빠지지 않을 때 그릇을 빼기 위한 방법에 대한 설명이다. 빈칸에 들어갈 알맞은 말을 고르고, 그 이유를 온도에 따른 기체의 부피와 관련하여 간단하게 서술하시오.

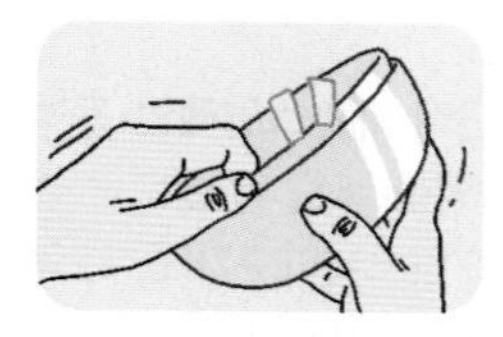

(찬물 / 뜨거운 물)에 아래쪽 그릇이 절반 정도 담기도록 넣어 잠시 두었다가 그릇을 빼낸다.

Tip 기체의 온도가 높아지면 기체 입자의 운동이 활발해지면서 기체의 부피가 증가하려고 하고, 기체의 온도가 낮아지면 기체 입자의 운동이 둔해지면서 기체의 부피가 감소하려고 한다.

Key Word 온도, 기체의 부피

대단원 마무리

01 입자의 운동

01 증발과 확산에 대한 설명으로 옳은 것은?

① 증발과 확산은 바람에 의해 일어난다.
② 진공 중에서는 확산이 일어나지 않는다.
③ 확산은 액체의 표면에서 일어나는 현상이다.
④ 물질을 이루는 입자의 운동이 활발할수록 증발이 잘 일어난다.
⑤ 증발은 입자가 스스로 운동하여 사방으로 퍼져 나가는 현상이다.

02 페트리 접시에 그림과 같이 페놀프탈레인 용액을 묻힌 솜을 넣고 중앙에 암모니아수 몇 방울을 떨어뜨린 뒤 뚜껑을 덮고 변화를 관찰하였다. 이에 대한 설명으로 옳은 것만을 〈보기〉에서 있는 대로 고른 것은?

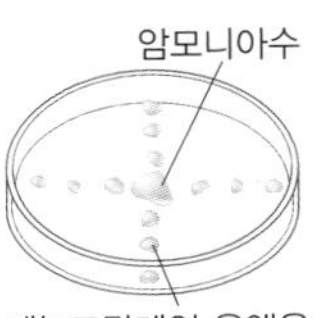

보기
ㄱ. 암모니아 입자는 모든 방향으로 운동한다.
ㄴ. 뚜껑을 덮으면 아무런 변화도 일어나지 않는다.
ㄷ. 암모니아수와 가까운 솜부터 차례로 붉게 변한다.
ㄹ. 솜은 중앙에서부터 바깥으로 차례로 붉게 변했다가 하얗게 돌아온다.

① ㄱ, ㄴ ② ㄱ, ㄷ ③ ㄱ, ㄹ
④ ㄴ, ㄷ ⑤ ㄴ, ㄹ

03 그림은 시험관에 페놀프탈레인 용액을 떨어뜨린 수용액을 넣은 뒤 셀로판 종이로 입구를 막고 암모니아수가 든 병의 입구에 연결한 것이다. 이에 대한 설명으로 옳지 않은 것은?

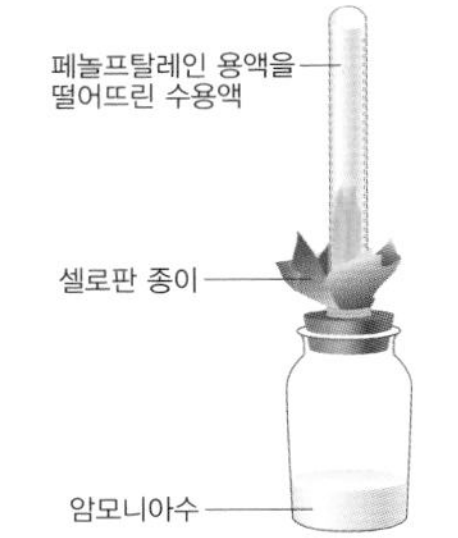

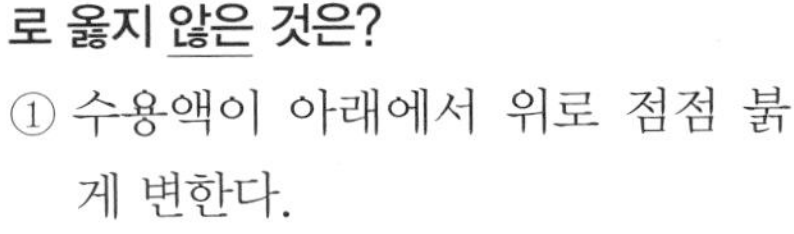

① 수용액이 아래에서 위로 점점 붉게 변한다.
② 암모니아 입자는 아래에서 위로만 운동한다.
③ 암모니아 입자가 확산하는 것을 알 수 있다.
④ 온도를 높여 주면 수용액의 색이 더 빠르게 변한다.
⑤ 암모니아 입자가 스스로 운동하여 셀로판 종이를 통과한다.

04 방에 방향제를 놓아두면 방 전체에 향기가 퍼진다. 이와 같은 원리로 설명할 수 있는 현상만을 〈보기〉에서 있는 대로 고른 것은?

보기
ㄱ. 헤어 드라이어로 머리를 말린다.
ㄴ. 차 티백을 물에 넣어두면 차가 우러나와 물 전체로 퍼진다.
ㄷ. 염전에 바닷물을 가두어 소금을 얻는다.
ㄹ. 마약 탐지견은 냄새로 짐 속 마약을 찾는다.

① ㄱ, ㄴ ② ㄴ, ㄹ ③ ㄷ, ㄹ
④ ㄱ, ㄴ, ㄹ ⑤ ㄴ, ㄷ, ㄹ

05 전자저울 위에 거름종이를 올려놓고 영점을 맞춘 뒤 거름종이에 물을 몇 방울 떨어뜨렸다. 이에 대한 설명으로 옳지 않은 것은?

① 저울에 측정되는 질량이 점점 감소한다.
② 시간이 많이 지나면 저울의 눈금은 0이 된다.
③ 물 입자는 스스로 운동하여 공기 중으로 날아간다.
④ 습도가 낮을수록 질량의 변화는 더 천천히 일어난다.
⑤ 같은 양의 아세톤으로 실험하면 질량이 더 빨리 변한다.

06 그림은 어느 날 전국 주요 도시의 날씨이다. 빨래를 널었을 때 가장 잘 마를 것으로 예상되는 도시를 쓰시오.

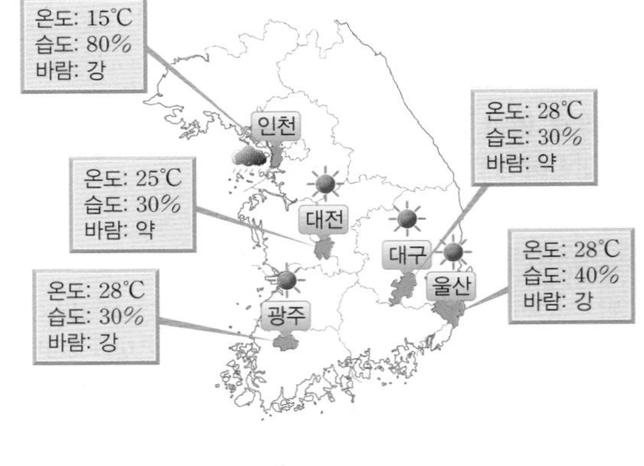

07 접시에 담긴 물이 컵에 담긴 물보다 더 빨리 줄어든다. 이와 같은 원리로 설명할 수 있는 현상은?

① 바람이 불면 땀이 잘 마른다.
② 건조한 날 빨래가 더 빨리 마른다.
③ 여름철 음식 냄새가 더 빨리 퍼진다.
④ 더운 바람으로 머리를 말리면 더 잘 마른다.
⑤ 젖은 우산은 접어두었을 때보다 펼쳐두었을 때 더 빨리 마른다.

08 다음 두 현상을 통해 내릴 수 있는 결론으로 옳은 것은?

• 날이 더울수록 어항 속의 물이 더 빨리 줄어든다.
• 차가운 물보다 뜨거운 물에서 잉크가 더 빨리 퍼진다.

① 입자는 모든 방향으로 운동한다.
② 습도가 낮을수록 증발이 더 잘 일어난다.
③ 온도가 높을수록 입자의 운동이 활발하다.
④ 표면적이 넓을수록 입자의 운동이 활발하다.
⑤ 입자의 운동을 방해하는 입자가 적을수록 확산이 더 잘 일어난다.

09 〈보기〉의 현상들을 증발의 예와 확산의 예로 분류한 것으로 옳은 것은?

보기
(가) 꽃향기가 멀리 퍼진다.
(나) 가뭄에 논바닥이 갈라진다.
(다) 낮이 되면 이슬이 사라진다.
(라) 운동장에 고인 물이 점점 줄어든다.

	확산	증발
①	(가)	(나), (다), (라)
②	(가), (라)	(나), (다)
③	(나)	(가), (다), (라)
④	(나), (다)	(가), (라)
⑤	(다), (라)	(가), (나)

02 기체의 압력과 온도에 따른 부피

10 압력에 대한 설명으로 옳은 것은?

① 압력의 크기는 항상 일정하다.
② 압력의 크기는 힘을 받는 면적에 비례한다.
③ 기체의 압력은 온도의 영향을 받지 않는다.
④ 기체의 압력은 모든 방향에 같은 크기로 작용한다.
⑤ 기체의 압력은 기체 입자의 충돌 횟수에 반비례한다.

11 그림은 컵을 거꾸로 하여 물속으로 천천히 넣는 모습이다. 컵 속 기체 입자에 대한 설명으로 옳은 것만을 〈보기〉에서 있는 대로 고른 것은?

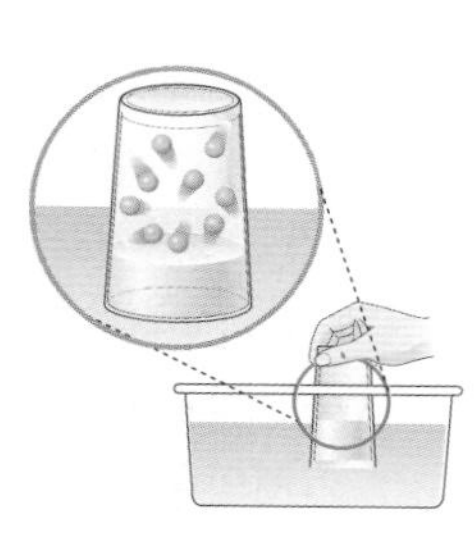

보기
ㄱ. 기체 입자는 끊임없이 스스로 운동한다.
ㄴ. 기체 입자는 물 표면 방향으로만 충돌한다.
ㄷ. 기체 입자는 물 표면에 충돌하면서 물이 컵 안으로 밀려 올라오는 것을 막는다.
ㄹ. 물속에 깊숙이 넣을수록 컵 속 기체 입자의 수가 줄어들면서 물이 컵 끝까지 들어온다.

① ㄱ, ㄴ　　② ㄱ, ㄷ　　③ ㄴ, ㄹ
④ ㄱ, ㄴ, ㄷ　　⑤ ㄴ, ㄷ, ㄹ

12 그림은 감압 용기 속에 풍선을 넣고 펌프로 공기를 빼내면서 풍선의 크기를 관찰한 것이다. 용기 속 압력의 변화에 따른 풍선 속 기체의 부피 변화를 나타낸 그래프로 옳은 것은?

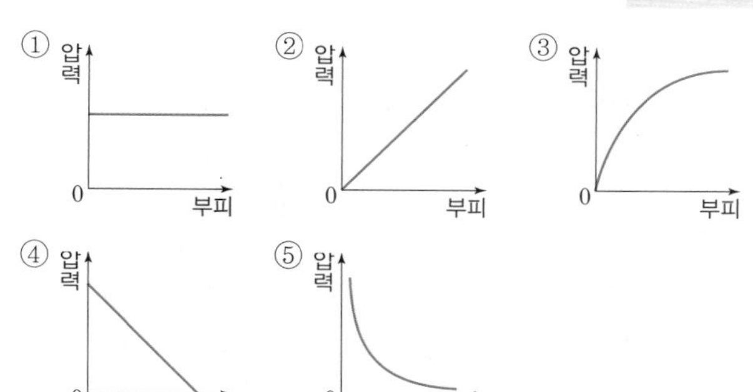

13 공기가 들어 있는 실린더 위에 추를 하나씩 올리면서 압력에 따른 공기의 부피 변화를 측정하였다. 표의 빈칸에 들어갈 알맞은 숫자를 쓰시오.

압력(기압)	1	2	4	(나)
부피(mL)	60	(가)	15	10

14 그림은 일정한 온도에서 여러 개의 풍선 위에 판자를 놓고 그 위에 사람이 올라가고 있는 모습을 나타낸 것이다. 이에 대한 설명으로 옳지 않은 것은?

① 사람이 많이 올라갈수록 풍선 속 기체의 부피는 작아진다.
② 사람이 많이 올라갈수록 풍선 속 기체의 압력이 커진다.
③ 사람의 수과 관계없이 풍선 속 기체 입자의 운동 속도는 일정하다.
④ 올라 서 있던 사람이 내려오면 풍선 속 기체 입자의 충돌 횟수는 감소한다.
⑤ 올라 서 있던 사람이 내려오면 풍선 속 기체 입자 사이의 거리가 줄어든다.

15 다음은 수심에 따른 수압을 나타낸 표이다. 수심 50 m에서 부피 1 L의 풍선을 수면을 향해 띄웠다. 풍선의 부피가 3 L가 되면 터진다고 한다. 풍선은 수심 몇 m에서 터지게 되는지 쓰시오.

수심(m)	수압(기압)
0	1
10	2
20	3
30	4
40	5
50	6

16 기체의 압력이 증가하는 경우만을 〈보기〉에서 있는 대로 고른 것은?

보기
ㄱ. 밀폐된 통 속 기체를 가열하였다.
ㄴ. 풍선을 들고 높은 산 위에 올라갔다.
ㄷ. 빈 페트병을 가지고 깊은 바다 속에 들어갔다.
ㄹ. 감압 용기 속 기체를 펌프로 빼내었다.

① ㄱ, ㄴ ② ㄱ, ㄷ ③ ㄱ, ㄹ
④ ㄴ, ㄷ ⑤ ㄴ, ㄹ

17 (가)와 (나)는 빈 페트병을 각각 냉장고 안에 두었을 때와 냉장고 밖에 두었을 때를 나타낸 것이다.

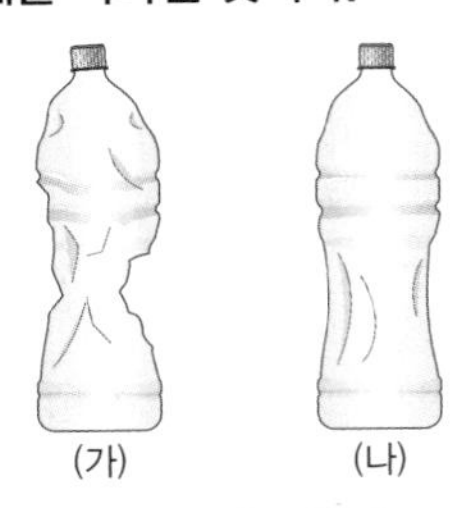

(가)와 (나)를 비교한 것으로 옳은 것은?

① 기체의 온도 : (나)<(가)
② 기체의 부피 : (나)<(가)
③ 기체 입자의 수 : (가)<(나)
④ 기체 입자의 빠르기 : (가)<(나)
⑤ 기체 입자 사이의 거리 : (가)=(나)

18 그래프는 온도에 따른 기체의 부피 변화를 나타낸 것이다. 이 그래프로 설명할 수 있는 현상으로 옳지 않은 것은?

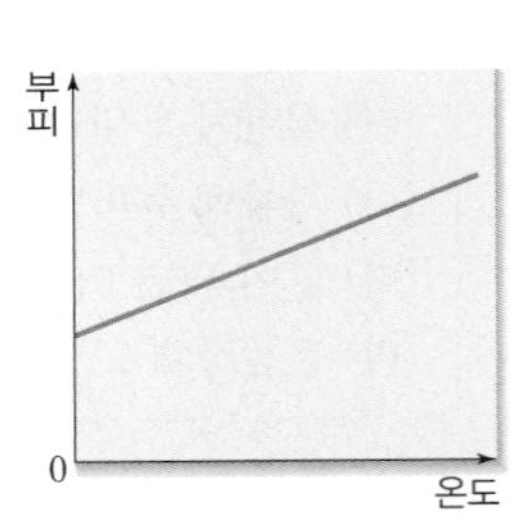

① 하늘 높이 올라간 헬륨 풍선이 터진다.
② 열기구 속 공기를 가열하면 열기구가 떠오른다.
③ 찌그러진 탁구공을 뜨거운 물에 넣으면 펴진다.
④ 여름철 차 속에 놓아둔 과자 봉지가 부풀어 오른다.
⑤ 피펫의 중앙을 손으로 감싸쥐면 피펫 끝에 남아 있던 액체 방울이 나온다.

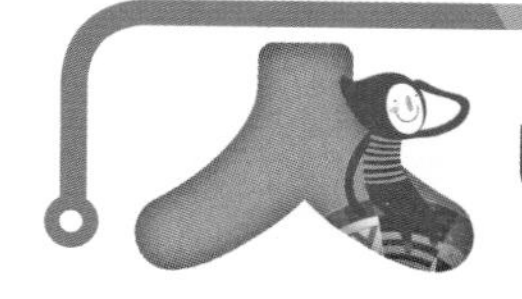

대단원 서논술형 문제

정답과 해설 • 38쪽

01 감압 용기 (가)와 (나)에 브로민 액체가 담긴 병을 넣고 (가)는 그대로 두고 (나)는 펌프로 공기를 빼낸 뒤 브로민의 확산을 관찰하였다.

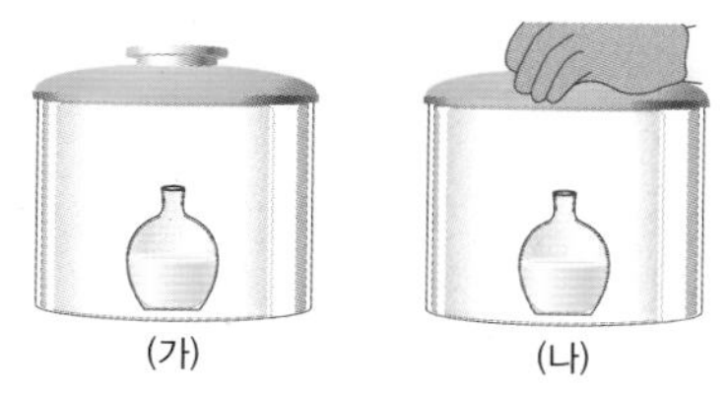

(가)와 (나) 중 브로민의 확산이 더 빨리 일어난 것을 고르고 그 이유를 간단히 서술하시오.

Tip 브로민 입자는 스스로 운동하여 감압 용기 속 공기 입자 사이로 고르게 퍼져 나간다.

Key Word 공기 입자의 수

02 찬물과 뜨거운 물이 각각 담긴 비커 (가)와 (나) 위에 같은 양의 아세톤이 든 시계접시를 올려놓았다.

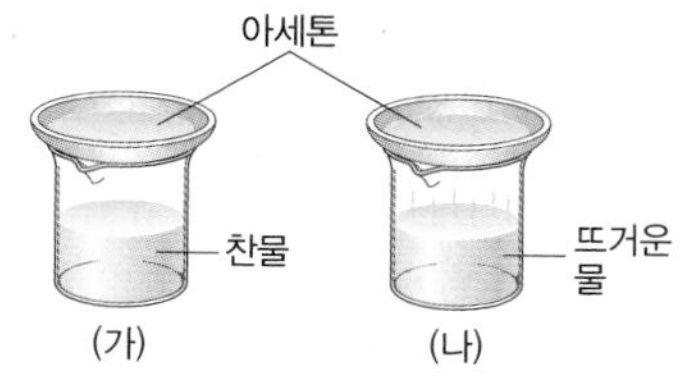

(가)와 (나) 중 증발이 더 빨리 일어나는 경우를 고르고 그 이유를 서술하시오.

Tip 증발은 액체 표면의 입자들이 스스로 운동하여 기체로 떨어져 나오는 것이다.

Key Word 온도, 입자의 운동

03 오징어를 오래 보관하기 위해 그림과 같이 말린다. 오징어가 잘 마르기 위한 온도와 습도 조건을 서술하시오.

Tip 액체 입자의 운동이 활발할수록, 건조할수록 증발이 더 잘 일어난다.

Key Word 온도, 습도

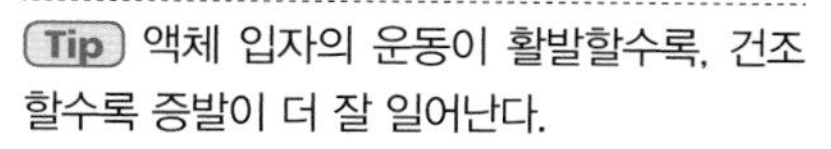

04 보일은 한쪽 끝이 막힌 J자관에 수은을 넣으면서 기체의 압력과 부피 사이의 관계를 연구하였다.

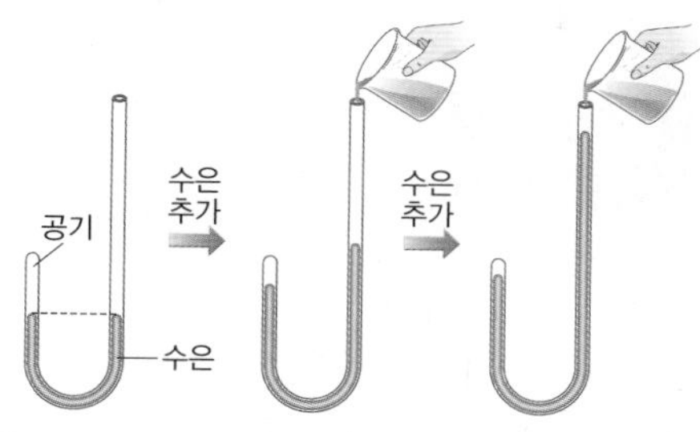

수은을 추가할 때 J자관 속 공기의 압력과 부피 변화를 서술하시오.

Tip 수은을 추가하면 수은 기둥의 높이만큼 J자관 속 공기에 가해지는 압력이 증가하게 된다.

Key Word 압력, 부피

05 탁구공에 구멍을 뚫고 뜨거운 물에 넣었다가 차가운 물에 옮겨 담았더니 탁구공 안에 물이 들어갔다.

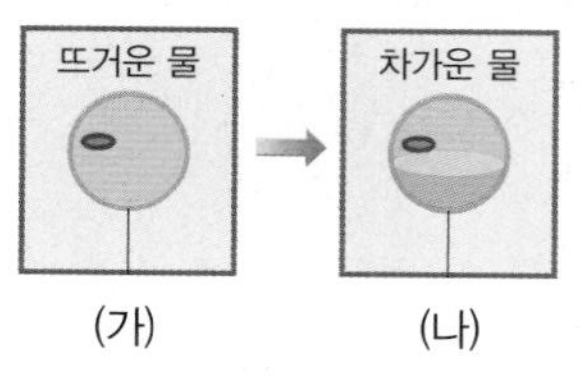

물이 들어간 탁구공에 뜨거운 물을 부었을 때 일어나는 현상과 그 이유를 탁구공 내부 기체의 온도와 부피 변화와 관련하여 간단히 서술하시오.

Tip 탁구공 내부 기체의 부피는 온도에 비례한다.

Key Word 물, 기체의 온도, 부피

V

물질의 상태 변화

물질의 상태 변화

1 물질의 세 가지 상태

1. 물질의 세 가지 상태 : 물질은 온도 및 압력 조건에 따라 고체, 액체, 기체의 세 가지 상태로 존재할 수 있다.

예 물은 얼음(고체), 물(액체), 수증기+(기체)의 세 가지 상태로 존재한다.

▲ 고체 상태의 물(얼음)

▲ 액체 상태의 물

▲ 기체 상태의 물(수증기)

2. 물질의 세 가지 상태와 입자 배열

구분	고체	액체	기체
입자 배열	규칙적	불규칙적	매우 불규칙적
입자의 운동 상태	제자리에서 진동 운동	자유롭게 자리를 이동하는 운동	매우 활발하고 불규칙적인 운동
입자 사이의 거리+	가까움	비교적 가까움	매우 멂

3. 물질의 세 가지 상태의 특징 : 물질의 상태에 따른 입자 배열에 따라 나타나는 특징이 다르다.

구분	고체	액체	기체
모양	일정함	용기에 따라 달라짐	용기에 따라 달라짐
부피+	일정함	일정함	용기에 따라 달라짐
흐르는 성질	없음	있음	있음
압축되는 성질	쉽게 압축되지 않음	쉽게 압축되지 않음	쉽게 압축됨

예 액체 상태는 담는 그릇의 모양에 따라 그 모양이 달라진다.

→ 액체 상태에서는 입자들이 서로 자리를 이동할 수 있으므로 용기에 따라 배열이 변하여 모양이 달라질 수 있다.

예 기체가 들어 있는 주사기의 입구를 막고 피스톤을 누르면 기체가 쉽게 압축된다.

→ 기체 상태에서는 입자들이 서로 멀리 떨어져 있어서 힘을 가해 누르면 입자들 사이의 거리가 가까워지면서 부피가 크게 감소할 수 있다.

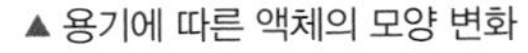
▲ 용기에 따른 액체의 모양 변화

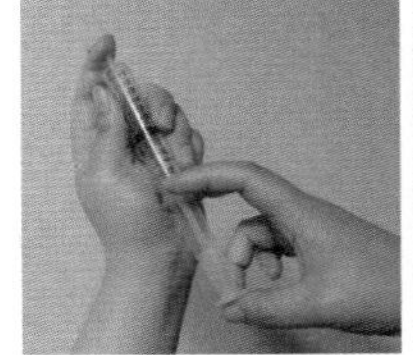
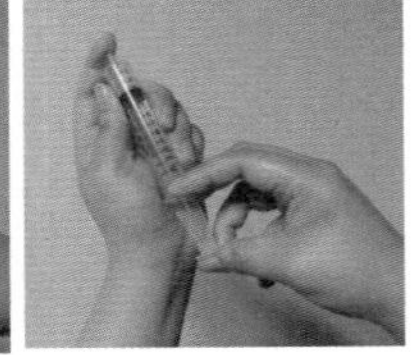
▲ 기체의 압축되는 성질

+ 수증기와 김
수증기는 기체 상태의 물로 눈에 보이지 않는다. 뿌옇게 보이는 김은 작은 물방울들로 액체 상태의 물이다.

+ 입자 사이의 거리와 압축되는 성질
입자 사이의 거리가 가까운 고체와 액체는 압력을 가해도 압축될 공간이 없어 압축되는 성질이 거의 없지만 기체의 경우에는 입자 사이의 거리가 매우 멀어 가하는 압력에 따라 쉽게 압축된다

+ 고체와 액체의 부피 변화
고체와 액체의 부피도 온도에 따라 열팽창하므로 조금씩은 변화한다. 하지만 기체와 비교하였을 때 부피 변화가 매우 작고 같은 온도에서는 용기가 달라져도 부피가 달라지지 않는다. 예를 들어 180 mL의 주스를 어떠한 컵에 따라도 부피는 180 mL가 유지된다.

▲ 용기에 따른 액체의 부피 변화

정답과 해설 • 39쪽

1 물질의 세 가지 상태

- 물질은 온도 및 압력 조건에 따라 □□, □□, □□의 세 가지 상태로 존재할 수 있다.
- 얼음은 물의 □□ 상태이다.
- 고체 입자들은 제자리에서 □□ 운동을 한다.
- 액체 상태에서는 용기에 따라 □□은 달라지지만 □□는 일정하다.
- □□ 상태는 모양과 부피가 일정하지 않고 흐르는 성질이 있으며 쉽게 압축된다.

01 물질의 각 상태와 입자 배열 모형을 바르게 연결하시오.

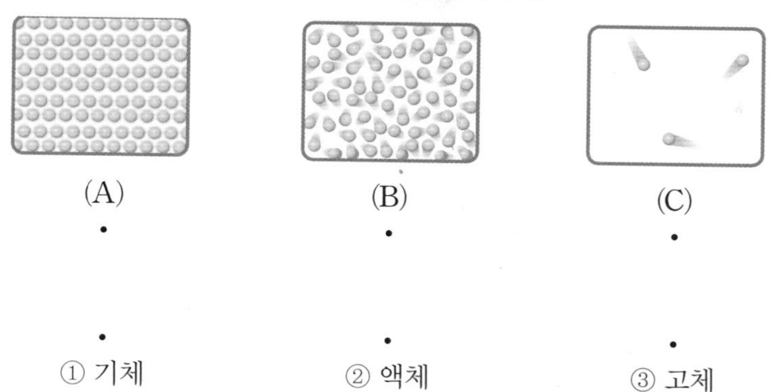

① 기체　　② 액체　　③ 고체

02 물질의 세 가지 상태에 대한 설명으로 옳은 것은 ○표, 옳지 않은 것은 ×표를 하시오.

(1) 물질은 온도에 따라 기체, 액체, 고체의 세 가지 상태로 존재할 수 있다. (　　)
(2) 물질의 세 가지 상태에 따라 입자의 크기가 달라진다. (　　)
(3) 고체의 입자 배열은 매우 규칙적이고 기체의 입자 배열은 매우 불규칙하다. (　　)
(4) 물질의 세 가지 상태 중 고체 상태의 입자 운동이 가장 활발하다. (　　)
(5) 기체 상태는 입자 사이의 거리가 매우 멀다. (　　)

03 액체 상태에 대한 설명으로 옳은 것만을 <보기>에서 있는 대로 고르시오.

보기
ㄱ. 쉽게 압축된다.
ㄴ. 흐르는 성질이 있다.
ㄷ. 용기에 따라 부피가 달라진다.
ㄹ. 용기에 따라 모양이 달라진다.
ㅁ. 입자는 제자리에서 진동 운동을 한다.

04 주전자에서 물이 끓을 때 주전자의 입구를 자세히 살펴보면 주전자 입구에서 가까운 쪽(㉠)에서는 아무 것도 보이지 않고 주전자에서 약간 떨어진 부분(㉡)부터 하얗게 김이 보인다. ㉠에 존재하는 물질의 상태와 ㉡에서 보이는 김의 상태를 각각 쓰시오.

물질의 상태 변화

2 상태 변화

1. 상태 변화 : 물질이 한 가지 상태로만 있지 않고 주변의 조건에 따라 상태가 변하는 것

2. 상태 변화의 원인

(1) 온도

① 온도가 높아질 때(물질을 가열할 때) : 고체 → 액체 → 기체

② 온도가 낮아질 때(물질을 냉각할 때) : 기체 → 액체 → 고체

(2) 압력✚

① 압력이 높아질 때 : 기체 → 액체 → 고체

② 압력이 낮아질 때 : 고체 → 액체 → 기체

3. 상태 변화의 종류

(1) 고체와 액체 사이의 상태 변화

	융해✚ (고체 → 액체)	응고(액체 → 고체)
정의	고체가 가열되어 액체로 변하는 현상	액체가 냉각되어 고체로 변하는 현상
예	• 음료수에 넣은 얼음이 녹는다. • 따뜻한 곳에서 초콜릿이 녹는다. • 뜨거운 용광로에서 철이 녹는다.	• 겨울철에 호수가 언다. • 고드름이 자란다. • 따뜻한 고깃국에 떠 있던 기름방울이 하얗게 굳는다.

(2) 액체와 기체 사이의 상태 변화

	기화✚ (액체 → 기체)	액화(기체 → 액체)
정의	액체가 가열되어 기체로 변하는 현상	기체가 냉각되어 액체로 변하는 현상
예	• 물이 끓는다. • 땀이 마른다. • 한 낮이 되면 이슬이 사라진다.	• 목욕탕 거울에 김이 서린다. • 새벽녘 풀잎에 이슬이 맺힌다. • 차가운 컵 표면에 물방울이 맺힌다.

(3) 고체와 기체 사이의 상태 변화

	승화✚ (고체 → 기체)	승화(기체 → 고체)
정의	고체가 액체를 거치지 않고 직접 기체가 되거나 기체가 액체를 거치지 않고 바로 고체가 되는 현상	
예	• 드라이아이스 덩어리가 점점 작아진다. • 응달에 쌓인 눈이 녹은 흔적없이 줄어든다. • 겨울철 그늘의 빨래가 언 상태에서도 마른다.	• 나뭇잎에 서리가 생긴다. • 냉동실 벽에 얼음이 생긴다. • 추운 날 창문에 성에가 생긴다.

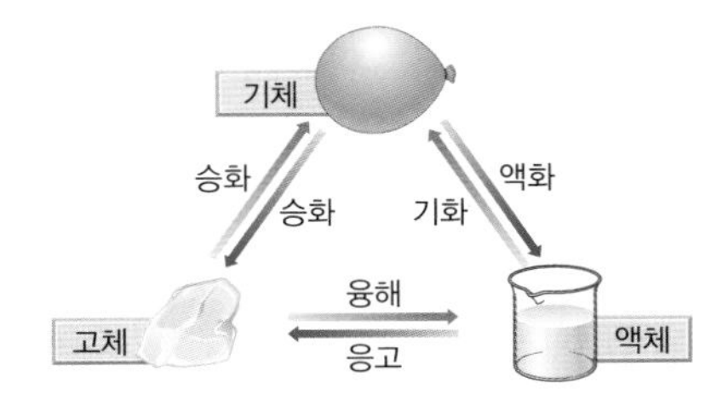

▲ 물질의 상태 변화

✚ 압력과 물의 상태 변화
물은 예외적으로 압력이 커지면 고체에서 액체로 상태 변화한다. 즉, 얼음에 압력을 가하면 녹아 물이 되는 것이다. 예를 들어 스케이트를 신고 얼음판 위에 서면 얼음이 물로 상태 변화한다.

✚ 융해와 용해
초콜릿이 녹는 것처럼 한 물질이 고체에서 액체로 상태 변화하는 것을 융해라고 하고, 설탕이 물에 녹는 것처럼 두 물질이 고르게 섞이는 현상을 용해라고 한다.

✚ 기화와 증발·끓음
증발은 액체 표면에서 액체가 기체로 기화하는 현상이고, 끓음은 액체 전체에서 액체가 기체로 기화하는 현상이다.

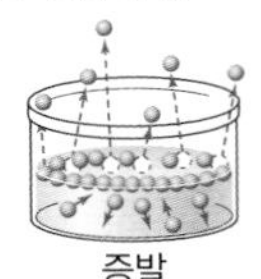

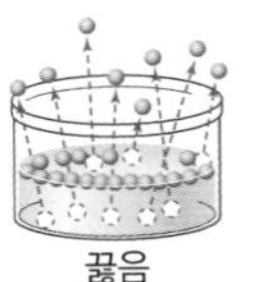

✚ 승화성 물질
이산화 탄소, 아이오딘, 나프탈렌 등과 같이 대기압 하에서 고체의 온도를 높였을 때 액체를 거치지 않고 바로 기체로 상태 변화하는 물질을 승화성 물질이라 부른다.

정답과 해설 • 39쪽

2 상태 변화

- 물질이 어느 한 가지 상태로만 존재하지 않고 주변의 조건에 따라 상태가 변화하는 것을 □□ □□라고 한다.
- 액체가 고체로 변하는 현상을 □□라고 한다.
- 물이 □□하면 수증기가 된다.
- 차가운 컵 표면에 생기는 물방울은 공기 중의 수증기가 □□한 것이다.
- 고체가 액체 상태를 거치지 않고 바로 기체로 상태 변화하는 것을 □□라고 한다.

05 상태 변화에 대한 설명으로 옳은 것은 ○표, 옳지 않은 것은 ×표를 하시오.

(1) 고체를 가열하면 액체나 기체로 상태 변화한다. ( )
(2) 기체에 압력을 크게 가하면 액체나 고체로 상태 변화한다. ( )
(3) 온도가 높아지면 기체 → 액체 → 고체로의 상태 변화가 일어난다. ( )
(4) 물질은 한 가지 상태로만 존재하지 않고 주변의 조건에 따라 상태가 변한다. ( )

06 (가)~(바)에 해당하는 상태 변화의 명칭을 쓰시오.

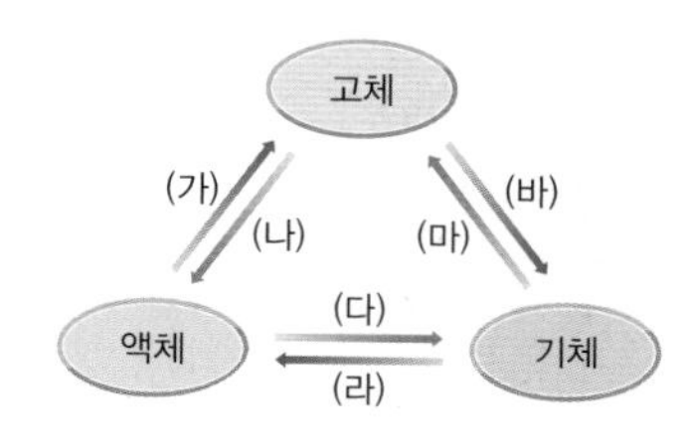

07 다음 예시에서 일어나는 상태 변화를 쓰시오.

(1) 물이 끓는다. ( )
(2) 추운 날 창문에 성에가 생긴다. ( )
(3) 초를 타고 흐르던 촛농이 굳는다. ( )
(4) 드라이아이스 덩어리가 점점 작아진다. ( )
(5) 따뜻한 물로 목욕을 하면 거울에 김이 서린다. ( )

08 그림과 같이 가열된 프라이팬 위에 버터를 올려놓으면 버터가 녹는다. 이와 같은 상태 변화만을 〈보기〉에서 있는 대로 고르시오.

보기

ㄱ. 고드름이 자란다.
ㄴ. 얼음 조각상이 녹는다.
ㄷ. 낮이 되면 이슬이 사라진다.
ㄹ. 뜨거운 용광로에서 철이 녹는다.
ㅁ. 뜨거운 음식을 먹을 때 안경에 김이 서린다.

물질의 상태 변화

3 상태 변화와 물질의 변화

1. 상태 변화와 입자의 배열 변화

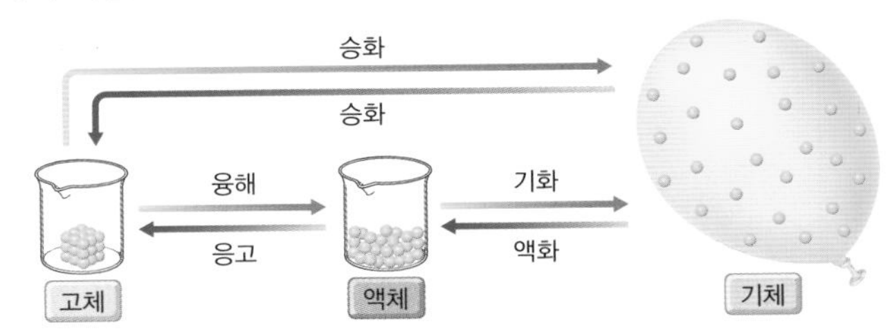

구분	가열할 때의 상태 변화	냉각할 때의 상태 변화
종류	융해, 기화, 승화(고체 → 기체)	응고✚, 액화, 승화(기체 → 고체)
입자의 배열	불규칙해진다.	규칙적으로 변한다.
입자의 운동	활발해진다.	느려진다.
입자 사이의 거리	멀어진다(부피 증가).	가까워진다(부피 감소).

2. 상태 변화와 물질의 부피 변화

(1) 부피가 증가하는 상태 변화 : 융해, 기화, 승화(고체 → 기체)

- 고체 → 액체 → 기체로 될수록 분자 사이의 거리가 멀어지므로 물질의 부피는 증가한다.

(2) 부피가 감소하는 상태 변화 : 응고, 액화✚, 승화(기체 → 고체)

- 기체 → 액체 → 고체로 될수록 분자 사이의 거리가 가까워지므로 물질의 부피는 감소한다.

예 지퍼백에 액체 상태의 아세톤을 넣고 밀폐한 뒤 헤어 드라이어로 가열하면 지퍼백이 부풀어 올랐다가 식으면 다시 쪼그라든다.

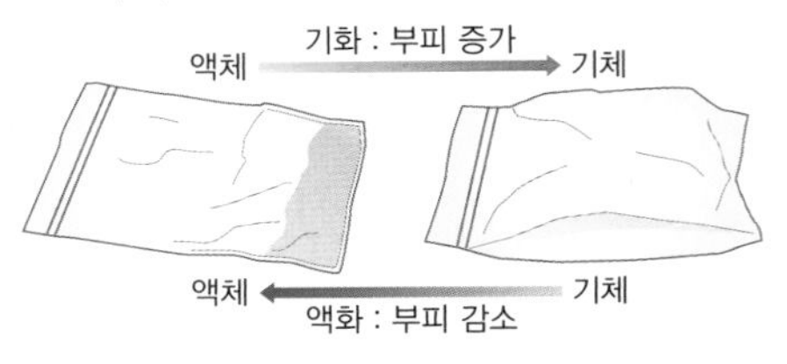

3. 상태 변화와 물질의 질량✚ 변화

3. 상태 변화와 물질의 질량✚ 변화 : 상태가 변화하더라도 입자는 사라지거나 새로 생겨나지 않으므로 물질의 질량은 변하지 않는다.

예 액체 양초를 비커에 넣고 전자저울 위에 올려놓은 뒤 양초가 모두 굳을 때까지 기다려도 전자저울의 눈금은 변하지 않는다.

4. 상태 변화와 물질의 성질 변화

4. 상태 변화와 물질의 성질 변화 : 물질의 상태가 변해도 물질의 고유한 성질은 변하지 않는다.

예 초콜릿이 녹아도 단맛은 변하지 않는다.
아세톤이 기화해도 아세톤의 냄새는 변하지 않는다.

5. 상태 변화 시 변하는 것과 변하지 않는 것

상태 변화 시 변하는 것		상태 변화 시 변하지 않는 것	
• 입자 배열	• 물질의 부피	• 입자의 모양, 크기, 성질	• 물질의 성질
• 입자 사이의 거리	• 입자의 운동 속도	• 입자의 수	• 물질의 질량

✚ **물의 응고와 부피 변화**

대부분의 물질은 액체→고체로 응고하면 부피가 감소하지만 물은 예외적으로 부피가 증가한다. 고체 상태인 얼음이 될 때 물 분자가 육각 구조를 이루면서 가운데에 빈 공간이 생기기 때문이다.

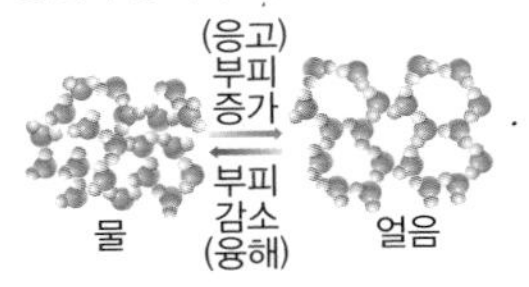

✚ **액화와 기체 상태 물질의 보관**

기체가 액체가 될 때 부피가 크게 감소한다. 기체 상태인 물질을 보관하려면 공간이 많이 필요한데 액화를 시키면 부피가 크게 감소하여 작은 공간에 보관할 수 있다. 연료로 사용되는 액화 석유 가스(LPG)는 프로페인, 뷰테인 등의 기체 물질을 액화시킨 것으로 부피가 줄어들어 보관과 운반이 편리하다.

✚ **질량**

물체 고유의 양으로 온도나 압력에 따라 변화하지 않고 물체를 구성하는 입자의 종류와 수에 의해 결정된다.

3 상태 변화와 물질의 변화

- 액체가 □□로 상태 변화하면 입자의 배열이 규칙적으로 변한다.
- 상태가 변할 때 입자 사이의 거리가 변하므로 물질의 □□도 변한다.
- 기화가 일어나면 물질의 부피가 □□한다.
- 고체에서 기체로의 승화가 일어나면 입자 사이의 거리는 □□한다.
- 상태 변화가 일어나도 물질을 구성하는 입자의 수는 변하지 않으므로 물질의 □□은 일정하다.

09 그림은 상태 변화를 나타낸 모식도이다. 다음 물음에 답하시오.

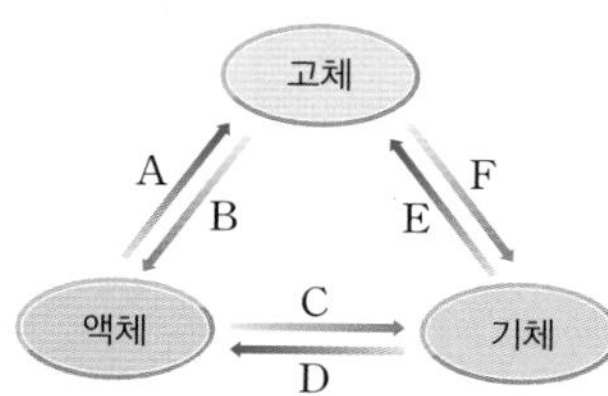

(1) A~F 중 입자의 배열이 불규칙하게 변하는 상태 변화만을 있는 대로 고르시오.

(2) A~F 중 물질의 부피가 증가하는 상태 변화만을 있는 대로 고르시오.

10 지퍼백에 아세톤을 조금 넣고 밀봉한 뒤 뜨거운 물에 넣었다. 지퍼백의 부피 변화를 쓰시오.

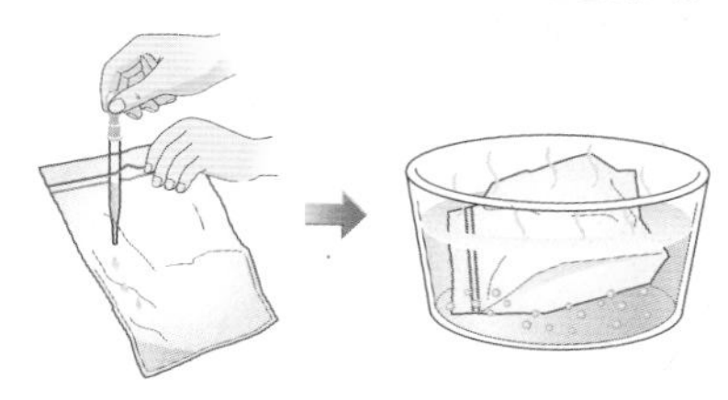

11 상태 변화가 일어날 때 물질의 부피 변화를 쓰시오.

(1) 땀이 마른다. (　　　)

(2) 뜨거운 용광로에서 철이 녹는다. (　　　)

(3) 초를 타고 흐르던 촛농이 굳는다. (　　　)

(4) 차가운 컵의 표면에 물방울이 맺힌다. (　　　)

(5) 아이스크림 상자 안에 같이 넣었던 드라이아이스 덩어리가 사라졌다. (　　　)

12 비커에 액체 상태의 양초를 넣고 전자저울 위에 올려놓았더니 100 g이었다. 양초가 모두 굳은 뒤의 질량은 몇 g인지 쓰시오.

13 상태 변화가 일어날 때 변하는 것만을 〈보기〉에서 있는 대로 고르시오.

보기		
ㄱ. 입자의 배열	ㄴ. 입자의 수	ㄷ. 입자의 크기
ㄹ. 물질의 부피	ㅁ. 물질의 질량	ㅂ. 물질의 성질
ㅅ. 입자 사이의 거리	ㅇ. 입자의 운동 속도	

필수 탐구 양초의 상태 변화가 일어날 때 질량과 부피의 변화

목표
상태 변화가 일어날 때 질량과 부피의 변화를 설명할 수 있다.

과정

1 고체 양초 조각을 비커에 넣고 질량을 측정한다.
2 고체 양초 조각을 가열하여 모두 녹인다.
3 액체 양초의 질량을 측정한다.

4 액체 양초의 부피를 비커에 펜으로 표시한다.
5 액체 양초가 모두 굳은 뒤 부피 변화를 관찰한다.

액체를 굳힐 때 액체의 표면이 흔들리지 않도록 주의하면서 천천히 식힌다.

결과

1 고체 양초가 모두 녹아 액체가 되어도 질량은 변하지 않는다.
2 액체 양초가 고체 양초로 굳으면서 부피가 감소한다.

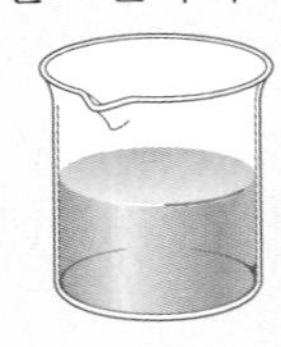

정리

1 상태 변화가 일어날 때 물질의 질량은 변하지 않는다.
2 상태 변화가 일어날 때 물질의 부피는 변한다.

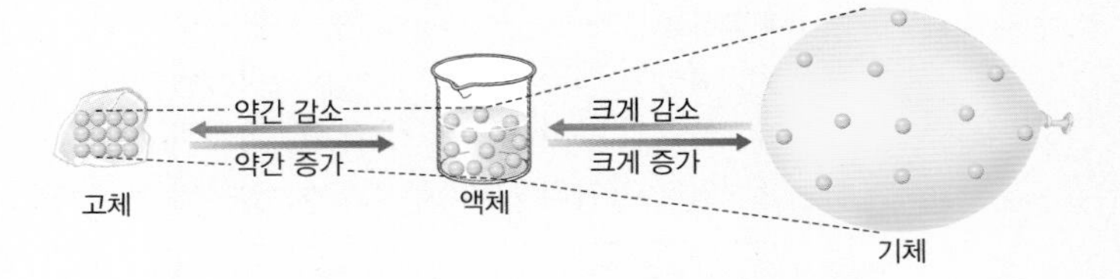

정답과 해설 • 40쪽

양초의 상태 변화가 일어날 때 질량과 부피의 변화

- 고체가 액체로 상태 변화하는 것을 □□라고 하고, 액체가 고체로 변하는 것을 □□라고 한다.
- 고체가 액체로 상태 변화할 때 부피는 □□한다.
- 고체 양초를 가열하여 녹이면 양초 입자 사이의 거리가 □□한다.
- 액체 양초를 전자저울 위에 올려놓고 모두 굳기를 기다리는 동안 전자저울의 눈금은 □□하다.
- 액체가 □□로 상태 변화할 때 물질의 부피가 증가한다.

1 고체 양초를 가열할 때에 대한 설명으로 옳은 것은?

① 액체로 응고된다.
② 양초의 부피가 증가한다.
③ 양초의 질량이 증가한다.
④ 양초 입자 사이의 거리가 감소한다.
⑤ 양초 입자의 배열이 규칙적으로 변한다.

2 양초가 응고할 때 감소하는 것만을 〈보기〉에서 있는 대로 고르시오.

보기

ㄱ. 물질의 부피　　ㄴ. 물질의 질량
ㄷ. 양초 입자의 수　　ㄹ. 양초 입자 사이의 거리

3 삼각 플라스크에 드라이아이스 조각을 넣고 플라스크의 입구에 고무풍선을 씌운 뒤 투명한 상자에 넣고 질량을 측정하였다. 이에 대한 설명으로 옳지 <u>않은</u> 것은?

① 질량이 점점 증가한다.
② 드라이아이스는 승화한다.
③ 풍선이 점점 부풀어 오른다.
④ 입자의 수는 변하지 않는다.
⑤ 드라이아이스 조각의 크기는 점점 작아진다.

4 다음 상태 변화가 일어날 때 물질의 부피 변화와 질량 변화를 각각 쓰시오.

(1) 뜨거운 용광로에서 철이 녹는다.
(2) 초를 따라 흘러내리던 촛농이 굳는다.

5 다음은 물질이 상태 변화할 때 부피 변화에 대한 설명이다. 빈칸에 들어갈 알맞은 말을 쓰시오.

보기

물질의 상태가 고체 → 액체 → 기체로 변화하면 입자 사이의 거리가 (㉠)하면서 부피가 (㉡)한다. 물질의 상태가 기체 → 액체 → 고체로 변화하면 입자 사이의 거리가 (㉢)하면서 부피가 (㉣)한다.

내신 기출 문제

1 물질의 세 가지 상태

01 물질의 상태에 대한 설명으로 옳지 않은 것은?

① 기체 상태에서 입자의 운동이 가장 활발하다.
② 고체 상태의 입자는 제자리에서 진동 운동을 한다.
③ 액체 상태에서 입자 사이의 거리가 가장 멀다.
④ 고체 상태에서 입자의 배열이 가장 규칙적이다.
⑤ 같은 물질이라도 온도와 압력에 따라 세 가지 상태로 존재할 수 있다.

02 고체 상태에 대한 설명으로 옳은 것만을 〈보기〉에서 있는 대로 고른 것은?

보기
ㄱ. 쉽게 압축된다.
ㄴ. 부피가 일정하다.
ㄷ. 모양이 일정하다.
ㄹ. 흐르는 성질이 있다.

① ㄱ, ㄴ ② ㄱ, ㄷ ③ ㄱ, ㄹ
④ ㄴ, ㄷ ⑤ ㄴ, ㄹ

03 물질의 상태에 따른 입자 배열을 학교 생활에 비유하려고 한다. (가)~(다)가 나타내는 물질의 상태를 각각 쓰시오.

(가) 수업 시간 (나) 쉬는 시간 (다) 체육 시간

04 그림은 어떤 물질의 상태를 나타낸 입자 모형이다. 상온(15°C)에서 모형과 같은 상태로 존재하는 물질은?

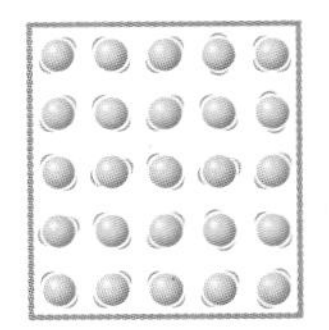

① 산소 ② 물
③ 수은 ④ 철
⑤ 이산화 탄소

05 주사기에 같은 양의 물과 공기를 넣고 피스톤을 눌렀다.

▲ 공기를 넣은 주사기 ▲ 물을 넣은 주사기

이에 대한 설명으로 옳은 것은?

① (가)는 피스톤이 거의 움직이지 않는다.
② (가)의 피스톤을 누르면 공기 입자 사이의 거리가 가까워진다.
③ (나)는 피스톤이 쉽게 움직인다.
④ 같은 힘을 주면 (가)와 (나)는 같은 위치까지 피스톤이 이동한다.
⑤ 이 실험의 결과 액체와 기체의 흐르는 성질을 확인할 수 있다.

2 상태 변화

06 그림은 상태 변화를 모식도로 나타낸 것이다. A~E에 해당하는 상태 변화의 명칭을 바르게 연결한 것은?

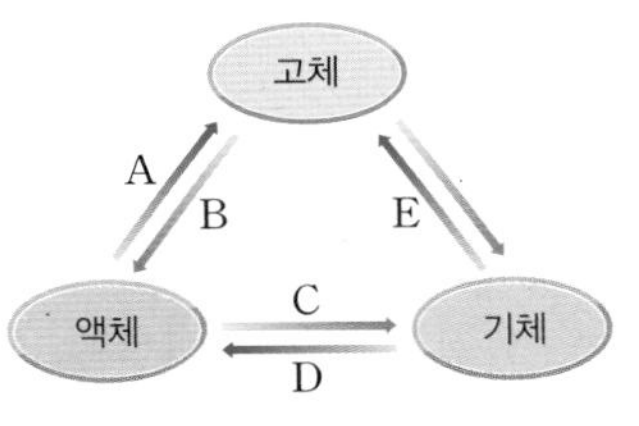

① A − 승화 ② B − 액화 ③ C − 기화
④ D − 융해 ⑤ E − 응고

07 냉동실에서 꺼내놓은 얼음이 점점 녹았다. 이와 같은 상태 변화가 일어나는 것은?

① 고드름이 자란다.
② 겨울철 호수가 꽁꽁 언다.
③ 물을 끓이면 수증기가 된다.
④ 따뜻한 곳에 놓아둔 초콜릿이 녹는다.
⑤ 차가운 컵 표면에 액체 방울이 맺힌다.

[08~09] 그림은 상태 변화를 입자 배열로 나타낸 모식도이다. 다음 물음에 답하시오.

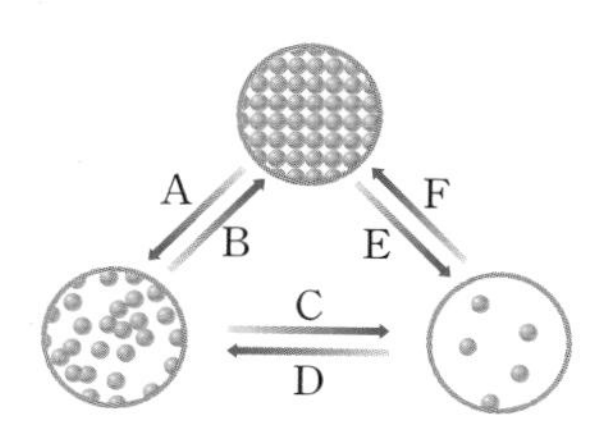

08 A~E에 대한 설명으로 옳은 것은?

① A는 액화이다.
② B는 고체에서 액체로의 상태 변화이다.
③ 안개가 생기는 현상은 C에 해당한다.
④ 액체를 가열하면 D의 상태 변화를 한다.
⑤ 드라이아이스 조각을 상온에 놓아두면 E의 상태 변화가 일어난다.

09 F에 해당하는 현상만을 〈보기〉에서 있는 대로 고른 것은?

보기
ㄱ. 겨울철 풀잎에 서리가 맺힌다.
ㄴ. 운동장에 고인 물이 줄어든다.
ㄷ. 추운 겨울 날 창문에 성에가 생긴다.
ㄹ. 옷장 속 나프탈렌 조각이 점점 작아진다.

① ㄱ, ㄴ　② ㄱ, ㄷ　③ ㄱ, ㄹ
④ ㄴ, ㄷ　⑤ ㄴ, ㄹ

10 주전자에 물을 넣고 가열하면 입구에서 조금 떨어진 곳에서 하얗게 김이 생긴다. 주전자 속 물에서 일어나는 상태 변화(A)와 김이 생길 때 일어나는 상태 변화(B)를 짝지은 것으로 옳은 것은?

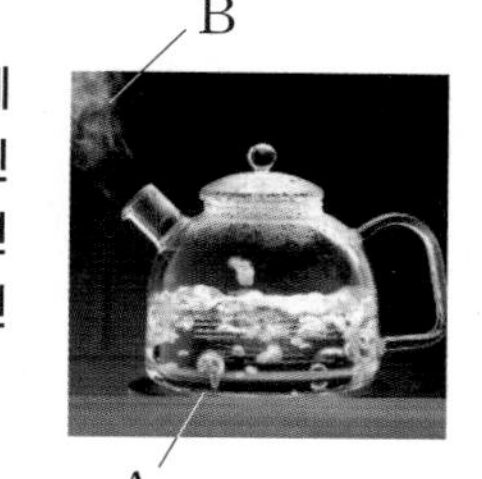

	(A)	(B)
①	융해	응고
②	액화	기화
③	기화	액화
④	기화	기화
⑤	액화	승화

11 지은이는 친구들에게 선물하기 위해 다음과 같은 방법으로 하트 모양의 초콜릿을 만들었다.

과정 (1) 고체 초콜릿을 중탕하여 녹인다.

과정 (2) 액체 초콜릿을 하트 모양의 틀에 넣고 굳힌다.

과정 (1)과 (2)에서 일어난 상태 변화를 각각 쓰시오.

12 차가운 물이 들어 있는 컵을 공기 중에 놓아두었더니 잠시 후 컵의 표면에 물방울이 생겼다. 이에 대한 설명으로 옳은 것은?

① 컵에서 물이 새어나온 것이다.
② 얼음이 융해하여 생긴 물방울이다.
③ 증발 현상에 의해 생긴 물방울이다.
④ 액화 현상에 의해 생긴 물방울이다.
⑤ 공기 중의 수증기가 가열되어 생긴 물방울이다.

13 비커 바닥에 고체 아이오딘을 넣고 그 위에 얼음이 든 시계접시를 올린 후 비커의 바닥을 가열하였더니 시계접시의 밑에 보라색의 고체가 생겼다. 이에 대한 설명으로 옳은 것은?

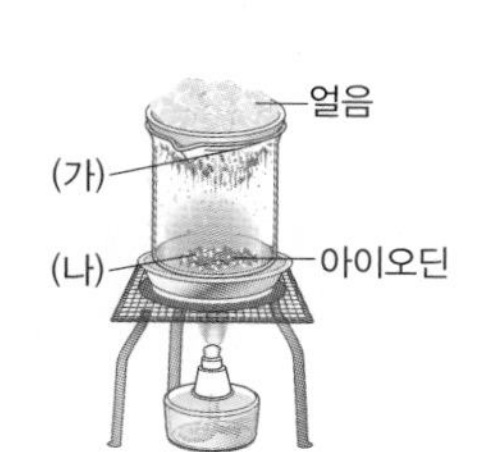

① (가)와 (나)에서 모두 승화가 일어난다.
② (가)에서는 기화, (나)에서는 액화가 일어난다.
③ 아이오딘과 시계접시 밑에 생긴 보라색 고체는 다른 물질이다.
④ 그늘에 쌓인 눈이 녹은 흔적없이 사라지는 것은 (가)와 같은 상태 변화이다.
⑤ 냉동실의 벽면에 얼음 조각들이 생기는 것은 (나)와 같은 상태 변화이다.

14 얼음과 드라이아이스를 각각 시계접시 위에 올려놓고 변화를 관찰하였다.
이에 대한 설명으로 옳지 않은 것은?

▲ 얼음

▲ 드라이아이스

① 융해와 승화를 관찰할 수 있다.
② 얼음이 있는 시계접시에는 물이 생긴다.
③ 얼음은 고체에서 액체로 상태 변화한다.
④ 얼음과 드라이아이스는 같은 상태 변화를 한다.
⑤ 드라이아이스는 액체 상태를 거치지 않고 상태 변화한다.

[15~17] 그림은 물질의 상태 변화를 모식도로 나타낸 것이다. 다음 물음에 답하시오.

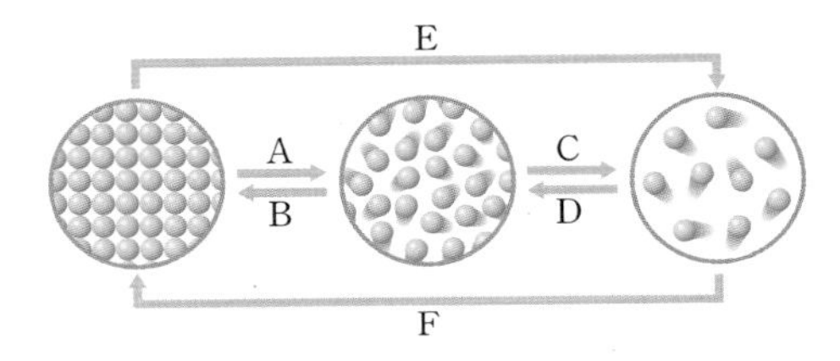

15 A~F 중 가열할 때 일어나는 상태 변화만을 있는 대로 고르시오.

16 A~F 중 압력을 증가시킬 때 일어나는 상태 변화만을 있는 대로 고르시오.

17 A~E에 해당하는 예시로 옳은 것은?
① A : 손등에 바른 에탄올이 사라진다.
② B : 마그마가 굳어서 암석이 된다.
③ C : 안경에 김이 서린다.
④ D : 드라이아이스 조각의 크기가 점점 작아진다.
⑤ E : 새벽에 풀잎에 이슬이 맺힌다.

3 상태 변화와 물질의 변화

18 상태 변화에 따른 물질의 변화에 대한 설명으로 옳은 것은?
① 상태 변화가 일어나도 입자의 배열은 일정하다.
② 상태 변화가 일어나도 물질의 부피는 일정하다.
③ 상태 변화가 일어나도 물질의 질량은 일정하다.
④ 상태 변화가 일어나면 입자 사이의 거리는 증가한다.
⑤ 상태 변화가 일어나면 물질의 고유한 성질도 변한다.

중요

19 상태 변화가 일어날 때 변하는 것만을 〈보기〉에서 있는 대로 고르시오.

보기		
ㄱ. 물질의 부피	ㄴ. 물질의 질량	ㄷ. 물질의 성질
ㄹ. 입자의 수	ㅁ. 입자의 크기	ㅂ. 입자의 배열
ㅅ. 입자 사이의 거리	ㅇ. 입자의 운동 속도	

20 삼각 플라스크에 드라이아이스 조각을 넣고 입구에 풍선을 씌운 뒤 일어나는 변화를 입자 모형으로 나타내려고 한다. 처음의 상태가 오른쪽 그림과 같았을 때, 나중의 상태로 옳은 것은?

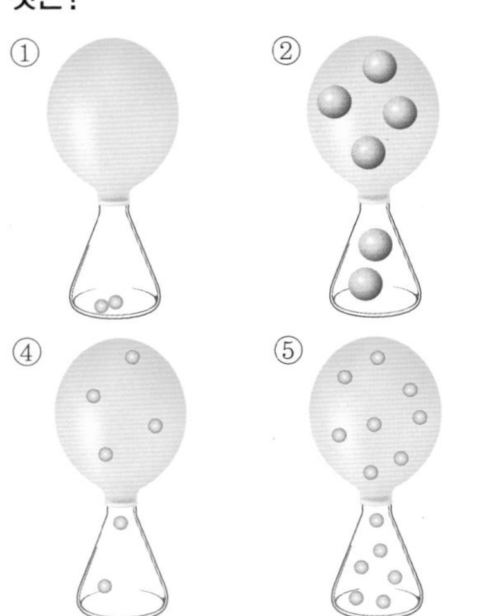

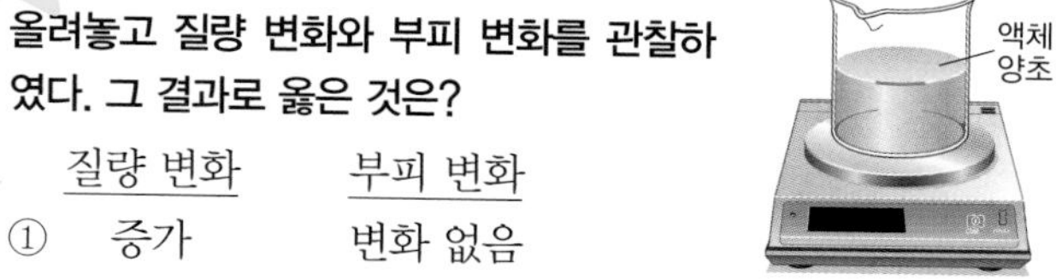

중요

21 액체 양초가 든 비커를 전자저울 위에 올려놓고 질량 변화와 부피 변화를 관찰하였다. 그 결과로 옳은 것은?

	질량 변화	부피 변화
①	증가	변화 없음
②	증가	감소
③	감소	증가
④	변화 없음	증가
⑤	변화 없음	감소

22 비닐 위생장갑에 액체 아세톤을 넣고 묶은 뒤 헤어 드라이어의 뜨거운 바람으로 가열했다. 이에 대한 설명으로 옳지 않은 것은?

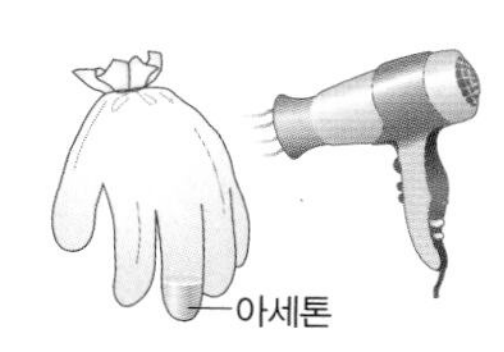

① 장갑이 부풀어 오른다.
② 아세톤 입자의 운동이 활발해진다.
③ 아세톤 입자의 수는 변하지 않는다.
④ 아세톤 입자 사이의 거리가 멀어진다.
⑤ 아세톤 입자의 배열이 규칙적으로 변한다.

23 비커에 물을 넣고 그 위에 얼음이 든 시계접시를 올린 뒤 비커를 가열하였다. 이 실험에 대한 다음 대화 중 옳은 말을 한 사람은?

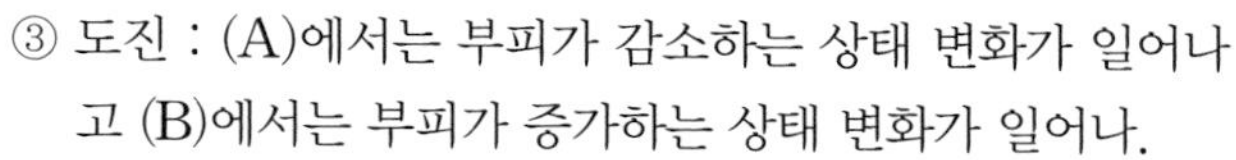

① 민지 : (A)에서는 기화가 (B)에서는 융해가 일어나.
② 하연 : (A)가 끓어서 생긴 수증기가 (B)에 닿으면 액화되어 액체 방울이 돼.
③ 도진 : (A)에서는 부피가 감소하는 상태 변화가 일어나고 (B)에서는 부피가 증가하는 상태 변화가 일어나.
④ 은영 : (A)의 물은 염화 코발트 종이를 붉게 만들지만 (B)에 생긴 액체는 염화 코발트 종이를 붉게 만들지 않아.
⑤ 우현 : 물이 기화와 액화를 거치면서 성질이 바뀌었기 때문이야.

24 상태 변화가 일어날 때 물질의 부피가 감소하는 것만을 〈보기〉에서 있는 대로 고른 것은?

보기
ㄱ. 젖은 빨래가 마른다.
ㄴ. 흘러내리던 촛농이 굳는다.
ㄷ. 새벽녘 풀잎에 이슬이 맺힌다.
ㄹ. 뜨거운 프라이팬 위에 놓은 버터가 녹는다.

① ㄱ, ㄴ ② ㄱ, ㄷ ③ ㄱ, ㄹ
④ ㄴ, ㄷ ⑤ ㄴ, ㄹ

25 다음 현상들에서 공통적으로 일어나는 변화로 옳은 것은?

• 물병을 냉동실에 넣어 물을 얼린다.
• 거푸집에 쇳물을 넣어 굳힌다.
• 추운 겨울 나뭇잎에 서리가 내린다.

① 질량이 증가한다.
② 부피가 증가한다.
③ 물질의 성질이 변한다.
④ 입자 사이의 거리가 멀어진다.
⑤ 입자의 배열이 규칙적으로 변한다.

중요

26 드라이아이스 조각을 지퍼백에 넣고 밀봉한 뒤 변화를 관찰하였다.

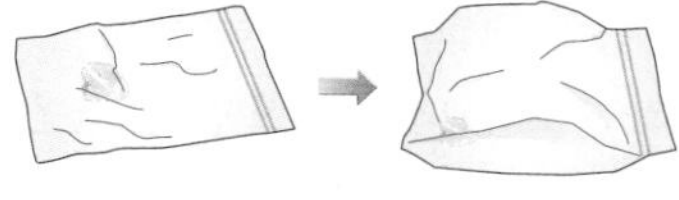

드라이아이스의 변화에 대한 설명으로 옳은 것은?

① 입자의 수 : 감소한다.
② 물질의 질량 : 증가한다.
③ 물질의 성질 : 변하지 않는다.
④ 입자 사이의 거리 : 일정하다.
⑤ 입자의 배열 : 규칙적으로 변한다.

01 양초를 켰을 때 일어나는 상태 변화에 대한 설명으로 옳지 않은 것은?

A
B
C

① A에서는 기화가 일어난다.
② A와 B에서는 물질의 부피가 증가한다.
③ B에서는 입자의 배열이 불규칙해지는 상태 변화가 일어난다.
④ C에서는 입자의 운동이 활발해지는 상태 변화가 일어난다.
⑤ A~C에서 상태 변화가 일어날 때 물질의 성질은 변하지 않는다.

02 물이 담긴 컵에 드라이아이스 조각을 넣으면 기포 방울이 생기고 흰 연기가 발생한다. 이에 대한 설명으로 옳은 것은?

① 물에 손을 넣으면 매우 뜨겁다.
② 드라이아이스로 인해 물이 끓는다.
③ 흰 연기는 기체 상태의 이산화 탄소이다.
④ 물 속에서 드라이아이스는 액체 상태를 거쳐 기체로 상태 변화한다.
⑤ 물에 생기는 기포는 사이다 병의 뚜껑을 열었을 때 생기는 기포와 같은 성분을 포함한다.

03 그림은 물이 액체 상태와 고체 상태일 때 입자의 배열을 모형으로 나타낸 것이다.

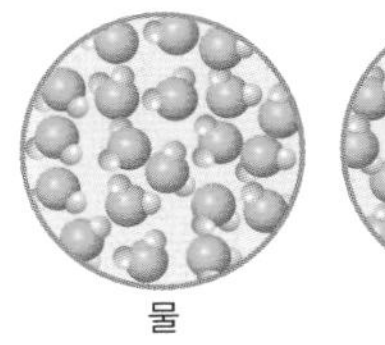
물

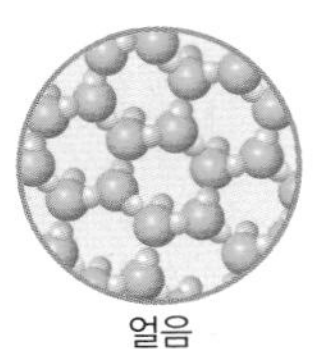
얼음

위 모형으로 설명할 수 있는 현상으로 옳은 것은?

① 얼음 조각상이 햇빛을 받아 녹는다.
② 액체 파라핀을 굳히면 식으면서 가운데가 움푹 들어간다.
③ 주전자의 물이 끓기 시작하면 뚜껑이 달그락거린다.
④ 물병을 냉동실에 넣어두면 물이 얼면서 병이 부풀어 오른다.
⑤ 스케이트를 신고 얼음 위에 올라서면 날 주변이 녹아 물이 된다.

04 두 개의 컵 A, B에 같은 양의 물을 넣고 A는 뚜껑을 덮고 B는 덮지 않았다. 두 컵을 전자저울 위에 각각 올려놓고 질량 변화를 측정했다.

A

B

이에 대한 설명으로 옳은 것은?

① A에서는 증발이 일어나지 않는다.
② 10분 뒤 저울에서 측정되는 질량은 A<B이다.
③ 저울에서 측정되는 B의 질량은 점점 감소한다.
④ 이 실험의 결과 기화가 일어나면 질량이 감소한다는 사실을 알 수 있다.
⑤ 이 실험의 결과 표면적이 넓을수록 기화가 더 잘 일어난다는 사실을 알 수 있다.

05 이슬과 서리에 대한 설명으로 옳지 않은 것은?

① 이슬과 서리를 구성하는 입자는 같다.
② 서리는 승화성 물질의 고체 상태이다.
③ 부피가 감소하는 상태 변화가 일어나서 생긴다.
④ 이슬과 서리는 공기 중의 수증기가 상태 변화한 것이다.
⑤ 이슬은 비와 같은 상태의 물질이고, 서리는 눈과 같은 상태의 물질이다.

06 다음은 동결건조 식품에 대한 설명이다. 동결건조 과정에서 일어나는 상태 변화 2가지를 쓰시오.

> 식품을 −10°C 정도의 저온에서 냉동시켜 식품 속 수분을 얼린 뒤 압력을 진공에 가깝도록 낮추면 얼음이 수증기가 되면서 식품 내의 수분이 제거된다. 이 방식으로 건조시키면 향기 · 맛 등이 그대로 유지되고 물에 넣었을 때 원상태로 돌아오는 능력이 좋은 식품을 만들 수 있다.

서논술형 유형 연습

정답과 해설 • 42쪽

예제

01 뜨거운 물로 샤워를 하고 난 뒤 화장실 거울을 보면 뿌옇게 김이 서린 것을 볼 수 있다. 거울에 김이 서리는 과정을 서술하시오.

Tip 거울에 서린 김은 작은 물방울이다.
Key Word 수증기, 액화

[설명] 수증기는 기체 상태의 물로 눈에 보이지 않는다. 뜨거운 물에서 나온 따뜻한 수증기가 비교적 차가운 거울 표면에 닿으면 냉각되면서 작은 물방울로 액화하게 되는데 이것이 김이다.
[모범 답안] 공기 중의 따뜻한 수증기가 차가운 거울 표면에서 냉각되어 작은 물방울로 액화한다.

02 아세톤의 상태 변화에 따른 부피 변화와 질량 변화에 관한 실험이다.

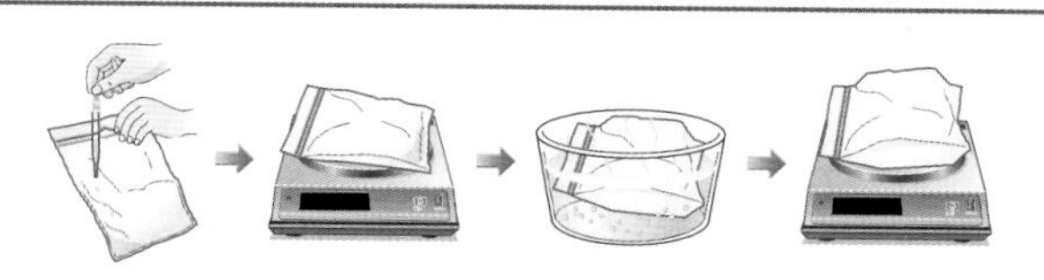

(1) 지퍼백에 액체 아세톤을 넣고 밀봉한 뒤 질량을 측정한다.
(2) 지퍼백을 뜨거운 물에 넣고 변화를 관찰한다.
(3) 뜨거운 물에서 지퍼백을 꺼내 바깥에 묻은 물기를 제거한 뒤 질량을 측정한다.

뜨거운 물에 넣었을 때 아세톤의 부피 변화와 질량 변화를 쓰고 그 이유를 입자 사이의 거리와 입자의 수 변화와 관련하여 간단히 서술하시오.

Tip 지퍼백을 뜨거운 물에 넣으면 아세톤이 기화한다.
Key Word 입자 사이의 거리, 부피, 입자의 수, 질량

[설명] 물질이 액체에서 기체로 기화하면 입자 사이의 거리가 증가하여 부피가 늘어나고 입자의 수는 변하지 않아 질량은 변하지 않는다.
[모범 답안] 아세톤이 기화하면 입자 사이의 거리가 증가하여 부피는 증가한다. 입자의 수는 변하지 않으므로 질량은 변하지 않는다.

실전 연습

01 사막에서는 다음과 같은 방법으로 물을 얻을 수 있다.

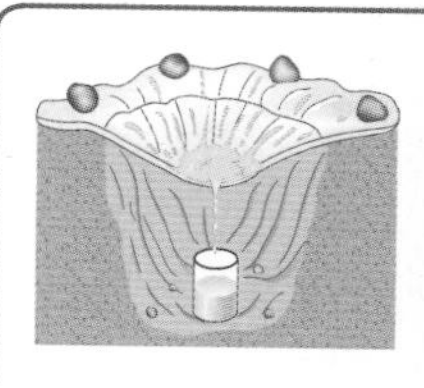

바닥에 구덩이를 파고 중앙에 컵을 넣고 그 위에 비닐을 덮은 뒤 중앙에 돌멩이를 올려둔다. 밤이 지나면 비닐에 맺힌 물방울들이 가운데로 모여 떨어진다.

밤이 지나면서 비닐에 물방울이 맺히는 과정을 서술하시오.

Tip 사막은 낮에는 온도가 높고 밤이 되면 온도가 매우 낮아진다.
Key Word 수증기, 온도

02 거푸집에 쇳물을 부어 굳혀서 금속 제품을 만들 때 거푸집을 원하는 제품의 크기보다 조금 크게 만들어야 한다. 그 이유를 간단히 서술하시오.

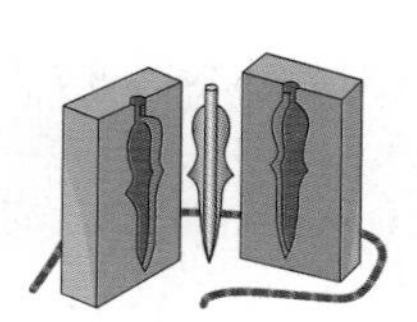

Tip 액체에서 고체로 상태 변화할 때 입자 사이의 거리가 가까워진다.
Key Word 응고, 부피

03 액화 석유 가스(LPG)는 석유를 정제할 때 발생하는 프로페인, 뷰테인 등의 기체 물질을 큰 압력으로 액화시킨 것이다. 기체 물질을 액화시켜 통에 넣어 보관, 운반하는 이유를 물질의 부피와 관련하여 간단히 서술하시오.

Tip 상태 변화가 일어날 때는 물질의 부피도 변화한다.
Key Word 액화, 부피

상태 변화와 열에너지

1 녹는점과 어는점

1. 고체를 가열할 때의 온도 변화

구간	온도 변화
(1)	고체에 열을 가하면 온도가 점점 높아진다. → 가해준 열에너지✚가 온도 변화에 이용된다.
(2)	고체가 액체로 융해되면서 물질을 가열하여도 온도가 일정하게 유지된다. → 가해준 열에너지가 상태 변화✚에 이용된다. • 녹는점 : 고체가 액체로 녹기 시작할 때의 온도
(3)	융해가 끝난 뒤 가열하면 온도가 다시 높아진다. → 가해준 열에너지가 온도 변화에 이용된다.

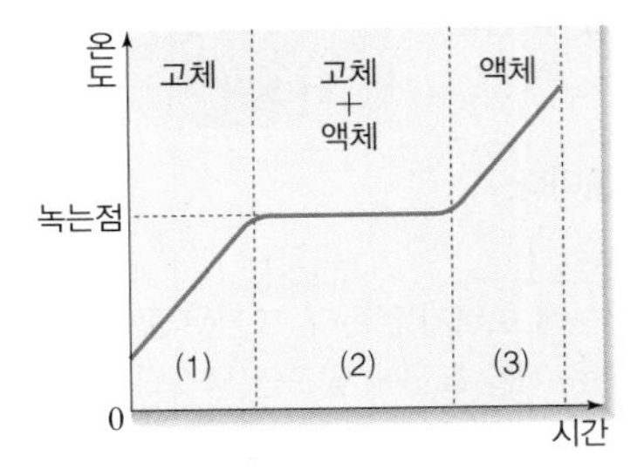

▲ 고체를 가열할 때의 온도 변화

2. 액체를 냉각할 때의 온도 변화

구간	온도 변화
(1)	액체를 냉각시키면 온도가 낮아진다.
(2)	액체가 고체로 응고하면서 물질을 냉각시켜도 온도가 일정하게 유지된다. → 상태 변화가 일어나면서 주위로 열에너지가 방출된다. • 어는점 : 액체가 고체로 얼기 시작할 때의 온도, 같은 물질의 녹는점과 어는점✚은 같다.
(3)	응고가 끝난 뒤 냉각시키면 온도가 다시 낮아진다.

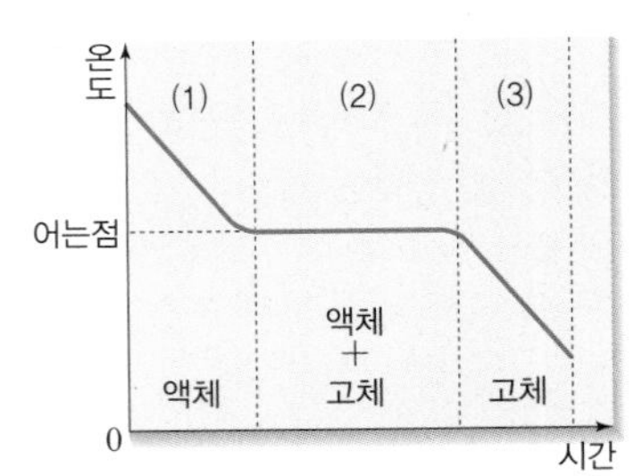

▲ 액체를 냉각할 때의 온도 변화

2 끓는점

1. 액체를 가열할 때의 온도 변화

구간	온도 변화
(1)	액체에 열을 가하면 온도가 점점 높아진다. → 가해준 열에너지가 온도 변화에 이용된다.
(2)	액체가 기체로 기화되면서 물질을 가열하여도 온도가 일정하게 유지된다. → 가해준 열에너지가 상태 변화에 이용된다. • 끓는점 : 액체가 기체로 끓기 시작할 때의 온도
(3)	기화가 끝나 물질이 모두 기체 상태가 되면 온도가 다시 높아진다. → 가해준 열에너지가 온도 변화에 이용된다.

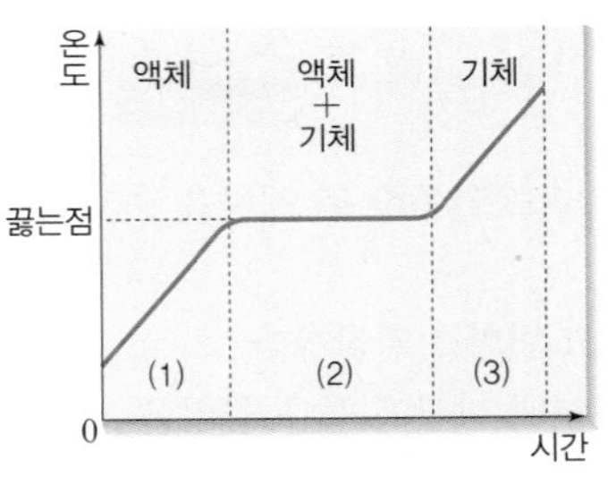

▲ 액체를 가열할 때의 온도 변화

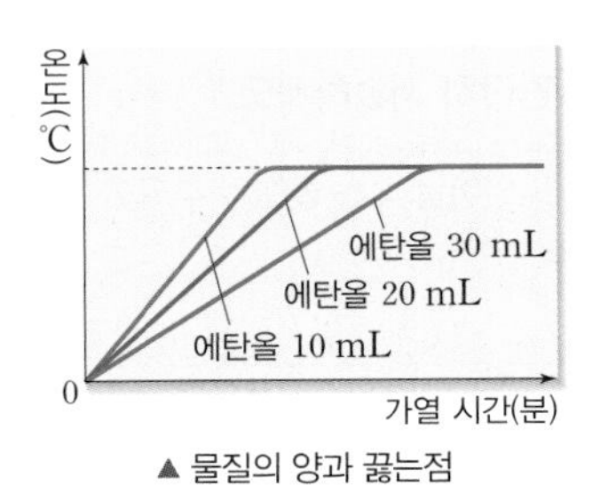

▲ 물질의 양과 끓는점

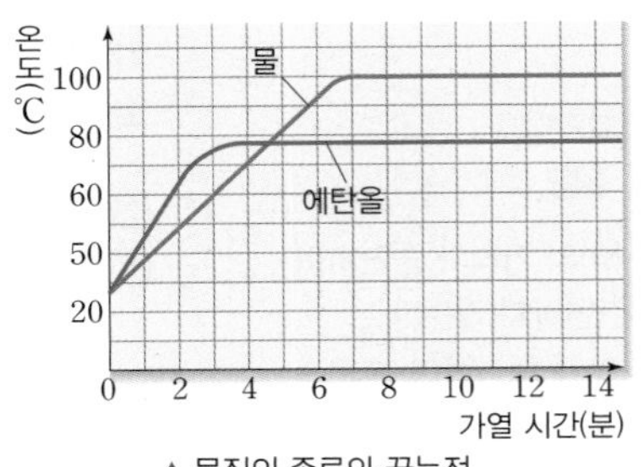

▲ 물질의 종류와 끓는점

✚ **열에너지**
물체의 온도가 변하거나 상태가 변할 때 얻거나 잃는 에너지

물질이 열에너지를 얻는 경우
온도가 높아지거나 융해, 기화, 승화(고체 → 기체)의 상태 변화가 일어남

물질이 열에너지를 잃는 경우
온도가 낮아지거나 액화, 응고, 승화(기체 → 고체)의 상태 변화가 일어남

✚ **상태 변화 시간에 영향을 미치는 요인**
(1) 물질의 양이 많아질수록 그래프의 가로 길이가 증가함
(2) 센 불로 가열할수록 그래프의 가로 길이가 짧아짐

✚ **녹는점과 어는점**
물질마다 녹는점과 어는점이 일정하며(예 : 물 0°C, 파라다이클로로벤젠 : 53.5°C) 물질의 녹는점과 어는점은 같다. 1기압일 때 얼음의 녹는점은 0°C이고, 물의 어는점도 0°C이다.

✚ **끓는점**
1기압일 때의 끓는점을 기준 끓는점이라 하고 압력이 높아지면 끓는점도 높아진다. 물질마다 끓는점이 일정하며 1기압일 때 물의 끓는점은 100°C이다.

정답과 해설 • 42쪽

1 녹는점과 어는점

- 고체 물질이 액체 물질이 될 때 일정하게 유지되는 온도를 □□□이라고 한다.
- 액체 물질이 □□되기 시작하는 온도를 어는점이라고 한다.
- 물질이 융해되는 동안에는 가해준 열에너지를 □□ □□에 사용하기 때문에 가열하여도 온도가 일정하게 유지된다.

01 물질을 가열할 때의 온도 변화에 대한 설명으로 옳은 것은 ○표, 옳지 않은 것은 ×표를 하시오.

(1) 기체 물질은 가열해도 온도가 변하지 않는다. (　　)

(2) 고체 물질을 가열하면 모두 융해될 때까지 온도가 증가한다. (　　)

(3) 고체가 액체가 될 때는 상태 변화하는 데 열에너지가 쓰인다. (　　)

(4) 액체 물질을 가열하면 온도가 증가하다가 끓는점이 되면 온도가 일정하게 유지된다. (　　)

02 어떤 액체 물질을 냉각시킬 때 시간에 따른 온도 변화를 나타낸 그래프이다. 다음 물음에 답하시오.

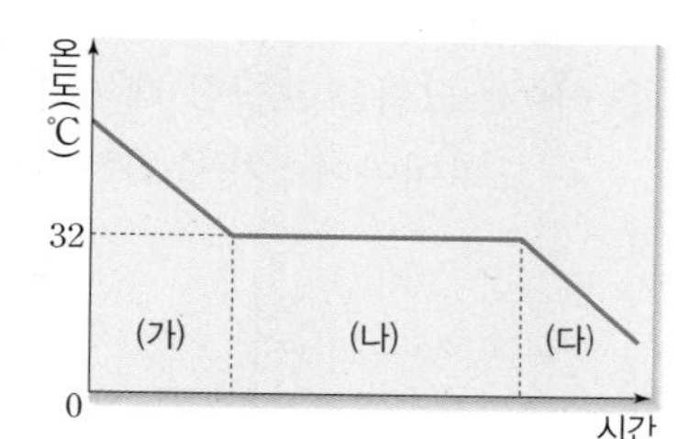

(1) 이 물질의 어는점을 쓰시오.

(2) (가)~(다) 중 상태 변화가 일어나는 구간을 쓰시오.

(3) 물질이 (다) 구간에서 어떤 상태로 존재하는지 쓰시오.

2 끓는점

- □□□은 물질이 끓는 동안 일정하게 유지되는 온도이다.
- 액체를 가열하면 온도가 점점 증가하다가 □□가 일어나는 동안에는 온도가 일정하게 유지된다.

03 표는 에탄올을 가열하면서 시간에 따른 온도 변화를 정리한 것이다. 에탄올의 끓는점을 쓰시오.

시간(분)	1	2	3	4	5	6	7
온도(°C)	27	39	50	68	78.3	78.3	78.3

04 고체 스테아르산을 가열하고 냉각하면서 시간에 따른 온도 변화를 관찰하였다. 다음 물음에 답하시오.

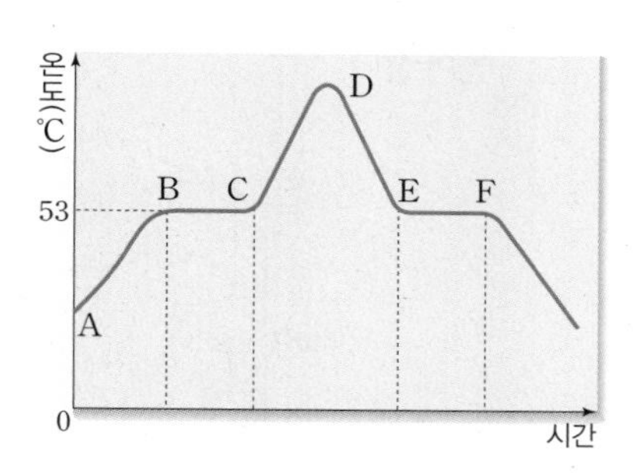

(1) 이 물질의 녹는점을 쓰시오.

(2) D 점에서 물질이 어떤 상태로 존재하는지 쓰시오.

상태 변화와 열에너지

③ 상태 변화와 열에너지

1. 열에너지를 흡수+하는 상태 변화

(1) 융해열 흡수 : 고체가 액체로 상태 변화할 때 열에너지를 흡수한다.

예 아이스박스에 얼음을 같이 넣어두면 음료수가 시원해진다.

→ 얼음이 융해하면서 주변의 열에너지를 흡수하여 주위의 온도를 낮게 만든다.

얼음 조각상 근처는 시원하다.

→ 얼음 조각이 녹으면서 주위에서 열에너지를 흡수해서 온도가 낮아진다.

(2) 기화열 흡수+ : 액체가 기체로 상태 변화할 때 열에너지를 흡수한다.

예 더운 여름 뜨거운 아스팔트에 물을 뿌려 시원하게 만든다.

→ 물이 기화하면서 주변의 열에너지를 흡수하여 주위의 온도가 낮아진다.

(3) 승화열 흡수 : 고체가 기체로 상태 변화할 때 열에너지를 흡수한다.

예 아이스크림을 포장할 때 드라이아이스를 함께 넣으면 아이스크림이 녹지 않는다.

→ 드라이아이스가 승화하면서 주변의 열에너지를 흡수하여 주위의 온도가 낮아진다.

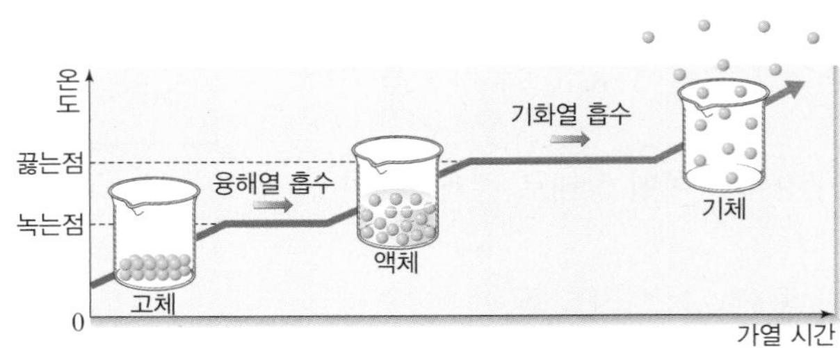

▲ 고체 물질을 가열할 때의 온도 변화와 열에너지 흡수

2. 열에너지를 방출하는 상태 변화

(1) 응고열 방출+ : 액체가 고체로 응고할 때 열에너지를 방출한다.

예 이누이트족은 이글루 안에 물을 뿌린다.

→ 물이 얼음으로 얼면서 열에너지를 방출하여 주변이 따뜻해진다.

(2) 액화열 방출 : 기체가 액체로 액화할 때 열에너지를 방출한다.

예 스팀 난방으로 겨울에 실내 온도를 높인다.

→ 수증기가 물로 액화하면서 방출하는 열에너지로 주변의 온도를 높인다.

(3) 승화열 방출 : 기체가 고체로 승화할 때 열에너지를 방출한다.

예 눈이 오는 날은 날씨가 포근하다.

→ 공기 중의 수증기가 눈(얼음)으로 승화하면서 열에너지를 방출해서 주변의 온도가 높아진다.

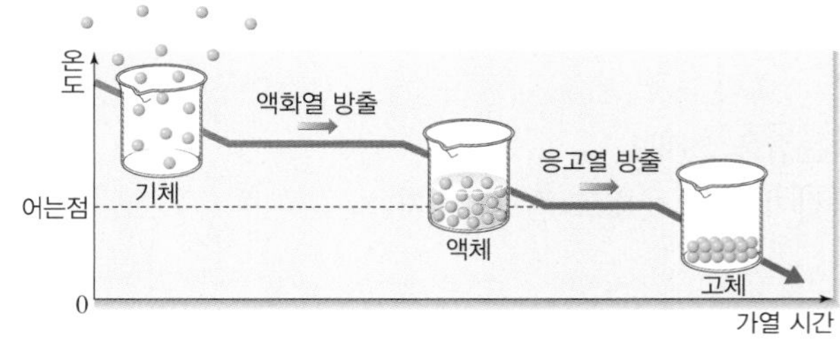

▲ 기체 물질을 냉각할 때의 온도 변화와 열에너지 방출

+ 열에너지 흡수와 주위의 온도 변화

물질이 고체 → 액체 → 기체로 상태 변화할 때는 열에너지의 흡수가 필요하다. 물질이 상태 변화하면서 주변의 열에너지를 흡수하면 주위의 온도는 낮아진다.

+ 기화열 흡수와 종이 냄비

냄비 속 물이 기화하면서 기화열을 흡수하기 때문에 온도가 종이의 발화점(종이가 타는 온도)까지 오르지 않게 되어 냄비를 계속 가열해도 종이 냄비가 타지 않고 음식을 익힐 수 있다.

+ 응고열 방출과 파라핀 온찜질기

액체 상태의 파라핀에 손을 넣은 뒤 꺼내서 공기 중에서 식히면 파라핀이 응고되면서 응고열을 방출하여 손을 따뜻하게 온찜질한다.

정답과 해설 • 42쪽

3 상태 변화와 열에너지

- 고체가 액체로 상태 변화하면서 흡수하는 열에너지를 □□□이라고 한다.
- 물이 증발하면서 기화열을 흡수하면 주변의 온도가 □□진다.
- 드라이아이스는 승화하면서 주변의 열에너지를 □□한다.
- □□□은 액체가 고체로 상태 변화하면서 방출하는 열에너지이다.
- 스팀 난방은 수증기가 물로 액화하면서 □□하는 열에너지를 이용하여 주변의 온도를 □□는 난방 방식이다.

05 열에너지를 흡수하는 상태 변화만을 〈보기〉에서 있는 대로 고르시오.

보기

ㄱ. 융해	ㄴ. 응고	ㄷ. 액화
ㄹ. 기화	ㅁ. 승화(고체 → 기체)	ㅂ. 승화(기체 → 고체)

06 얼음을 가열하면서 시간에 따른 온도 변화를 나타낸 그래프이다. (나) 구간과 (라) 구간에서 출입하는 열에너지를 각각 쓰시오.

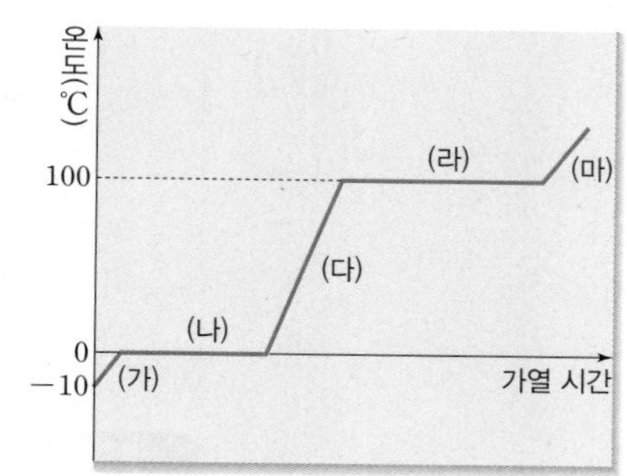

07 열에너지를 방출하는 상태 변화에 대한 설명으로 옳은 것은 ○표, 옳지 않은 것은 ×표를 하시오.

(1) 입자의 배열이 불규칙해진다. ( )
(2) 입자 사이의 거리가 멀어진다. ( )
(3) 입자의 운동이 느려진다. ( )
(4) 물질 주변의 온도가 높아진다. ( )
(5) 액화는 열에너지를 방출하는 상태 변화이다. ( )

08 다음 예시와 관계 있는 열에너지의 출입을 바르게 연결하시오.

(가) 눈이 내리기 전 기온이 상승한다. • • ㉠ 융해열 흡수
(나) 더울 때 땀을 흘려 체온을 조절한다. • • ㉡ 기화열 흡수
(다) 스팀 난방을 이용해 방을 따뜻하게 한다. • • ㉢ 응고열 방출
(라) 과일의 냉해를 막기 위해 과일 나무에 물을 뿌린다. • • ㉣ 액화열 방출
(마) 아이스박스에 얼음을 넣어 음료수를 시원하게 보관한다. • • ㉤ 승화열 방출

필수 탐구 1 물을 냉각시킬 때의 온도 변화

목표
물을 냉각시킬 때의 온도 변화를 설명할 수 있다.

과정

1 비커에 얼음과 소금을 넣는다.
2 시험관에 증류수를 넣고 **1**의 비커에 넣는다.
3 증류수에 온도계를 설치하고 시간에 따른 온도 변화를 기록한다.

시간(분)	0	1	2	3	4	5	6	7	8
온도(°C)	15.0	12.1	8.9	6.2	3.1	0.0	0.0	0.0	0.0

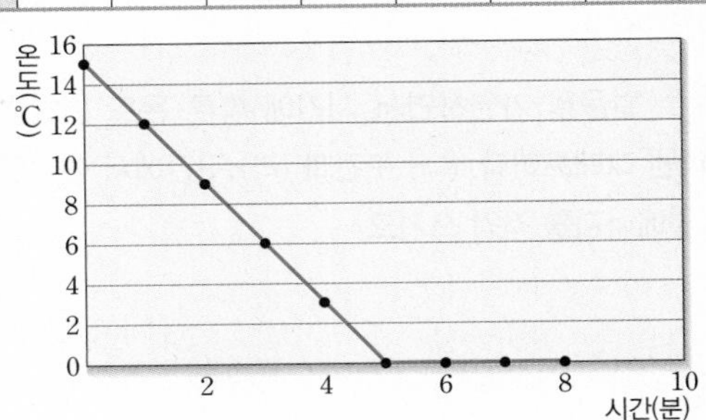

결과

1 물을 냉각하면 온도가 점점 낮아지다가 얼기 시작하면 온도가 일정하게 유지된다.
2 물의 어는점은 0°C이다.

필수 탐구 2 에탄올을 가열할 때의 온도 변화

목표
액체를 가열할 때의 온도 변화를 설명할 수 있다.

과정

1 가지 달린 시험관에 에탄올과 끓임쪽을 넣는다.
2 그림과 같이 물중탕 장치와 온도계를 설치한다.
3 에탄올을 가열하면서 1분 간격으로 온도를 측정한다.

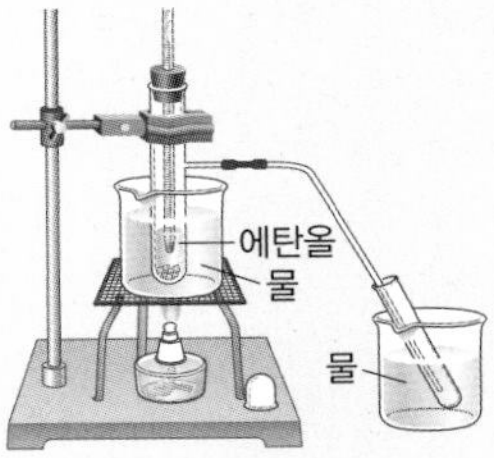

에탄올
물
물

시간(분)	0	1	2	3	4	5	6	7	8	9
온도(°C)	20.3	28.2	36.7	44.5	52.4	61.2	70.9	78.3	78.3	78.3

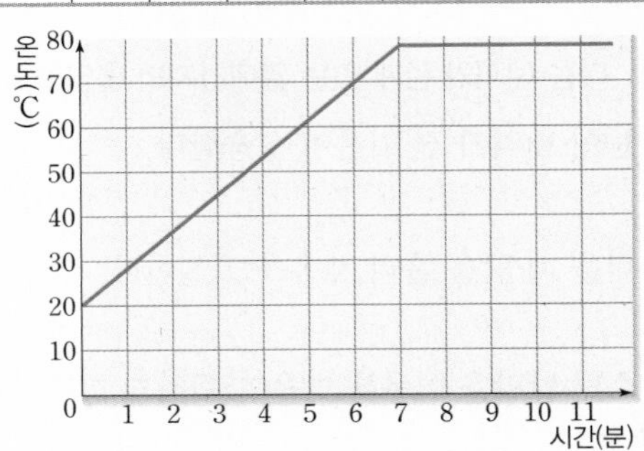

결과

1 에탄올을 가열하면 온도가 점점 증가하다가 끓기 시작하면 온도가 일정하게 유지된다.
2 에탄올의 끓는점은 78.3°C이다.

정답과 해설 • 43쪽

1 물을 냉각시킬 때의 온도 변화

- 물을 냉각시키면 얼음으로 □□한다.
- 물이 얼음으로 상태 변화하는 동안 온도는 일정하게 유지되는데 이 때의 온도를 □□□이라고 한다.
- 물이 얼음이 될 때 열에너지를 □□하여 냉각하여도 온도가 내려가지 않는다.

2 에탄올을 가열할 때의 온도 변화

- 에탄올의 □□□은 78.3°C이다.
- 에탄올이 기화할 때는 가해준 열에너지를 □□ □□에 사용한다.
- 에탄올이 액체에서 기체로 상태 변화하면서 흡수하는 열에너지를 □□□이라고 한다.

1 그림은 액체를 냉각시킬 때 시간에 따른 온도 변화를 나타낸 그림이다. (가)~(다) 구간의 물질의 상태를 옳게 짝 지은 것은?

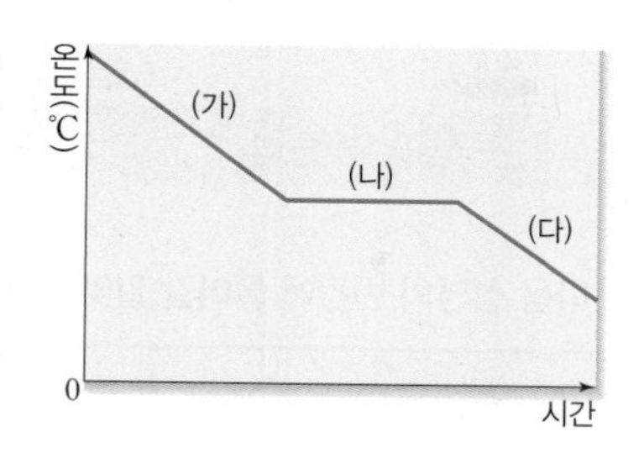

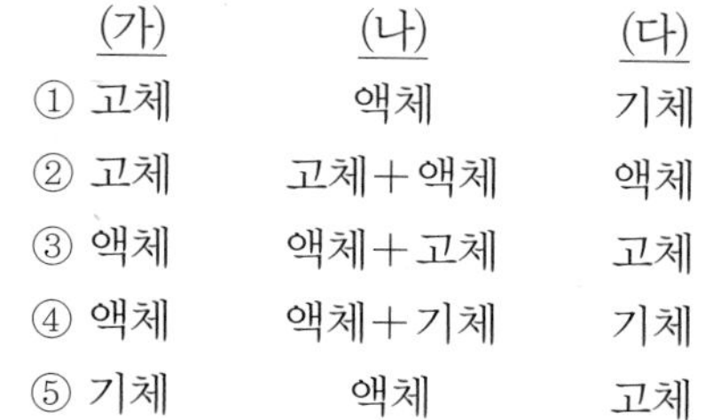

	(가)	(나)	(다)
①	고체	액체	기체
②	고체	고체＋액체	액체
③	액체	액체＋고체	고체
④	액체	액체＋기체	기체
⑤	기체	액체	고체

2 촛농이 굳을 때와 같은 열에너지의 출입이 일어나는 현상만을 〈보기〉에서 있는 대로 고르시오.

〈보기〉
ㄱ. 분수 가까이에 가면 시원하다.
ㄴ. 추운 겨울날 호수가 꽁꽁 언다.
ㄷ. 겨울철 과일 창고에 물 항아리를 같이 넣어 둔다.
ㄹ. 액체 파라핀에 손을 담근 뒤 손을 꺼내 굳히면서 온찜질을 한다.

3 액체 상태의 에탄올을 가열하면서 온도 변화를 관찰하였다. 이에 대한 설명으로 옳은 것은?

① 에탄올의 끓는점과 어는점은 같다.
② 에탄올 입자의 운동이 점점 둔해진다.
③ 에탄올이 기화할 때 열에너지를 방출한다.
④ 에탄올의 양이 달라져도 끓는점은 변하지 않는다.
⑤ 에탄올을 가열하면 모두 기화할 때까지 온도가 계속 증가한다.

[4~5] 그림은 얼음을 가열할 때 시간에 따른 온도 변화를 나타낸 것이다. 다음 물음에 답하시오.

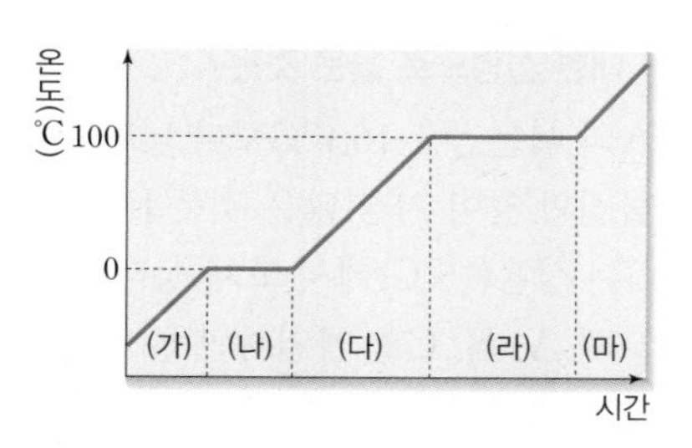

4 물질이 모두 액체 상태로 존재하는 구간을 쓰시오.

5 (나)와 (라) 구간에서 출입하는 열에너지를 쓰시오.

1 녹는점과 어는점

01 다음 설명의 빈칸에 들어갈 알맞은 말을 옳게 짝 지은 것은?

> 물을 냉각시키면 0°C에서 얼기 시작하는데 이 온도를 물의 (㉠)이라고 한다. 얼음을 가열하면 다시 물이 되는데 이 때 얼음의 녹는점은 (㉡)°C이다.

	㉠	㉡
①	어는점	0°C
②	어는점	10°C
③	녹는점	100°C
④	끓는점	0°C
⑤	끓는점	100°C

02 그림은 어떤 액체 물질을 냉각시키면서 냉각 시간에 따른 온도 변화를 관찰한 결과를 나타낸 것이다. 이에 대한 설명으로 옳은 것은?

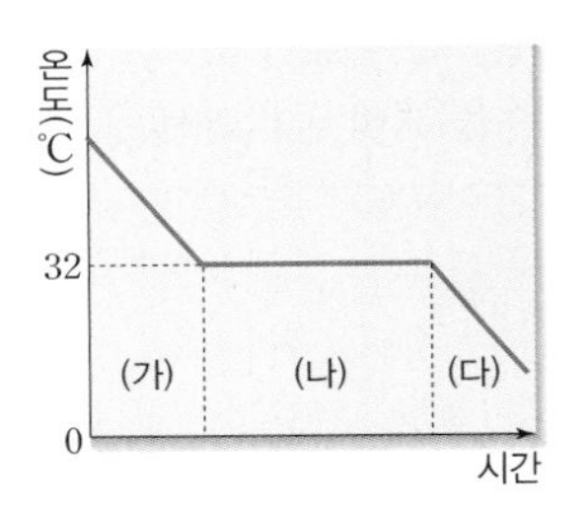

① (가) 구간에서 응고가 일어난다.
② (나) 구간에서 물질은 고체 상태로 존재한다.
③ (다) 구간에서는 열에너지를 상태 변화에 사용한다.
④ 이 물질의 어는점은 32°C이다.
⑤ 이 물질은 30°C에서 기체 상태로 존재한다.

03 다음은 물질 A, B, C의 녹는점이다.

물질	A	B	C
녹는점(°C)	16.6	81	−38.9

이에 대한 설명으로 옳은 것은?

① A의 어는점은 16.6°C보다 낮다.
② 물질의 양이 가장 많은 것은 B이다.
③ C는 상온(15°C)에서 고체 상태로 존재한다.
④ 고체 A, B, C를 가열하면 B가 가장 먼저 녹는다.
⑤ 고체 A를 가열하면 16.6°C가 될 때까지 온도가 계속 증가한다.

[04~05] 그래프는 고체 파라다이클로로벤젠을 가열하였다가 냉각하였을 때의 온도 변화를 나타낸 것이다.

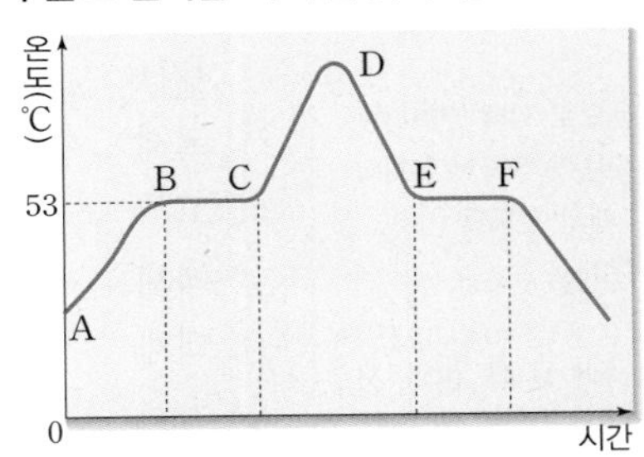

04 파라다이클로로벤젠에 대한 설명으로 옳지 않은 것은?

① 어는점은 53°C이다.
② B−C 구간에서 열에너지를 상태 변화에 사용한다.
③ C−D 구간에서 물질의 융해가 일어난다.
④ D 점에서 입자의 운동이 가장 활발하다.
⑤ E−F 구간에서 물질의 응고가 일어난다.

중요

05 각 구간에서 물질의 상태로 옳은 것은?

	A−B	B−C	C−E	E−F
①	고체	액체	기체	액체
②	고체	고체+액체	액체	고체+액체
③	고체	고체+액체	기체	고체+액체
④	고체+액체	액체	액체+기체	기체
⑤	고체+액체	고체+액체	액체	고체+액체

06 액체 상태의 벤젠을 냉각시키면서 온도 변화를 측정하여 표에 기록하였다.

시간(분)	0	2	4	6	8	10	12	14
온도(°C)	15.0	11.2	8.9	5.5	5.5	5.5	5.5	0.0

이에 대한 설명으로 옳은 것만을 <보기>에서 있는 대로 고르시오.

> 보기
> ㄱ. 벤젠의 어는점은 0°C이다.
> ㄴ. 벤젠의 녹는점은 5.5°C이다.
> ㄷ. 액체에서 고체로 상태 변화가 일어났다.
> ㄹ. 고체 상태의 벤젠은 냉각하여도 온도가 변하지 않는다.

2 끓는점

07 물질의 끓는점에 대한 설명으로 옳지 않은 것은?

① 끓는점에서 물질은 기화한다.
② 물질의 양과 관계없이 물질마다 일정하다.
③ 물질이 끓을 때 일정하게 유지되는 온도이다.
④ 끓는점보다 낮은 상태에서 물질은 고체 상태로 존재한다.
⑤ 끓는점보다 높은 온도에서 물질은 기체 상태로 존재한다.

중요

08 그래프는 순수한 액체 물질 A와 B를 가열할 때 시간에 따른 온도 변화를 나타낸 것이다.
이에 대한 설명으로 옳은 것만을 〈보기〉에서 있는 대로 고른 것은?

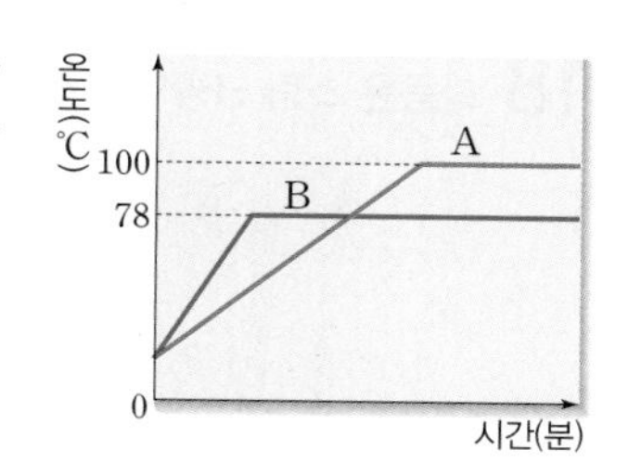

〈보기〉
ㄱ. 물질 A의 끓는점은 100°C이다.
ㄴ. 물질 B의 녹는점은 78°C이다.
ㄷ. A와 B는 서로 다른 양의 같은 물질이다.
ㄹ. A보다 B가 더 먼저 기화되기 시작한다.

① ㄱ, ㄴ ② ㄱ, ㄷ ③ ㄱ, ㄹ
④ ㄴ, ㄷ ⑤ ㄴ, ㄹ

09 나프탈렌의 녹는점은 81°C이고, 끓는점은 219°C이다. 고체 나프탈렌을 가열할 때 시간에 따른 온도 변화 그래프로 옳은 것은?

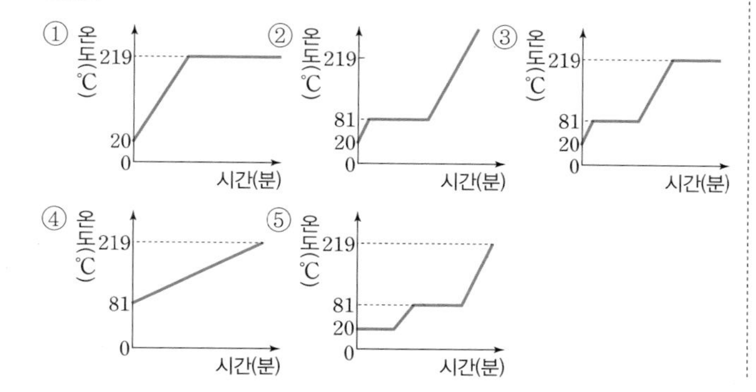

10 액체 A와 B를 가열하면서 온도 변화를 측정하였다. (단, 같은 불의 세기로 A, B를 가열하였다.)
A와 B의 끓는점과 물질의 양을 비교한 것으로 옳은 것은?

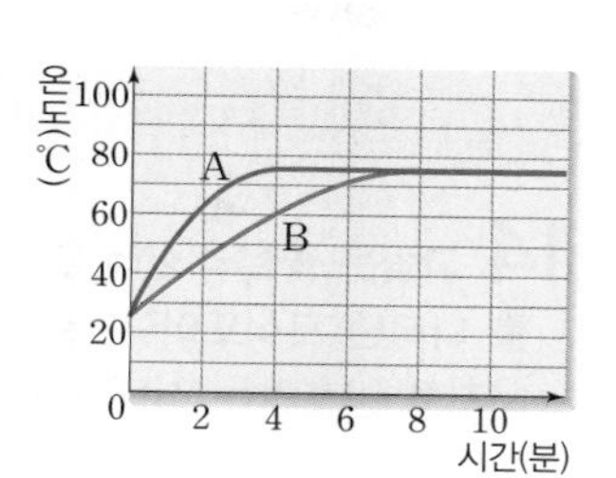

	끓는점	물질의 양
①	A<B	B<A
②	A<B	A=B
③	B<A	A<B
④	A=B	A<B
⑤	A=B	B<A

11 표는 암모니아와 메탄올의 어는점과 끓는점을 나타낸 것이다. 두 물질이 상온(15°C)에서 어떤 상태로 존재하는지 쓰시오.

물질	어는점(°C)	끓는점(°C)
암모니아	−77.7°C	−33.4°C
메탄올	−97.8°C	64.7°C

[12~13] 기체 물질을 냉각하면서 시간에 따른 온도 변화를 나타낸 그래프이다. 다음 물음에 답하시오.

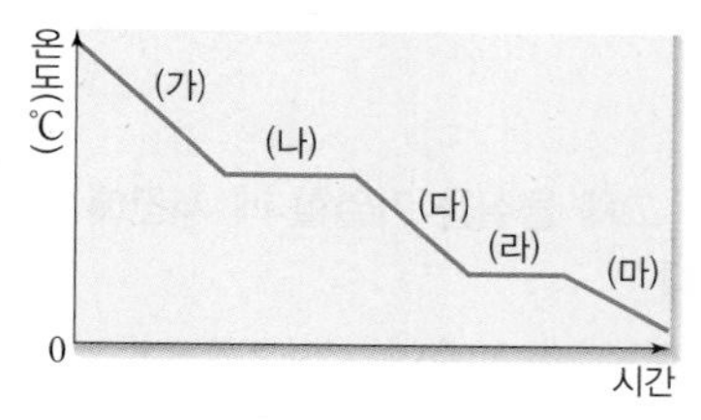

12 (가), (다), (마) 구간에서의 물질의 상태를 각각 쓰시오.

13 (나) 구간에서 일어나는 상태 변화의 예로 옳은 것은?

① 땀이 마른다.
② 새벽녘 풀잎에 이슬이 맺힌다.
③ 손등에 바른 에탄올이 날아간다.
④ 뜨거운 라면 위에 올린 치즈가 녹는다.
⑤ 응달에 쌓인 눈이 녹은 흔적없이 점점 줄어든다.

3 상태 변화와 열에너지

14 그림은 물질의 상태 변화를 나타낸 모식도이다. 열에너지를 방출하는 상태 변화만을 있는 대로 고른 것은?

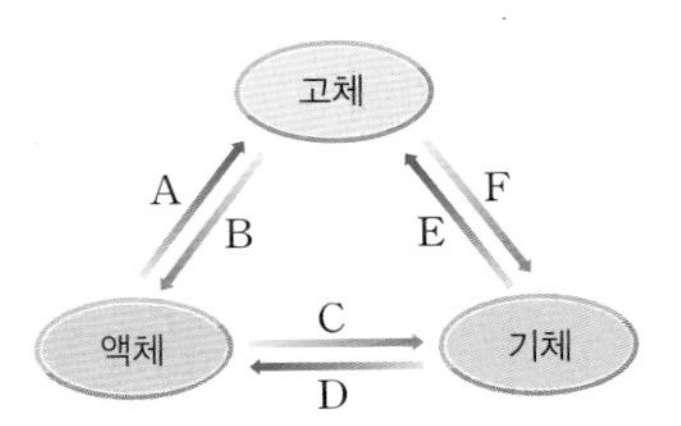

① A, C, F ② A, D, E
③ B, C, E ④ B, C, F
⑤ B, D, F

중요

15 다음 상태 변화가 일어날 때 열에너지의 출입을 바르게 짝 지은 것은?

> (가) 과일 껍질이 마른다.
> (나) 따뜻한 빵 위에 바른 버터가 녹는다.

	(가)	(나)
①	기화열 흡수	응고열 방출
②	기화열 흡수	융해열 흡수
③	기화열 방출	융해열 흡수
④	액화열 방출	응고열 방출
⑤	액화열 방출	융해열 흡수

16 그래프는 고체 물질을 가열할 때 시간에 따른 온도 변화를 나타낸 것이다.

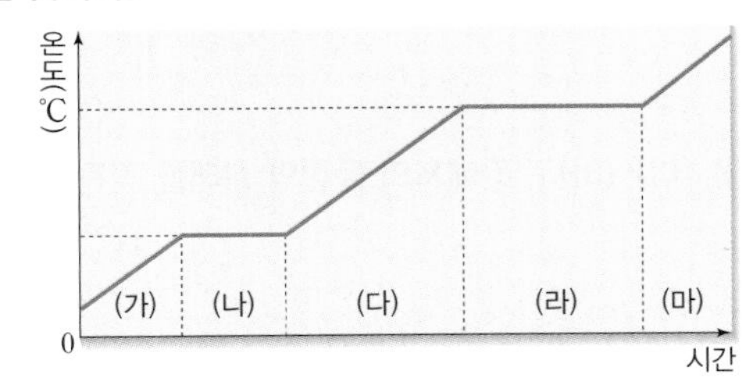

각 구간에서 일어나는 현상의 예로 옳지 않은 것은?

① (가) : 흐르던 촛농이 굳는다.
② (나) : 얼음 조각상이 햇빛을 받아 녹는다.
③ (다) : 햇빛을 받은 수영장 물이 점점 따뜻해진다.
④ (라) : 손등에 바른 에탄올이 날아간다.
⑤ (마) : 열기구 속 기체를 가열하면 열기구가 떠오른다.

17 그래프는 고체 스테아르산을 가열하였다가 다시 냉각하면서 시간에 따른 온도 변화를 나타낸 것이다.

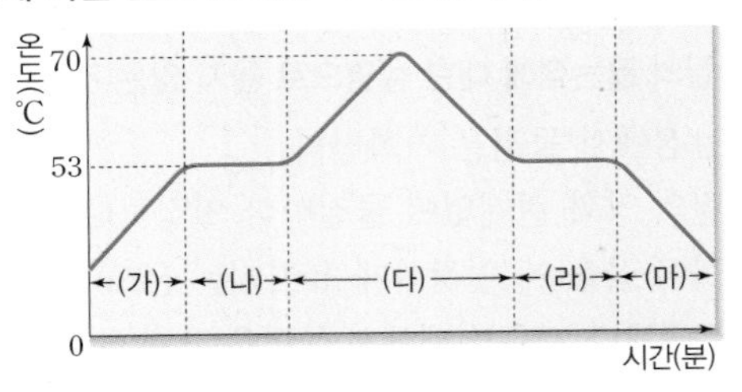

열에너지를 흡수하는 상태 변화가 일어나는 구간과 열에너지를 방출하는 상태 변화가 일어나는 구간을 각각 쓰시오.

18 다음은 스팀 난방의 원리를 설명한 것이다.

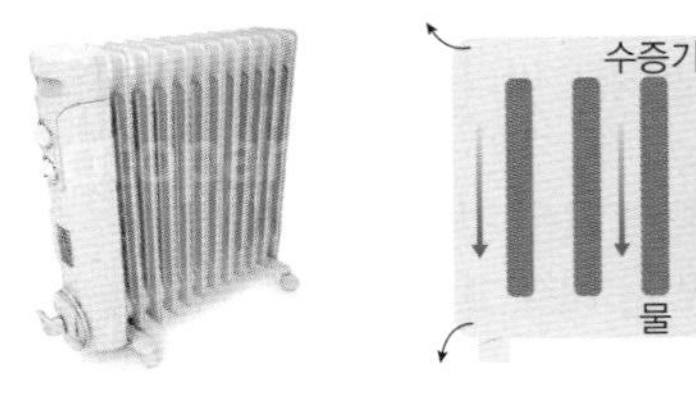

> 수증기가 난방기를 지나면서 (㉠)될 때 열에너지를 (㉡)하면 주위의 온도가 (㉢)지는 것을 이용한 난방 방식이다.

빈칸에 알맞은 말을 옳게 짝 지은 것은?

	㉠	㉡	㉢
①	기화	흡수	낮아
②	기화	방출	높아
③	액화	흡수	낮아
④	액화	방출	높아
⑤	승화	흡수	낮아

중요

19 상태 변화가 일어날 때 출입하는 열에너지를 이용한 예이다. 이용한 열에너지의 출입이 다른 것은?

① 액체 파라핀으로 온찜질을 한다.
② 겨울철 과일 창고에 물이 담긴 항아리를 같이 둔다.
③ 이누이트족은 얼음집에 물을 뿌린다.
④ 여름철 뜨거운 아스팔트에 물을 뿌린다.
⑤ 겨울철 오렌지의 냉해를 막기 위해 나무에 물을 뿌린다.

20 공기의 습도를 측정할 때 사용하는 건습구 습도계는 그림과 같이 한쪽 온도계만 물에 적신 헝겊으로 감싼다. 이에 대한 설명으로 옳은 것만을 〈보기〉에서 있는 대로 고른 것은?

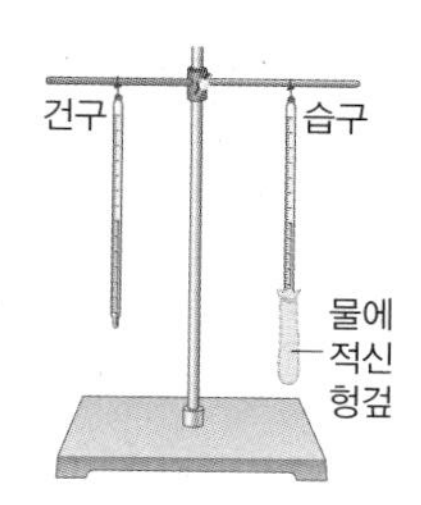

보기
ㄱ. 건구의 온도가 더 낮다.
ㄴ. 기화열 흡수를 이용한 도구이다.
ㄷ. 물에 적신 헝겊에서 열에너지의 방출이 일어난다.
ㄹ. 습도가 높은 날 건구와 습구의 온도 차이가 적게 난다.

① ㄱ, ㄴ ② ㄱ, ㄷ ③ ㄱ, ㄹ
④ ㄴ, ㄷ ⑤ ㄴ, ㄹ

21 냉장고는 내부의 증발기와 뒤편의 응축기로 이루어져 있다. 증발기와 응축기에서 열에너지가 흡수되는지 방출되는지 각각 쓰시오.

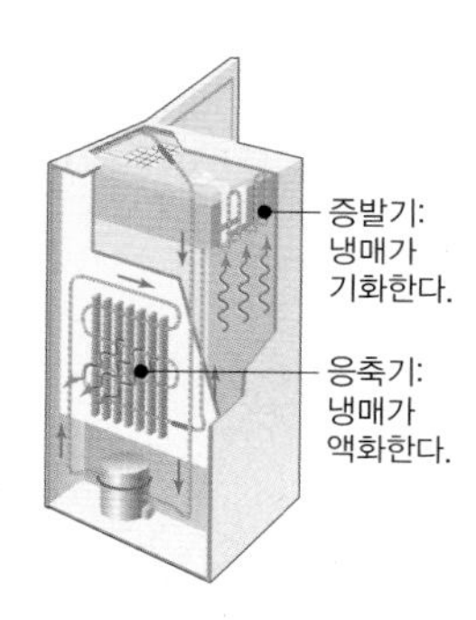

[22~23] 그래프는 고체 물질을 가열하였다 냉각할 때 시간에 따른 온도 변화를 나타낸 것이다. 다음 물음에 답하시오.

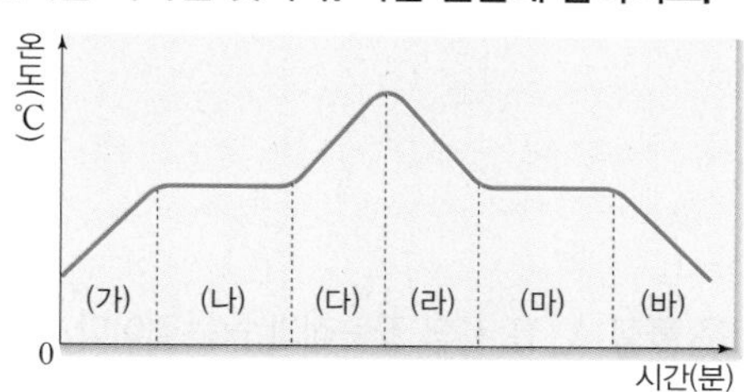

22 열에너지를 방출하는 상태 변화가 일어나는 구간만을 있는 대로 고른 것은?

① (나) ② (마) ③ (가), (다)
④ (나), (마) ⑤ (라), (바)

23 (가)~(바) 중 다음 현상과 관련 있는 구간을 고르시오.

봄이 오면 얼었던 호수가 녹으면서 주변이 쌀쌀해진다.

24 더운 여름철 개는 혀를 내밀어 체온을 식힌다. 이와 같은 원리가 적용된 현상으로 옳지 않은 것은?

① 열이 날 때 에탄올로 몸을 닦는다.
② 분수 근처를 지나가면 시원함을 느낀다.
③ 더운 여름 뜨거운 아스팔트에 물을 뿌린다.
④ 땀이 흐른 상태에서 부채질을 하면 시원하다.
⑤ 여름철 소나기가 내리기 전에 기온이 더 올라간다.

중요

25 주변의 온도가 상승하는 상태 변화만을 〈보기〉에서 있는 대로 고른 것은?

보기
ㄱ. 액체 손난로가 굳는다.
ㄴ. 아이스크림이 입 안에서 녹는다.
ㄷ. 에어컨 실외기에서 냉매가 액화한다.
ㄹ. 열이 날 때 물수건을 이마 위에 올려둔다.

① ㄱ, ㄴ ② ㄱ, ㄷ ③ ㄱ, ㄹ
④ ㄴ, ㄷ ⑤ ㄴ, ㄹ

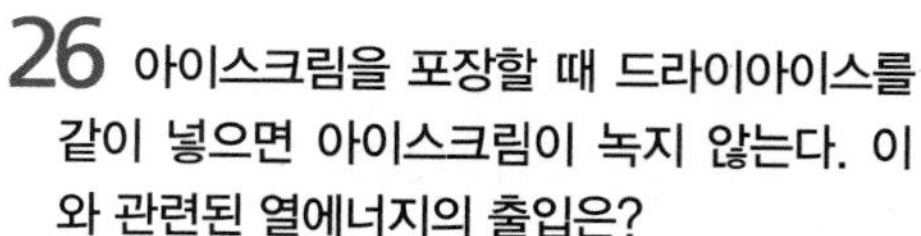

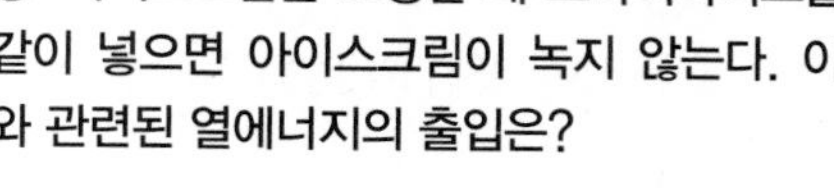

26 아이스크림을 포장할 때 드라이아이스를 같이 넣으면 아이스크림이 녹지 않는다. 이와 관련된 열에너지의 출입은?

① 기화열 흡수 ② 응고열 방출
③ 융해열 흡수 ④ 승화열 방출
⑤ 승화열 흡수

27 그래프는 액체 물질을 냉각할 때 시간에 따른 온도 변화를 나타낸 것이다. (나) 구간과 관련 있는 현상은?

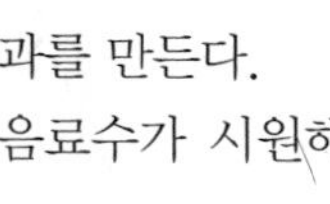

① 눈이 내리는 날은 포근하다.
② 액체 파라핀으로 온찜질을 한다.
③ 종이냄비를 이용하여 라면을 끓인다.
④ 드라이아이스를 이용하여 무대 안개효과를 만든다.
⑤ 아이스박스에 얼음을 같이 넣어두면 음료수가 시원해진다.

01 그래프는 높은 산 위에서 물을 가열하면서 시간에 따른 온도 변화를 측정하여 나타낸 것이다. 이에 대한 설명으로 옳은 것은?

① 90°C에서 물은 액체 상태로만 존재한다.
② 100°C에서 물은 기체 상태로만 존재한다.
③ 높은 산 위에서도 물의 끓는점은 100°C이다.
④ 끓는점은 압력과 관계없이 일정하게 유지되는 값이다.
⑤ 90°C에서 물은 열에너지를 방출하는 상태 변화를 한다.

02 에탄올의 끓는점을 측정하는 실험 장치이다. 이에 대한 설명으로 옳지 않은 것은?

① 에탄올 증기는 불이 붙을 위험이 있어 직접 가열하지 않고 물중탕으로 가열한다.
② 시험관 A에서는 열에너지를 흡수하는 상태 변화가 일어난다.
③ 시험관 B에는 액체 에탄올이 모인다.
④ 시험관 B가 담긴 비커의 물은 물질을 냉각시키는 역할을 한다.
⑤ 물이 에탄올보다 끓는점이 낮기 때문에 물중탕으로 에탄올의 끓는점을 측정할 수 있다.

03 드라이아이스를 물이 든 비커에 넣었다. 이에 대한 설명으로 옳은 것은?

① 물의 온도는 점점 높아진다.
② 흰 연기는 드라이아이스가 승화한 이산화 탄소 기체이다.
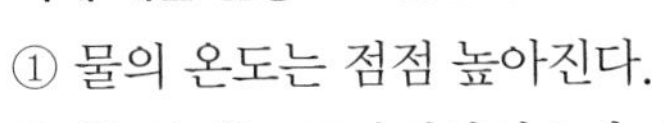
③ 드라이아이스가 열에너지를 흡수하여 주변의 온도가 높아진다.
④ 흰 연기가 만들어지는 과정에서 열에너지 방출이 일어난다.
⑤ 흰 연기에 푸른색 염화 코발트 종이를 대면 색이 변하지 않는다.

[04~05] 그래프는 고체 물질 (가)와 (나)를 가열할 때 시간에 따른 온도 변화를 나타낸 것이다. 다음 물음에 답하시오.

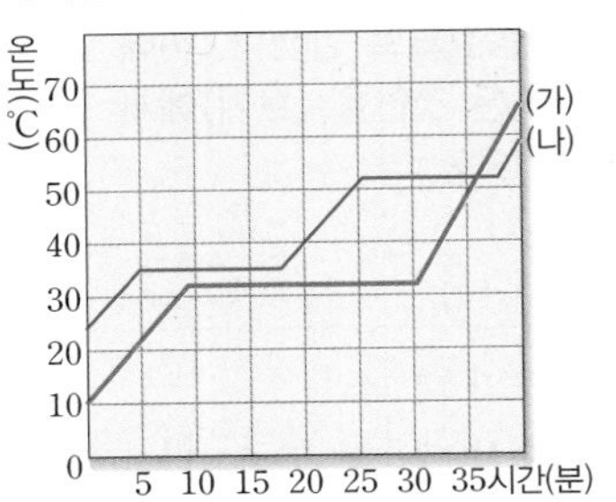

중요

04 (가)와 (나)의 녹는점과 끓는점을 비교한 것으로 옳은 것은?

	녹는점	끓는점
①	(가)=(나)	(가)<(나)
②	(가)<(나)	(가)<(나)
③	(가)<(나)	(나)<(가)
④	(나)<(가)	(나)<(가)
⑤	(나)<(가)	(가)=(나)

05 (가)와 (나)가 같은 상태로 존재하는 시간은?

① 7분 ② 15분 ③ 20분
④ 30분 ⑤ 35분

06 다음은 물질 A, B, C의 끓는점과 녹는점이다.

물질	A	B	C
끓는점(°C)	78.5	218.0	117.8
녹는점(°C)	−117.8	80.5	16.6

이에 대한 설명으로 옳은 것은?

① 고체 물질 A, B, C를 가열하면 B가 먼저 녹는다.
② A, B, C는 물중탕으로 끓는점을 측정할 수 없다.
③ 기체 물질 A, B, C를 냉각하면 A가 먼저 액화된다.
④ 20°C에서 A는 액체, B는 고체, C는 액체로 존재한다.
⑤ 물질 B를 가열하면 80.5 °C에서 기화열 흡수가 일어난다.

정답과 해설 • 45쪽

예제

01 고체 스테아르산을 가열하면서 온도 변화를 측정하였다.

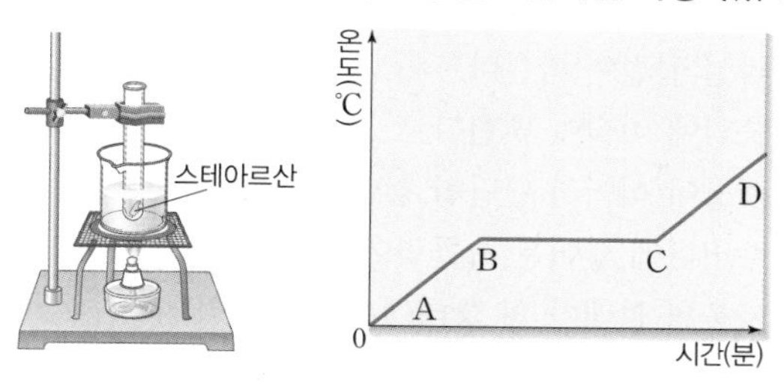

A−B 구간에서는 온도가 상승하다가 B−C 구간에서는 물질을 가열하여도 온도가 상승하지 않고 일정하게 유지된다. 그 이유를 열에너지의 쓰임과 관련하여 간단하게 서술하시오.

Tip 열에너지는 물질의 온도나 상태를 변화시킨다.

Key Word 열에너지

[설명] A−B 구간에서는 가해준 열에너지를 온도를 올리는 데 사용하지만 B−C 구간에서는 가해준 열에너지를 상태 변화에 사용하여 스테아르산이 고체에서 액체로 상태 변화한다.

[모범 답안] 열에너지를 상태 변화에 사용하기 때문이다.

02 뷰테인 가스를 버너에 연결하여 사용한 뒤 만져 보면 통이 차갑고 표면에 물방울이 맺혀 있는 것을 볼 수 있다. 이와 같은 현상이 일어나는 이유를 상태 변화가 일어날 때 열에너지의 출입과 관련하여 간단히 서술하시오.

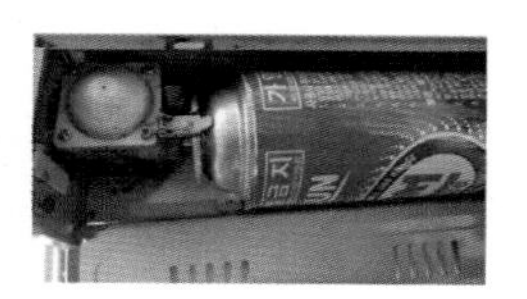

Tip 뷰테인 가스통에는 뷰테인이 액체 상태로 들어 있다가 버너에 연결하여 사용할 때는 기체로 상태 변화하여 연소된다.

Key Word 열에너지, 주변의 온도

[설명] 통 속 액체 상태의 뷰테인이 기체 상태로 기화하면서 기화열을 흡수하기 때문에 주변의 온도가 낮아진다. 온도가 낮아지면 공기 중의 수증기가 액화되어 통 표면에 작은 물방울로 맺힌다.

[모범 답안] 통 속 뷰테인이 기화하면서 열에너지를 흡수하여 주변의 온도가 낮아지면 공기 중의 수증기가 작은 물방울로 액화한다.

실전 연습

01 고체 파라다이클로로벤젠을 가열하면서 온도 변화를 관찰하였더니 온도가 점점 증가하다가 53°C에서 온도가 일정하게 유지되었다.

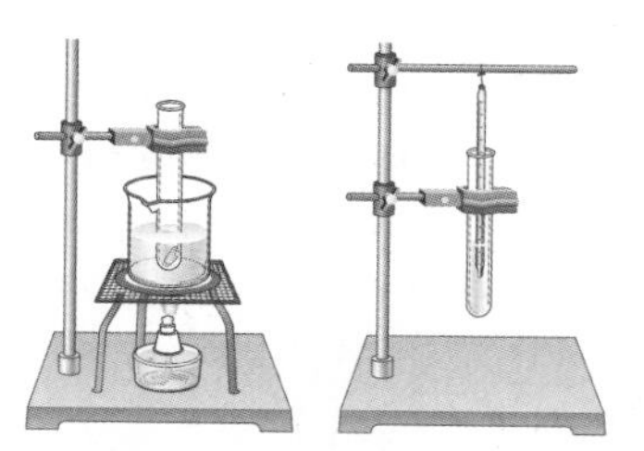

파라다이클로로벤젠을 70°C까지 가열한 뒤 천천히 식히면서 온도 변화를 관찰하였다. 파라다이클로로벤젠이 모두 굳을 때까지의 온도 변화를 서술하시오.

Tip 같은 물질의 녹는점과 어는점은 같다.

Key Word 온도, 53°C

02 얼음을 이용한 냉방 방법에 대한 설명이다.

밤에 값싼 심야 전력으로 얼음을 만들어 저장했다가 낮에 얼음을 녹여 냉방한다.

얼음을 녹이면 냉방이 되는 원리를 상태 변화와 열에너지의 출입과 관련하여 간단히 서술하시오.

Tip 상태 변화가 일어날 때 열에너지를 흡수하면 주변의 온도가 낮아지고 열에너지를 방출하면 주변의 온도가 높아진다.

Key Word 열에너지, 주변의 온도

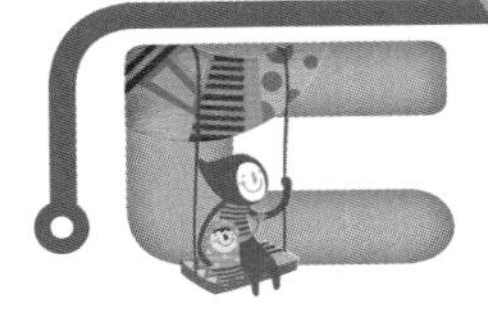

대단원 마무리

01 물질의 상태 변화

01 (가)~(다)에 해당하는 물질의 상태를 옳게 짝 지은 것은?

(가) 입자의 배열이 매우 규칙적이다.
(나) 흐르는 성질이 있고 쉽게 압축된다.
(다) 용기에 따라 모양은 변하지만 부피는 일정하다.

	(가)	(나)	(다)
①	고체	액체	기체
②	고체	기체	액체
③	액체	고체	기체
④	기체	액체	고체
⑤	기체	고체	액체

[02~03] 그림은 상태 변화를 모식도로 나타낸 것이다. 다음 물음에 답하시오.

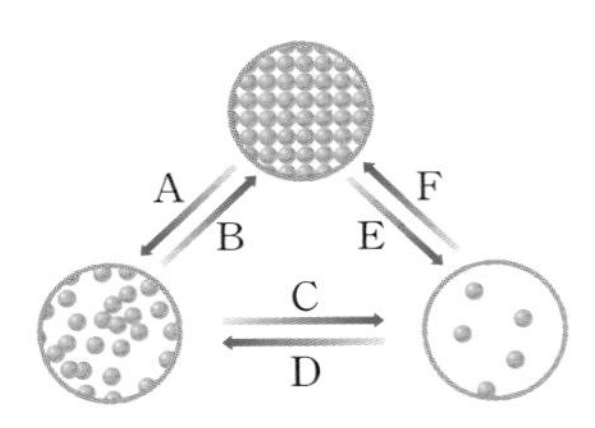

02 A~E에 해당하는 상태 변화를 바르게 연결한 것은?

① A－승화 ② B－융해 ③ C－기화
④ D－응고 ⑤ E－액화

03 F에 해당하는 예로 옳은 것은?

① 어항 속의 물이 점점 줄어든다.
② 이른 아침 산등성이에 안개가 낀다.
③ 추운 겨울 자동차 창문에 성에가 생긴다.
④ 드라이아이스 조각의 크기가 점점 작아진다.
⑤ 영하의 날씨에도 눈사람의 크기가 점점 작아진다.

04 다음 설명에 해당하는 상태 변화를 쓰시오.

고체가 액체 상태를 거치지 않고 바로 기체가 되거나 기체가 액체를 거치지 않고 바로 고체가 된다.

05 따뜻한 빵 위에 버터를 올려놓으면 서서히 녹는다. 이와 같은 상태 변화로 옳은 것은?

① 과일 껍질이 마른다.
② 풀잎에 이슬이 맺힌다.
③ 쇳물이 식어서 단단한 철이 된다.
④ 주머니에 넣어둔 초콜릿이 녹는다.
⑤ 겨울철 빨래가 언 상태에서도 마른다.

06 융해와 기화의 공통점으로 옳은 것은?

① 입자의 운동이 느려진다.
② 물질의 부피가 감소한다.
③ 입자의 배열이 불규칙해진다.
④ 쉽게 압축되는 성질이 생긴다.
⑤ 입자 사이의 거리가 가까워진다.

07 시험관에 에탄올을 넣고 비닐봉지를 입구에 연결한 뒤 질량을 측정하고 뜨거운 물에 넣었다. 이 실험에 대한 설명으로 옳은 것만을 <보기>에서 있는 대로 고른 것은?

보기
ㄱ. 뜨거운 물에 넣으면 에탄올은 기화한다.
ㄴ. 뜨거운 물에 넣으면 에탄올의 부피가 증가한다.
ㄷ. 뜨거운 물에 넣으면 에탄올의 질량이 감소한다.
ㄹ. 뜨거운 물에서 꺼내면 에탄올 입자의 운동이 점점 빨라진다.

① ㄱ, ㄴ ② ㄱ, ㄷ ③ ㄱ, ㄹ
④ ㄴ, ㄷ ⑤ ㄴ, ㄹ

08 각 상태 변화에 해당하는 예로 옳지 않은 것은?

① 응고 : 처마 밑 고드름이 자란다.
② 융해 : 봄이 되면 꽁꽁 얼었던 호수가 녹는다.
③ 액화 : 얼음 조각상이 햇빛을 받아 녹아내린다.
④ 기화 : 운동장에 고인 물이 점점 줄어든다.
⑤ 승화 : 옷장 속 나프탈렌 조각이 점점 작아진다.

[09~10] 비커에 물을 넣고 비커 입구에 얼음이 담긴 시계접시를 올려놓은 뒤 비커의 바닥을 가열하였다. 다음 물음에 답하시오.

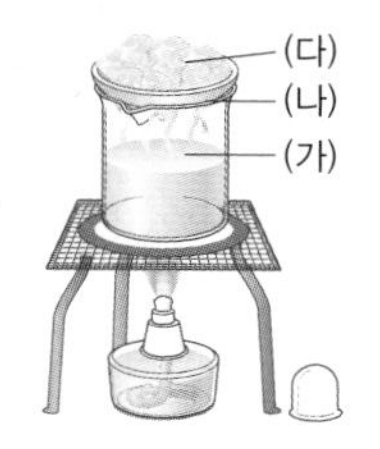

09 (가)~(다)에서 일어나는 상태 변화를 옳게 짝 지은 것은?

	(가)	(나)	(다)
①	기화	액화	융해
②	기화	액화	응고
③	기화	융해	응고
④	액화	기화	융해
⑤	액화	승화	응고

10 이 실험에 대한 설명으로 옳은 것만을 〈보기〉에서 있는 대로 고른 것은?

보기
ㄱ. (가)에서는 물질의 부피가 증가한다.
ㄴ. (가)와 (나)에서 입자 사이의 거리가 멀어진다.
ㄷ. (가)~(다)에 존재하는 물질은 모두 같은 물질이다.
ㄹ. (나)와 (다)에 생긴 액체에 푸른색 염화 코발트 종이를 가져다 대면 모두 붉게 변한다.

① ㄱ, ㄷ ② ㄴ, ㄹ ③ ㄱ, ㄴ, ㄹ
④ ㄱ, ㄷ, ㄹ ⑤ ㄴ, ㄷ, ㄹ

11 초콜릿을 틀에 넣어 굳혔다. 이 때 변하지 않는 것은?(답 2개)

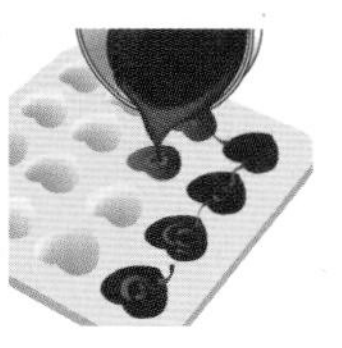

① 물질의 부피 ② 물질의 성질
③ 물질의 질량 ④ 입자의 운동 속도
⑤ 입자 사이의 거리

12 물질의 부피가 감소하는 상태 변화만을 〈보기〉에서 있는 대로 고르시오.

보기
ㄱ. 나뭇잎에 서리가 맺힌다.
ㄴ. 이마에 흐른 땀이 마른다.
ㄷ. 양초가 녹아 촛농으로 흐른다.
ㄹ. 겨울철 따뜻한 실내로 들어오면 안경에 김이 서린다.

02 상태 변화와 열에너지

13 얼음과 드라이아이스를 시계접시 위에 올려놓고 상태 변화를 관찰하였다. 이에 대한 설명으로 옳지 않은 것은?

▲ 얼음

▲ 드라이아이스

① 얼음의 입자 배열이 불규칙해진다.
② 드라이아이스는 액체 상태가 관찰되지 않는다.
③ 얼음은 열에너지를 방출하는 상태 변화를 한다.
④ 드라이아이스는 열에너지를 흡수하는 상태 변화를 한다.
⑤ 드라이아이스 접시 주변의 수증기가 냉각되어 액화한다.

14 고체 A~C를 가열하면서 시간에 따른 온도 변화를 나타낸 그래프이다. 이에 대한 설명으로 옳은 것만을 〈보기〉에서 있는 대로 고른 것은?

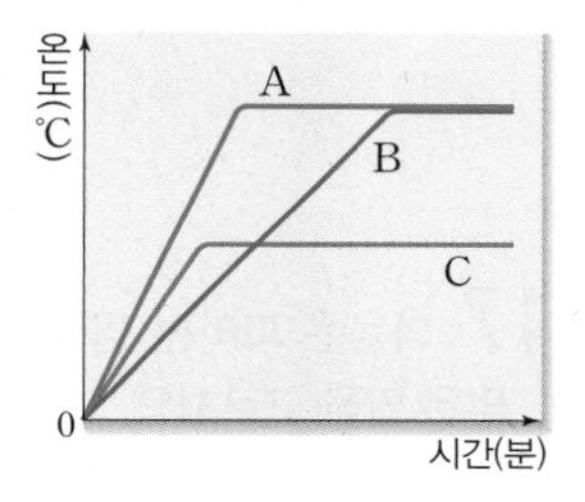

보기
ㄱ. A와 B는 같은 물질이다.
ㄴ. 물질의 양은 A가 B보다 많다.
ㄷ. A의 녹는점은 C의 녹는점보다 낮다.
ㄹ. B가 C보다 늦게 융해하기 시작한다.

① ㄱ, ㄴ ② ㄱ, ㄷ ③ ㄱ, ㄹ
④ ㄴ, ㄷ ⑤ ㄴ, ㄹ

15 그래프는 기체 물질을 냉각하면서 시간에 따른 온도 변화를 나타낸 것이다.

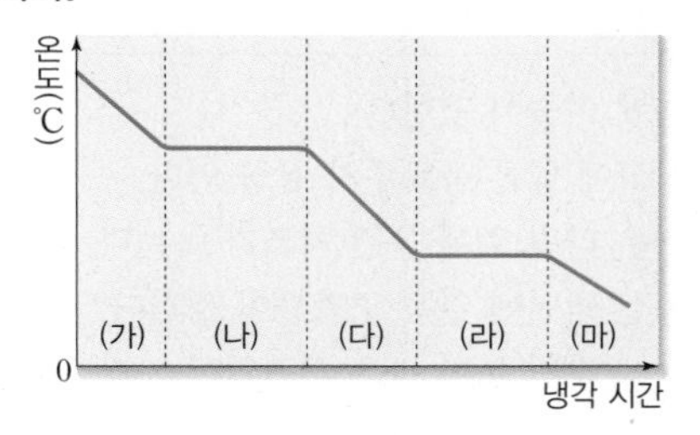

다음 현상과 관련 있는 구간을 쓰시오.

차가운 컵 표면에 물방울이 맺힌다.

16 그림과 같은 가열 장치를 이용하여 물을 가열하면서 온도 변화를 측정하였다.

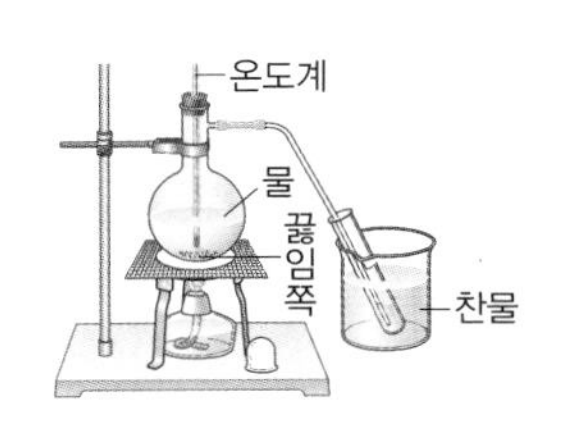

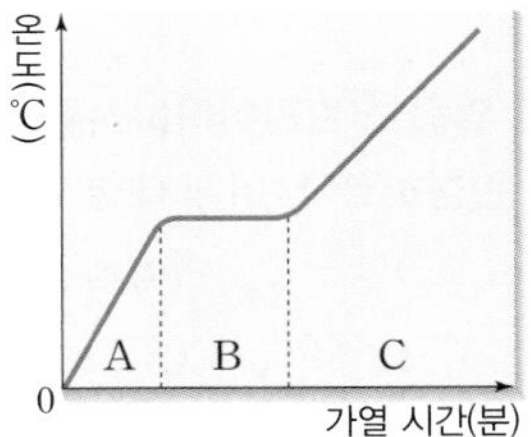

이에 대한 설명으로 옳지 <u>않은</u> 것은?

① A 구간에서 입자의 운동이 점점 활발해진다.
② B 구간의 온도를 물의 끓는점이라고 한다.
③ B 구간에서는 열에너지를 상태 변화에 사용한다.
④ C 구간에서 물질의 부피가 점점 증가한다.
⑤ 물은 A 구간에서 얼음, B 구간에서 물, C 구간에서 수증기 상태로 존재한다.

17 다음은 파라핀 찜질기에 대한 설명이다. 빈칸에 들어갈 알맞은 말을 고르시오.

액체 상태의 파라핀에 손을 담갔다가 꺼내면 파라핀이 (응고/융해)하면서 열에너지를 (흡수/방출)하여 손이 (따뜻/시원)해진다.

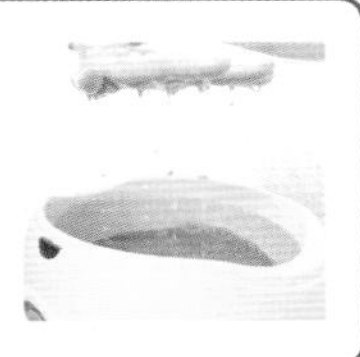

18 열에너지를 흡수하는 상태 변화만을 〈보기〉에서 있는 대로 고른 것은?

보기

ㄱ. 풀잎에 이슬이 맺힌다.
ㄴ. 냉장고에 넣은 음료수가 꽁꽁 언다.
ㄷ. 뜨거운 라면 위에 올린 치즈가 녹는다.
ㄹ. 냉동실 벽면에 얼음 조각들이 생긴다.
ㅁ. 그늘에 쌓인 눈이 녹은 흔적없이 사라진다.
ㅂ. 뚜껑을 열어 놓은 향수의 양이 점점 줄어든다.

① ㄱ, ㄴ, ㄷ ② ㄱ, ㄷ, ㄹ ③ ㄴ, ㄹ, ㅂ
④ ㄴ, ㄷ, ㅁ ⑤ ㄷ, ㅁ, ㅂ

19 그래프는 고체 물질을 가열하였다가 냉각시킬 때 시간에 따른 온도 변화를 나타낸 것이다. 이에 대한 설명으로 옳은 것은?

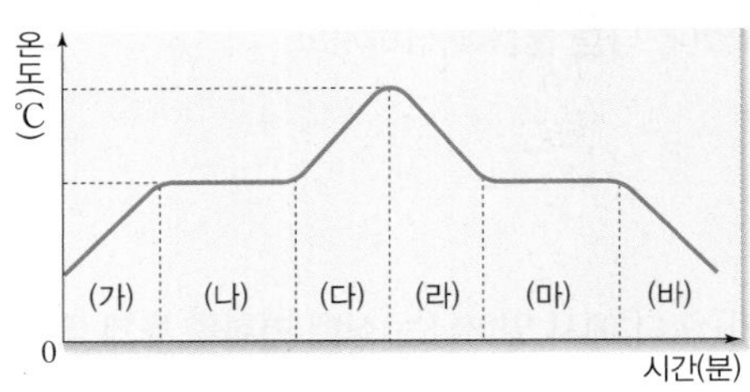

① (가) 구간에서 융해가 일어난다.
② (나) 구간에서 기화열 흡수가 일어난다.
③ (라) 구간에서 물질은 기체 상태로 존재한다.
④ 열에너지의 방출이 일어나는 구간은 (마)와 (바)이다.
⑤ 얼음이 얼 때 주변의 온도가 높아지는 현상과 관련 있는 구간은 (마)이다.

20 다음 현상들과 같은 상태 변화와 열에너지의 출입을 사용한 예는?

① 액체 손난로가 굳으면 따뜻해진다.
② 열이 날 때 물수건을 머리에 얹는다.
③ 더운 여름날 아스팔트에 물을 뿌린다.
④ 아이스크림을 포장할 때 드라이아이스를 넣는다.
⑤ 아이스박스에 얼음을 같이 넣으면 음료수가 시원해진다.

21 스케이트장의 얼음판 아래 관에서는 냉매의 기화가 일어나고 이로 인해 녹았던 얼음이 다시 얼게 된다. 이 때 일어나는 열에너지의 출입을 순서대로 나열한 것은?

① 액화열 흡수, 응고열 방출
② 액화열 방출, 융해열 흡수
③ 기화열 흡수, 응고열 방출
④ 기화열 흡수, 융해열 방출
⑤ 기화열 방출, 융해열 흡수

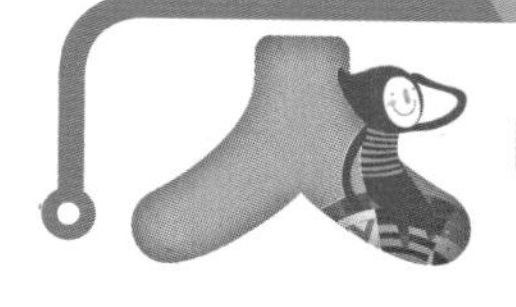

대단원 서논술형 문제

정답과 해설 • 46쪽

01 물이 들어 있는 주전자를 가열하면 주전자의 입구에서 조금 떨어진 곳에서 하얗게 김이 생기는 것을 볼 수 있다. 입구에서 조금 떨어진 곳에 김이 생기는 과정을 간단히 서술하시오.

Tip 수증기는 기체 상태로 눈에 보이지 않는다.

Key Word 수증기, 냉각

02 금속 제품을 만들 때는 용광로에서 녹인 금속을 틀에 부어 굳힌다. 틀의 크기와 만들어진 제품의 크기를 비교하고 그 이유를 물질의 입자 사이의 거리와 관련하여 간단히 서술하시오.

Tip 상태 변화가 일어날 때 입자 사이의 거리가 가까워지면 물질의 부피가 감소하고 입자 사이의 거리가 멀어지면 물질의 부피가 증가한다.

Key Word 응고, 입자 사이의 거리, 부피

03 유리병에 물을 가득 넣고 냉동실에서 얼리면 유리병이 깨진다.

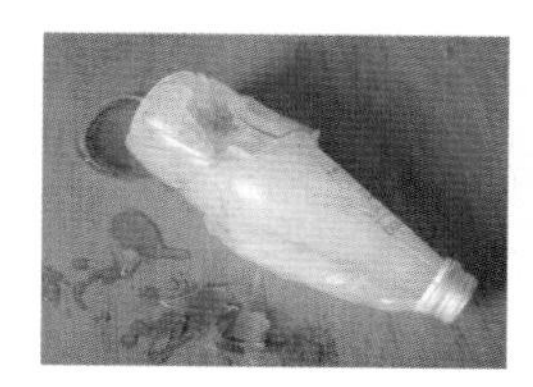

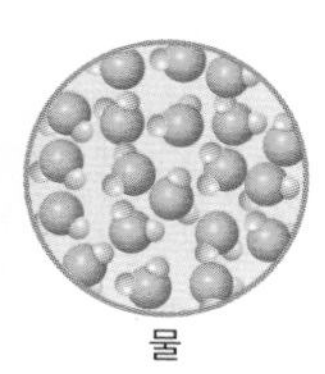

물

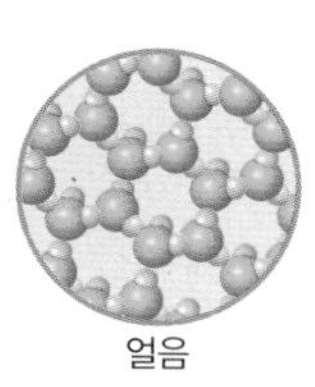

얼음

그 이유를 물과 얼음의 입자 배열에 따른 부피 변화와 관련하여 서술하시오.

Tip 물이 얼음이 될 때 입자의 배열은 규칙적으로 변하지만 입자 사이에 빈 공간이 생긴다.

Key Word 빈 공간, 부피

04 드라이아이스 주변에 하얀 연기가 생기는 현상을 이용하여 무대의 안개 효과를 만드는 장치를 만든다.

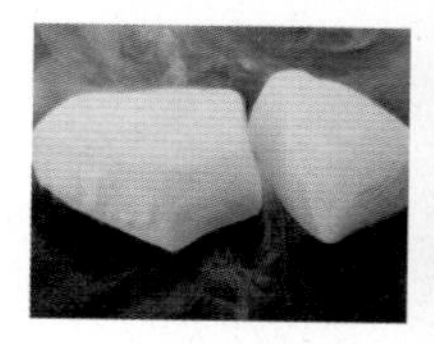

안개가 만들어지는 원리를 상태 변화와 열에너지의 출입과 관련하여 간단히 서술하시오.

Tip 드라이아이스 주변의 하얀 연기와 무대 위 안개는 작은 물방울들이다.

Key Word 승화, 열에너지, 액화

05 에어컨의 실내기에서는 냉매가 기화하고 실외기에서는 냉매가 액화한다. 실내기에서 일어나는 상태 변화에 따른 열에너지의 출입과 주변의 온도 변화를 서술하시오.

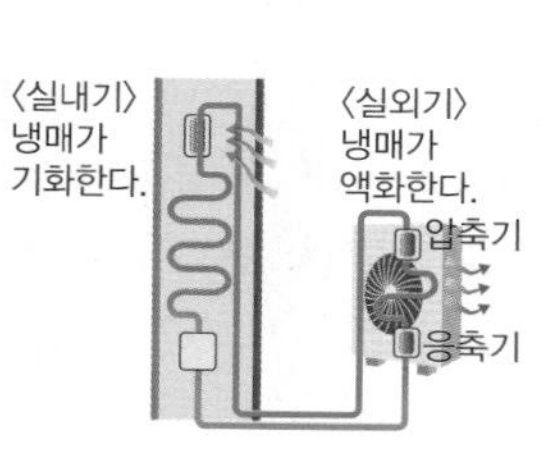

Tip 상태 변화가 일어날 때는 열에너지를 흡수하거나 방출한다.

Key Word 기화, 열에너지, 온도

06 열대 지방에 전기의 공급이 어려운 지역에서는 두 개의 항아리 사이에 젖은 모래를 채워서 음식을 시원하게 보관하는 항아리 냉장고를 사용한다. 항아리의 음식이 시원하게 보관될 수 있는 원리를 상태 변화와 열에너지의 출입과 관련하여 서술하시오.

Tip 항아리 사이 젖은 모래의 물이 기화한다.

Key Word 기화, 열에너지

VI
빛과 파동

01 빛과 색

02 거울과 렌즈

03 소리와 파동

빛과 색

1 물체를 보는 과정

1. **광원✚** : 태양이나 전등과 같이 스스로 빛을 내는 물체
2. **빛의 직진** : 광원에서 나온 빛은 직진하며, 물체에 막혀 빛이 도달하지 못하는 곳에 그림자가 생긴다.
3. **물체를 보는 과정**
   (1) **물체가 광원일 때** : 물체에서 나온 빛이 우리 눈에 직접 들어오기 때문에 물체를 볼 수 있다.
   (2) **물체가 광원이 아닐 때** : 광원에서 나온 빛이 물체에서 반사된 후 눈에 들어오면 물체를 볼 수 있다.

▲ 광원인 전등을 볼 때

▲ 광원이 아닌 책을 볼 때

2 빛의 합성과 이용

1. **빛의 합성** : 두 가지 색 이상의 빛이 합쳐져서 또 다른 색의 빛으로 보이는 현상
   (1) **빛의 삼원색** : 빨간색, 초록색, 파란색
   (2) **빛의 삼원색의 합성** : 빛의 삼원색을 다양한 밝기로 합성하면 대부분의 색을 만들 수 있다.

합성하는 색	보이는 색
빨간색＋초록색	노란색
빨간색＋파란색	자홍색
초록색＋파란색	청록색
빨간색＋초록색＋파란색	흰색

2. **물체의 색** : 물체에서 반사되어 나오는 빛의 색으로 보인다.
   (1) **빨간색 피망과 초록색 꼭지** : 백색광✚ 아래에서 빨간색 피망은 빨간색 빛만 반사하고 나머지 색의 빛은 흡수하므로 빨간색으로 보이고, 초록색 꼭지는 초록색 빛만 반사하고 나머지 색의 빛은 흡수하므로 초록색으로 보인다.
   (2) **조명에 따른 물체의 색✚** : 물체의 색은 비추는 조명의 색에 따라 다르게 보인다.

조명의 색	빨간색	초록색	파란색	노란색	자홍색
빨간색 피망	빨간색	검은색	검은색	빨간색	빨간색
초록색 꼭지	검은색	초록색	검은색	초록색	검은색

3. **빛의 합성 이용✚** : 컴퓨터 화면과 같은 영상 장치나 스마트폰, 전광판, 점묘화 등에 이용된다.

✚ 광원
태양, 전등, 촛불 등은 광원이지만 달은 태양 빛을 반사하여 밝게 빛나는 것이므로 광원이 아니다.

✚ 백색광
흰색 빛을 백색광이라고 한다. 백색광에는 여러 가지 색의 빛이 합쳐져 있으며, 프리즘을 이용하면 이를 여러 색의 빛으로 분해할 수 있다.

✚ 조명에 따른 물체의 색
- 파란색 조명 아래에서 빨간색 피망 : 빨간색 피망에서 반사되는 빛이 없으므로 검은색으로 보인다.
- 노란색 조명 아래에서 빨간색 피망 : 빨간색 빛만 반사하고 초록색 빛은 흡수하므로 빨간색으로 보인다.

✚ 빛의 합성 이용
- 영상 장치 : 화면의 각 화소에서 나오는 빛의 합성으로 다양한 색을 표현한다.
- 전광판 : 빛의 삼원색을 이용한 발광 다이오드(LED)의 조합으로 다양한 색을 표현한다.
- 점묘화 : 순색의 물감으로 점을 찍어 그린 그림으로, 멀리서 보면 다양한 색이 나타난다.

✚ 화소
영상 장치에서 영상을 표현하는 기본 단위로, 빨간색, 초록색, 파란색 빛을 내는 점으로 이루어져 있다.

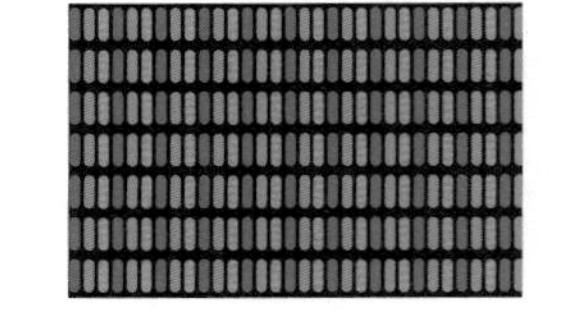

정답과 해설 • 47쪽

1 물체를 보는 과정

- 태양, 전등과 같이 스스로 빛을 내는 물체를 □□이라고 한다.
- 광원에서 나온 빛은 □□하며, 물체에 막혀 빛이 도달하지 못하는 곳에 그림자가 생긴다.
- 광원에서 나온 빛이 □□에서 반사된 후 눈에 들어오면 물체를 볼 수 있다.

2 빛의 합성과 이용

- 두 가지 색 이상의 빛이 합쳐져서 또 다른 색의 빛으로 보이는 현상을 빛의 □□이라고 한다.
- 빨간색, 초록색, □□□ 빛을 빛의 삼원색이라고 하며, 빛의 삼원색을 다양한 밝기로 합성하면 대부분의 색을 만들 수 있다.
- 물체의 색은 물체에서 □□되어 나오는 빛의 색으로 보인다.
- 영상 장치의 화면은 각 화소에서 나오는 빛의 □□으로 다양한 색을 표현한다.

01 광원에 해당하지 않는 것만을 〈보기〉에서 있는 대로 고르시오.

〈보기〉
ㄱ. 달　　ㄴ. 태양　　ㄷ. 책
ㄹ. 반딧불이　　ㅁ. 촛불　　ㅂ. 형광등

02 그림과 같이 책상 위에 전등과 책이 있다. 전등과 책상 위의 책을 보는 과정에서의 빛의 경로를 순서대로 쓰시오.

(1) 전등을 볼 때 :

(2) 책을 볼 때 :

03 그림은 빛의 삼원색을 합성한 모습을 나타낸 것이다. ㉠~㉣에 나타나는 색을 각각 쓰시오.

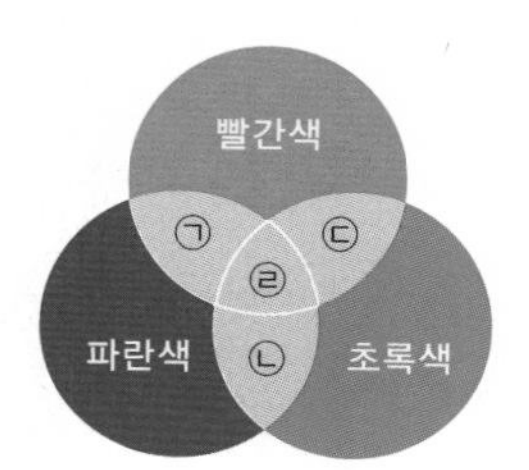

04 다음 물체에 백색광을 비추었다. 각각의 물체에서 반사하는 빛의 색을 쓰시오.

(1) 초록색 나뭇잎 :

(2) 노란색 바나나 :

(3) 파란색 우산 :

05 표는 세 사람이 쓴 모자의 색과 세 사람에게 비춘 조명의 색을 각각 나타낸 것이다. 각각의 조명 아래에서 보이는 모자의 색을 쓰시오.

구분	모자의 색	조명 색	보이는 색
수진	노란색	빨간색	㉠
진수	초록색	파란색	㉡
연우	흰색	빨간색과 초록색	㉢

06 빛의 합성과 관계있는 것만을 〈보기〉에서 있는 대로 고르시오.

〈보기〉
ㄱ. 점묘화　　ㄴ. 그림자　　ㄷ. 전광판
ㄹ. 텔레비전 화면　　ㅁ. 무대 조명　　ㅂ. 바늘 구멍 사진기

필수 탐구 빛의 합성

목표
여러 가지 색의 빛을 합성할 때 나타나는 색을 관찰하고, 컴퓨터 모니터가 여러 가지 색을 표현하는 원리를 설명할 수 있다.

활동 1 여러 가지 색의 빛 합성

과정

1 모둠별로 빛 합성 장치를 준비한다.
2 빛 합성 장치의 빨간색, 초록색, 파란색 빛을 합성했을 때 어떤 색의 빛이 나타나는지 관찰하여 기록한다.

결과 및 정리

1 빛 합성 장치에서 관찰되는 색은 다음과 같다.

빨간색+초록색	빨간색+파란색	초록색+파란색	빨간색+초록색+파란색
노란색	자홍색	청록색	흰색

2 빨간색과 초록색 빛이 겹쳐진 곳에서 노란색 빛이 관찰되는 것처럼 두 가지 색의 빛이 겹쳐진 곳에서 관찰되는 빛의 색은 겹쳐지기 전 두 가지 빛의 색과 전혀 다르다.
3 빛의 삼원색인 빨간색, 초록색, 파란색의 빛을 적절히 합성하면 다양한 색의 빛을 만들 수 있다.

실험실을 최대한 어둡게 해야 빛의 색을 잘 관찰할 수 있다.

활동 2 컴퓨터 모니터에서 빛의 합성

과정

1 컴퓨터에서 그림판 프로그램을 실행하고 빨간색, 노란색, 흰색 사각형을 그린다.
2 스마트 기기의 확대경 애플리케이션으로 세 가지 색을 각각 확대해 보고, 이때 보이는 색을 기록한다.

확대경 애플리케이션 대신 휴대용 현미경이나 돋보기 등을 사용할 수도 있다.

결과 및 정리

1 스마트 기기에서 보이는 색을 확대했을 때 관찰되는 색은 다음과 같다.

빨간색	노란색	흰색
빨간색	빨간색, 초록색	빨간색, 초록색, 흰색

2 스마트 기기에서 흰색 화면을 확대하여 보면 빨간색, 초록색, 파란색 빛이 모두 보인다. 또한 노란색 화면을 확대하여 보면 빨간색과 초록색 빛은 보이지만 파란색 빛은 보이지 않는다.
3 스마트 기기와 같은 영상 장치는 빨간색, 초록색, 파란색 빛을 적절히 합성하여 화면에 다양한 색의 영상을 만든다.

탐구 섭렵 문제

정답과 해설 • 48쪽

빛의 합성

- 두 가지 색 이상의 빛이 합쳐져서 또 다른 색의 빛으로 보이는 현상을 빛의 □□이라고 한다.
- 빛의 삼원색인 빨간색, 초록색, □□□ 빛을 적절히 합성하면 다양한 색의 빛을 만들 수 있다.
- 스마트 기기와 같은 영상 장치는 빨간색, 초록색, 파란색 빛으로 구성된 □□로 이루어져 있다.
- 스마트 기기의 노란색 화면을 확대하여 보면 빨간색과 초록색 빛은 보이지만 □□□ 빛은 보이지 않는다.

1 그림과 같이 빛의 삼원색인 빨간색, 초록색, 파란색 빛을 겹쳐서 비추었다. ㉠과 ㉡에서 관찰되는 색을 옳게 짝 지은 것은?

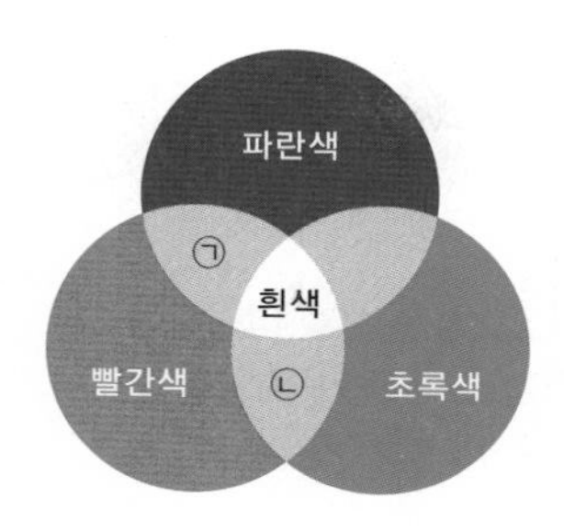

	㉠	㉡		㉠	㉡
①	자홍색	청록색	②	자홍색	노란색
③	청록색	노란색	④	노란색	자홍색
⑤	청록색	자홍색			

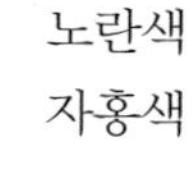

2 그림과 같이 초록색과 파란색 빛을 한곳에 겹쳐 비추면 청록색으로 보인다. 이 부분에 어떤 색의 빛을 비추었더니 흰색으로 보였다면, 청록색에 겹쳐서 비춘 빛의 색 A로 옳은 것은?

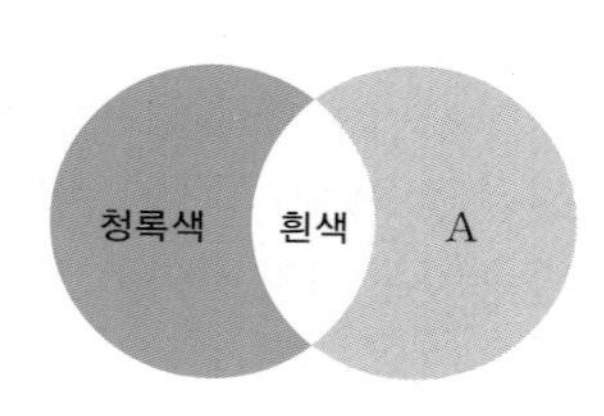

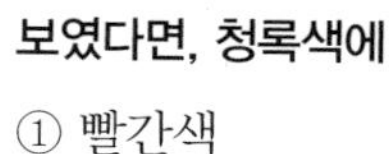

① 빨간색 ② 초록색 ③ 파란색
④ 남색 ⑤ 보라색

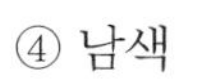

3 컴퓨터 모니터 화면은 빛의 삼원색으로 구성된 화소로 이루어져 있다. 컴퓨터 화면의 어느 한 부분을 확대하였을 때 그림과 같이 보였다면, 이 부분은 우리 눈에는 어떤 색으로 보이는가?

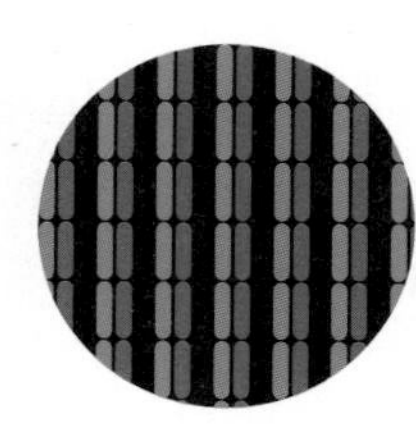

① 노란색 ② 파란색 ③ 청록색
④ 초록색 ⑤ 흰색

4 그림과 같은 컴퓨터 화면에서 노란색, 자홍색, 청록색 부분을 확대경으로 관찰할 때 볼 수 있는 빛의 색을 각각 쓰시오.

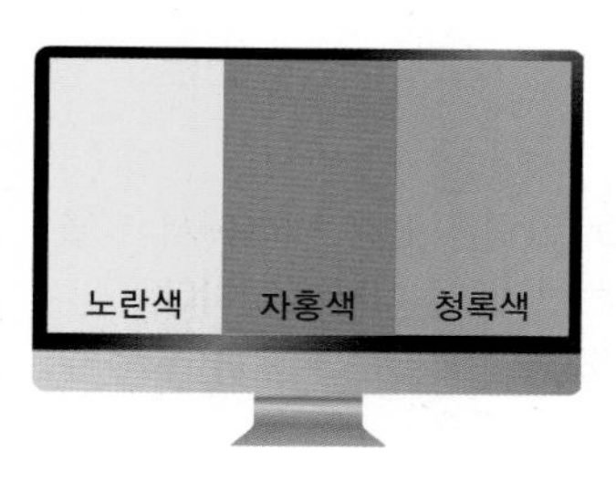

(1) 노란색 화면 :
(2) 자홍색 화면 :
(3) 청록색 화면 :

5 스마트 기기의 화면에서 흰색 부분을 확대하여 관찰하였다. 이 부분에서 관찰할 수 있는 빛의 색으로 옳은 것만을 <보기>에서 있는 대로 고르시오.

보기

ㄱ. 흰색 ㄴ. 노란색 ㄷ. 파란색
ㄹ. 빨간색 ㅁ. 초록색 ㅂ. 청록색

내신 기출 문제

1 물체를 보는 과정

01 그림은 손을 이용하여 그림자로 동물의 모양을 만든 모습이다.
이와 관련이 있는 빛의 성질에 의해 나타나는 현상이 아닌 것은?

① 일식과 월식이 생긴다.
② 구름 사이로 햇살이 비친다.
③ 잔잔한 수면에 경치가 비치어 보인다.
④ 숲속 나무 가지 사이로 햇살이 비친다.
⑤ 바늘 구멍 사진기에 거꾸로 된 상이 생긴다.

02 스스로 빛을 내는 광원만을 〈보기〉에서 있는 대로 고르시오.

보기		
ㄱ. 촛불	ㄴ. 달	ㄷ. 태양
ㄹ. 반딧불이	ㅁ. 책	ㅂ. 안경

중요
03 그림은 전등 아래에서 책을 보는 모습을 나타낸 것이다.
책을 볼 수 있는 까닭을 옳게 설명한 것은?

① 책이 스스로 빛을 내기 때문이다.
② 눈에서 나온 빛이 책을 비추기 때문이다.
③ 책에서 나온 빛과 눈에서 나온 빛이 중간에서 만나기 때문이다.
④ 눈에서 나온 빛이 책에서 반사되어 눈으로 들어오기 때문이다.
⑤ 전등에서 나온 빛이 책에서 반사되어 눈으로 들어오기 때문이다.

04 그림과 같이 거실 소파에 앉아 있는 사람이 있다.

이 사람이 TV 화면과 시계를 보는 과정을 화살표로 각각 그려 보시오.

2 빛의 합성과 이용

중요
05 그림은 빛의 삼원색을 합성한 모습을 나타낸 것이다.
빛의 삼원색의 합성에 대한 설명으로 옳지 않은 것은?

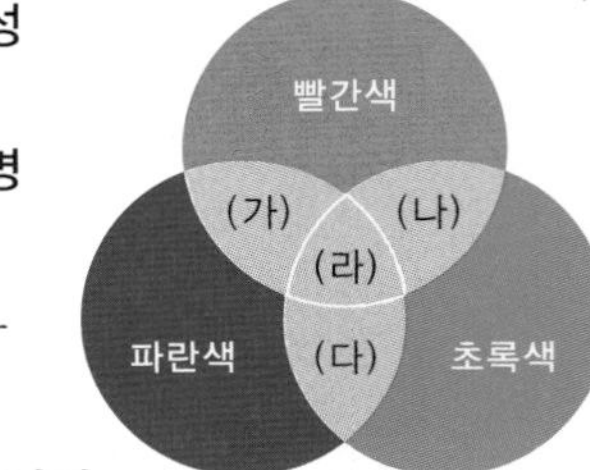

① (가) 부분에는 자홍색이 나타난다.
② (라) 부분에는 흰색이 나타난다.
③ (나) 부분에는 노란색, (다) 부분에는 청록색이 나타난다.
④ (다)와 빨간색 빛을 합성하면 (라)와 같은 색이 된다.
⑤ (가), (나), (다)를 모두 합성하면 검은색이 된다.

06 그림은 빛의 삼원색을 겹쳐 비추었을 때 나타나는 색의 모습들이다.
빛의 삼원색 중 노란색에 겹쳐서 비추어 흰색을 만들 수 있는 빛의 색은 무엇인지 쓰시오.

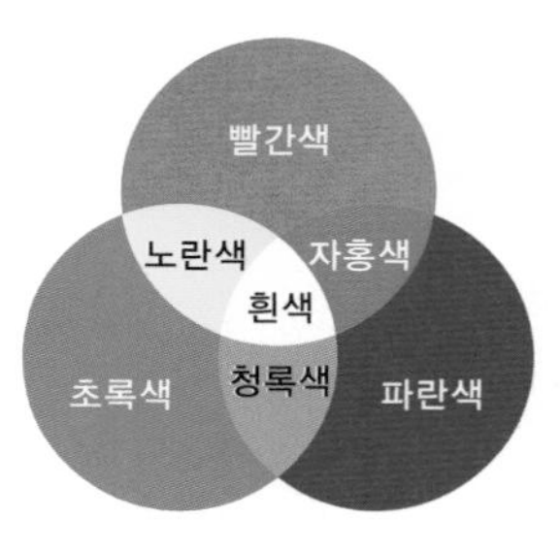

07 그림과 같이 한곳에 같은 밝기의 빨간색, 초록색, 파란색 조명을 비추었다.

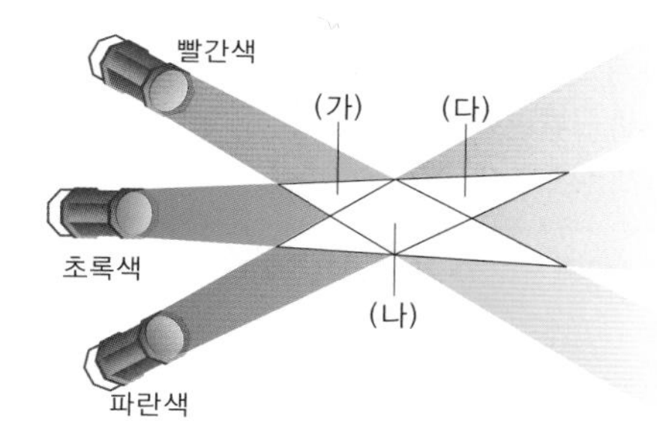

겹치는 영역 (가), (나), (다)에 보이는 색을 옳게 짝 지은 것은?

	(가)	(나)	(다)
①	노란색	흰색	자홍색
②	노란색	흰색	청록색
③	노란색	자홍색	청록색
④	자홍색	흰색	노란색
⑤	자홍색	흰색	청록색

08 그림과 같이 무지개 색의 색종이를 같은 비율로 붙인 원판을 빠르게 돌리면 원판은 어떤 색으로 보이는가?

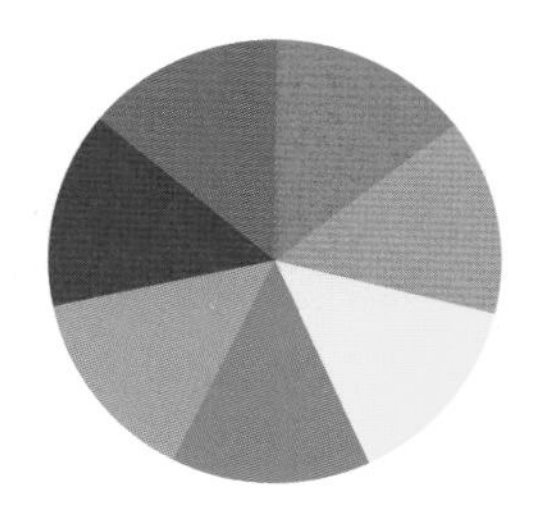

① 빨간색 ② 노란색
③ 자홍색 ④ 청록색
⑤ 흰색

09 햇빛 아래에서 초록색 나뭇잎이 초록색으로 보이는 까닭을 옳게 설명한 것은?

① 나뭇잎이 초록색 빛만 흡수하기 때문에
② 나뭇잎이 초록색 빛만 반사하기 때문에
③ 나뭇잎이 초록색 빛만 굴절시키기 때문에
④ 나뭇잎이 초록색 빛만 분산시키기 때문에
⑤ 나뭇잎이 스스로 초록색 빛을 방출하기 때문에

10 그림과 같이 빛의 삼원색을 동시에 어떤 물체에 비추었더니 빨간색과 초록색 빛을 동시에 반사하였다. 이 물체는 어떤 색으로 보이는지 쓰시오.

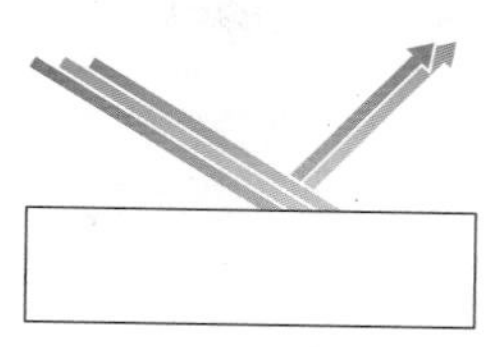

11 물체의 색에 대한 설명으로 옳지 않은 것은?

① 초록색 빛을 반사하면 초록색으로 보인다.
② 모든 색의 빛을 반사하면 흰색으로 보인다.
③ 빨간색 빛을 흡수하면 빨간색으로 보인다.
④ 빨간색과 파란색 빛을 동시에 반사하면 자홍색으로 보인다.
⑤ 빨간색과 초록색 빛을 동시에 반사하면 노란색으로 보인다.

[12~13] 그림과 같이 어둠상자 안에 색깔이 있는 공을 넣은 다음 스마트 기기로 조명을 비추면서 구멍을 통해 공의 색을 관찰하였다. 물음에 답하시오.

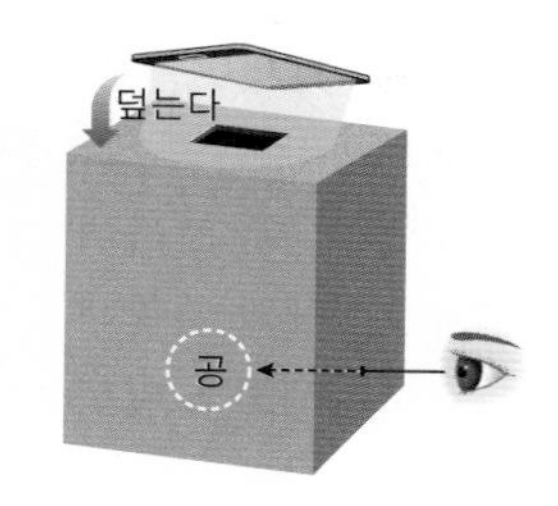

중요

12 상자에 넣은 공이 파란색이고, 스마트 기기 화면의 조명이 노란색이라면 상자 속의 파란색 공은 어떤 색으로 보이는가?

① 빨간색 ② 초록색 ③ 파란색
④ 노란색 ⑤ 검은색

13 상자에 넣은 공이 노란색이고, 스마트 기기 화면의 조명이 빨간색이라면 상자 속의 노란색 공은 어떤 색으로 보이는가?

① 빨간색 ② 초록색 ③ 파란색
④ 노란색 ⑤ 흰색

14 그림과 같이 모든 빛을 차단한 후 빨간색 피망을 흰 종이 위에 놓고 초록색 조명과 노란색 조명을 각각 비추었다. 각 조명에서 빨간색 피망의 색을 옳게 짝 지은 것은?

	초록색 조명	노란색 조명
①	초록색	노란색
②	노란색	빨간색
③	빨간색	빨간색
④	검은색	빨간색
⑤	검은색	검은색

중요

15 그림과 같은 스마트 기기의 화면은 빨간색, 초록색, 파란색 빛을 내는 수많은 화소로 이루어져 있고, 각 화소에서 나오는 빛이 합성되어 화면에 다양한 색을 표현한다.

스마트 기기 화면에 자홍색을 나타내고 싶다면 화소에 켜져야 하는 빛의 색으로 옳은 것은?

① 빨간색과 초록색 ② 빨간색과 파란색
③ 초록색과 파란색 ④ 빨간색과 노란색
⑤ 파란색과 노란색

중요

16 스마트 기기 배경 화면의 한 부분을 확대해 보았더니 그림과 같이 빨간색, 초록색, 파란색 빛이 모두 관찰되었다.

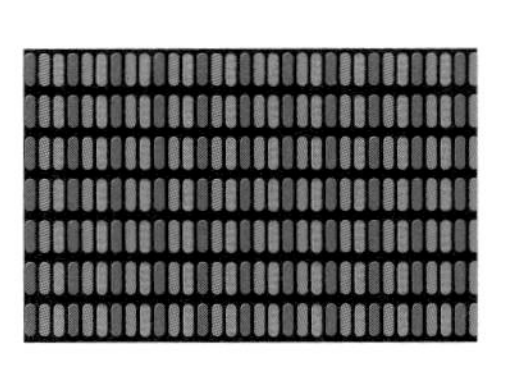

이 부분의 배경으로 옳은 것은?

① 흰색 구름 ② 노란색 풍선
③ 파란색 하늘 ④ 청록색 들판
⑤ 자홍색 건물

17 다음은 무대에서 흰 옷을 입은 가수 A~C에게 비춘 조명을 나타낸 것이다.

- A : 빨간색+초록색+파란색
- B : 빨간색+파란색
- C : 빨간색+초록색

각각의 조명 아래에서 가수의 옷 색깔을 옳게 짝 지은 것은?

	A	B	C
①	흰색	청록색	자홍색
②	흰색	노란색	청록색
③	흰색	자홍색	노란색
④	자홍색	흰색	노란색
⑤	노란색	자홍색	청록색

중요

18 그림은 쇠라의 '그랑자드 섬의 일요일 오후'라는 작품으로 원색의 작은 점을 빼곡하게 찍어서 그린 점묘화이다. 이에 대한 설명으로 옳은 것만을 〈보기〉에서 있는 대로 고른 것은?

보기
ㄱ. 빛의 합성을 이용한 예이다.
ㄴ. 물감으로 칠한 것보다 더 어둡게 보인다.
ㄷ. 원색의 작은 점에서 각각 반사된 빛이 합성되어 다른 색으로 보인다.

① ㄱ ② ㄷ ③ ㄱ, ㄴ
④ ㄱ, ㄷ ⑤ ㄴ, ㄷ

중요

19 빛의 합성을 이용한 예만을 〈보기〉에서 있는 대로 고른 것은?

보기
ㄱ. 컴퓨터 모니터 ㄴ. 전광판
ㄷ. 도로의 안전 거울 ㄹ. 그림자 인형극

① ㄱ, ㄴ ② ㄱ, ㄷ ③ ㄱ, ㄹ
④ ㄴ, ㄹ ⑤ ㄷ, ㄹ

고난도 실력 향상 문제

정답과 해설 • 49쪽

01 그림은 빨간색, 초록색, 파란색 빛을 같은 밝기로 흰색 종이에 비춘 모습이다.
노란색 공을 ㉠~㉣의 위치에 놓았을 때, 각각의 위치에서 보이는 공의 색을 옳게 짝 지은 것은?

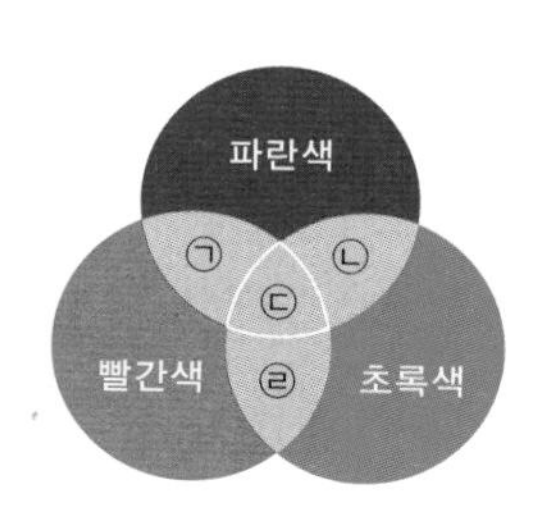

	㉠	㉡	㉢	㉣
①	빨간색	검은색	노란색	초록색
②	빨간색	초록색	노란색	노란색
③	파란색	파란색	노란색	초록색
④	파란색	초록색	노란색	빨간색
⑤	검은색	검은색	노란색	검은색

02 그림과 같이 흰색 탁구공, 빨간색, 파란색, 초록색, 노란색 나무 조각이 담긴 수조가 있다.
빨간색 조명을 비추면서 수조 속 물체들의 색을 관찰할 때 빨간색으로 보이는 것을 있는 대로 고른 것은?

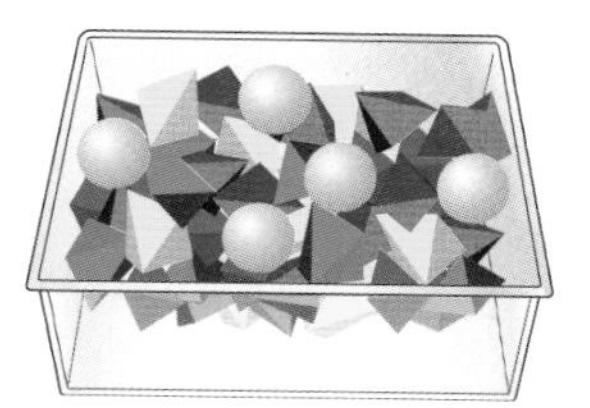

① 흰색 탁구공
② 파란색, 초록색 나무 조각
③ 흰색 탁구공, 빨간색 나무 조각
④ 흰색 탁구공, 빨간색, 노란색 나무 조각
⑤ 빨간색, 파란색, 초록색, 노란색 나무 조각

중요

03 그림은 컴퓨터 화면의 색을 나타낸 것이다.
각각의 부분을 확대하여 관찰할 때 (가) ㉠, ㉡에서 공통적으로 관찰되는 색과 (나) ㉡, ㉢에서 공통적으로 관찰되는 색을 옳게 짝 지은 것은?

	(가)	(나)
①	초록색	빨간색
②	빨간색	초록색
③	빨간색	파란색
④	파란색	초록색
⑤	노란색	청록색

서논술형 유형 연습

정답과 해설 • 49쪽

예제

01 그림과 같은 파란색 옷과 흰색 꽃, 초록색 잎에 빨간색 조명을 비추었다.
이때 각각의 물체가 보이는 색을 쓰고, 그 까닭을 서술하시오.

Tip 물체는 물체가 반사하는 빛의 색으로 보이며, 조명의 색에 따라 물체의 색이 달라진다.
Key Word 물체의 색, 조명

[설명] 물체는 물체가 반사하는 빛의 색으로 보인다. 따라서 각각의 물체에 빨간색 조명을 비출 때 빨간색 빛을 반사하면 빨간색으로 보이지만 빨간색을 반사하지 않으면 검은색으로 보인다.
[모범 답안] 파란색 옷과 초록색 잎은 빨간색 빛을 반사하지 않으므로 검은색으로 보이고, 흰색 꽃은 빨간색 빛을 반사하므로 빨간색으로 보인다.

실전 연습

01 그림과 같은 레몬에 백색광을 비추면 레몬은 노란색으로 보인다.
레몬이 노란색으로 보이는 까닭을 서술하시오.

Tip 물체는 물체가 반사하는 빛의 색으로 보인다. 물체가 두 색의 빛을 동시에 반사하면 합성된 색으로 보인다.
Key Word 레몬, 노란색, 빛의 합성

02 그림과 같이 노란색 조명이 비치는 터널로 파란색 버스와 빨간색 승용차가 들어갔다. 파란색 버스와 빨간색 승용차는 각각 어떤 색으로 보이는지 까닭과 함께 서술하시오.

Tip 조명의 색에 따라 물체의 색이 다르게 보인다. 노란색 조명에서 빨간색과 초록색 물체는 각각 빨간색과 초록색으로 보인다.
Key Word 조명에 따른 물체의 색, 노란색 조명

거울과 렌즈

1 빛의 반사

1. **빛의 반사** : 직진하던 빛이 물체에 부딪혀 진행 방향을 바꾸어 되돌아 나오는 현상
   (1) **입사각** : 입사 광선과 법선이 이루는 각
   (2) **반사각** : 반사 광선과 법선이 이루는 각
2. **반사 법칙**✚ : 빛이 반사할 때 입사각과 반사각의 크기는 항상 같다.

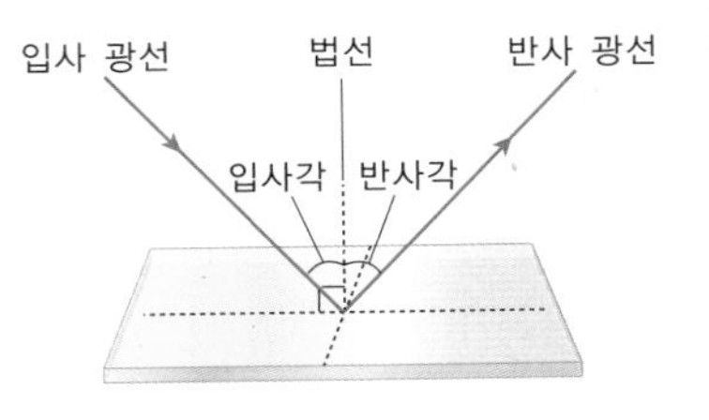

✚ **반사 법칙**
입사 광선, 반사 광선, 법선은 같은 평면상에 있으며, 입사각과 반사각의 크기는 항상 같다. 입사각이 커지면 반사각도 커진다.

✚ **수면에서 빛의 반사**
잔잔한 수면에서는 빛이 한 방향으로 반사되므로 수면에 주변의 경치가 비치어 보이지만, 일렁이는 수면에서는 빛이 사방으로 반사되므로 주변의 경치가 비치어 보이지 않는다.

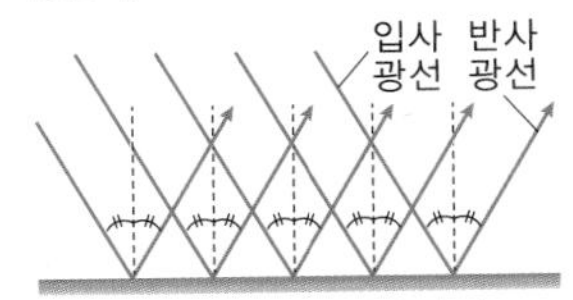

▲ 잔잔한 수면에서 빛의 반사

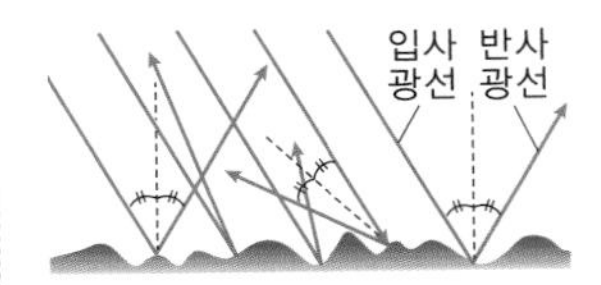

▲ 일렁이는 수면에서 빛의 반사

2 평면거울에 의한 상

1. **상** : 거울이나 렌즈에 의해 만들어지는 물체의 모습
2. **평면거울에 의한 상**
   (1) **평면거울에 상이 생기는 원리** : 평면거울 앞에 물체를 놓으면 물체에서 나온 빛이 거울에서 반사된 후 우리 눈에 들어오므로 우리는 거울 뒤쪽에 물체가 있는 것처럼 보인다.

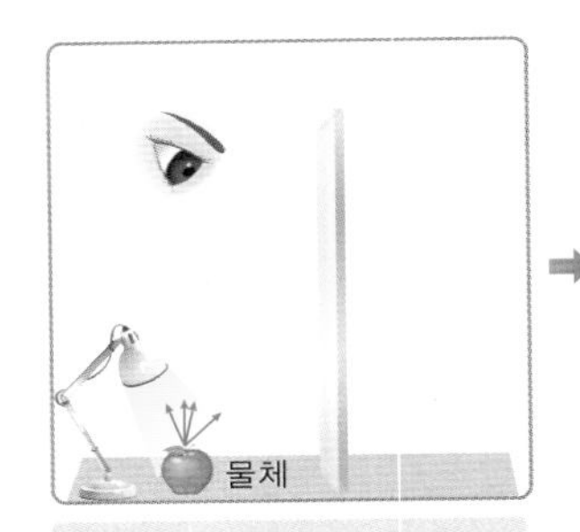

전등으로부터 나온 빛이 물체의 표면에서 여러 방향으로 반사된다.

물체에서 반사된 빛의 일부가 평면거울에 도달하면 빛은 평면거울 표면에서 다시 반사된다.

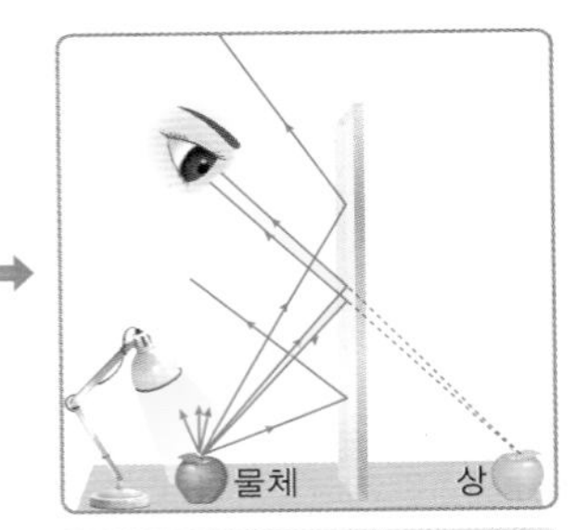

반사 광선의 연장선이 만나는 곳에 실물과 같은 크기의 상이 생긴다.

   (2) **평면거울에 의한 상의 특징**✚
   ① 물체와 거울 면에 대칭인 위치에 상이 생긴다.
   ② 상의 모습은 물체와 거울 면에 대칭인 모습이다.
   ③ 상의 크기와 물체의 크기는 같다.
   ④ 거울에서 물체까지의 거리와 거울에서 상까지의 거리는 같다.
   (3) **평면거울의 이용**✚ : 평면거울에는 물체의 모습이 그대로 비치므로 무용실의 전신 거울, 자동차 후방 거울, 잠망경 등에 이용된다.

✚ **평면거울에 의한 상**

- 물체와 같은 크기의 바로 선 상
- 평면거울에서 빛이 반사하여 돌아오기 때문에 거울 면을 기준으로 물체와 대칭인 모습의 상이 생긴다.

▲ 전신 거울

▲ 자동차 후방 거울

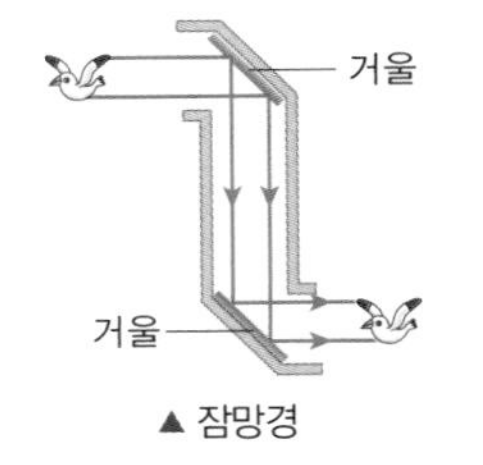

▲ 잠망경

✚ **평면거울의 이용**
평면거울은 만화경과 같은 장난감으로부터 레이저와 같은 첨단 기술에도 이용된다.

정답과 해설 • 50쪽

1 빛의 반사
- 빛이 반사할 때 입사각과 반사각의 크기는 항상 □□.

01 그림은 거울 면에서 빛이 반사하는 모습이다. 입사각과 반사각의 크기를 등호나 부등호로 비교하시오.

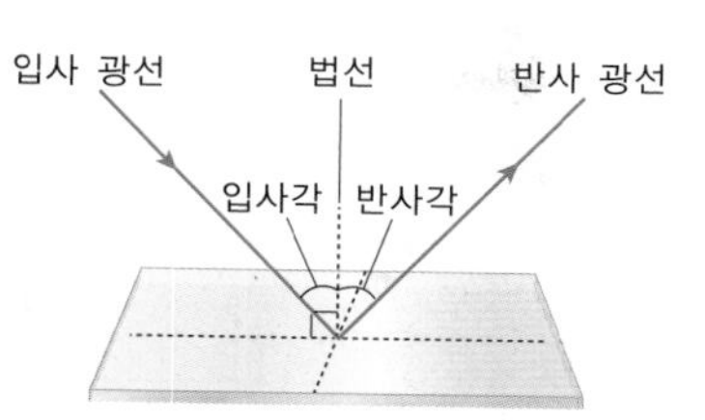

입사각 (　　) 반사각

02 다음은 평면거울에 상이 생기는 원리를 설명한 것이다. 순서대로 나열하시오.

(가) 물체에서 반사된 빛의 일부가 평면거울에 도달하면 빛은 평면거울 표면에서 다시 반사된다.
(나) 반사 광선의 연장선이 만나는 곳에 실물과 같은 크기의 상이 생긴다.
(다) 전등으로부터 나온 빛이 물체의 표면에서 여러 방향으로 반사된다.

2 평면거울에 의한 상
- 거울에 의해 만들어지는 물체의 모습을 □이라고 한다.
- 평면거울 앞에 물체를 놓으면 물체에서 나온 빛이 거울에서 반사된 후 우리 눈에 들어오므로 우리는 거울 □□에 물체가 있는 것처럼 보인다.
- 상의 모습은 물체와 거울 면에 □□인 모습이다.
- 평면거울은 무용실의 전신 거울, 자동차 후방 거울, □□□ 등에 이용된다.

03 평면거울에 의한 상에 대한 설명으로 옳은 것은 ○표, 옳지 않은 것은 ×표를 하시오.

(1) 상의 크기는 물체의 크기보다 항상 작다. (　　)
(2) 물체와 거울 면에 대칭인 위치에 상이 생긴다. (　　)
(3) 상의 모습은 물체와 거울 면에 대칭인 모습이다. (　　)
(4) 거울에서 물체까지의 거리와 거울에서 상까지의 거리는 같다. (　　)

04 그림은 평면거울에 생긴 물체의 상을 나타낸 것이다. 거울에 나타난 상의 크기를 물체의 크기와 등호나 부등호로 비교하시오

상의 크기 (　　　) 물체의 크기

05 평면거울을 이용한 예만을 〈보기〉에서 있는 대로 고르시오.

보기

ㄱ. 전신 거울　　ㄴ. 만화경　　ㄷ. 잠망경
ㄹ. 도로의 안전 거울　　ㅁ. 손전등의 반사경　　ㅂ. 자동차 후방 거울

거울과 렌즈

3 볼록 거울에 의한 상

1. 볼록 거울에 의한 상

가까울 때	멀 때	아주 멀 때
항상 물체보다 작고 바로 선 상이 생기며, 물체가 거울에서 멀어질수록 상의 크기는 점점 작아진다.		

2. 볼록 거울에서의 빛의 반사와 이용

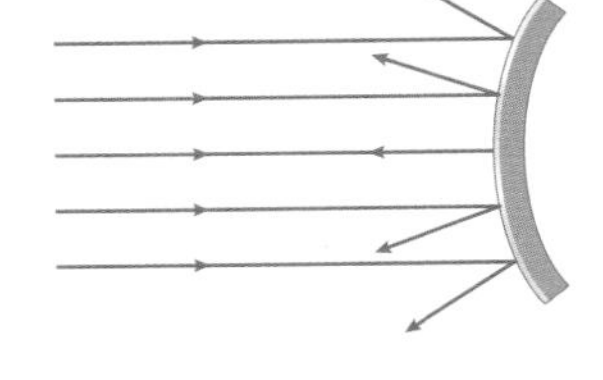

(1) 볼록 거울에서 빛의 반사 : 나란한 빛이 볼록 거울에 입사하면 빛은 볼록 거울 뒤의 한 점에서 나온 것처럼 반사된다.

(2) 볼록 거울의 이용+ : 반사된 빛을 퍼뜨리는 볼록 거울에는 넓은 지역의 모습이 상으로 생기므로, 넓은 시야가 필요한 곳에 사용한다.

① 도로의 안전 거울 : 볼록 거울을 굽은 도로에 설치하면 반대편에서 오는 자동차를 볼 수 있다.

② 자동차의 오른쪽 측면 거울 : 볼록 거울로 자동차 뒤쪽의 넓은 범위를 볼 수 있다.

+ 상점의 감시용 거울
볼록 거울을 천장 쪽에 설치하면 상점 안쪽의 넓은 범위를 볼 수 있다.

+ 초점
오목 거울에서 반사된 빛이 한 점에 모이는 곳을 초점이라고 한다.

4 오목 거울에 의한 상

1. 오목 거울에 의한 상

가까울 때	멀 때	아주 멀 때
물체를 오목 거울 가까이 두면 물체보다 크고 바로 선 상이 생긴다.	오목 거울로부터 물체를 멀리 하면 물체보다 크고 거꾸로 선 상이 생긴다.	오목 거울에서 물체를 아주 멀리 하면 물체보다 작고 거꾸로 선 상이 생긴다.

2. 오목 거울에서의 빛의 반사와 이용

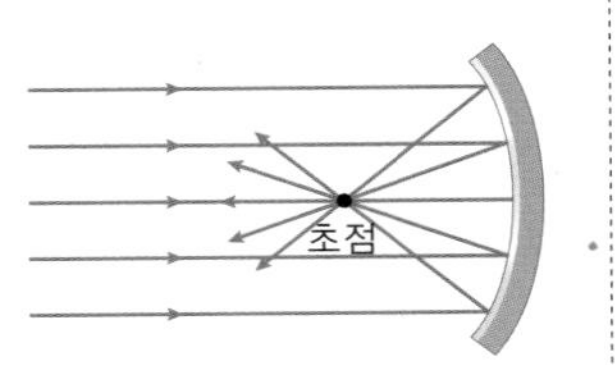

(1) 오목 거울에서 빛의 반사 : 나란한 빛이 오목 거울에 입사하면 빛은 오목 거울에서 반사된 후 한 점+에 모인다. 그리고 한 점에서 나온 빛이 오목 거울에서 반사되면 빛은 한 방향으로 나란하게 나아간다.

(2) 오목 거울의 이용+ : 빛을 모으거나, 물체를 자세히 보기 위한 큰 상을 맺기 위해 오목 거울을 사용한다.

① 태양열 조리기+ : 오목 거울로 햇빛을 한 점에 모아 음식물을 익힌다.

② 등대의 반사경 : 오목 거울로 전구의 불빛을 한 방향으로 멀리까지 내보낸다.

+ 화장용 확대 거울
화장용 확대 거울은 얼굴이 크게 확대되어 보이므로 화장할 때 편리하다.

+ 태양열 조리기

오목 거울을 이용하여 태양 빛을 한 점에 모은다.

정답과 해설 • 50쪽

3 볼록 거울에 의한 상

- 물체와 볼록 거울 사이의 거리에 관계없이 항상 물체보다 □고 바로 서 있는 모습의 상이 생긴다.
- 나란한 빛이 볼록 거울에 입사하면 빛은 볼록 거울 뒤의 한 □에서 나온 것처럼 반사된다.
- 반사된 빛을 퍼뜨리는 볼록 거울은 □□ 시야가 필요한 곳에 사용한다.

06 그림은 거울 앞 가까이에 물체를 놓았을 때 거울에 비친 물체의 모습이다. 이 거울은 어떤 종류의 거울인지 쓰시오.

07 그림은 상점의 천장 쪽에 설치하면 상점 안쪽의 넓은 범위를 볼 수 있는 상점의 감시용 거울이다. 이 곳에 사용된 거울의 종류를 쓰시오.

08 볼록 거울에 대한 설명은 '볼', 오목 거울에 대한 설명은 '오'라고 표시하시오.

(1) 빛을 한 방향으로 멀리 보낼 수 있다. ( )

(2) 넓은 범위를 볼 수 있는 곳에 이용된다. ( )

(3) 나란한 빛이 거울에서 반사된 후 한 점에 모인다. ( )

(4) 나란한 빛이 거울 뒤쪽의 한 점에서 나온 것처럼 퍼져 나간다. ( )

4 오목 거울에 의한 상

- 오목 거울에는 물체와 거울 사이의 □□에 따라 다른 모습의 상이 생긴다.
- 나란한 빛이 오목 거울에 입사하면 빛은 오목 거울에서 반사된 다음 한 점에 □□□.
- 빛을 모으거나, 물체를 자세히 보기 위한 □ 상을 맺기 위해 오목 거울을 사용한다.

09 오목 거울과 물체 사이의 거리에 따른 상의 모습을 옳게 연결하시오.

	거울과 물체 사이의 거리	상의 모습
(1)	가까울 때 •	• ㉠ 물체보다 크고 바로 선 상
(2)	멀 때 •	• ㉡ 물체보다 크고 거꾸로 선 상
(3)	아주 멀 때 •	• ㉢ 물체보다 작고 거꾸로 선 상

10 〈보기〉는 일상생활에서 사용하는 여러 가지 거울이다.

ㄱ. 등대 반사경

ㄴ. 
도로의 안전 거울

ㄷ. 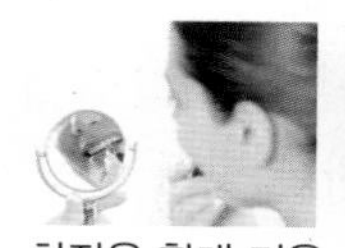
화장용 확대 거울

ㄹ. 
자동차 측면 거울

ㅁ. 
태양열 조리기

(1) 볼록 거울을 이용하는 예만을 〈보기〉에서 있는 대로 고르시오.

(2) 오목 거울을 이용하는 예만을 〈보기〉에서 있는 대로 고르시오.

거울과 렌즈

5 볼록 렌즈에 의한 상

1. 볼록 렌즈에 의한 상

가까울 때	멀 때	아주 멀 때
물체를 볼록 렌즈 가까이 두면 물체보다 크고 바로 선 상이 생긴다.	볼록 렌즈로부터 물체를 멀리 하면 물체보다 크고 거꾸로 선 상이 생긴다.	볼록 렌즈에서 물체를 아주 멀리 하면 물체보다 작고 거꾸로 선 상이 생긴다.

2. 볼록 렌즈에서의 빛의 굴절과 이용

(1) **볼록 렌즈에서 빛의 굴절+** : 나란한 빛이 볼록 렌즈에 입사하면 빛은 볼록 렌즈에서 굴절된 다음 한 점에 모인다.

(2) **볼록 렌즈의 이용** : 볼록 렌즈를 이용하면 빛을 한 점에 모을 수 있다. 이러한 볼록 렌즈의 성질을 이용하여 햇빛을 모아 종이나 나무를 태우거나 원시+를 교정한다.

① 현미경 : 볼록 렌즈를 이용하여 작은 물체의 모습을 확대해서 보여 준다.

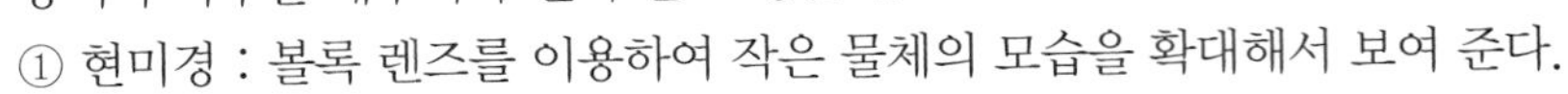

② 원시용 안경 : 가까이 있는 물체가 잘 안 보이는 사람은 볼록 렌즈로 만든 안경을 쓴다.

+ 빛의 굴절

빛이 공기에서 렌즈나 물을 지날 때와 같이 두 물질의 경계면에서 진행 방향이 꺾이는 현상을 빛의 굴절이라고 한다.

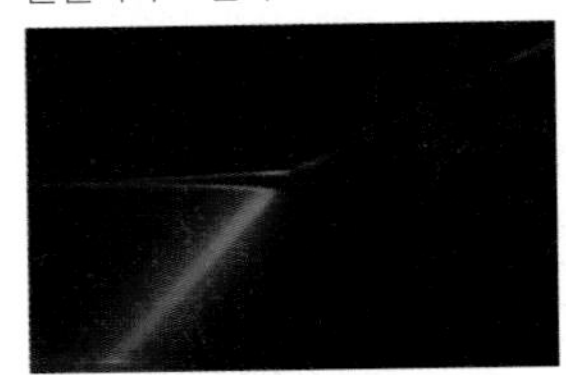

+ 볼록 렌즈의 이용

볼록 렌즈로 햇빛을 모아 나무나 종이 등을 태울 수 있다.

6 오목 렌즈에 의한 상

1. 오목 렌즈에 의한 상

가까울 때	멀 때	아주 멀 때
항상 물체보다 작고 바로 선 상이 생기며, 물체가 렌즈에서 멀어질수록 상의 크기는 점점 작아진다.		

2. 오목 렌즈에서의 빛의 굴절과 이용

(1) **오목 렌즈에서 빛의 굴절** : 나란한 빛이 오목 렌즈에 입사하면 빛은 오목 렌즈 뒤의 한 점에서 나온 것처럼 굴절된다.

(2) **오목 렌즈의 이용** : 나란하게 입사한 빛이 오목 렌즈에서 굴절되면 한 점에서 나온 것처럼 퍼지므로, 확산형 발광 다이오드(LED)나 자동차 안개등, 근시+를 교정할 때 이용한다.

① 확산형 발광 다이오드(LED)+ : 끝부분에 오목 렌즈를 달아 빛을 여러 방향으로 퍼지게 한다.

② 근시용 안경 : 멀리 있는 물체가 잘 안 보이는 사람은 오목 렌즈로 만든 안경을 쓴다.

+ 원시

가까이 있는 물체가 잘 보이지 않는 눈의 이상

+ 근시

먼 곳이 잘 보이지 않는 눈의 이상

+ 확산형 발광 다이오드(LED)

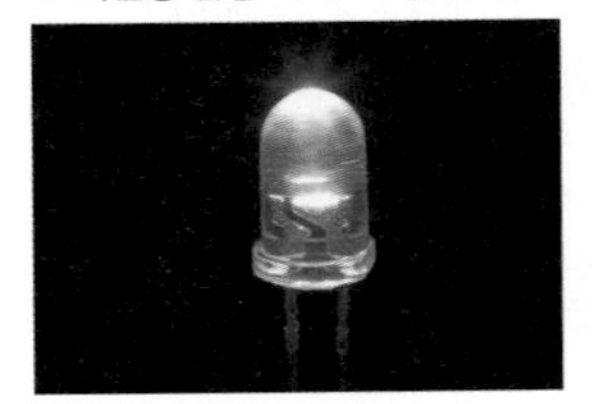

정답과 해설 • 50쪽

5 볼록 렌즈에 의한 상

- 물체를 볼록 렌즈 가까이 두면 물체보다 □고 바로 선 상이 생긴다.
- 나란한 빛이 볼록 렌즈에 입사하면 빛은 볼록 렌즈에서 굴절된 다음 □ 점에 모인다.
- 볼록 렌즈가 빛을 모으는 성질을 이용하여 햇빛을 모아 종이나 나무를 태우거나 □□용 안경에 이용한다.

6 오목 렌즈에 의한 상

- 물체와 오목 렌즈 사이의 거리에 관계없이 항상 물체보다 □고 바로 서 있는 모습의 상이 생긴다.
- 나란한 빛이 오목 렌즈에 입사하면 빛은 오목 렌즈 □의 한 점에서 나온 것처럼 굴절된다.
- 오목 렌즈가 빛을 퍼뜨리는 성질을 이용하여 자동차 안개등, □□용 안경에 이용한다.

11 볼록 렌즈와 물체 사이의 거리에 따른 상의 모습을 옳게 연결하시오.

렌즈와 물체 사이의 거리		상의 모습
(1) 가까울 때 •		• ㉠ 물체보다 크고 바로 선 상
(2) 멀 때 •		• ㉡ 물체보다 크고 거꾸로 선 상
(3) 아주 멀 때 •		• ㉢ 물체보다 작고 거꾸로 선 상

12 그림은 렌즈 가까이에 물체가 있을 때 렌즈에 의한 상의 모습이다. 이 렌즈는 어떤 종류의 렌즈인지 쓰시오.

13 그림은 햇빛을 모아 풀을 태우는 모습이다. 어떤 종류의 렌즈를 사용하는지 쓰시오.

14 그림은 볼록 렌즈와 오목 렌즈에 나란한 빛을 비출 때의 모습이다. 볼록 렌즈와 오목 렌즈에서의 빛의 경로를 그리시오.

(1) 볼록 렌즈

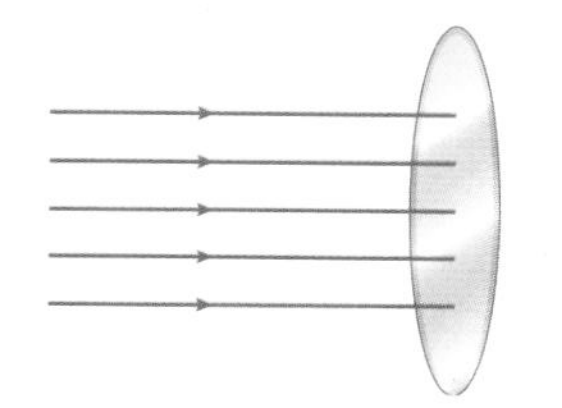

(2) 오목 렌즈

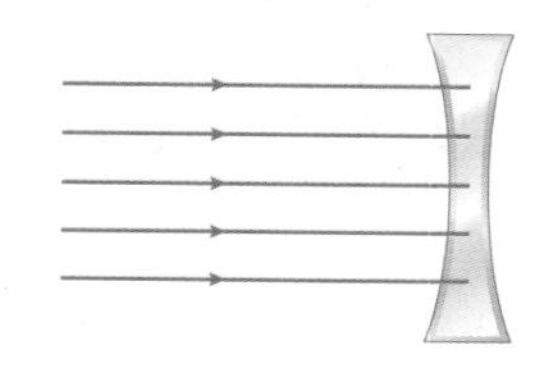

15 〈보기〉는 렌즈를 이용한 여러 가지 예이다.

보기

ㄱ. 근시용 안경

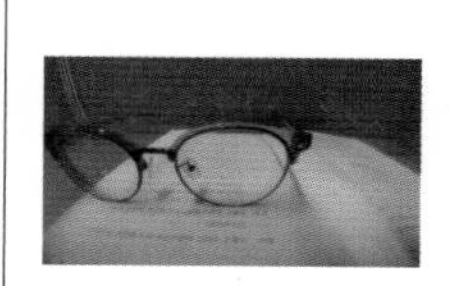

ㄴ. 현미경

ㄷ. 확산형 LED

ㄹ. 원시용 안경

(1) 볼록 렌즈를 이용하는 예만을 〈보기〉에서 있는 대로 고르시오.

(2) 오목 렌즈를 이용하는 예만을 〈보기〉에서 있는 대로 고르시오.

필수 탐구 여러 가지 거울이 만드는 상의 특징 관찰하기

목표
평면거울, 오목 거울, 볼록 거울에 생기는 상의 특징을 비교하여 설명할 수 있다.

활동 1 평면거울에 생기는 상 관찰하기

과정

1 모눈종이 위에 평면거울을 수직으로 세우고, 평면거울 가까이에 인형을 놓는다.
2 인형을 평면거울로부터 멀어지게 움직이면서 평면거울에 비친 상의 크기와 모습을 관찰한다. 또, 평면거울에서 인형까지의 거리와 평면거울에서 상까지의 거리를 비교한다.

결과 및 정리

1 평면거울에 생기는 상은 물체와 크기가 같고 대칭인 모습으로 보인다.
2 평면거울에서 물체까지의 거리와 평면거울에서 상까지의 거리는 같다.

활동 2 오목 거울과 볼록 거울에 생기는 상 관찰하기

과정

1 오목 거울 가까이에 인형을 놓고, 인형을 오목 거울로부터 멀어지게 움직이면서 오목 거울에 비친 상의 크기와 모습을 관찰한다.
2 볼록 거울 가까이에 인형을 놓고, 과정 1을 반복한다.

상이 잘 보이지 않을 때는 물체를 상하좌우로 조금씩 옮기면서 상을 관찰한다.

결과 및 정리

1 오목 거울과 볼록 거울에서 물체까지의 거리에 따른 상은 다음과 같다.

구분	가까울 때	멀 때	아주 멀 때
오목 거울			
볼록 거울			

2 오목 거울에는 물체가 거울에 가까이 있으면 크고 바로 선 상이 생기고, 멀리 있으면 크고 거꾸로 선 상이 생기며, 매우 멀리 있으면 작고 거꾸로 선 상이 생긴다.
3 볼록 거울에는 항상 물체보다 작고 바로 선 상이 생기는데, 물체가 거울에서 멀어질수록 상의 크기는 작아진다.

정답과 해설 • 51쪽

여러 가지 거울이 만드는 상의 특징 관찰하기

- 거울이나 렌즈와 같은 광학 기구를 통해 보이는 물체의 모습을 □이라고 한다.
- 평면거울에 생기는 상은 물체와 크기가 같고 □□인 모습이며, 거울에서 물체까지의 거리와 거울에서 상까지의 거리는 □□.
- 오목 거울에는 물체가 거울에 가까이 있으면 □고 바로 선 상이 생기고, 매우 멀리 있으면 □고 거꾸로 선 상이 생긴다.
- 볼록 거울에는 항상 물체보다 □고 바로 선 상이 생긴다.

1 그림은 평면거울에 비친 인형의 모습이다. 평면거울에 의한 상의 특징으로 옳은 것만을 〈보기〉에서 있는 대로 고르시오.

보기
ㄱ. 물체와 같은 크기이다.
ㄴ. 물체와 대칭인 모습이다.
ㄷ. 물체보다 작고 바로 선 상이다.

2 평면거울에서 물체와 거울까지의 거리가 30 cm라면, 거울에서 상까지의 거리는?

① 10 cm ② 15 cm ③ 30 cm
④ 60 cm ⑤ 90 cm

3 물체와 거울 사이의 거리에 따라 상이 서 있는 모습이 달라지는 거울만을 〈보기〉에서 있는 대로 고르시오.

보기
ㄱ. 평면거울 ㄴ. 오목 거울 ㄷ. 볼록 거울

4 그림은 어떤 종류의 거울을 이용하여 멀리 있는 물체를 볼 때 생기는 상의 모습이다. 이 거울을 이용하여 가까이 있는 물체를 볼 때 생기는 상의 모습으로 옳은 것은?

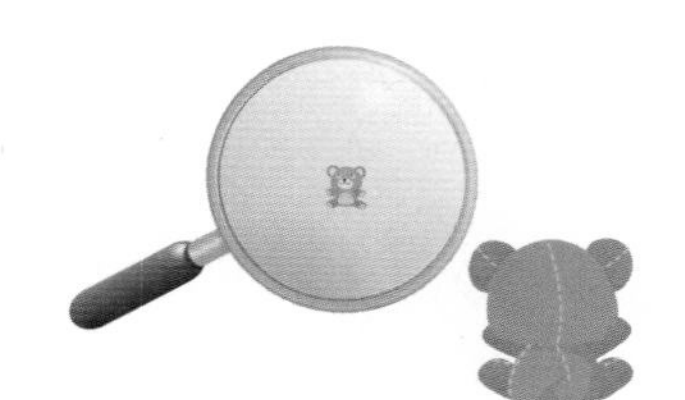

① 실제보다 작고 바로 선 상
② 실제보다 작고 거꾸로 선 상
③ 실제보다 크고 바로 선 상
④ 실제보다 크고 거꾸로 선 상
⑤ 실제와 같은 크기의 바로 선 상

5 그림은 볼록 거울과 오목 거울에 나란하게 빛을 비출 때의 모습이다. 거울에서 반사된 빛은 어떻게 진행하는지 화살표를 이용하여 그리시오.

(1) 볼록 거울

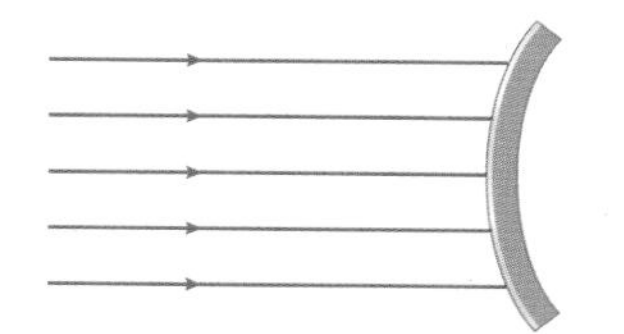

(2) 오목 거울

필수 탐구 여러 가지 렌즈가 만드는 상의 특징 관찰하기

목표
볼록 렌즈와 오목 렌즈가 만드는 상의 특징을 비교하여 설명할 수 있다.

과정

1 볼록 렌즈 가까이에 인형을 놓고, 볼록 렌즈가 만드는 상의 크기와 모습을 관찰한다.

2 인형을 볼록 렌즈로부터 멀어지게 움직이면서 볼록 렌즈가 만드는 상의 크기와 모습을 관찰한다.

3 오목 렌즈 가까이에 인형을 놓고, 인형을 오목 렌즈로부터 멀어지게 움직이면서 오목 렌즈가 만드는 상의 크기와 모습을 관찰한다.

결과

볼록 렌즈와 오목 렌즈에서 물체까지의 거리에 따른 상은 다음과 같다.

구분	가까울 때	멀 때	아주 멀 때
볼록 렌즈	크고 바로 선 상	크고 거꾸로 선 상	작고 거꾸로 선 상
오목 렌즈	거리에 관계없이 항상 작고 바로 선 상		

정리

1 렌즈는 빛의 굴절을 이용하여 물체의 상을 볼 수 있다.

2 볼록 렌즈는 가장자리보다 가운데 부분이 두꺼운 렌즈이고, 오목 렌즈는 가장자리보다 가운데 부분이 얇은 렌즈이다.

3 물체를 볼록 렌즈와 가까운 곳에 두면 물체보다 크고 바로 선 상이 생기고, 렌즈로부터 점점 멀어지게 하면 상이 점점 커지다가 어느 정도 멀어지면 물체보다 크고 거꾸로 선 상이 생긴다. 또한 물체를 점점 더 멀어지게 하면 거꾸로 선 상의 크기가 점점 작아진다.

4 물체를 오목 렌즈로부터 점점 멀어지게 하여도 물체와 렌즈 사이의 거리에 관계없이 항상 물체보다 작고 바로 선 상이 생기는데, 물체가 렌즈에서 멀어질수록 상의 크기는 작아진다.

탐구 섭렵 문제

정답과 해설 • 51쪽

여러 가지 렌즈가 만드는 상의 특징 관찰하기

- 렌즈는 빛의 □□을 이용하여 물체의 상을 볼 수 있다.
- 물체를 볼록 렌즈와 가까운 곳에 두면 물체보다 □고 바로 선 상이 생기고 물체를 렌즈에서 아주 멀리 하면 □고 거꾸로 선 상이 생긴다.
- 오목 렌즈는 물체와 렌즈까지의 거리에 관계없이 항상 물체보다 □고 바로 선 상이 생긴다.

1 그림은 볼록 렌즈로 렌즈 가까이에 있는 인형을 보았을 때 렌즈로 보이는 상의 모습이다. 인형을 렌즈에서 아주 멀리 놓을 때 렌즈로 보이는 상의 모습으로 옳은 것은?

① 작고 바로 선 상
② 작고 거꾸로 선 상
③ 크고 바로 선 상
④ 크고 거꾸로 선 상
⑤ 같은 크기의 바로 선 상

2 그림과 같이 볼록 렌즈의 한곳에서 빛이 렌즈로 진행하였다. 렌즈를 지난 후의 빛의 경로를 화살표를 이용하여 그리시오.

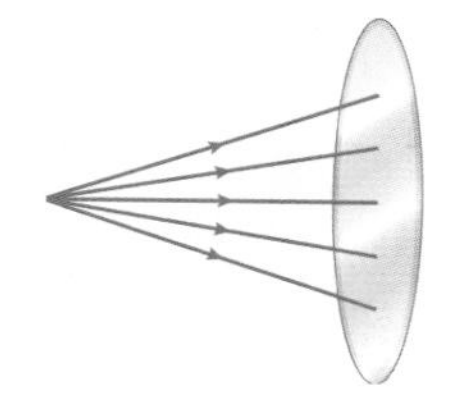

3 어떤 렌즈로 가까이 있는 물체를 보았더니 크게 확대되어 보였다. 물체를 렌즈에서 점점 멀리할 때 먼저 관찰되는 상으로 옳은 것은?

① 크고 거꾸로 선 상
② 작고 바로 선 상
③ 작고 거꾸로 선 상
④ 같은 크기의 거꾸로 선 상
⑤ 상의 모습에는 변화가 없다.

4 물체와 렌즈 사이의 거리에 따라 상이 서 있는 모습이 달라지는 렌즈가 있다. 이 렌즈의 특징으로 옳은 것만을 〈보기〉에서 있는 대로 고르시오.

보기

ㄱ. 빛을 한 점에 모을 수 있다.
ㄴ. 가장자리가 가운데보다 두꺼운 렌즈이다.
ㄷ. 렌즈 가까이 있는 물체가 크게 확대되어 보인다.

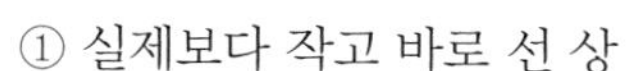

5 그림은 어떤 종류의 렌즈를 이용하여 인형을 아주 멀리 놓고 볼 때 보이는 상의 모습이다. 이 렌즈를 이용하여 인형을 렌즈 가까이 놓고 볼 때 보이는 상의 모습으로 옳은 것은?

① 실제보다 작고 바로 선 상
② 실제보다 작고 거꾸로 선 상
③ 실제보다 크고 바로 선 상
④ 실제보다 크고 거꾸로 선 상
⑤ 실제와 같은 크기의 바로 선 상

내신 기출 문제

1 빛의 반사

[01～02] 그림과 같이 장치하고 거울 면에 레이저 빛을 비추었다. 물음에 답하시오.

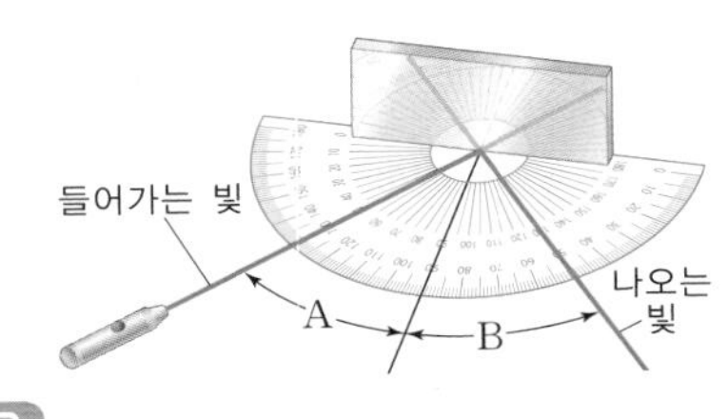

중요

01 각 A가 35°일 때 각 B는 몇 °인가?

① 15° ② 30° ③ 35°
④ 45° ⑤ 55°

02 각 A가 35°에서 65°로 변할 때 각 B의 크기 변화를 옳게 설명한 것은?

① 35°에서 변화가 없다.
② 35°에서 65°로 변한다.
③ 35°에서 45°로 변한다.
④ 65°에서 35°로 변한다.
⑤ 65°에서 변화가 없다.

03 그림은 수면에 평행하게 입사한 빛이 반사되는 모습을 나타낸 것이다.

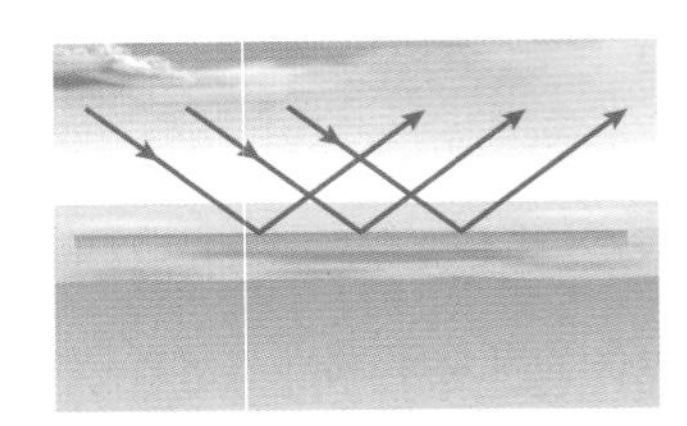

이에 대한 설명으로 옳은 것만을 〈보기〉에서 있는 대로 고른 것은?

보기
ㄱ. 빛이 한 방향으로 반사된다.
ㄴ. 표면에 물체를 비추어 볼 수 있다.
ㄷ. 각 점에서 입사각과 반사각의 크기가 같다.

① ㄱ ② ㄴ ③ ㄱ, ㄷ
④ ㄴ, ㄷ ⑤ ㄱ, ㄴ, ㄷ

2 평면 거울에 의한 상

04 모눈종이 위에 평면거울을 수직으로 세우고 글자 '곰'을 그림과 같이 썼다.
거울에 비친 상의 모습으로 옳은 것은?

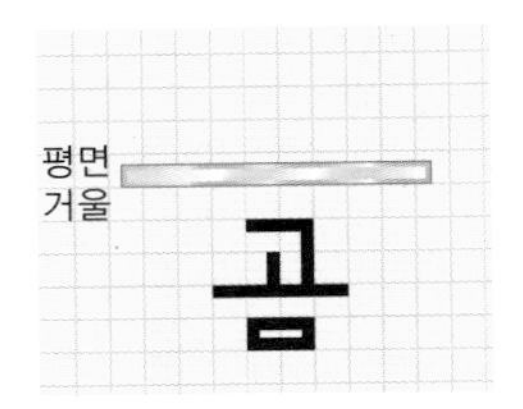

① 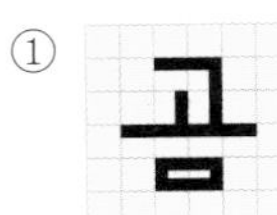
② 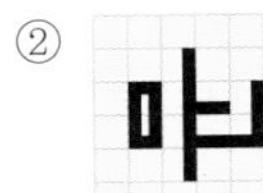
③ 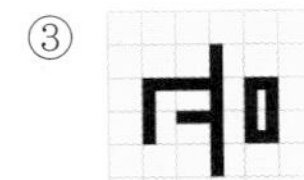
④ 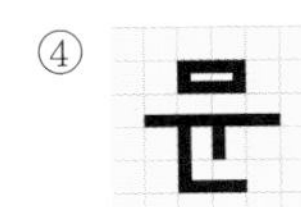
⑤ 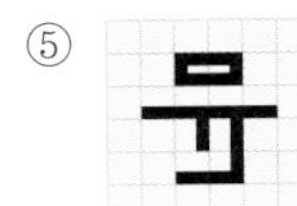

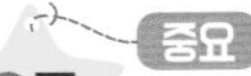

05 그림은 평면거울 앞에 물체를 놓았을 때, 평면거울에 비친 상의 모습이다.
평면거울에 생기는 상에 대한 설명으로 옳지 않은 것은?

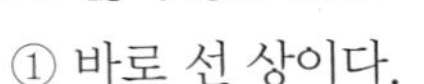
① 바로 선 상이다.

② 물체와 대칭인 모습이다.
③ 실물과 같은 크기의 상이다.
④ 거울에서 멀어지면 상이 뒤집힌다.
⑤ 거울에서 물체까지의 거리와 거울에서 상까지의 거리가 같다.

06 평면거울에서 30 cm 떨어진 곳에 물체를 놓았을 때 평면거울 속에 상이 보였다. 물체를 현재 위치에서 10 cm 더 먼 곳에 놓으면 거울에서 상까지의 거리는 몇 cm가 되는가?

① 10 cm ② 15 cm ③ 20 cm
④ 30 cm ⑤ 40 cm

중요

07 다음은 평면거울에 상이 생기는 과정을 순서 없이 나타낸 것이다.

(가) 물체에서 반사된 빛의 일부가 평면거울로 진행한다.
(나) 우리 눈은 거울 뒤에서 빛이 직진한 것으로 인식한다.
(다) 광원에서 출발한 빛의 일부가 물체에서 반사된다.
(라) 평면거울에서 반사된 빛의 일부가 눈으로 들어온다.
(마) 거울 면에 대칭인 위치에 대칭인 모습으로 상이 보인다.

상이 생기는 과정을 순서대로 기호로 나열하시오.

3 볼록 거울에 의한 상

08 그림은 거울 가까이에 인형을 놓았을 때 거울에 생기는 상을 나타낸 것이다. 거울에서 인형을 멀리 할 때 거울에 나타나는 상의 모습에 대한 설명으로 옳은 것은?

① 점점 커지면서 바로 선 상이 보인다.
② 점점 커지면서 거꾸로 선 상이 보인다.
③ 점점 작아지면서 바로 선 상이 보인다.
④ 점점 작아지면서 거꾸로 선 상이 보인다.
⑤ 멀어질수록 실제와 같은 크기로 보인다.

09 그림은 거울에 나란하게 입사한 빛이 반사하는 모습을 나타낸 것이다. 이러한 종류의 거울에 대한 설명으로 옳은 것은?

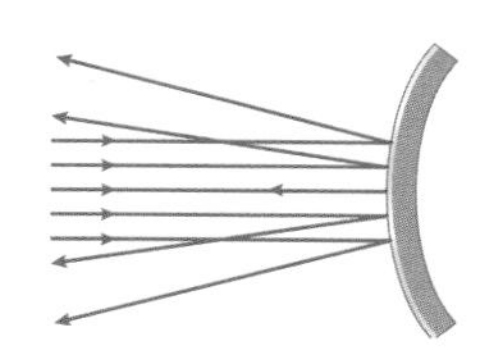

① 넓은 범위를 볼 수 있다.
② 빛을 한 점에 모을 수 있다.
③ 거울에서 물체 및 상까지의 거리가 같다.
④ 거울 가까이 있는 물체는 실제보다 커 보인다.
⑤ 거울에서 아주 멀리 있는 물체는 작고 거꾸로 보인다.

중요

10 그림은 굽은 도로에 설치된 거울을 나타낸 것이다. 이 거울에 대한 설명으로 옳지 않은 것은?

① 넓은 범위를 볼 수 있다.
② 빛을 한 점에 모을 수 있다.
③ 항상 작고 바로 선 상이 보인다.
④ 가게 전체를 보는 거울로 사용한다.
⑤ 자동차 오른쪽 측면 거울로 사용한다.

4 오목 거울에 의한 상

11 그림은 숟가락의 오목한 면 가까이에 인형을 놓았을 때 숟가락에 비친 상의 모습이다. 인형을 숟가락에서 아주 멀리 놓았을 때 숟가락에 비친 상에 대한 설명으로 옳은 것은?

① 실물보다 작고 바로 선 상이 보인다.
② 실물보다 작고 거꾸로 선 상이 보인다.
③ 실물보다 크고 바로 선 상이 보인다.
④ 실물보다 크고 거꾸로 선 상이 보인다.
⑤ 실물과 같은 크기의 거꾸로 선 상이 보인다.

12 그림은 거울에서 아주 멀리 물체를 놓았을 때 거울에 보이는 상을 나타낸 것이다. 이러한 종류의 거울을 사용하는 예로 옳은 것만을 〈보기〉에서 있는 대로 고른 것은?

보기
ㄱ. 자동차의 측면 거울　　ㄴ. 등대의 반사경
ㄷ. 자동차 전조등의 반사경　　ㄹ. 상점의 보안 거울

① ㄱ, ㄴ　② ㄱ, ㄷ　③ ㄱ, ㄹ
④ ㄴ, ㄷ　⑤ ㄷ, ㄹ

내신 기출 문제

13 그림은 거울 가까이에 인형을 놓았을 때 거울에 생기는 상을 나타낸 것이다.
이 거울에 대한 설명으로 옳은 것은?

① 넓은 범위를 볼 수 있다.
② 물체를 확대하여 볼 수 있다.
③ 넓은 시야가 필요한 곳에 사용한다.
④ 나란하게 들어온 빛이 퍼져 나간다.
⑤ 물체와 거울과의 거리에 관계없이 항상 실물보다 큰 상이 생긴다.

14 다음은 영희가 사용하는 화장용 거울에 대한 설명이다.

> 가운데가 오목하여 실물보다 더 크게 보인다.

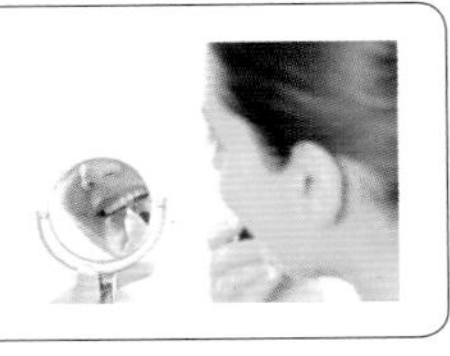

영희가 사용하는 화장용 거울과 같은 종류의 거울인 것은?

① 전신 거울　② 치과용 거울
③ 자동차 측면 거울　④ 도로의 안전 거울
⑤ 자동차 후방 거울

중요

15 그림은 올림픽에서 사용할 성화를 채화하는 모습이다. 성화를 채화할 때는 거울을 사용하여 빛을 한곳에 모아 불을 붙인다.
성화 채화에 사용되는 거울에 대한 설명으로 옳지 않은 것은?

① 화장용 손거울에 사용한다.
② 태양열 조리기에 사용한다.
③ 항상 물체보다 작고 바로 선 상이 보인다.
④ 거울 가까이 있는 물체는 크게 확대되어 보인다.
⑤ 거울에서 아주 멀리 있는 물체는 작고 거꾸로 보인다.

5 볼록 렌즈에 의한 상

16 그림은 빛을 공기 중에서 물로 비추었을 때 빛의 진행 경로를 나타낸 것이다.
이와 같은 빛의 성질과 관련이 있는 현상은?

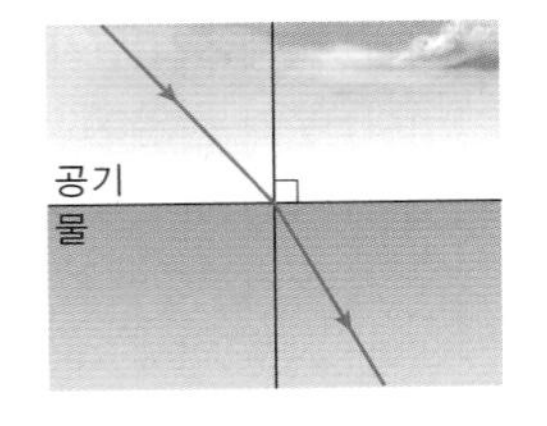

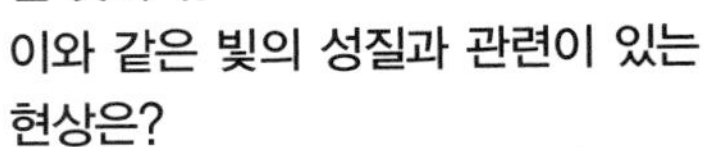

① 구름 사이로 햇살이 비친다.
② 물체의 뒤쪽에 그림자가 생긴다.
③ 냇물의 깊이가 실제보다 얕아 보인다.
④ 호수에 주변의 경치가 비치어 보인다.
⑤ 정육점에서 조명을 이용하여 고기를 신선하게 보이게 한다.

중요

17 그림은 어떤 렌즈로 멀리 있는 인형을 보았을 때 보이는 모습이다. 이 렌즈의 특징에 대한 설명으로 옳은 것만을 〈보기〉에서 있는 대로 고른 것은?

> 보기
> ㄱ. 빛을 한 점에 모을 수 있다.
> ㄴ. 가운데가 가장자리보다 두꺼운 렌즈이다.
> ㄷ. 인형을 가까이에 놓고 보면 크게 확대되어 보인다.

① ㄱ　② ㄱ, ㄴ　③ ㄱ, ㄷ
④ ㄴ, ㄷ　⑤ ㄱ, ㄴ, ㄷ

18 그림은 진호의 눈에 상이 맺힐 때 빛의 진행 경로를 나타낸 것이다.

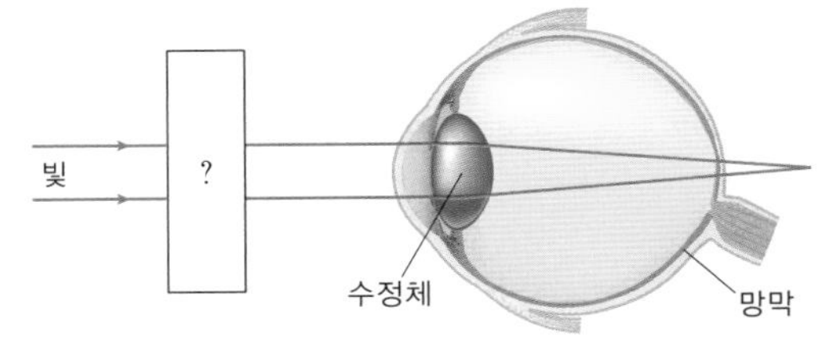

진호의 눈과 같은 시력 이상을 무엇이라고 하며, 어떤 종류의 렌즈를 사용하여 교정해야 하는지 옳게 짝 지은 것은?

① 원시－오목 렌즈　② 원시－볼록 렌즈
③ 근시－오목 렌즈　④ 근시－볼록 렌즈
⑤ 난시－오목 렌즈

19 그림과 같이 어떤 렌즈에서 아주 멀리 떨어져 있는 A 위치에 화살표를 놓았더니 화살표가 작고 거꾸로 보였다.

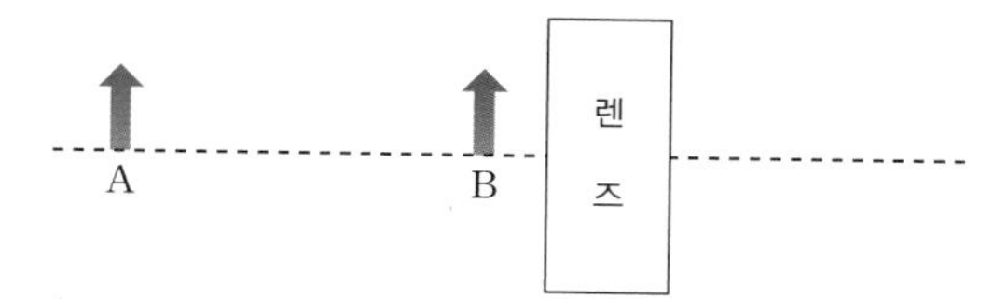

만약 화살표를 렌즈에서 아주 가까운 거리인 B 위치에 놓았다면, 렌즈를 통해 보이는 상의 모습은?

① 크고 바로 선 상
② 작고 바로 선 상
③ 크고 거꾸로 선 상
④ 작고 거꾸로 선상
⑤ 실물과 같은 크기의 바로 선 상

20 그림은 렌즈로 사과를 보았을 때의 모습이다.
이러한 종류의 렌즈에 대한 설명으로 옳지 않은 것은?

① 멀리 있는 물체를 보면 작고 바로 선 상이 보인다.

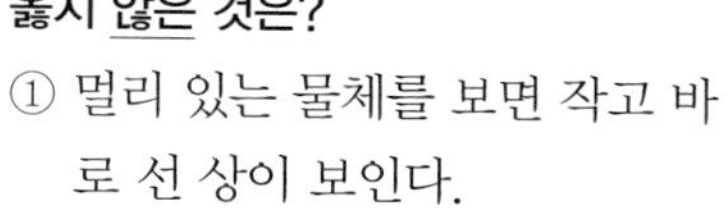

② 렌즈 축에 평행한 빛이 렌즈를 통과하면 한 점에 모인다.
③ 물체를 확대해 보기 위해 현미경의 접안렌즈로 사용한다.
④ 가까운 곳을 잘 보지 못하는 원시 교정용 안경에 사용한다.
⑤ 무대의 스포트라이트에 사용하여 빛을 모으는 역할을 한다.

6 오목 렌즈에 의한 상

21 A를 통과한 빛이 그림과 같이 굴절되어 진행할 때, A에 놓인 렌즈에 대한 설명으로 옳은 것은?

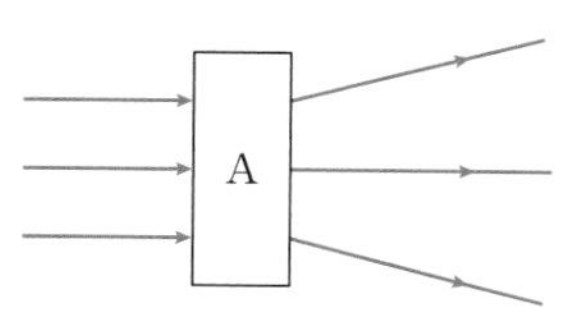

① 볼록 렌즈이다.
② 돋보기에 사용된다.
③ 빛을 한 점에 모이게 한다.
④ 가장자리가 가운데보다 두껍다.
⑤ 빛을 퍼지게 하여 물체를 크게 보이게 한다.

중요

22 그림은 어떤 종류의 렌즈를 이용하여 렌즈 가까이 있는 꽃을 보았을 때의 모습이다.
이 렌즈에 대한 설명으로 옳은 것만을 〈보기〉에서 있는 대로 고른 것은?

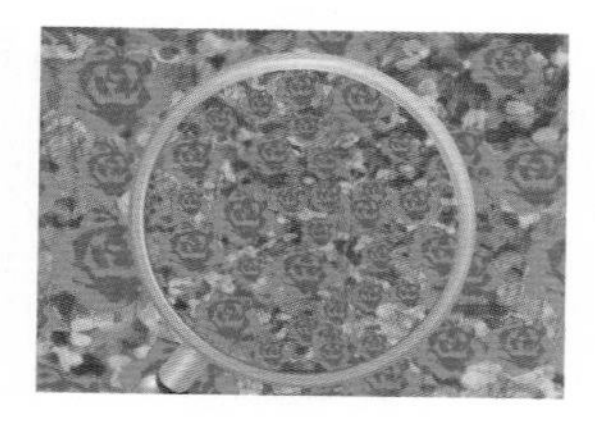

보기
ㄱ. 렌즈에 나란하게 들어온 빛을 퍼지게 한다.
ㄴ. 물체와 렌즈 사이의 거리에 관계없이 항상 작고 바로 선 상이 보인다.
ㄷ. 망원경, 현미경, 원시 교정용 안경 등에 사용한다.

① ㄷ
② ㄱ, ㄴ
③ ㄱ, ㄷ
④ ㄴ, ㄷ
⑤ ㄱ, ㄴ, ㄷ

23 그림은 근시안을 가진 사람의 눈을 렌즈로 교정한 후의 빛의 진행 경로를 나타낸 것이다.

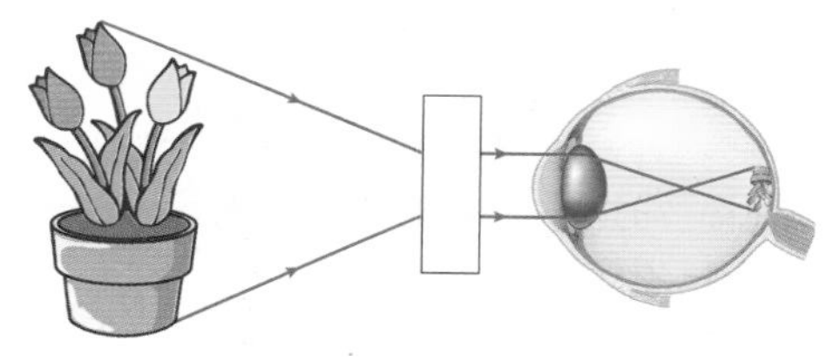

근시안의 시력을 교정하게 위해 착용해야 하는 렌즈의 종류와 그 특징을 옳게 짝 지은 것은?

① 오목 렌즈－빛을 퍼지게 한다.
② 볼록 렌즈－빛을 한 점에 모은다.
③ 오목 렌즈－빛을 평행하게 나아가게 한다.
④ 볼록 렌즈－항상 작고 바로 선 상이 보인다.
⑤ 오목 렌즈－아주 멀리 있는 물체는 작고 거꾸로 보인다.

24 그림과 같이 책 위에 빈 유리컵을 놓으면 유리컵 바닥 부분의 그림이 실제보다 작게 보인다.
이러한 현상에 대한 설명으로 옳은 것만을 〈보기〉에서 있는 대로 고르시오.

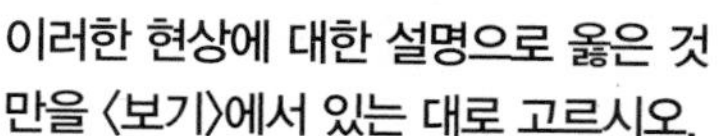

보기
ㄱ. 유리컵 바닥은 오목 렌즈 역할을 한다.
ㄴ. 유리컵 바닥에 나란하게 비춘 빛은 한 점에 모인다.
ㄷ. 유리컵 바닥을 책에서 점점 멀리하면 그림이 더 작게 보인다.

01 그림 (가), (나)는 빛이 반사하는 모습을 나타낸 것이다.

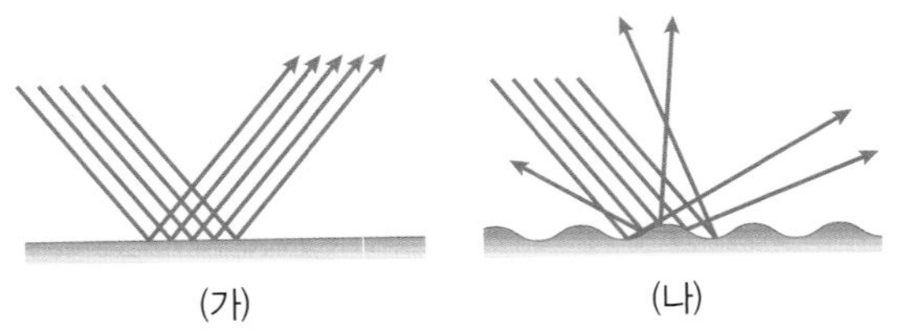

이에 대한 설명으로 옳은 것만을 〈보기〉에서 있는 대로 고르시오.

보기
ㄱ. (가)에서 입사각과 반사각의 크기는 같다.
ㄴ. (나)에서는 빛의 반사 법칙이 성립하지 않는다.
ㄷ. 물체를 어느 방향에서나 볼 수 있는 것은 (나)로 설명할 수 있다.

02 그림과 같이 수평면 위에 평면거울 (가), (나)가 수직으로 세워져 있다.
바닥에 놓인 '과'라는 글자가 ㉠ 위치에서 (가)를 통해 보이는 모습과, ㉡ 위치에서 (나)를 통해 보이는 모습을 옳게 짝지은 것은?

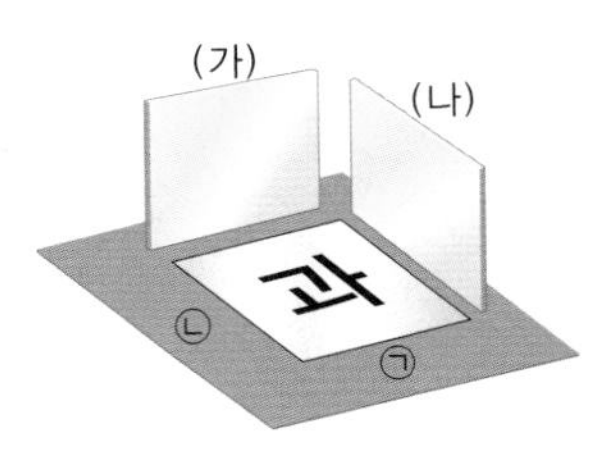

	(가)	(나)
①	과	과
②	파	녀
③	뉴	되
④	파	과
⑤	뉴	뇨

03 그림과 같이 가로 10 m, 세로 4 m인 방의 한쪽 벽에 폭이 2 m인 평면거울이 설치되어 있다.

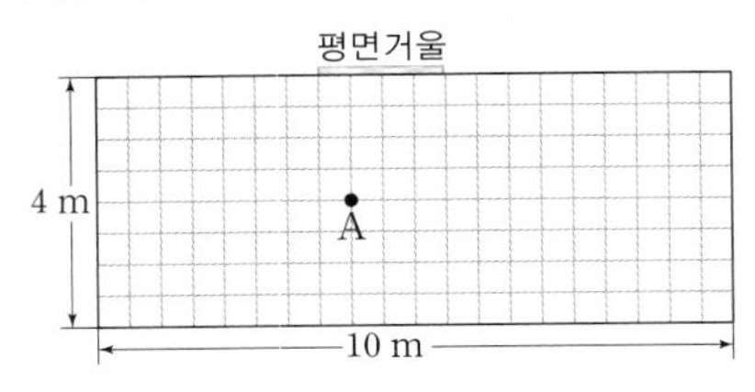

이 거울 앞 A 위치에서 한 사람이 거울을 보고 있을 때, 이 사람이 거울을 통해 볼 수 있는 맞은 편 벽면의 폭은 몇 m인지 쓰시오. (단, 방바닥에는 크기가 일정한 칸이 그려져 있다.)

04 그림은 거울 면에 평행 광선을 비추었을 때의 빛이 진행하는 모습을 나타낸 것이다.
거울의 이러한 성질을 이용한 예로 가장 적절한 것은?

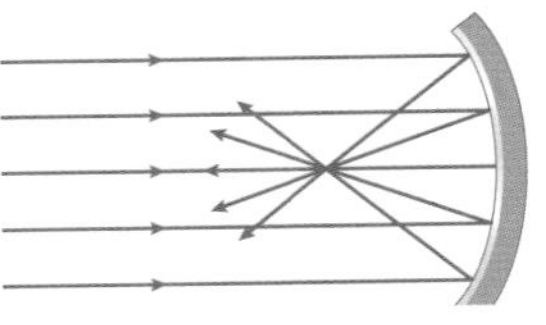

① 화장용 손거울에 이용한다.
② 자동차 측면 거울로 사용한다.
③ 음식을 조리하는 태양열 조리기에 사용한다.
④ 학교 현관에 설치하여 전신을 볼 수 있게 한다.
⑤ 치과에서 치아를 확대해 보기 위한 거울로 사용한다.

05 그림과 같이 볼록 렌즈에 의해 빛이 굴절하여 상이 만들어진다.

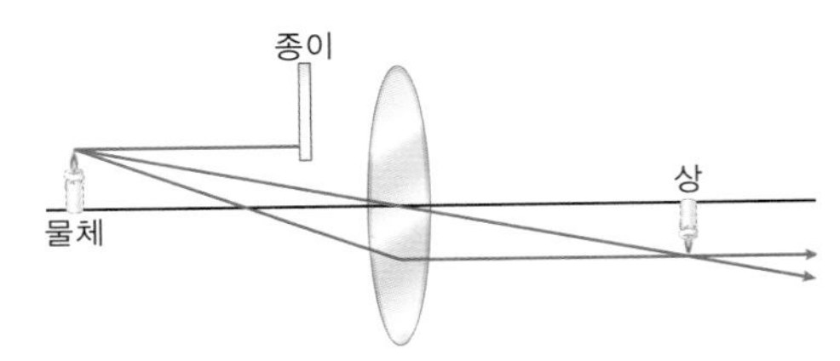

볼록 렌즈의 일부분을 종이로 가릴 때의 상의 변화를 옳게 설명한 것은?

① 상의 밝기와 모양은 변화가 없다.
② 상의 위 부분은 보이지 않고 아래 부분만 보인다.
③ 상의 아래 부분은 보이지 않고 위 부분만 보인다.
④ 상의 모양은 변하지 않고 상의 밝기가 조금 밝아진다.
⑤ 상의 모양은 변하지 않고 상의 밝기가 조금 어두워진다.

06 그림과 같이 물속에 볼록 렌즈 모양의 공기층이 있다.
볼록 렌즈 모양의 공기층으로 물고기를 볼 때 물고기가 보이는 모습을 옳게 설명한 것은?

① 실제보다 작고 바로 보인다.
② 실제보다 작고 거꾸로 보인다.
③ 실제보다 크고 바로 보인다.
④ 실제보다 크고 거꾸로 보인다.
⑤ 실제와 같은 크기로 바로 보인다.

서논술형 유형 연습

정답과 해설 • 54쪽

예제

01 그림과 같은 손전등의 반사판으로 오목 거울을 이용한다.
그 까닭을 서술하고, 일상생활에서 오목 거울을 이와 같이 이용하는 예를 한 가지만 쓰시오.

Tip 오목 거울의 한 점에서 나온 빛은 거울에 반사한 후 곧게 나아간다.
Key Word 손전등의 반사판, 오목 거울

[설명] 오목 거울의 초점에서 나온 빛은 거울 면에서 반사되면 곧게 앞으로 나아간다. 따라서 손전등의 반사판에 이용하면 불빛을 멀리까지 내보낼 수 있다.
[모범 답안] 전구의 불빛을 멀리까지 내보내기 위해서이다. 자동차 전조등의 반사경

02 그림은 빛이 공기 중에서 물속으로 진행하는 모습을 나타낸 것이다. 물속에서의 빛의 진행 경로를 그리고, 그렇게 그린 까닭을 설명하시오.

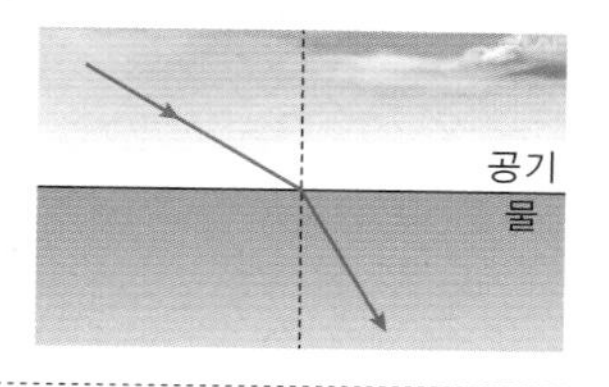

Tip 서로 다른 두 물질의 경계면에서는 빛의 진행 방향이 꺾이는 현상이 나타난다.
Key Word 굴절, 공기, 물

[설명] 서로 다른 두 물질의 경계면에서 빛의 진행 방향이 꺾이는 굴절 현상이 나타난다는 사실을 알고 있으면 해결할 수 있다.
[모범 답안] 그림 참조, 빛은 두 물질의 경계면에서 굴절하기 때문에 빛은 경계면에서 먼 쪽으로 꺾인다.

03 그림과 같이 오목 렌즈를 통해 물체를 보고 있다.

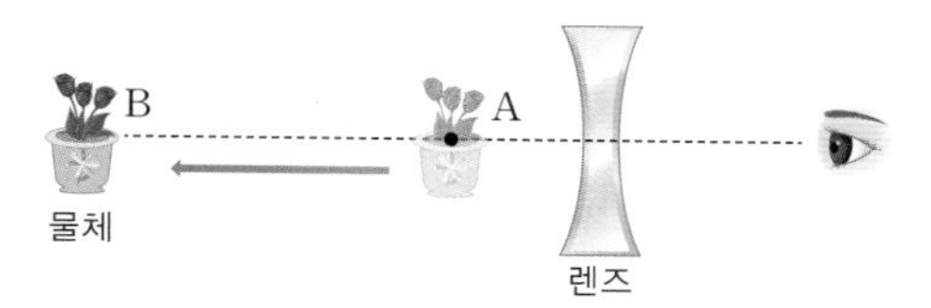

A 위치에 있는 물체를 B 위치로 이동시키면 상의 모양과 크기는 어떻게 달라지는지 서술하시오.

Tip 오목 렌즈에는 물체와 렌즈 사이의 거리에 관계없이 항상 같은 형태의 상이 생긴다.
Key Word 오목 렌즈, 상

[설명] 오목 렌즈에는 물체와 렌즈 사이의 거리에 관계없이 항상 실물보다 작고 바로 선 상이 생긴다. 이때 물체와 렌즈 사이의 거리가 멀어지면 상의 크기는 점점 작아진다.
[모범 답안] 실물보다 작고 바로 선 상이 생기며, 렌즈에서 거리가 점점 멀어지면 상의 크기만 점점 작아진다.

실전 연습

01 그림은 편의점의 천장 모서리에 있는 거울로 상점의 넓은 범위를 볼 수 있다.
이 거울의 종류가 무엇인지 쓰고, 그렇게 생각한 까닭을 서술하시오.

Tip 볼록 거울에는 거울과 물체 사이의 거리에 관계없이 항상 작은 상이 생긴다. 따라서 넓은 시야가 필요한 곳에 사용한다.
Key Word 편의점 거울, 넓은 범위

02 그림과 같이 아르키메데스는 청동으로 만든 평면거울을 이용하여 로마의 전함을 불태웠다고 한다.
평면거울을 여러 개 사용하여 빛을 한 점에 모으는 방법을 서술하시오.

Tip 오목 거울은 빛을 모으고, 볼록 거울은 빛을 퍼지게 한다.
Key Word 오목 거울

03 그림은 어떤 렌즈에 평행하게 입사한 빛이 진행하는 경로를 나타낸 것이다.

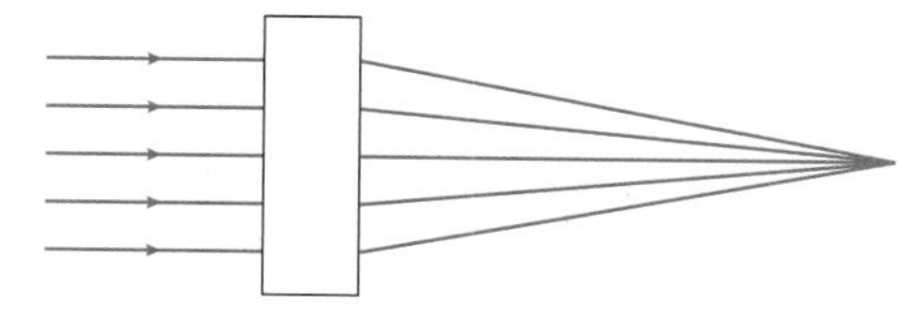

위 그림의 렌즈는 어떤 종류의 렌즈인지 쓰고, 이 렌즈를 이용하여 가까이 있는 물체와 아주 멀리 있는 물체를 볼 때 보이는 상을 각각 서술하시오.

Tip 렌즈를 통과한 빛은 렌즈의 두꺼운 쪽으로 굴절한다. 따라서 그림의 렌즈는 가운데가 가장자리보다 두꺼운 렌즈이다.
Key Word 렌즈, 렌즈에 의한 상, 렌즈에서 빛의 경로

소리와 파동

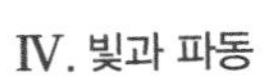

1 파동의 발생

1. **진동** : 물체의 운동이 일정한 범위에서 한 점을 중심으로 왔다갔다 반복되는 현상
2. **파동** : 물질의 한곳에서 만들어진 진동이 주위로 퍼져 나가는 현상
   (1) **파원** : 파동이 시작되는 지점
   (2) 여러 가지 파동의 예✚

소리(음파)	지진파	물결파	전파

✚ **파동의 종류**
물결파, 음파, 전파, 지진파, 빛 등

✚ **파동의 전달과 매질의 운동**
경기장에서 파도타기 응원을 할 때 파도는 이동하지만 사람들은 제자리에서 앉았다 일어섰다만 반복할 뿐 자리를 이동하지 않는다. 이와 마찬가지로 물결파가 오른쪽으로 퍼져 나갈 때 물 위에 떠 있는 공은 제자리에서 위아래로 진동만 할 뿐 이동하지 않는다.

2 파동의 진행

1. **매질** : 파동을 전달하는 물질

파동의 종류	지진파	물결파	소리	빛(전파)
매질	땅	물	공기, 물, 땅	매질이 필요 없다.

2. **파동의 진행과 매질의 운동✚** : 파동이 전파될 때 매질은 제자리에서 진동만 하고 파동을 따라 이동하지 않는다.

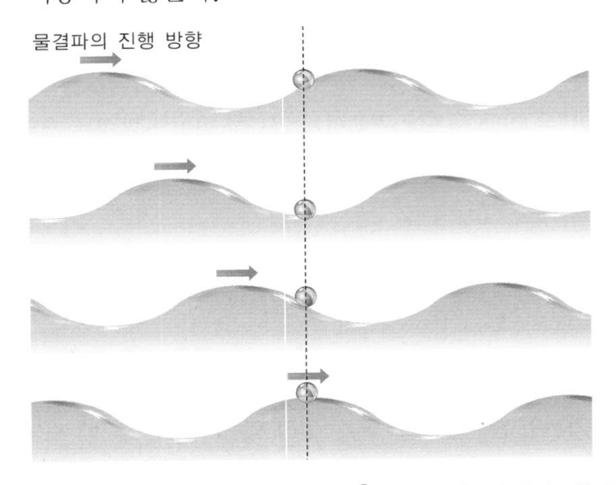

물결파의 진행과 매질의 운동
물결파가 오른쪽으로 진행할 때 물은 제자리에서 위아래로 진동만 할 뿐 물결을 따라 이동하지 않기 때문에 공도 제자리에서 위아래로 진동만 한다.

3. **파동의 진행과 에너지의 전달✚** : 파동이 진행할 때 함께 이동하는 것은 파동이 지닌 에너지이다.
   (1) 파도의 에너지가 전달되어 해안가의 암석이 깎인다.
   (2) 지진파의 에너지가 전달되어 건물이나 도로가 무너진다.
   (3) 초음파 안경 세척기는 초음파의 에너지를 이용하여 안경에 붙은 이물질을 제거한다.

▲ 해안가의 암석

✚ **파동의 에너지가 전달될 때 나타나는 현상**
지진파의 에너지가 전달되어 건물이나 도로가 무너진다.

✚ **파동의 이용**
- 초음파를 이용하여 몸속의 상태를 관찰한다.
- 마이크로파를 이용하여 전자레인지로 음식을 데운다.
- 전파를 이용하여 무선 통신을 하고, 레이더로 비행기나 구름의 위치를 파악한다.

정답과 해설 • 54쪽

1 파동의 발생

- 물체의 운동이 일정한 범위에서 한 점을 중심으로 왔다갔다 반복되는 현상을 □□이라고 한다.
- □□은 물질의 한곳에서 만들어진 진동이 주위로 퍼져 나가는 현상이다.

01 다음 설명에 해당하는 용어를 〈보기〉에서 골라 기호를 쓰시오.

보기

ㄱ. 파동　　　ㄴ. 파원　　　ㄷ. 진동

(1) 물체의 운동이 일정한 범위에서 한 점을 중심으로 왔다갔다 반복되는 현상
(2) 물질의 한곳에서 만들어진 진동이 주위로 퍼져 나가는 현상
(3) 파동이 시작되는 지점

02 그림과 같이 잔잔한 수면에 물방울이 떨어지면 수면이 출렁이면서 동심원 모양으로 물결이 퍼져 나간다. 이와 같은 파동을 무엇이라고 하는지 쓰시오.

03 표는 파동의 종류에 따른 매질을 나타낸 것이다. ㉠, ㉡에 들어갈 알맞은 말을 쓰시오.

파동의 종류	지진파	물결파	소리	빛(전파)
매질	㉠	물	㉡	매질이 필요 없다.

2 파동의 진행

- 파동을 전달하는 물질을 □□이라고 한다.
- 파동이 전파될 때 매질은 □□□에서 진동만 하고 파동을 따라 이동하지 않는다.
- 파동이 진행할 때 함께 이동하는 것은 파동이 지닌 □□□이다.

04 다음은 물결파가 진행할 때 물위에 떠 있는 공의 움직임에 대한 설명이다. 빈칸에 들어갈 알맞은 말을 쓰시오.

물결파가 오른쪽으로 퍼져 나갈 때 공은 제자리에서 위아래로 (㉠)만 할 뿐 이동하지 않는다. 이것은 파동이 진행할 때 매질인 물이 제자리에서 (㉡)만 할 뿐 파동을 따라 (㉢)하지 않기 때문이다.

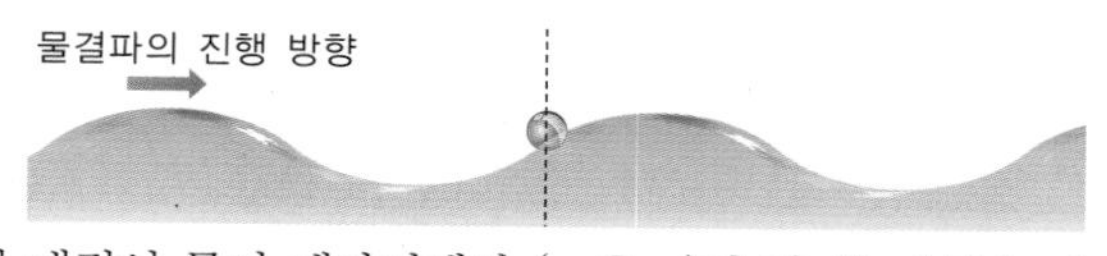

05 파동이 진행할 때 에너지가 전달되는 현상으로 옳은 것은 ○표, 옳지 않은 것은 ×표를 하시오.

(1) 바람이 불어 깃발이 흔들린다. (　　)
(2) 파도가 전달되어 해안가의 암석이 깎인다. (　　)
(3) 지진파가 전달되어 건물이나 도로가 무너진다. (　　)
(4) 초음파 안경 세척기는 초음파를 이용하여 안경에 붙은 이물질을 제거한다. (　　)

03 소리와 파동

3 파동의 종류

1. **횡파** : 파동의 진행 방향과 매질의 진동 방향이 수직인 파동
   (1) **횡파의 발생** : 용수철의 한쪽 끝을 좌우로 흔들 때 만들어지는 파동으로, 높은 부분과 낮은 부분이 만들어진다.

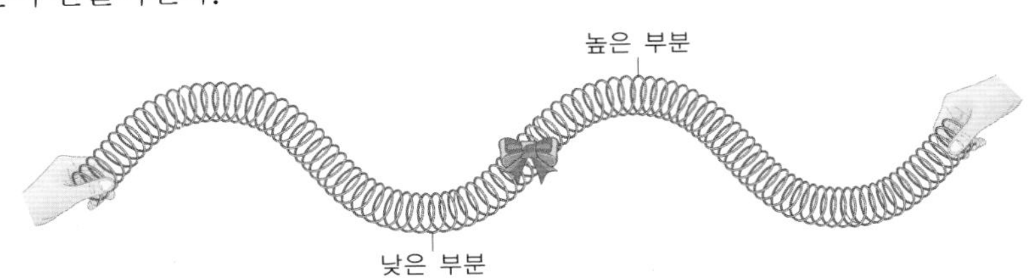

▲ 리본이 묶인 용수철의 한 점은 좌우로 진동하고, 파동은 용수철을 따라 앞으로 진행한다.

   (2) **횡파의 종류** : 물결파, 지진파의 S파, 전자기파, 빛 등

2. **종파** : 파동의 진행 방향과 매질의 진동 방향이 나란한 파동
   (1) **종파의 발생** : 용수철의 한쪽 끝을 앞뒤로 흔들 때 만들어지는 파동으로, 빽빽한 부분과 듬성듬성한 부분이 만들어진다.

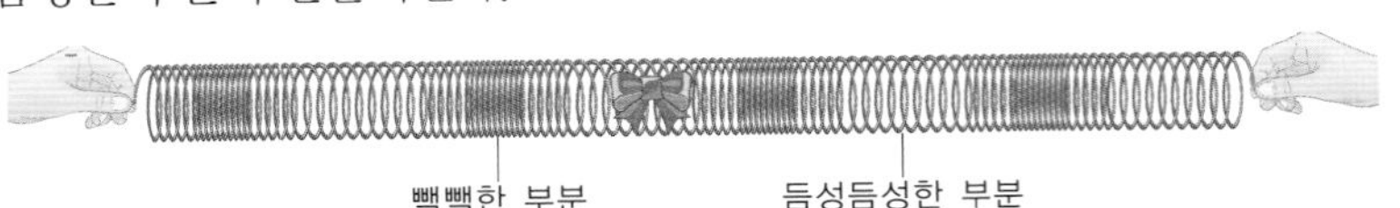

▲ 리본이 묶인 용수철의 한 점은 앞뒤로 진동하고, 파동은 용수철을 따라 앞으로 진행한다.

   (2) **종파의 종류** : 소리, 초음파, 지진파의 P파 등

4 파동의 표현

1. **횡파의 표현**

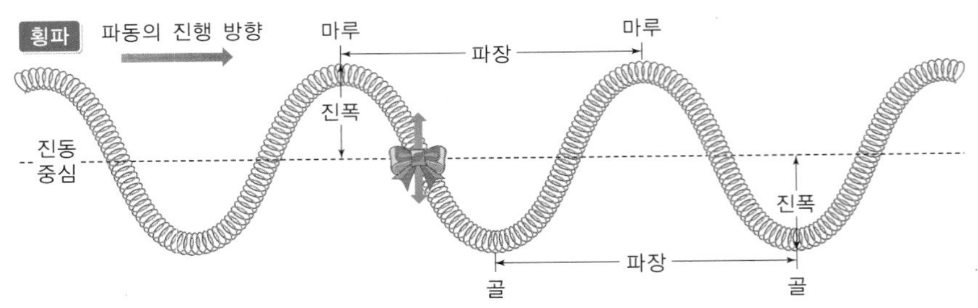

   (1) **마루** : 횡파에서 가장 높은 부분
   (2) **골** : 횡파에서 가장 낮은 부분
   (3) **진폭** : 진동 중심에서 마루 또는 골까지의 거리
   (4) **파장**✚ : 파동이 한 번 진동하는 동안 이동한 거리, 횡파에서는 마루에서 다음 마루까지, 또는 골에서 다음 골까지의 거리이다.

2. **주기와 진동수**
   (1) **주기**✚ : 매질의 한 점이 한 번 진동하는 데 걸리는 시간(단위 : s(초))
   (2) **진동수** : 매질의 한 점이 1초 동안 진동하는 횟수(단위 : Hz(헤르츠))
   (3) **주기와 진동수의 관계** : 주기와 진동수는 역수 관계이다. ➡ 주기$=\frac{1}{\text{진동수}}$

✚ 종파에서의 파장

종파에서의 파장은 빽빽한 부분과 그 다음 빽빽한 부분까지의 거리, 또는 듬성듬성한 부분과 그 다음 듬성듬성한 부분까지의 거리이다.

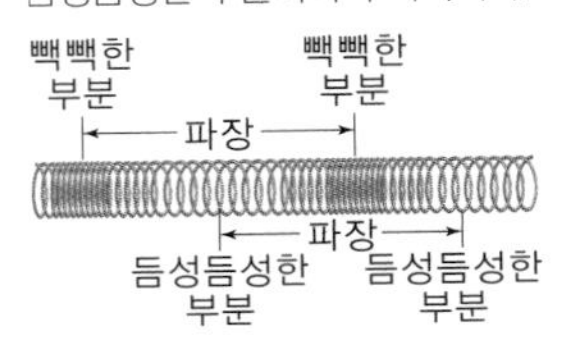

✚ 그래프로 파동 표현하기

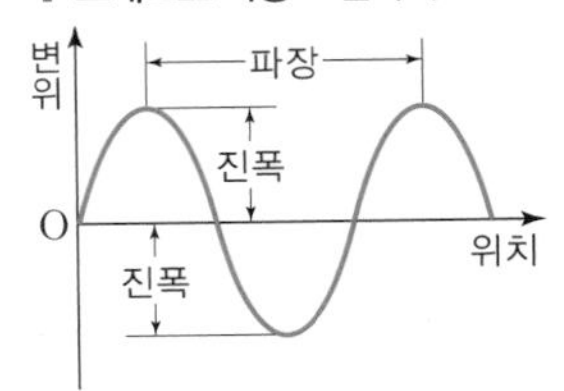

▲ 위치－변위 그래프

위치－변위 그래프는 파동이 진행할 때 기준점으로부터의 위치에 따라 매질의 변위를 나타낸 것이다. 위치－변위 그래프에서는 진폭과 파장을 알 수 있다.

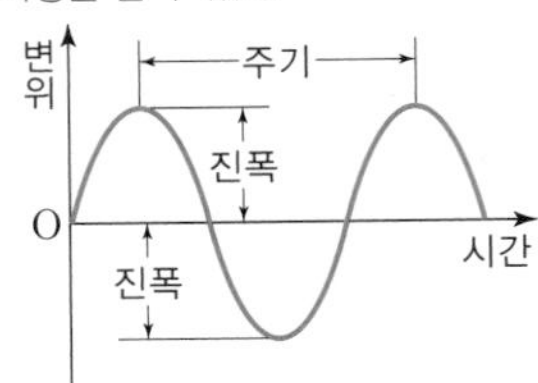

▲ 시간－변위 그래프

시간－변위 그래프는 파동이 진행할 때 매질의 어느 한 지점이 시간에 따라 진동하는 변위를 나타낸 것이다. 시간－변위 그래프에서는 진폭, 주기, 진동수를 알 수 있다.

정답과 해설 • 54쪽

3 파동의 종류

- 파동의 진행 방향과 매질의 진동 방향이 수직인 파동을 □□라고 한다.
- 파동의 진행 방향과 매질의 진동 방향이 나란한 파동을 □□라고 한다.
- 물결파, 전자기파는 □□이며, 소리는 □□이다.

4 파동의 표현

- 진동 중심에서 마루 또는 골까지의 거리를 □□이라 하며, 파동이 한 번 진동하는 동안 이동한 거리를 □□이라고 한다.
- 매질의 한 점이 한 번 진동하는 데 걸리는 시간을 □□라 하고, 매질의 한 점이 1초 동안 진동하는 횟수를 □□□라고 한다.

[06~07] 〈보기〉는 여러 가지 종류의 파동을 나타낸 것이다. 물음에 답하시오.

보기

ㄱ. 소리　　ㄴ. 빛　　ㄷ. 지진파의 S파
ㄹ. 물결파　　ㅁ. 초음파　　ㅂ. 지진파의 P파

06 **그림은 파동의 진행 방향과 매질의 진동 방향이 수직인 횡파를 나타낸 것이다. 이와 같은 횡파에 해당하는 것만을 〈보기〉에서 있는 대로 쓰시오.**

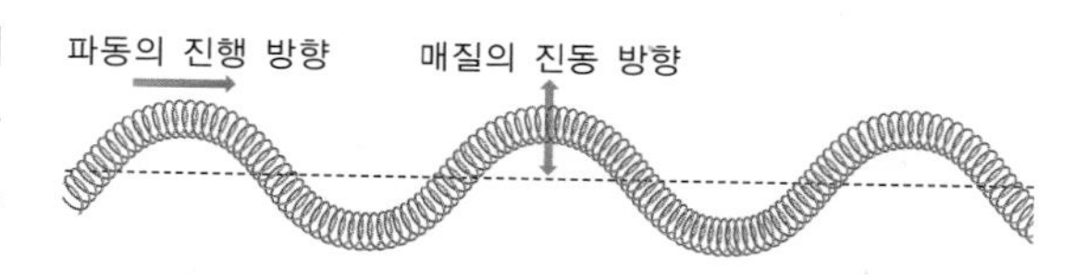

07 **그림은 파동의 진행 방향과 매질의 진동 방향이 나란한 종파를 나타낸 것이다. 이와 같은 종파에 해당하는 것만을 〈보기〉에서 있는 대로 쓰시오.**

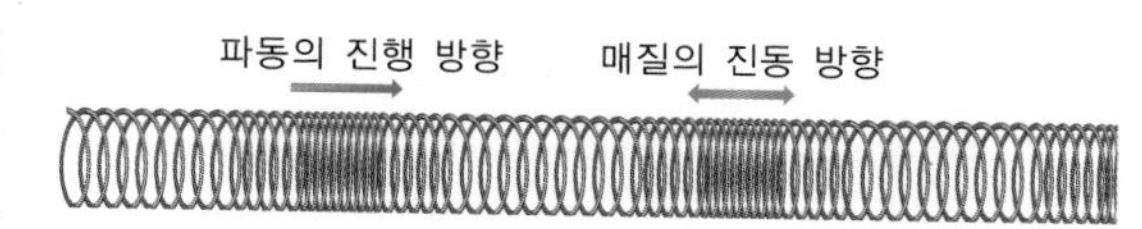

08 **그림은 파동의 요소를 나타낸 것이다. ㉠~㉣에 들어갈 알맞은 용어를 쓰시오.**

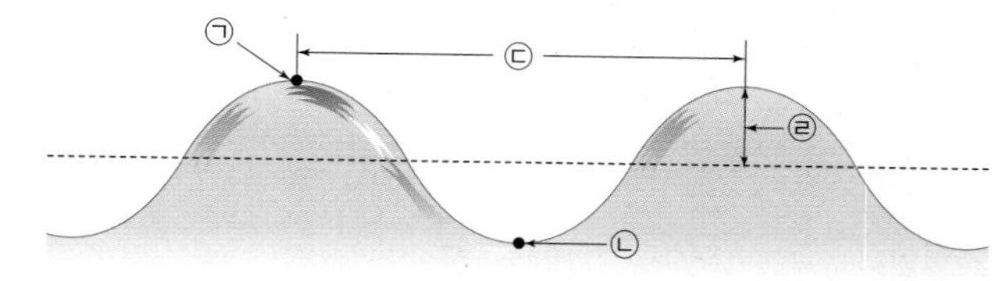

09 **파동에 대한 설명으로 옳은 것은 ○표, 옳지 않은 것은 ×표를 하시오.**

(1) 횡파는 매질이 이동하지 않지만 종파는 매질이 이동한다. (　　)

(2) 마루와 골 사이의 수직 거리가 10 cm이면 진폭은 10 cm이다. (　　)

(3) 종파에서 빽빽한 부분과 그 다음 빽빽한 부분까지의 거리를 파장이라고 한다. (　　)

10 **용수철의 한 점이 1초 동안 2번 진동하였다.**

(1) 이 용수철 파동의 진동수는 몇 Hz인지 쓰시오.

(2) 이 용수철 파동의 주기는 몇 초인지 쓰시오.

03 소리와 파동

5 소리의 발생과 전달

1. **소리의 발생** : 소리는 물체의 진동으로 발생한다.
   • 소리는 파동의 진행 방향과 매질의 진동 방향이 나란한 종파이다.

2. **소리의 전달**+
   (1) 소리는 매질이 있어야 전달된다.
      ① 소리는 고체, 액체, 기체에서 모두 전달된다.
      ② 소리는 매질이 없는 진공 상태에서는 전달되지 않는다.
   (2) 공기 중에서 소리의 전달 과정

물체의 진동 → 공기의 진동 → 고막의 진동 → 소리 인식

+ 소리의 전달 예
• 액체 매질 속에서 소리의 전달 : 물속에서 수중 발레 선수가 음악 소리에 맞추어 연기를 한다.
• 고체 매질 속에서 소리의 전달 : 골전도 헤드셋은 뼈를 진동시켜 음악 소리를 전달한다.

+ 소리의 높낮이와 진동수
소프라노가 내는 소리가 베이스가 내는 소리보다 고음인 까닭은 진동수가 크기 때문이다.

6 소리의 3요소

1. **소리의 3요소** : 파동의 진폭, 진동수, 파형에 따라 달라지는 소리의 크기, 소리의 높낮이, 음색을 소리의 3요소라고 한다.

2. **소리의 크기와 진폭** : 작은 소리는 진폭이 작고, 큰 소리는 진폭이 크다.
   예 북을 약하게 치면 작은 소리가 나고, 세게 치면 큰 소리가 난다.

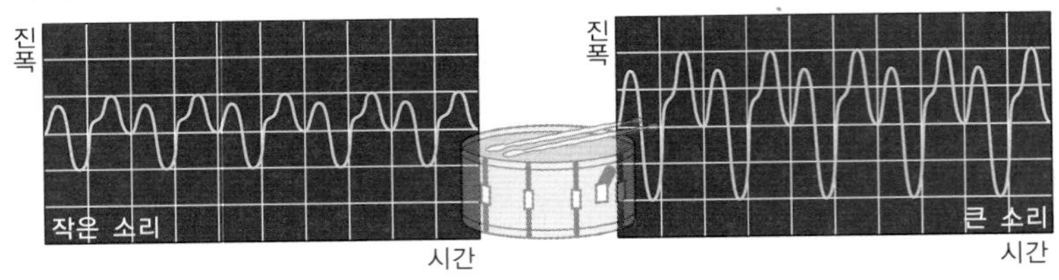

3. **소리의 높낮이와 진동수**+ : 낮은 소리는 진동수가 작고, 높은 소리는 진동수가 크다.
   예 피아노에서 낮은 '도' 음을 치면 낮은 소리가 나고, 높은 '도' 음을 치면 높은 소리가 난다.

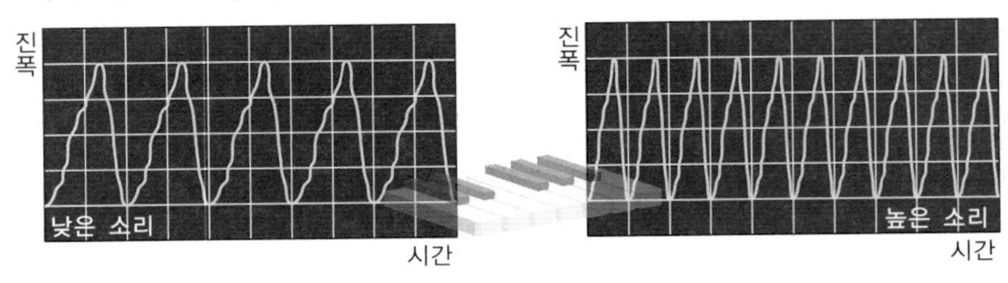

+ 악기에서 진동수를 다르게 하는 방법
기타와 같은 현악기는 줄의 굵기, 팽팽한 정도, 손가락으로 줄을 누르는 위치에 따라 다양한 높낮이의 소리를 낼 수 있고, 트롬본과 같은 관악기는 관의 길이를 변화시켜 소리의 높낮이를 조절한다. 실로폰과 같은 타악기는 막대의 길이를 다르게 하여 다양한 높낮이의 소리를 낸다.

4. **음색과 파형**+ : 음색은 파형에 따라 달라진다.
   예 같은 높이의 음을 같은 크기로 내는 플루트 소리와 바이올린 소리는 다르다.

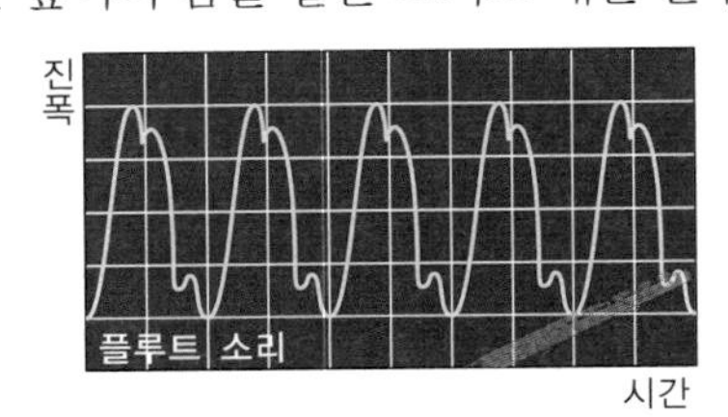

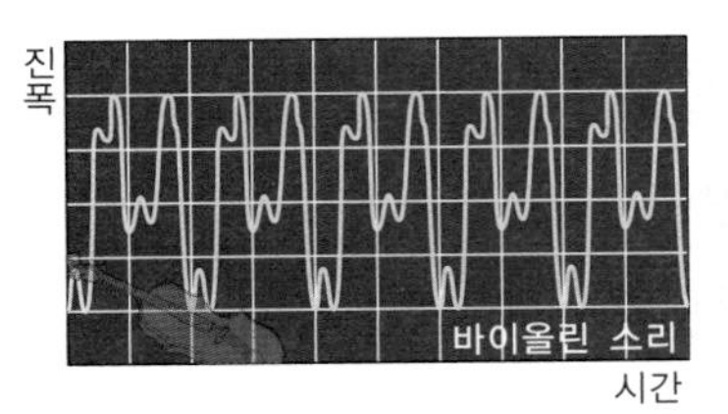

+ 목소리의 음색과 파형
목소리만으로 사람을 구별할 수 있는 것은 사람마다 목소리의 파형이 다르기 때문이다.

정답과 해설 • 54쪽

5 소리의 발생과 전달

- 소리는 물체의 □□으로 발생하며, 파동의 진행 방향과 매질의 진동 방향이 나란한 □□이다.
- 소리는 □□이 있어야 전달되며, 매질이 없는 □□ 상태에서는 소리가 전달되지 않는다.

6 소리의 3요소

- 작은 소리는 □□이 작고, 큰 소리는 □□이 크다.
- 낮은 소리는 □□□가 작고, 높은 소리는 □□□가 크다.
- 음색은 □□에 따라 달라진다.

11 공기 중에서 소리의 전달 과정을 나타낸 것이다.

물체의 (㉠) → (㉡)의 진동 → 고막의 진동 → 소리 인식

㉠과 ㉡에 들어갈 알맞은 말을 쓰시오.

12 소리에 대한 설명으로 옳은 것은 ○표, 옳지 않은 것은 ×표를 하시오.

(1) 소리는 기체에서만 전달된다. ( )
(2) 소리는 매질이 없어도 전달된다. ( )
(3) 소리는 물체의 진동으로 발생한다. ( )
(4) 소리는 파동의 진행 방향과 매질의 진동 방향이 나란한 종파이다. ( )

13 그림 (가), (나)는 크기가 다른 두 소리를 나타낸 것이다.

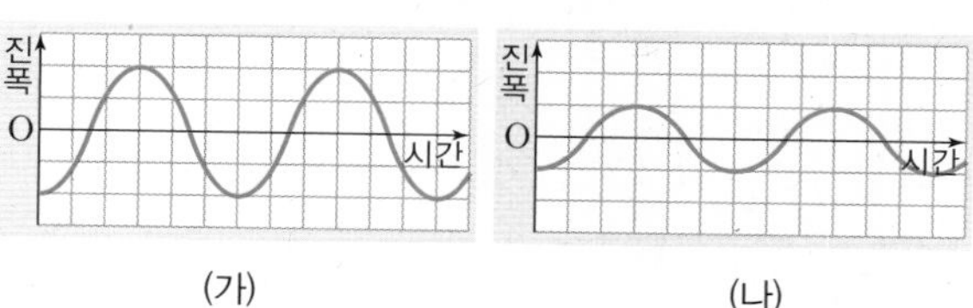

(가) (나)

(1) (가), (나) 중 큰 소리를 고르시오.
(2) (가), (나) 중 진폭이 큰 소리를 고르시오.

14 그림 (가), (나)는 높이가 다른 두 소리를 나타낸 것이다.

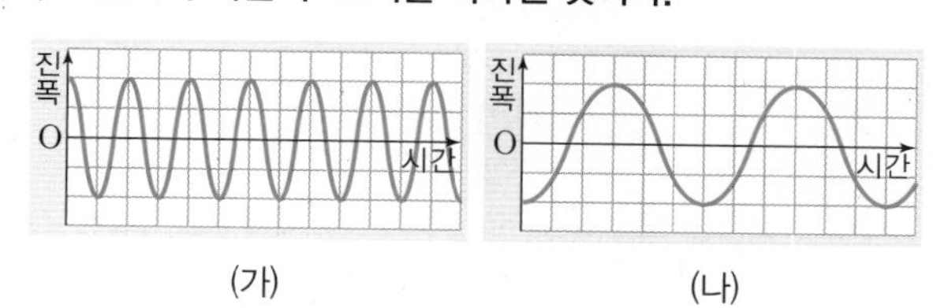

(가) (나)

(1) (가), (나) 중 높은 소리를 고르시오.
(2) (가), (나) 중 진동수가 큰 소리를 고르시오.

15 그림 (가)~(라)는 여러 가지 소리를 파동으로 나타낸 것이다.

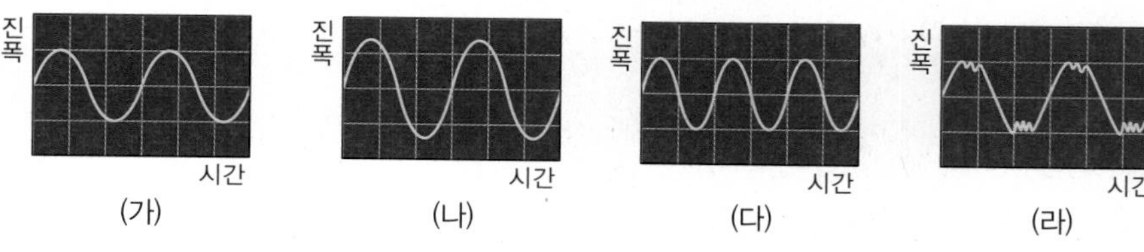

(가) (나) (다) (라)

(1) (가)~(라) 중 가장 큰 소리를 고르시오.
(2) (가)~(라) 중 가장 높은 소리를 고르시오.
(3) (가)~(라) 중 소리를 낸 물체가 다른 하나를 고르시오.

필수 탐구 소리의 진폭, 진동수, 파형 탐구하기

목표
악기 소리를 분석해 보고, 소리의 특징을 진폭, 진동수, 파형으로 설명할 수 있다.

과정

1 노트북에 마이크를 연결하고, 소리 분석 프로그램을 실행한다.

2 리코더로 낮은 '도' 음을 약하게 불 때와 세게 불 때 소리 분석 프로그램에 나타나는 소리의 파형을 각각 그림 파일로 저장한 다음, 출력하여 붙인다.

소리를 마이크에 입력할 때 주변에서 발생하는 소음이 없도록 한다.

3 리코더로 낮은 '도' 음과 높은 '도' 음을 같은 크기로 불 때를 출력하여 붙인다.

4 리코더와 실로폰으로 같은 높이의 '도' 음을 비슷한 크기로 낼 때를 출력하여 붙인다.

결과

1 낮은 '도'음을 약하게 불 때와 세게 불 때 진동수와 파형의 모습은 거의 비슷하지만 진폭이 다르다. 즉, 크게 불 때 진폭이 더 크다.

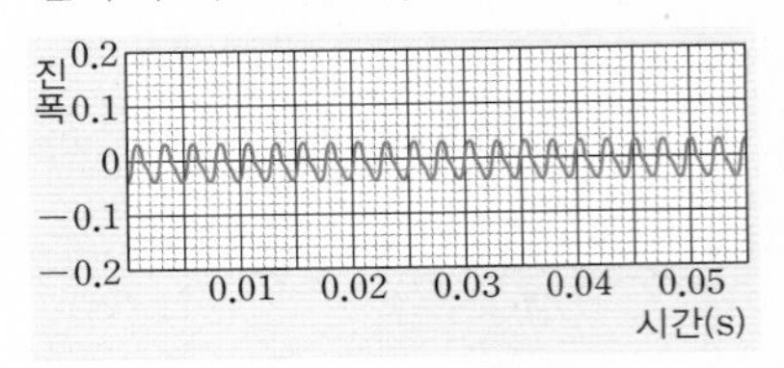

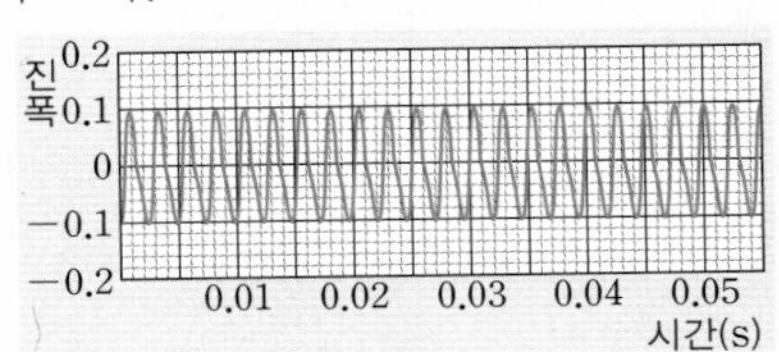

2 낮은 '도' 음과 높은 '도' 음의 진폭과 파형의 모습은 거의 비슷하지만 진동수가 다르다. 높은 '도' 음은 낮은 '도' 음보다 파형이 더 빽빽하게 나타난다.

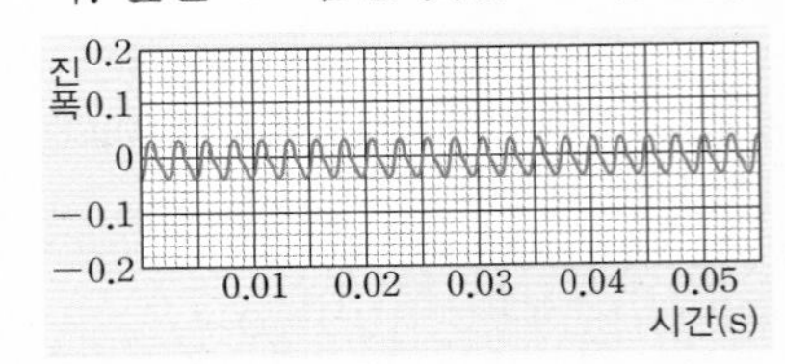

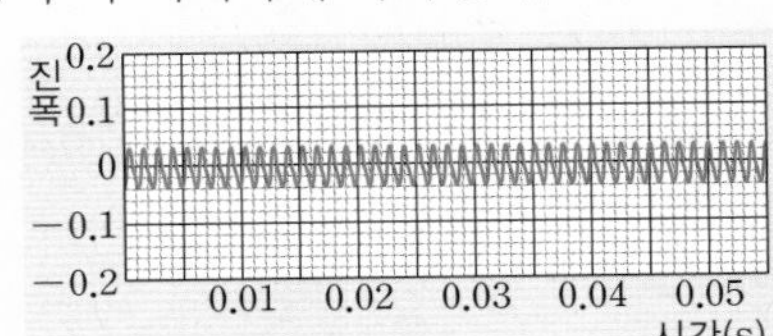

3 리코더와 실로폰으로 내는 '도'음의 진폭과 진동수는 차이가 거의 없지만 파형의 모습이 다르다.

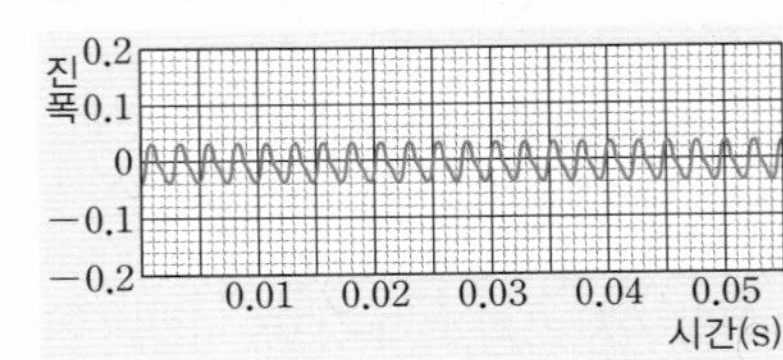

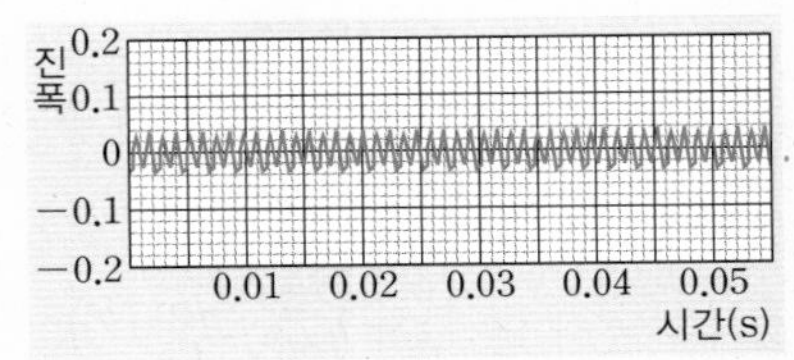

정리

1 큰 소리와 작은 소리의 차이는 진폭과 관련이 있다. 즉, 큰 소리일수록 진폭이 크다.

2 높은 소리와 낮은 소리의 차이는 진동수와 관련이 있다. 즉, 높은 소리일수록 진동수가 크다.

3 악기에서 나는 소리의 차이는 파형과 관련이 있다. 같은 높이, 같은 크기의 소리라도 악기의 종류가 다르면 소리가 다르게 들린다.

정답과 해설 • 55쪽

소리의 진폭, 진동수, 파형 탐구하기

- 소리의 크기는 □□에 따라 달라진다. □□이 클수록 큰 소리이다.
- 소리의 높낮이는 □□□에 따라 달라진다. □□□가 클수록 높은 소리이다.
- 같은 높이, 같은 크기의 소리라도 악기의 종류가 다르면 소리의 □□이 다르므로 소리가 다르게 들린다.

1 그림 (가)와 (나)는 소리를 눈에 보이는 파동의 형태로 나타낸 것이다. 두 소리의 차이점을 옳게 설명한 것은?

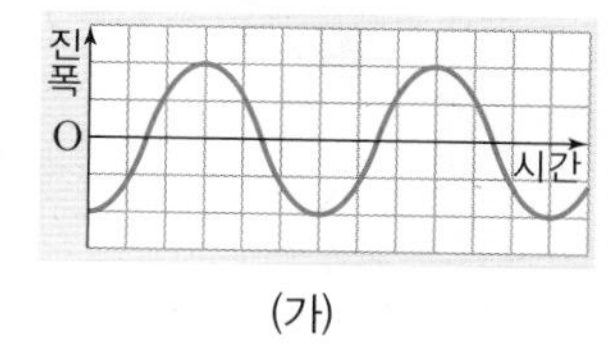

(가)

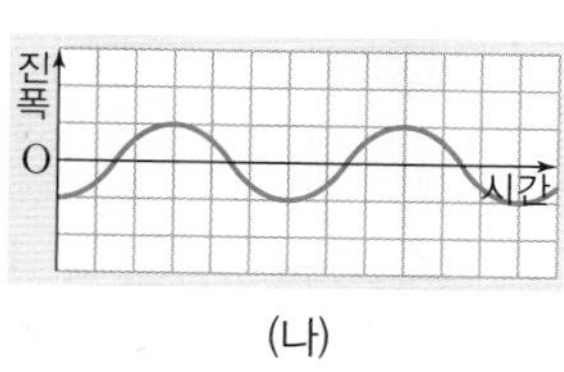

(나)

① (가)는 (나)보다 진폭이 크다.
② (가)는 (나)보다 높은 소리이다.
③ (가)는 (나)보다 작은 소리이다.
④ (가)는 (나)보다 크고 높은 소리이다.
⑤ (가)는 (나)보다 작고 낮은 소리이다.

2 그림 (가)와 (나)는 소리를 눈에 보이는 파동의 형태로 나타낸 것이다. 두 소리의 차이점을 옳게 설명한 것은?

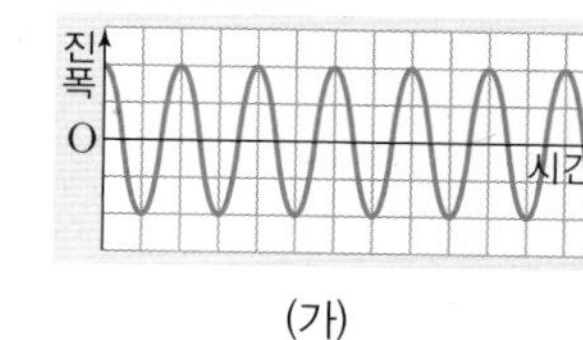

(가)

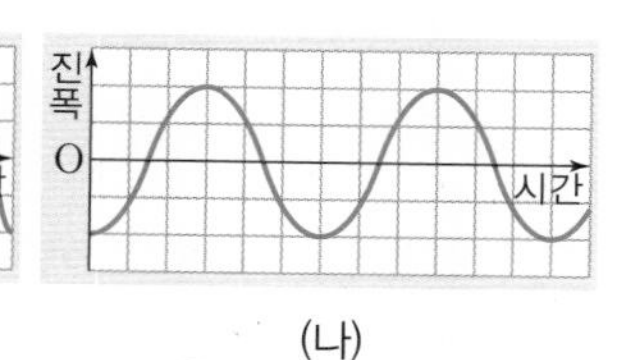

(나)

① (가)는 (나)보다 큰 소리이다.
② (가)는 (나)보다 작은 소리이다.
③ (가)는 (나)보다 높은 소리이다.
④ (가)는 (나)보다 낮은 소리이다.
⑤ (가)와 (나)는 음색이 다르다.

3 그림 (가)와 (나)는 소리를 눈에 보이는 파동의 형태로 나타낸 것이다. 두 소리를 비교할 때 다른 요소만을 <보기>에서 있는 대로 고르시오.

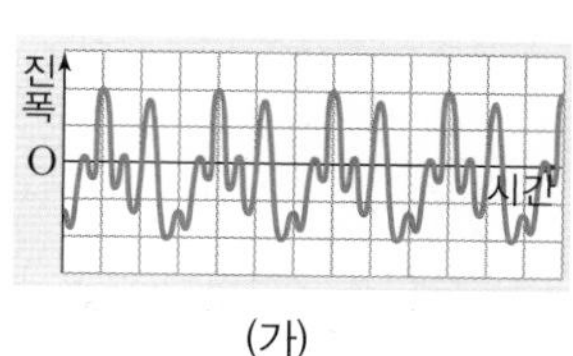

(가)

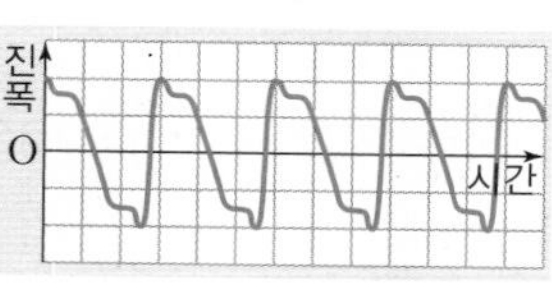

(나)

보기

ㄱ. 진폭　ㄴ. 크기　ㄷ. 진동수
ㄹ. 파형　ㅁ. 높낮이　ㅂ. 음색

4 사람마다 목소리가 다른 것, 친구가 부르는 소리를 집안에서도 알아들을 수 있는 것은 소리의 3요소 중 어느 것과 관계가 있는지 <보기>에서 있는 대로 고르시오.

보기

ㄱ. 소리의 크기　ㄴ. 소리의 높낮이　ㄷ. 음색

5 소리의 진폭만 달라지는 경우는?

① 작은 북과 큰 북을 칠 때
② 남자와 여자가 '도' 소리를 낼 때
③ 어린이와 어른이 '도' 소리를 낼 때
④ 큰 북을 세게 칠 때와 약하게 칠 때
⑤ 피아노와 실로폰으로 '도' 음을 연주할 때

내신 기출 문제

1 파동의 발생

01 (가)와 (나)가 의미하는 것은 무엇인지 각각 쓰시오.

(가) 물체의 운동이 일정한 범위에서 한 점을 중심으로 왔다갔다 반복되는 현상
(나) 물질의 한곳에서 만들어진 진동이 주위로 퍼져 나가는 현상

02 파동에 의한 현상으로 볼 수 없는 것은?

① 물을 가열하면 수증기로 변한다.
② 호수에 돌을 던지면 물결이 생긴다.
③ 먼 곳에서 오는 소리를 들을 수 있다.
④ 지진에 의해 만들어진 파도의 출렁거림이 해안까지 전달된다.
⑤ 공사장에서 바닥에 구멍을 뚫을 때 근처에 있으면 땅의 흔들림이 전해진다.

03 파동에 해당하지 않는 것은?

① 소리 ② 지진파 ③ 물결파
④ 바람 ⑤ 빛

2 파동의 진행

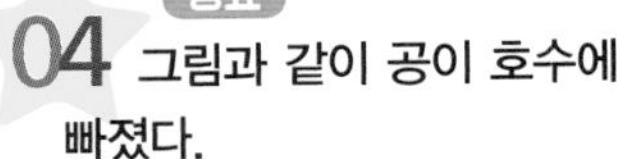

중요

04 그림과 같이 공이 호수에 빠졌다.
이때 공 근처에 돌멩이를 던져 물결을 일으키면 공의 움직임은 어떻게 되는가?

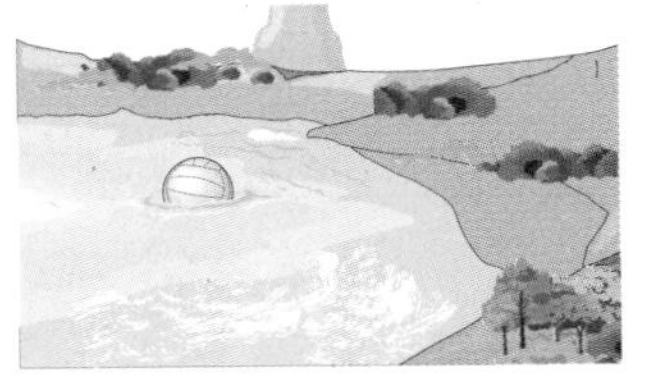

① 아무런 움직임이 없다.
② 물결을 따라 이동한다.
③ 물결의 반대 방향으로 이동한다.
④ 제자리에서 위아래로만 움직인다.
⑤ 물결의 이동 방향에 나란하게 흔들린다.

중요

05 그림과 같이 지진이 발생하면 땅이 갈라지기도 하고 건물이 무너지기도 한다.
이러한 현상으로부터 알 수 있는 것은?

① 파동에는 종파와 횡파가 있다.
② 파동은 매질이 있어야 전달된다.
③ 파동에 따라 매질의 종류가 다르다.
④ 파동이 전파될 때 매질은 이동하지 않는다.
⑤ 파동이 전파될 때 에너지도 함께 이동한다.

[06~07] 그림은 오른쪽으로 진행하는 물결파 위에 공이 놓여 있는 모습을 나타낸 것이다. 물음에 답하시오.

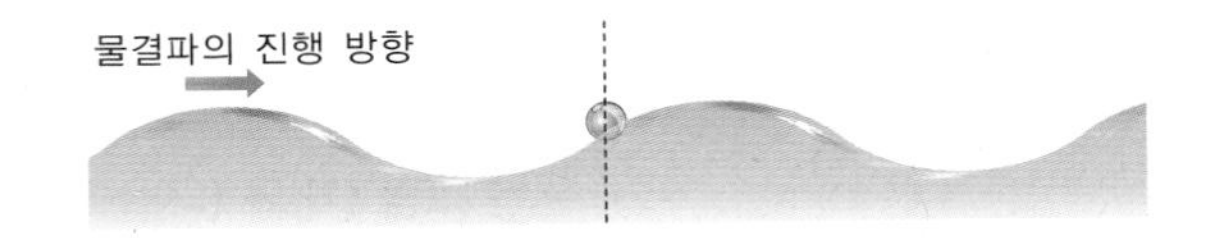

06 물결파가 오른쪽으로 이동할 때 다음 순간 공의 움직임에 대한 설명으로 옳은 것은?

① 공은 제자리에서 위로 움직인다.
② 공은 제자리에서 아래로 움직인다.
③ 공은 제자리에서 아무런 움직임이 없다.
④ 공은 물결파와 함께 오른쪽으로 이동한다.
⑤ 공은 물결파의 진행 방향과 반대 방향인 왼쪽으로 이동한다.

중요

07 그림에서 물결파의 진행과 공의 움직임으로부터 알 수 있는 사실에 대한 설명으로 옳은 것은?

① 파동은 반드시 매질이 있어야 전달된다.
② 파동이 진행할 때 매질이 파동과 함께 이동한다.
③ 파동이 진행할 때 매질은 파동과 함께 이동하지 않는다.
④ 파동이 이동하는 빠르기는 매질의 종류에 따라 달라진다.
⑤ 파동에 따라 매질이 이동하기도 하고 매질이 이동하지 않기도 한다.

3 파동의 종류

중요

08 그림은 용수철을 좌우로 흔들 때의 모습을 나타낸 것이다. 파동의 진행 방향과 매질의 진동 방향의 관계가 이와 같은 파동만을 〈보기〉에서 있는 대로 고른 것은?

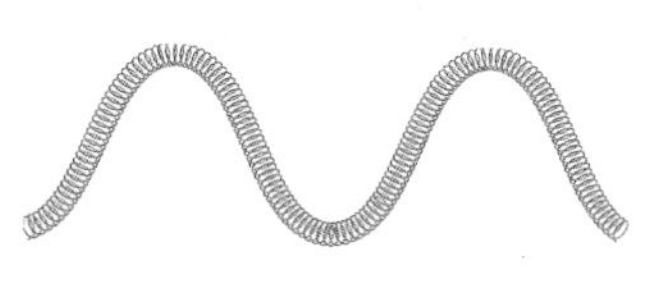

보기

ㄱ. 소리　　ㄴ. 전자기파

ㄷ. 지진파의 P파　　ㄹ. 지진파의 S파

① ㄱ, ㄷ　② ㄱ, ㄹ　③ ㄴ, ㄷ
④ ㄴ, ㄹ　⑤ ㄷ, ㄹ

09 그림은 한끝이 고정된 용수철을 좌우로 흔들었을 때 생기는 파동의 모습을 나타낸 것이다.

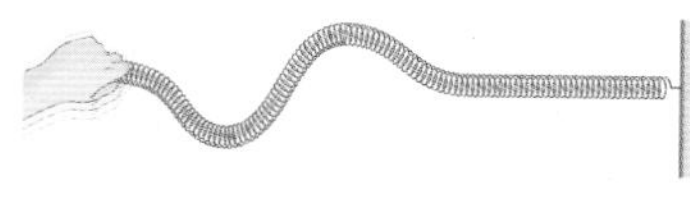

이 파동에 대한 설명으로 옳은 것만을 〈보기〉에서 있는 대로 고른 것은?

보기

ㄱ. 지진파의 S파, 빛 등과 같은 종류의 파동이다.
ㄴ. 파동이 진행할 때 매질인 용수철도 함께 이동한다.
ㄷ. 매질의 진동 방향과 파동의 진행 방향이 수직인 횡파이다.

① ㄱ　② ㄴ　③ ㄷ
④ ㄱ, ㄷ　⑤ ㄴ, ㄷ

중요

10 그림은 용수철을 이용하여 만든 파동의 모습을 나타낸 것이다.

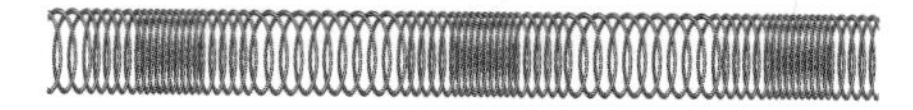

이 파동에 대한 설명으로 옳은 것만을 〈보기〉에서 있는 대로 고른 것은?

보기

ㄱ. 용수철을 앞뒤로 흔들 때 나타난다.
ㄴ. 이와 같은 파동에는 빛, 전파 등이 있다.
ㄷ. 파동의 진행 방향과 매질의 진동 방향이 나란하다.

① ㄴ　② ㄷ　③ ㄱ, ㄴ
④ ㄱ, ㄷ　⑤ ㄴ, ㄷ

4 파동의 표현

11 그림과 같이 용수철을 앞뒤로 흔들면 듬성듬성한 부분과 빽빽한 부분이 연달아 나타난다.

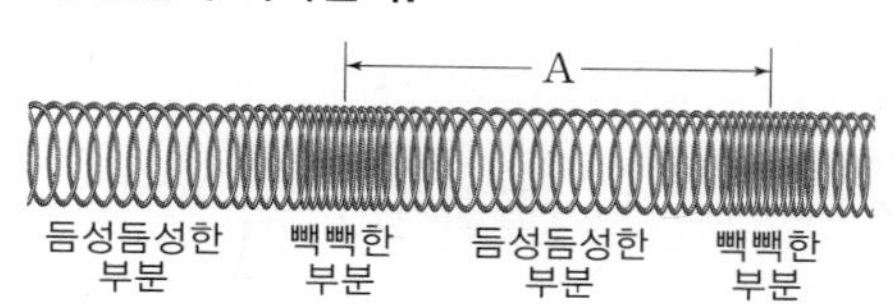

위 그림에서 A가 의미하는 것은?

① 마루　② 골　③ 진폭
④ 파장　⑤ 주기

12 그림은 용수철을 위아래로 흔들 때 나타난 파동의 모습을 나타낸 것이다. 이에 대한 설명으로 옳은 것은?

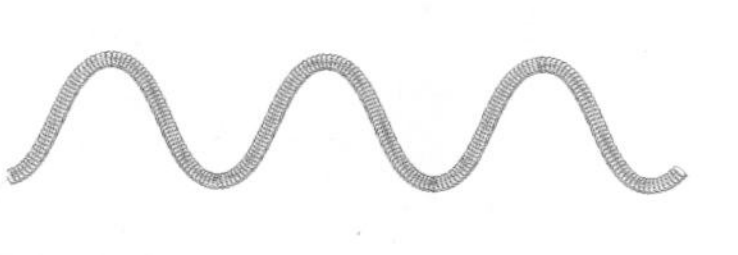

① 그림과 같은 파동을 종파라고 한다.
② 그림과 같은 파동의 예로 소리가 있다.
③ 용수철을 빠르게 흔들면 진동수가 커진다.
④ 파동의 진행 방향과 매질의 진동 방향이 나란하다.
⑤ 파동의 가장 높은 곳과 이웃한 높은 곳 사이의 거리를 진폭이라고 한다.

중요

13 그림은 용수철을 위아래로 흔들었을 때 발생한 파동의 모습을 나타낸 것이다.

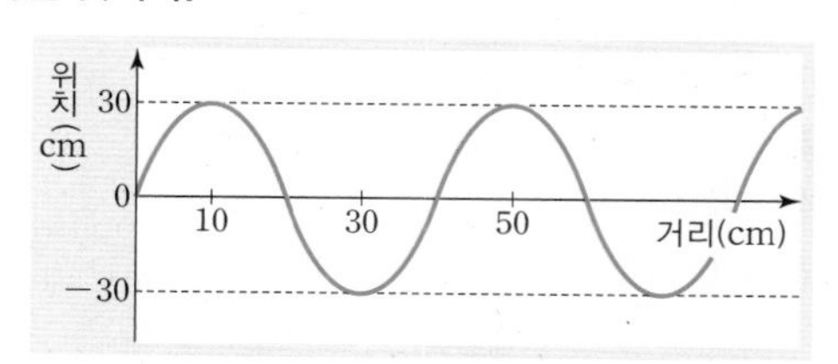

이 파동의 진폭과 파장을 옳게 짝 지은 것은?

	진폭	파장		진폭	파장
①	15 cm	20 cm	②	30 cm	20 cm
③	30 cm	40 cm	④	60 cm	20 cm
⑤	60 cm	40 cm			

중요

14 그림과 같은 파동이 A에서 B까지 진행하는 데 걸린 시간을 측정하였더니 2초였다.

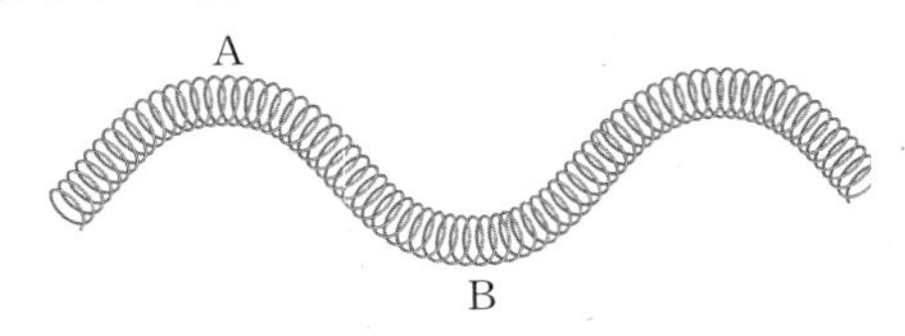

이 파동의 주기와 진동수를 옳게 짝 지은 것은?

	주기	진동수		주기	진동수
①	0.25초	4 Hz	②	0.5초	2 Hz
③	1초	1 Hz	④	2초	0.5 Hz
⑤	4초	0.25 Hz			

15 그림 (가), (나)는 용수철을 흔드는 빠르기를 다르게 하여 생긴 파동의 모습을 나타낸 것이다.

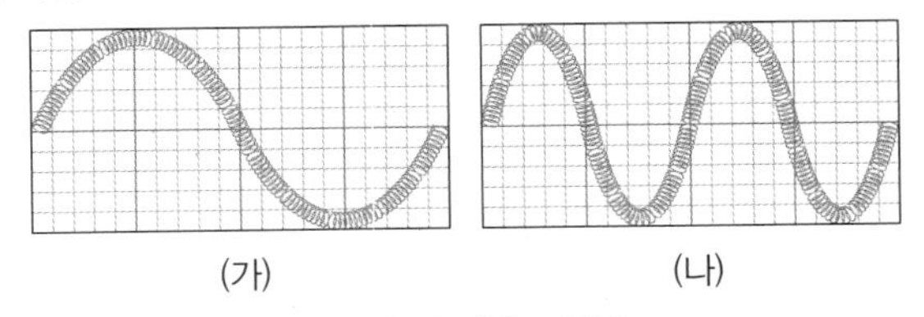

(가) (나)

두 파동에 대한 설명으로 옳지 않은 것은?

① (가)와 (나) 모두 횡파이다.
② (가)의 파장은 (나)의 2배이다.
③ (가)와 (나)의 진폭은 서로 같다.
④ 진동수는 (가)가 (나)의 2배이다.
⑤ 용수철을 더 빨리 흔든 것은 (나)이다.

5 소리의 발생과 전달

16 그림과 같이 고무망치로 두드린 소리굽쇠를 물이 들어 있는 비커에 넣었더니 비커 속의 물이 튀었다.
이와 같은 현상으로부터 알 수 있는 사실은?

① 소리는 종파이다.
② 소리는 고체에서 가장 빠르다.
③ 소리는 매질이 있어야 전달된다.
④ 소리는 공기의 진동으로 발생한다.
⑤ 소리는 물체의 진동으로 발생한다.

[17～18] 그림과 같이 스피커 앞에 촛불을 놓은 다음 음악을 틀었다. 물음에 답하시오.

17 음악을 틀었을 때 스피커 앞의 촛불의 움직임에 대한 설명으로 옳은 것은?

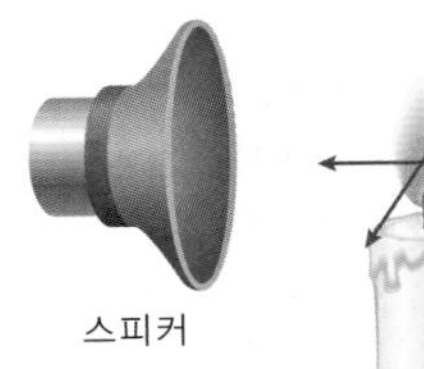

① 촛불은 움직이지 않는다.
② 촛불이 위아래로 흔들린다.
③ 촛불이 A 방향으로 앞뒤로 흔들린다.
④ 촛불이 B 방향으로 좌우로 흔들린다.
⑤ 촛불은 A 또는 B 방향으로 번갈아가며 흔들린다.

18 스피커의 음악을 틀었을 때 촛불이 위와 같이 움직이는 까닭으로 옳은 것은?

① 공기가 위아래로 진동하므로
② 공기가 A 방향으로 진동하므로
③ 공기가 B 방향으로 진동하므로
④ 공기의 진동 없이 음악이 전달되므로
⑤ 공기가 A 또는 B 방향으로 번갈아가며 진동하므로

중요

19 그림은 스피커에서 나는 소리가 전달될 때 공기의 분포를 나타낸 것이다.

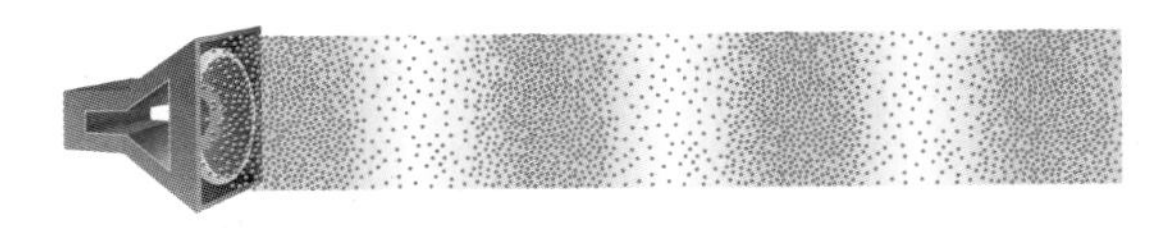

이러한 종류의 파동에 대한 설명으로 옳은 것만을 〈보기〉에서 있는 대로 고른 것은?

보기
ㄱ. 소리는 종파이다.
ㄴ. 소리는 공기의 진동으로 전달된다.
ㄷ. 지진파의 P파도 같은 종류의 파동이다.

① ㄱ ② ㄴ ③ ㄱ, ㄴ
④ ㄱ, ㄷ ⑤ ㄱ, ㄴ, ㄷ

6 소리의 3요소

20 그림과 같은 악보의 '도' 음을 리코더로 작게 불었을 때 나는 소리와 '파' 음을 실로폰으로 크게 칠 때 나는 소리의 차이점을 옳게 설명한 것은?

도 라 라 파

① 리코더 소리와 실로폰 소리의 크기는 같다.
② 리코더 소리는 실로폰 소리보다 작고 낮은 소리이다.
③ 리코더 소리는 실로폰 소리보다 크고 높은 소리이다.
④ 리코더 소리는 실로폰 소리보다 크지만 낮은 소리이다.
⑤ 리코더 소리는 실로폰 소리보다 작지만 높은 소리이다.

중요
21 그림은 북을 약하게 칠 때와 세게 칠 때 나는 소리를 파형으로 나타낸 것이다.

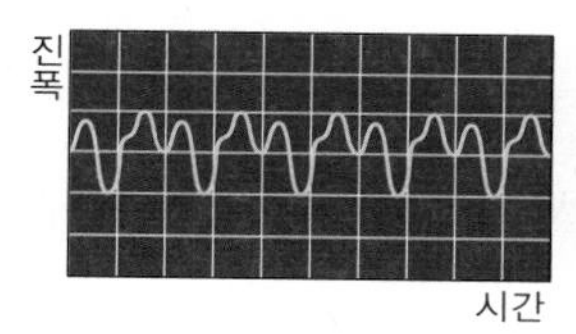

약하게 칠 때

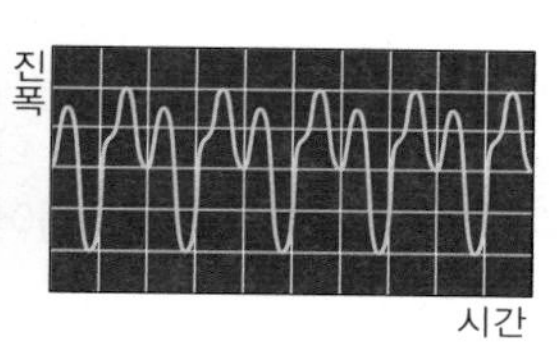

세게 칠 때

이에 대한 설명으로 옳은 것만을 〈보기〉에서 있는 대로 고른 것은?

보기
ㄱ. 진폭이 클수록 큰 소리이다.
ㄴ. 북을 세게 칠수록 진폭이 커진다.
ㄷ. 북을 치는 세기에 따라 진폭이 달라진다.

① ㄱ ② ㄱ, ㄴ ③ ㄱ, ㄷ
④ ㄴ, ㄷ ⑤ ㄱ, ㄴ, ㄷ

22 (가), (나)에서 각각의 두 소리가 다르게 들리는 까닭과 관계있는 파동의 요소를 옳게 짝 지은 것은?

(가) 피아노의 '도'와 '레'
(나) 피아노의 '솔'과 바이올린의 '솔'

	(가)	(나)
①	진동수	진폭
②	진동수	파형
③	진폭	진동수
④	진폭	파형
⑤	파형	진폭

[23~24] 그림 (가)~(라)는 소리를 파형으로 나타낸 것이다.

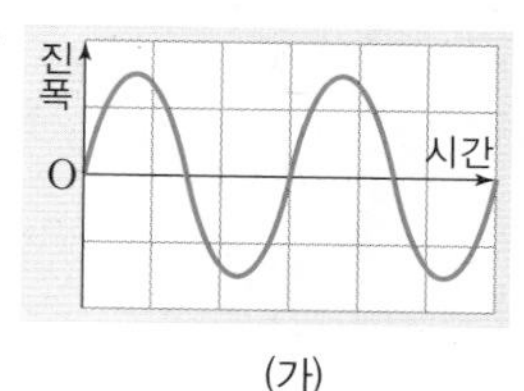

(가)

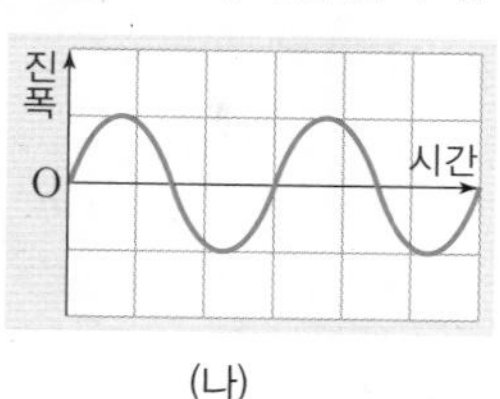

(나)

(다)

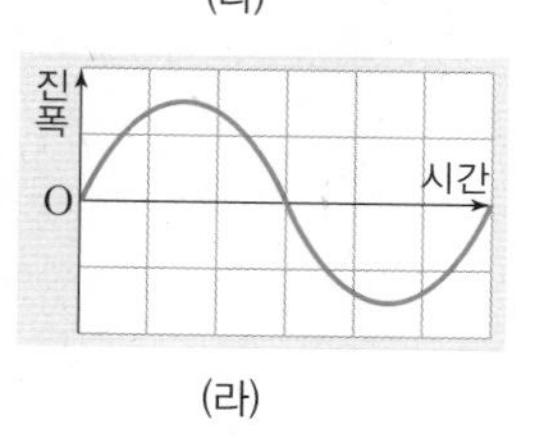

(라)

중요
23 ㉠ 가장 큰 소리와 ㉡ 가장 높은 소리를 옳게 짝 지은 것은?

	㉠	㉡
①	(가)	(나)
②	(가)	(다)
③	(다)	(가)
④	(다)	(라)
⑤	(라)	(나)

24 위 소리 중 (가)와 (다)에 대한 설명으로 옳은 것만을 〈보기〉에서 있는 대로 고른 것은?

보기
ㄱ. (가)는 (다)보다 작은 소리이다.
ㄴ. (가)는 (다)보다 높은 소리이다.
ㄷ. (가)와 (다)는 세기와 높낮이가 모두 다르다.

① ㄷ ② ㄱ, ㄴ ③ ㄱ, ㄷ
④ ㄴ, ㄷ ⑤ ㄱ, ㄴ, ㄷ

25 그림 (가), (나)와 같이 강철 자의 길이를 다르게 하고 퉁기는 폭은 같게 하여 강철 자를 퉁기면서 소리를 들어 보았다.

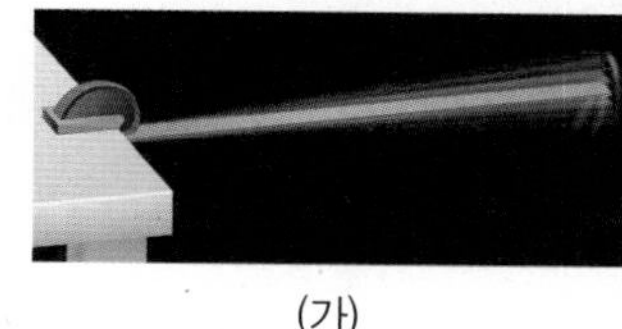
(가)

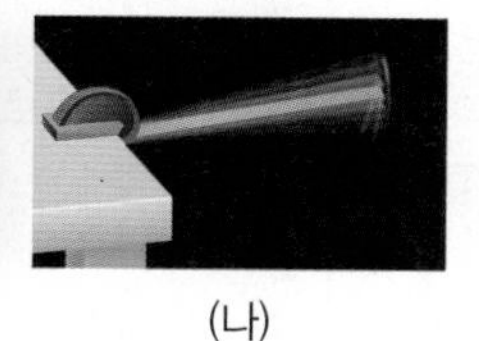
(나)

(가)와 (나)에서 나는 소리의 차이를 옳게 설명한 것은?

① (나)는 (가)보다 큰 소리이다.
② (나)는 (가)보다 작은 소리이다.
③ (나)는 (가)보다 높은 소리이다.
④ (나)는 (가)보다 낮은 소리이다.
⑤ (가)와 (나)는 파형이 달라 다르게 들린다.

01 줄의 한쪽 끝을 잡고 위아래로 천천히 흔들었더니 그림과 같은 파동이 생겼다.

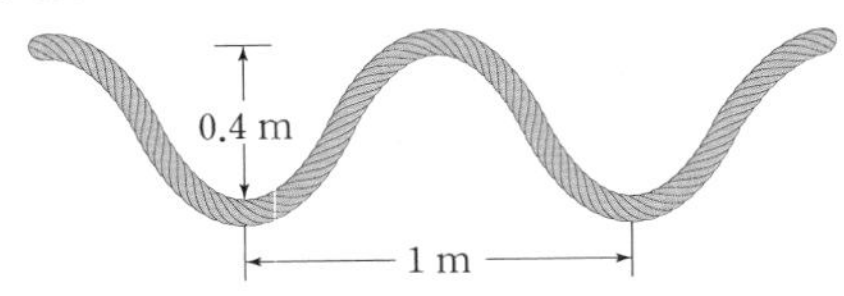

줄을 처음보다 더 빠르게 흔들 때 생기는 파동에 대한 설명으로 옳은 것은?

① 진폭과 파장 모두 변화가 없다.
② 진폭은 0.2 m로 변함이 없고, 파장은 1 m 보다 짧아진다.
③ 진폭은 0.2 m로 변함이 없고, 파장은 1 m 보다 길어진다.
④ 진폭은 1 m로 변함이 없고, 파장은 0.2 m 보다 짧아진다.
⑤ 진폭은 1 m로 변함이 없고, 파장은 0.2 m 보다 길어진다.

02 그림은 줄을 흔들어 발생한 파동이 이동하는 모습을 나타낸 것이다. 파동의 마루 A는 1초 후에 B의 위치로 이동하였다.

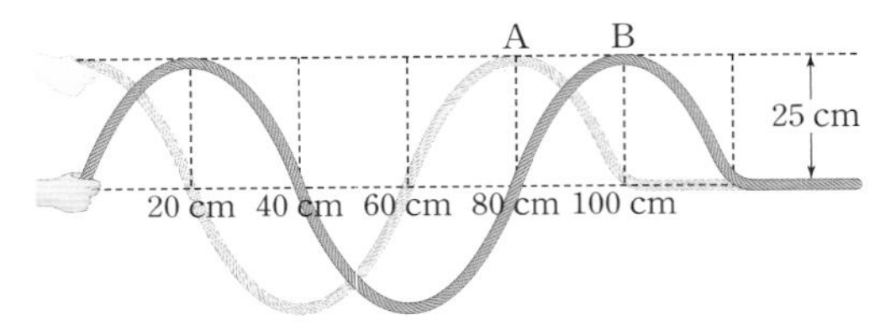

이 파동에 대한 설명으로 옳은 것만을 〈보기〉에서 있는 대로 고른 것은?

보기
ㄱ. 진폭은 50 cm이다.
ㄴ. 파장은 40 cm이다.
ㄷ. 속력은 0.2 m/s이다.
ㄹ. 진동수는 0.25 Hz이다.

① ㄱ, ㄴ ② ㄱ, ㄷ ③ ㄱ, ㄹ
④ ㄴ, ㄷ ⑤ ㄷ, ㄹ

[03~04] 그림과 같이 유리병에 물의 양을 다르게 부은 다음 막대를 이용하여 유리병을 치면서 소리를 들어 보았다. 물음에 답하시오.

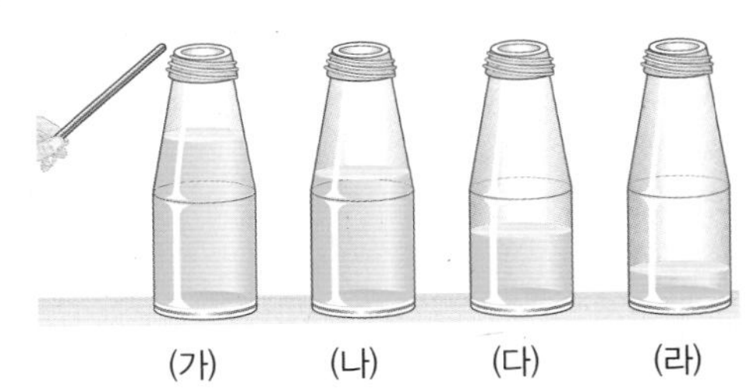

03 막대로 유리병을 칠 때 가장 높은 소리가 나는 것은?

① (가) ② (나) ③ (다)
④ (라) ⑤ 모두 같다.

04 위 유리병을 입으로 불어서 소리를 낼 때 가장 높은 소리가 나는 것은?

① (가) ② (나) ③ (다)
④ (라) ⑤ 모두 같다.

05 그림은 소리굽쇠를 쳤을 때 나는 소리의 모습을 파동의 형태로 나타낸 것이다.

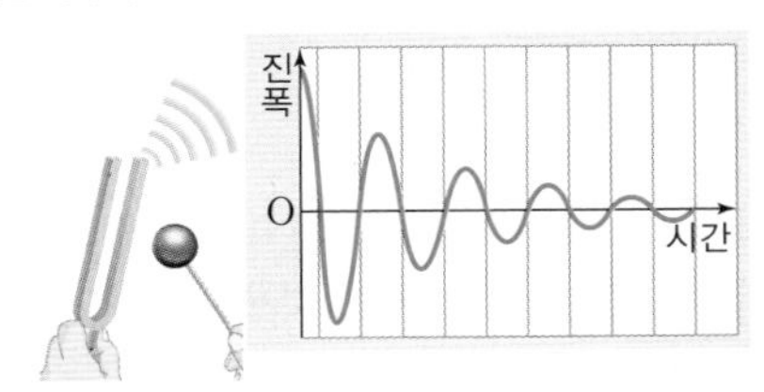

이 소리에 대한 설명으로 옳은 것은?

① 소리의 크기와 높낮이 모두 변화가 없다.
② 소리의 크기와 높낮이가 동시에 작아진다.
③ 소리의 크기는 변화가 없고 높낮이는 커진다.
④ 소리의 크기는 변화가 없고 높낮이는 작아진다.
⑤ 소리의 크기는 작아지지만 높낮이는 변화가 없다.

예제

01 그림과 같이 물 위에 여러 개의 코르크 마개를 띄워 놓고, 긴 막대를 이용하여 물결파를 만들었다.

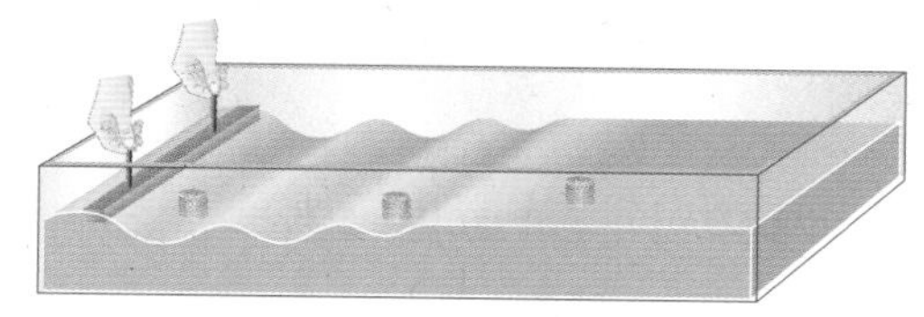

물결파가 코르크 마개를 통과할 때 코르크 마개는 어떻게 움직이는지 쓰고, 그 까닭을 서술하시오.

Tip 파동이 진행할 때 매질은 파동과 함께 이동하지 않는다.
Key Word 물결파, 매질, 코르크 마개

[설명] 파동이 진행할 때 매질은 파동과 함께 이동하지 않는다는 사실을 알고 있으면 해결할 수 있다.
[모범 답안] 코르크 마개는 제자리에서 위아래로 움직인다. 물결파가 이동하더라도 매질인 물은 제자리에서 위아래로 진동만 하기 때문이다.

02 그림 (가)와 (나)는 각각 같은 소리굽쇠를 세게 두드렸을 때와 약하게 두드렸을 때 공기 입자의 분포를 나타낸 것이다.

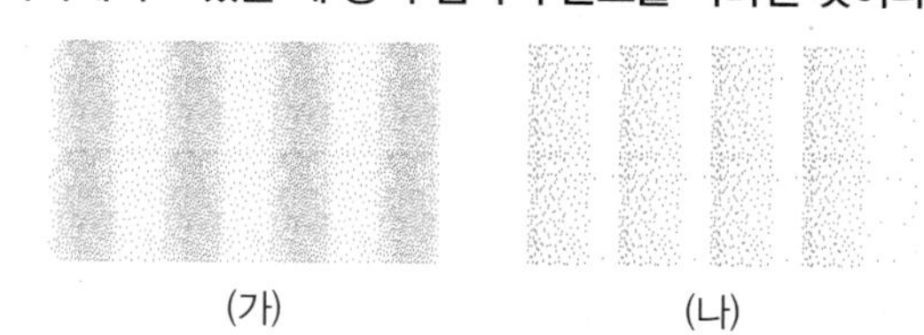
(가) (나)

(가)와 (나)에서 소리의 크기, 높낮이, 음색 중 같은 것과 다른 것을 각각 구분하고 그 까닭을 서술하시오.

Tip 소리굽쇠를 치는 세기에 따라 소리의 크기가 달라진다.
Key Word 소리의 3요소, 소리굽쇠

[설명] 소리굽쇠를 치는 세기에 따라 소리의 크기는 달라지지만 소리의 진동수는 달라지지 않는다. 또한 파형도 같으므로 음색도 같다.
[모범 답안] 소리의 높낮이와 음색은 같고, 크기는 다르다. 소리굽쇠를 치는 세기에 따라 진폭이 달라지기 때문이다.

실전 연습

01 그림은 오른쪽으로 진행하는 물결파 위에 공이 놓여 있는 모습을 나타낸 것이다.

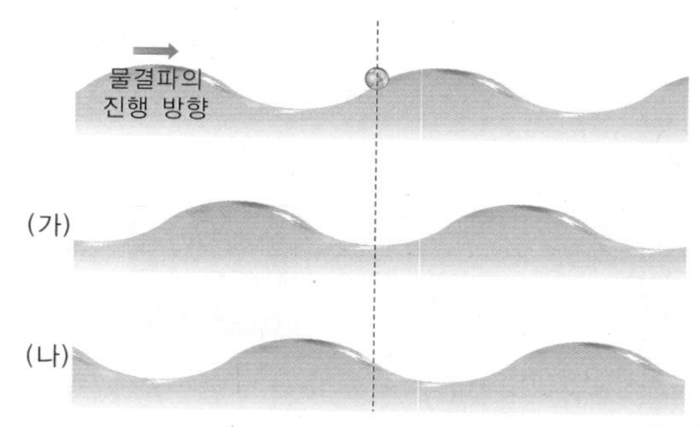

다음 순간 (가)와 (나)에서의 공의 위치를 그리고, 그 까닭을 서술하시오.

Tip 파동이 진행할 때 매질은 파동과 함께 이동하지 않는다.
Key Word 물결파, 매질, 파동

02 그림은 소리 (가)~(라)의 파형을 나타낸 것이다.

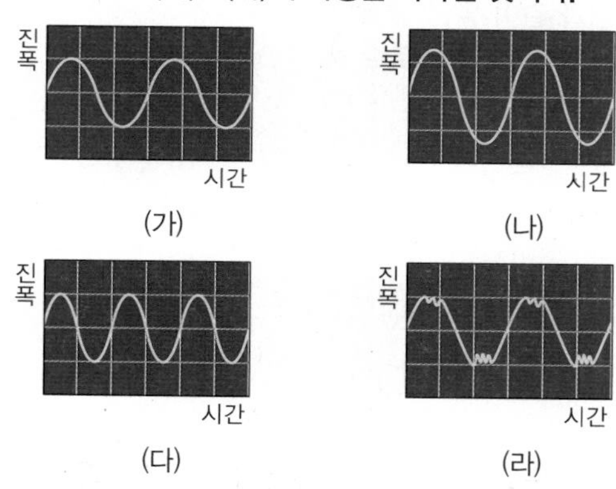

소리 (가)와 소리 (나), (다), (라)의 차이점을 소리의 3요소를 이용하여 각각 서술하시오.

Tip 소리의 크기는 진폭으로, 소리의 높낮이는 진동수로 결정되며, 파형이 다르면 소리가 다르게 들린다.
Key Word 소리의 크기, 소리의 높낮이, 음색

• (가)와 (나)의 차이점 :
• (가)와 (다)의 차이점 :
• (가)와 (라)의 차이점 :

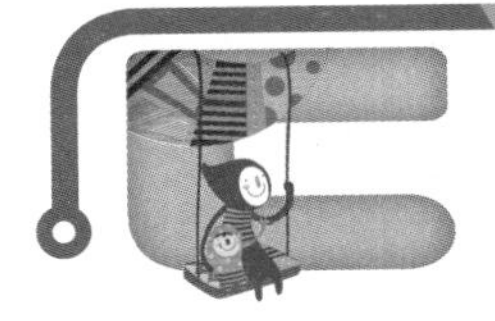

대단원 마무리

01 빛과 색

01 〈보기〉는 빛에 의해 나타나는 여러 가지 현상들과 빛의 성질을 이용하는 예들이다.

〈보기〉

ㄱ. 그림자 놀이

ㄴ. 전광판

ㄷ. 구름 사이로 비치는 햇빛

ㄹ. TV

(1) 빛의 직진에 의해 나타나는 현상이나 이용하는 예를 〈보기〉에서 있는 대로 고르시오.

(2) 빛의 합성에 의해 나타나는 현상이나 이용하는 예를 〈보기〉에서 있는 대로 고르시오.

02 그림과 같이 맑은 날 낮에 나무를 볼 때 빛의 경로로 옳은 것은?

① 태양 → 눈
② 태양 → 눈 → 나무
③ 태양 → 나무 → 눈
④ 나무 → 태양 → 눈
⑤ 나무 → 눈 → 태양

03 컴퓨터 화면의 한 점을 확대하여 관찰하였더니 그림과 같이 빨간색 빛만 관찰되었다.
이 부분이 자홍색으로 변하였다면, 이때 관찰되는 빛의 색은?

① 자홍색 ② 빨간색과 파란색
③ 빨간색과 초록색 ④ 초록색과 파란색
⑤ 빨간색과 청록색

04 스마트 기기 화면을 확대해서 관찰하였더니 그림과 같이 빨간색과 초록색 빛을 내는 영역만 보였다.

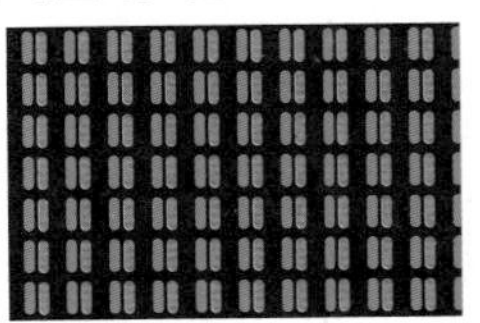

스마트 기기에서 이 부분이 보이는 색은?

① 빨간색 ② 초록색 ③ 파란색
④ 노란색 ⑤ 자홍색

05 그림과 같이 노란색 인형에 빨간색 조명을 비추었다.

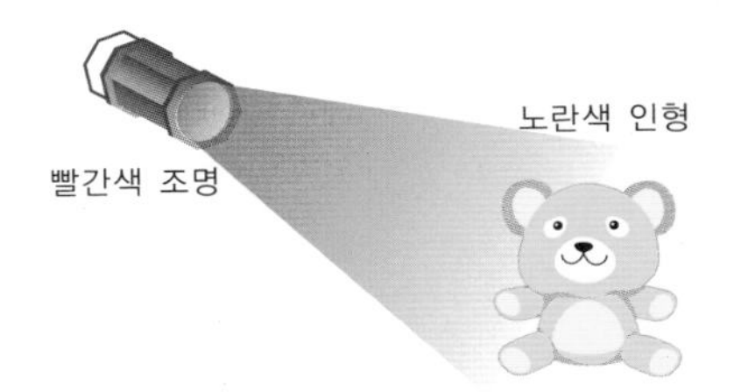

이때 인형은 어떤 색으로 보이는지 쓰시오.

06 빛의 합성을 이용한 예만을 〈보기〉에서 있는 대로 고르시오.

〈보기〉

ㄱ. 전광판 ㄴ. 그림자
ㄷ. 무대 조명 ㄹ. 점묘화
ㅁ. 바늘 구멍 사진기 ㅂ. 영상 장치 화면

07 그림과 같이 평면거울을 왼쪽을 바라보게 수직으로 세우고 '학교'라는 글자를 왼쪽에 놓았다. 거울에 비친 상의 모습으로 옳은 것은?

학교

① 학교 ②  ③ 
④  ⑤ 교학

02 거울과 렌즈

08 그림은 평면거울에 비친 고양이를 보는 모습을 나타낸 것이다.

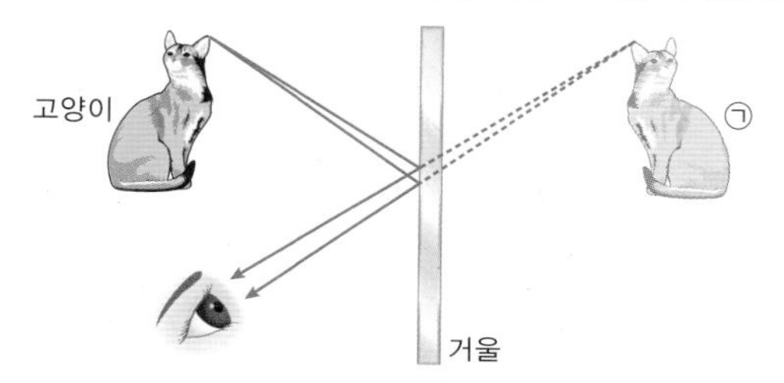

이에 대한 설명으로 옳은 것만을 〈보기〉에서 있는 대로 고른 것은?

보기
ㄱ. ㉠은 거울에 비친 상이다.
ㄴ. ㉠의 크기는 실제 고양이보다 작다.
ㄷ. 상은 반사 광선의 연장선이 만난 곳에 생긴다.
ㄹ. ㉠과 거울 사이의 거리는 실제 고양이와 거울 사이의 거리보다 짧다.

① ㄱ, ㄴ ② ㄱ, ㄷ ③ ㄱ, ㄹ
④ ㄴ, ㄷ ⑤ ㄴ, ㄹ

09 그림 (가), (나)는 물체를 거울에 가까이 할 때 거울에 나타난 상의 모습이다.

(가) (나)

이에 대한 설명으로 옳지 않은 것은?

① (가)는 빛을 모으는 용도로 자주 사용된다.
② (가)는 볼록 거울이고, (나)는 오목 거울이다.
③ (가)의 거울에는 항상 물체보다 작은 상이 생긴다.
④ 얼굴을 확대해 보는 화장용 거울로는 (나)를 이용한다.
⑤ 물체가 (나)에서 아주 멀리 있으면 거울에 물체보다 크기가 작은 상이 생긴다.

10 〈보기〉는 일상생활에서 거울이 사용되는 여러 가지 예이다.

보기
ㄱ. 자동차의 오른쪽 측면 거울

ㄴ. 자동차의 전조등

ㄷ. 굽은 도로의 안전 거울

ㄹ. 성화 채화용 거울

(1) 볼록 거울을 이용하는 예만을 〈보기〉에서 있는 대로 고르시오.
(2) 오목 거울을 이용하는 예만을 〈보기〉에서 있는 대로 고르시오.

11 그림은 (가)를 통해서는 글씨가 작게 보이고, (나)를 통해서는 글씨가 크게 보이는 안경을 나타낸 것이다.

(가) (나)

이에 대한 설명으로 옳은 것만을 〈보기〉에서 있는 대로 고르시오.

보기
ㄱ. (가)는 오목 렌즈이다.
ㄴ. (나)는 빛을 한 점에 모을 수 있다.
ㄷ. (가)와 같은 렌즈를 통해 보이는 상은 물체와의 거리에 관계없이 바로 선 모습이다.
ㄹ. (나)와 같은 렌즈를 통해 보이는 상은 물체와의 거리에 관계없이 항상 물체보다 크다.

12 그림 (가), (나)는 빛이 렌즈에서 진행하는 모습이다.

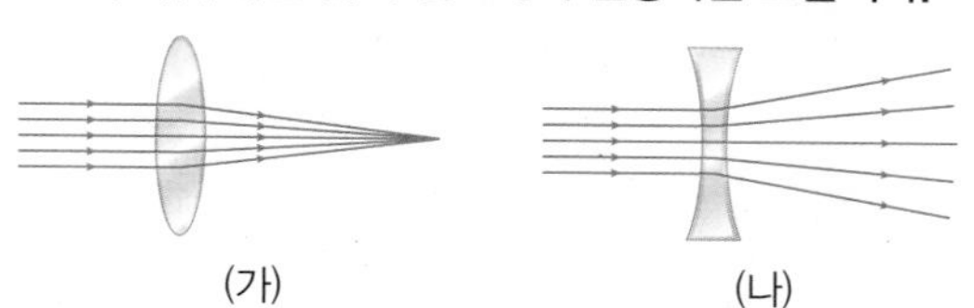

(가) (나)

이에 대한 설명으로 옳은 것만을 〈보기〉에서 있는 대로 고르시오.

보기
ㄱ. (가)는 볼록 렌즈, (나)는 오목 렌즈이다.
ㄴ. (가)를 물체에 가까이 대고 보면 상은 실제보다 작게 보인다.
ㄷ. 항상 물체보다 작은 상이 생기는 것은 (나)이다.

소리와 파동

13 그림은 물방울이 수면에 떨어지면서 만든 물결파를 나타낸 것이다. 물결파에 대한 설명으로 옳은 것만을 〈보기〉에서 있는 대로 고른 것은?

◀ 보기 ▶
ㄱ. 물결파는 횡파이다.
ㄴ. 물결파의 매질은 공기이다.
ㄷ. 물결파가 진행할 때 물도 함께 이동한다.
ㄹ. 물결파가 진행할 때 에너지도 함께 이동한다.

① ㄱ, ㄴ ② ㄱ, ㄷ ③ ㄱ, ㄹ
④ ㄴ, ㄷ ⑤ ㄷ, ㄹ

14 다음은 파동의 종류를 설명한 것이다.

파동의 진행 방향과 매질의 진동 방향이 서로 나란한 파동을 (㉠)라고 하며, 그 예로 (㉡)를 들 수 있다.

㉠과 ㉡에 들어갈 알맞은 말을 옳게 짝 지은 것은?

	㉠	㉡		㉠	㉡		㉠	㉡
①	횡파	소리	②	횡파	물결파	③	종파	빛
④	종파	소리	⑤	종파	물결파			

15 그림 (가), (나)는 용수철에서 만들어지는 파동의 모습이다.

(가) 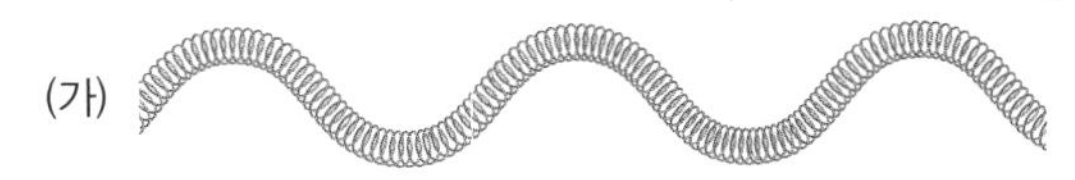

(나)

이에 대한 설명으로 옳지 않은 것은?
① (가)는 횡파, (나)는 종파이다.
② 소리는 (나)와 같은 파동이다.
③ (가)에서는 매질이 직접 이동한다.
④ (나)는 매질의 진동 방향과 파동의 진행 방향이 나란하다.
⑤ (가), (나) 모두 용수철을 더 빠르게 흔들면 진동수가 커진다.

16 그림은 파도의 모습을 나타낸 것으로, 바다 위의 부표가 파도의 움직임에 따라 2초 간격으로 오르락내리락하며 원래 위치로 되돌아온다.

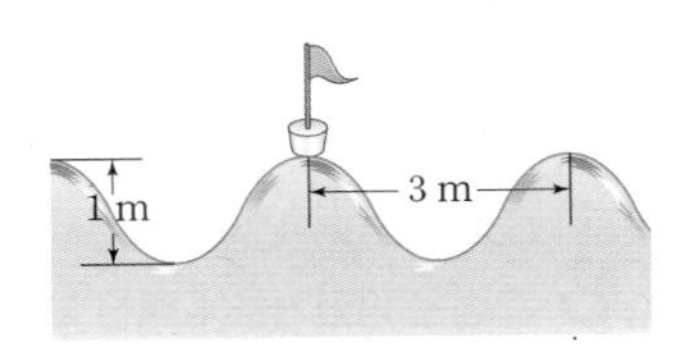

이 파도의 진폭, 파장, 진동수는 각각 얼마인지 구하시오.

17 그림 (가), (나)는 소리를 파형으로 나타낸 것이다.

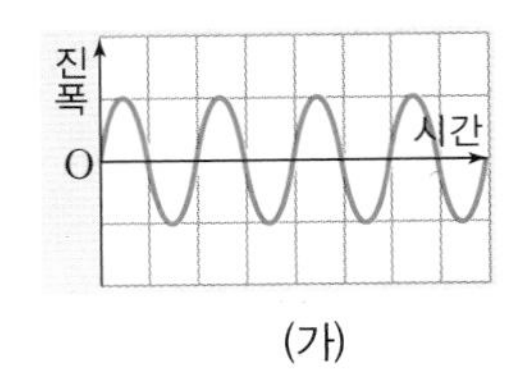

(가)

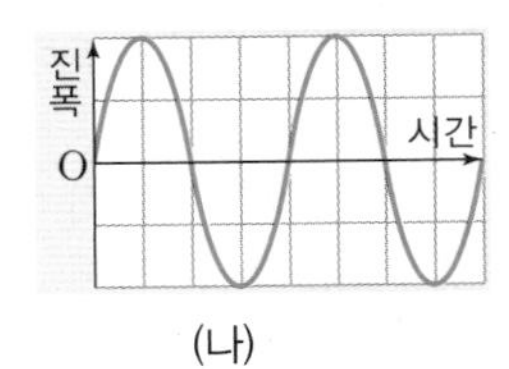

(나)

두 소리를 옳게 분석한 것은?
① (가)와 (나)의 높이는 같다.
② (가)는 (나)보다 작고 낮은 소리이다.
③ (가)는 (나)보다 작고 높은 소리이다.
④ (가)는 (나)보다 크고 낮은 소리이다.
⑤ (가)는 (나)보다 크고 높은 소리이다.

18 그림 (가)는 피아노에서 낮은 '도' 음을 칠 때, 그림 (나)는 높은 '도' 음을 칠 때 나는 소리를 파형으로 나타낸 것이다.

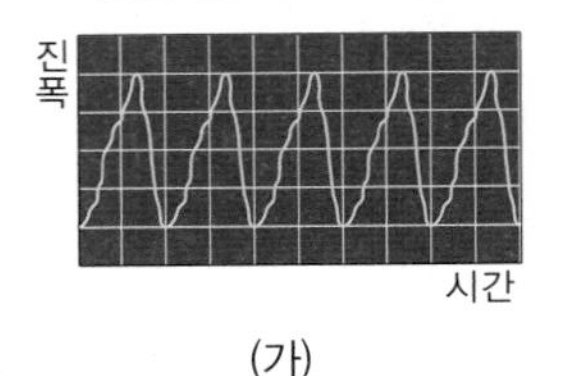

(가)

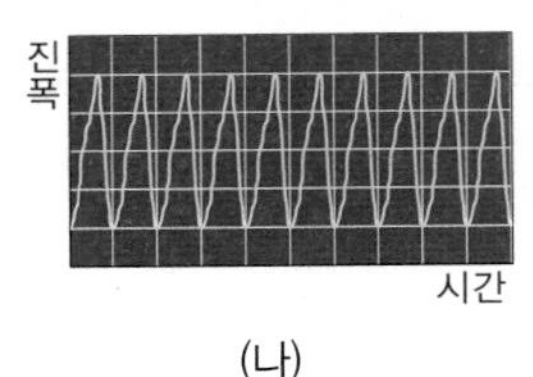

(나)

이에 대한 설명으로 옳은 것만을 〈보기〉에서 있는 대로 고른 것은?

◀ 보기 ▶
ㄱ. 진동수가 클수록 높은 소리이다.
ㄴ. 높은 음을 칠수록 진동수가 커진다.
ㄷ. 같은 피아노라면 음의 높낮이에 관계없이 진동수가 일정하다.

① ㄷ ② ㄱ, ㄴ ③ ㄱ, ㄷ
④ ㄴ, ㄷ ⑤ ㄱ, ㄴ, ㄷ

대단원 서논술형 문제

정답과 해설 • 59쪽

01 그림과 같이 스마트 기기의 화면을 볼 때와 테두리를 볼 때 빛의 경로를 각각 서술하시오.

Tip 물체를 볼 수 있는 것은 물체에서 나온 빛이 우리 눈에 들어오기 때문이다.

Key Word 물체를 보는 과정, 빛의 경로

• 화면을 볼 때 :

• 테두리를 볼 때 :

02 그림 속 거울에는 결혼하는 부부의 뒷모습과 화가의 모습이 작게 그려져 있다.

그림 속 거울의 종류가 무엇인지 쓰고, 그렇게 생각한 까닭을 서술하시오.

Tip 거울과 물체 사이의 거리에 관계없이 항상 작고 바로 선 상이 보이는 것은 볼록 거울이다.

Key Word 작고 바로 선 상

03 그림은 유리 구슬로 본 건물의 모습을 나타낸 것이다. 이 그림에서 잘못된 부분을 찾고, 그 까닭을 서술하시오.

Tip 유리 구슬은 볼록 렌즈 역할을 한다. 볼록 렌즈로 멀리 있는 물체를 보면 작고 거꾸로 보인다.

Key Word 유리 구슬, 볼록 렌즈

04 그림과 같이 화살표 방향으로 횡파가 진행할 때 P 위치에 있는 매질은 다음 순간 A~D 중 어느 방향으로 움직이게 될지 예상하고, 그 까닭을 서술하시오.

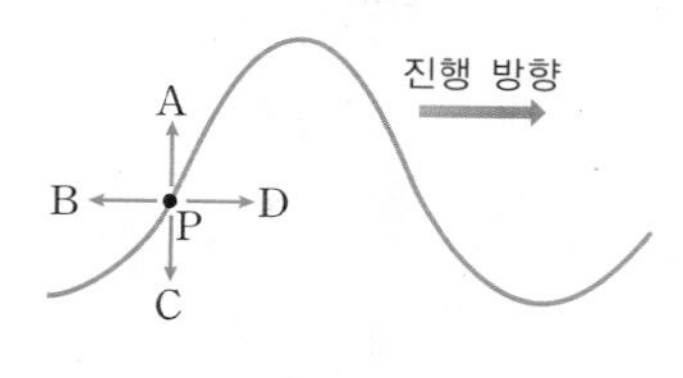

Tip 파동이 진행하더라도 매질은 제자리에서 위아래로 진동만 한다.

Key Word 파동의 진행, 매질

05 그림 (가)는 용수철을 좌우로 흔들어서 만든 파동을, 그림 (나)는 용수철을 앞뒤로 흔들어서 만든 파동을 나타낸 것이다.

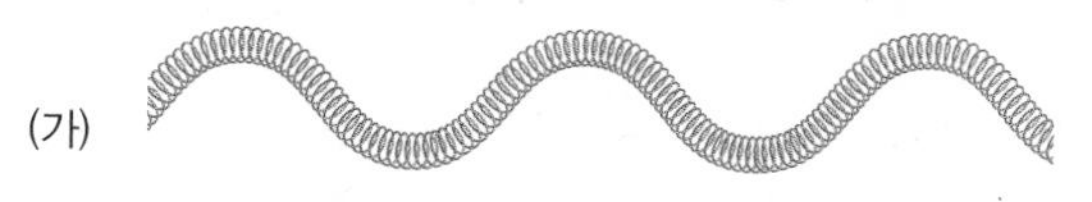

(가)와 (나)의 차이점을 서술하고, 각 파동의 예를 한 가지씩만 쓰시오.

Tip 파동의 진행 방향과 매질의 진동 방향의 관계로 파동의 종류를 구분한다.

Key Word 횡파, 종파, 용수철 파동

06 그림은 같은 높이의 음을 같은 크기로 내는 플루트 소리와 바이올린 소리를 파형으로 나타낸 것이다.

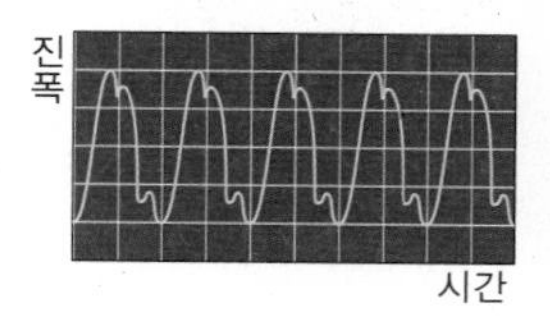

플루트 소리

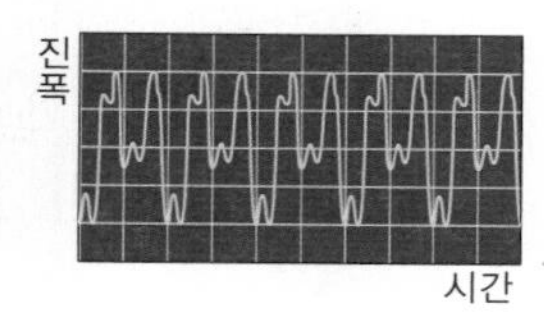

바이올린 소리

두 소리의 공통점과 차이점을 소리의 3요소를 이용하여 서술하시오.

Tip 소리의 크기는 진폭으로, 소리의 높낮이는 진동수로 결정된다. 또한 소리의 음색이 다르면 파형이 다르다.

Key Word 소리의 높낮이, 소리의 크기, 진폭, 진동수, 음색, 파형

• 공통점 :

• 차이점 :

VII

과학과 나의 미래

과학과 현재, 미래의 직업

과학과 현재, 미래의 직업

1 과학과 관련된 직업

1. **과학** : 물리학, 화학, 생명 과학, 지구 과학 등의 기초 학문으로 구분함
2. **과학과 관련된 직업**

(1) **과학자** : 과학적 탐구 과정을 거쳐 자연 현상을 전문적으로 연구하는 사람

① 물리학, 화학, 생명 과학, 천문학, 지질학 등 여러 기초 학문 분야를 주제로 연구한다.

예 물리학자, 천문학자, 생명 과학자, 유전학자, 지질학자, 기상학자+ 등

② 융합적인 지식이 필요한 분야가 늘어나면서 여러 분야의 과학자들이 협력하는 일이 많아+ 지고 있다.

(2) **공학자** : 과학자들이 밝혀낸 지식과 방법을 활용하여 일상생활을 편리하게 만드는 기술을 개발하는 사람

① 어떤 분야를 주제로 기술을 개발하는지에 따라 다양하게 나눌 수 있다.

예 전기 공학자, 항공 우주 공학자, 화학 공학자, 생명 공학자, 에너지 공학자, 환경 공학자 등

② 과학과 공학은 밀접한 관련이 있어 과학자와 공학자를 구분하기 어려운 경우도 있다.

(3) **다양한 과학 관련 직업의 예**

① 과학적 지식을 바탕으로 질병을 진단하여 치료하거나 치료를 돕는 일을 하는 사람

예 의사, 간호사, 약사, 물리 치료사 등

② 과학 지식을 가르치거나 설명하거나 과학 강연을 하는 사람

예 교사, 교수, 과학 커뮤니케이터+ 등

(4) **국가 직무 능력 표준(NCS)+에 따른 과학 관련 직업 분류**

과학 관련 분야	직업군
생명 공학	생물학자, 생명 과학 기술 공학자, 유전자 감식 연구원, 생물학 연구원 등
자연 과학	물리학 연구원, 물리학자, 기상 연구원, 천문 연구원, 화학자 등
재료 소재	금속 기술자, 섬유 공학 기술자, 초전도체 연구원, 태양 전지 연구원 등
화학	석유 화학 공학 기술자, 음식료품 · 의약품 화학 공학 기술자, 조향사 등

2 과학 관련 직업의 역량+

과학 관련 직업 역량	내용
과학적 사고력	• 과학적인 증거와 이론을 바탕으로 합리적인 추론과 주장을 하는 능력 • 다양하고 독창적인 아이디어를 제안하는 능력
과학적 탐구 능력	• 실험과 조사, 토론 등을 실행하여 탐구하는 능력 • 다양한 방법으로 자료를 수집, 해석, 평가하여 새로운 과학 지식을 얻는 능력
과학적 문제 해결력	• 과학 지식과 사고를 통해 일상생활의 문제 해결에 활용하는 능력 • 다양한 정보와 자료를 활용하여 해결 방안을 제시하고 실행하는 능력
과학적 의사소통 능력	• 자신의 생각을 말, 글, 그림, 기호 등으로 표현하는 능력 • 다른 사람의 생각을 이해하고 조정하는 능력
과학적 참여와 평생 학습 능력	과학 기술의 사회적 문제에 관심을 가지고 새로운 과학 기술 환경에 적응하기 위해 지속해서 학습하는 능력

+ **기상학자**
지구 대기의 현상을 관찰하고 해석하여 날씨를 예측하는 과학자

+ **우주정거장**
우주선에 연료 보급, 위성 · 미사일 발사 등을 하기 위한 기지로 설계된 유인인공위성으로 생명 공학자, 화학자, 물리학자, 식품공학자, 정신생리학자, 컴퓨터 과학자, 재료공학자들이 협력하여 유지 관리한다.

+ **과학 커뮤니케이터**
과학 전시관이나 박물관 등에서 관람객들에게 전시물의 과학적 원리를 설명하거나 일반 대중에게 과학 강연을 하는 직업

+ **국가 직무 능력 표준(NCS)**
산업 현장에서 직무를 수행하기 위해 요구되는 지식, 기술, 태도 등의 내용을 체계화한 것

+ **역량**
어떤 일을 해낼 수 있는 힘으로 능력과 태도를 모두 포함한다.

정답과 해설 • 60쪽

1 과학과 관련된 직업

- 과학은 □□□, 화학, 생명 과학, 지구 과학으로 구분할 수 있다.
- □□ □□ □□ □□은 산업 현장에서 직무를 수행하기 위해 요구되는 지식, 기술, 태도 등의 내용을 체계화한 것이다.
- □□ □□□□□□는 과학 전시관이나 박물관 등에서 관람객들에게 전시물의 과학적 원리를 설명하거나 일반 대중에게 과학 강연을 하는 직업이다.

01 다음 빈칸에 들어갈 알맞은 말을 무엇인지 쓰시오.

> • (㉠)는 과학적 탐구 과정을 거쳐 자연 현상을 전문적으로 연구하는 사람이다.
> • (㉡)는 과학 지식과 방법을 활용하여 일상생활을 편리하게 만드는 기술을 개발하는 사람이다.

02 다음 〈보기〉는 과학과 관련된 다양한 직업이다.

보기

ㄱ. 천문학자	ㄴ. 에너지 공학자	ㄷ. 항공 우주 공학자
ㄹ. 지질학자	ㅁ. 유전학자	ㅂ. 환경 공학자

(1) 〈보기〉 중에서 과학자를 있는 대로 고르시오. (　　　)

(2) 〈보기〉 중에서 공학자를 있는 대로 고르시오. (　　　)

03 과학과 공학에 대한 설명으로 옳은 것은 ○표, 옳지 않은 것은 ×표를 하시오.

(1) 과학의 기초 분야는 오늘날 더 전문화된 분야로 나누기도 한다. (　　)

(2) 과학을 연구함에 있어서 혼자서 연구하는 일이 더 많아졌다. (　　)

(3) 과학과 공학은 명확히 구분되며, 연관성이 없다. (　　)

(4) 과학자는 하얀 실험복을 입고 실험실에서 일하는 사람만을 뜻한다. (　　)

2 과학 관련 직업의 역량

- 어떤 일을 해낼 수 있는 능력을 □□이라고 한다.
- 과학적인 증거와 이론을 바탕으로 합리적인 추론과 주장을 하는 능력을 과학적 □□□이라고 한다.
- 과학적 □□□□ □□이란 자신의 생각을 말, 글, 그림, 기호 등으로 표현하는 능력이다.

04 다음에서 설명하는 과학 관련 직업의 역량은 무엇인지 쓰시오.

> 일상생활에서 일어나는 문제를 해결할 때 과학적 지식과 사고를 통해 해결 방안을 제시하고 의사를 결정할 수 있는 능력

05 과학 관련 직업의 역량에 대한 설명으로 옳은 것은 ○표, 옳지 않은 것은 ×표를 하시오.

(1) 과학적인 증거와 이론을 바탕으로 나온 합리적인 주장을 펼치려면 과학적 사고력이 필요하다. (　　)

(2) 실험과 조사 등의 탐구 방법으로 증거를 수집하고 해석하고 평가하는 능력은 과학적 문제 해결력이다. (　　)

(3) 과학적 평생 학습 능력은 새로운 과학 기술 환경에 적응하기 위해 지속해서 학습하는 능력이다. (　　)

과학과 현재, 미래의 직업

③ 직업 속의 과학

1. 다양한 직업 속의 과학

(1) 기술, 공학, 사회, 예술, 문학, 운동 등 다양한 분야의 직업에서도 과학이 중요한 역할을 한다. 예 문화재 보존 연구원✚, 프로파일러, 영화 감독 등

기술	공학	사회	예술	문학
음향 기술자	안전 공학자	소방관	조각가	과학 작가
여러 상황에서 소리가 어떻게 전달되는지 물리적 특성을 이해해야 한다.	자동차의 안전띠, 에어백 연구를 위해 과학과 인간 행동을 이해해야 한다.	연소와 소화에 대한 과학적 지식이 필요하다.	작품에 사용할 재료의 성질을 잘 이해해야 한다.	과학 소설이나 기사를 쓸 때 과학 내용을 이해할 수 있어야 한다.

(2) 어떤 직업이든 그 분야에서 어려운 문제를 해결하고, 더 나은 결과를 얻으려면 과학 등 여러 분야와 융합해야 한다.

(3) 과학 지식과 탐구 방법을 바탕으로 문제를 해결하는 융합 능력을 기르면 직업 선택의 폭이 넓어질 것이다.

✚ **문화재 보존 연구원**
컴퓨터 단층(CT) 촬영 등을 이용하여 문화재의 상태를 파악하고, 물질의 특성에 대한 과학적인 지식을 바탕으로 복원 방법을 찾는 직업으로 유물을 수리·보존하기 위해서 역사적 지식을 갖추어야 할 뿐만 아니라 다양한 과학적 탐구 방법과 과학 지식을 알아야 한다.

④ 미래 사회의 직업

1. 과학 기술의 발달✚과 직업의 변화

(1) 과학 기술의 발달로 현재의 직업 중 일부는 사라지고 새로운 직업이 생겨날 것이다.

(2) 과학 기술의 발달은 직업인이 일하는 모습을 변화시킨다.

(3) 과학 기술을 이해하면 미래 사회와 직업의 변화를 예상할 수 있다.

▲ 사라진 직업

▲ 새로 생긴 직업

▲ 과학 기술의 발달로 달라진 만화가와 의사 모습

2. 미래 사회에서의 직업

(1) 미래 사회의 특징

① 정보 기술을 기반으로 하는 사회
② 스마트 디지털 기술 사회
③ 다문화에 따른 국제화 사회
④ 삶의 질이 중요한 사회
⑤ 생명 공학 기술과 신개념 의학 기술이 발달한 사회

(2) 미래 직업 : 미래 사회의 특징과 변화를 고려하여 직업과 진로를 설계해야 한다.

미래 사회 모습	미래 직업의 예
정보 기술 사회	정보 보안 전문가, 사물 인터넷 개발자, 전자 상거래 전문가 등
생명 공학 기술 사회	인공 장기 조직 개발자, 유전 상담 전문가, 의약품 기술자 등
다문화에 따른 국제화 사회	국제 인재 채용 대리인, 문화 갈등 해결원 등
스마트 디지털 기술 사회	오감 인식 기술자, 아바타 개발자, 데이터 소거원 등

✚ **과학 기술의 발달**

사물 인터넷
사람과 사물, 사물과 사물의 데이터가 인터넷으로 연결되는 기술 예 스마트폰을 이용한 가전제품 케어
가상 현실
실제와 유사하지만 실제가 아닌 인공 환경을 만들어 사용자의 오감에 직접 작용해 시간·공간적 체험을 하는 기술
무인기(드론)
조종사 없이 무선 전파의 유도로 비행 및 조종이 가능한 기술

인공 지능(AI) 로봇
사람이 할 수 있는 일을 대신하는 인공 지능 기술

3D 프린터
3D 도면을 바탕으로 3차원 물체를 만들어내는 기계

정답과 해설 • 60쪽

3 직업 속의 과학

- □□□ □□ □□□은 유물을 수리·보존하기 위해서 역사적 지식을 갖추어야 할 뿐만 아니라 다양한 과학적 탐구 방법과 과학 지식도 알아야 한다.
- 기술, 공학, 사회, 운동 등의 분야 직업에서도 □□이 중요한 역할을 한다.

4 미래 사회의 직업

- 미래 사회는 □□□에 따른 국제화 사회가 될 것이다.
- □□ □□□ 기술은 사람과 사물, 사물과 사물의 데이터가 인터넷으로 연결되는 기술이다.
- □□ □□□는 3D 도면을 바탕으로 3차원 물체를 만들어내는 기계이다.

06 직업 속의 과학에 대한 설명으로 옳은 것은 ○표, 옳지 않은 것은 ×표를 하시오.

(1) 예술이나 문학 등의 다양한 분야의 직업에서도 과학이 중요한 역할을 한다. ( )

(2) 어떤 분야에서든 어려운 문제를 해결하고, 더 나은 결과를 얻으려면 다른 분야와의 융합 없이 자신의 분야에서만 연구해야 한다. ( )

(3) 직업 선택의 폭을 넓히기 위해서는 과학 지식과 탐구 방법을 바탕으로 문제를 해결하는 융합 능력을 길러야 한다. ( )

07 직업과 해당 분야를 연결하시오.

(1) 안전 공학자 •	• ㉠ 공학
(2) 소방관 •	• ㉡ 기술
(3) 과학 작가 •	• ㉢ 사회
(4) 음향 기술자 •	• ㉣ 문학
(5) 조각가 •	• ㉤ 예술

08 과학 기술의 발달과 직업에 대한 설명으로 옳은 것은 ○표, 옳지 않은 것은 ×표를 하시오.

(1) 과학 기술의 발달하면 어떤 직업은 사라지고, 다양한 새로운 직업이 생겨날 것이다. ( )

(2) 과학 기술이 발달하더라도 기존의 분야에서 일하는 직업인의 모습은 달라지지 않는다. ( )

(3) 미래 사회와 직업의 변화를 예상하려면 과학 기술에 대한 이해가 필요하다. ( )

09 미래 사회에 대한 설명으로 옳은 것은 ○표, 옳지 않은 것은 ×표를 하시오.

(1) 삶의 질을 중요하게 생각하는 사회가 될 것이다. ( )

(2) 신개념 의료 기술이 발달하면서 인간의 수명이 연장되고 고령화 사회가 될 것이다. ( )

(3) 기술의 발달에 따라 편리하고 안전하게 생활할 수 있는 스마트 디지털 기술 사회가 될 것이다. ( )

10 〈보기〉의 직업 중에서 정보 기술 사회에서 유망한 미래 직업을 있는 대로 고르시오.

보기

ㄱ. 유전 상담 전문가	ㄴ. 문화 갈등 해결원	ㄷ. 사물 인터넷 개발자
ㄹ. 의약품 기술자	ㅁ. 정보 보안 전문가	ㅂ. 아바타 개발자

필수 탐구 과학과 관련된 직업 조사하기

목표
과학과 관련된 직업의 종류와 하는 일, 그 직업에 필요한 역량을 조사하고, 과학 관련 직업군의 특성을 토의할 수 있다.

과정

1 모둠을 구성하고, 각 모둠별로 스마트 기기나 참고 도서를 이용하여 과학 관련 직업 정보를 찾아보자.
2 조사한 과학 관련 직업 중에서 가장 궁금한 직업을 모둠원 각자가 선택하자.
3 선택한 과학 관련 직업을 조사하여 활동지에 기록해 보자.
4 모둠원의 활동 기록지를 모아 과학 관련 직업군을 구분하여 발표해 보자.

교사가 과학 관련 직업군의 범위를 과학자, 공학자, 과학 교육 관련 직업, 의학 관련 직업 등 총 4가지 정도의 직업군으로 기준을 정해주면 활동하기에 편리하다.

결과

1 과학 관련 직업 조사 활동지의 예시는 다음과 같다.

과학 관련 직업 조사 활동지 (예시)

직업	화학 공학 연구원
하는 일	화학 제품을 만드는 과정을 연구하거나 화학 제품의 생산 설비를 개발하는 일을 한다.
필요한 역량	과학적 사고력, 과학적 탐구 능력

과학 관련 직업 조사 활동지 (예시)

직업	과학 전문 기자
하는 일	과학 관련 사건을 취재하고 기사를 작성, 보도하는 일을 한다.
필요한 역량	과학 지식, 과학적 의사소통 능력

과학 관련 직업 조사 활동지 (예시)

직업	의학 물리학자
하는 일	의료 장비를 개발하고, 질병의 진단 및 치료와 관련된 정보를 의사에게 제공하는 일을 한다.
필요한 역량	과학적 사고력, 물리학 지식, 탐구 능력

과학 관련 직업 조사 활동지 (예시)

직업	로봇 공학자
하는 일	로봇을 연구하고 개발하는 일을 한다.
필요한 역량	전기·전자 기계 지식, 상상력, 창의력

2 과학 관련 직업군별로 직업을 분류하면 다음과 같다.

과학 관련 직업의 특성을 진로와 관련된 다양한 자료나 결과물로 정리하여 체계적으로 모아 포트폴리오로 정리해두면 유용하다.

과학자(기초 학문 연구)	공학자(기술자)	과학 교육 관련 직업	의학 관련 직업
물리학자, 천문학자, 생명 과학자, 유전학자, 지질학자, 기상학자 등	전기 공학자, 항공 우주 공학자, 화학 공학자, 생명 공학자, 에너지 공학자, 환경 공학자 등	과학 전문 기자, 교수, 과학 커뮤니케이터, 과학 교사 등	의학 물리학자, 의사, 간호사, 약사, 물리 치료사 등

정리

1 과학과 관련된 직업은 어떤 과학 지식을 활용하느냐에 따라 하는 일이 각기 다르다.
2 과학과 관련된 직업의 종류는 점차 많아지고 있고, 사회가 점차 복잡해지면서 과학, 기술, 공학의 구분이 모호해졌다.
3 과학 관련 직업에 필요한 역량

과학적 사고력	과학적 탐구 능력	과학적 문제 해결력	과학적 의사소통 능력	과학적 참여와 평생 학습 능력
과학적인 증거와 이론을 바탕으로 합리적인 추론과 주장을 하는 능력	실험과 조사, 토론 등을 실행하여 탐구하는 능력	과학 지식과 사고를 통해 일상생활의 문제 해결에 활용하는 능력	자신의 생각을 말, 글, 그림, 기호 등으로 표현하는 능력	새로운 과학 기술 환경에 적응하기 위해 지속해서 학습하는 능력

정답과 해설 • 60쪽

과학과 관련된 직업 조사하기

- □□ □□ □□□은 화학 제품을 만드는 과정을 연구하거나 화학 제품의 생산 설비를 개발하는 일을 한다.
- □□ □□ □□는 과학 소식과 다양한 과학 정보를 사람들에게 알려준다.
- □□ □□□는 로봇을 개발하고 연구하는 일을 한다.
- □□□ □□ □□□은 과학 지식과 사고를 통해 일상생활의 문제 해결에 활용하는 능력이다.

1 과학 관련 직업군으로 볼 때, 기초 학문을 연구하는 과학자가 아닌 사람은?

① 천문학자 ② 물리학자 ③ 지질학자
④ 과학 전문 기자 ⑤ 유전학자

2 공학자만을 〈보기〉에서 있는 대로 고르시오.

보기

ㄱ. 과학 커뮤니케이터 ㄴ. 물리학자 ㄷ. 간호사
ㄹ. 항공 우주 공학자 ㅁ. 지질학자 ㅂ. 로봇 공학자

3 과학 관련 직업군과 그 예가 옳게 연결된 것만을 〈보기〉에서 있는 대로 고르시오.

보기

ㄱ. 과학자 – 환경 공학자
ㄴ. 의학 관련 – 의학 물리학자
ㄷ. 공학자 – 기상학자
ㄹ. 과학 교육 관련 – 과학 커뮤니케이터

4 물리학 지식을 활용하여 의료 장비를 개발하고, 질병을 진단하고 치료하는 데 도움이 되는 정보를 의사에게 제공하는 직업을 쓰시오.

5 다음에서 설명하고 있는 과학 관련 직업에 필요한 역량은 무엇인지 쓰시오.

> 실험과 조사, 토론 등의 탐구 방법으로 증거를 수집하며 조사하고, 결과를 해석하고 평가하여 새로운 과학 지식을 얻는 능력

내신 기출 문제

1 과학과 관련된 직업

01 과학자에 대한 설명으로 옳은 것만을 <보기>에서 있는 대로 고른 것은?

보기
ㄱ. 과학자는 항상 실험실 안에서만 일을 한다.
ㄴ. 과학적 탐구 과정을 거쳐 자연 현상을 전문적으로 연구한다.
ㄷ. 물리학, 화학, 생명 과학, 지구 과학 등 여러 기초 학문 분야를 주제로 연구한다.

① ㄱ ② ㄷ ③ ㄱ, ㄴ
④ ㄴ, ㄷ ⑤ ㄱ, ㄴ, ㄷ

02 공학자끼리 옳게 짝 지은 것은?

① 간호사, 전기 공학자
② 과학 기자, 과학 교사
③ 기상 연구원, 물리학 연구원
④ 물리 치료사, 의학 물리학자
⑤ 환경 공학자, 항공 우주 공학자

중요
03 과학 관련 직업에 대한 설명으로 옳은 것만을 <보기>에서 있는 대로 고른 것은?

보기
ㄱ. 과학 연구가 전문화되면서 다양한 과학자들이 활동하고 있다.
ㄴ. 융합적인 지식이 필요한 분야가 늘어나면서 혼자 연구하는 과학자들이 많아지고 있다.
ㄷ. 과거에는 과학 관련 직업이 적었지만, 현재는 과학 기술이 발전하면서 과학 관련 직업의 종류가 많아지고 있다.

① ㄱ ② ㄴ ③ ㄱ, ㄷ
④ ㄴ, ㄷ ⑤ ㄱ, ㄴ, ㄷ

04 다음에서 설명하고 있는 과학 관련 직업은 무엇인지 쓰시오.

과학 전시관이나 박물관 등에서 전시를 기획하거나 관람객들에게 과학 전시물을 안내하고, 과학적 원리를 설명하거나 일반 대중에게 과학 강연을 한다.

05 다음에서 설명하는 직업에 해당하지 않는 것은?

과학적 지식을 바탕으로 인간의 질병을 진단하고 직접 치료하거나 치료를 돕는 일을 한다.

① 의사 ② 간호사 ③ 약사
④ 생물학자 ⑤ 물리 치료사

중요
06 국가 직무 능력 표준에 따른 과학 관련 직업과 그 분류가 옳게 연결된 것만을 <보기>에서 있는 대로 고른 것은?

보기
ㄱ. 화학 분야 – 음식료품 화학 공학 기술자
ㄴ. 자연 과학 분야 – 태양 전지 연구원
ㄷ. 생명 공학 분야 – 생명 과학 기술 공학자
ㄹ. 재료 소재 분야 – 유전자 감식 연구원

① ㄱ, ㄷ ② ㄴ, ㄹ ③ ㄷ, ㄹ
④ ㄱ, ㄴ, ㄷ ⑤ ㄴ, ㄷ, ㄹ

2 과학 관련 직업의 역량

중요
07 다음은 생명 공학자가 연구하는 과정이다.

곰팡이 균 주변에는 세균이 자라지 못하므로, 곰팡이 균 속에 무엇이 있는지 관찰하고 조사하고 연구한다.

생명 공학자가 위의 과정을 잘 수행하기 위해서 필요한 과학 관련 직업의 역량은 무엇인지 쓰시오.

08 과학 관련 직업에서 필요한 역량으로 옳지 않은 것은?

① 과학적 사고력
② 과학적 추진력
③ 과학적 문제 해결력
④ 과학적 의사소통 능력
⑤ 과학적 평생 학습 능력

중요
09 과학 관련 직업 역량에 대한 설명으로 옳은 것만을 〈보기〉에서 있는 대로 고른 것은?

보기
ㄱ. 실험과 조사, 토론 등을 실행하여 탐구하는 능력이 필요하다.
ㄴ. 새로운 과학 기술 환경에 적응하기 위해 지속적으로 학습해 나가는 능력이 필요하다.
ㄷ. 과학과 관련된 직업을 수행하는 데에는 필요하지만, 다른 직업에서는 전혀 필요하지 않다.

① ㄱ
② ㄷ
③ ㄱ, ㄴ
④ ㄴ, ㄷ
⑤ ㄱ, ㄴ, ㄷ

3 직업 속의 과학

중요
10 다양한 분야별 직업을 옳게 짝 지은 것은?

① 기술 – 소방관
② 공학 – 과학 작가
③ 사회 – 음향 기술자
④ 예술 – 음악 분수 연출가
⑤ 문학 – 안전 공학자

11 다음에서 설명하는 직업은 무엇인가?

콘서트장이나 방송국에서 최고의 음질을 만드는 일을 한다. 특히, 여러 상황에서 소리가 어떻게 전달되는지를 잘 이해해야 한다.

① 조향사
② 안전 공학자
③ 음향 기술자
④ 방송 프로듀서
⑤ 음악 분수 연출가

4 미래 사회의 직업

12 과학 기술과 직업에 대한 설명으로 옳은 것만을 〈보기〉에서 있는 대로 고른 것은?

보기
ㄱ. 과학 기술이 발달하면서 직업인이 일하는 모습에 변화가 온다.
ㄴ. 과학 기술을 이해하면 미래 사회와 직업의 변화를 예상할 수 있다.
ㄷ. 과학 기술이 발달하면서 사라지는 직업 없이 새로운 직업이 생겨나기만 한다.

① ㄱ
② ㄷ
③ ㄱ, ㄴ
④ ㄴ, ㄷ
⑤ ㄱ, ㄴ, ㄷ

중요
13 미래 사회에 대한 설명으로 옳지 않은 것은?

① 다문화에 따른 국제화 사회가 될 것이다.
② 삶의 질보다는 정보 기술이 더 중요하게 생각되는 사회가 될 것이다.
③ 미래 사회의 변화로 새로운 과학 관련 직업이 더 많이 생길 것이다
④ 의료 기술이 발달하면서 인간의 수명이 연장되고 고령화 사회가 될 것이다.
⑤ 기술의 발달에 따라 편리하고 안전하게 생활할 수 있는 스마트 디지털 기술 사회가 될 것이다.

중요
14 스마트 디지털 기술 사회에서 유망한 직업이나 새로 생길 직업만을 〈보기〉에서 있는 대로 고른 것은?

보기
ㄱ. 아바타 개발자
ㄴ. 국제 인재 채용 대리인
ㄷ. 의약품 기술자
ㄹ. 오감 인식 기술자
ㅁ. 정보 보안 전문가
ㅂ. 인공 장기 조직 개발자

① ㄱ, ㄹ
② ㄴ, ㄷ
③ ㄷ, ㄹ, ㅂ
④ ㄱ, ㄷ, ㅁ
⑤ ㄷ, ㄹ, ㅁ, ㅂ

고난도 실력 향상 문제

정답과 해설 • 61쪽

01 다음에서 설명하는 직업은 무엇이며, 이 직업인이 가져야 할 중요한 과학 관련 직업의 역량은 무엇인지 옳게 짝 지어진 것은?

> 사건·사고 관련자의 상처나 신체 상태, 정신 능력 등과 같은 다양한 육체적·정신적 상태를 진단하며, 다양한 검사를 통해 조사함으로써 사망의 시기와 원인 등을 정확히 밝힐 수도 있다.

① 법의학자 — 과학적 사고력
② 유전연구원 — 과학적 탐구 능력
③ 유전연구원 — 과학적 문제 해결력
④ 생명 공학자 — 과학적 의사소통 능력
⑤ 생명 공학자 — 과학적 평생 학습 능력

02 그림은 가까운 미래에 일어날 수 있는 상황을 나타낸 것이다.

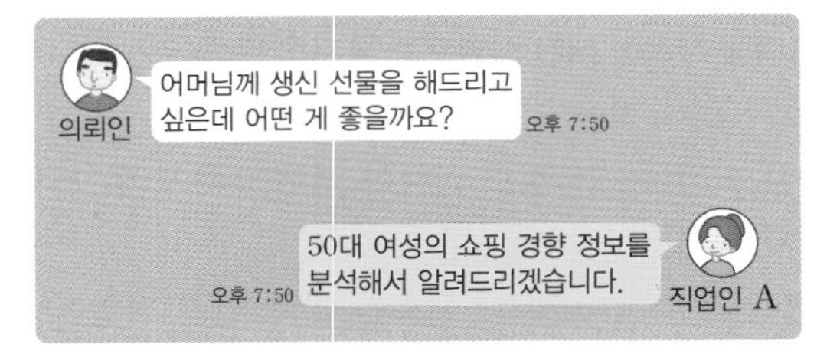

직업인 A의 직업은?

① 백화점 판매원　② 아바타 개발자
③ 빅데이터 전문가　④ 오감 인식 기술자
⑤ 인터넷 쇼핑 매니저

중요

03 직업 속에 이용되는 과학의 특성으로 옳지 않은 것은?

① 음향 기술자는 소리의 물리적 특성을 이해해야 한다.
② 안전 공학자는 과학과 인간 행동을 이해해야 한다.
③ 소방관은 연소와 소화에 대한 과학적 지식이 필요하다.
④ 조각가는 생각을 창의적으로 끌어낼 수 있는 감성이 필요하다.
⑤ 과학 작가는 과학 소설을 쓸 때 과학 내용을 이해하고 있어야 한다.

서논술형 유형 연습

정답과 해설 • 61쪽

예제

01 그림은 정보 기술 사회에서 유망한 직업을 나타낸 것이다.

▲ 사물 인터넷 개발자

▲ 정보 보안 전문가

▲ 전자 상거래 전문가

위와 같은 정보 기술 관련 직업이 계속 늘어날 것으로 예상되는 까닭은 무엇인지 서술하시오.

Tip 정보 기술은 우리 생활과 밀접한 관련이 있다.
Key Word 일상생활, 스마트폰, 제품

[설명] 미래 사회는 정보 기술을 기반으로 하는 사회이다.
[모범 답안] 정보 기술은 이미 일상생활에 밀접하게 연결되어 있고, 스마트 폰이나 인터넷 등의 정보 기술 관련 제품을 매일 사용하고 있기 때문이다.

실전 연습

01 다음은 고령화 사회에 따라 유망하거나 새로 생길 직업을 나타낸 것이다.

> 인공 장기 조직 개발자는 3D 바이오 프린팅 기술로 인체 조직을 만든다.
>
> 

미래 사회가 고령화 사회가 되는 까닭은 무엇인지 서술하시오.

Tip 생명 공학 기술과 의료 기술이 발달한다.
Key Word 생명 공학, 의료 기술, 수명 연장

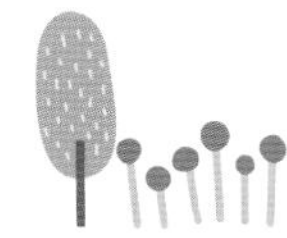

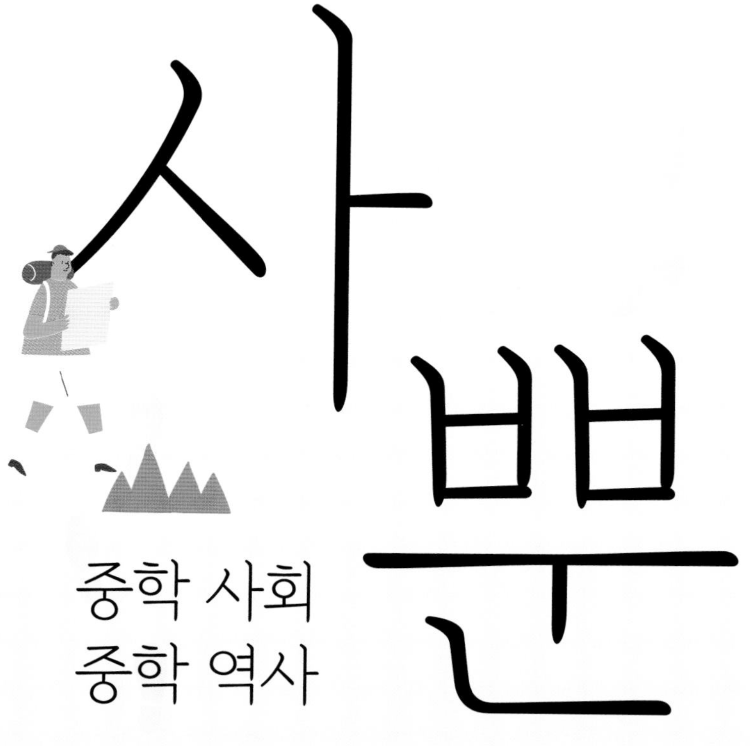

사회를 한 권으로
가뿐하게!

중학사회

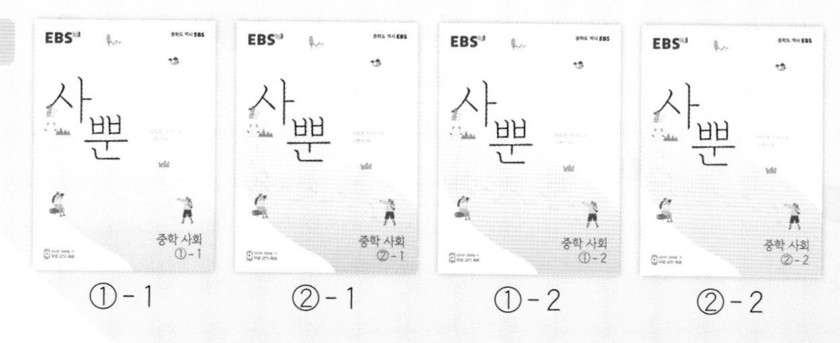

중학역사

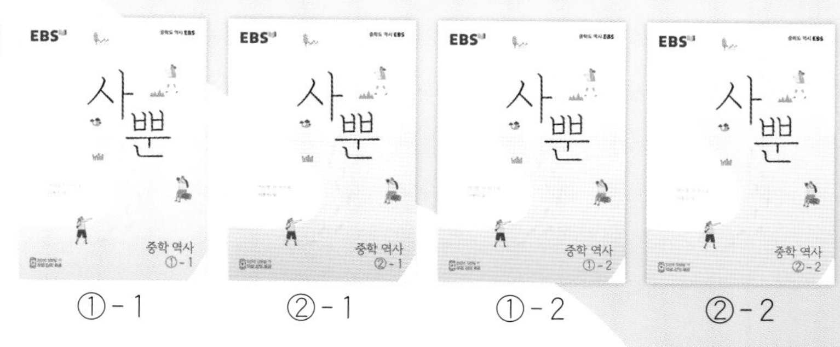

세상에 없던 새로운 공부법

EBS 중학

| 과학 1 |

개념책

중학도 역시 EBS

세상에 없던 새로운 공부법

EBS 중학

과학 1

실전책

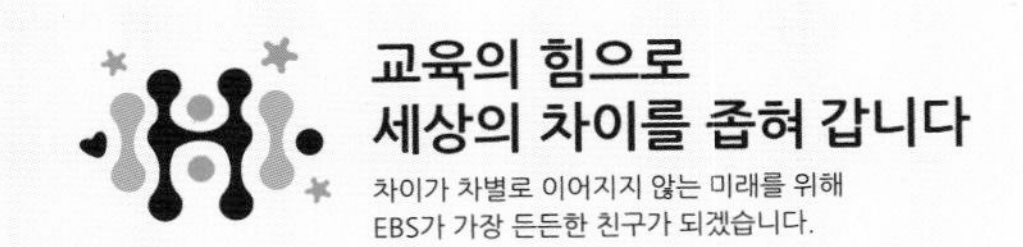

본 교재의 강의 프로그램은
TV와 모바일, EBS 중학사이트(mid.ebs.co.kr)에서
무료로 이용하실 수 있습니다.

발행일 2018. 1. 5. **20쇄 인쇄일** 2023. 10. 6. **신고번호** 제2017-000193호 **펴낸곳** 한국교육방송공사 경기도 고양시 일산동구 한류월드로 281
표지디자인 위북스 **표지** ㈜무닉 **편집디자인** 신흥이앤비 **편집** 신흥이앤비 **인쇄** 동아출판㈜
· 인쇄 과정 중 잘못된 교재는 구입하신 곳에서 교환하여 드립니다. **신규 사업 및 교재 광고 문의** pub@ebs.co.kr

EBS 중학

뉴런

| 과학 1 |

실전책

| 기획 및 개발 |

오창호

| 집필 및 검토 |

강충호(경일중) 유민희(영서중) 이유진(동덕여중) 허은수(강동중)

| 검토 |

공영주(일산동고) 류버들(부흥고) 류선희(인천여고) 박권태(건대사대부중) 양정은(양천중) 오현선(서울고) 이재호(가재울고) 정미진(신현중) 한혜영(상원중)

박재영(프리랜서) 안성경(프리랜서) 유정선(프리랜서)

교재 정답지, 정오표 서비스 및 내용 문의 EBS 중학사이트 ➜ 교재학습자료 ➜ 교재 메뉴

과학 1

실전책

Structure 이 책의 구성과 특징

개념책

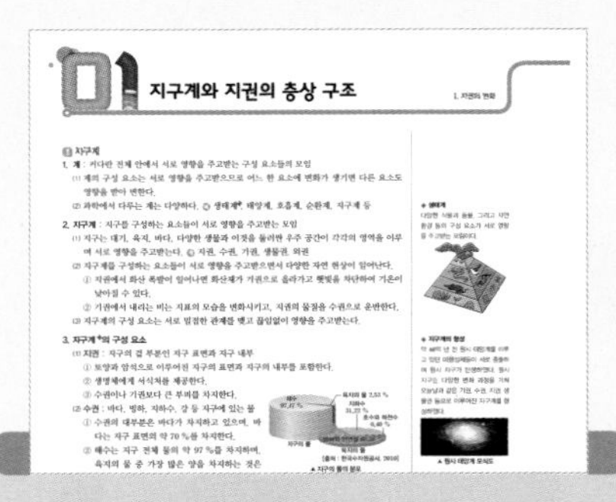

학습 내용 정리
꼭 알아두어야 할 교과서의 주요 개념을 정리하였습니다.

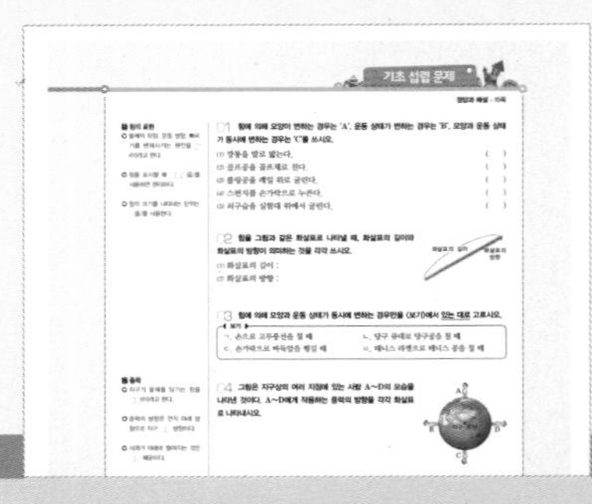

기초 섭렵 문제
학습 내용과 관련된 기본 개념과 원리를 문제를 풀면서 확인할 수 있습니다.

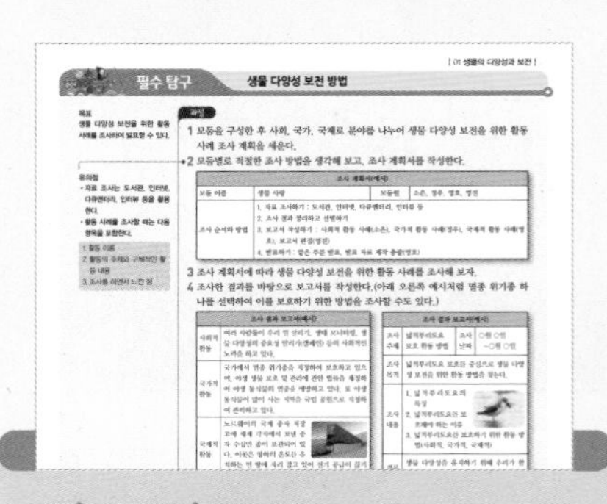

필수 탐구
교과서 필수 탐구의 과정과 결과를 한눈에 확인할 수 있습니다.

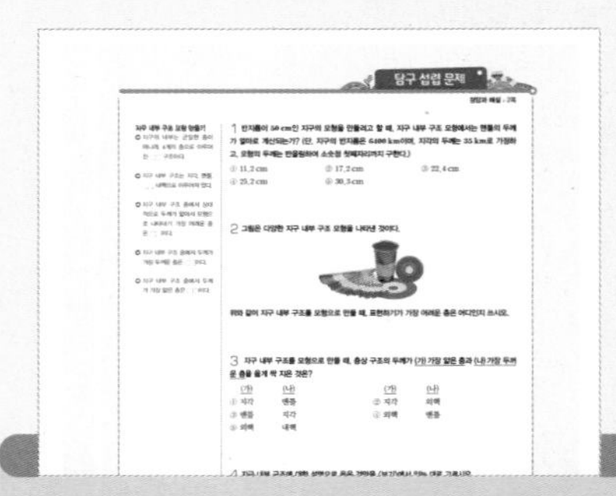

탐구 섭렵 문제
문제를 통해 탐구와 관련된 개념을 정리할 수 있습니다.

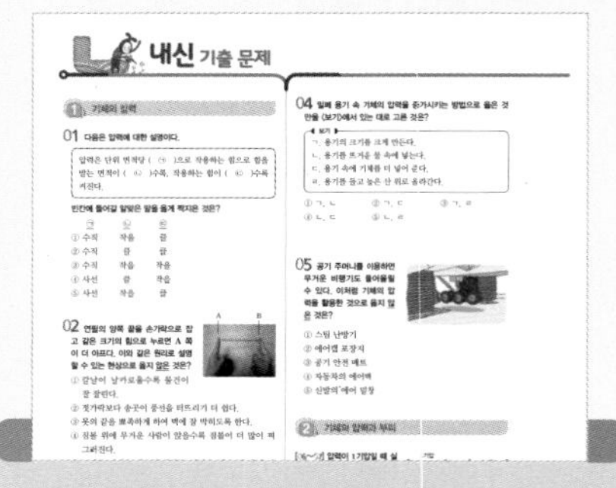

내신 기출 문제
반드시 알아야 할 내용으로 구성하여 기본 실력을 탄탄하게 합니다.

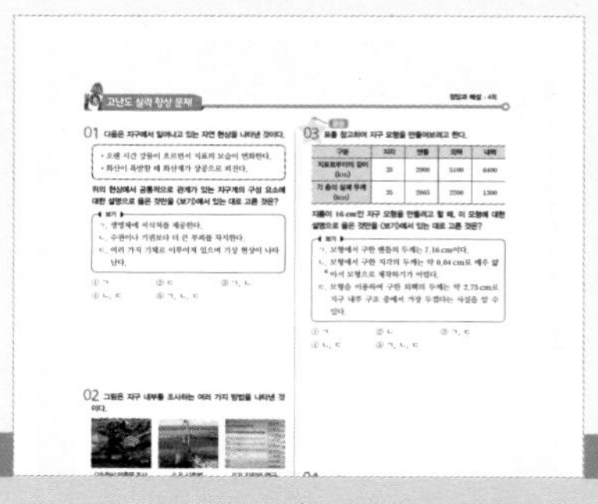

고난도 실력 향상 문제
어려운 고난도 문제를 통해 과학적 사고력을 높일 수 있습니다.

서논술형 유형 연습
유형 연습을 통해 서논술형을 다잡을 수 있습니다.

실전책

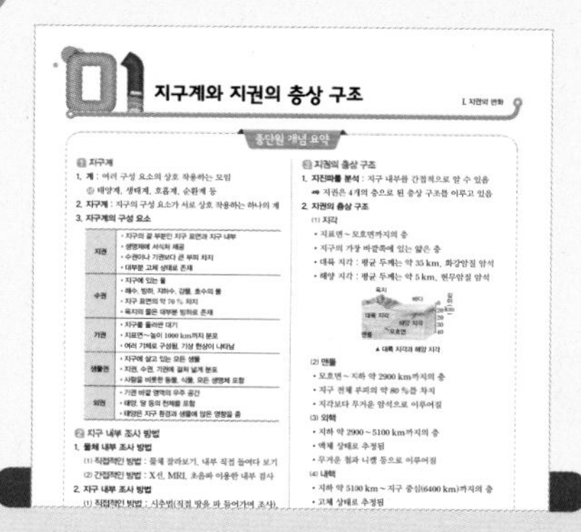

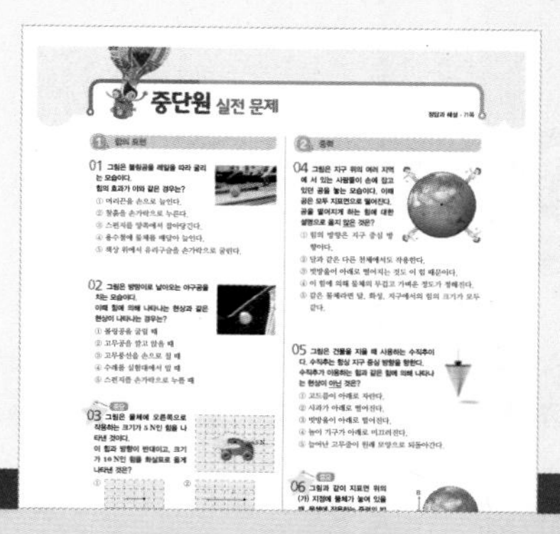

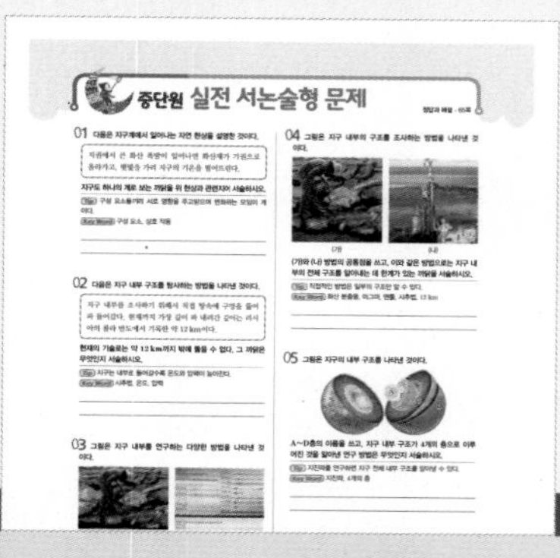

중단원 개념 요약
중요 개념을 다시 한 번 확인할 수 있습니다.

중단원 실전 문제
다양한 유형과 난이도의 문제를 통해 단원을 최종 마무리합니다.

중단원 실전 서논술형 문제
서술형과 논술형 문제의 실전 감각을 익히고 실력을 업그레이드합니다.

정답과 해설

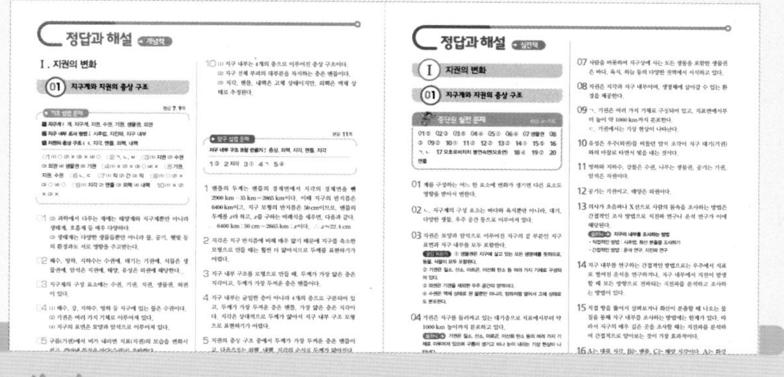

해설
정답과 서술형의 예시 답안을 확인할 수 있습니다. '오답 피하기'는 오답이 오답인 이유를 설명하고 있으며, 서술형 문제는 '채점 기준'을 통해 구체적인 평가가 가능합니다.

- EBS 홈페이지(mid.ebs.co.kr)에 들어오셔서 회원으로 등록하세요.
- 본 방송 교재의 프로그램 내용을 인터넷 동영상(VOD)으로 다시 보실 수 있습니다.
- 교재 및 강의 내용에 대한 문의는 EBS 홈페이지(mid.ebs.co.kr)의 Q&A 서비스를 활용하시기 바랍니다.

Contents 이 책의 차례

I

지권의 변화

지구계와 지권의 층상 구조

중단원 개념 요약

1 지구계

1. **계** : 여러 구성 요소의 상호 작용하는 모임
   예 태양계, 생태계, 호흡계, 순환계 등
2. **지구계** : 지구의 구성 요소가 서로 상호 작용하는 하나의 계
3. **지구계의 구성 요소**

구분	내용
지권	• 지구의 겉 부분인 지구 표면과 지구 내부 • 생명체에 서식처 제공 • 수권이나 기권보다 큰 부피 차지 • 대부분 고체 상태로 존재
수권	• 지구에 있는 물 • 해수, 빙하, 지하수, 강물, 호수의 물 • 지구 표면의 약 70 % 차지 • 육지의 물은 대부분 빙하로 존재
기권	• 지구를 둘러싼 대기 • 지표면~높이 1000 km까지 분포 • 여러 기체로 구성됨, 기상 현상이 나타남
생물권	• 지구에 살고 있는 모든 생물 • 지권, 수권, 기권에 걸쳐 넓게 분포 • 사람을 비롯한 동물, 식물, 모든 생명체 포함
외권	• 기권 바깥 영역의 우주 공간 • 태양, 달 등의 천체를 포함 • 태양은 지구 환경과 생물에 많은 영향을 줌

2 지구 내부 조사 방법

1. **물체 내부 조사 방법**
   (1) **직접적인 방법** : 물체 잘라보기, 내부 직접 들여다보기
   (2) **간접적인 방법** : X선, MRI, 초음파 이용한 내부 검사
2. **지구 내부 조사 방법**
   (1) **직접적인 방법** : 시추법(직접 땅을 파 들어가며 조사), 화산 분출물 조사
   (2) **간접적인 방법** : 운석 연구, 지진파 분석
3. **가장 효과적인 지구 내부 연구 방법** : 지진파 분석
   (1) **지진파** : 지진이 발생할 때 생겨난 파동
   • 지진파는 모든 방향으로 전파되며, 물질에 따라 전달되는 빠르기가 다름
   • 지구 내부를 통과하여 전파되는 지진파를 분석하여 지구 내부의 구조를 조사

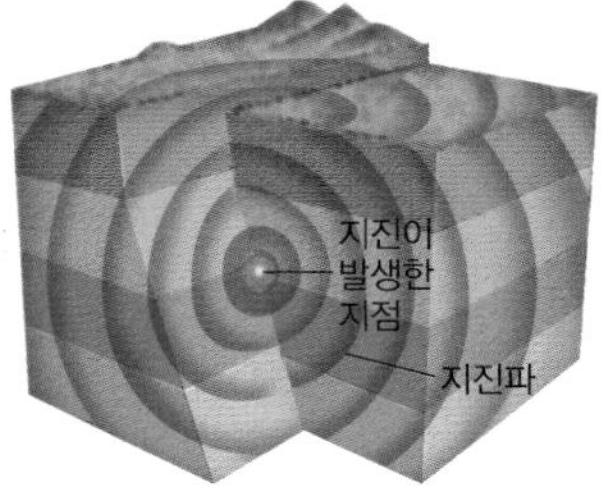

▲ 지진파의 전파

3 지권의 층상 구조

1. **지진파를 분석** : 지구 내부를 간접적으로 알 수 있음
   ➡ 지권은 4개의 층으로 된 층상 구조를 이루고 있음
2. **지권의 층상 구조**
   (1) 지각
   • 지표면~모호면까지의 층
   • 지구의 가장 바깥쪽에 있는 얇은 층
   • 대륙 지각 : 평균 두께는 약 35 km, 화강암질 암석
   • 해양 지각 : 평균 두께는 약 5 km, 현무암질 암석

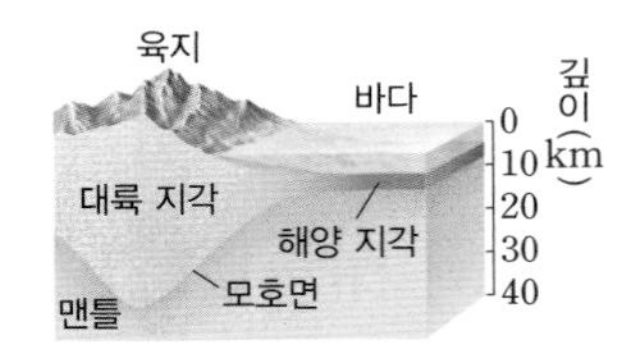

▲ 대륙 지각과 해양 지각

   (2) 맨틀
   • 모호면~지하 약 2900 km까지의 층
   • 지구 전체 부피의 약 80 %를 차지
   • 지각보다 무거운 암석으로 이루어짐
   (3) 외핵
   • 지하 약 2900~5100 km까지의 층
   • 액체 상태로 추정됨
   • 무거운 철과 니켈 등으로 이루어짐
   (4) 내핵
   • 지하 약 5100 km~지구 중심(6400 km)까지의 층
   • 고체 상태로 추정됨
   • 무거운 철과 니켈 등으로 이루어짐

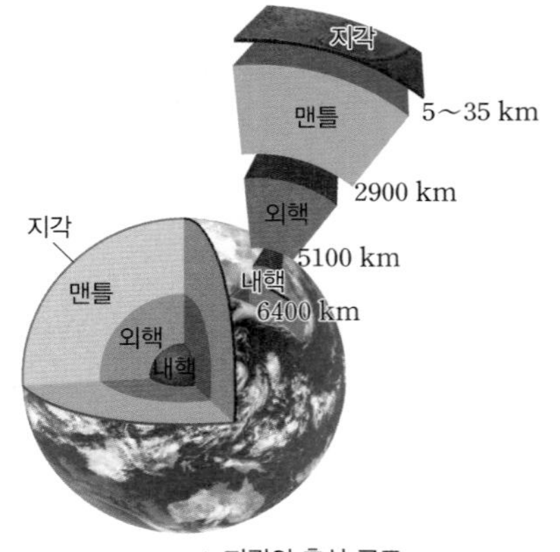

▲ 지권의 층상 구조

중단원 실전 문제

정답과 해설 • 64쪽

1 지구계

01 계에 대한 설명으로 옳지 않은 것은?

① 상호 작용하는 구성 요소들의 모임이다.
② 계의 구성 요소들은 서로 끊임없이 영향을 주고받는다.
③ 과학에서 다루는 계는 지구계, 태양계, 호흡계, 순환계 등 다양하다.
④ 생태계는 다양한 생물과 자연 환경 등의 구성 요소로 이루어져 있다.
⑤ 계를 구성하는 어느 한 요소에 변화가 생겨도 다른 요소에는 영향을 주지 않는다.

중요
02 지구계에 대한 설명으로 옳은 것만을 〈보기〉에서 있는 대로 고른 것은?

보기
ㄱ. 지구계는 과학에서 다루는 계 중 하나이다.
ㄴ. 지구계의 구성 요소는 바다와 육지로만 이루어져 있다.
ㄷ. 지구에서 일어나는 다양한 자연 현상은 지구계 구성 요소 간의 상호 작용 과정에서 생긴다.

① ㄱ ② ㄴ ③ ㄱ, ㄷ
④ ㄴ, ㄷ ⑤ ㄱ, ㄴ, ㄷ

중요
03 지구계의 구성 요소에 대한 설명으로 옳은 것은?

① 지구에 살고 있는 동물만 생물권이다.
② 기권은 한 가지 기체로만 구성되어 있다.
③ 외권은 기권을 포함한 우주 공간의 영역이다.
④ 수권은 액체 상태로만 이루어진 물이 분포하는 영역이다.
⑤ 지권은 토양과 암석으로 이루어진 지구의 표면과 지구 내부를 포함한다.

04 지구계를 구성하는 요소 중에서 기권에 대한 설명으로 옳은 것만을 〈보기〉에서 있는 대로 고른 것은?

보기
ㄱ. 기상 현상이 나타난다.
ㄴ. 여러 가지 기체로 이루어져 있다.
ㄷ. 태양과 달 등의 천체도 포함된다.
ㄹ. 지표면으로부터 약 1000 km 높이까지의 대기층이다.

① ㄱ, ㄴ ② ㄴ, ㄷ ③ ㄷ, ㄹ
④ ㄱ, ㄴ, ㄹ ⑤ ㄴ, ㄷ, ㄹ

05 지구계의 구성 요소와 각 요소에 해당하는 것끼리 옳게 짝지어진 것은?

① 지권 – 토양과 암석으로 이루어진 지각
② 기권 – 해수, 지하수 등의 물
③ 수권 – 다양한 동물과 식물
④ 생물권 – 태양, 달 등의 천체
⑤ 외권 – 질소, 산소, 아르곤 등의 여러 가지 기체

중요
06 수권에 대한 설명으로 옳지 않은 것은?

① 수권의 대부분은 바다가 차지하고 있다.
② 지구 표면의 약 70 %를 차지하고 있다.
③ 해수는 전체 물의 약 97 %를 차지한다.
④ 육지의 물은 대부분 지하수로 존재한다.
⑤ 극지방에 존재하는 빙하도 수권에 포함된다.

07 다음에서 설명하고 있는 지구계의 구성 요소는 무엇인지 쓰시오.

• 지권, 수권, 기권에 걸쳐 넓게 분포하고 있다.
• 사람을 비롯하여 지구에 사는 모든 생명체가 포함된다.

중단원 실전 문제

08 다음에서 설명하고 있는 지구계의 구성 요소에 속하는 것은?

- 생명체에 서식처를 제공한다.
- 지각과 지구 내부를 포함한다.

① 해수 ② 빙하 ③ 암석
④ 태양 ⑤ 나무

09 지구계의 구성 요소와 그 특징에 대한 설명으로 옳은 것만을 〈보기〉에서 있는 대로 고른 것은?

보기
ㄱ. 수권은 지표면에서부터 높이 1000 km까지 분포한다.
ㄴ. 지권은 수권이나 기권보다 큰 부피를 차지한다.
ㄷ. 생물권에서는 기상 현상이 나타난다.
ㄹ. 지구계의 중요한 에너지원인 태양 에너지도 외권에 속한다.

① ㄱ, ㄴ ② ㄴ, ㄹ ③ ㄷ, ㄹ
④ ㄱ, ㄴ, ㄹ ⑤ ㄴ, ㄷ, ㄹ

중요
10 다음은 지구계에서 일어나는 어떤 현상을 설명한 것이다.

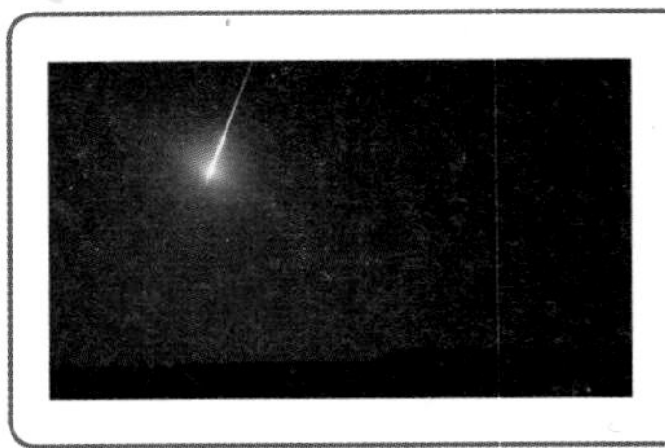

우주를 떠돌던 암석 조각이 지구로 떨어져서 지구 대기와 마찰을 일으키면 밝은 빛을 낸다.

위의 현상과 관련이 있는 지구계의 구성 요소를 옳게 짝 지은 것은?

① 기권, 외권 ② 기권, 수권
③ 기권, 생물권 ④ 수권, 생물권
⑤ 생물권, 지권

11 외권에 해당하는 것만을 〈보기〉에서 있는 대로 고른 것은?

보기
ㄱ. 빙하 ㄴ. 나무 ㄷ. 달 ㄹ. 태양
ㅁ. 공기 ㅂ. 암석 ㅅ. 강물 ㅇ. 지하수

① ㄱ, ㅂ ② ㄷ, ㄹ
③ ㄷ, ㅁ, ㅇ ④ ㄱ, ㄴ, ㅅ, ㅇ
⑤ ㄷ, ㄹ, ㅂ, ㅅ

12 지구계의 구성 요소와 그 요소에 속한 것끼리 옳게 연결한 것만을 〈보기〉에서 있는 대로 고른 것은?

보기
ㄱ. 생물권 – 공기 ㄴ. 수권 – 해수
ㄷ. 지권 – 토양 ㄹ. 기권 – 태양

① ㄱ, ㄹ ② ㄴ, ㄷ ③ ㄷ, ㄹ
④ ㄱ, ㄴ, ㄷ ⑤ ㄴ, ㄷ, ㄹ

2 지구 내부 조사 방법

중요
13 의사가 초음파나 X선으로 사람의 몸속을 조사하는 방법과 같은 원리로 지구 내부를 알아보는 방법을 〈보기〉에서 있는 대로 고른 것은?

보기
ㄱ. 직접 땅속을 뚫어서 조사한다.
ㄴ. 지구 내부를 통과하는 지진파를 분석한다.
ㄷ. 화산이 분출할 때 나오는 물질을 조사한다.

① ㄱ ② ㄴ ③ ㄱ, ㄷ
④ ㄴ, ㄷ ⑤ ㄱ, ㄴ, ㄷ

14 지구 내부를 알아보기 위한 여러 가지 방법 중 간접적인 방법을 〈보기〉에서 있는 대로 고른 것은?

보기
ㄱ. 지표로 떨어진 운석을 조사한다.
ㄴ. 시추법을 이용하여 직접 땅속을 파서 조사한다.
ㄷ. 지진이 발생할 때 전달되는 지진파를 분석한다.
ㄹ. 화산이 폭발할 때 나오는 화산 분출물을 조사한다.

① ㄱ, ㄷ ② ㄴ, ㄹ ③ ㄷ, ㄹ
④ ㄱ, ㄴ, ㄹ ⑤ ㄴ, ㄷ, ㄹ

중요
15 지구 내부의 깊은 곳까지 조사할 수 있는 가장 효과적인 방법은?

① 인공위성에서 찍은 지구 사진을 분석한다.
② 지구 내부 물질을 알아내기 위해 운석을 연구한다.
③ 화산이 폭발할 때 분출되는 지구 내부의 물질을 조사한다.
④ 땅에 직접 구멍을 뚫고 물질을 채취하여 내부를 조사한다.
⑤ 지구 내부를 통과하여 지표에 도달하는 지진파를 분석한다.

3 지권의 층상 구조

중요
16 그림은 지각과 맨틀의 구조를 나타낸 것이다.

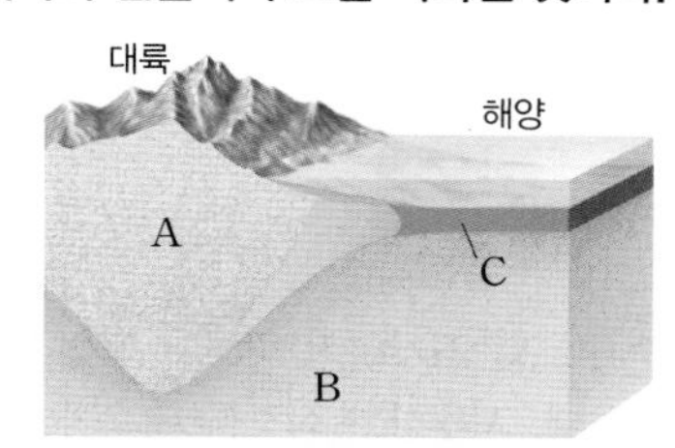

이에 대한 설명으로 옳은 것만을 〈보기〉에서 있는 대로 고르시오.

보기
ㄱ. A와 B의 경계면은 모호로비치치 불연속면이다.
ㄴ. A, B, C를 구성하는 암석의 종류는 각각 다르다.
ㄷ. B는 무거운 철과 니켈로 이루어져 있다.

[17~19] 그림은 지구의 내부 구조를 나타낸 것이다. 물음에 답하시오.

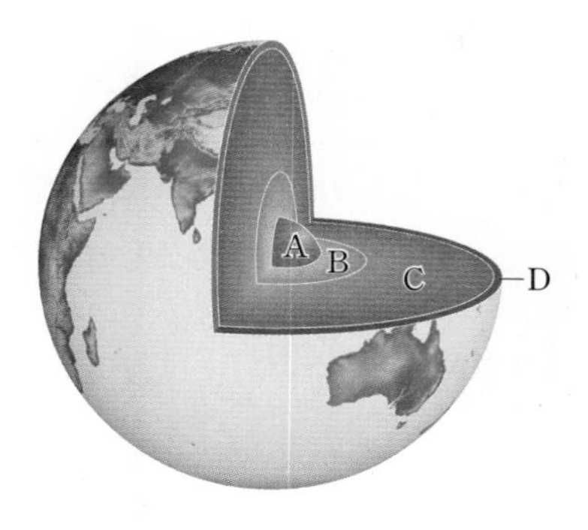

17 과학자들은 지진파 연구를 통해서 지구 내부에 경계면이 있다는 사실을 알아내었다. C와 D의 경계면의 이름은 무엇인지 쓰시오.

18 A~D에 대한 설명으로 옳지 않은 것은?

① A와 B는 거의 같은 물질로 이루어져 있다.
② A는 고체 상태로 추정된다.
③ B는 주로 철과 니켈로 이루어져 있다.
④ C는 D와는 같은 종류의 암석으로 이루어져 있다.
⑤ D는 대륙 지각과 해양 지각으로 구분된다.

중요
19 A~D 중에서 액체 상태로 추정되는 층의 기호와 명칭이 옳게 연결된 것은?

① A – 맨틀 ② B – 외핵
③ C – 지각 ④ C – 내핵
⑤ D – 맨틀

중요
20 다음에서 설명하는 지구 내부의 층은 무엇인지 쓰시오.

• 지구 전체 부피의 약 80 %를 차지하는 층이다.
• 지각을 이루는 암석과는 다른 종류의 암석으로 이루어져 있다.

중단원 실전 서논술형 문제

정답과 해설 • 65쪽

01 다음은 지구계에서 일어나는 자연 현상을 설명한 것이다.

> 지권에서 큰 화산 폭발이 일어나면 화산재가 기권으로 올라가고, 햇빛을 가려 지구의 기온을 떨어뜨린다.

지구도 하나의 계로 보는 까닭을 위 현상과 관련지어 서술하시오.

Tip 구성 요소들끼리 서로 영향을 주고받으며 변화하는 모임이 계이다.

Key Word 구성 요소, 상호 작용

02 다음은 지구 내부 구조를 탐사하는 방법을 나타낸 것이다.

> 지구 내부를 조사하기 위해서 직접 땅속에 구멍을 뚫어 파 들어갔다. 현재까지 가장 깊이 파 내려간 깊이는 러시아의 콜라 반도에서 기록한 약 12 km이다.

현재의 기술로는 약 12 km까지 밖에 뚫을 수 없다. 그 까닭은 무엇인지 서술하시오.

Tip 지구는 내부로 들어갈수록 온도와 압력이 높아진다.

Key Word 시추법, 온도, 압력

03 그림은 지구 내부를 연구하는 다양한 방법을 나타낸 것이다.

(가)

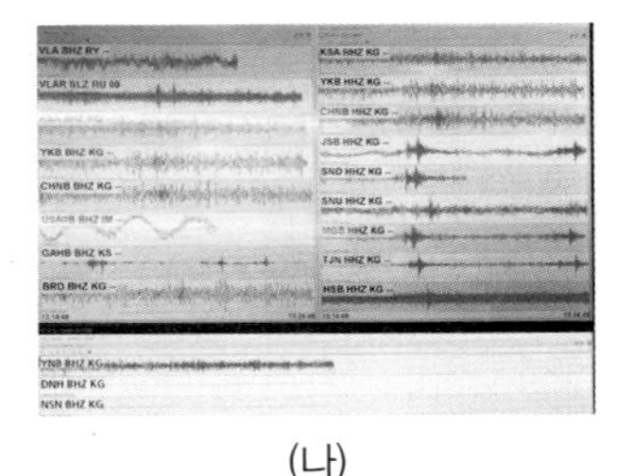

(나)

(가)와 (나) 중에서 지구 내부 전체를 알아보는 방법으로 더 효과적인 것을 고르고, 그 까닭을 서술하시오.

Tip 화산 분출물 조사는 맨틀 물질까지만 조사할 수 있다.

Key Word 화산 분출물, 맨틀, 지진파, 간접적

04 그림은 지구 내부의 구조를 조사하는 방법을 나타낸 것이다.

(가)

(나)

(가)와 (나) 방법의 공통점을 쓰고, 이와 같은 방법으로는 지구 내부의 전체 구조를 알아내는 데 한계가 있는 까닭을 서술하시오.

Tip 직접적인 방법은 일부의 구조만 알 수 있다.

Key Word 화산 분출물, 마그마, 맨틀, 시추법, 12 km

05 그림은 지구의 내부 구조를 나타낸 것이다.

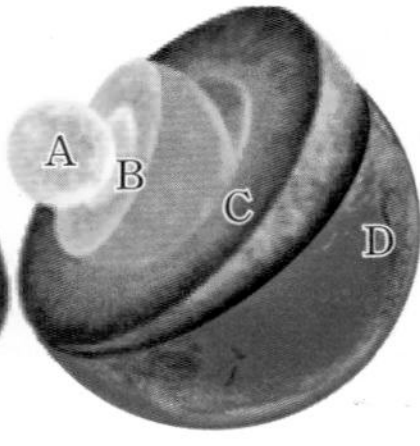

A~D층의 이름을 쓰고, 지구 내부 구조가 4개의 층으로 이루어진 것을 알아낸 연구 방법은 무엇인지 서술하시오.

Tip 지진파를 연구하면 지구 전체 내부 구조를 알아낼 수 있다.

Key Word 지진파, 4개의 층

06 지구 내부 구조를 조사하기 위해서 직접 땅을 파서 맨틀까지 조사하려 할 때, 시추하는 장소를 대륙과 해양 중에서 어디를 선택하는 것이 더 효과적인지 쓰고, 그 까닭을 서술하시오.

Tip 대륙 지각이 해양 지각보다 더 두껍다.

Key Word 해양 지각, 대륙 지각, 맨틀, 두께

암석의 순환

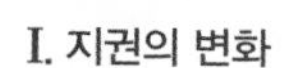

중단원 개념 요약

1 화성암

1. **암석의 분류** : 생성 과정에 따라 화성암, 퇴적암, 변성암으로 분류함
2. **화성암** : 마그마가 식어서 굳어진 암석

(1) 생성 장소에 따른 화성암 분류

분류	생성 장소	냉각 속도	광물 결정 크기
화산암	지표 부근	빠름	작다
심성암	지하 깊은 곳	느림	크다

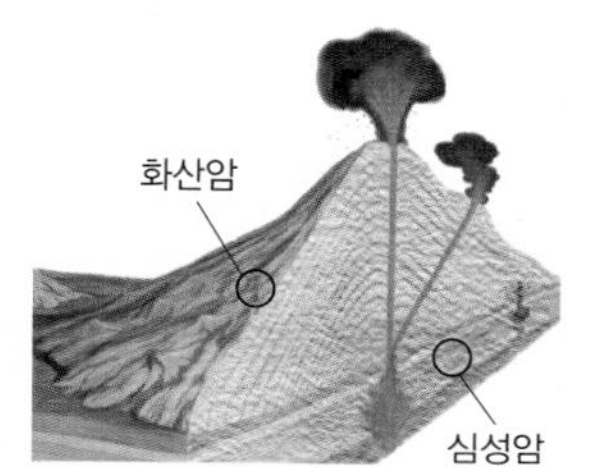

▲ 화성암의 생성 장소

(2) 암석의 색과 광물 결정 크기에 따른 화성암 분류

광물 결정 크기 \ 암석의 색	어둡다 ←——→ 밝다	
작다(화산암)	현무암	유문암
크다(심성암)	반려암	화강암

2 퇴적암

1. **퇴적암** : 퇴적물이 쌓여 굳어진 암석
2. **퇴적암의 생성 과정**

▲ 퇴적물이 쌓인다. ▲ 퇴적물이 다져진다. ▲ 퇴적물이 굳어진다.

3. **퇴적암의 종류**

구분	퇴적물의 크기에 따라			퇴적물의 종류에 따라	
퇴적물	자갈	모래	진흙	석회 물질	화산재
퇴적암	역암	사암	셰일(이암)	석회암	응회암

4. **퇴적암의 특징** : 층리, 화석

층리	알갱이의 크기나 색이 다른 퇴적물이 번갈아 쌓여 만들어진 나란한 줄무늬
화석	과거에 살았던 생물의 유해나 흔적

3 변성암

1. **변성암** : 암석이 높은 열과 압력을 받아 생긴 암석
2. **변성암의 생성 과정**

(1) 암석이 지하 깊은 곳으로 들어가 높은 열과 압력을 동시에 받을 때 암석의 성질이 변함

(2) 암석이 뜨거운 마그마와 접촉하여 높은 열을 받을 때 암석의 성질이 변함

3. **변성암의 종류**

변성 전 암석	셰일	사암	석회암	화강암
변성암	편암, 편마암	규암	대리암	(화강) 편마암

4. **변성암의 특징** : 엽리, 재결정 작용

엽리	열과 압력을 동시에 받을 때 암석 속의 알갱이가 압력 방향에 수직으로 배열되면서 만들어진 줄무늬
재결정	변성 작용이 일어나는 과정에서 암석을 이루는 알갱이가 커지거나 새로운 알갱이가 만들어짐

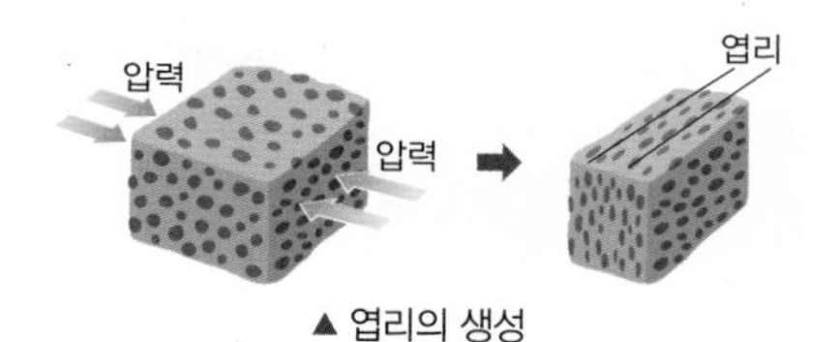

▲ 엽리의 생성

4 암석의 순환

암석은 생성된 후 주변 환경에 따라 그 모습을 달리하면서 끊임없이 다른 암석으로 변한다.

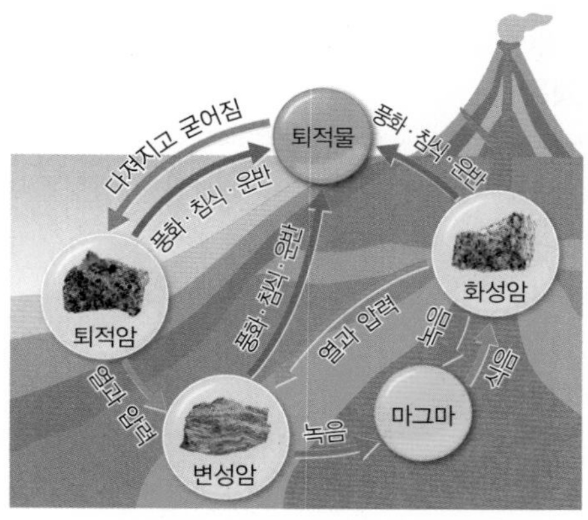

▲ 암석의 순환

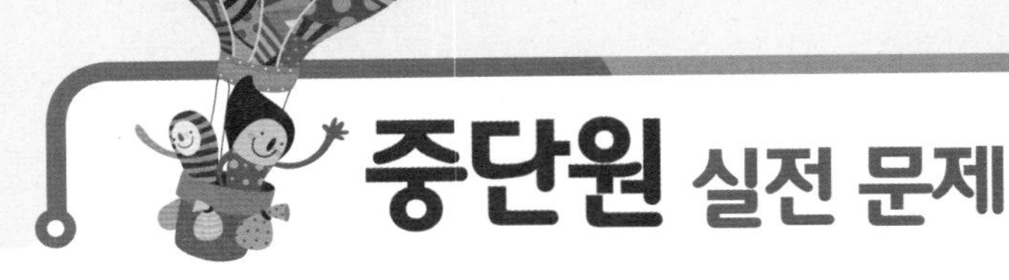

중단원 실전 문제

1 화성암

01 암석의 생성 과정이 나머지 암석과 다른 한 가지 암석은?

① 화강암 ② 현무암 ③ 반려암
④ 석회암 ⑤ 유문암

02 화성암에 대한 설명으로 옳은 것은?

① 퇴적물이 굳어져서 생긴 암석이다.
② 마그마가 식어서 굳어진 암석이다.
③ 지표 근처에서만 생성되는 암석이다.
④ 지하 깊은 곳에서만 생성되는 암석이다.
⑤ 높은 열과 압력을 받아서 생성된 암석이다.

[03~04] 그림은 화성암이 만들어지는 장소를 나타낸 것이다. 물음에 답하시오.

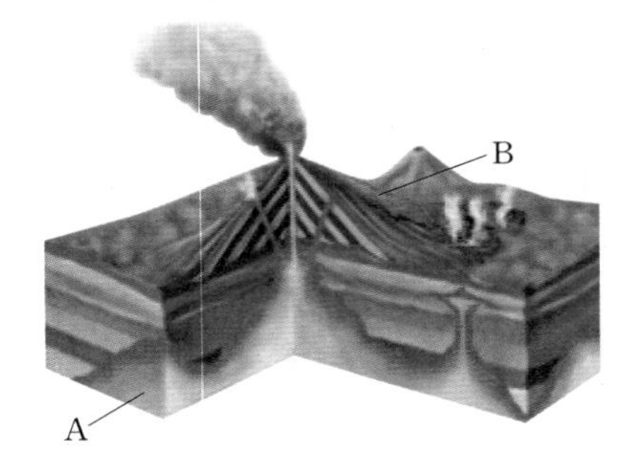

중요
03 위 그림에 대한 설명으로 옳은 것만을 〈보기〉에서 있는 대로 고른 것은?

보기
ㄱ. A에서는 심성암, B에서는 화산암이 생성된다.
ㄴ. B는 A보다 마그마가 빠르게 냉각된다.
ㄷ. A의 암석이 B의 암석보다 색이 어둡다.
ㄹ. 암석을 이루는 결정의 크기는 B보다 A의 암석이 더 크다.

① ㄱ, ㄴ ② ㄴ, ㄹ ③ ㄷ, ㄹ
④ ㄱ, ㄴ, ㄹ ⑤ ㄴ, ㄷ, ㄹ

04 A와 B에서 생성되는 암석을 옳게 짝 지은 것은?

	A	B
①	반려암	유문암
②	화강암	반려암
③	현무암	유문암
④	현무암	화강암
⑤	유문암	반려암

[05~06] 그림은 화성암을 암석의 색과 암석을 이루는 광물 결정의 크기에 따라 분류한 것이다. 물음에 답하시오.

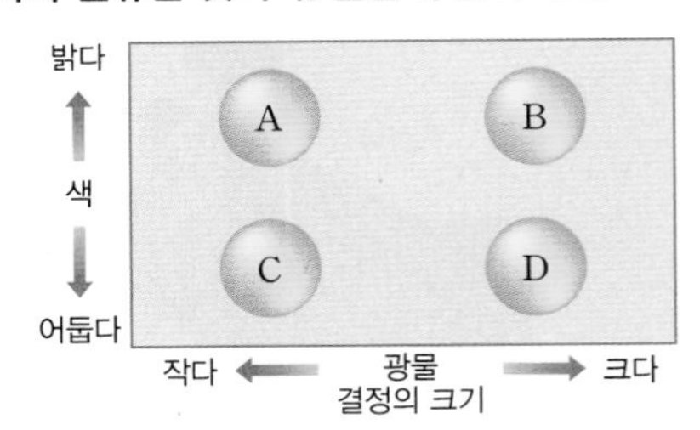

중요
05 위 그림에 대한 설명으로 옳은 것은?

① A와 B는 심성암이다.
② A와 D는 화산암이다.
③ 마그마가 천천히 식어서 굳어진 암석은 A이다.
④ 지표 부근에서 마그마가 빠르게 식어서 굳어진 암석은 D이다.
⑤ A와 D가 생성될 때의 마그마의 냉각 속도는 서로 다르다.

06 A~D 중에서 다음의 설명에 해당하는 암석을 찾아 그 기호와 이름을 옳게 연결한 것은?

- 심성암이다.
- 어두운 색 광물을 많이 포함하고 있다.
- 지하 깊은 곳에서 마그마가 서서히 냉각되어 생성되었다.

① A – 유문암 ② B – 화강암
③ B – 대리암 ④ C – 현무암
⑤ D – 반려암

07 다음 설명에 해당하는 화성암은 무엇인가?

- 암석을 이루는 광물의 결정이 작아서 육안으로는 구분되지 않는다.
- 감람석과 같은 어두운 색 광물을 많이 포함하고 있다.
- 제주도 돌하르방을 만드는 재료로 쓰인다.

① 화강암 ② 현무암 ③ 반려암
④ 유문암 ⑤ 석회암

08 화성암에 대한 설명으로 옳은 것만을 〈보기〉에서 있는 대로 고른 것은?

보기
ㄱ. 심성암은 암석의 색이 모두 밝다.
ㄴ. 화산암을 이루는 광물 결정의 크기는 작다.
ㄷ. 지표 부근에서 생성된 화성암은 모두 색이 어둡다.
ㄹ. 마그마가 지하 깊은 곳에서 식어서 굳어진 암석을 심성암이라고 한다.

① ㄱ, ㄴ ② ㄴ, ㄹ ③ ㄷ, ㄹ
④ ㄱ, ㄴ, ㄹ ⑤ ㄴ, ㄷ, ㄹ

2 퇴적암

09 퇴적암에 대한 설명으로 옳은 것은?

① 암석을 이루는 알갱이가 열에 의해 더 커진다.
② 압력 방향에 대해 수직인 줄무늬(엽리)가 나타난다.
③ 퇴적물이 다져지면 퇴적물을 이루는 입자 사이의 거리가 더 넓어진다.
④ 퇴적물의 종류와 색깔, 크기 변화에 따른 줄무늬가 나타난다.
⑤ 쌓인 퇴적물이 열과 압력에 의해 구조나 성질이 변하면서 퇴적암이 된다.

중요
10 다음 암석들이 가지는 공통점은 무엇인가?

• 셰일 • 사암 • 역암

① 지하 깊은 곳에서 주로 생성된다.
② 암석을 이루는 광물의 결정이 크다.
③ 어두운 색 광물들을 많이 포함하고 있다.
④ 압력 방향에 수직으로 배열된 줄무늬인 엽리가 나타난다.
⑤ 과거에 살았던 생물의 유해나 흔적이 발견되기도 한다.

중요
11 퇴적암과 그 암석을 구성하는 퇴적물이 옳게 짝 지어진 것은?

	퇴적암	퇴적물의 종류
①	역암	석회 물질
②	사암	모래
③	셰일	소금
④	석회암	진흙
⑤	암염	자갈

12 다음은 변산 반도의 채석강의 사진과 이에 대한 설명이다.

채석강을 이루는 암석들 사이에서는 크기와 종류가 다른 퇴적물이 번갈아 쌓이면서 만들어진 줄무늬를 관찰할 수 있다.

채석강에 나타나는 줄무늬의 이름과 이러한 줄무늬를 관찰할 수 있는 암석의 이름이 옳게 연결된 것은?

① 층리 – 셰일 ② 층리 – 화강암
③ 엽리 – 사암 ④ 엽리 – 대리암
⑤ 화석 – 역암

3 변성암

13 변성암에 대한 설명으로 옳은 것만을 〈보기〉에서 있는 대로 고른 것은?

보기
ㄱ. 압력 방향에 수직으로 줄무늬가 생긴다.
ㄴ. 과거에 살았던 생물의 유해나 흔적이 발견된다.
ㄷ. 변성 작용이 진행되면 암석 속의 광물 결정이 커진다.

① ㄱ ② ㄴ ③ ㄱ, ㄷ
④ ㄴ, ㄷ ⑤ ㄱ, ㄴ, ㄷ

중요
14 그림은 암석에 나타나는 줄무늬의 생성 원리를 알아보기 위하여 풍선에 점을 찍고 손으로 누르는 실험이다.

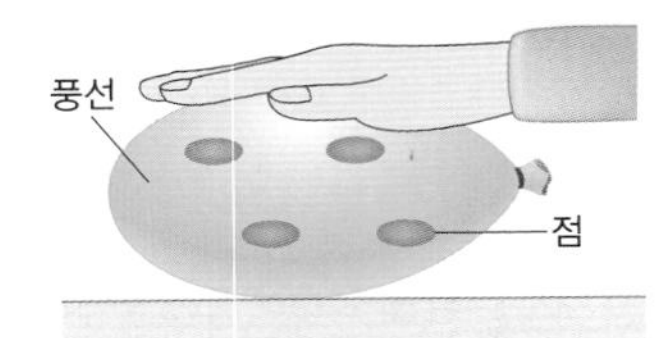

위 실험 원리로 생성되는 줄무늬 이름과 줄무늬가 나타나는 암석이 옳게 연결된 것은?

① 층리 – 셰일 ② 층리 – 화강암
③ 엽리 – 편마암 ④ 엽리 – 반려암
⑤ 엽리 – 석회암

15 표는 변성 받기 전의 암석과 변성암을 나타낸 것이다.

변성 전 암석	(A)	사암	석회암	화강암
변성암	편암, 편마암	(B)	(C)	(D)

A~D에 들어갈 암석의 이름을 옳게 짝 지은 것은?

	A	B	C	D
①	셰일	편마암	각섬암	대리암
②	셰일	규암	대리암	편마암
③	역암	대리암	편마암	규암
④	역암	각섬암	규암	편마암
⑤	규암	편암	편마암	대리암

16 다음은 어떤 암석의 특징을 나타낸 것이다.

- 엽리와 재결정이 일어난다.
- 암석이 변성 작용을 받아 생성된 새로운 암석이다.

위와 같은 특징을 가지는 암석끼리 옳게 짝 지은 것은?

① 사암, 편암 ② 대리암, 응회암
③ 셰일, 화강암 ④ 편암, 편마암
⑤ 편마암, 현무암

17 그림은 퇴적암 속으로 마그마가 뚫고 들어간 지층의 단면을 나타낸 것이다.

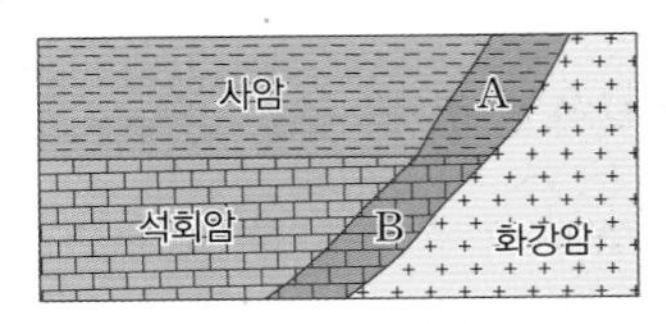

A, B에서 발견되는 변성암의 이름을 각각 쓰시오.

4 암석의 순환

중요
18 다음은 어떤 암석의 생성 과정을 설명한 것이다.

화강암이 높은 열과 압력을 받아, 압력 방향에 수직인 줄무늬가 뚜렷한 암석이 생성되었다.

위의 생성 과정에 해당하는 것을 아래 그림의 A~C에서 찾고, 그 결과 생성된 암석의 이름을 옳게 짝 지은 것은?

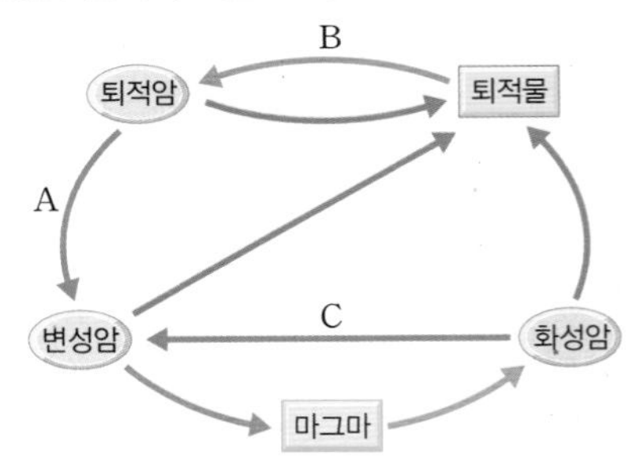

① A – 규암 ② A – 대리암
③ B – 대리암 ④ B – 편마암
⑤ C – 편마암

중단원 실전 서논술형 문제

정답과 해설 • 66쪽

01 그림은 화성암이 생성되는 장소를 나타낸 것이다. (가)에서 생성된 암석을 찾는 방법은 무엇인지 서술하시오.

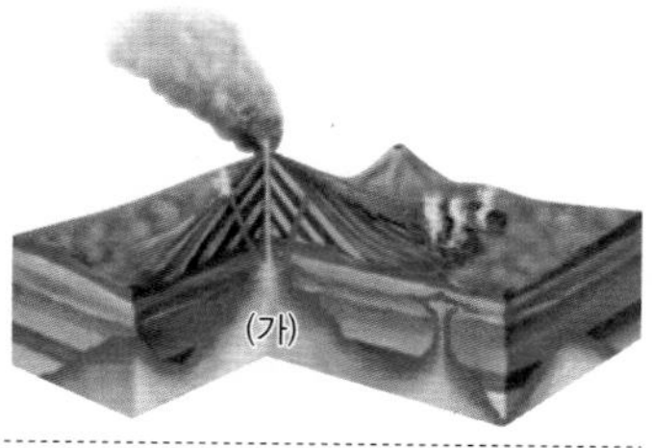

Tip 지하 깊은 곳에서는 마그마가 서서히 냉각된다.
Key Word 냉각 속도, 결정, 마그마

02 그림 (가)와 (나)는 모두 어두운 색을 띠는 화성암이다.

(가) 화산암의 한 종류

(나) 심성암의 한 종류

두 암석의 이름을 각각 쓰고, (가)와 (나)의 차이점을 생성 과정과 관련지어 서술하시오.

Tip 암석을 이루는 광물 결정의 크기는 마그마의 냉각 속도와 관련이 있다.
Key Word 냉각 속도, 암석의 색, 결정의 크기, 지표, 지하

03 그림은 화성암을 분류한 것이다.

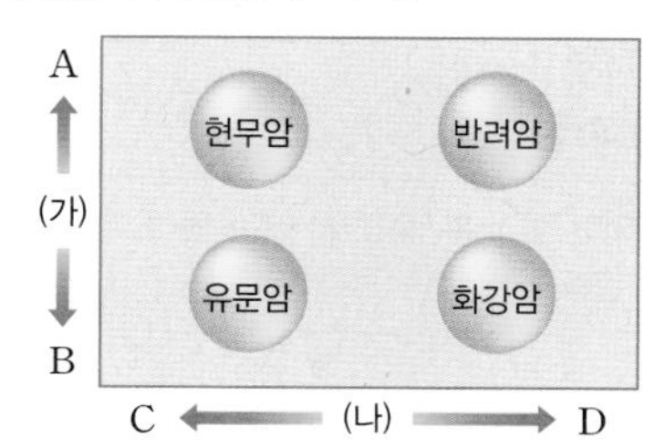

위와 같이 분류한 기준은 무엇인지 (가), (나)와 조건 A, B, C, D를 서술하시오.

Tip 화성암은 암석의 색과 암석을 이루는 광물 결정의 크기에 따라 분류한다.
Key Word 암석의 색, 광물 결정의 크기, 화산암, 심성암

04 화성암을 다음과 같이 (가)와 (나) 두 그룹으로 분류하였다.

(가)	(나)
현무암, 유문암	반려암, 화강암

분류 기준을 생성 과정과 연결하여 구체적으로 서술하시오.

Tip 화성암은 암석의 색과 광물 결정의 크기에 따라 분류할 수 있다.
Key Word 마그마의 냉각 속도, 광물 결정의 크기, 화산암, 심성암

05 그림은 현무암, 편마암, 반려암을 분류하는 과정을 나타낸 것이다.

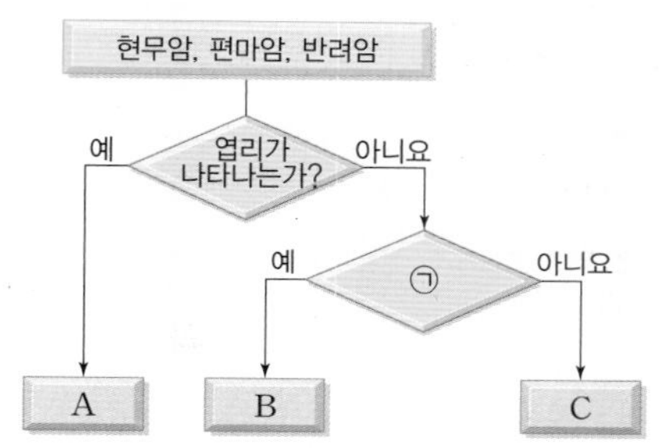

㉠에 들어갈 기준을 서술하고, 이에 따라 분류된 A, B, C의 암석을 쓰시오.

Tip 현무암과 반려암은 암석을 이루는 광물 결정의 크기가 다르다.
Key Word 광물 결정의 크기, 마그마, 화성암

06 퇴적암에 나타나는 층리와 변성암에 나타나는 엽리의 차이점을 그 생성 과정과 연관지어 서술하시오.

Tip 층리는 퇴적물의 종류가 달라지고, 엽리는 광물의 배열이 달라진다.
Key Word 층리, 퇴적물, 엽리, 압력, 광물의 배열

광물과 토양

중단원 개념 요약

1 광물

1. **광물** : 암석을 이루는 각각의 알갱이
2. **조암 광물** : 암석을 이루는 주된 광물
   (1) **대표적인 조암 광물** : 석영, 장석, 흑운모, 각섬석, 휘석, 감람석
   (2) **조암 광물의 부피비** : 장석이 가장 많은 부피비를 차지하고, 석영이 두 번째로 많은 부피비를 차지함

▲ 조암 광물의 부피비

3. **조암 광물의 색**

밝은 색	장석, 석영
어두운 색	흑운모, 각섬석, 휘석, 감람석

2 광물의 특성

1. **색** : 광물의 겉보기 색

광물	석영	방해석	장석	흑운모	감람석
색	무색	무색	흰색, 분홍색	검은색	황록색

2. **조흔색** : 광물 가루의 색

광물	금	황철석	황동석
색	노란색		
조흔색	노란색	검은색	녹흑색

광물	흑운모	적철석	자철석
색	검은색		
조흔색	흰색	붉은색	검은색

3. **굳기** : 광물의 단단하고 무른 정도
   ➡ 두 광물을 서로 긁어보면, 덜 단단한 광물이 긁힘
4. **자성** : 자석처럼 쇠붙이가 달라붙는 성질 예 자철석
5. **염산 반응** : 묽은 염산을 떨어뜨리면 기체가 발생하는 성질 예 방해석

▲ 자철석 – 자성

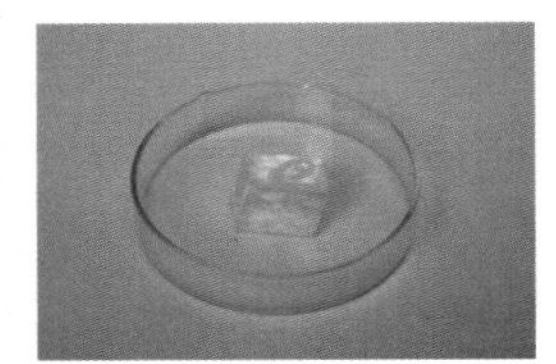

▲ 방해석 – 염산과의 반응

3 풍화

1. **풍화** : 지표의 암석이 오랜 시간에 걸쳐 잘게 부서지거나 분해되어 자갈이나 모래, 흙 등으로 변하는 현상
   (1) **풍화를 일으키는 주요 원인** : 물, 공기, 생물 등
   (2) 지표는 다양한 풍화를 받아 끊임없이 변함
2. **물이 어는 작용에 의한 풍화** : 크고 작은 암석 틈 사이로 스며든 물
   ➡ 얼었다 녹았다를 반복하는 과정에서 암석이 부서짐
3. **식물 뿌리에 의한 풍화** : 식물 뿌리가 암석의 틈에 내려 자람
   ➡ 암석의 틈이 점점 벌어져 암석이 부서짐
4. **지하수에 의한 풍화** : 지하수가 석회암 지대를 흐름
   ➡ 석회암을 녹여 석회 동굴과 같은 지형을 형성함
5. **산소에 의한 풍화** : 공기 중에 노출되어 있는 암석이 산소와 결합함
   ➡ 철이 녹스는 것처럼 암석이 약화되어 부서짐
6. **이끼에 의한 풍화** : 이끼가 암석 표면을 덮고 자람
   ➡ 이끼에서 여러 가지 성분을 배출하여 암석을 녹임

4 토양

1. **토양** : 암석이 오랜 시간 동안 풍화를 받아 잘게 부서져서 생성된 흙
2. **토양의 의의** : 식물이 자라는 데 중요한 역할을 함
   (1) 비옥한 토양이 생성될 때까지 매우 오랜 시간이 걸림
   (2) 훼손된 토양을 다시 원래대로 회복하는 데 매우 오랜 시간이 걸림
3. **토양의 생성 과정**

암석이 풍화되어 잘게 부서지면서 작은 돌 조각과 모래 등으로 이루어진 층이 된다.

▼

이 층이 풍화되어 토양이 되고, 지표 부근의 토양에서 빗물에 녹은 물질과 진흙이 아래로 스며들어 쌓인다.

▲ 토양의 생성 과정

중단원 실전 문제

정답과 해설 • 67쪽

1 광물

01 광물에 대한 설명으로 옳지 않은 것은?

① 현재 발견된 광물의 종류는 매우 다양하다.
② 암석을 이루는 주된 광물은 약 20여 종이다.
③ 모든 광물이 암석에 골고루 포함되어 있다.
④ 암석은 대부분 여러 종류의 광물로 이루어져 있다.
⑤ 각 광물은 다른 광물과 구별되는 고유한 성질을 가지고 있다.

02 조암 광물에 대한 설명으로 옳은 것만을 〈보기〉에서 있는 대로 고른 것은?

보기
ㄱ. 화강암이나 유문암의 색이 밝은 것은 석영, 장석과 같은 광물을 많이 포함하고 있기 때문이다.
ㄴ. 구성 광물의 종류와 비율에 따라 암석의 색이 달라진다.
ㄷ. 조암 광물의 전체 부피 중에서 절반을 넘는 광물은 흑운모이다.

① ㄱ ② ㄷ ③ ㄱ, ㄴ
④ ㄴ, ㄷ ⑤ ㄱ, ㄴ, ㄷ

03 어두운 색 조암 광물과 밝은 색 조암 광물끼리 옳게 짝 지은 것은?

	어두운 색	밝은 색
①	휘석, 각섬석	장석, 석영
②	흑운모, 장석	석영, 휘석
③	장석, 감람석	각섬석, 석영
④	석영, 장석	흑운모, 휘석
⑤	석영, 휘석	감람석, 흑운모

중요
04 그림은 암석을 이루는 조암 광물의 부피비를 나타낸 것이다.

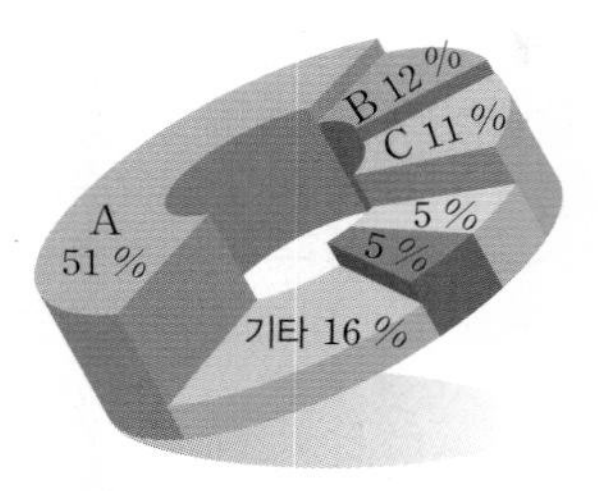

A, B, C에 해당하는 광물을 옳게 연결한 것은?

① A – 석영 ② A – 휘석
③ B – 장석 ④ B – 석영
⑤ C – 장석

2 광물의 특성

중요
05 광물을 구별하기 위한 방법으로 옳지 않은 것은?

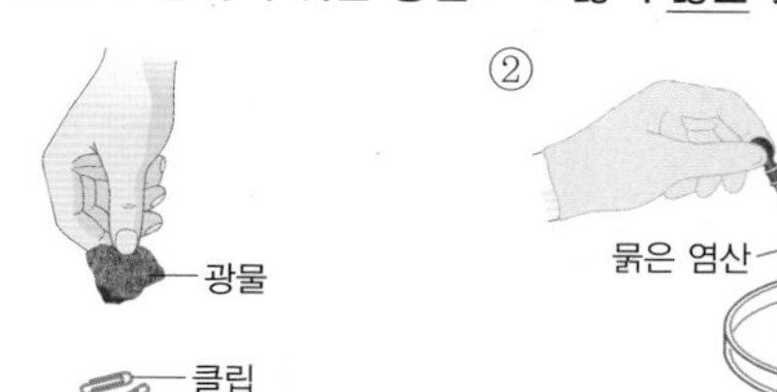

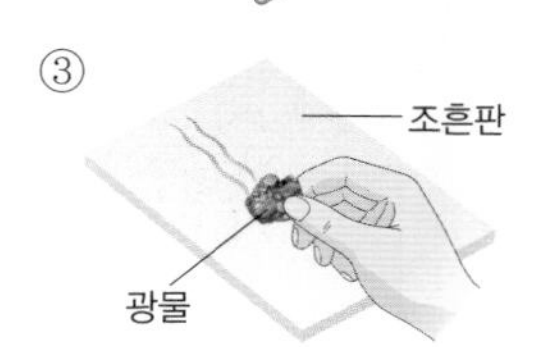

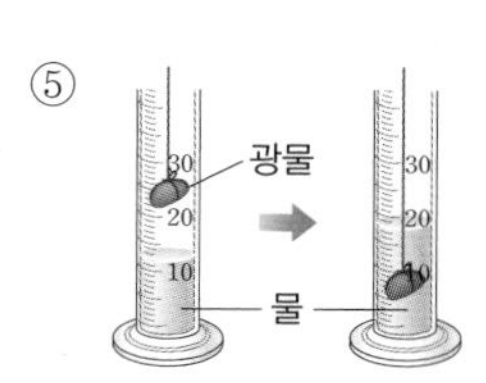

06 광물과 조흔색이 옳게 짝 지어진 것은?

① 황동석 – 검은색 ② 자철석 – 붉은색
③ 흑운모 – 흰색 ④ 황철석 – 녹흑색
⑤ 적철석 – 검은색

중단원 실전 문제

중요

07 다음은 광물의 굳기를 비교한 실험이다.

> (가) A와 B를 서로 긁었더니 B가 긁혔다.
> (나) A로 C를 긁었더니 C에 흠집이 생겼다.
> (다) B와 C를 서로 긁었더니 C의 가루가 B에 묻었다.

광물 A~C의 굳기를 옳게 비교해 놓은 것은?

① A>B>C　② A>C>B
③ B>A>C　④ B>C>A
⑤ C>B>A

08 석영과 방해석을 구분하기 위한 실험 방법으로 옳은 것만을 〈보기〉에서 있는 대로 고른 것은?

보기

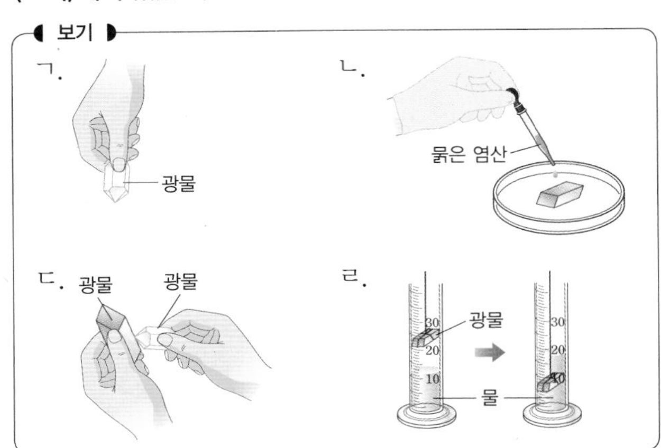

① ㄱ, ㄴ　② ㄴ, ㄷ　③ ㄷ, ㄹ
④ ㄱ, ㄴ, ㄷ　⑤ ㄴ, ㄷ, ㄹ

중요

09 방해석에 대한 설명으로 옳은 것만을 〈보기〉에서 있는 대로 고른 것은?

보기
ㄱ. 겉보기 색이 무색 투명하다.
ㄴ. 묽은 염산을 떨어뜨리면 기체가 발생한다.
ㄷ. 석영과 서로 긁어보면 석영에 흠집이 생긴다.

① ㄱ　② ㄷ　③ ㄱ, ㄴ
④ ㄴ, ㄷ　⑤ ㄱ, ㄴ, ㄷ

10 다음에서 설명하는 특성을 가진 광물은 무엇인가?

> • 겉보기 색이 검은색이고, 조흔색도 검은색이다.
> • 작은 쇠붙이를 가까이 대면, 광물에 달라붙는다.

① 자철석　② 장석　③ 흑운모
④ 각섬석　⑤ 휘석

중요

11 표는 두 광물 A, B의 특성을 비교한 것이다.

특성	색	조흔색	자성	염산 반응
광물 A	무색	흰색	없음	있음
광물 B	검은색	흰색	없음	없음

두 광물을 구별하기에 적합한 방법만을 〈보기〉에서 있는 대로 고른 것은?

보기
ㄱ. 조흔판에 긁어본다.
ㄴ. 광물의 색을 관찰한다.
ㄷ. 묽은 염산을 떨어뜨려 본다.
ㄹ. 클립과 같은 작은 쇠붙이를 가까이 대 본다.

① ㄱ, ㄴ　② ㄴ, ㄷ　③ ㄷ, ㄹ
④ ㄱ, ㄴ, ㄷ　⑤ ㄴ, ㄷ, ㄹ

12 적철석과 자철석은 색이 같아서 겉보기 색만으로는 구별하기가 어렵다. 이 두 광물을 구별하기에 적합한 특성만을 〈보기〉에서 있는 대로 고른 것은?

보기
ㄱ. 크기　ㄴ. 자성　ㄷ. 조흔색
ㄹ. 질량　ㅁ. 굳기　ㅂ. 염산 반응

① ㄱ, ㅁ　② ㄴ, ㄷ　③ ㄹ, ㅂ
④ ㄱ, ㄷ, ㅂ　⑤ ㄴ, ㄷ, ㄹ

3 풍화

13 풍화에 대한 설명으로 옳지 않은 것은?

① 지표에서는 다양한 풍화가 끊임없이 일어나고 있다.
② 암석이 풍화를 계속 받으면 잘게 부서져서 흙이 된다.
③ 암석이 돌 조각, 모래, 흙 등으로 변해가는 현상이다.
④ 물, 공기, 생물 등의 영향으로 암석이 부서지는 작용이다.
⑤ 풍화가 일어나면 거대한 바위는 매우 짧은 시간에 흙으로 변한다.

중요
14 풍화가 일어나는 원인이 될 수 있는 것만을 〈보기〉에서 있는 대로 고른 것은?

보기
ㄱ. 물의 동결 작용　　ㄴ. 공기 중의 산소
ㄷ. 공기 중의 아르곤　　ㄹ. 식물의 뿌리
ㅁ. 암석을 덮은 이끼　　ㅂ. 땅속의 지하수

① ㄱ, ㅁ　　② ㄱ, ㄷ, ㅂ
③ ㄴ, ㄷ, ㄹ, ㅂ　　④ ㄷ, ㄹ, ㅁ, ㅂ
⑤ ㄱ, ㄴ, ㄹ, ㅁ, ㅂ

4 토양

[15~18] 그림은 성숙한 토양의 단면을 나타낸 것이다. 물음에 답하시오.

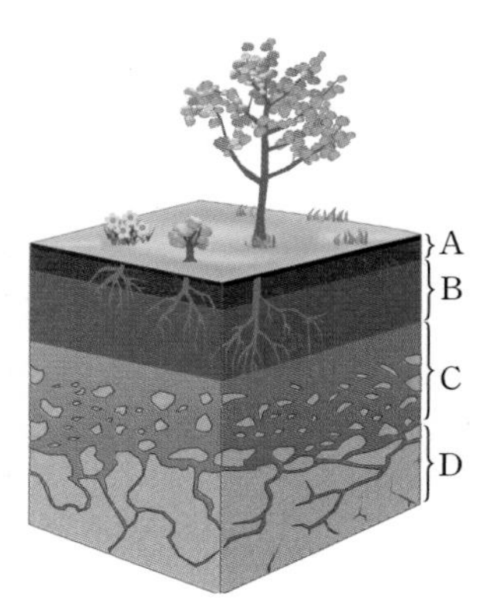

15 A~D 중에서 가장 나중에 형성된 층의 기호를 쓰시오.

16 A~D 중에서 작은 돌 조각이나 모래 등이 풍화되어 만들어진 부드러운 토양과 토양 속으로 스며든 물에 녹은 물질이나 진흙이 쌓여 있는 층을 순서대로 옳게 연결한 것은?

① A, B　　② B, C　　③ C, D
④ D, A　　⑤ B, C, D

중요
17 A~D에 대한 설명으로 옳은 것만을 〈보기〉에서 있는 대로 고른 것은?

보기
ㄱ. A층은 물에 녹은 물질과 진흙 등으로 이루어진 층이다.
ㄴ. B층은 돌 조각이나 모래가 더 풍화되어 만들어진 흙이다.
ㄷ. C층은 암석이 지표로 드러나면서 풍화되어 작은 돌 조각이나 모래로 이루어진 층이다.

① ㄱ　　② ㄴ　　③ ㄷ
④ ㄴ, ㄷ　　⑤ ㄱ, ㄴ, ㄷ

18 A~D 중에서 다음 설명에 해당되는 층은?

겉 부분의 흙에서 식물이 자라면서 만들어진 더 고운 흙이 빗물과 함께 아래로 스며들어 쌓일 때 생긴 토양층이다.

① A　　② B　　③ C
④ D　　⑤ B, C

19 토양에 대한 설명으로 옳지 않은 것은?

① 농작물에 영양분을 공급한다.
② 공장 폐수, 산성비 등에 의해 오염되기도 한다.
③ 비옥한 토양이 만들어지기까지 매우 오랜 시간이 걸린다.
④ 토양은 자연적인 침식이나 도시 개발로 유실될 수 있다.
⑤ 훼손된 토양을 원래 상태로 되돌리는 데는 매우 짧은 시간이 걸린다.

중단원 실전 서논술형 문제

정답과 해설 • 68쪽

01 대표적인 조암 광물을 표와 같이 (가)와 (나) 두 그룹으로 분류하였다.

(가)	장석, 석영
(나)	휘석, 각섬석, 흑운모, 감람석

(가)와 (나)로 분류한 기준을 구체적으로 서술하시오.

Tip 조암 광물은 색에 따라 구분할 수 있다.

Key Word 어두운 색, 밝은 색

02 표는 황철석과 황동석의 특성을 나타낸 것이다.

광물	자성	색	조흔색	염산 반응
황철석	없음	노란색	검은색	없음
황동석	없음	노란색	녹흑색	없음

두 광물을 구분하기에 가장 적절한 방법을 서술하시오.

Tip 광물끼리 서로 다른 성질을 이용하여 구별한다.

Key Word 조흔색, 광물의 특성

03 그림과 같이 석영과 방해석은 둘 다 무색 투명하여 색으로는 구별하기가 어렵다.

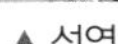

▲ 석영

▲ 방해석

두 광물을 구분하기 위해서는 어떤 특성을 이용해야 하며, 그 방법은 무엇인지 2가지 이상 서술하시오.

Tip 석영과 방해석은 굳기가 다르고, 방해석은 염산과 반응한다.

Key Word 굳기, 염산 반응

04 그림과 같이 자철석, 흑운모, 적철석은 모두 검은색이다.

▲ 자철석

▲ 흑운모

▲ 적철석

이 세 광물을 각각 구별하기 위해서 한 가지의 실험 방법만을 쓸 수 있다고 한다면, 어떤 방법이 있을지 서술하시오.

Tip 자철석, 흑운모, 적철석은 겉보기 색은 같지만, 조흔색이 각각 다르다.

Key Word 조흔색, 검은색, 흰색, 붉은색

05 그림은 기반암에서 토양이 만들어지는 과정을 나타낸 것이다.

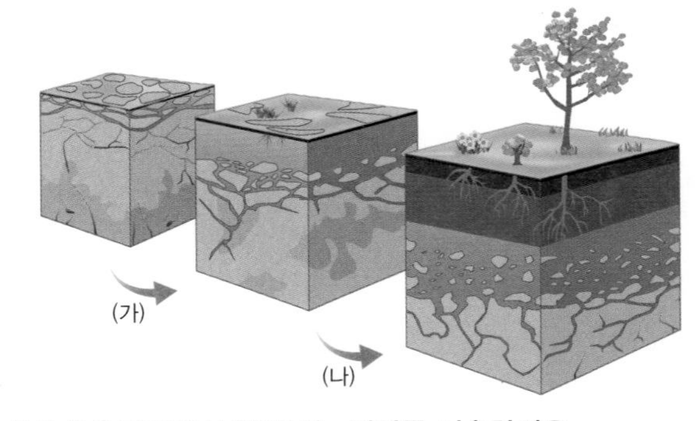

(가)와 (나) 과정에서 일어나는 변화를 서술하시오.

Tip 지표에 드러난 암석이 풍화되면서 토양이 만들어진다.

Key Word 암석, 풍화, 토양

06 우리 생활에서 토양이 하는 역할을 2가지 이상 서술하시오.

Tip 토양은 식물이 자라는 양분을 포함하고 있고, 생물이 살아가는 데 필요한 터전이다.

Key Word 토양, 식물, 터전

지권의 운동

중단원 개념 요약

① 대륙 이동설

1. **대륙 이동설** : 과거에 하나로 모여 있던 거대한 대륙이 갈라지고 이동하여 오늘날과 같은 대륙 분포를 이루었다는 학설

2. **대륙 이동의 증거**
   (1) 남아메리카 동해안과 아프리카 서해안의 모양이 거의 일치함
   (2) 떨어져 있는 대서양 연안 대륙의 산맥이 잘 연결됨
   (3) 떨어져 있는 대륙에 같은 종류의 화석이 분포함
   (4) 현재 빙하가 만들어지지 않는 따뜻한 지역에서 빙하의 흔적이 발견됨

3. **대륙 이동설의 한계** : 대륙을 이동시키는 원동력을 설명하지 못하여 당시 대부분의 과학자에게 인정받지 못함

② 지진대와 화산대

1. **지진** : 지구 내부의 지각 변동으로 땅이 흔들리거나 갈라지는 현상
   (1) 암석이 오랫동안 힘을 받아 끊어질 때 주로 발생함
   (2) **지진의 세기** : 규모나 진도로 나타냄

규모	지진이 발생한 지점에서 방출된 에너지의 양을 나타낸 것
진도	지진에 의해 어떤 지역에서 땅이 흔들린 정도나 피해 정도를 나타낸 것

2. **화산 활동** : 지하에서 생성된 마그마가 지각의 약한 틈을 뚫고 지표로 분출하는 현상
   (1) 용암, 화산 가스, 크고 작은 고체 물질이 지표로 분출됨
   (2) 지진이 함께 발생함

3. **지진대와 화산대** : 전 세계에서 고르게 발생하는 것이 아니라 특정한 지역에서 발생함
   (1) **지진대** : 지진이 자주 발생하는 지역 ➡ 특정한 지역에 띠 모양으로 나타남

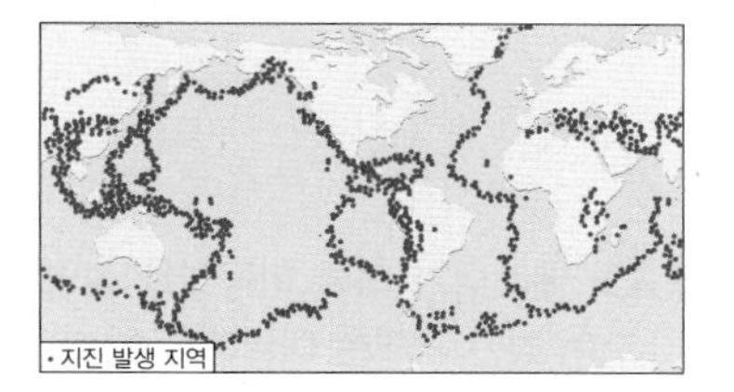

   (2) **화산대** : 화산 활동이 활발하게 일어나는 지역 ➡ 좁은 띠 모양으로 나타남

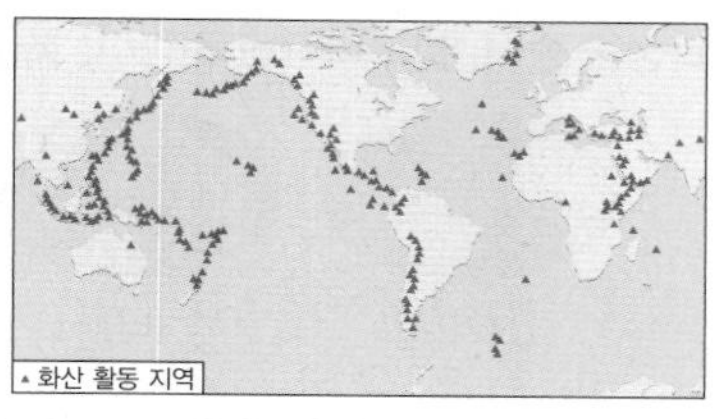

   (3) 지진대와 화산대의 분포는 거의 일치함

③ 판의 경계

1. **판** : 지각과 맨틀의 윗부분을 포함한 단단한 암석층
   (1) 여러 개의 크고 작은 판으로 나뉨
   (2) 판은 끊임없이 움직임
   (3) 판의 이동 속도와 방향은 각각 다름

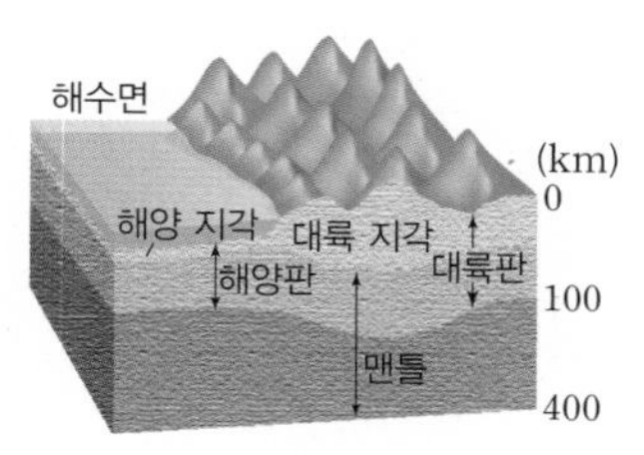

▲ 판의 구조

2. **판의 경계**
   (1) 판은 서로 갈라져 멀어지기도 하고 부딪치거나 스치기도 함

▲ 판의 분포와 경계

   (2) 지각 변동(지진, 화산 활동)은 주로 판의 경계 부근에서 일어남
   (3) 지진대와 화산대는 판의 경계와 거의 일치함

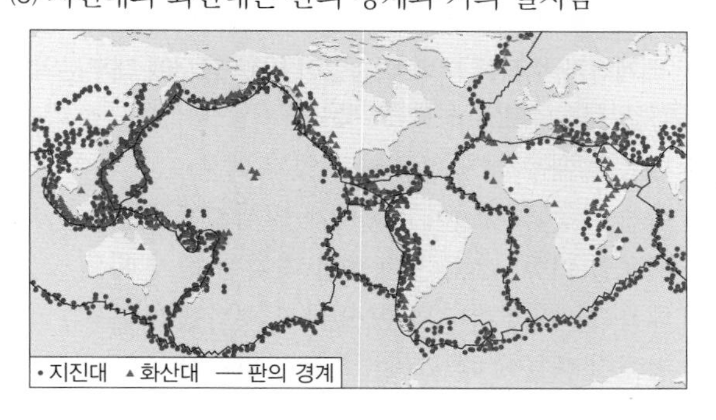

중단원 실전 문제

1 대륙 이동설

[01~02] 그림은 베게너가 주장한 대륙 이동설에 따른 대륙의 이동 과정을 순서 없이 나타낸 것이다. 물음에 답하시오.

(가)

(나)

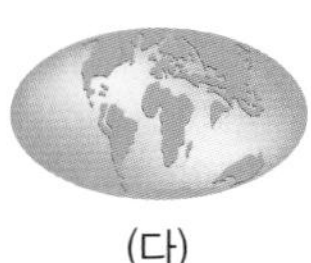
(다)

01 대륙이 이동한 과정을 과거부터 현재까지의 순서대로 옳게 나열한 것은?

① (가) – (나) – (다)
② (가) – (다) – (나)
③ (나) – (가) – (다)
④ (다) – (가) – (나)
⑤ (다) – (나) – (가)

중요

02 위 그림에 대한 설명으로 옳은 것만을 〈보기〉에서 있는 대로 고른 것은?

보기
ㄱ. 대륙이 이동하면서 대서양은 점점 좁아지고 있다.
ㄴ. 오늘날 대부분의 과학자들은 대륙이 이동한다는 사실을 받아들이고 있다.
ㄷ. 베게너는 여러 가지 증거들을 제시하면서 대륙 이동을 설명하였다.

① ㄱ
② ㄴ
③ ㄱ, ㄷ
④ ㄴ, ㄷ
⑤ ㄱ, ㄴ, ㄷ

중요

03 베게너가 주장한 대륙 이동설이 발표 당시에 대부분의 과학자들로부터 인정받지 못했던 까닭은?

① 대륙은 매우 넓게 분포하고 있기 때문
② 화산 활동과 지진이 계속해서 발생하기 때문
③ 대륙을 이동시키는 원동력을 찾지 못했기 때문
④ 대륙과 해양은 분리되어 있다고 생각했기 때문
⑤ 떨어진 대륙에 분포하는 화석을 발견하지 못했기 때문

중요

04 베게너가 대륙이 이동하였음을 뒷받침하기 위해 주장했던 증거로 옳은 것만을 〈보기〉에서 있는 대로 고른 것은?

보기
ㄱ. 떨어져 있는 두 대륙의 산맥이 연결된다.
ㄴ. 떨어져 있는 대륙에서 서로 다른 종류의 고생물 화석이 발견된다.
ㄷ. 현재 남아메리카 동해안과 아프리카 서해안의 해안선 모양이 거의 일치한다.
ㄹ. 떨어져 있는 여러 대륙에 남아 있는 빙하의 이동 흔적과 분포가 일치한다.

① ㄱ, ㄴ
② ㄴ, ㄹ
③ ㄷ, ㄹ
④ ㄱ, ㄷ, ㄹ
⑤ ㄴ, ㄷ, ㄹ

05 그림과 같이 적도 지방에서도 빙하의 흔적이 발견되는 까닭은?

① 과거에는 빙하가 전 대륙을 덮고 있었기 때문
② 과거에는 적도 지역에서도 빙하가 생성되었기 때문
③ 과거에는 지구 전체의 기온이 물이 얼게 되는 0 ℃ 이하로 낮았기 때문
④ 추운 지역에 있던 빙하가 떠내려가서 적도 지역에 도달했기 때문
⑤ 과거에 빙하가 생성된 지역에 있던 대륙이 점점 이동하여 현재 적도 지역에 위치했기 때문

06 베게너가 대륙 이동설을 설명할 때, 약 3억 년 전에 하나로 모여 있던 거대한 대륙에 붙인 이름은 무엇인지 쓰시오.

07 그림은 글로소프테리스와 메소사우루스 화석의 분포를 나타낸 것이다.

이에 대한 설명으로 옳은 것만을 〈보기〉에서 있는 대로 고른 것은?

보기
ㄱ. 글로소프테리스는 과거에 오스트레일리아에서만 번성하였다.
ㄴ. 과거에 하나였던 대륙이 이동하였다는 증거가 된다.
ㄷ. 현재 메소사우루스 화석은 남아메리카와 아프리카 대륙에서 모두 발견된다.

① ㄱ ② ㄴ ③ ㄱ, ㄷ
④ ㄴ, ㄷ ⑤ ㄱ, ㄴ, ㄷ

2 지진대와 화산대

08 지진에 대한 설명으로 옳은 것만을 〈보기〉에서 있는 대로 고른 것은?

보기
ㄱ. 지하에서 생성된 마그마가 지표로 분출하는 현상이다.
ㄴ. 주로 암석이 오랫동안 큰 힘을 받아서 끊어질 때 발생한다.
ㄷ. 판의 이동으로 지각의 움직임이 활발할 때 일어난다.

① ㄱ ② ㄷ ③ ㄱ, ㄴ
④ ㄴ, ㄷ ⑤ ㄱ, ㄴ, ㄷ

09 다음은 지진의 세기를 설명한 것이다.

(가) 지진이 발생한 지점에서 방출된 에너지의 양을 나타낸 것이다.
(나) 지진에 의해 어떤 지역에서 땅이 흔들린 정도나 피해 정도를 나타낸 것이다.

(가)와 (나)는 각각 무엇을 뜻하는지 쓰시오.

10 지진의 세기에 대한 설명으로 옳지 않은 것은?

① 지진의 규모가 클수록 강한 지진이다.
② 진도 Ⅲ보다 진도 Ⅶ의 피해가 더 크다.
③ 규모는 지진이 발생한 곳까지의 거리와는 상관이 없다.
④ 규모는 아라비아 숫자로 소수 첫째 자리까지 표기한다.
⑤ 지진이 발생한 지점으로부터 거리가 멀어질수록 진도가 커질 것이다.

11 그림은 화산 활동이 일어나는 모습을 나타낸 것이다.

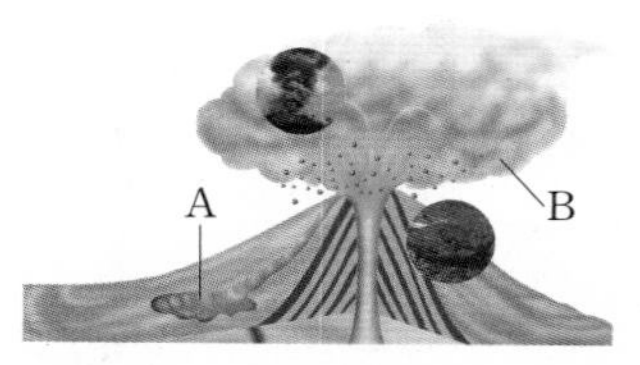

이에 대한 설명으로 옳은 것만을 〈보기〉에서 있는 대로 고른 것은?

보기
ㄱ. A는 마그마가 지표면으로 나와 흐르는 것이다.
ㄴ. B는 화산이 분출될 때 빠져나오는 화산재이다.
ㄷ. 화산이 폭발하면서 만들어진 산을 화산이라고 한다.

① ㄱ ② ㄴ ③ ㄱ, ㄷ
④ ㄴ, ㄷ ⑤ ㄱ, ㄴ, ㄷ

중요
12 지진과 화산 활동에 대한 설명으로 옳지 않은 것은?

① 지진이 자주 발생하는 지역을 지진대라고 한다.
② 지진이 발생하는 곳은 전 세계에 고르게 분포한다.
③ 화산 활동이 일어나면 지진이 함께 발생하기도 한다.
④ 화산 활동이 자주 일어나는 지역을 화산대라고 한다.
⑤ 지진과 화산 활동이 발생하는 지역은 띠 모양으로 분포한다.

중단원 실전 문제

정답과 해설 • 69쪽

중요

13 그림은 전 세계의 지진대와 화산대의 분포를 나타낸 것이다.

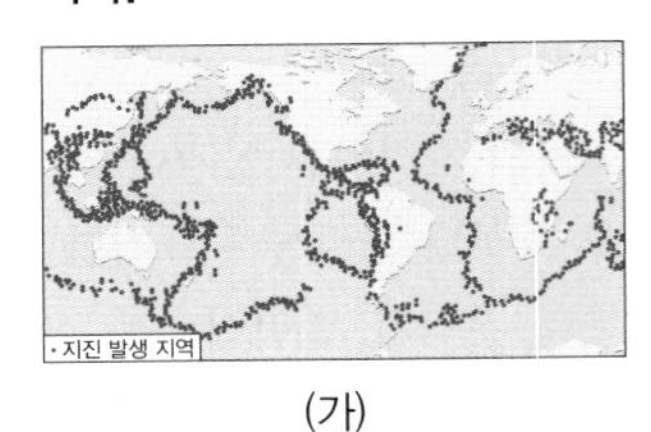

(가)

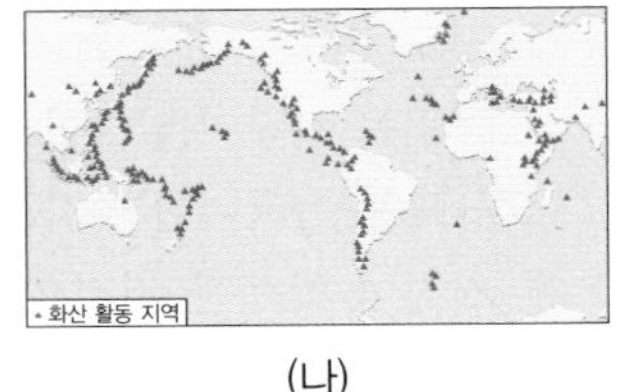

(나)

이에 대한 설명으로 옳지 않은 것은?

① 지진대는 좁은 띠 모양으로 나타난다.
② 태평양의 가장자리에 지진대가 많이 분포한다.
③ 화산대의 분포와 지진대의 분포는 거의 일치한다.
④ 지진이 자주 발생하는 지역은 특정한 부분에 모여 있다.
⑤ 화산 활동이 자주 일어나는 지역은 전 세계에 골고루 분포한다.

14 그림은 환태평양 지진대와 화산대의 분포 지역을 표시한 것이다.

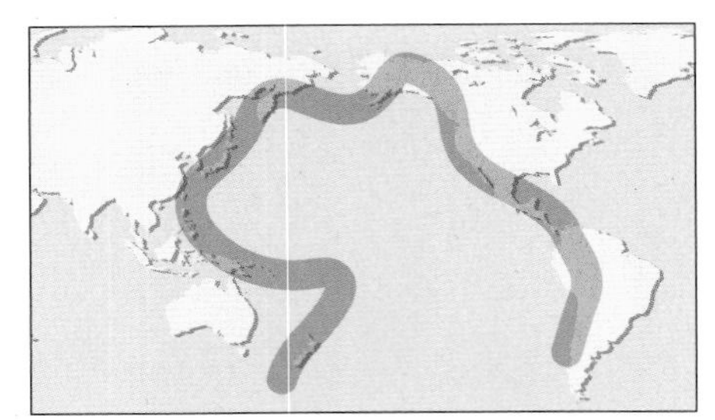

이에 대한 설명으로 옳은 것만을 〈보기〉에서 있는 대로 고른 것은?

보기
ㄱ. 전 세계에서 지진과 화산 활동이 가장 활발한 지역이다.
ㄴ. 전 세계에서 발생하는 지진과 화산 활동의 약 70 % 이상이 이 지역에서 발생한다.
ㄷ. 인도양을 둘러싸고 있는 대륙의 가장자리와 섬 등을 따라 고리 모양으로 분포한다.

① ㄱ ② ㄷ ③ ㄱ, ㄴ
④ ㄴ, ㄷ ⑤ ㄱ, ㄴ, ㄷ

3 판의 경계

15 그림은 전 세계의 판의 분포와 이동 방향을 나타낸 것이다.

이에 대한 설명으로 옳지 않은 것은?

① 판은 이동 속도와 방향이 모두 같다.
② 지구 표면은 크고 작은 여러 개의 판으로 이루어져 있다.
③ 지각과 맨틀 상부를 이루고 있는 암석층을 판이라고 한다.
④ 판은 끊임없이 움직이고 있고, 판의 운동으로 대륙이 이동한다.
⑤ 판의 경계에서는 판의 이동으로 지각의 움직임이 활발하여 지각 변동이 자주 일어난다.

16 그림은 우리나라 주변의 판의 분포 및 지진과 화산 활동이 일어나는 곳을 나타낸 것이다.

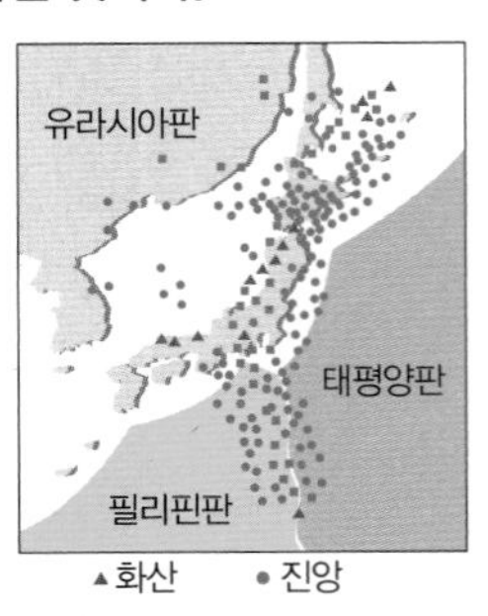

이에 대한 설명으로 옳지 않은 것은?

① 우리나라는 판의 안쪽에 있다.
② 일본은 여러 개의 판이 만나는 경계에 위치한다.
③ 우리나라는 지진이나 화산 활동의 피해가 없다.
④ 일본은 지진이나 화산 활동이 자주 발생한다.
⑤ 우리나라에서도 지진이 발생하는 횟수가 증가하고 있다.

중단원 실전 서논술형 문제

정답과 해설 • 70쪽

01 그림은 대륙이 이동하는 과정을 순서 없이 나열한 것이다.

(가)

(나)

(다)

대륙이 이동한 순서대로 그 기호를 나열하고, 이러한 이동을 주장한 학자와 학설의 내용을 서술하시오.

Tip 대륙은 과거에서부터 분리되고 이동하는 방향으로 움직이고 있다.

Key Word 대륙 이동설, 베게너

02 그림은 글로소프테리스 화석이 발견되는 지역을 나타낸 것이다.

글로소프테리스 화석이 발견된 지역

식물 화석인 글로소프테리스 화석이 서로 멀리 떨어진 대륙에서 발견되는 까닭은 무엇인지 서술하시오.

Tip 식물은 넓은 해양 너머로 퍼지기가 어렵다.

Key Word 대륙 이동, 글로소프테리스, 식물

03 그림은 과거에 하나였던 거대한 원시 초대륙의 모습을 나타낸 것이다. **이 대륙의 이름을 쓰고, 대륙의 일부인 A와 B 사이는 시간이 지나면서 어떻게 변하였는지 서술하시오.**

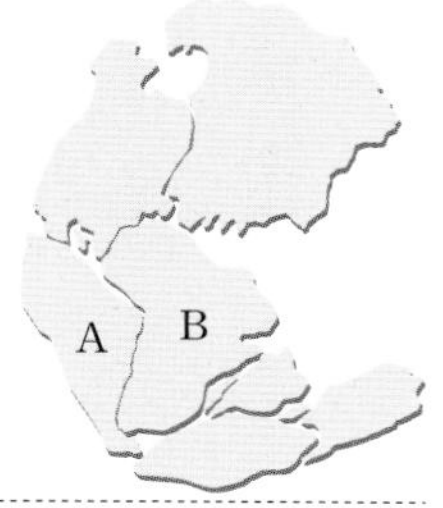

Tip 하나였던 원시 초대륙은 서서히 분리되고 이동하였다.

Key Word 대륙 이동, 분리

04 다음은 여러 가지 대륙 이동의 증거이다.

- 남아메리카 대륙과 아프리카 대륙의 해안선 모양 일치
- 떨어진 대륙에서 같은 종류의 생물 화석 발견
- 떨어진 대륙의 지질 구조의 연속성
- 떨어진 대륙에 남아 있는 빙하의 흔적

이와 같은 여러 가지 증거에도 불구하고 베게너는 당시 과학자들에게 대륙 이동설을 인정받지 못하였다. 그 까닭은 무엇인지 서술하시오.

Tip 베게너는 당시 지구 자전과 관련된 힘을 원인으로 생각하였다.

Key Word 베게너, 대륙 이동, 원동력

05 그림은 전 세계의 지진대와 화산대, 판의 경계를 나타낸 것이다.

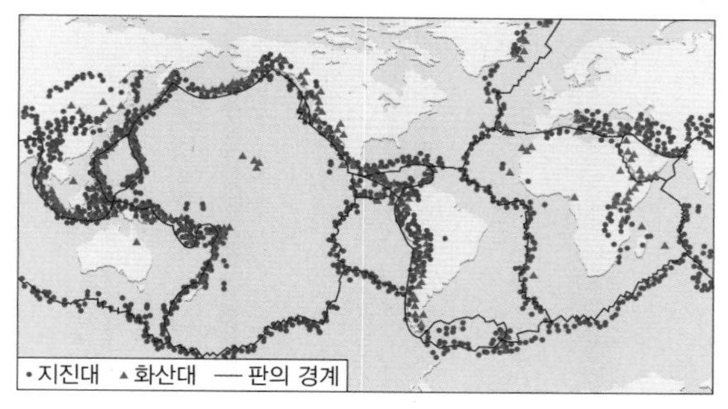

이 자료에서 볼 때, 화산대와 지진대의 분포는 판의 경계와 거의 일치한다. 그 까닭은 무엇인지 서술하시오.

Tip 판의 경계에서는 판의 이동으로 인해 지각 변동이 생긴다.

Key Word 판의 경계, 지각 변동

06 그림은 우리나라 주변의 판의 분포와 진앙과 화산의 분포를 나타낸 것이다. 그림과 같이 일본은 여러 개의 판이 만나는 경계에 위치하고, 우리나라는 판의 안쪽에 위치한다. **이를 통해 우리나라와 일본에는 어떤 차이가 발생하는지 서술하시오.**

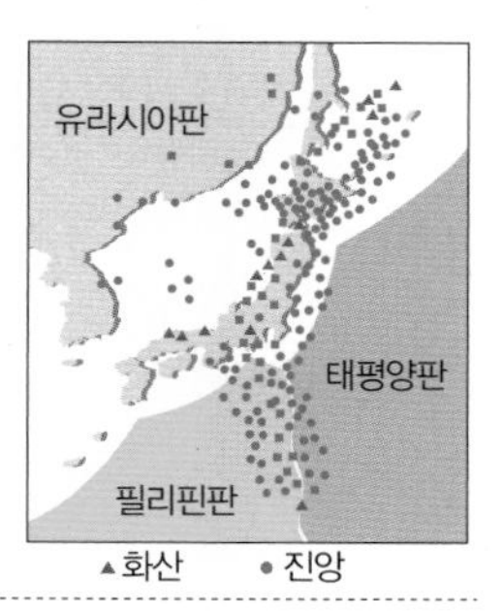

Tip 판의 경계에서는 지각 변동이 활발하다.

Key Word 판의 안쪽, 판의 경계, 지진, 화산 활동

Ⅱ

여러 가지 힘

01 중력과 탄성력

중단원 개념 요약

1 힘의 표현

1. **힘** : 물체의 모양, 운동 방향, 빠르기를 변하게 하는 원인
   (1) 힘의 효과

모양의 변화	운동 상태의 변화	모양과 운동 상태의 변화
밀가루 반죽을 잡아당길 때	당구공을 칠 때	야구공을 방망이로 칠 때

   (2) **힘의 표현** : 힘은 화살표로 나타내면 편리하다.
      ① 힘의 방향 : 화살표의 방향
      ② 힘의 크기 : 화살표의 길이
2. **힘의 단위** : N(뉴턴)을 사용

2 중력

1. **중력** : 지구가 물체를 당기는 힘
   (1) **중력의 방향** : 연직 아래 방향, 즉 지구 중심 방향
   (2) **중력의 크기** : 물체의 질량이 클수록 크다.

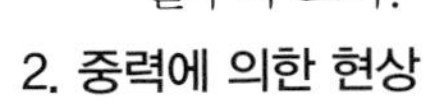

2. **중력에 의한 현상**
   • 고드름이 아래로 자란다.
   • 사과가 아래로 떨어진다.
   • 실에 매달린 추가 아래를 향한다.

3 무게와 질량

1. **무게와 질량**

구분	무게	질량
정의	물체에 작용하는 중력의 크기	물체가 가진 고유한 양
단위	N(뉴턴)	kg(킬로그램), g(그램)
측정 도구	용수철저울, 가정용저울 등	윗접시저울, 양팔저울 등
특징	장소에 따라 달라진다.	장소에 따라 변하지 않는다.

2. **무게와 질량의 관계**
   • 지구 표면에서 질량이 1 kg인 물체의 무게는 약 9.8 N이다.
   • 같은 장소에서 측정한 물체의 무게는 질량에 비례한다.
3. **달과 지구에서의 무게** : 달에서의 중력은 지구에서의 $\frac{1}{6}$이다. ➡ 달에서의 무게는 지구에서의 $\frac{1}{6}$이다.

4 용수철을 이용한 무게 측정

1. **용수철에 매단 추의 무게와 용수철이 늘어난 길이** : 용수철에 매단 추의 무게가 2배, 3배, …로 증가하면 용수철이 늘어난 길이도 2배, 3배, …로 증가한다. ➡ 용수철이 늘어난 길이는 용수철에 매단 추의 무게에 비례한다.
2. **물체의 무게 측정** : 용수철이 용수철에 매단 물체의 무게에 비례하여 늘어나는 성질을 이용하여 물체의 무게를 측정한다.

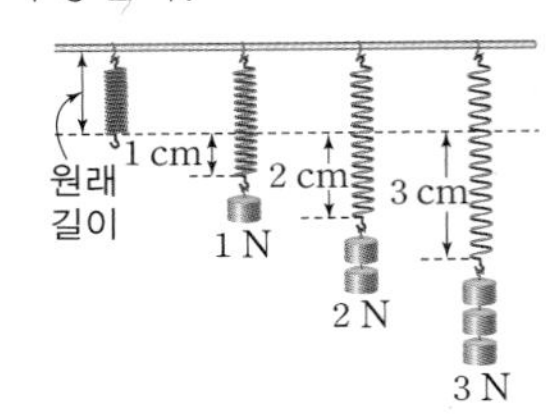

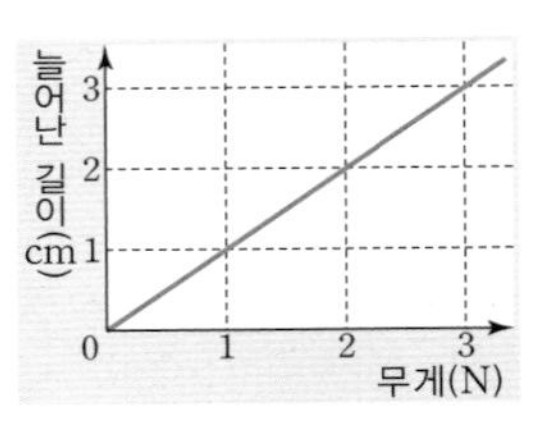

5 탄성과 탄성력

1. **탄성** : 힘을 받아 변형된 물체가 원래의 모습으로 되돌아가려는 성질
2. **탄성력** : 물체가 변형되었을 때 원래의 모습으로 되돌아가려는 힘
3. **탄성력의 이용**
   • 체조 선수는 구름판의 탄성력을 이용한다.
   • 자전거 안장은 용수철의 탄성력을 이용한다.
   • 장대높이뛰기 선수는 장대의 탄성력을 이용한다.
   • 트램펄린은 그물망과 용수철의 탄성력을 이용한다.

6 탄성력의 특징

1. **탄성력의 방향** : 탄성체에 작용하는 힘의 방향과 반대 방향

용수철을 밀었을 때 탄성력의 방향	용수철을 잡아당겼을 때 탄성력의 방향
미는 힘 → ← 미는 힘 ← 탄성력 탄성력 →	← 당기는 힘 당기는 힘 → 탄성력 → ← 탄성력

2. **탄성력의 크기** : 탄성력의 크기는 탄성체에 작용한 힘의 크기와 같고, 탄성체의 변형 정도가 클수록 크다.

중단원 실전 문제

정답과 해설 • 71쪽

1 힘의 표현

01 그림은 볼링공을 레일을 따라 굴리는 모습이다.
힘의 효과가 이와 같은 경우는?

① 머리끈을 손으로 늘인다.
② 찰흙을 손가락으로 누른다.
③ 스펀지를 양쪽에서 잡아당긴다.
④ 용수철에 물체를 매달아 늘인다.
⑤ 책상 위에서 유리구슬을 손가락으로 굴린다.

02 그림은 방망이로 날아오는 야구공을 치는 모습이다.
이때 힘에 의해 나타나는 현상과 같은 현상이 나타나는 경우는?

① 볼링공을 굴릴 때
② 고무공을 깔고 앉을 때
③ 고무풍선을 손으로 칠 때
④ 수레를 실험대에서 밀 때
⑤ 스펀지를 손가락으로 누를 때

중요

03 그림은 물체에 오른쪽으로 작용하는 크기가 5 N인 힘을 나타낸 것이다.
이 힘과 방향이 반대이고, 크기가 10 N인 힘을 화살표로 옳게 나타낸 것은?

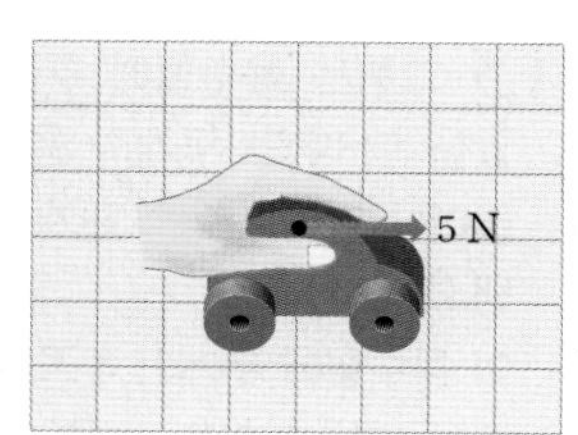

①
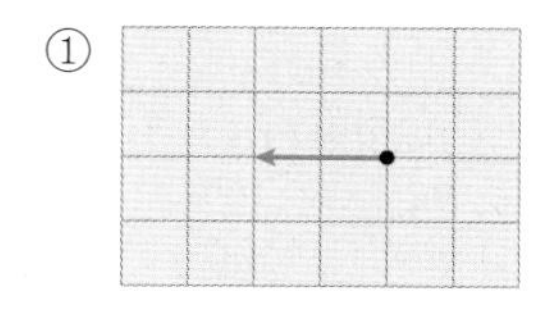

②
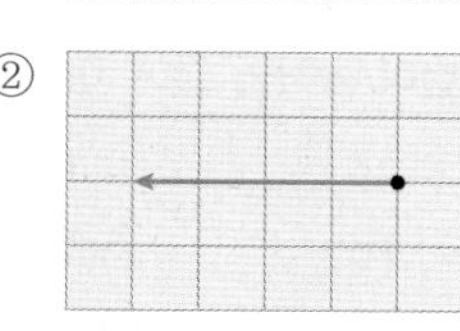

③
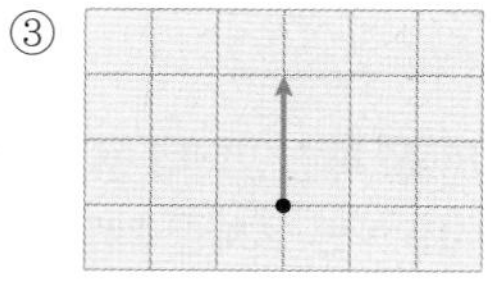

④
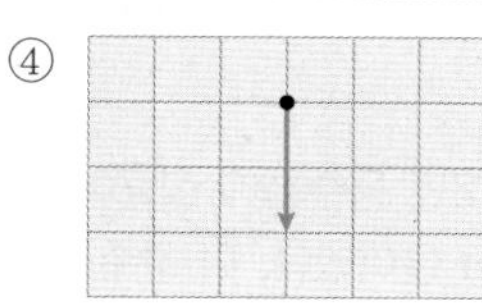

⑤

2 중력

04 그림은 지구 위의 여러 지역에 서 있는 사람들이 손에 잡고 있던 공을 놓는 모습이다. 이때 공은 모두 지표면으로 떨어진다.
공을 떨어지게 하는 힘에 대한 설명으로 옳지 않은 것은?

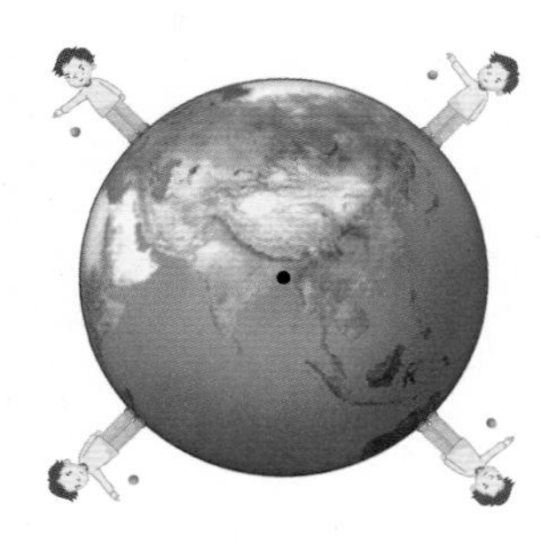

① 힘의 방향은 지구 중심 방향이다.
② 달과 같은 다른 천체에서도 작용한다.
③ 빗방울이 아래로 떨어지는 것도 이 힘 때문이다.
④ 이 힘에 의해 물체의 무겁고 가벼운 정도가 정해진다.
⑤ 같은 물체라면 달, 화성, 지구에서의 힘의 크기가 모두 같다.

05 그림은 건물을 지을 때 사용하는 수직추이다. 수직추는 항상 지구 중심 방향을 향한다.
수직추가 이용하는 힘과 같은 힘에 의해 나타나는 현상이 아닌 것은?

① 고드름이 아래로 자란다.
② 사과가 아래로 떨어진다.
③ 빗방울이 아래로 떨어진다.
④ 놀이 기구가 아래로 미끄러진다.
⑤ 늘어난 고무줄이 원래 모양으로 되돌아간다.

중요

06 그림과 같이 지표면 위의 (가) 지점에 물체가 놓여 있을 때, 물체에 작용하는 중력의 방향과 물체가 떨어지는 방향을 옳게 짝 지은 것은?

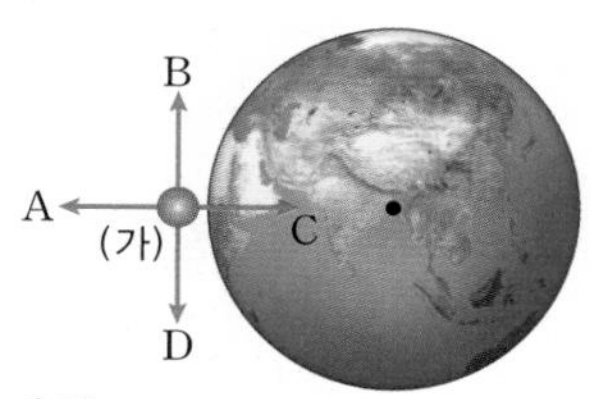

	떨어지는 방향	중력의 방향
①	A	C
②	C	C
③	C	D
④	D	B
⑤	D	D

중단원 실전 문제

07 중력에 대한 설명으로 옳은 것만을 〈보기〉에서 있는 대로 고른 것은?

보기
ㄱ. 물체의 질량이 클수록 크다.
ㄴ. 어느 행성에서나 중력의 크기는 같다.
ㄷ. 달에서의 중력은 지구에서의 중력의 $\frac{1}{6}$이다.

① ㄴ ② ㄱ, ㄴ ③ ㄱ, ㄷ
④ ㄴ, ㄷ ⑤ ㄱ, ㄴ, ㄷ

3 무게와 질량

08 그림은 달에서 무게가 147 N인 물체를 나타낸 것이다.

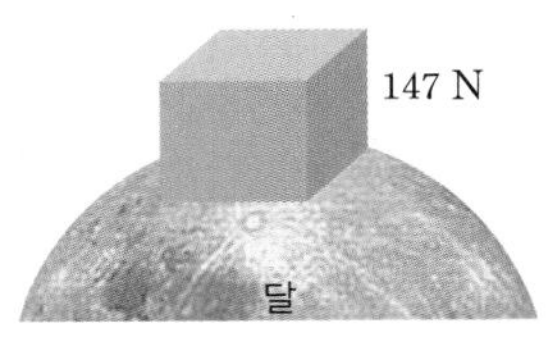

이 물체에 대한 설명으로 옳은 것만을 〈보기〉에서 있는 대로 고른 것은? (단, 지구에서 질량 1 kg인 물체의 무게는 9.8 N이다.)

보기
ㄱ. 달에서의 질량은 15 kg이다.
ㄴ. 지구에서의 무게는 24.5 N이다.
ㄷ. 지구와 달에서의 질량은 같다.
ㄹ. 지구에서의 질량은 90 kg이다.

① ㄱ, ㄴ ② ㄱ, ㄷ ③ ㄴ, ㄷ
④ ㄴ, ㄹ ⑤ ㄷ, ㄹ

[09~10] 표는 어떤 물체의 무게를 여러 행성에서 측정한 값이다. (단, 지구에서 질량이 1 kg인 물체의 무게는 9.8 N이다.)

행성	화성	지구	목성
무게(N)	37	98	210

09 이 물체의 질량은 몇 kg인지 쓰시오.

10 행성마다 물체의 무게가 다른 까닭은?

① 행성마다 중력이 다르기 때문에
② 행성마다 질량이 다르기 때문에
③ 행성마다 부력이 다르기 때문에
④ 행성마다 마찰력이 다르기 때문에
⑤ 행성마다 탄성력이 다르기 때문에

중요
11 무게와 질량에 대한 설명으로 옳지 않은 것은?

① 용수철저울은 질량을 측정하는 도구이다.
② kg(킬로그램)은 질량을 나타내는 단위이다.
③ 물체에 작용하는 중력의 크기를 무게라고 한다.
④ 무게를 나타낼 때 단위로는 N(뉴턴)을 사용한다.
⑤ 질량은 장소에 관계없이 일정한 값을 갖는 물체의 고유한 양이다.

4 용수철을 이용한 무게 측정

중요
12 그림과 같이 전체 길이가 15 cm인 용수철에 무게가 5 N인 추를 매달았더니 길이가 18 cm가 되었다. 이 용수철에 무게가 10 N인 추를 매달 때 용수철이 늘어난 길이는?

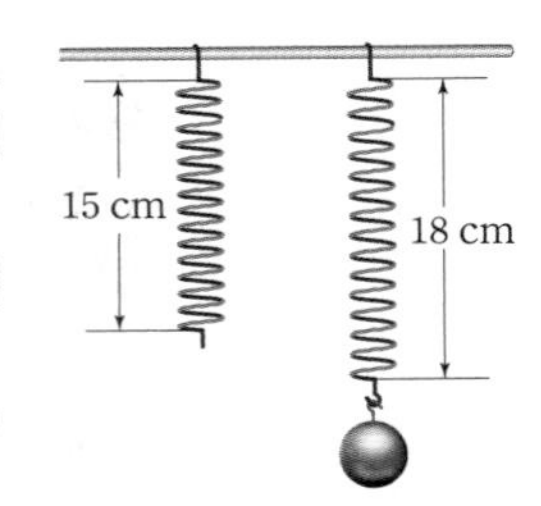

① 3 cm ② 5 cm
③ 6 cm ④ 8 cm
⑤ 12 cm

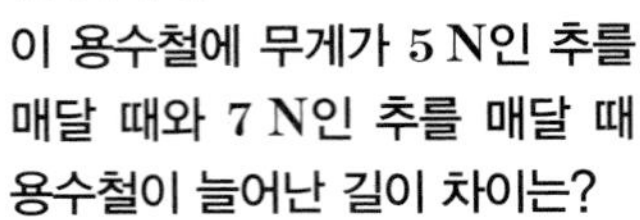

중요
13 그림은 용수철에 추를 매달았을 때 추의 무게와 용수철이 늘어난 길이 사이의 관계를 나타낸 것이다.

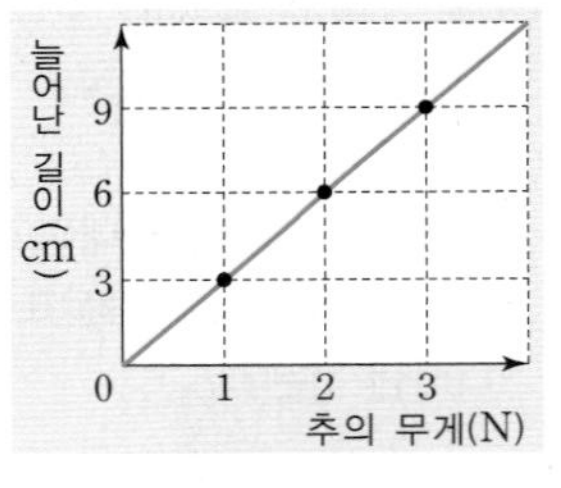

이 용수철에 무게가 5 N인 추를 매달 때와 7 N인 추를 매달 때 용수철이 늘어난 길이 차이는?

① 3 cm ② 6 cm ③ 9 cm
④ 15 cm ⑤ 21 cm

14 어떤 용수철에 질량이 1 kg인 물체를 매달았더니 용수철이 2 cm 늘어났다. 이 용수철에 무게가 49 N인 물체를 매달면 용수철은 몇 cm 늘어나는가? (단, 질량이 1 kg인 물체의 무게는 9.8 N이다.)

① 2 cm ② 10 cm ③ 15 cm
④ 49 cm ⑤ 98 cm

5 탄성과 탄성력

15 그림과 같이 번지점프대에서 사람이 뛰어내린 후 줄이 늘어났을 때, 사람에게 작용하는 힘의 종류 두 가지는?

① 중력과 마찰력
② 중력과 탄성력
③ 중력과 자기력
④ 마찰력과 부력
⑤ 마찰력과 자기력

16 그림은 나무젓가락과 고무줄, CD를 이용하여 만든 장난감 자동차이다. 나무젓가락을 여러 번 돌려서 고무줄을 감은 다음 바닥에 놓으면 자동차가 굴러간다.

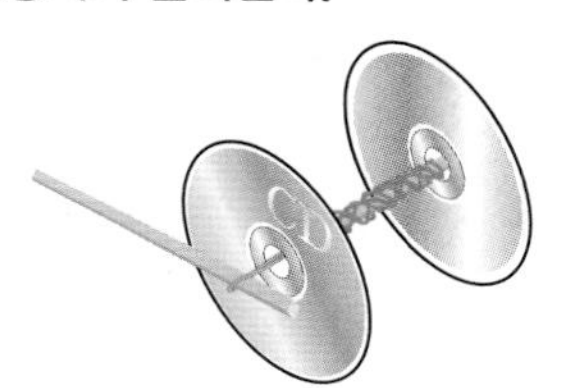

이 자동차를 움직이게 하는 힘에 대한 설명으로 옳은 것은?

① 항상 지구 중심 방향으로 작용한다.
② 질량이 클수록 작용하는 힘이 크다.
③ 물체의 운동 방향과 반대 방향으로 작용한다.
④ 기체나 액체 속에 있는 모든 물체에 작용하는 힘이다.
⑤ 물체가 변형되었을 때 원래의 모양으로 되돌아가려는 힘이다.

중요
17 탄성력을 이용하는 예로 옳은 것만을 〈보기〉에서 있는 대로 고르시오.

보기

ㄱ. 집게	ㄴ. 양궁
ㄷ. 머리끈	ㄹ. 수직추
ㅁ. 자이로드롭	ㅂ. 장대높이뛰기

6 탄성력의 특징

18 그림과 같이 양손으로 용수철을 늘였다.

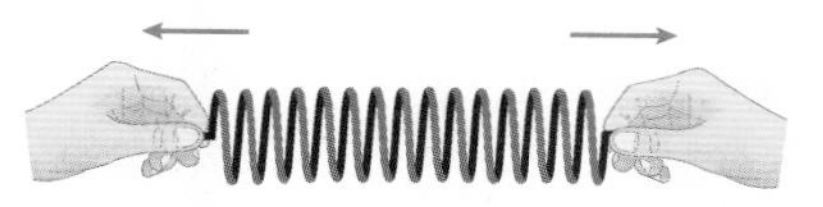

이때 오른손과 왼손에 작용하는 탄성력의 방향을 옳게 짝 지은 것은? (단, • 은 힘이 작용하지 않는 것을 나타낸다.)

	왼손	오른손		왼손	오른손
①	→	←	②	←	→
③	→	→	④	←	←
⑤	•	←			

19 탄성력에 대한 설명으로 옳은 것만을 〈보기〉에서 있는 대로 고르시오.

보기

ㄱ. 늘어난 용수철에는 줄어드는 방향으로 탄성력이 작용한다.
ㄴ. 용수철이 늘어난 길이를 2배로 하면 탄성력의 크기도 2배가 된다.
ㄷ. 질량이 같은 물체를 같은 용수철에 매달 때 지구와 달에서 용수철에 작용하는 탄성력의 크기는 같다.

20 그림과 같이 고무로 만든 운동 기구를 많이 늘일수록 힘이 더 많이 든다.

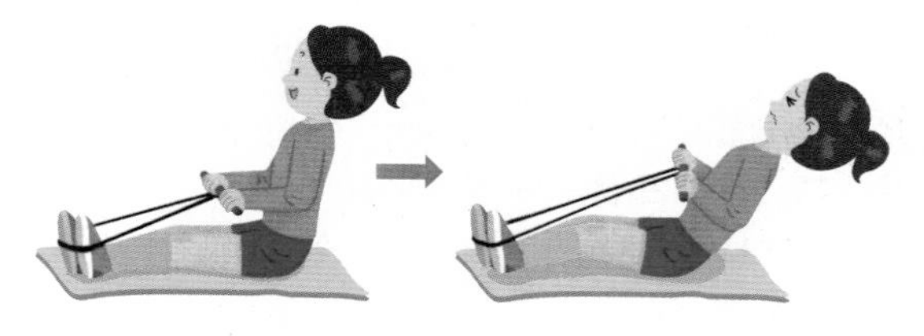

이 사실로부터 알 수 있는 것으로 가장 적절한 것은?

① 물체의 변형이 클수록 탄성력이 크다.
② 탄성력은 항상 일상생활에 불편함을 준다.
③ 운동 기구는 탄성이 있는 재질로 만들어진 것이다.
④ 탄성력은 물체가 변형된 방향과 반대 방향으로 작용한다.
⑤ 탄성력은 탄성체가 원래의 모양으로 되돌아가려는 방향으로 작용한다.

중단원 실전 서논술형 문제

정답과 해설 • 72쪽

01 지구의 중력이 지금보다 $\frac{1}{2}$로 줄어든다면 우리의 일상생활에서 달라지는 것을 한 가지만 쓰고, 그 까닭을 서술하시오.

Tip 지구 중력이 줄어들면 물체의 무게가 가벼워지고 마찰력도 작아지는 등 여러 가지 현상들이 나타난다.

Key Word 중력, 중력의 크기

02 그림과 같이 우주 정거장에서 쇠공과 고무공을 공중에 띄워 놓고 동시에 입으로 불면 두 공의 움직임이 다르다. 이것은 두 공의 무게와 질량 중 무엇이 다르기 때문에 나타나는 현상인지 서술하시오. (단, 두 공의 크기와 모양은 같다.)

Tip 우주 정거장은 무중력 상태이므로 쇠공과 고무공 모두 무게는 0이다.

Key Word 질량, 무게, 우주 정거장, 무중력 상태

03 표는 천체 표면에 작용하는 중력의 크기를 지구 중력과 비교하여 상대적으로 나타낸 값이다.

천체	지구	금성	화성	목성	토성
중력의 크기	1	0.90	0.38	2.53	1.06

(1) 질량이 60 kg인 우주 비행사가 여러 천체 표면에서 몸무게를 각각 측정하였다. 지구 표면에서 측정한 몸무게보다 더 큰 값이 측정되는 천체를 있는 대로 고르시오.

Tip 물체의 무게는 물체에 작용하는 중력의 크기이다. 따라서 같은 물체라도 중력이 큰 천체에서 물체의 무게는 더 크다.

Key Word 중력, 물체의 무게

(2) 질량이 50 kg인 우주 비행사의 몸무게는 지구 표면과 화성 표면에서 각각 몇 N인지 계산식과 함께 구하시오. (단, 지구 표면에서 질량이 1 kg인 물체의 무게는 9.8 N이다.)

Tip 무게는 물체에 작용하는 중력의 크기이다. 화성은 지구보다 중력이 작으므로 무게도 작다.

Key Word 몸무게, 화성, 지구

04 용수철을 이용하여 물체의 무게를 측정하는 실험을 할 때 그림과 같이 이쑤시개를 이용하여 용수철의 처음 위치를 자의 눈금 0에 일치시킨다. 이와 같이 하는 까닭을 서술하시오.

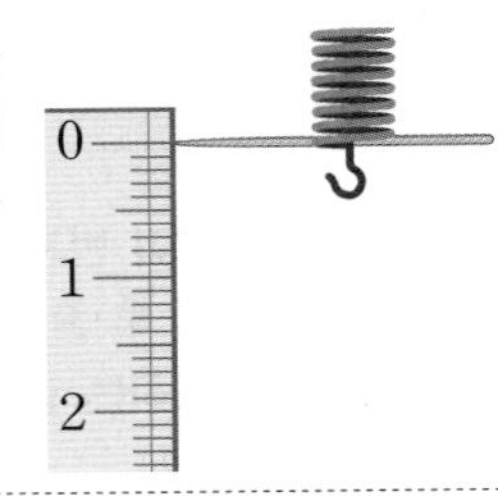

Tip 용수철이 늘어난 길이를 측정해야 추의 무게를 계산할 수 있다.

Key Word 무게 측정, 용수철

05 그림과 같이 용수철 위에 탁구공을 올려놓고 손으로 눌렀다가 놓으면 탁구공이 튀어 오른다. 탁구공을 더 높이 튀어 오르게 하는 방법을 쓰고, 그 까닭을 서술하시오.

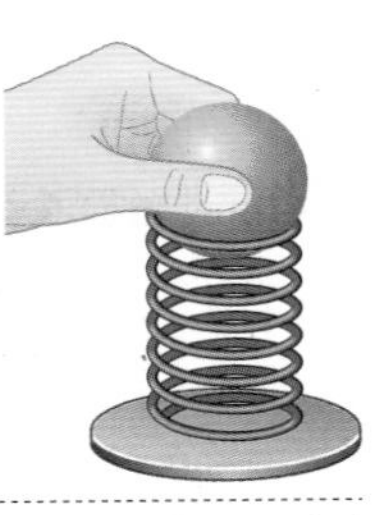

Tip 늘어난 용수철은 원래의 모양으로 되돌아가려는 방향으로 탄성력이 작용한다. 이때 탄성력의 크기는 변형이 클수록 크다.

Key Word 용수철, 탄성력

06 그림과 같이 같이 번지점프를 할 때 사람이 아래로 떨어지는 동안 사람에게 작용하는 중력의 크기와 탄성력의 크기 변화를 서술하시오.

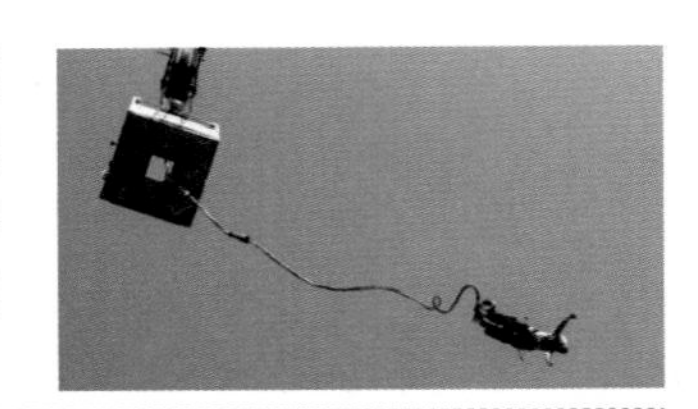

Tip 번지점프를 할 때 사람에게는 중력과 탄성력이 작용한다. 사람이 아래로 떨어지는 동안 발에 매달린 줄은 늘어나며, 탄성력의 크기는 줄의 변형된 길이와 관계가 있다.

Key Word 번지점프, 고무줄, 탄성력, 중력

마찰력과 부력

중단원 개념 요약

1 마찰력

1. **마찰력** : 두 물체의 접촉면 사이에서 물체의 운동을 방해하는 힘
2. **마찰력의 방향** : 물체의 운동을 방해하는 방향으로 작용

물체가 정지해 있는 경우	물체가 운동하는 경우
힘의 방향 / 정지 / 마찰력	운동 방향 / 마찰력
물체에 작용하는 힘의 방향과 반대 방향으로 작용	물체의 운동 방향과 반대 방향으로 작용

3. **마찰력의 이용**

마찰력이 커야 편리한 경우	마찰력이 작아야 편리한 경우
• 바닥이 울퉁불퉁한 등산화는 마찰력이 커서 잘 미끄러지지 않는다. • 자동차 바퀴에 체인을 감으면 마찰력이 커져서 눈길에서 잘 미끄러지지 않는다.	• 미끄럼틀에 물을 흘려주면 마찰력이 작아져서 잘 미끄러진다. • 자전거 체인에 윤활유를 뿌리면 마찰력이 작아져 바퀴가 잘 회전한다.

2 마찰력의 크기

1. **마찰력의 크기 비교** : 빗면 위에 물체를 올려놓고 빗면을 서서히 들어 올리면서 빗면 위의 물체가 미끄러지는 각도를 측정해 마찰력의 크기를 비교할 수 있다.
   (1) 빗면을 들어 올릴 때 물체가 바로 미끄러지지 않는 것은 마찰력 때문이다.
   (2) 물체가 미끄러지는 순간의 빗면의 기울기가 클수록 마찰력이 큰 것이다.
2. **마찰력의 크기에 영향을 미치는 요인**
   (1) **접촉면의 거칠기** : 접촉면이 거칠수록 마찰력이 크다.
   (2) **물체의 무게** : 무게가 무거울수록 마찰력이 크다.

접촉면의 거칠기와 마찰력의 관계	물체의 무게와 마찰력의 관계
흙의 표면이 눈의 표면보다 거칠어 마찰력이 커서 썰매를 끌기가 어렵다.	빈 수레보다 짐을 많이 실은 수레의 마찰력이 커서 움직이기 힘들다.

3 부력

1. **부력** : 액체가 물체를 밀어 올리는 힘
   (1) **부력의 방향** : 중력과 반대 방향
   (2) **기체 속에서의 부력** : 부력은 액체뿐만 아니라 공기와 같은 기체 속에서도 작용한다.

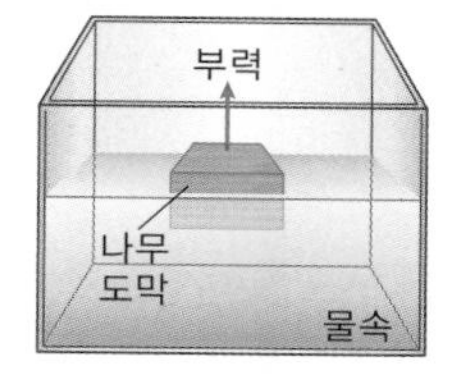

2. **부력의 이용**

튜브	화물선	열기구
튜브 안에 공기가 들어 있어 사람이 물에 뜨는 데 도움을 준다.	화물을 가득 실은 무거운 화물선은 부력을 받아 물 위에 뜬다.	열기구에 작용하는 부력을 크게 하면 열기구가 위로 떠오른다.

4 부력의 크기

1. **물에 잠긴 물체에 작용하는 부력의 크기**

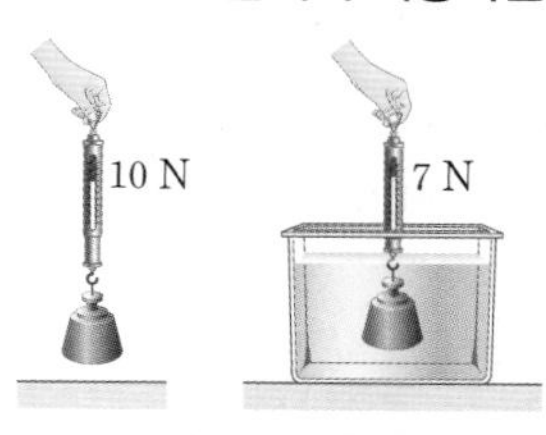

물체가 받는 부력의 크기 = 공기 중에서 측정한 물체의 무게 − 물속에서 측정한 물체의 무게

➡ 물에 잠긴 물체에 작용하는 부력의 크기 = 용수철저울의 감소한 눈금 = 10 N − 7 N = 3 N

2. **물에 잠긴 물체의 부피와 부력의 크기**
   (1) 물체가 물속에 절반 정도 잠겼을 때보다 완전히 잠겼을 때 부력이 더 크다.
   (2) 물에 잠긴 물체의 부피가 클수록 부력이 크다.
   • 알루미늄 포일을 뭉쳐서 물에 넣으면 가라앉지만, 배 모양으로 만들어서 물에 넣으면 물 위에 뜬다.
   • 화물을 가득 실은 배는 빈 배보다 물에 더 많이 잠기므로 부력이 더 크게 작용한다.

중단원 실전 문제

1 마찰력

01 그림과 같이 면 요리는 금속 젓가락으로 집으면 면발이 잘 미끄러지지만 나무젓가락으로 집으면 잘 미끄러지지 않아 쉽게 집을 수 있다.
이 현상은 어떤 힘과 관계가 있는가?

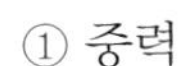
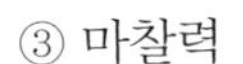

① 중력　② 탄성력
③ 마찰력　④ 부력
⑤ 자기력

중요

02 그림 (가)와 (나)는 책상면에서 나무 도막을 끌어당기는 모습을 나타낸 것이다.

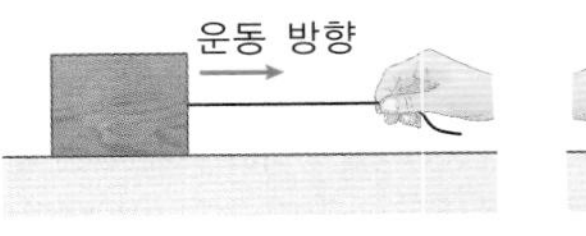

운동 방향

(가)　(나)

(가)와 (나)에서 나무 도막에 작용하는 마찰력의 방향을 옳게 짝지은 것은?

	(가)	(나)
①	→	→
②	→	←
③	←	→
④	←	←
⑤	↑	↑

중요

03 그림은 물체를 빗면 위쪽 방향으로 끌어당기는 모습을 나타낸 것이다.
물체가 빗면을 따라 운동할 때 물체에 작용하는 마찰력의 방향은?

운동 방향
E A B C D

① A　② B　③ C
④ D　⑤ E

04 그림과 같이 자전거 체인에 윤활유를 뿌리면 바퀴가 잘 회전한다.
이와 같이 마찰력을 이용한 경우는?

① 스키 바닥에 왁스를 바른다.
② 계단 끝에 고무패드를 붙인다.
③ 나무젓가락의 표면에 홈을 만든다.
④ 볼펜 손잡이 부분에 고무를 붙인다.
⑤ 바이올린의 활에 송진가루를 바른다.

2 마찰력의 크기

05 그림과 같이 장치하고 빗면을 천천히 들어 올리면서 나무 도막이 미끄러지는 순간의 기울기를 측정하였다.

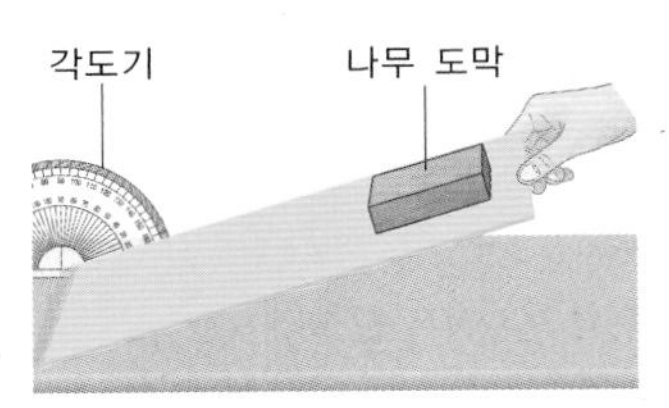

빗면의 기울기를 통해 비교할 수 있는 힘은?

① 중력　② 탄성력　③ 마찰력
④ 부력　⑤ 자기력

06 그림은 잔디 위에서 상자 1개와 상자 2개를 미는 경우를 나타낸 것이다. 상자 1개보다 상자 2개를 밀 때가 더 힘이 든다.

이 사실로부터 알 수 있는 것으로 가장 적절한 것은?

① 중력이 클수록 무게가 증가한다.
② 중력은 지구 중심 방향으로 작용한다.
③ 무게가 무거울수록 마찰력이 크다.
④ 접촉면이 거칠수록 마찰력이 크다.
⑤ 접촉면이 넓을수록 마찰력이 크다.

07 컬링은 얼음판 위에서 둥글고 납작한 돌을 밀어 원 안으로 미끄러져 들어가면 점수를 얻는 경기이다. 경기 중 선수들이 솔로 얼음판을 문지르면 얼음 표면이 살짝 녹는다.

이렇게 하는 까닭을 옳게 설명한 것은?

① 접촉면을 좁게 하여 마찰력을 작게 하기 위해
② 무게를 무겁게 하여 마찰력을 크게 하기 위해
③ 무게를 가볍게 하여 마찰력을 작게 하기 위해
④ 접촉면을 거칠게 하여 마찰력을 크게 하기 위해
⑤ 접촉면을 매끄럽게 하여 마찰력을 작게 하기 위해

3 부력

08 그림과 같이 음료수에 얼음을 넣으면 가라앉지 않고 떠 있다.
얼음을 떠 있게 하는 힘은?

① 중력
② 부력
③ 탄성력
④ 마찰력
⑤ 자기력

09 그림은 하늘에 떠 있는 열기구의 모습이다.
열기구에 작용하는 부력과 중력을 옳게 나타낸 것은? (단, 부력은 점선, 중력은 실선으로 나타낸다.)

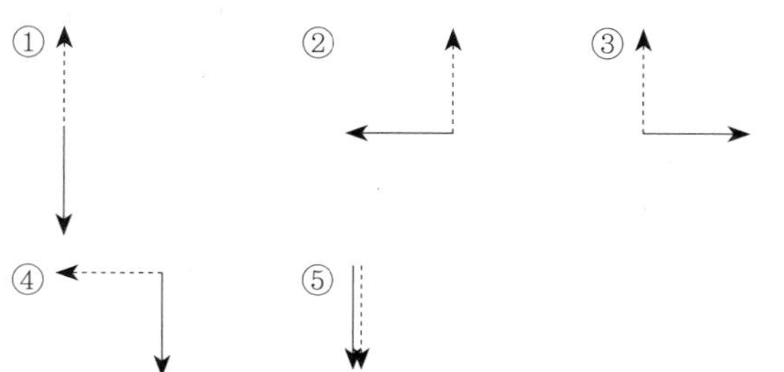

10 그림과 같이 우주 비행사들은 물속에서 무중력 상태에 대비하는 훈련을 한다.

이와 같은 훈련이 가능한 까닭을 옳게 설명한 것은?

① 물속에서는 중력이 커지므로
② 물속에서는 부력이 작용하므로
③ 물속에서는 마찰력이 커지므로
④ 물속에서는 탄성력이 커지므로
⑤ 물속에서는 중력이 작용하지 않으므로

11 그림은 애드벌룬이 줄에 묶여 있는 모습이다.
애드벌룬에 작용하여 애드벌룬이 공기 중에 떠 있게 하는 힘에 대한 설명으로 옳은 것만을 〈보기〉에서 있는 대로 고른 것은?

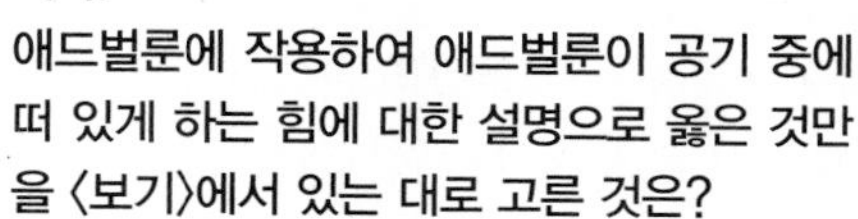

보기
ㄱ. 애드벌룬을 떠 있게 하는 힘은 부력이다.
ㄴ. 물위에 떠 있는 부표에도 같은 종류의 힘이 작용한다.
ㄷ. 애드벌룬을 떠 있게 하는 힘의 방향은 아래 방향이다.

① ㄱ ② ㄱ, ㄴ ③ ㄱ, ㄷ
④ ㄴ, ㄷ ⑤ ㄱ, ㄴ, ㄷ

중요
12 그림과 같이 부피는 같고 무게가 다른 물체 A와 B가 물속에 잠겨 있다. 물체 A는 물속에 떠 있고, B는 바닥에 가라앉아 있다.
물체 A와 B에 작용하는 부력의 방향을 옳게 짝 지은 것은?

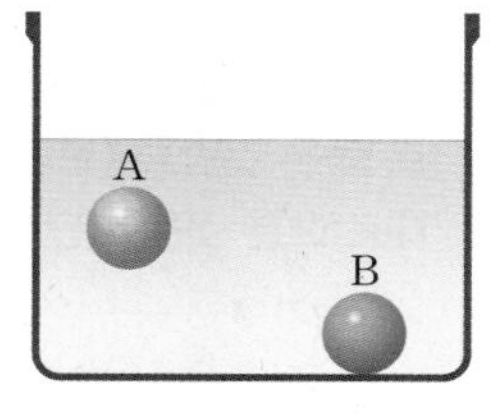

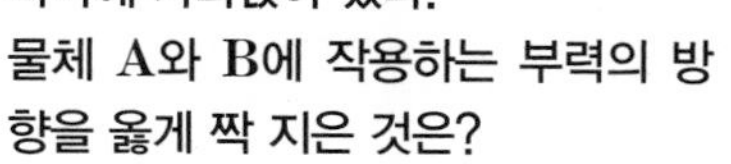

	물체 A	물체 B		물체 A	물체 B
①	위쪽	위쪽	②	위쪽	아래쪽
③	아래쪽	위쪽	④	아래쪽	아래쪽
⑤	위쪽	작용하지 않음			

중단원 실전 문제

정답과 해설 • 73쪽

4 부력의 크기

13 그림과 같이 무게가 30 N인 오리 인형이 물 위에 떠 있다.
오리 인형에 작용하는 부력의 크기는 몇 N인지 쓰시오.

중요

14 무게가 6 N인 물체를 그림 (가), (나)와 같이 물에 잠기게 했을 때, 용수철저울의 눈금이 각각 5.5 N, 5 N이었다.

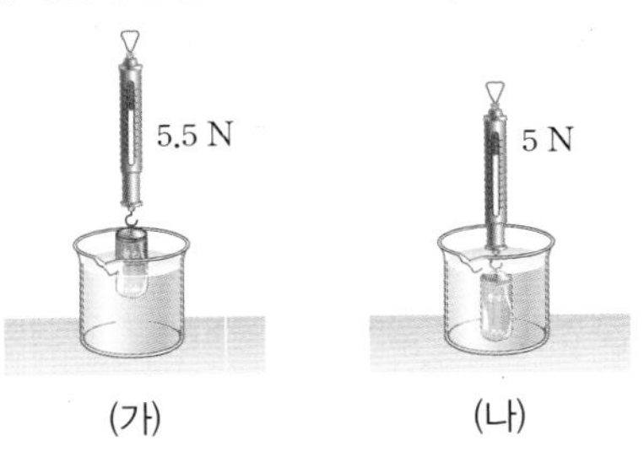

(가) (나)

이에 대한 설명으로 옳지 않은 것은?

① 용수철저울의 눈금은 물체가 받는 부력의 크기이다.
② (가)에서 물체에 작용하는 부력의 크기는 0.5 N이다.
③ 물체에 작용하는 부력의 크기는 (나)에서가 (가)에서보다 크다.
④ (가)와 (나)에서 물체에 작용하는 부력의 방향은 위 방향이다.
⑤ 물체가 물에 잠긴 부피가 클수록 용수철저울의 눈금은 작아진다.

15 그림과 같이 무게는 같고 부피가 서로 다른 두 왕관 A, B가 있다.
두 왕관을 모두 물속에 완전히 잠기게 하였을 때에 대한 설명으로 옳은 것만을 〈보기〉에서 있는 대로 고른 것은? (단, B의 부피가 A의 부피보다 크다.)

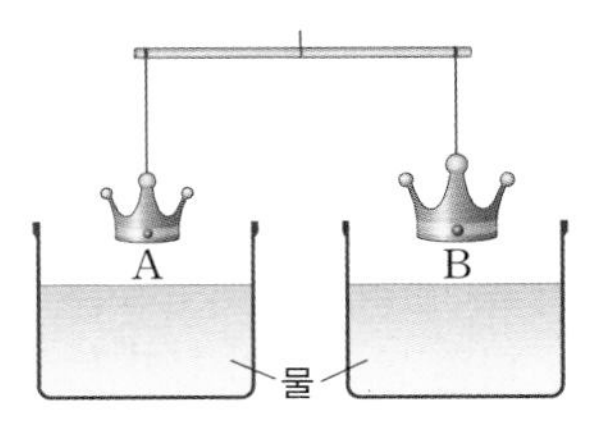

〈보기〉
ㄱ. 저울은 B 쪽으로 기운다.
ㄴ. B가 A보다 더 큰 부력을 받는다.
ㄷ. A와 B가 받는 부력의 방향은 모두 위 방향이다.

① ㄱ ② ㄱ, ㄴ ③ ㄱ, ㄷ
④ ㄴ, ㄷ ⑤ ㄱ, ㄴ, ㄷ

16 그림 (가)와 같이 공기 중에서 용수철저울에 추를 매달았더니 용수철저울의 눈금이 A였고, 그림 (나)와 같이 추를 물속에 넣었더니 용수철저울의 눈금이 B였다.

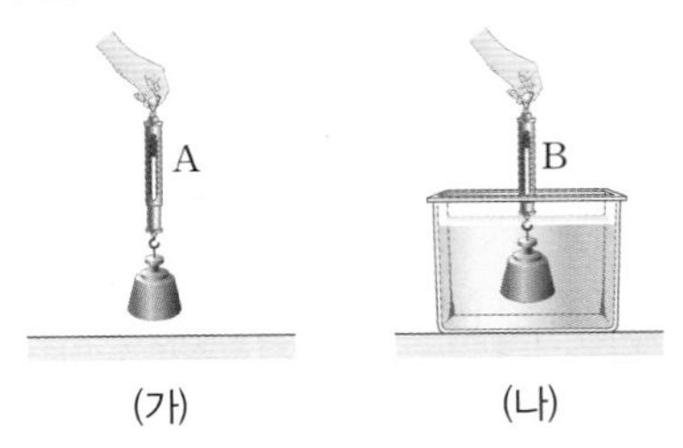

(가) (나)

추에 작용하는 부력의 크기를 옳게 나타낸 것은?

① A−B ② B−A ③ A×B
④ $\frac{A}{B}$ ⑤ $\frac{B}{A}$

17 그림과 같이 나무 막대 양쪽에 무게와 부피가 같은 추를 매달아 균형을 맞춘 다음, 추를 각각 컵에 넣고 한쪽 컵에만 천천히 물을 부었다.

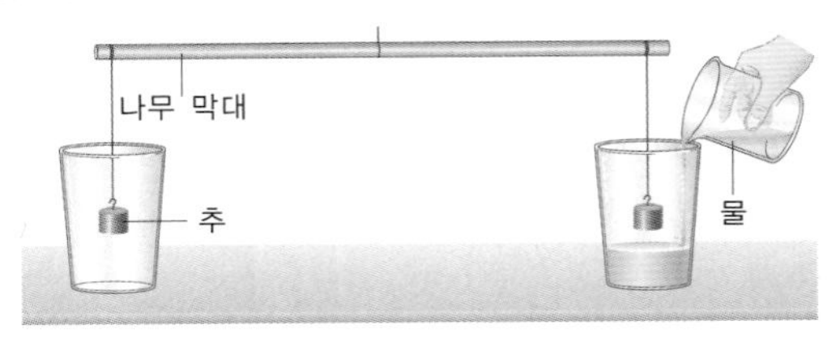

이에 대한 설명으로 옳은 것만을 〈보기〉에서 모두 고른 것은?

〈보기〉
ㄱ. 저울은 왼쪽으로 기운다.
ㄴ. 오른쪽 추가 더 큰 부력을 받는다.
ㄷ. 왼쪽 컵에 같은 양의 물을 부으면 저울은 다시 수평을 유지한다.

① ㄷ ② ㄱ, ㄴ ③ ㄱ, ㄷ
④ ㄴ, ㄷ ⑤ ㄱ, ㄴ, ㄷ

18 무게가 2 N인 물체를 매달면 1 cm가 늘어나는 용수철이 있다. 그림 (가)에서 이 용수철이 늘어난 길이는 5 cm이고, 그림 (나)에서 늘어난 길이는 3.5 cm이었다. 추가 물속에서 받는 부력의 크기는?

(가) (나)

① 1 N ② 2 N ③ 3 N
④ 5 N ⑤ 7 N

중단원 실전 서논술형 문제

정답과 해설 • 74쪽

01 그림과 같이 병뚜껑을 열려고 하였으나 손이 미끄러워 병뚜껑을 열 수가 없었다. 병뚜껑을 열 수 있는 방법을 마찰력과 관련하여 서술하시오.

Tip 손이 미끄러워 병뚜껑을 열 수 없다면 마찰력이 작은 것이다. 따라서 마찰력을 크게 할 수 있는 방법을 생각해 본다.

Key Word 마찰력, 마찰력의 크기, 병뚜껑

____

____

02 마찰력의 크기에 영향을 미치는 요인을 알아보기 위해 다음과 같은 실험을 하였다.

[과정]

(가) 책상 위에 나무 도막 1개를 올려놓고, 천천히 당기면서 나무 도막이 움직이는 순간 용수철저울의 눈금을 읽는다.

(나) 책상 위에 나무 도막 2개를 올려놓고, 과정 (가)를 반복한다.

(다) 사포 위에 나무 도막 1개를 올려놓고, 과정 (가)를 반복한다.

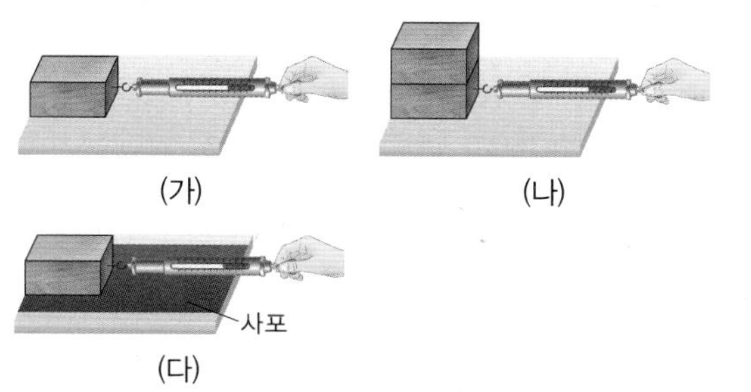

(가) (나) (다)

(1) 과정 (가)와 (나)로부터 알 수 있는 사실을 서술하시오.

(2) 과정 (가)와 (다)로부터 알 수 있는 사실을 서술하시오.

(3) 마찰력의 크기와 접촉면의 넓이 사이의 관계를 알아보기 위한 과정을 설계해 보시오.

Tip 과정 (나)는 무게가 달라졌으며, 과정 (다)는 접촉면의 거칠기가 달라졌다.

Key Word 마찰력, 마찰력의 크기

(1) ______________________________

(2) ______________________________

(3) ______________________________

03 그림과 같이 무게가 0.98 N인 추를 물속에 완전히 잠기게 하였더니 용수철저울의 눈금이 0.78 N이 되었다.

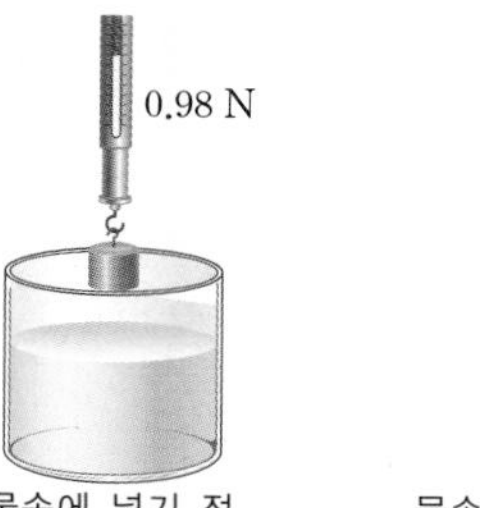

물속에 넣기 전

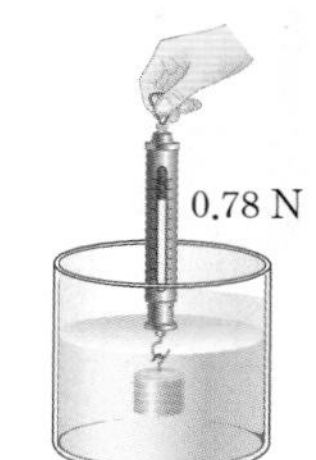

물속에 잠기게 넣은 후

(1) 추가 물속에 잠겼을 때 용수철저울의 눈금이 감소하는 까닭을 서술하시오.

(2) 추에 작용하는 부력의 크기를 계산식을 포함하여 구하시오.

Tip 같은 물체라도 물에 잠긴 부피가 커지면 부력이 커진다. 철로 만든 배가 물에 뜨는 것도 이와 같은 원리 때문이다.

Key Word 부력, 부력의 크기

(1) ______________________________

____

(2) ______________________________

04 그림 (가)는 물 위에 떠있는 잠수함의 모습이고, 그림 (나)는 잠수함의 구조를 간단하게 나타낸 것이다. (단, 공기 탱크에는 바닷물이 드나들 수 있다.)

(가)

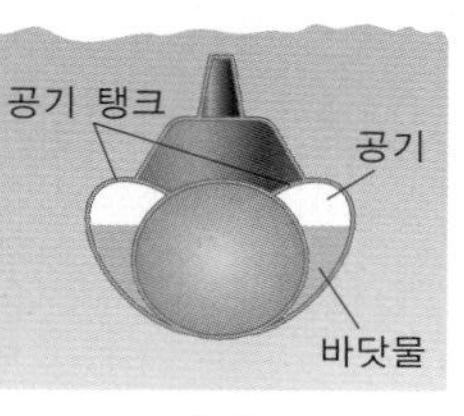

(나)

(1) 잠수함이 물 아래 깊은 곳으로 내려가기 위해서는 어떻게 해야 하는지 까닭과 함께 서술하시오.

(2) 깊은 곳에 있던 잠수함이 물 위로 올라가기 위해서는 어떻게 해야 하는지 까닭과 함께 서술하시오.

Tip 잠수함이 물속에서 받는 부력의 크기는 항상 일정하다. 하지만 잠수함의 무게는 공기 탱크의 물의 양으로 조절할 수 있다.

Key Word 부력, 부력의 크기, 잠수함

(1) ______________________________

____

(2) ______________________________

____

생물의 다양성

01 생물의 다양성과 보전

02 생물의 분류

생물의 다양성과 보전

중단원 개념 요약

1 생물 다양성

1. **생물 다양성** : 여러 생태계에서 얼마나 다양한 종류의 생물이 살고 있는지 나타낸 것 ➡ 지구에는 숲, 초원, 사막, 습지, 갯벌, 호수, 바다 등 여러 종류의 생태계가 있으며, 각 생태계에는 다양한 생물이 살고 있다.

▲ 숲

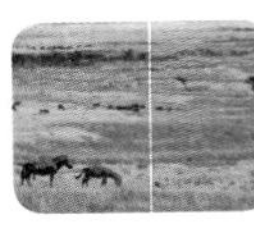
▲ 초원

▲ 사막

▲ 바다

(1) 생태계가 다양할수록 지구 전체의 생물 다양성은 높아진다.

(2) 한 지역에 살고 있는 생물의 종류가 많으면 생물 다양성이 높다.

(3) 같은 종류의 생물에서 생김새와 특성이 다양하면 생물 다양성이 높다.

2 환경과 생물 다양성

변이와 환경에 적응하는 과정을 통해 생물 다양성이 높아진다.

1. **변이** : 같은 종류의 생물 사이에서 나타나는 생김새나 특성의 차이

얼룩말의 줄무늬 색깔과 간격이 조금씩 다르다.	바지락의 껍데기 무늬가 조금씩 다르다.	달팽이의 껍데기 무늬와 색깔이 조금씩 다르다.	무당벌레의 겉날개 무늬와 색깔이 조금씩 다르다.

2. **환경과 생물 다양성의 관계** : 같은 종류였던 생물들이 서로 다른 환경에 적응하는 과정에서 각각의 환경에 유리한 변이를 가진 생물만이 살아남아 자손에게 그 특성을 전달한다. ➡ 서로 멀리 떨어져 교류하지 못하는 상태에서 오랜 시간이 지나면, 같은 종류의 생물들 간에 차이가 커져서 서로 다른 생김새와 특성을 지닌 무리로 나누어질 수 있다.

예 여우의 생김새가 환경에 따라 다양한 형태로 나타난다.

▲ 북극여우

▲ 사막여우

3 생물 다양성의 중요성

1. **생태계 평형 유지** : 생물 다양성이 높으면 먹이 사슬이 복잡하여 생태계가 안정적으로 유지된다.

생물 다양성이 낮은 생태계	생물 다양성이 높은 생태계
뱀 ↑ 개구리 ↑ 메뚜기 ↑ 풀	호랑이, 올빼미, 매, 뱀, 사슴, 토끼, 들쥐, 개구리, 메뚜기, 풀
먹이 사슬이 단순하여 생물이 멸종될 가능성이 높다.	먹이 사슬이 복잡하여 생물이 멸종될 가능성이 낮다.

2. **생물 자원으로 활용** : 인간의 삶을 풍요롭게 해 준다.

(1) 인간은 다양한 생물로부터 살아가는 데 필수적인 생물 자원(식량, 섬유, 건축 목재, 의약품 등)을 얻는다.

(2) 다양한 생태계는 깨끗한 공기와 물, 휴식과 안정을 제공한다.

4 생물 다양성의 보전

1. **생물 다양성의 위기** : 인간의 활동과 밀접한 관련이 있다.

(1) 농경지 확장, 도시 개발 등으로 서식지가 파괴된다.

(2) 특정 동식물을 지나치게 많이 잡거나 채집하여 야생 동식물의 개체 수가 줄어든다.

(3) 외래종이 유입되어 고유종의 생존을 위협한다.

(4) 환경 오염과 기후 변화로 서식지의 환경이 변하여 생물이 피해를 입는다.

2. **생물 다양성 감소 원인에 따른 대책**

원인	대책
서식지 파괴	지나친 개발 자제, 보호 구역 지정, 생태 통로 설치
불법 포획, 과도한 포획	법률 강화, 멸종 위기 생물 지정 및 멸종 위기종 복원 사업
외래종 유입	무분별한 유입 방지, 꾸준한 감시와 퇴치 활동
환경 오염과 기후 변화	쓰레기 배출량 줄이기, 환경 정화 시설 설치, 화석 연료 사용 줄이기

이외에 생물 다양성 보전을 위한 국가적 활동으로 종자은행 운영, 국제적 활동으로 생물 다양성 협약(국제적으로 생물 다양성을 보전하기 위한 협약)이 있다.

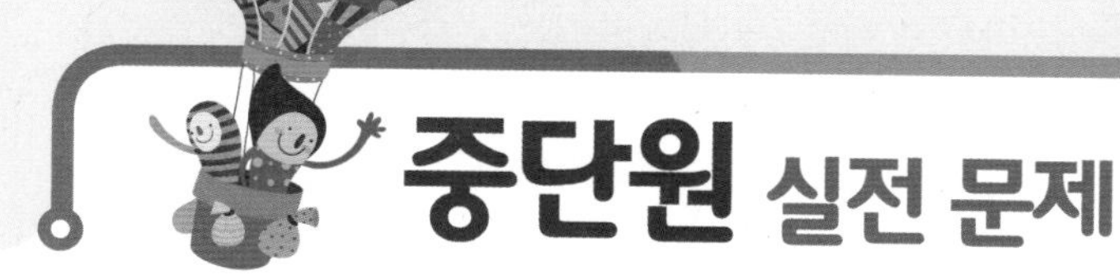

중단원 실전 문제

정답과 해설 • 75쪽

1 생물 다양성

01 다음은 여러 생태계에 살고 있는 생물을 조사한 결과이다.

- 남극 : 아델리펭귄, 남극물개
- 사막 : 쌍봉낙타, 황제전갈, 모래도마뱀
- 초원 : 그랜트얼룩말, 아프리카코끼리, 아프리카사자, 아프리카표범, 그물무늬기린, 톰슨가젤

이에 대한 설명으로 옳지 않은 것은?

① 남극과 사막을 이루는 환경이 서로 다르다.
② 남극과 사막에 사는 생물의 종류가 서로 다르다.
③ 사막에는 건조한 환경에 잘 견디는 생물이 살고 있다.
④ 남극은 많은 종류의 생물이 살고 있으므로 생물 다양성이 가장 높은 생태계이다.
⑤ 초원의 생물 다양성이 높으면 초원 생태계는 안정적으로 유지될 수 있다.

중요

02 생물 다양성에 대한 설명으로 옳은 것은?

① 생물이 멸종하면 생물 다양성은 높아진다.
② 생물 다양성은 지역에 따라 차이가 나지 않는다.
③ 한 지역에 살고 있는 생물의 종류가 많으면 생물 다양성이 낮다.
④ 여러 생태계에서 얼마나 다양한 종류의 생물이 살고 있는지 나타낸 것이다.
⑤ 같은 종류의 생물에서 생김새와 특성이 달라도 생물 다양성에 영향을 주지 않는다.

03 그림은 (가)와 (나) 두 지역에 살고 있는 나무의 종류와 수를 나타낸 것이다.

(가) (나)

(가)와 (나) 중에서 생물 다양성이 더 높은 곳을 쓰시오.

2 환경과 생물 다양성

04 그림은 무당벌레 겉 날개의 색깔과 무늬가 서로 조금씩 다른 것, 코스모스의 꽃잎 색깔이 서로 조금씩 다른 것을 나타낸 것이다.

무당벌레

코스모스

이러한 현상과 관련된 용어로 알맞은 것은?

① 변이 ② 환경 ③ 적응
④ 생물 자원 ⑤ 멸종 위기종

05 변이에 대한 설명으로 옳은 것만을 〈보기〉에서 있는 대로 고른 것은?

보기

ㄱ. 변이는 생물 다양성에 영향을 주지 않는다.
ㄴ. 환경이 달라지면 생존에 유리한 변이도 달라진다.
ㄷ. 변이가 다양할수록 생물이 멸종할 가능성이 낮다.
ㄹ. 같은 종류의 생물 사이에서 나타나는 특성의 차이를 변이라고 한다.

① ㄱ, ㄴ ② ㄴ, ㄷ ③ ㄷ, ㄹ
④ ㄱ, ㄷ, ㄹ ⑤ ㄴ, ㄷ, ㄹ

중요

06 다음은 환경과 생물 다양성의 관계를 설명한 것이다.

(가) 같은 종류의 생물들이라도 서로 다른 환경에서 살아갈 때 (나) 각각의 환경에 적합한 생물이 살아남을 수 있으며, (다) 자손에게 자신이 가진 특성을 전달한다. 이 과정이 오랜 시간 동안 반복되면 (라) 같은 종류의 생물들 간에 차이가 커져서 서로 다른 생김새와 특성을 가진 무리로 나누어질 수 있다. (마) 이러한 과정을 거쳐 생물 다양성이 낮아진다.

(가)~(마) 중 옳지 않은 것의 기호를 쓰시오.

3 생물 다양성의 중요성

07 생물 다양성이 높은 생태계의 특징으로 옳은 것만을 〈보기〉에서 있는 대로 고른 것은?

보기
ㄱ. 먹이 사슬이 복잡하다.
ㄴ. 생물이 멸종될 가능성이 높다.
ㄷ. 생태계가 안정적으로 유지될 수 있다.
ㄹ. 어떤 생물종이 사라져도 이를 대신하여 먹이가 될 수 있는 생물종이 많이 있다.

① ㄱ, ㄴ ② ㄱ, ㄷ ③ ㄷ, ㄹ
④ ㄱ, ㄷ, ㄹ ⑤ ㄴ, ㄷ, ㄹ

08 생물과 생물이 제공하는 자원을 짝 지은 것으로 옳지 않은 것은?

① 벼 — 식량 ② 보리 — 의복
③ 누에고치 — 의복 ④ 소나무 — 건축 재료
⑤ 푸른곰팡이 — 의약품

중요
09 그림은 서로 다른 생태계 (가)와 (나)의 먹이 사슬을 나타낸 것이다.

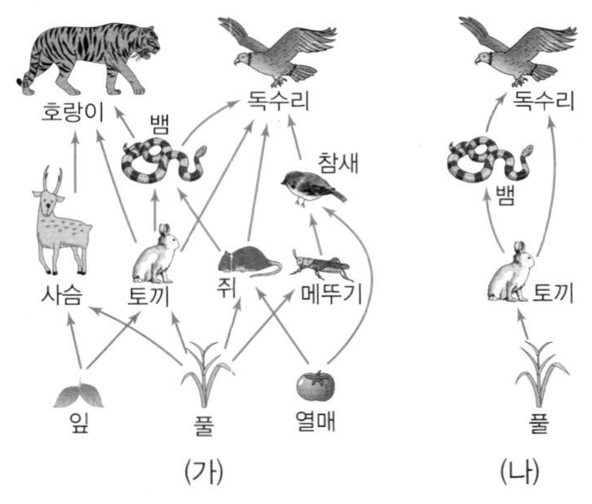

이에 대한 설명으로 옳지 않은 것은?

① (가)는 (나)보다 생물 다양성이 높다.
② (가)는 (나)보다 생태계 평형 유지에 유리하다.
③ (나)는 (가)보다 생태계를 안정적으로 유지할 수 있다.
④ (나)에서 토끼가 멸종되면 뱀도 멸종될 가능성이 높다.
⑤ (가)에서 토끼가 사라져도 토끼를 대신하여 뱀의 먹이가 될 수 있는 생물이 있다.

4 생물 다양성의 보전

10 생물 다양성을 감소시키는 인간의 활동이 아닌 것은?

① 도롱뇽의 서식지를 보호한다.
② 야생 동물을 사냥하여 매매한다.
③ 야생 식물을 무분별하게 채집한다.
④ 고유종을 잡아먹는 외래종을 들여온다.
⑤ 오염 물질을 그대로 강이나 바다로 흘려보낸다.

중요
11 생물 다양성을 보전하는 방안으로 옳은 것만을 〈보기〉에서 있는 대로 고른 것은?

보기
ㄱ. 갯벌을 없애고 농경지를 만든다.
ㄴ. 고유 식물의 종자를 보관하는 종자 은행을 운영한다.
ㄷ. 국제적으로 생물 다양성을 보전하기 위한 국제 협약을 채택하여 실천한다.
ㄹ. 개체 수가 줄어 사라질 위기에 처한 생물을 멸종 위기종으로 지정하여 보호한다.

① ㄱ, ㄴ ② ㄴ, ㄹ ③ ㄷ, ㄹ
④ ㄱ, ㄴ, ㄹ ⑤ ㄴ, ㄷ, ㄹ

12 그림은 생태 통로를 나타낸 것이다.

생태 통로의 역할로 옳은 것만을 〈보기〉에서 있는 대로 고른 것은?

보기
ㄱ. 생물 다양성을 감소시킬 수 있다.
ㄴ. 야생 동물의 개체 수가 감소하는 가장 큰 원인이다.
ㄷ. 도로 건설로 끊어진 야생 동물의 서식지를 연결한다.
ㄹ. 야생 동물이 도로 양쪽으로 안전하게 이동할 수 있도록 한다.

① ㄱ, ㄴ ② ㄱ, ㄷ ③ ㄴ, ㄷ
④ ㄴ, ㄹ ⑤ ㄷ, ㄹ

중단원 실전 서논술형 문제

정답과 해설 • 75쪽

01 그림은 어떤 지역 (가)와 (나)에서 살고 있는 생물의 종류와 수를 조사한 것이다.

(가)

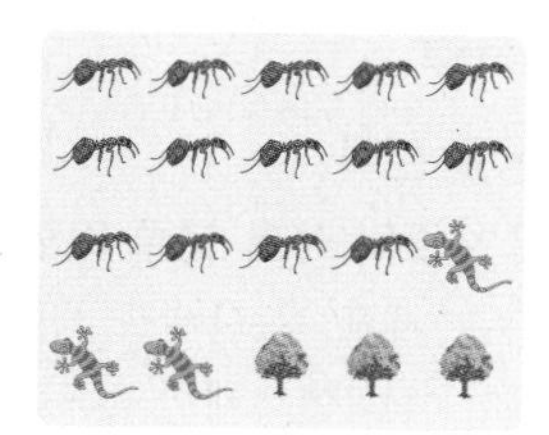

(나)

(가)와 (나) 중 생물 다양성이 더 높은 곳을 쓰고, 그 이유를 서술하시오.

Tip (가)와 (나) 지역에 살고 있는 생물의 수는 같다.

Key Word 생물, 종류

[02~03] 다음은 도도와 탐발라코크 나무에 대해 설명한 것이다.

(가) 도도는 인도양의 모리셔스섬에서만 살았던 새이다. 이 새는 탐발라코크 나무의 열매를 주로 먹었다. 그런데 사람들이 이 섬에 살게 된 이후 도도를 무차별적으로 사냥하고, 외부에서 들어온 쥐 등의 천적이 도도의 알과 새끼를 공격하여 도도의 수가 크게 줄어들다가 결국에는 멸종되고 말았다.

(나) 탐발라코크 나무는 모리셔스섬에 서식하며, 딱딱한 껍질에 싸인 열매 속 종자로 번식한다. 도도가 있을 때까지만 해도 모리셔스섬에는 이 나무가 무성했지만, 도도가 멸종된 이후 그 수가 줄어들었다.

02 모리셔스섬에서 도도가 멸종된 이후 탐발라코크 나무의 수가 감소한 이유를 서술하시오.

Tip 도도는 탐발라코크 나무의 열매를 주로 먹는다.

Key Word 멸종, 종자

03 생물 다양성 보전이 중요한 이유를 다음 용어를 사용하여 서술하시오.

생물 다양성, 멸종 가능성, 생태계 평형

Tip 생물 다양성이 높을수록 멸종 위험이 줄어 생태계가 안정적으로 유지된다.

Key Word 생물 다양성, 멸종 가능성, 생태계 평형

04 그림은 서로 다른 지역에 사는 두 종류의 여우를 나타낸 것이다.

북극여우

사막여우

이와 같이 여우의 생김새가 다른 이유를 사는 곳의 환경과 연관 지어 서술하시오.

Tip 변이는 생물의 생존에 영향을 주며, 생물이 각각 다른 환경에 적응하는 과정에서 서로 다른 형질을 갖는 생물이 나타나는 원인이 된다.

Key Word 변이, 환경, 적응

05 다음은 어느 과학자가 바위 생태계에서 실험을 한 내용이다.

해안가에서 하나의 실험을 시작했다. 바위가 많은 이 지역은 만조 때는 바닷물에 잠기고 간조 때는 공기에 드러나 생물에게 다소 혹독한 환경이지만 홍합, 따개비, 해조류 등 다양한 생물이 서식하는 곳이다. 해안가를 따라 8 m 정도의 범위를 정해놓은 뒤, 1년에 여러 차례 이곳을 방문해 바위에 붙은 불가사리를 하나하나 떼어내 바다로 던졌다. 불가사리가 사라지자 이 바위의 생태계는 완전히 바뀌었다. 불과 1년 만에 이 바위에 사는 생물종의 수는 절반으로 줄었다.

바위 생태계에서 불가사리가 없어졌을 때 생물의 종류가 줄어든 이유를 서술하시오.(단, 이 생태계에서 불가사리의 주요 먹이는 홍합이다.)

Tip 불가사리는 홍합을 먹이로 하므로 불가사리가 사라지면 홍합의 개체 수가 증가한다.

Key Word 먹이, 개체 수

02 생물의 분류

중단원 개념 요약

1 생물 분류의 목적과 방법

1. **생물 분류** : 여러 기준으로 생물을 무리 지어 나누는 것
2. **생물 분류 목적** : 생물 사이의 가깝고 먼 관계를 파악하고, 생물을 조사·연구하기 위해서이다.
3. **생물 분류 방법**
   (1) **인위 분류** : 생물의 쓰임새, 서식지, 식성 등 인간의 편의에 따라 분류한다.
   (2) **자연 분류** : 생물의 생김새, 속 구조, 한살이, 번식 방법, 호흡 방법 등 생물의 고유한 특징을 기준으로 분류한다. ➡ 생물 사이의 가깝고 먼 관계를 판단할 수 있다.

▲ 인위 분류와 자연 분류

   (3) **생물 사이의 관계** : 생물을 분류할 때 두 생물이 얼마나 가깝고 먼지를 나타내는 것이다. 예 상어는 아가미로 호흡하고 고래와 사람은 폐로 호흡하므로, 고래와 사람이 고래와 상어보다 더 가까운 관계에 있다.

2 생물 분류 체계

1. **종** : 생물 분류의 가장 기본이 되는 단위로, 자연 상태에서 번식 능력이 있는 자손을 낳을 수 있는 생물 무리이다.
2. **생물 분류 체계**

분류 단계 : 종<속<과<목<강<문<계

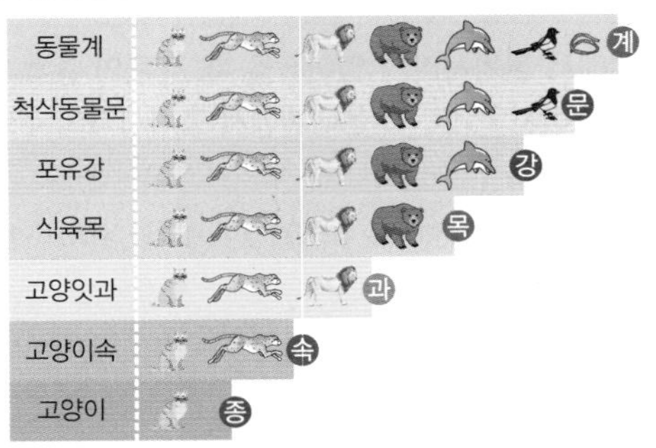

▲ 생물(고양이)의 분류 단계

3 생물 분류

1. **계 수준의 생물 분류 기준** : 핵(핵막)의 유무, 세포벽의 유무, 세포 수(단세포 생물인지 다세포 생물인지), 광합성의 여부(엽록체의 유무), 기관의 발달 정도 등

2. **생물의 분류(5계)**
   (1) **원핵생물계** : 핵막이 없어서 핵이 뚜렷이 구분되지 않으며, 대부분 단세포 생물이고, 세포벽이 있어서 세포 내부를 보호한다.
   (2) **원생생물계** : 핵막으로 둘러싸인 뚜렷한 핵이 있으며, 기관이 발달하지 않았다. 먹이를 섭취하는 종류와 광합성을 하는 종류가 있고, 단세포 생물 또는 다세포 생물이다.
   (3) **균계** : 핵막으로 둘러싸인 뚜렷한 핵이 있으며, 세포벽이 있고, 광합성을 못 한다. 몸이 균사로 이루어져 있으며, 운동성이 없다.
   (4) **식물계** : 핵막으로 둘러싸인 뚜렷한 핵이 있으며, 세포벽이 있고, 다세포 생물이다. 엽록체가 있어 광합성을 하여 스스로 영양분을 만든다. 운동성이 없고, 포자나 종자로 번식한다.
   (5) **동물계** : 핵막으로 둘러싸인 뚜렷한 핵이 있으며, 세포벽이 없고, 다세포 생물이다. 광합성을 못 하고, 먹이를 섭취하여 몸 안에서 영양분을 소화·흡수하며, 대부분 운동 기관이 있어 이동할 수 있다.

▲ 생물의 5계 분류 체계

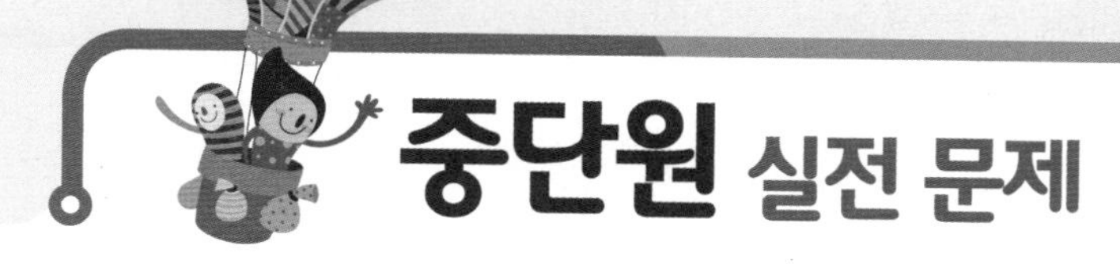

중단원 실전 문제

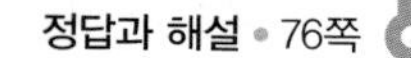
정답과 해설 • 76쪽

1 생물 분류의 목적과 방법

01 생물 고유의 특징을 기준으로 생물을 분류한 것은?

① 수련은 수생 식물이다.
② 인삼은 약용 식물이다.
③ 범고래는 수생 동물이다.
④ 다람쥐는 척추가 있는 동물이다.
⑤ 도라지는 먹을 수 있는 식물이다.

중요
02 생물 분류에 대한 설명으로 옳은 것만을 〈보기〉에서 있는 대로 고른 것은?

보기
ㄱ. 생물 사이에 공통점이 적을수록 가까운 관계에 있다.
ㄴ. 여러 가지 특징을 기준으로 생물을 무리 지어 나누는 것이다.
ㄷ. 생물을 분류할 때 생물 고유의 특징을 기준으로 비교하면 생물 사이의 가깝고 먼 관계를 판단할 수 있다.

① ㄱ ② ㄴ ③ ㄷ
④ ㄱ, ㄴ ⑤ ㄴ, ㄷ

03 인간의 편의에 따라 생물을 분류하는 기준에 해당하는 것은?

① 생김새 ② 쓰임새 ③ 속 구조
④ 호흡 방법 ⑤ 번식 방법

04 다음은 생물 분류에 대하여 설명한 것이다.

> 생물 고유의 특징을 기준으로 생물을 분류하면 생물 사이의 가깝고 먼 (　　　)를 알 수 있다. 또한, 새로 발견한 생물이 어떤 것인지 찾아볼 때 많은 시간과 노력을 줄일 수 있으며, 같은 무리에 속하는 생물의 특징을 미루어 짐작할 수 있다.

빈칸에 들어갈 알맞은 말을 쓰시오.

2 생물 분류 체계

05 다음은 생물 분류 단계를 나타낸 것이다.

> 종<A<과<B<강<문<C

A~C에 해당하는 단계를 옳게 짝 지은 것은?

	A	B	C
①	속	계	목
②	속	목	계
③	목	속	계
④	목	계	속
⑤	계	목	속

06 다음은 종과 관련하여 조사한 내용이다.

> • 진돗개와 풍산개 사이에서 태어난 개는 생식 능력이 있다.
> • 수사자와 암호랑이 사이에서 태어난 라이거는 생식 능력이 없다.

이에 대한 설명으로 옳은 것은?

① 진돗개와 풍산개는 다른 종이다.
② 사자와 호랑이는 같은 종이다.
③ 사자와 라이거는 같은 종이다.
④ 라이거는 독립적인 종이다.
⑤ 진돗개와 풍산개 사이에서 태어난 개는 진돗개, 풍산개와 같은 종이다.

중요
07 종에 대한 설명으로 옳은 것만을 〈보기〉에서 있는 대로 고른 것은?

보기
ㄱ. 생물을 분류하는 기본 단위이다.
ㄴ. 여러 속이 모여 하나의 종이 된다.
ㄷ. 계에서 종으로 갈수록 같은 분류 단계에 속한 생물이 다양해진다.
ㄹ. 자연 상태에서 번식 능력이 있는 자손을 낳을 수 있는 생물 무리이다.

① ㄱ, ㄴ ② ㄱ, ㄷ ③ ㄱ, ㄹ
④ ㄴ, ㄷ ⑤ ㄷ, ㄹ

중단원 실전 문제

3 생물 분류

[08~09] 그림은 젖산균, 아메바, 곰팡이를 분류하는 과정을 나타낸 것이다.

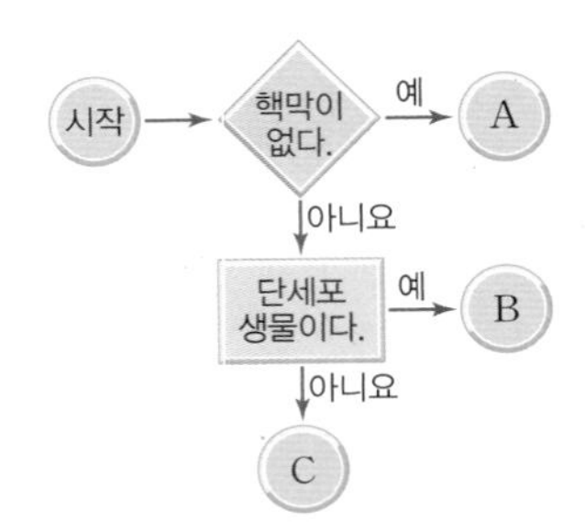

중요
08 A~C에 해당하는 생물을 옳게 짝 지은 것은?

	A	B	C
①	젖산균	아메바	곰팡이
②	젖산균	곰팡이	아메바
③	곰팡이	젖산균	아메바
④	곰팡이	아메바	젖산균
⑤	아메바	젖산균	곰팡이

09 5계 분류 체계 중 A가 속하는 계는?

① 균계 ② 식물계 ③ 동물계
④ 원핵생물계 ⑤ 원생생물계

10 그림은 아메바, 짚신벌레, 미역을 나타낸 것이다.

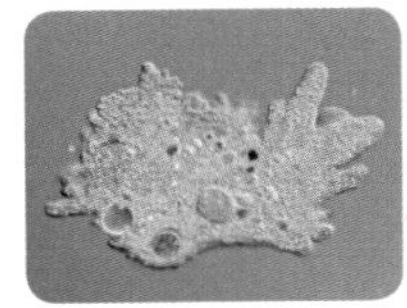
아메바

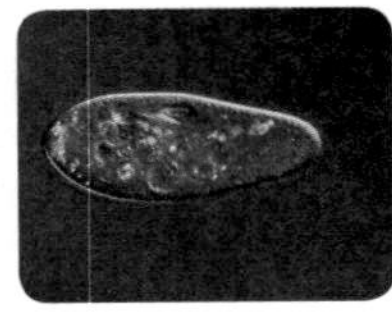
짚신벌레

미역

이 생물들의 공통적인 특징은?

① 광합성을 한다.
② 단세포 생물이다.
③ 몸이 균사로 이루어져 있다.
④ 뿌리, 줄기, 잎이 뚜렷이 구별된다.
⑤ 핵막으로 둘러싸인 뚜렷한 핵이 있다.

중요
11 그림은 5계 분류 체계 중 서로 다른 계에 속하는 생물을 나타낸 것이다.

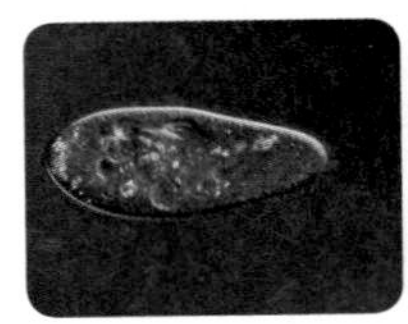
(가) 짚신벌레

(나) 효모

(다) 옥수수

(가)~(다) 각 생물이 속하는 계를 쓰시오.

12 그림은 몇 가지 생물을 (가)와 (나) 두 무리로 분류한 것이다.

(가)		(나)	
헬리코박터 파일로리균	아메바	민들레	개

(가)와 (나)로 분류한 기준으로 옳은 것은?

① 척추 유무 ② 균사 유무
③ 핵막 유무 ④ 광합성 여부
⑤ 몸을 구성하는 세포 수 차이

13 그림은 생물의 5계 분류 체계를 나타낸 것이다. A에 속하는 생물의 특징으로 옳은 것만을 〈보기〉에서 있는 대로 고른 것은?

보기
ㄱ. 모두 단세포 생물이다.
ㄴ. 몸이 균사로 이루어져 있다.
ㄷ. 핵막으로 둘러싸인 뚜렷한 핵이 있다.

① ㄱ ② ㄴ ③ ㄷ
④ ㄱ, ㄷ ⑤ ㄴ, ㄷ

14 생물을 5계로 분류했을 때 계와 각 계에 속하는 생물을 옳게 짝 지은 것은?

① 균계 – 버섯　② 식물계 – 미역
③ 동물계 – 짚신벌레　④ 원핵생물계 – 효모
⑤ 원생생물계 – 해파리

15 다음은 5계 분류 체계 중 어떤 계에 대한 설명이다.

> 세포 안에 핵막이 없어서 핵이 뚜렷이 구분되지 않는 생물 무리이다. 대부분 단세포 생물이며, 세포벽이 있어 세포 내부를 보호한다.

이 계에 속하는 생물은?

① 장미　② 폐렴균　③ 다시마
④ 달팽이　⑤ 은행나무

중요
16 5계에 대한 설명으로 옳은 것은?

① 균계의 생물은 광합성을 할 수 있다.
② 식물계의 생물은 모두 운동성이 있다.
③ 동물계의 생물은 모두 단세포 생물이다.
④ 원생생물계의 생물은 모두 다세포 생물이다.
⑤ 원핵생물계를 제외한 모든 계에 속한 생물은 핵막으로 둘러싸인 뚜렷한 핵이 있다.

17 그림은 버섯, 효모, 곰팡이를 나타낸 것이다.

버섯

효모

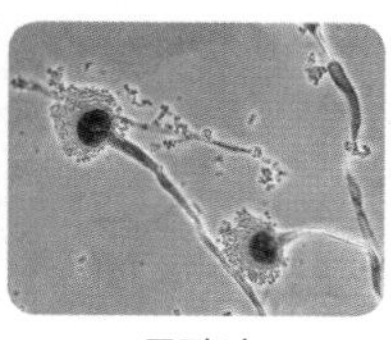
곰팡이

이 생물들은 5계 분류 체계 중 어느 계에 해당하는가?

① 균계　② 식물계　③ 동물계
④ 원핵생물계　⑤ 원생생물계

중요
18 생물의 5계 분류 체계에서 다음과 같은 특징을 가진 계의 이름을 쓰시오.

> • 세포벽이 있으며, 다세포 생물이다.
> • 핵막으로 둘러싸인 뚜렷한 핵이 있다.
> • 엽록체가 있어 광합성을 하여 스스로 영양분을 만든다.

19 다음 생물들이 가진 공통적인 특징은?

> 해파리, 지렁이, 누룩곰팡이, 효모, 우산이끼

① 종자로 번식한다.
② 몸이 균사로 이루어져 있다.
③ 엽록체가 있어 광합성을 한다.
④ 뿌리, 줄기, 잎이 뚜렷이 구별된다.
⑤ 세포 안에 핵막으로 둘러싸인 뚜렷한 핵이 있다.

20 그림은 여러 가지 생물을 몇 가지 기준에 따라 분류한 것이다.

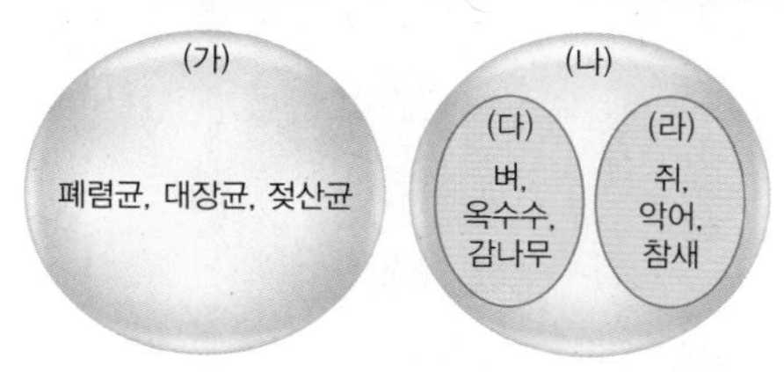

이에 대한 설명으로 옳은 것만을 <보기>에서 있는 대로 고른 것은?

> 보기
> ㄱ. (가)는 원생생물계이다.
> ㄴ. (나)는 핵막으로 둘러싸인 뚜렷한 핵이 있다.
> ㄷ. (다)는 세포벽이 있다.
> ㄹ. (라)는 광합성을 할 수 있다.

① ㄱ, ㄴ　② ㄱ, ㄷ　③ ㄱ, ㄹ
④ ㄴ, ㄷ　⑤ ㄷ, ㄹ

중단원 실전 서논술형 문제

정답과 해설 • 77쪽

01 그림은 암말과 수탕나귀 및 이들을 교배하여 얻은 노새를 나타낸 것이다.

말과 당나귀가 같은 종인지 다른 종인지를 쓰고, 그렇게 생각한 이유를 노새의 특징과 연관 지어 서술하시오.

Tip 종은 자연 상태에서 번식 능력이 있는 자손을 낳을 수 있는 생물 무리이다.

Key Word 종, 번식(생식)

02 그림은 생물의 분류 단계를 나타낸 것이다.

분류 단계	
동물계	계
척삭동물문	문
포유강	강
식육목	목
고양잇과	과
고양이속	속
고양이	종

돌고래는 상어와 캥거루 중 어느 동물과 더 가까운 관계인지 쓰고, 그렇게 생각한 이유를 분류 단계와 연관 지어 서술하시오.

Tip 돌고래와 캥거루는 같은 강(포유강)에 속한다.

Key Word 분류 단계, 강

03 그림은 대장균과 폐렴균을 나타낸 것이다.

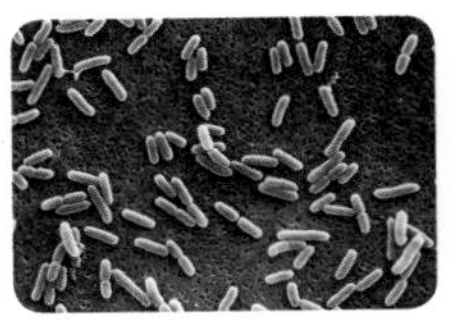
대장균

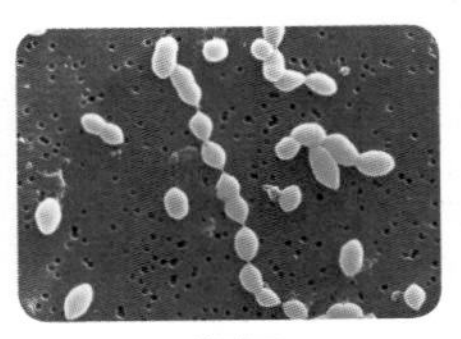
폐렴균

5계 중 대장균과 폐렴균이 속하는 계의 이름을 쓰고, 그 계의 특징을 두 가지만 서술하시오.

Tip 대장균, 폐렴균은 원핵생물계에 속한다.

Key Word 핵막, 단세포 생물, 세포벽

04 그림은 식물계, 균계, 동물계에 속하는 다양한 생물을 나타낸 것이다.

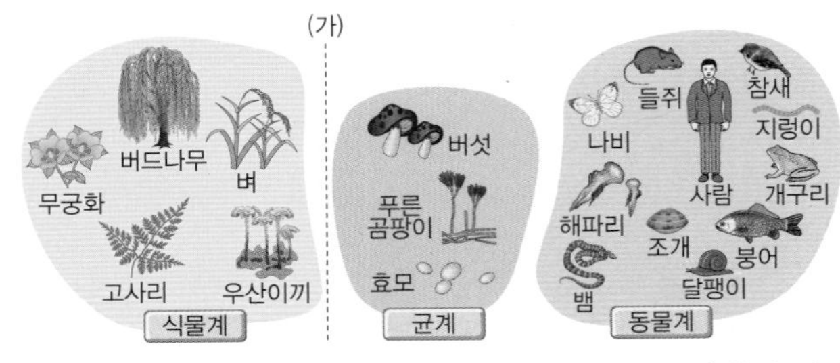

이 생물들을 (가)를 기준으로 두 무리로 분류한다면, (가)에 해당하는 분류 기준을 서술하시오.

Tip 식물계는 광합성을 하지만 균계와 동물계는 광합성을 못 한다.

Key Word 광합성(엽록체)

05 다음은 어느 과학자가 생물 A를 관찰하고 그 특징을 기록한 것이다.

- 하늘을 날 수 있다.
- 곤충을 잡아먹고 산다.
- 세포에 엽록체가 없어 광합성을 못 한다.

생물 A가 어느 계에 속하는지 쓰고, 그 근거를 두 가지만 서술하시오.

Tip 동물은 먹이를 섭취하여 몸 안에서 영양분을 소화·흡수한다. 대부분 운동 기관이 있어 이동할 수 있다.

Key Word 동물계, 먹이, 이동(운동)

IV

기체의 성질

01 입자의 운동

02 기체의 압력과 온도에 따른 부피

입자의 운동

중단원 실전 문제

중단원 개념 요약

1 확산

1. **확산** : 물질을 이루는 입자들이 스스로 운동하여 사방으로 퍼져 나가는 현상

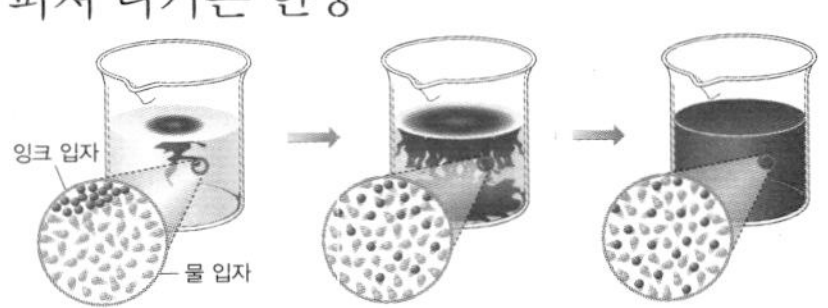

▲ 잉크의 확산 입자 모형

2. **확산의 예**
   (1) 물에 수성 잉크를 떨어뜨리면 잉크가 사방으로 퍼져 나간다.
   (2) 향수병을 열어놓으면 향수의 향이 주변으로 퍼져 나간다.
   (3) 냉면에 식초를 넣으면 식초가 냉면 전체로 퍼져 나간다.

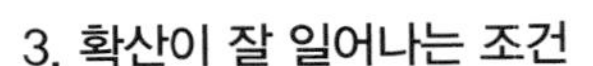

3. **확산이 잘 일어나는 조건**
   (1) 온도가 높을수록 확산이 빠르다.
   (2) 확산을 방해하는 입자가 적을수록(액체 < 기체 < 진공) 확산이 빠르다.

2 증발

1. **증발** : 입자가 스스로 운동하여 액체 표면으로부터 떨어져 나와 기체가 되는 현상

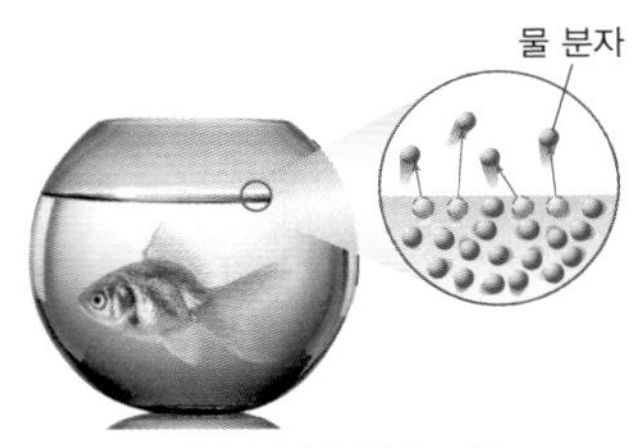

▲ 물의 증발 입자 모형

2. **증발의 예**
   (1) 빨래가 마른다.
   (2) 물감으로 그린 그림이 마른다.
   (3) 풀잎에 맺힌 이슬이 낮이 되면 사라진다.
   (4) 어항의 물이 시간이 지나면 점점 줄어든다.
   (5) 염전에 바닷물을 가두고 물을 증발시켜 소금을 얻는다.

3. **증발이 잘 일어나는 조건**

온도	높음	표면적	넓음
바람	강함	습도	낮음(건조함)

1 확산

중요

01 향수의 확산에 대한 설명으로 옳지 않은 것은?

① 바람이 불지 않아도 향수는 확산한다.
② 향수 입자들이 공기 중으로 퍼져 나가는 현상이다.
③ 향수 입자가 스스로 운동한다는 증거가 된다.
④ 향수 입자들은 모든 방향으로 고르게 퍼져 나간다.
⑤ 향수 표면의 입자들이 기체로 떨어져 나오는 현상이다.

02 차 티백을 물에 넣으면 차가 우러나와 점점 퍼져 나간다. 이와 같은 원리로 일어나는 현상은?

① 땀이 마른다.
② 가뭄에 땅이 갈라진다.
③ 꽃향기가 멀리까지 퍼진다.
④ 운동장에 고인 물이 점점 줄어든다.
⑤ 손등에 떨어뜨린 에탄올 방울이 사라진다.

중요

03 페놀프탈레인 용액을 묻힌 솜을 꽂은 유리관을 그림과 같이 설치하고 오른쪽 끝에 암모니아수를 묻힌 솜을 넣은 뒤 마개로 막았다.

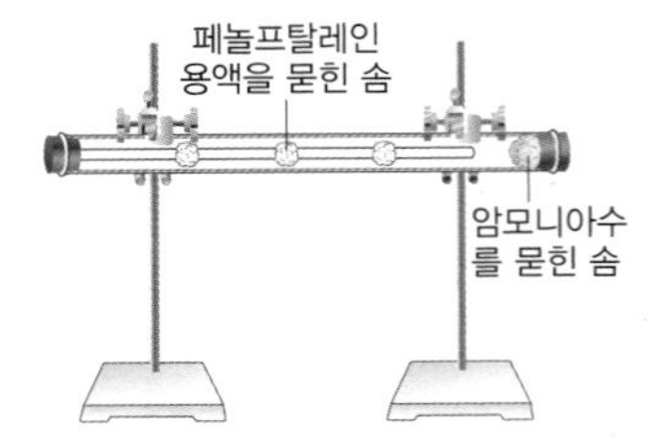

이 실험에 대한 설명으로 옳지 않은 것은?

① 암모니아의 확산을 관찰하는 실험이다.
② 솜이 붉게 변했다가 다시 하얗게 돌아온다.
③ 솜이 오른쪽부터 왼쪽으로 점점 붉게 변한다.
④ 시험관을 가열하면 솜의 색깔 변화가 더 빠르게 나타난다.
⑤ 시험관을 진공에 가깝게 만들면 암모니아 입자가 더 빠르게 확산한다.

04 두 개의 비커에 물을 넣고 (가)는 물의 표면에, (나)는 비커의 바닥에 수성 잉크를 떨어뜨렸다.

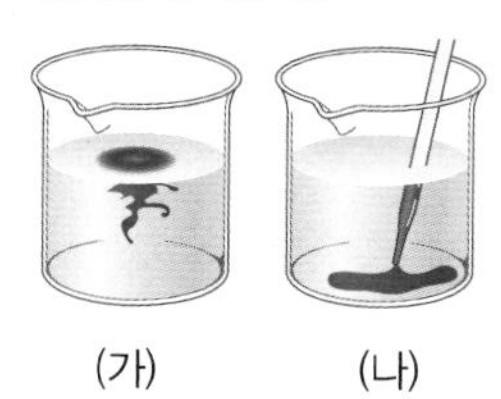

(가) (나)

이에 대한 설명으로 옳은 것은?

① (가)의 잉크 입자는 아래 방향으로, 물 입자는 위 방향으로만 운동한다.
② (나)의 잉크 입자는 스스로 운동하여 정지해 있는 물 입자 사이로 퍼져 나간다.
③ (가)의 잉크는 물 전체로 퍼지지만 (나)의 잉크는 퍼지지 않는다.
④ (가)의 잉크는 물 위에 떠 있고 (나)의 잉크는 바닥에 가라앉아 있다.
⑤ (가)와 (나)의 잉크 입자와 물 입자는 모든 방향으로 운동하며 골고루 섞인다.

05 확산에 대한 설명으로 옳지 <u>않은</u> 것은?

① 꽃향기는 지구에서보다 우주에서 더 빨리 퍼진다.
② 잉크는 30°C 물보다 50°C 물에서 더 빨리 퍼진다.
③ 식초는 따뜻한 국물보다 찬 국물에서 더 빨리 퍼진다.
④ 향 연기는 공기 중보다 진공관 속에서 더 빨리 퍼진다.
⑤ 차 티백을 찬물보다 뜨거운 물에 넣었을 때 차가 더 빨리 우러나 퍼진다.

중요

06 확산에 의해 일어나는 현상만을 〈보기〉에서 있는 대로 고르시오.

보기
ㄱ. 빨랫줄에 널어 둔 빨래가 마른다.
ㄴ. 물에 떨어뜨린 잉크가 사방으로 퍼져 나간다.
ㄷ. 마약 탐지견이 냄새로 짐 속 마약을 찾는다.
ㄹ. 헤어 드라이어 바람으로 젖은 머리를 말린다.
ㅁ. 부엌에서 만드는 음식 냄새가 집안 전체에 퍼진다.
ㅂ. 냉면에 식초를 몇 방울 떨어뜨리면 국물 전체에서 신맛이 난다.

2 증발

07 증발과 확산에 대한 설명으로 옳은 것은?

① 증발은 바람이 불 때만 일어난다.
② 확산은 액체 표면에서 일어나는 현상이다.
③ 증발과 확산은 중력의 방향으로 일어난다.
④ 증발과 확산은 입자가 스스로 운동한다는 증거이다.
⑤ 증발과 확산은 온도와 관계없이 일정하게 일어난다.

08 전자저울 위에 거름종이를 올려 놓고 에탄올을 10방울 떨어뜨렸더니 저울의 눈금이 2.5 g이었다. 10초 후 저울의 눈금으로 가능한 것은?

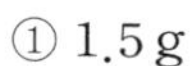

① 1.5 g ② 2.5 g
③ 3.5 g ④ 5 g
⑤ 12.5 g

중요

09 바닷물을 가두어 햇빛 아래 가만히 두면 소금을 얻을 수 있다. 이와 같은 현상만을 〈보기〉에서 있는 대로 고른 것은?

보기
ㄱ. 가뭄에 논바닥이 갈라진다.
ㄴ. 모기향을 피워 모기를 쫓아낸다.
ㄷ. 운동장에 고인 물이 점점 줄어든다.
ㄹ. 화장실에 방향제를 놓아 좋은 냄새를 낸다.

① ㄱ, ㄴ ② ㄱ, ㄷ ③ ㄴ, ㄷ
④ ㄴ, ㄹ ⑤ ㄷ, ㄹ

10 어항의 물은 시간이 지나면 점점 줄어든다. 이에 대한 설명으로 옳은 것은?

① 물 입자의 크기가 점점 작아진다.
② 습도가 높을수록 빠르게 일어난다.
③ 물 내부의 입자들이 기체로 떨어져 나온다.
④ 바람이 불지 않으면 어항의 물은 줄어들지 않는다.
⑤ 물 표면의 입자들이 스스로 운동하면서 생기는 현상이다.

중단원 실전 문제

11 윗접시 저울의 양쪽에 거름종이를 올려놓고 수평을 맞춘 뒤 오른쪽 거름종이에 물을 10방울 떨어뜨리고 저울의 움직임을 관찰하였더니 저울이 오른쪽으로 기울었다가 다시 수평으로 돌아왔다.

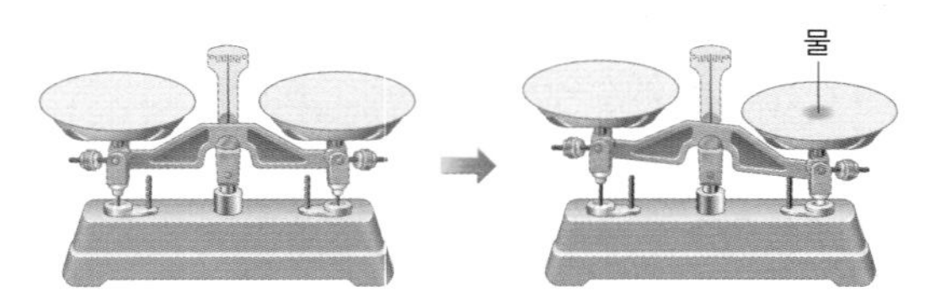

저울이 수평으로 더 빠르게 돌아오도록 하는 방법만을 <보기>에서 있는 대로 고른 것은?

보기
ㄱ. 실험실의 온도를 높여 준다.
ㄴ. 실험실에 가습기를 틀어 준다.
ㄷ. 실험 중 바람이 불지 않도록 한다.
ㄹ. 물 대신 같은 양의 아세톤으로 실험한다.

① ㄱ, ㄴ　② ㄱ, ㄷ　③ ㄱ, ㄹ
④ ㄴ, ㄷ　⑤ ㄴ, ㄹ

중요
12 고추를 오래 보관하기 위해서 햇볕에 말린다. 고추가 잘 마르는 조건으로 옳은 것은?

① 눈이 오는 날
② 햇볕이 적은 날
③ 기온이 낮은 날
④ 습도가 낮은 날
⑤ 바람이 약하게 부는 날

13 찬물과 뜨거운 물 입자의 움직임을 나타낸 모형이다. 이 모형으로 설명할 수 없는 현상은?

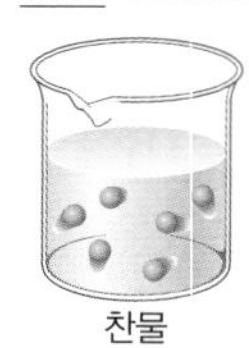
찬물

뜨거운 물

① 더운 날 빨래가 더 빨리 마른다.
② 겨울보다 여름에 냄새가 더 빨리 퍼진다.
③ 찬물보다 뜨거운 물에 잉크가 더 빨리 퍼진다.
④ 햇빛이 강할수록 연못의 물이 더 빨리 줄어든다.
⑤ 컵에 담긴 물보다 접시에 담긴 물이 더 빨리 줄어든다.

중단원 실전 서논술형 문제

01 냉면에 식초를 떨어뜨린 뒤 저어 주지 않아도 국물 전체에서 신맛이 난다. 그 이유를 간단히 서술하시오.

Tip 식초 입자는 스스로 운동한다.
Key Word 입자, 운동

02 비커 (가)와 (나)에 같은 양의 온도가 다른 물을 넣고 같은 양의 잉크를 동시에 떨어뜨린 뒤 10초 후의 모습이다.

(가)

(나)

(가)와 (나) 중 어느 비커의 온도가 더 높은지 쓰고 그 이유를 서술하시오.

Tip 입자의 운동이 활발할수록 확산이 더 빠르게 일어난다.
Key Word 온도, 입자의 운동

03 건조한 방의 습도를 높이기 위해서는 물병을 그냥 두는 것보다 그림과 같이 주름잡은 흡습지를 꽂아두는 것이 더 효과적이다. 그 이유를 서술하시오.

Tip 흡습지가 물을 빨아들이면 공기와 접촉하는 물의 면적이 넓어지게 된다.
Key Word 증발, 표면적

02 기체의 압력과 온도에 따른 부피

중단원 개념 요약

1 기체의 압력

1. **압력** : 단위 면적당 수직으로 작용하는 힘

$$압력(N/m^2) = \frac{수직으로\ 작용하는\ 힘(N)}{힘을\ 받는\ 면의\ 넓이(m^2)}$$

2. **기체의 압력** : 기체 입자가 운동하면서 주위에 충돌하여 가하는 힘
   (1) 단위 면적당 충돌 횟수에 비례한다.
   (2) 모든 방향에 같은 크기로 작용한다.

▲ 풍선 속 기체의 압력

3. **기체 압력의 활용** : 높은 곳에서 떨어지는 사람을 보호하기 위해 공기를 넣은 안전 매트를 사용한다.

2 기체의 압력과 부피

1. **보일 법칙** : 온도가 일정할 때 일정량의 기체의 부피는 압력에 반비례한다.
   (1) 일정한 온도에서 기체에 가해지는 압력이 2배, 3배로 늘어나면 기체의 부피는 $\frac{1}{2}$, $\frac{1}{3}$로 줄어든다.

압력(기압)	$\frac{1}{4}$	$\frac{1}{3}$	$\frac{1}{2}$	1	2	3	4
부피(L)	48	36	24	12	6	4	3
압력×부피	12	12	12	12	12	12	12
기체 입자의 운동	충돌 횟수↓ 입자 사이 거리↑						충돌 횟수↑ 입자 사이 거리↓

   (2) 일정한 온도에서 기체의 압력과 부피를 곱한 값은 일정하다.

$$P(압력) \times V(부피) = 일정$$

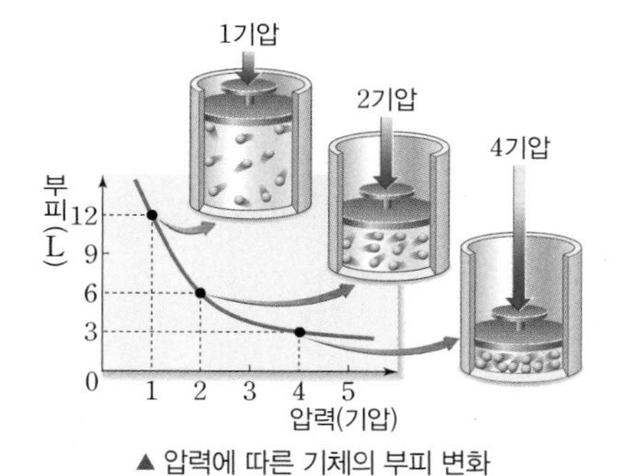

▲ 압력에 따른 기체의 부피 변화

2. **생활 속 보일 법칙**
   (1) 헬륨 풍선이 하늘 높이 올라갈수록 크기가 점점 커진다.
   (2) 잠수부가 내뱉는 공기 방울이 수면으로 올라갈수록 점점 커진다.
   (3) 감압 용기에 풍선을 넣고 공기를 빼내면 풍선이 부풀어 오른다.
   (4) 높은 산 위에 올라가거나 비행기를 타고 높이 올라가면 과자 봉지가 부풀어 오른다.

3 기체의 온도와 부피

1. **샤를 법칙** : 압력이 일정할 때 기체의 종류와 관계없이 일정량의 기체의 부피는 온도에 비례한다.

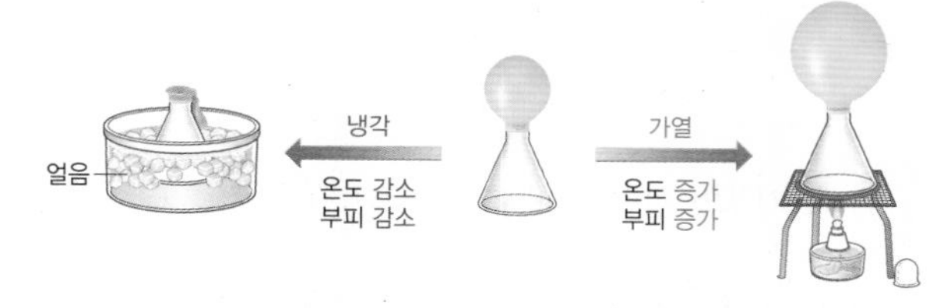

   (1) 기체의 온도가 증가하면 부피도 일정한 비율로 증가한다.

> 일정량 기체의 온도 증가 → 기체 입자의 운동 속도 증가 → 기체 입자의 충돌 수, 충돌 세기 증가 → 기체의 부피 증가

   (2) 기체의 온도가 낮아지면 부피도 일정한 비율로 감소한다.

> 일정량 기체의 온도 감소 → 기체 입자의 운동 속도 감소 → 기체 입자의 충돌 수, 충돌 세기 감소 → 기체의 부피 감소

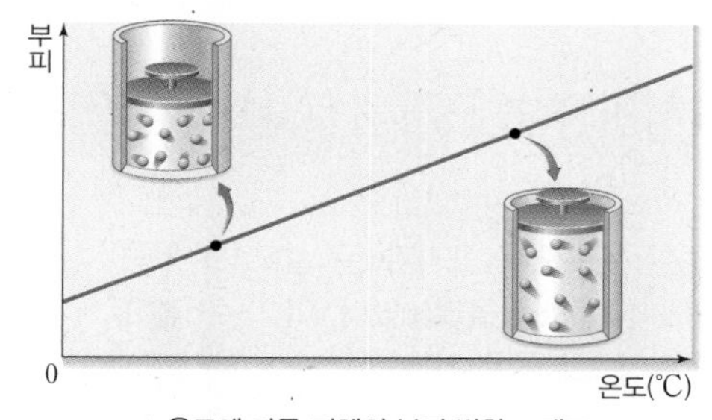

▲ 온도에 따른 기체의 부피 변화 그래프

2. **생활 속의 샤를 법칙**
   (1) 마개로 막은 빈 페트병을 냉동실에 넣으면 찌그러진다.
   (2) 열기구 내부를 가열하면 열기구가 떠오른다.
   (3) 찌그러진 탁구공을 뜨거운 물에 넣으면 펴진다.
   (4) 피펫을 손으로 감싸쥐어 끝에 남아 있는 액체를 빼낸다.

중단원 실전 문제

1 기체의 압력

01 그림은 벽돌이 스펀지에 가하는 압력에 대한 것이다. 이에 대한 설명으로 옳은 것만을 〈보기〉에서 있는 대로 고른 것은?

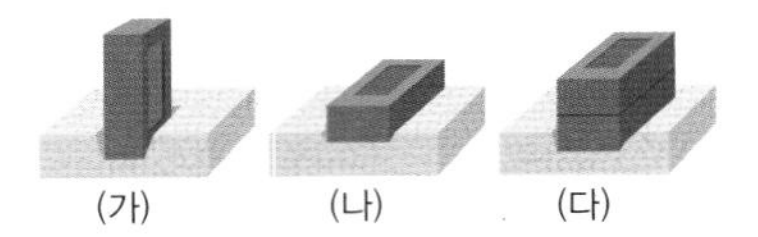

보기
ㄱ. 압력의 크기는 (가)=(나)이다.
ㄴ. 압력의 크기는 (나)<(다)이다.
ㄷ. 힘을 받는 면적에 따른 압력의 크기를 비교하려면 (가)와 (나)를 비교해야 한다.
ㄹ. 작용하는 힘의 크기에 따른 압력의 크기를 비교하려면 (가)와 (다)를 비교해야 한다.

① ㄱ, ㄴ ② ㄱ, ㄷ ③ ㄱ, ㄹ
④ ㄴ, ㄷ ⑤ ㄴ, ㄹ

02 통 속 기체의 압력에 대한 설명으로 옳은 것은?

① 압력은 기체 입자의 충돌 횟수에 반비례한다.
② 통의 크기를 크게 하면 압력의 크기도 커진다.
③ 기체 입자의 운동 속도가 느릴수록 압력이 크다.
④ 기체의 온도와 관계없이 압력은 일정하게 유지된다.
⑤ 통 속 기체의 양을 줄이면 압력의 크기도 작아진다.

2 기체의 압력과 부피의 관계

03 일정한 온도에서 공기가 든 실린더 위에 추를 하나 올려놓았다. 이에 대한 설명으로 옳은 것은?

(가) (나)

① 실린더 속 공기의 부피가 증가한다.
② 실린더 속 공기의 압력이 감소한다.
③ 공기 입자의 운동 속도가 느려진다.
④ 공기 입자 사이의 거리가 멀어진다.
⑤ 공기 입자 사이의 충돌 횟수가 증가한다.

04 주사기 안에 작은 풍선을 넣고 주사기 끝을 막은 후 피스톤을 잡아당겼다. 다음 중 감소하는 것은?

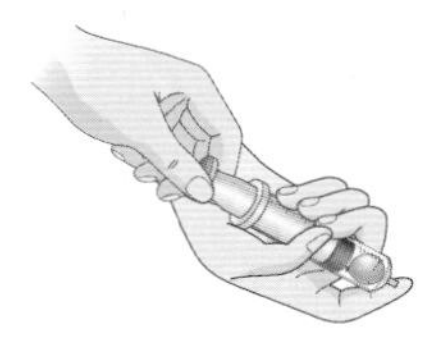

① 풍선의 크기
② 풍선 속 기체의 압력
③ 풍선 속 기체 입자의 수
④ 풍선 속 기체 입자 사이의 거리
⑤ 풍선 속 기체 입자의 운동 속도

중요

05 주사기의 끝에 압력계를 연결하고 기체의 압력에 따른 부피를 측정하였다. 다음 표의 빈칸에 들어갈 알맞은 숫자를 쓰시오.

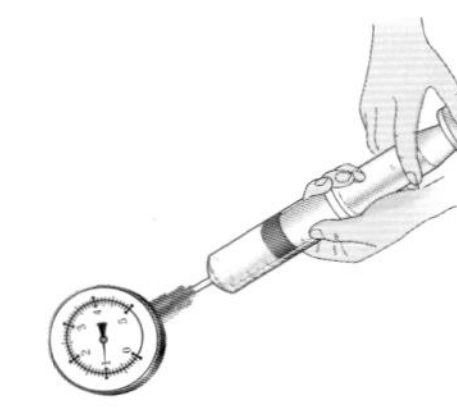

압력(기압)	1.0	1.5	2.0	2.5	3.0
부피(mL)	60	40	(가)	24	(나)

06 깊은 물속 잠수부가 내뱉는 공기 방울은 수면으로 올라가면서 부피가 달라진다. 작용하는 압력에 따른 공기 방울의 부피를 설명하는 그래프로 옳은 것은?

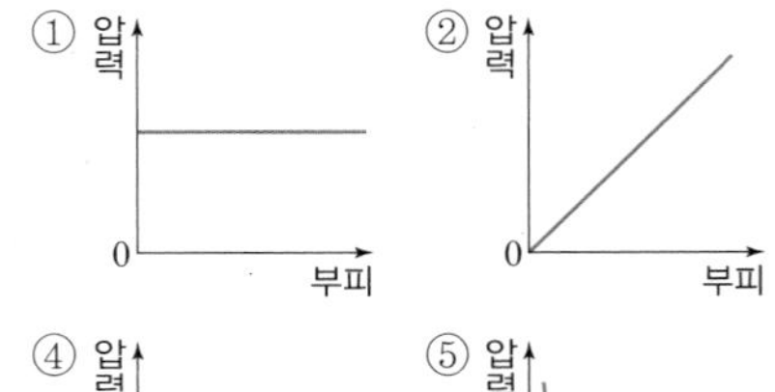
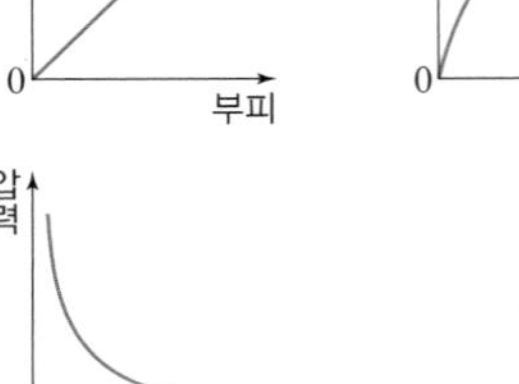
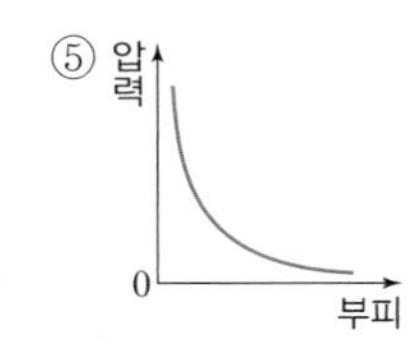

07 그림은 기체가 들어 있는 용기에 추를 각각 1개, 2개, 3개 올려놓았을 때 부피 변화를 나타낸 것이다.

(가)

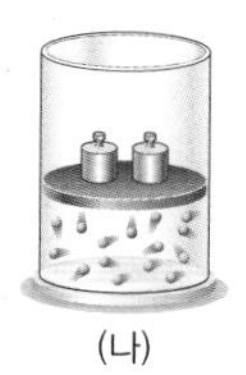
(나)

(다)

(가)의 기체의 압력이 2기압, 기체의 부피가 6 L라고 할 때 이에 대한 설명으로 옳은 것은?(단, 대기압은 1기압이다.)

① 추 1개가 통 속 기체에 가하는 압력은 2기압이다.
② (나)의 기체의 압력은 3기압이다.
③ (다)의 기체의 부피는 2 L이다.
④ 기체 입자의 충돌 횟수는 (가)=(나)=(다)이다.
⑤ 기체 입자의 운동 속도는 (가)>(나)>(다)이다.

08 그래프는 일정한 온도에서 기체의 압력에 따른 부피 변화를 나타낸 것이다. (가)와 (나)에 들어갈 부피와 압력을 쓰시오.

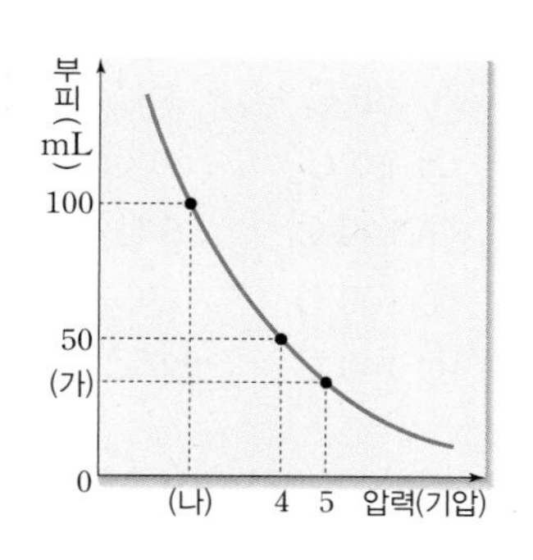

09 보일 법칙으로 설명할 수 있는 현상만을 〈보기〉에서 있는 대로 고른 것은?

보기
ㄱ. 하늘 높이 올라간 헬륨 풍선이 점점 커진다.
ㄴ. 뜨거운 운동장에 놓아둔 페트병이 부풀어 오른다.
ㄷ. 뜨거운 물에 풍선을 넣으면 풍선이 점점 커진다.
ㄹ. 감압 용기에 마시멜로우를 넣고 공기를 빼내면 마시멜로우가 부풀어 오른다.

① ㄱ, ㄴ　② ㄱ, ㄷ　③ ㄱ, ㄹ
④ ㄴ, ㄷ　⑤ ㄴ, ㄹ

10 한쪽 끝이 막힌 J자관에 수은을 넣었더니 그림과 같았다. 수은을 추가하였을 때에 대한 설명으로 옳은 것은?

① J자관 속 공기의 부피가 증가한다.
② 수은에 의해 공기에 가해지는 압력이 감소한다.
③ J자관 속 공기 입자의 운동 속도가 증가한다.
④ J자관 속 공기 입자들의 충돌 횟수가 증가한다.
⑤ 수은 기둥의 높이와 J자관 속 공기의 부피는 비례한다.

11 감압 용기에 풍선을 넣고 펌프로 공기를 빼내었을 때 감소하는 것은?(답 2개)

① 풍선의 크기
② 풍선 속 기체의 압력
③ 통 속 기체 입자의 수
④ 통 속 기체 입자의 운동 속도
⑤ 풍선 속 기체 입자 사이의 거리

3 기체의 온도와 부피의 관계

중요

12 실온에서 둥근 바닥 플라스크에 유리관을 연결하고 유리관에 잉크를 한 방울 넣었다. 플라스크를 얼음물에 넣었을 때와 뜨거운 물에 넣었을 때를 비교한 것으로 옳은 것은?

	구분	얼음물	뜨거운 물
①	기체의 온도	증가	감소
②	기체의 부피	증가	감소
③	잉크의 움직임	A	B
④	기체 입자의 빠르기	감소	증가
⑤	기체 입자 사이의 거리	일정	일정

13 삼각 플라스크의 입구에 풍선을 씌우고 플라스크를 가열하였다. 이 때 증가하는 것만을 〈보기〉에서 있는 대로 고르시오.

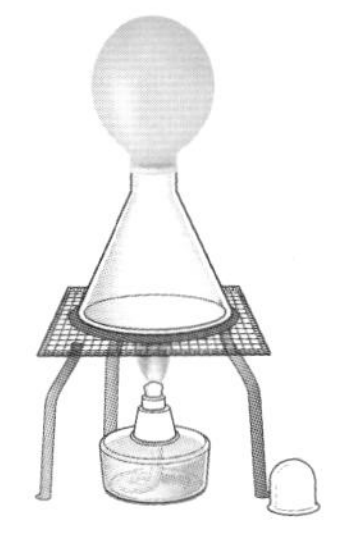

〈보기〉
ㄱ. 기체의 온도
ㄴ. 기체의 부피
ㄷ. 기체 입자의 수
ㄹ. 기체 입자의 크기
ㅁ. 기체 입자의 운동 속도
ㅂ. 기체 입자 사이의 거리

중요
14 그림은 압력이 일정할 때 온도에 따른 기체의 부피를 나타낸 것이다. 이에 대한 설명으로 옳은 것은?

① 기체의 부피는 온도에 비례한다.
② 0 °C일 때 기체의 부피는 0 mL이다.
③ A에서 B로 갈수록 물질의 질량은 가벼워진다.
④ 기체의 종류에 따라 그래프의 기울기가 다르다.
⑤ 온도가 높아질수록 기체의 부피는 더욱 급격히 증가한다.

15 차가운 병의 입구에 동전을 올려놓고 손으로 병을 감싸쥐고 있으면 동전이 달그락 소리를 내며 움직인다. 이와 같은 원리로 설명할 수 있는 현상으로 옳지 않은 것은?

① 높은 산에 오르면 귀가 먹먹해진다.
② 열기구 내부를 가열하면 열기구가 떠오른다.
③ 찌그러진 탁구공을 뜨거운 물에 넣으면 펴진다.
④ 뜨거운 차 안에 놓아둔 과자 봉지가 부풀어 오른다.
⑤ 고속도로를 달린 차의 타이어가 팽팽하게 부풀어 있다.

16 같은 압력에서 같은 양의 기체를 실린더 안에 넣고 온도를 다르게 하였다. A, B 중 온도가 더 높은 실린더를 고르시오.

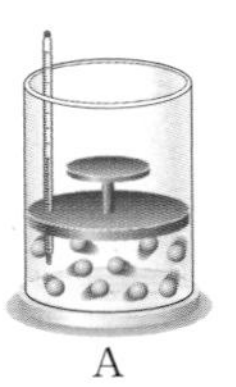

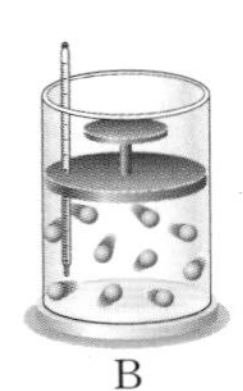

17 실온(15 °C)에서 같은 양의 공기가 든 주사기의 끝을 고무마개로 막고 서로 다른 온도의 물이 든 비커에 넣었다.

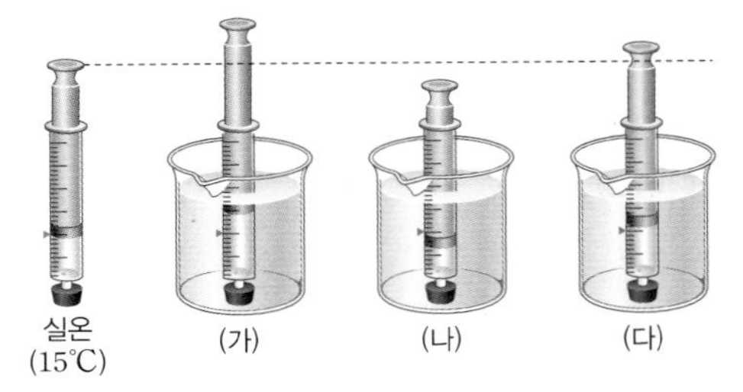

(가)~(다)의 세 비커 속 온도로 가능한 것은?

	(가)	(나)	(다)
①	50 °C	5 °C	15 °C
②	50 °C	20 °C	30 °C
③	100 °C	5 °C	15 °C
④	100 °C	5 °C	50 °C
⑤	100 °C	30 °C	50 °C

중요
18 〈보기〉의 현상들을 기체의 부피가 증가하는 것과 감소하는 것으로 옳게 분류한 것은?

〈보기〉
(가) 탱탱볼을 차가운 물에 담갔다.
(나) 풍선을 들고 높은 산 위에 올라갔다.
(다) 과자 봉지를 들고 뜨거운 찜질방에 들어갔다.
(라) 빈 페트병을 가지고 깊은 바다 속으로 잠수했다.

	부피 증가	부피 감소
①	(가)	(나), (다), (라)
②	(가), (다)	(나), (라)
③	(나)	(가), (다), (라)
④	(나), (다)	(가), (라)
⑤	(나), (다), (라)	(가)

중단원 실전 서논술형 문제

정답과 해설 • 79쪽

01 몸무게가 같은 사람이 하이힐을 신고 발을 밟았을 때와 운동화를 신고 발을 밟았을 때 더 아픈 경우를 쓰고 그 이유를 간단히 서술하시오.

Tip 압력은 단위 면적당 작용하는 힘의 크기이다.

Key Word 면적, 압력

02 비행기가 하늘 높이 올라간 뒤 가방 속 과자 봉지를 꺼냈더니 지상에서와는 다른 모습이었다.

(가)

(나)

(가)와 (나) 중 비행기에서 꺼낸 과자 봉지에 해당하는 것을 고르고, 그 이유를 서술하시오.

Tip 하늘 높이 올라갈수록 대기의 양이 줄어들어 대기 압력도 작아진다.

Key Word 압력, 부피

03 사람이 호흡할 때 갈비뼈(늑골)와 횡격막의 움직임을 나타낸 것이다.

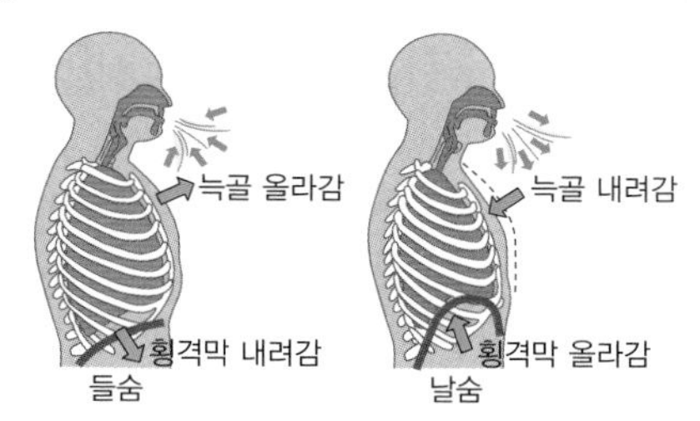

날숨을 쉴 때에서 가슴 속 부피와 압력 변화를 각각 서술하시오.

Tip 온도가 일정할 때 기체의 압력과 부피는 반비례한다.

Key Word 부피, 압력

04 피펫 끝에 액체 방울이 남아 있을 때 샤를 법칙을 활용하여 액체 방울을 빼내는 방법과 그 원리를 간단히 서술하시오.

Tip 압력이 일정할 때 일정량의 기체의 부피는 온도에 비례한다는 것이 샤를 법칙이다.

Key Word 온도, 부피

05 뜨겁게 가열한 컵을 풍선에 가만히 대고 있다가 컵을 들어 올리면 풍선이 컵에 붙어 따라 올라온다. 그 이유를 컵 속 기체의 온도와 부피 변화와 관련하여 간단히 서술하시오.

Tip 기체의 부피는 온도에 비례한다.

Key Word 온도, 부피

06 고속도로를 빠르게 달린 자동차의 바퀴를 보면 팽팽하게 부풀어 있다.

그 이유를 간단히 서술하시오.

Tip 자동차가 고속도로를 빠르게 달리면 도로와 바퀴 사이에 마찰이 생긴다.

Key Word 마찰열, 부피

V

물질의 상태 변화

물질의 상태 변화

중단원 개념 요약

1 물질의 세 가지 상태

1. **물질의 세 가지 상태** : 물질은 온도 및 압력 조건에 따라 고체, 액체, 기체의 세 가지 상태로 존재할 수 있다.
2. **물질의 세 가지 상태와 특징**

구분	고체	액체	기체
입자 배열	규칙적	불규칙적	매우 불규칙적
입자의 운동 상태	제자리에서 진동 운동	자유롭게 자리 이동	매우 활발함
입자 사이의 거리	가까움	비교적 가까움	매우 멂
모양	일정함	용기에 따라 달라짐	용기에 따라 달라짐
부피	일정함	거의 일정함	용기에 따라 달라짐
흐르는 성질	없음	있음	있음
압축되는 성질	쉽게 압축되지 않음	쉽게 압축되지 않음	쉽게 압축됨

2 상태 변화

1. **상태 변화** : 물질이 한 가지 상태로만 있지 않고 주변의 조건에 따라 상태가 변하는 것
2. **상태 변화의 원인** : 온도와 압력

온도	온도 증가(물질 가열)	온도 감소(물질 냉각)
압력	압력 감소	압력 증가
상태 변화	고체 → 액체 → 기체	기체 → 액체 → 고체

(단, 물은 예외적으로 압력이 증가하면 고체 →액체로 상태 변화하고 압력이 감소하면 액체 →고체로 상태 변화한다.)

3. **상태 변화의 종류**

(1) 고체와 액체 사이의 상태 변화

① **융해** : 고체가 액체로 변하는 현상

예 음료수에 넣은 얼음이 녹는다. 뜨거운 용광로에서 철이 녹는다.

② **응고** : 액체가 고체로 변하는 현상

예 촛농이 흘러내려 굳어진다. 겨울 처마에 고드름이 생긴다. 고깃국의 기름이 굳는다.

(2) 액체와 기체 사이의 상태 변화

① **기화** : 액체가 기체로 변하는 현상

예 물이 끓는다. 낮이 되면 이슬이 사라진다.

② **액화** : 기체가 액체로 변하는 현상

예 안경에 김이 서린다. 차가운 컵 표면에 이슬이 맺힌다.

(3) 고체와 기체 사이의 상태 변화

① **승화** : 고체가 액체를 거치지 않고 바로 기체가 되거나 기체가 액체를 거치지 않고 바로 고체가 되는 현상

예 드라이아이스 덩어리가 작아진다.(고체 → 기체)
추운 날 창문에 성에가 생긴다. (기체 → 고체)

3 상태 변화와 물질의 변화

1. **상태 변화와 입자의 배열 변화**

구분	가열할 때의 상태 변화	냉각할 때의 상태 변화
종류	융해, 기화, 승화(고체 → 기체)	응고, 액화, 승화(기체 → 고체)
입자의 배열	불규칙해진다.	규칙적으로 변한다.
입자의 운동	활발해진다.	느려진다.
입자 간 거리	멀어진다(부피 증가).	가까워진다(부피 감소).

2. **상태 변화와 물질의 부피 변화** : 상태 변화가 일어나면 입자 사이의 거리가 달라지므로 부피가 변한다.

부피 증가	융해, 기화, 승화(고체 → 기체)
부피 감소	응고, 액화, 승화(기체 → 고체)

(단, 물은 예외적으로 응고할 때 부피가 증가하고 융해할 때 부피가 감소한다.)

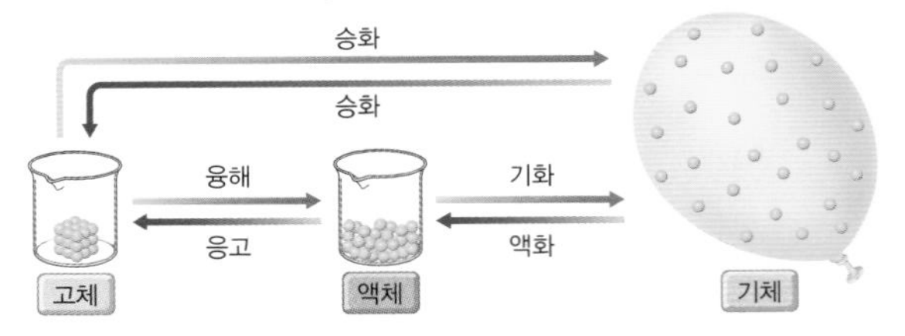

3. **상태 변화와 물질의 질량 변화** : 상태 변화가 일어나도 물질의 질량은 변하지 않는다.
4. **상태 변화와 물질의 성질 변화** : 상태 변화가 일어나도 물질의 고유한 성질은 변하지 않는다.
5. **상태 변화 시 변하는 것과 변하지 않는 것**

상태 변화 시 변하는 것	상태 변화 시 변하지 않는 것
• 입자 배열 • 물질의 부피 • 입자 사이의 거리 • 입자의 운동 속도	• 입자의 모양, 크기, 성질 • 물질의 성질 • 입자의 수 • 물질의 질량

중단원 실전 문제

정답과 해설 • 80쪽

1 물질의 세 가지 상태

01 물질의 세 가지 상태에 대한 설명으로 옳은 것은?

① 한 가지 물질은 한 가지 상태로만 존재한다.
② 기체 상태는 입자의 배열이 매우 규칙적이다.
③ 고체 상태는 모양은 일정하지만 부피는 달라진다.
④ 입자 사이의 거리가 가장 먼 것은 기체 상태이다.
⑤ 고체 상태는 온도와 압력에 따라 부피가 크게 변한다.

[02~03] 그림은 물질의 세 가지 상태를 입자 모형으로 나타낸 것이다. 다음 물음에 답하시오.

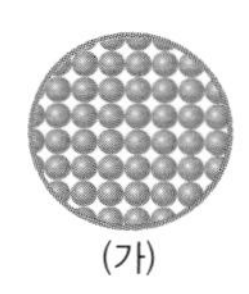
(가)

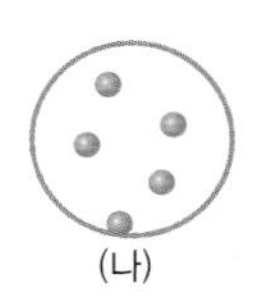
(나)

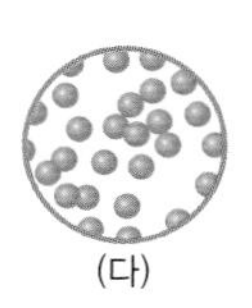
(다)

02 (가)~(다)가 나타내는 물질의 상태를 각각 쓰시오.

03 (가)~(다)에 대한 설명으로 옳은 것은?

① (가) 상태의 입자는 운동하지 않는다.
② (가) 상태는 흐르는 성질은 있지만 쉽게 압축되지 않는다.
③ (나) 상태는 용기에 따라 모양은 변하지만 부피는 일정하다.
④ (나)는 흐르는 성질과 쉽게 압축되는 성질이 있다.
⑤ (가)~(다) 중 입자의 운동이 가장 활발한 것은 (다)이다.

04 상온(15 °C)에서 다음 설명에 해당하는 상태로 존재하는 물질은?

• 입자의 배열이 규칙적이다.
• 쉽게 압축되지 않는다.
• 모양과 부피가 일정하다.

① 금 ② 물 ③ 아세톤
④ 산소 ⑤ 이산화 탄소

2 상태 변화

05 상태 변화에 대한 설명으로 옳은 것만을 〈보기〉에서 있는 대로 고른 것은?

보기

ㄱ. 고체 물질을 가열하면 액체로 상태 변화한다.
ㄴ. 기체 물질에 압력을 가하면 액체로 상태 변화한다.
ㄷ. 물이 끓는 것은 액체에서 기체로의 상태 변화이다.
ㄹ. 고체와 기체 사이에는 상태 변화가 일어나지 않는다.

① ㄱ, ㄴ ② ㄱ, ㄷ ③ ㄴ, ㄷ
④ ㄱ, ㄴ, ㄷ ⑤ ㄱ, ㄷ, ㄹ

[06~07] 그림은 물질의 상태 변화를 모식도로 나타낸 것이다. 다음 물음에 답하시오.

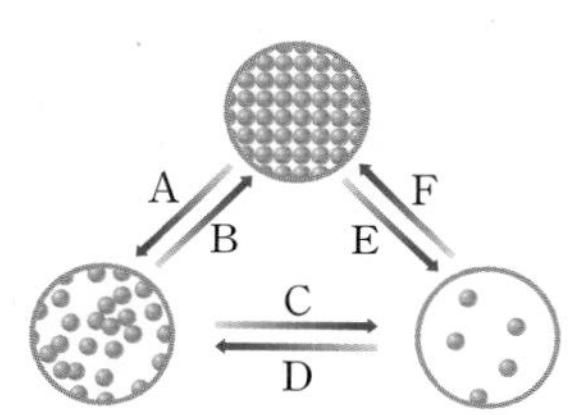

06 A~C에 해당하는 상태 변화를 옳게 짝 지은 것은?

	A	B	C
①	액화	응고	기화
②	액화	융해	승화
③	융해	응고	기화
④	융해	액화	승화
⑤	응고	융해	액화

중요

07 D~F에 해당하는 예를 바르게 연결한 것은?

① D : 뜨거운 용광로에서 철이 녹는다.
② D : 운동장에 고인 물이 점점 줄어든다.
③ E : 손등에 바른 에탄올이 날아간다.
④ E : 냉동실 벽면에 작은 얼음 조각들이 생긴다.
⑤ F : 추운 겨울날 창문에 성에가 생긴다.

중단원 실전 문제

08 융해의 예에 해당하는 것만을 〈보기〉에서 있는 대로 고른 것은?

보기
ㄱ. 겨울철 호수가 꽁꽁 언다.
ㄴ. 햇빛을 받은 얼음 조각상이 녹는다.
ㄷ. 주머니에 넣어 둔 초콜릿이 녹는다.
ㄹ. 그늘에 쌓인 눈이 녹은 흔적없이 사라진다.

① ㄱ, ㄴ ② ㄱ, ㄷ ③ ㄱ, ㄹ
④ ㄴ, ㄷ ⑤ ㄴ, ㄹ

09 탁주에서 맑은 청주를 만드는 소줏고리를 나타낸 그림이다. A와 B에서 일어나는 상태 변화로 옳은 것은?

	A	B
①	기화	액화
②	기화	융해
③	액화	기화
④	액화	융해
⑤	승화	액화

10 증발과 끓음을 입자 모형으로 나타낸 것이다.

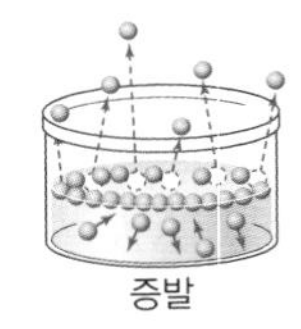
증발

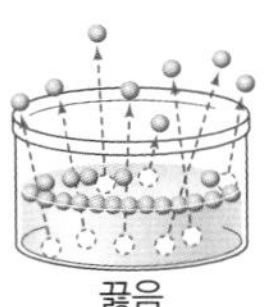
끓음

이에 대한 설명으로 옳지 않은 것은?
① 증발은 액체 표면에서 일어나는 기화이다.
② 끓음은 액체 전체에서 일어나는 기화이다.
③ 증발은 끓음보다 더 낮은 온도에서 일어난다.
④ 어항 속 물이 점점 줄어드는 것은 증발의 예이다.
⑤ 고추를 뜨거운 햇빛에 말리는 것은 끓음의 예이다.

11 (가)와 (나)에서 일어나는 상태 변화를 각각 쓰시오.

(가) 차가운 컵 표면에 물방울이 맺힌다.
(나) 드라이아이스 조각의 크기가 점점 작아진다.

12 A~C에서 일어나는 상태 변화와 같은 상태 변화를 연결한 것으로 옳지 않은 것은?

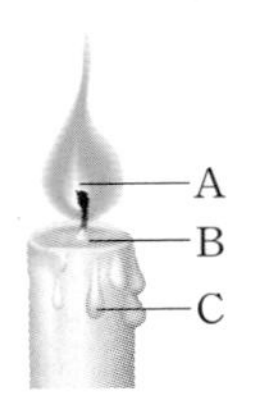

① A－새벽에 안개가 낀다.
② A－낮이 되면 이슬이 사라진다.
③ B－눈사람이 녹는다.
④ C－고드름이 자란다.
⑤ C－고깃국의 기름방울이 하얗게 굳는다.

3 상태 변화와 물질의 변화

13 상태 변화가 일어날 때 함께 변하는 것은?
① 입자의 수 ② 입자의 크기
③ 물질의 질량 ④ 물질의 부피
⑤ 물질의 성질

중요
14 드라이아이스를 지퍼백에 넣고 밀봉하여 변화를 관찰하였다. 이에 대한 설명으로 옳지 않은 것은?

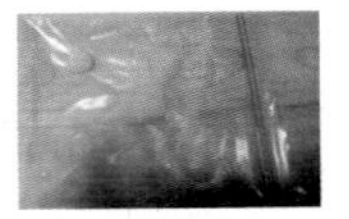

① 입자의 운동이 활발해진다.
② 입자의 배열이 불규칙해진다.
③ 입자 사이의 거리가 멀어진다.
④ 물질의 질량이 점점 감소한다.
⑤ 드라이아이스의 승화가 일어난다.

15 지퍼백에 액체 아세톤을 넣고 밀봉하여 질량을 측정한 뒤 뜨거운 물에 넣어 변화를 관찰하였다.

이 실험에 대한 설명으로 옳은 것은?
① 뜨거운 물에 넣으면 아세톤은 액화한다.
② 뜨거운 물에 넣으면 봉지가 부풀어 오른다.
③ 뜨거운 물에 넣으면 아세톤의 성질이 변한다.
④ 뜨거운 물에서 꺼내 실온에 놓아 두어도 봉지의 부푼 상태는 유지된다.
⑤ 뜨거운 물에서 꺼내 봉지 바깥의 물기를 제거하고 질량을 측정하면 처음 질량보다 크게 측정된다.

16 물질의 부피가 감소하는 상태 변화만을 〈보기〉에서 있는 대로 고른 것은?

보기
ㄱ. 풀잎에 이슬이 맺힌다.
ㄴ. 흘러내리던 촛농이 굳는다.
ㄷ. 손톱에 바른 아세톤이 날아간다.
ㄹ. 나프탈렌 조각의 크기가 점점 작아진다.

① ㄱ, ㄴ ② ㄱ, ㄷ ③ ㄴ, ㄷ
④ ㄱ, ㄴ, ㄷ ⑤ ㄱ, ㄷ, ㄹ

중요
17 상태 변화와 물질의 변화에 대한 설명으로 옳지 않은 것은?
① 기화가 일어날 때 입자의 운동이 활발해진다.
② 융해가 일어날 때 입자 사이의 거리는 가까워진다.
③ 응고가 일어날 때 입자의 배열이 규칙적으로 변한다.
④ 얼음이 수증기로 승화할 때 물질의 부피가 증가한다.
⑤ 이산화 탄소 기체가 드라이아이스 조각이 될 때 물질의 질량은 변하지 않는다.

18 뷰테인은 상온에서 기체 상태로 존재하는 물질이지만 보관할 때는 높은 압력으로 압축하여 액체 상태로 통에 보관한다. 그 이유로 옳은 것은?

① 기체보다 액체의 질량이 작기 때문이다.
② 기체보다 액체의 부피가 작기 때문이다.
③ 기체보다 액체의 압력이 크기 때문이다.
④ 기체가 액체가 되면 흐르는 성질이 사라지기 때문이다.
⑤ 기체가 액체가 되면 불에 붙는 성질이 사라지기 때문이다.

19 뚜껑이 있는 상자에 얼음을 넣고 질량을 측정하였더니 27 g이었다. 얼음이 모두 녹고 난 후의 질량을 쓰시오.

[20~21] 그림은 상태 변화를 입자 모형으로 나타낸 것이다. 다음 물음에 답하시오.

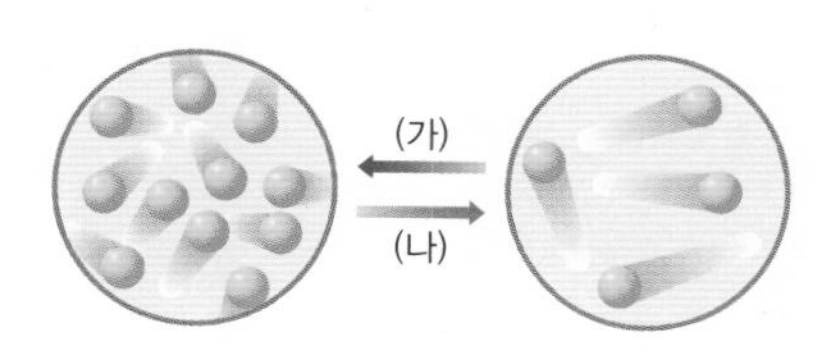

20 상태 변화 (가)와 (나)에 대한 설명으로 옳은 것만을 〈보기〉에서 있는 대로 고른 것은?

보기
ㄱ. (가)가 일어날 때 부피가 증가한다.
ㄴ. (가)가 일어날 때 입자의 운동이 느려진다.
ㄷ. (나)가 일어날 때 질량이 감소한다.
ㄹ. (가)는 물질을 냉각할 때, (나)는 물질을 가열할 때 일어난다.

① ㄱ, ㄴ ② ㄱ, ㄷ ③ ㄱ, ㄹ
④ ㄴ, ㄷ ⑤ ㄴ, ㄹ

중요
21 (가)와 (나)에 해당하는 상태 변화의 예를 바르게 연결한 것은?
① (가) : 녹은 아이스크림을 냉동실에 넣어 얼린다.
② (가) : 향수병 뚜껑을 열어두면 향수가 점점 줄어든다.
③ (나) : 드라이아이스 조각이 점점 작아진다.
④ (나) : 헤어 드라이어로 젖은 머리카락을 말린다.
⑤ (나) : 뜨거운 라면을 먹을 때 안경에 김이 서린다.

22 금속 제품을 만들 때는 용광로에서 금속을 녹인 뒤 틀에 부어 굳히는 과정을 거친다. 이에 대한 설명으로 옳은 것은?

① 금속이 굳을 때 질량이 감소한다.
② 금속을 굳히면 금속 입자의 움직임이 멈춘다.
③ 틀을 원하는 제품의 크기보다 크게 만들어야 한다.
④ 굳힌 금속을 다시 녹이면 금속의 성질이 달라진다.
⑤ 금속이 굳으면서 금속 입자 사이에 공간이 생긴다.

중단원 실전 서논술형 문제

정답과 해설 • 81쪽

01 주사기 (가)와 (나)에 같은 부피의 공기와 물을 넣고 입구를 막은 뒤 피스톤을 누르는 실험을 하였다.

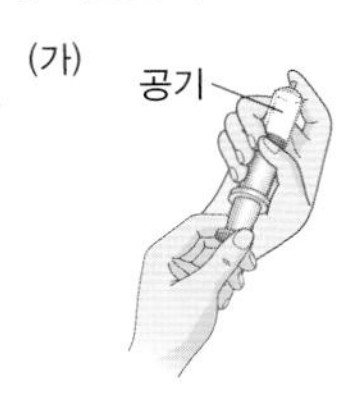

▲ 공기를 넣은 주사기

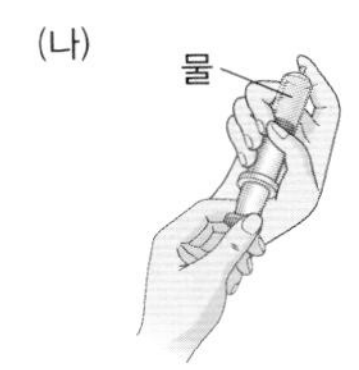

▲ 물을 넣은 주사기

피스톤을 눌렀을 때 압축이 더 잘 되는 것을 쓰고, 그 이유를 입자 사이의 거리와 관련하여 서술하시오.

Tip 공기는 입자 사이의 거리가 멀고, 물은 입자 사이의 거리가 비교적 가깝다.

Key Word 입자 사이의 거리, 압축

02 스케이트를 신고 얼음판 위에 서면 날 주변의 얼음이 어떠한 상태 변화를 하는지 쓰고 그 이유를 간단히 서술하시오.

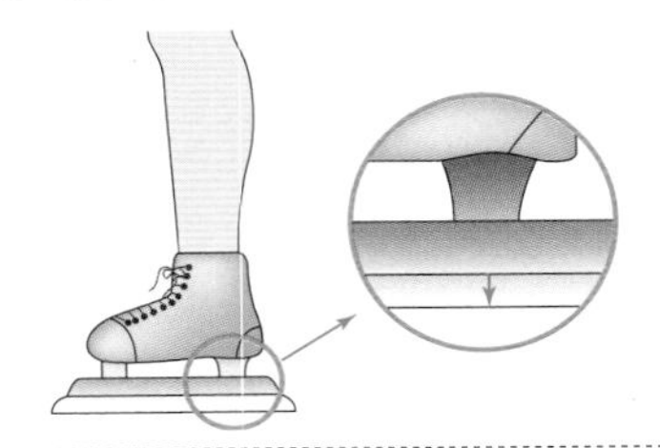

Tip 상태 변화를 일으키는 원인에는 온도와 압력이 있다. 물과 얼음은 압력에 따른 상태 변화가 다른 물질들과 다르게 일어난다.

Key Word 압력

03 비커에 액체 상태의 파라핀을 넣은 뒤 액체의 높이를 유성 펜으로 표시하였다. 액체 파라핀이 모두 굳은 뒤 부피 변화를 쓰고 그 이유를 입자 사이의 거리와 관련지어 간단히 서술하시오.

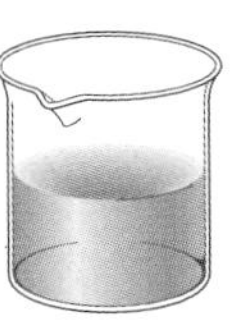

Tip 입자 사이의 거리가 가까워지면 부피가 감소하고, 입자 사이의 거리가 멀어지면 부피가 증가한다.

Key Word 입자 사이의 거리, 부피

04 필름통으로 로켓 모양을 만든 뒤 통 안에 드라이아이스 조각을 넣고 뚜껑을 덮어 세워놓으면 잠시 후 로켓이 발사된다.

그 이유를 드라이아이스의 상태 변화와 그에 따른 부피 변화와 관련하여 간단히 서술하시오.

Tip 드라이아이스는 액체 상태를 거치지 않는 상태 변화를 한다.

Key Word 부피

05 다음은 상태 변화에 따른 물질의 성질 변화를 알아보기 위한 실험 과정이다.

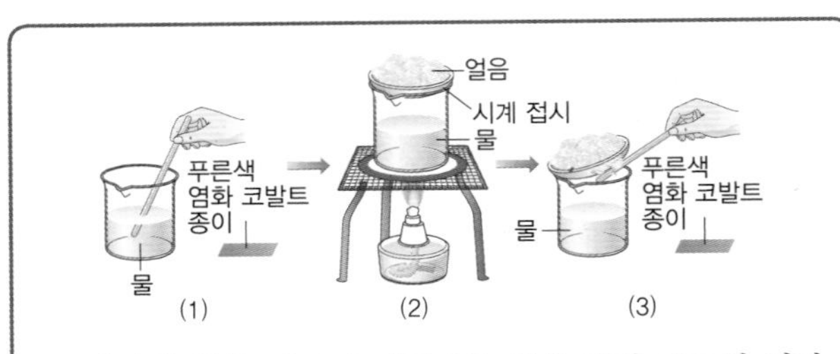

(1) 비커에 물을 넣고 유리막대로 물을 찍어 푸른색 염화 코발트 종이에 묻힌다.
(2) 물이 든 비커 위에 얼음이 든 시계접시를 올려놓고 비커 바닥을 가열한다.
(3) 시계접시 아래 쪽에 생긴 액체를 유리막대로 찍어 푸른색 염화 코발트 종이에 묻힌다.

과정 (1)과 (3)에서 푸른색 염화 코발트 종이의 색 변화를 쓰고 이 실험 결과를 통해 알 수 있는 상태 변화에 따른 물질의 성질 변화를 서술하시오.

Tip 푸른색 염화 코발트 종이는 물과 만나면 붉게 변한다.

Key Word 푸른색 염화 코발트 종이, 상태 변화, 물질의 성질 변화

V. 물질의 상태 변화

02 상태 변화와 열에너지

중단원 개념 요약

1 녹는점과 어는점

1. **녹는점** : 고체를 가열하면 온도가 증가하다가 고체가 액체로 융해되는 동안 온도가 일정하게 유지되는데 이때의 온도를 녹는점이라고 한다.
2. **어는점** : 액체를 냉각하면 온도가 낮아지다가 액체가 고체로 응고하는 동안 온도가 일정하게 유지되는데 이때의 온도를 어는점이라고 한다.
3. 같은 물질의 녹는점과 어는점은 같다.

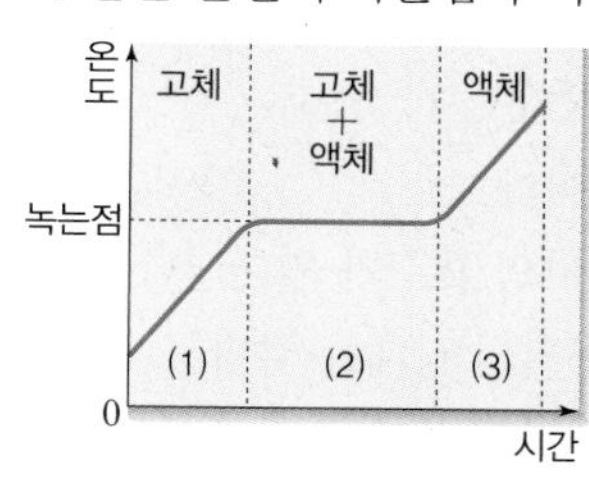

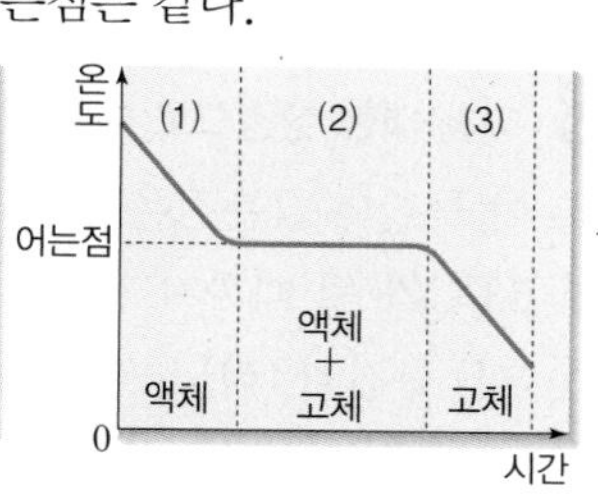

2 끓는점

1. **끓는점** : 액체가 기체로 기화되는 동안 일정하게 유지되는 온도
2. 물질이 끓는 동안 가해 준 열에너지는 상태 변화에 이용된다.

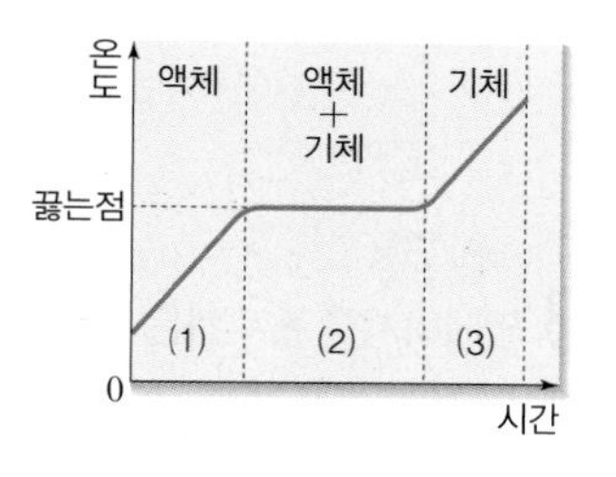

3 상태 변화와 열에너지

1. 열에너지를 흡수하는 상태 변화

융해열 흡수 (고체 → 액체)	• 얼음 조각상 주변에 가면 시원하다. • 이른 봄 호수가 녹으면서 주변이 쌀쌀해진다.
기화열 흡수 (액체 → 기체)	• 수영장에서 물이 묻은 상태로 밖에 나오면 춥다. • 열이 날 때 물수건을 이마 위에 올려둔다.
승화열 흡수 (고체 → 기체)	아이스크림을 포장할 때 드라이아이스를 함께 넣으면 아이스크림이 녹지 않는다.

2. 열에너지를 방출하는 상태 변화

응고열 방출 (액체 → 고체)	• 이누이트족은 이글루 안에 물을 뿌린다. • 액체 파라핀을 손에 묻힌 뒤 굳히면서 온찜질을 한다.
액화열 방출 (기체 → 액체)	• 여름철 소나기가 내리기 전에 기온이 더 올라간다. • 냉장고 뒤편의 응축기에서 열이 발생한다.
승화열 방출 (기체 → 고체)	눈이 오는 날은 날씨가 포근하다.

중단원 실전 문제

1 녹는점과 어는점

중요

01 액체를 냉각시킬 때 시간에 따른 온도 변화를 나타낸 그래프이다. 이에 대한 설명으로 옳은 것은?

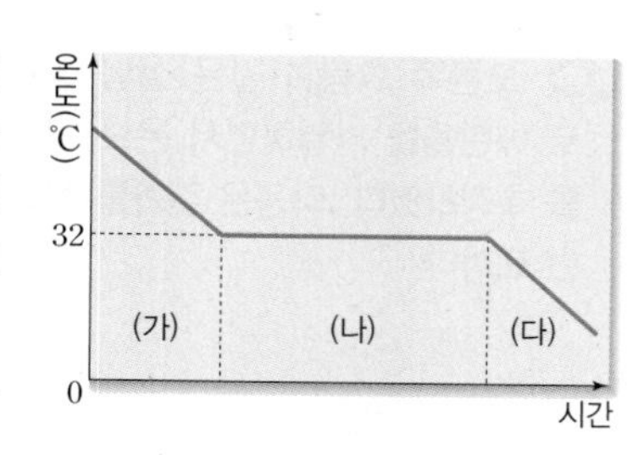

① 이 물질의 어는점은 32°C이다.
② 이 물질의 녹는점은 알 수 없다.
③ (가) 구간에서 응고가 일어난다.
④ (나) 구간에서 물질은 고체 상태이다.
⑤ (다) 구간에서 열에너지를 상태 변화에 사용한다.

02 어는점과 녹는점에 대한 설명으로 옳은 것만을 〈보기〉에서 있는 대로 고른 것은?

보기
ㄱ. 같은 물질의 어는점과 녹는점은 같다.
ㄴ. 물질의 양이 많을수록 녹는점이 높아진다.
ㄷ. 녹는점에서 물질은 액체 상태로만 존재한다.
ㄹ. 어는점은 물질이 응고할 때 일정하게 유지되는 온도이다.

① ㄱ, ㄴ ② ㄱ, ㄷ ③ ㄱ, ㄹ
④ ㄴ, ㄷ ⑤ ㄴ, ㄹ

03 표는 여러 가지 물질의 녹는점이다.

	수은	에탄올	산소	나프탈렌	납
녹는점(°C)	−38.9	−117.3	−218.4	80.5	327.5

고체를 가열하였을 때 가장 먼저 액체가 되는 물질은?

① 수은 ② 에탄올 ③ 산소
④ 나프탈렌 ⑤ 납

04 0°C 물과 0°C 얼음을 가열하면서 시간에 따른 온도 변화를 관찰하여 나타낸 그래프이다. (가)와 (나) 중 0°C 얼음을 가열한 것에 해당하는 그래프를 고르시오.

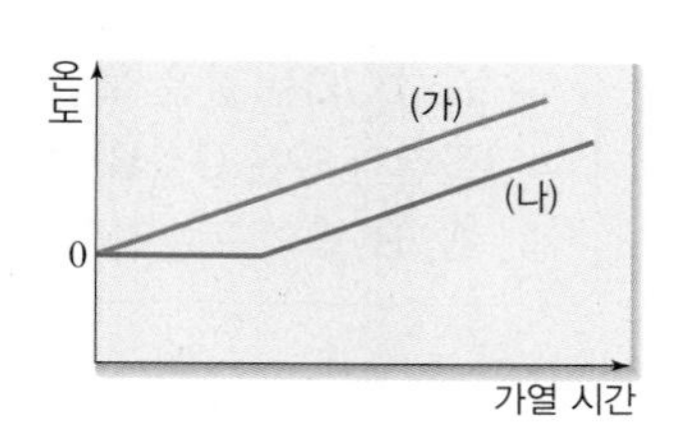

중단원 실전 문제

2 끓는점

05 오른쪽 그림과 같은 실험 장치로 에탄올을 가열하면서 온도 변화를 측정하였다. 다음은 결과를 정리한 표이다.

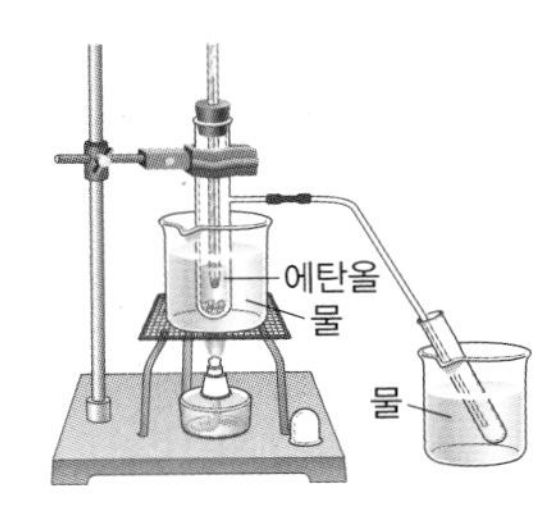

시간(분)	5	10	15	20	25	30	35
온도(°C)	32	48	67	78	78	78	89

에탄올의 끓는점은?

① 32°C ② 48°C ③ 67°C ④ 78°C ⑤ 89°C

06 그림은 얼음을 가열하면서 시간에 따른 온도 변화를 측정한 것이다. 이에 대한 설명으로 옳은 것은?

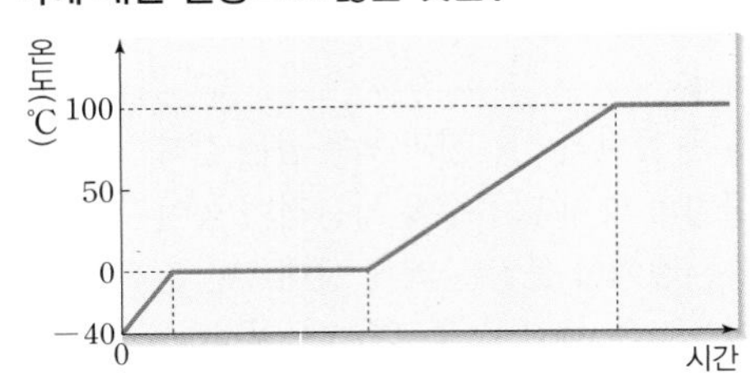

① 물의 어는점은 −40°C이다.
② 0°C부터 물의 기화가 시작된다.
③ 50°C에서는 고체 상태와 액체 상태가 공존한다.
④ 100°C에서 물은 기체 상태로 존재한다.
⑤ 100°C에서는 가해준 열을 상태 변화에 사용한다.

07 액체 A, B, C를 가열하면서 시간에 따른 온도 변화를 측정한 그래프이다. 이에 대한 설명으로 옳은 것만을 〈보기〉에서 있는 대로 고른 것은?

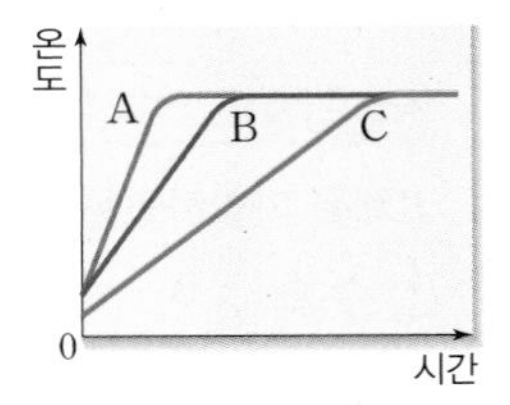

보기

ㄱ. 끓는점은 A<B<C이다.
ㄴ. A, B, C는 같은 물질이다.
ㄷ. 물질의 양은 C<B<A이다.
ㄹ. A, B, C의 녹는점은 모두 같다.

① ㄱ, ㄴ ② ㄱ, ㄷ ③ ㄱ, ㄹ
④ ㄴ, ㄷ ⑤ ㄴ, ㄹ

3 상태 변화와 열에너지

[08~09] 그림은 고체 파라다이클로로벤젠을 가열하였다 냉각시킬 때 시간에 따른 온도 변화를 나타낸 것이다. 다음 물음에 답하시오.

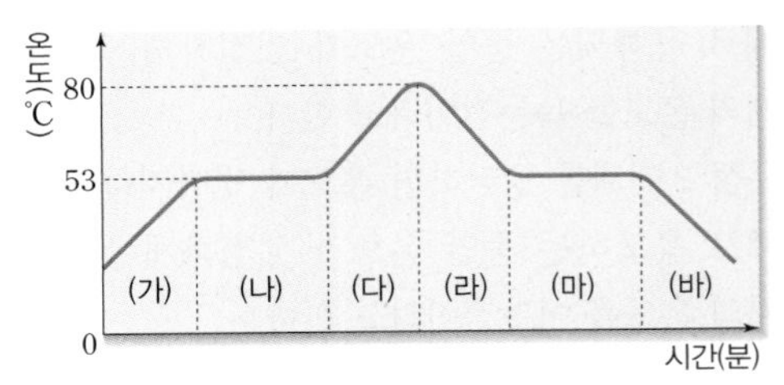

08 이에 대한 설명으로 옳은 것은?

① 이 물질의 끓는점은 80°C이다.
② 53°C가 될 때까지 열에너지의 흡수가 일어난다.
③ (다) 구간과 (라) 구간의 물질의 상태는 같다.
④ (가) 구간과 (바) 구간의 물질의 상태는 다르다.
⑤ (나) 구간과 (마) 구간은 같은 상태 변화가 일어난다.

중요

09 열에너지를 흡수하는 상태 변화가 일어나는 구간을 쓰시오.

10 사막에서 사용하는 가죽 물주머니에 대한 설명이다. 빈칸에 들어갈 알맞은 말을 옳게 짝 지은 것은?

> 물주머니의 가죽 틈새로 물이 조금씩 새어나오면 그 물이 (㉠)하면서 열에너지를 (㉡)한다. 이로 인해 물주머니 안의 물이 (㉢)하게 유지된다.

	㉠	㉡	㉢
①	기화	흡수	따뜻
②	기화	방출	따뜻
③	기화	흡수	시원
④	액화	방출	시원
⑤	액화	흡수	따뜻

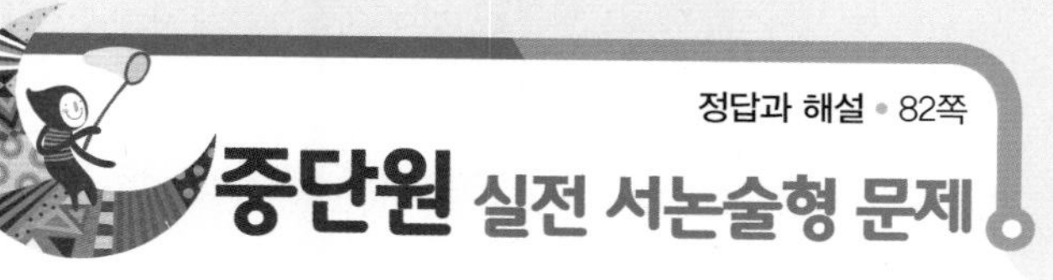

중단원 실전 서논술형 문제

정답과 해설 • 81쪽

11 그림은 에어컨의 원리를 나타낸 것이다. 실내기에서 일어나는 온도 변화와 같은 온도 변화가 일어나는 현상은?

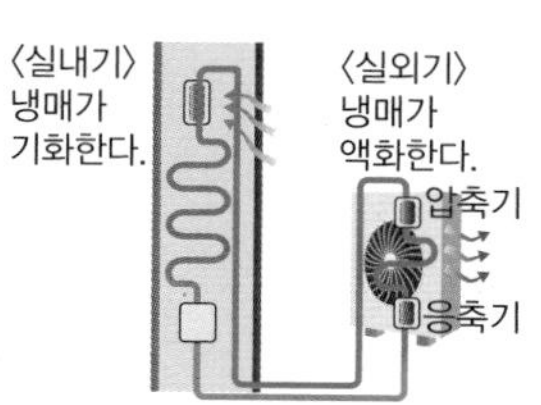

① 이글루 내부에 물을 뿌린다.
② 손에 묻힌 액체 파라핀이 굳는다.
③ 스팀 난방기에서 수증기가 물이 된다.
④ 추운 겨울 오렌지 나무에 물을 뿌린다.
⑤ 심야 전기로 얼려두었던 얼음을 녹인다.

중요

12 그림은 기체 물질을 냉각시킬 때 시간에 따른 온도 변화를 나타낸 것이다. 다음 현상들과 관련 있는 구간을 옳게 짝 지은 것은?

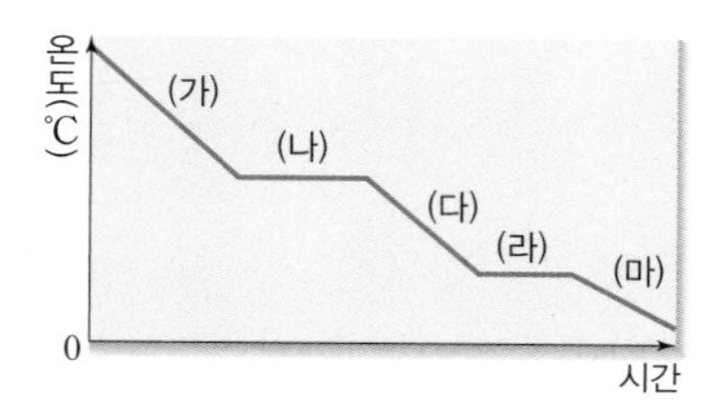

(A) 추운 겨울 호숫가 주변은 기온이 높다.
(B) 소나기가 내리기 전에 기온이 올라간다.
(C) 겨울철 과일 창고에 물이 담긴 그릇을 놓는다.

	(A)	(B)	(C)
①	(가)	(나)	(다)
②	(나)	(다)	(라)
③	(나)	(라)	(나)
④	(라)	(나)	(라)
⑤	(라)	(라)	(마)

13 냉장고가 없는 곳에서는 두 개의 항아리 사이에 젖은 모래를 채워 음식을 시원하게 보관한다. 이와 같은 원리로 설명할 수 있는 현상은?

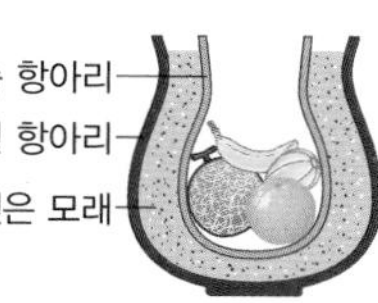

① 냉장고 뒷면은 따뜻하다.
② 눈이 내리는 날은 포근하다.
③ 액체 손난로가 굳으면서 따뜻해진다.
④ 김이 서린 목욕탕 안은 후텁지근하다.
⑤ 수영장에서 물을 몸에 묻히고 나오면 춥다.

정답과 해설 • 82쪽

01 그림과 같은 가열 장치를 이용하여 물을 가열하면서 온도 변화를 측정하였다. 물이 모두 기화할 때까지의 온도 변화를 간단히 서술하시오.

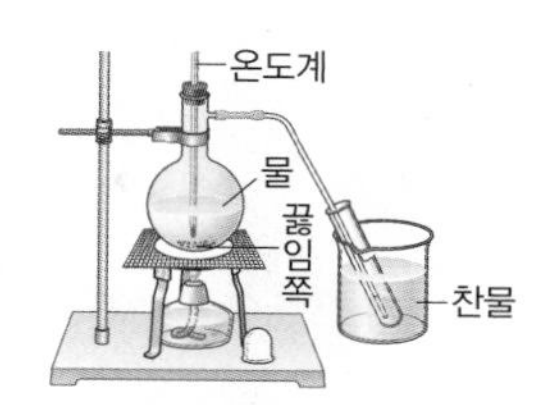

Tip 물의 끓는점은 100°C이다.
Key Word 온도, 100°C

02 공기의 습도를 측정하는 건습구 습도계이다. 건구와 습구 중 온도가 더 낮은 것을 쓰고 그 이유를 상태 변화에 따른 열에너지의 출입과 관련하여 간단히 서술하시오.

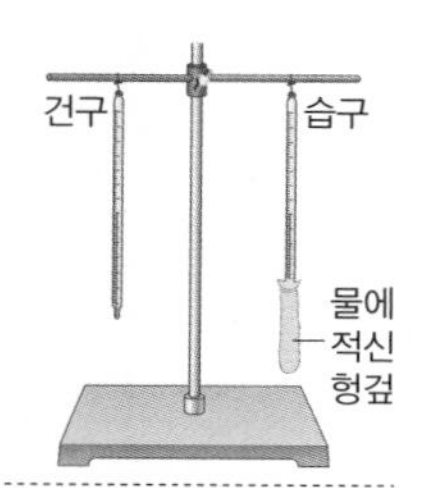

Tip 상태 변화가 일어날 때는 열에너지를 흡수하거나 방출한다.
Key Word 기화, 열에너지

03 야외 활동시 설거지가 필요없는 종이 냄비를 사용하여 국물 요리를 하면 편리하다. 종이 냄비를 가열하여도 종이가 타지 않고 음식이 익는 원리를 간단히 서술하시오.

Tip 종이는 물이 끓는 온도보다 더 높은 온도에서 탄다.
Key Word 온도, 열에너지

VI

빛과 파동

01 빛과 색

02 거울과 렌즈

03 소리와 파동

01 빛과 색

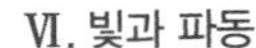

중단원 개념 요약

1 물체를 보는 과정

1. **광원** : 태양이나 전등과 같이 스스로 빛을 내는 물체
2. **빛의 직진** : 광원에서 나온 빛이 곧게 나아가는 성질
3. **물체를 보는 과정**

물체가 광원일 때	물체가 광원이 아닐 때
물체에서 나온 빛이 우리 눈에 직접 들어오기 때문에 물체를 볼 수 있다.	광원에서 나온 빛이 물체에서 반사된 후 눈에 들어오면 물체를 볼 수 있다.

2 빛의 합성과 이용

1. **빛의 합성** : 두 가지 색 이상의 빛이 합쳐져서 또 다른 색의 빛으로 보이는 현상
2. **빛의 삼원색** : 빨간색, 초록색, 파란색
3. **빛의 삼원색의 합성** : 빛의 삼원색을 다양한 밝기로 합성하면 대부분의 색을 만들 수 있다.

합성하는 색	보이는 색
빨간색+초록색	노란색
빨간색+파란색	자홍색
초록색+파란색	청록색
빨간색+초록색+파란색	흰색

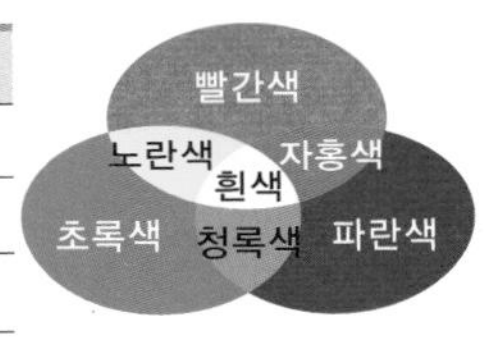

4. **물체의 색** : 물체의 색은 물체에서 반사되어 나오는 빛의 색으로 보인다.
   (1) 빨간색 피망과 초록색 꼭지 : 백색광 아래에서 빨간색 피망은 빨간색 빛만 반사하고 나머지 색의 빛은 흡수하여 빨간색으로 보이고, 초록색 꼭지는 초록색 빛만 반사하고 나머지 색의 빛은 흡수하여 초록색으로 보인다.

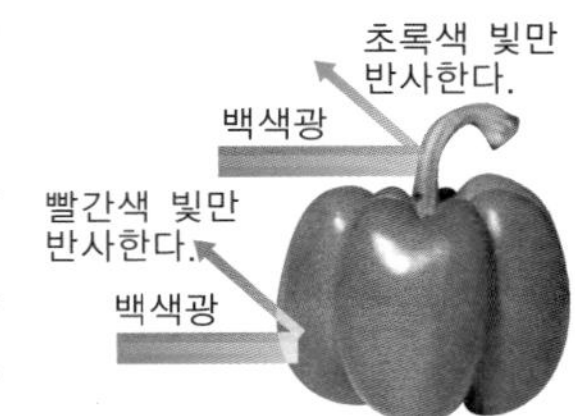

   (2) 조명에 따른 물체의 색

조명의 색	빨간색	초록색	파란색
빨간색 피망	빨간색	검은색	검은색

5. **빛의 합성 이용** : 컴퓨터 화면과 같은 영상 장치나 스마트폰, 전광판, 점묘화 등에 이용

중단원 실전 문제

1 물체를 보는 과정

01 그림은 빛의 성질과 관련된 여러 현상들이다.

레이저 쇼

그림자 놀이

구름 사이로 비친 햇살

이러한 현상을 나타나게 하는 빛의 성질은 무엇인지 쓰시오.

중요
02 우리가 물체를 볼 수 있는 까닭으로 옳은 것은?

① 물체가 빛을 굴절하기 때문이다.
② 눈에서 나온 빛이 물체로 이동하기 때문이다.
③ 광원에서 나온 빛이 물체에 흡수되기 때문이다.
④ 물체에서 반사된 빛이 우리 눈에 들어오기 때문이다.
⑤ 광원에서 나온 빛과 눈에서 나온 빛이 물체에서 만나기 때문이다.

중요
03 그림은 전등 아래에서 거울을 통해 자신의 얼굴을 보고 있는 학생의 모습을 나타낸 것이다.
거울에 비친 얼굴을 보기까지 빛의 경로를 순서대로 옳게 나열한 것은?

① 눈 → 얼굴 → 눈
② 눈 → 얼굴 → 거울 → 눈
③ 전등 → 얼굴 → 거울 → 눈
④ 전등 → 눈 → 거울 → 눈
⑤ 전등 → 눈 → 얼굴 → 거울 → 눈

2 빛의 합성과 이용

04 그림과 같이 흰 종이에 빨간색, 파란색, 초록색 빛을 조금씩 겹치도록 비추다가 초록색 불을 껐다.

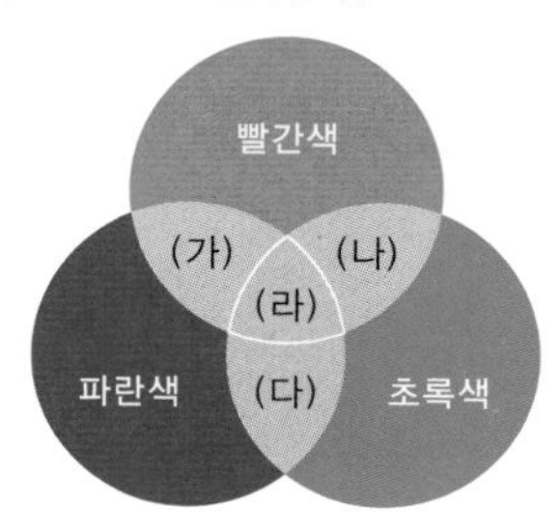

이때 나타나는 현상으로 옳지 않은 것은?

① (가) 부분은 색이 변하지 않는다.
② (나)는 빨간색으로 보인다.
③ (다)는 파란색으로 보인다.
④ (라)는 자홍색으로 보인다.
⑤ 색 변화가 없는 부분은 (라)이다.

05 그림과 같이 컴퓨터를 이용하여 노란색, 자홍색, 청록색 빛을 만든 다음 세 가지 색의 빛을 평면거울로 각각 반사시켜 흰색 벽면에 일부가 겹치도록 비추었다.

노란색, 자홍색, 청록색 빛이 모두 겹쳐진 부분에서 관찰되는 빛의 색을 쓰시오.

06 다음과 같이 원판에 색을 칠하고 빠르게 회전시킬 때 흰색으로 보이는 것은?

07 그림은 빛이 없는 교실에서 삼각형 모양의 물체에 초록색과 파란색 조명을 비스듬히 비춘 모습을 나타낸 것이다.

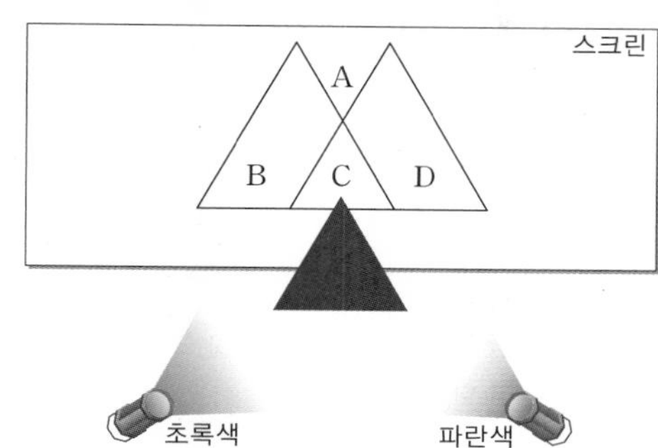

이때 스크린의 A~D 부분에 나타나는 색을 옳게 짝 지은 것은?

	A	B	C	D
①	흰색	초록색	검은색	파란색
②	흰색	초록색	청록색	파란색
③	흰색	파란색	청록색	초록색
④	청록색	파란색	검은색	초록색
⑤	청록색	초록색	검은색	파란색

중요

08 컴퓨터 화면을 확대경으로 관찰하였더니 그림과 같이 초록색과 파란색 빛을 내는 영역만 보였다.
컴퓨터 화면에는 어떤 색이 보이는가?

① 초록색 ② 파란색
③ 노란색 ④ 청록색 ⑤ 자홍색

09 그림은 스마트 기기 화면의 (가), (나) 부분을 확대한 모습이다. (가), (나) 부분에서 보이는 색을 옳게 짝 지은 것은?

	(가)	(나)
①	흰색	노란색
②	노란색	흰색
③	노란색	자홍색
④	청록색	노란색
⑤	청록색	자홍색

중단원 실전 문제

중요

10 그림과 같은 장미꽃에 노란색 조명을 비추었다.
빨간색 장미꽃과 초록색 잎은 각각 어떤 색으로 보이는지 옳게 짝 지은 것은?

	장미꽃	잎
①	빨간색	검은색
②	검은색	초록색
③	빨간색	초록색
④	자홍색	청록색
⑤	노란색	노란색

11 표는 빛의 삼원색을 합성한 백색광을 여러 가지 색의 물감에 비추었을 때 흡수되는 빛과 반사되는 빛을 나타낸 것이다.

물감의 색	흡수되는 빛	반사되는 빛
노란색	파란색	빨간색, 초록색
청록색	빨간색	파란색, 초록색
자홍색	초록색	빨간색, 파란색

청록색 조명 아래에서 검은색으로 보이는 물체의 색은?

① 빨간색 ② 초록색 ③ 파란색
④ 노란색 ⑤ 청록색

12 그림과 같이 연극 무대에서 A 영역에 빨간색, 파란색, 초록색 조명을 동시에 비추고 있다가 파란색 조명을 껐다.
이때 A 영역에서 노래를 부르고 있는 가수의 자홍색 옷의 색 변화를 옳게 설명한 것은?

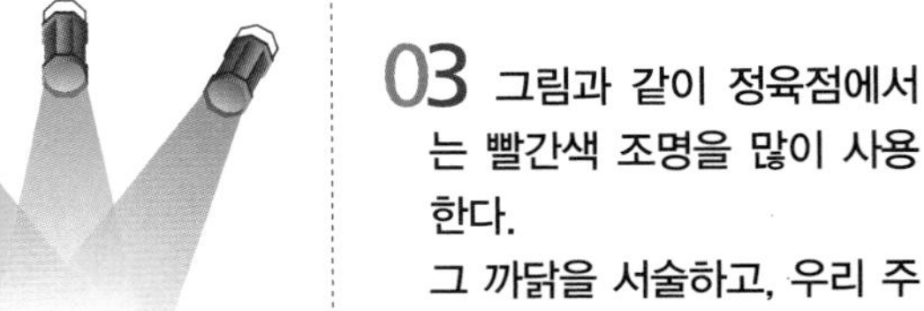

① 자홍색에서 변함이 없다.
② 자홍색에서 빨간색으로 변한다.
③ 자홍색에서 초록색으로 변한다.
④ 자홍색에서 파란색으로 변한다.
⑤ 자홍색에서 검은색으로 변한다.

정답과 해설 • 83쪽

중단원 실전 서논술형 문제

01 그림과 같은 달은 스스로 빛을 내지 못하지만 밤하늘에서 가장 밝게 빛나는 것을 볼 수 있다.
우리가 밤하늘에서 빛나는 달을 보는 과정을 서술하시오.

Tip 달은 스스로 빛을 내는 물체가 아니라 태양 빛을 반사하여 밝게 빛나는 것이다.
Key Word 달, 물체를 보는 과정

02 그림과 같은 전광판은 빨간색, 초록색, 파란색 빛을 내는 발광 다이오드(LED)의 조합으로 전광판 화면에 다양한 색을 표현한다.
전광판에 노란색 풍선과 청록색 바지를 표시하려면 각각 어떤 색의 다이오드를 켜야 하는지 까닭과 함께 서술하시오.

Tip 전광판은 빛의 삼원색으로 구성된 화소가 있으며, 빛의 삼원색의 합성을 이용하여 다양한 색을 나타낸다.
Key Word 빛의 합성, 빛의 삼원색, 전광판

03 그림과 같이 정육점에서는 빨간색 조명을 많이 사용한다.
그 까닭을 서술하고, 우리 주변에서 정육점의 빨간색 조명처럼 조명을 사용하는 예 한 가지를 서술하시오.

Tip 물체의 색은 조명의 색에 따라 달라진다. 조명에 의해 물체의 색을 돋보이게 할 수 있다.
Key Word 조명에 따른 물체의 색, 정육점

02 거울과 렌즈

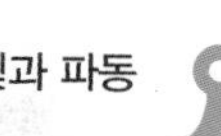

중단원 개념 요약

1 빛의 반사

1. **빛의 반사** : 직진하던 빛이 물체에 부딪혀 진행 방향을 바꾸어 되돌아 나오는 현상
2. **반사 법칙** : 빛이 반사할 때 입사각과 반사각의 크기는 항상 같다.

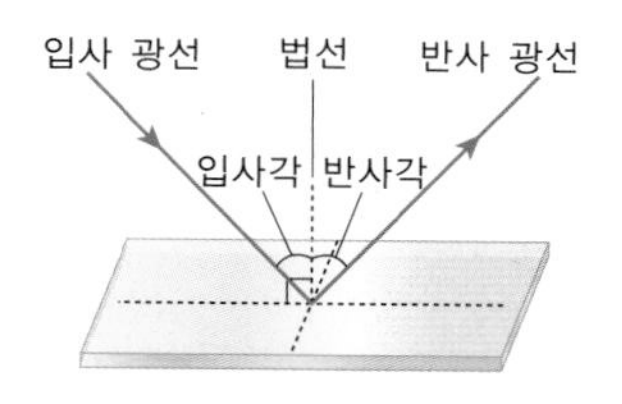

2 평면거울에 의한 상

1. **평면거울에 의한 상의 특징**
   - 물체와 거울 면에 대칭인 위치에 상이 생긴다.
   - 상의 모습도 물체와 거울 면에 대칭인 모습이다.
   - 상의 크기와 물체의 크기는 같다.
   - 거울에서 물체까지의 거리와 거울에서 상까지의 거리는 같다.
2. **평면거울의 이용** : 무용실의 전신 거울, 자동차 후방 거울, 잠망경 등

3 볼록 거울에 의한 상

1. **볼록 거울에 의한 상**

가까울 때	멀 때	아주 멀 때
항상 물체보다 작고 바로 선 상이 생기며, 물체가 거울에서 멀어질수록 상의 크기는 점점 작아진다.		

2. **볼록 거울에서 빛의 반사** : 나란한 빛이 볼록 거울에 입사하면 빛은 볼록 거울 뒤의 한 점에서 나온 것처럼 반사한다.

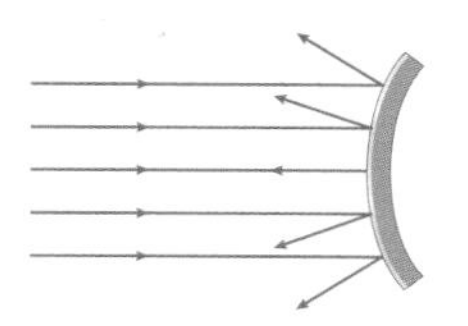

3. **볼록 거울의 이용** : 도로의 안전 거울, 자동차 오른쪽 측면 거울, 상점의 감시용 거울 등

4 오목 거울에 의한 상

1. **오목 거울에 의한 상**

가까울 때	멀 때	아주 멀 때
물체보다 크고 바로 선 상	물체보다 크고 거꾸로 선 상	물체보다 작고 거꾸로 선 상

2. **오목 거울에서 빛의 반사** : 나란한 빛이 오목 거울에 입사하면 빛은 반사된 다음 한 점에 모인다.

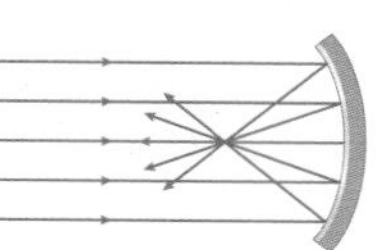

3. **오목 거울의 이용** : 화장용 확대 거울, 태양열 조리기, 등대의 반사경 등

5 볼록 렌즈에 의한 상

1. **볼록 렌즈에 의한 상**

가까울 때	멀 때	아주 멀 때
물체보다 크고 바로 선 상	물체보다 크고 거꾸로 선 상	물체보다 작고 거꾸로 선 상

2. **볼록 렌즈에서 빛의 굴절** : 나란한 빛이 볼록 렌즈에 입사하면 빛은 볼록 렌즈에서 굴절된 다음 한 점에 모인다.

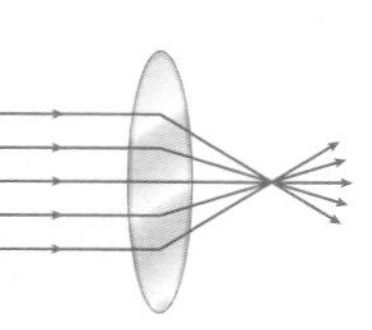

3. **볼록 렌즈의 이용** : 현미경, 원시용 안경 등

6 오목 렌즈에 의한 상

1. **오목 렌즈에 의한 상** : 항상 물체보다 작고 바로 선 상
2. **오목 렌즈에서 빛의 굴절** : 나란한 빛이 입사하면 빛은 오목 렌즈 뒤의 한 점에서 나온 것처럼 굴절한다.

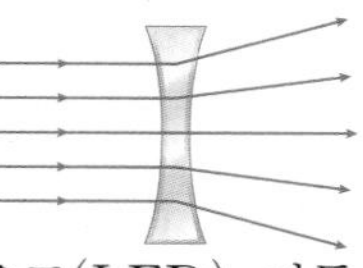

3. **오목 렌즈의 이용** : 확산형 발광 다이오드(LED), 자동차 안개등, 근시용 안경 등

중단원 실전 문제

1 빛의 반사

01 그림과 같이 빛이 진행할 때 각 A가 20°이었다.

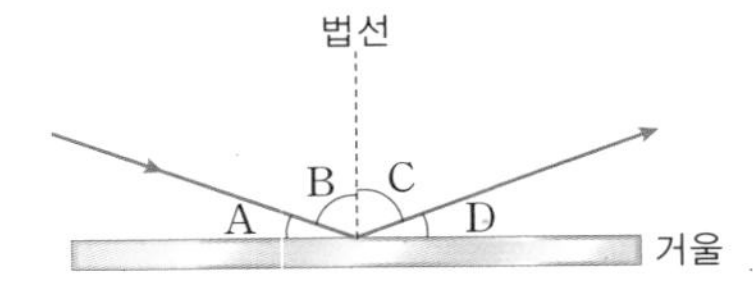

이에 대한 설명으로 옳은 것은?

① 각 A를 입사각이라고 한다.
② 각 B를 반사각이라고 한다.
③ 각 C는 반사각으로 70°이다.
④ 각 A와 C가 같은 것이 반사 법칙이다.
⑤ 입사 광선과 반사 광선은 같은 평면상에 없어도 된다.

02 빛은 잔잔한 수면이나 일렁이는 수면에서 모두 반사한다. 일렁이는 수면에서 빛이 반사할 때에 대한 설명으로 옳은 것만을 〈보기〉에서 있는 대로 고른 것은?

보기
ㄱ. 반사 법칙이 성립한다.
ㄴ. 빛이 사방으로 반사한다.
ㄷ. 수면에 물체를 비추어 볼 수 있다.

① ㄱ ② ㄴ ③ ㄷ
④ ㄱ, ㄴ ⑤ ㄴ, ㄷ

2 평면거울에 의한 상

중요

03 그림은 평면거울을 통해 물체를 보고 있는 모습을 나타낸 것이다. 물체에서 거울까지의 거리가 15 cm일 때 거울에서 상까지의 거리는?

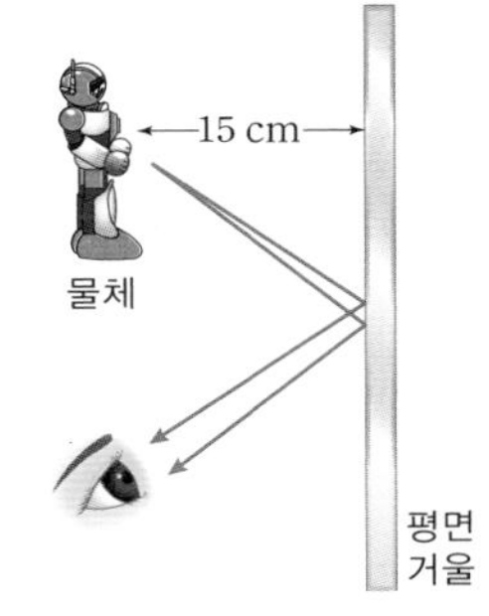

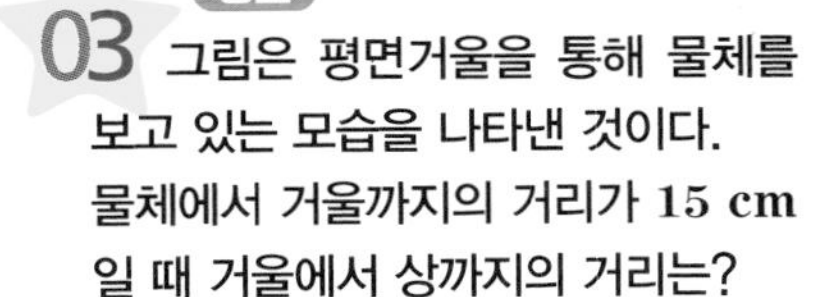

① 5 cm ② 7.5 cm
③ 15 cm ④ 22.5 cm
⑤ 30 cm

04 그림은 평면거울에 비친 시계의 모습을 모습을 나타낸 것이다. 현재 시각은?

① 2시 50분
② 9시 11분
③ 9시 49분
④ 10시 11분
⑤ 10시 49분

3 볼록 거울에 의한 상

중요

05 그림은 숟가락의 볼록한 면 가까이에 인형을 놓았을 때 숟가락에 비친 상의 모습이다. 인형을 숟가락에서 멀리 놓았을 때 숟가락에 비친 상의 모습으로 옳은 것은?

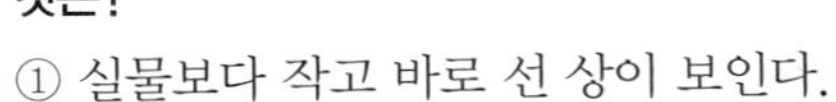

① 실물보다 작고 바로 선 상이 보인다.
② 실물보다 작고 거꾸로 선 상이 보인다.
③ 실물보다 크고 바로 선 상이 보인다.
④ 실물과 같은 크기의 바로 선 상이 보인다.
⑤ 실물과 같은 크기의 거꾸로 선 상이 보인다.

중요

06 그림은 어떤 종류의 거울을 이용하여 가까이 있는 물체를 볼 때 생기는 상의 모습이다. 이 거울을 이용하여 아주 멀리 있는 물체를 볼 때 생기는 상의 모습으로 옳은 것은?

① 더 작고 바로 선 상이 생긴다.
② 더 크고 바로 선 상이 생긴다.
③ 더 작고 거꾸로 선 상이 생긴다.
④ 더 크고 거꾸로 선 상이 생긴다.
⑤ 실제와 같은 크기의 상이 생긴다.

4 오목 거울에 의한 상

중요

07 그림은 거울 앞에 인형을 놓았을 때 나타난 상의 모습이다.
이 거울에 대한 설명으로 옳은 것만을 〈보기〉에서 있는 대로 고른 것은?

보기
ㄱ. 자동차 전조등에 이용된다.
ㄴ. 넓은 시야를 제공하게 위해 굽은 길에 이용된다.
ㄷ. 나란하게 입사한 빛이 반사된 후 한 점에 모이게 한다.

① ㄷ ② ㄱ, ㄴ ③ ㄱ, ㄷ
④ ㄴ, ㄷ ⑤ ㄱ, ㄴ, ㄷ

08 그림은 어두운 밤에 배들의 안전을 지켜주는 등대이다. 등대에서 나온 빛은 반사판에 반사되어 아주 멀리까지 나아간다.
이러한 등대의 반사판으로 사용되는 거울에 대한 설명으로 옳은 것은?

① 넓은 범위를 볼 수 있다.
② 도로의 안전 거울로 사용한다.
③ 거울 축에 평행한 빛을 흩어지게 한다.
④ 항상 물체보다 작고 바로 선 상이 보인다.
⑤ 가까이 있는 물체는 크게 확대되어 보인다.

09 그림과 같이 숟가락의 앞면의 오목한 부분과 뒷면의 볼록한 부분을 이용하여 얼굴을 가까이에서 보았다.
이때 숟가락에 나타나는 상을 옳게 짝 지은 것은?

	숟가락 앞면	숟가락 뒷면
①	작고 바로 선 상	작고 바로 선 상
②	작고 바로 선 상	크고 바로 선 상
③	크고 바로 선 상	작고 바로 선 상
④	작고 거꾸로 선 상	크고 거꾸로 선 상
⑤	크고 거꾸로 선 상	작고 거꾸로 선 상

5 볼록 렌즈에 의한 상

10 그림은 빛이 공기 중에서 물 속으로 진행하는 모습을 나타낸 것이다.
이에 대한 설명으로 옳지 않은 것은?

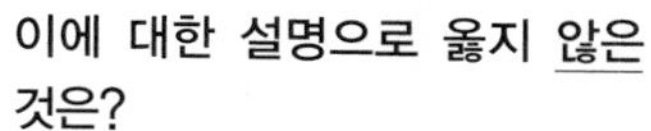
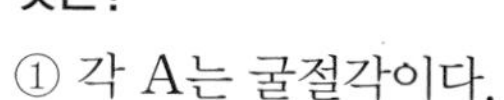

① 각 A는 굴절각이다.
② 빛의 굴절 현상이다.
③ 굴절각은 입사각보다 크다.
④ 입사각이 커지면 굴절각도 커진다.
⑤ 공기와 물의 경계면에서 꺾여서 진행하는 빛을 굴절 광선이라고 한다.

11 그림은 렌즈로 아주 멀리 있는 사과를 보았을 때의 모습이다.
이 렌즈로 사과를 가까이 놓고 보면 사과는 어떻게 보이는가?

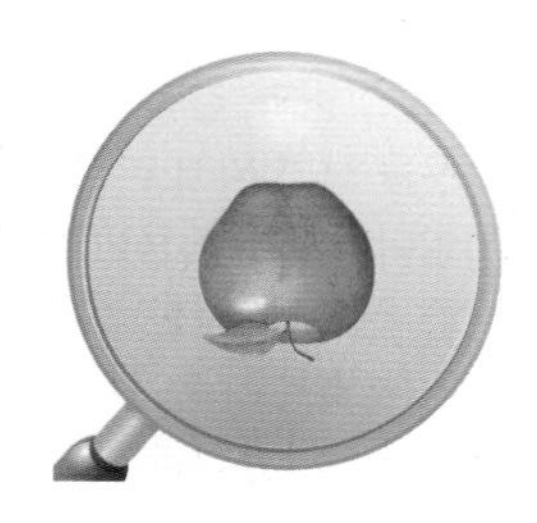

① 크고 바로 선 상이 보인다.
② 크고 거꾸로 선 상이 보인다.
③ 작고 바로 선 상이 보인다.
④ 작고 거꾸로 선 상이 보인다.
⑤ 같은 크기의 바로 선 상이 보인다.

12 그림은 어떤 렌즈 가까이에 인형을 놓았을 때 렌즈가 만드는 상의 모습이다.
이에 대한 설명으로 옳은 것은?

① 오목 렌즈이다.
② 원시용 안경에 사용된다.
③ 빛을 퍼지게 하는 성질이 있다.
④ 가장자리가 가운데보다 두꺼운 렌즈이다.
⑤ 인형을 아주 멀리 하면 작고 바로 선 상이 보인다.

중단원 실전 문제

정답과 해설 • 84쪽

13 그림은 어떤 렌즈에 평행하게 입사한 빛이 진행하는 경로를 나타낸 것이다.

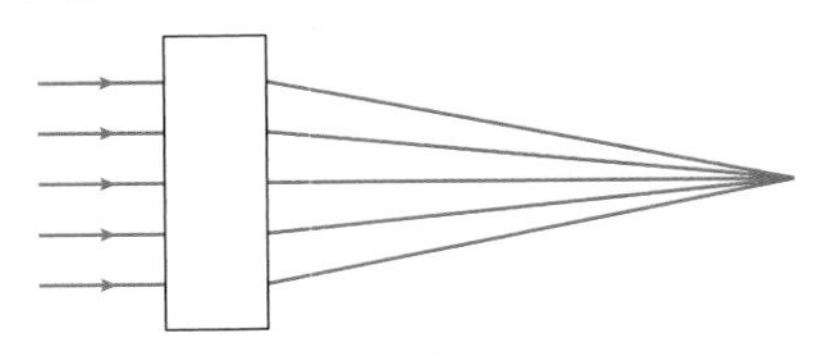

이에 대한 설명으로 옳은 것만을 〈보기〉에서 있는 대로 고른 것은?

〈보기〉
ㄱ. 가운데가 가장자리보다 두꺼운 렌즈이다.
ㄴ. 가까이 있는 물체를 보면 크게 확대되어 보인다.
ㄷ. 아주 멀리 있는 물체를 보면 더 크게 확대되어 보인다.

① ㄱ ② ㄷ ③ ㄱ, ㄴ
④ ㄴ, ㄷ ⑤ ㄱ, ㄴ, ㄷ

14 그림과 같이 할아버지가 신문을 보기 위해 안경을 썼다. 할아버지가 착용한 안경에 끼워진 렌즈에 대한 설명으로 옳지 않은 것은?

① 빛을 한 점에 모을 수 있다.
② 망원경의 접안렌즈로 사용한다.
③ 가까이 있는 물체를 크게 볼 수 있다.
④ 가장자리가 가운데보다 두꺼운 렌즈이다.
⑤ 아주 멀리 있는 물체가 작고 거꾸로 보인다.

15 빛을 모으는 역할을 하는 기구들끼리 옳게 짝 지은 것은?

① 볼록 거울, 오목 렌즈
② 볼록 거울, 볼록 렌즈
③ 오목 거울, 오목 렌즈
④ 오목 거울, 볼록 렌즈
⑤ 평면거울, 볼록 렌즈

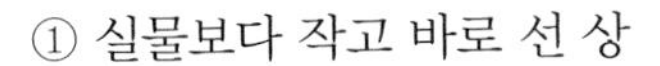

6 오목 렌즈에 의한 상

16 그림과 같이 어떤 렌즈에서 아주 멀리 떨어진 곳에 인형을 놓았더니 작고 바로 선 상이 생겼다. 인형을 이 렌즈에 가까이 놓았을 때 렌즈에 의해 생기는 상의 모습으로 옳은 것은?

① 실물보다 작고 바로 선 상
② 실물보다 작고 거꾸로 선 상
③ 실물보다 크고 바로 선 상
④ 실물보다 크고 거꾸로 선 상
⑤ 실물과 같은 크기의 바로 선 상

중요

17 그림은 렌즈로 가까이 있는 사과를 보았을 때의 모습이다. 이러한 종류의 렌즈를 사용하는 경우만을 〈보기〉에서 있는 대로 고른 것은?

〈보기〉
ㄱ. 망원경의 접안렌즈 ㄴ. 현미경의 접안렌즈
ㄷ. 근시 교정용 안경 ㄹ. 원시 교정용 안경

① ㄴ ② ㄷ ③ ㄹ
④ ㄱ, ㄴ ⑤ ㄷ, ㄹ

18 그림은 자동차 안개등이 켜진 모습이다. 자동차 안개등에 사용하는 렌즈와 자동차 안개등에 이와 같은 렌즈를 사용하는 까닭을 옳게 짝 지은 것은?

① 오목 렌즈 – 빛을 가운데로 모으기 위해
② 오목 렌즈 – 빛을 바깥쪽으로 퍼뜨리기 위해
③ 오목 렌즈 – 빛을 똑바로 나아가게 하기 위해
④ 볼록 렌즈 – 빛을 가운데 모으기 위해
⑤ 볼록 렌즈 – 빛을 바깥쪽으로 퍼뜨리기 위해

중단원 실전 서논술형 문제

정답과 해설 • 85쪽

01 그림은 빛이 거울 면에 입사하는 모습을 나타낸 것이다.

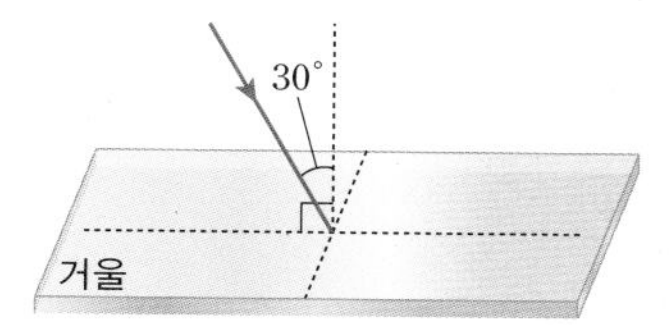

거울 면에서 반사하는 빛의 경로를 그리고, 그렇게 그린 까닭을 서술하시오.

Tip 빛이 반사할 때 반사 법칙에 따라 반사한다.

Key Word 반사, 거울 면, 입사각, 반사각

02 그림은 잠망경의 구조와 잠망경에서의 빛의 진행 경로를 나타낸 것이다.

(1) 잠망경으로 물체를 볼 때 보이는 상의 특징을 서술하시오.

Tip 평면거울에 비치는 상은 실제 물체와 대칭인 모습이다.

Key Word 평면거울, 잠망경

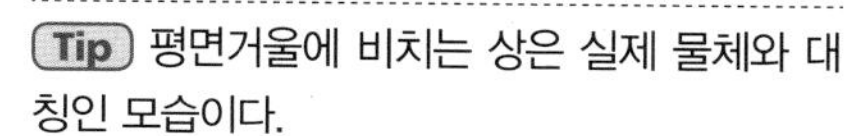

(2) (1) 번과 같이 상이 보이는 까닭을 서술하시오.

Tip 잠망경은 평면거울 두 개가 설치되어 있다.

Key Word 잠망경, 상

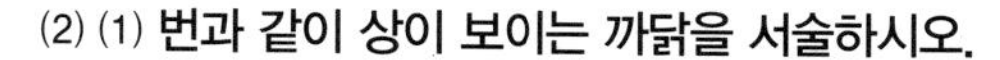

03 그림은 반투명의 매끈한 풍선을 불어 창문을 등지고 풍선을 관찰한 모습이다.
2개의 상이 나타나는 까닭을 거울의 종류와 관련하여 각각 서술하시오.

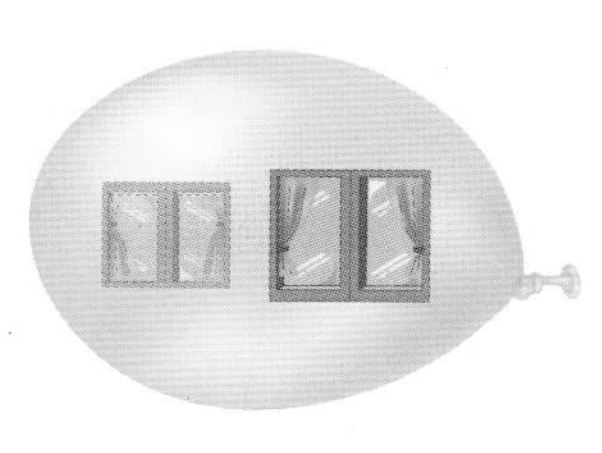

Tip 풍선을 불어서 그림과 같이 보면 앞부분은 볼록 거울이 되고, 뒷부분은 오목 거울이 된다.

Key Word 볼록 거울, 오목 거울, 풍선

04 그림과 같이 자동차의 측면 거울을 보면 '사물이 거울에 보이는 것보다 가까이 있음'이라는 문구가 있다.
자동차의 측면 거울에 사용하는 거울의 종류와 자동차 측면 거울에 이와 같은 문구가 쓰여 있는 까닭을 서술하시오.

Tip 볼록 거울에는 실제보다 작은 상이 생기므로 넓은 범위를 볼 수 있다.

Key Word 볼록 거울, 자동차의 측면 거울

05 그림과 같이 동전이 들어 있는 컵에 물을 부으면 보이지 않았던 동전이 보인다.

이러한 현상이 일어나는 까닭을 빛의 굴절과 관련지어 서술하시오.

Tip 두 물질의 경계면에서 빛의 진행 방향이 꺾이는 굴절 현상이 나타난다.

Key Word 빛의 굴절, 컵 속의 동전

06 그림과 같이 화살표 앞에 컵을 놓고 컵에 물을 부으면 컵 뒤에 있는 화살표의 방향이 바뀐다.

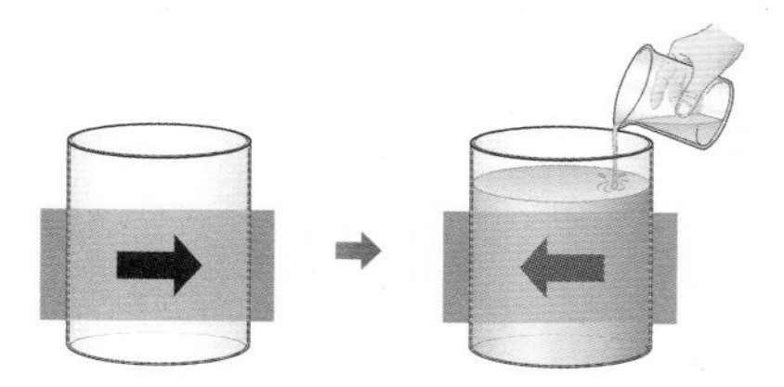

위 그림에서 렌즈 역할을 하는 것과 렌즈의 종류를 쓰시오.

Tip 화살표의 방향이 바뀌어 보인다는 것은 상이 뒤집혀 보인다는 것이다.

Key Word 렌즈, 상

03 소리와 파동

중단원 개념 요약

1 파동의 발생

1. **진동** : 물체의 운동이 일정한 범위에서 한 점을 중심으로 왔다갔다 반복되는 현상
2. **파동** : 물질의 한곳에서 만들어진 진동이 주위로 퍼져 나가는 현상
   예 소리, 지진파, 물결파, 전파 등
3. **파원** : 파동이 시작되는 지점

2 파동의 진행

1. **매질** : 파동을 전달하는 물질

파동	지진파	물결파	소리	빛(전파)
매질	땅	물	공기, 물, 땅	필요없다

2. **파동의 진행과 매질의 운동** : 파동이 전파될 때 매질은 제자리에서 진동만 하고 파동을 따라 이동하지 않는다.
3. **파동의 진행과 에너지의 전달** : 파동이 진행할 때 함께 이동하는 것은 파동이 지닌 에너지이다.

• 파도의 에너지가 전달되어 해안가의 암석이 깎인다.

3 파동의 종류

1. **횡파** : 파동의 진행 방향과 매질의 진동 방향이 수직인 파동

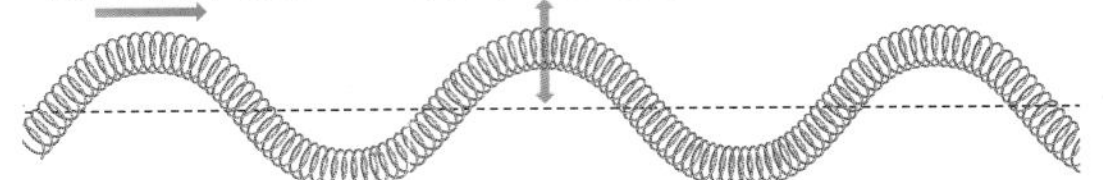

예 물결파, 지진파의 S파, 전자기파, 빛 등

2. **종파** : 파동의 진행 방향과 매질의 진동 방향이 나란한 파동

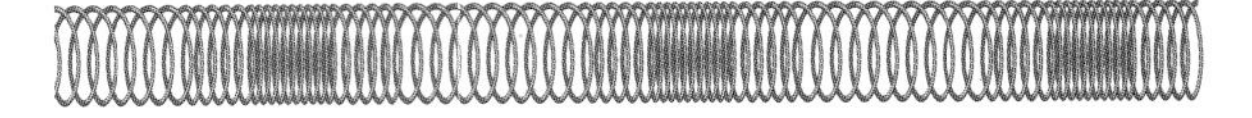

예 소리, 초음파, 지진파의 P파 등

4 파동의 표현

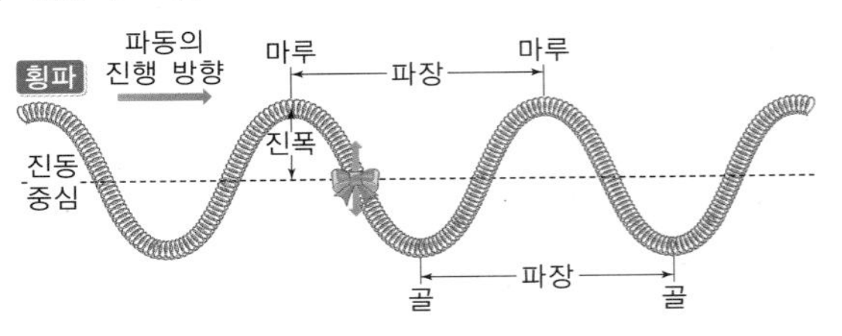

1. **진폭** : 진동 중심에서 마루 또는 골까지의 거리
2. **파장** : 파동이 한 번 진동하는 동안 이동한 거리
3. **주기** : 매질의 한 점이 한 번 진동하는 데 걸리는 시간(단위 : s(초))
4. **진동수** : 매질의 한 점이 1초 동안 진동하는 횟수(단위 : Hz(헤르츠))

5 소리의 발생과 전달

1. **소리의 발생** : 소리는 물체의 진동으로 발생한다.
2. **공기 중에서 소리의 전달** : 물체의 진동 → 공기의 진동 → 고막의 진동 → 소리 인식

6 소리의 3요소

1. **소리의 크기와 진폭** : 진폭이 클수록 큰 소리이다.

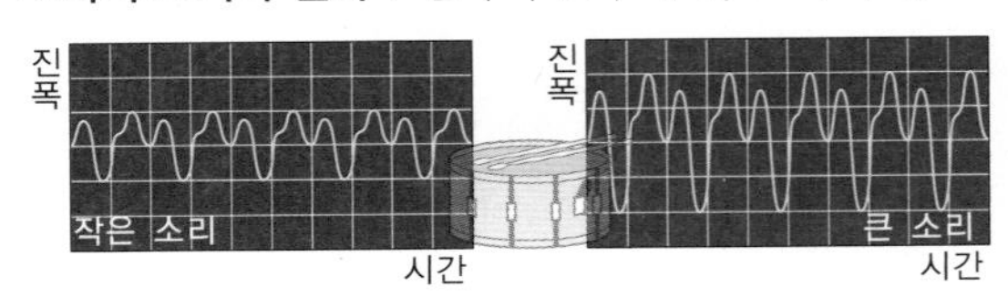

2. **소리의 높낮이와 진동수** : 진동수가 클수록 높은 소리이다.

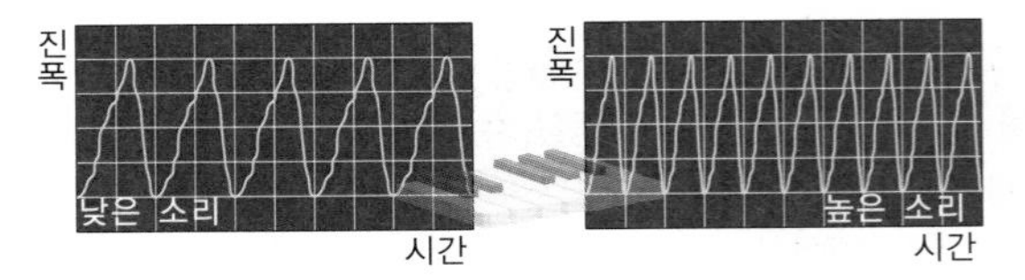

3. **음색과 파형** : 음색은 파형에 따라 달라진다. 같은 높이의 음을 같은 크기로 내는 플루트와 바이올린 소리는 파형이 다르다.

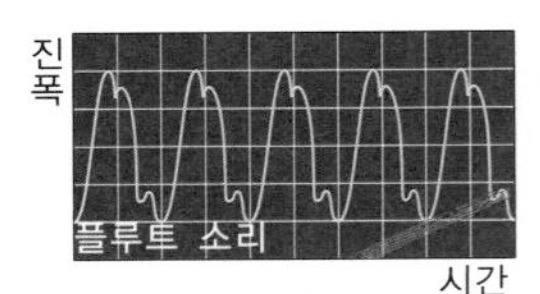

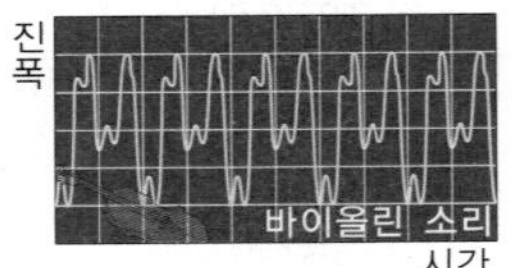

중단원 실전 문제

정답과 해설 • 86쪽

1 파동의 발생

01 파동의 발생에 대한 설명으로 옳은 것만을 〈보기〉에서 있는 대로 고른 것은?

〈보기〉
ㄱ. 파동이 시작되는 지점을 파원이라고 한다.
ㄴ. 한곳에서 만들어진 진동이 주위로 퍼져 나가는 현상이 파동이다.
ㄷ. 물체의 운동이 한 점을 중심으로 왔다갔다 반복되는 현상을 진동이라고 한다.

① ㄷ ② ㄱ, ㄴ ③ ㄱ, ㄷ
④ ㄴ, ㄷ ⑤ ㄱ, ㄴ, ㄷ

중요
02 그림 (가)~(다)는 우리 주변의 파동의 모습이다.

(가)

(나)

(다)

각각에 해당하는 파동의 명칭을 쓰시오.

2 파동의 진행

중요
03 그림과 같이 용수철로 만든 파동이 오른쪽으로 진행하고 있다.

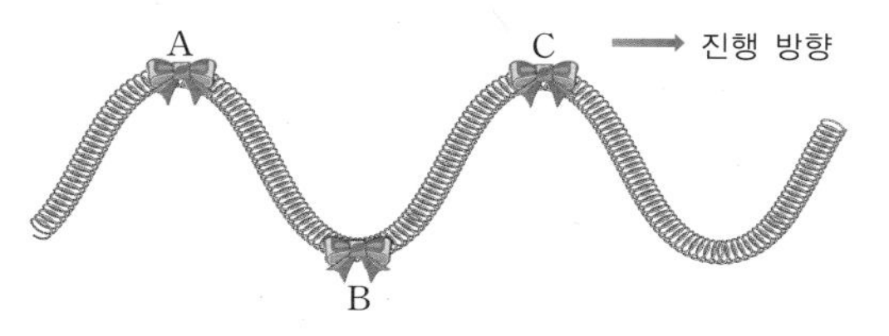

용수철 A, B, C 부분에 묶여 있는 리본이 다음 순간 움직이는 방향을 화살표로 옳게 나타낸 것은?

	A	B	C
①	→	→	→
②	↓	↑	↓
③	↓	↓	↓
④	↑	↑	↑
⑤	→	←	→

[04~05] 그림과 같이 용수철을 손으로 잡고 왼쪽에서 용수철을 좌우로 흔들면서 용수철과 리본의 움직임을 관찰하였다. 물음에 답하시오.

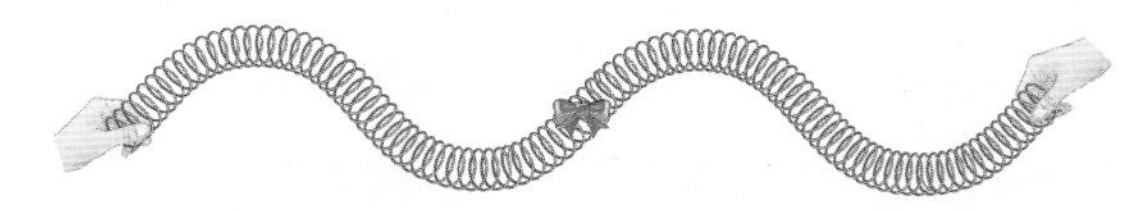

04 용수철에 리본을 매단 까닭을 옳게 설명한 것은?
① 파동의 종류를 알아보기 위해
② 매질의 움직임을 알아보기 위해
③ 파동의 진행 방향을 알아보기 위해
④ 파동이 에너지를 전달하는 것을 알아보기 위해
⑤ 파동이 매질이 있어야 전달되는 것을 알아보기 위해

05 용수철 파동이 오른쪽으로 진행할 때 리본의 움직임을 옳게 설명한 것은?
① 리본은 좌우로 움직인다.
② 리본은 앞뒤로 움직인다.
③ 리본은 위아래로 움직인다.
④ 리본은 오른쪽으로 이동한다.
⑤ 리본은 왼쪽으로 이동한다.

중요
06 그림은 파도에 의해 해안가 암석이 깎여 만들어진 해안 절벽의 모습이다. 이는 파동의 에너지가 전달될 때 나타나는 현상이다. 이와 같은 현상만을 〈보기〉에서 있는 대로 고른 것은?

〈보기〉
ㄱ. 바람이 불어 깃발이 흔들린다.
ㄴ. 지진파에 의해 건물이나 도로가 무너진다.
ㄷ. 초음파를 이용하여 안경에 붙은 이물질을 제거한다.

① ㄱ ② ㄴ ③ ㄷ
④ ㄱ, ㄴ ⑤ ㄴ, ㄷ

중단원 실전 문제

3 파동의 종류

07 그림은 사람들이 옆 사람과 어깨동무를 하고 오른쪽과 왼쪽으로 움직이면서 응원하는 모습을 나타낸 것이다.

이 모습을 파동에 비유할 때 매질에 해당하는 것은 무엇이고, 파동의 종류는 무엇인지 각각 쓰시오.

중요

08 그림 (가)는 용수철을 위아래로 흔들 때 나타난 파동을, 그림 (나)는 용수철을 앞뒤로 흔들 때 나타난 파동을 나타낸 것이다.

(가) (나)

(가)와 (나)에 해당하는 파동의 예를 옳게 짝 지은 것은?

	(가)	(나)
①	빛	소리
②	소리	물결파
③	소리	지진파의 P파
④	지진파의 S파	물결파
⑤	지진파의 P파	지진파의 S파

4 파동의 표현

중요

09 그림은 어떤 파동을 나타낸 것이다.

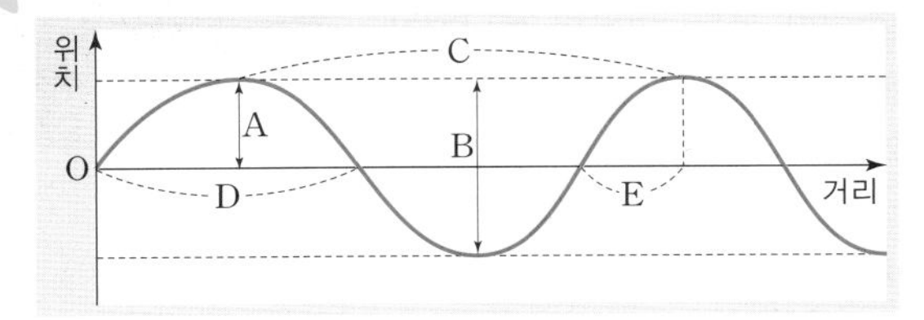

이 파동의 파장과 진폭을 옳게 짝 지은 것은?

	파장	진폭
①	B	A
②	C	A
③	C	B
④	D	E
⑤	E	A

10 그림은 용수철을 앞뒤로 흔들 때 나타난 파동의 모습이다.

이 파동에 대한 설명으로 옳은 것은?

① 그림과 같은 파동을 횡파라고 한다.
② 그림과 같은 파동의 예로 물결파가 있다.
③ 파동이 진행할 때 매질도 함께 이동한다.
④ 파동의 진행 방향과 매질의 진동 방향이 수직이다.
⑤ 빽빽한 곳과 다음 빽빽한 곳까지의 거리를 파장이라고 한다.

5 소리의 발생과 전달

11 다음은 소리가 발생하여 전달되는 과정이다.

(㉠)의 진동 → (㉡)의 진동→ (㉢)의 진동

㉠~㉢에 들어갈 말을 옳게 짝 지은 것은?

	㉠	㉡	㉢
①	물체	고막	공기
②	물체	공기	고막
③	공기	물체	고막
④	공기	고막	물체
⑤	고막	공기	물체

12 그림과 같이 바람이 없는 실내에 북을 세우고 그 앞에 촛불을 놓고 북을 치면서 촛불의 움직임을 관찰하였다. 이에 대한 설명으로 옳지 않은 것은?

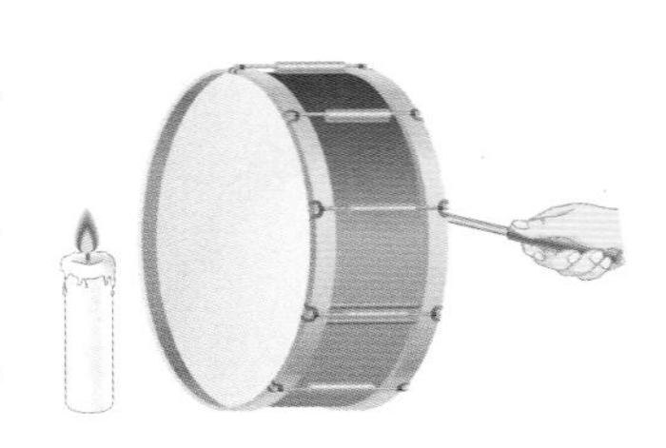

① 북을 치면 촛불은 앞뒤로 흔들린다.
② 공기의 진동으로 북 소리가 전달된다.
③ 북을 치면 북의 막의 진동으로 소리가 발생한다.
④ 만약 공기가 없다면 북 소리는 전달되지 않는다.
⑤ 북을 치면 북 주변의 공기가 촛불까지 이동하므로 촛불이 꺼진다.

6 소리의 3요소

13 그림은 소리굽쇠를 고무망치로 치는 모습이다.
소리굽쇠를 약하게 치다가 세게 치면 파동의 진동수와 진폭은 각각 어떻게 달라지는지 옳게 짝 지은 것은?

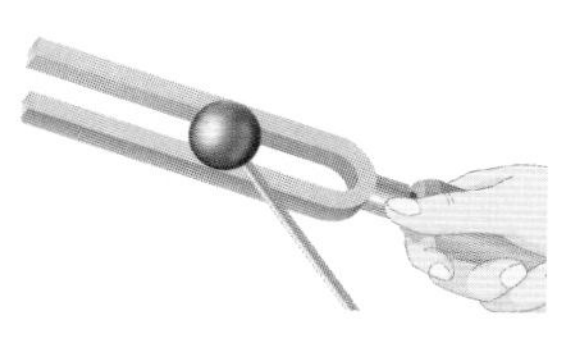

	진동수	진폭
①	작아진다.	커진다.
②	커진다.	작아진다.
③	커진다.	변하지 않는다.
④	변하지 않는다.	커진다.
⑤	변하지 않는다.	작아진다.

[14~15] 그림과 같이 장치하고 강철 자를 튕기면서 소리를 들어 보았다. 물음에 답하시오.

14 강철 자의 길이를 일정하게 하고 튕기는 폭을 점점 크게 하였다. 이때 강철 자에서 나는 소리를 옳게 설명한 것은?

① 소리가 점점 커진다.
② 소리가 점점 작아진다.
③ 소리가 점점 낮아진다.
④ 소리가 점점 높아진다.
⑤ 소리의 크기와 높낮이에는 변화가 없다.

15 강철 자의 튕기는 폭을 일정하게 하고, 자의 길이를 점점 길게 하면서 소리를 들어 보았다. 이때 강철 자에서 나는 소리의 파형을 옳게 분석한 것은?

① 진폭이 점점 커진다.
② 진폭이 점점 작아진다.
③ 진동수가 점점 커진다.
④ 진동수가 점점 작아진다.
⑤ 진폭과 진동수가 모두 작아진다.

중요
16 그림은 어떤 소리의 파형을 나타낸 것이다.

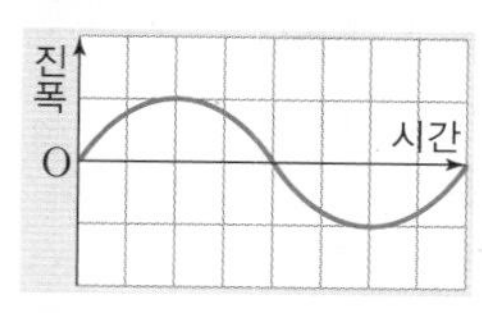

이 소리보다 크기가 크고 높은 소리는?

①
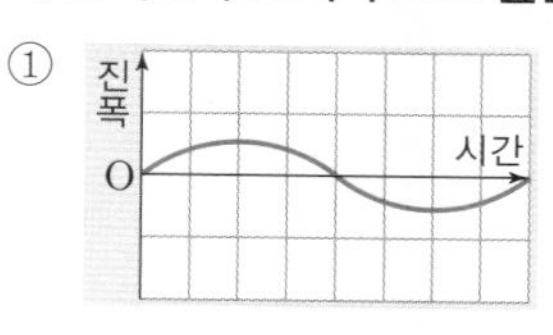
②
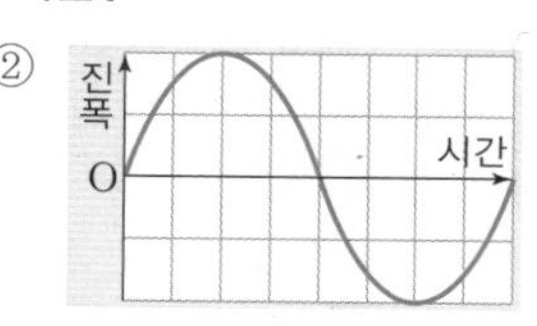
③
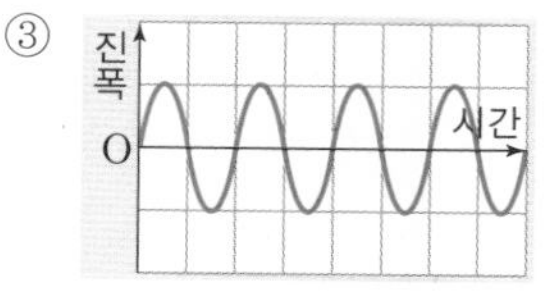
④
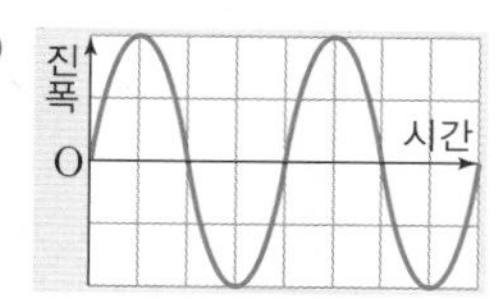
⑤
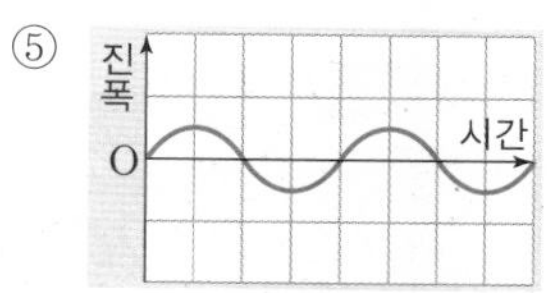

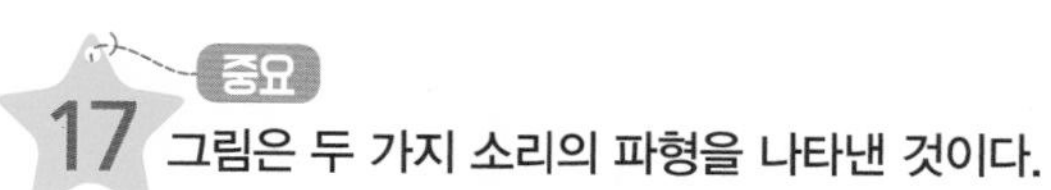

중요
17 그림은 두 가지 소리의 파형을 나타낸 것이다.

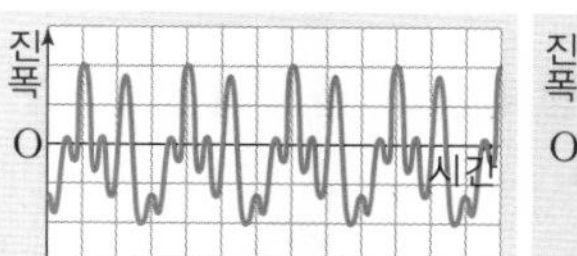
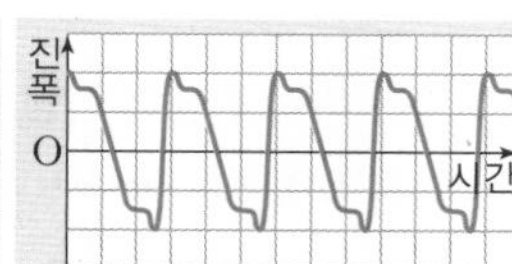

이와 같이 소리의 파형이 다를 때 나타나는 현상만을 〈보기〉에서 있는 대로 고른 것은?

보기
ㄱ. 목소리로 사람을 구별할 수 있다.
ㄴ. 같은 음이라도 피아노 소리와 오보에 소리가 다르다.
ㄷ. 기타 줄을 약하게 퉁길 때와 세게 퉁길 때의 소리가 다르다.

① ㄱ ② ㄷ ③ ㄱ, ㄴ
④ ㄴ, ㄷ ⑤ ㄱ, ㄴ, ㄷ

중단원 실전 서논술형 문제

정답과 해설 • 87쪽

01 그림과 같이 쟁반에 물을 담은 다음 탁구공을 올려놓고 손가락으로 수면의 한쪽을 두드리며 물결을 만들었다.
물결의 진행과 탁구공의 움직임을 각각 서술하시오.

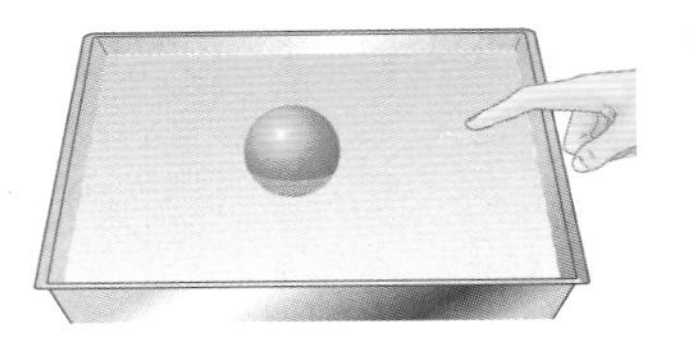

Tip 한곳에서 생긴 진동이 퍼져 나가는 것이 파동이며, 파동이 진행할 때 매질은 제자리에서 진동만 한다.
Key Word 물결파, 매질

02 그림은 파도타기 응원을 하는 모습을 나타낸 것이다. 파도타기 응원을 파동에 비유하면 횡파와 종파 중 어떤 파동에 비유할 수 있는지 쓰고, 그 까닭을 설명하시오.

Tip 파도타기 응원은 사람을 매질이라고 하면 파동에 비유할 수 있다.
Key Word 파도타기 응원, 횡파, 종파

03 그림은 어떤 파동이 진행하는 모습을 나타낸 것이다.

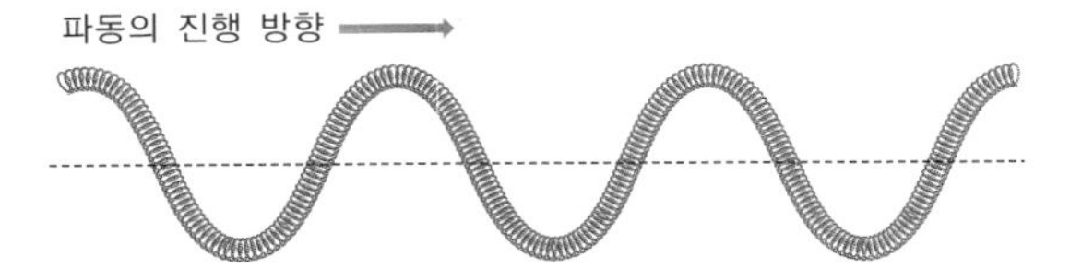

진폭과 파장을 그림에 표시하고, 진폭과 파장을 각각 서술하시오.

Tip 파동의 가장 높은 곳은 마루, 가장 낮은 곳은 골이다. 진폭은 수직 거리, 파장은 수평 거리이다.
Key Word 진폭, 파장

04 그림과 같이 간이 공기 펌프의 용기 안에 에어 캡과 벨이 울리고 있는 휴대 전화를 넣고 뚜껑을 닫았다.
휴대 전화의 벨 소리가 들리지 않게 하는 방법을 까닭과 함께 서술하시오.

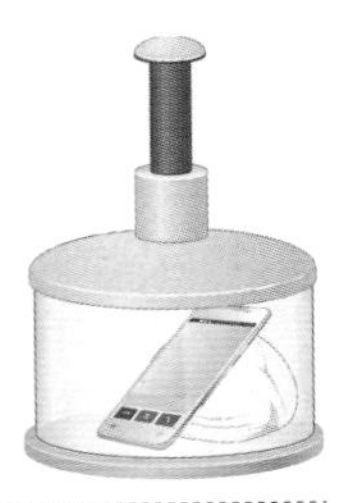

Tip 소리는 매질이 있어야 전달되며, 매질이 없으면 전달되지 않는다.
Key Word 소리의 전달, 매질

05 라디오 볼륨을 줄이면 라디오에서 나는 소리가 점점 작아진다. 이러한 현상을 다음 주어진 단어를 모두 사용하여 서술하시오.

라디오 볼륨, 진폭, 소리의 크기

Tip 소리의 크기는 진폭에 따라 달라진다. 소리가 작아지면 진폭도 작아진다.
Key Word 소리의 크기, 진폭, 라디오 볼륨

06 그림과 같이 유리병에 물을 부어 악기를 만든 다음, 막대를 이용하여 유리병을 치면서 소리를 들어 보았더니 소리의 높이가 다르게 들렸다.

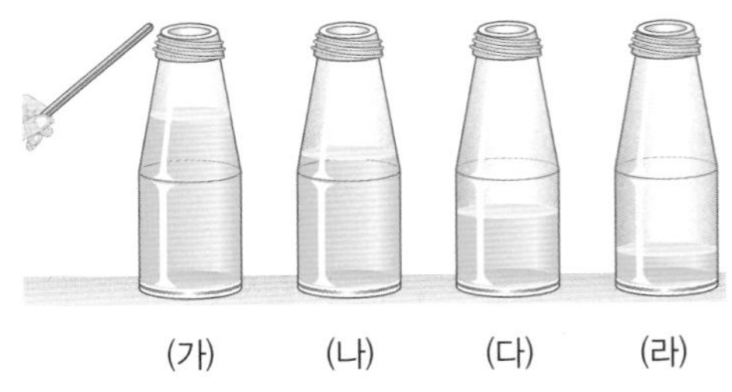

가장 낮은 소리가 나는 유리병은 어느 것인지 쓰고, 까닭을 서술하시오.

Tip 유리컵을 두드릴 때 나는 소리는 유리의 진동에 의해 공기가 진동하여 전달되는 소리다.
Key Word 진동, 소리의 높이

VII

과학과 나의 미래

과학과 현재, 미래의 직업

과학과 현재, 미래의 직업

중단원 개념 요약

1 과학과 관련된 직업

1. **과학과 관련된 직업** : 과학자, 공학자
2. **다양한 과학 관련 직업** : 의사, 간호사, 약사, 물리 치료사, 교사, 교수, 과학 커뮤니케이터 등
3. **국가 직무 능력 표준(NCS)에 따른 과학 관련 직업 분류**

생명 공학	자연 과학
생물학자, 생명 과학 기술 공학자, 유전자 감식 연구원, 생물학 연구원 등	물리학 연구원, 물리학자, 기상 연구원, 천문 연구원, 화학자 등
재료 소재	**화학**
금속 기술자, 섬유 공학 기술자, 초전도체 연구원, 태양 전지 연구원 등	석유 화학 공학 기술자, 음식료품·의약품 화학 공학 기술자, 조향사 등

2 과학 관련 직업의 역량

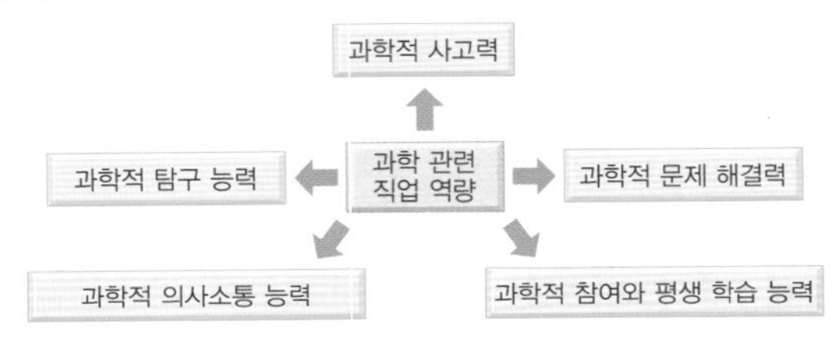

3 직업 속의 과학

1. **역할** : 다양한 분야의 직업에서도 과학이 중요한 역할을 함

분야	기술	공학	사회	예술	문학
직업의 예	음향 기술자, 비파괴 검사원 등	안전 공학자, 의공학자 등	소방관, 빅데이터 분석가 등	조각가, 음악 분수 연출가 등	소설가, 과학 작가 등

2. **해야할 일** : 과학 지식과 탐구 방법을 바탕으로 문제를 해결하는 융합 능력을 길러야 함

4 미래 사회의 직업

1. **미래 사회** : 정보 기술 사회, 스마트 디지털 기술 사회, 고령화, 다문화에 따른 국제화 사회, 삶의 질이 중요한 사회, 생명 공학·신개념 의학 기술이 발달한 사회
2. **미래 사회의 직업**

미래 사회 모습	직업의 예
정보 기술	정보 보안 전문가, 사물 인터넷 개발자 등
스마트 디지털 기술	오감 인식 기술자, 아바타 개발자 등
다문화에 따른 국제화 사회	문화 갈등 해결원 등
생명 공학 기술	유전 상담 전문가, 의약품 기술자 등

중단원 실전 문제

정답과 해설 • 88쪽

1 과학과 관련된 직업

01 과학자만을 〈보기〉에서 있는 대로 고른 것은?

보기
ㄱ. 의사　　ㄴ. 기상학자
ㄷ. 과학 기자　　ㄹ. 우주 공학자
ㅁ. 천문학자　　ㅂ. 에너지 공학자

① ㄱ, ㄹ　② ㄴ, ㅁ　③ ㄷ, ㅂ
④ ㄴ, ㄷ, ㅁ　⑤ ㄷ, ㄹ, ㅂ

중요
02 공학자에 대한 설명으로 옳은 것만을 〈보기〉에서 있는 대로 고른 것은?

보기
ㄱ. 과학자들이 밝혀낸 지식과 방법을 활용한다.
ㄴ. 일상생활을 편리하게 만드는 기술을 개발한다.
ㄷ. 과학자와 공학자가 하는 일은 명확하게 구분되며, 서로 연관성이 없다.

① ㄱ　② ㄷ　③ ㄱ, ㄴ
④ ㄴ, ㄷ　⑤ ㄱ, ㄴ, ㄷ

03 국가 직무 능력 표준에 따른 과학 관련 직업 중 생명 공학 분야에 해당하는 직업으로 옳은 것은?

① 조향사　② 태양 전지 연구원
③ 물리학자　④ 유전자 감식 연구원
⑤ 초전도체 연구원

2 과학 관련 직업의 역량

중요
04 다음 글을 읽고 과학 전문 기자에게 가장 필요한 직업 역량은 무엇인지 쓰시오.

과학 전문 기자는 흥미로운 과학 주제를 다른 사람들이 이해하기 쉬운 기사로 작성하고 표현해야 한다.

중단원 실전 문제

중요

05 다음에서 설명하고 있는 과학 관련 직업 역량은 무엇인가?

> 새로운 과학 기술 환경에 적응하기 위해 지속적으로 학습해 나가는 능력이 필요하다.

① 과학적 사고력
② 과학적 탐구 능력
③ 과학적 문제 해결력
④ 과학적 의사소통 능력
⑤ 과학적 평생 학습 능력

3 직업 속의 과학

06 문화재 보존 연구원에 대한 설명으로 옳은 것만을 〈보기〉에서 있는 대로 고른 것은?

> 보기
> ㄱ. 과학적 지식이나 탐구 방법은 필요가 없다.
> ㄴ. 문화재와 관련된 역사적 지식이 있어야 한다.
> ㄷ. 손상된 유물을 수리하여 새 생명을 불어 넣는 일을 한다.

① ㄱ
② ㄷ
③ ㄱ, ㄴ
④ ㄴ, ㄷ
⑤ ㄱ, ㄴ, ㄷ

4 미래 사회의 직업

07 다음에서 설명하는 과학 기술은 무엇인지 쓰시오.

> 사람과 사물, 사물과 사물의 데이터가 인터넷으로 연결되는 기술로, 이 기술을 바탕으로 스마트폰을 이용하여 가전제품을 케어한다.

중요

08 미래 사회의 변화될 모습에 따라 유망하거나 새로 생길 직업끼리 옳게 짝 지어진 것을 〈보기〉에서 있는 대로 고르시오.

> 보기
> ㄱ. 정보 기술 사회 – 전자 상거래 전문가
> ㄴ. 생명 공학 기술 사회 – 인공 장기 조직 개발자
> ㄷ. 다문화에 따른 국제화 사회 – 정보 보안 전문가
> ㄹ. 스마트 디지털 기술 사회 – 아바타 개발자

중단원 실전 서논술형 문제

정답과 해설 • 88쪽

01 다음은 의학 관련 직업이다.

> 의사, 간호사, 약사, 물리 치료사, 의학 물리학자

위와 같은 직업을 과학 관련 직업이라고 할 수 있는 까닭은 무엇인지 서술하시오.

Tip 의학 분야에서 치료를 하기 위해서는 인체의 구조나 기능을 알아야 한다.

Key Word 과학적 지식, 몸의 구조, 기능

02 다음은 생명 공학 기술 관련 직업이다.

> 유전 상담 전문가, 생명 공학 연구원, 의약품 기술자

위와 같은 직업이 미래 사회에서 증가할 것으로 예상할 수 있는 까닭은 무엇인지 서술하시오.

Tip 과학 기술이 발달하면 질병에 대한 여러 가지 정보가 더 많이 밝혀진다.

Key Word 질병, 치료

03 다음은 과학 기술의 발달과 직업의 변화를 설명한 글이다.

> 과학 기술이 발달되면서 직업인이 일하는 모습를 변화시키기도 한다.

만화가를 예로 들어 이와 같은 변화의 예를 2가지만 서술하시오.

Tip 그림을 그리는 재료가 달라졌다.

Key Word 만화, 종이, 컴퓨터

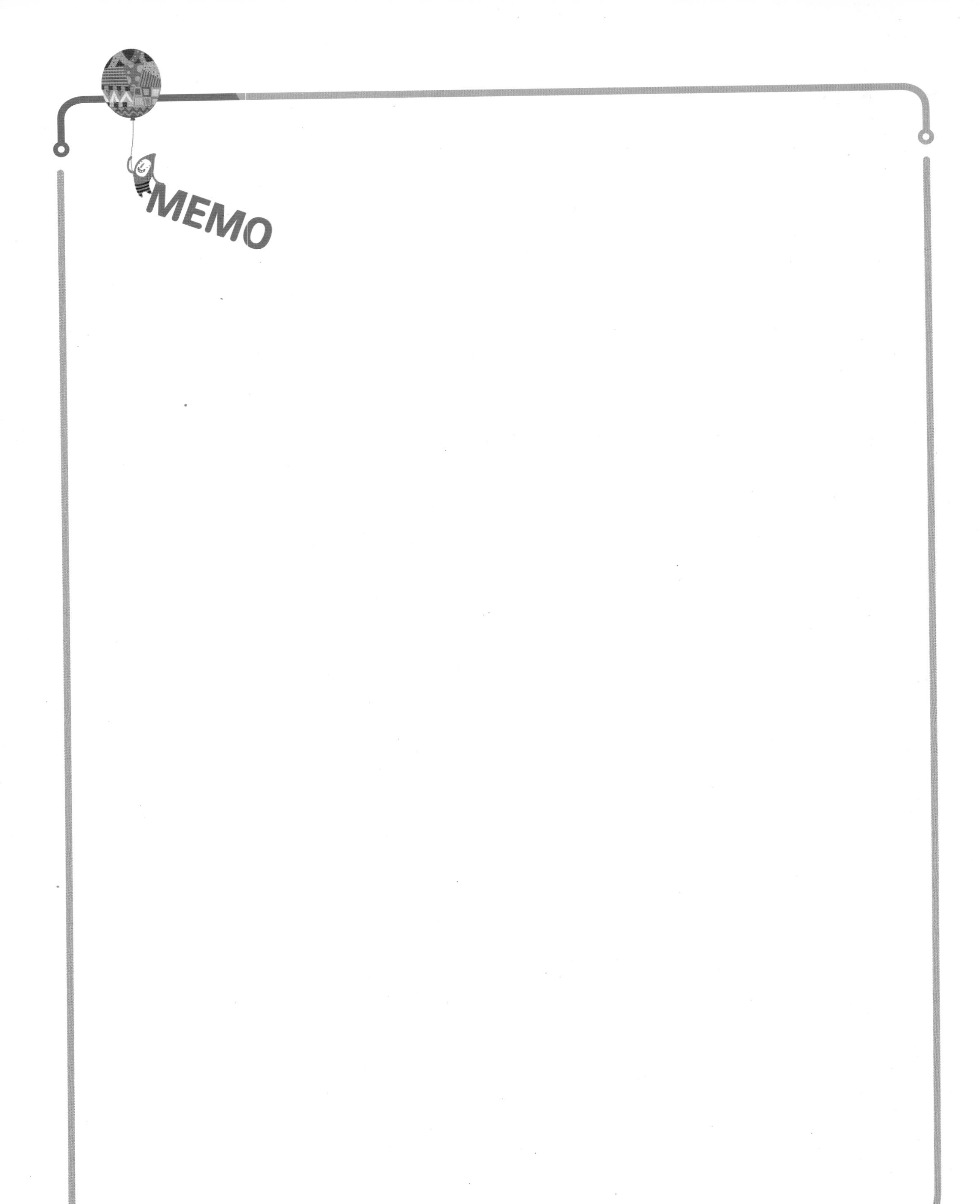
MEMO

세상에 없던 새로운 공부법

EBS 중학

| 과학 1 |

실전책

중학도 역시 EBS

세상에 없던 새로운 공부법

EBS 중학 뉴런

과학 1

정답과 해설

뉴런 과학1

정답과 해설

개념책

정답과 해설 개념책

Ⅰ. 지권의 변화

01 지구계와 지권의 층상 구조

기초 섭렵 문제 본문 7, 9쪽

1 지구계 | 계, 지구계, 지권, 수권, 기권, 생물권, 외권
2 지구 내부 조사 방법 | 시추법, 지진파, 지구 내부
3 지권의 층상 구조 | 4, 지각, 맨틀, 외핵, 내핵

01 (1) ○ (2) × (3) × (4) ○ 02 ㄱ, ㄴ, ㅂ 03 (1) 지권 (2) 수권 (3) 외권 (4) 생물권 (5) 기권 04 (1) × (2) × (3) ○ (4) × 05 기권, 지권, 수권 06 ㄴ, ㄷ 07 (1) 직 (2) 간 (3) 직 08 (1) ○ (2) × (3) ○ (4) ○ 09 (1) 지각 (2) 맨틀 (3) 외핵 (4) 내핵 10 (1) × (2) × (3) ×

01 (2) 과학에서 다루는 계에는 태양계와 지구계뿐만 아니라 생태계, 호흡계 등 매우 다양하다.
(3) 생태계는 다양한 생물들뿐만 아니라 물, 공기, 햇빛 등의 환경과도 서로 영향을 주고받는다.

02 해수, 빙하, 지하수는 수권에, 대기는 기권에, 식물은 생물권에, 암석은 지권에, 태양, 유성은 외권에 해당한다.

03 지구계의 구성 요소에는 수권, 기권, 지권, 생물권, 외권이 있다.

04 (1) 해수, 강, 지하수, 빙하 등 지구에 있는 물은 수권이다.
(2) 기권은 여러 가지 기체로 이루어져 있다.
(4) 지구의 표면은 토양과 암석으로 이루어져 있다.

05 구름(기권)에서 비가 내리면 지표(지권)의 모습을 변화시키고, 깎아낸 물질을 바다(수권)로 운반한다.

06 상자를 열어보거나 수박을 잘라보는 것은 물체의 내부를 직접적으로 조사하는 방법이다.

07 화산 분출물을 조사하거나 직접 땅을 파 보는 것은 직접적인 조사 방법이고, 운석을 연구하거나 지진파를 분석하는 것은 간접적인 조사 방법이다.

08 (2) 지진이 발생하면 지진파는 모든 방향으로 전파된다.

09 지각은 화강암질 암석으로 이루어진 대륙 지각과 현무암질 암석으로 이루어진 해양 지각으로 구분한다.

10 (1) 지구 내부는 4개의 층으로 이루어진 층상 구조이다.
(2) 지구 전체 부피의 대부분을 차지하는 층은 맨틀이다.
(3) 지각, 맨틀, 내핵은 고체 상태이지만, 외핵은 액체 상태로 추정된다.

탐구 섭렵 문제 본문 11쪽

지구 내부 구조 모형 만들기 | 층상, 외핵, 지각, 맨틀, 지각

1 ③ 2 지각 3 ① 4 ㄱ 5 ④

1 맨틀의 두께는 맨틀의 경계면에서 지각의 경계면을 뺀 2900 km−35 km=2865 km이다. 이때 지구의 반지름은 6400 km이고, 지구 모형의 반지름은 50 cm이므로, 맨틀의 두께를 x라 하고, x를 구하는 비례식을 세우면, 다음과 같다.
$6400\text{ km} : 50\text{ cm} = 2865\text{ km} : x \quad \therefore x \fallingdotseq 22.4\text{ cm}$

2 지각은 지구 반지름에 비해 매우 얇기 때문에 지구를 축소한 모형으로 만들 때는 훨씬 더 얇아지므로 두께를 표현하기가 어렵다.

3 지구 내부 구조를 모형으로 만들 때, 두께가 가장 얇은 층은 지각이고, 두께가 가장 두꺼운 층은 맨틀이다.

4 지구 내부는 균일한 층이 아니라 4개의 층으로 구분되어 있고, 두께가 가장 두꺼운 층은 맨틀, 가장 얇은 층은 지각이다. 지각은 상대적으로 두께가 얇아서 지구 내부 구조 모형으로 표현하기가 어렵다.

5 지권의 층상 구조 중에서 두께가 가장 두꺼운 층은 맨틀이고, 다음으로는 외핵, 내핵, 지각의 순서로 두께가 얇아진다.

내신 기출 문제 본문 12~15쪽

01 ④ 02 ① 03 ① 04 ② 05 ③ 06 ③ 07 ⑤ 08 ③ 09 ② 10 ① 11 ③ 12 ① 13 ① 14 ③ 15 ① 16 ③ 17 ④ 18 ④ 19 ③ 20 시추법 21 ③ 22 ③ 23 ⑤ 24 ⑤ 25 ②

01 ㄴ, ㄷ. 계는 서로 영향을 주고받는 구성 요소들의 모임으로, 구성 요소 중 하나에 변화가 생기면 다른 요소도 영향을 받아 변하면서 상호 작용한다.

오답 피하기 ㄱ. 과학에서는 태양계, 지구계, 생태계 등 다양한 계를 다룬다.

02 지구계뿐만 아니라 생태계, 순환계, 태양계 등은 모두 과학에서 다루는 계이다.

03 **오답 피하기** ㄴ. 수권의 대부분은 해수가 차지하고 있다.
ㄷ. 지권은 지구의 겉 부분인 지각과 지구 내부를 의미한다.

04 기권은 지구를 둘러싸고 있는 대기이며, 질소, 산소, 아르곤, 이산화 탄소 등의 여러 가지 기체로 이루어져 있다.

05 지권은 암석과 토양으로 구성된 지각과 지구 내부를 포함한 영역이다.

오답 피하기 ③ 비나 눈 등의 기상 현상은 기권에서 일어난다.

06 수권에는 해수, 빙하, 지하수, 강, 호수가 포함된다.

07 태양은 지구 밖의 우주에 있으며 지구 환경에 영향을 주는 천체로 외권에 속한다.

08 수권은 지구 표면의 약 70 %를 차지하며, 해수가 가장 많고, 다음으로 빙하, 지하수, 강과 호수의 순서로 분포한다. 기권은 지구를 둘러싸고 있는 대기로 지표면으로부터 약 1000 km 높이까지 분포하며, 외권은 기권 바깥의 우주 공간으로 태양, 달 등의 천체를 포함하고 있다.

09 해수, 빙하, 지하수, 강과 호수는 수권에 속한다.

오답 피하기 ㄱ. 태양－외권, ㄷ. 사람－생물권, ㅁ. 암석－지권, ㅂ. 토양－지권, ㅇ. 달－외권

10 수권에 속한 지구의 전체 물 중에서 약 97 %를 차지하는 것은 해수이고, 두 번째로 많은 부피를 차지하는 것은 얼어 있는 빙하이다.

11 생물권은 지구에 살고 있는 모든 생물로, 동물과 식물이 모두 포함된다. 생물권은 지권, 수권, 기권의 넓은 영역에 걸쳐 분포하고 있다.

12 외권은 지구를 둘러싼 기권의 바깥 영역인 우주 공간으로 태양, 달 등의 천체를 포함한다.

13 큰 화산 폭발(지권)이 일어나면 많은 양의 화산재가 상공(기권)으로 올라가고 햇빛(외권)을 가려 지구의 기온(기권)을 떨어뜨린다.

14 지구계에서는 항상 크고 작은 변화가 일어나며, 어느 한 요소에서 일어난 변화는 다른 요소에 영향을 준다.

15 물체의 내부를 직접 조사하는 방법에는 직접 잘라보거나 내부를 들여다보는 방법이 있고, 간접적으로 조사하는 방법에는 X선 검사, 초음파 검사, 자기 공명 영상(MRI) 장치로 검사하는 방법이 있다.

16 시추법을 이용하여 땅속을 직접 파 들어가 보면 정확하게 지구 내부를 알 수 있지만, 현실적으로 파 들어갈 수 있는 깊이가 매우 얕다. 따라서 현실적으로 볼 때, 가장 효과적인 지구 내부의 연구 방법은 지진파를 조사하고 분석하는 것이다.

17 지진파를 분석하여 내부를 알아보는 방법은 간접적인 조사 방법이다.

클리닉 + **물체의 내부를 조사하는 방법**
- 직접적인 방법 : 잘라서 내부 보기, 열어서 내부 보기
- 간접적인 방법 : X선, 초음파, 자기 공명 영상 장치 이용하기

18 직접 땅속을 뚫어서 내부를 살펴보거나 화산이 분출할 때 나오는 물질을 통해 지구 내부를 조사하는 방법은 지구 내부의 전체 구조를 알아내는 데 한계가 있다. 지구의 매우 깊은 곳은 지진파 분석을 통해 알아낸다.

19 지구 내부를 조사하는 직접적인 방법은 직접 땅을 뚫고 파 들어가거나 화산이 폭발할 때 나오는 화산 분출물을 조사하는 것이다.

클리닉 + **지구의 내부를 조사하는 방법**
- 직접적인 방법 : 시추법, 화산 분출물 조사하기
- 간접적인 방법 : 운석 연구, 지진파 연구

20 땅을 직접 파고 들어가면서 지구 내부를 조사하는 방법을 시추법이라고 하며, 지구는 내부로 들어갈수록 온도와 압력이 높아지므로 이 방법으로 지구 내부 전체를 알아내는 데에는 한계가 있다.

21 지진파는 지구 내부에서 지진이 발생할 때 생겨나는 파동으로 모든 방향으로 전파된다.

22 A는 지각, B는 맨틀, C는 외핵, D는 내핵이다.

23 과학자들은 지구 내부를 통과하는 지진파 연구를 통해 지구 내부에 3개의 경계면이 있음을 알아내었고, 이를 기준으로 지권을 지각, 맨틀, 외핵, 내핵으로 구분한다.

24 C는 맨틀로 지각과는 다른 종류의 암석으로 이루어져 있다.

클리닉 + **지권의 층상 구조를 이루는 물질**
• 대륙 지각 : 화강암질 암석
• 해양 지각 : 현무암질 암석
• 맨틀 : 감람암질 암석
• 외핵, 내핵 : 철, 니켈

25 지구 전체 부피의 대부분인 약 80 %를 차지하는 층은 맨틀이고, 지권의 구조 중에서 액체 상태로 추정되는 층은 외핵이다.

고난도 실력 향상 문제

본문 16쪽

01 ③ **02** ② **03** ② **04** ④

01 오랜 시간 동안 강물이 흐르면서 지표의 모습이 변화한다는 자연 현상은 수권이 지권에 영향을 주는 것이고, 화산이 폭발할 때 화산재가 상공으로 퍼진다는 것은 지권이 기권에 영향을 주는 것이다. 두 현상에서 공통적으로 작용하는 지구계의 구성 요소는 지권이다.
오답 피하기 ㄷ. 여러 가지 기체로 이루어져 있으며 기상 현상이 나타나는 특성은 지구계의 구성 요소 중에서 기권에 해당한다.

02 화산 분출물의 성분 조사와 직접 땅속을 뚫어서 조사하는 시추법으로는 지구 전체 내부의 정보를 알아내는 데 한계가 있다. 따라서 지구의 매우 깊은 곳은 지진파를 분석하여 알아낸다.
오답 피하기 ㄱ. (가)는 용암의 성분을 통해 맨틀 물질까지는 직접 알아낼 수 있다.
ㄷ. (나)는 현재 최대한 깊이 파 들어간 깊이가 약 12 km이므로 지구 내부의 가장 깊은 곳의 정보를 얻는 데에는 한계가 있다.

03 지름이 16 cm인 지구 모형의 반지름은 8 cm이다. 반지름이 8 cm인 지구 모형에서 모형에서의 지각의 두께는 '8 cm : 6400 km = 모형에서의 지각의 두께 : 35 km'라는 비례식에 대입하면 약 0.04 cm가 나온다. 같은 원리를 적용하여 맨틀과 외핵, 내핵의 두께를 구하면, 맨틀의 두께는 약 3.58 cm, 외핵의 두께는 2.75 cm, 내핵의 두께는 약 1.63 cm이다. 지구 모형을 통해 맨틀의 두께가 가장 두껍고, 지각의 두께는 가장 얇다는 것을 확인할 수 있다.
오답 피하기 ㄱ. 지구 모형의 반지름을 8 cm로 대입해서 비례식으로 구한 지구 모형에서의 맨틀 두께는 약 3.58 cm이다.
ㄷ. 모형을 이용하여 구한 외핵의 두께는 2.75 cm이지만, 지구 내부 구조 중에서 맨틀 다음으로 두껍다. 즉, 지권의 구조 중에서 맨틀의 두께가 가장 두껍다.

04 A는 대륙 지각, B는 해양 지각이다. 대륙 지각의 두께는 평균 약 35 km이고, 해양 지각의 두께는 평균 약 5 km로 대륙 지각의 두께가 해양 지각의 두께보다 더 두껍다. 지각과 맨틀의 경계면인 모호로비치치 불연속면은 대륙 쪽이 해양 쪽보다 더 깊다. 또한, 대륙 지각은 화강암질 암석으로, 해양 지각은 현무암질 암석으로 이루어져 있다.
오답 피하기 ㄱ. 대륙 지각인 A의 두께가 해양 지각인 B의 두께보다 두껍다.

서논술형 유형 연습

본문 17쪽

01 화산재가 햇빛을 가려 기온(기권)이 내려가고, 식물(생물권)이 광합성을 하지 못한다.
| 모범 답안 | 기권에서는 햇빛이 가려져 기온이 내려가고, 생물권에서는 식물에 햇빛이 도달하지 못하므로 광합성을 하지 못한다.

채점 기준	배점
기권과 생물권에서의 변화의 예를 모두 옳게 서술한 경우	100%
위의 2가지 중에서 1가지만을 옳게 서술한 경우	50%

02 직접적인 연구 방법은 내부를 정확하게 알 수 있지만, 전체 내부 구조를 알아내는 데에는 한계가 있고, 간접적인 연구 방법은 깊은 곳까지 알아낼 수 있다.
| 모범 답안 | (1) (가)는 시추법으로 직접적인 연구 방법이고, (나)는 지진파를 분석하는 방법으로 간접적인 연구 방법이다.
(2) (가)의 방법은 직접 땅을 뚫어 정확하게 지구 내부의 물질과 구조를 알 수 있는 장점이 있다. (나)의 방법은 지구 내부를 통과하는 지진파를 연구 분석함으로서 지구 내부 전체의 구조를 알아낼 수 있는 장점이 있다.

채점 기준	배점
(1)에서 옳게 구분하고, (2)에서 각각의 장점을 옳게 서술한 경우	100%
(1)만 옳게 구분한 경우	50%
(2)에서의 장점만 옳게 서술한 경우	50%

02 암석의 순환

기초 섭렵 문제

본문 19, 21쪽

1 화성암 | 화성암, 작다, 색
2 퇴적암 | 퇴적암, 셰일(이암), 화석, 층리
3 변성암 | 변성암, 규암, 엽리, 재결정
4 암석의 순환 | 환경, 화성암, 퇴적암, 변성암, 순환

01 (1) ○ (2) × (3) × (4) × 02 (1) ㄴ, ㄷ (2) ㄱ, ㄹ (3) ㄱ, ㄷ (4) ㄴ, ㄹ 03 (1) 석회암 (2) 역암 (3) 응회암 (4) 셰일(이암) (5) 사암 (6) 암염 04 (1) ○ (2) × (3) ○ 05 층리 06 (1) ○ (2) × (3) ○ 07 (1) 규암 (2) 대리암 (3) 편마암 (4) 편암, 편마암 08 재결정 09 엽리 10 순환

01 (1) 마그마의 냉각 속도가 빠를수록 화성암을 이루는 광물 결정의 크기는 작고, 마그마의 냉각 속도가 느릴수록 화성암을 이루는 광물의 결정의 크기는 크다.
(2) 지표 부근에서 마그마가 식어서 굳어져 생성된 화성암은 밝은 색도 있고 어두운 색도 있다.
(3) 지하 깊은 곳에서는 마그마가 서서히 냉각되므로, 결정이 자랄 시간이 충분하여 화성암을 이루는 광물 결정의 크기가 크다.
(4) 밝은 색 화성암은 지표 부근이나 지하 깊은 곳 모두에서 생성될 수 있다.

02 (1) 암석을 이루는 광물의 결정이 큰 암석은 심성암이다.
(2) 암석을 이루는 광물의 결정이 작거나 없는 암석은 화산암이다.
(3) 현무암과 반려암은 어두운 색 광물을 많이 포함하여 색이 어둡다.
(4) 화강암과 유문암은 밝은 색 광물을 많이 포함하여 색이 밝다.

03 퇴적물의 종류와 퇴적물의 크기에 따라 퇴적암의 종류는 달라진다.

04 (2) 해안가에서 멀어질수록 진흙처럼 크기가 작은 퇴적물이 쌓인다.

05 퇴적암에 생성되는 줄무늬를 층리라고 한다.

06 (2) 암석이 높은 열만 받을 때에도 변성암이 생성된다. 대표적인 예로 사암이 높은 열을 받아서 생성된 규암이 있다.

07 화강암이 변성 작용을 받아서 생성된 편마암은 화강 편마암이라고도 한다. 셰일은 변성 정도에 따라서 편암, 편마암으로 변한다.

08 암석은 변성 작용을 받을 때 높은 열과 압력을 받아 광물 입자가 커지거나 새로운 알갱이로 만들어지는데, 이를 재결정 또는 큰 결정이라고 한다.

09 변성암에서는 압력 방향에 수직으로 나타나는 줄무늬인 엽리가 나타난다.

10 지권을 이루는 물질은 암석의 순환 과정을 통해 여러 가지 작용을 받아 다른 암석으로 변한다.

탐구 섭렵 문제

본문 23쪽

암석 분류하기 | 화성암, 퇴적암, 변성암, 엽리, 대리암

1 (1) ㄹ, ㅁ (2) ㄴ, ㄷ (3) ㄱ, ㅂ 2 ④ 3 ⑤ 4 ③ 5 ⑤

1 (1) 마그마가 지하나 지표 부근에서 식어서 굳어진 암석은 화성암으로 현무암과 화강암이 이에 속한다.
(2) 퇴적물이 굳어진 퇴적암에는 사암, 역암이 해당된다.
(3) 암석이 변성 작용을 받아 생성된 새로운 암석인 변성암은 편마암과 대리암이다.

2 자갈이 굳어서 생긴 역암, 모래가 굳어서 생긴 사암이 퇴적암이다.

3 현무암은 어두운 색을 띠며, 표면에 구멍이 있고, 광물 결정의 크기가 작다.

4 편마암은 압력 방향에 수직인 줄무늬인 엽리가 뚜렷하게 나타나며, 어두운 색과 밝은 색의 줄무늬가 교대로 반복되므로 정원석으로 이용된다.

5 대리암에는 탄산 칼슘 성분이 있어서 묽은 염산과 반응하여 기체(이산화 탄소)가 발생한다.

내신 기출 문제

본문 24~27쪽

01 ① 02 ① 03 ③ 04 ③ 05 ⑤ 06 ④ 07 ① 08 ②
09 ③ 10 ④ 11 ⑤ 12 ④ 13 ③ 14 ③ 15 ⑤ 16 ②
17 ④ 18 ① 19 ⑤ 20 ① 21 ④ 22 ① 23 ③
24 A : 퇴적암, B : 변성암, C : 화성암

01 암석은 그 생성 원인(만들어지는 과정)에 따라 화성암, 퇴적암, 변성암으로 구분할 수 있다. 그림에서 화강암, 현무암, 반려암은 화성암이고, 셰일, 사암, 역암은 퇴적암이며, 편마암, 규암, 대리암은 변성암이다.

02 A는 마그마가 빠르게 냉각되어 결정 크기가 작은 화산암이 생성되는 장소이고, B는 마그마가 천천히 냉각되어 결정 크기가 큰 심성암이 생성되는 장소이다.

03 A에서는 현무암, 유문암 등의 화산암이 생성된다.

클리닉 + 화성암의 분류

- 화산암 : 지표 부근에서 생성, 현무암, 유문암
- 심성암 : 지하 깊은 곳에서 생성, 반려암, 화강암

04 화성암 중에서 어두운 색 광물이 많은 현무암과 반려암은 색이 어둡다.

05 A는 화강암, B는 유문암, C는 반려암, D는 현무암이다. 어두운 색 광물을 많이 포함한 암석은 암석의 색이 어둡다.

06 유문암과 현무암은 지표 근처에서 마그마가 빠르게 냉각되어 광물 결정이 작은 화산암이고, 화강암과 반려암은 지하 깊은 곳에서 마그마가 서서히 냉각되어 광물 결정이 큰 심성암이다.

07 **오답 피하기** ㄴ. 마그마가 지하 깊은 곳에서 식으면 결정이 크다.
ㄷ. 반려암은 지하 깊은 곳에서 생성되는 심성암이며, 어두운 색 광물을 많이 포함하고 있어서 암석의 색이 어둡다.

08 현무암과 반려암은 둘 다 어두운 색 광물이 많이 모여 암석의 색이 어둡다. 현무암은 화산암으로 광물 결정의 크기가 작고, 반려암은 심성암으로 광물 결정의 크기가 크다.

09 화산암 중에서 밝은 암석은 유문암, 심성암 중에서 밝은 암석은 화강암이다.

10 (가)는 밝은 색을 띠며 암석을 이루는 광물 결정이 큰 특징을 가진 화강암이고, (나)는 어두운 색을 띠며 암석을 이루는 광물 결정이 작은 특징을 가진 현무암이다.

11 (가)는 지하 깊은 곳에서 생성된 심성암으로 화산암인 (나)보다 암석을 이루는 광물 결정의 크기가 크다.

오답 피하기 ① (가)는 심성암으로 마그마가 천천히 식어서 굳어진 암석이다.
② (나)는 화산암으로 마그마가 빠르게 식어서 굳어진 암석이다.
③ 암석의 색이 어두운 (나)가 (가)보다 어두운 색 광물을 더 많이 포함한다.
④ (가)는 (나)보다 더 깊은 곳에서 생성되었다.

12 돌하르방의 재료가 되는 화성암은 어두운 색 광물을 많이 포함하고 있어 암석의 색이 어둡고, 마그마가 빠르게 식어서 생성되어 결정이 작은 현무암이다.

13 퇴적암은 퇴적물의 종류에 따라 석회암, 응회암, 암염으로 분류하고, 퇴적물의 크기에 따라 역암, 사암, 셰일로 분류한다. 퇴적암의 특징에는 층리와 화석이 있다.

클리닉 + 퇴적암의 분류

구분	퇴적물의 크기에 따라		
퇴적물	자갈	모래	진흙
퇴적암	역암	사암	셰일

구분	퇴적물의 종류에 따라		
퇴적물	석회 물질	화산재	소금
퇴적암	석회암	응회암	암염

14 진안 마이산의 바위에 자갈이 박혀 있는 것으로 보아 퇴적암 중에서 역암으로 구성되어 있음을 알 수 있다.

15 생물의 유해나 흔적인 화석과 퇴적물이 여러 층 쌓여서 만들어진 줄무늬인 층리는 퇴적암의 특징이다.

오답 피하기 ① 셰일(퇴적암), 화강암(화성암)
② 사암(퇴적암), 편마암(변성암)
③ 반려암(화성암), 석회암(퇴적암)
④ 암염(퇴적암), 대리암(변성암)

16 모래가 퇴적되어 굳어지면 사암이 생성되고, 진흙이 퇴적되어 굳어지면 셰일이 생성된다.

17 퇴적암이 생성되려면 다음과 같은 과정을 거친다. 퇴적물이 운반되어 바다나 호수 바닥에 쌓이면서 아래쪽 퇴적물은 위쪽에 쌓인 퇴적물의 무게로 인하여 눌리고 다져진다. 이때 퇴적물 사이에 광물질이 퇴적물을 붙여주고 오랜 시간 뒤에 더 단단해지면서 퇴적암이 된다.

18 석회 물질이나 산호, 조개껍데기와 같은 생물의 유해가 쌓여 굳어진 퇴적암은 석회암이다. 이러한 퇴적암에는 암석을 구성하는 물질의 종류와 색깔, 크기 변화에 따른 줄무늬가 나타나는데, 이를 층리라고 한다.

19 기존의 암석이 변성 작용을 받아 새롭게 생성된 변성암으로, 편암이나 편마암은 같은 생성 과정으로 만들어진다.

20 셰일이 높은 열과 압력을 받으면 변성 정도에 따라 편암, 편마암의 변성암이 된다. 사암은 높은 열을 받아 규암이 되고, 석회암도 높은 열을 받아 대리암이 된다.

클리닉 + 변성암의 분류

변성 전 암석	셰일	사암	석회암	화강암
변성암	편암, 편마암	규암	대리암	편마암

21 셰일이나 화강암이 높은 열과 압력에 따른 변성 작용을 받으면 편마암이 생성된다. 편마암은 뚜렷한 줄무늬인 엽리를 가지고 있어 정원을 장식하는 정원석으로 이용된다.

22 셰일은 퇴적물이 굳어서 단단해진 퇴적암이고, 규암, 편마암, 편암, 대리암은 기존의 암석이 변성 작용을 받아 생성된 변성암이다.

23 A와 B는 뜨거운 마그마에 접촉하게 되면서 높은 열을 받아 변성암이 생성되며, A에서는 대리암이, B에서는 규암이 생성된다.

오답 피하기 ㄴ. B에서는 규암이 발견된다.

24 A는 퇴적물이 단단해져 굳어진 퇴적암이고, B는 퇴적암이나 화성암이 변성 작용을 받아 생성된 변성암이며, C는 마그마가 식어서 굳어진 화성암이다.

고난도 실력 향상 문제

본문 28쪽

01 ① **02** ③ **03** ③ **04** ㄱ, ㄴ

01 A는 화산암이고, B는 심성암이다. ㉠과 ㉡은 심성암이고, ㉢과 ㉣은 화산암이다.

오답 피하기 ㄴ. B 지역은 심성암이 생성되는 지역으로, ㉠과 ㉡이 생성된다.
ㄹ. ㉣은 어두운 색 광물을 많이 포함하고 있어서 어두운 색을 띠며, 마그마가 빠르게 냉각될 때 생성된 화산암이다.

02 퇴적암의 생성 장소는 바다나 호수 바닥이다. 이때 해안에서 가까운 쪽은 자갈과 같은 무거운 퇴적물이 쌓여 역암이 생성되고, 해안에서 멀어질수록 모래가 쌓인 사암, 진흙이 쌓인 셰일(이암) 순으로 생성된다.

오답 피하기 ㄷ. A에서도 셰일이 발견되려면 해수면의 높이는 점점 높아져야 한다. 그 이유는 해수면이 높아져야 A 지역은 해안에서 더 멀어지므로 진흙과 같은 퇴적물이 쌓일 수 있고, 셰일이 만들어질 수 있기 때문이다.

03 A는 편마암, B는 사암, C는 화강암, D는 역암, E는 현무암이다.

오답 피하기 ① A는 높은 열과 압력을 받아 생성된 변성암으로 엽리라는 줄무늬가 나타난다.
② B는 모래가 퇴적되어 굳어져서 생성된 사암이다.
④ D는 역암으로 생성된 장소가 해안가임을 알려준다. 퇴적물이 생성되는 당시에 화산 활동이 있었음을 알려주는 퇴적암은 응회암이다.
⑤ E는 현무암으로 어두운 색 광물이 밝은 색 광물의 양보다 더 많아서 어두운 색을 띠는 화성암이다.

04 A는 퇴적암으로 층리나 화석이 발견되고, B는 변성암으로 엽리나 재결정이 나타난다. C는 화성암으로 화강암, 현무암, 유문암, 반려암 등이 해당한다.

서논술형 유형 연습

본문 29쪽

01 화강암은 심성암으로 마그마가 천천히 냉각되어지면서 결정의 크기가 큰 화성암이다.

| 모범 답안 | B, 화강암을 이루는 광물 결정의 크기가 크므로, 화강암은 B와 같은 지하 깊은 곳에서 마그마가 천천히 냉각되어 굳어지면서 결정의 크기가 커진 심성암이다.

채점 기준	배점
B를 정확히 찾고, 그 이유를 냉각 장소와 냉각 속도를 이용하여 서술한 경우	100%
B를 정확히 찾고, 그 이유를 냉각 장소 또는 냉각 속도 1가지만을 이용하여 서술한 경우	50%

02 마그마는 식어서 굳으면 화강암이 되고, 사암이 높은 열을 받으면 변성 작용을 통해 규암이 생성된다.

| 모범 답안 | 규암, 사암이 쌓여있는 지층에 마그마가 뚫고 들어와서 마그마와 닿는 (가) 부분은 뜨거운 열에 의해 사암이 변성 작용을 일으켜 규암이라는 변성암이 되고, 마그마는 식어서 화강암이 되었다.

채점 기준	배점
(가)의 이름을 정확하게 쓰고, (가)가 생성되기까지의 과정을 구체적으로 서술한 경우	100%
(가)의 이름을 정확하게 썼으나, (가)가 생성되기까지의 과정을 대략적으로 서술한 경우	50%

03 광물과 토양

기초 섭렵 문제

본문 31, 33쪽

1 광물 | 광물, 조암, 광물, 장석
2 광물의 특성 | 조흔색, 굳기, 자성, 방해석
3 풍화 | 풍화, 물, 공기, 지하수, 산소
4 토양 | 토양, 식물

01 (1) ○ (2) × (3) × **02** (1) 검은색 (2) 노란색 (3) 녹흑색 **03** ㄱ, ㄷ, ㅁ, ㅂ **04** (1) × (2) ○ (3) × (4) ○ (5) ○ **05** 자철석 **06** (1) × (2) ○ (3) ○ (4) ○ **07** (1) ○ (2) ○ (3) ○ (4) ○ **08** 뿌리 **09** (1) ○ (2) ○ (3) × (4) ○ **10** B

01 (2) 대표적인 조암 광물 중에서 가장 많은 부피비를 차지하는 광물은 장석이다.
(3) 흑운모, 휘석, 각섬석, 감람석과 같은 어두운 색 조암 광물이 많이 모인 암석의 색은 어둡다.

02 황철석, 금, 황동석의 색은 모두 노란색이지만, 조흔판에 대고 긁어보면 광물 가루의 색인 검은색, 노란색, 녹흑색으로 구별된다.

03 휘석, 감람석, 흑운모, 각섬석은 어두운 색 조암 광물이고, 장석, 석영은 밝은 색 조암 광물이다.

04 (1) 부피 측정, (3) 질량 측정은 광물을 구별할 수 있는 특성이 될 수 없다.

05 자철석은 자성이 있어 클립과 같은 작은 쇠붙이를 가까이 하면 달라붙는다.

06 (1) 암석이 오랜 시간에 걸쳐 부서져서 작은 돌 조각이나 모래, 흙 등으로 변하는 현상이 풍화이다.

07 (1) 암석의 표면이 공기 중에 드러나면 공기 중의 산소가 암석을 약화시켜 부서지게 한다.
(4) 암석 틈 사이로 물이 스며들면 오랜 시간 동안 물이 얼었다 녹았다를 반복하는 과정에서 암석이 약화되어 부서진다.

08 암석의 틈 사이에서 자라는 식물의 뿌리도 오랜 시간 동안 암석의 틈을 벌리고 암석을 약화시켜 부서지게 한다.

09 (3) 한 번 훼손된 토양을 원래 상태로 되돌리기 위해서는 매우 오랜 시간이 걸리므로, 토양의 관리와 보존이 필요하다.

10 A와 B 중 A가 먼저 생성되고, A에서 빗물에 녹은 물질이나 진흙이 A 아래쪽에 쌓인 것이 B이다.

탐구 설렵 문제

본문 35쪽

광물의 특성 관찰하기 | 조흔색, 황철석, 방해석, 자철석, 방해석

1 ⑤ **2** ⑤ **3** ① **4** 자철석 **5** ③

1 광물을 구별할 수 있는 특성에는 색, 조흔색, 굳기, 자성, 염산 반응 등이 있다. 부피는 같은 광물도 크기에 따라 달라질 수 있으므로, 광물을 구별하는 특성이 될 수 없다.

2 황동석과 황철석은 둘 다 노란색을 띠지만, 조흔색은 녹흑색, 검은색으로 각각 다르므로 조흔색을 이용하면 쉽게 구별할 수 있다.

3 석영과 방해석은 서로 긁어보면 방해석에 흠집이 생기면서 두 광물을 구별할 수 있다.

4 자철석은 자성이 있으므로, 클립과 같은 쇠붙이를 가까이 하면 달라붙는 성질이 있다.

5 방해석은 탄산 칼슘 성분으로 구성되어 있어서 묽은 염산과 반응하여 기체가 발생한다.

내신 기출 문제

본문 36~39쪽

01 ③ **02** ② **03** ③ **04** ④ **05** ① **06** ① **07** ⑤ **08** ⑤ **09** ④ **10** ③ **11** ② **12** ① **13** ③ **14** ⑤ **15** ⑤ **16** B>A>C>D **17** ③ **18** ① **19** ② **20** 이산화 탄소 **21** ④ **22** ② **23** ① **24** ③

01 광물은 암석을 구성하는 각각의 작은 알갱이로, 지금까지 지구에서 발견된 광물은 약 5000여 종으로 매우 다양하다.

02 조암 광물 중에서 가장 많은 부피비를 차지하는 것은 장석이고, 다음으로는 석영이다.

03 조암 광물은 암석을 이루는 주된 광물로, 대표적으로 석영, 장석, 흑운모, 각섬석, 휘석, 감람석 등이 있다.

04 휘석, 각섬석, 흑운모, 감람석은 어두운 색 조암 광물이고, 장석, 석영은 밝은 색 조암 광물이다.

05 A는 밝은 색 광물인 석영, 장석이 해당하고, B는 어두운 색 광물인 휘석, 각섬석, 흑운모, 감람석이 해당한다.

06 광물을 구별할 수 있는 특성에는 겉보기 색, 광물 가루의 색, 단단하고 무른 정도, 염산과의 반응, 자성 등이 있다.

07 자철석과 적철석은 둘 다 검은색을 띠고 있어서, 광물의 색만으로는 구분하기 어렵다.

오답 피하기 **광물의 색**
① 석영(무색 투명), 황철석(노란색), ② 장석(분홍색), 자철석(검은색)
③ 황동석(노란색), 장석(분홍색), ④ 황철석(노란색), 적철석(검은색)

08 굳기는 광물의 단단하고 무른 정도를 뜻하며 광물마다 다르므로 서로 긁어서 단단한 정도를 비교한다.

09 정장석과 인회석과 방해석의 굳기는 정장석이 가장 단단하

고, 다음으로 인회석, 방해석으로 갈수록 무르다. 따라서 광물끼리 긁어보면 무른 쪽이 흠집이 생기거나 긁힌다.

오답 피하기 ㄱ. 방해석으로 정장석을 긁으면 정장석이 더 단단하므로 방해석이 긁힌다.

10 황철석, 금, 황동석은 모두 색이 같지만, 조흔판에 대고 긁으면 광물 가루의 색이 검은색, 노란색, 녹흑색으로 달라서 쉽게 구별할 수 있다.

11 자철석, 적철석, 흑운모는 모두 검은색이지만, 조흔색은 검은색, 붉은색, 흰색으로 서로 다르다.

12 묽은 염산을 떨어뜨렸을 때 반응하여 기체가 발생하는 광물은 탄산 칼슘 성분으로 이루어진 방해석이다. 방해석은 석영보다 무르기 때문에 서로 긁으면 방해석이 긁히면서 흠집이 생긴다.

13 자성이 있는 대표적인 광물은 자철석이다. 자철석은 쇠붙이를 가까이 하면 쇠붙이가 달라붙는 자성을 가지고 있다.

14 방해석과 석영을 서로 긁어보면 더 단단한 석영이 더 무른 방해석을 긁으므로, 방해석이 긁히고 흠집이 생긴다.

15 광물의 질량이나 크기를 측정하는 것으로는 광물을 다른 광물과 구별할 수 없다.

16 굳기가 서로 다른 광물끼리 서로 긁어보면, 무른 광물이 흠집이 나거나 긁히거나 광물 가루가 생긴다.

오답 피하기 **굳기 비교**

(가) A로 B를 긁었더니 A가 긁혔다. → B > A

(나) B로 C를 긁었더니 C에 흠집이 생겼다. → B > C

(다) C와 D를 서로 긁었더니 D가 긁혔다. → C > D

(라) C로 A를 긁었더니 C의 가루가 A에 묻었다. → A > C

17 풍화의 원인은 물, 공기, 생물 등이지만, 주된 원인은 물과 공기이다. 지표는 오랜 시간 동안 서서히 일어나며 다양한 풍화를 끊임없이 받아 변한다.

18 철이 공기 중에서 녹슬 듯이, 공기 중의 산소에 의해 암석의 표면이 약화되고 부서진다.

클리닉 + **풍화의 원인**

1. 물 2. 공기(산소) 3. 식물의 뿌리 4. 이끼 5. 지하수

19 공기 중의 산소는 암석 표면의 성분과 결합하여 암석을 산화시켜 약하게 하고 부서지게 한다.

20 지하수 속에는 이산화 탄소가 녹아 있어서 약한 산성인 탄산을 띠므로 탄산 칼슘 성분인 석회암을 녹여 내고, 그 자리에 석회 동굴을 만든다.

21 풍화되지 않은 암석(D)이 지표로 드러나면 풍화되어 작은 돌 조각과 모래 등으로 이루어진 층(C)이 된다. 이 층이 더 풍화되면 식물이 자랄 수 있는 토양(A)이 되고, 그 후 토양 속으로 스며든 물에 녹은 물질과 진흙 등이 아래쪽으로 이동하여 새로운 토양층(B)이 만들어진다.

22 B층은 A층에서 물에 녹은 물질과 진흙 등의 고운 입자가 A층의 아래쪽으로 이동하여 만들어진 층으로, 성숙한 토양에서만 볼 수 있다.

23 A층은 작은 돌 조각이나 모래 등이 풍화되어서 만들어진 부드러운 토양으로 식물이 자랄 수 있는 흙이다. 이때 A의 토양 속으로 스며든 물에 녹은 물질과 진흙이 A층 아래쪽으로 이동하여 형성된 새로운 토양층이 B이다.

24 토양은 암석이 오랫동안 풍화를 받으면서 잘게 부서져서 만들어진 흙으로, 단순한 암석 부스러기뿐만 아니라 나뭇잎이나 동식물이 썩어서 만들어진 물질을 포함하고 있어 식물이 자라는 데 중요한 역할을 한다.

고난도 실력 향상 문제

본문 40쪽

01 ⑤ **02** ② **03** ③ **04** ②

01 소영이가 구별해야 하는 적철석과 자철석은 둘 다 검은색이라서 겉보기 색으로는 구별이 어렵지만, 조흔색이 각각 붉은색과 검은색으로 달라지므로 이를 통해 구별할 수 있다. 그리고 자철석만 자성이 있으므로 작은 쇠붙이를 가까이 대면 자철석에만 쇠붙이가 달라붙는다. 도현이가 구별해야 하는 방해석과 석영은 굳기가 다르므로 서로 긁어보면 방해석에 흠집이 생긴다. 또한 묽은 염산을 떨어뜨리면 방해석은 기체가 발생하고, 석영은 아무런 반응도 없다.

02 (가)는 방해석, (나)는 석영, (다)는 흑운모, (라)는 적철석이다. 어두운 색 광물인 흑운모와 적철석 중에서 조흔색이 붉은색인 (라)는 적철석이다.

03 광물 A~D의 색, 조흔색, 굳기, 염산 반응은 조금씩 다르지만, 자성은 모두 없음으로 똑같으므로 네 광물을 구별하는 특성으로는 이용할 수 없다.

04 암석이 부서지는 풍화와 침식의 과정에서 토양이 생성되므로 퇴적암이나 변성암이나 화성암이 풍화·침식되어 퇴적물이 되는 과정도 토양의 생성 과정과 관련이 있다.

서논술형 유형 연습

본문 41쪽

01 자철석과 적철석은 조흔색이 서로 다르며, 자철석은 쇠붙이를 가까이 하면 달라붙는 자성이 있다.

| 모범 답안 | 조흔색과 자성, 자철석과 적철석의 색은 같지만, 조흔판에 대고 긁어보면 자철석의 조흔색은 검은색, 적철석의 조흔색은 붉은색으로 서로 달라 구분할 수 있고, 자철석은 적철석과는 다르게 자성이 있어서 작은 쇠붙이를 가까이 하면 달라붙는다.

채점 기준	배점
조흔색, 자성의 특성을 모두 옳게 서술한 경우	100%
위의 2가지 중에서 1가지 특성만 옳게 서술한 경우	50%

02 방해석, 장석은 밝은 색 조암 광물이고, 자철석, 각섬석은 어두운 색 조암 광물이다. 방해석은 염산 반응이 있고, 자철석은 자성이 있다.

| 모범 답안 | A는 암석의 색은 밝은가?, B는 염산 반응이 일어나는가?, C는 자성을 가지고 있는가? 라고 질문한다.

채점 기준	배점
A, B, C 3가지 질문을 모두 옳게 서술한 경우	100%
위의 3가지 중에서 2가지만 옳게 서술한 경우	70%
위의 3가지 중에서 1가지만 옳게 서술한 경우	50%

04 지권의 운동

본문 43, 45쪽

기초 섭렵 문제

1 대륙 이동설 | 판게아, 대륙 이동설, 아프리카, 같은, 빙하
2 지진대와 화산대 | 지진, 규모, 진도, 화산 활동, 지진대, 화산대
3 판의 경계 | 판, 판의 경계, 판의 경계

01 (나) – (가) – (다) 02 (1) ○ (2) × (3) ○ (4) × 03 판게아 04 (1) ○ (2) × (3) ○ (4) × 05 ㉠ 남아메리카 ㉡ 아프리카 06 ㄱ 07 (1) 진 (2) 규 (3) 진 (4) 규 (5) 진 08 (1) × (2) ○ (3) ○ (4) ○ (5) × 09 판 10 (1) × (2) ○ (3) ○

01 과거에는 하나였던 대륙이 여러 대륙으로 나뉘어서 분리되는 모습으로 대륙이 이동한다.

02 (2) 베게너는 거대한 대륙을 이동시키는 힘의 근원을 설명하지 못했고, 이로 인해서 발표 당시에는 과학자들에게 인정받지 못했다.
(4) 베게너는 대륙이 이동한다는 여러 가지 증거들을 제시하였다.

03 약 3억 년 전에 하나였던 커다란 원시 초대륙을 판게아라고 한다.

04 (2) 현재 떨어져 있는 대륙에서 같은 종류의 고생물 화석(예 글로소프테리스 화석, 메소사우루스 화석)이 발견되는 것은 대륙 이동의 증거이다.

05 베게너는 남아메리카 대륙과 아프리카 대륙의 마주보는 해안선 모양이 거의 일치한다는 사실로부터 두 대륙이 원래는 하나였고, 분리 · 이동하였다는 대륙 이동설을 생각하게 되었다.

06 ㄴ. 대부분의 지진은 암석이 오랫동안 큰 힘을 받아서 끊어질 때 발생한다.
ㄷ. 지진은 전 세계의 특정한 지역에서만 발생한다.
ㄹ. 지하에서 마그마가 지표로 분출하는 현상은 화산 활동이다.

07 진도는 규모와 달리 지진이 발생한 지점으로부터의 거리에 따라 달라진다. 지진이 발생한 지점에서 가까울수록 진도는 커지고, 멀어질수록 진도는 작아진다.

08 (1) 지진대와 화산대의 분포는 거의 일치한다.
(5) 화산대는 전 세계에서 특정한 지역에만 분포한다.

09 판은 지각과 맨틀의 윗부분을 포함한 단단한 암석층으로, 지구 표면에 여러 개의 크고 작은 조각으로 나뉘어 있다.

10 (1) 지진이나 화산 활동과 같은 지각 변동은 주로 판의 경계에서 일어난다.

본문 47쪽

탐구 섭렵 문제

화산대와 지진대 조사하기 | 지진, 화산 활동, 지진대, 화산대, 판의 경계

1 ㄴ 2 ㄴ 3 ① 4 ④ 5 경계

1 지진이 발생해도 화산 활동이 일어나지 않는 곳이 많다. 지진이나 화산 활동은 전 세계에서 고르게 발생하는 것이 아니라, 특정한 지역에서 발생한다.

2 화산대는 화산 활동이 자주 일어나는 지역을 뜻하며, 지진대와 거의 비슷한 지역에 분포한다.

3 화산 활동이 활발한 화산대는 판의 경계에 주로 분포한다.

4 북아메리카의 서쪽, 남아메리카의 서쪽, 태평양의 가장자리, 대서양의 중앙은 모두 판의 경계 부근이라서 다른 지역보다 지진이 더 활발하게 발생한다.

5 지진대와 화산대는 판이 만나거나 멀어지거나 어긋나는 판의 경계 부근에 주로 분포한다.

내신 기출 문제

본문 48~51쪽

01 ⑤ **02** ④ **03** ① **04** ③ **05** A **06** ③ **07** ② **08** 대륙 이동의 원동력(대륙을 이동시키는 힘) **09** ② **10** ③ **11** ⑤ **12** ① **13** ㉠ 규모, ㉡ 규모, ㉢ 진도, ㉣ 진도 **14** ① **15** (가) 지진대, (나) 화산대 **16** ④ **17** ③ **18** ③ **19** 판 **20** ③ **21** ③ **22** ⑤ **23** 판의 경계

01 베게너의 대륙 이동설은 과거에 하나의 커다란 대륙이 서서히 분리·이동되어 오늘날과 같은 대륙 분포를 이루었다는 학설이므로 대륙이 하나였다가 서서히 분리되는 과정이다. 베게너는 대륙을 이동시키는 원동력을 설명하지 못하여 당시에는 인정받지 못하였다.

02 대륙이 이동했다는 증거로는 멀리 떨어진 두 대륙의 지질 구조의 연속성, 떨어진 두 대륙의 해안선 모양의 일치, 멀리 떨어진 두 대륙에서 같은 종류의 생물 화석 발견, 흩어진 여러 대륙의 빙하의 흔적과 분포 일치가 있다.

03 메소사우루스는 담수에 사는 파충류이므로 염분이 높은 바다를 헤엄쳐 건널 수 없는 데도 불구하고 떨어진 두 대륙에서 발견되는 것은 이 두 대륙이 과거에는 하나의 대륙이였음을 알게 해주는 것이다.

04 화산 활동이나 지진은 판의 경계에서 주로 발생한다. 대륙 이동설과는 무관하다.

05 아프리카 대륙의 서해안과 남아메리카 대륙의 동해안이 거의 일치하는 것으로 보아 두 대륙은 현재는 분리되어 있지만 과거에는 하나로 붙어있었다는 것을 알 수 있다. 남아메리카 대륙의 동해안에 위치한 (가) 지역에서 살았던 희귀한 식물이 아프리카 대륙의 서해안 지역인 A 지역에 살았을 가능성이 크므로 A 지역에서 그 식물 화석으로 발견될 가능성이 가장 크다.

06 글로소프테리스는 식물이므로 바다를 건너서 이동할 수 없다. 그럼에도 불구하고 멀리 떨어진 대륙에서 같은 식물 화석이 발견되는 것은 이 대륙들이 과거에는 하나였음을 알게 해준다.

07 화산 활동이 자주 일어나는 화산대와 지진이 자주 발생하는 지진대는 분포가 거의 일치하며, 전 세계에 골고루 퍼져 있지 않고, 판의 경계에 위치하고 있어서 좁은 지역에 띠 모양으로 분포한다. 이것은 베게너의 대륙 이동설과는 관련이 없다.

08 베게너는 대륙 이동설을 뒷받침하는 여러 가지 증거를 제시하였지만, 거대한 대륙을 이동시키는 원동력을 설명하지 못하여 당시 대부분의 과학자들에게 인정받지 못했다.

09 더운 적도 지방에서도 빙하의 흔적이 발견되는 것은 과거에 매우 추운 지역에 있었던 대륙이 서서히 이동하여 현재는 적도 쪽으로 이동했기 때문이다.

10 지진은 지구 내부의 급격한 변동으로 땅이 흔들리거나 갈라지는 현상이다. 주로 암석이 오랫동안 큰 힘을 받아서 끊어질 때 발생하지만, 화산이 폭발하거나 마그마가 이동할 때도 발생한다. 이러한 지진이 발생하는 지역은 전 세계에 고르게 퍼져 있는 것이 아니라 특정한 지역에 띠 모양으로 분포한다.

11 지진의 세기는 규모와 진도로 나타낸다. 규모는 지진이 발생한 지점에서 방출된 에너지의 양을 나타낸 것으로 숫자가 클수록 강한 지진이다.

12 지진의 세기는 규모와 진도로 나타낸다. 규모는 지진이 발생한 지점에서 방출된 에너지의 양을 나타낸 것으로 숫자가 클수록 강한 지진이다. 진도는 지진에 의해 어떤 지역에서 땅이 흔들린 정도나 피해 정도를 나타낸 것으로 지진이 발생한 지점으로부터 가까울수록 진도가 커지고, 멀어질수록 진도는 작아지는 경향이 있다.

오답 피하기 ㄴ. 지진 규모의 숫자가 클수록 강한 지진이다.
ㄷ. 규모는 아라비아 숫자로 소수 첫째 자리까지 표기하고, 진도는 로마자로 표기한다.

13 지진의 규모는 진원 거리와 상관없이 일정한 값을 가지지만, 진도는 지진 발생 지점으로부터의 거리, 지층의 강한 정도, 건물의 상태에 따라 다른 값을 가진다.

14 진도와 규모는 지진의 세기를 표현하는 것이고, 화산 활동의 세기는 따로 표현하지 않는다.

15 화산 활동이 자주 일어나는 지역을 화산대, 지진이 자주 발생하는 지역을 지진대라고 한다. 화산대와 지진대의 분포는 거의 일치한다.

16 지진이나 화산 활동은 특정한 지역에 띠 모양으로 분포하며, 지진과 화산 활동의 발생 원인은 밀접한 관련이 있다.

오답 피하기 ㄱ. 지진이나 화산 활동은 전 세계에서 골고루 발생하지 않고, 특정한 지역에 띠 모양으로 분포한다.

17 전 세계에서 지진과 화산 활동이 가장 활발한 지역은 태평양을 둘러싼 대륙의 가장자리와 섬 등이며, 불의 고리라고도 불린다. 이를 환태평양 지진대 또는 환태평양 화산대라고 하며, 전 세계 지진과 화산 활동의 약 70 %가 이 지역에서 발생한다.

18 지진이 자주 발생하는 지역은 전 세계에 고르게 분포하지 않고, 판의 경계가 위치한 대륙의 가장자리 쪽으로 몰려 띠 모양으로 분포한다. 지진이 자주 발생하는 지역은 화산 활동이 일어나는 지역과 거의 일치한다.

19 지각과 맨틀 상부의 일부를 포함하고 있는 두께 약 100 km의 단단한 암석층을 판이라고 한다. 대륙 지각을 포함한 대륙판과 해양 지각을 포함한 해양판이 있으며, 대륙판이 해양판보다 더 두껍다.

20 지구의 표면은 크고 작은 여러 개의 판으로 나뉘어져 있고, 판은 끊임없이 움직인다. 각 판이 움직이는 방향과 속도가 다르므로 판의 경계에서는 판들이 서로 부딪치고 갈라지고 어긋나면서 여러 가지 지각 변동이 일어난다.

21 화산대와 지진대는 판의 경계에 위치하고 있으며, 전 세계에 고르게 분포하는 것이 아니라 특정한 지역에 띠 모양으로 분포한다.

22 판의 경계에서는 판들이 서로 부딪치고 갈라지고 어긋나면서 지진이나 화산 활동과 같은 여러 가지 지각 변동이 일어나기 때문에 판의 경계에 위치하고 있는 지진대와 화산대는 거의 일치한다.

23 지진과 화산 활동과 같은 지각 변동은 주로 판의 경계에서 발생한다.

고난도 실력 향상 문제

본문 52쪽

01 ③ **02** ③ **03** ② **04** ③

01 약 3억 3천 5백만 년 전에는 하나의 거대한 대륙인 판게아가 형성되었고, 이후 다시 분리되어 여러 대륙으로 나누어졌다. 남아메리카 대륙과 아프리카 대륙이 멀리 떨어지면서 대서양이 만들어졌고, 인도 대륙은 남극 대륙에서 떨어져 나와서 유라시아 대륙과 충돌하였다. 이와 같은 대륙의 이동으로 현재와 같은 대륙 분포가 이루어졌다. 대륙은 지금도 계속 이동하고 있으며, 먼 미래에는 현재와 전혀 다른 대륙 분포를 이루게 될 것이다.

오답 피하기 ㄴ. 남아메리카 대륙과 아프리카 대륙이 멀리 떨어지면서 대서양이 만들어졌고, 대서양은 지금도 점점 더 넓어지고 있다.

02 지진의 세기는 규모와 진도로 나타낸다. 규모는 지진이 발생할 때 방출된 에너지의 양을 기준으로 하고, 진도는 어떤 지역에서 사람이 지진을 느끼는 정도나 건물의 피해 정도를 기준으로 나타내므로, 규모는 진원 거리와 상관없지만, 진도는 진원 거리에 따라 달라지는 경향이 있다.

클리닉 + 진도

단계	영향
진도 Ⅱ	건물 위층에 있는 일부의 사람만 진동을 느낌
진도 Ⅴ	거의 모든 사람이 진동을 느끼며, 그릇과 창문이 깨지기도 함
진도 Ⅹ	대부분의 건물이 부서지거나 무너지고, 지표면이 심하게 갈라짐
진도 Ⅻ	물체가 공중으로 튀어 오르고 땅이 출렁거림

03 지진대와 화산대의 분포가 판의 경계와 거의 일치하는 것은 판의 경계에서는 판의 이동으로 지각의 움직임이 활발하여 화산 활동이나 지진이 자주 일어나기 때문이다.

오답 피하기 ㄱ. 환태평양 지진대와 화산대는 태평양의 가장자리이다.
ㄴ. 알프스 – 히말라야 지진대와 화산대는 알프스산맥에서 지중해를 거쳐 히말라야산맥을 연결하는 곳에 분포한다.

04 우리나라는 일본에 비해 판의 경계에서 비교적 멀리 떨어진 안쪽에 위치해 있으므로 지진과 화산 활동에 의한 피해가 자주 발생하지 않지만, 일본은 판의 경계에 위치하고 있으므로 지진과 화산 활동에 의한 피해가 자주 발생한다.

오답 피하기 ㄷ. 비록 우리나라가 판의 안쪽에 위치하고 있어 일본에 비해서는 지진이나 화산 활동에 의한 피해가 자주 발생하지는 않지만, 최근에는 규모 5.0 이상의 큰 지진이 발생하고 있다.

서논술형 유형 연습

본문 53쪽

01 1912년에 베게너는 과거에 한 덩어리였던 대륙은 서서히 분리·이동하여 현재와 같은 분포를 이루었다는 대륙 이동설을 주장하였고, 이를 뒷받침할 수 있는 여러 가지 증거를

함께 제시하였다.

| 모범 답안 | 대륙 이동설, ① 떨어져 있는 북아메리카와 유럽 산맥의 지질 구조가 연결된다. ② 떨어져 있는 여러 대륙에 남아 있는 빙하의 이동 흔적과 분포가 일치한다. ③ 떨어져 있는 남아메리카 동해안과 아프리카 서해안의 해안선 모양이 거의 일치한다. ④ 같은 종류의 고생물 화석이 현재 떨어져 있는 여러 대륙에서 발견된다.

채점 기준	배점
대륙 이동설을 쓰고, 그 증거를 2가지 이상 서술한 경우	100%
대륙 이동설을 쓰고, 그 증거를 1가지만 서술한 경우	50%

02 판의 경계에서는 지각 변동이 활발하므로, 지진이나 화산 활동이 활발하다.

| 모범 답안 | 우리나라는 판의 안쪽에 있으므로 지진과 화산 활동에 의한 피해가 자주 발생하지 않지만, 일본은 여러 개의 판이 만나는 경계에 있으므로 지진과 화산 활동에 의한 피해가 자주 발생한다.

채점 기준	배점
일본과 비교하여 판의 경계를 기준으로 구체적으로 서술한 경우	100%
우리나라의 경우만 판의 경계를 기준으로 서술한 경우	50%

대단원 마무리

본문 54~56쪽

01 ④ **02** ⑤ **03** 기권 **04** A : 해양 지각, B : 대륙 지각, C : 맨틀 **05** ⑤ **06** ④ **07** ③ **08** ② **09** ② **10** 현무암 **11** ① **12** ④ **13** ① **14** ② **15** ① **16** ④ **17** ① **18** ① **19** ②

01 지구계의 구성 요소는 기권, 수권, 지권, 생물권, 외권의 5개 영역으로 구성되어 있다.

오답 피하기 ① 여러 개의 구성 요소가 상호 작용하는 모임이 계이다.
② 우리 몸 안의 소화계, 순환계뿐만 아니라 생태계, 태양계, 지구계는 모두 과학에서 다루는 계이다.
③ 계를 구성하는 요소들은 상호 작용하므로 서로에게 영향을 준다.
⑤ 다양한 생물과 자연 환경 등의 구성 요소가 상호 작용하는 모임을 생태계라고 한다.

02 외권은 기권 바깥의 우주 공간으로, 태양과 달 등의 천체를 포함한다.

03 기권은 지구를 둘러싸고 있는 대기로, 여러 가지 기체로 이루어져 있으며 기상 현상이 나타난다.

04 A는 현무암질 암석으로 이루어진 해양 지각이고, B는 화강암질 암석으로 이루어진 대륙 지각이며, C는 감람암질 암석으로 이루어진 맨틀이다.

05 A는 지각, B는 맨틀, C는 외핵, D는 내핵이며, 지권의 층상 구조는 지구 내부를 통과하여 지표에 도달하는 지진파를 연구하여 알아내었다.

클리닉 + **지권의 층상 구조의 특징**
- 지각 : 고체 상태, 화강암질 암석(대륙 지각), 현무암질 암석(해양 지각)
- 맨틀 : 고체 상태, 감람암질 암석
- 외핵 : 액체 상태, 철과 니켈
- 내핵 : 고체 상태, 철과 니켈

06 외핵과 내핵은 지각과 맨틀을 이루는 물질보다는 무거운 철과 니켈로 구성되어 있으며, 외핵은 액체 상태로 추정되고, 내핵은 고체 상태로 추정된다.

07 마그마가 지하 깊은 곳에서 식어서 굳어진 화성암은 결정의 크기가 큰 심성암이다. 대리암과 편마암은 변성암이고, 현무암과 유문암은 화성암 중에서 화산암이다.

08 A는 지표면 근처로 현무암, 유문암 등의 화산암이 산출되고, B는 지하 깊은 곳으로 반려암, 화강암 등의 심성암이 산출된다.

09 B에서 생성되는 암석의 결정 크기는 큰 편이다.

10 화성암 중에서 암석을 이루는 광물 결정의 크기가 작고, 색이 어두운 암석은 현무암이다.

11 (가)는 암석의 색이 밝은지 어두운지의 기준에 따라, (나)는 결정의 크고 작음의 기준에 따라 분류한다. 암석이 밝으면 유문암과 화강암, 어두우면 현무암과 반려암이고, 결정이 작으면 유문암과 현무암, 결정이 크면 반려암과 화강암이다.

12 퇴적암에 나타나는 평행한 줄무늬는 층리라고 한다. 엽리는 변성암에 나타나는 줄무늬이다.

13 층리와 화석은 퇴적암의 특징이다. 사암, 셰일, 석회암은 퇴적암이지만, 화강암은 화성암이고, 편마암과 대리암은 변성암이다.

오답 피하기 화강암(ㄴ)은 화성암, 편마암(ㄷ)과 대리암(ㅂ)은 변성암이다.

14 셰일이 변성 작용을 받으면 편암, 편마암이 되고, 사암이 변성 작용을 받으면 규암이 된다.

클리닉 + **변성암의 분류**

변성 전 암석	셰일	사암	석회암	화강암
변성암	편암, 편마암	규암	대리암	편마암

15 (가)는 퇴적물이 단단해져 굳어진 퇴적암이고, (나)는 퇴적암과 화성암이 변성 작용을 받아 생성된 변성암이며, (다)는 마그마가 식어서 굳어진 화성암이다.

16 광물을 구별하기 위한 특성에는 광물의 색, 조흔색, 굳기, 자성, 염산 반응 등이 있다.

오답 피하기 ㄷ. 윗접시저울을 이용하여 광물의 질량을 측정할 수 있지만, 광물의 질량은 다른 광물이라도 같을 수 있고, 같은 광물이라도 크기에 따라서 질량이 달라질 수 있으므로 질량으로는 광물을 구별할 수 없다.

17 자철석은 자성이 있어서 클립과 같은 작은 쇠붙이를 가까이 가져가면 달라붙으며, 방해석은 탄산 칼슘 성분으로 되어 있어서 묽은 염산을 떨어뜨리면 반응하여 기체(이산화 탄소)가 발생한다.

18 A는 풍화되지 않은 암석(기반암)이며, B는 암석이 풍화되어 생긴 작은 돌 조각이나 모래이고, D는 부드러운 토양이며, C는 지표에서 빗물이나 지하수가 D에서 물에 녹는 성분이나 작은 입자를 가지고 흘러내려 D 아래쪽에 쌓인 토양이다.

19 지진과 화산 활동과 같은 지각 변동은 주로 판의 경계에서 발생하므로 화산대와 지진대는 판의 경계에 위치하고 있다.

대단원 서논술형 문제

본문 57쪽

01 지구 내부를 통과하여 지표에 도달하는 지진파를 연구하면 지구 내부 전체 구조를 알아낼 수 있다.

| 모범 답안 | (다), 현재 약 12 km까지만 뚫을 수 있는 시추법이나 맨틀의 물질까지만 분출되는 화산 분출물 조사는 지구 내부 전체의 구조를 알아내는 데에는 한계가 있다. 반면 지구 내부를 통과하여 지표에 도달하는 지진파를 연구하면, 간접적이지만 지구 내부 전체의 구조를 알아내는 데 효과적이다.

채점 기준	배점
(다)를 찾고, 다른 연구 방법과 비교하여 그 까닭을 서술한 경우	100%
(다)를 찾고, 다른 연구 방법에 대한 설명 없이 그 까닭만을 서술한 경우	50%

02 마그마의 냉각 속도가 빠르면 결정이 작고, 냉각 속도가 느리면 결정이 크다.

| 모범 답안 | A는 마그마가 지표에서 빠르게 냉각되어 굳어지므로 화성암을 이루는 광물 결정의 크기가 작지만, B는 마그마가 지하 깊은 곳에서 서서히 냉각되어 굳어지므로 화성암을 이루는 광물 결정의 크기가 크다.

채점 기준	배점
A와 B의 생성 과정의 차이점을 각각 자세히 서술한 경우	100%
A 또는 B의 생성 과정의 차이점을 하나씩만 서술한 경우	50%

03 어두운 색 광물이 많이 포함되어 있으면 암석의 색이 어둡다.

| 모범 답안 | 유문암과 화강암은 휘석, 각섬석, 감람석과 같은 어두운 색 광물이 적어 암석의 색이 밝고, 현무암과 반려암은 휘석, 각섬석, 감람석과 같은 어두운 색 광물을 많이 포함하고 있어 암석의 색이 어둡다.

채점 기준	배점
암석의 색이 다르다는 차이점을 서술하고, 그 까닭이 어두운 색 광물의 함유량의 차이에 있음을 서술한 경우	100%
암석의 색이 다르다는 차이점을 서술하거나 그 까닭이 어두운 색 광물의 함유량의 차이에 있다는 것 중에서 1가지만 서술한 경우	50%

04 변성암이 생성될 때, 압력을 받은 방향에 수직인 방향으로 줄무늬가 생성된다.

| 모범 답안 | (가) 방향, 편마암에 나타난 줄무늬인 엽리의 방향은 생성 당시 압력 방향에 수직으로 생성되기 때문에 엽리에 수직인 (가) 방향이 생성 당시의 압력 방향이 된다.

채점 기준	배점
(가)를 정확히 선택하고, 그 까닭을 구체적으로 서술한 경우	100%
(가)는 정확하게 찾았으나 그 까닭을 서술하지 못한 경우	50%

05 어두운 색 광물에는 철, 마그네슘이 포함되어 있다.

| 모범 답안 | (가)는 어두운 색 광물, (나)는 밝은 색 광물이므로 두 그룹은 광물의 색에 따라 분류한 것이다.

채점 기준	배점
(가), (나)의 차이를 설명하고, 분류 기준을 정확하게 서술한 경우	100%
(가), (나)의 차이만을 서술한 경우	50%

06 지진대와 화산대는 특정한 지역에 띠 모양으로 분포한다.

| 모범 답안 | 1. 지진대와 화산대는 좁은 띠 모양으로 분포한다.
2. 지진대와 화산대의 분포는 거의 일치한다.
3. 지진대와 화산대는 주로 판의 경계에 분포한다.

채점 기준	배점
3가지 특징을 모두 서술한 경우	100%
3가지 중에서 2가지만을 서술한 경우	50%
3가지 중에서 1가지만을 서술한 경우	20%

Ⅱ. 여러 가지 힘

01 중력과 탄성력

기초 섭렵 문제

본문 61, 63, 65쪽

❶ **힘의 표현** | 힘, 화살표, N(뉴턴)

❷ **중력** | 중력, 중심, 중력

❸ **무게와 질량** | 무게, N(뉴턴), 질량, kg(킬로그램), g(그램), 용수철, 윗접시

❹ **용수철을 이용한 무게 측정** | 비례, 용수철

❺ **탄성과 탄성력** | 탄성, 탄성력

❻ **탄성력의 특징** | 반대, 같다, 비례

01 (1) A (2) C (3) B (4) A (5) B 02 (1) 힘의 크기 (2) 힘의 방향 03 ㄱ, ㄹ 04 해설 참조 05 (1) × (2) ○ (3) ○ (4) × 06 ㄱ, ㄴ 07 (1) A (2) B (3) B (4) A (5) A 08 (1) 98 N (2) 10 N 09 (1) 30 kg (2) 30 kg 10 (1) ○ (2) × (3) ○ 11 (1) 비례 (2) 3 cm (3) 5 N 12 ㄱ, ㄹ, ㅁ, ㅂ 13 (1) ○ (2) × (3) × (4) ○ (5) ○ 14 해설 참조 15 (1) ○ (2) ○ (3) ○ (4) × 16 ㄱ, ㄹ, ㅁ, ㅂ

01 (1), (4) 힘에 의해 모양만 변하는 경우이다.
(2) 골프공을 골프채로 치면 골프공의 모양과 운동 상태가 동시에 변한다.
(3), (5) 힘에 의해 운동 상태만 변하는 경우이다.

02 힘을 화살표로 나타낼 때 화살표의 길이는 힘의 크기, 화살표의 방향은 힘의 방향을 의미한다.

03 ㄱ, ㄹ. 모양과 운동 상태가 동시에 변하는 경우이다.
오답 피하기 ㄴ, ㄷ. 운동 상태만 변하는 경우이다.

04 지구상의 어느 지점에서나 중력은 지구 중심 방향으로 작용한다. 따라서 A~D에게 작용하는 중력의 방향을 화살표로 나타내면 그림과 같다.

| 모범 답안 |

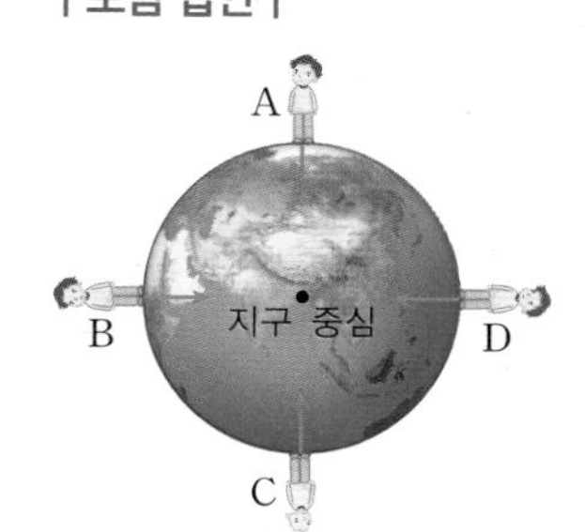

05 (1) 물체에 작용하는 중력의 크기는 물체의 질량에 비례한다.
(2) 중력은 공중에 떠 있는 물체에도 작용한다.
(3) 중력을 느끼지 못하는 상태를 무중력 상태라고 한다.
(4) 중력은 달과 같은 다른 천체에서도 작용한다.

06 ㄱ, ㄴ. 중력이 연직 아래 방향으로 작용하므로 사과가 아래로 떨어지고, 고드름이 아래로 자란다.
오답 피하기 ㄷ. 자기력에 의해 철가루가 자석에 끌려온다.
ㄹ. 지구는 하나의 거대한 자석과 같으므로 나침반 자침과 자기력을 작용한다. 따라서 나침반으로 방향을 알 수 있다.

07 (1), (4), (5) 무게는 물체에 작용하는 중력의 크기로, 장소에 따라 달라진다. 용수철저울이나 가정용저울로 측정하며 단위는 N(뉴턴)을 사용한다. 달에서의 중력은 지구에서의 $\frac{1}{6}$이므로 달에서의 무게도 지구에서의 $\frac{1}{6}$이다.
(2), (3) 질량은 물체의 고유한 양으로, 장소에 관계없이 일정하다. 윗접시저울이나 양팔저울로 측정하며 단위는 g, kg을 사용한다.

08 (1) 지구에서 질량이 10 kg인 물체의 무게는 $(10\times9.8)\text{N}=98\text{ N}$이다.
(2) 지구에서 무게가 60 N인 물체를 달에서 측정하면 무게는 $\frac{1}{6}$로 감소하므로 $60\text{ N}\times\frac{1}{6}=10\text{ N}$이다.

09 질량은 장소에 관계없이 일정한 값을 가진다.
(1) 지구에서 질량이 30 kg인 물체의 달에서의 질량은 30 kg이다.
(2) 달에서 질량이 30 kg인 물체의 지구에서의 질량은 30 kg이다.

10 (1) 용수철은 물체의 무게에 비례하여 늘어나므로 용수철을 이용하면 물체의 무게를 측정할 수 있다.
(2) 그림의 용수철은 1 N의 무게에 의해 1 cm가 늘어난다. 따라서 3 N의 추를 매달면 용수철은 3 cm 늘어난다.
(3) 추의 무게와 용수철이 늘어난 길이는 비례한다. 따라서 추의 무게가 2배이면 용수철이 늘어난 길이도 2배이다.

11 (1) 그래프가 원점을 지나는 직선 형태이므로 추의 무게와 용수철이 늘어난 길이는 비례한다.
(2) 이 용수철은 1 N의 무게에 의해 1 cm 늘어나는 용수철이므로, 3 N의 추를 매달 때 용수철이 늘어난 길이는 3 cm이다.
(3) 이 용수철은 1 N의 무게에 의해 1 cm 늘어나는 용수철이므로, 용수철이 5 cm 늘어났다면 용수철에 매단 추의 무게는 5 N이다.

12 탄성을 가진 물체를 탄성체라고 한다.
오답 피하기 ㄴ, ㄷ. 진흙과 유리는 물체에 작용한 힘이 사라져도 원래 모양으로 되돌아가지 않으므로 탄성체가 아니다.

13 (2), (3) 중력을 이용하는 경우이다.

14 탄성력은 탄성체에 가한 힘과 반대 방향으로 작용한다.

| 모범 답안 |

(가) 미는 힘 미는 힘
탄성력 탄성력

(나)

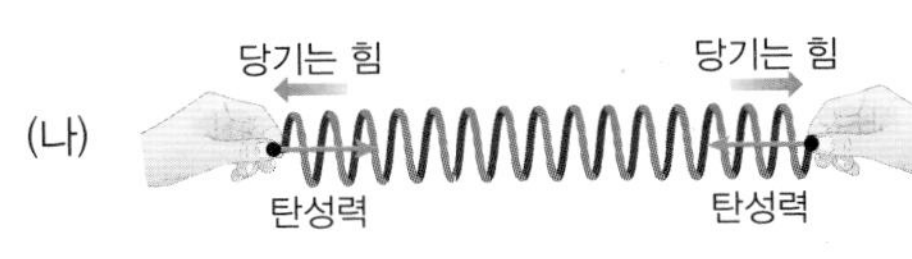

15 (4) 용수철을 늘일 때나 줄일 때 용수철에 작용한 힘의 방향이 반대이므로 손에 작용하는 탄성력의 방향도 반대이다.

16 양궁의 활, 머리끈, 장대높이뛰기의 장대, 트램펄린은 탄성력을 이용한다.

오답 피하기 ㄴ. 나침반은 자기력을 이용하여 방향을 찾는다.
ㄷ. 튜브는 부력을 더 크게 받아 몸이 물에 쉽게 뜨도록 해 준다.

본문 **67**쪽

탐구 설렵 문제

용수철을 이용하여 물체의 무게 측정하기 | 길이, 비례, 무게

1 ③ **2** ⑤ **3** 용수철이 늘어난 길이는 용수철에 매단 물체의 무게에 비례하므로 **4** 18 cm **5** ④

1 이 용수철은 무게 0.98 N에 의해 1 cm가 늘어난다. 따라서 용수철에 책을 매달았더니 늘어난 길이가 8.0 cm가 되었다면, 용수철에 매단 책의 무게는
0.98 N : 1 cm $=x$: 8.0 cm에서 $x=7.84$ N이다.

2 이 용수철에 무게가 11.76 N의 물체를 매달았을 때, 용수철이 늘어나는 길이는 0.98 N : 1 cm $=$ 11.76 N : x에서 $x=12.0$ cm이다.

3 용수철이 늘어난 길이는 용수철에 매단 물체의 무게에 비례하므로 용수철을 이용하여 물체의 무게를 측정할 수 있다.

4 그래프에서 용수철은 무게 1 N에 의해 3 cm가 늘어난다는 것을 알 수 있다. 따라서 무게가 6 N인 추를 매달면 용수철이 늘어난 길이는 1 N : 3 cm $=$ 6 N : x에서 $x=18$ cm이다.

5 이 용수철은 무게 20 N에 의해 6 cm 늘어나므로 무게가 30 N인 물체를 매달면 용수철이 늘어난 길이는
20 N : 6 cm $=$ 30 N : x에서 $x=9$ cm이다. 따라서 용수철의 전체 길이는 10 cm $+$ 9 cm $=$ 19 cm가 된다.

내신 기출 문제

본문 68~71쪽

01 ③ **02** ① **03** ③ **04** 4 N **05** ④ **06** ㄴ, ㄷ, ㅁ **07** ④
08 ② **09** ④ **10** ⑤ **11** ③ **12** ⑤ **13** ④ **14** ③ **15** 4 N
16 ④ **17** ① **18** ④ **19** ① **20** ② **21** ② **22** ⑤ **23** ①
24 ① **25** ⑤ **26** ①

01 일상생활에서 힘은 지식, 격려 등의 의미로 사용되지만, 과학에서는 물체의 모양이나 운동 상태를 변하게 하는 원인을 힘이라고 한다.

02 ① 손가락으로 고무풍선을 누르면 모양이 변한다. 밀가루 반죽을 늘리는 것도 힘에 의해 모양이 변하는 경우이다.

오답 피하기 ②, ④ 힘에 의해 물체의 운동 상태가 변한다.
③, ⑤ 힘에 의해 물체의 모양과 운동 상태가 동시에 변한다.

03 ③ 힘을 화살표로 나타낼 때 화살표의 방향은 힘의 방향을 나타낸다.

오답 피하기 ①, ② 공의 모양과 운동 상태(빠르기와 운동 방향)를 동시에 변화시킨다.
④ 힘의 크기를 나타내는 단위는 N(뉴턴)이다. kg(킬로그램)은 질량의 단위이다.
⑤ 화살표의 길이가 길수록 공에 작용하는 힘이 크다는 것을 의미한다.

04 화살표의 길이는 힘의 크기를 의미하므로 1 cm 길이의 화살표가 2 N의 힘을 나타낸다면, 2 cm의 화살표는 4 N의 힘을 나타낸다.

05 지구상에서 중력은 항상 지구 중심 방향으로 작용하므로 어느 지점에서나 물체는 지구 중심 방향으로 떨어진다.

06 ㄴ. 수돗물은 중력에 의해 아래로 흐른다.
ㄷ. 놀이기구는 중력에 의해 아래로 떨어진다.
ㅁ. 고드름에 아래쪽으로 중력이 작용하므로 고드름은 아래쪽으로 얼어붙는다.

오답 피하기 ㄱ. 얼음이 녹아 물이 되는 것은 열에 의한 상태 변화의 예이다.
ㄹ. 범퍼 카의 옆면을 고무로 만드는 것은 탄성체인 고무의 탄성력을 이용하기 위해서이다. 충돌 시 고무의 모양이 변하면서 범퍼 카가 받는 충격을 흡수한다.

07 ㄴ. 물체에 작용하는 중력은 질량에 비례하므로 같은 장소에서 질량이 큰 물체가 받는 중력이 질량이 작은 물체가 받는 중력보다 크다.
ㄷ. 무게는 물체에 작용하는 중력의 크기이다. 따라서 물체에 작용하는 중력의 크기로 물체의 무겁고 가벼운 정도를 비교할 수 있다.

오답 피하기 ㄱ. 달에서의 중력은 지구에서의 $\frac{1}{6}$이므로 같은 물체에 작용하는 중력의 크기는 지구에서보다 달에서 더 작다.

08 지구에서 몸무게가 588 N, 질량이 60 kg인 우주인이 달에 갔을 때 몸무게는 지구에서의 $\frac{1}{6}$인 588 N × $\frac{1}{6}$ = 98 N이며, 질량은 장소에 따라 변하지 않으므로 60 kg이다.

클리닉 + 무게는 물체에 작용하는 중력의 크기이므로 장소에 따라 달라진다. 달에서의 중력은 지구에서 중력의 $\frac{1}{6}$이므로 무게도 지구에서의 $\frac{1}{6}$이다. 하지만 질량은 물체의 고유한 양으로, 지구와 달에서의 질량은 변화가 없다.

09 윗접시저울로 측정하는 값은 질량이며, 질량은 장소에 관계없이 일정한 값이다. 따라서 지구에서 윗접시저울의 왼쪽에 사과를 올려놓고 오른쪽에 질량 50 g인 추 6개를 올려놓았을 때 균형을 이루었다면, 달에서 같은 사과를 윗접시저울에 올려놓았을 때 윗접시저울이 균형을 이루려면 오른쪽 접시에 질량 50 g인 추를 6개 올려놓아야 한다.

10 달에서 측정했을 때 무게가 98 N인 물체의 지구에서의 무게는 98 N × 6 = 588 N이다. 지구에서 무게가 9.8 N인 물체의 질량은 1 kg이므로 무게가 588 N인 물체의 질량은 60 kg이다.

11 지구에서 무게가 294 N인 물체의 지구에서의 질량은 $\frac{294}{9.8}=30(\text{kg})$이다.

이 물체의 달에서의 무게는 294 N × $\frac{1}{6}$ = 49 N이다.

12 달에서의 중력은 지구에서의 $\frac{1}{6}$이므로 달에서 들어 올릴 수 있는 무게는 지구에서의 6배이다. 지구 표면에서 질량이 최대 24 kg인 물체를 들어 올릴 수 있으므로 달에서는 질량이 최대 24 kg × 6 = 144 kg인 물체를 들어 올릴 수 있다.

13 용수철에 매단 추의 무게, 즉 추의 개수와 용수철이 늘어난 길이는 비례한다.

14 물체를 매달았을 때 용수철의 전체 길이가 18 cm가 되었다면 용수철은 6 cm 늘어난 것이다. 이 용수철은 무게 10 N에 의해 2 cm 늘어나므로 용수철에 매단 물체의 무게는 10 N : 2 cm = x : 6 cm에서 x = 30 N이다.

클리닉 + 용수철이 늘어난 길이는 용수철에 매단 추의 무게에 비례한다. 따라서 매단 추의 무게에 따른 용수철이 늘어난 길이를 안다면 이 용수철을 이용하여 다른 물체의 무게를 측정할 수 있다.

15 길이가 10 cm인 용수철에 어떤 물체를 매달았을 때 용수철의 전체 길이가 12 cm가 되었다면 용수철은 2 cm가 늘어난 것이다. 그래프에서 용수철이 2 cm 늘어났을 때 용수철에 매단 물체의 무게는 4 N이라는 것을 알 수 있다.

16 이 용수철은 무게 1 N에 의해 0.5 cm 늘어나므로 용수철에 무게가 9 N인 물체를 매달면 용수철이 늘어난 길이는 1 N : 0.5 cm = 9 N : x에서 x=4.5 cm이다.

17 길이가 8 cm인 용수철에 무게가 각각 2 N, 6 N인 물체를 매달았더니 용수철의 전체 길이가 각각 12 cm, 20 cm가 되었다면 용수철은 1 N에 의해 2 cm가 늘어난 것이다. 따라서 용수철에 물체를 매달았을 때 14 cm가 되었다면 용수철은 6 cm 늘어난 것이므로 용수철에 매단 물체의 무게는 1 N : 2 cm = x : 6 cm에서 x = 3 N이다.

18 컴퓨터 자판을 눌렀다가 놓으면 원래의 위치로 되돌아온다. 자판을 원래의 위치로 되돌아가게 하는 힘은 탄성력이다.

19 머리카락을 한곳에 모으는 데 사용하는 머리끈은 원래의 모양으로 되돌아가려는 힘인 탄성력을 이용한다.
① 양궁에서는 탄성력을 이용해 활을 쏘아 보낸다.

오답 피하기 ② 미끄럼틀은 마찰력이 작아야 잘 미끄러진다.
③ 애드벌룬은 부력을 이용하여 공기 중으로 떠오른다.
④, ⑤ 자이로드롭과 롤러코스터는 중력을 이용하는 놀이 기구이다.

20 (가)는 양궁, (나)는 번지점프이다. 양궁의 경우 탄성력을 이용하며, 번지점프의 경우 중력과 탄성력을 이용한다. 따라서 두 경우에 공통적으로 이용된 힘은 탄성력이다. 탄성력은 변형이 클수록 큰 힘이다.

21 (가)와 같이 용수철을 왼쪽으로 밀어 압축시킨 경우 탄성력은 오른쪽으로 작용하며, (나)와 같이 오른쪽으로 잡아당겨 늘이는 경우 탄성력은 왼쪽으로 작용한다.

22 ㄱ, ㄴ. 탄성력의 크기는 물체가 변형된 정도에 비례하고, 탄성력의 방향은 물체가 변형된 방향과 반대 방향이다.
ㄷ. 탄성은 변형된 물체가 원래 모양으로 되돌아가려는 성질이고, 탄성력은 변형된 물체가 원래 상태로 되돌아가려는 힘이다.

23 5 N의 힘으로 용수철을 눌렀을 때 인형이 아래로 내려갔다면, 인형에 작용하는 탄성력의 방향은 작용한 힘의 방향과 반대 방향인 위쪽이며, 탄성력의 크기는 작용한 힘의 크기와 같은 5 N이다.

클리닉 + 탄성력은 탄성체가 변형된 방향과 반대 방향 또는 탄성체에 작용한 힘과 반대 방향으로 작용한다. 이때 탄성력의 크기는 탄성체에 작용한 힘의 크기와 같다.

24 ㄱ. 용수철을 줄일 때와 늘일 때 작용한 힘의 방향은 반대이므로 작용하는 탄성력의 방향도 반대이다. 따라서 (가)와 (나)에서 탄성력의 방향은 반대이다.

오답 피하기 ㄴ, ㄷ. 용수철에 작용한 힘의 크기를 알 수 없으므로 (가)와 (나)에서의 탄성력의 크기를 비교할 수 없다.

25 탄성력의 크기는 용수철에 작용한 힘의 크기에 비례한다. 따라서 가장 질량이 큰 추를 매단 ⑤에서 용수철의 탄성력의 크기가 가장 크다.

오답 피하기 용수철이 늘어난 길이가 길다고 무조건 탄성력이 큰 것은 아니다. 용수철의 탄성력의 크기는 탄성체에 작용한 힘의 크기를 통해 알 수 있다.

26 집게로 얇은 종이 뭉치로 집을 때보다 두꺼운 종이 뭉치를 집을 때 탄성력의 크기가 크다. 이는 변형이 클수록 탄성력의 크기가 크기 때문이다.

고난도 실력 향상 문제

본문 72쪽

01 ④ 02 ② 03 ④ 04 ③ 05 ② 06 ①

01 비스듬히 던져 올린 공이 운동하는 동안 공에 작용하는 중력의 방향은 위치에 관계없이 항상 연직 아래 방향이다.

02 ② 우주정거장에서 쇠공과 고무공을 동시에 입으로 불었을 때 고무공이 더 먼 거리를 이동한 것은 쇠공의 질량이 고무공보다 크기 때문이다. 즉, 질량이 작은 고무공이 질량이 큰 쇠공보다 더 많이 움직인다.

클리닉 + 우주정거장의 경우 무중력 상태이므로 중력에 의해 나타나는 무게는 쇠공과 고무공 모두 0이다. 따라서 두 공을 동시에 불었을 때 움직임이 다른 것은 질량 차이로 인한 것이다. 즉, 질량이 작은 고무공이 질량이 큰 쇠공보다 더 많이 움직인다.

03 화성에서 질량이 60 kg, 무게가 222 N인 우주인이 지구로 돌아왔을 때, 이 우주인의 지구에서의 질량은 60 kg이다. 따라서 우주인의 지구에서의 무게는 (9.8×60)N$=588$ N이다.

04 시소가 오른쪽으로 기울어졌을 때 A는 늘어나고 B는 줄어들므로 A에 작용하는 탄성력의 방향은 아래 방향이며, B에 작용하는 탄성력의 방향은 위 방향이다.

05 지구에서 10 N의 무게에 의해 2 cm가 늘어나는 용수철에 무게가 60 N인 물체를 매달아 달에 가져가면 달에서의 중력은 지구에서의 $\frac{1}{6}$이므로 실제 용수철에 작용하는 힘은 10 N이 된다. 따라서 달에서 용수철이 늘어나는 길이는 2 cm가 된다.

06 용수철의 처음 길이가 20 cm이고, 어떤 물체를 매달았을 때 길이가 35 cm라면 용수철이 늘어난 길이는 15 cm이다. 그래프에서 용수철은 1 N에 의해 3 cm가 늘어난다는 것을 알 수 있으므로 용수철에 매단 물체의 무게는
1 N : 3 cm$=x$: 15 cm에서 $x=5$ N이다.

서논술형 유형 연습

본문 73쪽

01 용수철저울은 물체의 무게를 측정하는 기구이고, 양팔저울은 질량을 측정하는 기구이다. 따라서 이 장치들을 달에 가져가면 무게는 줄어들므로 용수철저울의 눈금은 감소하지만, 질량은 변하지 않으므로 양팔저울의 균형에는 변화가 없다.

| 모범 답안 | 달에서는 장난감의 무게가 줄어들므로 용수철저울의 눈금은 감소한다. 또, 추와 장난감 모두 질량은 변하지 않으므로 질량을 측정하는 양팔저울은 균형을 이룬다.

채점 기준	배점
용수철저울의 눈금 변화와 그 까닭을 모두 옳게 서술한 경우	50%
용수철저울의 눈금 변화만 옳게 서술한 경우	25%
양팔저울의 변화와 그 까닭을 모두 옳게 서술한 경우	50%
양팔저울의 변화만 옳게 서술한 경우	25%

02 용수철에 추를 매달면 추의 무게에 의해 용수철이 늘어난다.

| 모범 답안 | (1) 추의 개수가 증가하면 용수철이 늘어난 길이도 증가한다. 이로부터 용수철이 늘어난 길이는 추의 개수에 비례함을 알 수 있다.

채점 기준	배점
용수철이 늘어난 길이와 이로부터 알 수 있는 사실을 모두 옳게 서술한 경우	100%
용수철이 늘어난 길이만 옳게 서술한 경우	50%

(2) 용수철은 1 N에 의해 2 cm가 늘어난다. 따라서 용수철이 15 cm 늘어났다면 추의 무게는
1 N : 2 cm $=x$: 15 cm에서 $x=7.5$ N이다.

채점 기준	배점
비례식을 이용하여 옳게 구한 경우	100%
7.5 N만 쓴 경우	50%

02 마찰력과 부력

기초 섭렵 문제

본문 **75, 77**쪽

1 마찰력 | 마찰력, 반대, 커

2 마찰력의 크기 | 기울기, 거칠, 무거

3 부력 | 부력, 반대, 기체

4 부력의 크기 | 감소한, 부피

01 (1) ○ (2) × (3) × (4) × 02 (가) ← (나) ↗ 03 (1) A (2) B (3) A (4) B 04 (1) ○ (2) ○ (3) ○ 05 ㄱ, ㅁ 06 (1) ○ (2) × (3) × (4) ○ 07 해설 참조 08 (1) × (2) ○ (3) ○ (4) ○ (5) × 09 (1) (가)>(나)>(다) (2) (다)>(나)>(가) 10 ㄱ, ㄷ, ㄹ, ㅂ

01 (2) 눈길에서 자동차가 주행하거나 빙판길을 걸을 때 등은 미끄러지지 않도록 마찰력이 커야 편리하다.
(3) 마찰력은 물체의 운동을 방해하는 힘이므로 물체의 운동 방향과 반대 방향으로 작용한다.
(4) 정지해 있는 물체에 작용한 힘과 같은 크기의 마찰력이 힘이 작용한 방향과 반대 방향으로 작용하면 물체는 계속 정지해 있다.

02 마찰력은 물체의 운동 방향과 반대 방향으로 작용한다. 따라서 그림 (가)와 같이 물체가 오른쪽으로 운동하는 경우 마찰력은 왼쪽으로 작용하고, 그림 (나)와 같이 물체가 빗면을 따라 미끄러지는 경우 마찰력은 빗면 위쪽으로 작용한다.

03 (1), (3) 마찰력을 크게 하는 경우이다.
(2), (4) 마찰력을 작게 하는 경우이다.

04 빗면을 들어 올릴 때 나무 도막이 바로 미끄러지지 않는 것은 마찰력 때문이며, 빗면의 기울기가 커질수록 나무 도막에 작용하는 마찰력도 커진다. 또한 나무 도막이 미끄러지는 순간의 빗면의 기울기가 클수록 마찰력이 큰 것이다.

05 ㄱ, ㅁ. 마찰력은 물체의 무게가 무거울수록, 접촉면이 거칠수록 크다. 따라서 마찰력의 크기에 영향을 주는 요인은 물체의 무게와 접촉면의 거칠기이다.

06 (1), (3) 부력은 중력과 반대 방향, 즉 항상 위쪽 방향으로 작용한다.
(2) 부력은 액체와 기체 속에서 모두 작용한다.
(4) 풍선은 위쪽으로 부력을 받아 위로 올라간다.

07 물 위에 떠 있는 나무 도막과 공기 중에 떠 있는 헬륨 풍선에 작용하는 중력과 부력은 서로 반대 방향으로 작용한다.

| 모범 답안 |

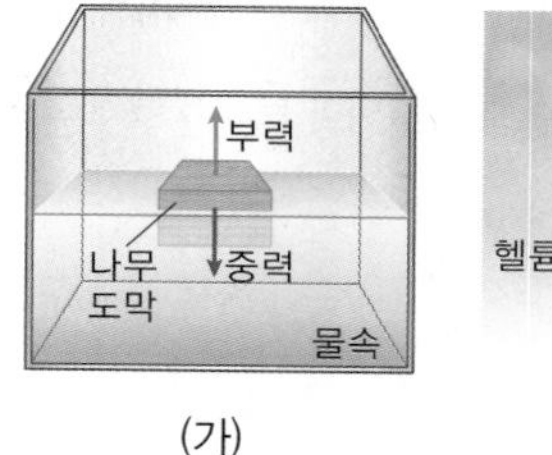

(가)

헬륨 풍선 부력 중력 공기 중

(나)

08 (1) 수영장에서는 마찰력을 줄여 잘 미끄러지도록 하기 위해 미끄럼틀에 물을 뿌린다.
(5) 자전거 안장 밑에 설치된 용수철은 탄성력을 이용한다.

09 추를 물속에 넣으면 부력이 작용한다. 이때 작용하는 부력은 추가 물속에 잠긴 부피가 클수록 크다. 따라서 추가 받는 부력의 크기는 (다)>(나)>(가) 순이며, 용수철이 늘어난 길이는 (가)>(나)>(다) 순이다.

10 부표, 풍등, 열기구, 튜브는 부력을 이용한 예이다.
오답 피하기 ㄴ. 집게는 탄성력을 이용한 도구이다.
ㅁ. 베어링은 기계가 회전할 때 마찰력을 줄여 준다.

탐구 섭렵 문제

본문 **79**쪽

빗면의 기울기를 이용하여 물체의 마찰력 비교하기 | 마찰력, 크다, 크다

1 ⑤ **2** ② **3** ① **4** 접촉면이 거칠수록 마찰력이 크다.

1 빗면을 이용하여 물체에 작용하는 마찰력의 크기를 비교하려면 나무 도막이 움직이는 순간 빗면의 기울기를 측정하여 비교하면 된다.

2 손가락으로 D 방향으로 물체를 밀었지만 물체가 빗면 위에서 정지해 있다. 따라서 물체에 작용하는 마찰력의 방향은 힘이 작용한 방향과 반대 방향인 B 방향이다.

3 나무 도막이 움직이는 순간의 기울기가 클수록 마찰력의 크기가 크다. 나무 도막이 움직이는 순간의 기울기가 사포>종이>비닐 순이므로 마찰력의 크기도 사포>종이>비닐 순이다.

4 실험에서 나무 도막이 받는 마찰력의 크기는 사포>종이>비닐 순이었다. 따라서 접촉면의 거칠기가 거칠수록 마찰력이 크다는 사실을 알 수 있다.

본문 81쪽

● 탐구 설렵 문제

액체 속에서 물체의 부력 측정하기 | 부력, 반대, 차, 부피

1 ④ 2 ③ 3 ② 4 물속에 잠긴 물체의 부피가 클수록 부력이 크다. 5 ㄷ

1 부력은 중력과 반대 방향인 위쪽으로 작용한다.
오답 피하기 ④ 물체의 운동을 방해하는 힘은 마찰력이다.

2 추에 작용하는 부력의 크기=공기 중에서 추의 무게−물속에서 추의 무게=20 N−14 N=6 N

3 물에 잠긴 물체의 부피가 클수록 물체에 작용하는 부력이 크다. 용수철저울에 추를 매단 다음 추를 물속에 천천히 잠기게 하면 물에 잠긴 부피가 점점 커져 추에 작용하는 부력이 점점 커지므로 용수철저울의 눈금은 점점 감소한다.

4 추를 물속에 절반만 잠기게 한 경우와 전부 잠기게 한 경우 용수철저울의 눈금이 다르게 나타나는 것은 추에 작용하는 부력이 다르기 때문이다. 즉, 물속에 잠긴 물체의 부피가 클수록 부력이 크다는 것을 알 수 있다.

5 물에 잠긴 물체에 작용하는 부력의 크기에 직접적으로 영향을 주는 요인은 물체의 부피이다. 물에 잠긴 물체의 부피가 클수록 부력이 크다.

내신 기출 문제

본문 82~85쪽

01 ③ **02** ② **03** ③ **04** ④ **05** ② **06** ③ **07** ④ **08** 마찰력의 크기 **09** ⑤ **10** ④ **11** ① **12** ⑤ **13** ③ **14** ④ **15** ⑤ **16** ① **17** ③ **18** ① **19** ② **20** 방향 : 위쪽, 크기 : 20 N **21** ④ **22** ③ **23** ① **24** ⑤ **25** ②

01 굴러가던 공은 마찰력에 의해 정지하고, 투수는 공이 미끄러지지 않도록 손에 송진 가루를 발라 마찰력을 크게 하며, 물에 젖은 도로는 마찰력이 작아져 자동차가 잘 정지하지 못한다.

02 책 2권의 책장을 1장씩 번갈아 넘기면서 서로 겹치면 책장 사이에 작용하는 마찰력이 커진다. 따라서 두 사람이 책등을 잡고 당겨도 책이 잘 분리되지 않는다.
② 운동을 방해하는 힘은 마찰력이다.
오답 피하기 ③ 지구 중심 방향으로 작용하는 힘은 중력이다.
④ 변형이 클수록 커지는 힘은 탄성력이다.
⑤ 물체를 아래로 당기는 힘은 중력이다.

03 마찰력은 물체의 운동 방향과 반대 방향으로 작용한다. 상자에 줄을 묶어 A 방향으로 끌어당기면 마찰력은 반대 방향인 C 방향으로 작용한다.

04 아이가 미끄럼틀을 타고 B 방향으로 내려오는 경우 마찰력은 운동 방향과 반대 방향인 미끄럼틀 위쪽 D 방향으로 작용한다.

05 ㄱ, ㄹ. 잘 미끄러지지 않도록 마찰력을 크게 한 경우이다.
오답 피하기 ㄴ, ㄷ. 마찰력을 작게 하는 경우이다.

06 대리석 위에서 물체를 밀 때보다 잔디 위에서 물체를 밀 때 더 큰 힘이 드는 것은 접촉면의 거칠기가 다르기 때문이다. 즉, 마찰력은 접촉면이 거칠수록 크게 작용한다.
클리닉 + 대리석과 잔디는 접촉면의 거칠기가 다르다. 잔디가 대리석보다 접촉면의 거칠기가 더 거친 경우이므로 같은 물체라도 대리석 위에서보다 잔디 위에서 움직이는 것이 더 힘이 든다.

07 나무 도막을 실험대 위에서 끄는 경우와 사포 위에서 끄는 경우 마찰력의 크기가 다른 것은 접촉면의 거칠기에 따라 마찰력의 크기가 다르기 때문이다.
①, ②, ③, ⑤ 모두 접촉면의 거칠기에 따라 마찰력의 크기가 다르다는 것을 이용한 경우이다.
오답 피하기 ④ 작은 승용차보다 큰 화물차를 밀기가 어려운 것은 무게에 따른 마찰력의 크기가 다르기 때문이다. 무게가 무거운 큰 화물차의 마찰력이 더 크므로 움직이기도 어렵다.

08 나무 도막이 미끄러지는 순간에 빗면의 각도를 측정하여 접촉면의 성질에 따른 마찰력의 크기를 비교할 수 있다.

09 아크릴 판에 붙이는 물질을 달리 하면 접촉면의 거칠기가 달라진다. 따라서 이 실험을 통해 접촉면의 거칠기와 마찰력의 크기를 비교해 볼 수 있다.

10 나무 도막이 미끄러지는 순간에 빗면의 각도가 (라)>(다)>(가)>(나), 즉 사포>도화지>아크릴판>유리판 순이었다면, 마찰력의 크기가 가장 큰 것은 사포를 붙인 (라)이다.

11 물체에 10 N의 힘을 주어 오른쪽으로 끌어당겼지만 물체는 움직이지 않았다. 따라서 물체에 작용한 마찰력의 크기는 물체에 작용한 힘의 크기와 같은 10 N이며, 마찰력의 방향은 왼쪽이다.
클리닉 + 물체에 힘이 작용하였으나 물체가 움직이지 않는 경우 물체에 작용하는 마찰력의 크기는 작용한 힘의 크기와 같으며, 마찰력의 방향은 작용한 힘과 반대 방향이다.

12 물체가 움직이기 시작할 때 용수철저울의 눈금은 마찰력을 나타내며, 마찰력의 크기는 접촉면이 거칠수록, 무게가 무거울수록 커진다.
따라서 마찰력의 크기는 (다)>(나)>(가) 순이다.

13 용수철저울로 나무 도막 1개를 끄는 경우보다 나무 도막 2개를 끄는 경우 힘이 더 많이 든다. 이는 무게가 커져 마찰력이 커졌기 때문이다.

14 해녀가 물질을 할 때 사용하는 테왁은 해녀가 바다에서 몸을 의지하거나 헤엄쳐 이동할 때 사용한다. 테왁은 물속에서 물체가 받는 부력을 이용한 경우이다.

15 ⑤ 물속에서 무거운 돌을 쉽게 들어 올릴 수 있는 것은 돌에 작용하는 부력이 돌의 무게를 가볍게 만들었기 때문이다.
오답 피하기 ① 수직추에는 중력이 작용하여 수직추가 항상 지구 중심 방향을 가리킨다. 따라서 수직추를 이용하면 벽돌을 지표면에 수직으로 쌓을 수 있다.
② 머리끈의 탄성력을 이용하여 머리카락을 묶는다.
③ 활시위를 당겨 화살을 멀리 날려 보내는 것은 탄성력을 이용한 것이다.
④ 장대의 탄성력을 이용하여 높은 바를 뛰어 넘는다.

16 물이 가득 든 수조에 고무공을 넣은 후 손으로 잡고 있다가 손을 놓으면, 공에 부력이 작용하므로 부력 때문에 공은 물 위로 떠오른다.

17 ㄱ, ㄷ. 액체나 기체 속의 물체는 부력을 받는다.
오답 피하기 ㄴ. 기체가 없는 우주 공간을 유영하는 우주인에게는 부력이 작용하지 않는다. 우주 공간이 무중력 상태이기 때문에 우주인이 떠 다니는 것이다.

18 ㄱ. 추에 작용하는 부력의 방향은 중력과 반대 방향이므로, 추에는 부력이 위 방향으로 작용한다.
오답 피하기 ㄴ. 무게가 20 N인 추를 용수철저울에 매달아 물에 잠기게 하였더니 저울의 눈금이 12 N을 가리켰다면, 추가 받는 부력의 크기는 20 N−12 N=8 N이다.
ㄷ. 추에는 부력과 중력이 서로 반대 방향으로 작용한다.

19 3개의 금속 추를 용수철저울에 매단 후, 용수철저울을 점점 아래로 내려 추를 하나씩 물에 잠기게 하면 물에 잠긴 추의 부피가 증가한다. 부력은 물에 잠긴 물체의 부피에 비례하므로 추가 받는 부력이 점점 커져 용수철저울의 눈금은 점점 감소한다.

20 부표에 작용하는 부력의 방향은 중력과 반대 방향인 위쪽이며, 무게가 20 N인 부표가 물 위에 떠서 정지해 있으므로 부력의 크기는 물체의 무게와 같은 20 N이다.

21 나무 도막이 물 위에 떠서 정지해 있는 상태이다. 따라서 나무 도막에 작용하는 부력의 크기는 나무 도막의 무게와 같은 10 N이다.

22 ㄱ, ㄷ. 왕관과 금덩어리의 무게가 같아 수평을 이룬 저울을 물속에 넣었을 때 저울이 금덩어리 쪽으로 기울었다면 왕관이 받는 부력이 금덩어리가 받는 부력보다 크기 때문이다. 물체가 받는 부력은 물속에 잠긴 부피가 클수록 크므로 왕관이 금덩어리보다 부피가 크다는 것을 알 수 있다.
오답 피하기 ㄴ. 왕관과 금덩어리에는 모두 중력과 반대 방향인 위쪽으로 부력이 작용한다.

23 나무 도막이 물에 떠 오른 상태로 정지해 있으므로 나무 도막에 작용하는 중력과 부력의 크기는 같다.

24 ⑤ 물체에 작용하는 부력의 크기는 물속에 잠긴 물체의 부피가 클수록 크다. 따라서 나무 도막이 물속에 완전히 잠기면 물속에 잠긴 부피가 증가한 것이므로 나무 도막에 작용하는 부력이 더 커진다.
오답 피하기 ① 물에 잠긴 부피가 (가)에서가 (나)에서보다 작으므로 부력도 (가)에서가 (나)에서보다 작다.
② (나)에서 물에 잠긴 상태로 정지해 있으므로 중력과 부력의 크기는 같다.
③ (가), (나)에서 모두 부력은 위 방향으로 작용한다.
④ 물에 잠긴 부피가 클수록 부력의 크기도 크다.

25 화물선에 짐을 가득 실으면 화물선에 작용하는 중력이 커진다. 이때 화물선이 무거워졌으므로 화물선이 가라앉아 물에 잠기는 부피도 커진다. 물에 잠기는 부피가 커졌으므로 화물선에 작용하는 부력이 커진다.

고난도 실력 향상 문제

본문 86쪽

01 ② **02** ① **03** ⑤ **04** ③ **05** ④

01 ② 무게가 6 N인 물체를 수평면에서 용수철저울로 3 N의 힘으로 끌어당겼으나, 물체가 움직이지 않았다면, 물체에 작용하는 마찰력의 크기도 3 N이다. 즉, 물체를 끌어당기는 힘과 마찰력의 크기가 같고 방향이 반대이므로 물체가 움직이지 않은 것이다.
오답 피하기 ①, ③ 물체를 움직이려면 몇 N의 힘이 필요할지 주어진 상황만으로는 알 수 없다.
④ 물체가 움직이지 않더라도 작용한 힘과 같은 크기의 마찰력이 반대 방향으로 작용한다.
⑤ 접촉 면적과 마찰력은 관계가 없으므로 물체를 세워서 끌더라도 마찰력의 크기에는 영향을 미치지 않는다.

02 나무 도막에 작용하는 탄성력의 방향은 물체에 작용한 힘의 방향과 반대이므로 왼쪽이며, 마찰력의 방향은 물체의 운동 방향과 반대이므로 왼쪽이다.

03 A는 물속에 떠 있으므로 A에 작용하는 부력과 중력의 크기는 같다. B는 바닥에 가라앉아 있으므로 아래 방향으로 작용하는 중력의 크기가 위 방향으로 작용하는 부력의 크기보다 큰 것이다. A와 B의 부피가 같아 A와 B에 작용하는 부력은 같고, 가라앉아 있는 B에 작용하는 중력이 더 크다.

04 A는 물이 들어 있는 수조 속에, B는 소금물이 들어 있는 수조 속에 완전히 잠기게 넣었다면 소금물에 넣은 B에 더 큰 부력이 작용하므로 막대는 A 쪽으로 기울어진다.

클리닉 + 물체가 잠기는 액체의 종류에 따라 부력의 크기가 달라진다. 같은 부피일 때 액체의 밀도가 클수록 물체에 작용하는 부력도 커진다.

05 ④ 부력은 물속에 잠긴 물체의 부피가 클수록 크다. A, B의 부피는 같은데 A는 물속에 떠 있고 B는 물에 반쯤 잠긴 상태로 있으므로 물속에 완전히 잠긴 A가 받는 부력이 B가 받는 부력보다 크다.

오답 피하기 ① A가 물속에 잠긴 부피가 더 크므로 A의 부력=A의 중력>B의 부력=B의 중력이다. 따라서 A가 B보다 더 큰 중력을 받는다.
② A는 물속에 떠서 정지해 있으므로 부력과 중력의 크기가 같다.
③ B는 물에 반쯤 잠긴 상태로 정지해 있으므로 부력과 중력의 크기는 같다.
⑤ A와 B에 작용하는 부력은 모두 중력의 반대 방향, 즉 위 방향이다.

서논술형 유형 연습

본문 87쪽

01 컬링 선수가 스톤과 함께 앞으로 미끄러져 가는 모습을 볼 때 잘 미끄러지는 왼발은 매끄러운 재질로 만들며, 정지할 때 사용하는 오른발은 거친 재질로 만든다.

| 모범 답안 | (1) 왼발, 접촉면이 매끄러워 잘 미끄러지는 왼발이 더 매끄러운 재질이다.

채점 기준	배점
왼발을 쓰고, 까닭을 옳게 서술한 경우	100%
왼발만 쓴 경우	25%

(2) 재질이 거친 오른발을 이용하여 마찰력을 크게 해야 한다.

채점 기준	배점
오른발을 언급하여 정지하는 방법을 옳게 서술한 경우	100%
마찰력을 크게 해야 한다고만 서술한 경우	50%

02 부력은 액체 속에서 물체가 받는 힘이다. 부력의 크기는 물체가 액체 속에 잠긴 부피가 클수록 크다. 따라서 물속에 완전히 잠긴 A가 물속에 절반만 잠긴 B보다 더 큰 부력을 받는다.

| 모범 답안 | A가 B보다 물에 잠긴 부피가 더 크므로 A가 받는 부력의 크기가 B보다 크다.

채점 기준	배점
물에 잠긴 부피와 연관지어 부력의 크기를 옳게 서술한 경우	100%
A가 받는 부력의 크기가 더 크다고만 서술한 경우	50%

대단원 마무리

본문 88~90쪽

01 ② **02** (가) C, (나) F **03** ③ **04** ① **05** ④ **06** ③
07 ① **08** ② **09** ⑤ **10** ② **11** ⑤ **12** ① **13** ② **14** ⑤
15 ① **16** ④ **17** 6 N **18** ④

01 테니스 공을 라켓으로 치면 모양과 운동 상태가 동시에 변한다.
⑤ 골프공을 골프채로 치면 모양과 운동 상태가 동시에 변한다.

오답 피하기 ① 깡통을 발로 밟으면 모양만 변한다.
③ 야구공을 글러브로 잡으면 운동 상태만 변한다.
④ 스펀지를 손가락으로 누르면 모양만 변한다.
⑤ 실험대 위에서 실험용 수레를 굴리면 운동 상태만 변한다.

02 지표면 위의 물체는 중력에 의해 지구 중심 방향으로 떨어진다. 따라서 (가)에서 물체는 C 방향으로, (나)에서 물체는 F 방향으로 떨어진다.

03 ③ 달에서의 중력은 지구에서의 $\frac{1}{6}$이므로 A를 달에 가져가면 무게는 $294\ \mathrm{N} \times \frac{1}{6} = 49\ \mathrm{N}$이 된다.

오답 피하기 ①, ② 지구에서 무게가 294 N인 A의 질량은 $\frac{294}{9.8} = 30(\mathrm{kg})$이며, 달에서 무게가 294 N인 B의 질량은 $\frac{294 \times 6}{9.8} = 180(\mathrm{kg})$이다.
④ 지구에서의 중력은 달에서의 6배이므로 B를 지구에 가져가면 무게는 $294\ \mathrm{N} \times 6 = 1764\ \mathrm{N}$이 된다.
⑤ 무게는 물체에 작용하는 중력의 크기이다. 따라서 A에 작용하는 중력의 크기는 A의 무게와 같은 294 N이다.

04 리듬 체조 선수가 공을 높이 던지는 경우 공에 작용하는 힘은 중력이며, 다시 떨어지는 경우 공에 작용하는 힘 역시 중력이다.

클리닉 + 공이 위로 올라가거나 내려오는 경우 공에는 중력만 작용한다. 만약 공이 지면에서 튕기는 경우 탄성력이 작용하여 다시 튀어 오르게 된다.

05 ④ 물체에 작용하는 중력의 크기를 무게라고 하며, 무게는 용수철저울이나 가정용저울로 측정한다.

오답 피하기 ① 질량은 장소에 관계없이 일정하다.
② 질량의 단위로는 kg(킬로그램)을 사용한다.
③ 물체의 질량이 클수록 물체의 무게도 커진다.
⑤ 질량은 윗접시저울이나 양팔저울로 측정한다.

06 그림 (나)에서 용수철이 1 cm 늘어났고, 그림 (가)에서 용수철이 1 cm 늘어날 때 용수철에 매단 물체의 무게는 2 N이라는 것을 알 수 있다.

07 ㄱ. 장대높이뛰기 선수는 장대의 탄성력을 이용해 높이 뛰어오른다.
ㄷ. 변형된 물체가 원래 모양으로 되돌아가려는 힘이 탄성력이다.

오답 피하기 ㄴ. 탄성력은 탄성체가 변형된 길이에 비례하므로 용수철이 많이 늘어날수록 탄성력은 커진다.
ㄹ. 탄성력은 탄성체가 변형된 방향과 반대 방향으로 작용한다.

08 용수철을 오른쪽으로 5 N의 힘으로 잡아당겼을 때 손에 작용하는 탄성력의 크기는 5 N이며, 탄성력의 방향은 잡아당긴 방향의 반대 방향인 왼쪽이다.

09 ㄴ. (가)와 (나) 모두 용수철을 양쪽으로 잡아당긴 경우이므로 (가)와 (나)에서 탄성력의 방향은 같다.
ㄷ. 탄성력의 크기는 용수철이 변형된 길이에 비례한다. (나)가 (가)보다 더 많이 늘어났으므로 (나)에서 탄성력의 크기는 (가)에서보다 크다.

오답 피하기 ㄱ. 용수철이 변형된 길이가 다르므로 (가)와 (나)에서 탄성력의 크기는 다르다. 더 많이 늘어난 (나)에서의 탄성력이 더 크다.

10 물체가 미끄러지는 동안 물체에 작용하는 마찰력의 방향은 물체의 운동을 방해하는 방향인 왼쪽 방향이다.

11 ㄴ, ㄹ. 마찰력의 크기를 작게 한 예이다.

오답 피하기 ㄱ, ㄷ. 마찰력의 크기를 크게 한 예이다.

12 두 물체의 접촉면 사이에서 물체의 운동을 방해하는 원인이며, 물체가 운동하는 방향과 반대 방향으로 작용하는 힘은 마찰력이다. 마찰력은 접촉면이 거칠수록 크다.

13 마찰력은 물체의 무게가 무거울수록, 접촉면이 거칠수록 크다. 따라서 나무 도막 1개를 책상 면에서 끄는 경우와 사포 위에서 끄는 경우 사포 위에서 끌 때 마찰력이 더 크다. 이것은 접촉면의 거칠기가 다르기 때문이다.

14 빗면의 기울기를 점점 증가시켰을 때 C, A, B 순으로 미끄러졌다면 B의 마찰력이 가장 큰 것이고, C의 마찰력이 가장 작은 것이다.
ㄴ. 마찰력은 접촉면이 거칠수록 크므로, 신발 바닥이 가장 거친 것은 마찰력이 가장 큰 B이다.
ㄷ. 세 신발의 무게는 같고 재질만 다르다. 따라서 이 경우 신발 바닥의 재질에 따라 미끄러지는 각도가 다른 것이다.

오답 피하기 ㄱ. 마찰력이 가장 큰 신발은 가장 늦게 미끄러진 B이다.

15 C가 빗면 위에 정지해 있을 때는 신발에 빗면을 따라 내려가려는 힘이 작용한다. 마찰력은 이를 방해하기 위해 ㉠ 방향으로 작용한다.
C가 빗면을 따라 미끄러질 때는 운동 방향과 반대 방향인 ㉠ 방향으로 마찰력이 작용한다.

16 ㄴ. A, B 모두 부력과 중력이 서로 반대 방향으로 작용한다.
ㄷ. 부력은 물속에 잠긴 물체의 부피가 클수록 크다. 따라서 물체에 작용하는 부력의 크기는 A가 B보다 크다.

오답 피하기 ㄱ. A에 작용하는 부력의 크기는 중력의 크기와 같다.

17 무게가 5 N인 추를 물속에 넣었더니 용수철저울의 눈금이 3 N을 가리켰다면, 이때 추가 받는 부력의 크기는 2 N이다. 따라서 추 2개를 매달아 모두 물에 잠기게 하면 용수철저울의 눈금은 10 N−4 N=6 N을 가리킨다.

18 ④ 물에 잠긴 부피가 클수록 부력의 크기는 크다.

대단원 서논술형 문제

본문 91쪽

01 화성에서의 중력은 지구에서보다 작다. 따라서 화성에서는 지구에서보다 더 높이 뛰어오를 수 있으므로 더 멀리 뛸 수 있다.

| 모범 답안 | 지구에서보다 중력이 작으므로 더 멀리 뛸 수 있다.

채점 기준	배점
기록을 중력과 연관하여 옳게 서술한 경우	100%
기록만 옳게 서술한 경우	50%

02 자전거의 경우 타이어와 안장은 탄성력을, 타이어 표면과 브레이크는 마찰력을 이용한다.

| 모범 답안 | 타이어는 탄성력을 이용하고, 타이어 표면은 마찰력을 이용한다.

채점 기준	배점
두 힘의 예를 모두 옳게 서술한 경우	100%
한 가지 힘에 대해서만 옳게 서술한 경우	50%

03 고무찰흙의 무게는 같으므로 부피를 크게 하면 고무찰흙이 받는 부력이 커져서 고무찰흙을 물 위에 띄울 수 있다.

| 모범 답안 | 고무찰흙을 펴서 부피를 크게 하면 부력이 커지므로 물 위에 뜬다.

채점 기준	배점
방법과 까닭을 모두 옳게 서술한 경우	100%
방법만 옳게 서술한 경우	50%

04 바닥에 놓인 상자를 오른쪽으로 힘을 작용하여 밀었으나 상자가 움직이지 않았다면, 상자에 작용한 힘과 마찰력의 크기가 같으므로 상자가 움직이지 않는 것이다.

| 모범 답안 | 진우, 미는 힘보다 마찰력의 크기가 크기 때문에 → 미는 힘과 마찰력의 크기가 같기 때문에

채점 기준	배점
잘못 말한 학생을 옳게 고르고, 틀린 부분을 옳게 고친 경우	100%
잘못 말한 학생만 옳게 고른 경우	25%

05 배에 같은 양의 짐이 실려 있을 때 평형수를 빼내면 배가 물 위로 올라와 배가 물에 잠긴 부피가 작아지므로 작용하는 부력도 작아진다.

| 모범 답안 | 평형수를 빼내면 배가 물에 잠긴 부피가 작아지므로 부력도 작아진다.

채점 기준	배점
부력의 크기를 물에 잠긴 부피와 관련하여 옳게 서술한 경우	100%
부력의 크기만 옳게 서술한 경우	50%

Ⅲ. 생물의 다양성

01 생물의 다양성과 보전

본문 95, 97쪽

기초 섭렵 문제

1 생물 다양성 | 생물 다양성, 종류, 다양
2 환경과 생물 다양성 | 환경, 변이
3 생물 다양성의 중요성 | 생물 다양성, 생물
4 생물 다양성의 보전 | 생태 통로, 국가적, 국제적

01 (1) ㉢ (2) ㉡ (3) ㉠ 02 환경 03 생물 다양성 04 (1) ○ (2) ○ (3) × (4) × 05 ㄴ, ㄷ, ㄹ 06 (1) (가) (2) (나) 07 ㄴ 08 (1) × (2) ○ (3) ○ 09 ㄱ, ㄷ 10 ㄴ, ㄷ, ㄹ

01 지구에는 바다, 초원, 사막, 숲, 갯벌 등 여러 종류의 생태계가 있으며, 각 생태계에는 다양한 생물이 살고 있다.

02 생태계에 따라 살고 있는 생물의 종류가 다른 이유는 생태계를 이루는 환경이 다르기 때문이다.

03 여러 생태계에서 얼마나 다양한 종류의 생물이 살고 있는지 나타낸 것을 생물 다양성이라고 한다.

04 (3) 갯벌과 벼를 심은 논 중 생물 다양성이 높은 지역은 갯벌이다.
(4) 같은 종류의 생물에서 생김새와 특성이 다양할수록 생물 다양성이 높다.

05 ㄱ. 식물 세포가 세포벽을 가지는 것은 식물의 고유한 특징이다.
ㅁ. 아마존 열대 우림 속에 곤충, 새, 원숭이 등 다양한 생물이 살고 있는 것은 한 지역에 살고 있는 생물의 종류가 많아 생물 다양성이 높음을 의미한다.

06 (가)는 생물 다양성이 낮은 생태계이고, (나)는 생물 다양성이 높아 더 안정적으로 유지될 수 있는 생태계이다.

07 ㄱ. 누에고치에서 의복 재료를 얻는다.
ㄷ. 목화에서 의복 재료를 얻는다.

08 (1) 환경 오염과 기후 변화가 일어나면 서식지의 환경이 변하여 생물 다양성이 감소한다.

09 두루미(ㄴ), 나도풍란(ㄹ), 수원청개구리(ㅁ)는 우리나라에서 지정된 멸종 위기종이다.

10 ㄱ. 무분별한 개발로 생물의 서식지가 파괴되었다.
ㅁ. 특정 동식물을 많이 잡고 채집하여 야생 동식물이 급격히 줄어들었다.

● 탐구 섭렵 문제 본문 **99**쪽

생물 다양성 보전 방법 | 사회적, 멸종, 종자 은행, 생물 다양성

1 멸종 위기종 **2** ㄷ, ㄹ **3** ⑤ **4** ㄱ, ㄴ, ㄹ **5** 생물 다양성

1 오늘날 개체 수가 많이 줄어 멸종 위기에 처해 있는 생물종을 멸종 위기종이라고 한다.

2 농경지를 확장하고 도시를 개발하는 것(ㄱ)과 숲을 없애고 도로와 철도를 건설하는 것(ㄴ)은 생물 다양성을 감소시키는 원인이 된다.

3 나라마다 살고 있는 생물의 종류가 다르기 때문에 생물 다양성 보전을 위한 국가 간의 합의가 중요하다. 생물 다양성 협약은 국제적으로 생물 다양성을 보전하기 위한 국제 협약이다.

4 국제 종자 저장고가 있어도 우리나라 고유 식물의 종자는 국가 수준에서 종자 은행을 만들어 관리할 필요가 있다.

5 생물 다양성이 높을수록 생태계 평형이 잘 유지된다. 과도한 인간의 활동으로 생물 다양성이 감소하고 있는데, 생물 다양성을 위협하는 가장 큰 원인은 도시 개발, 농경지 확장 등으로 서식지가 파괴되는 것이다. 이에 대한 대책으로 지나친 개발을 자제하고 서식지를 보전해야 한다.

내신 기출 문제 본문 100~102쪽

01 ③ **02** 종류(종) **03** ④ **04** ⑤ **05** ⑤ **06** 변이
07 ④ **08** ⑤ **09** ④ **10** ④ **11** ① **12** ⑤ **13** ⑤ **14** ④
15 ③ **16** ⑤ **17** ① **18** ⑤ **19** ③

01 지구에는 숲, 초원, 사막, 습지, 갯벌, 호수, 바다 등 여러 종류의 생태계가 있으며, 각 생태계에는 다양한 생물이 살고 있다. 빛, 물, 온도, 토양 등은 생태계를 이루는 환경이다.

02 생물 다양성은 생물 종류(종)의 다양한 정도, 같은 종류에 속하는 생물의 특성이 다양한 정도, 생태계의 다양한 정도를 모두 포함한다.

03 ㄱ. (가)에는 생물이 4종류, (나)에는 3종류로 조사되었으므로, (가)는 (나)보다 생물 다양성이 높다.
ㄷ. 다양한 종류의 생물이 고르게 분포하는 지역일수록 생물 다양성이 높다.
오답 피하기 ㄴ. (가)와 (나)는 생물의 수가 같다.

04 생태계가 다양할수록 지구 전체의 생물 다양성은 높아진다. 한 지역에 살고 있는 생물의 종류가 많으면 생물 다양성이 높고, 같은 종류에 속하는 생물의 특성이 다양할수록 생물 다양성이 높다.

05 (나)는 벼를 심은 논이며, (다)는 육지와 바다 두 생태계를 이어주는 갯벌로 많은 종류의 생물이 살고 있다. 그러므로 (다)는 (나)보다 생물 다양성이 높다.
오답 피하기 ㄱ. '살아 있는 자연사 박물관'이라 불리는 우포늪은 우리나라에서 가장 큰 습지이다. 우포늪에는 식물 외에도 다양한 곤충류, 조류, 어류 등이 살고 있어서 생태계 보전 지역과 습지 보호 지역으로 지정되어 관리되고 있다.

06 같은 종류의 생물 사이에서 나타나는 생김새나 특성의 차이를 변이라고 한다.

07 한 종류의 생물 무리에는 다양한 변이가 있고, 환경에 변화가 생기면 생존에 유리한 변이를 가진 생물이 더 많이 살아남아 자손을 남긴다. 오랜 시간이 지나면 같은 종류의 생물 간에 차이가 커져서 서로 다른 생김새와 특성을 지닌 무리로 나누어질 수 있다.
오답 피하기 ㄱ. 생존에 유리한 변이를 가진 새가 더 많이 살아남아 자손을 남긴다. 그 결과 부리의 모양과 크기에 대한 변이가 자손에게 전달된다.

08 추운 지역에 사는 동물은 낮은 온도의 환경에 적응하기 위한 특징을 갖고 있다. 예를 들면, 북극여우는 열의 손실을 막고 체온을 유지하기 위해 털이 많고 몸집이 크며, 주둥이, 귀, 꼬리 등의 말단 부위는 작다. 반면에 사막여우는 열을 잘 방출하기 위해 몸집이 작고 몸의 말단 부위가 크다.
오답 피하기 ① (가)는 주로 북극에 살고 있다.
② (가)는 (나)보다 몸집이 큰 경향이 있다.
③ (나)는 주로 사막에 살고 있다.
④ (나)는 빠르게 열을 방출하기 위해 몸집이 작고 귀, 꼬리 등 말단 부위가 크다.

09 변이의 예로 달팽이의 껍데기 무늬와 색깔 차이, 얼룩말의 줄무늬 색깔과 간격 차이, 바지락의 껍데기 무늬 차이, 코스모스의 꽃잎 색깔 차이 등이 있다.

오답 피하기 ⑤ 초원에 얼룩말, 기린, 사자 등 다양한 생물이 살고 있다는 내용은 한 지역에 살고 있는 생물의 종류가 많은 것에 해당한다.

10 (나)는 생물 다양성이 높아 먹이 사슬이 복잡하다. 그러므로 생물이 멸종될 위험이 적어 생태계가 안정적으로 유지될 수 있다.

오답 피하기 ① (가)는 (나)보다 생물 다양성이 낮다.
② (가)는 (나)보다 생태계 평형이 유지되기 어렵다.
③ (나)에서 개구리가 사라져도 뱀은 토끼나 들쥐를 잡아먹을 수 있으므로 멸종될 가능성이 낮다.
⑤ (가)에서 메뚜기가 사라지면 개구리도 멸종될 가능성이 높아 (가)의 생태계 평형이 유지되기 어렵다.

11 밀은 옥수수, 쌀과 함께 세계의 3대 식량 작물이다.

클리닉 + 생물은 식량, 의복 재료, 집 지을 재료, 의약품 등 생활에 필요한 다양한 재료를 제공한다. 예를 들어 푸른곰팡이에서 항생제(의약품)의 원료를 얻는다.

12 다양한 생물에서 인간의 생활에 필요한 자원을 얻을 수 있고, 인간의 삶을 풍요롭게 할 수 있다. 그러므로 생물 다양성을 보전하는 것은 우리 자신을 위하는 일이기도 하다.

13 생물의 서식지를 보전하고, 보호 구역을 지정하는 것은 생물 다양성을 보전하는 방법이다.

14 도로나 철도 등을 건설하면 여러 동물들의 서식지가 훼손된다. 이러한 곳에 생태 통로를 설치하면 생태 통로가 야생 동물들이 지나다닐 수 있는 길 역할을 하므로, 야생 동물들이 자유롭게 이동할 수 있어 생물 종류의 다양성과 개체 수 감소를 막을 수 있다. 또한, 생태 통로는 작게 나누어진 서식지를 연결하는 역할을 하여 서식지의 연속성을 유지한다. 즉, 생태 통로는 생물 다양성을 보전하는 역할을 한다.

15 생물 다양성을 보전하기 위한 국가적 활동에는 국립 공원 지정 및 관리, 종자 은행 등이 있다.

오답 피하기 ① 우리 밀 살리기, ② 가정에서 쓰레기 줄이기, ④ 지역의 하천에서 환경 정화 활동하기는 생물 다양성을 보전하기 위한 사회적인 또는 개인적인 노력이다.
⑤ 생물 다양성 협약은 국제적으로 생물 다양성을 보전하기 위한 국제 협약이다.

16 생물 다양성을 보전하기 위해서는 지나친 개발을 멈추고 생물의 서식지를 확보해야 한다. 도로 건설로 서식지가 파괴되었을 때, 도로의 위나 아래에 생태 통로를 설치하여 동물이 안전하게 이동할 수 있도록 하는 것이 좋다.

오답 피하기 ① 환경 오염에 대한 대책으로 환경 정화 시설을 설치한다.
② 불법 포획에 대한 대책으로 법률을 강화하고, 멸종 위기 생물을 지정한다.
③ 기후 변화에 대한 대책으로 화석 연료 사용을 줄인다.
④ 외래종 유입에 대한 대책으로 외래종의 무분별한 유입을 방지하고, 꾸준한 감시와 퇴치 운동을 한다.

17 생물 다양성 감소 원인으로 서식지 파괴, 불법 포획, 과도한 포획, 외래종 유입, 환경 오염과 기후 변화 등이 있다.

오답 피하기 ㄷ. 과도한 쓰레기 배출로 환경이 오염되는 것도 생물 다양성을 감소시키는 원인이 된다.
ㄹ. 열대 우림은 생물 다양성이 매우 높은 곳으로, 서식지가 파괴되면 다양한 생물이 살 수 없게 된다.

18 종자 은행, 멸종 위기종 보호는 생물 다양성을 보전하는 활동이다.

오답 피하기 ㄱ. 기후 변화가 일어나면 서식지의 환경이 변하여 생물 다양성이 감소한다. 그러므로 기후 변화의 원인이 되는 화석 연료의 사용을 줄여야 한다.
ㄷ. 생물을 불법으로 잡거나 정해진 한도 이상 잡지 못하도록 법률을 마련하고 지켜야 한다.

19 멸종 위기종이 증가하고 많은 생물이 멸종되는 주요 원인은 인간의 활동과 밀접한 관련이 있다. 황새처럼 멸종 위기 생물을 보호하지 않으면 멸종이 일어나 생물 다양성이 줄어들고, 사람을 포함한 다른 생물도 영향을 받아 생태계 평형이 파괴될 수 있으므로 이를 보전하기 위해 노력해야 한다.

고난도 실력 향상 문제

본문 103쪽

01 ⑤ 02 ④

01 생물의 종류뿐만 아니라 같은 종류에 속하는 생물의 특성이 얼마나 다양한지도 생물 다양성을 결정하는 기준이 된다. 같은 종류의 생물 사이에서 나타나는 생김새나 특성의 차이를 변이라고 하는데, 변이가 다양할수록 급격한 환경 변화나 전염병에도 살아남는 생물이 있어 멸종할 위험이 낮다.

02 외래종을 들여온 결과 그 지역에 살던 고유종이 살아가는 데 어려움을 겪는다.

클리닉 + 원래 살고 있던 지역을 벗어나 새로운 지역으로 들어가 자리를 잡고 사는 생물을 외래종이라고 한다. 외래종은 천적이 없으므로 과도하게 번식하여 예전부터 살고 있던 생물의 생존을 위협하고, 먹이 사슬에 변화를 일으켜 생태계 평형을 파괴할 수 있다.

서논술형 유형 연습

본문 103쪽

02 해달은 성게를 먹이로 삼는다. 그리고 성게는 자이언트 켈프를 먹는다. 사냥 때문에 해달의 개체 수가 감소하면, 성게의 개체 수는 더 이상 해달의 포식에 의해 조절되지 못해서 폭발적으로 증가한다. 성게의 개체 수가 너무 많아진 결과 자이언트 켈프는 급격하게 감소하게 된다. 이렇게 되면 자이언트 켈프로 이루어진 해조 숲에서 살아가는 수많은 해양 생물도 서식지를 잃게 될 것이다.

| 모범 답안 | 사냥 때문에 해달의 개체 수가 감소하고, 해달의 먹이인 성게의 개체 수는 증가한다. 그 결과 성게의 먹이인 자이언트 켈프의 개체 수는 감소한다.

채점 기준	배점
해달, 성게, 자이언트 켈프의 개체 수 변화를 모두 포함하여 옳게 서술한 경우	100%
해달, 성게, 자이언트 켈프의 개체 수 변화 중 두 가지만 포함하여 옳게 서술한 경우	60%
해달, 성게, 자이언트 켈프의 개체 수 변화 중 한 가지만 포함하여 옳게 서술한 경우	30%

02 생물의 분류

기초 섭렵 문제

본문 105, 107쪽

1 생물 분류의 목적과 방법 | 생물 분류, 고유, 관계
2 생물 분류 체계 | 종, 종, 속, 과, 문
3 생물 분류 | 핵막, 원생생물, 균, 식물, 동물, 운동

01 ㄱ, ㄴ, ㄷ, ㅁ 02 (1) 고래, 사람 (2) 사람 03 종 04 (1) × (2) ○ (3) ○ 05 ㄹ, ㅁ 06 (1) ○ (2) ○ (3) × 07 (1) 핵(핵막)의 유무 (2) 광합성 여부(엽록체 유무) (3) 원핵생물계 08 (1) ㉡ (2) ㉢ (3) ㉠ (4) ㉣ 09 ㄴ, ㄷ, ㄹ 10 동물계

01 호흡 방법(ㄱ), 번식 방법(ㄴ), 생물의 생김새(ㄷ), 생물의 속 구조(ㅁ)는 자연 분류의 기준이고, 생물의 쓰임새(ㄹ)는 인위 분류의 기준이다.

02 상어, 고래, 사람을 호흡 방법으로 비교하면 상어는 아가미로 호흡하고, 고래와 사람은 폐로 호흡하므로 고래와 사람이 고래와 상어보다 더 가까운 관계에 있음을 알 수 있다.

03 종은 생물 분류의 가장 기본이 되는 단위로, 자연 상태에서 번식 능력이 있는 자손을 낳을 수 있는 생물 무리이다.

04 (1) 생물을 분류하는 기본 단위는 종이다.

05 ㄱ. 말－당나귀, ㄴ. 사자－호랑이는 각각 서로 다른 종이다.
ㄷ. 라이거는 독립적인 생물종이 아니다.

06 (3) 아메바, 짚신벌레는 광합성을 할 수 없다.

07 (가)는 원핵생물계, (다)는 식물계, (라)는 균계이다.
(나)는 핵막으로 둘러싸인 뚜렷한 핵이 있는 생물들이다.

08 불가사리는 동물계, 송이버섯은 균계, 짚신벌레는 원생생물계, 대장균은 원핵생물계에 속한다.

09 ㄱ. 식물은 세포벽이 있다.

10 해파리, 호랑이는 모두 동물계에 속한다.

탐구 섭렵 문제

본문 109쪽

여러 가지 생물의 분류 | 핵, 원생생물, 균, 식물, 광합성, 동물

1 원핵생물계 2 원생생물계 3 광합성 여부(엽록체 유무) 4 (1) ㉠ 핵, ㉡ 세포벽 (2) 동물계 5 광합성

1 대장균, 헬리코박터 파일로리균은 원핵생물계에 속한다.

2 미역, 김은 원생생물계에 속한다.

3 (가)의 표고버섯은 균계, 원숭이는 동물계에 속한다. (나)의 우산이끼, 고사리, 은행나무는 식물계에 속한다. 균계, 동물계에 속하는 생물은 광합성을 할 수 없고, 식물계에 속하는 생물은 광합성을 할 수 있다.

4 (1) ㉠ 원핵생물계의 생물은 핵막으로 둘러싸인 뚜렷한 핵이 없다. ㉡ 동물계의 생물은 세포벽이 없다.
(2) 동물계의 생물은 핵막으로 둘러싸인 뚜렷한 핵이 있고, 광합성을 못 한다. 대부분 운동 기관이 있어 이동할 수 있다.

5 장미는 식물계에 속하며, 식물계의 생물은 엽록체가 있어 광합성을 한다.

내신 기출 문제

본문 110~112쪽

01 ④ 02 ④ 03 ⑤ 04 ② 05 ① 06 (가) 종, (나) 과, (다) 강, (라) 문, (마) 계 07 ③ 08 ② 09 ⑤ 10 ④ 11 ⑤ 12 ⑤ 13 ⑤ 14 ① 15 ③ 16 ③ 17 ② 18 ② 19 ⑤ 20 ④ 21 ③

01 여러 가지 특징을 기준으로 생물을 무리 지어 나누는 것을 생물 분류라고 한다.

02 생물 분류 시 공통점이 많은 생물끼리 묶어 무리를 만든다.

03 생물의 쓰임새, 서식지, 식성 등 인간의 편의에 따라 분류하는 방법은 인위 분류로 사람에 따라 분류 결과가 달라진다.

04 펭귄과 타조는 알을 낳아 번식하는 공통점이 있으므로 서로 가까운 관계에 있다.

오답 피하기 ① 물개, ③ 여우, ④ 돌고래, ⑤ 북극곰은 새끼를 낳아 번식하므로 펭귄, 타조와 번식 방법이 다르다.

클리닉 + 번식 방법은 생물이 가진 고유한 특징으로 이를 기준으로 비교하면 생물 사이의 가깝고 먼 관계를 알 수 있다.

05 종은 생물 분류의 가장 기본이 되는 단위로, 자연 상태에서 번식 능력이 있는 자손을 낳을 수 있는 생물 무리이다.

06 생물 분류 체계는 종<속<과<목<강<문<계의 단계로 이루어진다.

07 생물을 분류하는 여러 단계를 생물 분류 체계라고 하며, 이 체계에서 가장 작은 분류 단계를 종이라고 한다.

오답 피하기 ① 과는 목보다 하위 분류 단계이다.
② 문은 강보다 상위 분류 단계이다.
④ 생물을 분류하는 가장 큰 단위는 계이다.
⑤ 생물을 분류하는 가장 작은 단위는 종이다.

08 핵막은 대장균(원핵생물계)에 없으며, 광합성은 은행나무(식물계)만 한다. 세포벽은 대장균(원핵생물계), 푸른곰팡이(균계), 은행나무(식물계)에 있다.

09 균계의 생물은 광합성을 못 한다. 반면에 식물계의 생물은 광합성을 한다.

오답 피하기 ① 아메바는 단세포 생물이다.
② 푸른곰팡이는 균계에 속한다.
③ 기린은 동물계에 속하며 광합성을 못 한다.
④ 대장균은 단세포 생물이고, 은행나무는 다세포 생물이다.

10 젖산균과 폐렴균은 원핵생물계에 속한다.

11 그림의 생물은 모두 원생생물계에 해당한다. 원생생물계는 핵막으로 둘러싸인 뚜렷한 핵이 있는 세포로 이루어진 생물 중 식물계, 균계, 동물계에 속하지 않는 생물을 모아 놓은 무리이다.

오답 피하기 ① 아메바, 짚신벌레는 엽록체가 없어 광합성을 못 한다.
② 아메바, 짚신벌레, 유글레나는 단세포 생물이고, 다시마, 미역은 다세포 생물이다.
③ 원생생물계의 생물은 기관이 발달하지 않았다.
④ 원생생물계의 생물은 먹이를 섭취하는 종류와 광합성을 하는 종류가 있다.

12 핵막이 없어 핵이 뚜렷이 구분되지 않는 세포로 이루어진 생물 무리를 원핵생물계라고 한다. 핵막으로 둘러싸인 뚜렷한 핵이 있는 세포로 이루어진 생물 무리는 원생생물계, 균계, 식물계, 동물계이다.

13 동물계는 세포 안에 핵막으로 둘러싸인 뚜렷한 핵이 있으며, 광합성을 못 하고 먹이를 섭취하여 몸 안에서 영양분을 소화·흡수한다. 세포벽이 없고 다세포 생물이며, 대부분 운동 기관이 있어 이동할 수 있다.

14 버섯, 곰팡이, 효모는 균계에 속하는 생물이다. 고사리는 식물계에, 다시마와 아메바는 원생생물계에, 해파리는 동물계에 속하는 생물이다.

15 ㄴ. 균계와 식물계의 생물은 모두 세포벽이 있다. 다만, 균계의 세포벽은 식물의 세포벽과는 성분이 다르다.
ㄷ. 균계와 식물계의 생물은 모두 세포에 핵막으로 둘러싸인 뚜렷한 핵이 있다.

오답 피하기 ㄱ. 균계의 생물은 엽록체가 없고, 식물계의 생물은 엽록체가 있다.
ㄹ. 균계의 생물만 몸이 실 같이 생긴 균사로 이루어져 있다.

16 미역, 다시마, 아메바는 원생생물계에 속하고, 우산이끼는 식물계에 속한다.

17 (가)는 핵막으로 둘러싸인 뚜렷한 핵이 없는 원핵생물계의 대장균이 해당된다. (나)는 원생생물계 중 몸이 하나의 세포로 이루어진 아메바가 해당된다. (다)는 몸이 균사로 이루어진 균계의 곰팡이가 해당된다. (라)는 광합성을 하는 식물계의 고사리가 해당된다. (마)는 동물계의 나비가 해당된다.

클리닉 + 원생생물계에 속하는 생물에는 단세포 생물도 있고, 다세포 생물도 있다.

18 파래(ㄱ), 미역(ㄴ), 다시마(ㄹ), 짚신벌레(ㅂ)는 원생생물계에 속한다. 이 중에서 파래, 미역, 다시마는 광합성을 하며, 짚신벌레는 광합성을 못 한다. 감나무(ㄷ), 우산이끼(ㅁ)는 식물계에 속한다.

19 균계, 식물계, 동물계, 원생생물계의 생물은 핵막으로 둘러싸인 뚜렷한 핵이 있는 세포로 이루어져 있다.

20 (다)는 식물계, (라)는 균계에 해당하며, 식물계의 생물은 광합성을 할 수 있고, 균계의 생물은 광합성을 못 한다.

오답 피하기 ① (가)는 핵막이 없어 뚜렷하게 구분된 핵이 없고, 막에 싸여 있는 구조물이 발달되어 있지 않은 원핵생물이다. 폐렴균, 대장균, 젖산균은 모두 단세포 생물이다.
② 몸이 균사로 이루어진 생물은 균계(라)에 해당한다.
③ (다)는 식물계로 뿌리, 줄기, 잎과 같은 기관이 발달해 있다.
⑤ 핵막이 없어 뚜렷하게 구분된 핵이 없는 세포로 이루어진 생물은 원핵생물계(가)에 해당한다. 푸른곰팡이, 송이버섯은 균계에 속하는 생물이다.

21 동물은 엽록체가 없어 광합성을 못 하고, 먹이를 섭취해 영양분을 얻는다.

오답 피하기 ① 동물은 세포벽이 없다.
② 동물은 다세포 생물이다.
④ 식물은 뿌리, 줄기, 잎과 같은 기관이 발달해 있다.
⑤ 동물은 세포 안에 핵막이 있어서 핵이 뚜렷이 구분된다.

고난도 실력 향상 문제

본문 113쪽

01 ③ **02** ⑤ **03** ①

01 5종의 곤충 (가)~(마)는 같은 과에 속하므로 서로 같은 목(과보다 상위 분류 단계)에 속한다. 꼬리의 유무, 더듬이 모양, 몸통 줄무늬의 유무를 기준으로 곤충을 분류할 수 있다. 서로 교배하여 생식 능력이 있는 자손을 낳을 수 있는 무리를 같은 종이라고 한다. 5종의 곤충은 종이 다르기 때문에 서로 교배해서 생식 능력이 있는 자손을 낳을 수 없다.

02 생물이 가진 고유한 특성을 기준으로 분류하는 방식을 자연 분류라고 한다.

오답 피하기 ① 분류의 기본 단위는 종이다.
② 늑대와 호랑이는 다른 과에 속한다.
③ 개과와 고양잇과는 같은 목에 속한다.
④ 개와 늑대는 같은 속(개속)에 속하고 개와 여우는 다른 속에 속하므로, 개는 여우보다 늑대와 더 가까운 관계에 있다.

03 폐렴균은 원핵생물계, 송이버섯은 균계, 소나무는 식물계에 속하며, 모두 세포벽을 갖고 있다.

오답 피하기 ② 폐렴균과 송이버섯은 광합성을 못 한다. 소나무는 광합성을 할 수 있다.
③ 폐렴균은 단세포 생물이고, 송이버섯과 소나무는 다세포 생물이다.
④ 운동 기관이 있어 이동할 수 있는 것은 동물계에 속하는 생물의 특징이다.
⑤ 폐렴균은 핵막으로 둘러싸인 뚜렷한 핵이 없다. 송이버섯과 소나무는 핵막으로 둘러싸인 뚜렷한 핵이 있다.

서논술형 유형 연습

본문 113쪽

02 (가)는 원핵생물계, (나)는 원생생물계, (다)는 식물계, (라)는 균계, (마)는 동물계에 각각 속한다.

| 모범 답안 | 핵(핵막)의 유무이다. 즉, (가)는 핵막이 없어 뚜렷한 핵이 없는 세포로 이루어진 생물이고, 나머지 (나)~(마)는 핵막으로 둘러싸인 뚜렷한 핵이 있는 세포로 이루어진 생물이다.

채점 기준	배점
(가)는 핵막이 없어 핵이 뚜렷이 구분되지 않고, (나)~(마)는 핵막으로 둘러싸인 뚜렷한 핵이 있음을 포함하여 서술한 경우	100%
핵(핵막)의 유무에 따라 분류하였다고 서술한 경우	100%

대단원 마무리

본문 114~116쪽

01 ④ **02** ③ **03** ② **04** ③ **05** ④ **06** ⑤ **07** ④ **08** ⑤ **09** ⑤ **10** ① **11** ③ **12** 종, 속, 과, 목, 강, 문, 계 **13** ① **14** ① **15** ① **16** ④ **17** ④ **18** ③ **19** ⑤

01 여러 생태계에서 얼마나 다양한 종류의 생물이 살고 있는지 나타낸 것을 생물 다양성이라고 한다. 생물 다양성을 결정할 때는 생물의 수뿐만 아니라 종류도 중요하다. 그러므로 한 종류의 생물만 사는 지역은 생물 다양성이 낮다.

오답 피하기 ① 생물이 멸종하면 생물 다양성이 낮아진다.
② 생태계가 다양할수록 생물 다양성이 높다.
③ 생물 다양성은 지역에 따라 차이가 날 수 있다.
⑤ 생물 다양성이 높을수록 생태계는 안정적으로 유지될 수 있다.

02 생태계를 이루는 환경이 다르면 그 속에서 살아가는 생물의 종류도 다르다. 즉, 갯벌과 하천 생태계는 환경이 다르기 때문에 그 속에 살고 있는 생물의 종류도 다르다.

03 변이가 다양할수록 생물의 생존에 유리하며, 환경이 달라지면 생존에 유리한 변이도 달라진다.

오답 피하기 ① 변이가 다양할수록 생물 다양성이 높다.
③ 변이는 같은 종류의 생물 사이에서 나타나는 생김새나 특성의 차이를 말한다.
④ 변이가 다양한 생물 집단은 급격한 환경 변화나 전염병에도 살아남는 생물이 있어 멸종할 가능성이 낮다.
⑤ 주어진 환경에서 살아남기 유리한 변이를 가진 생물은 살아남아 자손에게 그 특성을 전달한다.

04 환경과 생물 다양성의 관계는 여우의 생김새가 환경에 따라 다양한 형태로 나타나는 것을 통해 알 수 있다. 변이와 환경에 적응하는 과정을 통해 생물 다양성이 높아진다.

오답 피하기 ㄷ. 같은 종류의 생물들 간에 차이가 커지면 생물 다양성이 높아진다.

클리닉 + 같은 종류였던 생물들이 서로 다른 환경에 적응하는 과정에서 각각의 환경에 유리한 변이를 가진 생물이 살아남아 자손에게 그 특성을 전달한다. 그리고 서로 멀리 떨어져 교류하지 못하는 상태에서 오랜 시간이 지나면 같은 종류의 생물들 간에 차이가 커져서 서로 다른 생김새와 특성을 지닌 무리로 나누어질 수 있다.

05 (나)는 생물 다양성이 낮아서 한 생물이 멸종되면 그 생물을 먹이로 하는 다른 생물도 멸종될 가능성이 높다.

06 생물 다양성이 높을수록 멸종 위험이 줄어 생태계 평형이 잘 유지된다.

오답 피하기 ㄱ. 생태계 평형은 먹이 사슬이 복잡하게 얽혀 있을 때 잘 유지된다.

07 자원으로 이용되지 않는 생물도 보전할 필요가 있다. 생물 다양성을 보전하는 것은 인간을 위한 일이기도 하다. 생물을 인간에게 도움을 주는 자원으로만 여긴다면 현재 자원으로 이용되지 않는 생물은 무관심 속에 사라질 수 있다.

08 종자 은행은 우수한 우리나라 고유 식물의 종자를 보관하고 보급하는 역할을 한다. 그러므로 종자 은행은 우리나라 고유종의 다양성을 보전하는 방안이다.

09 서식지 보전, 보호 구역 지정, 멸종 위기종 지정 및 보호는 생물 다양성을 보전하는 활동이다.

오답 피하기 ㄱ. 숲을 없애고 공장을 건설하면 생물의 서식지가 파괴된다.

ㄴ. 상아를 얻기 위해 코끼리를 집단으로 사냥하는 것은 법으로 금지하고 있다. 특정 동식물을 무분별하게 채집하고 사냥하면 특정 동식물의 개체 수가 급격히 줄어들기 때문이다.

10 생물의 쓰임새, 서식지, 식성을 기준으로 분류하는 것은 인간의 편의에 따라 분류하는 방법이다.

11 여러 가지 특징을 기준으로 생물을 무리 지어 나누는 것을 생물 분류라고 한다.

오답 피하기 ㄴ. 두 생물 사이에 공통점이 많을수록 가까운 관계에 있다.

ㄷ. 생물 사이의 공통점과 차이점을 찾아 공통점이 많은 것끼리 묶어 무리를 만든다.

12 생물을 가장 작은 분류 단계인 종에서부터 점차 큰 단계로 묶어 나타낸 것을 분류 체계라고 한다. 가장 큰 분류 단계는 계이다.

13 대장균, 젖산균은 원핵생물계에 속하며, 핵막이 없어서 핵이 뚜렷이 구분되지 않는다.

오답 피하기 ② 균계 : 몸이 실 같은 균사로 이루어진 다세포 생물이다.

③ 식물계 : 엽록체가 있어 광합성을 하여 스스로 영양분을 만든다.

④ 동물계 : 다세포 생물이고, 대부분 운동 기관이 있어 이동할 수 있다.

⑤ 원생생물계 : 기관이 발달하지 않았고, 먹이를 섭취하는 종류와 광합성을 하는 종류가 있다.

14 ① 동물계의 생물은 세포벽이 없으며, 대부분 운동 기관으로 이동하여 먹이를 섭취한다.

오답 피하기 ② 식물계는 엽록체가 있어 광합성을 하여 스스로 영양분을 만든다.

③ 원생생물계는 핵막으로 둘러싸인 뚜렷한 핵이 있는 생물 중 식물계, 동물계, 균계 어디에도 속하지 않는 생물을 모아 놓은 무리이다.

④ 균계는 광합성을 못 하고 몸이 균사로 이루어진 생물 무리로, 대부분 다세포 생물이지만 예외적으로 효모는 단세포 생물이다.

⑤ 원핵생물계는 핵막이 없어서 핵이 뚜렷이 구분되지 않고, 대부분 단세포 생물이며, 세포벽이 있어 세포 내부를 보호한다.

15 식물계와 동물계의 생물은 모두 다세포 생물이다.

오답 피하기 ②, ③ 균계의 생물은 광합성을 할 수 없다. 균계의 생물에는 버섯, 효모, 곰팡이가 있다.

④ 원생생물계에는 미역, 다시마, 김과 같은 다세포 생물도 있다.

⑤ 원핵생물계의 생물은 핵막이 없어 핵이 뚜렷이 구분되지 않는다.

16 (가)는 식물계, (나)는 동물계이다. 식물계에 속하는 고사리, 코스모스는 광합성을 할 수 있으나, 동물계에 속하는 잠자리, 개는 광합성을 할 수 없다.

17 버섯, 효모, 곰팡이는 모두 균계에 속하는 생물이다. 균계는 세포 안에 핵막으로 둘러싸인 뚜렷한 핵이 있고, 세포벽이 있으며, 광합성을 못 하는 생물 무리이다.

클리닉 + 균계의 생물은 대부분 다세포 생물이지만, 효모와 같은 단세포 생물도 있다.

18 핵막으로 둘러싸인 뚜렷한 핵이 있는 생물 중 균계, 식물계, 동물계에 속하지 않는 생물을 모아 놓은 무리는 원생생물계이며, 아메바는 원생생물계에 속한다.

오답 피하기 효모는 균계, 폐렴균은 원핵생물계, 고사리는 식물계, 호랑이는 동물계에 속한다.

19 우산이끼, 감나무, 소나무는 모두 식물계에 속한다. 식물계의 생물은 균계나 동물계의 생물과 달리 엽록체가 있어 광합성을 하여 스스로 영양분을 만든다.

클리닉 + 우산이끼는 포자로 번식하고, 감나무, 소나무는 종자로 번식한다.

대단원 서논술형 문제

본문 117쪽

01 잎 또는 꽃이 많은 환경에서 주변 환경과 비슷한 사마귀는 그렇지 않은 사마귀보다 천적의 눈에 잘 띄지 않고 먹이도 잘 사냥할 수 있어 살아남을 가능성이 높다. 살아남은 사마귀는 자손을 남기며, 이 과정에서 자신이 가진 특성을 자손에게 전달한다. 그리고 서로 멀리 떨어져 교류하지 못하는 상태에서 오랜 시간이 지나면 서로 다른 종류가 될 수 있다.

| 모범 답안 | 사마귀 사이에서 다양한 변이가 나타나는데, 잎이 많은 곳과 꽃이 많은 곳처럼 서로 다른 환경에서 살아갈 때 각 환경에 유리한 변이를 가진 생물만이 살아남아 자손을 남긴다. 이 과정이 오랜 시간 반복되면 같은 종류의 사마귀 간에 차이가 커진다. 이와 같이 변이와 환경에 적응하는 과정을 통해 사마귀가 다양한 종류로 된다.

채점 기준	배점
변이, 환경, 적응의 개념을 모두 포함하여 옳게 서술한 경우	100%
변이, 환경, 적응 중 두 가지의 개념만 포함하여 옳게 서술한 경우	60%
변이, 환경, 적응 중 한 가지의 개념만 포함하여 옳게 서술한 경우	30%

02 멸종 위기 생물을 보호하지 않으면 멸종이 일어나 생물 다양성이 줄어들고, 사람을 포함한 다른 생물도 영향을 받아 생태계 평형이 파괴될 수 있다. 따라서 멸종 위기종을 보호하여 생물 다양성을 보전하기 위해 노력해야 한다.

| 모범 답안 | 생물이 멸종하면 생물 다양성이 감소하고, 그 결과 생태계 평형이 깨질 수 있기 때문이다.

채점 기준	배점
멸종, 생물 다양성, 생태계 평형(생태계 유지)의 개념을 모두 포함하여 옳게 서술한 경우	100%
멸종, 생물 다양성, 생태계 평형(생태계 유지)의 개념 중 두 가지의 개념만 포함하여 옳게 서술한 경우	60%
멸종, 생물 다양성, 생태계 평형(생태계 유지)의 개념 중 한 가지의 개념만 포함하여 옳게 서술한 경우	30%

03 종은 자연 상태에서 번식 능력이 있는 자손을 낳을 수 있는 생물 무리이다.

| 모범 답안 | 말과 얼룩말은 다른 종이다. 종은 자연 상태에서 번식 능력이 있는 자손을 낳을 수 있는 생물 무리를 의미하는데, 말과 얼룩말 사이에서 태어난 조스는 번식(생식) 능력이 없기 때문이다.

채점 기준	배점
말과 얼룩말이 다른 종이라는 것과 그 이유를 모두 포함하여 옳게 서술한 경우	100%
말과 얼룩말이 다른 종이라는 내용만 서술한 경우	50%

04 동물계는 광합성을 못 하고 먹이를 먹어 영양분을 얻는 생물 무리이다. 동물은 스스로 먹이를 찾기 위해 주위 환경 변화를 수용하고 반응한다. 그 결과 이동이나 먹이 섭취의 기능을 하는 다양한 기관이 발달해 있다.

| 모범 답안 | 동물계에 속한다. 이 생물은 스스로 영양분을 만들지 못해 먹이(해초)를 섭취하며, 이동(운동)을 할 수 있는 동물계의 특징을 갖고 있기 때문이다.

채점 기준	배점
생물이 동물계에 속한다는 것과 그 근거 두 가지를 모두 포함하여 옳게 서술한 경우	100%
생물이 동물계에 속한다는 것만 서술한 경우	50%

05 식물은 광합성을 해서 스스로 영양분을 만들어 살지만, 잘 자라기 위해서는 땅속에서 다른 영양분도 흡수해야 한다. 그런데 습지에 주로 서식하는 파리지옥은 땅에서 영양분을 얻기 어려워 곤충을 잡아 분해하여 영양분을 흡수한다. 파리지옥은 엽록체가 있어 광합성을 하고, 세포에 세포벽이 있으므로 식물계에 속한다. 이와 달리 동물은 광합성을 못하고 먹이를 섭취하여 영양분을 얻는 생물 무리이다. 또한 동물을 이루는 세포에는 세포벽이 없다.

| 모범 답안 | 식물계에 속한다. 식물계는 엽록체가 있어 광합성을 하여 스스로 영양분을 만드는 생물 무리이다. 또 식물을 이루는 세포는 세포벽이 있다. 파리지옥은 광합성을 하고, 세포벽이 있으므로 식물계에 속한다.

채점 기준	배점
파리지옥이 식물계에 속한다는 것과 그 근거 두 가지를 모두 포함하여 옳게 서술한 경우	100%
파리지옥이 식물계에 속한다는 내용만 서술한 경우	50%

Ⅳ. 기체의 성질

01 입자의 운동

본문 121쪽

● 기초 섭렵 문제

1 확산 | 확산, 운동, 진공

2 증발 | 증발, 온도

01 (1) × (2) × (3) ○ (4) ○ (5) ○ 02 (1) (나) (2) (나)
03 ㉠ 높을 ㉡ 낮을 ㉢ 강하게 ㉣ 넓을 04 ㄴ, ㄷ, ㄹ, ㅂ

01 (1) 입자는 끊임없이 스스로 운동하기 때문에 확산은 바람과 관계없이 항상 일어난다.
(2) 입자는 모든 방향으로 자유롭게 운동하기 때문에 확산은 모든 방향으로 일어난다.

02 온도가 높을수록 입자의 운동이 활발하여 확산이 더 빠르게 일어난다.

03 증발은 온도가 높을수록, 습도가 낮을수록(건조할수록), 바람이 강하게 불수록, 표면적이 넓을수록 빠르게 일어난다.

04 ㄱ. 꽃향기가 멀리 퍼져 나가는 것은 꽃향기 입자의 운동에 의한 확산이다.
ㄴ. 물감 속 물이 증발하여 그림이 마른다.
ㄷ. 빨래의 물이 증발하여 빨래가 마른다.
ㄹ. 낮이 되어 온도가 높아지면 이슬이 증발한다.
ㅁ. 마약 입자의 확산에 의해서 탐지견이 마약을 찾는다.
ㅂ. 운동장에 고인 물이 증발하면서 점점 줄어든다.

본문 123쪽

● 탐구 섭렵 문제

1 아세톤의 증발 관찰 | 감소, 기체, 증발

2 암모니아의 확산 관찰 | 확산, 푸른, 운동

1 ② 2 ㉠ 오른 ㉡ 수평 3 ③ 4 ②

1 온도가 높을수록 입자의 운동이 활발해져 증발이 더 빠르게 일어난다.
오답 피하기 ① 증발은 입자의 운동에 의해 일어나는 현상이다.
③ 아세톤 입자는 기체 상태가 되어 공기 중으로 퍼져 나간 것이지 사라진 것이 아니다.
④ 아세톤 입자는 매우 작아 눈으로는 관찰할 수 없다.
⑤ 아세톤 입자는 스스로 운동하여 기체가 된다.

2 오른쪽 거름종이에 아세톤을 떨어뜨리면 아세톤의 무게에 의해 오른쪽으로 기울었다가 아세톤이 증발하여 공기 중으로 날아가면서 다시 수평으로 돌아온다.

3 암모니아 입자가 스스로 운동하여 시험관 속을 퍼져 나간다.
오답 피하기 ㄴ. 솜은 아래에서부터 위로 점점 붉게 변한다.
ㄷ. 시간이 지나면 암모니아 입자는 시험관 전체에 골고루 퍼져 있게 된다. 따라서 솜은 계속 붉게 변한 상태를 유지한다.

4 염전에 바닷물을 가두어 소금을 얻는 것은 물의 증발을 이용한 것이다.

내신 기출 문제 본문 124~126쪽

01 ④ 02 ④ 03 ③ 04 ③ 05 ③ 06 ⑤ 07 ⑤
08 ③ 09 ② 10 ① 11 ② 12 ④ 13 ② 14 ① 15 ④
16 (라), (다), (나), (가) 17 ④ 18 ② 19 9월 4일

01 확산은 물질의 입자가 스스로 운동한다는 증거로 입자가 모든 방향으로 운동하여 퍼져 나간다.
오답 피하기 ㄱ. 확산은 액체 전체에서 일어날 수 있으며 액체의 표면에서 입자의 운동으로 일어나는 현상은 증발이다.
ㄷ. 확산은 퍼져 나가는 것을 방해하는 입자가 적을수록 더 빠르게 일어나므로 진공 중에서는 확산이 빠르게 일어난다.

02 암모니아 입자가 중앙에서부터 모든 방향으로 운동하면서 페트리 접시를 퍼져 나가므로 페놀프탈레인 용액이 안쪽에서부터 바깥쪽으로 동심원 모양으로 붉게 변한다.

03 물결이 퍼져 나가는 것은 물 입자가 직접 이동하는 것이 아니라 물결이 흔들리는 에너지가 퍼져 나가는 파동이다.

04 잉크 입자와 물 입자가 모든 방향으로 스스로 운동하면서 고르게 섞이게 된다.

05 온도가 높을수록 입자의 운동이 활발해져 확산이 더 빠르게 일어난다. 따라서 확산이 더 빠르게 일어난 (나)의 온도가 더 높고 입자의 운동도 더 빠르다.

06 온도가 높을수록 음식 냄새의 확산이나 차의 확산도 더 빠르게 일어난다.
오답 피하기 ㄱ. 습도가 낮을수록 증발이 더 빨리 일어나는 예이다.
ㄴ. 바람이 불수록 증발이 더 빨리 일어나는 예이다.

07 확산은 온도가 높을수록, 퍼져 나가는 공간에 방해하는 입자가 적을수록 더 빠르게 일어난다.

08 브로민 입자는 모든 방향으로 스스로 운동하여 병 속 공간으로 퍼져 나간다.

09 마약 탐지견은 짐 사이로 확산되어 나오는 마약 입자를 감지하여 마약을 찾는다. 방향제는 방향제 입자의 확산을 이용하여 방 전체를 향기롭게 한다.
ㄱ. 향수를 뿌리면 향수 입자가 확산하여 향기를 낸다.
ㄹ. 빵집 안의 빵 냄새가 밖까지 확산되어 빵집 주변에서 냄새를 맡을 수 있다.

오답 피하기 ㄴ. 염전에서 소금을 얻는 것은 물의 증발을 이용한 예이다.
ㄷ. 고추, 옥수수 등을 햇빛에 말리면 수분이 증발하여 오래 보관할 수 있다.

10 증발은 액체의 표면에서 물질의 입자가 스스로 운동하여 기체로 떨어져 나오는 현상이다.

11 아세톤을 떨어뜨리면 저울이 오른쪽으로 기울어졌다가 아세톤 분자가 증발하여 공기 중으로 날아가면서 점점 수평으로 돌아온다.

12 어항의 물은 증발하여 점점 줄어든다. 차 티백을 물에 넣어 차를 우려내는 것은 확산의 예이다.

13 아세톤 입자가 스스로 운동하여 액체 표면에서 떨어져 나와 기체가 되어 공기 중으로 퍼져 나간다.

14 빨래는 증발이 잘 일어나는 조건에서 잘 마른다. 증발은 온도가 높을수록, 습도가 낮을수록, 표면적이 넓을수록, 바람이 강하게 불수록 잘 일어난다.

15 젖은 우산을 접어두었을 때보다 펴두었을 때 물의 증발이 일어나는 표면적이 더 넓어져 더 빨리 마르게 된다. 접시에 담긴 물이 컵에 담긴 물보다 증발이 일어나는 표면적이 더 넓으므로 더 빨리 마르게 된다.

오답 피하기 ① 물질마다 증발되는 속도가 다른 예이다.
② 습도가 낮아 증발이 더 빨리 일어나는 예이다.
③ 헤어 드라이어를 사용하면 온도가 높고 바람이 불어 증발이 더 빨리 일어난다.
⑤ 바람이 불어 증발이 더 빨리 일어나는 예이다.

16 온도가 높을수록, 표면적이 넓을수록 증발이 더 잘 일어난다.

17 떡을 랩 포장하면 떡 속 수분이 증발하는 것을 막을 수 있다. 화장실에 방향제를 두어 좋은 냄새를 내는 것은 확산의 예이다.

18 (가)는 증발에 의한 현상이고, (나)는 확산에 의한 현상이다. 물감으로 그린 그림이 마르는 것은 물의 증발에 의한 현상이다.

오답 피하기 ① 꽃향기가 멀리 퍼지는 것은 확산 현상이다.
③ 모기향을 피워 모기를 쫓는 것은 확산 현상이다.
④ 오징어를 말리는 것은 오징어 속 수분의 증발에 의한 현상이다.
⑤ 종소리가 멀리 퍼지는 것은 물질의 확산이 아니라 소리의 파동이 전파되는 것이다.

19 증발은 온도가 높을수록, 습도가 낮을수록(건조할수록), 바람이 강하게 불수록 잘 일어난다.

고난도 실력 향상 문제

본문 127쪽

01 ① **02** ③

01 ㄱ. 암모니아 입자와 염화 수소 입자는 모든 방향으로 운동하며 유리관 속을 퍼져 나간다.
ㄷ. 확산은 퍼져 나가는 공간에 방해하는 입자의 수가 적을수록 더 빨리 일어난다. 따라서 유리관을 진공 상태로 만들면 반응이 더 빨리 일어난다.

오답 피하기 ㄴ. 흰 연기의 띠가 염산 쪽에 가깝게 생긴 것으로 보아 같은 시간 동안 암모니아 입자가 더 많은 거리를 이동한 것을 알 수 있다. 따라서 암모니아 입자가 염화 수소 입자보다 더 빠르다.
ㄹ. 유리관을 가열하면 암모니아 입자와 염화 수소 입자의 빠르기가 모두 빨라지기 때문에 흰 연기의 띠가 더 빠르게 생긴다. 염화 수소 입자보다 암모니아 입자가 더 빠르기 때문에 흰 연기의 위치는 그대로 중앙에서 염산에 조금 치우친 곳에 생긴다.

02 물질마다 증발하는 속도가 다르다. 아세톤은 물보다 증발이 더 빨리 일어나서 저울이 물 쪽으로 기울어지게 된다.

서논술형 유형 연습

본문 127쪽

01 암모니아 입자는 모든 방향으로 스스로 운동하여 공간을 퍼져 나간다. 따라서 pH 종이는 중앙에서부터 바깥쪽으로 동심원 모양으로 서서히 푸르게 변한다.

| 모범 답안 | pH 종이가 중앙에서부터 바깥 방향으로 푸르게 변한다.

채점 기준	배점
pH 종이의 색 변화와 방향을 모두 서술한 경우	100%
pH 종이의 색 변화만 서술한 경우	50%

02 이불의 물이 증발하여 공기 중으로 날아가면 이불의 무게가 점점 가벼워진다.

| 모범 답안 | 이불의 무게가 가벼워진다. 이불에 있던 물 입자가 스스로 운동하여 증발하기 때문이다.

채점 기준	배점
이불의 무게 변화와 그 이유를 모두 서술한 경우	100%
이불의 무게 변화만 서술한 경우	50%

02 기체의 압력과 온도에 따른 부피

본문 129, 131쪽

● 기초 섭렵 문제

1 기체의 압력 | 압력, 충돌

2 기체의 압력과 부피 | 반비례, 압력, 부피, 보일

3 기체의 온도와 부피 | 비례, 샤를, 증가

01 (다), (나), (가) **02** (1) ○ (2) ○ (3) ○ (4) × (5) × **03** ㄴ, ㅂ **04** (가) 32 (나) 2 **05** (1) 증가 (2) 감소 **06** (1) × (2) × (3) ○ (4) × (5) ○ **07** B, C, A **08** A **09** ㉠ 증가 ㉡ 증가 ㉢ 커 **10** ㄱ, ㄷ, ㅁ

01 압력은 수직으로 작용하는 힘이 클수록, 힘을 받는 단면적이 좁을수록 크다. 따라서 물이 가득 들어 있어 작용하는 힘이 크고 힘을 받는 면적이 좁은 (다)의 압력이 가장 크다.

02 (4) 온도가 일정할 때 일정량의 기체의 부피는 압력에 반비례한다. 부피가 작아지면 기체 입자가 운동하는 공간이 좁아져 충돌 횟수가 증가하기 때문에 압력은 증가한다.

(5) 용기를 가열하면 기체 입자의 운동 속도가 빨라지는데 밀폐용기는 부피가 변하지 않기 때문에 기체 입자의 충돌 횟수가 많아져 내부 압력이 커진다.

03 기체의 부피와 기체 입자 사이의 거리는 감소하고, 기체 입자의 수와 기체 입자의 운동 속도는 변하지 않으며 기체의 압력과 기체 입자의 충돌 횟수는 증가한다.

클리닉 + 기체 입자의 운동 속도는 온도에 따라 결정되는 것으로 온도가 변하지 않으면 운동 속도도 변하지 않는다.

04 온도가 일정할 때 일정량의 기체의 압력과 부피를 곱한 값은 일정하다. 4기압일 때 부피가 40 mL이므로 압력×부피 값은 160이다. 따라서 5×(가)=160, (나)×80=160이므로 (가)는 32 mL, (나)는 2기압이다.

05 기체의 압력이 커지면 부피가 감소하고, 압력이 작아지면 부피가 증가한다.

(1) 높은 산 위에 올라가면 압력이 작아지므로 부피가 증가한다.

(2) 깊은 물 속은 수압에 의해 압력이 커지므로 부피가 감소한다.

06 (1) 압력이 일정할 때 온도와 기체의 부피는 비례한다.

(2) 온도가 높아지면 입자의 운동은 빨라진다.

(4) 압력이 일정할 때 온도가 높아지면 입자 사이의 거리가 멀어진다.

07 일정한 압력에서 온도가 높을수록 기체의 부피가 커지므로 부피가 가장 큰 B의 온도가 가장 높다.

08 플라스크를 손으로 감싸쥐면 플라스크 내부의 기체가 체온에 의해 가열되어 부피가 커지게 된다. 따라서 잉크 방울을 A 방향으로 밀어낸다.

09 탁구공을 가열하면 탁구공 속 기체 입자들의 운동 속도가 증가하여 탁구공 벽면에 부딪히는 충돌 횟수와 세기가 증가하면서 기체의 부피가 커지게 된다.

10 샤를 법칙은 온도에 따른 기체의 부피 변화에 대한 법칙이다.

ㄱ. 마개로 막은 빈 페트병을 냉동실에 넣으면 페트병 속 기체의 온도가 낮아져 부피도 감소하게 되어 찌그러진다.

ㄷ. 피펫을 손으로 감싸쥐면 피펫 내부의 공기가 체온에 의해 가열되어 부피가 커지면서 잉크 방울을 밀어낸다.

ㅁ. 병을 손으로 감싸쥐면 체온에 의해 병 속 기체가 가열되면서 부피가 커져 입구의 동전을 조금씩 밀어낸다.

오답 피하기 ㄴ. 헬륨 풍선이 하늘 높이 올라가면 압력이 작아져 부피가 커지는 것이다. 보일 법칙의 예이다.

ㄹ. 수면으로 올라올수록 압력이 작아져 공기 방울의 부피가 커지게 된다. 보일 법칙의 예이다.

본문 133, 135쪽

● 탐구 섭렵 문제

1 압력에 따른 기체의 부피 변화 | 반비례, 감소, 감소, 일정, $\frac{1}{2}$, $\frac{1}{3}$

2 온도에 따른 기체의 부피 변화 | 비례, 일정한 비율, 감소, 빨라, 증가

1 0.5기압 **2** ④ **3** 15 L **4** ㄱ, ㄴ, ㅁ **5** 4 L **6** 잉크가 아래로 내려온다. **7** (1) B (2) B **8** ㉠ 커 ㉡ 작아 **9** ㄱ, ㄴ, ㅁ, ㅂ **10** ④

1 온도가 같을 때 일정량의 기체의 압력×부피의 값은 일정하다. 1기압일 때 부피가 30 mL이므로 압력×부피=30이다. 따라서 부피가 60 mL일 때 압력×60=30이 되려면 압력은 0.5기압이다.

2 피스톤을 누르면 기체의 부피가 감소하면서 기체 입자들이 운동할 수 있는 공간이 좁아지고 기체의 충돌 횟수는 증가하여 기체의 압력이 증가하게 된다.

오답 피하기 ① 기체의 압력이 증가하므로 압력계의 눈금도 증가한다.
② 기체 입자의 크기는 변하지 않는다.
③ 부피가 감소하면서 기체 입자 사이의 거리도 감소한다.
⑤ 온도가 일정하므로 기체 입자의 운동 속도는 일정하다.

3 온도가 같을 때 일정량의 기체의 압력×부피의 값은 일정하다. 1기압일 때 부피가 60 L이므로 압력×부피=60이다. 따라서 4×(가)=60이므로 (가)는 15 L이다.

4 외부 압력이 커질수록 기체의 부피는 감소하고 기체 내부 압력과 기체 입자의 충돌 횟수가 커진다. 온도가 일정하면 기체 입자의 운동 속도는 변하지 않는다.

오답 피하기 ㄷ. 부피가 작을수록 기체 입자의 충돌 횟수와 기체의 압력이 증가하므로 기체 입자의 충돌 횟수는 (가)<(나)<(다)이다.
ㄹ. 부피가 작을수록 기체 입자 사이의 거리는 가까우므로 기체 입자 사이의 거리는 (다)<(나)<(가)이다.

5 기체의 압력이 2배, 3배 증가하면 기체의 부피는 $\frac{1}{2}$, $\frac{1}{3}$로 줄어든다. (가)보다 (다)의 압력이 3배이므로 (다)의 부피는 (가)의 부피의 $\frac{1}{3}$이다. 따라서 4 L이다.

6 시약병을 얼음물에 넣으면 시약병 속 기체의 부피가 감소하므로 잉크가 아래로 내려온다.

7 (1) 온도가 높을수록 기체 입자의 운동 속도가 더 빠르다.
(2) 기체 입자의 운동 속도가 더 빠를수록 입자의 충돌 세기가 더 강하다.

8 뜨거운 바람으로 페트병을 가열하면 페트병 내부 기체의 부피가 증가하여 고무풍선이 부풀어 오른다. 이를 다시 차가운 물에 넣어 냉각시키면 페트병 내부 기체의 부피가 감소하므로 고무풍선의 크기가 다시 작아진다.

9 주사기 속 기체를 가열하면 기체의 부피와 기체의 온도, 기체 입자 사이의 거리, 기체 입자의 운동 속도가 증가한다. 기체 입자의 수나 기체 입자의 크기는 변하지 않는다.

10 실험은 온도가 높아지면 기체의 부피가 증가한다는 내용이다. 여름에 자동차 속의 온도가 높아지면 과자 봉지 속 기체의 부피가 증가하므로 봉지가 부푼다.

오답 피하기 ① 하늘 높이 올라가면 압력이 작아져서 풍선 속 기체의 부피가 점점 증가한다.
② 높은 산 위에 올라가면 압력이 작아져서 과자 봉지가 부푼다.
③ 풍선에 공기를 많이 불어 넣으면 풍선 속 기체 입자의 수가 많아지면서 풍선 벽면에 많이 충돌해 풍선의 크기가 커진다.
⑤ 감압 용기에 풍선을 넣고 공기를 빼내면 압력이 작아져서 풍선이 부푼다.

내신 기출 문제

본문 136~139쪽

01 ① **02** ④ **03** ③ **04** ④ **05** ① **06** 6 L **07** ③ **08** ③ **09** ㉠ 8 ㉡ 2 ㉢ 4 **10** ④ **11** ② **12** ⑤ **13** ④ **14** ㄱ, ㄹ **15** ① **16** 3 L **17** ④ **18** (가) 2, (나) 3, (다) 15 **19** ④ **20** ④ **21** ② **22** ① **23** ④ **24** ④ **25** 잉크 방울이 위로 올라간다. **26** ② **27** ②

01 압력은 단위 면적당 수직으로 작용하는 힘으로 힘을 받는 면적이 작을수록, 작용하는 힘이 클수록 커진다.

02 연필심 쪽이 더 아픈 이유는 힘이 작용하는 면적이 작을수록 압력이 커지기 때문이다. 짐볼 위에 무거운 사람이 앉을수록 더 많이 찌그러지는 것은 작용하는 힘이 커져서 압력이 커지기 때문이다.

03 기체의 압력은 기체 입자의 충돌 횟수에 비례한다.

04 기체 입자의 충돌 횟수가 많아지면 기체의 압력이 커진다.
ㄴ. 용기를 뜨거운 물 속에 넣으면 기체의 온도가 증가하면서 기체 입자의 운동 속도가 빨라져 충돌 횟수가 증가한다.
ㄷ. 용기 속에 기체를 더 넣으면 기체 입자의 충돌 횟수가 증가하여 압력이 증가한다.

오답 피하기 ㄱ. 용기의 크기를 크게 하면 기체 입자가 운동할 수 있는 공간이 넓어지면서 기체 입자의 충돌 횟수와 압력이 감소한다.
ㄹ. 높은 산 위에 올라가면 외부 압력은 감소하지만 밀폐 용기이기 때문에 외부 압력이 용기 속 기체의 압력과 부피에 변화를 주지는 못한다. 높은 산 위에 올라가면 온도가 낮아져 기체 입자의 운동 속도가 느려지므로 충돌 횟수와 압력은 감소한다.

05 스팀 난방기는 물을 끓여 만든 수증기를 이용하여 실내를 따뜻하게 한다.

06 온도가 같을 때 일정량의 기체의 압력×부피의 값은 일정하다. 1기압일 때 부피가 12 L이므로 압력×부피=12이다. 압력이 2기압일 때 2×부피=12이므로 부피는 6 L이다.

07 외부 압력을 2배로 증가시키면 기체의 부피가 반으로 줄어

들면서 기체 입자 사이의 거리가 줄어든다. 부피가 감소하면 기체 입자의 충돌 횟수가 증가하면서 기체의 압력도 증가한다. 기체 입자의 수와 기체 입자의 운동 속도는 변하지 않는다.

08 B → C로 갈수록 압력은 감소하고 부피는 증가한다. 따라서 입자 사이의 거리가 멀어진다.

오답 피하기 ① 기체의 압력과 부피는 반비례한다.
② A → B로 갈수록 기체의 압력이 작아진다.
④ A, B, C 점에서 압력과 부피를 곱한 값은 모두 같다.
⑤ 기체의 압력이 C<B<A이므로 기체 입자의 충돌 횟수도 C<B<A이다.

09 온도가 같을 때 일정량의 기체의 압력×부피의 값은 일정하다. 1기압일 때 부피가 4 L이므로 압력×부피=4이다. $\frac{1}{2}$×㉠=2×㉡=㉢×1=4이므로 ㉠=8, ㉡=2, ㉢=4이다.

10 피스톤을 잡아당기면 기체의 부피가 커지면서 입자 사이의 거리는 증가하고 기체 입자의 충돌 횟수와 기체의 압력은 감소한다. 온도가 일정하므로 기체 입자의 운동 속도는 변하지 않으며, 기체 입자의 수도 일정하다.

11 온도가 같을 때 일정량의 기체의 압력×부피의 값은 일정하다. 2기압일 때 부피가 30 L이므로 압력×부피=2×30=60이다. 따라서 3기압일 때 3×부피=60이므로 부피는 20 L이다.

12 감압 용기의 공기를 빼내면 용기 속 기체 입자의 수가 줄어들면서 기체 입자의 충돌 횟수와 기체의 압력이 감소한다. 온도가 일정하므로 기체 입자의 운동 속도는 변하지 않는다.

13 비행기가 착륙하면서 압력이 증가하므로 과자 봉지 속 기체의 부피가 작아진다.

14 수은을 추가하면 늘어난 수은 기둥의 높이만큼 J자관 속 공기에 가해지는 압력이 증가하여 공기의 부피가 감소한다. 공기의 부피는 수은 기둥의 높이(기체에 가해지는 압력)에 반비례하며 온도가 일정하면 공기 입자의 운동 속도는 변하지 않는다.

15 하늘 위로 올라갈수록 압력이 작아져서 풍선 속 기체의 부피가 증가한다. 뜨거운 운동장에 놓아둔 페트병은 페트병 속 기체의 온도가 증가하여 기체의 부피가 증가하는 것이다.

16 온도가 같을 때 일정량의 기체의 압력×부피의 값은 일정하다. 2기압일 때 부피가 6 L이므로 압력×부피=2×6=12이다. 따라서 4기압일 때 4×부피=12이므로 부피는 3 L이다.

17 피스톤을 당기면 기체의 부피가 증가하면서 기체 입자의 충돌 횟수와 압력이 감소하고 피스톤을 누르면 기체의 부피가 감소하면서 기체 입자의 충돌 횟수와 압력이 증가한다. 온도가 일정하므로 기체 입자의 운동 속도는 변하지 않는다.

18 온도가 같을 때 일정량의 기체의 압력×부피의 값은 일정하다. 1기압일 때 부피가 90 mL이므로 압력×부피=90이다. (가)×45=(나)×30=(다)×6=90이므로 (가)=2, (나)=3, (다)=15이다.

19 온도가 높아지면 기체 입자의 운동이 활발해지고 기체 입자 사이의 충돌 세기도 강해진다.

20 기체의 온도가 높을수록 부피가 커지므로 온도가 더 높은 것은 B이다. 온도가 높을수록 기체 입자의 빠르기가 빠르다.

오답 피하기 ② 외부 압력이 일정하므로 기체의 압력도 같다.
③ 기체 입자의 수는 변하지 않는다.
⑤ 기체 입자 사이의 거리는 A<B이다.

21 ㄱ. 기체가 가열되면서 기체의 부피가 증가하므로 피스톤이 점점 위로 올라온다.
ㄷ. 부피가 증가하므로 기체 입자 사이의 거리는 점점 멀어진다.

오답 피하기 ㄴ. 온도가 높아지면 기체 입자의 운동은 활발해진다.
ㄹ. 기체의 부피는 온도가 증가함에 따라 일정한 비율로 증가한다.

22 온도가 증가하면 기체의 부피는 일정한 비율로 증가한다.

23 컵 속 기체가 냉각되면서 부피가 감소하므로 풍선이 조금씩 빨려 들어온다.

24 온도가 높은 (가)는 입자의 운동이 빠르고 온도가 낮은 (나)는 입자의 운동이 느리다.

오답 피하기 ① 외부 압력이 일정하므로 기체의 압력은 같다.
② 기체의 부피는 온도가 높은 (가)가 더 크다.
③ 기체 입자의 크기는 변하지 않는다.
⑤ 기체 입자 사이의 거리는 부피가 더 큰 (가)가 더 멀다.

25 시약병을 뜨거운 물에 넣으면 온도가 높아지면서 시약병 속 기체의 부피가 증가하여 액체 방울을 위로 밀어낸다.

26 자동차가 고속도로를 달리면 바닥과의 마찰에 의해서 타이어의 온도가 높아져 타이어 속 공기의 부피도 증가한다.
ㄱ. 온도가 높아져 탁구공 속 기체의 부피가 증가한다.

ㄹ. 피펫을 손으로 감싸면 체온에 의해 피펫 속 기체의 온도가 높아지면서 기체의 부피가 커져 액체 방울을 밀어낸다.
ㅁ. 병을 손으로 잡으면 체온에 의해 병 속 기체의 온도가 높아지면서 기체의 부피가 커져 동전을 밀어낸다.

오답 피하기 ㄴ. 산에 올라가면 압력이 작아져 기체의 부피가 커진다.
ㄷ. 하늘로 올라가면 압력이 작아져 기체의 부피가 커진다.

27 주사기를 얼음물에 넣으면 온도가 낮아지면서 기체의 부피가 감소한다.

클리닉 + 기체의 압력이 낮아지거나 온도가 높아지면 기체의 부피가 증가한다. 높은 산 위로 올라가거나 비행기를 타고 하늘 높이 올라가면 기체의 압력이 낮아진다.

고난도 실력 향상 문제

본문 140쪽

01 ② **02** ⑤ **03** ④ **04** ② **05** ㄷ, ㄹ

01 ㄱ. 하늘 높이 올라가면 기압이 작아지므로 풍선 속 기체와 열기구 속 기체의 압력도 작아진다.
ㅁ. 헬륨 풍선의 부피가 증가하면서 기체 입자 사이의 거리도 멀어지고 열기구 속 기체를 가열하면 기체 입자 사이의 거리가 멀어진다.

오답 피하기 ㄴ. 헬륨 풍선 속 기체 입자의 수는 변하지 않지만 열기구 속 기체 입자의 수는 감소한다.
ㄷ. 하늘 높이 올라가면 온도가 낮아져서 헬륨 풍선 속 기체 입자의 운동은 둔해진다. 그러나 열기구 속 기체는 계속 가열하므로 입자의 운동이 활발해진다.
ㄹ. 헬륨 풍선 속 기체 입자 운동은 둔해지므로 충돌 세기가 약해지고 열기구 속 기체 입자는 운동이 활발해지므로 충돌 세기가 증가한다.

클리닉 + 열기구 속 기체를 가열하면 기체의 운동이 활발해지면서 기체 입자 사이의 거리가 멀어지고 부피가 증가한다. 일정 부피 이상으로 증가한 뒤에는 가열할수록 기체 입자가 열기구 밖으로 빠져 나오면서 열기구 속 공기의 밀도가 바깥 공기의 밀도보다 작아지면서 위로 떠오르게 된다.

02 온도가 같을 때 일정량의 기체의 압력×부피의 값은 일정하다. 4×(가)=(나)×12=(다)×2가 되는 값의 조합은 (가)=6, (나)=2, (다)=12이다.

03 (가) 뜨거운 물에 풍선을 넣으면 기체의 온도가 높아지면서 기체 입자의 운동이 활발해진다. 따라서 기체 입자가 풍선 벽면에 충돌하는 횟수가 증가해 풍선 벽면을 밀어내면서 풍선이 부풀어 오른다.
(나) 여름에 온도가 높으면 물 입자의 운동도 더 활발해져 증발이 더 빠르게 일어난다.
(다) 뜨거운 물에서 잉크 입자의 운동이 더 활발하여 확산이 더 빠르게 일어난다.

04 뜨거운 물에 오줌싸개 인형을 넣으면 오줌싸개 인형 속 기체의 부피가 증가하면서 기체가 인형 밖으로 빠져 나오게 된다.

클리닉 + **오줌싸개 인형의 원리**
(가) 뜨거운 물에 오줌싸개 인형을 넣으면 오줌싸개 인형 속 기체의 부피가 증가하면서 기체가 인형 밖으로 빠져 나온다.
(나) 뜨거운 물에서 꺼낸 인형을 찬물에 넣으면 인형 속 기체의 부피가 감소하면서 인형 속으로 물이 빨려 들어가게 된다.
(다) 인형을 꺼내 머리에 뜨거운 물을 부으면 인형 속 기체가 가열되면서 부피가 증가하여 (나)에서 들어갔던 물이 다시 밀려 나오게 된다.

05 높은 산 위에 올라가면 압력이 낮아지므로 봉지 속 기체의 압력도 낮아진다. 봉지 속 기체의 부피는 증가하므로 기체 입자 사이의 거리는 멀어진다. 높은 산 위에 올라가면 온도도 낮아지므로 봉지 속 기체 입자의 운동 속도와 충돌 세기는 감소한다.

서논술형 유형 연습

본문 141쪽

01 페트병을 세게 손으로 누르면 빨대 속 기체에 가해지는 압력이 증가하면서 기체의 부피가 감소하게 된다. 그 자리에 물이 들어가면서 빨대 잠수부가 가라앉는다.

| 모범 답안 | 빨대 속 기체의 압력이 증가하고 부피가 감소하면서 물이 빨대 안으로 들어와 잠수부가 가라앉는다.

채점 기준	배점
압력의 증가와 부피의 감소를 모두 서술한 경우	100%
압력의 증가와 부피의 감소 중 한 가지만 서술한 경우	50%

02 뜨거운 물에 넣으면 그릇 사이 기체가 가열되어 부피가 증가하려고 하기 때문에 그릇이 더 잘 빠진다.

| 모범 답안 | 뜨거운 물에 넣으면 그릇 사이 기체의 온도가 높아지면서 부피가 증가하기 때문이다.

채점 기준	배점
괄호에 알맞은 말을 고르고 그 이유를 서술한 경우	100%
괄호에 알맞은 말만 고른 경우	50%

대단원 마무리

본문 142~144쪽

01 ④ **02** ② **03** ② **04** ② **05** ④ **06** 광주 **07** ⑤ **08** ③
09 ① **10** ④ **11** ② **12** ⑤ **13** (가) 30, (나) 6 **14** ⑤
15 10 m **16** ② **17** ④ **18** ①

01 증발과 확산은 입자의 운동이 활발할수록 잘 일어난다.
오답 피하기 ① 증발과 확산은 입자 스스로의 운동에 의해서 일어난다.
② 진공 중에서도 확산이 일어난다.
③ 증발이 액체 표면에서 일어나는 현상이다.
⑤ 확산이 입자가 사방으로 퍼져 나가는 현상이다.

02 암모니아 입자는 모든 방향으로 운동하면서 페트리 접시의 공간에 퍼져 나간다. 따라서 중앙에서부터 바깥 방향으로 솜이 차례로 붉게 변한다. 확산이 모두 일어나고 난 뒤 암모니아 입자는 페트리 접시 안에 고르게 퍼져 있으므로 솜의 색은 계속 붉게 유지된다.

03 암모니아 입자는 모든 방향으로 운동한다.

04 방향제 입자가 스스로 운동하여 방 전체에 확산된다.
ㄴ. 차 입자가 스스로 운동하여 물속으로 확산한다.
ㄹ. 마약 탐지견은 짐 사이를 확산해 나온 마약 입자를 탐지하여 마약을 찾는다.
오답 피하기 ㄱ. 머리를 말리는 것은 증발 현상이다.
ㄷ. 염전에서는 바닷물을 가둔 뒤 물을 증발시켜 소금을 얻는다.

05 물의 증발이 일어날수록 저울의 눈금이 점점 감소한다. 습도가 낮으면 물의 증발이 더 빠르게 일어나므로 질량의 변화는 더 빠르게 일어난다.

06 증발은 온도가 높을수록, 습도가 낮을수록(건조할수록), 바람이 강할수록 잘 일어난다.

07 증발은 표면적이 넓을수록 더 빠르게 일어난다. 접시에 담긴 물이 컵에 담긴 물보다 증발이 일어나는 표면적이 넓어 더 빨리 줄어든다. 젖은 우산은 접어두었을 때보다 펼쳐두었을 때 증발이 일어나는 표면적이 더 넓어 더 빨리 마르게 된다.

08 날이 더울수록 증발이 더 빨리 일어나 어항 속 물이 빨리 줄어들고, 차가운 물보다 뜨거운 물에서 잉크 입자의 확산이 더 빠른 이유는 온도가 높을수록 입자의 운동이 활발하기 때문이다.

09 (가) 꽃향기 입자가 스스로 운동하여 주변으로 퍼져 나간다.
(나) 논바닥에 있던 수분이 증발하면서 논바닥이 갈라진다.
(다) 낮이 되어 온도가 높아지면 이슬이 증발한다.
(라) 운동장에 고인 물의 표면에서 물 입자가 스스로 운동하여 증발한다.

10 기체 입자는 모든 방향으로 자유롭게 운동하므로 기체의 압력은 모든 방향에 같은 크기로 작용한다.
오답 피하기 ① 압력의 크기는 수직으로 작용하는 힘의 크기가 클수록, 힘을 받는 면적이 작을수록 크다.
② 압력의 크기는 힘을 받는 면적에 반비례한다.
③ 부피가 일정할 때 기체의 압력은 온도에 비례한다.
⑤ 기체의 압력은 기체 입자의 충돌 횟수에 비례한다.

11 기체 입자는 모든 방향으로 자유롭게 운동하면서 압력을 나타낸다. 컵을 물속에 깊숙이 넣어도 컵 속 기체 입자가 나타내는 압력 때문에 물이 컵 끝까지 들어오지는 못한다.

12 감압 용기의 공기를 빼내면 기체의 압력이 감소하면서 풍선 속 기체의 부피가 커져 풍선이 점점 부풀어 오른다.

13 온도가 같을 때 일정량의 기체의 압력×부피의 값은 일정하다. 1기압일 때 부피가 60 mL이므로 압력×부피 $=1\times60=60$이다. 따라서 $2\times$(가)$=$(나)$\times10=60$이므로 (가)$=30$, (나)$=6$이다.

14 올라 서 있던 사람이 내려오면 풍선에 작용하는 압력이 감소하므로 풍선의 부피는 증가하고 풍선 속 기체 입자의 사이의 거리도 멀어진다.

15 6기압일 때 풍선의 부피가 1 L이므로 압력×부피 $=6\times1=6$이다. 풍선의 부피가 3 L일 때 압력을 계산해 보면 압력$\times3=6$이어야 하므로 압력은 2기압, 수심은 10 m이다.

16 ㄱ. 밀폐된 통 속 기체를 가열하면 기체 입자의 운동 속도가 빨라지면서 기체 입자의 충돌 횟수가 증가하여 압력이 증가한다.
ㄷ. 바다 속으로 들어갈수록 수압이 커져 페트병 속 기체의 부피가 감소하고 기체의 압력은 증가한다.
오답 피하기 ㄴ. 높은 산 위에 올라가면 기압이 낮아져 풍선의 부피가 증가하고 풍선 속 기체의 압력도 낮아진다.
ㄹ. 감압 용기 속 기체를 펌프로 빼내면 용기 속 기체 입자의 수가 줄어들어 기체 입자의 충돌 횟수와 기체의 압력이 감소한다.

17 냉장고 안에서는 온도가 낮아 기체의 부피와 기체 입자의 빠르기가 감소한다.

18 하늘 높이 올라가면 기압이 낮아져 풍선 속 헬륨 기체의 부피가 증가하면서 풍선이 터지는 것이다.

대단원 서논술형 문제

본문 145쪽

01 확산은 입자가 퍼져 나가는 것을 방해하는 입자의 수가 적을수록 빠르게 일어난다. 펌프로 감압 용기 속 공기를 빼내

면 브로민의 확산을 방해하는 입자의 수가 줄어들게 되므로 확산이 더 빠르게 일어난다.

| 모범 답안 | (나), 감압 용기 속 공기 입자의 수가 줄어들면 브로민의 확산을 방해하는 입자가 적어진 것이므로 브로민의 확산이 더 빠르게 일어난다.

채점 기준	배점
확산이 더 빠른 것을 고르고 그 이유를 서술한 경우	100%
확산이 더 빠른 것만 고른 경우	50%

02 온도가 높을수록 입자의 운동이 활발해져서 증발이 더 빠르게 일어난다.

| 모범 답안 | (나), 온도가 높을수록 입자의 운동이 활발하여 증발이 더 빠르게 일어나기 때문이다.

채점 기준	배점
증발이 더 빠른 것을 고르고 그 이유를 서술한 경우	100%
증발이 더 빠른 것만 고른 경우	50%

03 증발은 온도가 높을수록, 습도가 낮을수록(건조할수록) 잘 일어난다.

| 모범 답안 | 온도가 높을수록, 습도가 낮을수록 잘 마른다.

채점 기준	배점
온도와 습도 조건을 모두 옳게 서술한 경우	100%
온도와 습도 조건 중 한 가지만 옳게 서술한 경우	50%

04 수은을 추가하면 J자관 속 공기에 가해지는 압력이 증가하여 부피는 감소한다.

| 모범 답안 | 압력은 증가하고 부피는 감소한다.

채점 기준	배점
압력과 부피 두 가지 모두 옳게 서술한 경우	100%
압력과 부피 중 한 가지만 옳게 서술한 경우	50%

05 뜨거운 물을 부으면 탁구공 속 기체의 부피가 증가하여 탁구공 속 물을 밖으로 밀어낸다.

| 모범 답안 | 구멍으로 물이 뿜어져 나온다. 기체의 온도가 증가하여 기체의 부피가 커지면서 물을 밀어내기 때문이다.

채점 기준	배점
현상과 그 이유를 모두 서술한 경우	100%
현상만 옳게 서술한 경우	50%

Ⅴ. 물질의 상태 변화

01 물질의 상태 변화

본문 149, 151, 153쪽

기초 섭렵 문제

1 물질의 세 가지 상태 | 고체, 액체, 기체, 고체, 진동, 모양, 부피, 기체

2 상태 변화 | 상태 변화, 응고, 기화, 액화, 승화

3 상태 변화와 물질의 변화 | 고체, 부피, 증가, 증가, 질량

01 (A) ③ (B) ② (C) ① **02** (1) ○ (2) × (3) ○ (4) × (5) ○ **03** ㄴ, ㄹ **04** ㉠ 기체 ㉡ 액체 **05** (1) ○ (2) ○ (3) × (4) ○ **06** (가) 응고 (나) 융해 (다) 기화 (라) 액화 (마) 승화 (바) 승화 **07** (1) 기화 (2) 승화 (3) 응고 (4) 승화 (5) 액화 **08** ㄴ, ㄹ **09** (1) B, C, F (2) B, C, F **10** 부피 증가 **11** (1) 증가 (2) 증가 (3) 감소 (4) 감소 (5) 증가 **12** 100 g **13** ㄱ, ㄹ, ㅅ, ㅇ

01 고체 입자의 배열은 매우 규칙적이고 액체 입자는 입자 사이의 거리가 비교적 가까운 편이며 기체 입자의 배열은 매우 불규칙적이고 입자 사이의 거리가 매우 멀다.

02 (2) 물질의 상태와 관계없이 같은 물질의 입자의 크기는 모두 같다.
(4) 기체 입자의 운동이 가장 활발하다.

03 액체는 쉽게 압축되지 않으며 흐르는 성질이 있고 용기에 따라 모양은 달라지지만 부피는 일정하다. 액체 입자는 자리를 자유롭게 이동하는 운동을 한다.

04 물이 끓어서 생긴 수증기는 눈에 보이지 않는 기체 상태이다. 주전자에서 끓어 나온 수증기가 공기 중에서 냉각되어 다시 작은 물방울로 액화한 것이 눈에 보이는 김이다.

05 (3) 온도가 높아지면 고체 → 액체 → 기체로의 상태 변화가 일어난다.

클리닉 + 가열할 때 일어나는 상태 변화 : 융해, 기화, 승화(고체 → 기체)
냉각할 때 일어나는 상태 변화 : 응고, 액화, 승화(기체 → 고체)

07 (2) 성에는 공기 중의 수증기가 작은 얼음 조각으로 승화한 것이다.
(5) 김은 공기 중의 수증기가 작은 물방울로 액화한 것이다.

08 버터가 녹는 것은 융해이다. ㄱ은 응고, ㄷ은 기화, ㅁ은 액화의 예이다.

09 고체→액체→기체로 상태 변화할수록 입자의 배열이 불규칙해지고 부피가 증가한다. 단, 물은 예외적으로 고체에서 액체로 상태 변화할 때 부피가 증가한다.

10 아세톤을 가열하면 아세톤의 기화가 일어나면서 부피가 증가한다.

11 융해, 기화, 승화(고체→기체)가 일어나면 부피가 증가하고 응고, 액화, 승화(기체→고체)가 일어나면 부피가 감소한다.

12 물질의 상태가 변해도 질량은 변하지 않는다.

13 상태 변화 시 입자의 배열, 입자 사이의 거리, 입자의 운동 속도, 물질의 부피는 변하지만 입자의 수, 입자의 크기, 물질의 질량, 물질의 성질은 변하지 않는다.

탐구 섭렵 문제 본문 155쪽

양초의 상태 변화가 일어날 때 질량과 부피의 변화 | 융해, 응고, 증가, 증가, 일정, 기체

1 ② 2 ㄱ, ㄹ 3 ① 4 (1) 부피 증가, 질량 일정 (2) 부피 감소, 질량 일정 5 ㉠ 증가 ㉡ 증가 ㉢ 감소 ㉣ 감소

1 고체가 액체로 융해하면 입자 사이의 거리가 멀어지고 부피가 증가한다. 상태 변화가 일어나도 물질의 질량은 변하지 않는다.

2 응고가 일어날 때 입자 사이의 거리와 부피는 감소하고 입자의 수와 질량은 변하지 않는다.

3 드라이아이스가 고체에서 기체로 승화하면서 입자 사이의 거리는 멀어지고 부피는 증가한다. 상태 변화가 일어나도 입자의 수가 변하지 않으므로 물질의 질량은 변하지 않는다.

4 (1) 철이 녹는 융해가 일어나면 입자 사이의 거리가 멀어지면서 부피는 증가한다.
(2) 촛농이 굳는 응고가 일어나면 입자 사이의 거리가 가까워지면서 부피가 감소한다. 상태 변화가 일어나도 물질의 질량은 변하지 않는다.

5 물질의 상태가 고체 → 액체 → 기체로 변화하면 입자 사이의 거리가 증가하면서 부피가 증가한다. 물질의 상태가 기체 → 액체 → 고체로 변화하면 입자 사이의 거리가 감소하면서 부피가 감소한다.

내신 기출 문제 본문 156~159쪽

01 ③ 02 ④ 03 (가) 고체, (나) 액체, (다) 기체 04 ④ 05 ② 06 ③ 07 ④ 08 ⑤ 09 ② 10 ③ 11 (1) 융해 (2) 응고 12 ④ 13 ① 14 ④ 15 A, C, E 16 B, D, F 17 ② 18 ③ 19 ㄱ, ㅂ, ㅅ, ㅇ 20 ④ 21 ⑤ 22 ⑤ 23 ② 24 ④ 25 ⑤ 26 ③

01 기체 입자 사이의 거리가 가장 멀다.

02 고체 상태는 압축이 거의 되지 않으며 모양과 부피가 일정하고 흐르는 성질이 없다.

03 고체 상태는 입자의 배열이 매우 규칙적이고 입자 사이의 거리가 매우 가깝다. 액체 상태는 입자의 배열이 불규칙적이고 입자 사이의 거리는 비교적 가깝다. 기체 상태는 입자의 배열이 매우 불규칙적이고 입자 사이의 거리가 매우 멀다.

클리닉 + 물질의 세 가지 상태에 따른 특징은 다음과 같다.

구분	고체	액체	기체
입자 배열	규칙적	불규칙적	매우 불규칙적
입자의 운동 상태	제자리에서 진동	자유롭게 자리 이동	매우 활발
입자 사이의 거리	가까움	비교적 가까움	매우 멂
모양	일정함	용기에 따라 달라짐	용기에 따라 달라짐
부피	일정함	일정함	용기에 따라 달라짐
흐르는 성질	없음	있음	있음
압축되는 성질	쉽게 압축되지 않음	쉽게 압축되지 않음	쉽게 압축됨

04 철은 상온(15 °C)에서 고체 상태로 존재한다. 산소와 이산화 탄소는 기체 상태, 물과 수은은 액체 상태로 존재한다.

05 공기와 같은 기체는 입자 사이에 빈 공간이 많아 쉽게 압축되고, 물과 같은 액체는 쉽게 압축되지 않는다.

06 A 응고, B 융해, C 기화, D 액화, E 승화이다.

07 얼음이 녹는 것과 초콜릿이 녹는 것은 고체가 액체로 상태 변화하는 융해의 예이다.

08 드라이아이스 조각은 고체에서 기체로 승화한다.

오답 피하기 ① A는 융해이다.
② B는 액체에서 고체로 상태 변화하는 응고이다.
③ C는 기화이다. 안개가 생기는 액화는 D에 해당한다.

④ 액체를 가열하면 C의 상태 변화(기화)를 한다.

09 F는 기체에서 고체로의 승화이다.
ㄱ. 서리는 공기 중의 수증기가 작은 얼음 조각이 되는 기체에서 고체로의 승화이다.
ㄷ. 성에는 공기 중의 수증기가 작은 얼음 조각이 되는 기체에서 고체로의 승화이다.
오답 피하기 ㄴ. 운동장에 고인 물이 증발하는 기화의 예이다.
ㄹ. 나프탈렌 조각이 고체에서 기체로 승화하면서 점점 작아진다.

10 주전자 안에서 물이 기화하여 수증기가 되어 주전자 입구로 나오다가 공기 중에서 냉각되어 다시 작은 물방울인 김으로 액화한다.

11 초콜릿이 녹는 것은 융해이고, 다시 굳는 것은 응고이다.

12 공기 중의 수증기가 차가운 컵 표면에서 냉각되어 물방울로 액화한다.

13 (나)에서 고체 아이오딘을 가열하면 기체 아이오딘으로 승화한다. 기체 아이오딘은 얼음이 든 시계접시의 밑바닥에서 냉각되어 (가)에서 고체 아이오딘으로 승화한다.
오답 피하기 ③ (가)와 (나)의 보라색 고체는 모두 아이오딘이다. 상태 변화가 일어나도 물질의 성질은 변하지 않는다.
④ 그늘에 쌓인 눈이 녹은 흔적없이 사라지는 것은 고체에서 기체로의 승화이다. (나)에서 고체에서 기체로의 승화가 일어난다.
⑤ 냉동실 벽면에 얼음 조각이 생기는 것은 공기 중의 수증기가 얼음 조각으로 승화하는 기체에서 고체로의 승화이다. (가)에서 기체에서 고체로의 승화가 일어난다.

14 얼음은 융해하고, 드라이아이스는 승화한다.

15 물질을 가열하면 고체 → 액체 → 기체로 상태 변화한다.

16 압력을 증가시키면 기체 → 액체 → 고체로 상태 변화한다.

17 마그마가 굳어서 암석이 되는 것은 액체가 고체가 되는 응고 B이다.
오답 피하기 ① 손등에 바른 에탄올이 사라지는 것은 기화(C)이다.
③ 안경에 김이 서리는 것은 액화(D)이다.
④ 드라이아이스 조각이 점점 작아지는 것은 승화(E)이다.
⑤ 이슬이 맺히는 것은 액화(D)이다.

18 상태 변화가 일어날 때 입자의 배열과 부피, 입자 사이의 거리는 변화하고 물질의 질량과 성질은 변하지 않는다.

19 상태 변화가 일어날 때 물질의 부피, 입자의 배열, 입자 사이의 거리, 입자의 운동 속도는 변하고 물질의 질량, 물질의 성질, 입자의 수, 입자의 크기는 변하지 않는다.

20 드라이아이스의 승화가 일어날 때는 입자 사이의 거리가 멀어진다.
오답 피하기 ① 승화가 일어날 때 입자가 사라지지 않는다.
② 승화가 일어날 때 입자의 크기는 변하지 않는다.
③ 기체 입자는 공간에 골고루 퍼져 있다.
⑤ 승화가 일어날 때 입자의 수는 변하지 않는다.

21 액체 양초가 응고할 때 부피는 감소하고 질량은 변하지 않는다.

22 아세톤이 기화할 때 입자의 배열은 불규칙하게 변한다.

23 (A)에서 물이 기화했다가 얼음이 든 시계접시의 바닥에서 냉각되어 (B)에서 다시 액화한다. 상태 변화가 일어나도 물질의 성질은 변하지 않으므로 (A)와 (B)의 물 모두 푸른색 염화 코발트 종이를 붉게 만든다.

24 응고, 액화, 기체에서 고체로의 승화가 일어날 때 물질의 부피가 감소한다.
ㄴ. 촛농이 굳는 것은 응고이다. 부피가 감소한다.
ㄷ. 이슬이 맺히는 것은 액화이다. 부피가 감소한다.
오답 피하기 ㄱ. 젖은 빨래가 마르는 것은 기화이다. 부피가 증가한다.
ㄹ. 버터가 녹는 것은 융해이다. 부피가 증가한다.

25 물을 얼리는 것과 쇳물을 굳히는 것은 응고, 서리가 내리는 것은 기체에서 고체로의 승화이다. 상태 변화가 일어날 때 물질의 질량과 성질은 변하지 않는다. 응고와 기체에서 고체로의 승화가 일어날 때는 입자의 배열이 규칙적으로 변하고 입자 사이의 거리가 가까워지며 부피가 감소한다. 예외적으로 물이 어는 경우에만 물질의 부피가 증가한다.

클리닉 + 물이 응고할 때 입자의 배열은 규칙적으로 변하고 입자의 운동도 둔해지지만 물질의 부피가 증가한다. 물이 얼음이 될 때 입자들이 그림과 같이 배열하면서 빈 공간이 생기기 때문이다.

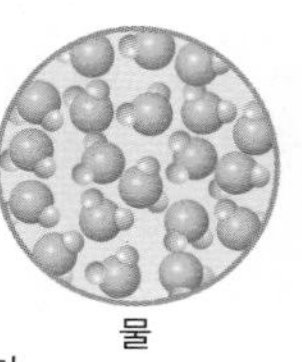
물

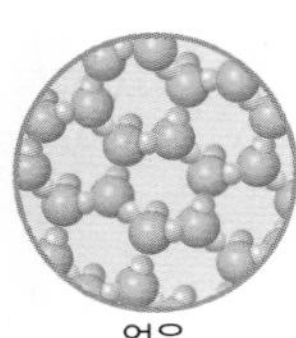
얼음

26 드라이아이스가 승화할 때 입자의 수와 물질의 질량, 물질의 성질은 변하지 않고 입자 사이의 거리는 멀어지며 입자의 배열은 불규칙해진다.

고난도 실력 향상 문제

본문 160쪽

01 ④ **02** ⑤ **03** ④ **04** ③ **05** ② **06** 응고, 승화

01 초에 불을 붙이면 B에서 양초가 녹으면서 액체 상태의 양초가 심지를 타고 올라가 A에서 기화하여 연소한다. C에서는 흘러내리던 촛농이 굳는다.

02 드라이아이스가 물속에서 이산화 탄소 기체로 승화하면서 이산화 탄소 기포가 발생하는 것이다. 물은 드라이아이스의 승화로 인해서 더욱 더 차가워지며 흰 연기는 공기 중의 수증기가 액화해서 생긴 작은 물방울이다. 사이다 속의 기체는 이산화 탄소로 물에 생기는 이산화 탄소 기포와 같은 물질이다.

03 대부분의 물질은 응고하면서 입자 사이의 거리가 가까워져 부피가 감소하지만 물의 경우 응고하면서 입자가 배열할 때 입자 사이에 빈 공간이 생기면서 부피가 증가한다.

클리닉 + 대부분의 물질은 압력을 증가시키면 액체에서 고체로 상태 변화하지만 물은 예외적으로 압력을 증가시키면 고체에서 액체로 상태 변화한다. 따라서 스케이트 날로 얼음에 압력을 가하면 얼음이 녹아 물이 된다.

04 A는 뚜껑이 덮여 있어 물의 증발이 일어나도 저울 위에 존재하는 물 입자의 수가 변하지 않지만 B는 뚜껑이 없어 물의 증발이 일어나면 기체 상태의 물 입자가 공기 중으로 퍼져 나가 저울 위에 존재하는 물 입자의 수가 점점 감소한다. 따라서 저울에서 측정되는 A의 질량은 변함이 없지만 B의 질량은 점점 감소한다.

05 서리는 공기 중의 수증기가 작은 얼음 조각으로 승화한 것이다. 물은 승화성 물질은 아니지만 조건에 따라 승화하기도 한다.

클리닉 + 승화성 물질은 1기압, 상온(15 °C)에서 액체 상태를 거치지 않고 고체로 승화하는 물질이다. 드라이아이스, 나프탈렌, 아이오딘이 이에 해당한다.

06 식품을 냉동시켜 식품 속 수분을 응고시킨 뒤 압력을 낮춰 얼음을 수증기로 승화시킨다.

서논술형 유형 연습

본문 161쪽

01 밤이 되어 온도가 낮아지면 공기 중의 수증기가 냉각되어 액화한 물방울이 비닐에 맺히는 것이다.

| 모범 답안 | 밤이 되어 온도가 낮아지면 공기 중의 수증기가 액화하여 비닐에 물방울로 맺힌다.

채점 기준	배점
온도 변화와 상태 변화를 모두 서술한 경우	100%
온도 변화와 상태 변화 중 하나만 서술한 경우	50%

02 액체 상태의 쇳물이 고체 상태로 상태 변화하면 입자 사이의 거리가 가까워지면서 부피가 감소하기 때문이다.

| 모범 답안 | 쇳물이 응고하면서 부피가 감소하기 때문이다.

채점 기준	배점
상태 변화와 부피 변화를 모두 서술한 경우	100%
상태 변화와 부피 변화 중 하나만 서술한 경우	50%

03 기체 상태는 부피가 커서 보관과 운반이 어렵지만 액체로 액화시키면 부피가 감소하기 때문이다.

| 모범 답안 | 액화가 일어날 때 부피가 감소하기 때문이다.

채점 기준	배점
부피 변화를 옳게 서술한 경우	100%

02 상태 변화와 열에너지

본문 163, 165쪽

기초 섭렵 문제

1 녹는점과 어는점 | 녹는점, 응고, 상태 변화
2 끓는점 | 끓는점, 기화
3 상태 변화와 열에너지 | 융해열, 낮아, 흡수, 응고열, 방출, 높이

01 (1) × (2) × (3) ○ (4) ○ **02** (1) 32 °C (2) (나) (3) 고체 **03** 78.3 °C **04** (1) 53 °C, (2) 액체 **05** ㄱ, ㄹ, ㅁ **06** (나) 융해열 (라) 기화열 **07** (1) × (2) × (3) ○ (4) ○ (5) ○ **08** (가) ⓜ (나) ⓛ (다) ⓔ (라) ⓒ (마) ⓐ

01 (1) 기체를 가열하면 온도가 증가하면서 부피도 증가한다.
(2) 고체 물질을 가열하면 온도가 증가하다가 융해가 시작되어 모두 끝날 때까지는 온도가 일정하게 유지된다.

02 (1) 물질이 응고하는 동안 일정하게 유지되는 온도를 물질의 어는점이라고 한다.
(2) 상태 변화(응고)가 일어나는 동안은 물질이 열에너지를 방출하여 냉각을 하여도 온도가 낮아지지 않고 일정하게 유지된다.
(3) (가) 구간에서 액체 상태로 존재하던 물질이 (나) 구간에서 상태 변화하면서 액체와 고체 상태가 공존하다가 상태 변화가 모두 끝난 (다) 구간에서는 고체로 존재한다.

03 액체를 가열하면 온도가 계속 증가하다가 끓는점에 도달하면 기화가 일어나면서 열에너지를 상태 변화에 사용하기 때문에 가열하여도 온도가 증가하지 않고 일정하게 유지된다.

04 (1) 고체 물질이 액체로 융해하면서 일정하게 유지되는 온도를 그 물질의 녹는점이라고 한다.

(2) 고체 물질은 B−C 구간에서 액체로 융해하여 융해가 모두 끝난 C−E 구간에서는 액체 상태로 존재한다.

05 고체 → 액체 → 기체로 상태 변화가 일어날 때 열에너지를 흡수한다.

06 얼음(고체)을 가열하면 온도가 증가하다가 (나) 구간에서 융해열을 흡수하여 물로 융해하면서 온도가 일정하게 유지된다. 융해가 끝난 뒤 액체 상태의 물을 가열하면 온도가 증가하다가 (라) 구간에서 기화열을 흡수하여 수증기로 기화하면서 온도가 일정하게 유지된다.

07 기체 → 액체 → 고체로의 상태 변화가 일어날 때 열에너지를 방출한다. 따라서 열에너지를 방출하는 상태 변화가 일어나면 입자의 배열이 규칙적으로 변하고 입자 사이의 거리가 가까워진다.

08 (가) 눈이 내리기 전에는 공기 중의 수증기가 얼음 조각(눈)으로 승화하면서 승화열을 방출하여 기온이 상승한다.
(나) 더울 때 땀을 흘리면 땀이 기화하면서 기화열을 흡수하여 체온을 낮춰 준다.
(다) 스팀 난방은 수증기가 액화할 때 방출하는 액화열을 이용하여 주변을 따뜻하게 하는 난방 방식이다.
(라) 나무에 뿌린 물이 응고하면서 응고열을 방출하여 과일의 냉해를 막는다.
(마) 얼음이 융해하면서 융해열을 흡수하여 음료수를 시원하게 한다.

탐구 설렵 문제

본문 **167**쪽

1 물을 냉각시킬 때의 온도 변화 | 응고, 어는점, 방출

2 에탄올을 가열할 때의 온도 변화 | 끓는점, 상태 변화, 기화열

1 ③ **2** ㄴ, ㄷ, ㄹ **3** ④ **4** (다) **5** (나) 융해열 (라) 기화열

1 (가) 구간에서는 액체 상태로 온도가 낮아지다가 (나) 구간에서 고체로 응고하면서 액체와 고체가 공존한다. 응고가 모두 끝난 (다) 구간에서는 고체 상태로 존재한다.

2 촛농이 굳을 때는 응고열 방출이 일어난다.
ㄴ. 호수가 꽁꽁 어는 것은 응고이다. 응고열 방출이 일어나 겨울철 호숫가 근처는 기온이 높다.
ㄷ. 항아리 속 물이 응고하면서 응고열을 방출하여 과일의 냉해를 막는다.
ㄹ. 파라핀이 응고하면서 응고열을 방출하여 손을 따뜻하게 찜질한다.

오답 피하기 ㄱ. 분수의 물이 기화하면서 열에너지를 흡수하여 시원함을 느낀다.

3 액체가 기체로 기화할 때 일정하게 유지되는 온도를 끓는점이라고 하며 기화할 때 열에너지를 흡수하여 가열하여도 온도가 오르지 않는다. 끓는점은 물질의 특성으로 같은 물질이면 양에 관계없이 일정하다.

4~5 얼음(고체)을 가열하면 온도가 증가하다가 (나) 구간에서 융해열을 흡수하여 물로 융해하면서 온도가 일정하게 유지된다. 융해가 끝난 뒤 액체 상태의 물을 가열하면 온도가 증가하다가 (라) 구간에서 기화열을 흡수하여 수증기로 기화하면서 온도가 일정하게 유지된다.

내신 기출 문제

본문 168~171쪽

01 ① **02** ④ **03** ⑤ **04** ③ **05** ② **06** ㄴ, ㄷ **07** ④
08 ③ **09** ③ **10** ④ **11** 암모니아 : 기체, 메탄올 : 액체
12 (가) 기체, (다) 액체, (마) 고체 **13** ② **14** ② **15** ② **16** ①
17 열에너지 흡수 : (나), 열에너지 방출 : (라) **18** ④ **19** ④
20 ⑤ **21** 증발기 : 흡수, 응축기 : 방출 **22** ② **23** (나) **24** ⑤
25 ② **26** ⑤ **27** ②

01 액체 물질이 고체로 응고하기 시작하는 온도를 그 물질의 어는점이라고 한다. 같은 물질의 어는점과 녹는점은 같다.

02 (가) 구간에서 액체 물질의 온도가 낮아지다가 (나) 구간에서 고체로 응고한다. (나) 구간에서 액체 상태와 고체 상태가 공존하며 이 구간에서 온도가 일정하게 유지되는데 이 온도를 물질의 어는점이라고 한다. 어는점(32°C)보다 낮은 온도인 30°C에서 이 물질은 고체 상태로 존재한다.

03 고체 A를 가열하면 녹는점인 16.6°C가 될 때까지 온도가 계속 증가하다가 16.6°C가 되면 액체로 융해하면서 온도가 일정하게 유지될 것이다.

오답 피하기 ① 같은 물질의 어는점과 녹는점은 같으므로 A의 어는점은 16.6°C이다.
② 녹는점은 물질의 양과 관계없이 같은 물질이면 일정한 값으로 녹는점만으로는 물질의 양을 알 수 없다.
③ C는 −38.9°C에서 액체로 상태 변화하기 때문에 상온에서는 고체로 존재할 수 없다.
④ A, B, C를 가열하면 녹는점이 가장 낮은 C가 먼저 녹는다.

04 B−C 구간에서 융해가 일어나며, C−D 구간에서는 액체 상태로 물질의 온도만 변화한다.

05 고체 물질이 B－C 구간에서 융해하여 액체와 고체 상태가 공존했다가 융해가 끝난 C－E 구간에는 액체 상태로 존재한다. E－F 구간에서 액체가 응고하여 액체 상태와 고체 상태가 공존한다.

06 액체를 냉각시킬 때 액체가 응고하면서 일정하게 유지되는 온도를 그 물질의 어는점이라고 한다. 벤젠의 어는점은 5.5°C이며, 같은 물질의 녹는점와 어는점은 같으므로 녹는점도 5.5°C이다.

07 끓는점은 액체가 기체로 기화하는 온도로 끓는점보다 낮은 온도에서 물질은 액체 상태로 존재한다.

08 ㄹ. B가 온도가 일정한 구간이 먼저 시작되는 것으로 보아 B의 기화가 먼저 시작되었다.

오답 피하기 ㄴ. 물질 B의 끓는점이 78°C이다.
ㄷ. 같은 물질이면 끓는점이 같아야 하는데 끓는점이 다른 것으로 보아 A와 B는 다른 물질이다.

09 녹는점과 끓는점에서는 상태 변화가 모두 끝날 때까지 온도가 일정하게 유지된다.

10 A와 B는 같은 물질로 끓는점이 같지만 양이 A<B여서 양이 적은 A가 더 빨리 끓는점에 도달하였다.

11 암모니아의 끓는점은 －33.4°C로 상온(15°C)이 되기 이전에 모두 기화되므로 상온에서는 기체 상태로 존재한다. 메탄올의 녹는점은 상온보다 낮지만 끓는점은 상온보다 높은 것으로 보아 메탄올은 상온에서 액체 상태로 존재한다.

클리닉 + 물질의 녹는점, 끓는점과 물질의 상태

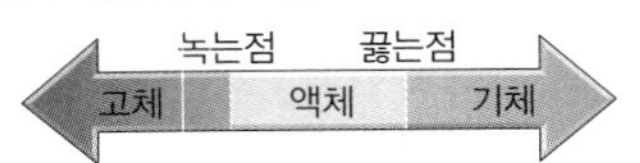

12 (가) 구간에서 기체 상태로 존재하던 물질이 (나) 구간에서 액화하여 (다) 구간에서는 액체 상태로 존재한다. (라) 구간에서 응고가 일어나면 (마) 구간에서는 고체 상태로 존재한다.

13 (나) 구간에서는 기체가 액체가 되는 액화가 일어난다.

14 물질이 기체 → 액체 → 고체로 변할 때 열에너지를 방출한다.

15 (가)는 기화의 예, (나)는 융해의 예이다. 기화와 융해가 일어날 때는 열에너지를 흡수한다.

16 (가) 구간은 고체 상태 물질의 온도가 증가하는 구간이다.

17 (나) 구간에서는 융해가 일어나면서 융해열을 흡수하여 가열하여도 온도가 증가하지 않는다. (라) 구간에서는 응고가 일어나면서 응고열을 방출하여 냉각하여도 온도가 내려가지 않는다.

18 스팀 난방은 수증기가 난방기를 지나면서 액화할 때 방출하는 액화열을 이용하여 주변의 온도를 높이는 난방 방식이다.

19 여름철 뜨거운 아스팔트에 물을 뿌리면 기화열 흡수가 일어나 시원해진다. ①, ②, ③, ⑤는 액체가 고체로 응고하면서 응고열을 방출하여 주위의 온도가 높아지는 것을 이용한 예이다.

20 습구의 물에 적신 헝겊에서 물이 기화열을 흡수하여 기화하면 습구의 온도가 낮아진다. 습도가 높은 날은 물의 증발이 적게 일어나므로 건구와 습구의 온도 차가 적게 난다.

21 증발기에서는 냉매가 기화하면서 기화열을 흡수하여 냉장고 내부 온도가 낮아지고, 응축기에서는 냉매가 액화하면서 액화열을 방출하여 냉장고 뒤 쪽의 온도가 높아진다.

22 (마) 구간에서 응고가 일어나면서 응고열을 방출한다.

23 호수가 녹으면서 융해열을 흡수하여 주변이 쌀쌀해진다. 융해가 일어나는 구간은 (나)이다.

24 침이 기화하면서 기화열을 흡수하여 체온을 낮춰 준다. 소나기가 내리기 전에는 공기 중의 수증기가 물방울로 액화하면서 액화열을 방출하여 기온이 올라간다.

25 물질이 기체 → 액체 → 고체로 상태 변화할 때 열에너지를 방출하면서 주변의 온도가 상승한다.
ㄱ. 손난로가 응고하면서 응고열을 방출한다.
ㄷ. 냉매가 액화하면서 액화열을 방출한다.

오답 피하기 ㄴ. 아이스크림이 융해하면서 융해열을 흡수한다.
ㄹ. 물이 기화하면서 기화열을 흡수한다.

클리닉 + 열에너지를 흡수하는 상태 변화(주변 온도 하강) : 융해, 기화, 승화(고체 → 기체)
열에너지를 방출하는 상태 변화(주변 온도 상승) : 응고, 액화, 승화(기체 → 고체)

26 드라이아이스가 고체에서 기체로 승화하면서 승화열을 흡수하여 주변의 온도가 낮아져 아이스크림이 녹지 않는다.

27 (나) 구간에서는 액체가 고체로 응고하면서 열에너지를 방출한다.

고난도 실력 향상 문제

본문 172쪽

01 ② 02 ⑤ 03 ④ 04 ③ 05 ② 06 ④

01 끓는점은 압력에 따라 달라진다. 높은 산 위로 올라가면 압력이 낮아지면서 끓는점이 낮아진다. 그래프에서 90°C에서 온도가 일정한 구간이 나왔으므로 90°C에서 물이 끓은 것이다. 따라서 100°C에서는 물이 이미 다 끓어 기체 상태로만 존재한다.

오답 피하기 ① 90°C에서 기화가 일어나므로 기체와 액체 상태가 공존한다.
③ 높은 산 위에서 끓는점이 낮아진다.
④ 끓는점은 압력에 따라 달라진다.
⑤ 물이 기화할 때는 열에너지를 흡수한다.

02 물이 에탄올보다 끓는점이 높기 때문에 물중탕으로 에탄올의 끓는점을 측정할 수 있다.

03 물속에서 드라이아이스가 승화하면서 열에너지를 흡수하여 주변의 온도는 점점 낮아진다. 이로 인해 공기 중의 수증기가 냉각되어 작은 물방울로 액화된 것이 흰 연기이다. 수증기의 액화는 열에너지를 방출하는 상태 변화이다.

오답 피하기 ① 물의 온도는 점점 낮아진다.
② 흰 연기는 수증기가 액화한 작은 물방울이다.
③ 드라이아이스가 열에너지를 흡수하여 주변의 온도가 낮아진다.
⑤ 흰 연기는 작은 물방울이므로 푸른색 염화 코발트 종이를 붉게 변화시킨다.

04 첫 번째 온도가 일정한 구간의 온도가 물질의 녹는점이다. (가)는 32°C에서, (나)는 35°C에서 온도가 일정하게 유지되므로 녹는점은 (가)<(나)이다. 끓는점인 두 번째 온도가 일정한 구간이 (나)는 53°C에 나타나지만 (가)는 65°C가 넘도록 나타나지 않는 것으로 보아 끓는점은 (나)<(가)이다.

05 (가)는 8분~32분 구간에서 고체에서 액체로 상태 변화하고 (나)는 5분~17분 구간에서 융해, 26분~37분 구간에서 기화를 한다. 15분에는 (가)와 (나) 모두 융해하는 중으로 고체+액체 상태로 존재한다.
① 7분에 (가)는 고체, (나)는 고체+액체 상태로 존재한다.
③ 20분에 (가)는 고체+액체, (나)는 액체 상태로 존재한다.
④ 30분에는 (가)는 고체+액체, (나)는 액체+기체 상태로 존재한다.
⑤ 35분에는 (가)는 액체, (나)는 액체+기체 상태로 존재한다.

06 20°C는 A와 C의 녹는점과 끓는점 사이이므로 A와 C는 액체 상태로 존재한다. B의 녹는점은 20°C보다 높으므로 B는 20°C에서 고체 상태이다.

오답 피하기 ① 고체 A, B, C를 가열하면 녹는점이 가장 낮은 A부터 녹는다.
② A는 물보다 끓는점이 낮으므로 물중탕으로 끓는점을 측정할 수 있다.
③ 기체 A, B, C를 냉각하면 끓는점이 가장 높은 B부터 액화된다.
⑤ 80.5°C는 B의 녹는점으로 융해열 흡수가 일어난다.

서논술형 유형 연습

본문 173쪽

01 온도가 낮아지다가 53°C에서 응고가 일어나면서 파라다이클로로벤젠이 모두 굳을 때까지 온도가 일정하게 유지된다.

| 모범 답안 | 온도가 낮아지다가 53°C에서 일정하게 유지된다.

채점 기준	배점
온도가 낮아지다가 53°C에서 일정하게 유지된다고 서술한 경우	100%
53°C에 대한 언급이 없이 온도가 낮아지다가 일정하게 유지된다고만 서술한 경우	50%

02 얼음이 융해하면서 열에너지를 흡수하여 주변의 온도가 낮아져 시원하게 냉방이 된다.

| 모범 답안 | 얼음이 융해하면서 열에너지를 흡수하면 주변의 온도가 낮아진다.

채점 기준	배점
열에너지의 출입과 주변의 온도 변화를 모두 서술한 경우	100%
열에너지의 출입만 서술한 경우	50%

대단원 마무리

본문 174~176쪽

01 ② 02 ③ 03 ③ 04 승화 05 ④ 06 ③ 07 ① 08 ③ 09 ① 10 ④ 11 ②, ③ 12 ㄱ, ㄹ 13 ③ 14 ③ 15 (나) 16 ⑤ 17 응고, 방출, 따뜻 18 ⑤ 19 ⑤ 20 ① 21 ③

01 입자의 배열이 규칙적인 것은 고체이고, 쉽게 압축되는 성질이 있는 것은 기체, 모양은 변하지만 부피는 일정한 것은 액체이다.

02 A 융해, B 응고, C 기화, D 액화, E 승화이다.

03 F는 기체에서 고체로의 승화로 성에는 공기 중의 수증기가 작은 얼음 조각으로 승화한 것이다.

04 액체 상태를 거치지 않는 고체와 기체 사이의 상태 변화를

승화라고 한다.

05 버터가 녹는 것과 초콜릿이 녹는 것은 융해이다.

06 융해는 고체 → 액체, 기화는 액체 → 기체로의 상태 변화로 입자의 운동이 빨라지고 배열이 불규칙해지며 입자 사이의 거리가 멀어지고 부피가 증가한다. 기체는 쉽게 압축되는 성질이 있지만 액체는 쉽게 압축되는 성질이 없다.

07 뜨거운 물에서 에탄올이 기화하면 에탄올 입자 사이의 거리가 멀어져 부피가 증가하고 에탄올 입자의 운동이 활발해지지만 질량은 변하지 않는다.

08 얼음 조각상이 녹는 것은 융해의 예이다.

09 (가)에서 기화한 물이 (나)에서 다시 액화한다. (다)에서는 얼음이 녹는다.

10 ㄱ. (가)에서는 기화가 일어나 물질의 부피가 증가한다.
ㄷ. (가)~(다)는 물의 상태 변화가 일어나는 것으로 모두 다 같은 물질이다.
ㄹ. (나)와 (다) 모두 물이므로 푸른색 염화 코발트 종이를 붉게 만든다.
오답 피하기 ㄴ. (가)에서는 기화가 일어나 입자 사이의 거리가 멀어지지만 (나)에서는 액화가 일어나 입자 사이의 거리가 가까워진다.

11 상태 변화가 일어나도 물질의 질량과 성질은 변하지 않는다.

클리닉+ 상태 변화가 일어날 때 변하는 것과 변하지 않는 것

상태 변화 시 변하는 것	상태 변화 시 변하지 않는 것
• 입자 배열 • 입자 사이의 거리 • 입자의 운동 속도 • 물질의 부피	• 입자의 모양, 크기, 성질 • 입자의 수 • 물질의 질량 • 물질의 성질

12 기체 → 액체 → 고체로 상태 변화할 때 부피가 감소한다.
ㄱ. 서리는 공기 중의 수증기가 얼음으로 승화한 것으로 물질의 부피가 감소한다.
ㄹ. 김이 서리는 것은 공기 중의 수증기가 작은 물방울로 액화하는 것으로 물질의 부피가 감소한다.
오답 피하기 ㄴ. 땀이 마르는 것은 기화로 물질의 부피가 증가한다.
ㄷ. 양초가 녹는 것은 융해로 물질의 부피가 증가한다.

13 얼음이 융해할 때 열에너지를 흡수한다.

14 ㄱ. 끓는점이 같으므로 A, B는 같은 물질이다.
ㄹ. 온도가 일정한 구간이 B가 C보다 늦게 시작되므로 융해도 늦게 시작한다.
오답 피하기 ㄴ. A가 먼저 끓는점에 도달하므로 A의 양이 B보다 적다.
ㄷ. A의 녹는점이 C의 녹는점보다 높다.

15 차가운 컵 표면에 물이 맺히는 것은 공기 중의 수증기가 컵 표면에서 냉각되어 물방울로 액화하는 것이다. 액화가 일어나는 구간은 (나)이다.

16 물은 A 구간에서 액체, B 구간에서는 액체+기체, C 구간에서는 기체로 존재한다.

17 액체 파라핀이 응고하면 열에너지를 방출하여 손을 따뜻하게 한다.

18 융해, 기화, 승화(고체 → 기체)의 상태 변화가 일어날 때 열에너지를 흡수한다.

19 (가)에서 물질은 고체로 존재하고 (나)에서 열에너지를 흡수하여 융해하여 (다), (라)에서 액체 상태로 존재한다. (마)에서 열에너지를 방출하면서 응고하여 (바)에서는 고체 상태로 존재한다.

20 액체가 고체로 응고하면서 열에너지의 방출이 일어난다.

21 냉매가 기화하면서 기화열을 흡수하고, 얼음이 다시 얼면서 응고열을 방출한다.

대단원 서논술형 문제

본문 177쪽

01 주전자에서 끓어 나온 수증기가 공기 중에서 냉각되어 액화하면서 작은 물방울인 하얀 김이 된다.
| 모범 답안 | 수증기가 공기 중에서 냉각되어 작은 물방울로 액화한다.

채점 기준	배점
수증기의 냉각과 액화를 모두 서술한 경우	100%
액화 현상만 서술한 경우	50%

02 액체가 고체로 응고할 때 입자 사이의 거리가 가까워지면서 부피가 감소한다. 따라서 제품의 크기가 틀보다 작다.
| 모범 답안 | 제품의 크기가 틀보다 작다. 액체가 응고하면서 입자 사이의 거리가 가까워져 부피가 감소하기 때문이다.

채점 기준	배점
크기 비교를 하고 이유를 서술한 경우	100%
크기 비교만 한 경우	50%

03 대부분의 물질은 응고가 일어날 때 부피가 감소하지만 물은 예외적으로 응고가 일어날 때 입자 사이의 빈 공간이 생

기면서 부피가 증가한다.

| 모범 답안 | 물이 응고할 때 입자 사이의 빈 공간이 생기면서 부피가 증가한다.

채점 기준	배점
부피 변화와 그 이유를 모두 서술한 경우	100%
부피 변화만 서술한 경우	50%

04 드라이아이스가 승화하면서 열에너지를 흡수하면 공기 중의 수증기가 냉각되어 작은 물방울로 액화한다.

| 모범 답안 | 드라이아이스가 승화하면서 열에너지를 흡수하면 공기 중의 수증기가 액화한다.

채점 기준	배점
열에너지의 출입과 상태 변화를 모두 서술한 경우	100%
열에너지의 출입만 서술한 경우	50%

05 실내기에서 냉매가 기화하면 열에너지를 흡수하여 주변의 온도가 낮아진다.

| 모범 답안 | 냉매가 기화하면 열에너지를 흡수하여 주변의 온도가 낮아진다.

채점 기준	배점
열에너지의 출입과 주변의 온도 변화를 모두 서술한 경우	100%
열에너지의 출입만 서술한 경우	50%

06 젖은 모래의 물이 기화하면서 열에너지를 흡수하여 주변의 온도가 낮아진다.

| 모범 답안 | 젖은 모래의 물이 기화하면서 열에너지를 흡수하여 주변의 온도가 낮아진다.

채점 기준	배점
상태 변화와 열에너지의 출입을 모두 서술한 경우	100%
열에너지의 출입만 서술한 경우	50%

Ⅵ. 빛과 파동

01 빛과 색

본문 181쪽

기초 섭렵 문제

1 물체를 보는 과정 | 광원, 직진, 물체

2 빛의 합성과 이용 | 합성, 파란색, 반사, 합성

01 ㄱ, ㄷ **02** (1) 전등 → 눈 (2) 전등 → 책 → 눈 **03** ㉠ 자홍색, ㉡ 청록색, ㉢ 노란색, ㉣ 흰색 **04** (1) 초록색 (2) 빨간색, 초록색 (3) 파란색 **05** ㉠ 빨간색, ㉡ 검은색, ㉢ 노란색 **06** ㄱ, ㄷ, ㄹ, ㅁ

01 스스로 빛을 내는 물체를 광원이라고 한다. 하지만 달은 스스로 빛을 내는 것이 아니라 태양 빛을 반사하여 빛나므로 광원이 아니다.

02 물체를 볼 수 있는 것은 물체에서 나온 빛이 우리 눈에 들어오기 때문이다.

(1) 전등과 같은 광원을 볼 때는 광원에서 나온 빛이 직접 눈에 들어와 광원을 볼 수 있다.

(2) 책과 같은 광원이 아닌 물체를 볼 때는 광원에서 나온 빛이 물체에서 반사된 후 눈에 들어오면 물체를 볼 수 있다.

03 빛의 삼원색을 합성하면 다음과 같다.

㉠ 빨간색＋파란색＝자홍색

㉡ 파란색＋초록색＝청록색

㉢ 빨간색＋초록색＝노란색

㉣ 빨간색＋초록색＋파란색＝흰색

04 백색광은 빛의 삼원색인 빨간색, 초록색, 파란색 빛이 합성된 빛이다.

(1) 초록색 나뭇잎 : 초록색 빛은 반사하고 빨간색과 파란색 빛은 흡수한다.

(2) 노란색 바나나 : 빨간색과 초록색 빛은 반사하고 파란색 빛은 흡수한다.

(3) 파란색 우산 : 파란색 빛은 반사하고 빨간색과 초록색 빛은 흡수한다.

05 ㉠ 빨간색 조명에서 수진이의 노란색 모자 : 노란색은 빨간색과 초록색 빛의 합성색이므로 빨간색 빛만 반사하여 빨간색으로 보인다.

㉡ 파란색 조명에서 진수의 초록색 모자 : 파란색 빛을 흡수하므로 검은색으로 보인다.

㉢ 빨간색과 초록색 조명에서 연우의 흰색 모자 : 빨간색

과 초록색 빛을 모두 반사하므로 노란색으로 보인다.

06 **오답 피하기** ㄴ, ㅂ. 빛의 직진과 관련된 현상이다.

본문 **183**쪽

● 탐구 섭렵 문제

빛의 합성 | 합성, 파란색, 화소, 파란색

1 ② **2** ① **3** ③ **4** (1) 빨간색, 초록색 (2) 빨간색, 파란색 (3) 초록색, 파란색 **5** ㄷ, ㄹ, ㅁ

1 ㉠은 빨간색과 파란색 빛이 합성되므로 자홍색으로 보이고, ㉡은 빨간색과 초록색 빛이 합성되므로 노란색으로 보인다.

2 초록색과 파란색 빛을 한곳에 겹쳐 비추면 청록색으로 보인다. 이 부분에 빨간색 빛을 겹쳐 비추면 빛의 삼원색이 모두 합성되므로 흰색으로 보인다.

3 컴퓨터 화면의 어느 한 점을 확대하였을 때 초록색과 파란색 빛만 보였다면 컴퓨터 화면에서 이 부분은 우리 눈에 초록색과 파란색 빛의 합성색인 청록색으로 보인다.

4 컴퓨터 모니터 화면은 빛의 삼원색으로 구성된 화소로 이루어져 있다.
(1) 노란색 화면: 노란색은 빨간색과 초록색 빛의 합성색이므로 이 부분을 확대해서 보면 빨간색과 초록색 화소만 켜져 있다
(2) 자홍색 화면: 자홍색은 빨간색과 파란색 빛의 합성색이므로 이 부분을 확대해서 보면 빨간색과 파란색 화소만 켜져 있다.
(3) 청록색 화면: 청록색은 초록색과 파란색 빛의 합성색이므로 이 부분을 확대해서 보면 초록색과 파란색 화소만 켜져 있다.

5 빛의 삼원색인 빨간색, 초록색, 파란색을 합성하면 흰색(백색광)이 된다. 따라서 스마트 기기의 화면에서 흰색 부분을 확대하여 관찰하면 빨간색, 초록색, 파란색 빛이 모두 보인다.

내신 기출 문제

본문 184~186쪽

01 ③ **02** ㄱ, ㄷ, ㄹ **03** ⑤ **04** 해설 참조 **05** ⑤ **06** 파란색 **07** ② **08** ⑤ **09** ② **10** 노란색 **11** ③ **12** ⑤ **13** ① **14** ④ **15** ② **16** ① **17** ③ **18** ④ **19** ①

01 손을 이용하여 그림자로 동물의 모양을 만들 수 있는 것은 빛이 직진하기 때문이다.

오답 피하기 ③ 잔잔한 수면에 경치가 비치어 보이는 것은 수면에서 빛이 한 방향으로 반사하기 때문이다.

02 **오답 피하기** ㄴ. 달은 태양 빛을 받아 반사하는 것이므로 스스로 빛을 내는 광원이 아니다.
ㅁ, ㅂ. 책과 안경은 스스로 빛을 내지 않으므로 광원이 아니다.

03 전등 아래에서 책을 볼 수 있는 것은 전등에서 나온 빛이 책에서 반사되어 우리 눈으로 들어오기 때문이다.

04 거실 소파에 앉아 있는 사람이 TV 화면과 시계를 보는 과정을 화살표로 그리면 다음과 같다.

05 ①, ②, ⑤ (가)는 자홍색, (나)는 노란색, (다)는 청록색이다. 이 세 가지 빛의 색을 모두 합성하면 흰색이 된다.
③ (나)에는 빨간색과 초록색 빛의 합성색인 노란색이 나타나고, (다)에는 파란색과 초록색 빛의 합성색인 청록색이 나타난다.
④ (다), 즉 청록색(=파란색+초록색)과 빨간색 빛을 합성하면 빛의 삼원색을 모두 합성한 것과 같으므로 (라)와 같은 흰색이 된다.

06 빛의 삼원색을 모두 한곳에 겹쳐서 비추면 흰색이 된다. 노란색은 빨간색과 초록색 빛의 합성색이므로 노란색에 파란색 빛을 겹쳐서 비추면 빛의 삼원색이 모두 겹쳐지는 것이므로 흰색을 만들 수 있다.

07 그림에서 (가)는 빨간색과 초록색 빛이, (나)는 빨간색, 초록색, 파란색 빛이, (다)는 초록색과 파란색 빛이 겹쳐지는 부분이므로 각각 노란색, 흰색, 청록색으로 보인다.

08 무지개 색의 색종이를 같은 비율로 붙인 원판을 빠르게 돌리면 무지개 색의 빛이 우리 눈에 동시에 들어오므로 원판은 무지개 색의 빛이 합성된 색인 흰색으로 보인다.

클리닉 + 백색광을 프리즘에 통과시켜 보면 빛의 색에 따라 굴절하는 정도가 달라 빛이 여러 가지 색으로 나누어진다. 즉, 백색광을 프리즘으로 나누면 무지개 색의 빛이 나타난다.

09 햇빛 아래에서 초록색 나뭇잎이 초록색으로 보이는 까닭은 나뭇잎이 초록색 빛만 반사하기 때문이다.

10 빛의 삼원색을 동시에 비추었을 때 빨간색과 초록색 빛을 동시에 반사하였다면 물체는 두 빛의 합성색인 노란색으로 보인다.

11 물체는 반사하는 빛의 색으로 보인다. 따라서 빨간색 빛을 흡수하면 물체에서는 빨간색을 볼 수 없다.

12 상자에 넣은 공이 파란색이고, 스마트 기기 화면의 조명이 노란색이라면 상자 속의 파란색 공은 반사하는 빛이 없으므로 검은색으로 보인다.

클리닉+ 물체는 물체가 반사하는 빛의 색으로 보인다. 따라서 조명이 달라지면 물체가 반사하는 빛의 색도 달라지므로 물체의 색도 다르게 보인다. 경우에 따라 아무런 빛도 반사하지 않으면 물체는 검은색으로 보인다.

13 상자에 넣은 공이 노란색이고, 스마트 기기 화면의 조명이 빨간색이라면 상자 속의 노란색 공은 빨간색 빛을 반사하므로 빨간색으로 보인다.

14 빨간색 피망을 흰 종이 위에 놓고 초록색 조명과 노란색 조명을 각각 비추면 빨간색 피망은 초록색 조명에서는 초록색 빛을 흡수하므로 검은색으로 보이고, 노란색 조명에서는 빨간색 빛을 반사하므로 빨간색으로 보인다.

15 스마트 기기의 화면은 빨간색, 초록색, 파란색 빛을 내는 수많은 화소로 이루어져 있다. 스마트 기기 화면에 빨간색과 파란색 빛만 켜진다면 화면은 두 빛의 합성색인 자홍색으로 보인다.

16 스마트 기기 배경 화면의 한 부분을 확대해 보았더니 빨간색, 초록색, 파란색 빛이 모두 관찰되었다면 이 부분은 흰색으로 보인다.

17 흰색은 모든 색의 빛을 반사한다.
- A : 빨간색, 초록색, 파란색 빛을 반사하므로 흰색으로 보인다.
- B : 빨간색과 파란색 빛을 반사하므로 자홍색으로 보인다.
- C : 빨간색과 초록색 빛을 반사하므로 노란색으로 보인다.

18 ㄱ, ㄷ. 점묘화는 원색의 작은 점을 빼곡하게 찍어서 그린 그림이다. 원색의 작은 점에서 각각 반사된 빛이 합성되어 다른 색으로 보이므로 빛의 합성을 이용한 예이다.

오답 피하기 ㄴ. 빛은 합성할수록 밝아진다. 점묘화는 빛의 합성을 이용한 그림이므로 물감으로 칠한 것보다 더 밝게 보인다.

19 ㄱ, ㄴ. 컴퓨터 모니터와 전광판은 빛의 합성을 이용해 다양한 색을 표현한다.

오답 피하기 ㄷ. 거울은 빛의 반사 현상을 이용하는 도구이다.
ㄹ. 그림자는 빛이 직진하기 때문에 생긴다.

고난도 실력 향상 문제

본문 187쪽

01 ② **02** ④ **03** ③

01 노란색 공은 빨간색과 초록색 빛을 반사하므로 ㉠~㉣의 위치에 노란색 공을 놓으면 각각 빨간색, 초록색, 노란색, 노란색으로 보인다.

02 흰색 탁구공, 빨간색, 파란색, 초록색, 노란색 나무 조각이 담긴 수조에 빨간색 조명을 비추면 흰색 탁구공, 빨간색, 노란색 나무 조각은 빨간색 빛을 반사하므로 빨간색으로 보인다.

오답 피하기 파란색, 초록색 나무 조각은 빨간색 빛을 흡수하므로 검은색으로 보인다.

03 노란색은 빨간색과 초록색 빛, 자홍색은 빨간색과 파란색 빛이 합성된 색이므로 노란색과 자홍색 화면에서 공통적으로 관찰되는 색은 빨간색이다. 또 청록색은 초록색과 파란색 빛이 합성된 색이므로 자홍색과 청록색 화면에서 공통적으로 관찰되는 색은 파란색이다.

서논술형 유형 연습

본문 187쪽

01 물체는 물체가 반사하는 빛의 색으로 보이며, 물체가 두 색의 빛을 동시에 반사하면 합성된 색으로 보인다. 레몬이 노란색으로 보이는 까닭은 백색광 중 빨간색과 초록색 빛을 동시에 반사하기 때문이다.

| 모범 답안 | 레몬이 백색광 중 빨간색과 초록색 빛을 동시에 반사하므로 노란색으로 보인다.

채점 기준	배점
노란색으로 보이는 까닭을 빛의 합성과 관련하여 옳게 서술한 경우	100%
빛의 합성이라고만 서술한 경우	25%

02 노란색 조명이 비치는 터널로 파란색 버스와 빨간색 승용차가 들어갔다면 파란색 버스는 반사하는 빛이 없으므로 검은색으로 보이고, 빨간색 승용차는 빨간색 빛을 반사하므로 빨간색으로 보인다.

| 모범 답안 | 파란색 버스는 반사하는 빛이 없으므로 검은색으로 보이며, 빨간색 승용차는 빨간색 빛을 반사하므로 빨간색으로 보인다.

채점 기준	배점
버스와 승용차의 색을 까닭과 함께 옳게 서술한 경우	100%
버스와 승용차의 색 중 하나만 까닭과 함께 옳게 서술한 경우	50%
버스와 승용차의 색만 옳게 쓴 경우	50%

02 거울과 렌즈

본문 189, 191, 193쪽

기초 섭렵 문제

1 빛의 반사 | 같다
2 평면거울에 의한 상 | 상, 뒤쪽, 대칭, 잠망경
3 볼록 거울에 의한 상 | 작, 점, 넓은
4 오목 거울에 의한 상 | 거리, 모인다, 큰
5 볼록 렌즈에 의한 상 | 크, 한, 원시
6 오목 렌즈에 의한 상 | 작, 뒤, 근시

01 ㄹ 02 (다)-(가)-(나) 03 (1) × (2) ○ (3) ○ (4) ○
04 ㄹ 05 ㄱ, ㄴ, ㄷ, ㅂ 06 볼록 거울 07 볼록 거울
08 (1) 오 (2) 볼 (3) 오 (4) 볼 09 (1) ㉠ (2) ㉡ (3) ㉢
10 (1) ㄴ, ㄹ (2) ㄱ, ㄷ, ㅁ 11 (1) ㉠ (2) ㉡ (3) ㉢ 12 오목 렌즈
13 볼록 렌즈 14 해설 참조 15 (1) ㄴ, ㄹ (2) ㄱ, ㄷ

01 거울 면에서 빛이 반사할 때 입사각과 반사각의 크기는 항상 같다. 이를 반사 법칙이라고 한다.

02 평면거울에 상이 생기는 순서는 다음과 같다.
(다) 전등으로부터 나온 빛이 물체의 표면에서 여러 방향으로 반사된다.
(가) 물체에서 반사된 빛의 일부가 평면거울에 도달하면 빛은 평면거울 표면에서 다시 반사된다.
(나) 반사 광선의 연장선이 만나는 곳에 실물과 같은 크기의 상이 생긴다.

03 (1) 평면거울에 의한 상의 크기는 물체의 크기와 항상 같다.
(2), (3), (4) 물체와 거울 면에 대칭인 위치에 상이 생기고, 상의 모습도 물체와 거울 면에 대칭인 모습이다. 따라서 거울에서 물체까지의 거리와 거울에서 상까지의 거리는 같다.

04 평면거울에 생긴 물체의 상의 크기는 물체의 크기와 같다.

05 **오답 피하기** ㄹ. 도로의 안전 거울은 넓은 범위를 볼 수 있는 볼록 거울을 사용한다.
ㅁ. 손전등의 반사경은 빛을 한곳에 모을 수 있는 오목 거울을 사용한다.

06 작고 바로 선 상이 보이므로 볼록 거울이다. 볼록 거울에 의해서는 물체의 위치에 관계없이 항상 작고 바로 선 상이 생긴다.

07 상점의 감시용 거울로는 볼록 거울을 사용한다. 볼록 거울을 상점의 천장 쪽에 설치하면 상점 안쪽의 넓은 범위를 볼 수 있기 때문이다.

08 (1), (3) 나란한 빛이 반사된 후 한 점에 모이고, 빛을 한 방향으로 멀리 보낼 수 있는 것은 오목 거울이다.
(2), (4) 나란한 빛이 거울 뒤쪽의 한 점에서 나온 것처럼 퍼져 나가고, 넓은 범위를 볼 수 있는 곳에 이용되는 것은 볼록 거울이다.

09 (1) 오목 거울과 물체 사이의 거리가 가까울 때는 물체보다 크고 바로 선 상이 생긴다.
(2) 오목 거울과 물체 사이의 거리가 멀 때는 물체보다 크고 거꾸로 선 상이 생긴다.
(3) 오목 거울과 물체 사이의 거리가 아주 멀 때는 물체보다 작고 거꾸로 선 상이 생긴다

10 ㄱ. 오목 거울은 빛을 한 방향으로 나아가게 하므로 등대 반사경에 사용한다.
ㄴ, ㄹ. 볼록 거울은 넓은 범위를 볼 수 있어 도로의 안전 거울이나 자동차 오른쪽 측면 거울에 사용된다.
ㄷ. 오목 거울과 물체 사이의 거리가 가까우면 크고 바로 선 상이 생기므로 화장용 확대 거울에 사용한다.
ㅁ. 오목 거울은 빛을 한곳에 모으는 성질이 있으므로 태양열 조리기에 사용한다.

11 (1) 볼록 렌즈와 물체 사이의 거리가 가까울 때는 물체보다 크고 바로 선 상이 생긴다.
(2) 볼록 렌즈와 물체 사이의 거리가 멀 때는 물체보다 크고 거꾸로 선 상이 생긴다.
(3) 볼록 렌즈와 물체 사이의 거리가 아주 멀 때는 물체보다 작고 거꾸로 선 상이 생긴다.

12 작고 바로 선 상이 보이므로 오목 렌즈이다. 오목 렌즈에 의해서는 물체의 위치에 관계없이 항상 작고 바로 선 상이 보인다.

13 햇빛을 모아 풀을 태우기 위해서는 빛을 한 점에 모을 수

있는 볼록 렌즈를 사용해야 한다.

14 (1) 볼록 렌즈 (2) 오목 렌즈

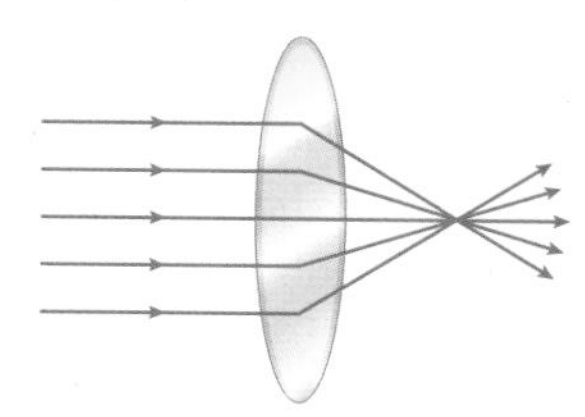

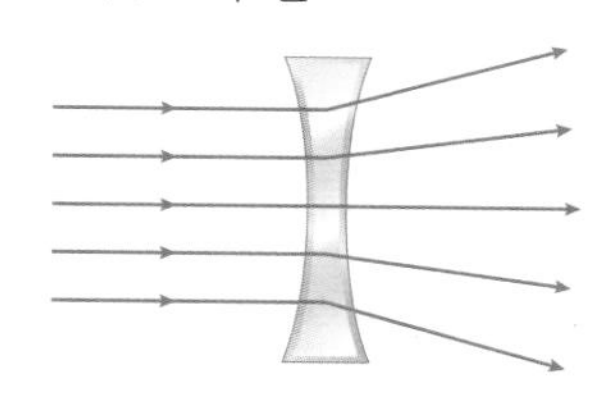

15 (1) 현미경과 원시용 안경에는 볼록 렌즈를 이용한다.
(2) 근시용 안경과 확산형 LED에 오목 렌즈를 이용한다.

● 탐구 섭렵 문제 본문 195쪽

여러 가지 거울이 만드는 상의 특징 관찰하기 | 상, 대칭, 같다, 크, 작, 작

1 ㄱ, ㄴ **2** ③ **3** ㄴ **4** ① **5** 해설 참조

1 ㄱ, ㄴ. 평면거울에는 물체와 대칭인 모습의 상이 물체와 같은 크기로 생긴다.

오답 피하기 ㄷ. 평면거울에는 항상 물체와 같은 크기의 바로 선 상이 생긴다.

2 평면거울에서 물체까지의 거리와 평면거울에서 상까지의 거리는 같다. 따라서 평면거울에서 물체와 거울까지의 거리가 30 cm라면, 거울에서 상까지의 거리도 30 cm이다.

3 ㄴ. 오목 거울에서는 물체와 거울 사이의 거리에 따라 상이 서 있는 모습이 달라진다.

오답 피하기 ㄱ. 평면거울에는 항상 물체와 같은 크기의 바로 선 상이 생긴다.
ㄷ. 볼록 거울에는 항상 물체보다 작고 바로 선 상이 생긴다.

4 거울을 이용하여 멀리 있는 물체를 볼 때 작고 바로 선 상이 생겼으므로 볼록 거울을 이용한 것이다. 볼록 거울을 이용하여 가까이 있는 물체를 보면 작고 바로 선 상이 보인다.

5 (1) 볼록 거울 (2) 오목 거울

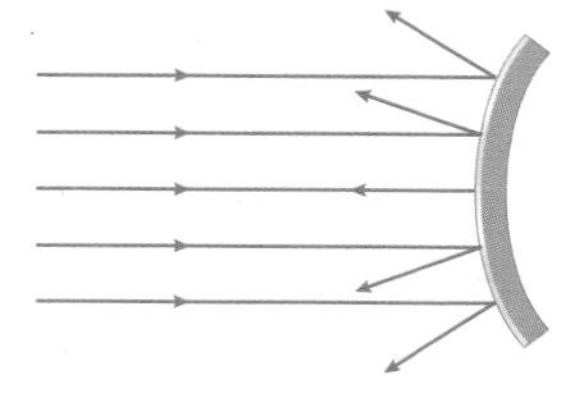

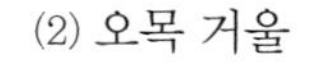

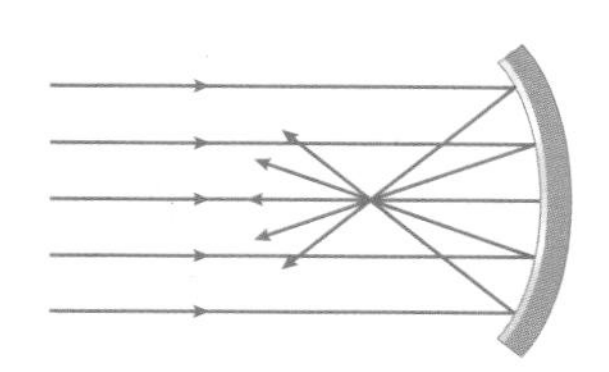

● 탐구 섭렵 문제 본문 197쪽

여러 가지 렌즈가 만드는 상의 특징 관찰하기 | 굴절, 크, 작, 작

1 ② **2** 해설 참조 **3** ① **4** ㄱ, ㄷ **5** ①

1 볼록 렌즈로 렌즈 가까이 있는 인형을 보면 인형은 크고 바로 선 모습으로 보인다. 인형을 볼록 렌즈에서 아주 멀리 놓을 때는 작고 거꾸로 선 모습으로 보인다.

2 볼록 렌즈의 초점에서 나온 빛은 렌즈를 통과한 후 똑바로 나아간다.

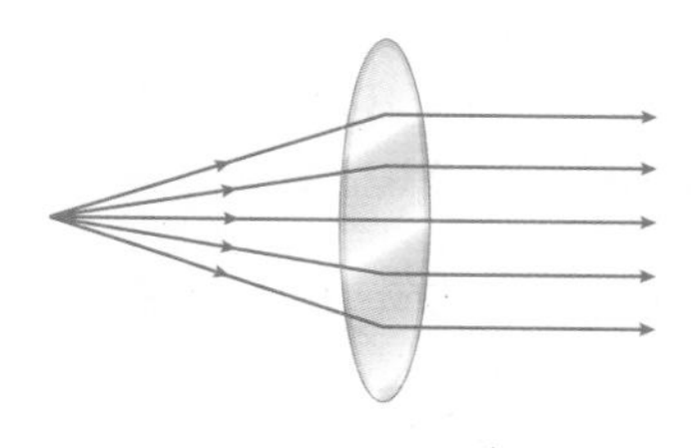

3 렌즈로 가까이 있는 물체를 보았더니 크게 확대되어 보였다면 이 렌즈는 볼록 렌즈이다. 물체를 볼록 렌즈에서 점점 멀리할 때 먼저 관찰되는 상은 크고 거꾸로 선 상이다.

4 물체와 렌즈 사이의 거리에 따라 상이 서 있는 모습이 달라지는 렌즈는 볼록 렌즈이다.
ㄱ, ㄷ. 볼록 렌즈로는 빛을 한 점에 모을 수 있으며, 볼록 렌즈 가까이 있는 물체는 크고 바로 선 상으로 보인다.

오답 피하기 ㄴ. 볼록 렌즈는 가운데가 가장자리보다 두꺼운 렌즈이다.

5 인형을 아주 멀리 놓고 볼 때 작고 바로 보였다면 이 렌즈는 오목 렌즈이다. 오목 렌즈를 이용하여 인형을 렌즈 가까이 놓고 보면 작고 바로 선 모습으로 보인다.

내신 기출 문제 본문 198~201쪽

01 ③ **02** ② **03** ⑤ **04** ⑤ **05** ④ **06** ⑤ **07** (다)－(가)－(라)－(나)－(마) **08** ③ **09** ① **10** ② **11** ② **12** ④ **13** ② **14** ② **15** ③ **16** ③ **17** ⑤ **18** ② **19** ① **20** ① **21** ④ **22** ② **23** ① **24** ㄱ, ㄷ

01 각 A는 입사각이고 각 B는 반사각이다. 반사 법칙에 의해 빛이 반사할 때 입사각과 반사각의 크기는 항상 같다. 따라서 각 A가 35°라면 각 B도 35°이다.

02 입사각이 커지면 반사각도 커진다. 따라서 각 A가 35°에서 65°로 변하면 각 B도 35°에서 65°로 변한다.

03 ㄱ, ㄴ. 그림과 같이 수면에 평행하게 입사한 빛이 한 방향으로 반사되는 경우 표면에 물체를 비추어 볼 수 있다.
ㄷ. 반사 법칙에 의해 각 점에서 입사각과 반사각의 크기가 같다.

04 평면거울을 수직으로 세우고 글자 '곰'을 썼다면 거울에는 대칭인 모습인 '뭄'으로 보인다.

05 평면거울에 의해서는 물체의 위치에 관계없이 항상 물체와 같은 크기의 바로 선 상이 보인다.

06 평면거울에서 물체와 상까지의 거리는 각각 같다. 따라서 평면거울에서 30 cm 떨어진 곳에 물체를 놓은 다음 다시 물체를 현재 위치에서 10 cm 더 먼 곳에 놓으면 거울에서 상까지의 거리는 40 cm가 된다.

07 평면거울에 상이 생기는 순서는 다음과 같다.
(다) 광원에서 출발한 빛의 일부가 물체에서 반사된다.
(가) 물체에서 반사된 빛의 일부가 평면거울로 진행한다.
(라) 평면거울에서 반사된 빛의 일부가 눈으로 들어온다.
(나) 우리 눈은 거울 뒤에서 빛이 직진한 것으로 인식한다.
(마) 거울 면에 대칭인 위치에 대칭인 모습으로 상이 보인다.

08 거울 가까이에 인형을 놓았을 때 작고 바로 선 상이 보였다면 이 거울은 볼록 거울이다. 볼록 거울에서 인형을 멀리 하면 볼록 거울에 생기는 상은 점점 작아지면서 바로 선 상이 보인다.

09 ① 거울에 나란하게 입사한 빛이 거울 면에서 반사된 후 퍼져 나가는 것으로 보아 볼록 거울이다. 볼록 거울은 넓은 범위를 볼 수 있다.
오답 피하기 ② 빛을 한 점에 모을 수 있는 것은 오목 거울이다.
③ 거울에서 물체 및 상까지의 거리가 같은 것은 평면거울이다.
④ 거울 가까이 있는 물체가 실제보다 커 보이는 것은 오목 거울이다.
⑤ 거울에서 아주 멀리 있는 물체가 작고 거꾸로 보이는 것은 오목 거울이다.

10 굽은 도로에 설치된 거울은 넓은 범위를 볼 수 있고, 빛을 퍼지게 하는 볼록 거울이다.
② 빛을 한 점에 모을 수 있는 거울은 오목 거울이다.

11 숟가락의 오목한 면은 오목 거울과 같으므로 거울 가까이에 인형을 놓았을 때 인형은 크고 바로 선 상으로 보인다. 따라서 인형을 숟가락에서 아주 멀리 놓았을 때 숟가락에는 실물보다 작고 거꾸로 선 상이 보인다.

12 ㄴ, ㄷ. 거울에서 아주 멀리 물체를 놓았을 때 작고 거꾸로 선 상이 보였다면 이 거울은 오목 거울이다. 오목 거울은 등대의 반사경, 자동차 전조등의 반사경 등에 이용된다.
오답 피하기 ㄱ, ㄹ. 자동차의 측면 거울, 상점의 보안 거울에는 넓은 범위를 보기 위해 볼록 거울을 사용한다.

13 ② 거울 가까이에 인형을 놓았을 때 크고 바로 선 상이 보였다면 이 거울은 오목 거울이다. 오목 거울은 물체를 확대하여 볼 수 있다.
오답 피하기 ①, ③, ④ 볼록 거울에 대한 설명이다.
⑤ 오목 거울에는 물체와 거울 사이의 거리에 관계없이 항상 실물보다 작은 상이 생긴다.

14 ② 화장용 거울은 오목 거울이며, 가운데가 오목하여 실물보다 더 크게 보인다. 마찬가지로 치과용 거울은 오목 거울이므로 확대된 상을 볼 수 있어 충치를 볼 때 효과적이다.
오답 피하기 ① 전신 거울은 무용실에 설치하여 자신의 몸동작을 볼 때 이용하므로 평면거울을 사용한다.
③ 자동차 측면 거울로는 넓은 범위를 볼 수 있는 볼록 거울을 사용한다.
④ 도로의 안전 거울로 반대편에서 오는 차를 볼 수 있어야 하므로 넓은 범위를 볼 수 있는 볼록 거울을 사용한다.
⑤ 자동차 후방 거울로 뒤쪽에서 오는 차량을 잘 관찰할 수 있어야 하므로 평면거울을 사용한다.

15 성화를 채화할 때 사용하는 거울은 오목 거울로 빛을 한곳에 모아 불을 붙일 수 있다. 오목 거울은 화장용 손거울, 태양열 조리기 등에 사용한다. 거울 가까이 있는 물체는 크게 확대되어 보이며, 거울에서 아주 멀리 있는 물체는 작고 거꾸로 보인다.
③ 항상 물체보다 작고 바로 선 상이 보이는 것은 볼록 거울이다.

16 빛을 공기 중에서 물로 비추었을 때의 빛의 진행 경로가 꺾이는 현상을 빛의 굴절이라고 한다. 냇물의 깊이가 실제보다 얕아 보이는 것도 빛의 굴절에 의한 현상이다.
클리닉 + 공기 중에서 물속으로 빛이 진행할 때 굴절하는 까닭은 매질에 따라 빛의 속력이 달라지기 때문이다. 공기 중에서보다 물속에서 빛의 속력이 느려지므로 빛의 진행 방향이 꺾이는 것이다.

17 ㄱ, ㄴ, ㄷ. 렌즈로 멀리 있는 인형을 보았을 때 작고 거꾸로 보이므로 이 렌즈는 볼록 렌즈이다. 볼록 렌즈는 빛을 한 점에 모을 수 있으며, 가운데가 가장자리보다 두꺼운 렌즈이다. 볼록 렌즈에 인형을 가까이 놓고 보면 크고 바로 선 모습으로 보인다.

18 상이 망막의 뒤쪽에 맺히므로 원시이다. 원시를 교정할 때는 볼록 렌즈를 사용하여 상이 망막에 맺히도록 한다.

19 렌즈에서 아주 멀리 떨어진 A 위치에 화살표를 놓았더니 화살표가 작고 거꾸로 보였다면 이 렌즈는 볼록 렌즈이다.

따라서 화살표를 렌즈에서 아주 가까운 거리인 B 위치에 놓았다면 화살표는 크고 바로 선 상으로 보인다.

20 렌즈로 사과를 보았을 때 크고 바로 보였다면 이 렌즈는 볼록 렌즈이다. 볼록 렌즈로 아주 멀리 있는 물체를 보면 작고 거꾸로 선 상이 보인다.

21 ④ 나란하게 진행한 빛이 퍼져 나가므로 A에 놓인 렌즈는 오목 렌즈이다. 오목 렌즈는 가장자리가 가운데보다 두꺼운 렌즈이다.

오답 피하기 ① 오목 렌즈이다.
② 돋보기에 사용되는 렌즈는 볼록 렌즈이다.
③ 빛을 한 점에 모이게 하는 렌즈는 볼록 렌즈이다. 오목 렌즈는 빛을 퍼지게 한다.
⑤ 오목 렌즈에 의해서는 항상 물체보다 작고 바로 선 상이 보인다.

22 렌즈를 이용하여 렌즈 가까이 있는 꽃을 보았을 때 작고 바로 보였다면 이 렌즈는 오목 렌즈이다.
ㄱ, ㄴ. 오목 렌즈는 렌즈에 나란하게 들어온 빛을 퍼지게 하며, 물체와 렌즈 사이의 거리에 관계없이 항상 작고 바로 선 상이 보인다.

오답 피하기 ㄷ. 망원경, 현미경, 원시 교정용 안경 등에 사용하는 렌즈는 볼록 렌즈이다. 오목 렌즈는 근시용 안경이나 확산형 LED 등에 사용한다.

23 근시안의 시력을 교정하게 위해 착용해야 하는 렌즈는 오목 렌즈이며, 오목 렌즈에서 빛은 바깥쪽으로 퍼져 나간다.

24 ㄱ, ㄷ. 책 위에 빈 유리컵을 놓았을 때 유리컵 바닥 부분의 그림이 실제보다 작게 보였으므로 유리컵 바닥은 오목 렌즈 역할을 한 것이다. 따라서 유리컵 바닥을 책에서 점점 멀리 하면 그림이 더 작게 보인다.

오답 피하기 ㄴ. 유리컵 바닥은 오목 렌즈 역할을 하므로 유리컵 바닥에 나란하게 비춘 빛은 퍼져 나간다.

고난도 실력 향상 문제

본문 202쪽

01 ㄱ, ㄷ **02** ② **03** 6 m **04** ③ **05** ⑤ **06** ①

01 (가)는 매끄러운 면에서의 빛의 반사이며, (나)는 거친 면에서의 빛의 반사이다.
ㄱ. (가), (나) 모두 입사각과 반사각의 크기는 같다.
ㄷ. 물체를 어느 방향에서나 볼 수 있는 것은 빛이 물체 표면에서 모든 방향으로 반사하기 때문이다. 따라서 이것은 (나)로 설명할 수 있다.

오답 피하기 ㄴ. (가), (나) 모두 빛의 반사 법칙이 성립한다.

클리닉 + 물체의 표면에서 빛이 한 방향으로 반사되면 물체의 표면에 모습을 비추어 볼 수 있다. 또 물체의 표면에서 빛이 모든 방향으로 반사되면 어느 방향에서나 그 물체를 볼 수 있다. 두 경우 모두 반사 법칙이 성립하여 입사각과 반사각이 같다.

02 평면거울의 상은 물체의 모습과 대칭인 모습이다. 따라서 ㉠ 위치에서 (가)를 통해 보이는 모습과, ㉡ 위치에서 (나)를 통해 보이는 모습은 ②와 같다.

03 폭이 2 m인 평면거울이 설치되어 있다면 모눈종이 한 칸은 0.5 m이다. 반사 법칙에 의해 입사각과 반사각이 같으므로 거울 앞 A 위치에서 한 사람이 거울을 보고 있을 때, 이 사람이 거울을 통해 볼 수 있는 맞은편 벽면의 폭은 모눈종이 12칸이다. 따라서 길이는 $12 \times 0.5\ m = 6\ m$이다.

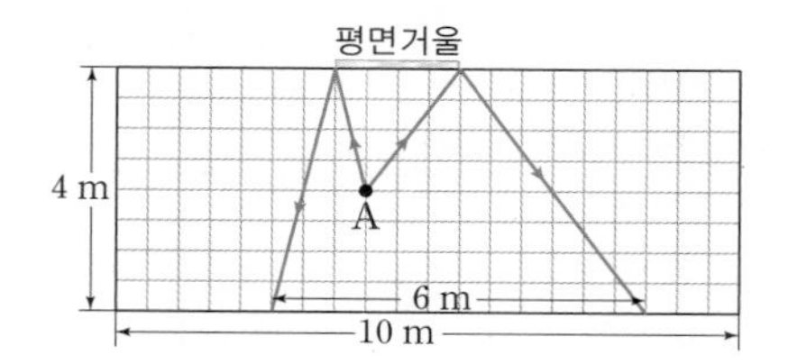

04 거울 면에 평행 광선을 비추었을 때 거울 면에 반사된 빛이 한 점에 모이는 것으로 보아 거울은 이 거울은 오목 거울이다.
③ 오목 거울은 빛을 한 점에 모으므로 음식을 조리하는 태양열 조리기에 사용한다.

오답 피하기 ①, ⑤ 물체를 확대해서 보아야 하므로 오목 거울을 이용한다.
② 넓은 범위를 보기 위해 자동차 측면 거울로 볼록 거울을 사용한다.
④ 학교 현관에 평면거울을 설치하여 전신을 볼 수 있게 한다.

05 볼록 렌즈의 일부분을 종이로 가리면 도달하는 빛의 양이 감소한다. 따라서 물체의 상의 모양은 변하지 않지만 상의 밝기가 조금 어두워진다.

06 물속에 볼록 렌즈 모양의 공기층이 있다면 공기층을 통과한 빛은 바깥쪽으로 굴절한다. 즉, 오목 렌즈와 같은 역할을 한다. 따라서 볼록 렌즈 모양의 공기층으로 물고기를 볼 때 물고기는 실제보다 작고 바로 선 모습으로 보인다.

클리닉 + 빛이 물속에서 공기 중으로 진행할 때 경계면에서 가까운 쪽으로 꺾인다. 따라서 볼록 렌즈 모양의 공기층에서 빛의 경로를 그려 보면 오목 렌즈와 같다.

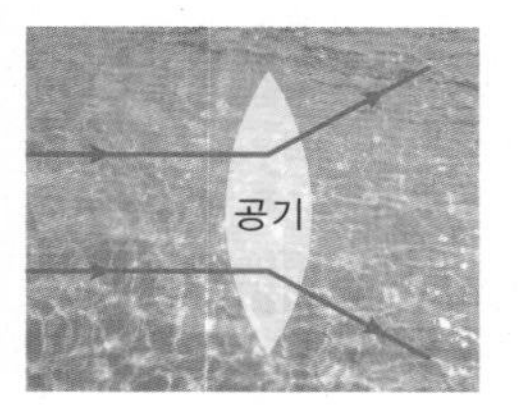

서논술형 유형 연습

본문 203쪽

01 편의점의 천장 모서리에 있는 거울은 볼록 거울로 상점의 넓은 범위를 볼 수 있다. 볼록 거울에는 실제보다 작은 상이 생기므로 넓은 범위를 볼 수 있다.

| 모범 답안 | 볼록 거울, 편의점의 천장 모서리에 있는 거울은 넓은 범위를 볼 수 있기 때문이다.

채점 기준	배점
거울의 종류와 까닭을 모두 옳게 서술한 경우	100%
거울의 종류만 옳게 쓴 경우	50%

02 **| 모범 답안 |** 평면거울을 여러 개 이어 오목한 모양으로 만들면 나란한 빛을 한 점에 모을 수 있다.

채점 기준	배점
방법을 옳게 서술한 경우	100%
오목하게 만든다고만 서술한 경우	50%

03 렌즈를 통과한 빛이 한 점에 모이므로 볼록 렌즈이다. 볼록 렌즈를 이용하여 가까이 있는 물체를 보면 크고 바로 선 상이 보이고, 아주 멀리 있는 물체를 보면 작고 거꾸로 선 상이 보인다.

| 모범 답안 | 볼록 렌즈, 가까이 있는 물체는 크고 바로 선 상으로 보이고, 아주 멀리 있는 물체는 작고 거꾸로 선 상으로 보인다.

채점 기준	배점
렌즈의 종류와 상을 모두 옳게 서술한 경우	100%
생기는 상만 옳게 서술한 경우	75%
렌즈의 종류만 옳게 쓴 경우	25%

03 소리와 파동

본문 205, 207, 209쪽

기초 섭렵 문제

1 파동의 발생 | 진동, 파동
2 파동의 진행 | 매질, 제자리, 에너지
3 파동의 종류 | 횡파, 종파, 횡파, 종파
4 파동의 표현 | 진폭, 파장, 주기, 진동수
5 소리의 발생과 전달 | 진동, 종파, 매질, 진공
6 소리의 3요소 | 진폭, 진폭, 진동수, 진동수, 파형

01 (1) ㄷ (2) ㄱ (3) ㄴ **02** 물결파 **03** ㉠ 땅 ㉡ 공기(물, 땅 등) **04** ㉠ 진동 ㉡ 진동 ㉢ 이동 **05** (1) × (2) ○ (3) ○ (4) ○ **06** ㄴ, ㄷ, ㄹ **07** ㄱ, ㅁ, ㅂ **08** ㉠ 마루 ㉡ 골 ㉢ 파장 ㉣ 진폭 **09** (1) × (2) × (3) ○ **10** (1) 2 Hz (2) 0.5초 **11** ㉠ 진동 ㉡ 공기 **12** (1) × (2) × (3) ○ (4) ○ **13** (1) (가) (2) (가) **14** (1) (가) (2) (가) **15** (1) (나) (2) (다) (3) (라)

01 (1) 물체의 운동이 일정한 범위에서 한 점을 중심으로 왔다 갔다 반복되는 현상을 진동이라고 한다.
(2) 물질의 한곳에서 만들어진 진동이 주위로 퍼져 나가는 현상을 파동이라고 한다.
(3) 파동이 시작되는 지점을 파원이라고 한다.

02 잔잔한 수면에 물방울이 떨어지면 수면이 출렁이면서 동심원 모양으로 물결이 퍼져 나간다. 이와 같은 파동을 물결파라고 한다.

03 지진파의 매질은 땅이며, 소리의 매질은 일반적으로 공기이지만, 소리는 고체, 액체, 기체에서 모두 전달된다.

04 물결파가 오른쪽으로 퍼져 나갈 때 공은 제자리에서 위아래로 진동만 할 뿐 이동하지 않는다. 이것은 파동이 진행할 때 매질인 물이 제자리에서 진동만 할 뿐 파동을 따라 이동하지 않기 때문이다.

05 (1) 바람이 불어 깃발이 흔들리는 것은 공기의 이동 때문이다.
(2), (3), (4) 파동이 진행할 때 에너지가 전달되어 나타나는 현상이다.

06 ㄴ, ㄷ, ㄹ. 빛, 지진파의 S파, 물결파 등은 파동의 진행 방향과 매질의 진동 방향이 수직인 횡파이다.

07 ㄱ, ㅁ, ㅂ. 소리, 초음파, 지진파의 P파 등은 파동의 진행 방향과 매질의 진동 방향이 나란한 종파이다.

08 횡파에서 가장 높은 부분을 마루(㉠), 가장 낮은 부분을 골(㉡)이라고 하며, 진동 중심에서 마루 또는 골까지의 거리를 진폭(㉣)이라고 한다. 또한 파동이 한 번 진동하는 동안 이동한 거리를 파장(㉢)이라고 한다.

09 (1) 횡파와 종파 모두 매질은 이동하지 않는다.
(2) 진폭은 진동 중심에서 마루나 골까지의 거리이므로 마루와 골 사이의 수직 거리가 10 cm이면 진폭은 5 cm이다.
(3) 종파에서 빽빽한 부분과 그 다음 빽빽한 부분, 또는 듬성듬성한 부분과 그 다음 듬성듬성한 부분까지의 거리를 파장이라고 한다.

10 (1) 용수철의 한 점이 1초 동안 2번 진동하였다면 진동수는 2 Hz이다.
(2) 주기는 진동수의 역수이므로 $\frac{1}{2\,\text{Hz}}$=0.5초이다.

11 소리의 전달 과정은 다음과 같다.
물체의 진동 → 공기의 진동 → 고막의 진동 → 소리 인식

12 (1) 소리는 기체, 액체, 고체에서 모두 전달된다.
(2) 소리는 매질이 있어야 전달된다.

13 진폭이 클수록 큰 소리이므로 (가)가 (나)보다 큰 소리이다.

14 진동수가 클수록 높은 소리이므로 (가)가 (나)보다 높은 소리이다.

15 (1) 가장 큰 소리는 진폭이 가장 큰 (나)이다.
(2) 가장 높은 소리는 진동수가 가장 큰 (다)이다.
(3) 네 가지 소리 중 소리를 낸 물체가 다른 것은 파형이 나머지와 다른 (라)이다.

탐구 섭렵 문제

본문 211쪽

소리의 진폭, 진동수, 파형 탐구하기 | 진폭, 진폭, 진동수, 진동수, 파형

1 ① **2** ③ **3** ㄹ, ㅂ **4** ㄷ **5** ④

1 진동수는 같고 진폭은 (가)가 (나)보다 크다. 따라서 (가)와 (나)는 같은 높이의 소리이지만 (가)가 (나)보다 큰 소리이다.

2 진폭은 같고 진동수는 (가)가 (나)보다 크다. 따라서 (가)와 (나)는 같은 크기의 소리이지만 (가)가 (나)보다 높은 소리이다.

3 (가)와 (나) 두 소리의 진폭과 진동수가 같으므로 소리의 크기와 높낮이는 같다. 하지만 파형이 다르므로 음색이 다른 소리이다.

4 ㄷ. 사람마다 목소리가 다른 것, 친구가 부르는 소리를 집안에서도 알아들을 수 있는 것은 소리의 3요소 중 음색이 다르기 때문이다.

5 ④ 큰 북을 세게 칠 때와 약하게 칠 때 진폭이 달라지므로 소리의 크기가 달라진다.
오답 피하기 ①, ②, ③, ⑤ 모두 파형이 다르다.

내신 기출 문제

본문 212~215쪽

01 (가) 진동, (나) 파동 **02** ① **03** ④ **04** ④ **05** ⑤ **06** ②
07 ③ **08** ④ **09** ④ **10** ④ **11** ④ **12** ③ **13** ③ **14** ⑤
15 ④ **16** ⑤ **17** ③ **18** ② **19** ⑤ **20** ⑤ **21** ⑤ **22** ②
23 ② **24** ① **25** ③

01 (가) 물체의 운동이 일정한 범위에서 한 점을 중심으로 왔다갔다 반복되는 현상을 진동이라고 한다.
(나) 물질의 한곳에서 만들어진 진동이 주위로 퍼져 나가는 현상을 파동이라고 한다.

02 호수에 돌을 던져 생기는 물결파, 먼 곳에서 들려오는 소리, 지진에 의해 만들어진 파도, 공사장에서 바닥에 구멍을 뚫을 때 땅의 흔들림은 모두 파동에 의한 현상이다.
① 물을 가열하면 수증기로 변하는 것은 상태 변화이다.

03 소리, 지진파, 물결파, 빛은 파동이지만 바람은 공기의 이동 현상이다.

04 공이 호수에 빠졌을 때 공 근처에 돌멩이를 던져 물결을 일으키면 공은 제자리에서 위아래로만 움직인다. 이는 파동이 진행할 때 매질은 함께 이동하지 않기 때문에 나타나는 현상이다.

05 지진이 발생하면 땅이 갈라지기도 하고 건물이 무너지기도 한다. 이는 파동이 전파될 때 에너지도 함께 이동하기 때문에 나타나는 현상이다.

06 물결파가 오른쪽으로 이동할 때 다음 순간 매질인 물은 아래로 이동하므로 공도 제자리에서 아래로 움직인다.
클리닉 + 물결파가 이동할 때 물인 매질은 물결파와 함께 이동하지 않고 제자리에서 진동만 한다. 이때 다음 순간 물의 움직임을 알기 위해서는 다음 순간 만들어지는 파형을 그려 보면 된다.

07 물결파의 진행과 공의 움직임으로부터 알 수 있는 사실은 물결파가 이동할 때 물인 매질은 물결파와 함께 이동하지 않고 제자리에서 진동만 한다는 것이다. 즉, 파동이 진행할 때 매질은 파동과 함께 이동하지 않는다.

08 용수철을 좌우로 흔들면 파동의 진행 방향과 매질의 진동 방향이 수직인 횡파가 만들어진다.
ㄴ, ㄹ. 전자기파와 지진파의 S파는 횡파이다.
오답 피하기 ㄱ, ㄷ. 소리와 지진파의 P파는 파동의 진행 방향과 매질의 진동 방향이 나란한 종파이다.

09 ㄱ, ㄷ. 한끝이 고정된 용수철을 좌우로 흔들 때 생기는 파동은 매질의 진동 방향과 파동의 진행 방향이 수직인 횡파이다. 지진파의 S파, 빛 등은 횡파이다.
오답 피하기 ㄴ. 파동이 진행할 때 매질인 용수철은 함께 이동하지 않고, 제자리에서 진동만 한다.

10 ㄱ, ㄷ. 그림과 같이 용수철의 빽빽한 부분과 듬성듬성한 부분이 번갈아 가면서 나타나는 파동은 파동의 진행 방향과 매질의 진동 방향이 나란한 종파로, 용수철을 앞뒤로 흔들 때 나타난다.
오답 피하기 ㄴ. 빛, 전파 등은 횡파이다. 종파에는 소리, 초음파, 지진파의 P파 등이 있다.

11 용수철을 앞뒤로 흔들면 듬성듬성한 부분과 빽빽한 부분이 번갈아 나타나는데, 빽빽한 부분에서 다음 빽빽한 부분까지의 거리를 파장이라고 한다.

12 ③ 용수철 파동에서 용수철을 빠르게 흔들면 주기는 짧아지고 진동수는 커진다.
오답 피하기 ①, ④ 그림과 같이 매질의 진동 방향과 파동의 진행 방향이 수직인 파동을 횡파라고 한다.
② 그림과 같은 파동의 예로 물결파, 전파, 지진파의 S파 등이 있다.
⑤ 파동의 가장 높은 곳과 이웃한 높은 곳 사이의 거리를 파장이라고 한다.

13 진동 중심에서 마루나 골까지의 수직 거리인 진폭은 30 cm이고, 마루에서 다음 마루까지의 거리인 파장은 40 cm이다.

14 파동이 A에서 B까지 반파장만큼 진행하는 데 걸린 시간이 2초이므로 한파장만큼 이동하는 데 걸리는 시간인 주기는 4초이다. 따라서 주기의 역수인 진동수는 0.25 Hz이다.

15 ① 용수철이 위아래로 진동하면서 진행하므로 매질의 진동 방향과 파동의 진행 방향이 수직인 횡파이다.
② 파장은 파동이 한 번 진동하는 동안 이동하는 거리이므로 (가)의 파장은 (나)의 2배이다.
③ 진폭은 진동 중심에서 마루나 골까지의 거리이므로 (가)와 (나)의 진폭은 같다.
④, ⑤ 같은 거리에 (가)는 1파장, (나)는 2파장만큼이 나타났으므로 용수철을 더 빨리 흔든 것은 (나)이다. 따라서 진동수는 (나)가 (가)의 2배이다.

16 고무망치로 두드린 소리굽쇠를 물이 들어 있는 비커에 넣으면 비커 속의 물이 튄다. 이로부터 소리는 물체의 진동으로 발생한다는 사실을 알 수 있다.

17 음악을 틀면 공기가 진동하면서 소리가 전달된다. 소리는 종파이므로 스피커 앞의 촛불은 A 방향으로 앞뒤로 흔들린다.

18 스피커의 음악을 틀었을 때 촛불이 A 방향으로 진동하는 까닭은 소리가 종파이므로 공기가 A 방향으로 진동하기 때문이다.

19 ㄱ, ㄴ. 그림에서 공기가 앞뒤로 진동하면서 소리를 전달한다는 것을 알 수 있다. 따라서 소리는 파동의 진행 방향과 매질의 진동 방향이 나란한 종파이다.
ㄷ. 지진파의 P파도 종파이다.

20 리코더 소리는 실로폰 소리보다 진폭이 작아 소리의 크기가 작고, 리코더의 '도'음이 실로폰의 '파'음보다 진동수가 크므로 높은 소리이다.

21 ㄱ, ㄴ. 진폭이 클수록 큰 소리이며, 북을 세게 칠수록 진폭이 커져 큰 소리가 난다.
ㄷ. 북을 약하게 치면 진폭이 작고, 북을 세게 치면 진폭이 크다. 즉, 북을 치는 세기에 따라 진폭이 달라진다.

22 (가) 피아노의 '도'와 '레'는 진동수가 다른 소리이다.
(나) 피아노의 '솔'과 바이올린의 '솔'은 파형이 다른 소리이다.

23 가장 큰 소리는 진폭이 가장 큰 (가), (라)이며, 가장 높은 소리는 진동수가 가장 큰 (다)이다.

24 ㄷ. (가)가 (다)보다 진폭은 크지만 진동수는 작다. 따라서 (가)는 (다)보다 크고 낮은 소리이다. 즉, (가)와 (다)는 세기와 높낮이가 모두 다르다.
오답 피하기 ㄱ. (가)는 (다)보다 진폭이 크므로 큰 소리이다.
ㄴ. (가)는 (다)보다 진동수가 작으므로 낮은 소리이다.

25 강철 자의 길이를 다르게 하고 퉁기는 폭은 같게 하여 강철 자를 퉁기면 높낮이가 다른 소리가 난다. 이때 길이가 짧을수록 진동수가 크므로 높은 소리가 난다. 즉, 길이가 짧은

(나)는 (가)보다 높은 소리가 난다.

클리닉 + 강철자를 퉁길 때 폭을 다르게 하면 소리의 크기가 달라진다. 또한 강철자의 길이를 다르게 하면 진동수가 달라지므로 소리의 높낮이가 달라진다.

고난도 실력 향상 문제

본문 216쪽

01 ② **02** ⑤ **03** ④ **04** ① **05** ⑤

01 이 그림과 같은 파동의 진폭은 0.2 m이고, 파장은 1 m이다. 줄을 처음보다 더 빠르게 흔들면 진폭은 변함이 없고, 진동수가 커지므로 파장은 짧아진다.

클리닉 + 줄을 흔드는 폭을 크게 하면 진폭이 달라진다. 줄을 흔드는 빠르기를 빠르게 하면 진동수는 커지고 주기는 짧아진다. 또한 파장도 짧아진다.

02 파동의 마루 A는 1초 후에 B의 위치로 $\frac{1}{4}$파장만큼 이동하였으므로 이 파동의 주기는 4초이다.

ㄷ. 속력은 이동 거리를 걸린 시간으로 나눈 값이므로 이 파동의 속력은 $\frac{\text{파장}}{\text{주기}}=\frac{0.8\ \text{m}}{4\ \text{s}}=0.2\ \text{m/s}$이다.

ㄹ. 주기가 4초이므로 주기의 역수인 진동수는 $\frac{1}{4\ \text{s}}=0.25\ \text{Hz}$이다.

오답 피하기 ㄱ. 진폭은 진동 중심에서 마루나 골까지의 거리이므로 25 cm이다.

ㄴ. 파장은 마루에서 다음 마루, 또는 골에서 다음 골까지의 거리이므로 80 cm이다.

03 막대로 유리병을 칠 때 높은 소리가 나는 것은 물이 작게 담긴 유리병이다. 유리병에 담긴 물의 양이 많을수록 병의 진동을 방해하므로 진동수가 낮아 낮은 소리가 난다.

04 유리병을 입으로 불어서 소리를 낼 때 물의 양이 많을수록 유리병 속의 공기 기둥의 길이가 짧아 진동수가 커지므로 높은 소리가 난다.

클리닉 + 물이 든 유리병의 경우 물의 양이 진동을 방해하므로 유리병을 칠 때는 물의 양이 작을수록 높은 소리가 난다. 또한 병을 불어서 소리를 낼 때는 물의 양이 많을수록 병 속에 생기는 공기 기둥의 길이가 짧아 진동수가 커지므로 높은 소리가 난다.

05 소리굽쇠를 쳤을 때 나는 소리의 파형을 볼 때 진폭은 점점 작아지지만 진동수는 변함이 없다. 소리의 크기는 진폭, 소리의 높낮이는 진동수와 연관되므로 소리의 크기는 작아지지만 높낮이는 변화가 없다.

서논술형 유형 연습

본문 217쪽

01 파동이 진행할 때 파동을 전달하는 매질은 파동과 함께 이동하지 않는다. 즉, 물결파가 진행할 때 매질인 물은 이동하지 않고 제자리에서 진동만 한다. 따라서 물 위에 있는 공의 위치는 변함이 없다.

| 모범 답안 | 물결파가 진행할 때 매질인 물은 이동하지 않고 제자리에서 진동만 하므로 공의 위치는 변함이 없다.

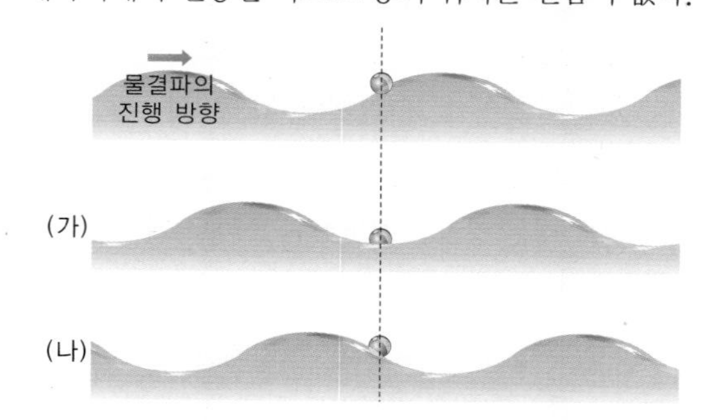

채점 기준	배점
공의 위치를 옳게 그리고 까닭을 옳게 서술한 경우	100%
공의 위치만 옳게 그린 경우	50%

02 진폭이 다르면 소리의 크기가 다르며, 진동수가 다르면 소리의 높낮이가 다르다. (가)와 (라)는 진폭과 진동수가 같으므로 소리의 크기와 높낮이는 같지만 파형이 다르므로 다른 물체로 낸 소리이다. 즉, 음색이 다르다.

| 모범 답안 | • (가)와 (나)의 차이점: 진폭이 달라 소리의 크기가 다르다.

• (가)와 (다)의 차이점: 진동수가 달라 소리의 높낮이가 다르다.

• (가)와 (라)의 차이점: 파형이 달라 음색이 다르다.

채점 기준	배점
세 가지 모두 옳게 서술한 경우	100%
두 가지만 옳게 서술한 경우	70%
한 가지만 옳게 서술한 경우	40%

대단원 마무리

본문 218~220쪽

01 (1) ㄱ, ㄷ (2) ㄴ, ㄹ **02** ③ **03** ② **04** ④ **05** 빨간색 **06** ㄱ, ㄷ, ㄹ, ㅂ **07** ③ **08** ② **09** ① **10** (1) ㄱ, ㄷ (2) ㄴ, ㄹ **11** ㄱ, ㄴ, ㄷ **12** ㄱ, ㄷ **13** ③ **14** ④ **15** ③ **16** 진폭 : 0.5 m, 파장 : 3 m, 진동수 : 0.5 Hz **17** ③ **18** ②

01 (1) 빛의 직진에 의해 나타나는 현상은 그림자(ㄱ), 구름 사이로 비치는 햇빛(ㄷ)이다.
(2) 빛의 합성을 이용하는 예는 전광판(ㄴ), TV 화면(ㄹ)이다.

02 맑은 날 낮에 나무를 볼 때의 빛의 경로는 태양 → 나무 → 눈이다.

03 컴퓨터 화면의 한 점을 확대하여 관찰하였더니 빨간색 빛만 관찰되었다면 이 점은 빨간색으로 보이는 부분이다. 이 부분이 자홍색(=빨간색+파란색)으로 변하였다면 관찰할 수 있는 빛의 색은 빨간색과 파란색이다.

04 스마트 기기 화면을 확대해서 관찰했을 때 빨간색과 초록색 빛을 내는 영역만 보였다면 스마트 기기에서 이 부분은 빨간색과 초록색 빛의 합성색인 노란색으로 보인다.

05 노란색(=빨간색+초록색) 인형에 빨간색 조명을 비추면 인형은 빨간색 빛을 반사하므로 빨간색으로 보인다.
클리닉 + 물체의 색은 물체가 반사하는 빛의 색으로 보인다. 만약 모든 색의 빛을 반사하면 물체는 흰색으로 보이고, 모든 색의 빛을 흡수하면 검은색으로 보인다.

06 ㄱ, ㄷ, ㄹ, ㅂ. 모두 빛의 합성을 이용하는 예이다.
오답 피하기 ㄴ. 빛은 직진하기 때문에 빛이 물체에 가려지면 그림자가 나타난다.
ㅁ. 바늘 구멍 사진기는 빛의 직진 현상을 이용한 것이다.

07 학교 라는 글자를 평면거울 왼쪽에 놓았다면 거울에는 대칭인 모습인 (좌우가 뒤집힌 '학교')으로 보인다.

08 ㄱ. 평면거울에 의해서는 물체와 대칭인 위치에 상이 생긴다. 따라서 ㉠은 거울에 비친 상이다.
ㄷ. 그림에서 알 수 있는 것처럼 상은 반사 광선의 연장선이 만난 곳에 생긴다.
오답 피하기 ㄴ. ㉠, 즉 상의 크기는 실제 고양이와 같다.
ㄹ. ㉠, 즉 상과 거울 사이의 거리는 실제 고양이와 거울 사이의 거리와 같다.

09 물체를 거울에 가까이 할 때 (가)는 물체보다 작고 바로 선 상이 나타났으므로 볼록 거울이고, (나)는 물체보다 크고 바로 선 상이 나타났으므로 오목 거울이다.
① 볼록 거울은 빛을 퍼지게 하는 성질이 있다.
② 물체를 거울에 가까이 할 때 나타나는 상을 통해 (가)는 볼록 거울, (나)는 오목 거울임을 알 수 있다.
③ 볼록 거울에는 항상 물체보다 작은 상이 생긴다.
④ 얼굴을 확대해 보는 화장용 거울로는 오목 거울을 이용한다.
⑤ 물체가 오목 거울에서 아주 멀리 있으면 작고 거꾸로 선 상이 생긴다.

10 (1) 볼록 거울을 이용하는 예는 자동차의 오른쪽 측면 거울(ㄱ), 굽은 도로의 안전 거울(ㄷ)이다.
(2) 오목 거울을 이용하는 예는 자동차 전조등의 반사경(ㄴ), 성화 채화용 거울(ㄹ)이다.

11 ㄱ. (가)는 글씨가 작게 보이므로 오목 렌즈이다.
ㄴ. (나)는 글씨가 크게 확대되어 보이므로 볼록 렌즈이다. 볼록 렌즈는 빛을 한 점에 모으는 성질이 있다.
ㄷ. 오목 렌즈를 통해 보이는 상은 물체와의 거리에 관계없이 항상 작고 바로 선 모습이다.
오답 피하기 ㄹ. 볼록 렌즈를 통해 보이는 상은 물체와의 거리에 따라 모습이 달라진다. 볼록 렌즈와 물체와의 거리가 가까울 때는 물체보다 크고 바로 선 상이 보이지만, 렌즈와 물체와의 거리가 매우 멀 때는 물체보다 작고 거꾸로 선 상이 보인다.

12 ㄱ. (가)는 빛이 한 점에 모이므로 볼록 렌즈이고, (나)는 빛이 퍼져 나가므로 오목 렌즈이다.
ㄷ. 오목 렌즈로 물체를 보면 거리에 관계없이 항상 물체보다 작은 상이 보인다.
오답 피하기 ㄴ. (가)는 볼록 렌즈이므로 (가)를 물체에 가까이 대고 보면 상은 실제보다 크게 보인다.

13 ㄱ. 물방울이 수면에 떨어지면서 만든 물결파는 횡파이다.
ㄹ. 물결파가 진행하면서 에너지를 주위에 전달한다. 즉, 물결파가 진행할 때 에너지도 함께 이동한다.
오답 피하기 ㄴ. 물결파의 매질은 물이다.
ㄷ. 물결파가 진행할 때 매질인 물은 제자리에서 진동만 한다.

14 파동의 진행 방향과 매질의 진동 방향이 서로 나란한 파동을 종파라고 하며, 그 예로 소리, 지진파의 P파 등이 있다.

15 ①, ④ (가)는 매질의 진동 방향과 파동의 진행 방향이 수직이므로 횡파이고, (나)는 매질의 진동 방향과 파동의 진행 방향이 나란하므로 종파이다.
② 소리는 (나)와 같은 종파이다.
③ 어떤 파동이라도 매질이 직접 이동하지는 않는다.
⑤ 진동수는 파동이 진동한 횟수이다. 따라서 (가), (나) 모두 용수철을 더 빠르게 흔들면 진동수가 커진다.

16 부표가 파도의 움직임에 따라 2초 간격으로 오르락내리락하며 원래의 위치로 되돌아오므로 이 파도의 주기는 2초이다. 따라서 진동수는 $\frac{1}{2\ \mathrm{s}}$=0.5 Hz이다. 그림으로부터 진폭은 0.5 m, 파장은 3 m라는 것을 알 수 있다.

17 (가)는 (나)보다 진동수는 크지만 진폭은 작다. 따라서 (가)는 (나)보다 작고 높은 소리이다.

18 ㄱ, ㄴ. 진동수가 클수록 높은 소리이며, 높은 음을 칠수록 진동수가 커진다.

오답 피하기 ㄷ. 음의 높낮이에 따라 진동수가 달라진다. 즉, 높은 '도' 음은 낮은 '도'음보다 진동수가 크다.

대단원 서논술형 문제

본문 221쪽

01 물체를 볼 수 있는 것은 물체에서 나온 빛이 우리 눈에 들어오기 때문이다. 광원의 경우 빛이 직접 눈으로 들어오지만 광원이 아닌 경우 광원에서 나온 빛이 물체에 반사되어 우리 눈에 들어온다.

| 모범 답안 | • 화면을 볼 때 : 화면 → 눈
• 테두리를 볼 때 : 광원 → 테두리 → 눈

채점 기준	배점
두 가지 경우를 모두 옳게 서술한 경우	100%
한 가지만 옳게 서술한 경우	50%

02 그림 속 거울에 결혼하는 부부의 뒷모습과 화가의 모습이 작게 그려져 있다면 이 거울은 넓은 범위를 볼 수 있는 볼록 거울이다. 볼록 거울에 의해서는 거울과 물체 사이의 거리에 관계없이 항상 작고 바로 선 상을 볼 수 있다.

| 모범 답안 | 볼록 거울, 거리에 관계없이 항상 작고 바로 선 상이 생기기 때문이다.

채점 기준	배점
거울의 종류와 까닭을 모두 옳게 서술한 경우	100%
거울의 종류만 옳게 쓴 경우	50%

03 유리 구슬은 볼록 렌즈 역할을 한다. 볼록 렌즈로 멀리 있는 물체를 보면 작고 거꾸로 보인다. 따라서 작고 바로 선 상은 잘못된 부분이다.

| 모범 답안 | 유리 구슬에 작고 바로 선 상이 보인다, 유리 구슬은 볼록 렌즈 역할을 하므로 작고 바로 선 상을 관찰할 수 없다.

채점 기준	배점
잘못된 부분과 까닭을 모두 옳게 서술한 경우	100%
잘못된 부분만 옳게 서술한 경우	50%

04 파동이 진행하더라도 매질은 제자리에서 위아래로 진동만 한다. 따라서 파동의 다음 모습을 그려보면 화살표 방향으로 횡파가 진행할 때 P 위치에 있는 매질은 다음 순간 C 방향으로 움직인다는 것을 알 수 있다.

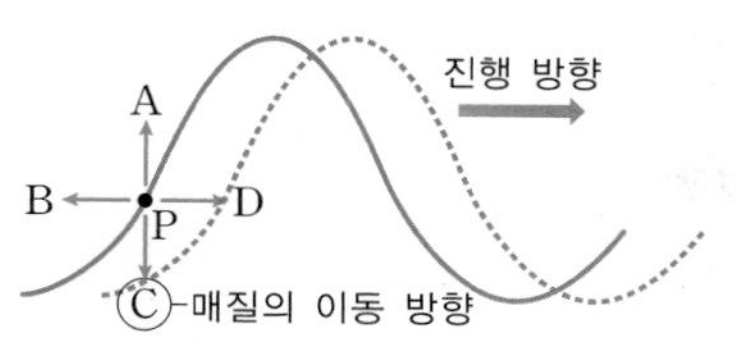

| 모범 답안 | C 방향, 매질은 제자리에서 진동만하기 때문이다.

채점 기준	배점
방향과 까닭을 모두 옳게 서술한 경우	100%
방향만 옳게 쓴 경우	50%

05 (가)는 파동의 진행 방향과 매질의 진동 방향이 수직인 횡파이며, (나)는 파동의 진행 방향과 매질의 진동 방향이 나란한 종파이다. 물결파, 빛, 전자기파, 지진파의 S파 등은 횡파이며, 소리, 초음파, 지진파의 P파 등은 종파이다.

| 모범 답안 | (가)와 (나)는 파동의 진행 방향과 매질의 진동 방향의 관계가 다르다. (가)의 예는 빛, (나)의 예는 소리가 있다.

채점 기준	배점
차이점과 예를 모두 옳게 서술한 경우	100%
차이점만 옳게 서술한 경우	50%
예만 옳게 서술한 경우	50%

06 같은 높이의 음을 같은 크기로 소리를 내었다면 진폭과 진동수가 같다. 하지만 플루트 소리와 바이올린 소리이므로 파형이 달라 음색이 다르게 들린다.

| 모범 답안 | • 공통점 : 진폭과 진동수가 같아 소리의 크기와 높낮이가 같다.
• 차이점 : 파형이 달라 음색이 다르다.

채점 기준	배점
공통점과 차이점 모두 옳게 서술한 경우	100%
공통점과 차이점 중 한 가지만 옳게 서술한 경우	50%

Ⅶ. 과학과 나의 미래

01 과학과 현재, 미래의 직업

본문 225, 227쪽

기초 섭렵 문제

1 과학과 관련된 직업 | 물리학, 국가 직무 능력 표준, 과학 커뮤니케이터

2 과학 관련 직업의 역량 | 역량, 사고력, 의사소통 능력

3 직업 속의 과학 | 문화재 보존 연구원, 과학

4 미래 사회의 직업 | 다문화, 사물 인터넷, 3D 프린터

01 ㉠ 과학자, ㉡ 공학자 02 (1) ㄱ, ㄹ, ㅁ (2) ㄴ, ㄷ, ㅂ 03 (1) ○ (2) × (3) × (4) × 04 과학적 문제 해결력 05 (1) ○ (2) × (3) ○ 06 (1) ○ (2) × (3) ○ 07 (1) ㉠ (2) ㉢ (3) ㉣ (4) ㉡ (5) ㉤ 08 (1) ○ (2) × (3) ○ 09 (1) ○ (2) ○ (3) ○ 10 ㄷ, ㅁ

01 과학자 중에는 밀림 속에서 동식물을 연구하는 과학자도 있고, 추운 극지방에서 빙하를 연구하는 과학자도 있다. 공학자들은 과학자들이 밝혀낸 지식이나 방법을 활용하여 기술을 개발한다.

02 과학자에는 물리학자, 천문학자, 생명 과학자, 유전학자, 지질학자, 기상학자 등이 속하고, 공학자에는 전기 공학자, 항공 우주 공학자, 화학 공학자, 생명 공학자, 에너지 공학자, 환경 공학자 등이 속한다.

03 (2) 과학을 연구함에 있어서 융합적인 지식이 필요한 분야가 늘어나면서 혼자서 연구하기보다는 여러 분야의 과학자들이 협력하는 일이 많아졌다.
(3) 과학과 공학은 밀접한 관련이 있어 과학자와 공학자를 구분하기 어려운 경우도 있다.
(4) 과학자는 하얀 실험복을 입고 실험실에서 일하는 사람만을 뜻하는 것이 아니다. 과학자 중에는 밀림 속에서 동식물을 연구하는 과학자도 있고, 지구를 벗어나 우주 공간에서 연구하는 과학자도 있다.

04 과학적 문제 해결력은 과학 지식과 사고를 통해 일상생활에서 일어나는 문제를 해결하는 능력이고, 다양한 정보와 자료를 활용하여 해결 방안을 제시하고 실행하는 능력이다.

05 (2) 실험과 조사 등의 탐구 방법으로 증거를 수집하고 해석하고 평가하는 능력은 과학적 탐구 능력이다.

06 (2) 어떤 직업이든 그 분야에서 어려운 문제를 해결하고, 더 나은 결과를 얻으려면 과학 등 여러 분야와 융합해야 한다.

07 기술, 공학, 사회, 예술, 문학, 운동 등 다양한 분야의 직업에서도 과학이 중요한 역할을 한다.

08 (2) 과학 기술의 발달은 직업인이 일하는 모습을 변화시킨다. 예를 들어 의사는 환자를 직접 진료하지 않아도, 과학 기술의 발달로 원격으로 진료를 하고 환자의 건강 상태를 체크할 수 있다.

09 미래 사회는 생명 공학 기술과 의료 기술의 발달에 따라 고령화 사회가 되고, 첨단 기술의 발달에 따라 안전하고 편리한 스마트 디지털 기술 사회가 될 것이다. 또한, 사람들이 삶의 질을 중요하게 생각하는 사회가 될 것이다.

10 생명 공학 기술 사회에서는 유전 상담 전문가, 의약품 기술자 등이, 다문화에 따른 국제화 사회에서는 문화 갈등 해결원 등이, 스마트 디지털 기술 사회에서는 아바타 개발자 등이 미래 직업에 속한다.

본문 229쪽

탐구 섭렵 문제

과학과 관련된 직업 조사하기 | 화학 공학 연구원, 과학 전문 기자, 로봇 공학자, 과학적 문제 해결력

1 ④ 2 ㄹ, ㅂ 3 ㄴ, ㄹ 4 의학 물리학자 5 과학적 탐구 능력

1 과학 전문 기자는 과학 교육 관련 직업군에 속한다. 같은 직업군에는 교사, 교수, 과학 커뮤니케이터 등이 있다.

2 공학자는 과학자들이 밝혀낸 지식과 방법을 활용하여 일상생활을 편리하게 만드는 기술을 개발하는 사람으로, 공학자에는 로봇 공학자, 전기 공학자, 항공 우주 공학자, 화학 공학자, 생명 공학자, 에너지 공학자, 환경 공학자 등이 있다.

3 환경 공학자는 공학자, 기상학자는 과학자에 속한다.

4 의학 물리학자는 의학 관련 직업에 속하지만, 물리학 지식을 활용하여 과학적 사고력과 탐구 능력이 필요한 직업이다.

5 과학 관련 직업의 경우, 각 직업에 따라 필요한 역량이 다르다. 과학과 관련된 직업에서 필요한 역량을 살펴보면, 과학적 사고력, 과학적 탐구 능력, 과학적 의사소통 능력, 과학적 참여와 평생 학습 능력, 과학적 문제 해결력이 있다.

내신 기출 문제

본문 230~231쪽

01 ④ 02 ⑤ 03 ③ 04 과학 커뮤니케이터 05 ④ 06 ① 07 과학적 탐구 능력 08 ② 09 ③ 10 ④ 11 ③ 12 ③ 13 ② 14 ①

01 과학자는 실험실에서만 연구하는 것은 아니라, 추운 극지방에서 빙하를 연구하는 과학자도 있고, 밀림 속에서 동식물을 연구하는 과학자도 있고, 지구를 벗어나 우주 공간에서 연구하는 과학자도 있다.

02 공학자는 다양한 과학 지식과 방법을 활용하여 일상생활을 편리하게 만드는 기술을 개발하는 사람으로 전기 공학자, 항공 우주 공학자, 화학 공학자, 생명 공학자, 에너지 공학자, 환경 공학자 등이 있다.

03 융합적인 지식이 필요한 분야가 늘어나고 많은 인력이 참여하는 거대한 규모의 연구 과제나 개발 계획이 등장하면서, 혼자서 연구하는 것보다 여러 분야의 과학자들이 협력하는 일이 많아졌다.

04 과학 커뮤니케이터는 전시를 기획하는 일과, 전시물을 관람객에게 설명할 뿐 아니라, 일반 대중에게 과학 강연을 하기도 한다.

05 과학 관련 직업 중에서 의료 관련 직업은 과학적 지식을 바탕으로 인간의 질병을 진단하고 직접 치료하거나 치료를 돕는 일을 한다. 대표적인 예로는 의사, 간호사, 약사, 물리 치료사가 있다.

오답 피하기 ④ 생물학자는 기초 학문을 연구하는 과학자이다.

06 국가 직무 능력 표준(NCS)에 따른 과학 관련 직업 분류에서 생명 공학 분야에는 생물학자, 생명 과학 기술 공학자, 유전자 감식 연구원, 생물학 연구원 등이 있다.

오답 피하기 ㄴ. 태양 전지 연구원 → 재료 소재 분야
ㄹ. 유전자 감식 연구원 → 생명 공학 분야

07 생명 공학자가 실험의 과정을 잘 수행하고 원인 물질을 찾아내기 위해서는 실험, 조사, 토론 등의 탐구 방법으로 증거를 수집하고 해석하고 평가하여 새로운 과학 지식을 얻는 능력인 과학적 탐구 능력이 필요하다.

클리닉 + **과학 관련 직업 역량**
① 과학적 사고력 ② 과학적 문제 해결력 ③ 과학적 탐구 능력
④ 과학적 의사소통 능력 ⑤ 과학적 참여와 평생 학습 능력

08 과학 관련 직업에서 필요한 역량은 각 직업에 따라 필요한 역량이 다르다. 특히 과학적 사고력, 과학적 문제 해결력, 과학적 탐구 능력, 과학적 의사소통 능력, 과학적 참여와 평생 학습 능력이 있다.

09 과학과 관련된 직업을 수행하는 데에 필요한 역량은 다른 직업에서도 필요하다.

10 기술, 공학, 사회, 예술, 문학, 운동 등 다양한 분야의 직업에서도 과학이 중요한 역할을 한다.

오답 피하기 ① 소방관 – 사회 분야
② 과학 작가 – 문학 분야 ③ 음향 기술자 – 기술 분야
⑤ 안전 공학자 – 공학 분야

11 음향 기술자는 소리의 물리적인 특성을 잘 이해하고, 각종 음향 장비를 잘 다룰 수 있어야 한다.

12 과학 기술이 발달하면서 전화 교환원과 같이 사라지는 직업도 있고, 앱 개발자처럼 새롭게 생겨나는 직업도 있다.

13 미래 사회는 정보 기술도 중요하지만, 삶의 질을 중요하게 생각하는 사회가 될 것이다.

14 **오답 피하기** 정보 기술 사회에서는 정보 보안 전문가, 사물 인터넷 개발자, 전자 상거래 전문가 등이, 생명 공학 기술 사회에서는 유전 상담 전문가, 의약품 기술자 등이, 다문화에 따른 국제화 사회에서는 문화 갈등 해결원 등이 유망하거나 새로 생길 직업이다.

고난도 실력 향상 문제

본문 232쪽

01 ① **02** ③ **03** ④

01 법의학자는 보통 병리학을 전공한 의사들이 대부분으로, 사건·사고 관련자의 상처나 신체 상태, 정신 능력 등과 같은 다양한 육체적·정신적 상태를 진단하며, 사망의 시기와 원인 등을 정확히 밝힐 수도 있다.

02 빅데이터 전문가는 다양하고 광범위한 데이터 중 필요한 데이터만을 골라 분석하는 일을 한다. 따라서 다양한 사람들의 쇼핑 경향 중에서 50대 여성의 쇼핑 경향을 분석하여 의뢰인의 어머니께서 좋아하실 수 있는 생신 선물을 고를 수 있도록 도울 수 있다.

03 창의적으로 끌어내는 감성은 과학적인 특성이 아니다.

서논술형 유형 연습

본문 232쪽

01 생명 공학 기술과 원격진료부터 초소형 로봇을 통한 수술까지 신개념 의료 기술이 발달한다.

| 모범 답안 | 미래 사회는 생명 공학 기술과 신개념 의료 기술이 발달하면서 인간의 수명이 연장되기 때문에 고령화 사회가 된다.

채점 기준	배점
생명 공학 기술과 신개념 의료 기술을 표현하여 구체적으로 서술한 경우	100%
위의 2가지 중에서 1가지만으로 서술한 경우	50%

MEMO

뉴런 과학 1

정답과 해설

실전책

정답과 해설 실전책

I 지권의 변화

01 지구계와 지권의 층상 구조

중단원 실전 문제 본문 9~11쪽

01 ⑤ 02 ③ 03 ⑤ 04 ④ 05 ① 06 ④ 07 생물권 08 ③ 09 ② 10 ① 11 ② 12 ② 13 ② 14 ① 15 ⑤ 16 ㄱ, ㄴ 17 모호로비치치 불연속면(모호면) 18 ④ 19 ② 20 맨틀

01 계를 구성하는 어느 한 요소에 변화가 생기면 다른 요소도 영향을 받아서 변한다.

02 ㄴ. 지구계의 구성 요소는 바다와 육지뿐만 아니라, 대기, 다양한 생물, 우주 공간 등으로 이루어져 있다.

03 지권은 토양과 암석으로 이루어진 지구의 겉 부분인 지구 표면과 지구 내부를 모두 포함한다.

오답 피하기 ① 생물권은 지구에 살고 있는 모든 생명체를 뜻하므로, 동물, 식물이 모두 포함된다.
② 기권은 질소, 산소, 아르곤, 이산화 탄소 등 여러 가지 기체로 구성되어 있다.
③ 외권은 기권 밖의 우주 공간의 영역이다.
④ 수권은 액체 상태로 된 물뿐만 아니라, 빙하처럼 얼어서 고체 상태로도 분포한다.

04 기권은 지구를 둘러싸고 있는 대기층으로 지표에서부터 약 1000 km 높이까지 분포하고 있다.

클리닉 + 기권은 질소, 산소, 아르곤, 이산화 탄소 등의 여러 가지 기체로 이루어져 있으며 구름이 생기고 비나 눈이 내리는 기상 현상이 나타난다.

05 암석과 토양으로 이루어진 지구의 바깥 부분인 지각과 지구 내부가 지권에 해당한다.

오답 피하기 ② 수권 – 해수, 지하수 등의 물
③ 생물권 – 다양한 동물과 식물
④ 외권 – 태양, 달 등의 천체
⑤ 기권 – 질소, 산소, 아르곤 등의 여러 가지 기체

06 육지의 물은 대부분 빙하로 존재한다.

클리닉 + 빙하는 주로 추운 극지방이나 고산 지대에 분포하고 있으며, 얼어 있는 고체 상태지만 수권에 포함된다.

07 사람을 비롯하여 지구상에 사는 모든 생물을 포함한 생물권은 바다, 육지, 하늘 등의 다양한 권역에서 서식하고 있다.

08 지권은 지각과 지구 내부이며, 생명체에 살아갈 수 있는 환경을 제공한다.

09 ㄱ. 기권은 여러 가지 기체로 구성되어 있고, 지표면에서부터 높이 약 1000 km까지 분포한다.
ㄷ. 기권에서는 기상 현상이 나타난다.

10 유성은 우주(외권)를 떠돌던 암석 조각이 지구 대기(기권)와의 마찰로 타면서 빛을 내는 것이다.

11 빙하와 지하수, 강물은 수권, 나무는 생물권, 공기는 기권, 암석은 지권이다.

12 공기는 기권이고, 태양은 외권이다.

13 의사가 초음파나 X선으로 사람의 몸속을 조사하는 방법은 간접적인 조사 방법으로 지진파 분석이 운석 연구가 이에 해당된다.

클리닉 + **지구의 내부를 조사하는 방법**
- 직접적인 방법 : 시추법, 화산 분출물 조사하기
- 간접적인 방법 : 운석 연구, 지진파 분석

14 지구 내부를 연구하는 간접적인 방법으로는 우주에서 지표로 떨어진 운석을 연구하거나, 지구 내부에서 지진이 발생할 때 모든 방향으로 전파되는 지진파를 분석하고 조사하는 방법이 있다.

15 직접 땅을 뚫어서 살펴보거나 화산이 분출할 때 나오는 물질을 통해 지구 내부를 조사하는 방법에는 한계가 있다. 따라서 지구의 매우 깊은 곳을 조사할 때는 지진파를 분석하여 간접적으로 알아보는 것이 가장 효과적이다.

16 A는 대륙 지각, B는 맨틀, C는 해양 지각이다. A는 화강암질 암석, B는 감람암질 암석, C는 현무암질 암석으로 각각 다른 종류의 암석으로 이루어져 있다.

17 C와 D의 경계면은 맨틀과 지각의 경계면으로 모호로비치치 불연속면 또는 모호면이라고 한다.

18 A는 내핵, B는 외핵, C는 맨틀, D는 지각으로, C는 D와는 다른 종류의 암석으로 이루어져 있다.

클리닉 + **지권의 층상 구조의 특징**
- 지각 : 고체 상태, 화강암질 암석(대륙 지각), 현무암질 암석(해양 지각)
- 맨틀 : 고체 상태, 감람암질 암석
- 외핵 : 액체 상태로 추정, 철과 니켈
- 내핵 : 고체 상태로 추정, 철과 니켈

19 지구 내부의 구조 중에서 외핵만이 액체 상태로 추정된다.

20 맨틀은 모호면에서부터 깊이 약 2900 km까지의 층으로 지구 전체 부피의 약 80 %를 차지한다.

중단원 실전 서논술형 문제

본문 12쪽

01 계는 구성 요소 간에 영향을 주고받는 모임이다.

| 모범 답안 | 지구계를 구성하는 요소인 지권의 변화가 기권에도 영향을 주면서 서로 상호 작용하는 모임이기 때문이다.

채점 기준	배점
지권과 기권을 찾아서 이를 통해 구성 요소 간의 상호 작용을 서술한 경우	100%
구성 요소 간의 상호 작용만 서술한 경우	50%

02 지구는 내부로 갈수록 온도와 압력이 높다.

| 모범 답안 | 지구는 깊이 들어갈수록 온도와 압력이 높아지기 때문에 현재로는 높은 온도와 압력을 견딜 장비가 없기 때문이다.

채점 기준	배점
지구 내부로 들어갈수록 온도와 압력이 높음을 서술한 경우	100%
위의 내용 중에서 온도 또는 압력 중 1가지만으로 서술한 경우	50%

03 화산 분출물로는 맨틀 물질까지만 알 수 있다.

| 모범 답안 | (나), 지진파는 지구 내부를 통과하여 지표로 전달되므로, 지진파를 분석하는 것은 지구 내부 전체를 알 수 있는 효과적인 방법이다.

채점 기준	배점
(나)를 찾고, 그 까닭을 옳게 서술한 경우	100%
(나)만 찾고, 그 까닭을 서술하지 못한 경우	50%

04 화산 분출물 조사나 시추법으로는 부분적인 구조나 상태, 물질을 알 수 있다.

| 모범 답안 | (가)와 (나)는 모두 직접적인 지구 내부 조사 방법이다. 하지만 (가)의 방법을 통해서 화산이 폭발할 때 분출되는 물질을 맨틀 성분 정도까지 알 수 있고, (나)의 방법으로는 최대한 깊이 파 들어간 깊이가 약 12 km라서 부분적인 구조만 알 수 있다.

채점 기준	배점
(가)와 (나)의 공통점을 쓰고, 각각의 까닭을 옳게 서술한 경우	100%
(가)와 (나)의 공통점만 쓴 경우	50%

05 지진파를 연구하면 지구 내부 전체의 구조를 알 수 있다.

| 모범 답안 | A는 내핵, B는 외핵, C는 맨틀, D는 지각이다. 지권의 층상 구조는 지구 내부를 통과하여 지표에 도달하는 지진파의 연구를 통해 알아내었다.

채점 기준	배점
A~D의 이름을 정확히 쓰고, 연구 방법을 옳게 서술한 경우	100%
A~D의 이름만 정확히 썼거나, 연구 방법만을 옳게 서술한 경우	50%

06 대륙 지각이 해양 지각보다 두껍다.

| 모범 답안 | 해양, 대륙 지각보다 해양 지각의 두께가 더 얇으므로 땅을 파는 시추를 통해서 맨틀에 더 가깝게 접근할 수 있기 때문이다.

채점 기준	배점
해양을 쓰고, 그 까닭을 자세히 서술한 경우	100%
해양만 쓰거나, 그 까닭만을 대략적으로 서술한 경우	50%

02 암석의 순환

중단원 실전 문제

본문 14~16쪽

01 ④ **02** ② **03** ④ **04** ① **05** ⑤ **06** ⑤ **07** ② **08** ②
09 ④ **10** ⑤ **11** ② **12** ① **13** ③ **14** ③ **15** ② **16** ④
17 A : 규암, B : 대리암 **18** ⑤

01 화강암, 현무암, 반려암, 유문암은 마그마가 식어서 굳어진 화성암이고, 석회암은 퇴적물이 쌓여서 굳어져서 생긴 퇴적암이다.

02 화성암은 마그마나 용암이 지표 근처나 지하 깊은 곳에서 식어서 굳어진 암석이다.

03 A 지역은 지하 깊은 곳으로 마그마가 서서히 냉각되어 굳어지므로, 화성암을 이루는 광물 결정의 크기가 큰 심성암이 생성된다. 반면, B 지역은 마그마가 지표에서 빠르게 냉각되어 굳어지므로, 화성암을 이루는 광물 결정의 크기가 작은 화산암이 생성된다.

오답 피하기 ㄷ. 암석을 이루는 구성 광물의 색에 따라서 A 지역에서도 B 지역에서도 어두운 암석은 나올 수 있다.

04 A에서는 심성암인 반려암, 화강암이 생성되고, B에서는 화산암인 현무암, 유문암이 생성된다.

05 A는 유문암, B는 화강암, C는 현무암, D는 반려암이다.

오답 피하기 ① 심성암은 암석을 이루는 광물 결정의 크기가 큰 B와 D이다.
② 화산암은 암석을 이루는 광물 결정의 크기가 작은 A와 C이다.
③ 마그마가 천천히 식어서 굳어진 암석은 암석을 이루는 광물 결정이 큰 B와 D이다.
④ 지표 부근에서 마그마가 빠르게 식어서 굳어진 암석은 암석을 이루는 광물 결정이 작은 A와 C이다.

06 심성암은 암석을 이루는 광물의 결정이 크다. 이때 어두운 색 광물을 많이 포함하여 색이 어두우므로 이 암석은 반려암이다.

07 현무암은 화산암으로 지표 부근에서 마그마가 빠르게 냉각되어 생성되므로 결정의 크기가 작아 육안으로 구분되지 않으며, 어두운 색 광물을 많이 포함한 검은색 암석이다.

08 화성암은 마그마의 냉각 장소에 따라 화산암과 심성암으로 구분된다. 화산암은 지표 부근에서 마그마가 빠르게 냉각되어 결정의 크기가 작은 화성암이고, 심성암은 지하 깊은 곳에서 마그마가 천천히 냉각되어 결정의 크기가 큰 화성암이다.

09 퇴적암은 퇴적물의 종류나 크기, 색깔이 다른 퇴적물이 쌓이면서 나타나는 줄무늬인 층리가 발견되기도 한다.

오답 피하기 ① 암석을 이루는 광물들이 더 커지는 것은 변성암에서 나타나는 특징인 재결정 작용이다.
② 엽리는 압력 방향에 대해 수직인 줄무늬로, 변성암의 특징이다.
③ 퇴적물이 다져지면 눌리게 되어 퇴적물을 이루는 입자 사이의 거리가 더 좁아진다.

10 셰일, 사암, 역암은 퇴적물이 쌓이면서 굳어져 생긴 퇴적암이다. 퇴적암에서는 화석이나 층리가 발견된다.

11 역암은 자갈이, 셰일은 진흙이, 석회암은 석회 물질이, 암염은 소금이 퇴적되어서 굳어져 생성된 퇴적암이다.

12 채석강의 층리는 퇴적암에서 나타나는 특징이다.

13 암석이 변성 작용을 받으면 압력 방향에 수직으로 줄무늬(엽리)가 생기고, 변성 작용이 진행되면 암석 속의 광물 결정이 커진다.

오답 피하기 ㄴ. 과거에 살았던 생물의 유해나 흔적이 발견되는 암석은 퇴적암이다.

14 풍선을 누르면 풍선의 점이 눌리면서 손으로 누른 방향에 수직으로 점이 연결되는 것처럼, 압력을 가했을 때 압력 방향에 수직인 방향으로 줄무늬가 생기는 엽리의 생성 과정이다. 이러한 엽리는 변성암의 특징이다.

15 셰일이 변성 작용을 받으면 편암, 편마암으로 변성된다.

16 엽리와 재결정은 변성암의 특징이다.

클리닉 + **변성암의 특징**
- 엽리 : 암석이 열과 압력을 동시에 받아 암석 속의 알갱이가 압력 방향에 수직으로 배열되면서 나타나는 줄무늬
- 재결정 : 변성 작용이 일어날 때 암석을 이루는 알갱이가 커지거나 새로운 알갱이가 만들어지는 것

17 퇴적암을 마그마가 뚫고 들어오면 마그마와 접촉한 부분에서 높은 열에 의해 변성 작용이 일어난다. 사암은 규암으로, 석회암은 대리암으로 변성된다.

18 화강암이 높은 열과 압력을 받으면 엽리가 뚜렷한 편마암이 생성된다.

중단원 실전 서논술형 문제

본문 17쪽

01 지하 깊은 곳에서 생성된 화성암은 마그마가 천천히 냉각되어 결정의 크기가 크다.

| 모범 답안 | 암석을 이루는 광물 결정의 크기가 큰 화성암을 찾는다.

채점 기준	배점
광물 결정의 크기가 큰 화성암을 찾는다고 서술한 경우	100%
광물 결정의 크기라는 방법에 관해서만 서술한 경우	50%

02 현무암은 결정이 작은 화산암이고, 반려암은 결정이 큰 심성암이다.

| 모범 답안 | (가)는 현무암, (나)는 반려암이다. 현무암은 지표 부근에서 마그마가 빠르게 식어 결정이 작지만, 반려암은 지하 깊은 곳에서 마그마가 서서히 식어 결정이 큰 차이점이 있다.

채점 기준	배점
(가), (나)의 이름을 정확히 쓰고, 그 차이점을 구체적으로 서술한 경우	100%
(가), (나)의 이름을 정확히 썼거나, 또는 그 차이점만을 서술한 경우	50%

03 화성암은 색의 밝고 어두운 정도와 암석을 이루는 광물 결정의 크고 작음에 따라 분류한다.

| 모범 답안 | (가)는 암석의 색을 기준으로 하고, (나)는 암석을 이루는 광물 결정의 크기를 기준으로 한다. A는 암석의 색이 어두운 경우, B는 암석의 색이 밝은 경우, C는 광물 결정이 작은 경우, D는 광물 결정이 큰 경우를 뜻한다.

채점 기준	배점
(가), (나) 기준을 정확하게 서술하고, A~D 조건을 구체적으로 서술한 경우	100%
(가), (나) 기준만 서술하거나, A~D 조건만 서술한 경우	50%

04 마그마의 냉각 속도에 따라 암석을 이루는 광물 결정의 크기가 달라진다.

| 모범 답안 | 현무암, 유문암은 지표 근처에서 마그마가 빠르게 식어 굳어진 화산암으로 광물 결정의 크기가 작고, 반려암, 화강암은 지하 깊은 곳에서 마그마가 서서히 식어 굳어진 심성암으로 광물 결정의 크기가 크다.

채점 기준	배점
분류 기준을 그 생성 과정과 함께 구체적으로 서술한 경우	100%
분류 기준만을 서술한 경우	50%

05 반려암과 현무암은 모두 화성암이지만 생성 장소가 다르다.

| 모범 답안 | '암석을 이루는 광물 결정의 크기가 큰가?'라고 하면 A는 편마암, B는 반려암, C는 현무암이 된다. 또는 '암석을 이루는 광물 결정의 크기가 작은가?'라고 하면 A는 편마암, B는 현무암, C는 반려암이 된다.

채점 기준	배점
분류의 기준을 정확하게 서술하고, A, B, C 암석을 정확히 쓴 경우	100%
위의 2가지 중에서 1가지만 옳게 서술한 경우	50%

06 퇴적암의 층리는 퇴적물의 종류와 관련이 있고, 변성암의 엽리는 압력의 방향과 관련이 있다.

| 모범 답안 | 층리는 퇴적물이 쌓일 때, 퇴적물의 종류나 색, 크기가 다른 퇴적물이 쌓이면서 나타나는 줄무늬이고, 엽리는 암석이 변성 작용을 받을 때, 압력에 의해 광물이 눌리면서 압력 방향에 수직으로 나타나는 줄무늬이다.

채점 기준	배점
층리와 엽리의 생성 과정을 구체적으로 서술한 경우	100%
층리와 엽리 중에서 1가지만 서술한 경우	50%

03 광물과 토양

중단원 실전 문제

본문 19~21쪽

01 ③ 02 ③ 03 ① 04 ④ 05 ⑤ 06 ③ 07 ① 08 ②
09 ③ 10 ① 11 ② 12 ② 13 ⑤ 14 ⑤ 15 B 16 ①
17 ③ 18 ② 19 ⑤

01 광물은 현재까지 약 5000여 종이 발견되었으며, 이 모든 광물이 암석에 골고루 포함되어 있지는 않고, 암석에 많이 들어 있는 광물은 대략 20여 종이다.

02 광물의 종류와 비율에 따라 암석의 색이 달라진다. 어두운 색 광물을 많이 포함하면 암석의 색이 어둡고, 밝은 색 광물을 많이 포함하면 암석의 색이 밝다.

오답 피하기 ㄷ. 조암 광물의 전체 부피 중에서 절반을 넘는 광물은 장석이다.

03 장석, 석영은 밝은 색 조암 광물이고, 휘석, 각섬석, 감람석, 흑운모는 어두운 색 조암 광물이다.

04 A는 장석, B는 석영, C는 휘석이다. 조암 광물 전체 부피의 절반 이상을 장석이 차지한다.

05 광물을 구별할 수 있는 특성에는 색, 조흔색, 굳기, 자성, 염산 반응 등이 있다.

오답 피하기 ⑤는 광물의 부피를 측정하는 실험이다. 부피는 같은 광물도 달라질 수 있고, 다른 광물도 같을 수 있으므로 광물을 구별하는 특성이 될 수 없다.

06 자철석, 적철석, 흑운모는 모두 검은색으로 색이 같지만, 조흔색은 검은색, 붉은색, 흰색으로 서로 색이 다르고, 황철석, 금, 황동석은 모두 노란색으로 색이 같지만, 조흔판에 대고 긁으면 광물 가루의 색이 검은색, 노란색, 녹흑색으로 달라서 쉽게 구별할 수 있다.

오답 피하기 조흔색은 다음과 같다.
① 황동석 – 녹흑색 ② 자철석– 검은색 ④ 황철석 – 검은색
⑤ 적철석 – 붉은색

07 굳기가 다른 광물끼리 서로 긁어보면, 무른 광물이 흠집이 나거나 긁히거나 광물 가루가 생긴다.

오답 피하기 굳기를 비교하면 다음과 같다.
ㄱ. A와 B를 서로 긁었더니 B가 긁혔다. → A>B
ㄴ. A로 C를 긁었더니 C에 흠집이 생겼다. → A>C
ㄷ. B와 C를 서로 긁었더니 C의 가루가 B에 묻었다. → B>C

08 석영과 방해석은 굳기가 다르므로 서로 긁어보면 방해석에

흠집이 생긴다. 또한 묽은 염산을 떨어뜨리면 방해석은 기체가 발생하고, 석영은 아무런 반응도 없다.

09 방해석은 무색 투명하고, 묽은 염산과 반응하여 기체가 발생하며 석영보다는 무른 광물이다.

10 자철석은 겉보기 색이나 조흔색이 모두 검은색이며, 자성을 가지고 있어서 클립과 같이 작은 쇠붙이를 가까이 대면 자철석에 달라붙는다.

11 광물 A, B는 조흔색과 자성에서는 같은 성질이 나타나므로 이는 두 광물을 구별하는 데 이용하기 어렵지만, 색과 염산 반응에서는 차이가 나므로 광물의 색을 관찰하거나 묽은 염산을 떨어뜨리면 두 광물을 구별할 수 있다.

12 적철석과 자철석은 둘 다 검은색이라서 겉보기 색으로는 구별이 어렵지만, 조흔색이 각각 붉은색과 검은색으로 다르므로 이를 통해 구별할 수 있다. 그리고 자철석만 자성이 있으므로 작은 쇠붙이를 가까이 대면 자철석에만 쇠붙이가 달라붙는다.

13 풍화는 매우 오랜 시간에 걸쳐서 지표에서 끊임없이 일어나고, 지표를 변하게 한다.

14 풍화의 원인에는 물의 동결 작용과 공기 중의 산소에 의한 산화 작용, 암석의 틈 사이에서 자라는 식물의 뿌리, 암석을 뒤덮고 있는 이끼에서 나오는 여러 성분들, 이산화 탄소가 녹아 있는 지하수에 의한 석회암의 용해 등이 있다.

15 토양의 생성 과정은 D→C→A→B이다. 풍화되지 않은 암석(D)이 지표로 드러나면 풍화되어 작은 돌 조각과 모래 등으로 이루어진 층(C)이 된다. 이 층이 더 풍화되면 식물이 자랄 수 있는 토양(A)이 되고, 그 후, 토양 속으로 스며든 물에 녹은 물질과 진흙 등이 아래쪽으로 이동하여 새로운 토양층(B)이 만들어진다.

16 생성 과정을 보면 A층은 작은 돌 조각이나 모래 등이 풍화되어서 만들어진 부드러운 토양으로 식물이 자랄 수 있는 흙이 되고, 이때 A의 토양 속으로 스며든 물에 녹은 물질과 진흙이 토양층 아래쪽에 이동하여 형성된 새로운 토양층이 B이다.

17 암석이 지표로 드러나면 풍화되어 작은 돌 조각과 모래 등으로 이루어진 층(C)으로 변한다.

오답 피하기 ㄱ. 물에 녹은 물질과 진흙 등으로 이루어진 층은 B이다.
ㄴ. 돌 조각이나 모래가 더 풍화되어 만들어진 흙은 A층이다.

18 겉 부분의 흙에서 식물이 자라면서 만들어진 더 고운 흙이 빗물과 함께 아래로 스며들어 쌓일 때 생긴 토양층은 B층이다.

19 한 번 훼손된 토양을 원래 상태로 되돌리는 데는 매우 오랜 시간이 걸리므로, 토양이 유실되거나 오염되지 않도록 보존해야 한다.

중단원 실전 서논술형 문제

본문 22쪽

01 석영, 장석은 밝고, 휘석, 각섬석, 감람석, 흑운모는 어둡다.

| 모범 답안 | (가)는 밝은 색 조암 광물이고, (나)는 어두운 색 조암 광물이다. 분류 기준은 암석의 색이다.

채점 기준	배점
(가), (나)의 특성을 구분하여 설명하고, 분류 기준을 구체적으로 서술한 경우	100%
(가), (나)의 구분에 대한 설명 없이 분류 기준만 제시한 경우	50%

02 다른 광물과 구별되는 특성으로 광물을 구분할 수 있다.

| 모범 답안 | 두 광물을 조흔판에 대고 긁었을 때 나타나는 광물 가루의 색(조흔색)을 비교하여 구분한다.

채점 기준	배점
조흔색과 함께 실험하는 방법을 구체적으로 서술한 경우	100%
조흔색만 쓴 경우	50%

03 석영과 방해석은 굳기가 서로 다르고, 염산 반응이 있는 광물과 없는 광물로 나뉜다.

| 모범 답안 | 굳기와 염산 반응이다. 굳기는 석영과 방해석을 서로 긁어보면 더 무른 광물인 방해석이 긁힌다. 염산 반응은 두 광물에 각각 묽은 염산을 떨어뜨리면 방해석만 기체가 발생한다.

채점 기준	배점
2가지 방법을 모두 구체적으로 서술한 경우	100%
2가지 중에서 1가지만을 구체적으로 서술한 경우	50%

04 자철석, 흑운모, 적철석의 조흔색은 각각 검은색, 흰색, 붉은색으로 구별된다.

| 모범 답안 | 세 광물을 조흔판에 대고 긁었을 때 나오는 광물 가루의 색이 자철석은 검은색, 흑운모는 흰색, 적철석은 붉은색으로 각각 달라서 한 번의 실험으로 세 광물을 구별할 수 있다.

채점 기준	배점
구별 방법을 조흔색으로 구별하여 서술한 경우	100%
그 외의 경우	0%

05 지표로 드러난 암석이 풍화되면서 오랜 시간이 지난 후 토양이 형성된다.

| 모범 답안 | (가)는 지표로 드러난 암석이 풍화 작용을 받아서 작은 돌 조각이나 모래 등이 되는 과정이다. (나)는 작은 돌 조각이나 모래 등이 풍화되면서 부드러운 흙인 토양이 형성되고, 이 토양 속으로 스며든 물에 녹은 물질과 진흙이 토양층 아래쪽으로 이동하여 새로운 토양층이 형성되는 과정이다.

채점 기준	배점
(가), (나)의 과정을 구체적으로 서술한 경우	100%
(가)와 (나) 중에서 하나의 과정만을 구체적으로 서술한 경우	50%

06 토양은 식물이 자랄 수 있는 양분을 포함하고 있고, 삶의 터전이 된다.

| 모범 답안 | 인간을 포함한 생물에게 삶의 터전이 되고, 농작물에 영양분을 공급하며, 강이나 바다로 흘러가는 물을 깨끗하게 걸러주는 역할을 한다.

채점 기준	배점
토양의 역할을 2가지 이상 서술한 경우	100%
토양의 역할을 1가지만 서술한 경우	50%

04 지권의 운동

중단원 실전 문제

본문 24~26쪽

01 ③ **02** ④ **03** ③ **04** ④ **05** ⑤ **06** 판게아 **07** ④ **08** ④ **09** (가) 규모, (나) 진도 **10** ⑤ **11** ⑤ **12** ② **13** ⑤ **14** ③ **15** ① **16** ③

01 과거에 대륙은 하나였다가 점점 분리되고 이동하여 현재와 같은 모습이 되었다.

02 베게너는 대륙 이동설을 뒷받침하는 여러 가지 증거를 제시하였지만 당시 대부분의 과학자들에게 인정받지 못했다. 하지만 대륙 이동의 원동력이 밝혀진 지금에는 대부분의 과학자들로부터 인정받고 있다.

03 베게너는 거대한 대륙을 이동시키는 원동력을 설명하지 못하여, 당시 대부분의 과학자들에게 인정받지 못했다.

04 대륙이 이동했다는 증거로는 떨어진 두 대륙의 해안선 모양의 일치, 멀리 떨어진 두 대륙의 산맥이 연결되는 것, 멀리 떨어진 두 대륙에서 같은 종류의 생물 화석 발견, 흩어진 여러 대륙의 빙하의 흔적과 분포 일치가 있다.

오답 피하기 ㄴ. 떨어져 있는 대륙에서 서로 같은 종류의 고생물 화석이 발견된다.

05 현재 기온이 높은 적도 지방에서도 빙하의 흔적이 발견되는 까닭은 과거에 빙하가 생성되었던 대륙이 이동하면서 현재의 위치로 오게 되었기 때문이다.

06 베게너는 과거에 한 덩어리였던 커다란 대륙에 판게아라는 이름을 붙였다. 판게아는 '모든 땅'을 뜻하는 그리스어에서 유래된 것이다.

07 과거에는 대륙이 하나로 연결되어 있어서 남아메리카 대륙과 아프리카 대륙이 붙어있으므로, 메소사우루스는 현재의 남아메리카와 아프리카 지역에서 살았었다. 그 후 대륙이 분리·이동한 지금에는 떨어져 있는 남아메리카와 아프리카에서 모두 화석으로 발견된다.

08 지진은 지구 내부의 급격한 변동으로 땅이 흔들리거나 갈라지는 현상이다. 주로 암석이 오랫동안 큰 힘을 받아서 끊어질 때 발생하지만, 화산이 폭발하거나 마그마가 이동할 때도 발생한다. 이러한 지진은 판의 운동으로 지각의 움직임이 활발할 때 판의 경계에서 주로 일어난다.

09 규모는 지진이 발생한 지점에서 방출된 에너지의 양을 나타낸 것으로 숫자가 클수록 강한 지진이다. 진도는 지진에 의해 어떤 지역에서 땅이 흔들린 정도나 피해 정도를 나타낸 것이다. 지진의 규모는 거리와 상관없이 일정한 값을 가지지만, 진도는 지진 발생 지점으로부터의 거리, 지층의 강한 정도, 건물의 상태에 따라 다른 값을 가진다.

10 진도는 규모와 달리 지진이 발생한 지점으로부터의 거리에 따라 달라진다. 지진이 발생한 지점에서 가까울수록 진도는 커지고, 멀어질수록 진도는 작아진다.

11 지하에서 생성된 마그마가 지각의 약한 틈을 뚫고 지표로 분출하는 현상을 화산 활동이라고 하며, 화산 활동이 일어나면 용암, 화산 가스, 화산탄, 화산재 등의 화산 분출물도 분출한다.

클리닉 + 화산 분출물

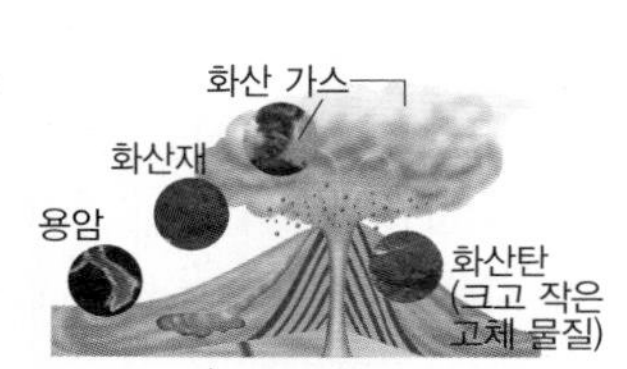

화산 활동이 일어날 때, 분출되는 용암, 화산 가스, 화산재, 화산탄을 뜻한다. 용암은 지표로 분출된 마그마에서 기체가 빠져나간 것이고, 화산 가스는 대부분은 수증기이고, 그 밖에 이산화 탄소, 이산화 황 등이 있다. 화산재는 화산에서 분출된 용암의 부스러기 가운데 크기가 0.25~4 mm 정도의 작은 알갱이로 상공으로 올라가 퍼진다.

12 지진이 자주 발생하는 지진대와 화산 활동이 자주 일어나는 화산대는 전 세계에 골고루 퍼져 있지 않고, 특정한 지역에 띠 모양으로 분포한다.

13 지진대와 화산대의 분포는 거의 일치하며 전 세계에서 특정한 지역에 모여 띠 모양으로 분포한다.

14 환태평양 지진대와 화산대는 태평양의 가장자리에 분포하며 전 세계에서 지진과 화산 활동이 가장 활발한 지역으로 불의 고리라고도 한다. 전 세계에서 발생하는 지진과 화산 활동의 약 70 % 이상이 이 지역에서 발생하고 있다.

15 지구의 표면은 크고 작은 여러 개의 판으로 나뉘어져 있고, 판은 끊임없이 움직인다. 각 판이 움직이는 방향과 속도가 다르므로 판의 경계에서는 판들이 서로 부딪치고 갈라지고 어긋나면서 지각 변동이 자주 일어난다.

16 우리나라가 판의 안쪽에 위치하고 있어 일본에 비해서는 지진이나 화산 활동에 의한 피해가 자주 발생하지는 않지만, 지진이나 화산 활동이 전혀 없는 것은 아니다.

중단원 실전 서논술형 문제

본문 27쪽

01 약 3억 년 전에는 대륙이 하나였다가 서서히 분리되는 과정이다.

| 모범 답안 | (나)－(다)－(가), 베게너가 주장한 대륙 이동설로, 과거에 하나의 커다란 대륙이 서서히 분리되고 이동하여 오늘날과 같은 대륙 분포를 이루었다는 학설이므로 대륙이 하나였다가 서서히 분리되는 과정이다.

채점 기준	배점
이동 순서와 베게너를 쓰고, 대륙 이동설의 과정을 구체적으로 서술한 경우	100%
이동 순서와 베게너만 쓰고, 대륙 이동설의 과정을 서술하지 못한 경우	50%

02 한곳에 살던 식물이 화석이 되었고, 그 대륙이 분리되고 이동하였다.

| 모범 답안 | 원래는 붙어있었던 대륙에서 살던 식물 글로소프테리스가 현재 떨어진 대륙에서 발견되는 것은 대륙이 분리되고 이동하였기 때문이다.

채점 기준	배점
대륙이 분리·이동하는 과정을 서술한 경우	100%
대륙이 분리·이동함을 빼고 그 까닭을 서술한 경우	50%

03 원시 초대륙인 판게아는 서서히 분리되고 이동하였다.

| 모범 답안 | 판게아, 원시 초대륙인 판게아는 서서히 분리되고 이동하였으므로 현재 남아메리카 대륙인 A와 아프리카 대륙인 B도 분리되고 이동하여, 두 대륙의 사이는 서서히 멀어졌다.

채점 기준	배점
판게아를 쓰고, A와 B의 변화를 구체적으로 서술한 경우	100%
판게아만 쓰고, A와 B의 변화를 서술하지 못한 경우	50%

04 베게너는 대륙을 이동시키는 힘을 설명하지 못하였다.

| 모범 답안 | 베게너는 대륙 이동설을 뒷받침하는 여러 가지 증거를 제시하였지만, 거대한 대륙을 이동시키는 힘의 원동력을 설명하지 못하였기 때문에 당시 대부분의 과학자들에게 인정받지 못하였다.

채점 기준	배점
인정받지 못한 까닭을 구체적으로 서술한 경우	100%
인정받지 못한 까닭을 서술하지 못한 경우	0%

05 판의 경계에서는 여러 가지 지각 변동이 일어난다.

| 모범 답안 | 판의 경계에서는 판의 이동으로 두 판이 서로 멀어지기도 하고, 모여들기도 하고, 스치기도 하면서 지각의 움직임이 활발하여 화산 활동과 지진이 자주 발생하기 때문이다.

채점 기준	배점
판의 움직임을 구체적으로 서술하고, 판의 경계에서의 지각 변동을 서술한 경우	100%
판의 움직임만을 구체적으로 서술하거나, 판의 경계에서의 지각 변동만을 서술한 경우	50%

06 판의 안쪽보다는 판의 경계에서 지진과 화산 활동이 자주 일어난다.

| 모범 답안 | 판의 안쪽에 위치한 우리나라는 지진이나 화산 활동에 의한 피해가 자주 발생하지는 않는다. 반면, 여러 개의 판이 만나는 경계에 위치한 일본은 지진이나 화산 활동의 피해가 자주 발생한다.

채점 기준	배점
우리나라와 일본의 경우를 각각 구체적으로 비교하여 서술한 경우	100%
우리나라나 일본 중에서 하나만을 가지고 서술한 경우	50%

Ⅱ 여러 가지 힘

01 중력과 탄성력

중단원 실전 문제

본문 31~33쪽

01 ⑤ 02 ③ 03 ② 04 ⑤ 05 ⑤ 06 ② 07 ③ 08 ⑤
09 10 kg 10 ① 11 ① 12 ③ 13 ② 14 ② 15 ②
16 ⑤ 17 ㄱ, ㄴ, ㄷ, ㅂ 18 ① 19 ㄱ, ㄴ 20 ①

01 볼링공을 레일을 따라 굴리면 힘에 의해 운동 상태만 변한다. 책상 위에서 유리구슬을 손가락으로 굴리는 경우도 힘에 의해 운동 상태만 변한다.

오답 피하기 ①, ②, ③, ④ 힘에 의해 모양만 변한 경우이다.

02 방망이로 날아오는 야구공을 치면 힘에 의해 모양과 운동 상태가 동시에 변한다. 고무풍선을 손으로 칠 때도 모양과 운동 상태가 동시에 변한다.

오답 피하기 ①, ④ 힘에 의해 운동 상태만 변한 경우이다.
②, ⑤ 힘에 의해 모양만 변한 경우이다.

03 5 N인 힘을 모눈종이 2칸으로 나타내면 10 N의 힘은 모눈종이 4칸으로 그린다. 이때 화살표의 방향은 힘의 방향인 왼쪽이다.

04 공은 놓으면 모두 지표면으로 떨어지는데 이는 공에 작용하는 중력 때문이다.
⑤ 같은 물체라도 달, 화성, 지구에서의 중력이 다르므로 작용하는 힘의 크기도 다르다.

05 건물을 지을 때 사용하는 수직추가 항상 지구 중심을 향하는 것은 중력 때문이다.
①, ②, ③, ④ 모두 중력에 의해 나타나는 현상이다.

오답 피하기 ⑤ 탄성력에 의해 늘어난 고무줄이 원래 모양으로 되돌아간다.

06 (가) 지점에 물체가 놓여 있을 때, 물체에 작용하는 중력의 방향은 지구 중심 방향인 C 방향이며, 중력이 작용하는 방향으로 물체가 떨어지므로 물체가 떨어지는 방향도 C 방향이다.

07 ㄱ, ㄷ. 물체의 질량이 클수록 중력이 크며, 달에서의 중력은 지구에서의 중력의 $\frac{1}{6}$이다.

오답 피하기 ㄴ. 행성에 따라 중력의 크기는 달라진다.

08 ㄷ, ㄹ. 달에서 무게가 147 N인 물체의 질량은 $\frac{147\times6}{9.8}$ $=90$(kg)이다. 질량은 물체의 고유한 양이므로 달에서나 지구에서나 질량은 90 kg으로 같다.

오답 피하기 ㄱ. 달과 지구에서의 질량은 모두 90 kg이다.
ㄴ. 지구에서의 중력은 달에서의 6배이므로 이 물체를 지구에 가져가면 무게는 147 N×6=882 N이 된다.

09 지구에서 무게가 98 N인 물체의 질량은 $\frac{98}{9.8}=10$(kg)이다.

10 무게는 물체에 작용하는 중력의 크기이다. 따라서 행성마다 물체의 무게가 다른 까닭은 행성마다 중력이 달라지기 때문이다.

11 용수철저울은 무게를 측정하는 도구이다. 질량을 측정하는 도구로는 윗접시저울이나 양팔저울이 있다.

12 전체 길이가 15 cm인 용수철에 무게가 5 N인 추를 매달았더니 길이가 18 cm가 되었다면 5 N에 의해 3 cm가 늘어난 것이다. 따라서 이 용수철에 무게가 10 N인 추를 매달면 용수철의 늘어난 길이는 5 N : 3 cm=10 N : x에서 x=6 cm이다.

13 그래프로부터 용수철에 무게가 1 N인 추를 매달면 용수철이 3 cm 늘어난다는 것을 알 수 있다. 따라서 이 용수철에 5 N의 추를 매달면 용수철은 15 cm가 늘어나고 7 N의 추를 매달면 용수철은 21 cm가 늘어난다. 따라서 용수철이 늘어난 길이 차이는 21 cm−15 cm= 6 cm이다.

14 용수철에 질량이 1 kg인 물체를 매달았더니 용수철이 2 cm 늘어났다면, 이 용수철은 무게 9.8 N에 의해 2 cm 늘어난 것이다. 따라서 무게가 49 N인 물체를 매달면 용수철이 늘어난 길이는 9.8 N : 2 cm=49 N : x에서 x=10 cm이다.

15 번지 점프대에서 사람이 뛰어내린 후 줄이 늘어났을 때 사람에게 작용하는 힘은 아래로 작용하는 중력과 위로 작용하는 탄성력이다.

16 나무젓가락을 여러 번 돌려서 고무줄을 감은 다음 바닥에 놓으면 고무줄의 탄성력에 의해 자동차가 굴러간다. 탄성력은 물체가 변형되었을 때 원래의 모양으로 되돌아가려는 힘이다.

17 ㄱ, ㄴ, ㄷ, ㅂ. 탄성력을 이용한 예이다.

오답 피하기 ㄹ. ㅁ. 중력을 이용한 예이다.

18 탄성력은 용수철이 변형된 방향과 반대 방향으로 작용하므로 양손으로 용수철을 늘였을 때 오른손에는 왼쪽으로, 왼

손에는 오른쪽으로 탄성력이 작용한다.

19 ㄱ. 탄성력은 용수철이 변형된 방향과 반대 방향으로 작용하므로 늘어난 용수철에는 줄어드는 방향으로 탄성력이 작용한다.

ㄴ. 탄성력의 크기는 탄성체가 변형된 길이에 비례하므로 용수철이 늘어난 길이를 2배로 하면 탄성력의 크기도 2배가 된다.

오답 피하기 ㄷ. 용수철에 물체를 매달 때 탄성력의 크기는 용수철에 매단 물체의 무게와 같다. 달에서의 무게는 지구에서의 $\frac{1}{6}$이므로 질량이 같은 물체를 같은 용수철에 매달 때 지구에서의 탄성력의 크기가 달에서보다 크다.

20 고무로 만든 운동 기구를 많이 늘일수록 힘이 더 많이 든다는 것으로부터 변형이 클수록 탄성력이 크다는 사실을 알 수 있다.

중단원 실전 서논술형 문제 본문 34쪽

01 중력의 영향을 받는 것은 마찰력, 무게 등이다. 따라서 중력이 지금보다 $\frac{1}{2}$로 줄어들면 중력의 크기인 무게도 $\frac{1}{2}$로 줄어들고 마찰력도 줄어든다.

| 모범 답안 | 마찰력은 물체의 무게가 무거울수록 크므로 중력이 $\frac{1}{2}$로 줄어들면 물체의 무게가 감소하므로 마찰력도 감소한다.

채점 기준	배점
달라지는 것과 까닭을 모두 옳게 서술한 경우	100%
달라지는 것만 옳게 서술한 경우	50%

02 우주 정거장은 중력을 느끼지 못하는 무중력 상태이므로 쇠공과 고무공의 무게는 0이다. 따라서 쇠공과 고무공을 공중에 띄워 놓고 입으로 바람을 동시에 불 때 두 공의 움직임이 달라지는 것은 두 공의 질량이 다르기 때문이다.

| 모범 답안 | 우주정거장에서 무게는 0이므로 질량이 다르기 때문에 나타나는 현상이다.

채점 기준	배점
다른 것과 그 까닭을 모두 옳게 서술한 경우	100%
다른 것만 옳게 서술한 경우	50%

03 지구 표면에서 측정한 몸무게보다 더 큰 값이 측정되는 천체는 지구보다 중력이 더 큰 목성과 토성이며, 지구에서 질량이 50 kg인 우주 비행사의 지구에서의 몸무게는 490 N이지만 화성에서는 중력이 작아지므로 186.2 N이다.

| 모범 답안 | (1) 목성과 토성

(2) 질량이 50 kg인 우주 비행사의 지구에서의 몸무게는 $(9.8 \times 50)\text{N} = 490\text{ N}$이고, 화성에서의 몸무게는 $(9.8 \times 50)\text{N} \times 0.38 = 186.2\text{ N}$이다.

채점 기준	배점
지구와 화성에서의 몸무게를 모두 옳게 계산한 경우	100%
지구와 화성 중 한 곳에서의 몸무게만 옳게 계산한 경우	50%

04 이쑤시개를 이용하여 용수철의 처음 위치를 자의 눈금 0에 일치시키는 까닭은 용수철이 늘어난 길이를 정확하고 빠르게 측정하기 위해서이다.

| 모범 답안 | 용수철이 늘어난 길이를 정확하고 빠르게 측정하기 위해

채점 기준	배점
정확하고 빠르게 측정하기 위해라고 서술한 경우	100%

05 용수철 위에 탁구공을 올려놓고 손으로 눌렀다가 놓을 때 탁구공이 튀어 오르는 것은 탄성력 때문이다. 따라서 탁구공을 더 높이 튀어 오르도록 하기 위해서는 용수철을 더 많이 압축시켜야 한다.

| 모범 답안 | 탄성력을 더 크게 하기 위해서 용수철을 더 압축시킨다.

채점 기준	배점
방법과 까닭을 모두 옳게 서술한 경우	100%
방법만 옳게 서술한 경우	50%

06 사람이 아래로 떨어지는 동안 사람에 작용하는 중력의 크기는 일정하지만 발에 매달린 줄이 늘어나는 동안 사람에 작용하는 탄성력의 크기는 점점 증가한다.

| 모범 답안 | 중력의 크기는 일정하지만 줄이 늘어나는 동안 탄성력의 크기는 증가한다.

채점 기준	배점
중력과 탄성력의 크기 변화를 모두 옳게 서술한 경우	100%
중력과 탄성력 중 한 가지만 옳게 서술한 경우	50%

02 마찰력과 부력

중단원 실전 문제 본문 36~38쪽

01 ③ 02 ③ 03 ④ 04 ① 05 ③ 06 ③ 07 ⑤ 08 ②
09 ① 10 ② 11 ② 12 ① 13 30 N 14 ① 15 ④
16 ① 17 ⑤ 18 ③

01 면 요리는 금속 젓가락으로 집으면 면발이 잘 미끄러지지만 나무젓가락으로 집으면 잘 미끄러지지 않아 쉽게 집을 수 있다. 이것은 접촉면의 거칠기에 따른 마찰력의 크기 차이 때문이다.

02 마찰력은 운동 방향과 반대 방향으로 작용한다. 따라서 (가)에서 마찰력은 왼쪽, (나)에서 마찰력은 오른쪽으로 작용한다.

03 마찰력은 운동 방향과 반대 방향으로 작용한다. 따라서 물체를 빗면을 따라 위로 끌어당길 때 물체에 작용하는 마찰력의 방향은 D 방향이다.

04 자전거 체인에 윤활유를 뿌리면 마찰력이 작아져 바퀴가 잘 회전한다. 같은 원리로 스키 바닥에 왁스를 바르면 마찰력이 작아져 스키가 잘 미끄러진다.

오답 피하기 ②, ③, ④, ⑤ 마찰력의 크기를 작게 하여 이용하는 경우이다.

05 빗면을 천천히 들어 올리면서 나무 도막이 미끄러지는 순간의 기울기를 측정하면 나무 도막이 받는 마찰력의 크기를 비교할 수 있다.

06 잔디 위에서 상자 1개보다 상자 2개를 밀 때가 더 힘이 든다. 이는 접촉면의 거칠기가 같은 상태에서 물체의 무게가 달라졌기 때문이다. 마찰력은 물체의 무게가 무거울수록 크다.

07 컬링 경기에서 선수들이 솔로 얼음판을 문지르면 얼음 표면이 살짝 녹는다. 이는 얼음을 녹여 접촉면을 매끄럽게 하여 마찰력을 작게 하기 위해서이다.

08 음료수에 얼음을 넣으면 가라앉지 않고 떠 있다. 얼음을 떠 있게 하는 힘은 얼음에 작용하는 부력이다.

09 부력의 방향은 중력의 방향과 반대이다. 따라서 열기구에 작용하는 부력은 위쪽 방향이며 중력은 아래쪽 방향이다.

10 우주 비행사들이 물속에서 무중력에 대비한 훈련을 할 수 있는 것은 물속에서 작용하는 부력을 이용하기 때문이다.

11 ㄱ, ㄴ. 애드벌룬에 작용하여 애드벌룬이 공기 중에 떠 있게 하는 힘은 부력으로, 물 위에 떠 있는 부표에도 작용한다.

오답 피하기 ㄷ. 애드벌룬을 떠 있게 하는 힘은 부력으로, 부력은 중력과 반대 방향인 위 방향으로 작용한다.

12 부력은 중력과 반대 방향으로 작용한다. 따라서 A와 B에 작용하는 부력의 방향은 모두 위쪽 방향이다.

13 무게가 30 N인 오리 인형이 물 위에 떠 있다면 오리 인형에 작용하는 부력의 크기는 30 N이다.

14 ②, ③ 부력의 크기=공기 중에서 물체의 무게−물속에서 물체의 무게이다. 따라서 (가)에서 물체에 작용하는 부력의 크기는 6 N−5.5 N=0.5 N이고, (나)에서 물체에 작용하는 부력의 크기는 6 N−5 N=1 N이다.
④ 부력은 중력과 반대 방향으로 작용하므로 (가)와 (나)에서 물체에 작용하는 부력의 방향은 위 방향이다.
⑤ 부력은 물속에 잠긴 물체의 부피가 클수록 크다. 따라서 물체가 물에 잠긴 부피가 클수록 부력이 크게 작용하여 용수철저울의 눈금은 작아진다.

오답 피하기 ① 용수철저울의 눈금은 물속에 잠긴 물체의 무게이다.

15 ㄴ. 부피가 큰 B가 A보다 더 큰 부력을 받는다.
ㄷ. 부력은 중력과 반대 방향으로 작용하므로 A와 B가 받는 부력의 방향은 모두 위 방향이다.

오답 피하기 ㄱ. B가 위 방향으로 부력을 더 크게 받으므로 저울은 A 쪽으로 기운다.

16 부력의 크기=공기 중에서 물체의 무게−물속에서 물체의 무게이다. A는 추를 공기 중에서 용수철저울로 측정한 눈금이며, B는 추를 물속에 넣었을 때의 용수철저울의 눈금이므로 추에 작용하는 부력의 크기는 A−B이다.

17 ㄱ, ㄴ. 나무 막대 양쪽에 무게가 같은 추를 매달아 균형을 맞춘 다음, 추를 각각 컵에 넣고 한쪽 컵에만 천천히 물을 부으면 물을 부은 추에 부력이 작용하므로 저울은 왼쪽으로 기운다. 이는 오른쪽 추가 더 큰 부력을 받기 때문이다.
ㄷ. 왼쪽 컵에 물을 부으면 왼쪽 컵 속의 추도 같은 크기의 부력을 받으므로 막대는 다시 수평을 유지한다.

18 (가)에서 용수철의 늘어난 길이가 5 cm이고, (나)에서 용수철의 늘어난 길이가 3.5 cm라면 부력에 의해 감소한 길이는 1.5 cm이다. 따라서 추가 물속에서 받는 부력의 크기는 2 N : 1 cm $=x$: 1.5 cm에서 $x=3$ N이다.

중단원 실전 서논술형 문제

본문 39쪽

01 병뚜껑의 마찰력을 크게 하기 위해서는 접촉면의 거칠기를 거칠게 하면 된다. 따라서 병뚜껑에 고무줄을 감거나 헝겊을 대어 거칠기를 거칠게 하면 된다.

| 모범 답안 | 고무줄을 감아 접촉면의 거칠기를 거칠게 하여 마찰력을 크게 한다.

채점 기준	배점
방법을 마찰력과 관련하여 옳게 서술한 경우	100%
방법만 옳게 서술한 경우	50%

02 (가)와 (나)는 무게가 다르므로 무게와 마찰력의 크기 사이의 관계를 알 수 있다. 또, (가)와 (다)는 무게는 같고 접촉면의 거칠기가 다르므로 접촉면의 거칠기에 따른 마찰력의 관계를 알 수 있다. 마찰력의 크기와 접촉면의 넓이 사이의 관계를 알아보기 위해서는 나무 도막을 세워서 끌면서 움직이는 순간의 눈금을 측정하면 된다.

| 모범 답안 | (1) 물체의 무게와 마찰력의 크기 관계를 알 수 있다.

채점 기준	배점
모범 답안과 같이 서술한 경우에만	100%

(2) 접촉면의 거칠기와 마찰력의 크기 관계를 알 수 있다.

채점 기준	배점
모범 답안과 같이 서술한 경우에만	100%

(3) 나무 도막을 세워서 끌면서 움직이는 순간의 눈금을 측정한다.

채점 기준	배점
접촉면의 넓이를 달리하여 눈금을 측정한다는 서술이 있는 경우는	100%

03 무게가 0.98 N인 추를 물속에 완전히 잠기게 하였더니 용수철저울의 눈금이 0.78 N이 되었다면 물속에서 추에 작용하는 부력의 크기는 0.98 N−0.78N=0.2 N이다. 즉, 용수철저울의 감소한 눈금이 추가 물속에서 받는 부력의 크기이다.

| 모범 답안 | (1) 추가 물속에서 부력을 받기 때문이다.

채점 기준	배점
모범 답안과 같이 서술한 경우에만	100%

(2) 0.98 N−0.78N=0.2 N

채점 기준	배점
과정과 함께 서술한 경우	100%
0.2 N만 쓴 경우	50%

04 잠수함의 경우 부피는 일정하므로 물속에서 받는 부력의 크기는 같다. 따라서 잠수함의 공기 탱크에 물을 넣고 빼고 하면서 잠수함의 무게, 즉 잠수함이 받는 중력의 크기를 조절하여 잠수함을 가라앉게도 물 위에 떠오르게도 한다.

| 모범 답안 | (1) 공기 탱크에 물을 채우면 중력이 부력보다 커지기 때문에 잠수함이 물 아래 깊은 곳으로 내려간다.

채점 기준	배점
방법과 까닭을 모두 옳게 서술한 경우	100%
방법만 옳게 서술한 경우	50%

(2) 공기 탱크 속의 물을 빼내면 중력이 작아지므로 잠수함은 위로 떠오른다.

채점 기준	배점
방법과 까닭을 모두 옳게 서술한 경우	100%
방법만 옳게 서술한 경우	50%

III 생물의 다양성

01 생물의 다양성과 보전

중단원 실전 문제 본문 43~44쪽

01 ④ 02 ④ 03 (가) 04 ① 05 ⑤ 06 (마) 07 ④ 08 ② 09 ③ 10 ① 11 ⑤ 12 ⑤

01 제시된 자료를 보면 남극 생태계에 가장 적은 종류의 생물이 살고 있으므로 남극은 생물 다양성이 가장 낮다.

02 여러 생태계에서 얼마나 다양한 종류의 생물이 살고 있는지 나타낸 것을 생물 다양성이라고 한다.

03 (가)가 (나)보다 나무의 종류가 더 많고, (가)에는 4종류의 나무가 고르게 분포한다.

04 같은 종류의 생물 사이에서 나타나는 생김새나 특성의 차이를 변이라고 한다.

05 같은 종류의 생물에서도 생김새와 특성이 차이가 나는데 이를 변이라고 한다. 변이가 다양할수록 생물 다양성은 높다.

06 생물이 서로 다른 환경에 적응하는 과정을 통해서 생물 다양성이 높아진다.

07 생물 다양성이 높은 생태계는 생물이 멸종될 가능성이 낮다.

08 벼와 보리는 식량을 제공하고, 목화와 누에고치는 의복 재료를 제공한다.

09 (나)는 생물 다양성이 낮은 생태계로 먹이 사슬이 단순하기 때문에 어떤 생물종이 사라지면 그 생물을 먹고 사는 생물도 함께 사라질 수 있다. 그러므로 (나)는 (가)보다 생태계를 안정적으로 유지하기 어렵다.

10 도롱뇽의 서식지를 보호하는 것은 생물 다양성 보전을 위한 활동이다.

11 농경지 확장에 의해 생물의 서식지가 파괴되고 있다.

오답 피하기 ㄱ. 갯벌을 없애고 농경지를 만드는 것은 생물 다양성을 감소시키는 원인이 된다.

12 도로 건설로 동물의 서식지가 나누어진 곳에는 생태 통로를 설치하여 생물 다양성을 보전한다.

오답 피하기 ㄱ. 생태 통로를 설치하여 서식지를 연결하면 생물 다양성 감소를 막을 수 있다.

ㄴ. 도로의 위나 아래에 생태 통로를 설치하면 야생 동물의 서식지를 보전하고, 동물이 사고로 죽는 것을 막을 수 있다.

중단원 실전 서논술형 문제 본문 45쪽

01 한 지역에 살고 있는 생물의 종류가 많으면 생물 다양성이 높다.

| 모범 답안 | (가), (가) 지역에 살고 있는 생물의 종류가 (나) 지역보다 더 많기 때문이다.

채점 기준	배점
생물 다양성이 더 높은 곳이 (가)이고, (가)에 살고 있는 생물의 종류가 (나)보다 많기 때문이라는 내용이 모두 포함된 경우	100%
생물 다양성이 더 높은 곳이 (가)라는 내용만 서술한 경우	50%

02 탐발라코크 나무는 딱딱한 껍질에 싸인 열매 속 종자로 번식한다. 이 열매가 도도에게 먹혀 소화 기관을 통과하면서 껍질이 분해되어야 종자가 싹을 틔울 수 있다.

| 모범 답안 | 탐발라코크 나무의 열매 속 종자는 도도의 몸 속(소화 기관)을 통과해야 싹을 틔울 수 있다. 그래서 도도가 멸종하자 탐발라코크 나무는 종자가 싹트지 못해 그 수가 줄어든 것이다.

채점 기준	배점
도도의 멸종과 종자의 발아 개념을 모두 포함하여 옳게 서술한 경우	100%
도도의 멸종과 종자의 발아 개념 중 한 가지만 포함하여 옳게 서술한 경우	50%

03 도도가 멸종되자 탐발라코크 나무도 멸종 위기로 몰린 것을 볼 때, 생태계에서 한 생물의 멸종이 다른 생물에게도 영향을 줌을 알 수 있다.

| 모범 답안 | 생물 다양성이 높을수록 생물의 멸종 가능성이 낮아지고 생태계 평형이 잘 유지되기 때문이다.

채점 기준	배점
생물 다양성, 멸종 가능성, 생태계 평형을 모두 포함하여 옳게 서술한 경우	100%
생물 다양성과 멸종 가능성 또는 생물 다양성과 생태계 평형 중 한 가지 관계만 포함하여 옳게 서술한 경우	50%

04 같은 종류의 생물들이라도 서로 다른 환경에서 살아갈 때 각각의 환경에 적합한 생물이 살아남을 수 있다.

| 모범 답안 | 같은 종류의 여우가 서로 떨어져서 온도가 다른 환경에서 살아갈 때 각 환경에 유리한 변이를 가진 생물

만이 살아남아 자손을 남긴다. 이 과정이 오랜 시간 반복되면 같은 종류의 여우 간에 차이가 커진다. 이와 같이 변이와 환경에 적응하는 과정을 통해 여우의 생김새가 달라진다.

채점 기준	배점
변이, 환경, 적응의 개념을 모두 포함하여 옳게 서술한 경우	100%
변이, 환경, 적응 중 두 가지의 개념만 포함하여 옳게 서술한 경우	60%
변이, 환경, 적응 중 한 가지의 개념만 포함하여 옳게 서술한 경우	30%

05 포식자인 불가사리가 사라지자 홍합이 번성하여 바위의 대부분 서식 공간을 차지하여 다른 생물이 서식할 공간이 없어졌기 때문이다.

| 모범 답안 | 불가사리의 주요 먹이였던 홍합의 개체 수가 급격히 증가하여 다른 생물들의 서식 공간이 부족해졌기 때문이다.

채점 기준	배점
불가사리의 주요 먹이인 홍합의 개체 수가 증가하여 다른 생물들을 몰아냈음을 포함하여 옳게 서술한 경우	100%
홍합의 개체 수가 증가한 것만 서술한 경우	50%

02 생물의 분류

중단원 실전 문제

본문 47~49쪽

01 ④ **02** ⑤ **03** ② **04** 관계 **05** ② **06** ⑤ **07** ③
08 ① **09** ④ **10** ⑤ **11** (가) 원생생물계, (나) 균계, (다) 식물계
12 ⑤ **13** ③ **14** ① **15** ② **16** ⑤ **17** ① **18** 식물계
19 ⑤ **20** ④

01 생물의 생김새, 속 구조, 한살이, 번식 방법, 호흡 방법 등 생물이 가진 고유한 특징을 기준으로 분류하는 방법을 자연 분류라고 한다.

02 여러 기준으로 생물을 무리 지어 나누는 것을 생물 분류라고 한다.

오답 피하기 ㄱ. 생물 사이에 공통점이 많을수록 가까운 관계에 있다.

03 생물의 쓰임새, 서식지, 식성 등을 기준으로 분류하는 것은 인간의 편의에 따라 분류하는 방법이다.

04 자연 분류의 기준으로 정할 수 있는 생물 고유의 특징에는 생김새, 속 구조, 번식 방법, 호흡 방법 등이 있다.

05 생물 분류 체계는 종<속<과<목<강<문<계의 단계로 이루어진다.

06 사자와 호랑이는 다른 종이고, 진돗개와 풍산개는 같은 종이다. 또한, 라이거는 생식 능력이 없으므로 종이라고 할 수 없다.

07 분류 단계 중 계가 가장 큰 단계이며, 분류 범위를 점차 좁혀 문, 강, 목, 과, 속, 종으로 분류한다.

오답 피하기 ㄴ. 여러 종이 모여 하나의 속이 된다.
ㄷ. 종에서 계로 갈수록 같은 분류 단계에 속한 생물이 다양해진다.

08 핵막이 없는 생물은 젖산균이고, 핵막이 있는 생물 중 단세포 생물은 아메바이다. 따라서 A는 젖산균, B는 아메바, C는 곰팡이이다.

09 젖산균이 속해 있는 생물 무리는 원핵생물계이다.

10 아메바, 짚신벌레, 미역은 원생생물계에 속한다. 원생생물계에 속하는 생물은 모두 핵막으로 둘러싸인 뚜렷한 핵이 있다. 미역은 다세포 생물이며, 광합성을 한다. 아메바, 짚신벌레는 단세포 생물이며, 광합성을 하지 않는다.

11 짚신벌레(가)는 원생생물계, 효모(나)는 균계, 옥수수(다)는 식물계에 속한다.

12 (가) 헬리코박터 파일로리균, 아메바는 단세포 생물이고, (나) 민들레, 개는 다세포 생물이다.

13 A는 원생생물계이다.

오답 피하기 ㄱ. 원생생물계에 속하는 생물은 단세포 생물 또는 다세포 생물이다.
ㄴ. 몸이 균사로 이루어져 있는 것은 균계의 특징이다.

14 ② 미역 – 원생생물계
③ 짚신벌레 – 원생생물계
④ 효모– 균계
⑤ 해파리 – 동물계

15 세포 안에 핵막이 없어서 핵이 뚜렷이 구분되지 않는 생물 무리는 원핵생물계이다. 원핵생물계에 속하는 생물에는 폐렴균, 대장균, 젖산균 등이 있다.

16 ① 균계의 생물은 광합성을 할 수 없다.
② 식물계의 생물은 운동성이 없다.
③ 동물계의 생물은 다세포 생물이다.
④ 원생생물계의 생물은 단세포 생물 또는 다세포 생물이다.

17 버섯, 효모, 곰팡이는 균계에 속한다.

18 식물은 엽록체가 있어 광합성을 하여 스스로 영양분을 만든다. 식물계의 생물은 세포 안에 핵막으로 둘러싸인 뚜렷한 핵이 있다. 또 세포벽이 있으며, 다세포 생물이다.

19 해파리와 지렁이는 동물계, 누룩곰팡이와 효모는 균계, 우산이끼는 식물계에 속한다. 동물계, 균계, 식물계의 공통점은 세포 안에 핵막으로 둘러싸인 뚜렷한 핵이 있다는 점이다.

20 (가)와 (나)로 나누는 것은 핵(핵막)의 유무, (다)와 (라)로 나누는 것은 광합성의 여부가 분류 기준이 될 수 있다. (다)는 식물계이다.

오답 피하기 ㄱ. (가)는 원핵생물계이다.
ㄹ. (라)는 동물계이며, 동물계의 생물은 광합성을 할 수 없다.

중단원 실전 서논술형 문제 본문 50쪽

01 종은 자연 상태에서 번식 능력이 있는 자손을 낳을 수 있는 생물 무리이다. 암말과 수탕나귀가 교배하여 낳은 노새는 번식 능력이 없다. 따라서 말과 당나귀는 서로 다른 종이다.

| 모범 답안 | 말과 당나귀는 다른 종이다. 종은 자연 상태에서 번식 능력이 있는 자손을 낳을 수 있는 생물 무리를 의미하는데, 말과 당나귀 사이에서 태어난 노새는 번식(생식) 능력이 없기 때문이다.

채점 기준	배점
말과 당나귀는 다른 종이라는 것과 그 이유를 모두 포함하여 옳게 서술한 경우	100%
말과 당나귀가 다른 종인 것만 포함하여 서술한 경우	50%

02 돌고래, 상어, 캥거루는 모두 척삭동물문에 속한다. 이 중 돌고래와 캥거루는 같은 강(포유강)에 속하고, 돌고래와 상어는 다른 강에 속한다. 그러므로 돌고래는 상어보다 캥거루와 더 가까운 관계이다.

| 모범 답안 | 돌고래는 캥거루와 더 가까운 관계이다. 이유 : ① 돌고래와 캥거루는 같은 강(포유강)에 속하기 때문이다. ② 돌고래와 캥거루가 같이 속해 있는 분류 단계가 더 낮기(작기) 때문이다.

채점 기준	배점
돌고래는 캥거루와 더 가까운 관계라는 것과 그 이유(① 또는 ②)를 모두 포함하여 옳게 서술한 경우	100%
돌고래는 캥거루와 더 가까운 관계라는 내용만 포함하여 서술한 경우	50%

03 원핵생물계는 핵막이 없어서 핵이 뚜렷이 구분되지 않으며, 대부분 단세포 생물이며, 세포벽이 있어 세포 내부를 보호한다.

| 모범 답안 | 원핵생물계, ① 핵막이 없어서 핵이 뚜렷이 구분되지 않는다, ② 대부분 단세포 생물이다, ③ 세포벽이 있어 세포 내부를 보호한다 중에서 두 가지 특징

채점 기준	배점
원핵생물계 용어와 ①~③ 중 두 가지를 모두 포함하여 옳게 서술한 경우	100%
원핵생물계 용어와 ①~③ 중 한 가지만 포함하여 옳게 서술한 경우	70%
원핵생물계 용어만 포함하여 옳게 서술한 경우	30%

04 식물계에 속하는 생물은 엽록체가 있어 광합성을 할 수 있지만, 균계과 동물계에 속하는 생물은 엽록체가 없어서 광합성을 할 수 없다.

| 모범 답안 | 광합성을 하는지의 여부(엽록체의 유무)로 식물계와 나머지 균계, 동물계를 구분한다.

채점 기준	배점
광합성 개념을 포함하여 옳게 서술한 경우	100%
엽록체 개념을 포함하여 옳게 서술한 경우	100%

05 생물 A가 하늘을 날 수 있다는 점은 운동 기관이 발달해 있음을 의미한다. 또한 곤충을 잡아먹고 산다는 점은 스스로 영양분을 만들지 못해 먹이를 섭취하여 몸 안에서 영양분을 소화·흡수함을 의미한다.

| 모범 답안 | 생물 A는 동물계에 속한다. 이 생물은 스스로 영양분을 만들지 못하고 먹이(곤충)를 섭취하며, 이동(운동)을 할 수 있는 동물계의 특징을 갖고 있기 때문이다.

채점 기준	배점
생물 A가 동물계에 속한다는 것과 그 근거 두 가지를 모두 포함하여 옳게 설명한 경우	100%
생물 A가 동물계에 속한다는 것만 서술한 경우	50%

Ⅳ 기체의 성질

01 입자의 운동

중단원 실전 문제 본문 52~54쪽

01 ⑤ 02 ③ 03 ② 04 ⑤ 05 ③ 06 ㄴ, ㄷ, ㅁ, ㅂ
07 ④ 08 ① 09 ② 10 ⑤ 11 ③ 12 ④ 13 ⑤

01 확산은 입자들이 스스로 운동하여 사방으로 퍼져 나가는 현상이고, 증발이 액체 표면의 입자들이 기체로 떨어져 나오는 현상이다.

02 차가 우러나는 것과 꽃향기가 퍼지는 것은 확산의 예이다.

03 암모니아수가 스스로 운동하여 공간에 고르게 퍼져 나간다. 확산이 끝난 뒤에도 암모니아는 시험관 내부에 고르게 퍼져 존재하므로 솜은 붉게 유지된다. 온도를 높이거나 관을 진공으로 만들어 확산을 방해하는 입자를 줄이면 확산이 더 빠르게 일어난다.

04 입자는 모든 방향으로 자유롭게 이동하면서 골고루 섞인다.

05 온도가 높을수록 입자의 운동이 활발하여 확산이 더 빠르게 일어난다. 또한 확산을 방해하는 입자가 적을수록 확산이 빠르므로 확산은 액체＜기체＜진공으로 퍼질수록 빠르다.

06 빨래가 마르는 것과 젖은 머리가 마르는 것은 증발의 예이다.

07 증발과 확산은 입자가 스스로 운동하여 생기는 현상이다. 입자는 모든 방향으로 자유롭게 운동하며 온도가 높을수록 빠르게 운동한다.

08 에탄올이 증발하여 공기 중으로 퍼져 나가므로 저울에서 측정되는 질량은 점점 감소한다.

09 바닷물을 가두어 물을 증발시키면 소금을 얻을 수 있다. 논바닥이 갈라지거나 고인 물이 줄어드는 것은 증발의 예이다.

10 증발은 액체 표면의 입자들이 스스로 운동하여 기체로 떨어져 나오는 현상이다.

11 증발은 온도가 높을수록, 습도가 낮을수록, 바람이 강하게 불수록, 표면적이 넓을수록 잘 일어난다. 또한 물질마다 증발이 일어나는 속도가 다른데 물보다 아세톤이 더 잘 증발하는 물질이다.

12 증발은 습도가 낮을수록(건조할수록) 잘 일어난다.

13 접시에 담긴 물이 컵에 담긴 물보다 증발이 일어나는 표면적이 넓어서 빨리 줄어든다.

중단원 실전 서논술형 문제 본문 54쪽

01 식초 입자가 스스로 운동하여 국물 전체로 확산하기 때문이다.

| 모범 답안 | 식초 입자가 스스로 운동하여 국물 전체로 퍼진다.

채점 기준	배점
식초 입자의 운동과 퍼지는 현상을 모두 서술한 경우	100%
식초 입자가 퍼지는 것만 서술한 경우	50%

02 온도가 높을수록 입자의 운동이 더 활발해 확산이 더 빠르게 일어나므로 확산이 더 많이 일어난 (나)의 온도가 더 높다.

| 모범 답안 | (나), 온도가 높을수록 입자의 운동이 더 활발해 확산이 더 빠르게 일어난다.

채점 기준	배점
온도가 더 높은 비커와 그 이유를 모두 서술한 경우	100%
온도가 더 높은 비커만 고른 경우	50%

03 증발은 표면적이 넓을수록 더 잘 일어난다.

| 모범 답안 | 표면적이 넓을수록 증발이 더 잘 일어나기 때문이다.

채점 기준	배점
표면적의 변화와 증발이 잘 일어나는 것을 모두 서술한 경우	100%
증발이 잘 일어나는 것만 서술한 경우	50%

02 기체의 압력과 온도에 따른 부피

중단원 실전 문제 본문 56~58쪽

01 ④ 02 ⑤ 03 ⑤ 04 ② 05 (가) 30, (나) 20 06 ⑤
07 ② 08 (가) 40, (나) 2 09 ③ 10 ④ 11 ②, ③ 12 ④
13 ㄱ, ㄴ, ㅁ, ㅂ 14 ① 15 ① 16 B 17 ④ 18 ④

01 압력은 작용하는 힘이 클수록, 힘을 받는 면적이 좁을수록 크다. 면적에 따른 압력의 크기는 (가)와 (나)를 비교해야 하며 (나)<(가)이다. 힘의 크기에 따른 압력의 크기는 (나)와 (다)를 비교해야 하며 (나)<(다)이다.

02 통 속 기체의 충돌 횟수가 증가할수록 압력도 증가하며 통의 크기와 기체의 압력은 반비례한다. 온도가 높아져 기체 입자의 운동 속도가 빠를수록 충돌 횟수와 압력이 증가한다.

03 기체에 가해지는 압력이 증가하면 기체의 부피가 감소하면서 입자 사이의 거리가 가까워지고 충돌 횟수가 증가하여 기체의 압력도 증가한다. 온도가 일정하면 기체 입자의 운동 속도는 변하지 않는다.

04 피스톤을 잡아당기면 주사기 속 기체의 부피가 증가하면서 압력이 감소하고 이로 인해 풍선 속 기체의 부피가 증가하면서 풍선 속 기체의 압력도 감소한다.

05 온도가 일정할 때 일정량의 기체의 압력×부피는 일정하다. 1기압일 때 부피가 60 mL이므로 압력×부피=1×60=60이다. 2×(가)=3×(나)=60이어야 하므로 (가)=30, (나)=20이다.

06 수면으로 올라가면서 수압이 작아져 기체의 부피가 커지는 것이다.

07 (가)는 (대기압 1기압+추 1개의 압력)으로 2기압을 나타내므로 추 1개가 가하는 압력은 1기압이다. 따라서 (나)는 (대기압+추 2개)로 3기압, (다)는 (대기압+추 3개)로 4기압을 받고 있다. 2기압일 때 기체의 부피가 6 L이므로 압력×부피=2×6=12이다. (다)의 경우 4×부피=12가 되어야 하므로 (다)의 부피는 3 L이다.

08 온도가 일정할 때 일정량의 기체의 압력×부피는 일정하다. 4기압일 때 부피가 50mL이므로 압력×부피=4×50=200이다. 5×(가)=(나)×100=200이어야 하므로 (가)=40, (나)=2이다.

09 보일 법칙은 기체의 압력과 부피는 반비례한다는 법칙이다. 하늘 높이 올라가면 기압이 작아져 헬륨 풍선이 부풀어 오르며 감압 용기 안에 들어 있는 공기를 빼내면 압력이 작아져 마시멜로우 속 공기의 부피가 증가한다. 기체의 온도가 높아져서 부피가 증가하는 것은 샤를 법칙의 예이다.

10 수은을 추가하면 공기에 가하는 압력이 증가하여 공기의 부피가 감소하고 입자 사이의 거리는 가까워지며 기체 입자의 충돌 횟수와 기체의 압력이 증가한다.

11 감압 용기의 공기를 빼내면 통 속 기체 입자의 수가 감소하여 통 속 기체 입자의 충돌 횟수와 기체의 압력이 감소하며 그로 인해 풍선 속 기체의 부피는 증가하고 압력은 감소한다.

12 얼음물에 넣으면 플라스크 속 기체의 온도가 낮아지면서 기체 입자의 운동이 둔해지고 기체 입자 사이의 거리가 가까워지며 기체의 부피가 감소해 잉크 방울이 B 방향으로 이동한다. 뜨거운 물에 넣으면 플라스크 속 기체의 온도가 증가하여 기체 입자의 운동이 빨라지고 기체 입자 사이의 거리가 멀어지며 기체의 부피가 증가해 잉크 방울을 A 방향으로 밀어내게 된다.

13 플라스크 속 기체를 가열하면 기체의 온도가 높아져 기체 입자의 운동 속도가 빨라지고 기체의 부피가 커져 기체 입자 사이의 거리가 멀어진다. 기체 입자의 수나 크기는 변하지 않는다.

14 기체의 부피는 기체의 종류와 관계없이 온도가 증가할 때마다 일정한 비율로 증가한다.

15 체온으로 병 속 기체를 가열하여 기체의 부피가 커지면서 동전을 밀어내는 것이다. 높은 산에 오르면 귀가 먹먹해지는 것은 압력이 작아져 귓속 기체의 부피가 커지면서 고막을 밀어내기 때문이다.

16 같은 압력에서는 온도가 높을수록 기체의 부피가 크다.

17 같은 압력에서는 온도가 높을수록 기체의 부피가 크므로 기체의 온도는 (나)<(다)<(가)이어야 한다.

18 온도가 낮아지거나 압력이 커지면 기체의 부피가 감소하고, 온도가 높아지거나 압력이 작아지면 기체의 부피가 증가한다.

중단원 실전 서논술형 문제

본문 59쪽

01 압력은 힘을 받는 면적이 좁을수록 크므로 하이힐을 신고 밟았을 때 더 아프다.

| 모범 답안 | 하이힐, 압력은 힘을 받는 면적이 좁을수록 크다.

채점 기준	배점
더 아픈 경우와 그 이유를 모두 서술한 경우	100%
더 아픈 경우만 서술한 경우	50%

02 하늘 높이 올라가면 기압이 낮아져 과자 봉지 속 기체의 부

피가 증가한다.

| 모범 답안 | (가), 하늘로 올라가면 기압이 낮아져 기체의 부피가 증가한다.

채점 기준	배점
과자 봉지를 고르고 그 이유를 서술한 경우	100%
과자 봉지만 고른 경우	50%

03 날숨을 쉴 때는 횡격막이 올라가고 늑골이 내려와 가슴 속 부피가 작아지고 이로 인해 가슴 속 압력이 증가하면서 기체가 밖으로 나가게 된다.

| 모범 답안 | 가슴 속 부피가 감소하여 압력이 증가한다.

채점 기준	배점
부피 변화와 압력 변화를 모두 서술한 경우	100%
부피 변화와 압력 변화 중 하나만 서술한 경우	50%

04 한쪽 끝은 막고 손으로 피펫의 중앙을 감싸쥐면 체온에 의해 피펫 내부 기체가 가열되어 기체의 부피가 증가하면서 액체 방울을 밀어낸다.

| 모범 답안 | 피펫을 손으로 감싸쥐어 체온으로 피펫 내부 기체를 가열하면 기체의 부피가 증가하면서 액체 방울을 밀어낸다.

채점 기준	배점
방법과 원리를 모두 서술한 경우	100%
방법만 서술한 경우	50%

05 컵 속 기체가 냉각되면서 부피가 감소하여 풍선이 컵 속으로 빨려 들어온다.

| 모범 답안 | 컵 속 기체의 온도가 낮아지면서 기체의 부피도 감소하여 풍선이 컵 안으로 빨려 들어온다.

채점 기준	배점
온도 변화와 부피 변화를 모두 서술한 경우	100%
온도 변화와 부피 변화 중 하나만 서술한 경우	50%

06 고속도로를 달리면 도로와 타이어의 마찰로 인해 타이어가 뜨거워진다. 그러면 타이어 내부 공기의 부피가 증가하여 바퀴가 팽팽하게 부풀어 오른다.

| 모범 답안 | 도로와의 마찰열에 의해 타이어 속 기체의 온도가 높아져 기체의 부피가 증가한다.

채점 기준	배점
온도 변화와 부피 변화를 모두 서술한 경우	100%
온도 변화와 부피 변화 중 하나만 서술한 경우	50%

물질의 상태 변화

01 물질의 상태 변화

중단원 실전 문제

본문 63~65쪽

01 ④ **02** (가) 고체, (나) 기체, (다) 액체 **03** ④ **04** ① **05** ④ **06** ③ **07** ⑤ **08** ④ **09** ① **10** ⑤ **11** (가) 액화, (나) 승화 **12** ① **13** ④ **14** ④ **15** ② **16** ① **17** ② **18** ② **19** 27 g **20** ⑤ **21** ④ **22** ③

01 물질은 온도와 압력에 따라 세 가지 상태로 존재할 수 있다. 고체 상태는 온도와 압력에 따라 부피가 크게 변하지 않고 모양과 부피가 일정하다. 기체 상태는 입자의 배열이 매우 불규칙하고 입자 사이의 거리가 매우 멀다.

02 고체는 입자의 배열이 매우 규칙적이고 입자 사이의 거리가 가까우며 액체는 입자의 배열이 불규칙하고 입자 사이의 거리는 비교적 가깝다. 기체는 입자의 배열이 매우 불규칙하고 입자 사이의 거리가 매우 멀다.

03 고체 상태의 입자는 제자리에서 진동 운동을 하며 흐르는 성질이 없고 쉽게 압축되지 않는다. 기체 상태는 용기에 따라 모양과 부피가 변하며 흐르는 성질과 쉽게 압축되는 성질이 있으며 입자의 운동이 가장 활발하다.

04 상온에서 금은 고체, 물과 아세톤은 액체, 산소와 이산화탄소는 기체 상태로 존재한다.

05 액체를 거치지 않고 고체와 기체 사이에서 일어나는 상태 변화를 승화라고 한다.

06 A는 융해, B는 응고, C는 기화이다.

07 D는 액화, E는 고체에서 기체로의 승화, F는 기체에서 고체로의 승화이다. 철이 녹는 것은 융해(A), 고인 물이 줄어드는 것과 에탄올이 날아가는 것은 기화(C), 냉동실 벽면에 작은 얼음 조각이 생기는 것과 성에가 생기는 것은 기체에서 고체로의 승화(F)이다.

08 호수가 어는 것은 응고, 그늘의 눈이 사라지는 것은 승화의 예이다.

09 A에서 에탄올 성분만 먼저 끓어나와 B에서 다시 액화한다.

10 고추를 말리는 것은 증발의 예이다.

11 (가) 공기 중의 수증기가 컵 표면에서 냉각되어 물방울로 액화한다.
(나) 드라이아이스가 고체에서 기체로 승화한다.

12 A는 기화, B는 융해, C는 응고가 일어난다. 새벽에 안개가 끼는 것은 액화의 예이다.

13 상태 변화가 일어날 때 물질의 부피는 변하지만 물질의 질량이나 성질은 변하지 않는다.

14 상태 변화가 일어나도 물질의 질량은 변하지 않는다.

15 뜨거운 물에 넣으면 아세톤이 기화하면서 부피가 증가한다. 다시 공기 중에서 냉각시키면 아세톤은 액화하면서 부피가 감소한다. 상태 변화가 일어나도 물질의 성질이나 질량은 변하지 않는다.

16 기체 → 액체 → 고체로 상태 변화하면 물질의 부피가 감소한다.

17 고체가 액체로 융해하면 입자 사이의 거리가 멀어진다.

18 기체는 부피가 커서 보관과 운반이 어렵지만 액체로 액화시키면 부피가 크게 줄어 보관과 운반이 쉬워진다.

19 상태 변화가 일어나도 물질의 질량은 변하지 않는다.

20 (가)는 액화, (나)는 기화이다. 물질을 냉각하면 (가)가 일어나면서 부피가 감소하고 입자의 운동이 느려진다. 상태 변화가 일어나도 물질의 질량은 변하지 않는다.

21 아이스크림이 어는 것은 응고, 향수가 줄어드는 것은 기화, 드라이아이스 조각이 작아지는 것은 고체에서 기체로의 승화, 김이 서리는 것은 액화이다.

22 액체가 응고하면서 물질의 부피가 감소하므로 틀을 원하는 크기보다 크게 만들어야 한다.

중단원 실전 서논술형 문제

본문 66쪽

01 기체는 입자 사이의 공간이 많아 쉽게 압축되지만 액체는 입자 사이의 공간이 작아 쉽게 압축되지 않는다.
| 모범 답안 | (가), 기체는 입자 사이의 거리가 멀어 쉽게 압축된다.

채점 기준	배점
압축이 잘 되는 경우를 쓰고 그 이유를 서술한 경우	100%
압축이 잘 되는 것만 쓴 경우	50%

02 얼음은 압력이 높아지면 물로 융해한다. 스케이트를 신고 얼음판에 압력을 가하면 얼음이 녹아 물이 된다.
| 모범 답안 | 얼음에 압력을 가하면 물로 융해한다.

채점 기준	배점
상태 변화와 그 원인을 모두 쓴 경우	100%
상태 변화만 쓴 경우	50%

03 응고가 일어나면 입자 사이의 거리가 가까워지면서 부피가 감소한다.
| 모범 답안 | 부피가 감소한다. 응고가 일어나서 입자 사이의 거리가 가까워졌기 때문이다.

채점 기준	배점
부피 변화와 그 이유를 모두 서술한 경우	100%
부피 변화만 서술한 경우	50%

04 드라이아이스가 승화하면서 부피가 크게 증가해 뚜껑이 열리면서 로켓이 발사된다.
| 모범 답안 | 드라이아이스가 승화하면서 부피가 크게 증가하기 때문이다.

채점 기준	배점
상태 변화와 부피 변화를 모두 서술한 경우	100%
상태 변화와 부피 변화 중 하나만 서술한 경우	50%

05 상태 변화가 일어나도 물질의 성질은 변하지 않으므로 (1), (3) 모두 푸른색 염화 코발트 종이가 붉게 변한다.
| 모범 답안 | 둘다 푸른색 염화 코발트 종이가 붉게 변한다. 상태 변화가 일어나도 물질의 성질은 변하지 않는다.

채점 기준	배점
종이의 색 변화와 물질의 성질 변화를 모두 서술한 경우	100%
종이의 색 변화만 서술한 경우	50%

02 상태 변화와 열에너지

중단원 실전 문제

본문 67~69쪽

01 ① **02** ③ **03** ③ **04** (나) **05** ④ **06** ⑤ **07** ⑤ **08** ③ **09** (나) **10** ③ **11** ⑤ **12** ④ **13** ⑤

01 액체가 고체로 응고하면서 일정하게 유지되는 (나) 구간의

온도를 어는점이라고 한다. 같은 물질의 어는점과 녹는점은 같다.

02 녹는점과 어는점은 물질의 양에 관계없이 일정하며 녹는점에서는 고체와 액체 상태가 공존한다.

03 녹는점이 가장 낮은 물질부터 액체가 된다.

04 액체 상태의 물을 가열하면 온도가 계속 증가하지만 얼음은 물로 상태 변화하는 동안 온도가 일정하게 유지되는 구간이 있다.

05 액체가 기화하면서 일정하게 유지되는 온도를 끓는점이라 한다.

06 물의 어는점은 0°C, 끓는점은 100°C이다. 0°C에서는 얼음의 융해가 일어나며 100°C에서 물의 기화가 일어난다. 융해와 기화가 일어날 때는 가해준 열을 상태 변화에 사용하여 온도가 일정하게 유지된다.

07 끓는점이 같으므로 A, B, C는 같은 물질이다. 같은 물질이므로 A, B, C의 녹는점도 모두 같다. 끓는점에 가장 먼저 도달한 A의 양이 가장 적다.

08 (가) 구간에서 고체 상태이던 물질이 (나) 구간에서 융해하면서 액체가 된다. (다), (라) 구간에서는 물질이 액체 상태로 존재하며 가열하면 온도가 올라갔다가 냉각하면 온도가 낮아진다. (마) 구간에서 응고가 일어나 (바) 구간에서 물질은 고체 상태로 존재한다.

09 (나) 구간에서 열에너지를 흡수하여 물질이 융해된다.

10 물이 기화하면 열에너지를 흡수하여 주변의 온도가 낮아진다.

11 실내기에서 냉매가 기화하면 열에너지를 흡수하여 주변의 온도가 낮아진다. 얼음이 녹는 융해가 일어날 때 열에너지를 흡수하여 주변의 온도가 낮아진다. 응고나 액화가 일어날 때는 열에너지를 방출한다.

12 추운 겨울 호수의 물이 얼거나 과일 창고 속 물이 얼 때는 응고열을 방출하여 주변의 온도가 높아진다. 소나기가 내리기 전 수증기가 물방울로 액화할 때는 액화열을 방출하여 기온이 높아진다. 액화가 일어나는 구간은 (나), 응고가 일어나는 구간은 (라)이다.

13 젖은 모래의 물이 기화하면서 기화열을 흡수하여 항아리 속 온도를 낮춘다. 몸에 묻은 물이 기화하면서 열에너지를 흡수하면 추위를 느낀다.

중단원 실전 서논술형 문제

본문 69쪽

01 온도가 증가하다가 끓는점에 도달하면 모두 기화할 때까지 온도가 일정하게 유지된다.

| 모범 답안 | 온도가 증가하다가 100°C에서 일정하게 유지된다.

채점 기준	배점
끓는점(100°C)을 포함하여 온도 변화를 서술한 경우	100%
온도 변화만 서술한 경우	50%

02 물에 적신 헝겊의 물이 기화하면서 열에너지를 흡수하면 습구의 온도가 낮아진다.

| 모범 답안 | 습구, 물이 기화하면서 열에너지를 흡수한다.

채점 기준	배점
온도가 더 낮은 것을 고르고 그 이유를 서술한 경우	100%
온도가 더 낮은 것만 고른 경우	50%

03 냄비 속 물이 끓는 동안은 열에너지의 흡수가 일어나 가열하여도 온도가 더 이상 오르지 않는다.

| 모범 답안 | 냄비 속 물이 끓으면서 열에너지를 흡수하여 온도가 종이가 타는 온도까지 오르지 않기 때문이다.

채점 기준	배점
열에너지의 출입과 온도 변화를 모두 서술한 경우	100%
온도 변화만 서술한 경우	50%

VI 빛과 파동

01 빛과 색

중단원 실전 문제

본문 72~74쪽

01 빛의 직진 02 ④ 03 ③ 04 ⑤ 05 흰색 06 ② 07 ⑤
08 ④ 09 ① 10 ③ 11 ① 12 ②

01 레이저 쇼, 그림자 놀이, 구름 사이로 비치는 햇살은 모두 빛의 직진에 의한 현상들이다.

02 우리가 물체를 볼 수 있는 까닭은 물체에서 반사된 빛이 우리 눈에 들어오기 때문이다.

03 전등 아래에서 거울을 통해 자신의 얼굴을 볼 때 거울에 비친 얼굴을 보기까지 빛의 경로는 전등 → 얼굴 → 거울 → 눈 순이다.

04 ① (가) 부분은 빨간색과 파란색이 합성되어 자홍색으로 보이는 부분으로 초록색 불을 꺼도 계속 자홍색으로 보인다.
② (나) 부분은 노란색으로 보이다가 초록색 불을 끄면 빨간색으로 보인다.
③ (다) 부분은 청록색으로 보이다가 초록색 불을 끄면 파란색으로 보인다.
④, ⑤ 빨간색, 파란색, 초록색 빛을 조금씩 겹치도록 비추다가 초록색 불을 껐다면 흰색으로 보이던 (라) 부분은 빨간색과 파란색의 합성색인 자홍색으로 보인다.

05 노란색, 자홍색, 청록색이 모두 겹쳐진 부분에서 관찰되는 빛의 색은 흰색이다.

06 초록색과 자홍색(=빨간색+파란색)은 보색 관계이므로 두 가지 색의 빛이 합성되면 흰색으로 보인다.

07 빛이 없는 교실에서 삼각형 모양의 물체에 초록색과 파란색 조명을 비스듬히 비추면 A 부분은 초록색과 파란색이 합성되어 청록색으로 보이며, B 부분은 초록색 빛만 도달하므로 초록색으로 보이고, C 부분은 두 빛이 모두 도달하지 않으므로 검은색으로 보인다. D 부분은 파란색 빛만 도달하므로 파란색으로 보인다.

08 컴퓨터 화면을 확대경으로 관찰하였더니 초록색과 파란색 빛을 내는 영역만 보였다면 컴퓨터 화면은 두 빛의 합성색인 청록색으로 보인다.

09 (가) 부분은 확대했을 때 빨간색, 초록색, 파란색 빛이 모두 보이므로 세 빛의 합성색인 흰색으로 보인다. (나) 부분은 확대했을 때 빨간색과 초록색 빛만 보이므로 이 두 빛의 합성색인 노란색으로 보인다.

10 장미꽃에 노란색(=빨간색+초록색) 조명을 비추었을 때 빨간색 장미꽃은 빨간색 빛만을 반사하므로 빨간색으로 보이고, 초록색 잎은 초록색 빛만을 반사하므로 초록색으로 보인다.

11 청록색은 초록색과 파란색 빛은 반사하지만 빨간색 빛은 흡수한다. 따라서 청록색 조명 아래에서 검은색으로 보이는 물체의 색은 빨간색이다.

12 자홍색은 빨간색과 파란색 빛의 합성색이다. 따라서 A 영역에 빨간색, 파란색, 초록색의 조명을 동시에 비추고 있다가 파란색 조명을 껐다면 A 영역에서 노래를 부르고 있는 가수의 자홍색 옷은 자홍색에서 빨간색으로 변한다.

중단원 실전 서논술형 문제

본문 74쪽

01 스스로 빛을 내는 물체를 광원이라고 한다. 하지만 달은 스스로 빛을 내는 물체가 아니라 태양 빛을 반사하여 밝게 빛나는 것이다. 따라서 우리는 태양 빛이 달에서 반사되어 우리 눈에 들어오기 때문에 달을 볼 수 있는 것이다.
| 모범 답안 | 우리가 달을 보는 것은 태양 빛이 달에서 반사되어 우리 눈에 들어오기 때문이다.

채점 기준	배점
달을 보는 과정을 옳게 서술한 경우	100%
달에서 우리 눈으로 빛이 들어오기 때문이라고 서술한 경우	25%

02 전광판은 빛의 합성을 이용해서 다양한 색을 표현한다. 노란색 풍선은 빨간색과 초록색 다이오드를 켜야 하고, 청록색 바지는 초록색과 파란색 다이오드를 켜야 한다. 이때 두 빛의 합성색이 우리 눈에 보이는 것이다.
| 모범 답안 | 빛의 합성을 이용하므로 노란색 풍선은 빨간색과 초록색 다이오드를 켜야 하고, 청록색 바지는 초록색과 파란색 다이오드를 켜야 한다.

채점 기준	배점
빛의 합성을 이용한다고 언급하고, 다이오드의 색을 옳게 서술한 경우	100%
다이오드의 색만 옳게 서술한 경우	70%

03 정육점에서 빨간색 조명을 많이 사용하는 까닭은 고기의 빨간색을 돋보이게 하여 신선하게 보이도록 하기 위한 것이다. 비슷한 예로 빵집에서 노란색 조명을 사용하면 빵이 더 신선하게 보인다.

| 모범 답안 | 고기의 빨간색을 돋보이게 하여 신선하게 보이게 하기 위해서이다. 빵집에서 노란색 조명을 사용한다.

채점 기준	배점
빨간색 조명을 사용한 까닭과 예를 옳게 서술한 경우	100%
빨간색 조명을 사용한 까닭만 옳게 서술한 경우	50%

02 거울과 렌즈

중단원 실전 문제

본문 76~78쪽

01 ③ 02 ④ 03 ③ 04 ④ 05 ① 06 ① 07 ③ 08 ⑤ 09 ③ 10 ③ 11 ① 12 ② 13 ③ 14 ④ 15 ④ 16 ① 17 ② 18 ②

01 ③ 그림에서 각 A가 20°이면 입사각 B는 90°−20°= 70°이다. 반사 법칙에 따라 입사각과 반사각의 크기가 같으므로 반사각 C도 70°이다.

오답 피하기 ① 입사각은 입사 광선과 법선이 이루는 각으로, 입사각은 각 B이다.
② 반사각은 반사 광선과 법선이 이루는 각으로, 반사각은 각 C이다.
④ 반사 법칙에 의해 입사각과 반사각, 즉 B와 C가 같다.
⑤ 반사 법칙에 의해 입사 광선, 반사 광선, 법선은 같은 평면상에 있어야 한다.

02 일렁이는 수면에서 빛은 사방으로 반사한다. 사방으로 빛이 반사되면 물체를 어느 방향에서나 볼 수 있다.
ㄱ. 빛이 반사되는 경우 항상 반사 법칙이 성립한다.
ㄴ. 일렁이는 수면에서는 빛이 사방으로 반사된다.

오답 피하기 ㄷ. 수면에 물체를 비추어 보려면 잔잔한 수면에서의 빛의 반사와 같이 빛이 한 방향으로 반사되어야 한다.

03 거울에서 물체까지와 거울에서 상까지의 거리는 같다. 따라서 물체에서 거울까지의 거리가 15 cm일 때 거울에서 상까지의 거리도 15 cm이다.

04 평면거울에서는 물체와 대칭인 모습의 상이 생긴다. 따라서 평면거울에 반사된 시계의 모습이 그림과 같다면 현재 시각은 10시 11분이다.

05 숟가락의 볼록한 면 앞에 인형을 놓았을 때 숟가락에 비친 상이 작고 바로 선 상이므로 숟가락의 볼록한 면은 볼록 거울과 같은 역할을 한다. 따라서 인형을 숟가락에서 멀리 놓았을 때 숟가락에 비친 상도 작고 바로 선 상이 된다.

06 거울 가까이 있는 물체를 볼 때 생기는 상의 모습은 작고 바로 선 상이므로 이 거울은 볼록 거울이다. 따라서 이 거울에서 아주 멀리 있는 물체를 볼 때 생기는 상도 작고 바로 선 상이다. 볼록 거울에 의해서는 위치에 관계없이 항상 작고 바로 선 상이 생기는데, 거울과 물체와의 거리가 멀어질수록 상의 크기는 점점 작아진다.

07 거울 가까이 있는 인형이 크고 바로 선 상으로 보이므로 이 거울은 오목 거울이다.
ㄱ, ㄷ. 오목 거울은 자동차 전조등에 이용되며, 나란하게 입사한 빛이 거울 면에 반사된 후 한 점에 모이게 한다.

오답 피하기 ㄴ. 넓은 시야를 제공하기 위해 굽은 길에 이용되는 거울은 볼록 거울이다.

08 어두운 밤에 배들의 안전을 지켜주는 등대에서 나온 빛은 반사판에 반사되어 아주 멀리까지 나아간다. 이러한 등대에는 오목 거울을 사용한다. 오목 거울에 가까이 있는 물체는 크게 확대되어 보인다.

09 숟가락의 앞면의 오목한 부분은 오목 거울과 같으므로 가까이에서 얼굴을 보면 크고 바로 선 상으로 보인다. 뒷면의 볼록한 부분은 볼록 거울과 같으므로 가까이에서 얼굴을 보면 작고 바로 선 상으로 보인다.

10 그림은 빛이 공기 중에서 물속으로 진행하다가 경계면에서 굴절하는 모습을 나타낸 것이다. 그림에서 A는 굴절각으로 입사각보다 작다.

11 렌즈로 아주 멀리 있는 사과를 보았을 때 작고 거꾸로 선 상이 보인다면 이 렌즈는 볼록 렌즈이다. 볼록 렌즈로 사과를 가까이 놓고 보면 사과는 크고 바로 선 상으로 보인다.

12 ② 렌즈 가까이에 인형을 놓았을 때 렌즈가 만드는 상이 크고 바로 선 상이라면 이 렌즈는 볼록 렌즈이다. 볼록 렌즈는 원시용 안경에 사용된다.

오답 피하기 ① 볼록 렌즈이다.
③ 볼록 렌즈는 빛을 한곳에 모으는 성질이 있다.
④ 볼록 렌즈는 가운데가 가장자리보다 두꺼운 렌즈이다.
⑤ 볼록 렌즈에서 인형을 아주 멀리 하면 작고 거꾸로 선 상이 보인다.

13 렌즈에 평행하게 입사한 빛이 한 점에 모이므로 이 렌즈는 볼록 렌즈이다.
ㄱ, ㄴ. 볼록 렌즈는 가운데가 가장자리보다 두꺼운 렌즈이

며, 가까이 있는 물체를 보면 크게 확대되어 보인다.

오답 피하기 ㄷ. 볼록 렌즈로 아주 멀리 있는 물체를 보면 작고 거꾸로 선 상으로 보인다.

14 신문을 집어든 할아버지가 신문을 보기 위해 안경을 썼다면 할아버지는 가까운 곳이 잘 보이지 않는 원시이며, 할아버지가 착용한 안경에 끼워진 렌즈는 볼록 렌즈이다. 볼록 렌즈는 빛을 한 점에 모을 수 있으며, 망원경의 접안렌즈로 사용한다. 또한 가까이 있는 물체를 크게 볼 수 있고, 아주 멀리 있는 물체는 작고 거꾸로 선 상으로 보인다.

④ 가장자리가 가운데보다 두꺼운 렌즈는 오목 렌즈이다.

15 오목 거울과 볼록 렌즈는 나란하게 입사한 빛을 한 점에 모으는 역할을 한다.

오답 피하기 볼록 거울과 오목 렌즈는 나란하게 입사한 빛을 퍼지게 하는 역할을 한다.

16 렌즈에서 아주 멀리 인형을 놓았더니 작고 바로 선 상이 생겼다면 이 렌즈는 오목 렌즈이다. 인형을 오목 렌즈에 가까이 놓았을 때 렌즈에 의해 생기는 상은 실물보다 작고 바로 선 상이다.

17 렌즈로 가까이 있는 사과를 보았을 때 작게 보였다면 이 렌즈는 오목 렌즈이다.

ㄷ. 오목 렌즈는 근시 교정용 안경에 사용된다.

오답 피하기 ㄱ, ㄴ, ㄹ. 볼록 렌즈를 이용한다.

18 자동차 안개등에 사용하는 렌즈는 오목 렌즈이며, 오목 렌즈를 사용하는 까닭은 빛을 바깥쪽으로 퍼뜨리기 위해서이다.

중단원 실전 서논술형 문제

본문 79쪽

01 거울에서 빛이 반사할 때 반사 법칙이 성립한다. 즉, 입사각의 크기와 반사각의 크기는 같다.

| 모범 답안 | 거울 면에서 빛이 반사할 때 입사각과 반사각의 크기는 같다.

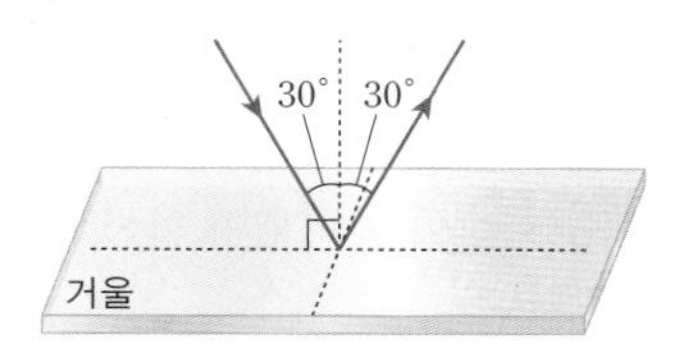

채점 기준	배점
그림을 옳게 그리고, 그 까닭을 옳게 서술한 경우	100%
그림만 옳게 그린 경우	80%

02 잠망경에는 평면거울 두 개가 설치되어 있다. 따라서 잠망경에 비치는 상은 물체와 두 번 대칭이 일어나므로 실제와 같은 모습으로 보인다.

| 모범 답안 | (1) 대칭의 상이 아닌 실물과 같은 모습으로 보인다.

(2) 평면거울 두 개에 의해 두 번 반사되었기 때문이다.

채점 기준	배점
(1), (2)를 모두 옳게 서술한 경우	100%
(1)만 옳게 서술한 경우	50%

03 풍선을 불어서 보면 앞부분은 볼록 거울이 되고, 뒷부분은 오목 거울이 된다. 따라서 앞부분에는 작고 바로 선 상이 보이고 뒷부분에는 작고 거꾸로 선 상이 보인다.

| 모범 답안 | 앞부분은 볼록 거울, 뒷부분은 오목 거울이기 때문이다.

채점 기준	배점
앞부분과 뒷부분을 모두 거울에 맞게 서술한 경우	100%
한 부분만 거울에 맞게 서술한 경우	50%

04 자동차의 측면 거울에 '사물이 거울에 보이는 것보다 가까이 있음'이라는 문구가 쓰여 있는 까닭은 볼록 거울에 의해 물체가 작게 보이므로 멀리 있는 것처럼 보이기 때문이다.

| 모범 답안 | 볼록 거울, 물체가 작게 보이므로 멀리 있는 것처럼 보이기 때문이다.

채점 기준	배점
거울의 종류와 까닭을 모두 옳게 서술한 경우	100%
거울의 종류만 옳게 쓴 경우	50%

05 동전이 들어 있는 컵에 물을 부으면 보이지 않았던 동전이 보이는데, 그 까닭은 물속에서 공기 중으로 빛이 진행할 때 굴절하기 때문이다.

| 모범 답안 | 물속에서 공기 중으로 빛이 진행할 때 굴절하기 때문에

채점 기준	배점
빛의 굴절과 관련하여 옳게 서술한 경우	100%
굴절 현상 때문이라고만 서술한 경우	30%

06 컵에 물을 부으면 물이 든 컵은 볼록 렌즈가 된다. 따라서 컵 뒤에 멀리 있는 화살표의 방향이 바뀐다.

| 모범 답안 | 물이 든 컵, 볼록 렌즈

채점 기준	배점
렌즈 역할을 하는 것과 렌즈의 종류 두 가지를 모두 옳게 쓴 경우	100%
렌즈 역할을 하는 것과 렌즈의 종류 중 한 가지만 옳게 쓴 경우	50%

03 소리와 파동

중단원 실전 문제 본문 81~83쪽

01 ⑤ 02 (가) 소리, (나) 지진파, (다) 물결파 03 ② 04 ② 05 ① 06 ⑤ 07 매질 : 사람, 파동의 종류 : 종파 08 ① 09 ② 10 ⑤ 11 ② 12 ⑤ 13 ④ 14 ① 15 ④ 16 ④ 17 ③

01 ㄱ, ㄴ. 파동이 시작되는 지점을 파원이라고 하고, 물체의 운동이 한 점을 중심으로 왔다갔다 반복되는 현상을 진동이라고 한다.
ㄷ. 파동은 한곳에서 만들어진 진동이 주위로 퍼져 나가는 현상이다.

02 (가)는 소리, (나)는 지진파, (다)는 물결파이다.

03 용수철로 만든 파동이 오른쪽으로 진행하고 있다. 오른쪽으로 조금 진행한 파동을 그려보면 용수철 A, B, C에 묶여 있는 리본이 다음 순간 움직이는 방향은 A는 아래쪽, B는 위쪽, C는 아래쪽임을 알 수 있다.

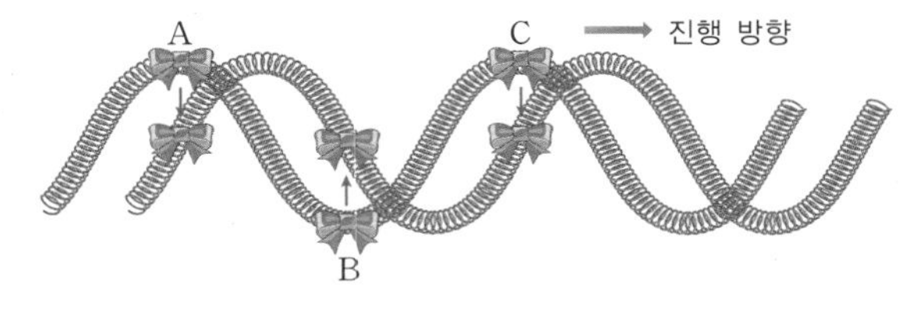

04 용수철에 리본을 매단 까닭은 매질의 움직임을 알아보기 위해서이다.

05 용수철 파동이 오른쪽으로 진행할 때 리본은 제자리에서 좌우로 움직인다.

06 파도에 의해 해안가 암석이 깎여 만들어진 해안 절벽은 파동에 의해 에너지가 전달되기 때문에 나타난 현상이다.
ㄴ. 지진파에 의해 에너지가 전달되어 건물이나 도로가 무너진다.
ㄷ. 초음파를 이용하여 안경에 붙은 이물질을 제거한다. 이는 초음파의 에너지가 전달되기 때문에 가능하다.
오답 피하기 ㄱ. 에너지가 이동하는 것이 아니라 바람이 직접 이동하여 깃발이 흔들리는 것이다.

07 사람들이 옆 사람과 어깨동무를 하고 오른쪽과 왼쪽으로 움직이면서 응원하는 모습을 파동에 비유할 때 매질은 사람에 해당하며, 파동의 종류는 종파이다.

08 (가)는 용수철을 위아래로 흔들어 나타난 파동인 횡파이고, (나)는 용수철을 앞뒤로 흔들어 나타난 파동인 종파이다. 횡파에는 빛, 물결파, 지진파의 S파 등이 있고, 종파에는 소리, 지진파의 P파 등이 있다.

09 파장은 마루와 다음 마루 사이의 거리인 C이고, 진폭은 진동 중심에서 마루까지의 거리인 A이다.

10 ⑤ 종파에서는 빽빽한 곳과 다음 빽빽한 곳, 또는 듬성듬성한 곳에서 다음 듬성듬성한 곳까지의 거리를 파장이라고 한다.
오답 피하기 ① 용수철을 앞뒤로 흔들 때 나타난 파동은 종파이다.
② 종파의 예로 소리, 지진파의 P파 등이 있다. 물결파는 횡파이다.
③ 파동이 진행할 때 매질은 제자리에서 진동만 한다.
④ 종파는 파동의 진행 방향과 매질의 진동 방향이 나란하다.

11 소리가 발생하여 전달되는 과정은 다음과 같다.
물체의 진동 → 공기의 진동→ 고막의 진동

12 ① 소리는 매질인 공기의 진동 방향과 소리의 진행 방향이 나란한 종파이므로 북을 치면 공기의 진동으로 인해 촛불은 앞뒤로 흔들린다.
②, ③ 북을 치면 북의 막의 진동으로 소리가 발생하고, 공기의 진동으로 북 소리가 전달된다.
④ 공기는 매질이 없는 곳에서는 전달되지 않으므로 만약 공기가 없다면 북 소리는 전달되지 않는다.
⑤ 공기는 제자리에서 앞뒤로 진동하며 소리를 전달한다. 즉, 공기가 직접 이동하는 것은 아니다.

13 소리굽쇠를 고무망치로 칠 때, 약하게 치다가 세게 치면 파동의 진동수는 변하지 않지만 진폭은 약하게 치면 작고 세게 치면 크다.

14 강철 자의 길이를 일정하게 하고 튕기는 폭을 점점 크게 하면 진폭이 커져 강철 자가 내는 소리가 점점 커진다.

15 강철 자의 튕기는 폭을 일정하게 하고, 자의 길이를 점점 길게 하면 진동수가 점점 작아져 점점 낮은 소리가 난다.

16 소리의 크기가 크려면 진폭이 더 커져야 하고, 높은 소리이려면 진동수가 더 커져야 한다.

17 두 소리의 파형이 다르므로 두 소리는 다르게 들린다.
ㄱ. 사람마다 목소리의 파형이 다르므로 목소리로 사람을 구별할 수 있다.
ㄴ. 악기마다 소리의 파형이 다르므로 같은 음이라도 피아노 소리와 오보에 소리가 다르다.
오답 피하기 ㄷ. 기타 줄을 약하게 퉁길 때와 세게 퉁길 때 소리가 다른 것은 소리의 진폭이 달라 소리의 크기가 다르기 때문이다.

중단원 실전 서논술형 문제

본문 84쪽

01 한곳에서 생긴 진동이 퍼져 나가는 것이 파동이며, 파동이 진행할 때 매질은 제자리에서 진동만 한다.

| 모범 답안 | 물결은 주위로 퍼져 나가지만 탁구공은 제자리에서 위아래로 진동한다.

채점 기준	배점
두 가지 모두 옳게 서술한 경우	100%
한 가지만 옳게 서술한 경우	50%

02 파도타기 응원을 파동에 비유하면 사람은 매질이 된다. 사람이 위아래로 움직일 때 파도가 이동하므로 파도타기 응원은 횡파에 비유할 수 있다.

| 모범 답안 | 횡파, 사람의 움직임과 파도의 이동 방향이 수직이므로

채점 기준	배점
파동의 종류와 까닭을 모두 옳게 서술한 경우	100%
파동의 종류만 옳게 쓴 경우	50%

03 횡파에서 파동의 가장 높은 곳은 마루, 가장 낮은 곳은 골이다. 진폭은 진동 중심에서 마루나 골까지의 수직 거리이며, 파장은 마루에서 다음 마루, 또는 골에서 다음 골까지의 수평 거리이다.

| 모범 답안 | 진폭은 진동 중심에서 마루나 골까지의 거리이며, 파장은 마루에서 다음 마루, 또는 골에서 다음 골까지의 거리이다.

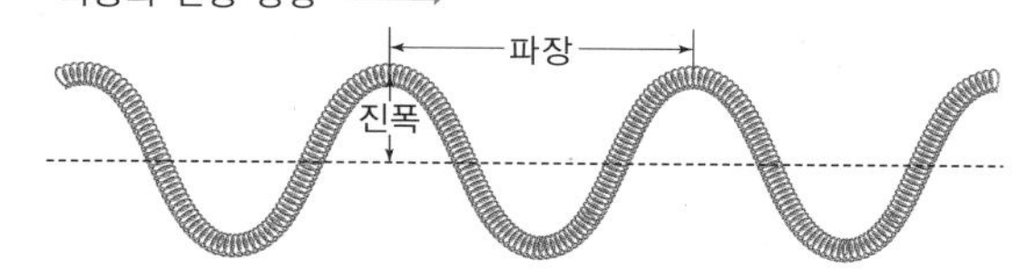

채점 기준	배점
그림에 옳게 표시하고, 진폭과 파장을 옳게 서술한 경우	100%
그림에 옳게 표시만 한 경우	50%

04 소리는 매질이 없으면 전달되지 않는다. 따라서 휴대 전화의 벨 소리가 들리지 않게 하는 방법은 간이 공기 펌프의 용기 안의 공기를 빼내는 것이다.

| 모범 답안 | 소리는 매질이 없으면 전달되지 않으므로 간이 공기 펌프의 용기 안의 공기를 빼낸다.

채점 기준	배점
방법과 까닭을 모두 옳게 서술한 경우	100%
방법만 옳게 서술한 경우	50%

05 라디오 볼륨을 줄이면 라디오에서 나는 소리의 크기가 작아진다. 소리의 크기는 진폭에 따라 달라지므로 라디오 소리가 작아지는 것은 진폭이 작아지는 것이다.

| 모범 답안 | 라디오 볼륨을 줄이면 진폭이 작아지므로 소리의 크기가 점점 작아진다.

채점 기준	배점
세 단어를 모두 사용하여 옳게 서술한 경우	100%
두 단어만 사용하여 서술한 경우	70%
한 단어만 사용하여 서술한 경우	30%

06 막대를 이용하여 유리병을 치면 유리병이 진동하여 소리가 난다. 이때 유리병에 물을 넣으면 물이 유리병의 진동을 방해하므로 물의 양이 많을수록 낮은 소리가 난다.

| 모범 답안 | (가), 물이 유리병의 진동을 방해하므로 물의 양이 많을수록 낮은 소리가 난다.

채점 기준	배점
유리병과 까닭을 모두 옳게 서술한 경우	100%
유리병만 옳게 서술한 경우	50%

VII 과학과 나의 미래

01 과학과 현재, 미래의 직업

중단원 실전 문제 본문 86~87쪽

01 ② 02 ③ 03 ④ 04 과학적 의사소통 능력 05 ⑤ 06 ④ 07 사물 인터넷 08 ㄱ, ㄴ, ㄹ

01 과학자는 과학적 탐구 과정을 거쳐 자연 현상을 전문적으로 연구하는 사람으로, 물리학자, 천문학자, 생명 과학자, 유전학자, 지질학자, 기상학자 등이 해당된다.

오답 피하기 ㄱ. 의사 → 의료 관련 직업
ㄷ. 과학 기자 → 과학 교육 관련 직업
ㄹ. 우주 공학자 → 공학자
ㅂ. 에너지 공학자 → 공학자

02 공학자는 과학자들이 밝혀낸 지식과 방법을 활용하여 일상생활을 편리하게 만드는 기술을 개발하는 사람이다.

오답 피하기 ㄷ. 과학과 공학은 밀접한 관련이 있어 과학자와 공학자를 구분하기 어려운 경우가 많다.

03 국가 직무 능력 표준(NCS)에 따른 과학 관련 직업 분류에서 생명 공학 분야에는 생물학자, 생명 과학 기술 공학자, 유전자 감식 연구원, 생물학 연구원 등이 있다.

오답 피하기 ① 조향사 → 화학 분야
② 태양 전지 연구원 → 재료 소재 분야
③ 물리학자 → 자연 과학 분야
⑤ 초전도체 연구원 → 재료 소재 분야

04 과학적 의사소통 능력은 자기의 생각을 말, 글, 그림 등으로 표현하여 주장하고, 다른 사람의 생각을 이해하고 조정하는 능력이다.

05 과학 기술은 급속도로 발전하고 있다. 따라서 과학 관련 직업을 잘 수행하기 위해서는 새로운 과학 기술 환경에 적응하기 위해 지속적으로 배우고 익히는 평생 학습 능력이 필요하다.

클리닉 + 과학 관련 직업 역량
① 과학적 사고력 ② 과학적 문제 해결력 ③ 과학적 탐구 능력
④ 과학적 의사소통 능력 ⑤ 과학적 참여와 평생 학습 능력

06 손상된 유물을 수리하여 새 생명을 불어 넣는 일을 하는 문화재 보존 연구원에게는 문화재 관련 역사적 지식도 필요하지만, 유물을 복원하기 위한 다양한 과학적 지식과 탐구 방법도 필요하다.

07 미래 과학 기술로는 사물 인터넷, 인공 지능 로봇, 무인기(드론), 3D 프린터, 가상 현실 등이 있다.

08 정보 기술 사회에서는 정보 보안 전문가, 사물 인터넷 개발자, 전자 상거래 전문가 등이, 생명 공학 기술 사회에서는 유전 상담 전문가, 의약품 기술자 등이, 스마트 디지털 기술 사회에서는 아바타 개발자 등이, 다문화에 따른 국제화 사회에서는 문화 갈등 해결원 등이 유망가거나 새로 생길 직업이다.

중단원 실전 서논술형 문제 본문 87쪽

01 과학적 지식이 없이는 질병을 진단하고 치료할 수 없다.

| 모범 답안 | 몸의 구조와 기능에 대한 과학적 지식을 바탕으로 질병을 진단하고 치료하기 때문이다.

채점 기준	배점
몸의 구조, 기능, 과학적 지식이라는 내용이 포함된 경우	100%
과학적 지식이라는 내용만 포함된 경우	50%
과학이라는 용어가 빠져 있는 경우	20%

02 과학 기술이 발달하면 질병에 대한 여러 가지 정보가 더 많이 밝혀진다.

| 모범 답안 | 과학 기술의 발달로 질병에 대한 여러 가지 정보가 더 밝혀지면서 질병을 예측하고, 관련 의약품이나 치료 방법을 개발하는 직업이 현재보다 더 많이 필요하기 때문이다.

채점 기준	배점
질병의 예측, 치료 약품 등의 구체적인 내용으로 서술한 경우	100%
위의 2가지 사항 중에서 1가지만으로 서술한 경우	50%

03 과학 기술이 발달하면서 만화가는 종이 대신 컴퓨터를 사용한다.

| 모범 답안 | 만화가가 그림을 그릴 때, 예전에는 종이에 직접 그림을 그렸고 만화를 책으로 발표했지만, 최근에는 주로 컴퓨터를 이용하여 그리며, 만화를 인터넷 사이트에 발표하기도 한다.

채점 기준	배점
만화가의 과거와 현재의 변화를 2가지 서술한 경우	100%
만화가의 과거와 현재의 변화를 1가지만 서술한 경우	50%

EBS 중학

뉴런 미니북

과학 1 핵심 족보

지구계와 지권의 층상 구조

1 지구계

1. **계** : 커다란 전체 안에서 서로 영향을 주고받는 구성 요소들의 모임
   예 생태계, 순환계, 태양계, 지구계 등

2. **지구계** : 지구의 구성 요소가 서로 영향을 주고받는 구성 요소들의 모임

3. **지구계의 구성 요소**

구분	특징
지권	• 지구의 겉 부분인 지구 표면과 지구 내부 • 생명체에 서식처 제공 • 수권이나 기권보다 큰 부피를 차지 • 대부분 고체 상태로 존재
수권	• 지구에 있는 물 • 해수, 빙하, 지하수, 강물, 호수의 물 • 지구 표면의 약 70 % 차지 • 육지의 물은 대부분 빙하로 존재
기권	• 지구를 둘러싼 대기 • 지표면~높이 약 1000 km까지 분포 • 여러 기체로 구성됨 • 기상 현상이 나타남
생물권	• 지구에 살고 있는 생물 • 지권, 수권, 기권에 걸쳐 넓게 분포 • 사람을 비롯한 동물, 식물, 모든 생명체 포함
외권	• 기권 바깥 영역의 우주 공간 • 태양, 달 등의 천체를 포함 • 태양은 지구 환경과 생물에 많은 영향을 줌

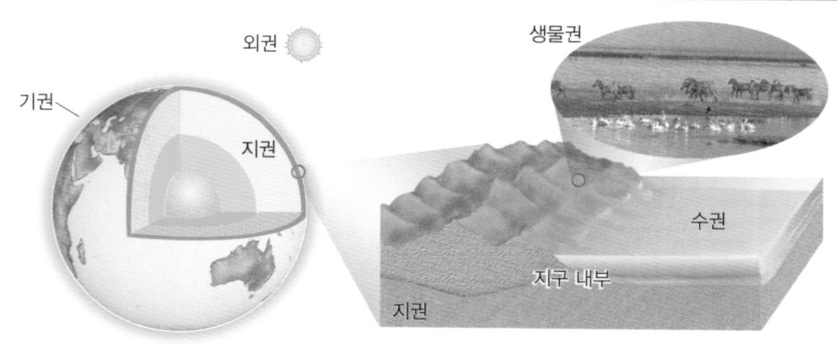

▲ 지구계의 구성 요소

❷ 지구 내부 조사 방법

1. 물체 내부 조사 방법

직접적인 방법	간접적인 방법
• 물체를 직접 잘라보기 • 눈으로 직접 들여다보기	• 초음파, X선으로 내부 조사하기 • 자기 공명 영상 장치로 내부 조사하기

2. 지구 내부 조사 방법

직접적인 방법	간접적인 방법
• 시추법(땅 파기) • 화산 분출물 조사	• 운석 연구 • 지진파 분석 연구

3. 지진파 조사 : 지구 내부를 가장 효과적으로 알 수 있는 방법

지진파	• 지진이 발생할 때 생겨난 파동 • 지구 내부에서 사방으로 전달되는 진동 • 물질에 따라 전달되는 빠르기가 다르다.

❸ 지권의 층상 구조

1. 지구 내부 층상 구조를 알아내는 방법 : 지진파를 분석

2. 지권의 층상 구조 : 4개의 층으로 나뉨

지각	• 가장 바깥쪽에 있는 층 • 고체 상태 • 대륙 지각 : 두께 약 35 km, 화강암질 암석 • 해양 지각 : 두께 약 5 km, 현무암질 암석
맨틀	• 모호면~깊이 약 2900 km • 고체 상태 • 지구 전체 부피의 약 80 % 차지 • 지각보다 무거운 물질
외핵	• 깊이 약 2900~5100 km • 액체 상태로 추정 • 주로 철과 니켈로 구성
내핵	• 깊이 약 5100 km~지구 중심 • 고체 상태로 추정 • 무거운 철과 니켈로 구성

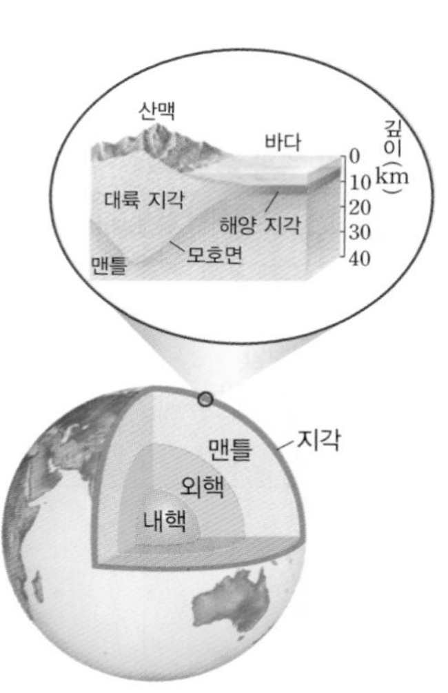

▲ 지권의 층상 구조

암석의 순환

1 화성암

1. **암석의 분류** : 암석은 생성 과정에 따라 화성암, 퇴적암, 변성암으로 구분함

암석의 종류	생성 과정
화성암	마그마가 식어서 굳어진 암석
퇴적암	퇴적물이 다져지고 굳어져서 만들어진 암석
변성암	암석이 높은 열과 압력을 받아 변성되어 만들어진 암석

2. **화성암** : 지하 깊은 곳에서 만들어진 마그마가 지표로 흘러나오거나 지하에서 식어서 굳어진 암석

3. **생성 장소에 따른 화성암의 분류**

분류	생성 장소	냉각 속도	알갱이의 크기
화산암	지표 부근	빠름	작다
심성암	지하 깊은 곳	느림	크다

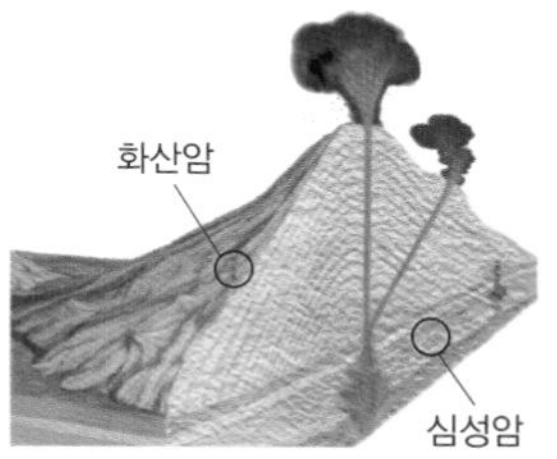

▲ 화성암의 생성 장소

4. **암석의 색에 따른 화성암의 분류**

분류	화성암의 종류
밝은 색	유문암, 화강암
어두운 색	현무암, 반려암

5. **암석의 색과 광물 결정에 따른 화성암의 분류**

암석의 색 / 결정 크기	어둡다 ←→ 밝다	
화산암 (작은 결정)	현무암	유문암
심성암 (큰 결정)	반려암	화강암

2 퇴적암

1. 퇴적암의 생성 과정

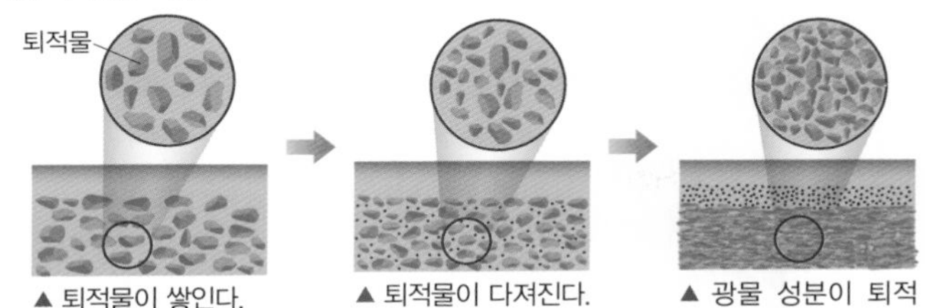

▲ 퇴적물이 쌓인다.　▲ 퇴적물이 다져진다.　▲ 광물 성분이 퇴적물을 붙인다.

2. 생성 장소에 따른 퇴적암의 종류

➡ 해안가에서 멀어질수록 퇴적물의 크기가 작아진다.

구분	퇴적물의 크기에 따라		
퇴적물	자갈	모래	진흙
퇴적암	역암	사암	셰일(이암)

▲ 퇴적암의 생성 장소

3. 퇴적물의 종류에 따른 퇴적암의 종류

구분	퇴적물의 종류에 따라		
퇴적물	석회 물질	화산재	소금
퇴적암	석회암	응회암	암염

4. 퇴적암의 특징 : 층리, 화석

층리	알갱이의 크기나 색이 다른 퇴적물이 번갈아 쌓여 만들어진 나란한 줄무늬
화석	과거에 살았던 생물의 유해나 흔적

▲ 층리

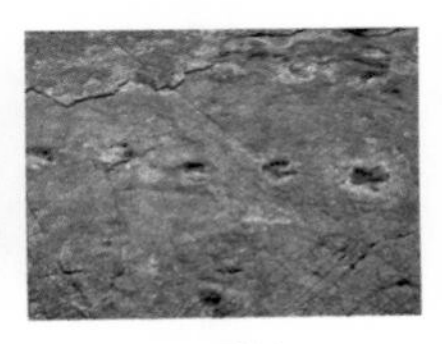

▲ 화석

③ 변성암

1. **변성암** : 암석이 높은 열과 압력을 받아서 성질이 변하여 만들어진 새로운 암석

2. **변성암의 생성 과정**

구분	암석이 높은 열과 압력을 동시에 받을 때	암석이 높은 열을 받을 때
생성 작용	변성암	변성암 화성암 (마그마)

3. **변성암의 종류**

변성 전 암석	셰일	사암	석회암	화강암
변성암	편암, 편마암	규암	대리암	편마암

4. **변성암의 특징** : 엽리, 재결정

엽리	열과 압력을 동시에 받을 때 암석 속의 알갱이가 압력 방향에 수직으로 배열되면서 만들어진 줄무늬
재결정	변성 작용이 일어나는 과정에서 암석을 이루는 알갱이가 커지거나 새로운 알갱이가 만들어짐

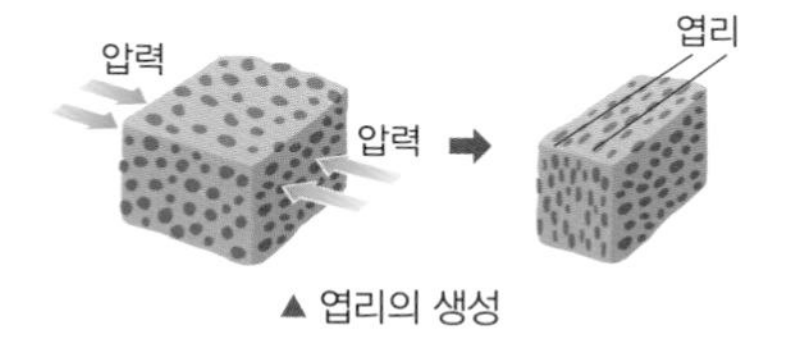

▲ 엽리의 생성

④ 암석의 순환

암석은 생성된 후 주변 환경이 달라지면 새로운 환경의 영향을 받아 끊임없이 다른 암석으로 변한다.

예 지표의 변성암 → 비와 바람 때문에 부서짐→ 강을 따라 운반되어 퇴적물로 쌓임 → 퇴적암

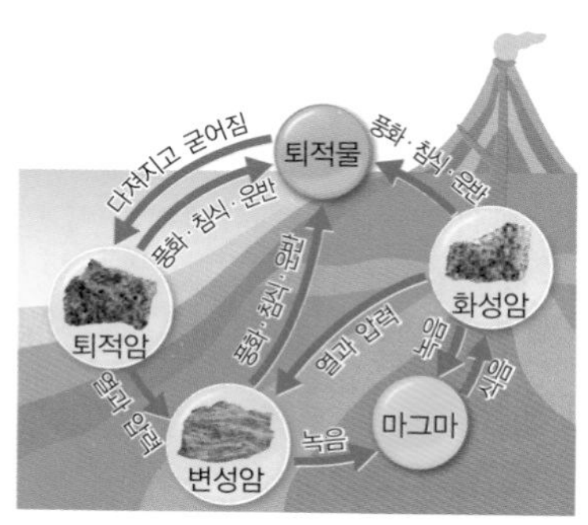

광물과 토양

1 광물

1. **광물** : 암석을 이루는 각각의 알갱이로, 약 5000여 종으로 매우 다양함
2. **조암 광물** : 암석을 구성하는 주된 광물로, 가장 많은 광물은 장석이고, 두 번째로 많은 광물은 석영이다.

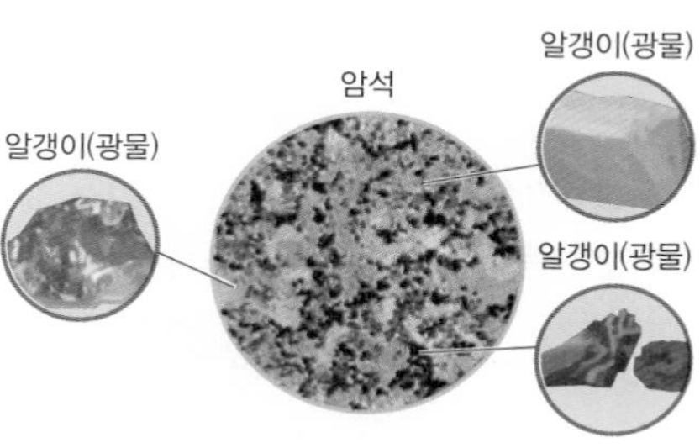

▲ 암석과 광물

3. **대표적인 조암 광물**

구분	밝은 색 조암 광물	어두운 색 조암 광물
광물	장석, 석영	흑운모, 각섬석, 휘석, 감람석

조암 광물의 부피비 ▶

2 광물의 특성

1. **색** : 광물 겉보기 색

광물	석영	방해석	장석	흑운모	감람석
사진					
색	무색, 흰색	무색, 흰색	흰색, 분홍색	검은색	황록색

2. **조흔색** : 광물 가루의 색

광물	금	황철석	황동석
색	노란색		
조흔색	노란색	검은색	녹흑색

광물	흑운모	적철석	자철석
색	검은색		
조흔색	흰색	붉은색	검은색

▲ 조흔색 확인하기

3. **굳기** : 광물의 단단한 정도로, 두 광물을 서로 긁어보면, 덜 단단한 광물에 흠집이 생긴다.
   예 석영과 방해석을 서로 긁어보면, 방해석에 흠집이 생긴다.
   ➡ 굳기 : 석영>방해석

▲ 광물의 굳기 비교

4. **자성** : 자석처럼 쇠붙이를 끌어당기는 성질 예 자철석
5. **염산 반응** : 묽은 염산과 반응하여 기체가 발생하는 성질 예 방해석

▲ 자철석의 자성

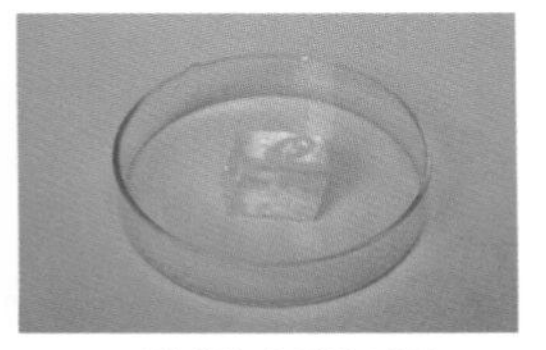
▲ 방해석의 염산 반응

3 풍화

1. **풍화** : 지표에 있는 암석이 오랜 시간에 걸쳐 잘게 부서지고 성분이 변하는 현상
   (1) **풍화의 주요 원인** : 물, 공기, 생물
   (2) **풍화 작용** : 풍화를 일으키는 모든 작용
2. **물이 어는 작용에 의한 풍화**

암석의 크고 작은 틈 사이로 물이 스며든다.

스며든 물이 얼면 암석의 틈이 더 넓어지고 더 많은 틈이 생긴다.

이러한 과정이 계속해서 반복되면 암석이 잘게 부서진다.

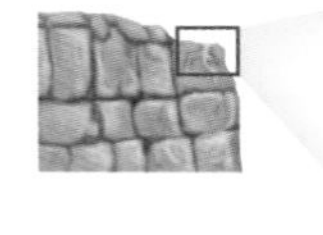

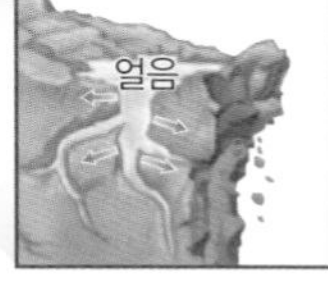

▲ 물이 어는 작용에 의한 풍화

3. **산소에 의한 풍화** : 암석의 표면이 공기 중의 산소에 의해 약화되어 암석이 부서진다.
4. **이끼에 의한 풍화** : 암석 표면을 덮은 이끼가 여러 가지 성분을 배출하여 암석을 녹인다.

5. **식물 뿌리에 의한 풍화** : 암석의 틈에 식물의 뿌리가 자라면서 틈이 점점 벌어져 암석이 부서진다.

6. **지하수에 의한 풍화** : 석회암 지대를 흐르는 지하수는 암석을 녹여 석회 동굴과 같은 지형을 만든다.

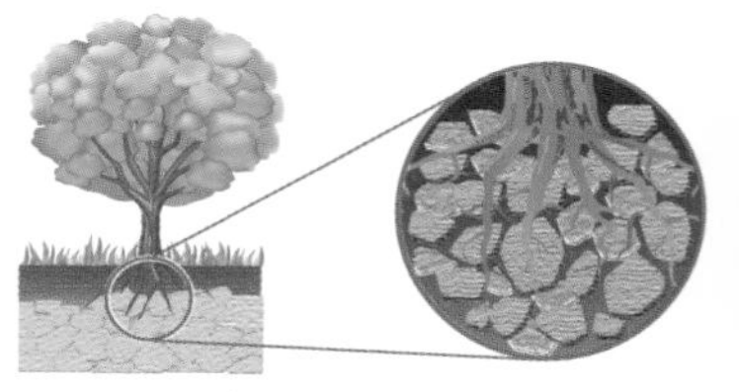

▲ 식물의 뿌리에 의한 풍화

▲ 지하수에 의한 풍화

4 토양

1. **토양** : 암석이 오랜 시간 동안 풍화를 받아 잘게 부셔져서 생성된 흙

2. **토양의 의의**
   - 토양은 나뭇잎이나 동식물이 썩어서 만들어진 물질을 포함하고 있어 식물이 자라는 데 중요한 역할을 한다.
   - 비옥한 토양이 만들어지기까지는 매우 오랜 시간이 걸린다.

3. **토양의 생성 과정**

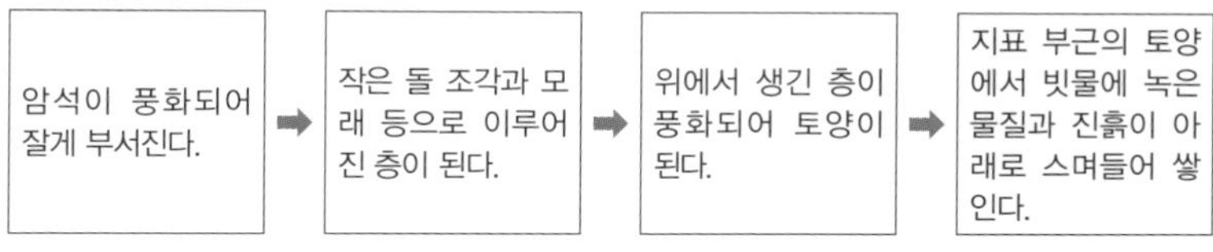

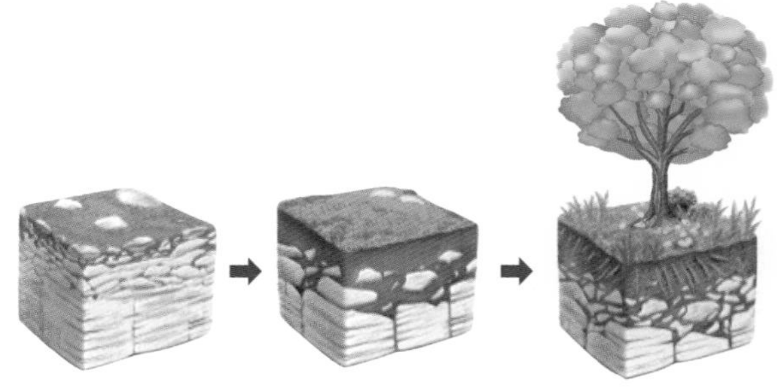

▲ 토양의 생성 과정

4. **토양의 보존과 관리** : 토양이 오염되거나 유실되지 않도록 보존과 관리에 많은 노력을 기울여야 한다.

04 지권의 운동

1 대륙 이동설

1. **대륙 이동설** : 과거에 하나로 모여 있던 거대한 대륙이 갈라지고 이동하여 오늘날과 같은 대륙 분포를 이루었다는 학설
   - 1912년 베게너가 주장함
   - 여러 증거를 제시하였으나 대륙을 이동시키는 힘의 근원을 설명하지 못함 ➡ 발표 당시 대부분의 과학자들에게 인정받지 못함
   - 시간이 지난 후 대륙을 이동시키는 힘의 근원이 밝혀지면서 인정받음

▲ 시기별 대륙 이동의 모습

2. 대륙 이동의 여러 가지 증거

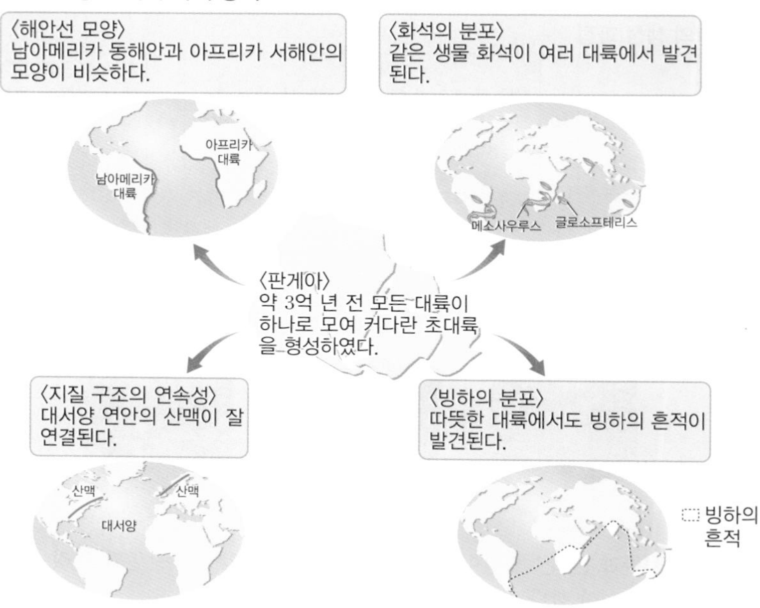

2 지진대와 화산대

1. **지진** : 지구 내부의 지각 변동으로 땅이 흔들리거나 갈라지는 현상

2. **지진의 세기** : 규모, 진도

규모	• 지진이 발생한 지점에서 방출된 에너지의 양을 나타낸 것 • 보통 아라비아 숫자로 표기 예 규모 2.1, 규모 7.3
진도	• 지진에 의해 어떤 지역에서 땅이 흔들린 정도나 피해 정도를 나타낸 것 • 보통 로마자로 표기 예 진도 Ⅲ, 진도 Ⅶ

3. **화산 활동** : 지하에서 생성된 마그마가 지표로 분출하는 현상

4. **지진대와 화산대** : 지진대와 화산대의 분포는 거의 일치하며, 특정한 지역에 띠 모양으로 분포함

지진대	화산대
지진이 자주 발생하는 지역	화산 활동이 자주 일어나는 지역
• 지진 발생 지역	▲ 화산 활동 지역

3 판의 경계

판	판의 경계
• 지각과 맨틀의 윗부분을 포함한 단단한 암석층 • 여러 개의 크고 작은 조각으로 나뉨 • 각 판이 움직이는 속도나 방향은 각각 다름	• 지진이나 화산 활동과 같은 지각 변동은 주로 판의 경계 부근에서 일어남 • 지진대, 화산대는 판의 경계와 거의 일치함

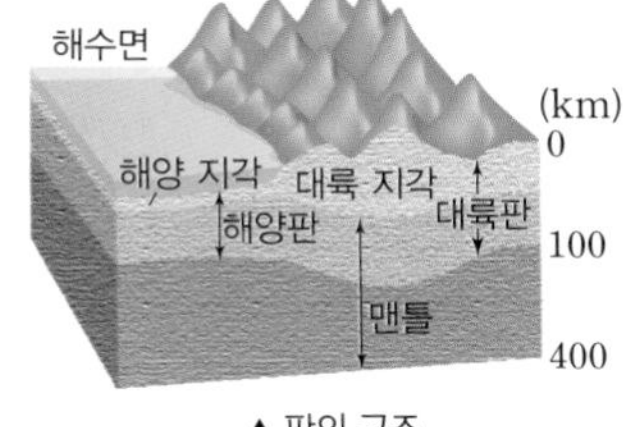

▲ 판의 구조

중력과 탄성력

1 힘의 표현

1. **힘** : 물체의 모양이나 운동 상태(운동 방향, 빠르기)를 변하게 하는 원인
2. **힘의 효과**

모양의 변화	운동 상태의 변화	모양과 운동 상태의 변화
밀가루 반죽을 잡아당기면 모양이 변한다.	당구공을 큐대로 치면 공의 빠르기가 변한다.	야구공을 방망이로 치면 공의 모양이 찌그러지면서 운동 방향과 빠르기가 동시에 변한다.

3. **힘의 표현** : 힘은 화살표로 표현
   (1) **힘의 방향** : 화살표의 방향
   (2) **힘의 크기** : 화살표의 길이
   ➡ 2 N의 힘을 1 cm로 나타낸다면 6 N의 힘은 3 cm로 나타낸다.

4. **힘의 단위** : N(뉴턴)

2 중력

1. **중력** : 지구가 물체를 당기는 힘
   ➡ 중력에 의해 물체의 무겁고 가벼움이 나타난다.
2. **중력의 방향** : 연직 아래 방향, 즉 지구 중심 방향
   • 비행기에서 뛰어내린 스카이다이버는 지면을 향해 떨어진다.
   • 들고 있던 물체를 가만히 놓으면 지구 어디에서나 물체는 지면을 향해 떨어진다.

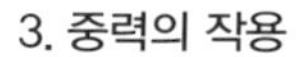

3. **중력의 작용**
   • 무거운 물체일수록 물체에 작용하는 중력의 크기가 크다.
   • 지표면에 있는 물체뿐만 아니라 공중에 떠 있는 물체에도 작용한다.

4. 중력에 의한 현상

고드름이 아래로 자란다.	실에 매달린 추가 아래를 향한다.	사과가 아래로 떨어진다.	폭포에서 물이 아래로 떨어진다.

3 무게와 질량

1. 무게 : 물체에 작용하는 중력의 크기

(1) 단위 : N(뉴턴)

(2) 측정 도구 : 용수철저울, 체중계, 가정용저울 등

(3) 장소에 따른 물체의 무게 : 무게는 물체에 작용하는 중력의 크기이므로 중력이 달라지면 무게도 달라진다.

2. 질량 : 물체가 가진 고유한 양

(1) 단위 : kg(킬로그램), g(그램)

(2) 측정 도구 : 양팔저울, 윗접시저울 등

(3) 장소에 따른 물체의 질량 : 질량은 물체의 고유한 양이므로 장소에 따라 변하지 않는다.

3. 달에서의 무게와 질량

(1) 달에서의 무게 : 달에서의 중력은 지구에서의 $\frac{1}{6}$이다. ➡ 무게는 지구에서의 $\frac{1}{6}$이다.

(2) 달에서의 질량 : 지구에서와 같다.

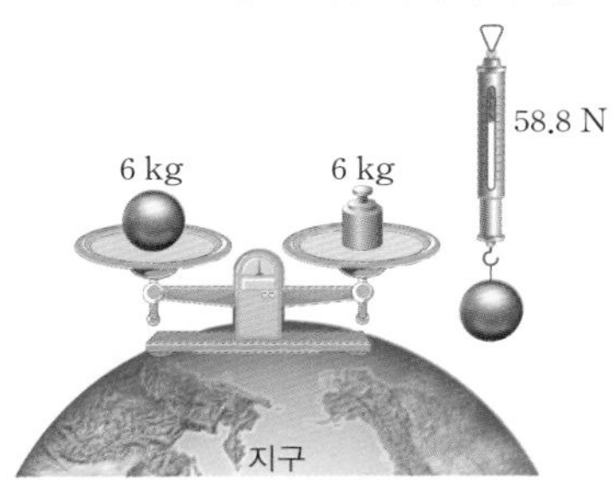

▲ 지구에서의 무게와 질량

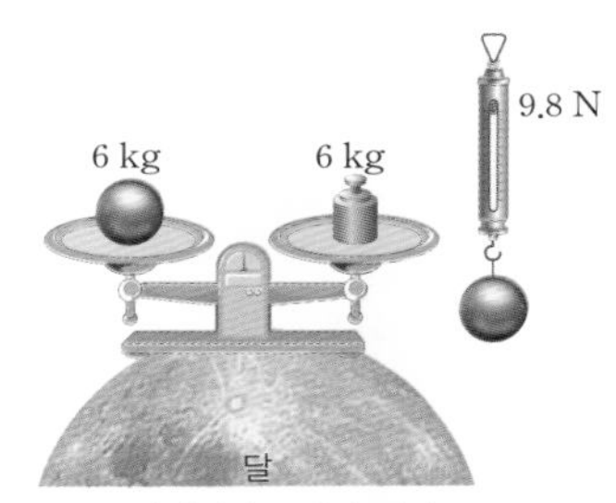

▲ 달에서의 무게와 질량

4. 지구에서의 무게와 질량

- 질량이 1 kg인 물체의 무게: 약 9.8 N
- 지구에서 무게는 질량에 비례한다.
  ➡ 무게(N)=9.8×질량(kg)

4 용수철을 이용한 무게 측정

1. **추의 무게와 용수철이 늘어난 길이** : 용수철에 매단 추의 무게가 2배, 3배, …로 증가하면 용수철이 늘어난 길이도 2배, 3배, …로 증가한다.
   ➡ 용수철이 늘어나는 길이는 추의 무게에 비례한다.
2. **물체의 무게 측정** : 용수철이 늘어난 길이는 용수철에 매단 물체의 무게에 비례하는 성질을 이용하여 물체의 무게를 측정할 수 있다.
   예 용수철저울, 체중계, 가정용저울 등

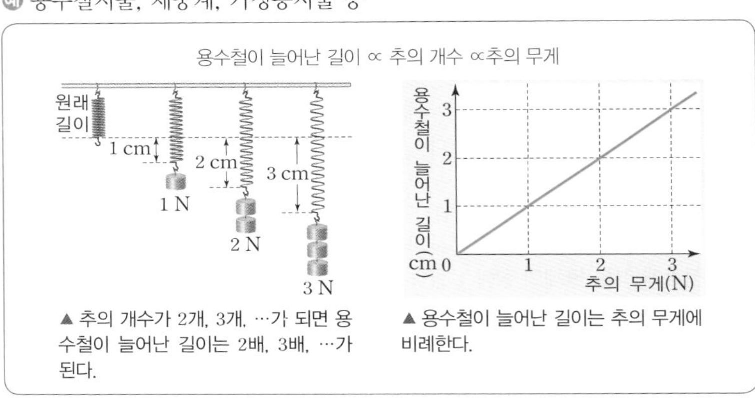

▲ 추의 개수가 2개, 3개, …가 되면 용수철이 늘어난 길이는 2배, 3배, …가 된다.

▲ 용수철이 늘어난 길이는 추의 무게에 비례한다.

5 탄성과 탄성력

1. **탄성** : 힘을 받아 변형된 물체가 원래의 모습으로 되돌아가려는 성질
2. **탄성력** : 물체가 변형되었을 때 원래의 모습으로 되돌아가려는 힘
3. **탄성체** : 고무줄, 용수철과 같이 탄성을 가진 물체

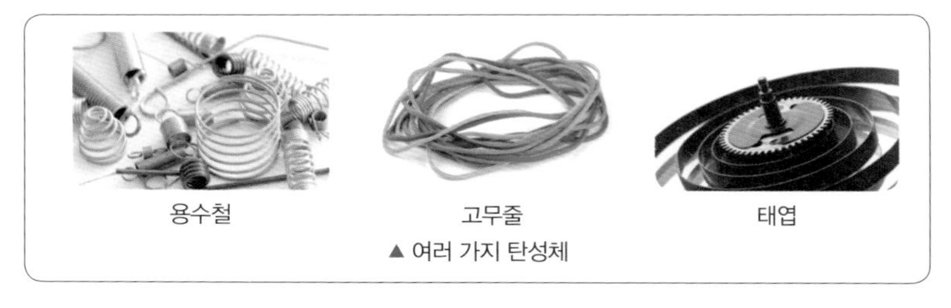

▲ 여러 가지 탄성체

4. 탄성력의 이용

자전거 안장	트램펄린	장대높이뛰기	구름판
용수철의 탄성력을 이용하여 충격을 흡수한다.	사람이 그물망과 용수철의 탄성력을 이용하여 튀어오른다.	장대의 탄성력을 이용하여 높이 뛰어오른다.	구름판의 탄성력을 이용하여 높이 뛰어오를 수 있다.

6 탄성력의 특징

1. **탄성력의 방향** : 탄성체에 작용하는 힘의 방향과 반대 방향으로 작용한다. ➡ 탄성체를 변형시켰을 때 탄성체가 원래 모양으로 되돌아가려는 방향으로 작용한다.
2. **용수철을 밀거나 당길 때 탄성력의 방향**

용수철을 밀었을 때 탄성력의 방향	용수철을 잡아당겼을 때 탄성력의 방향
용수철의 원래 길이 미는 힘 미는 힘 탄성력 탄성력	용수철의 원래 길이 당기는 힘 당기는 힘 탄성력 탄성력
용수철을 안쪽으로 밀면 탄성력은 바깥쪽으로 작용한다.	용수철을 바깥쪽으로 당기면 탄성력은 안쪽으로 작용한다.

3. **탄성력의 크기** : 탄성체에 작용한 힘의 크기와 같다.
   - 탄성체의 변형 정도가 클수록 크다. ➡ 탄성체의 변형 정도에 비례한다.
   - 활이 크게 변형될수록 화살에 작용하는 탄성력이 커져 화살이 멀리 날아간다.

▲ 변형이 작다. → 탄성력이 작다.

▲ 변형이 크다. → 탄성력이 크다.

마찰력과 부력

1 마찰력

1. **마찰력** : 두 물체의 접촉면 사이에서 물체의 운동을 방해하는 힘
2. **마찰력의 방향** : 물체의 운동을 방해하는 방향으로 작용
   (1) 물체가 정지해 있는 경우 : 물체에 작용하는 힘의 방향과 반대 방향으로 작용
   (2) 물체가 운동하는 경우 : 물체의 운동 방향과 반대 방향으로 작용

물체가 정지해 있는 경우	물체가 운동하는 경우	
힘의 방향 정지 마찰력	운동 방향 마찰력	운동 방향 마찰력

3. **마찰력의 이용**

마찰력이 커야 편리한 경우		마찰력이 작아야 편리한 경우	
자동차 바퀴에 스노우 체인을 감으면 마찰력이 커져서 눈길에서 잘 미끄러지지 않는다.	바닥이 울퉁불퉁한 등산화는 마찰력이 커서 잘 미끄러지지 않는다.	자전거 체인에 윤활유를 뿌리면 마찰력이 작아져 바퀴가 잘 회전한다.	미끄럼틀에 물을 흘려 주면 마찰력이 작아져서 잘 미끄러진다.

2 마찰력의 크기

1. **마찰력의 크기** : 물체가 움직이지 않을 때 마찰력의 크기는 물체에 작용한 힘의 크기와 같다.
2. **빗면을 이용한 마찰력의 크기 비교**
   - 빗면을 들어 올릴 때 물체가 바로 미끄러지지 않는 것은 마찰력 때문이다.
   - 빗면의 기울기가 커질수록 물체에 작용하는 마찰력도 커진다.
   - 물체가 미끄러지는 순간의 빗면의 기울기가 클수록 마찰력이 크다.

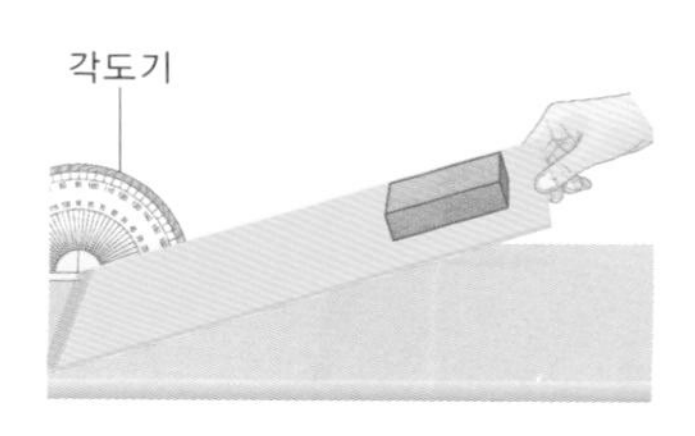

• 나무 도막이 미끄러지는 순간의 빗면의 기울기 : 사포 > 종이 > 비닐
➡ 마찰력의 크기 : 사포 > 종이 > 비닐
➡ 접촉면의 거칠수록 마찰력이 크다는 것을 알 수 있다.

2. 마찰력의 크기에 영향을 미치는 요인

(1) 접촉면의 거칠기 : 접촉면이 거칠수록 마찰력이 크다.

(2) 물체의 무게 : 물체의 무게가 무거울수록 마찰력이 크다.

접촉면의 거칠기와 마찰력의 관계		물체의 무게와 마찰력의 관계	

흙의 표면이 눈의 표면보다 거칠어 마찰력이 커서 썰매를 끌기가 어렵다.		빈 수레보다 짐을 많이 실은 수레의 마찰력이 커서 움직이기 힘들다.	

3 부력

1. 부력 : 액체가 물체를 밀어 올리는 힘

2. 부력의 방향 : 물체에 작용하는 중력과 반대 방향

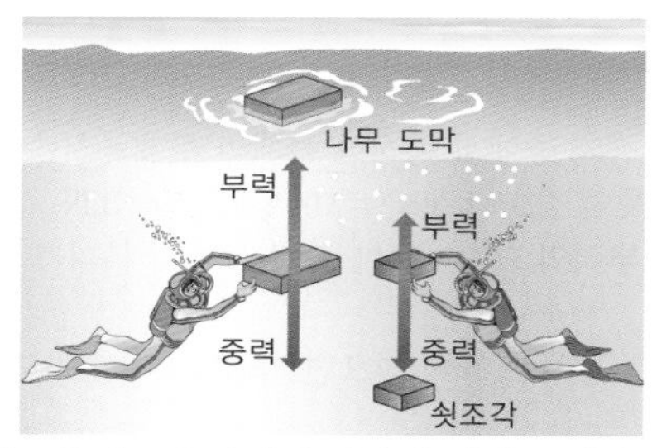

(1) **부력 > 중력일 때** : 중력보다 부력의 영향이 커서 물체가 중력과 반대 방향으로 떠오르게 된다.

(2) **부력 < 중력일 때** : 부력보다 중력의 영향이 커서 물체는 가라앉는다. 하지만 부력의 영향으로 물체가 더 가볍게 느껴진다.

3. 기체 속에서의 부력 : 부력은 공기와 같은 기체 속에서도 작용한다.

• 헬륨 풍선이 위로 올라가는 것은 공기가 풍선에 위쪽으로 부력을 작용하기 때문이다.

• 열기구 속에 뜨거운 공기를 채워 부피를 크게 하면 열기구에 작용하는 부력이 커져 열기구가 떠오른다.

4. 부력의 이용

튜브	화물선	비행선	열기구
튜브 안에 공기가 들어 있어 사람이 물에 뜨는 데 도움을 준다.	화물을 가득 실은 무거운 화물선은 부력을 받아 물 위에 뜬다.	비행선은 공기의 부력을 받아 위로 떠오른다.	열기구에 작용하는 부력을 크게 하면 열기구가 떠오른다.

4 부력의 크기

1. 물에 잠긴 물체에 작용하는 부력의 크기

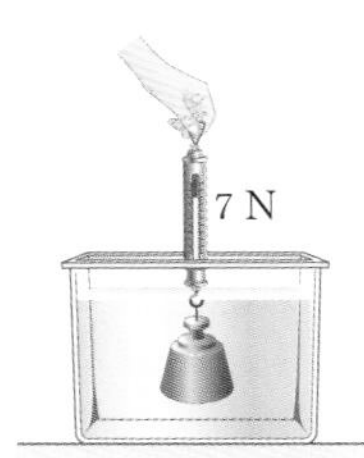

➡ 부력의 크기＝공기 중에서 측정한 물체의 무게－물속에서 측정한 물체의 무게＝용수철저울의 감소한 눈금＝10 N－7 N＝3 N

2. 물에 잠긴 부피와 부력의 크기 : 물에 잠긴 물체의 부피가 클수록 부력이 더 크게 작용한다.

- 알루미늄 포일을 뭉쳐서 물에 넣으면 가라앉지만, 배 모양으로 만들어서 물에 넣으면 물 위에 뜬다.

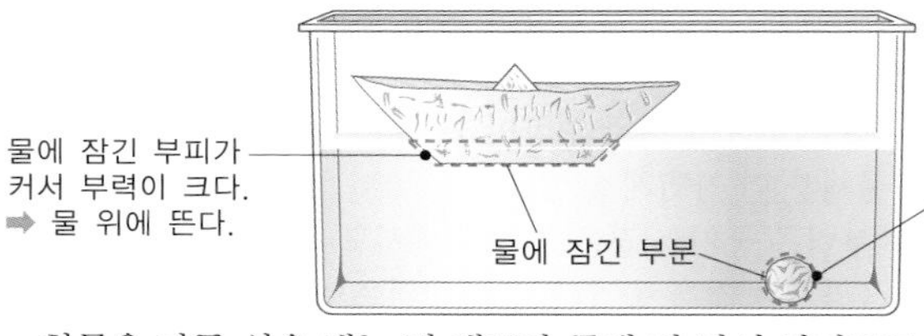

- 화물을 가득 실은 배는 빈 배보다 물에 더 많이 잠기므로 부력이 더 크게 작용한다.
- 물체가 물속에 절반 정도 잠겼을 때보다 완전히 잠겼을 때 부력이 더 크다.

생물의 다양성과 보전

1 생물의 다양성

1. **생물 다양성** : 여러 생태계에서 얼마나 다양한 종류의 생물이 살고 있는지 나타낸 것 ➡ 지구에는 숲, 초원, 사막, 습지, 갯벌, 호수, 바다 등 여러 종류의 생태계가 있으며, 각 생태계에는 다양한 생물이 살고 있다.
   (1) 생태계가 다양할수록 지구 전체의 생물 다양성은 높아진다.
   (2) 한 지역에 살고 있는 생물의 종류가 많으면 생물 다양성이 높다.
   (3) 같은 종류의 생물에서 생김새와 특성이 다양하면 생물 다양성이 높다.

▲ 숲

▲ 초원

▲ 사막

▲ 바다

2 환경과 생물 다양성

변이와 환경에 적응하는 과정을 통해 생물 다양성이 높아진다.

1. **변이** : 같은 종류의 생물 사이에서 나타나는 생김새나 특성의 차이

얼룩말의 줄무늬 색깔과 간격이 조금씩 다르다.	바지락의 껍데기 무늬가 조금씩 다르다.	달팽이의 껍데기 무늬와 색깔이 조금씩 다르다.	무당벌레의 겉 날개 무늬와 색깔이 조금씩 다르다.

2. **환경과 생물 다양성의 관계** : 같은 종류였던 생물들이 서로 다른 환경에 적응하는 과정에서 각각의 환경에 유리한 변이를 가진 생물만이 살아남아 자손에게 그 특성을 전달한다. ➡ 서로 멀리 떨어져 교류하지 못하는 상태에서 오랜 시간이 지나면, 같은 종류의 생물들 간에 차이가 커져서 서로 다른 생김새와 특성을 지닌 무리로 나누어질 수 있다.
   예 여우의 생김새가 환경에 따라 다양한 형태로 나타난다.

▲ 북극여우

▲ 사막여우

3 생물 다양성의 중요성

1. **생태계 평형 유지** : 생물 다양성이 높을수록 먹이 사슬이 복잡하여 생태계가 안정적으로 유지된다.

생물 다양성이 낮은 생태계	생물 다양성이 높은 생태계
뱀 ↑ 개구리 ↑ 메뚜기 ↑ 풀	호랑이, 올빼미, 매, 뱀, 사슴, 토끼, 들쥐, 개구리, 풀, 메뚜기
먹이 사슬이 단순하여 생물이 멸종될 가능성이 높다.	먹이 사슬이 복잡하여 생물이 멸종될 가능성이 낮다.

2. **생물 자원으로 활용**

(1) 인간은 다양한 생물로부터 생물 자원(식량, 섬유, 건축 목재, 의약품 등)을 얻는다.

(2) 다양한 생태계는 깨끗한 공기와 물, 휴식과 안정을 제공한다.

4 생물 다양성의 보전

1. **생물 다양성의 위기**: 인간의 활동과 밀접한 관련이 있다.

(1) 농경지 확장, 도시 개발, 환경 파괴에 의해서 서식지가 파괴된다.

(2) 특정 동식물을 지나치게 많이 잡거나 채집하여 야생 동식물이 줄어든다.

(3) 외래종이 무분별하게 유입되어 고유종의 생존을 위협한다. 예 외래종 : 가시박, 미국자리공, 뉴트리아, 큰입우럭, 블루길

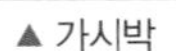

▲ 가시박

▲ 뉴트리아

(4) 환경 오염과 기후 변화로 서식지의 환경이 변하여 생물에게 피해를 준다.

2. **생물 다양성 감소 원인에 따른 대책**

원인	서식지 파괴	불법 포획, 과도한 포획	외래종 유입	환경 오염과 기후 변화
대책	지나친 개발 자제, 서식지 보전, 보호 구역 지정, 생태 통로 설치	법률 강화, 멸종 위기 생물 지정 및 멸종 위기종 복원 사업	무분별한 유입 방지, 꾸준한 감시와 퇴치 활동	쓰레기 배출량 줄이기, 환경 정화 시설 설치, 화석 연료 사용 줄이기

이외에 생물 다양성 보전을 위한 국가적 활동으로 종자 은행 운영, 국제적 활동으로 생물 다양성 협약(국제적으로 생물 다양성을 보전하기 위한 협약)이 있다.

생물의 분류

1 생물 분류의 목적과 방법

1. 생물 분류 : 여러 가지 특징을 기준으로 생물을 무리 지어 나누는 것

2. 생물 분류 목적 : 생물 사이의 가깝고 먼 관계를 파악하고, 생물을 조사·연구하기 위해서이다.

3. 생물 분류 방법

(1) **인위 분류** : 생물의 쓰임새, 서식지, 식성 등 인간의 편의에 따라 분류하는 방법

(2) **자연 분류** : 생물의 생김새, 속 구조, 한살이, 번식 방법, 호흡 방법 등 생물이 가진 고유한 특징을 기준으로 분류하는 방법 ➡ 생물 사이의 가깝고 먼 관계를 판단할 수 있다.

▲ 인위 분류와 자연 분류

(3) **생물 사이의 관계** : 생물을 분류할 때 두 생물이 얼마나 가깝고 먼지를 나타내는 것이다.

2 생물 분류 체계

1. 종 : 생물 분류의 가장 기본이 되는 단위로, 자연 상태에서 번식 능력이 있는 자손을 낳을 수 있는 생물 무리이다.

2. 생물 분류 체계

분류 단계 : 종<속<과<목<강<문<계

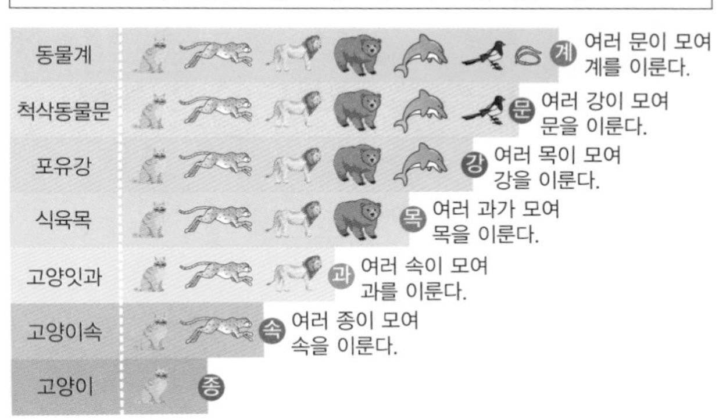

▲ 생물(고양이)의 분류 단계

3 생물 분류

1. 계 수준의 생물 분류 기준 : 핵(핵막)의 유무, 세포벽의 유무, 세포 수(단세포 생물인지 다세포 생물인지), 광합성의 여부(엽록체의 유무), 기관의 발달 정도 등

2. 생물의 분류(5계)

(1) **원핵생물계** : 핵막이 없어서 핵이 뚜렷이 구분되지 않으며, 대부분 단세포 생물이고, 세포벽이 있어서 세포 내부를 보호한다. 예 대장균, 헬리코박터 파일로리균, 폐렴균, 젖산균 등

(2) **원생생물계** : 핵막으로 둘러싸인 뚜렷한 핵이 있으며, 기관이 발달하지 않았다. 먹이를 섭취하는 종류와 광합성을 하는 종류가 있으며, 단세포 생물 또는 다세포 생물이다. 예 짚신벌레, 아메바, 김, 미역, 다시마 등

(3) **균계** : 핵막으로 둘러싸인 뚜렷한 핵이 있으며, 세포벽이 있고 광합성을 못 한다. 몸이 균사로 이루어져 있으며, 운동성이 없다. 예 효모, 버섯, 곰팡이 등

(4) **식물계** : 핵막으로 둘러싸인 뚜렷한 핵이 있으며, 세포벽이 있고, 다세포 생물이다. 엽록체가 있어 광합성을 하여 스스로 영양분을 만든다. 운동성이 없고, 포자나 종자로 번식한다. 예 우산이끼, 고사리, 소나무, 은행나무, 벼, 옥수수, 진달래, 감나무 등

(5) **동물계** : 핵막으로 둘러싸인 뚜렷한 핵이 있으며, 세포벽이 없고, 다세포 생물이다. 광합성을 못 하고, 먹이를 섭취하여 몸 안에서 영양분을 소화·흡수하며, 대부분 운동 기관이 있어 이동할 수 있다. 예 해파리, 지렁이, 조개, 달팽이, 거미, 나비, 불가사리, 붕어, 개구리, 악어, 오리, 원숭이 등

▲ 생물의 5계 분류 체계 : 원핵생물계, 원생생물계, 균계, 식물계, 동물계

입자의 운동

1 확산

1. **확산** : 물질을 이루는 입자들이 스스로 운동하여 사방으로 퍼져 나가는 현상

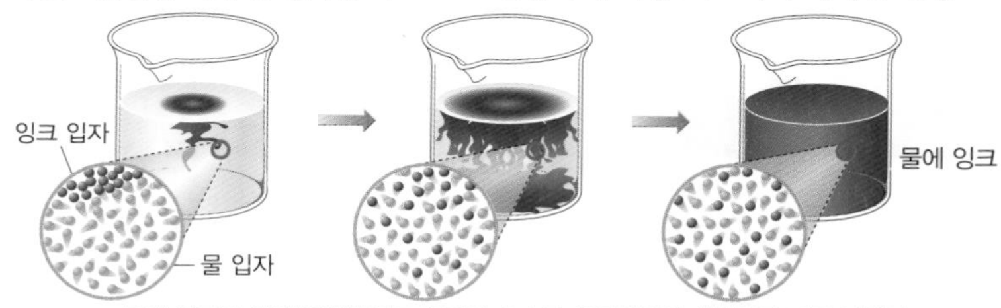

▲ 물에 잉크를 떨어뜨리면 잉크 입자가 스스로 운동하면서 사방으로 퍼져 나간다.

2. 확산이 잘 일어나는 조건

조건	확산의 빠르기
온도	온도가 높을수록 입자의 운동이 활발해져 확산이 빠르다. 예 겨울보다 여름에 냄새가 더 빨리 퍼진다. 차가운 물보다 따뜻한 물에 넣어둔 차가 더 빨리 우러나 퍼진다.
퍼져 나가는 공간	입자 운동을 방해하는 요인이 적을수록 확산이 빠르다. 진공>기체>액체 순으로 확산이 빨리 일어난다. 예 향 연기가 공기 중보다 진공에서 더 빨리 퍼져 나간다.

3. 확산 현상 관찰

확산 실험	
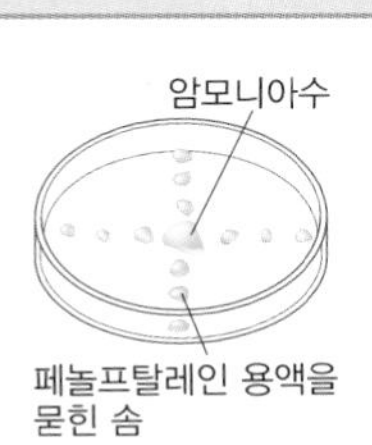	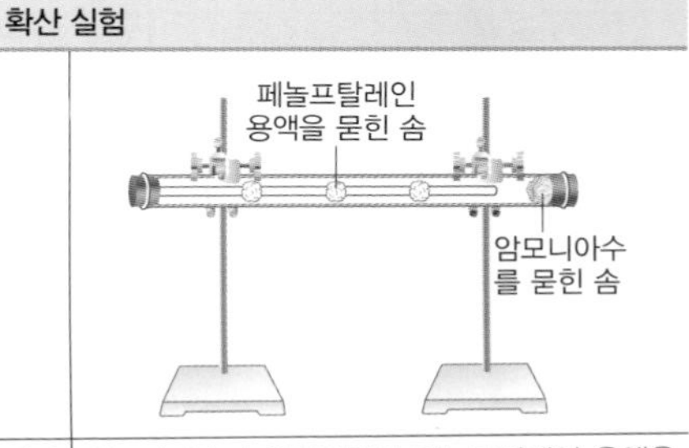
암모니아수가 확산하면서 페놀프탈레인 용액이 암모니아수가 있는 중앙에서부터 바깥 쪽으로 서서히 붉게 변한다.	암모니아수가 확산하면서 페놀프탈레인 용액을 묻힌 솜이 암모니아수가 있는 오른쪽에서부터 왼쪽으로 서서히 붉게 변한다.

4. 확산의 예

- 빵집 주변에서는 빵 냄새를 맡을 수 있다.
- 꽃향기가 멀리 떨어진 곳까지 퍼져 나간다.
- 마약 탐지견이 냄새로 짐 속의 마약을 찾아낸다.
- 냉면에 식초를 넣고 저어주지 않아도 냉면 전체에서 신맛이 난다.

2 증발

1. **증발** : 액체 표면에서 입자가 스스로 운동하여 액체로부터 떨어져 나와 기체가 되는 현상

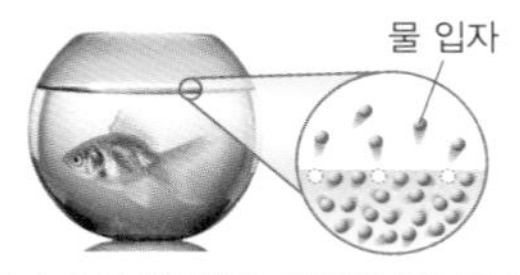

▲ 어항 속 물 표면의 물 입자들이 스스로 운동하여 기체로 떨어져 나와 어항 속 물이 점점 줄어든다.

2. 증발이 잘 일어나는 조건

조건		예
온도	높을수록	뜨거운 바람으로 머리카락을 말리면 더 빨리 마른다.
습도	낮을수록	건조한 날에 빨래가 더 잘 마른다.
바람	강할수록	선풍기를 쐬면 땀이 더 빨리 마른다.
표면적	넓을수록	젖은 우산은 접어둘 때보다 펴둘 때 더 빨리 마른다.

3. 증발의 예

- 빨래가 마른다.
- 풀잎에 맺힌 이슬이 낮이 되면 사라진다.
- 옥수수, 고추 등을 햇볕에 말려 보관한다.
- 염전에 바닷물을 가두고 물을 증발시켜 소금을 얻는다.

02 기체의 압력과 온도에 따른 부피

1 기체의 압력

1. **압력** : 단위 면적당 수직으로 작용하는 힘

$$\text{압력}(N/m^2) = \frac{\text{수직으로 작용하는 힘}(N)}{\text{힘을 받는 면의 넓이}(m^2)}$$

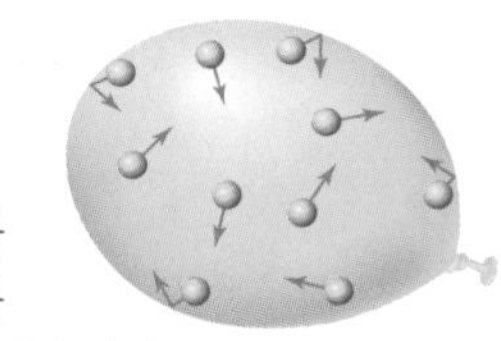

2. **기체의 압력** : 기체 입자가 운동하면서 주위에 충돌하여 가하는 힘으로 일정 시간 동안 단위 면적에 충돌하는 횟수가 많을수록 커지며 모든 방향에 같은 크기로 작용한다.

2 기체의 압력과 부피

1. **보일 법칙** : 온도가 일정할 때 일정량의 기체의 부피는 압력에 반비례한다.
   - 일정한 온도에서 기체에 가해지는 압력이 2배, 3배로 늘어나면 기체의 부피는 $\frac{1}{2}$, $\frac{1}{3}$로 줄어든다.
   - 일정한 온도에서 기체의 압력과 부피를 곱한 값은 일정하다.

$$P(\text{압력}) \times V(\text{부피}) = \text{일정}$$

압력(기압)	$\frac{1}{4}$	$\frac{1}{3}$	$\frac{1}{2}$	1	2	3	4
부피(L)	48	36	24	12	6	4	3
압력×부피	12	12	12	12	12	12	12
기체 입자의 운동	충돌 횟수 ↓ 입자 사이 거리 ↑						충돌 횟수 ↑ 입자 사이 거리 ↓

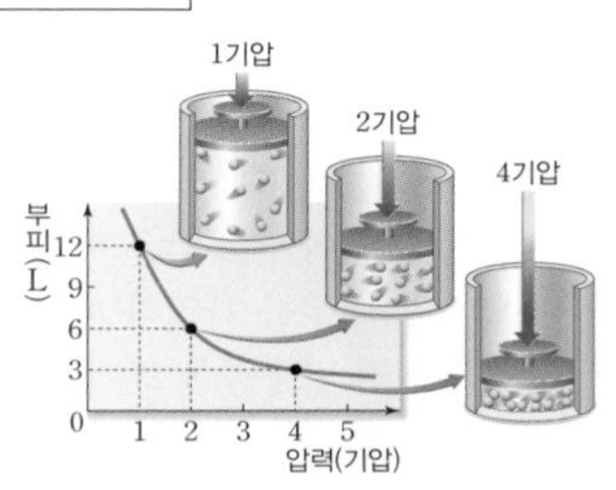

▲ 압력에 따른 기체의 부피 변화

2. **생활 속 보일 법칙**
   - 헬륨 풍선이 하늘 높이 올라갈수록 크기가 점점 커진다.
   - 잠수부가 내뱉는 공기 방울이 수면으로 올라갈수록 점점 커진다.
   - 감압 용기에 풍선을 넣고 공기를 빼내면 풍선이 부풀어 오른다.
   - 높은 산 위에 올라가거나 비행기를 타고 높이 올라가면 과자 봉지가 부풀어 오른다.

3 기체의 온도와 부피

1. **샤를 법칙** : 압력이 일정할 때 기체의 종류와 관계없이 일정량의 기체의 부피는 온도에 비례한다.
   (1) 기체의 온도가 증가하면 부피도 일정한 비율로 증가한다.
   (2) 기체의 온도가 낮아지면 부피도 일정한 비율로 감소한다.

2. 온도에 따른 기체의 부피 변화와 입자 운동

온도 증가	기체 입자의 운동 속도 증가 → 기체 입자의 충돌 수, 충돌 세기 증가 → 기체의 부피 증가
온도 감소	기체 입자의 운동 속도 감소 → 기체 입자의 충돌 수, 충돌 세기 감소 → 기체의 부피 감소

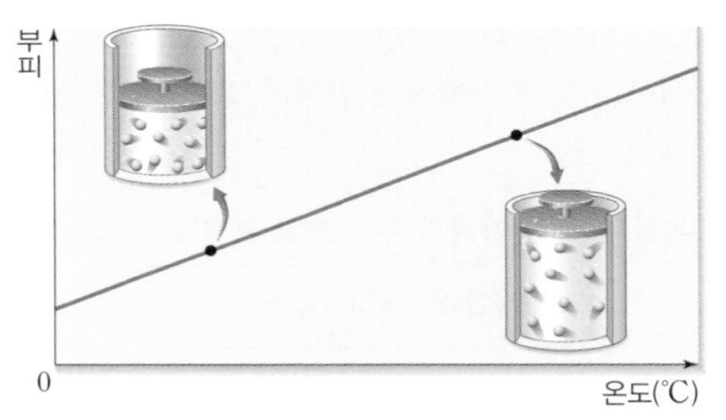

▲ 온도에 따른 기체의 부피 변화 그래프

3. 생활 속 샤를 법칙

- 냉동실에 마개로 막은 빈 페트병을 넣으면 찌그러진다.
- 열기구 내부를 가열하면 열기구가 떠오른다.
- 찌그러진 탁구공을 뜨거운 물에 넣으면 펴진다.
- 피펫을 손으로 감싸쥐어 끝에 남아 있는 액체를 빼낸다.

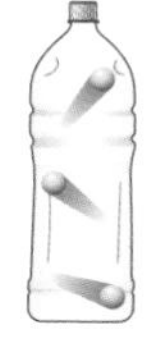

▲ 페트병의 변화

▲ 열기구

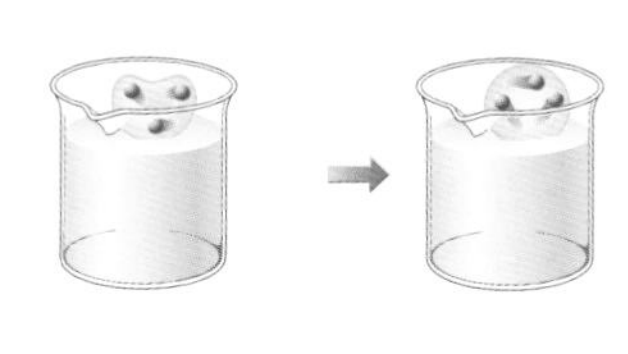

▲ 탁구공의 변화

물질의 상태 변화

1 물질의 세 가지 상태

1. **물질의 세 가지 상태** : 물질은 온도 및 압력 조건에 따라 고체, 액체, 기체의 세 가지 상태로 존재할 수 있다.

   예 물은 얼음(고체), 물(액체), 수증기(기체)의 세 가지 상태로 존재한다.

2. **물질의 세 가지 상태의 특징**

구분	고체	액체	기체
입자 배열	규칙적	불규칙적	매우 불규칙적
입자의 운동 상태	제자리에서 진동 운동	자유롭게 자리를 이동하는 운동	매우 활발하게 운동
입자 사이의 거리	가까움	비교적 가까움	매우 멂
모양	일정함	용기에 따라 달라짐	용기에 따라 달라짐
부피	일정함	일정함	용기에 따라 달라짐
흐르는 성질	없음	있음	있음
압축되는 성질	쉽게 압축되지 않음	쉽게 압축되지 않음	쉽게 압축됨

2 상태 변화

1. **상태 변화** : 물질이 한 가지 상태로만 존재하지 않고 주변의 조건에 따라 상태가 변하는 것

2. **상태 변화의 원인** : 온도와 압력

온도	온도 증가(물질 가열)	온도 감소(물질 냉각)
압력	압력 감소	압력 증가
상태 변화	고체 → 액체 → 기체	기체 → 액체 → 고체

(단, 물은 예외적으로 압력이 증가하면 고체 → 액체로 상태 변화하고, 압력이 감소하면 액체 → 고체로 상태 변화한다.)

얼음

가열 ⇄ 냉각

물

가열 ⇄ 냉각

수증기

3. 상태 변화의 종류

(1) 고체와 액체 사이의 상태 변화

① 융해 : 고체가 액체로 변하는 현상

예 음료수에 넣은 얼음이 녹는다. 뜨거운 용광로에서 철이 녹는다.

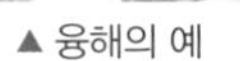
▲ 융해의 예

▲ 응고의 예

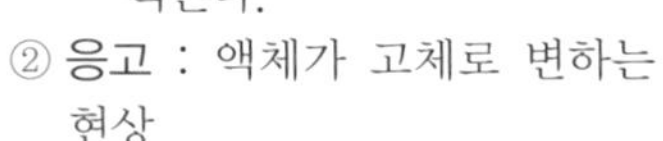
② 응고 : 액체가 고체로 변하는 현상

예 촛농이 흘러내려 굳어진다. 겨울 처마에 고드름이 생긴다. 고깃국의 기름이 굳는다.

(2) 액체와 기체 사이의 상태 변화

① 기화 : 액체가 기체로 변하는 현상

예 물이 끓는다. 낮이 되면 이슬이 사라진다.

② 액화 : 기체가 액체로 변하는 현상

예 안경에 김이 서린다. 차가운 컵 표면에 이슬이 맺힌다.

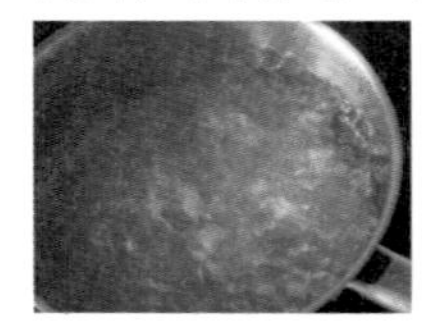
▲ 기화의 예

▲ 액화의 예

(3) 고체와 기체 사이의 상태 변화

- 승화 : 고체가 액체를 거치지 않고 바로 기체가 되거나 기체가 액체를 거치지 않고 바로 고체가 되는 현상

  예 드라이아이스 덩어리가 점점 작아진다.(고체 → 기체)
  그늘에 쌓인 눈이 녹은 흔적없이 점점 줄어든다.(고체 → 기체)
  추운 날 창문에 성에가 생긴다. (기체 → 고체)
  나뭇잎에 서리가 생긴다. (기체 → 고체)

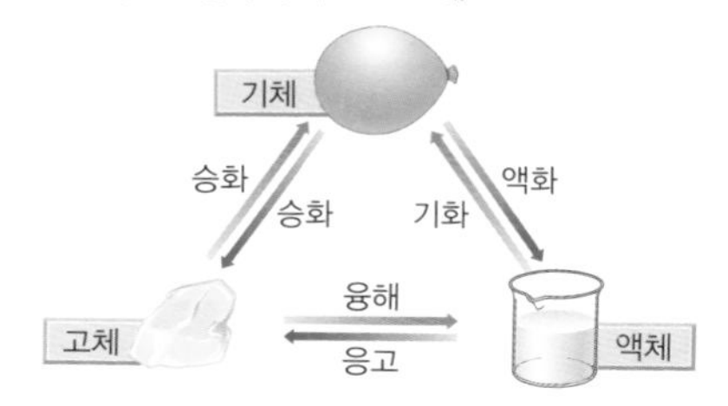

3 상태 변화와 물질의 변화

1. 상태 변화와 입자의 배열 변화

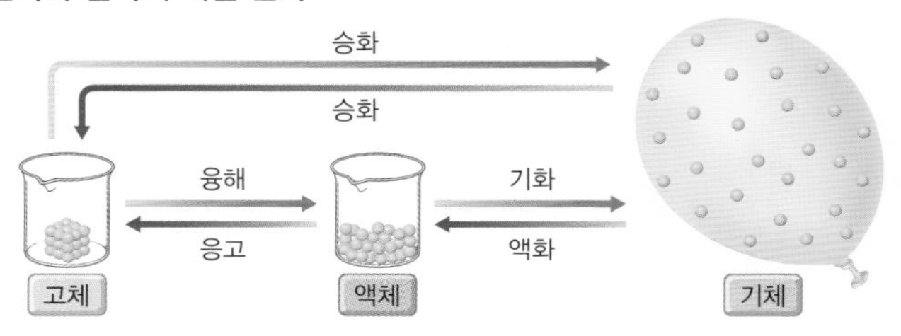

구분	가열할 때의 상태 변화	냉각할 때의 상태 변화
종류	융해, 기화, 승화(고체 → 기체)	응고, 액화, 승화(기체 → 고체)
입자의 배열	불규칙해진다.	규칙적으로 변한다.
입자의 운동	활발해진다.	느려진다.
입자 사이의 거리	멀어진다(부피 증가).	가까워진다(부피 감소).

2. 상태 변화와 물질의 부피 변화

부피 증가	**융해, 기화, 승화(고체→기체)** 고체 → 액체 → 기체로 될수록 분자 사이의 거리가 멀어지므로 물질의 부피는 증가한다.
부피 감소	**응고, 액화, 승화(기체→고체)** 기체 → 액체 → 고체로 될수록 분자 사이의 거리가 가까워지므로 물질의 부피는 감소한다.

(단, 물은 예외적으로 응고할 때 부피가 증가하고 융해할 때 부피가 감소한다.)

3. 상태 변화와 물질의 질량 변화 : 상태 변화가 일어나도 입자의 종류와 수는 변하지 않으므로 물질의 질량은 변하지 않는다.

4. 상태 변화와 물질의 성질 변화 : 상태 변화가 일어나도 입자의 성질은 변하지 않으므로 물질의 고유한 성질은 변하지 않는다.

5. 상태 변화 시 변하는 것과 변하지 않는 것

상태 변화 시 변하는 것	상태 변화 시 변하지 않는 것
• 입자 배열 • 입자 사이의 거리 • 물질의 부피 • 입자의 운동 속도	• 입자의 모양, 크기, 성질 • 입자의 수 • 물질의 성질 • 물질의 질량

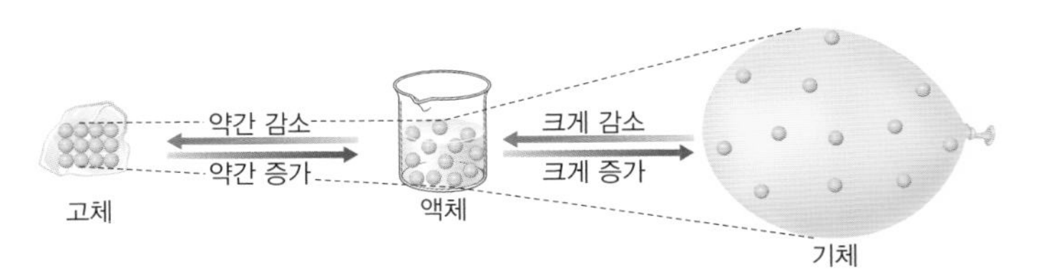

상태 변화와 열에너지

1 녹는점과 어는점

1. 고체를 가열할 때의 온도 변화

구간	온도 변화
(1)	고체에 열을 가하면 온도가 점점 높아진다. → 열에너지가 온도 변화에 이용된다.
(2)	고체가 액체로 융해되면서 온도가 일정하게 유지된다. 이때의 온도를 녹는점이라고 한다. → 열에너지가 상태 변화에 이용된다.
(3)	융해가 끝난 뒤 가열하면 온도가 다시 높아진다. → 열에너지가 온도 변화에 이용된다.

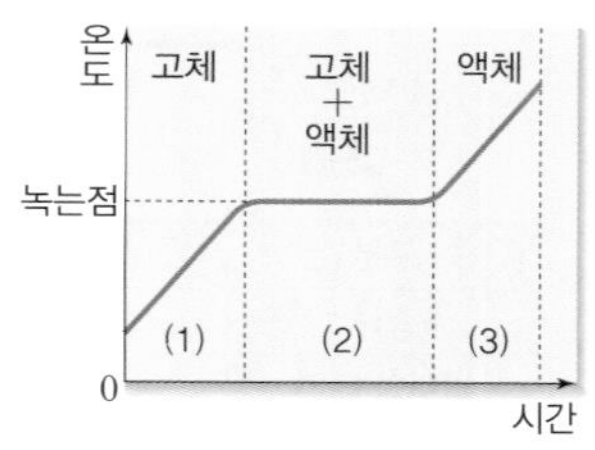

▲ 고체를 가열할 때의 온도 변화

2. 액체를 냉각할 때의 온도 변화

구간	온도 변화
(1)	액체를 냉각시키면 온도가 낮아진다.
(2)	액체가 고체로 응고되면서 온도가 일정하게 유지된다. 이때의 온도를 어는점이라고 한다. (녹는점과 어는점은 같다.) → 상태 변화가 일어나면서 주위로 열에너지가 방출된다.
(3)	응고가 끝난 뒤 냉각시키면 온도가 다시 낮아진다.

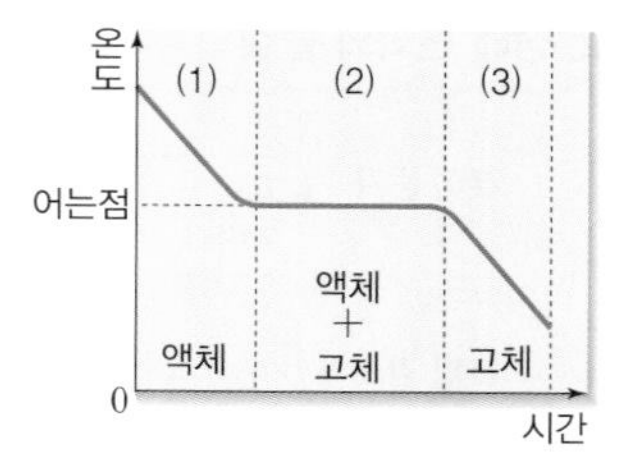

▲ 액체를 냉각할 때의 온도 변화

2 끓는점

1. 액체를 가열할 때의 온도 변화

구간	온도 변화
(1)	액체에 열을 가하면 온도가 점점 높아진다. → 열에너지가 온도 변화에 이용된다.
(2)	액체가 기체로 기화되면서 온도가 일정하게 유지된다. 이때의 온도를 끓는점이라고 한다. → 열에너지가 상태 변화에 이용된다.
(3)	기화가 끝나 물질이 모두 기체 상태가 되면 온도가 다시 높아진다. → 열에너지가 온도 변화에 이용된다.

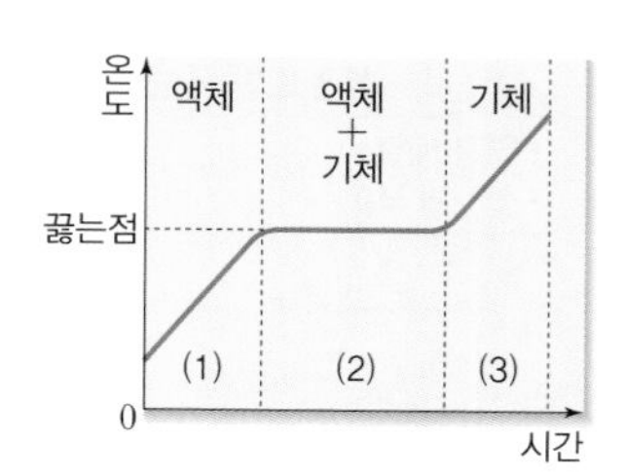

▲ 액체를 가열할 때의 온도 변화

3 상태 변화와 열에너지

1. 열에너지를 흡수하는 상태 변화

(1) 융해열 흡수(고체 → 액체)

▲ 아이스박스 속 얼음

- 아이스박스에 얼음을 같이 넣어두면 음료수가 시원해진다.
  → 얼음이 융해되면서 주변의 열에너지를 흡수하여 주위의 온도를 낮게 만든다.
- 이른 봄 호숫가 주변은 쌀쌀하다.
  → 얼었던 호수가 녹으면서 융해열을 흡수하여 주위의 온도가 낮아진다.

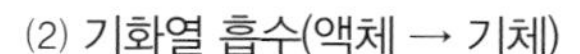

(2) 기화열 흡수(액체 → 기체)

▲물의 기화열 흡수

- 더운 여름 뜨거운 아스팔트에 물을 뿌려 시원하게 만든다.
  → 물이 기화하면서 주변의 열에너지를 흡수하여 주위의 온도가 낮아진다.
- 수영장에서 물이 묻은 상태로 밖에 나오면 추위를 느낀다.
  → 몸에 묻은 물이 증발하면서 기화열을 흡수하여 주위의 온도가 낮아진다.

(3) 승화열 흡수(고체 → 기체)

▲ 아이스크림 포장 속 드라이아이스

- 아이스크림을 포장할 때 드라이아이스를 함께 넣으면 아이스크림이 녹지 않는다.
  → 드라이아이스가 승화하면서 주변의 열에너지를 흡수하여 주위의 온도가 낮게 유지된다.

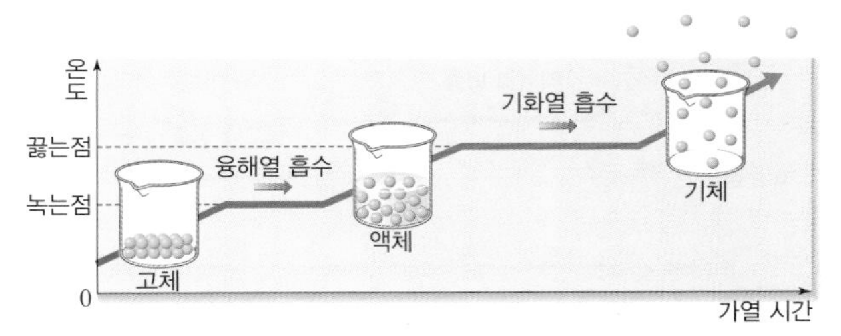

▲ 고체 물질을 가열할 때의 온도 변화와 열에너지 흡수

2. 열에너지를 방출하는 상태 변화

(1) 응고열 방출(액체 → 고체)

• 이누이트족은 얼음집(이글루) 안에 물을 뿌린다.
→ 물이 얼면서 응고열을 방출하여 주변이 따뜻해진다.

• 액체 파라핀으로 온찜질을 한다.
→ 액체 파라핀이 고체로 응고하면서 응고열을 방출해 손을 따뜻하게 한다.

▲ 얼음집(이글루)

▲ 파라핀 온찜질기

(2) 액화열 방출(기체 → 액체)

• 여름철 소나기가 내리기 전에 기온이 더 올라간다.
→ 공기 중 수증기가 빗방울로 액화하면서 액화열을 방출해 주위의 온도가 올라간다.

• 스팀 난방을 한다.
→ 수증기가 액화하면서 열에너지를 방출하여 주위의 온도가 올라간다.

▲ 스팀 난방기

(3) 승화열 방출(기체 → 고체)

• 눈이 오는 날은 날씨가 포근하다.
→ 공기 중의 수증기가 눈(얼음)으로 승화하면서 열에너지를 방출하여 주위의 온도가 올라간다.

▲ 눈 내리는 날

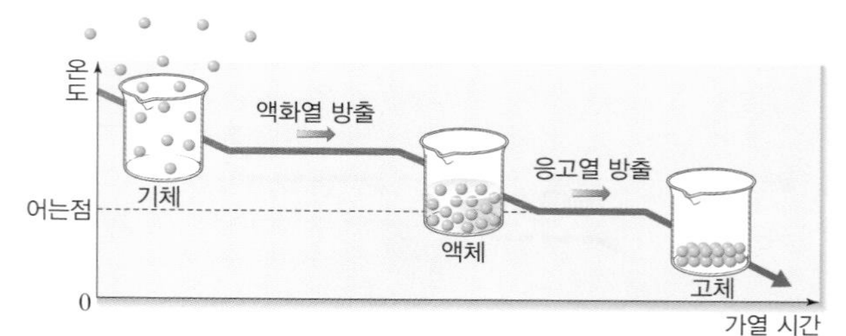

▲ 기체 물질을 냉각할 때의 온도 변화와 열에너지 방출

빛과 색

1 물체를 보는 과정

1. **광원** : 스스로 빛을 내는 물체 예 태양, 전등, 반딧불이, 촛불 등
2. **빛의 직진** : 광원에서 나온 빛이 곧게 나아가는 성질
   • 물체에 막혀 빛이 도달하지 못하는 곳에 그림자가 생긴다.
3. **물체를 보는 과정**

물체가 광원일 때	물체가 광원이 아닐 때
물체에서 나온 빛이 우리 눈에 직접 들어오기 때문에 물체를 볼 수 있다.	광원에서 나온 빛이 물체에서 반사된 후 눈에 들어오면 물체를 볼 수 있다.

2 빛의 합성과 이용

1. **빛의 합성** : 두 가지 색 이상의 빛이 합쳐져서 또 다른 색의 빛으로 보이는 현상
2. **빛의 삼원색** : 빨간색, 초록색, 파란색
3. **빛의 삼원색의 합성** : 빛의 삼원색을 다양한 밝기로 합성하면 대부분의 색을 만들 수 있다.

합성하는 색	보이는 색
빨간색+초록색	노란색
빨간색+파란색	자홍색
초록색+파란색	청록색
빨간색+초록색+파란색	흰색

4. 물체의 색 : 물체의 색은 물체에서 반사되어 나오는 빛의 색으로 보인다.

빨간색 피망과 초록색 꼭지	펭귄의 흰색 배와 검은색 등
백색광 아래에서 빨간색 피망은 빨간색 빛만 반사하고 나머지 색의 빛은 흡수하므로 빨간색으로 보인다. 초록색 꼭지는 초록색 빛만 반사하고 나머지 색의 빛은 흡수하므로 초록색으로 보인다.	백색광 아래에서 펭귄 인형의 흰색 부분은 모든 색의 빛을 반사하기 때문에 흰색으로 보이고, 검은색 부분은 모든 색의 빛을 흡수하기 때문에 검은색으로 보인다.
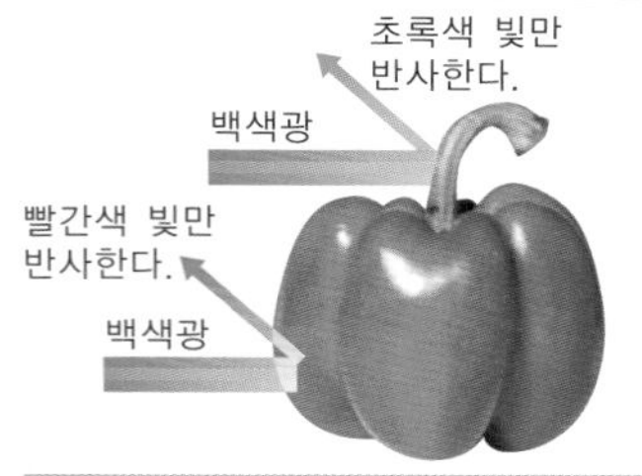	

5. 조명에 따른 물체의 색 : 물체의 색은 비추는 조명의 색에 따라 다르게 보인다.

조명의 색	빨간색 조명	초록색 조명	파란색 조명
모습			
빨간색 피망	빨간색	검은색	검은색
초록색 꼭지	검은색	초록색	검은색

6. 빛의 합성 이용

(1) **영상 장치** : 화면의 각 화소에서 나오는 빛의 합성으로 다양한 색을 표현한다.

(2) **전광판** : 빛의 삼원색을 이용한 발광 다이오드(LED)의 조합으로 다양한 색을 표현한다.

(3) **무대 조명** : 여러 조명 기구를 한곳에 비추어 다양한 색을 연출한다.

(4) **점묘화** : 순색의 물감으로 점을 찍어 그린 그림으로, 멀리서 보면 빛의 합성에 의해 다양한 색이 나타난다.

▲ TV

▲ 전광판

▲ 무대 조명

▲ 점묘화

02 거울과 렌즈

1 빛의 반사

1. **빛의 반사** : 직진하던 빛이 물체에 부딪혀 진행 방향을 바꾸어 되돌아 나오는 현상
   (1) **입사 광선** : 거울 면으로 들어가는 빛
   (2) **반사 광선** : 거울 면에서 반사되어 나오는 빛
   (3) **법선** : 거울 면에 수직으로 그은 선
   (4) **입사각** : 입사 광선과 법선이 이루는 각
   (5) **반사각** : 반사 광선과 법선이 이루는 각
   (6) **반사 법칙** : 빛이 반사할 때 입사각과 반사각의 크기는 항상 같다.
   ➡ 입사각이 커지면 반사각도 커진다.

입사 광선 법선 반사 광선
입사각 반사각

2. **수면에서의 반사**

잔잔한 수면에서의 반사	일렁이는 수면에서의 반사
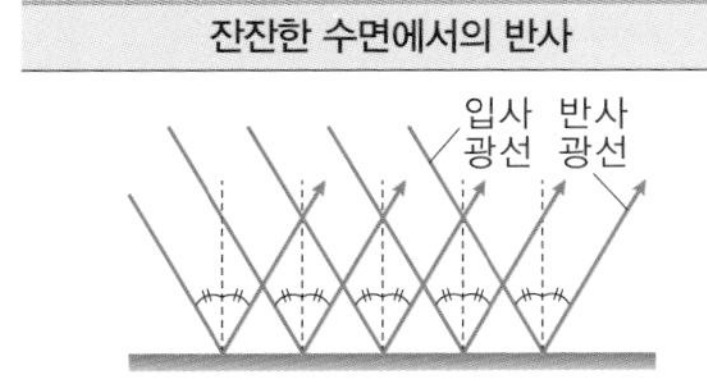	입사 광선 반사 광선
잔잔한 수면에서는 빛이 일정한 방향으로 반사된다. 따라서 수면에 주위의 모습이 비쳐 보인다.	일렁이는 수면에서는 빛이 사방으로 반사된다. 따라서 수면에 주위의 모습이 비쳐 보이지 않는다.

2 평면거울에 의한 상

1. **상** : 거울이나 렌즈에 의해 만들어지는 물체의 모습
2. **평면거울에 의한 상의 특징**
   - 물체와 거울 면에 대칭인 위치에 상이 생긴다.
   - 거울에 비친 물체의 상은 거울 뒤쪽에 생긴다.
   - 상의 모습은 물체와 거울 면에 대칭인 모습이다.
   - 상의 크기와 물체의 크기는 같다.
   - 거울에서 물체까지의 거리와 거울에서 상까지의 거리는 같다.

3. 평면거울에 의한 상

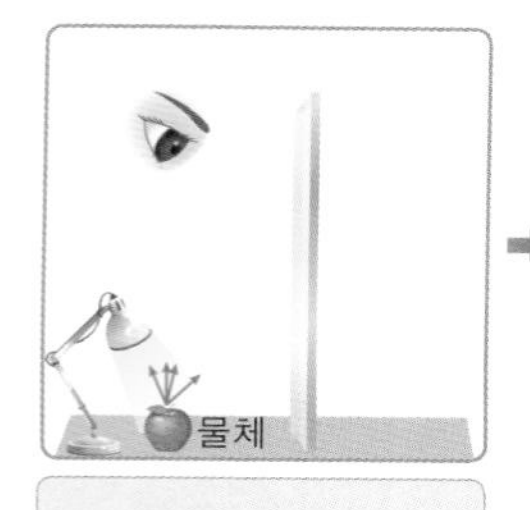

전등으로부터 나온 빛이 물체의 표면에서 여러 방향으로 반사된다.

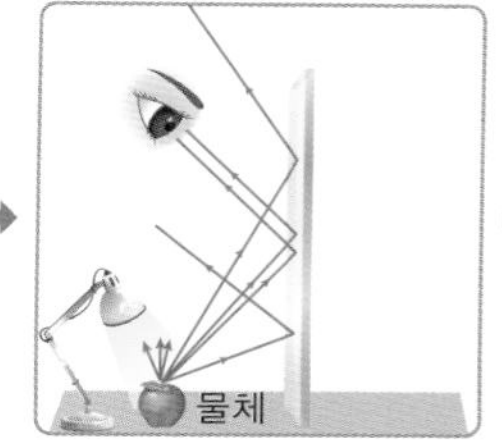

물체에서 반사된 빛의 일부가 평면거울에 도달하면 빛은 평면거울 표면에서 다시 반사된다.

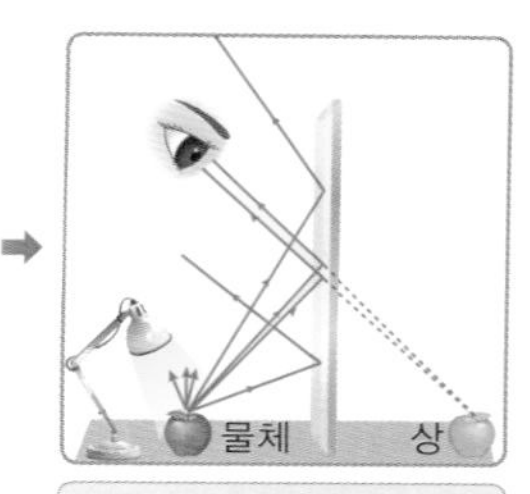

반사 광선의 연장선이 만나는 곳에 실물과 같은 크기의 상이 생긴다.

4. **평면거울의 이용** : 무용실의 전신 거울, 자동차 후방 거울, 잠망경 등

3 볼록 거울에 의한 상

1. **볼록 거울에 의한 상**

물체와 볼록 거울 사이의 거리에 관계없이 항상 물체보다 작고 바로 선 상이 생긴다.

2. **볼록 거울에서 빛의 반사** : 나란한 빛이 볼록 거울에 입사하면 빛은 볼록 거울 뒤의 한 점에서 나온 것처럼 반사된다.

3. **볼록 거울의 이용** : 반사된 빛을 퍼뜨리는 볼록 거울에는 넓은 지역의 모습이 상으로 생기므로, 넓은 시야가 필요한 곳에 사용한다.

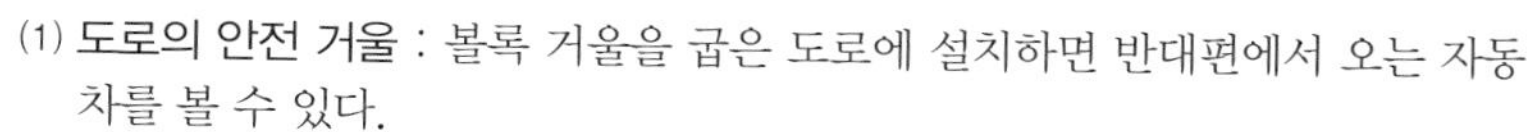

(1) **도로의 안전 거울** : 볼록 거울을 굽은 도로에 설치하면 반대편에서 오는 자동차를 볼 수 있다.

(2) **자동차 오른쪽 측면 거울** : 볼록 거울로 자동차 뒤쪽의 넓은 범위를 볼 수 있다.

4 오목 거울에 의한 상

1. 오목 거울에 의한 상

가까울 때	멀 때	아주 멀 때
물체를 오목 거울 가까이 두면 물체보다 크고 바로 선 상이 생긴다.	오목 거울로부터 물체를 멀리 하면 물체보다 크고 거꾸로 선 상이 생긴다.	오목 거울에서 물체를 아주 멀리 하면 물체보다 작고 거꾸로 선 상이 생긴다.

2. 오목 거울에서 빛의 반사 : 나란한 빛이 오목 거울에 입사하면 빛은 오목 거울에서 반사된 다음 한 점에 모인다.

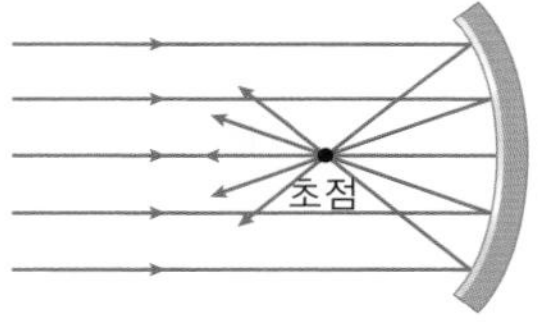

- 한 점에서 나온 빛이 오목 거울에서 반사되면 빛은 한 방향으로 나란하게 나아간다.

3. 오목 거울의 이용 : 빛을 모으거나, 물체를 자세히 보기 위한 큰 상을 맺기 위해 오목 거울을 사용한다.

(1) **태양열 조리기** : 오목 거울로 햇빛을 한 점에 모아 음식물을 익힌다.

(2) **등대의 반사경** : 오목 거울로 전구의 불빛을 한 방향으로 멀리까지 내보낸다.

5 볼록 렌즈에 의한 상

1. 볼록 렌즈에 의한 상

가까울 때	멀 때	아주 멀 때
물체를 볼록 렌즈 가까이 두면 물체보다 크고 바로 선 상이 생긴다.	볼록 렌즈로부터 물체를 멀리 하면 물체보다 크고 거꾸로 선 상이 생긴다.	볼록 렌즈에서 물체를 아주 멀리 하면 물체보다 작고 거꾸로 선 상이 생긴다.

2. **볼록 렌즈** : 가운데 부분이 가장자리보다 두꺼운 렌즈
   • 빛은 두꺼운 안쪽으로 굴절한다.

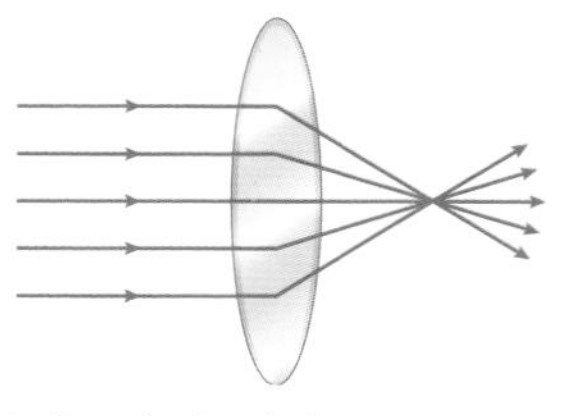

3. **볼록 렌즈에서 빛의 굴절** : 나란한 빛이 볼록 렌즈에 입사하면 빛은 볼록 렌즈에서 굴절된 다음 한 점에 모인다.
4. **볼록 렌즈의 이용** : 볼록 렌즈를 이용하면 빛을 한 점에 모을 수 있다.
   (1) **현미경** : 볼록 렌즈를 이용하여 작은 물체의 모습을 확대해서 보여 준다.
   (2) **원시용 안경** : 가까이 있는 물체가 잘 안 보이는 사람은 볼록 렌즈로 만든 안경을 사용한다.

6 오목 렌즈에 의한 상

1. **오목 렌즈에 의한 상**

가까울 때	멀 때	아주 멀 때

물체와 오목 렌즈 사이의 거리에 관계없이 항상 물체보다 작고 바로 선 상이 생긴다.

2. **오목 렌즈** : 가장자리가 가운데보다 두꺼운 렌즈
   • 빛은 두꺼운 바깥쪽으로 굴절한다.

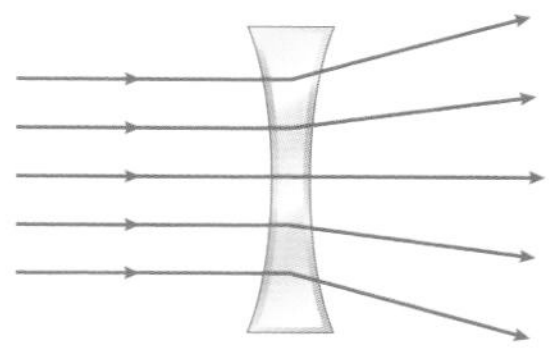

3. **오목 렌즈에서 빛의 굴절** : 나란한 빛이 오목 렌즈에 입사하면 빛은 오목 렌즈 뒤의 한 점에서 나온 것처럼 굴절한다.
4. **오목 렌즈의 이용** : 나란하게 입사한 빛이 오목 렌즈에서 굴절되면 빛은 한 점에서 나온 것처럼 퍼진다.
   (1) **확산형 발광 다이오드(LED)** : 끝부분에 오목 렌즈를 달아 빛을 여러 방향으로 퍼지게 한다.
   (2) **안개등** : 멀리 떨어진 곳에서도 빛이 잘 보이도록 오목 렌즈로 빛을 퍼지게 한다.
   (3) **근시용 안경** : 멀리 있는 물체가 잘 안 보이는 사람은 오목 렌즈로 만든 안경을 사용한다.

03 소리와 파동

1 파동의 발생

1. **진동** : 물체의 운동이 일정한 범위에서 한 점을 중심으로 왔다갔다 반복되는 현상
2. **파동** : 물질의 한곳에서 만들어진 진동이 주위로 퍼져 나가는 현상
   (1) 파원 : 파동이 시작되는 지점
   (2) 여러 가지 파동의 예

소리	지진파	물결파	전파

2 파동의 진행

1. **매질** : 파동을 전달하는 물질

파동의 종류	지진파	물결파	소리	빛(전파)
매질	땅	물	공기, 물, 땅	매질이 필요 없다.

2. **파동의 진행과 매질의 운동** : 파동이 전파될 때 매질은 제자리에서 진동만 하고 파동을 따라 이동하지 않는다.

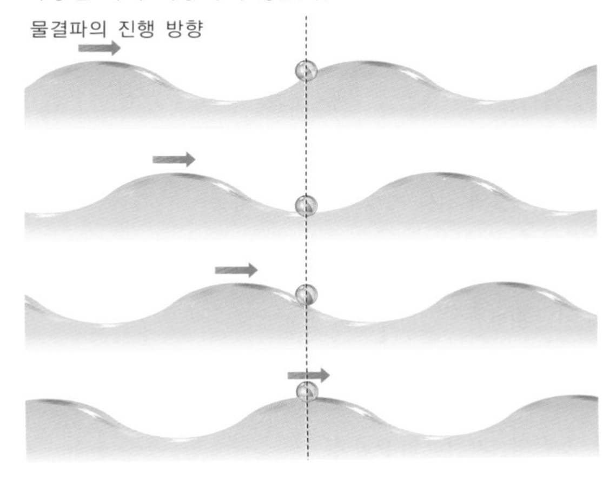

물결파의 진행과 매질의 운동
물결파가 오른쪽으로 진행할 때 물은 제자리에서 위아래로 진동만 할 뿐 물결을 따라 이동하지 않기 때문에 공도 제자리에서 위아래로 진동만 한다. 즉, 물결파가 진행할 때 물결파를 전달하는 매질인 물은 물결파와 함께 이동하지 않는다.

3. **파동의 진행과 에너지의 전달** : 파동이 진행할 때 함께 이동하는 것은 파동이 지닌 에너지이다.

파도의 에너지가 전달되어 해안가의 암석이 깎인다.	지진파의 에너지가 전달되어 건물이나 도로가 무너진다.	초음파 안경 세척기는 초음파의 에너지를 이용하여 안경에 붙은 이물질을 제거한다.

4. **파동의 이용**
   - 초음파를 이용하여 몸속의 상태를 관찰한다.
   - 마이크로파를 이용하여 전자레인지로 음식을 데운다.
   - 전파를 이용하여 무선 통신을 하고, 레이더로 비행기나 구름의 위치를 파악한다.

3 파동의 종류

1. **횡파** : 파동의 진행 방향과 매질의 진동 방향이 수직인 파동
   (1) **횡파의 발생** : 용수철의 한쪽 끝을 좌우로 흔들 때 만들어지는 파동으로, 높은 부분과 낮은 부분이 만들어진다.

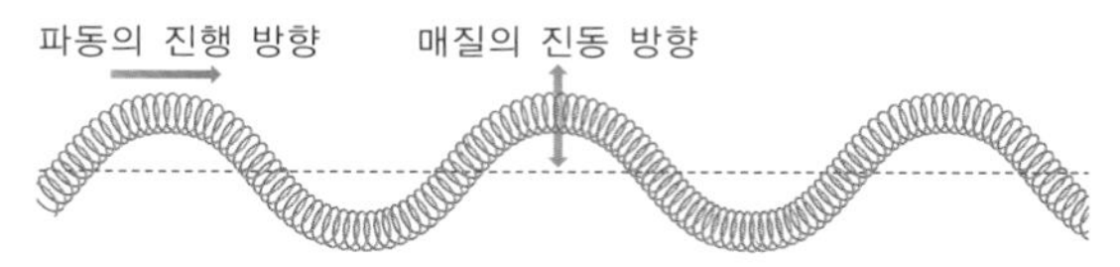

   (2) **횡파의 종류** : 물결파, 지진파의 S파, 전자기파, 빛 등
2. **종파** : 파동의 진행 방향과 매질의 진동 방향이 나란한 파동
   (1) **종파의 발생** : 용수철의 한쪽 끝을 앞뒤로 흔들 때 만들어지는 파동으로, 빽빽한 부분과 듬성듬성한 부분이 만들어진다.

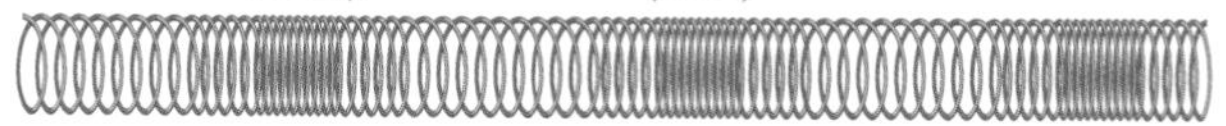

   (2) **종파의 종류** : 소리, 초음파, 지진파의 P파 등

4 파동의 표현

1. 횡파의 표현

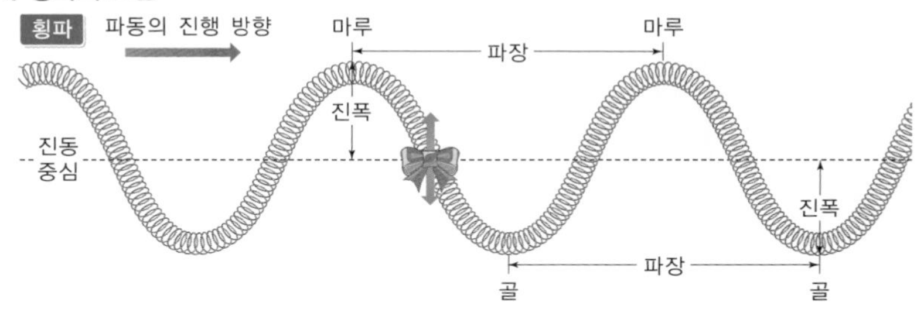

(1) **마루** : 횡파에서 가장 높은 부분

(2) **골** : 횡파에서 가장 낮은 부분

(3) **진폭** : 진동 중심에서 마루 또는 골까지의 거리

(4) **파장** : 파동이 한 번 진동하는 동안 이동한 거리, 횡파에서는 마루에서 다음 마루, 또는 골에서 다음 골까지의 거리

2. 종파의 표현

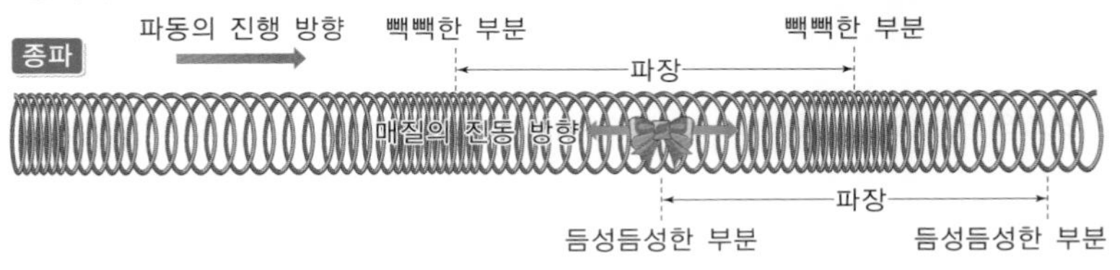

• **파장** : 빽빽한 부분과 다음 빽빽한 부분까지의 거리, 또는 듬성듬성한 부분과 다음 듬성듬성한 부분까지의 거리

3. 주기와 진동수

(1) **주기** : 매질의 한 점이 한 번 진동하는 데 걸리는 시간(단위 : s(초))

(2) **진동수** : 매질의 한 점이 1초 동안 진동하는 횟수(단위 : Hz(헤르츠))

(3) **주기와 진동수의 관계** : 진동수와 주기는 역수 관계이다. ➡ $\text{주기} = \frac{1}{\text{진동수}}$

5 소리의 발생과 전달

1. 소리의 발생 : 소리는 물체의 진동으로 발생한다.

• 소리는 파동의 진행 방향과 매질의 진동 방향이 나란한 종파이다.

2. 소리의 전달

• 소리는 매질이 있어야 전달된다.

• 소리는 매질이 없는 진공 상태에서는 전달되지 않는다.

3. 공기 중에서 소리의 전달 과정

물체의 진동 → 공기의 진동
→ 고막의 진동 → 소리 인식

6 소리의 3요소

1. **소리의 크기와 진폭** : 작은 소리는 진폭이 작고, 큰 소리는 진폭이 크다.
   예 북을 약하게 치면 작은 소리가 나고, 세게 치면 큰 소리가 난다.

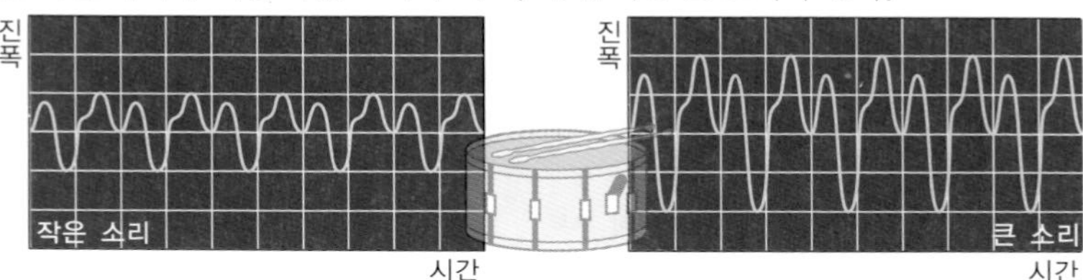

2. **소리의 높낮이와 진동수** : 낮은 소리는 진동수가 작고, 높은 소리는 진동수가 크다.
   예 피아노에서 낮은 '도' 음을 치면 낮은 소리가 나고, 높은 '도' 음을 치면 높은 소리가 난다.

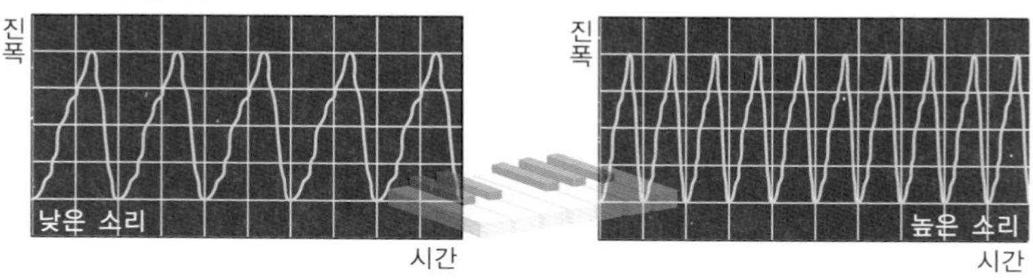

3. **음색과 파형** : 음색은 파형에 따라 달라진다.
   예 같은 높이의 음을 같은 크기로 내는 플루트 소리와 바이올린 소리는 다르다.

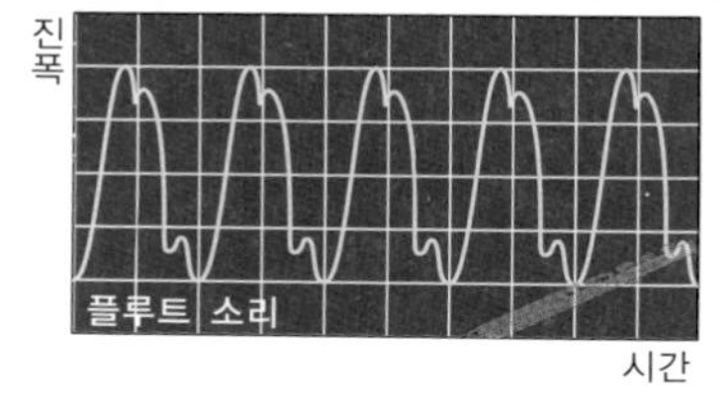

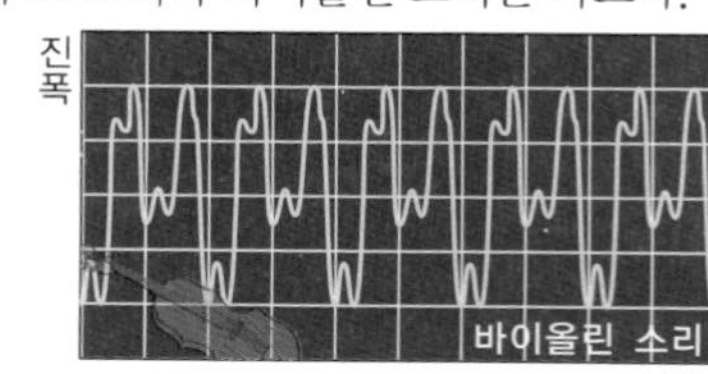

과학과 현재, 미래의 직업

1 과학과 관련된 직업

1. **과학과 관련된 직업** : 과학자, 공학자
2. **다양한 과학 관련 직업** : 의사, 간호사, 물리 치료사, 교사, 과학 커뮤니케이터 등
3. **국가 직무 능력 표준(NCS)에 따른 과학 관련 직업 분류**

생명 공학	자연 과학	재료 소재	화학
생물학자, 생명 과학 기술 공학자, 유전자 감식 연구원, 생물학 연구원 등	물리학 연구원, 물리학자, 기상 연구원, 천문 연구원, 화학자 등	금속·섬유 공학 기술자, 초전도체 연구원, 태양 전지 연구원 등	석유 화학 공학 기술자, 음식료품·의약품 화학 공학 기술자, 조향사 등

2 과학 관련 직업의 역량

과학적 사고력	과학적 탐구 능력	과학적 문제 해결력	과학적 의사소통 능력	과학적 참여와 평생 학습 능력
과학적인 증거와 이론을 바탕으로 합리적인 추론과 주장을 하는 능력	실험과 조사, 토론 등을 실행하여 탐구하는 능력	과학 지식과 사고를 통해 일상생활의 문제 해결에 활용하는 능력	자신의 생각을 말, 글, 그림, 기호 등으로 표현하는 능력	새로운 과학 기술 환경에 적응하기 위해 지속해서 학습하는 능력

3 직업 속의 과학

분야	예	과학 관련 특성
기술	음향 기술자	여러 상황에서 소리가 어떻게 전달되는지 물리적 특성을 이해해야 한다.
공학	안전 공학자	자동차의 안전띠, 에어백 등을 연구하면서 과학과 인간 행동을 이해해야 한다.
사회	소방관	연소와 소화에 대한 과학적 지식이 필요하다.
예술	조각가	작품에 사용할 재료의 성질을 잘 이해해야 한다.
문학	과학 작가	과학 소설이나 기사를 쓸 때 과학 내용을 이해할 수 있어야 한다.

4 미래 사회의 직업

1. **미래 사회의 특징** : 과학 기술의 발달로 사회가 빠른 속도로 변하고, 직업도 사라지거나 생겨난다.
2. **미래 사회의 직업** : 미래 사회의 변화를 고려하여 직업과 진로를 설계해야 한다.

정보 기술 사회	정보 보안 전문가, 사물 인터넷 개발자, 전자 상거래 전문가 등
생명 공학 기술 사회	인공 장기 조직 개발자, 유전 상담 전문가, 의약품 기술자 등
다문화에 따른 국제화 사회	국제 인재 채용 대리인, 문화 갈등 해결원 등
스마트 디지털 기술 사회	오감 인식 기술자, 아바타 개발자, 데이터 소거원 등

MEMO

MEMO

MEMO

MEMO

MEMO